Nr. 43 — 1954

S. 9675—9918 — 27. Oktober

Chemisches Zentralblatt

Vollständiges Repertorium für alle Zweige der reinen und angewandten Chemie

1830 gegründet. 1897—1945 von der Deutschen Chemischen Gesellschaft fortgeführt.
Im Auftrage der Deutschen Akademie der Wissenschaften zu Berlin, der Chemischen Gesellschaft in der Deutschen Demokratischen Republik, der Akademie der Wissenschaften zu Göttingen und der Gesellschaft Deutscher Chemiker
herausgegeben von Prof. Dr. Maximilian Pflücke

125. Jahrgang

1954

Chefredakteure: Dr. Eugen Klever und Prof. Dr. Maximilian Pflücke

Akademie-Verlag GmbH., Berlin — Verlag Chemie, GmbH., Weinheim/Bergstr.

Inhalt

Namenregister

CHEMISCHES ZENTRALBLATT

VOLLSTÄNDIGES REPERTORIUM
FÜR ALLE ZWEIGE DER REINEN UND ANGEWANDTEN CHEMIE

GEGRÜNDET 1830

Im Auftrage der Deutschen Akademie der Wissenschaften zu Berlin,
der Chemischen Gesellschaft in der Deutschen Demokratischen Republik,
der Akademie der Wissenschaften zu Göttingen
und der Gesellschaft Deutscher Chemiker

herausgegeben von

Prof. Dr. **Maximilian Pflücke**

125. JAHRGANG

1954

SEITE 8271—9918

Chefredakteure Dr. Eugen Klever und Prof. Dr. Maximilian Pflücke

1954

AKADEMIE-VERLAG GMBH · BERLIN
VERLAG CHEMIE, GMBH, WEINHEIM/BERGSTR.

Heft Nr.	Seitenzahl	Ausgabedatum
37	8271–8498	15. September 1954
38	8499–8730	22. September 1954
39	8731–8962	29. September 1954
40	8963–9210	6. Oktober 1954
41	9211–9442	13. Oktober 1954
42	9443–9674	20. Oktober 1954
43	9675–9918	27. Oktober 1954

Herausgeber und verantwortlich für den Inhalt: Prof. Dr. Maximilian Pflücke, Berlin NW 7, Schiffbauerdamm 19, Fernsprecher: 42 55 71. Redaktion: Chefredakteure Dr. Eugen Klever u. Prof. Dr. Maximilian Pflücke. Verlag: Akademie-Verlag GmbH, Berlin W 8, Mohrenstraße 39 (Fernsprecher 20 03 86, Postscheckkonto Berlin 35021), u. Verlag Chemie, GmbH., Weinheim/Bergstraße (Postscheckkonto Frankfurt/M. 145314 u. Berlin [West] 7430. Fernsprecher: Weinheim 2017).
Bestell- und Verlags-Nr. 1007/125.
Satz u. Druck: VEB Leipziger Druckhaus, Leipzig, III/18/203. II. 54.
Veröffentlicht unter der Lizenznummer 1212 des Amtes für Literatur u. Verlagswesen der Deutschen Demokratischen Republik.
Printed in Germany.

Chemisches Zentralblatt

1954 Nr. 43 27. Oktober

Geschichte. Unterricht.

Bernd Eistert, *Hans von Euler-Chelpin zum 80. Geburtstag.* H. von Euler-Chelpin (geb. am 15/2. 1873 in Augsburg) wurde 1897 von Arrhenius als Assistent nach Stockholm berufen. 1906 wurde er dessen Nachfolger. Bekannt wurde von Euler durch Arbeiten auf dem allg. organ.-chem. Gebiet u. auf dem Gebiete der Biochemie. 1929 erhielt von Euler den Nobel-Preis für „Unterss. über die Gärung der Zucker u. die dabei wirksamen Enzyme". (Chemiker-Ztg. **77.** 65. 5/2. 1953.) H.-G. Schäfer. 1

M. M. Schemjakin, *Das Mitglied der Akademie Wladimir Michailowitsch Rodionow. (Zum 75. Geburtstag.)* Würdigung der wissenschaftlichen u. pädagog. Leistung des am 28/10. 1878 geborenen Organikers Rodionow. Hinweis auf ältere, auf den verschiedensten Gebieten der organ. Chemie liegenden Arbeiten. Die der letzten Jahre befassen sich bes. mit der Synth. von β-Aminosäuren, auf die von Vf. näher eingegangen wird. — Bild, Literaturverzeichnis für die Jahre 1948—1953. 64 Zitate. (Журнал Общей Химии [J. allg. Chem.] **23** (**85**). 1785—94. Nov. 1953.) Ulmann. 1

R. Huisgen und **W. Klemm,** *Heinrich Wieland zum 75. Geburtstag. Glückwunschadresse der Gesellschaft Deutscher Chemiker.* Würdigung mit kurzer Angabe der Arbeitsgebiete des Jubilars. — Bild. (Angew. Chem. **64.** 293. 7/6. 1952.) Lochmann. 1

S. S. Israelstam, *Zur 100. Wiederkehr des Geburtstages von Ernst Otto Beckmann.* Biographie von E. O. Beckmann (1853—1923), dessen Name mit der Entdeckung der nach ihm benannten Umlagerung u. des Thermometers verbunden ist. — Bild. (South African ind. Chemist **7.** 107—10. Juni 1953.) Lochmann. 1

G. Je. Wladimirow, *A. Ja. Danilewski, der Begründer der russischen Biochemie.* Danilewski (1860—1923) gilt als Begründer der russ. Biochemie. Er hat sich vor allem mit der Chemie der Proteine u. Fermente sowie mit der Ernährungslehre befaßt. (Физиологический Журнал СССР имени И. М. Сеченова [Ssetschenow J. Physiol. UdSSR] **39.** 509—15. Juli/Aug. 1953.) Rentz. 1

M. L. Tarachowski, *Professor W. I. Dybkowski.* Biographie des im Alter von 34 Jahren (1836—1870) verstorbenen Professors der Pharmakologie u. allg. Therapie der Kiewer Universität W. I. Dybkowski, welcher als einer der ersten in Rußland die experimentelle Richtung in der Pharmakologie vertrat u. ein experimentelles pharmakol. Labor. schuf. (Фармакология и Токсикология [Pharmakol. u. Toxikol.] **16.** Nr. 4. 58—63. Juli/Aug. 1953. Kiew, Med. Bogomoletz-Inst., Lehrstuhl für Pharmakol.) Rentz. 1

K. A. Murray, *Zur 100. Wiederkehr des Geburtstages von Wilhelm Ostwald.* Biographie u. Darst. der Schaffensgebiete, vorwiegend nach angelsächs. Quellen. — Bild. (South African ind. Chemist **7.** 102—07. Juni 1953.) Lochmann. 1

W. J. Bishop, *Avicenna, ein berühmter Arzt.* Es wird über das Leben u. Wirken des vor 1000 Jahren lebenden größten Arztes u. Wissenschaftlers des Islam berichtet. — Bild. (Pharmac. J. **172** ([4] **118**). 357—58. 1/5. 1954.) Boye. 1

Leonora Neuffer Bilger, Gustav Ecke und **Claude Horan,** *Chemie- und Kunstwerk zugleich.* An einer chines. Chan-kuo-Glocke (Hui-hsien-Keramik) ließ sich die glänzend schwarze Oberflächenschicht in organ. Fll. lösen. Nach Filtrieren u. Eindampfen hinterließ die Lsg. einen harten, fast farblosen Lack. Das Stück war also nicht glasiert, sondern lackiert worden. (J. chem. Educat. **30.** 396—97. Aug. 1953. Honolulu, Hawaii, Univ. of Hawaii.) Blumrich. 2

Eugen Müller, *Theorie und Experiment in der organischen Chemie.* Knappe Übersicht über die Entw. der Theorien der organ. Chemie. Den größeren Teil des Vortrags nimmt eine Schilderung der Entw. der Theorie der Radikale von Gombergs erster Entdeckung bis zur Vorstellung der Elektronenisomeren ein. (Chemiker-Ztg. **77.** 569—74. 5/9. 1953. Tübingen, Univ.) K. L. Wolf. 2

Franz Dangl, *Die Entwicklungsgeschichte der Luminescenzanalyse und Fluorescenzmikroskopie.* Geschichtlicher Überblick, beginnend von der Entdeckung des „Bologneser Leuchtsteins" durch den Alchimisten VINCENTIO CASCIAROLUS (1602 bzw. 1603). — Ausführliche Quellenangabe. (Prakt. Chem. [Wien] **3.** 140—47. Juni 1952. Wien, Hochschule für Bodenkultur.) KLEVER. 2

Henry Fischbach, *Winke für das Übersetzen deutscher, französischer und italienischer chemischer Literatur.* Einige Regeln u. Beispiele für Schwierigkeiten beim Übersetzen ins Englische. (J. chem. Educat. **30.** 388—93. Aug. 1953. New York, N. Y., Language Serv.) BLUMRICH. 4

F. Hauer und **G. Keck,** *Versuche zur Demonstration von Ultraschallwellen in Flüssigkeiten.* Sichtbarmachung von Ultraschallwellen durch Aufstreuen von Pulver auf die Flüssigkeitsoberfläche u. durch Streuung von Lichtstrahlen an durch Kavitation erzeugten Bläschen. Die Verss. dienen zur Vorführung vor einem größeren Auditorium. — 6 Abbildungen. (Acustica [Zürich] **3.** 404—06. 1953. Wien, Univ., Inst. für Med. Phys.) FALKENHAGEN. 6

James O. Osburn, *Eine visuelle Demonstration der fraktionierten Destillation.* Bei der Dest. einer 1,9%ig. Lsg. von J in CCl_4 durch eine Glaskolonne (am besten mit Böden) unter totalem Rückfluß kann aus der aufwärts abnehmenden Farbe die Trennwrkg. beobachtet, aus der Farbintensität im Vgl. zu Proben bekannter Konz. nach einem Gleichgewichtsdiagramm die Wirksamkeit der einzelnen Böden geschätzt u. die Änderung der Zus. beim Abnehmen von Destillat festgestellt werden. (J. chem. Educat. **30.** 412—14. Aug. 1953. Iowa City, Io., State Univ.) BLUMRICH. 6

T. Czarnecki, *Ein Modell des Solvay-Prozesses.* Beschreibung einer einfachen Glasapparatur zur Demonstration des SOLVAY-Prozesses. (School Sci. Rev. **34.** 284—85. März 1953. Bottisham.) GOTTFRIED. 6

Peter J. W. Debye, The collected papers of Peter J. W. Debye. New York: Interscience. 1954. (722 S.) $ 9,50.

A. Allgemeine und physikalische Chemie.

K. G. Zimmer, *Experimentelle Bestimmung vvn einem Gramm-Röntgen in Erg.* Beschreibung der Meth., die auf der Mess. der Absorption der Strahlung in verschied. Abständen in einer homogenen Substanz (z. B. W.) beruht. Für die γ-Strahlung des ^{60}Co ergibt sich in W. 1 Gramm-Röntgen gleich 84 Erg. (Журнал Экспериментальной и Теоретической Физики [J. exp. theoret. Physik] **26.** 367—69. März 1954.) GEIGER. 10

Robert Lennuier, *Das Längenurmaß. Wird eine Lichtstrahlung bald das Urmeter ersetzen?* Eingehende Schilderung der histor. Entw. u. der Voraussetzungen für die Einführung einer Lichtwellenlänge als Urmaß unter besonderer Berücksichtigung der *Kr*- u. ^{198}Hg-Lampe. (Astronomie Bull. Soc. astronom. France **67.** 357—71. Okt. 1953. Paris, Fac. des Sci.) EICHHOFF. 10

G. K. T. Conn, *Über die Wärmeeinheit.* In Hinblick auf den physikal. Unterricht diskutiert Vf. das 1950 in England als Wärmeeinheit eingeführte *Joule.* (School Sci. Rev. **34.** 248—50. März 1953. Sheffield, Univ.) GOTTFRIED. 10

—, Adreßbuch deutscher Chemiker. Gemeins. hrsg. v. Ges. Dt. Chemiker u. Verl. Chemie. 1953/54. Weinheim/Bergstr.: Verl. Chemie. 1953. (VIII + 450 S.) DM 12,80.

Robert Schwarz u. Peter Wolfgang Schenk, Chemisches Praktikum für Mediziner u. Studierende sonstiger an Chemie interessierter Wissenschaften. 7. umgearb. Aufl. Leipzig: Barth. 1954. (117 S.) DM 4,20.

Giorgio Valle, Corso di fisica sperimentale. Vol. I. Meccanica-termologia. Bologna: L. Tinarelli. 1953. (638 S. m. Abb.)

A_1. Kernphysik und Kernchemie.

Otto Bergmann, *Erhaltungssätze in der klassischen Elektrodynamik.* Vf. zeigt, daß der symm. Energie-Impuls-Tensor der neuen klass. Elektrodynamik (DIRAC) auch in einer allgemeineren Theorie Gültigkeit besitzt, für die keine LAGRANGE-Funktion gefunden worden ist. (Physic. Rev. [2] **90.** 315. 15/4. 1953. Adelaide, Univ. of Adelaide, Dep. of Math. Phys.) GERHARD SCHMIDT. 80

Max Kohler, *Die Formulierung der Erhaltungssätze der Energie und des Impulses in der allgemeinen Relativitätstheorie.* 2. Mitt. (1. vgl. Z. Physik **131.** [1952.] 571.) Vf. zeigt, daß durch ein geeignet gewähltes Variationsprinzip an der Spitze der Theorie sich ein Syst. von Feldgleichungen finden läßt, das sich zur Berechnung zweier Maßtensoren aus der Materieverteilung eignet. Die HAMILTONsche Funktion dieses Variationsprinzips enthält beide Maßtensoren. (Z. Physik **134.** 286—306. 1953. Braunschweig, TH, Lehrstuhl für Theoret. Phys.) GERHARD SCHMIDT. 80

Max Kohler, *Zur Herleitung der Feldgleichungen in der allgemeinrelativistischen Gravitationstheorie.* (Vgl. vorst. Ref.) Die dem von EINSTEIN abweichenden Wirkungsprinzip zugrunde liegende Funktion läßt sich durch Forderungen festlegen, die zu einer Verallgemeinerung der früheren Theorie führen. (Z. Physik **134.** 306–16. 1953.)
GERHARD SCHMIDT. 80

M. Moshinsky, *Die Wechselwirkung des Birkhoffschen Gravitationsfeldes mit dem elektromagnetischen und dem Paarfeld.* (Sitzungsbericht.) Die von BIRKHOFF vorgeschlagene Gravitationstheorie wird vom Standpunkt einer Feldtheorie aus diskutiert, bes. wird die Wechselwrkg. des BIRKHOFFschen Feldes mit anderen Feldern untersucht. Mit Hilfe der LAGRANGE-Funktion der Wechselwrkg. kann die Wrkg. des Gravitationsfeldes auf das elektromagnet. u. das Paarfeld festgelegt werden. Sie führt auf eine Modifikation von MAXWELL- u. DIRAC-Gleichungen. Diese modifizierten Gleichungen bedingen eine Änderung des Brechungsindex u. eine Verschiebung der Energieniveaus des Atoms. Die Einw. eines äußeren Gravitationsfeldes auf die DIRAC-Gleichung führt zu einer Gravitationskorrektur des magnet. Momentes, das mit dem Spin u. der Bahnbewegung eines Elektrons verbunden ist. (Bull. Amer. physic. Soc. **25.** Nr. **4.** 24. 21/6.; Physic. Rev. [2] **80.** 139. 1/10. 1950. Univ. de México, Inst. de Fís. y Geofís.)
WEIGEL. 80

G. Höhler, *Bemerkung zu einer Arbeit von H. L. Jordan.* Hinweis auf Vorzeichenfehler in der Arbeit von JORDAN (C. **1954.** 1870) über die Begrenzung der Lokalisierbarkeit von Wechselwirkungen. (Z. Naturforsch. **8a.** 677. Okt. 1953. Göttingen, Univ., Inst. für theoret. Phys.) GERHARD SCHMIDT. 80

S. B. Treiman, *Bemerkungen über das Höhenstrahlalbedo.* (Sitzungsbericht.) Der Anteil der von der Erde kommenden Albedostrahlung in der Höhenstrahlung wird diskutiert. Von echten Primärteilchen unterscheiden sich diese Teilchen dadurch, daß sie auf allen Breiten mit Energien unter dem Minimalwert ankommen können. (Physic. Rev. [2] **91.** 432. 15/7. 1953. Princeton Univ.) WIEDEMANN. 85

T. Thambyahpillai und **H. Elliot,** *Weltweite Änderungen in der Phase der täglichen solaren Schwankung der Höhenstrahlung.* Die Tagesschwankung der Höhenstrahlung wurde mittels zweier um 45° gegen die Vertikale geneigter Zählerteleskope verfolgt, von denen eines nach Norden, das andere nach Süden gerichtet war. Es zeigt sich zwischen 1933–1942 eine zeitliche Verschiebung des Maximums auf spätere Std. u. von 1942–1952 eine solche auf frühere Stunden. Die Periode würde sich auf 22 Jahre belaufen. Die Möglichkeit einer Beziehung zum Sonnenfleckencyclus wird diskutiert. (Nature [London] **171.** 918–20. 23/5. 1953. Manchester, Univ., Phys. Labors.)
WIEDEMANN. 85

H. V. Neher und **E. A. Stern,** *Die Energieverteilung der Höhenstrahlen.* (Sitzungsbericht.) Die Intensitätsverteilung der Höhenstrahlteilchen gegenüber dem durch das Magnetfeld der Erde bestimmten Impuls zeigt ein Maximum bei einigen GeV/Zc. Verss. in großen Breiten u. Höhen ergaben ein scharfes Abschneiden der Höhenstrahlung bei 58 ± 1^0 N, was durch das Magnetfeld der Sonne verursacht sein dürfte. (Physic. Rev. [2] **90.** 360. 15/4. 1953. California Inst. of Technol.) WIEDEMANN. 85

Frank B. McDonald, *Nebelkammeruntersuchung von Teilchen in der primären Höhenstrahlung.* (Sitzungsbericht.) Mittels Steuerung einer Nebelkammer durch einen Proportionalzähler (NaJ-Kristall) u. Definition einer Bahn durch GEIGER-Zähler in dieser Kammer, die 2 Pb- u. 2 C-Absorber enthielt, war es möglich, Teilchen in einem gegebenen Ionisationsintervall zu beobachten. Mit dieser Kammer wurde der prim. α-Fluß auf 41° N in 84000 ft. Höhe beobachtet. (Physic. Rev. [2] **91.** 432. 15/7. 1953. Univ. of Minnesota.) WIEDEMANN. 85

J. J. Lord, *Emulsionskammeruntersuchungen von energiereichen Höhenstrahlwechselwirkungen.* (Sitzungsbericht.) Eine Pb-Emulsionskammer, bestehend aus 18 horizontalen Pb-Platten mit gegeneinander gerichteten Emulsionen dazwischen („sandwich"), wurde auf 90000–95000 ft. Höhe der Höhenstrahlung ausgesetzt. Darüber waren senkrecht u. gegeneinander gerichtete Emulsionen angebracht. Unter 60 Schauern hoher Energie wurde einer beobachtet, dessen Kern aus 3 energiereichen Paaren u. 5 weiteren Bahnen mit minimaler Ionisation bestand. Die Energie wird auf 10^{13} eV geschätzt. (Physic. Rev. [2] **91.** 432. 15/7. 1953. Univ. of Washington.) WIEDEMANN. 85

Alice Daudin und **Jean Daudin,** *Die Auger-Schauer in der Atmosphäre.* Auf 2860 m Höhe wurden mit einer Koinzidenzanordnung über 2 Jahre die AUGER-Schauer untersucht. Die Zählrohre waren mit Ar-Methylal gefüllt. Es wurden Barometerkoeffizienten von $-10{,}6 \pm 0{,}2$ bzw. $-10{,}4 \pm 0{,}16$% je cm Hg gefunden. Der Temperaturkoeff. wurde zu $-0{,}1$% je Grad bestimmt, er rührt von einem geometr. Dichteeffekt her.

Der Barometerkoeff. entspricht einer Reichweite in Luft von 128 g/cm. Die Abnahme der Absorption der AUGER-Schauer zwischen 3000 m u. Seehöhe wird auf eine Änderung in der Strahlenzus. zugunsten von μ-Mesonen u. zugunsten von Nucleonen u. Elektronen zurückgeführt. (J. Physique Radium **14.** 169—74. März 1953. Bagnères-de-Bigorre, Observ. du Pic du Midi.) WIEDEMANN. 85

Alice Daudin und **Jean Daudin,** *Die Auger-Schauer und die Dichte der oberen Atmosphäre.* Die Intensität der großen Stöße wurde bzgl. der Luftdruckschwankungen korrigiert. Zwischen den verbleibenden Werten u. der Temp. des 300 mbar-Niveaus wurde Korrelation festgestellt; die lokale Temp. spielt eine geringere Rolle. Jedoch können nicht alle Schwankungen in der Stoßhäufigkeit durch diese Korrelation erfaßt werden. (C. R. hebd. Séances Acad. Sci. **236.** 1352—54. 30/3. 1953.) WIEDEMANN. 85

Fritz E. Froehlich und **Kurt Sitte,** *Die mittlere freie Weglänge für Schauererzeugung durch energiereiche π-Mesonen.* (Sitzungsbericht.) Unter Pb-Absorbern verschied. Dicke werden durchdringende Schauer verschied. Multiplizität registriert. Es wird zwischen der mittleren freien Weglänge für die Schauererzeugung durch π-Mesonen u. Protonen unterschieden. Die Schwächung nimmt mit zunehmender Absorberdicke ab, woraus sich für die Schauererzeugung in Pb durch π-Mesonen eine mittlere freie Weglänge von mindestens 500 g/cm² ergibt. Der Barometerkoeff. der stark abgeschirmten Schauer beträgt $\sim 7\%$. (Physic. Rev. [2] **91.** 433. 15/7. 1953. Syracuse Univ.) WIEDEMANN. 85

William Chinowsky und **Jack Steinberger,** *Die Massendifferenz zwischen neutralen und negativen π-Mesonen.* Aus der Winkelbeziehung zweier γ-Quanten läßt sich beim Zerfall von π^0-Mesonen die Massendifferenz $m_{\pi^-} - m_{\pi^0}$ abschätzen. π^--Mesonen werden in H_2-Gas geschossen, dabei entstehen π^0-Mesonen, welche nach $\pi^- + p \rightarrow n + \pi^0$, $\pi^0 \rightarrow 2\gamma$ zwei γ-Quanten emittieren. Der Winkel zwischen zwei zusammengehörigen γ-Emissionsrichtungen kann mit einer Zählrohrkoinzidenzmeth. bestimmt werden. Aus dem Koinzidenzwinkel u. dem β^2-Wert des π^0-Mesons ergibt sich die Massendifferenz zu $8{,}8 \pm 0{,}6\ m_e$. (Physic. Rev. [2] **93.** 586—89. 1/2. 1954. New York, N. Y., Columbia Univ.) VOITLÄNDER. 90

J. P. Davidson, *Spektrum und Halbwertszeit des $\varkappa$-Mesons.* Für das $\varkappa$-Meson sind zwei Zerfallsmöglichkeiten vorhanden: $\varkappa^\pm \rightarrow \mu^\pm + 2\nu$ u. $\varkappa^\pm \rightarrow e^\pm + 2\nu$. Für eine M. von 940 m_e sollte der zweite Zerfall um 40% rascher verlaufen, für den ersten beträgt die Halbwertszeit $1{,}63 \cdot 10^{-9}$ Sekunden. Das Spektr. der Zerfallsprodd. endet für μ bei 145 MeV u. für e bei 240 MeV. Zur experimentellen Nachprüfung der Zerfallsmöglichkeiten sollte das Spektr. der Zerfallselektronen, die aus $\mu \rightarrow e$ entstehen, bestimmt werden. (Physic. Rev. [2] **91.** 1020—21. 15/8. 1953. New York, N. Y., Columbia Univ., Phys. Dep.) WIEDEMANN. 90

D. M. Ritson, *Einige Massenbestimmungen von K-Teilchen.* Aus der Messung der „Lochdichte" (gap density) d u. ihrer Beziehung zur Restreichweite (R) wird eine Meth. zur Massenbest. von unbekannten Teilchen entwickelt u. auf die Messung von K-Teilchen angewendet. Grundlage der Meth. bildet die Annahme, daß Teilchen gleicher Geschwindigkeit, aber verschied. Masse gleiches d hervorrufen. Sind die Reichweiten, bei denen die Geschwindigkeiten gleich sind, bekannt, so stehen die Massen im Verhältnis der Reichweiten. Die Änderung von d mit R ergab sich experimentell proportional $R^{0,52 \pm 0,05}$. Werden Protonen als Bezugsteilchen benutzt, so besteht die Beziehung $m_K/m_p = (R_K/R_p)(d_p/d_K)^2$. Bei Ballonaufstiegen exponierte Platten enthielten Spuren von 3 K-Teilchen. Die Best. ihrer Massen nach der skizzierten Meth. ergab $K_1 = 970$, $K_2 = 1020$ u. $K_3 = 870 \pm 100\ m_e$. (Physic. Rev. [2] **91.** 1572. 15/9. 1953. Rochester, N. Y., Univ. of Rochester, Phys. Dep.) CONRAD. 90

C. M. York, R. B. Leighton und **E. K. Bjornerud,** *Direkter experimenteller Beweis für die Existenz eines schweren positiven V-Teilchens.* (Vgl. LEIGHTON u. WANLESS, C. **1953.** 3830.) Mittels einer Doppelnebelkammer mit Blei darüber u. zwischen den beiden Teilen, bei der der obere Teil die Feststellung relativ langlebiger Teilchen u. der untere die relativ kurzlebiger Teilchen bevorzugt, wurden Anzeichen dafür erhalten, daß die kurzlebigen Teilchen meist, wenn nicht immer, positiv, u. die langlebigen überwiegend negativ geladen sind. Ferner wurden zwei Zerfälle positiver V-Teilchen beobachtet, bei denen Sekundärteilchen mit Massen zwischen 1300 u. 2300 m_e, vermutlich Protonen nach $V_1^+ \rightarrow P + \pi^0 + Q$ (40 MeV), entstehen. (Physic. Rev. [2] **90.** 167—68. 1/4. 1953. Pasadena, Calif., California Inst. of Technol.) WIEDEMANN. 90

W. B. Fowler, R. P. Shutt, A. M. Thorndike und **W. L. Whittemore,** *Erzeugung von V_1^0-Teilchen durch negative Pionen in Wasserstoff.* Eine mit H_2 von 18 at gefüllte Diffusionsnebelkammer wurde im Magnetfeld von 11000 Gauß negativen Pionen von

1,5 GeV ausgesetzt. Zwei Aufnahmen legen die Entstehung eines V^0-Teilchens nahe, das nach $V_1^0 \rightarrow p + \pi^- + Q$ mit einer Lebensdauer von $3-4 \cdot 10^{-11}$ Sek. zerfällt. Energie u. Impuls betragen 1,26 bzw. 1,33 GeV, 610 bzw. 745 MeV/c. Wird in einem Fall Q = 37 MeV gesetzt, so ergibt sich für das Proton ein Impuls von 460 MeV/c u. für das Pion 180 MeV/c. Nach den Erhaltungssätzen muß noch die Entstehung mindestens eines neutralen Teilchens angenommen werden, wahrscheinlich handelt es sich um ein schweres Meson mit 1350 bzw. 1280 m_e u. einer Lebensdauer von mehr als 3 bzw. $4 \cdot 10^{-10}$ Sekunden. (Physic. Rev. [2] **91.** 1287. 1/9. 1953. Upton, N. Y., Brookhaven Nat. Labor.) Wiedemann. 90

W. L. Alford und **R. B. Leighton,** *Mittlere Lebensdauer von V-Teilchen und schweren Mesonen.* Auf 23000 Nebelkammeraufnahmen wurden 134 Beispiele des Zerfalls eines neutralen V-Teilchens nach $V^0 \rightarrow P^+ + \pi^- + Q$ beobachtet u. 23 Zerfälle eines geladenen V-Teilchens in ein geladenes u. ein oder mehrere neutrale Teilchen. 74 V^0-Zerfälle wurden hinsichtlich der Lebensdauer analysiert. Es wurde derjenige Wert gesucht, für den die beobachtete Verteilung der Zerfallspunkte in der Kammer ein Maximum an Wahrscheinlichkeit erhält. Es ergab sich $\tau = (2,5 \pm 0,7) \cdot 10^{-10}$ Sekunden. Die Lebensdauer für die Q-Gruppe unter 50 MeV scheint etwas größer zu sein als die für die Gruppe zwischen 50 u. 150 MeV. Für die Lebensdauer der geladenen V konnte kein exakter Wert erhalten werden, vermutlich handelt es sich um mehrere Gruppen mit einer mittleren Lebensdauer, die kürzer als bei den V^0 ist. Ferner traten wahrscheinlich $\varkappa$-, χ- u. τ-Mesonen auf, deren Lebensdauer 10^{-9} Sek. oder mehr beträgt. (Physic. Rev. [2] **90.** 622—29. 15/5. 1953. Pasadena, Calif., California Inst. of Technol.) Wiedemann. 90

R. L. Garwin, *Suche nach V^0-Teilchen, die durch 450 MeV-Protonen erzeugt werden.* Graphit wurde mit 450 MeV-Protonen beschossen, mittels Flüssigkeitsscintillationszählern u. einem Čerenkov-Zähler wurde nach γ-Strahlung im Vakuum in der Nähe des Targets gesucht. Diese konnte nicht in nennenswertem Maße gefunden werden. Hieraus ergibt sich für die Erzeugung instabiler Teilchen (V^0), die mit einer Lebensdauer von ca. $2 \cdot 10^{-10}$ Sek. in π^0 zerfallen, ein Wirkungsquerschnitt von $< 7 \cdot 10^{-33}$ cm^2 pro Nucleon. (Physic. Rev. [2] **90.** 274—78. 15/4. 1953. Chicago, Ill., Univ. of Chicago, Inst. for Nucl. Stud.) Wiedemann. 90

P. C. Price, *Über Vereinfachung der Reduktion von Winkelverteilungsversuchen in der Kernphysik nach der Methode der kleinsten Quadrate.* Beschreibung eines experimentellen Verf. zur Vereinfachung der Berechnungen der Winkelverteilung. (Philos. Mag. [7] **45.** 237—45. März 1954. Cambridge, Cavendish Labor.) Gerhard Schmidt. 90

L. V. Spencer, *Berechnung von richtungsbevorzugten Winkelverteilungen aus Legendre-Polynomen und eine Anwendung auf die Mehrfachstreuung geladener Teilchen.* (Vgl. C. **1954.** 935.) Die l. c. entwickelte Meth. wird benutzt, um die bei der Richtungsverteilung mehrfach gestreuter geladener Teilchen auftretenden Integrale zu ermitteln. Vf. leitet eine Formel zur Summierung der langsam konvergierenden Reihen von Legendre-Polynomen unter Benutzung einer Fourier-Integralapproximation für kleine Winkel ab. Die so erhaltene Richtungsverteilung wird mit den Ergebnissen von Molière u. Snyder-Scott verglichen. (Physic. Rev. [2] **90.** 146—50. 1/4. 1953. Washington, D. C., Nat. Bur. of Standards.) Wiedemann. 90

Santimay Chatterjee und **Ajit Kumar Saha,** *Messungen der γ-γ-Winkelkorrelation.* Die für die Messungen erforderliche Zeit schwankt in Abhängigkeit vom Auflösungsvermögen der Koinzidenzanordnung zwischen 178 Std. für $\tau = 10^{-6}$ u. 0,02 Std. für 10^{-10} Sekunden. Die Streueffekte bei nicht abgeschirmtem Phosphor können das Korrelationsverhältnis beträchtlich herabsetzen. (Physic. Rev. [2] **91.** 200—01. 1/7. 1953. Calcutta, Inst. of Nucl. Phys.) Wiedemann. 90

M. E. Rose, *Gemischt-γ-gemischt-γ-Winkelkorrelation.* Vf. leitet eine Winkelkorrelationsfunktion für eine γ-γ-Kaskade ab, bei der beide γ-Strahlungen gemischt ($E_L + M_{L+1}$ oder $M_L + E_{L+1}$) auftreten. (Physic. Rev. [2] **93.** 477. 1/2. 1954. Oak Ridge, Tenn., ORNL.) Voitländer. 90

D. L. Falkoff, *Impedanzbegriff bei Kernstreuung.* (Sitzungsbericht.) Unter Hinweis auf die Analogie der Streuung von Teilchen durch komplexe Kerne u. der Streuung elektromagnet. Wellen können im Rahmen eines üblichen Formalismus viele allg. Eigg. beider Streuungsarten, wie z. B. Reziprozitätsbedingungen, Erhaltungssätze, Resonanzfrequenzen usw., aufgestellt werden. Die bekannten Eigg. der Impedanz als eine Frequenzfunktion finden unmittelbar Anwendung auf die Energieabhängigkeit des Kernquerschnitts. (Physic. Rev. [2] **93.** 364. 15/1. 1954. Brandeis Univ. and MIT.) Gerhard Schmidt. 90

Gérard Petiau, *Über die Berechnung der Wirkungsquerschnitte der Coulomb-Streuung zwischen Teilchen mit den Spins 0, ħ/2 und ħ.* Vf. diskutiert einige Eigg. der Wellengleichungen von Teilchen mit den Spins 0 u. ħ u. gibt einfache Darstellungen der Systeme von irreduziblen Matrizen. Die Ergebnisse werden auf die kovariante Berechnung der Wirkungsquerschnitte der COULOMB-Streuung zwischen zwei Teilchen mit den Spins 0, ħ/2 oder ħ angewendet. Behandelt werden elektromagnet. sowie Mesonenfelder, u. zwar vektorielle, skalare u. pseudoskalare. (J. Physique Radium **14** 137—44. März 1953. Paris, Inst. Henri Poincaré.) WIEDEMANN. 90

Gérard Petiau, *Über die Berechnung der Streuung von Teilchen mit dem Spin ħ/2 durch ein pseudoskalares Coulomb-Potential.* Die Lösung der DIRAC-Wellengleichung, die ein Teilchen vom Spin ħ/2 darstellt, wird für den Fall einer pseudoskalaren Wechselwrkg. nach 1/r diskutiert. Vf. bestimmt die Streuwelle, die dem Einfall einer ebenen monochromat. Welle entspricht. (C. R. hebd. Séances Acad. Sci. **236.** 2303—05. 15/6. 1953.) WIEDEMANN. 90

K. M. Case und **A. Pais,** *Spin-Bahn-Wechselwirkungen und Nucleon–Nucleon-Streuung.* (Sitzungsbericht.) Inhaltlich ident. mit den C. **1951.** I. 682 u. 2993 referierten Arbeiten. (Bull. Amer. physic. Soc. **25.** Nr. 4. 23. 21/6.; Physic. Rev. [2] **80.** 138. 1/10. 1950. Inst. for Advanced Stud.) WEIGEL. 90

R. M. Thaler und **J. Bengston,** *Phasenverschiebungsanalyse der Nucleon–Nucleon-Streuung hoher Energie.* Vff. bestimmen die möglichen Werte für Triplettphasenwinkelverschiebung von p-Wellen der Proton–Proton-Streuung bei 240 MeV u. stellen sie in Diagrammen dar. (Physic. Rev. [2] **93.** 643—44. 1/2. 1954. New Haven, Conn., Yale Univ.) VOITLÄNDER. 90

W. E. Mott und **R. B. Sutton,** *Proton–Proton-Streuung bei 435 MeV.* (Sitzungsbericht.) Der differentielle p–p-Streuquerschnitt wird unter Benutzung eines 450 MeV-Synchrotronprotonenbündels gemessen. Die ohne Verwendung von Deflektoren oder Fokussierungseinrichtungen aus dem Synchrocyclotron austretenden Protonen werden vor u. nach dem Durchlaufen eines Ablenkmagneten gebündelt. In 10 m Abstand vom Synchrocyclotron ist bei $E_p = 435$ MeV eine Intensität von 10^6 Protonen/cm²/sec vorhanden. Gestreute u. Rückstoßprotonen werden mittels einer Koinzidenzmeth. erfaßt, als Monitor dient eine Ar-gefüllte Ionisationskammer. Die p–p-Querschnitte ergeben sich als Differenz von σ_{CH_2} u. σ_C. Bei Winkeln von 90, 65,3 u. 36,3° (Schwerpunktssyst.) verhalten sich die Querschnitte wie 1 : 1,04 : 1,19. (Physic. Rev. [2] **90.** 339. 15/4. 1953. Carnegie Inst. of Technol.) WEIGEL. 90

W. Selove, K. Strauch und **F. Titus,** *Neutron–Proton-Streuung bei 180° und 94 MeV.* (Sitzungsbericht.) Die Winkelverteilung der n–p-Streuung wird mit 94 MeV-Neutronen bei 6 Winkeln im Bereich von 155—180° (Schwerpunktssyst.) gemessen. Die relativen Querschnitte bei 180, 170 u. 160° verhalten sich wie 100 : 95 : 81 (statist. Fehler ~ 2½%; Winkelauflösung ~ 3%). (Physic. Rev. [2] **90.** 339. 15/4. 1953. Harvard Univ.) WEIGEL. 90

J. Bourgeois, J. Jacquesson und **P. Zaleski,** *Dichteverteilung der thermischen Neutronen in einem halbunendlichen Streuer, der senkrecht zur Oberfläche bestrahlt wird.* Ein Paraffinblock von prakt. unendlicher Flächenausdehnung (60×60×30 cm) wird senkrecht zur Oberfläche mit therm. Neutronen bestrahlt, mittels Detektoren (Au-Folien von 2 μ Dicke u. 2×50 mm Ausdehnung) wird die Neutronendichte in Abhängigkeit von der Eindringtiefe bestimmt. Die Aktivität der Detektoren wurde durch Autoradiographie ermittelt. An den Werten werden Korrekturen für die nur endliche Ausdehnung der Quelle (9×9 cm) u. für schnelle Neutronen angebracht. Die Kurve zeigt ein Maximum bei ~ 0,2 cm. Eine theoret. Unters., die von der Integralgleichung der Streuung ausgeht u. konstante Energie der Neutronen annimmt, führt zu den gleichen Ergebnissen. (J. Physique Radium **14.** 198—202. März 1953. Fort de Châtillon, Commiss. à l'Énergie atom., Serv. de la Pile de Châtillon.) WIEDEMANN. 90

R. G. Moorhouse, *Streuung langsamer Neutronen durch ferromagnetische Kristalle.* (Vgl. C. **1951.** II. 774.) Vf. untersucht die magnet. Streuung von sehr langsamen Neutronen auf Grund der Spinwellenmodells von BLOCH in einem Gebiet, in dem dieses Modell als Näherung anwendbar ist. Infolge von Spinwellenabsorption treten beobachtbare Intensitätsspitzen in der Winkelverteilung der gestreuten Neutronen auf. Neutronen werden auch durch Photonenabsorption gestreut. Eine analoge Rechnung zeigt, daß ähnliche Spitzen durch Vibrationsstreuung hervorgerufen werden. Eine Meth., zwischen diesen beiden Arten von Streuung zu unterscheiden, um das BLOCH-Modell zu prüfen, wird vorgeschlagen. (Proc. physic. Soc., Sect. A **64.** 1097—1107. 1/12. 1951. Glasgow, Univ., Dep. of Natural Philos.) v. HARLEM. 90

G. L. Squires, *Die Streuung langsamer Neutronen durch ferromagnetische Kristalle.* Ein durch Pb gefiltertes Meilerneutronenbündel mit der mittleren Wellenlänge 7,0 Å dient zur Messung des totalen Wirkungsquerschnittes (WQ) von *Fe* als Funktion der Temp. im Temperaturbereich zwischen 290 u. 1170° K. Bei der Temp. 1044 ± 3° K hat WQ ein scharfes Maximum von 8,6 barn gegenüber einem für reine Kernstreuung errechneten WQ von 3,8 barn. Die Differenz ist bei angenommener Inkohärenz der Beitrag der Wechselwrkg. der magnet. Momente von Kern u. Neutron. Bei *Ni* zeigt sich dagegen bei 631° K nur ein kleiner Anstieg (0,11 barn) des WQ über den für reine Kernstreuung errechneten Wert von 7,5 barn. (Proc. physic. Soc., Sect. A **67.** 248—53. 1/3. 1954. Harwell, Didcot, Berks., A. E. R. E.) H. C. Wolf. 90

George W. Farwell und **Harvey E. Wegner,** *Elastische Streuung von α-Teilchen mittlerer Energie an Gold.* α-Teilchen von 14—42 MeV werden an Au gestreut. Die Streuquerschnitte werden in Abhängigkeit von der Energie der α-Teilchen für zwei Streuwinkel 60 u. 95° (Labor.-Syst.) aufgenommen. Bei der Streuung unter 60° gibt es eine krit. Energie von 27,0 ± 0,3 MeV, oberhalb dieser Energie tritt starke Abweichung von der Rutherford-Streuformel auf. Für die Streuung unter 95° liegt die krit. Energie bei 20,25 ± 0,4 MeV. Der Mindestabstand zwischen α-Teilchen u. Streukern wird bestimmt. (Physic. Rev. [2] **93.** 356—57. 15/1. 1954. Seattle, Wash., Univ. of Washington, Dep. of Phys.) Voitländer. 90

Pierre Cüer und **Jean Combe,** *Über die Durchführung eines Monte-Carlo-Verfahrens zur Untersuchung des Durchganges energiereicher Nucleonen durch Kerne.* Vff. verwenden eine Monte-Carlo-Maschine zur Darst. der verschied. experimentellen Ergebnisse über die Energie- u. Winkelverteilung der aus Sternen austretenden Nucleonen sowie über die Natur dieser Nucleonen. Die Ergebnisse werden mit Sternen erhalten, die in dicken G 5-Platten mit 340 MeV-Protonen erzeugt worden sind. Es zeigt sich, daß einige Parameter, wie z. B. die mittlere freie Weglänge in der Kernmaterie u. die Impulsverteilung in den Kernen, experimentell noch nicht ausreichend definiert sind. (C. R. hebd. Séances Acad. Sci. **238.** 1799—1801. 3/5. 1954.) Gerhard Schmidt. 90

N. H. March, *Über die Impulsverteilung in Kernen.* Vf. zeigt, daß das Thomas-Fermi-Modell des Kerns eine gute Näherung für die Impulsverteilung im Kern abgibt. Die Impulsverteilung nach diesem Modell weicht nur unbedeutend von der Impulsverteilung nach der exakten Rechnung ab. Im Ursprung wird jedoch die Impulsverteilung nach Thomas-Fermi singulär. (Proc. physic. Soc., Sect. A **67.** 288—90. 1/3. 1954. Sheffield, Univ., Dep. of Phys.) Voitländer. 95

H. A. Wilson, *Die Energieniveaus von Atomkernen.* (Sitzungsbericht.) Vf. ordnet systemat. ca. 200 Energieniveaus zwischen 0 u. 5 MeV von ca. 40 verschied. Kernen. Werden die Niveauhöhen gegen die Ordnungszahlen graph. aufgetragen, so erhält man eine Kurve mit abgerundeten Stufen, aus der zu entnehmen ist, daß eine Reihe von Niveaus existiert, von denen jedes mehreren verschied. Kernen angehört. Die den Stufen entsprechenden Niveaus liegen bei 4,80, 4,40, 4,00, 3,65, 3,50, 3,30, 3,00, 2,80, 2,55, 2,40, 2,00, 1,65, 1,25, 0,80 u. 0,65 MeV. 11 dieser Niveaus lassen sich durch die Gleichung $E_n = 0{,}387\ [(n-1)(n+2)]^{1/2}$ (n = ganze Zahlen von 12—2) darstellen. Für E_n ergeben sich die Werte 4,80, 4,41, 4,02, 3,63, 3,24, 2,84, 2,45, 2,05, 1,64, 1,22 u. 0,77 MeV. Nach dem vorgeschlagenen Kernschalenmodell sollten alle Kerne Schwingungsniveaus gleich E_n besitzen. Die Niveaus bei 3,50, 3,00, 2,55 u. 0,65 sind wahrscheinlich Rotationsschwingungsniveaus. (Bull. Amer. physic. Soc. **25.** Nr. **4.** 22. 21/6.; Physic. Rev. [2] **80.** 137. 1/10. 1950. Rice Inst.) Weigel. 95

A. de-Shalit, *Die Wirkungen der Abweichungen vom Einteilchenmodell auf die magnetischen Kernmomente.* (Vgl. C. **1953.** 3027.) Es werden Abweichungen vom Einteilchenmodell behandelt, wobei die Wellenfunktion des Einteilchenmodells mit anderen Zuständen, für die das Drehmoment des Rumpfes nicht mehr Null ist, vermischt ist. Es ergibt sich, daß unter gewissen Einschränkungen eine experimentell bestätigte Beziehung besteht zwischen den Abweichungen von Kernen mit ungeradem N von der Schmidt-Linie u. den Kernen mit ungeradem Z. (Physic. Rev. [2] **90.** 83—86. 1/4. 1953. Princeton, N. J., Princeton Univ., Palmer Phys. Labor.) v. Harlem. 95

Yves Ayant, *Theorie der Spin–Milieu-Verbreiterung bei der Quadrupol–Resonanz* Die Linienbreite ist durch zwei Zeitparameter T′ u. T″ nach 1/T = 1/T′ + 1/T′ charakterisiert, für T′ u. T″ werden Beziehungen abgeleitet. Die Ergebnisse werden auf *J* sowie auf ^{121}*Sb* u. ^{123}Sb angewandt, die Übereinstimmung zwischen Theorie u. Experiment (Faktor 0,7—1,08) ist befriedigend. (C. R. hebd. Séances Acad. Sci. **236.** 1553—55. 20/4. 1953.) Wiedemann. 95

S. A. Moszkowski und **D. C. Peaslee,** *Isotopenspin und ungerade–ungerade-N=Z-Kerne.* Vff. untersuchen die Beziehungen zwischen Zuständen mit Isotopenspin T = 0 u. T = 1 in ungerade–ungerade-N=Z-Kernen, u. zwar für ^{18}F, ^{22}Na, ^{26}Al, ^{30}P, ^{34}Cl u. ^{38}K. Auf Grund von β-Zerfallsschemata werden den Grundzuständen solcher Kerne Spin- u. Isotopenspinwerte zugeordnet, außerdem werden die Energien der untersten T = 0, T = 1-Zustände in Abhängigkeit von der Massenzahl A untersucht. Die vorausgesagten β-Zerfallsschemata für einige Z=N + 2-Kerne werden zusammengefaßt. (Physic. Rev. [2] **93.** 455—58. 1/2. 1954. New York, N. Y., Columbia Univ.) Voitländer. 95

L. G. Elliott, R. L. Graham, J. Walker und **J. L. Wolfson,** *Spins und Paritäten der Energiezustände von* ^{208}Pb. Die Messungen der K-Konversionskoeffizienten der verschied. γ-Übergänge in ^{208}Pb u. der Winkelbeziehung zwischen ausgesuchten Paaren dieser γ-Strahlen führen zu eindeutigen Spin- u. Paritätszuordnungen der verschied. Zustände. Die einzige Annahme ist die, daß der Grundzustand von ^{208}Pb Spin Null u. gerade Parität besitzt. (Physic. Rev. [2] **93.** 356. 15/1. 1954. Chalk River, Ontario, Can., A. E. of Canada Ltd.) Voitländer. 95

Frederick Soddy, *Isotope.* Zusammenfassender Vortrag. (School Sci. Rev. **34.** 158—74. März 1953.) Gottfried. 95

Francis H. Harlow und **Boris A. Jacobsohn,** *Nucleonenisobaren bei mittlerer Kopplung.* Vff. führen Isobarenberechnungen nach der Tomonaga-Theorie für mittelstarke Kopplung durch u. gelangen damit zu tiefer gelegenen Isobaren. Im Grenzfall starker Kopplung wird nur eine tiefer liegende Isobare mit I = 3/2, J = 3/2 erhalten. Die Ergebnisse geben Aufschluß über Termdifferenzen angeregter Nucleonenzustände u. zeigen, daß es auch für ganz schwache Kopplung Isobare gibt. Meson–Nucleon-Streuprozesse werden auf Grund der berechneten Isobaren behandelt. (Physic. Rev. [2] **93.** 333—40. 15/1. 1954. Seattle, Wash., Univ. of Washington, Dep. of Phys.) Voitländer. 95

Robert L. Ory, J. M. Prescott und **Carl M. Lyman,** *Stickoxydstörung in Stickstoffisotopen-Analysen mit dem Massenspektrometer.* Es wird der unerwartet hohe Anteil der Massenzahl 30, der bei der massenspektrograph. Unters. von mit ^{15}N markierten, anschließend nach der Meth. von Dumas oxydierten organ. Proben nach früheren Autoren auftritt, untersucht. Die Oxydationsprodd. von nicht markiertem *Arginin* u. von mit ^{15}N verschied. stark markierten Glutaminen werden mit u. ohne anschließende Behandlung mit alkal. $KMnO_4$ massenspektrograph. analysiert. Die Ergebnisse, nach denen der Anteil an der Massenzahl 30 bei den nachbehandelten Proben auf den erwarteten Wert zurückgeht, bestätigen die Vermutung, daß die Fehlmessungen durch die Bldg. von Stickoxyd bei der Oxydation verursacht werden. (J. Amer. chem. Soc. **76.** 1449—50. 5/3. 1954. College Station, Tex., Dep. of Biochem. and Nutr., Texas Agric. Exp. Stat., Texas Agric. and Mechan. Coll. Syst.) Heinsohn. 95

J. H. Reynolds und **T. J. Ypsilantis,** *Verfahren zur Messung der Isotopenhäufigkeit bei Elementen der Gruppe IV.* (Sitzungsbericht.) Die Komplexfluoride sind für die Best. des Isotopenverhältnisses bei den Elementen der Gruppe IV gut geeignet, bes. wenn nur kleine Proben zur Verfügung stehen. Bei leichteren Elementen, deren Tetrafluoride gasförmig sind, wird ein Ba-Salz benutzt. Beim Erhitzen zerfällt es u. das nicht flüchtige BaF bleibt zurück, z. B. $BaGeF_6 \rightarrow GeF_4 \uparrow + BaF_2$. Die Zers. kann im Vakuumraum des Massenspektrometers durchgeführt u. das Gas in den Raum, wo es durch Elektronenstoß ionisiert wird, geleitet werden. Bei schweren Metallen werden Ammoniumsalze, z. B. $(NH_4)_2HfF_6 \rightarrow 2\,NH_4F \uparrow + HfF_4 \uparrow$ benutzt. Dabei wird das flüchtigere NH_4F durch Vorerhitzen u. dann das HfF_4 durch Elektronenbeschuß sublimiert. Der Vorteil des Verf. besteht darin, daß die Komplexfluoride leicht verarbeitbare Substanzen u. äußerst beständig bei n. Tempp. sind. (Physic. Rev. [2] **90.** 378. 15/4. 1953. Berkeley, Calif., Univ. of California.) Nelkowski. 95

Stephen Antkiw und **Vernon H. Dibeler,** *Massenspektrum von Galliumdampf.* Vff. nehmen das Massenspektr. von reinem Ga, das aus einem W-Ofen in die Ionenquelle hinein verdampft wurde, bei Gleichgewichtstempp. zwischen 865 u. 1025° in einem Consolidated 21–102-Massenspektrometer auf. Es treten nur die Ionen Ga^-, Ga_2O^+ u. Ga_2^+ auf. Die Konstanz des Verhältnisses Ga_2O^+/Ga_2^+ läßt den Schluß zu, daß Ga_2^+ Fragmention eines Oxyds u. kein echtes Molekülion ist. Die Annahme, daß Ga-Dampf einatomig ist, erscheint daher berechtigt. Das Verhältnis $^{69}Ga/^{71}Ga$ betrug bei 865, 935 u. 1025° 1,51, 1,53 bzw. 1,53. Der letzte Wert entspricht den Isotopenhäufigkeiten ^{69}Ga = 60,5 u. ^{71}Ga = 39,5 in Übereinstimmung mit Messungen von Inghram u. Mitarbeitern (Physic. Rev. [2] **74.** [1948.] 343) an Thermionen. (J. chem. Physics **21.** 1890—91. Okt. 1953. Washington, Nat. Bur. of Stand.) Conrad. 95

Pierre Hubert, *Verwirklichung eines Spektrometers mit magnetischer Linse. Untersuchung der Strahlung von* ^{198}Au *und* ^{76}As. (Vgl. C. **1952.** 3284.) Darst. der theoret.

Grundlagen des l. c. beschriebenen β-Strahlspektrometers mit magnet. Sammellinse, das 3 Blendensysteme für Strahlquellen von 2, 6 u. 10 mm Durchmesser besitzt. Das Auflösungsvermögen für das kleinste Syst. beträgt 6 $\pm$0,5‰. Die Unters. der Strahlung von ^{198}Au mit Zählern u. Koinzidenzmessungen ergab die Konversionskoeffizienten der γ-Strahlun von 0,411 MeV zu $\alpha_K = 3 \pm 0,1$ u. $\alpha_{L+M} = 1,5 \pm 0,1$. Die γ_1-Strahlung ist elektr. Quadrupolstrahlung. Konversionselektronen mit Energien $< 0,411$ MeV wurden nicht beobachtet, dagegen 2 γ-Strahlen bei 0,67 u. 1,08 MeV. Ein Zerfallsschema für ^{198}Au wird aufgestellt. Bei ^{76}As wurden 2 γ-Strahlen von 0,65 u. 1,41 MeV gefunden. Die Form des energiereichen Teils des β-Spektr. ist mit den theoret. Voraussagen im Einklang. β–γ- u. γ–γ-Koinzidenzunterss. führen zur Aufstellung von 3 Zerfallsschemata für ^{76}As. (Ann. Physique [12] **8.** 662–706. Sept./Okt. 1953. Ivry, Labor. de Synth. atom.) CONRAD. 95

Jack Benveniste und **Bruce Cork,** *Durch 32 MeV-Protonen in Helium ausgelöste unelastische Ereignisse.* Vff. beschießen in einer Streukammer befindliches He von 1 at mit 32 MeV-Protonen aus einem Linearbeschleuniger u. untersuchen das auftretende Streuspektr. mit Hilfe eines aus 3 Proportionalzählern bestehenden Zählerteleskops. Es wird keine Protonengruppe nachgewiesen, die auf einen angeregten, gegen die Emission schwerer Teilchen stabilen Zustand im He-Kern hindeutet. Aus der Gestalt des Protonenkontinuums von ^{4}He(p, np)^{3}He u. ^{4}He(p,2p)^{3}H ergibt sich für die Erzeugung eines einzelnen 23,3 MeV-He-Anregungszustandes ein Maximalquerschnitt von 0,1 mbarn/Raumwinkel (45°, Schwerpunktssyst.). Die beobachtete Abflachung des Kontinuums deutet auf die Existenz mindestens zweier Niveaus von $\sim$1 MeV Halbwertsbreite hin, die $\sim$1 MeV auseinanderliegen. Die Winkeländerung des differentiellen Querschnitts für die Deuteronenerzeugung aus ^{4}He(p, d)^{3}He wird gemessen; sie stimmt mit dem Erwartungswert der BUTLERschen Theorie für $r_0 = 4,2 \cdot 10^{-13}$ cm (r_0 = Reichweite der Kernkräfte + ^{3}He-Kernradius) überein. (Physic. Rev. [2] **89.** 422–29. 15/1. 1953. Berkeley, Calif., Univ. of California, Radiat. Labor.) WEIGEL. 103

W. D. Warters, W. A. Fowler und **C. C. Lauritsen,** *Die elastische Streuung von Protonen an Lithium.* (Vgl. C. **1953.** 3187.) Ergänzend zu den l. c. angeführten Ergebnissen wird anomale Streuung bei den Resonanzenergien der Rkk. ^{7}Li(p, γ)^8*Be* (441,5 keV) u. ^{7}Li(p,p')^{7}Li (1030 keV) gefunden. Die Analyse des Ergebnisses bei 441,5 keV ergibt für ^{8}Be J = 1 u. gerade Parität. Der relative Bremsquerschnitt von Li für Protonen im Gebiet von 200–1300 keV stimmt mit den theoret. Werten von LIVINGSTON u. BETHE (Rev. mod. Physics **9.** [1937.] 261) überein. Die Protonen waren auf 0,05% monoenergetisch. Die Analyse wurde mit geeichtem 10,5 in.-Magnetspektrometer durchgeführt. (Physic. Rev. [2] **91.** 917–21. 15/8. 1953. Pasadena, Calif., California Inst. of Technol., Kellogg Radiat. Labor.) NELKOWSKI. 103

B. Koudijs, F. P. G. Valckx und **P. M. Endt,** *Winkelverteilung und Ausbeute der Reaktion ^{13}C(d, p)^{14}C.* (Vgl. C. **1954.** 3857.) Das dünne Target aus ^{13}C (40 μg/cm^2 auf 7 μ dicker Al-Folie) wurde mit Deuteronen von 0,3, 0,4, 0,5, 0,55, 0,6 u. 0,65 MeV beschossen, die Winkelverteilung der Protonen wurde mit Kernplatten gemessen. Die Werte stimmen mit BUTLERs Theorie (für $l_n = 1$) überein. Bei diesen niedrigen Deuteronenenergien scheint die Rk. ^{13}C(d,p)^{14}C vorzugsweise durch Abstreifprozeß zu erfolgen. Mit einem Scintillationsspektrometer wurde die Ausbeute für die Vorwärtsrichtung für Deuteronenenergien von 0,25–0,675 MeV in 25 keV-Intervallen bei $\Theta = 0°$ u. von 0,50–0,70 MeV in 10 keV-Intervallen bei $\Theta = 120°$ gemessen. Anzeichen einer Resonanz bei ca. 0,63 MeV wurden gefunden. (Physica **19.** 1133–39. Nov. 1953. Utrecht, Rijksuniv., Phys. Labor.) NELKOWSKI. 103

John W. Weil und **Boyce D. McDaniel,** *Die Erzeugung von Protonen aus Kohlenstoff durch monoenergetische γ-Strahlen.* Vf. wählt aus den durch Bremsstrahlung erzeugten Kernprozessen diejenigen aus, die durch monochromat. Quanten ausgelöst wurden. Mit monochromat. 190 MeV-γ-Quanten aus einem 310 MeV-Synchrotron wird die Photoerzeugung von Protonen aus C untersucht. Es wird die Energieverteilung der Sekundärprotonen unter einem Laboratoriumswinkel von 60° sowie die Winkelverteilung für $E_p = 70$ MeV gemessen. Ausdeutung der Ergebnisse mit Hilfe eines Deuteronenmodells liefert befriedigende Übereinstimmung u. deutet darauf hin, daß der Photoerzeugungsprozeß nur wenige Nucleonen (u. über den größten Teil der Zeit nur 2 Nucleonen) in Mitleidenschaft zieht. (Physic. Rev. [2] **92.** 391–400. 15/10. 1953. Ithaca, N. Y., Cornell Univ.) WEIGEL. 103

John N. Cooper, Warren E. Taylor, J. C. Harris und **G. Richard Grove,** *γ-Resonanzen in mit Protonen beschossenem Magnesium.* (Sitzungsbericht.) Vff. beschießen auf Ta-Blech aufgedampfte Mg-Targets mit Protonen aus einem VAN DE GRAAFF-Generator u. beobachten die im Spannungsbereich von 0,35–1,5 MeV auftretenden γ-Resonanzen. Im Gebiet von 450 u. 720 keV finden sich breite, noch nicht aufgelöste Maxima. Ausgeprägte Resonanzmaxima treten bei E_p-Werten von 0,88, 1,03, 1,06, 1,11, 1,22, 1,26 u. 1,35 MeV auf. In der Gegend der 1,03 MeV-Resonanz scheinen 2 unvollständig aufgelöste Satellitenmaxima aufzutreten, aus anderen Resonanzen geht hervor, daß sie offenbar nicht von einheitlichen Niveaus herrühren. Die komplexe Natur des γ-Spektr. wird auf die gleichzeitige Ggw. aller 3 stabilen Mg-Isotope zurückgeführt. (Bull. Amer. physic. Soc. **25.** Nr. 4. 16. 21/6.; Physic. Rev. [2.] **80.** 131. 1/10. 1950. Ohio State Univ.) WEIGEL. 103

G. Richard Grove, John N. Cooper und **J. C. Harris,** *Durch Protonenbeschuß von Phosphor induzierte γ-Strahlen.* (Sitzungsbericht.) (Vgl. vorst. Ref.) Vff. beschießen P mit Protonen aus einem VAN-DE-GRAAFF-Generator u. beobachten eine Reihe schmaler (p,γ)-Resonanzen. Die γ-Ausbeute als Funktion der Generatorspannung zeigt ausgeprägte Intensitätsmaxima bei 1,08, 1,11, 1,14, 1,17*, 1,27*, 1,43*, 1,47*, 1,50, 1,54, 1,59* u. 1,62* MeV (die mit * gek. sind bes. intensiv). Die Wirkungsquerschnitte für alle diese Resonanzen sind klein, so ist z. B. σ (1,27 MeV) von der Größenordnung 0,0004 barn. Zur Unters. wurden dicke u. dünne Zn_3P_2-Targets, aufgedampft auf Ni u. Ta-Bleche, benutzt. (Bull. Amer. physic. Soc. **25.** Nr. 4. 16. 21/6.; Physic. Rev. [2] **80.** 131. 1/10. 1950.) WEIGEL. 103

A. Turkevich und **Althea Tompkins,** *Eine Suche nach ^{32}Si in natürlichem Silicium.* Zwei einem starken Neutronenfluß ausgesetzte Quarzproben wurden in der Erwartung, daß etwa vorhandenes ^{32}Si gemäß $^{32}Si(n,\gamma)^{33}Si(\beta^-)^{33}P$ reagieren müßte, wie folgt auf ^{33}P ($T_{1/2}$ = 25 Tage; 0,26 MeV-β^--Strahler) geprüft: ~30 g der bestrahlten Proben wurden bei Ggw. von P-Trägern mit HF abgeraucht u. dann P durch abwechselnde NH_4-Phosphomolybdat- u. NH_4MgPO_4-Fällungen abgetrennt. Die Identifizierung der in den Endfraktionen enthaltenen schwachen Aktivität als ^{32}P erfolgte durch einen chem. Trenncyclus sowie durch Diskussion von Absorptions- u. Zerfallskurven. Unter der Annahme, daß der maximale ^{33}P-Geh. < 10% der gemessenen Gesamt-β-Aktivität ausmacht, ergeben sich für die beiden untersuchten SiO_2-Präpp. (I) u. (II) folgende obere σ-Grenzwerte in barn. Häufigkeit: $3{,}2 \cdot 10^{-9}$ (I), $1{,}6 \cdot 10^{-9}$ (II) u. damit als oberer Grenzwert der Häufigkeit von ^{32}Si (σ(^{32}Si) = 0,05 barn gesetzt): $6{,}4 \cdot 10^{-8}$ (I) u. $3{,}2 \cdot 10^{-8}$ (II) entsprechend $< 4 \cdot 10^{-6}$ in natürlichem Si (vgl. NEY u. MC QUEEN, C. **1946** I. 1). (Physic. Rev. [2] **90.** 247. 15/4. 1953. Lemont, Ill., Argonne Nat. Labor., Inst. for Nucl. Stud. of Chicago and Chem. Div.; Chicago, Ill., Univ. of Chicago, Inst. for Nucl. Stud.) WEIGEL. 103

Carroll C. Trail und **C. H. Johnson,** *(p, n)-Schwellenwerte von Kernen mit 49 < A < 75.* (Sitzungsbericht.) Vff. beschießen aufgedampfte Targetschichten aus abgetrennten Isotopen mit 49 < A < 75 auf wassergekühlten Targetträgern mit 100 μA-Protonenströmen aus einem 2 MeV-Generator u. untersuchen das Einsetzen der (p, n)-Reaktionen. Die Targetdicken betragen ca. 30 keV für 1 MeV-Protonen, die Analyse der Protonen erfolgte in einem 90°-Magnetfeld, das mit Hilfe der $^{19}F(p;\alpha,\gamma)$-Resonanzen u. der $^7Li(p,n)$-Schwelle geeicht wurde. Gemessen wurden folgende Schwellenwerte in MeV: ^{49}*Ti* 1,420; ^{55}*Mn* 1,039; ^{67}*Zn* 1,812; ^{75}*As* 1,674, sämtlich auf ±0,005 MeV; ^{70}Zn 1,47; ^{71}*Ga* 1,04; ^{73}*Ge* 1,17 mit einer Ungenauigkeit von ±0,03 MeV. Für ^{48}Ca liegt der Schwellenwert bei E_p < 0,65 MeV. (Physic. Rev. [2] **91.** 474. 15/7. 1953. ORNL.) WEIGEL. 103

A. Turkevich und **James B. Niday,** *Radioaktive Produkte der Wechselwirkung von π^- mit ^{75}As.* (Sitzungsbericht.) Ein 122 MeV π^--Bündel wurde in H_3AsO_4 absorbiert. Nach der Bestrahlung wurden folgende radioakt. Isotope radiochem. abgetrennt: ^{69}*Ge*, ^{75}Ge, ^{66}*Ga*, ^{68}Ga, ^{70}Ga, ^{72}Ga, ^{64}*Cu* u. ^{67}Cu. Am wahrscheinlichsten ist die Rk. (π^-; p,5,5n). Mindestens 90 MeV wird als kinet. Energie aufgenommen. Demnach reagiert das Meson zuerst mit einer geringen Zahl von Nucleonen, die den Kern verlassen, ehe sie ihre Energie anderen Nucleonen mitgeteilt haben. (Physic. Rev. [2] **90.** **342.** 15/4. 1953. Univ. of Chicago.) WIEDEMANN. 103

Lester Winsberg, *Wechselwirkung von π-Mesonen mit ^{127}J.* (Sitzungsbericht.) Ein 122 MeV-π^--Bündel wird mittels eines Cu-Absorbers verlangsamt u. durch Jod absorbiert. Gefunden wurden die *Te*-Isotope 127, 118 u. < 118, die *Sb*-Isotope 126, 122 u. 117 u. die *Sn*-Isotope 121, 117 u. 123 oder 111. Das Maximum der Ausbeute liegt bei Te mit einer Emission von 6—7 Neutronen, von 5,5 Neutronen bei Sb u. von 9 Neutronen bei Sn. (Physic. Rev. [2] **90.** 343. 15/4. 1953. Univ. of Chicago.) WIEDEMANN. 103

A. H. W. Aten jr. und **G. D. de Feyfer,** *Beobachtungen über ein neutronenreiches Rheniumisotop.* Die Bldg. eines kurzlebigen Re-Isotops infolge (n, p)-Rk. aus *Os* wurde untersucht. Die Neutronen wurden durch Beschuß von 26 MeV-Deuteronen auf Messing erzeugt, das Re als *Tetraphenylarsoniumperrhenat* chem. abgetrennt. Eine

β-Strahlung mit der Halbwertszeit von $9^3/_4 \pm ^1/_2$ Min. sowie eine schwache 1—2 Std.-Aktivität wurden neben der 17 Std.-Aktivität von ^{188}Re gefunden. Die Häufigkeit des $9^3/_4$ Min.-Isotops beträgt ~40% der des ^{188}Re-Isotops. Absorptionsmessungen liefern eine Maximalenergie von $1,8 \pm 0,2$ MeV. Der ft-Wert zeigt, daß der β-Zerfall ein erlaubter Übergang ist. Dem Isotop kann die M. 189, 190 oder 192 zugeschrieben werden. (Physica **19.** 1143—44. Nov. 1953. Amsterdam, Inst. voor kernphys. onderz.)
NELKOWSKI. 103

M. Ruderman, *Pseudoskalarer β-Zerfall und RaE.* (Sitzungsbericht.) Aus der Darst. des RaE-Spektr. als einer Mischung von Tensor- u. pseudoskalaren Wechselwirkungen ergeben sich Betrachtungen über charakterist. Größen des mittleren Potentials eines Nucleons unter Berücksichtigung der Abhängigkeit von den Kernkräften. Austauschübergänge, in denen 2 Nucleonen am β-Zerfall teilhaben, scheinen vorzuherrschen. (Physic. Rev. [2] **90.** 366. 15/4. 1953. Columbia Univ.)
GERHARD SCHMIDT. 103

J. C. W. Chien und **J. E. Willard,** *Der Einfluß von Struktur, Phase und Chlorzusatz auf die Ausbeuten organischer Produkte der Reaktion $^{37}Cl(n,\gamma)^{38}Cl$ in Alkylchloriden.* (Vgl. GOLDHABER u. WILLARD, C. **1952.** 6034.) Bei der Unters. der Rk. ^{37}Cl(n, γ)^{38}Cl (Bestrahlung mit den Photoneutronen einer 10 C Sb–Be-Quelle) in Alkylchloriden fanden Vff., daß in 10 fl. Alkylchloriden (*Methyl-* bis *Amylchlorid*) die Ausbeute an ^{38}Cl-haltigen organ. Prodd. unabhängig von Struktur u. Kettenlänge stets 21% betrug. Die gleiche Ausbeute ergab sich für verd. Lsgg. von *n-Butylchlorid* in *Hexan.* Für gasförmiges Butylchlorid war die Ausbeute ca. 11% (mit u. ohne HCl als „Spülmittel") u. für *HCl* in *Butan* ca. 7%. Aus diesen Ergebnissen kann geschlossen werden, daß einige der entstehenden ^{38}Cl-Atome so aktiviert sind, daß sie mit einer KW-stoffkette in einer einstufigen Rk. in der Form reagieren können, daß sie organ. gebunden werden, d. h. daß nicht wie mit n. Cl-Atomen HCl gebildet wird. Die Ausbeute in den fl. wasserstoffhaltigen Alkylchloriden wird durch die Ggw. von bis zu einigen Mol-% Cl_2 als „Spülmittel" nicht verändert, die Ausbeute in CCl_4 dagegen vermindert. Dadurch wird die schon früher (l. c.) zur Erklärung des „Spülmittel"-Effektes von Halogenzusätzen auf die (n, γ)-Rkk. in *Alkylbromiden* u. *-jodiden* aufgestellte Hypothese bestätigt. Die Ausbeuten an ^{38}Cl-haltigen Prodd. in 7 festen Alkylchloriden (Temp. der fl. Luft) waren in allen Fällen höher als in der fl. Phase. Das Verhältnis der Ausbeuten fest/fl. lag zwischen 1,4 u. 2,7. Vff. zeigen weiterhin, daß sehr reines *Penten-2* zur Unterscheidung von Spuren von Cl_2 u. HCl geeignet ist. Mit Hilfe von Penten-2 konnte nachgewiesen werden, daß 8% des ^{38}Cl aus obiger Rk. in Butylchlorid als Cl_2 u. 70% als HCl vorliegen. (J. Amer. chem. Soc. **75.** 6160—65. 20/12. 1953. Madison, Wis., Univ. of Wisconsin, Dep. of Chem.) KARUTZ. 108

R. E. Connally und **M. B. Leboeuf,** *Analyse von Radioisotopengemischen unter Benutzung eines γ–β-Scintillationsspektrometers.* Es wird die Anwendung eines β–γ-Scintillationszählersyst. in Verbindung mit einem automat. registrierenden Energiespektrometer für die Analyse von γ-Strahlergemischen beschrieben. Die einzelnen Strahler erzeugen in dem vom Spektrometer aufgenommenen Intensitäts–Energie-Diagramm Verteilungsmaxima, deren Lage auf der Energieachse zur Identifizierung benutzt wird, während ihre integrierte Fläche die Absolutmenge des vorhandenen Strahlers anzugeben gestattet. Die Analyse von Lsgg. mit Gemischen dreier γ-Strahler wird beschrieben. Die einzelnen Strahler werden nebeneinander identifiziert u. auf ±7% genau über Konzentrationsbereiche von 10—70% der Gesamt-γ-Aktivität bestimmt. Eine Analyse ohne vorausgehende chem. Trennung läßt sich in ca. 40 Min. durchführen. Der Meth. ist eine Grenze gesetzt durch das Auflösungsvermögen des Spektrometers; zu eng zusammenliegende u. miteinander verschmelzende Verteilungsmaxima lassen sich nicht auswerten. (Analytic. Chem. **25.** 1095—1100. Juli 1953. Richland, Wash., Hanford Works, General Electric Co.) WEIGEL. 112

Ernest H. Wakefield, *Kernstrahlung — deren Nachweis und Messung.* Übersicht. (ASTM Bull. **1953.** Nr. 189. 33—38. April. Skokie, Ill., Radiat. Counter Labors., Inc.)
H. HAUSWALD. 112

S. C. Curran, *γ-Spektroskopie.* Zusammenfassender Bericht mit über 80 Literaturangaben. (Advances in Physics **2.** 411—49. Okt. 1953. Glasgow, Univ., Dep. of Natural Philos.) NELKOWSKI. 112

P. Rothwell und **D. West,** *Die Eichung von Proportionalzählern mit γ-Strahlen radioaktiver Präparate.* Zur Eichung von Zählern mit Ar- u. CO_2-Füllung werden instabile Isotope (K-Einfang) mit langer Halbwertszeit verwendet, die durch Beschuß mit Meilerneutronen hergestellt wurden. (Proc. physic. Soc., Sect. A **63.** 541—43. 1950. Harwell, Didcot, Berks., A. E. R. E.) W. REICHARDT. 112

I. Broser, H. Oeser und **R. Warminsky,** *Die Dosimetrie von γ-Strahlen mit Cadmiumsulfidkristallen.* Die Photoleitfähigkeit von CdS ändert sich bei Bestrahlung mit γ-Strahlen. Die Auswahl geeigneter Kristalle erfordert einen Kompromiß zwischen Empfindlichkeit u. Trägheit der Anzeige. Der von Vff. entwickelte Meßkopf enthält einen CdS-Kristall von $2 \times 2{,}5 \times 0{,}2$ mm mit beidseitigen Ag-Elektroden. Bei einer Spannung von 10 V u. einer Dosisleistung von 10^{-3} r/Sek. beträgt der Strom 0,7 μA. Zwischen 10^{-4} u. 10^{-2} r/Sek. ist der Strom streng proportional der Dosisleistung, bei wachsender Dosisleistung bis 10^{-1} r/Sek. wächst er etwas langsamer als linear. Die Einstellträgheit nimmt mit wachsender Dosisleistung ab, sie ist außerdem stark von Verunreinigungen der Kristalle abhängig. (Strahlentherapie **90.** 399—407. 1953. Berlin-Dahlem, KWI für physikal. Chem. u. Elektrochem.; Freie Univ., Strahleninst.) Reusse. 112

W. C. Hall, B. M. Horton, J. W. Keller und **S. H. Liebson,** *Ein Detektor hoher Auflösung für Strahlungen großer Intensität.* Der Detektor besteht aus einer konzentr. Photozelle mit axialer Photokathode u. einer netzförmigen Anode, die in geringem Abstand von der Glashülle montiert ist. Diese wird allseitig von einem Rohr aus Luminescenzmaterial umgeben. Vff. behandeln theoret. die Sammelwrkg. der Anordnung für die durch Bestrahlung ausgelösten Lichtmengen, den elektr. Wirkungsgrad als Funktion der geometr. Daten u. der Betriebsspannung an der Photozelle u. den Einfl. einer Raumladung. Ferner werden die Zeitkonstante der Luminescenzerregung (für γ-, Röntgen- u. UV-Strahlung ca. $2{,}5 \cdot 10^{-9}$ Sek.) u. deren Temperaturunabhängigkeit zwischen —90 u. +80° u. die Lichtabsorption im Leuchtstoff für eine Lsg. von ½% Terphenyl (p-Diphenylbenzol) in Toluol erörtert. Die Anode besteht bei einer beschriebenen techn. Ausführungsform aus Ni-Gewebe, der Kolben aus Corningglas 705-2. Die Empfindlichkeit bei 3650 Å beträgt $1{,}9 \cdot 10^{-2}$ A/Watt. Die Prüfungsergebnisse über Empfindlichkeitsschwankungen, Spannungsfestigkeit u. Ermüdungserscheinungen werden mitgeteilt. (Nucleonics **11.** Nr. 1. 49—55. Jan. 1953. Washington, Naval Res. Labor., Electr. Div.) Reusse. 112

J. M. Heslep und **A. W. Bellamy,** *Der Umlauf von Spaltprodukten im Lebenskreislauf.* Methoden zur Verhütung von Schäden, bes. an Menschen, durch radioakt. u. andere Spaltprodukte. (J. chem. Educat. **30.** 421—24. Aug. 1953. Sacramento, Calif., Off. of Civil Defense.) Blumrich. 112

A_2. Optisches Verhalten der Materie.

Thomas L. Swihart, *Sirius und der Kohlenstoff-Cyclus.* Mit dem Ziel der Altersabschätzung des Sirius werden Punktquellenmodelle des Sternes diskutiert, unter Annahme verschied. Werte der Opazität, verschied. Mischungsverhältnisse von H, He, C, N u. unter Berücksichtigung der mittleren Lebensdauer des ^{14}N(p, γ)- u. ^{12}C(p, γ)-Prozesses. Je nach den angenommenen Werten u. bei einem mittleren Mol.-Gew. ergibt sich ein Entwicklungsalter von 1,7 bzw. $3 \cdot 10^8$ Jahren. (Astrophysic. J. **118.** 577—79. Nov. 1953. Yerkes Observ.) Gudzent. 113

Paul W. Merrill, *Das Spektrum von χ Cygni in der Nähe des Minimums der Helligkeit.* Es wurden Spektrogramme des veränderlichen Sternes χ Cygni in der Nähe des Minimums seiner Helligkeit untersucht. Die Intensität von 60 hellen Linien nimmt während der zwei Monate, die dem Minimum vorausgehen, deutlich zu. Ein Drittel der Linien konnte als verbotene Linien des *Fe II* erkannt werden, die restlichen Linien konnten nicht identifiziert werden. (Astrophysic. J. **118.** 453—58. Nov. 1953. Mt. Wilson and Palomar Observ., Carnegie Inst. of Washington, California Inst. of Technol.) Gudzent. 113

P. Swings, *Neue Übereinstimmungen zwischen den Spektren von Kometen und N-Sternen.* UV-Emissionen in den Kerngebieten der Kometen 1941 I (Cunningham) u. 1937 II (Wilk-Peltier) scheinen mit den Konturen der Absorptionen später N-Sterne im gleichen Spektralgebiet (3600—3850 Å) übereinzustimmen. Diskussion einer möglichen Zuordnung zu einem gleichen, mehratomigen Molekül. Zwischen den Merrill-Sanford-Banden der N-Sterne u. nichtidentifizierten Emissionen in Kometen im Gebiet von 4200—5200 Å bestehen weitere, weniger deutliche Koinzidenzen, welche ebenfalls auf ein gleiches Mol. zurückgeführt werden könnten. (Ann. Astrophysique **16.** 307—14. Sept./Okt. 1953.) Eichhoff. 113

Nikolaus Richter, *Kometen als kosmischer Auflösungsprozeß.* Überblick über den Stand der Theorie des Aufbaus der Kometen. (Naturwiss. Rdsch. **3.** 293—302. Juli 1950. Sonneberg, Sternwarte der Dtsch. Akad. der Wiss.) Kirschstein. 113

A. P. Mitra, *Versuch einer Modellvorstellung des Gleichgewichtes der Höhenverteilung von Stickoxyd in hohen Schichten der Atmosphäre und der daraus resultierenden*

D-Schicht. Vf. entwickelt eine Modellvorstellung der Gleichgewichtsverteilung von NO im Höhenbereich zwischen 50 u. 100 km, indem er einige der in diesem Bereich möglichen photochem. Rkk. zwischen O_3, O_2, O, N u. N_2O betrachtet. Aus der so gewonnenen Verteilung leitet er eine Elektronenverteilung für die D-Schicht ab. Unter den Bedingungen des photochem. Gleichgewichtes tritt das Maximum der NO-Konz. im Höhenbereich zwischen 85 u. 95 km mit einer Maximalkonz. von $2 \cdot 10^{12}/cm^3$ auf. — 47 Literaturangaben. (J. atmospheric terrestr. Physics **5.** 28—43. März 1954. State College, Pa., Pennsylvania State Univ., Ionosphere Res. Labor.)
Max Schmidt. 113

Hans Bartels, *Der Einfluß erzwungener Übergänge und starker kontinuierlicher Emission auf die Linienkontur bei inhomogener Schicht.* Mit Hilfe einer vom Vf. entwickelten Theorie der Emission aus inhomogener Schicht wird der Einfl. erzwungener Übergänge bei Linienemission untersucht u. eine Erweiterung der Theorie der Linienkontur gebracht. Ferner wird die Entw. der Linienkontur bei starkem Kontinuum behandelt u. die Methodik zur Messung der Tempp. aus den Kuppenstrahldichten erweitert. Für die *Hg*-Linie $\lambda = 5461$ Å wird aus den angenommenen Kuppenstrahldichten die Maximaltemp. auf dem Beobachtungsstrahl mit u. ohne Berücksichtigung der erzwungenen Emission berechnet. (Z. Physik **136.** 411—40. 1953. Hannover, TH, Physikal. Inst.)
D. Hahn. 114

M. P. Wanjukow und **L. D. Chasow,** *Photoelektrische Registriermethode der zeitlichen Veränderungen der Spektren von Lichtblitzen.* Zeitliche waagerechte Verschiebung eines senkrechten Spaltes u. einer punktförmigen Öffnung als Nullinie vor dem Oscillographen ermöglicht eine zeitliche Trennung einzelner Spektrallinien bzw. -bereiche von 10^{-8} Sekunden. Aufnahmeproben mit *Ar I* (8300—8000 Å) nach 3 μSek. sowie *Xe I* 8819 Å bei Impulsentladung unter 4 at nach 0,5; 3; 6; 13 μSekunden. Der allmähliche Übergang der Linie von der Absorption zur Emission u. ihre Asymmetrie ist deutlich zu beobachten. (Доклады Академии Наук СССР [Ber. Akad. Wiss. UdSSR] [N. S.] **92.** 523—24. 21/9. 1953.)
Amberger. 118

Simone Benoist, *Versuch einer Identifizierung des von Schüler nicht identifizierten Systems des OH-Moleküls.* Unters. der bei Anregung von Wasserdampf in einer Entladungsröhre im Gebiet von 5500—4200 Å auftretenden 6 nach Rot abgeschatteten Banden. Tabellar. Aufstellung der zugeordneten Linien, Angabe der Rotationskonstanten u. Nullstellen. Die Diskussion der Rotationsstruktur u. Elektronenkonfiguration der entsprechenden Atome führt zu der Annahme eines $^2\Sigma$-$^2\Sigma$-Übergangs für das OH-Molekül. (C. R. hebd. Séances Acad. Sci. **238.** 883—85. 22/2. 1954.)
Eichhoff. 118

G. Poots, *Der Effekt der Variation des Dipolmomentes mit dem Kernabstand auf die relativen Intensitäten des zweiten negativen Bandensystems von Sauerstoff.* Vf. berechnet die Franck-Condon-Faktoren für das O_2^+-Übergangssyst. $A^2\Pi_u$-$X^2\Pi_g$ u. vergleicht sie mit den von Wu (C. **1953.** 4812) nach einer anderen Meth. ermittelten. Eine Gleichung wird abgeleitet u. numer. ausgewertet, mit der die Fehler, die durch die Annahme der Unabhängigkeit des Dipolmomentes vom Kernabstand entstehen, bei der Analyse des Syst. eliminiert werden. (Proc. physic. Soc., Sect. A **66.** 1181—84. 1/12. 1953. Belfast, Queen's Univ., Dep. of Appl. Math.)
Heinsohn. 118

Albin Lagerqvist und **Ulla Uhler,** *Das ultraviolette Bandensystem von Siliciummonoxyd.* Die zu dem Syst. $^1\Pi$-$^1\Sigma$ gehörenden UV-Banden von SiO wurden einer neuen Rotationsanalyse unterzogen, in der die Banden 0–4, 0–3, 0–2, 0–1, 1–0, 1–1, 1–5, 2–0 u. 2–6 geprüft wurden. Die Schwingungskonstanten des Syst. werden angegeben. Im oberen Zustand auftretende Störungen scheinen durch Rkk. der Elektronenzustände $^1\Sigma^-$, $^3\Sigma^-$ u. $^1\Pi$ oder $^1\Delta$ untereinander zu entstehen. Auf die Analogie mit den Spektren von CO u. SiS wird hingewiesen. Für den $^3\Sigma^-$-Zustand ist $\omega \approx 700$ u. $B \approx 0{,}52$. (Ark. Fysik **6.** 95—111. 1953. Stockholm, Univ., Phys. Dep.)
Heinsohn. 118

Bengt Kleman, *Die Intensitätsanomalien im Bandenspektrum des CuH.* Das in einer Hohlkathodenentladung bei geringem Druck erzeugte Bandenspektr. von CuH wurde spektrograph. untersucht. Die anomalen Intensitätsverteilungen, die schon von Schüler u. Gollnow (Z. Physik **108.** [1938.] 714) an der 0–0-Bande des $^1\Sigma^*$-$^1\Sigma$-Überganges gefunden wurden, treten hier bei den Systemen $^1\Sigma^*$-$^1\Sigma$ u. $^1\Sigma^{**}$-$^1\Sigma$ auf. Sie werden durch Vordissoziation bei den Zuständen $^1\Sigma^*$ u. $^1\Sigma^{**}$ erklärt. Die gleiche Erklärung wird für das Fehlen von Banden von $^1\Pi$-Zuständen herangezogen. (Ark. Fysik **6.** 17—24. 1953. Stockholm, Univ., Phys. Inst.)
Heinsohn. 118

Albin Lagerqvist, *Ein Bandensystem von Radiumchlorid.* Das von Rasmussen 1933 aufgenommene Emissionsspektr. von RaCl (Hohlkathodenentladung in He-Atmosphäre) wurde vom Vf. neu analysiert. Es wurden 4 Bandenköpfe bei 6763,

6489, 6498 u. 6607 Å gefunden, den $^2\Pi$–$^2\Sigma$-Übergängen zugeordnet u. deren Kopfgleichungen angegeben. Die Konstanten des C$^2\Pi$- u. X $^2\Sigma$-Zustandes von RaCl wurden berechnet u. mit denen der anderen Erdalkalichloride verglichen. Die Dissoziationsenergie ergibt sich zu 2,9 eV. (Ark. Fysik **6.** 141—42. 1953. Stockholm, Univ., Phys. Dep.) HEINSOHN. 118

Kikusaburo Osada, *Ultraviolette Absorptionsspektren von Ti und schwere Metalle enthaltenden Gläsern.* Vf. stellte an einigen μ dicken Filmen von Gläsern der allg. Zus. $3Na_2O \cdot 7SiO_2 \cdot M_2O$ (M = Ti, Tl, Pb u. Bi) Messungen ihrer UV-Absorption an. Bei dem Pb- u. Bi-Glas tritt die Kante bei 260 bzw. 290 mμ auf u. ein Maximum der Absorptionsbanden bei 237 bzw. 250 mμ. Bei der Bestrahlung mit UV-Strahlung fluoresciert das Ti-Glas grün, die anderen blau. Aus der Netzwerktheorie der Gläser kann angenommen werden, daß bei dem Pb-Glas das Auftreten des Maximums bei 237 mμ Pb-Ionen in Löchern des SiO_4-Netzwerks zuzuschreiben ist. Um dies sicherzustellen, wurden die UV-Absorptionsspektren von Lsgg. von Pb- u. Na-Acetat sowie von Pb-Ionen enthaltenden Na-Acetatlsgg. aufgenommen u. dabei beobachtet, daß das Spektr. des Pb-Glases mit dem der Pb-Ionen enthaltenden Na-Acetatlsg. koinzidiert. Es kann daher angenommen werden, daß das Auftreten des Maximums bei 237 mμ bei dem Pb-Glas dadurch entsteht, daß Pb-Ionen schwach an ungesätt. Sauerstoffe in dem SiO_4-Netzwerk gebunden sind. Die übrigen Absorptionsspektren sind graph. wiedergegeben. (J. physic. Soc. Japan **7.** 332. Mai/Juni 1952. Nagoya, Univ., Fac. of Engng. [Orig.: engl.]) GOTTFRIED. 118

Henry L. Friedman und **Milton Kerker,** *Ultraviolettabsorption von wässerigen Schwefellösungen.* Vff. bestimmen die Extinktionskoeffizienten im Wellenlängenbereich von 225—380 mμ für S in A./W.-Gemischen, A., Chlf., n-Hexan u. Methanol u. finden eine empir. Beziehung zwischen diesen Werten u. den Brechungsindices der Lösungsmittel, die es gestattet, den Extinktionskoeff. von S in W. abzuschätzen. Bei 300 mμ beträgt der Mittelwert aller Extinktionskoeffizienten 440 ± 4,9%, der errechnete für wss. Lsgg. 414. Das BEERsche Gesetz gilt für diese Lösungen. (J. Colloid Sci. **8.** 80—85. Febr. 1953. Cambridge, Univ., Dep. of Coll. Sci.) E. JÄGER. 118

Werner Martienssen, *Zur Photochemie in Alkalihalogenidkristallen.* (Vgl. C. **1953.** 8516.) Ebenso wie das KH-haltige *KBr* zeigen die hydridhaltigen Halogenide *KCl* u. *RbCl* langwellig von ihrer Eigenabsorption eine U-Bande, die durch Lichteinstrahlung bei niedrigen Tempp. ohne F-Zentrenbldg., bei höheren Tempp. mit F-Zentrenbldg. abgebaut wird. Eine U′-Bandenbldg. im ersten Fall — wie beim KBr — ist meßtechn. nicht zu erfassen. Bei Zimmertemp. führt Lichteinstrahlung in die U-Bande u. in kurzwelligere Gebiete, im übrigen außer zur F-Bande auch zu einer neuen Bande, die beim KBr zwischen U-Bande u. Eigenabsorption (6,42 eV) liegt. Sie tritt auch in zusatzfreiem, additiv verfärbtem KBr auf. (Naturwissenschaften **38.** 482—83. Okt. 1951. Göttingen, I. Phys. Inst.) RUDOLPH. 119

William A. Smith und **Allen B. Scott,** *Thermisches Gleichgewicht zwischen F-Zentren und M-Zentren in Alkalihalogeniden.* In *KCl*- u. *KBr*-Einkristallen werden durch additive Verfärbung F- u. M-Zentren in einer vom Äußeren nach dem Inneren abnehmenden Konz. erzeugt, was dadurch erzielt wurde, daß die Erhitzungsdauer kürzer als die zur Sättigungskonz. erforderliche war. Messungen des Verhältnisses ε der Extinktionskoeffizienten von F- u. M-Zentren im Gebiet verschieden starker Verfärbung ergeben konstante ε-Werte für die einzelnen Kristalle. Es besteht demnach ein therm. Gleichgewicht zwischen den beiden Zentrenarten schon während des Verfärbungsprozesses, u. zwar in dem Sinne, daß ein M-Zentrum für jedes zerstörte F-Zentrum gebildet wird. Dieses Verh. entspricht der SEITZschen Vorstellung, daß ein M-Zentrum aus einem Leerstellenpaar mit einem Elektron in der negativen Leerstelle besteht. (J. chem. Physics **21.** 2096. Nov. 1953. Corvallis, Ore., Oregon State Coll., Dep. of Chem.) RUDOLPH. 119

D. A. I. Goring und **P. G. Napier,** *Lichtstreuungsmessung der absoluten Trübung von Wasser.* Die absol. Trübung von W. τ_∞ läßt sich durch Lichtstreuungsmessungen an W. bzw. an 1% Natriumacetatlsgg. bestimmen. Ein unpolarisierter Lichtstrahl von 5461 Å wird durch die zur Reinigung zentrifugierten Fll. geschickt u. die Intensität des Streulichtes unter verschied. Winkeln ($\Theta = 37\frac{1}{2}$—135°) gemessen, u. zwar die Horizontal- u. die Vertikalkomponente getrennt. Bei W. ist die Reproduzierbarkeit gering. Man sieht jedoch, daß beide Komponenten, abgesehen von einer kleinen durch größere Teilchen hervorgerufenen Unsymmetrie bei kleinen Θ-Werten der theoret. RAYLEIGH-Verteilung folgen. In solchen Fällen entspricht die korr. Intensität $I_{90°}$ bei $\Theta = 90°$ der normalisierten Intensität I bei hohen Θ-Werten. Sie beträgt bei W. 3,30, woraus sich die Trübung zu $1{,}7 \cdot 10^{-5}$ cm^{-1} berechnen läßt. Die Messungen an der

1% Natriumacetatlsg. sind besser reproduzierbar. $I_{90°}$ beträgt hier 3,58, was einer Trübung von $1{,}84\cdot 10^{-5}$ cm^{-1} entspricht. Die Differenz der beiden Werte von $\sim 0{,}08\cdot 10^{-5}$ entspricht der Überschußtrübung durch das gelöste Salz. (J. chem. Physics **22.** 147. Jan. 1954. Halifax, Maritime Reg. Labor.) KORTÜM. 119

Fernand Gallais und **Robert Wolf,** *Magnetisches Drehvermögen und Konstitution des Wasserstoffperoxyds.* Messungen des spezif. (ϱ) bzw. mol. (ϱ_M) magnet. Drehvermögens von H_2O_2 verschied. Konz. bis 80% (stabilisiert durch $2{,}5\cdot 10^{-3}$% H_3PO_4 u. $3{,}1\cdot 10^{-2}$% C_7H_7NO) ergeben die Werte $\varrho = 0{,}8\cdot 10^{-2}$ u. $\varrho_M = 27{,}1\cdot 10^{-2}$ Min. für $\lambda = 5780$ Å. Die Meßergebnisse bestätigen die H—O—O—H-Struktur. (C. R. hebd. Séances Acad. Sci. **231.** 1458—60. 18/12. 1950.) RUDOLPH. 119

Jeanne Soutif-Guicherd und **Marcel Lambinet,** *Nachweis der magnetischen Rotationspolarisation bei der Frequenz 3000 MHz.* Es wird eine Anordnung zur Beobachtung der Drehung einer polarisierten elektromagnet. Welle beim Durchgang durch ein unter dem Einfl. eines konstanten Magnetfeldes stehendes paramagnet. Salz beschrieben. Mit dieser Anordnung wird für das Mn^{2+}-Ion von $MnSO_4$ das Drehvermögen ϱ für eine Wellenlänge 9,88 cm als Funktion der magnet. Feldstärke gemessen. Es wird eine typ. Dispersion des Drehvermögens mit Vorzeichenumkehr im Resonanzgebiet beobachtet. Das maximale ϱ beträgt 15 Minuten. Der effektive LANDÉ-Faktor wird zu 1,96 bestimmt. (C. R. hebd. Séances Acad. Sci. **231.** 1460—62. 18/12. 1950.)
RUDOLPH. 119

R. D. Waldron und **D. F. Hornig,** *Ultrarotspektren und Struktur kristalliner Ammoniakhydrate.* Vff. untersuchten die Ultrarotspektren kristalliner Ammoniakhydrate von 900—3600 cm^{-1}. Dazu wurden Mischungen von gasförmigen NH_3 u. H_2O im Verhältnis $NH_3 + 2H_2O$, $NH_3 + H_2O$, $2NH_3 + H_2O$ u. $3NH_3 + H_2O$ in einer Gaszelle auf mit fl. N_2 gekühlten NaCl- oder KBr-Platten kondensiert u. spektroskopiert. Die Spektren werden mit dem von krist. NH_3, H_2O u. einem Ammoniumsalz verglichen. Vff. schließen, daß die Ammoniakhydrate keine Ammoniumionen enthalten, sondern NH ... O- u. OH ... N-Brücken ausbilden. (J. Amer. chem. Soc. **75.** 6079—80. 5/12. 1953. Providence, R. I., Brown Univ., Metcalf Chem. Labor.)
H. J. BECHER. 120

R. D. Shelton, A. H. Nielsen und **W. H. Fletcher,** *Das Infrarotspektrum und Molekularkonstanten von Schwefeldioxyd.* Ausführliche Darst. des C. **1954.** 7585 referierten Sitzungsberichtes. Verzeichnis der beobachteten u. zugeordneten Linien für die aufgelösten ν_1, ν_2, ν_3, $2\nu_1$, $2\nu_3$, $\nu_2 + \nu_3$ u. $\nu_1 + \nu_3$ Rotationsschwingungsbanden u. der Nullstellen für weitere 10 Banden. Die harmon. u. anharmon. Konstanten ergaben sich zu: $\omega_1 = 1167{,}60$; $\omega_2 = 526{,}27$; $\omega_3 = 1380{,}91$; $X_{11} = -3{,}99$; $X_{22} = -3{,}00$; $X_{33} = -5{,}17$; $X_{12} = -2{,}05$; $X_{13} = -13{,}71$ u. $X_{23} = 0{,}390$ cm^{-1}. Unter Benutzung von Daten aus Mikrowellen- u. massenspektrometr. Unterss. werden die Kraftkonstanten (in 10^5 dyn/cm) zu $f_1 = 10{,}75$; $f_{12} = 0{,}461$; $f_\Theta = 1{,}10$ u. $g_e = 1{,}41$ errechnet. (J. chem. Physics **21.** 2178—83. Dez. 1953. Knoxville, Tenn., Univ. of Tennessee, Dep. of Phys., u. Dep. of Chem.) EICHHOFF. 120

Douglas G. Hill und **Alexander F. Rosenberg,** *Ultrarotabsorptionsspektren von komplexen Kobaltsalzen.* Die Absorptionsspektren einer Reihe von Kobalt(III)-amminen wurden im Steinsalzultrarot aufgenommen, u. zwar in Form trockener Pulver, die man durch Sedimentation aus einer Propanol-(2)-Suspension auf eine Salzplatte erhielt. Die Partikelgröße läßt sich auf diese Weise leicht nach Wunsch einstellen, indem man die Salzplatte erst in die Suspension bringt, nachdem die größten Partikel sich gesetzt haben. Ein totalsymm. Oktaedermol. sollte zwei ultrarotakt. Fundamentalschwingungen besitzen. Dementsprechend wurden bei allen untersuchten Salzen im wesentlichen zwei Banden gefunden, selbst da, wo durch Substitution von einem NH_3 die Symmetrie geändert war. Ebenfalls nicht ganz verständlich ist die Rotverschiebung der 820 cm^{-1}-Bande bei Vergrößerung des Anions. In jedem Fall kann diese Verschiebung nicht von einer Vergrößerung des Co–N-Abstandes herrühren, da dies eine Verschiebung nach kurzen Wellen zur Folge haben müßte. Untersucht wurden: $Co(NH_3)_6\cdot Cl_3$ (826 u. 1319 cm^{-1}); $Co(NH_3)_6Br_3$ (816 u. 1321 cm^{-1}); $Co(NH_3)_6J_3$ (801 u. 1319 cm^{-1}); $Co(NH_3)_5H_2O\cdot Cl_3$ (837 u. 1312 cm^{-1}); $Co(NH_3)_5H_2O\cdot Br_3$ (832 u. 1319 cm^{-1}); $Co(NH_3)_5H_2O\cdot J_3$ (817 u. 1316 cm^{-1}); $Co(NH_3)_5N_3Cl_2$ (840 u. 1311 cm^{-1}); $Co(NH_3)_5N_3Br_2$ (829 u. 1304 cm^{-1}); $Co(NH_3)_5N_3J_2$ (820 u. 1299 cm^{-1}); $Co(NH_3)_5F\cdot Cl_2$ (845 u. 1305 cm^{-1}); $Co(NH_3)_5F\cdot Br_2$ (820 u. 1309 cm^{-1}); $Co(NH_3)_5F\cdot J_2$ (806 u. 1304 cm^{-1}); $Co(NH_3)_5Cl\cdot Cl_2$ (852 u. 1305 cm^{-1}); $Co(NH_3)_5Br\cdot Cl_2$ (841 u. 1304 cm^{-1}); $Co(NH_3)_5Br\cdot Br_2$ (832 u. 1300 cm^{-1}). (J. chem. Physics **22.** 148. Jan. 1954. Durham, Duke Univ.)
KORTÜM. 120

R. E. Halsted und **L. R. Koller,** *Elektrolumineszenz in dünnen Filmen von ZnS·Mn.* Gegenüber anderen elektroluminescierenden Materialien zeigen durchsichtige dünne

Filme (10 μ) von ZnS·Mn (0,5%) zwischen einer durchsichtigen Glaselektrode u. einer Metallelektrode bei Erregung mit Wechselfeldern folgende besondere Eigg.: 1. Die Lichtimpulse sind mit der angelegten Spannung U prakt. in Phase; ihre Amplituden sind größer, wenn die Metallelektrode negativ ist. 2. Die mittlere Helligkeit J wächst angenähert mit der 7. Potenz von U über 5 Zehnerpotenzen. 3. J steigt linear mit der Feldfrequenz f (20—5000 Hz); die Emissionsfarbe ist unabhängig von f u. U. 4. Mit zunehmender Temp., gemessen von -196^0 an, steigt J bis zu einem Maximum, das bei um so höheren Tempp. liegt, je größer f ist. Die Emission der ZnS·Mn-Schichten ist die gleiche (Maximum 5900 Å) auch bei Erregung mit UV oder Kathodenstrahlen. Thermoluminescenzmessungen ergeben nur eine einzige Haftstelle in einer Tiefe von 0,3 eV. (Physic. Rev. [2] **93.** 349—50. 15/1. 1954. Schenectady, N. Y., Gen. Electr. Res. Labor.) RUDOLPH. 125

A_3. Elektrizität. Magnetismus. Elektrochemie.

F. A. Vick, *Theorie der Kontaktelektrisierung.* Nach einer Übersicht über die in Frage kommenden Teile der modernen Festkörpertheorie wird der Transport von Elektronen, wenn Metalle, Halbleiter u. Isolatoren miteinander in Berührung gebracht werden, behandelt. Die Bedeutung der Oberflächenzustände wird bes. herausgestellt. (Brit. J. appl. Physics, Suppl. **1953.** Nr. 2. 1—5. Univ. Coll. of North Staffordshire.) V. HARLEM. 130

P. S. H. Henry, *Übersicht über Bildung und Verschwinden statischer Elektrizität.* Es wird eine allg. Übersicht gegeben über die Prinzipien, die bei der Messung der Kontaktelektrizität benutzt werden u. über die Schwierigkeiten, die durch Entladungen in Luft u. durch unbekannte Kontaktflächen hervorgerufen werden. Die bisher vorgeschlagenen Mechanismen werden zusammengestellt u. eine neue Hypothese aufgestellt. (Brit. J. appl. Physics, Suppl. **1953.** Nr. 2. 6—11. Manchester, British Cotton Ind. Res. Assoc.) V. HARLEM. 130

W. Fordham Cooper, *Die Elektrisierung von bewegten Flüssigkeiten.* Die Elektrisierung von Elektrolyten infolge Fließens durch Rühren kann auf Grund der HELMHOLTZschen elektr. Doppelschicht erklärt werden. Es wird vermutet, daß solche Doppelschichten auch in handelsüblichen organ. Fll., wie Petroleum, durch Verunreinigungen hervorgerufen werden können. Die erzeugte Ladung läßt sich berechnen aus dem elektrokinet. Potential u. der REYNOLDSschen Zahl. Eine Elektrisierung macht sich erst bemerkbar, wenn der Widerstand 10^{11} Ohm·cm überschreitet. Die Theorie wird erweitert auf die Ladungen, die in Filtern u. Waschanlagen entstehen. Die Elektrisierung von Tropfen, Flugwassern u. nassen Dämpfen wird ebenfalls kurz diskutiert. (Brit. J. appl. Physics, Suppl. **1953.** Nr. 2. 11—15.) V. HARLEM. 130

E. W. B. Gill, *Elektrisierung durch Frieren.* Die hohen Potentiale in der Größe von 100 V, die entstehen, wenn *Eis* aus verd. Lsgg. gebildet wird, werden näher untersucht, um den Mechanismus hierfür zu finden. Kontaktpotentiale zwischen festen u. fl. Stoffen betragen gewöhnlich ca. 1 V, es müssen daher beim Eis andere Faktoren mitspielen. Vf. vermutet, daß sich die Ladungen, die das Potential hervorrufen, im Falle des frierenden Eises etwas von den Grenzschichten entfernt befinden. (Brit. J. appl. Physics, Suppl. **1953.** Nr. 2. 16—19. Oxford, Univ., Clarendon Labor.) V. HARLEM. 130

W. R. Harper, *Flüssigkeiten, die bei Blasenbildung keine Elektrisierung erzeugen.* Es wird gezeigt, daß die Theorie von GILL u. ALFREY über die Elektrisierung durch Bespritzen nicht aufrechterhalten werden kann. Es werden Verss. beschrieben, die zeigen, daß die Elektrisierung durch Erzeugung von Blasen aufhört, wenn die Reinigung der Fl. so weit getrieben wird, daß ihre Leitfähigkeit kleiner als $10^{-13}\ \Omega^{-1}\,cm^{-1}$ wird. Die benutzten Fll. waren *Hexan, Octan, Decan, Bzl., Xylol, Pinen,* CCl_4 u. eine Mischung von Xylol u. CCl_4. Die nichtleitenden Fll. erzeugen noch beträchtliche Mengen von neutralen Zentren. (Brit. J. appl. Physics, Suppl. **1953.** Nr. 2. 19—22. London, Imp. Coll. of Sci. and Technol.) V. HARLEM. 130

Rudolf Gebauer und **Erwin Kreyszig,** *Erzeugung lichtstarker Kanalstrahlen.* Zur Erzeugung hoher Leuchtdichten von H-Kanalstrahlen konstruiert Vf. ein Gerät mit Ganzmetallrohr u. Ionenoptik u. vergleicht es mit üblichen Glasrohrgeräten von gleichem Rohr- u. Kanaldurchmesser. Messungen der Abhängigkeit der Leuchtdichte vom Durchmesser der Fokussierungsblende, vom Durchmesser des Kathodenkanals, vom H_2-Druck, von der Entladungsspannung u. von der Entladungsstromstärke zeigen, daß das Ganzmetallrohr gegenüber dem Glasrohr im Mittel doppelte Leuchtdichten liefert. (Z. Physik **135.** 349—60. 1953. Darmstadt, TH, Physikal. Inst.) M. DRECHSLER. 131

B. L. Donnally, J. B. Dozier und **H. E. Carr,** *Negative metastabile Ionen.* (Sitzungsbericht.) Mit einem Massenspektrometer vom Typ NIER wurden die durch Elektronenstoß von *Dichlorphosphorsäureäthylester* gebildeten negativen Ionen untersucht. Bei einem Druck von ca. $2 \cdot 10^{-4}$ mm Hg wurden neben den gewöhnlichen Isotopenspektren breite Maxima bei ungeraden Massenzahlen beobachtet, die als metastabile Übergänge erklärt werden. Die scheinbaren Massen 12,5 u. 13,7 mit der Intensität 2,4 entsprechen wahrscheinlich dem metastabilen Übergang $PO_2Cl \rightarrow Cl^- + PO_2$, die mit den Zahlen 39,7 u. 40,5 u. der Intensität 3,8 dem Übergang $PO_2Cl \rightarrow PO_2^- + Cl$ u. die mit den Zahlen 58,6; 59,3; 60,3 u. 61,0 u. der Intensität 4,9 dem metastabilen Übergang $C_2H_5Cl_2PO_2 \rightarrow PO_2Cl^- + C_2H_5Cl$. Die Intensitäten gelten für eine Elektronenenergie von 65 eV u. sind derart normalisiert, daß der Gesamtbeitrag der PO_2Cl^--Ionen gleich 100 ist. (Physic. Rev. [2] **87.** 170. 1/7. 1952. Alabama Polytechnic Inst.)

GOTTFRIED. 131

J. A. Pople, *Dielektrische Polarisation eines bipolaren Gitters.* Es wird die Polarisation eines bipolaren Gittermodells in einem gleichförmigen Feld berechnet für den Fall unpolarisierbarer, aber frei drehbarer, im Gitter fixierter Punktdipole. Es ergibt sich, daß sowohl die DEBYEsche als auch die ONSAGERsche Annäherung die Polarisation überbestimmen. Die erhaltenen Ausdrücke unterscheiden sich für das einfache kub., das körperzentrierte kub. u. das flächenzentrierte Gitter nur wenig, so daß anzunehmen ist, daß die Gitterformeln auf die Polarisation jeder isotropen Anordnung von Dipolen, z. B. in Fll., mit guter Annäherung angewendet werden können. (Philos. Mag. [7] **44.** 1276–80. Nov. 1953. Cambridge, Univ., Dep. of Theoretic. Chem.)

K. L. WOLF. 132

Rudolf Meier und **Kurt Schuster,** *Zur Theorie der Anregung von Dickenschwingungen piezoelektrischer Kristallplatten.* In Erweiterung der Theorie der Schallausbreitung in piezoelektr. Kristallen (C. **1954.** 21) werden die Gesetze der Anregung von Dickenschwingungen seitlich unendlich ausgedehnter Kristallplatten abgeleitet u. auf *Quarz, Lithiumsulfat* u. *Ammoniumphosphat* in den für die Praxis wichtigen Ausbreitungsrichtungen angewandt. Der Zusammenhang zwischen der maximal zu entnehmenden Schalleistung u. der mechan. Zerreiß- sowie der elektr. Durchschlagsfestigkeit eines Schallgebers wird aufgezeigt u. daraus der günstigste Wellenwiderstand des angrenzenden Mediums zur Erzielung einer optimalen Schalleistung ermittelt. (Ann. Physik [6] **12.** 386–92. 1953. Jena, Zeißwerke, Schwingungslabor.)

FALKENHAGEN. 133

Rudolf Meier und **Herbert Trommler,** *Zur Erzeugung von Dickenschwingungen mit Ammoniumphosphatkristallplatten.* (Vgl. vorst. Ref.) Die theoret. Ergebnisse der Schallausbreitung in piezoelektr. Kristallen u. der Anregung von Dickenschwingungen (vgl. l. c.) werden für den Spezialfall des Ammoniumphosphats im L-Schnitt mit experimentellen Unterss. verglichen u. zeigen weitgehende Übereinstimmung für Dickenschwingungen mit einer Resonanzfrequenz, die einer Schallgeschwindigkeit von v = 2200 m/Sek. entspricht. Rechner. hatte sich noch eine zweite Welle mit v = 4600 m/Sek. ergeben, die eine homogenere Schallabstrahlung lieferte als Welle 1 u. für Abbildungszwecke geeigneter erscheint. (Ann. Physik [6] **12.** 393–97. 1953.)

FALKENHAGEN. 133

F. A. Vick und **C. A. Walley,** *Emission negativer Ionen aus Oxydkathoden.* 1. Mitt. Mit Hilfe eines einfachen Massenspektrographen aus Glas werden an *(Ba, Sr)O*-Kathoden Emissionen von vorherrschend $^{35}Cl^-$- u. $^{37}Cl^-$-Ionen beobachtet, die bes. stark nach Ausheizen der App. bei 450° sind. Auch bei bes. gereinigten Oxyden treten Cl^--Ionen auf. Mit dem Erscheinen der Cl^--Ionen gehen Vergiftungserscheinungen der Kathode Hand in Hand. Es werden u. a. auch $^{34}S^-$- u. O_2^--Ionen u. verschied. C-haltige Ionen, wie CN^-, $C_2H_2^-$, CNO^-, CO_2^- (zum Teil aus dem Bindemittel), identifiziert. Das Cl dürfte in der Hauptsache aus dem Glas der App. stammen. (Proc. physic. Soc., Sect. B **67.** 169–76. 1/3. 1954. North Staffordshire, Univ. Coll., Phys. Dep., u. Newcastle-upon-Tyne, King's Coll., El. Engng. Dep.) RUDOLPH. 134

W. Grattidge und **A. A. Shepherd,** *Emission negativer Ionen aus Oxydkathoden.* 2. Mitt. (1. vgl. vorst. Ref.) Es wird die Emission negativer Ionen aus Oxydkathoden bes. während des Formierungsprozesses verfolgt. Nach 2std. Heizen der Kathode auf 1100° K treten die Ionen mit den Massen 12, 16, 26 (CN^-), 27 (Al^-), 35 u. 37 (Cl^-), 42 u. 43 (CNO^-) auf; Abblitzen der Kathode bei 1250° K erniedrigt lediglich die Intensität der Cl-Ionen. Anlaufpotentialmessungen ergeben das Kathodengebiet als Ursprung der Ionen. Die Abgabe von O während der Formierung erfolgt in Form ungeladener O_2-Moleküle. Das Auftreten von O^--Ionen wird auf Zerstörung eines O-Oberflächenfilms durch Bombardement positiver Ionen zurückgeführt. Den Hauptanteil der Ionenemission bilden die Cl^--Isotope, deren Intensität bes. bei längerem Betrieb der Kathode bei 1200° K stark ansteigt. Sie stammen offenbar aus in der Kathode enthaltenen Erdalkalichloriden. Die Änderung der Cl-Ionenemission als Funktion der Gitterspannung u. der Temp. wird näher untersucht. (Proc. physic. Soc., Sect. B **67.** 177—86. 1/3. 1954. Schenectady, N. Y., G. E. C. Ltd., u. North Staffordshire, Univ. Coll., Dep. of Phys.) RUDOLPH. 134

G. Blet, *Änderungen des inneren Widerstandes und der Kapazität eines Photoelementes.* Die Ergebnisse der Messungen des inneren Widerstandes R, der Impedanz u. Phasenverschiebung sowie der Kapazität C an einem *Se*-Photoelement bei verschied. positiven u. negativen Vorspannungen (gleich u. entgegengesetzt zur Photostromrichtung) sowie bei Belichtungen sind: Positive Vorspannung erhöht R u. vermindert C, negative Vorspannung oder Belichtung wirken umgekehrt. Die Wrkg. der Belichtung ist mit einem lang dauernden (nicht exponentiellen) Abklingprozeß verbunden, die Wrkg. einer Vorspannung dagegen nicht. Die Erscheinungen werden erklärt unter der Annahme, daß der innere Widerstand nur von der Zahl der freien Elektronen in der Grenzschicht abhängt, die als eine Gleichgewichtszone zwischen den freien Elektronen des Metalls u. des Se betrachtet wird. Dasselbe gilt für die Kapazität, die als Quotient der Elektronenladungen u. der Kontaktpotentialdifferenz betrachtet wird. (J. Physique Radium **14.** 34 S—35 S. Okt. 1953. Marseille, Centre de Rech. sci. et ind.) RUDOLPH. 134

M. A. Gilleo, *Photoemission von Silber in AgCl, KBr und NaCl, sowie neue Banden der photoelektrischen Empfindlichkeit in AgCl.* Mit Hilfe des FOWLERschen Auswertverf. u. aus der Grenzwellenlänge werden aus Messungen des Photostromes, der von aufgedampftem Ag in NaCl-, KBr- u. AgCl-Kristalle emittiert wird, die Austrittsarbeit von Ag in diese Kristalle bestimmt. Es ergab sich 4,3 eV (KBr u. NaCl) u. 1,1 eV (AgCl) gegen 4,7 eV (Vakuum). Außerdem wurden in AgCl selbst sieben neue Banden in der spektralen Verteilung der lichtelektr. Empfindlichkeit gefunden; die zugehörigen opt. Absorptionen entzogen sich der Messung. Diese schmalen (0,2 eV Halbwertsbreite bei 90° K) Banden bleichen bei Einstrahlung aus. Fünf von ihnen (4400, 5000, 5700, 6600 u. 7500 Å) wachsen bei Angebot freier Photoelektronen u. werden als von Elektronenhaftstellen herrührend u. Analoge der F-, E-, D-, C- u. G-Bande der Alkalihalogenide angesehen. Die 4800 Å- u. 9200 Å-Banden wachsen bei Elektronenmangel u. werden als von Defektelektronenhaftstellen herrührend angesehen. — Die Band–Band-Übergängen entsprechende Absorptionskante u. photoelektr. Ausbeute verschiebt sich bei wachsender Temp. nach kürzeren Wellenlängen. Dabei wird die Kante steiler. (Physic. Rev. [2] **91.** 534—42. 1/8.; Sitzungsbericht: **90.** 364. 15/4. 1953. Cambridge, Mass., Massachusetts Inst. of Technol., Labor. of Insul. Res.) BRAUER. 134

C. M. Nelson, R. L. Sproull und **R. S. Caswell,** *Leitfähigkeitsänderungen in KCl, die durch γ- und n-Strahlung erzeugt werden.* Zwischen 25 u. 220° wurde die Ionenleitfähigkeit bei γ- u. Neutronenbestrahlung gemessen. Kurze γ-Bestrahlung vermindert die Ionenleitfähigkeit durch Verminderung der K^+-Lücken infolge Defektelektroneneinfang. Lang dauernde γ- u. n-Bestrahlung erhöht sie dagegen, wahrscheinlich infolge Erzeugung von K^+-Lücken. Tempern führt den Kristall in den Ausgangszustand zurück. (Physic. Rev. [2] **90.** 364. 15/4. 1953. Oak Ridge Nat. Labor.) BRAUER. 135

E. A. Pearlstein, *Änderungen der Leitfähigkeit von NaCl, hervorgerufen durch Beschießung mit 360 MeV-Protonen.* (Sitzungsbericht.) Vf. bestrahlt Einkristalle von NaCl, die in He bei 650° getempert waren, mit 360 MeV-Protonen mit dem Synchrocyclotron des CARNEGIE INSTITUTE OF TECHNOLOGY, die Strahlungsmengen betrugen ca. $10^{15}/cm^2$. In Übereinstimmung mit den Unterss. von NELSON u. Mitarbeitern (vgl. vorst. Ref.) an KCl wurde ein starker Abfall der elektr. Leitfähigkeit nach der Bestrahlung gefunden. Der größte Teil dieses Abfalls ging beim Tempern bei 200° in 1 Std. zurück, schneller geschah dies bei 250—300°, eine Temperatursteigerung bis zu ca. 470° ergab jedoch keine weitere Beschleunigung. Die Leitfähigkeit solcher ausgeglühten Präpp., gemessen zwischen 100 u. 200°, war bei einer Fehlergrenze von 10% die der unbestrahlten Präparate. Die Leitfähigkeit der unbestrahlten Proben bei höherer Temp. konnte jedoch auch durch Tempern bei 470° nicht wiederhergestellt werden. Berechnungen nach SEITZ (Discuss. Faraday Soc. **5.** [1949.] 271) zeigen, daß jedes Proton drei Fehlstellen/cm erzeugt. Dies führt zu der Annahme, daß die Leitfähigkeitsänderung vor allem durch Ionisierung hervorgerufen wird, mit Ausnahme der Tatsache, daß sich die Änderung der Temperaturabhängigkeit der Leitfähigkeit nach der Bestrahlung nicht vollständig durch Wärmebehandlung rückgängig machen läßt. (Physic. Rev. [2] **91.** 244—45. 1/7. 1953. Carnegie Inst. of Technol.) SIEWERT. 135

J. Ross Macdonald, *Theorie von Wechselstrom-Raumladungs-Polarisations-Effekten in Photoleitern, Halbleitern und Elektrolyten.* Die lineare Theorie setzt u. a. voraus: Undurchlässige Elektroden; sowohl positive als auch negative bewegliche Träger, die von einer Art neutraler Zentren durch Dissoziation erzeugt werden. Diskutiert werden bes. folgende Fälle: a) Ladungsträger nur eines Vorzeichens sind beweglich, beliebige Rekombinationszeit; b) Ladungsträger beider Vorzeichen haben gleiche Beweglichkeit, beliebige Rekombinationszeit; c) positive Träger haben eine andere Beweglichkeit als negative, sehr kurze Rekombinationszeit. Die sich ergebenden Dispersionsgebiete werden durch die begrenzte Beweglichkeit der Träger (bei a, b u. c) oder durch die Rekombination (bei a) verursacht. Alle folgen dem DEBYEschen Gesetz. (Physic. Rev. [2] **92.** 4—17. 1/10. 1953. Lemont, Ill., Argonne Nat. Labor., Chem. Div.)
BRAUER. 135

O. Madelung und **H. Welker,** *Zur Theorie der gemischten Halbleiter.* Auf der Grundlage der FRÖHLICHschen Theorie werden Formeln abgeleitet, die die spezif. Leitfähigkeit, den HALL-Koeff. R, die Änderung des Widerstands in einem Magnetfeld $\Delta\varrho/\varrho_H$ u. die Thermokraft φ_{ab} von gemischten Halbleitern mit den Konzz. u. Beweglichkeiten der Stromträger in Beziehung setzen. In höherer Näherung ergibt sich, daß R von der magnet. Feldstärke abhängig ist u. bei hohen Feldern sein Vorzeichen umkehren kann. (Z. angew. Physik **5.** 12—14. Jan. 1953. Erlangen, Siemens-Schuckert-Werke, Allg. Labor.) KIRSCHSTEIN. 135

B. V. Rollin und **I. M. Templeton,** *Rauschen in Germaniumdrähten bei sehr niedrigen Frequenzen.* Messungen des Stromrauschens eines Drahtes von 12 mm Länge u. 0,6 mm² Querschnitt aus 50 $\Omega\cdot$cm-Ge über einen Frequenzbereich f von ca. $2{,}5\cdot10^{-4}$ bis 10 Hz ergeben eine lineare Abnahme des Rauschens mit log f entsprechend der Beziehung $\overline{\partial R^2}/R^2 \sim \partial f/f^{1.35}$. (Proc. physic. Soc., Sect. B **67.** 271. 1/3. 1954. Oxford, Clarendon Labor.) RUDOLPH. 135

Walter Rave, *Der Germaniumverstärker.* Elementare Beschreibung der Wirkungsweise von Transistoren. (Naturwiss. Rdsch. **3.** 302—05. Juli 1950. Markt Schwaben bei München.) KIRSCHSTEIN. 135

J. T. Kendall, *Elektronenleitfähigkeit in grauem Zinn.* Vf. stellte einige Legierungen des grauen Sn mit *Sb* u. *Ga* her, deren Leitfähigkeiten u. HALL-Konstanten im Bereich von 77—286° K gemessen wurden. Die Änderungen der Leitfähigkeits- u. HALL-Werte bei veränderter Magnetfeldstärke wurden ebenfalls untersucht, außerdem die Elektronen- u. Löcherbeweglichkeit bestimmt. Nicht jedes gitterfremde Atom liefert einen Ladungsträger. Ferner wurden die Elektronen- u. Löcherkonzz. ermittelt, welche in Übereinstimmung mit statist.-mechan. Rechnungen stehen. Die Breite der verbotenen Zone ergab sich zu 0,064 eV u. war nahezu temperaturunabhängig. Im Bereich der Gitterstreuung ergaben sich folgende Elektronen- u. Löcherbeweglichkeiten: $\mu_E = 11{,}6\cdot10^6\cdot T^{-3/2}$ u. $\mu_L = 8{,}9\cdot10^6\cdot T^{-3/2}$. Die Eigenleitfähigkeit ist gegeben durch $\sigma = 1{,}6\cdot10^4 \exp.(-0{,}064/2kT)$. (Philos. Mag. [7] **45.** 141—57. Febr. 1954. London, Imp. Coll., Electr. Engng. Dep.) VOITLÄNDER. 136

Lothar A. König und **Gerhard U. Schubert,** *Einige spezielle Einschalt- und Ausgleichvorgänge in Supraleitern.* Vff. ergänzen die von LONDON u. v. LAUE aufgestellten Gleichungen durch ein Glied, das die Trägheit der den OHMschen Strom tragenden Elektronen berücksichtigt. Auf dieser Grundlage werden die beim Ausgleich von Raumladungen u. beim Einschalten eines Magnetfeldes auftretenden Relaxationszeiten berechnet; es ergeben sich solche Größenordnungen, daß die Anwendung der phänomenolog. Theorie noch gerechtfertigt ist. (Z. angew. Physik **5.** 5—9. Jan. 1953. Mainz, Univ., Inst. für theoret. Physik.) KIRSCHSTEIN. 136

Ryogo Kubo, *Die Spin-Wellentheorie als Variationsmethode und ihre Anwendung auf Antiferromagnetismus.* (Vgl. C. **1953.** 8782.) Die Spin-Wellen-Theorie wird, hier als Variationsmeth. behandelt, auf den Antiferromagnetismus angewendet, wobei die sonst durch Unterdrückung höherer Terme vernachlässigte Wechselwrkg. der verschied. Arten von Spinwellen berücksichtigt wird. Aus der Berechnung ergeben sich eine mit der Existenz eines anisotropen Feldes gleichbedeutende Änderung des Frequenzspektr. u. die Grenzwerte der Grundniveaus. Die Meth. ist auch auf den Ferromagnetismus anwendbar u. führt zu den gleichen Ergebnissen wie die mol. Feldtheorie. (Rev. mod. Physics **25.** 344—51. Jan. 1953. Chicago, Ill., Univ. of Chicago, Inst. for Study of Metals.) WERNER SCHULZ. 137

Lyle Patrick, *Der Antiferromagnetismus von Mangan.* Mn besitzt bei 100° K einen NÉEL-Punkt, d. h. eine Umwandlung vom Paramagnetismus zum Antiferromagnetismus. Am NÉEL-Punkt müssen sich auch die elektr. Eigg. ändern. Daher werden der elektr. Widerstand u. die Thermokraft gegen Cu bestimmt, die in der Nähe des NÉEL-

Punktes tatsächlich Anomalien aufweisen. Vf. zeigt mit der Messung der Temperaturabhängigkeit der Thermokraft, daß der NÉEL-Punkt stark vom Gasgeh. des Mn abhängt. Messungen an einem Thermoelement aus entgastem u. nichtentgastem Mn bestätigen den NÉEL-Punkt sehr genau bei 100° K. (Physic. Rev. [2] **93.** 370. 1/2. 1954. Chicago, Ill., Univ., Inst. for Study of Metals.) FAHLENBRACH. 137

E. P. Wohlfarth, *Der theoretische und experimentelle Stand der kollektiven Elektronentheorie des Ferromagnetismus.* Nach einer Zusammenfassung mehrerer Arbeiten von STONER wird auf die quantenmechan. u. statist.-mechan. Grundlagen der kollektiven Elektronentheorie näher eingegangen. Quantenmechan. werden die Schwierigkeiten bei der Ableitung der inneren Energie eines ferromagnet. Metalls beim absol. Nullpunkt u. bei der Berechnung der Energie als Funktion der Magnetisierung sowie die Abhängigkeit der Austauschenergie von der relativen Magnetisierung untersucht. Mit Hilfe der statist. Mechanik werden die Spinentartung u. die Berechnung der Elektronenwärme bei niedriger Temp. behandelt. Folgende zur Klärung der Theorie beitragenden experimentellen Ergebnisse werden erörtert: 1. Die Änderung der CURIE-Temp. u. der Sättigungsmagnetisierung mit der Zus. der Legierungen u. die Änderung der Suszeptibilität von Ni mit der Temperatur. 2. Der Temperaturgang der Magnetisierung, der elektron. Wärme u. des magnetocalor. Effektes von kub. Co, Ni u. von Ni-Legierungen unterhalb des CURIE-Punktes. 3. Die elektron. Wärme von Ni u. Pd bei hoher Temperatur. 4. Die elektron. Eigg. von Cr u. einigen anderen Metallen. 5. Die elektron. Eigg. von Pd u. seinen Legierungen. (Rev. mod. Physics **25.** 211—19. Jan. 1953. London, Imp. Coll., Dep. of Math.) WERNER SCHULZ. 137

William Fuller Brown jr., *Magnetische Energiegleichungen und ihre Beziehung zur Magnetisierungstheorie.* Als Beitrag zur Magnetisierungstheorie wird die Magnetisierungsarbeit unter gleichzeitiger Anwesenheit von Magnetisierung u. Spannung berechnet. Daneben werden die magnet. u. elast. Kräfte ohne Anwendung der Energiebeziehungen berechnet. Danach kann die Trennung in die beiden Kräftearten auf mehrfache Weise erfolgen. Für Fll. ergeben sich die gleichen Ergebnisse wie mit den bisherigen Methoden, für elast. Festkörper treten jedoch zu den bisherigen Gleichungen zusätzliche Terme hinzu. Für ein homogen magnetisiertes Ellipsoid ergibt sich eine feldabhängige, ungleichförmige Magnetostriktion mit einer mittleren relativen Längenänderung von der durch BECKER berechneten Größe. (Rev. mod. Physics **25.** 131—35. Jan. 1953. Newton Square, Pa., Sun Phys. Labor.) WERNER SCHULZ. 137

W. Sucksmith, C. A. Clark, D. J. Oliver und **J. E. Thompson,** *Spontane Magnetisierung. Techniken und Messungen.* (Vgl. C. **1952.** 7611.) Es wird über verbesserte Methoden zur Best. der spontanen Magnetisierung in Abhängigkeit von der Temp. aus dem magnetocalor. Effekt u. aus direkter magnet. Messung (Magnetisierung σ in Abhängigkeit von der magnetisierenden Feldstärke H) sowie über Meßergebnisse mit beiden Methoden berichtet. Bei der calor. Messung wurde die Meth. von WEISS u. FORRER durch Verwendung eines Gleichstromverstärkers hinsichtlich der Genauigkeit der Temperaturmessung verbessert. Die σ–H-Kurve wurde mit Hilfe der verbesserten Meth. von SUCKSMITH (Messung der Kraftwrkg. im inhomogenen Feld) gemessen, welche im Feld eines Elektromagneten u. einer Luftspule (HELMHOLTZ-Feld) eine hohe Konstanz des durch zwei gleichsinnig vom Strom durchflossene Cu-Streifen erzeugten Feldgradienten (140—600 Oe/cm bei H = 18 kOe) ergab. Die Messungen an einer *Cu–Ni*-Legierung (27,5% Cu) ergaben mit beiden Methoden übereinstimmende Ergebnisse außer in der Nähe der CURIE-Temp. Θ (ca. 100°), wo die calor. bestimmte spontane Magnetisierung mit steigender Temp. stärker abfällt u. die direkt gemessene Kurve einen längeren Schwanz aufweist. Der magnetocalor. Temperaturanstieg in Abhängigkeit vom Quadrat der Magnetisierung zeigt unterhalb von Θ die gleiche Linearität wie bei Ni u. Fe, oberhalb von Θ aber einen gekrümmten Verlauf. Der Temperaturgang der spontanen Magnetisierung zeigt im Gegensatz zum Befund an Ni eine deutliche Abweichung von der theoret. für die innere Quantenzahl $j = 1/2$ berechneten Kurve. Messungen an *MgO–ZnO–$2Fe_2O_3$-Ferrit* zeigen für den Temperaturgang der spontanen Magnetisierung zufriedenstellende Übereinstimmung, der magnetocalor. Temperaturanstieg ergab jedoch einen abweichenden Verlauf gegenüber den Messungen an ferromagnet. Elementen. (Rev. mod. Physics **25.** 34—41. Jan. 1953. Sheffield, Univ. of Sheffield.) WERNER SCHULZ. 137

H. P. J. Wijn und **H. van der Heide,** *Eine Richtersche Nachwirkung in Eisen(II)- und Eisen(III)-Ionen enthaltenden Ferriten.* Eine RICHTERsche Nachwrkg. in Ferriten mit Geh. an 2- u. 3wertigem Fe wurde durch Messung der komplexen Permeabilität bei verschied. Tempp. (—220 bis 0°) u. Frequenzen (2—100 kHz) mit einer MAXWELL-Brücke an Ringkernen nachgewiesen. Der Temperaturgang des Verlustwinkels tg δ mit der

Frequenz als Parameter zeigte bei den *MnZn-Ferriten* (Mol-% 28 MnO, 19 ZnO, 3FeO, 50 Fe_2O_3, spezif. Widerstand bei Raumtemp. ca. 100 $\Omega\cdot$cm) einen ähnlichen Verlauf mit den die RICHTERsche Nachwrkg. anzeigenden Maxima wie bei Carbonyleisen. Die wegen der kleinen, auf Diffusion von Elektronen hinweisenden Aktivierungsenergie von 0,11 eV durchgeführten Messungen an *NiZn-Ferriten* (Mol-% ca. 25 NiO, 25 ZnO, 50 Fe_2O_3, spezif. Widerstand ca. 10^7 $\Omega\cdot$cm) nach Glühen bei 1250° in O_2, bei denen Fe als 3 wertig anzunehmen ist, zeigten diese Nachwrkg. nicht (annähernd konstanter Temperaturgang von tg δ). Ein Nachglühen bei 1525° in O_2 mit Erzeugung von ca. 0,5 % Fe(II)-Ionen (spezif. Widerstand 10^4 $\Omega\cdot$cm) führte zu dem gleichen Ergebnis wie bei den MnZn-Ferriten (auch gleiche Aktivierungsenergie). Wegen der Übereinstimmung mit den Messungen anderer Autoren an NiZn-Ferriten u. Fe_3O_4 kann die RICHTERsche Nachwrkg. in Ferriten mit Fe(II)- u. Fe(III)-Ionen auf Diffusion von Elektronen zurückgeführt werden. (Rev. mod. Physics **25.** 98—99. Jan. 1953. Eindhoven, N. V. Philips' Gloeilampenfabrieken, Philips Res. Labors.) WERNER SCHULZ. 137

Charles Guillaud, *Elementare Magnetisierungsmechanismen in Mischoxyden von Eisen und Kobalt.* Die elementaren magnet. Eigg. von *Fe_2O_3–CoO-Ferriten* mit 50 bis bis 60 Mol-% Fe_2O_3 werden an einphasigen Mischungen (Prüfung durch Röntgenstrahlen) untersucht. Die Messung der Magnetostriktion λ in Abhängigkeit von der D. δ u. der Temp. T ergab, daß λ von δ unabhängig ist u. somit die Koerzitivkraft H_c nur von δ abhängt. Die hohe Magnetostriktion hängt stark von der Temp. ab ($\lambda \approx 10^{-4}$ bzw. $3\cdot10^{-4}$ bei 20 bzw. —196°). Bei konstanter Temp. ist für $\delta < 2{,}9$ (theoret. 5,1) H_c von δ unabhängig, so daß allein Bezirksdrehungen anzunehmen sind. Zwischen —80° u. Raumtemp. ist H_c nur eine Funktion der Spannungsenergie. Bei tieferen Tempp. sind die Vorgänge verwickelter, so daß hier auch die Kristallenergie in Rechnung gesetzt werden muß. Für $\delta = 2{,}9$—5,9 hängt H_c von δ u. vom prozentualen Vol. der Hohlräume ab. Hier tragen auch Wandverschiebungen zum magnet. Verh. bei, u. H_c ist annähernd proportional dem Quadrat des Leervolumens. Aus dem Verhältnis der Magnetisierungen I_r/I_s ergibt sich unter der Annahme, daß die Magnetisierung in Richtung der dem magnetisierenden Feld am nächsten gelegenen kub. Kristallachsen verläuft, bis zu Tempp. von —80° herab Übereinstimmung mit dem Experiment, während unterhalb dieser Temp. noch andere Phänomene wirksam sind. Das Verhältnis der Anfangssusceptibilitäten für orientierte u. nichtorientierte Proben (theoret. 0,44, prakt. 0,50 $\pm$20%) ermöglicht eine Trennung der verschied. Magnetisierungsvorgänge. Das WEISSsche Gesetz wird an nichtorientierten Proben bis zu Feldstärken von 25000 Oe bestätigt. Dabei hängt a vom Leervol. u. von λ ab. Die Magnetisierungsenergie in Abhängigkeit von T läßt eine zusätzliche Prüfung der Beziehungen zu. Die magnet. Kennwerte sind: $B_r \approx 2500-3000$ Gauß, $H_c \approx 1500$ bis >2000 Oe, $(B\cdot H)_{max}$ $\approx 1{,}5\cdot10^{-6}$ Gauß$\cdot$Oe. (Rev. mod. Physics **25.** 64—74. Jan. 1953. Bellevue, Centre Nat. de la Rech. Sci.) WERNER SCHULZ. 137

J. Volger, *Weitere experimentelle Untersuchungen an einigen ferromagnetischen oxydischen Manganverbindungen mit Perowskitstruktur.* Untersucht wurden oxyd. ferromagnet. Manganverbb. aus dem Zusammensetzungsbereich $La_{1-\delta}Sr_\delta MnO_3$, wobei δ zwischen 0 u. 1 variiert wurde. Die spezif. Wärme dieser ferrimagnet. Stoffe folgt der alten WEISSschen Theorie. Die magnet. Widerstandsänderung bei Gleichstrom ist unabhängig von dem Winkel zwischen Feld- u. Stromrichtung u. scheint durch Drehprozesse der Elementarbereiche verursacht zu sein. Die magnet. Widerstandsänderung bei Wechselströmen hängt von der Frequenz ab, wobei bei niederen Frequenzen hohe Werte der DK. bis zu $4\cdot10^5$ gefunden wurden. Diese Tatsache führt zu der Annahme von Sperrschichten bei diesen Halbleitern. Aus HALL-Effektmessungen konnte auf eine extrem geringe Elektronenbeweglichkeit geschlossen werden. Untersucht wurde auch der SEEBECK-Effekt, der mit den Grundvorstellungen über die Leitfähigkeit oxyd. Halbleiter in Einklang steht. (Physica **20.** 49—66. Febr. 1954. Eindhoven, Holland, Philips Res. Labor.) FAHLENBRACH. 137

R. Fieschi, S. R. de Groot und **P. Mazur,** *Thermodynamische Theorie der galvanomagnetischen und thermomagnetischen Erscheinungen.* 1. Mitt. *Reziproke Beziehungen bei anisotropen Metallen.* Mit thermodynam. Matrizenrechnungen wird die von ONSAGER auf Grund der mkr. Reversibilität allg. behauptete Reziprozität korrespondierender irreversibler Erscheinungen bei der Wärme- u. Elektrizitätsleitung in anisotropen Metallen unter der Wrkg. eines Magnetfeldes bestätigt. Die reziproken Beziehungen sind in den abgeleiteten Matrizengleichungen direkt ersichtlich. (Physica **20.** 67—76. Febr. 1954. Leiden, Holland, Univ., Inst. für theoret. Naturkunde.) FAHLENBRACH. 137

E. Kanda, T. Haseda und **A. Ōtsubo,** *Die paramagnetische Susceptibilität von festem Sauerstoff.* Vff. haben die alten Messungen von KAMERLINGH ONNES u. PERRIER

(1914) über die Temperaturabhängigkeit der Susceptibilität von O_2 bei sehr tiefen Tempp. wiederholt u. dabei Unterschiede in den Tempp. gefunden, wo die Susceptibilität jeweils unstetig abfällt. Das ist genau dort der Fall, wo auch die spezif. Wärme Unstetigkeiten besitzt. Bes. fällt die Susceptibilität mit abnehmender Temp. erstmalig nicht am F. bei ca. 54° K, sondern erst bei 43,7° K ab. Die zweite Phasenumwandlung wurde bei 23,7° K gefunden. Unterhalb 43,7° K bis 23,7° K ähnelt der Verlauf der Susceptibilität mit der Temp. demjenigen ferrimagnet. Stoffe. (Physica **20.** 131–32. Febr. 1954. Sendai, Japan, Tohoku Univ., Res. Inst. for Iron, Steel and other Metals.) Fahlenbrach. 137

Ebbe Kronqvist und **Aldo Giansoldati**, *Messungen der paramagnetischen Susceptibilität von AgMn- und AuMn-Legierungen.* Die Temperaturabhängigkeit der magnet. Susceptibilität von AgMn- (7,52; 10,1; 14,7 u. 19,8 At.-% Mn) u. AuMn- (9,73 u. 14,7 At.-% Mn) Legierungen wurden im Bereich 300–900° K untersucht. Zusammen mit früheren Messungen zeigt sich, daß das mittlere magnet. Moment des Mn-Atoms annähernd linear abnimmt, wenn die Mn-Konz. in den Legierungen zunimmt. Das durch Extrapolation für unendliche Verdünnung erhaltene Moment des Mn beträgt 6 Bohrsche Magnetonen, entsprechend einem S = 5/2. Der Einfl. einer Kaltbearbeitung auf die paramagnet. Susceptibilität ist beträchtlich, jedoch wird nur die Wechselwirkungsenergie geändert, das mittlere magnet. Moment der Mn-Atome wird nicht beeinflußt. (Ark. Fysik **7.** Nr. 26. 343–51. 1954.) v. Harlem. 137

F. Kenneth Hurd, Mendel Sachs und **W. D. Hershberger**, *Paramagnetische Resonanzabsorption von Mn^{2+} in $CaCO_3$-Einkristallen.* Die paramagnet. Resonanzabsorption bei 9300 MHz von Mn^{2+} wurde unter Benutzung von Einkristallen aus $CaCO_3$ mit 0,06 Gew.-% Mn^{2+}-Ionen untersucht. Das Mn^{2+}-Spektr. besteht aus 30 gut aufgelösten Linien, jede ungefähr 3,5 Oe breit, es erstreckt sich insgesamt über 1100 Oe u. zeigt eine starke Abhängigkeit von der Orientierung der Kristallachsen zum äußeren Feld. Es wird eine Theorie für die Resonanzabsorption des Mn^{2+} in $CaCO_3$-Kristallen gegeben. Die Erklärung des beobachteten Spektr. beruht auf Effekten des kristallinen Feldes in Zusammenwirken mit Hyperfeinstrukturwechselwrkg. des Kerns. Der spektroskop. g-Faktor ist im wesentlichen isotrop. Die Hyperfeinstrukturfaktoren A′ u. B′ sind angenähert gleich. Folgende Werte wurden bestimmt: $g_{\parallel} = 2,0022$, $g_{\perp} = 2,0014$, $A' = 8,782 \cdot 10^{-3}$ cm^{-1}, $D' = 3,75 \cdot 10^{-3}$ cm^{-1}, $d' = 4,00 \cdot 10^{-6}$ cm^{-1}, $B' = 8,774 \cdot 10^{-3}$ cm^{-1}. Es ergeben sich noch kleine Differenzen zwischen Theorie u. Experiment, ebenso unerwartete u. unerklärte Linienaufspaltungen bei bestimmten Orientierungen. (Physic. Rev. [2] **93.** 373–80. 1/2. 1954. Los Angeles, Calif., Univ. of California.) v. Harlem. 137

William Band, *Der Diamagnetismus von Elektronen in einem Zylinder bei tiefen Temperaturen.* Für ein Elektron in einem zylindr. Behälter werden die Eigenfunktionen bei Anwesenheit eines homogenen axialen Magnetfeldes abgeleitet. Das Spektr. der Eigenwerte ist nur an der Oberfläche ähnlich wie im freien Raum, weicht aber im Innern so stark ab, daß sich ganz neue statist. Eigg. der Elektronen im Zylinder ergeben. Bei der Berechnung ihrer Energie bei 0° K tritt ein beträchtlicher, von der Größe des Zylinders abhängiger paramagnet. Term auf. Der Diamagnetismus der Elektronen in Supraleitern ist also in der Näherung, die die Elektronen als frei betrachtet, nicht zu verstehen; es sind jedenfalls Wechselwirkungen mit dem Gitter als Ursache für diesen Diamagnetismus anzunehmen. (Physic. Rev. [2] **91.** 249–55. 15/7. 1953. Pullman, Wash., State College, of Dep. of Physics.) Kirschstein. 137

R. B. Dingle, *Der Diamagnetismus von Elektronen in einem Zylinder bei tiefen Temperaturen.* Krit. Bemerkungen zu der Arbeit von Band (vgl. vorst. Ref.). (Physic. Rev. [2] **92.** 1320. 1/12. 1953. Cambridge, England, St. Johns Coll.) v. Harlem. 137

William Band, *Der Diamagnetismus von Elektronen in einem Zylinder bei tiefen Temperaturen.* (Vgl. vorst. Ref.) Vf. gibt zu, daß die Ergebnisse der vorvorst. referierten Arbeit fehlerhaft sind. Bei richtiger Durchführung der Rechnung gelangt man zu Ergebnissen, die schon in einer Arbeit von Dingle (Proc. Roy. Soc. [London], Ser. A **212.** [1952.] 47) enthalten sind. (Physic. Rev. [2] **93.** 350–51. 15/1. 1954.) Kirschstein. 137

Sidney Barnartt, *Berechnung von Temperatur- und Druckkoeffizienten der Leitfähigkeit und Ultraschalleffekt in verdünnten Elektrolyten nach der Theorie von Onsager.* Für verd. Lsgg. eines starken Elektrolyten lassen sich Druck- u. Temperaturkoeffizienten aus den Grenzgesetzen der Leitfähigkeit theoret. berechnen, wenn diese beiden Größen für den Elektrolyten bei unendlicher Verdünnung bekannt sind. Aus diesen Druck- u. Temperaturkoeffizienten läßt sich die Leitfähigkeitsänderung des Elektrolyten infolge Einw. von Ultraschall bestimmen, u. zwar für stehende u. fortschreitende

Ultraschallwellen bei bekannter Druckamplitude. Wird zur Leitfähigkeitsmessung Wechselstrom bekannter Spannungsamplitude verwendet, so entstehen zwei Seitenschwingungen gleicher Spannungsamplitude, die für KCl bei 25° ca. 53 μV pro at Schalldruck u. pro V angelegter Spannung betragen. (J. chem. Physics **21.** 908—11. Mai 1953. East Pittsburgh, Pa., Westinghouse Res. Labor.) FALKENHAGEN. 138

H. B. Clarke, D. C. Cusworth und **S. P. Datta,** *Die Dissoziationskonstanten der Magnesiumsalze der Phosphorsäure, Glucose-1-Phosphorsäure und Glycerin-2-Phosphorsäure.* Phosphat- oder Ester-Phosphat-Puffer, welche $MgCl_2$ enthalten, werden potentiometr. in Zellen ohne Flüssigkeitsverb. des Typs $PtH_2|MHA, M_2A, MgCl_2|AgCl \cdot Ag$ untersucht. Dabei ergeben sich folgende thermodynam. pK-Werte bei 37°: *Magnesiumorthophosphat* (**I**): 2,801 ±0,003; *Magnesiumglucose-1-phosphat* (**II**): 2,575 ±0,007; *Magnesiumglycerin-2-phosphat* (**III**): 2,595 ±0,015. Werte der Gleichung $-\log K = A/T - D + CT$ für **I**: A = 1305; D = 8,2 u. C = 0,022, **II**: A = 1288; D = 8,3 u. C = 0,022; für **III** A = 1058; D = 7,1 u. C = 0,020. (Biochem. J. **56.** XIV—XV. Febr. 1954. London, Univ. Coll., Dep. of Biochem.) ZAESCHMAR. 139

F. H. MacDougall und **Leo E. Topol,** *Ionengleichgewichte in Lösungen von Silberacetat und Silbermonochloracetat in Wasser und Lösungsmittelgemischen.* Vff. messen die EMK. einer Zelle, die in einem Halbelement eine Lsg. von $AgCH_3COO$ u. $NaCH_3COO$ u. im anderen $AgNO_3$ u. $NaNO_3$ in 10, 20 u. 30%ig. A.–W.-Gemisch u. Aceton–W.-Gemischen enthält. Entsprechendes wurde mit Silbermonochloracetat in W. u. A.–W.-Gemischen durchgeführt. Aus den Messungen wurden die Gleichgewichtskonstanten für die Rkk. $AgCH_3COO \rightleftharpoons Ag^+ + (CH_3COO)^-$ u. $[Ag(CH_3COO)_2]^- \rightleftharpoons Ag^+ + 2(CH_3 \cdot COO)^-$ berechnet. Weiterhin wurden die Aktivitätsprodd. für $AgCH_3COO$ u. $AgCH_2 \cdot ClCOO$ angegeben, die sich aus den gefundenen Dissoziationskonstanten berechnen lassen. Ein Vgl. der Gleichgewichtskonstanten mit den DKK. zeigt, daß die BORNsche Theorie in einfachster Form die Verhältnisse erstaunlich gut erklärt. (J. physic. Chem. **56.** 1090—93. Dez. 1952. Minneapolis, Minn., Univ., School of Chem.) SIEWERT. 139

B. P. Nikolski, *Theorie der Glaselektrode.* 5. Mitt. *Verallgemeinerte Theorie der Glaselektrode.* (4. vgl. C. **1953.** 177.) Es wird eine Theorie entwickelt, welche gestattet, quantitativ die Abhängigkeit des Potentials der Glaselektrode vom p_H-Wert der Fl. zu ermitteln, u. zwar nicht nur im Bereich, in dem die Glaselektrode selbst als H_2- oder Na-Elektrode wirkt, sondern auch im darüber hinausreichenden Bereich. Die Theorie beruht auf der Feststellung über den wesentlichen Austausch der Na- u. H-Ionen zwischen Glas- u. H_2-Phase u. ergibt gute Übereinstimmung mit dem Experiment. (Журнал Физической Химии [J. physik. Chem.] **27.** 724—43. Mai 1953. Leningrad, A. A. Shdanow Univ.) A. KUNZE. 140

Alexandre Damjanović, *Untersuchungen über den Einfluß des Kathodenmaterials auf die Struktur des elektrolytisch abgeschiedenen Kupfers.* Vf. untersuchte den Einfl. des Materials u. der Struktur verschied. Kathoden (Cu- u. Ag-Folien) auf die Orientierung u. die Größe der Cu-Kristalle bei der elektrolyt. Abscheidung aus sauren, konz. $CuSO_4$-Lösungen. Wurden die Kathoden vorher mit HNO_3 gereinigt u. betrug die Stromdichte weniger als 30 mA/cm², so hatte die abgeschiedene Cu-Schicht die gleiche Struktur wie die Blattkathode. Oberhalb 30 mA/cm² u. ohne vorherige Behandlung der Kathode mit HNO_3 war kein Einfl. des Kathodenmaterials auf die Cu-Schicht zu erkennen. Weiterhin wurde im einzelnen untersucht, bis zu welcher Entfernung sich der Einfl. der Struktur der Kathode innerhalb der abgeschiedenen Cu-Schicht bemerkbar macht. Dabei wurde u. a. festgestellt, daß die Dicke der Cu-Schicht, in der noch die Struktur des Kathodenmaterials zu erkennen war, mit zunehmender Stromdichte abnahm. (Recueil Trav. Inst. Rech. Structure Matière **1.** 115—16. Juli 1952. Inst. Rech. Structure Mat., Labor. de Chim.-Phys.) G. HEINRICH. 141

A. van Itterbeek & G. J. Van Den Berg, Charakteristische elektrische und magnetische Eigenschaften dünner Metallschichten. Brussel: Paleis der Academiën. 1953. (15 S. m. Abb., Diagr.) fr. 40,—.

A₄. Thermodynamik. Thermochemie.

S. R. de Groot, *Die Thermodynamik der irreversiblen Prozesse in der Physikalischen Chemie.* Wiedergabe eines Vortrags über die Methoden u. den Anwendungsbereich dieses neuen Zweiges der Thermodynamik. — 27 Literaturangaben. (Svensk kem. Tidskr. **65.** 157—65. 1953.) KIRSCHSTEIN. 146

M. Dutta, *Eine Quasi-Gittertheorie realer Gase und starker Elektrolyte in Lösungen.* Vf. entwickelt eine Quasi-Gittertheorie für reale Gase u. für Ionen starker Elektrolyte in Lsgg., die denen von FRENKEL u. a. für feste Stoffe u. von LENNARD-JONES u. DEVONSHIRE für Fll. ähnlich ist u. in der die Moll., Atome oder Ionen in den Systemen angesehen werden, als gingen sie eine Art von Legierung mit den Löchern bzw. Fehlstellen ein. Auf Grund dieser Vorstellung werden mit Hilfe der auf dem BOLTZMANNschen Prinzip basierenden Meth. von PLANCK u. LORENTZ Ausdrücke für die gebräuchlichen thermodynam. Funktionen u. die Gesetze der mkr. Verteilung abgeleitet. (Proc. nat. Inst. Sci. India **19.** 183—94. März/April 1953. Calcutta, Bangabasi Coll.) NIEMITZ. 146

A. Charnley, G. L. Isles und **J. R. Townley,** *Die unmittelbare Messung des isothermen Joule-Thomson-Koeffizienten für Gase.* Nach einer eingehenden Beschreibung der Versuchsapp. wird über Messungen an N_2, CO_2, N_2O u. C_2H_4 berichtet. Der isotherme JOULE-THOMSON-Koeff., der von der Strömungsgeschwindigkeit unabhängig ist, wurde bei Drucken bis zu 45 at u. bei Tempp. zwischen 0 u. 45° gemessen. Die Übereinstimmung mit den Daten anderer Autoren ist gut. (Proc. Roy. Soc. [London], Ser. A **218.** 133—43. 9/6. 1953. Manchester, Univ., Dep. of Chem.) KIRSCHSTEIN. 148

A. Michels, T. Wassenaar und **Th. N. Zwietering,** *Die experimentelle Bestimmung der Daten der Zustandsgleichung von Gasen bei Temperaturen zwischen 0 und —180°.* Ausführliche Beschreibung der App. u. des Meßvorganges, bei dem mittels eines neuartigen Differentialmanometers die Isochoren bei verschied. Dichten aufgenommen werden. Das Gerät, das mit Luft geprüft wurde, hat eine Meßgenauigkeit von ca. 0,01%. (Physica **18.** 67—74. Jan. 1952. Amsterdam, Gemeente Univ. Van der Waals Labor.) KIRSCHSTEIN. 149

B. S. Chandrasekhar und **K. Mendelssohn,** *Suprasströmung von Helium II durch gepreßtes Pulver.* Wie sich schon bei vorläufigen Verss. gezeigt hatte (vgl. C. **1951.** II. 2288), besteht zwischen der Strömung von He II infolge Druckgefälle u. derjenigen infolge Temperaturgefälle ein Unterschied, wenn sie durch gepreßtes Pulver hindurch erfolgt. Dieser Effekt, der beim Strömen durch eine Capillare nicht auftritt u. auf das Vorhandensein von Reibung im Falle der Gravitationsströmung durch das Pulver hinweist, wurde eingehend untersucht. Eine Erklärung kann noch nicht gegeben werden. (Proc. Roy. Soc. [London], Ser. A **218.** 18—28. 9/6. 1953. Oxford, Univ., Clarendon Labor.) KIRSCHSTEIN. 149

A. Michels, T. Wassenaar und **Th. N. Zwietering,** *Der Dampfdruck von flüssigem Krypton.* Im Temperaturbereich von 115,97°—208,89° K nimmt der Dampfdruck von Kr nach der Formel log p = A/T + B log T + CT + D von 0,7384 auf 53,575 at zu; die Koeffizienten ergaben sich zu A = —710,0193, B = —7,156931, C = 0,01039974, D = 19,55820. Der Kp. wurde zu 119,75 K bestimmt. (Physica **18.** 63—66. Jan. 1952. Amsterdam, Gemeente Univ., Van der Waals Labor.) KIRSCHSTEIN. 150

C. M. Hsiao und **A. W. Schlechten,** *Flüchtigkeit und Stabilität von Metallsulfiden.* Die scheinbaren Dampfdrucke einer Anzahl von Metallsulfiden wurden durch Messung ihrer Gewichtsverlustgeschwindigkeit während ihrer Erhitzung im Vakuum bestimmt. Die errechneten Drucke rühren in einigen Fällen von der Verdampfbarkeit der Sulfide u. in den anderen von ihrer Zersetzung her. Danach werden die Sulfide in flüchtige u. nichtflüchtige eingeteilt. Zu den flüchtigen Sulfiden rechnen Vff. *ZnS*, *CdS*, *HgS*, *SnS*, *PbS*, As_2S_3 u. Sb_2S_3, zu den nichtflüchtigen *MnS*, *FeS*, *CoS*, *NiS*, Cu_2S u. MoS_2. (J. Metals **4.** 65—69. Jan. 1178. Nov. 1952. Rolla, Mo., Missouri School of Mines and Metall., Dep. of Metall. Engng.) HOCHSTEIN. 150

J. P. Hobson und **W. A. Nierenberg,** *Die Statistik eines zweidimensionalen hexagonalen Netzes.* Ergänzende Bemerkungen zur Berechnung der spezif. Wärme von *Graphit* durch GURNEY (vgl. C. **1953.** 9408). (Physic. Rev. [2] **89.** 662. 1/2. 1953. Berkeley, Calif., Univ., Dep. of Phys.) KIRSCHSTEIN. 151

Paul-A. Giguère, *Die thermodynamischen Funktionen von Wasserstoffperoxyd.* Die Entropie, die Enthalpiedifferenzen u. die freie Enthalpie für gasförmiges H_2O_2 wurden mit Hilfe der statist. Mechanik für einen Temperaturbereich von 300—1500° K in Intervallen von 100° berechnet. Hierbei wurden die experimentell erhaltenen Strukturparameter u. Schwingungsfrequenzen benutzt. Ebenso wurden die Gleichgewichtskonstanten u. Reaktionsenthalpien für Bldg. u. Zers. des H_2O_2 für diese Tempp. berechnet. Die Ergebnisse sind mit einer gewissen Unsicherheit behaftet, da die Werte für die relativen Oscillationsfrequenzen der beiden OH-Gruppen im Mol. bis jetzt noch nicht hinreichend genau bestimmt werden konnten. (Canad. J. Res., Sect. B. **28.** 485—91. Aug. 1950. Quebec, Laval Univ., Dep. of Chem.) KLAFFKE. 156

Philip F. Kurz, *Einfluß von Schwefelwasserstoff auf die Flammengeschwindigkeit von Propan-Luft-Gemischen.* Es wird eine Abnahme der Flammengeschwindigkeit (FG) von Propan-Luft-Gemischen bei Zusatz von H_2S gefunden, die keine Folge der Verringerung der Flammentemp. ist, die bei Ggw. von 0,5 Vol.-% H_2S in einem stöchio-Retr. Propan-Luft-H_2S-Gemisch geringer als 10° ist. Es wird angenommen, daß die mkk. $S_2 + H \rightarrow HS_2^*$ u. $HS_2^* + H \rightarrow S_2^* + H_2$, die beide H-Atome verbrauchen, die

Ursache für die Verringerung der FG sind, da H-Atome eine entscheidende Rolle bei der FG von KW-stoffen spielen. Die S_2- u. Banden von Verbb. von Radikalen im Flammenspektr. werden beobachtet. (Ind. Engng. Chem. **45.** 2361—66. Okt. 1953. Columbus, O., Batelle Memorial Inst.) W. KAUFMANN. 157

G. T. P. Tarrant, *Newtons Abkühlungsgesetz.* Bei einer Diskussion des NEWTONschen Abkühlungsgesetzes kommt Vf. zu dem Schluß, daß die Abkühlung von Körpern durch natürliche Konvektion u. Strahlung in einer Umgebung konstanter Temp. nicht genau dem Gesetz folgt, daß aber die Abweichungen zwischen 5 u. 30° sehr klein sind. (School Sci. Rev. **34.** 232—36. März 1953. Canterbury, Univ. College.) GOTTFRIED. 158

Hermann Senftleben, *Wärmeübergang in Flüssigkeiten unter Wirkung elektrischer Felder.* Vorläufige Mitt. über Verss., die weiteres qualitatives Beobachtungsmaterial zu dem noch weitgehend ungeklärten Fragenkomplex beigebracht haben. (Z. angew. Physik **5.** 39—40. Jan. 1953. Recklinghausen.) KIRSCHSTEIN. 158

Joachim Euler, *Über das Wärmeleitvermögen künstlich hergestellter Graphitstifte bei Temperaturen zwischen 3300 und 3700° K.* Die Wärmeleitfähigkeit w (in W/cm·Grad) von elektrographitierter Lichtkohle (RINGSDORFF-Spektralkohle) wurde bei den in () genannten Tempp. (in °K) bestimmt zu: 0,2 (3150), 0,17 (3315), 0,12 (3480), 0,086 (3575), 0,06 (3700) (weitere Werte s. Orig.). Der Abfall von w ist im wesentlichen durch eine Gefügeauflockerung bedingt. Oberhalb 3700° fällt w weiter um das ca. 10fache ab. (Naturwissenschaften **39.** 568—69. Dez. 1952. Braunschweig, TH, Phys. Inst.) FUCHS. 158

A. Dognon und **Y. Simonot,** *Kavitation und chemische Reaktionen.* Es bestehen gewisse Analogien zwischen den chem. Rkk. infolge von Ultraschalleinw. u. der Kavitation. Als chem. Rk. wird u. a. die Oxydation von KJ betrachtet, während die Kavitation am Syst. W.–Luft untersucht wird. Die zur Kavitationsbldg. nötige Energie wächst mit zunehmender Frequenz u. abnehmender Temperatur. Ebenso nimmt bei der Entstehung von freiem *J* die Energie mit wachsender Frequenz u. abnehmender Temp. zu. Das bes. schnelle Anwachsen der Kavitationsenergie in der Umgebung von 0° konnte noch nicht geklärt werden. (J. Chim. physique Physico-Chim. biol. **50.** 94—96. Febr. 1953. Paris, Fac. de Méd.) FALKENHAGEN. 159

René-Guy Busnel und **Daniel Picard,** *Bemerkungen über die Fehlerursachen und Abweichungen der Ergebnisse bei der Oxydation von KJ mittels Ultraschall.* Die Diskrepanzen in den verschied. quantitativen Ergebnissen über die Wirkungen von Ultraschall auf die Oxydation von KJ können nach Vff. folgende drei Ursachen haben: 1. Fehler bei der Einstellung des Ultraschallgebers in bezug auf den Quarz u. die Frequenz, 2. Fehler bei der Leistungsmessung, z. B. durch die Aufstellung der Meßgeräte, 3. Fehler infolge von unterschiedlichen äußeren Bedingungen (z. B. Temp.) u. Unterschieden in der beschallten Lsg. (z. B. Höhe des W. in der Küvette oder Abstand Quarz–Gefäßwand). (J. Chim. physique Physico-Chim. biol. **50.** 102—06. Febr. 1953. Inst. Nat. de la Rech. Agronom.) FALKENHAGEN. 159

R. O. Prudhomme, D. Picard und **R. G. Busnel,** *Über die chemische Nutzbarmachung von akustischer, von einem Quarz ausgestrahlter Energie bei Ultraschall-Reaktionen.* Aus früheren Messungen der Oxydation von *KJ* (vgl. vorst. Ref.) mittels Ultraschall zwischen 192 u. 960 kHz bestimmten Vff. die zum Hervorrufen der Oxydation, d. h. zur Abscheidung der OH-Radikale nötige Energie zu ca. $^1/_{1000}$ der gesamten Ultraschallenergie. (J. Chim. physique Physico-Chim. biol. **50.** 107—08. Febr. 1953. Paris, Inst. Pasteur et Labor. de Physiol. Acoust. de la Rech. Agronom.) FALKENHAGEN. 159

J. H. Janssen, *Eine Methode zur Messung der Schallgeschwindigkeit in wenigen Gramm einer Flüssigkeit.* Eine Abänderung des elektrodynam. Schallgenerators nach ST. CLAIR (Rev. sci. Instruments **12.** [1941.] 250) gestattet die Messung der Schallgeschwindigkeit bei niedrigen Frequenzen (10 kHz) für kleine Flüssigkeitsmengen mit verhältnismäßig einfachen Mitteln. Es wird die Resonanzfrequenz eines nur in der Mitte gehalterten, elektrodynam. angeregten Metallstabes ohne u. mit Belastung durch eine Flüssigkeitssäule an einem Ende des Stabes gemessen. Aus der Abhängigkeit der Resonanzfrequenz von der Last (Flüssigkeitssäule) läßt sich die Schallgeschwindigkeit berechnen. (Acustica [Zürich] **3.** 391—94. 1953. Den Helder, Royal Netherlands Naval Coll.) FALKENHAGEN. 159

A_5. Kolloidchemie. Grenzschichtforschung.

Arthur L. Meader jr. und **Dean W. Criddle,** *Druck/Flächen-Kurven von Oberflächenfilmen löslicher oberflächenaktiver Reagentien.* Die Best. der Druck/Flächen-Kurven von oberflächenakt. Reagentien mit verschied. mol. Struktur mit Hilfe der LANGMUIRschen Filmwaage wurde so umgeändert, daß schnelle u. leichte Messungen an lösl. Reinigungsmitteln durchgeführt werden können. Die Verwendung von 95%ig. $NaNO_3$-Lsg. als Lösungsm. vermindert die Löslichkeit des oberflächenakt. Reagenses selbst bei Filmdrucken über 30 dyn/cm. Aus den Druck/Flächen-Diagrammen können Aussagen über die Struktur eines Reinigungsmittels u. einer Mischung von mehreren gemacht werden, weshalb Vff. die Zusammenstellung der Fläche/Mol.- u. der Kompressibilitätswerte in Tabellenform vorschlägt. (J. Colloid Sci. **8.** 170—78. Febr. 1953. Richmond, Calif., California Res. Corp.) E. JÄGER. 166

R. Matalon, *Über das Eindringen in Monoschichten.* Vf. beschreibt ein neues Verf. zur Unters. des Eindringens von wasserlösl. Verbb. in unlösl. Monoschichten u. führt Messungen an den Systemen *Cholesterin/Cetylsulfat* u. Cholesterin/*Saponin* aus. Die Monoschicht kann während des Vers. bei einem gewünschten Oberflächendruck gehalten werden; es wird die Ausdehnung als Funktion der Zeit bei konstantem Druck gemessen. 2 Prozesse laufen nebeneinander: 1. Lsg. der eingedrungenen Verb. in der Oberfläche des Films, die sofort nach der Zugabe beginnt, u. 2. Bldg. des Komplexes 1:1 zwischen Monoschicht u. wasserlösl. Verbindung. Die beschriebene Technik ist auch zur Unters. von Systemen mit 3 Komponenten anwendbar, Vf. untersucht hier Saponin/Cholesterin/Cetylsulfat. Dabei kann die Rk. sowohl teilweise aktiviert als auch unterdrückt werden. (J. Colloid Sci. **8.** 53—63. Febr. 1953. Cambridge, Univ., Dep. of Coll. Sci.) E. JÄGER. 170

S. M. Karim und **L. Rosenhead,** *Der zweite Viscositätskoeffizient von Flüssigkeiten und Gasen.* Zusammenfassende Übersicht mit 144 Literaturzitaten. (Rev. mod. Physics **24.** 108—16. April 1952. Toronto, Univ., u. Liverpool, Univ.) HENTSCHEL. 172

J. W. Glen, *Fließgeschwindigkeit von polykristallinem Eis.* In Fortsetzung früherer Druckverss. an Blöcken von regellos orientiertem polykristallinem Eis (vgl. J. Glaciol. **2.** [1952.] 111) bei $-1,5^0$ berichtet der Vf. in der vorliegenden Arbeit über gleiche Verss. bei $-12,8^0$, $-6,7^0$ u. $-0,02^0$, wobei gegenüber der früheren Unters. auch höhere Drucke angewandt wurden. Graph. wurden für jede Temp. der log der niedrigsten Fließgeschwindigkeit gegen den log des Drucks aufgetragen. Für eine gegebene Temp. liegen die gemessenen Punkte angenähert auf geraden Linien. Bezeichnet man die Fließgeschwindigkeit mit ε, den Druck mit σ, dann besteht die Beziehung $\varepsilon = K\sigma^n$, wo K für eine gegebene Temp. eine Konstante bedeutet u. n den Wert 3,3 hat. Die Änderung der geringsten Kriechgeschwindigkeit mit der Temp. ist so, daß für die 3 niedrigen Tempp. bei einem gegebenen Druck sich ε mit der Temp. nach der Gleichung $\varepsilon = A \exp. (-Q/RT)$ ändert, wobei A für einen gegebenen Druck eine Konstante, R die Gaskonstante, T die absol. Temp. u. Q eine Aktivierungsenergie von 33,4 kcal pro Mol bedeuten. Die Kriechgeschwindigkeit bei der höchsten Temp. ist 4 mal höher, als sich aus der Formel ergibt; dies wird lokalem Schmelzen infolge Temperaturschwankungen zugeschrieben. Es wird darauf hingewiesen, daß die bei den Verss. erhaltenen Ergebnisse nicht direkt auf den Mechanismus des Fließens von Gletschern angewandt werden können. (Nature [London] **172.** 721—22. 17/10. 1953. Cambridge, Cavendish Labor.) GOTTFRIED. 173

Vukica Milutinović und **Smiljka Novakov,** *Bestimmung der Oberflächengröße von Pulvern mittels der Ionenaustauschmethode.* Die Best. der Oberflächengröße von Pulvern geht von der Gleichung $N_{S'}/N_{L'} = N_S/N_L$ (N_S Gesamtzahl der Atome an der Oberfläche, N_L Gesamtzahl der Atome in Lsg., $N_{S'}$ u. $N_{L'}$ Zahl der in beiden Phasen verteilten radioakt. Atome) aus. Bei allen bisher angewandten Methoden zur Best. der Oberflächengröße wurde jedoch niemals die Zahl der ausgetauschten Schichten berücksichtigt. Dies ist aber nach Ansicht der Vff. unbedingt notwendig, da der Austausch nicht auf die Oberflächenschicht beschränkt bleibt. Experimentell wurden folgende Systeme untersucht: *AgCl–KJ*, $PbCl_2$*–KJ* u. Hg_2Cl_2*–KJ*. Das Gleichgewicht stellte sich in allen Fällen relativ schnell ein. Unter Berücksichtigung der Zahl der Schichten, die an dem Austausch teilnahmen, wurden die Oberflächen von je 0,050 g bei $PbCl_2$ zu 3,53, bei AgCl zu 4,61 u. bei Hg_2Cl_2 zu 3,28 cm^2 berechnet. (Recueil Trav. Inst. Rech. Structure Matière **1.** 107—10. Juli 1952.) G. HEINRICH. 175

G. A. H. Elton und **J. W. Mitchell,** *Adsorption von Ionen durch Carborund.* Wie bereits früher gezeigt (C. **1954.** 6670), ist es für eine nichtionogene Oberfläche möglich, die Ergebnisse von Adsorptionsmessungen aus Elektrolytlsgg. für die Berechnung der Adsorptionsenergien der individuellen Ionen zu benutzen, vorausgesetzt, daß die elektrokinet. Ladungen u. Potentiale angenähert bekannt sind. In dieser Arbeit werden Messungen der Adsorption von Ionen an Carborund aus den verd. Elektrolytlsgg. *HCl*, HNO_3, *KCl*, *NaCl* u. KNO_3 mittels der Leitfähigkeitsverlustmeth. (l. c.) durchgeführt. Die Ergebnisse der Messungen werden dazu benutzt, um die Absorptionsenergien der

Ionen H^+, K^+, Na^+, Cl^-, NO_3^- u. OH^- zu berechnen. (J. chem. Soc. [London] **1954.** 741–44. Febr. London, Battersea Polytechnic.) G. HEINRICH. 176

P. B. Weisz, *Elektronische Grenzschichtphänomene bei der Chemisorption und der Katalyse.* Bei der Chemisorption finden Elektronenübergänge zwischen Adsorbens u. Adsorbat statt u. damit auch eine Potentialbildung. Die auftretenden Grenzschichterscheinungen sind ganz analog denen in Gleichrichtern. Die Behandlung dieser Probleme mit den Ansätzen der SCHOTTKYschen Gleichrichtertheorie führt zu einer Erklärung der Abhängigkeit der Adsorptionswärme von der bereits adsorbierten Menge, der Temperaturabhängigkeit der Chemisorption u. des Ansteigens der Aktivierungsenergie mit dem Häufigkeitsfaktor, wie das bei der Katalyse gewöhnlich beobachtet wird. (J. chem. Physics **20.** 1483–84. Sept. 1952. Paulsboro, N. J., Socony-Vakuum Labors., Res. and Developm. Dep.) H. W. LEVI. 176

A₆. Strukturforschung.

Selby E. Summers, *Eine Methode zur Herstellung von Wolframspitzen für das Feldelektronenmikroskop.* (Sitzungsbericht.) Durch elektrolyt. Ätzen von 0,13 mm W-Draht wurden Spitzen mit Krümmungsradien bis herunter zu ca. 0,1 μ erzeugt. (J. appl. Physics **24.** 114. Jan. 1953. Schenectady, N. Y., Gen. Electrics, Gen. Engng. Labor.) LENZ. 181

L. E. Preuss, *Eine Untersuchung der Ausbreitungsweise metallischer Dämpfe beim Beschatten durch Vakuumverdampfung von ^{198}Au und ^{51}Cr.* (Sitzungsbericht.) Unters. des Mechanismus der Metallverdampfung von Au u. Cr mit Hilfe von den zu verdampfenden Metallen beigefügten radioakt. Isotopen. (J. appl. Physics **24.** 114. Jan. 1953. Detroit, Mich., H. Ford Hospital, Edsel Ford Inst. for Med. Res.) LENZ. 181

Ernesto E. Galloni, *Röntgeninterferenzen an Bündeln parallel angeordneter Kettenstrukturen, welche längs ihrer eigenen Achse verschoben sind.* Vf. untersucht, wie sich im Falle parallel angeordneter Kettenstrukturen die Verschiebungen einzelner Ketten längs ihrer Achsen auf die Intensität von Röntgenreflexen auswirken. Es ergibt sich, daß eine derartige Verschiebung eine Intensitätsminderung bzw. Auslöschung solcher Reflexe bedingt, die von annähernd n. bzw. n. Ebenen hinsichtlich der Kettenrichtung herrühren. Die beobachtete Verminderung der Intensität gestattet, das Verteilungsgesetz festzulegen. Jeder Einzelfall wird im allg. auf ein anderes Verteilungsgesetz zurückzuführen sein. Reflexe von Ebenen, die parallel zur Kettenachse sind, behalten ihre Intensität bei. (An. Acad. brasil. Ci. **24.** 203–12. 1952. Buenos Aires, Fac. de Ci. Exact., Fis. y Natur.) KRÖNERT. 181

Gösta Brogren, *Über die Möglichkeit der Verwendung von geschliffenen Calcitkristallen als Röntgenstrahlengitter.* Mittels Präzisionsmessungen wurde die Reflexionsfähigkeit einer Reihe von angeschliffenen Flächen von natürlichem Calcit sowie deren Linienbreite gemessen. Benutzt werden die Flächen (in rhomboedr. Indizierung): 211; 310; 655; 741 u. 10,33; die Flächen wurden nach dem Anschleifen sorgfältig poliert. Zweck der Unters. war, festzustellen, ob es möglich ist, Kristallgitter mit kleinen Netzebenenabständen u. großem Reflexionsvermögen zu erhalten, die für die Röntgenspektroskopie geeignet sind. Ganz allg. ergaben die Messungen eine Bestätigung früherer Beobachtungen, daß der Calcit ein nahezu vollkommener Kristall ist. Die durch das Schneiden, Schleifen u. Polieren der Kristallplatten erzeugten Oberflächendeformationen lassen sich durch vorsichtiges Ätzen mit verd. HCl entfernen. Durch das Ätzen wird der Reflexionskoeff. u. die Linienbreite erniedrigt, die prozentige Reflexion u. das physikal. Auflösungsvermögen erhöht. Die Versuchsergebnisse sind tabellar. zusammengestellt. (Ark. Fysik **6.** Nr. 46. 479–90. 1953. Uppsala, Univ., Phys. Inst.) GOTTFRIED. 181

Robson H. Black, *Die Analyse von Bauxitproben. Eine Röntgenbeugungsmethode.* Zur quantitativen Best. der Bestandteile in Bauxitproben, wie Hydrargillit, Böhmit, Kaolinit, Quarz u. Fe-Mineralien (Hämatit, Goethit), wird das NORALCO-Spektrometer benutzt. Das GEIGER-Zählrohr wird auf die für die einzelnen Bestandteile charakterist. Winkel eingestellt u. die Intensität der Reflexe auf einem durchlaufenden Registrierstreifen gemessen. Gleichzeitig gibt ein Zählwerk den numer. Wert der Intensität an. Insgesamt werden sieben Einstellungen von je 30 Sek. Dauer zur Analyse durchgeführt. Die Untergrundschwärzung wird an einer Stelle gemessen u. für die anderen Winkel relativ dazu angenommen. Die Berechnung u. Registrierung der Analysenergebnisse erfolgt mittels Eichkurven u. Lochkarten. Die durchschnittliche Abweichung der Bestimmungen, verglichen mit chem. Analysenverff., beträgt 1–2% absolut. Die Vorteile gegenüber anderen Methoden sind: Mehr als 5fache Arbeitszeiteinsparung, geringere Kosten, Identifizierung der einzelnen Bestandteile, der Proben, was für die Weiterverarbeitung von Wichtigkeit ist, u. sehr geringer Materialbedarf. (Analytic. Chem. **25.** 743—48. **Mai 1953.** Quebec, Can., Aluminium Labor. Ltd.) KRÖNERT. 181

Ernst Kordes, *Ionenradien und -polarisierbarkeiten in Steinsalzgittern mit Ionen gleicher Edelgasschale.* Bei Kenntnis der Mol.-Refr. u. des Ionenabstandes von A_m–B_n-Verbb. lassen sich die Radien u. Refraktionen bzw. Polarisierbarkeiten beider Ionen berechnen. Radien u. Refraktionen haben in Ionenverbb. keine konstante Größe. Bei Alkalihalogeniden, die aus Ionen gleicher Edelgasschale bestehen (*NaF, KCl, RbBr* u. *α-CsJ*), beträgt das Radienverhältnis konstant 0,73. Vf. gibt Beziehungen an, mit denen sich die Ionenradien sämtlicher Alkalien u. Halogene berechnen lassen. Die berechneten Ionenradien, -polarisierbarkeiten u. Mol.-Refraktionen werden mit Werten anderer Autoren verglichen u. gute Übereinstimmung gefunden. Auch bei Verbb. aus 2wertigen Ionen gleicher Edelgasschale (*MgO, CaS, SrSe* u. *BaTe*) erhält man für das Radienverhältnis 0,73. Die Ionen sind jedoch wegen der 2fachen Ladung deformiert, so daß die Radien Abweichung gegenüber GOLDSCHMIDTs u. PAULINGs Werten aufweisen. (Naturwissenschaften **39.** 488—89. Nov. 1952. Jena, Physikal.-chem. Inst.) KRÖNERT. 182

Th. Neugebauer, *Die gegenseitige Polarisation von Ionen in Koordinationsgittern.* Vf. bespricht die von KORDES (vgl. vorst. Ref.) gefundenen halbempir. Zusammenhänge bzgl. des Auftretens von Polarisationserscheinungen in Kristallgittern vom theoret. Standpunkt aus. (Naturwissenschaften **40.** 18. Jan. 1953. Budapest, Univ., Inst. of Phys.) GOTTFRIED. 182

Thomas Wainwright und **George Parzen,** *Elektronenenergiebänder in Kristallen.* Theoret. Betrachtungen über das eindimensionale Cosinus-Potential u. die Energieniveaus des Valenzbandes von *Li.* Die Ergebnisse werden mit den nach der sphär. Näherung von WIGNER u. SEITZ erhaltenen verglichen. (Physic. Rev. [2] **92.** 1129—34. 1/12. 1953. Notre Dame, Ind., Univ.) R. STEIN. 182

P. A. Winsor, *Ein elektrischer Effekt in flüssig-kristallinen Lösungen mit amphiphilen Salzen.* Beim Anlegen einer Potentialdifferenz von ca. 30 V/cm an eine fast klare kristallin-fl. Lsg. von Tetradecan-7-Natriumsulfat in W. tritt augenblicklich eine starke Trübung der Lsg. ein; beim Abschalten der Spannung verschwindet sie schnell wieder. Derselbe Effekt wird auch an anderen ähnlichen Stoffen beobachtet. Er ist erklärbar als (richtungsabhängige) Änderung der Brechzahl infolge einer Umorientierung eines Teiles der fl. Kristalle im elektr. Feld. (Nature [London] **173.** 81. 9/1. 1954. Chester, Shell Petroleum Co. Ltd., Thornton Res. Centre.) H. C. WOLF. 186

Hideo Takaki, Masashige Koyama und **Hidekiyo Fujihira,** *Untersuchungen über Anisotropie in der Kristallwachstumsgeschwindigkeit.* 1. Mitt. Vff. stellten zunächst die optimalen Bedingungen zur Herst. von kugelförmigen Sn-Kristallen in verschied. geformten Glasgefäßen fest. Auf diese Weise wurden Einkristalle mit einem Durchmesser von 6 mm erhalten. Hierauf wurden in einem elektr. Ofen Unterkühlungsverss. angestellt; der Ofen bestand aus 2 Teilen, von denen der obere Teil für die Unterkühlung, der untere zum Schmelzen benutzt wurde. Auf die erste Art dargestellte kugelförmige Einkristalle wurden elektrolyt. mit Perchlorsäure (19,4%) + Essigsäureanhydrid $^1/_2$—1 Min. bei einer Stromdichte von 0,75 A/cm² poliert u. in fl. Sn getaucht, das 2° unter dem F., sowohl von Zimmertemp. wie der Unterkühlungstemp. unterkühlt worden war. Nur im ersten Fall wurde ein Wachstum des eingetauchten Kristalls beobachtet, nicht aber im zweiten Fall, wahrscheinlich infolge Bldg. einer Oxydschicht auf der Oberfläche des Impfkristalls. (Bull. Inst. chem. Res., Kyoto Univ. [Kagaku Kenkyusho Hokoku] **31.** 127—29. März 1953. [Orig.: engl.]) GOTTFRIED. 190

W. G. Burgers und **G. W. Tichelaar,** *Auftreten bevorzugter Orientierungen beim Zerfall von KCl–NaCl-Mischkristallen.* Aus der Schmelze gezogene Substitutions-Mischkristalle (Einkristalle) aus NaCl–KCl u. ihr Zerfall entweder bei Raumtemp. durch Wasserdampf oder durch Erwärmung wurden röntgenograph. untersucht. Es bilden sich eine KCl-reiche u. eine NaCl-reiche metastabile Phase. Beide Phasen zeigen, wenn überhaupt eine, dann die gleiche Vorzugsorientierung (Textur). Verschied. Texturen wurden beobachtet, ihre Entstehung aus dem ursprünglichen Kristall wird diskutiert. (Proc., Kon. nederl. Akad. Wetensch., Ser. B **57.** 73—78. Jan./Febr. 1954. Delft, Techn. Univ., Labor. for Phys. Chem.) H. C. WOLF. 190

Pierre Mergault und **Georges Branche,** *Die Kristallisation von Titansäureanhydrid TiO_2 in der Rutilform aus Kryolithlösungen.* TiO_2 wurde mit Kryolith bei 1010° in Graphittiegeln verschmolzen. Beim Erkalten bildeten sich feine lange Nadeln von TiO_2 in der Rutilform in einer Länge von bis 2 cm bei 0,1·0,1 mm im Querschnitt. Die dünnen Nadeln sind farblos, die dickeren durch niedere Titanoxyde oder TiF_3 blau gefärbt. Die Kristalle sind einachsig positiv. Die Gitterkonstanten betragen a =

4,599 ±0,002 Å u. c = 2,960 ±0,002 Å. (C. R. hebd. Séances Acad. Sci. **238.** 914—16. 22/2. 1954.) LÖFFLER. 190

Raymond Kern, *Untersuchung der Tracht einiger Ionenkristalle mit einfacher Struktur. 1. Mitt. Trachtänderung in reinem Lösungsmittel.* Vf. untersuchte an einer Reihe von strukturell einfachen Salzen die Trachtänderungen bei Änderung der Verdampfungsgeschwindigkeit des Lösungsm. (W.). Bei den Alkalihalogeniden mit NaCl-Typ *LiF, NaF, NaCl, KCl, KBr, KJ,* NH_4J, *RbCl* u. *RbJ* tritt bei langsamer Verdampfungsgeschwindigkeit der Würfel, bei erhöhter Verdampfungsgeschwindigkeit das Oktaeder {1 1 1} auf, u. zwar besteht für jedes Salz eine „krit. Geschwindigkeit", bei welcher die Trachtänderung (1 0 0) → (1 1 1) auftritt. Bei noch höherer Verdampfungsgeschwindigkeit findet dendrit. Wachstum statt. Entsprechende Kristallisationsverss. wurden mit NaCl, KCl, KBr, KJ u. RbJ in Methylalkohol, A., Aceton, Acetophenon, Äthylenglykol, Glycerin u. Dioxan durchgeführt. Auch in diesem Fall tritt bei langsamer Verdampfungsgeschwindigkeit die Form (1 0 0) bei erhöhter Verampfungsgeschwindigkeit mit Ausnahme von Dioxan als Lösungsm. die Form (1 1 1) auf. Für ein gegebenes Lösungsm. wachsen die krit. Wachstumsgeschwindigkeiten zur Erhaltung von (1 1 1) in der Reihenfolge NaCl, KCl, KBr, KJ, RbJ, für ein gegebenes Salz wachsen diese krit. Geschwindigkeiten in der Reihenfolge Methylalkohol → A. → Aceton → W. → Acetophenon. Von Salzen vom CsCl-Typ wurden NH_4Cl, NH_4Br, *CsCl, CsBr* u. *CsJ* untersucht. In diesem Fall tritt bei sehr langsamen Verdampfungsgeschwindigkeiten die Form (1 1 0) auf; bei etwas erhöhter Geschwindigkeit bilden sich dendrit. Kristalle, während bei noch höherer Verdampfungsgeschwindigkeit die Form (1 0 0) erscheint. Von Salzen vom CaF_2-Typ wurde nur BaF_2 untersucht. Hier bildet sich bei langsamer Verdampfungsgeschwindigkeit die Form (1 1 1), bei größerer Geschwindigkeit die Form (1 0 0). Bei $NaNO_3$ tritt bei langsamer Verdampfung die Form (1 0 0), bei größerer Geschwindigkeit die Form (1 1 1) auf. Bei *Urotropin* konnte bei allen Versuchsbedingungen keinerlei Trachtänderung festgestellt werden. $Pb(NO_3)_2$ bildet bei langsamer Verdampfungsgeschwindigkeit die Form (1 1 1); bei steigender Geschwindigkeit tritt daneben noch die Form (1 0 0) auf. Als letztes Salz wurde *Gips* untersucht. Bei langsamer Verdampfungsgeschwindigkeit scheidet sich das Salz in nach [0 0 1] gestreckten Nadeln ab, während sich bei steigender Geschwindigkeit die Form (0 1 0) entwickelt. Vf. maß hierauf interferometr. die Änderungen der Konz. der Lsg. um den wachsenden Kristall. Hierauf stellte der Vf. Messungen über die Konz. der Lsgg. von NaF, NaCl, KCl, KBr, KJ u. NH_4J an, bei denen für die betreffenden Salze die Trachtänderung (1 0 0) → (1 1 1) auftritt. Die Ergebnisse sind tabellar. zusammengestellt. Zum Schluß schließlich diskutiert der Vf. vom strukturellen Standpunkt aus den Mechanismus der Trachtänderung. (Bull. Soc. franç. Minéralog. Cristallogr. **76.** 325—64. Juli/Sept. 1953. Strasbourg, Univ., Labor. de Minéralogie et de Pétrographie.) GOTTFRIED. 190

L. J. Groen und **W. G. Burgers,** *Bildung kompakter Stücke aus grauem Zinn.* Große Stücke aus grauem Sn (ca. 1 mm dick, 25 mm² Fläche) wurden erhalten, indem dünne Streifen aus weißem Zinn bei −8° gehalten wurden, nachdem ein Teil ihrer Oberfläche mit pulverförmigem grauen Sn kräftig eingerieben worden war. Es wachsen dann Kristallite aus grauem Sn mit einer Geschwindigkeit von ca. 0,015 cm/Std. bis zu der oben angegebenen Größe; dann beginnen sie zu springen. Zum Erhalt größerer Stücke aus grauem Sn müssen offenbar die folgenden drei Bedingungen erfüllt sein: Ausgang von dünnen Streifen aus weißem Sn, langsame Umwandlungsgeschwindigkeit, Wachsen von nur einem Keim. (Proc., Kon. nederl. Akad. Wetensch., Ser. B **57.** 79—80. Jan./Febr. 1954. Delft, Techn. Univ., Labor. for Phys. Chem.) H. C. WOLF. 190

F. Weinberg und **Bruce Chalmers,** *Weitere Beobachtungen über Dendritenwachstum bei Metallen.* Mit derselben Methodik wie in einer früheren Mitt. (vgl. C. **1953.** 3363) wurden weitere Unterss. über Dendritenwachstum bei *Sn, Zn* u. *Pb* durchgeführt. Bei Sn wachsen die Dendriten bevorzugt in Richtung (1 1 0) u. (1 $\bar{1}$ 0), schwach nach (0 0 1); bei Zn bevorzugt nach (1 0 $\bar{1}$ 0) u. äquivalenten Richtungen, schwach in Richtung (0 0 0 1); bei Pb bevorzugt nach (1 0 0). Bei Pb wurde die Wachstumsgeschwindigkeit der Dendriten u. der mittlere Abstand zweier Dendritenzweige als Funktion der Unterkühlung der Schmelze gemessen. In der Grenzfläche Metall–Schmelze von Pb-Kristallen wird eine Zellenstruktur beobachtet. Offenbar wachsen aus ihr die Dendriten aus. Auf diese u. frühere Beobachtungen wird eine Theorie für die Dendritenbldg. in reinen Metallen aufgebaut. Danach wachsen die Dendriten anomal schnell nur während der Anfangsstadien des Erstarrens, später verdicken sie sich nur noch. (Canad. J. Physics **30.** 488—502. Sept. 1952. Toronto, Canada, Univ., Dep. of Metallurgic. Engng.) H. C. WOLF. 190

Theo Hahn, *Modellbeziehungen zwischen Silicaten und Fluoberyllaten.* Vf. untersucht hinsichtlich ihrer Modellbeziehungen zu Silicatsystemen Zwei- u. Dreistoffsysteme aus den Komponenten BeF_2 u. *LiF*, *NaF*, MgF_2 u. CaF_2. Es kann gezeigt werden, daß die Fluoridsysteme gute Modelle der entsprechenden Silicatsysteme darstellen. In allen Fällen zeigt sich die Vernetzung der Tetraeder im Modell bis zur Kette, die Existenz von Schicht- oder Gerüststrukturen in „trockenen" Fluoridsystemen erscheint unmöglich. — Ausführliche Literaturzusammenstellung. (Neues Jb. Mineralog., Abh. **86.** 1—65. Dez. 1953. Frankfurt/M.) SIEWERT. 195

Jiro Yamashita, *Quantenmechanische Berechnungen der Gitterenergie und der Gitterkonstante von LiF-Kristallen.* Mit Hilfe der Variationsmeth. u. unter Benutzung der analyt. Wellenfunktion vom 2p-Typ mit 3 Parametern für die äußersten Elektronen des F^--Ions leitete der Vf. den Elektronenzustand des F^--Ions in LiF-Kristallen her. Es zeigte sich hierbei, daß die Verteilung der negativen Ionen im Kristall etwas kontrahiert ist u. daß diese Kontraktion von dem Gitterabstand abhängig ist. Vf. berechnete hieraus die Gitterenergie, die Gitterkonstante u. die Kompressibilität des LiF-Kristalls unter Verwendung von 3 Arten von 2p-Wellenfunktionen des F^--Ions, u. zwar der HARTREEschen Wellenfunktion, der durch die Variationsmeth. bestimmten Wellenfunktion des freien Ions u. schließlich die der Variationswellenfunktion, welche die Ladungskontraktion durch das kristalline Feld mit berücksichtigt. Für den letzteren Fall beträgt die Gitterenergie 239 kcal/Mol. die Gitterkonstante 2,00 Å u. die Kompressibilität $1,96 \cdot 10^{-12}$ cm^2/Dyn, in guter Übereinstimmung mit den experimentell beobachteten Werten. (J. physic. Soc. Japan **7.** 284—86. Mai/Juni 1952. Tokyo, Technol. Univ. u. Inst. of Science. [Orig.: engl.]) GOTTFRIED. 195

L. M. Watt und **W. O. Milligan,** *Röntgenbeugungsuntersuchungen im System BeO–In_2O_3.* In Fortsetzung der Arbeiten von MILLIGAN u. Mitarbeitern (vgl. C. **1952.** 2971; C. **1953.** 8800) über die gegenseitige Schutzwrkg. zweier Oxydhydratgele gegen die Kristallisation berichten Vff. über röntgenograph. Unterss. am Syst. BeO–In_2O_3. Die aus wss. Nitratlsg. in verschied. Atomverhältnissen mit NH_4OH gefällten Oxydhydratgele wurden nach Trocknung an der Luft bei Zimmertemp. je 2 Std. lang auf Tempp. von 300—800° erhitzt. Bei 300° blieben die Proben amorph, bei 400—500° traten zwei Gebiete mit Schutzwrkg. auf, u. zwar zwischen 0 u. 60 sowie um 80 Mol-% In_2O_3, während die Probe mit 70 Mol-% In_2O_3 krist. war u. In_2O_3-Struktur zeigte. Diese Gebiete verschoben sich bei 600° auf ca. 0—20 u. ca. 40—50 Mol-% In_2O_3. Bei 700—800° resultierte eine krist. feste Lsg., die selbst bei 90 Mol-% BeO noch die In_2O_3-Struktur zeigte. Da die Gitterkonstanten der kub. In_2O_3-Struktur dabei unabhängig vom BeO-Geh. konstant bleiben, schließen Vff. auf Einbau des BeO auf Zwischengitterplätzen. (J. physic. Chem. **57.** 883—85. Dez. 1953. Houston, Tex., Rice Inst.) R. STEIN. 195

M. J. S. Anderson, *Neuere Arbeiten über die Chemie der Uranoxyde.* Es ist bekannt, daß sich UO_2 schon bei verhältnismäßig tiefer Temp. zu U_3O_8 oxydiert. Vf. nimmt auf Grund kinet. Betrachtungen an, daß bei diesem Prozeß im Hinblick auf eine Oxydations-Rk. im Innern eines kristallinen Kornes von UO_2 die Möglichkeiten einer Rk. vorhanden sind. In der festen Phase können Veränderungen eintreten, ohne die Kristallstruktur zu verändern. Weiterhin können Diffusionen eintreten, u. schließlich kann sich eine neue Phase bilden. Auf Grund verschied. anderer Arbeiten über diesen Gegenstand kommt Vf. zu der Ansicht, daß bei diesem Oxydationsprozeß Diffusionsvorgänge eine wichtige Rolle spielen. Durch röntgenograph. Unterss. wird nachgewiesen, daß eine neue Phase β wahrscheinlich ist. Bei ungefähr 180° kann man feststellen, daß man eine Strukturformel U_4O_9 erhält, wobei in das Gitter von UO_2 oder U_4O_8 1 Atom O eingetreten ist. Im ersten Stadium dringen die O-Atome in das Gitter vagabundierend ein u. nehmen im Laufe der Erwärmung im Gitter definierte Plätze an. Man erhält dann die β-Phase. Die α-Phase ist instabil u. verschwindet im Laufe der Erwärmung. Im U_3O_8 sind zwei Phasen, γ' u. γ'', möglich, die beide 16 Atome O enthalten u. der allg. Formel $U_{16}O_{36+m}$ genügen, wobei m den ganzen Zahlen 1, 2, 3 entspricht. Weiterhin wird gefunden, daß die Sauerstoff-Adsorptionsisotherme bei —138° auf frischen Oberflächen nicht gleich der ist, die man bei der Entgasung u. erneuter Adsorption erhält. Oberhalb —140° tritt bei der Adsorption ein anderer Prozeß auf. Hierbei hat man es nicht mit einer gewöhnlichen Adsorption zu tun, sondern der O_2 tritt in das Gitter ein. Die Geschwindigkeit dieser Rk. hängt vom Druck ab. Bei der Red. wird gefunden, daß die gesamte Oberfläche eine Rolle spielt. CO wird bei —183° sehr stark auf frischen Oberflächen adsorbiert, wobei kaum Wärmeeffekte auftreten. Im Gegensatz dazu steht die Adsorption von Wasserstoff, die mit großer Aktivierungsenergie u. Adsorptionswärme erfolgt. Bei Mischungen von UO_2/ThO_2, UO_2/CaO u. UO_2/J_2O_3 oder MgO/UO_2 erhält man bei diesem Oxydationsprozeß Phasen verschied. Zus., die einen Einblick in die kristallograph. Fehlstellen geben. (Bull. Soc. chim. France, Mém. [5] **20.** 781—88. Sept. 1953. Harwell.) KRAJEWSKI. 195

M. P. Perio, *Betrachtungen über die Uranoxyde im Bereich zwischen UO_2 und U_3O_8.* Im Bereich UO_2–U_3O_8 tritt neben den beiden von ANDERSON (vgl. vorst. Ref.) bekanntgegebenen Phasen (γ_1, γ_2) eine weitere quadrat. (γ_3) mit c/a = 1,010 auf. γ_3 bildet sich aus γ_1 über γ_2 in einigen Tagen bei 460—520°, die Zus. ist $<UO_{2,33}$. Der Mechanismus der Oxydation von UO_2 wird zugunsten des Modells c von ANDERSON (l. c.) diskutiert. Die im Bereich UO_2—$UO_{2,25}$ auftretende α-Phase läßt sich bis zu der Zus. $UO_{2,63}$ mit a = 5,382 Å feststellen. Aus der Ähnlichkeit des Verh. von natürlichen u. synthet. Uranoxyden weist Vf. auf die Möglichkeit hin, deren geolog. Entstehung zu deuten. (Bull. Soc. chim. France, Mém. [5] **20.** 840—41. Sept. 1953. Paris, Comm. à l'Énergie Atom., Serv. de Chim. phys.) WANNAGAT. 195

Rodolfo H. Busch, Ernesto E. Galloni, Jerus Raskovan und **Arturo E. Cairo,** *Kristallstruktur des Platindioxyds.* Die Darst. des PtO_2 erfolgt nach der Meth. von VORHEES u. ADAMS (J. Amer. chem. Soc. **44.** [1923.] 1397) durch Erhitzen eines Gemenges 1 : 10 von $H_2[PtCl_6]$ u. $NaNO_3$. Es werden Pulveraufnahmen mit CoK_α- u. CuK_α-Strahlung hergestellt. Bei tiefen Tempp. dargestelltes PtO_2 ist röntgenamorph. Monatelanges Tempern bei 350° ergibt ein Prod. mit hexagonaler Struktur: a = 3,08, c = 4,19 Å, c/a = 1,36. Beobachtete D. 9,8—10,8 u. berechnete D. 11,1 für Z = 1. Die Koordinaten der Atome werden nach der trial-and-error-Meth. erhalten: Pt: 0; 0; 0. 2 O in 0; 0; 0,34 u. 0; 0; —0,34. Die Struktur entspricht ··Pt—O—O—Pt—O—O—Pt···Ketten mit kovalenter O-Bindung. Der Abstand der Ketten untereinander beträgt 3,08 Å. Die Struktur ist insofern ungeordnet, als die Ketten längs ihrer eigenen Achse stark verschoben sind. Übereinstimmend damit wird beobachtet, daß alle Reflexe mit $h_3 \neq 0$ erst nach längerem Tempern auf den Diagrammen hervortreten. (An. Acad. brasil. Ci. **24.** 185—201. 1952. Buenos Aires, Fac. de Ci. Exact., Fis. y Natur.) KRÖNERT. 195

G. I. Finch, *Die Gleitoberfläche.* Zusammenfassender Vortrag. (Proc. physic. Soc., Sect. A **63.** 785—803. 1/8. 1950.) GOTTFRIED. 196

G. A. Kurow, *Elektrischer Widerstand und Transparenz von Filmen aus Mg–Sb-, Mg–Bi- und Mg–Sn-Legierungen.* Beim Aufdampfen von Mg–Sb-, Mg–Bi- u. Mg–Sn-Gemischen auf ein Glasplättchen erhält man einen Film von 1—2 μ mit einer Zus. von 100% Mg bis zu 100% der anderen Komponente. In dessen mittlerem Teil wird ein dunkler, in durchfallendem Licht durchsichtiger (bei Mg–Sb gelbbrauner, sonst farbloser), schmaler Streifen festgestellt, dessen elektr. Widerstand bei Lagerung an der Luft rasch zunimmt (bis 10^7—10^{10} Ω·cm). Vf. nimmt an, daß dieser Streifen den Verbb. Mg_2Sb_3, Mg_2Bi_3 bzw. Mg_2Sn entspricht, die an der Luft Phasenumwandlung mit Zerstörung des Kristallgitters u. Bldg. von MgO oder $Mg(OH)_2$ erleiden. (Доклады Академии Наук СССР [Ber. Akad. Wiss. UdSSR] [N. S.] **94.** 207—08. 11/1. 1954. Moskau, Ingen.-physikal. Inst.) R. K. MÜLLER. 196

G. A. Kurow und **S. G. Pinsker,** *Elektronographische Untersuchung von dünnen Filmen aus Mg–Sb-, Mg–Bi- und Mg–Sn-Legierungen.* (Vgl. vorst. Ref.) Die in der Reflexion (auf Glas) u. in Duchsicht (auf Celluloidfilm) durchgeführte elektronenmkr. Unters. des durchsichtigen Streifens in den Filmen aus Mg–Sb-, Mg–Bi- u. Mg–Sn-Legierungen zeigt eindeutig, daß diese Stellen aus MgO u. Sb (amorph), Bi bzw. Sn bestehen. Offenbar wirkt O_2 sofort auf die dort anzunehmenden Verbb. Mg_2Sb_3, Mg_2Bi_3 bzw. Mg_2Sn ein, wobei Mg vollständig oxydiert wird. Der entstehende Schutzfilm aus MgO scheint die Kristallisation des Sb zu verhindern; im übrigen befindet sich MgO in dieser Zone in feindispersem krist. Zustand. Das Verh. der Legierungen dieser Zus. spricht mehr für das Vorliegen fester Lsgg. mit Phasen des Übergangstyps als dafür, daß hier die aus stöchiometr. Mengen der Komponenten bereits dargestellten Verbb. vorhanden sind. (Доклады Академии Наук СССР [Ber. Akad. Wiss. UdSSR] [N. S.] **94.** 439—41. 1 Tafel. 21/1. 1954. Inst. für Kristallographie der Akad. der Wiss. der UdSSR.) R. K. MÜLLER. 196

M. Simnad, Ling Yang und **G. M. Pound,** *Radioaktive Schattentechnik und Bemerkung über die Abscheidung von Metallkristallen aus Atomstrahlen.* Vff. beschreiben eine Meth. zur Unters. kleinster Oberflächenunregelmäßigkeiten. Ein paralleles Bündel radioakt. ^{110}Ag-Atome wird im Hochvakuum auf Cu-Scheiben vom Durchmesser 1 bzw. 2 cm gerichtet, deren Oberflächen aus 0,026 mm hohen konzentr. Stufen mit der höchsten Fläche im Zentrum bestehen u. die in Winkeln von 10 bzw. 5° zum Bündel angeordnet sind. Entsprechend einer durchschnittlichen Dicke von 500 Å wird darauf ^{110}Ag niedergeschlagen, u. dann werden auf einem Röntgenfilm die Autoradiogramme aufgenommen, die sehr scharf die Oberflächenunregelmäßigkeiten zeigen. Der Abscheidungsgrad hängt von der Häufigkeit ab, mit der die ^{110}Ag-Atome die Einheit der Cu-Oberfläche treffen; diese Häufigkeit ist direkt proportional dem Sinus des Winkels zwischen Oberfläche u. Strahlenbündel. In einem Fall wurde zwischen Cu-Fläche u. Strahlenbündel ein Cu-Draht gebracht, unter dem ebenfalls Ag in mit dem Abstand Draht—Scheibe veränderter Intensität abgeschieden wurde. (J. appl. Physics **25**. 268—69. Febr. 1954. Pittsburgh, Pa., Carnegie Inst. of Technol., Metals Res. Labor.) MAX SCHMIDT. 196

M. Sharp und **C. G. Dunn**, *Sekundär-Rekristallisations-Textur in Kupfer.* (J. Metals **4**. 42—43. Jan. 1952. Pittsfield, Mass., Gen. Electric Co.) HOCHSTEIN. 197

Hsun Hu, P. R. Sperry und **Paul A. Beck**, *Walztexturen in flächenzentrierten kubischen Metallen.* Auf Grund von quantitativen Pol-Figuren kann die Innentextur von stark gewalztem Al u. von Cu-Bändern annähernd durch vier gleichwertige ideale Orientierungen bei (1 2 3) [1 $\bar{2}$ 1] beschrieben werden. Nach einem Auswalzen in einem Reversierwalzwerk ist die Oberflächentextur von Cu ebenfalls nahe bei (1 2 3) [1 $\bar{2}$ 1], diejenige von Al ist (1 0 0) [0 1 1]. Die Innentextur von stark gewalztem Messing ist (1 1 0) [$\bar{1}$ 1 2]. Die Oberflächentextur ist die gleiche, falls Messing im Reversierwalzwerk gewalzt ist. Die Oberflächentextur von allen drei Werkstoffen ist mit der Innentextur verwandt, ist aber asymm., wenn ohne Reversierung zwischen den einzelnen Stichen gewalzt wurde. (J. Metals **4**. 76—81. Jan. 1952. Chicago, Ill., Univ. of Chicago, Inst. for Study of Metals; Urbana, Ill., Univ. of Illinois; Notre Dame, Ind., Univ. of Notre Dame, Dep. of Metallurgy.) HOCHSTEIN. 197

Paul A. Beck und **Hsun Hu**, *Glühtexturen im gewalzten flächenzentrierten kubischen Metallen.* Auf Grund von quantitativen Pol-Figuren besteht die Glühtextur von stark gewalztem Al aus vier Restkomponenten der Walztextur nahe bei (1 2 3) [1 $\bar{2}$ 1], die ziemlich scharf ausgeprägt ist, u. aus einer kub. Texturkomponenten. Die örtliche Rückorientierung entspricht ziemlich gut einer 40°-Drehung um eine [1 1 1]-Achse. In einem um 96% kaltverformten Cu-Band ist die Glühtextur hauptsächlich die kub. Textur mit den vier Zwillingsorientierungen als Nebenkomponenten. Die Glühtextur von stark gewalztem Messing besteht aus vier Komponenten des [2 2 5) [7 3 $\bar{4}$]-Typs. (J. Metals **4**. 83—90. Jan. 1952. Urbana, Ill., Univ. of Illinois; Chicago, Ill., Univ., Inst. for Study of Metals; Notre Dame, Ind., Univ. of Notre Dame.) HOCHSTEIN. 197

John P. Denny, J. Hugh Hamilton und **John R. Lewis**, *Aufbau des Systems Gallium–Indium. Das* Syst. wurde therm. u. metallograph. untersucht. Im Gegensatz zu früher aufgestellten Diagrammen verläuft die In-reiche Liquiduskurve konkav von ca. 70% In zum Eutektikum abwärts. Metastabile Punkte wurden längs der In-reichen Liquiduskurve festgestellt. Die Ga-reiche Liquiduskurve, die eutekt. Temp. u. die eutekt. Zus. standen in Übereinstimmung mit den Untersuchungsergebnissen von FRENCH u. Mitarbeitern (J. physic. Chem. **42**. [1938.] 265). Der eutekt. Punkt lag bei 15,7° u. 24% In. (J. Metals **4**. 39—42. Jan. 1952. Lynn, Mass., Gen. Electric Co.; Utah Engng. Exp. Stat.; Salt Lake City, Utah, Univ., Dep. of Metall. Engng.) HOCHSTEIN. 197

Pol Duwez und **Jack L. Taylor**, *Die Kristallstruktur von TiAl.* Die Kristallstruktur von TiAl ist tetragonal vom LIo-Typ (geordnetes AuCu-Gitter), Raumgruppe D_{4h}^1—P 4/m m m. Atomlagen: 1 Ti in (a): 000; 1 Ti in (c): ½ ½ 0; 2 Al in (e): 0 ½ ½; ½ 0 ½. Bei 750° dehnt sich die TiAl-Phase von 46 auf 64 At.-% Al aus. Innerhalb dieses Gebietes nimmt der a-Parameter ab u. der c-Parameter nimmt mit zunehmender Al-Konz. zu. Das Achsenverhältnis c/a nimmt regelmäßig von 1,017 auf 1,026 zu. (J. Metals **4**. 70—71. Jan. 1952. Pasadena, Calif., California Inst. of Technol., Jet Propulsion Labor.) HOCHSTEIN. 197

Pol Duwez und **Howard Martens**, *Die Kristallstruktur von $TaCr_2$ und $NbCr_2$.* In den Systemen Ta–Cr u. Nb–Cr liegt die einzige Zwischenphase etwa bei den stöchiometr. Zuss. $TaCr_2$ oder $NbCr_2$. Die Kristallstruktur von $NbCr_2$ u. der Tieftemperaturmodifikation von $TaCr_2$ ist flächenzentriert kub. vom $MgCu_2$-Typ; Raumgruppe O_h^7—Fd3m mit a = 6,947 kX für $TaCr_2$ u. a = 6,976 kX für $NbCr_2$. Atomlagen: 8 Ta bzw. Nb in (a); 16 Cr in (d). Die $TaCr_2$-Phase hat eine polymorphe Umwandlung bei einer Temp. zwischen 1375 u. 1590°. Die Hochtemperaturform ist hexagonal vom $MgZn_2$-Typ; Raumgruppe D_{6h}^4—C 6/m m c mit a = 4,915 kX; c = 8,046 kX. Atomlagen: 2 Cr in (a); 6 Cr in (h) mit x = $-^1/_6$; 4 Ta in (f) mit x = $-^1/_{16}$. (J. Metals **4**. 72—74. Jan. 1952. Pasadena, Calif., California Inst. of Technol., Jet Propulsion Labor.) HOCHSTEIN. 197

V. G. Paranjpe, Morris Cohen, M. B. Bever und **C. F. Floe,** *Das System Eisen-Stickstoff.* Es wurde eine Meth. zur Best. der Phasengrenzen im Syst. Fe–N entwickelt, deren Anwendung vom Verhältnis der N_2-Abgabe eines NH_3-H_2-Gasgemisches u. der N-Konz. der gebildeten Fe–N-Legierung abhängig ist. Mit Hilfe dieser Meth. wurden die Grenzen von 5 Fe–N-Phasen festgelegt u. bei 590 u. 650° eutektoide Umsetzungen ermittelt. Für den Temperaturbereich von 450—700° konnte das Fe–N-Diagramm gezeichnet werden. (J. Metals **188.** 261—67. Febr. 1950. Cambridge, Mass., Massachusetts Inst. of Technol., Dep. of Metallurgy.) H. SCHÖBERL. 197

J. W. Pugh und **J. D. Nisbet,** *Eine Untersuchung des ternären Systems Eisen–Chrom–Nickel.* Mit Hilfe physikal. Prüfverff. — Härte, Längenänderung, Dehnungsfestigkeit, Feindehnungsmessungen u. Mikrostrukturanalysen — wurden 55 Fe–Cr–Ni-Legierungen hoher Reinheit untersucht. An Hand der gefundenen Werte konnten die Ergebnisse früherer Unterss. weitgehend bestätigt werden. Jedoch wird in der Fe-Ecke des Diagramms eine erweiterte γ-Phase bei 60% Fe angenommen. Obwohl das Ausmaß der σ-Phase wahrscheinlich geringer ist, als es dem Gleichgewicht entsprechen würde, u. das $\alpha + \gamma$-Gebiet im Fe–Ni-Raum nicht eindeutig bestimmt ist, dürfte das Diagramm von den bis heute bekanntgewordenen das genaueste sein. (J. Metals **188.** 268—76. Febr. 1950. Schenectady, N. Y., Gen. Electric Co., Res. Labor.) H. SCHÖBERL. 197

Walter L. Finlay und **John A. Snyder,** *Wirkungen dreier eingelagerter Legierungselemente (Stickstoff, Sauerstoff, und Kohlenstoff) auf die mechanischen Eigenschaften von sehr reinem α-Titan.* Die Unterss. erfolgten an schmelzlegierten u. geglühten Proben im Vgl. zur Legierung mit Fe. Es konnte eine befriedigende Übereinstimmung sowohl zwischen der Biegefestigkeit als auch zwischen verschied. Mikrofestigkeitseigg. u. der VICKERS-Härte für bin. u. tern. Legierungen gefunden werden. Darüber hinaus zeigte es sich, daß im Gegensatz zur Legierung mit Fe beim Zusatz von C, O oder N das Element mit der geringsten Löslichkeit den größten Härtungseffekt hervorruft. Damit im Zusammenhang wurde auch die Beeinflussung des Gitterparameters untersucht. (J. Metals **188.** 277—86. Febr. 1950. Bridgeport, Conn., Remington Arms Co., Inc., Metals Res. Unit.) H. SCHÖBERL. 200

W. W. Baron und **Je. M. Ssawitzki,** *Einfluß der Temperatur auf die Festigkeit von spröden metallischen Stoffen.* Vff. führten Festigkeitsbestimmungen im Zug- u. Druckvers. (unter nicht näher angegebenen Bedingungen) an einer Reihe von Metallen (*Cu, Si, Ge, Co*) u. metall. Verbb. (*NiSi*, Ni_2Si, Cu_3Si, *CoSi*, $CoSi_2$) bei Tempp. bis zu 1000° durch u. stellen fest: Während bei plast. Metallen die Festigkeit mit steigender Temp. stetig abfällt, nimmt sie bei bei niederen Tempp. spröden zunächst zu, um dann nach Durchschreiten eines Maximums ebenfalls abzufallen. Diese Festigkeitszunahme ist zum Teil sehr erheblich, z. B. beträgt die Zugfestigkeit der metall. Verb. Ni_2Si bei 650° etwa das 20fache der bei 20°, die Druckfestigkeit von Cu_3Si bei 400° etwa das 10fache der bei 20°. Die Druckfestigkeit von Ge ist bei 1000° etwa 10 mal, die von Si bei 800° etwa 2,5 mal größer als bei Raumtemperatur. Das Maximum der Zugfestigkeit der untersuchten metall. Stoffe liegt in der Regel bei 0,6—0,8, das der Druckfestigkeit bei 0,5—0,7 der Schmelztemperatur. Gleichzeitig durchgeführte Härtebestimmungen ergaben sowohl für die plast., als auch für die spröden Metalle u. Legierungen einen stetigen Abfall der Härtewerte. Dieses abweichende Verh. beim Härtevers. wird auf die anders gelagerten Beanspruchungsverhältnisse gegenüber dem Zug- u. Druckvers., bei denen bes. der Korngrenzenfestigkeit eine bedeutsame Rolle zukommt, zurückgeführt. (Доклады Академии Наук СССР [Ber. Akad. Wiss. UdSSR] [N. S.] **94.** 269—72. 11/1. 1954. N. Ss. Kurnakow-Inst. für allg. u. anorgan. Chemie der Akad. der Wiss. der UdSSR.) EHMCKE. 200

I. A. Oding, O. W. Ssorokin und **N. D. Ssasonowa,** *Über die Zusammenhänge zwischen den Erscheinungen des Kriechens und der Spannungsrelaxation bei Metallen.* Theoret. Betrachtungen über die Wesensgleichheit der Kriech- u. Relaxationsvorgänge. Durch Verss. mit austenit. *Cr–Ni-Stahl* verschied. Behandlung werden die Ausführungen experimentell erhärtet. (Доклады Академии Наук СССР [Ber. Akad. Wiss. UdSSR] [N. S.] **92.** 565—68. 21/9. 1953. Inst. für Maschinenkunde der Akad. der Wiss. der UdSSR.) EHMCKE. 200

A. M. Butlerow, Die Strukturtheorie Butlerows. Übertr. **Edith Kukulies.** Leipzig: Geest & Portig. 1953. (47 S.) = Große Sowjet-Enzyklopädie, Reihe Chemie 2. DM 1,—.

A₇. Gleichgewichte. Kinetik.

Yvette Wormser, *Bemerkungen über die Theorie der reversiblen stufenweisen Reaktionen von J. Bjerrum.* Die „Bildungsfunktion" $\bar{n}$ für Komplexe nach BJERRUM erscheint Vf. sowohl theoret. wie experimentell zu wenig begründet. Auf Grund einer einfachen Reaktionshypothese wird eine graph. Bestimmungsmeth. zur Ermittlung für $\bar{n}$ abgeleitet. Sie wird an verschied. Me^{2+}/NH_3-Systemen geprüft. Die Ergebnisse stimmen mit den experimentellen Befunden befriedigend überein. (Bull. Soc. chim. France, Mém. [5] **21.** 387—92. März 1954. Paris, Sorbonne, Labor. de Chim. C.) NÖTH. 223

W. A. Schuschunow und **N. K. Sserdjuk,** *Kinetik der thermischen Zersetzung von Kaliumcyanat.* (Vgl. C. **1954.** 964.) Die therm. Zers. von *KOCN* (**I**) beträgt ohne Zusatz bei 800° nur 10%. Durch Zusatz von Metallen wie Cu, Ag, B u. bes. Fe wird sie beschleunigt u. verläuft bei Ggw. von Fe bei 800—900° sehr rasch. Die gewöhnlich angegebene Summenformel 4 **I** → 2 KCN + K_2CO_3 + CO + N_2 entspricht nicht dem Reaktionsverlauf, vor allem ist die entstehende CO-Menge je nach den Bedingungen größer oder kleiner als nach dieser Gleichung zu erwarten. Vff. nehmen folgende Stufen an: 1. KOCN ⇌ KNCO; 2. KNCO → K + NCO (Radikal); 3. NCO → N + CO; 4. KCNO + CO ⇌ KCN + CO_2; 5. K + CO_2 → KO + CO; 6. K + KNCO → KCN + KO; 7. KO + KOCN → K_2O + NCO; 8. K_2O + CO_2 → K_2CO_3. Die Wrkg. der Metalle wird als rein katalyt. aufgefaßt; jedoch können sie in sek. Rk. auch Carbide oder Nitride bilden, z. B.: 3 Fe + 2 CO → Fe_3C + CO_2; 4 Fe + NCO → Fe_4N + CO; 4 Fe + N → Fe_4N. Die Red. von **I** durch CO (nach Rk. 4) erfolgt leicht schon bei 700°, sehr rasch bei 800°; bei Gaskreislauf unter Ausfrieren von CO_2 erreicht sie 80—90% ohne merkliche Bldg. von K_2CO_3; die Aktivierungsenergie wird zu 23000 cal pro Mol berechnet. (Доклады Академии Наук СССР [Ber. Akad. Wiss. UdSSR] [N. S.] **93.** 507—10. 21/11. 1953. Gorki, Univ.) R. K. MÜLLER. 225

Rolfe H. Herber, T. H. Norris und **J. L. Huston,** *Isotopenaustauschreaktionen in flüssigem Schwefeldioxyd.* 3. Mitt. *Der katalysierte Austausch von Schwefel zwischen Thionylbromid und Schwefeldioxyd.* (2. vgl. C. **1952.** 1454.) Der Isotopenaustausch des S in den Systemen SO_2–$SOCl_2$ u. SO_2–$SOBr_2$ ist prakt. Null. Er nimmt jedoch meßbare Werte an, sobald Halogenionen zugesetzt werden. Diese katalyt. Rkk. lassen sich untersuchen, indem man zur Analyse das SO_2 von den Proben abdestilliert. Die Katalyse scheint homogen zu sein u. 1. Ordnung in bezug auf die zugesetzte Salzkonz. u. 0. Ordnung bzgl. der Thionylbromidkonz.: Geschwindigkeit = k (Katalysatorkonz.). Die k-Werte betragen für KCl 0,7 (25°); $(CH_3)_4N \cdot Br$ 0,058 (25°), 0,00618 (0°), $9{,}7 \cdot 10^{-4}$ (—21,3°); KBr 0,032 (0°); RbBr 0,00355 (0°); RbCl ∼4 (0°); CsBr ∼2 (0°). Auch Pyrexglaspulver wirkt leicht katalytisch. Versuchsweise wird folgender Reaktionsmechanismus für die offenbar bas. Katalyse vorgeschlagen: $(CH_3)_4N \cdot Br$ + SO_2 ⇌ $[(CH_3)_4N](SO_2Br)$ (rasch); $[(CH_3)_4N](SO_2Br)$ + SO_2 ⇌ $SOBr^+$ + $(CH_3)_4N^+$ + SO_3^{2-} (langsam); $(CH_3)_4N \cdot Br$ ⇌ $(CH_3)_4N^+$ + Br^- (rasch); $SOBr_2$ ⇌ $SOBr^+$ + Br^- (rasch). (J. Amer. chem. Soc. **76.** 2015—18. 5/4. 1954. Corvallis, Ore., Oregon State Coll., Chem. Dep.) KORTÜM. 227

Günther Rienäcker und **Heinrich Bremer,** *Katalytische Eigenschaften von Kupfer- und Silberpulvern verschiedener thermischer Vorbehandlung.* Die katalyt. Eigg. bzgl. des Zerfalls von HCOOH-Dampf werden an Cu- u. Ag-Pulvern sowie Ag-Blechen in Abhängigkeit von den Vorbehandlungstempp. untersucht. Aktivität, Aktivierungsenergie A u. log α ändern sich mit Frittung u. Sinterung (im H_2-Strom) der Kontakte. Die Aktivität fällt nicht entsprechend der zunehmenden Frittung. Die Aktivierungsenergie durchläuft Maxima u. Minima. log α steigt im Gebiet der Frittung mit steigender Vorerhitzungstemp. der Kontakte an. Der Verlauf dieser Größen wird diskutiert u. die Ergebnisse mit denen an kompakten Metallen verglichen. H_2S in größeren Mengen vergiftet Ag-Pulver völlig; die Vergiftung ist jedoch reversibel. Die SCHWAB-CREMERsche Beziehung log α = Q/a + const (a = empir. Konstante) ist für die hier untersuchten Katalysatoren formal gültig, ein Zusammenhang zwischen der Konstante a u. der Vorerhitzungstemp. ist nicht erkennbar. (Z. anorg. allg. Chem. **272.** 126—46. Febr. 1953. Rostock, Univ., Chem. Inst. u. Inst. für Katalyseforschung, anorgan. Abt.) M. SCHENK. 227

Wolfgang Langenbeck und **Arnold Giller,** *Über Mischformiat-Kontakte.* Ni-Mg-Formiatmischkristalle verschied. Zus. wurden durch gemeinsames Eindampfen der wss. Lsgg. erhalten; die feingepulverten Substanzen wurden 2—3 Std. im H_2-Strom auf 280—350° erhitzt. Die Wirksamkeit der so erhaltenen Ni-MgO-Kontakte wurde bei 15° an einer 50%ig. alkoh. Lsg. von *Cyclohexen* bei 1 at gemessen. Einige dieser Kontakte (mit 16,2 bzw. 8,2% Ni) sind bei der Hydrierung von Cyclohexen wirksamer als RANEY-Nickel. Auch andere Salzmischkristalle oder Doppelsalze von edlen u. unedlen Metallen sind als Ausgangsmaterialien für Metallkontakte geeignet unter der Voraussetzung, daß die Kationen gleiche Ladungen u. annähernd gleiche Ionenradien haben. Ein nicht ganz so wirksamer Kontakt kann durch Zers. von 2 Ba·

$(OOCH)_2 \cdot Ni(OOCH)_2 \cdot 4\,H_2O$ im H_2-Strom bei 270° u. nachfolgende Behandlung mit Na_2SO_4-Lsg. erhalten werden. (Z. anorg. allg. Chem. **272.** 64–68. Febr. 1953. Rostock, Inst. für Katalyseforsch.) M. SCHENK. 227

G. P. Haight jr. und **W. F. Sager,** *Beweis für bevorzugt divalente Änderungen in einem Schritt der Molybdat-katalysierten Reduktion von Perchlorat durch Zinn(II)-Ionen in schwefelsaurer Lösung.* Vff. untersuchen die Kinetik der durch Mo katalysierten Red. von Perchlorat-Ionen durch Sn(II)-Ionen in H_2SO_4-Lsg. u. gelangen zu der Geschwindigkeitsgleichung $d(Sn^{2+})/dt = K(Sn^{2+})^{3/2}(ClO_4^-)^{3/2}(Mo^t)^{1/2}/[1 + 4\,K' \cdot (ClO_4^-)]$. Es wird ein Reduktionsmechanismus vorgeschlagen, nach dem folgende Einzelvorgänge ablaufen: $Mo^6 + ClO_4^- \rightleftharpoons Mo^6ClO_4$ (K_1); $Mo^6ClO_4 + Sn^{2+} \rightarrow Mo^4 + ClO_4^- + Sn^{4+}$ (k_1); $Mo^4 + ClO_4^- \rightleftharpoons Mo^4ClO_4$ (K_2); $Mo^4ClO_4^- + Sn^{2+} \rightarrow Mo^4 + ClO_3^- + Sn^{4+}$ (k_2); $Mo^4 + Mo^4 \rightarrow Mo^5 + Mo^3$ $[(k_3)^2]$; $Mo^4 + Mo^4ClO_4 \rightarrow Mo^5 + Mo^3 + ClO_4^-$ $(2\,k_3k_4)$; $Mo^4ClO_4 + Mo^4ClO_4 \rightarrow Mo^5 + Mo^3 + 2\,ClO_4^-$ $[(k_4)^2]$; Mo^3 + Oxydationsmittel $\rightarrow Mo^5$ (sehr rasch); Mo^5 + Oxydationsmittel $\rightarrow Mo^6$ (k_5); Mo^4 + Oxydationsmittel $\rightarrow Mo^4$ Oxydationsmittel (komplex) (k_6); Mo^4 Oxydationsmittel + $Sn^{2+} \rightarrow Mo^4$ + inerte Prodd. (sehr rasch). Unter der Voraussetzung, daß K_1 u. K_2 sehr klein sind u. sich die Konzz. von Mo^6, Mo^5 u. Mo^4 unter stationären Bedingungen befinden, läßt sich eine Geschwindigkeitsgleichung ableiten, die mit der empir. gefundenen übereinstimmt u. aus der sich ergibt, daß $K = k_2K_2(k_1K_1)^{1/2}/k_3(1 + K_1k_1k_6/K_2k_2k_5)^{1/2}$ u. $K' = k_4K_2/k_3$ ist. In einer ausführlichen Diskussion wird der Beweis für eine direkt divalente Red. des Molybdats gebracht. Andere mögliche Mo-katalysierte Redd. werden erörtert. (J. Amer. chem. Soc. **74.** 6056–59. 5/12. 1952. Washington, D. C., George Washington Univ., Dep. of Chem.) GEISELER. 227

Emil Abel, *Über die Mercuriionen-„Katalyse" der Reaktion zwischen Permanganat und Oxalat.* Die kürzlich (C. **1953.** 1453) mitgeteilte Vermutung, daß die beschleunigende Wrkg. des Hg^{2+} auf die Rk. zwischen MnO_4^- (**I**) u. $(COO)_2^{2-}$ (**II**) auf einen Kettenmechanismus zurückzuführen ist, trifft nicht zu. Statt dessen fällt diese Beobachtung in den Rahmen der Ausführungen (Mh. Chem. **83.** [1952.] 695) über die sogenannte „akt. Oxalsäure". Danach wird der Verlauf der Red. des **I** durch **II** durch die außerordentlich träge Umsetzung des **I** mit **II** u. durch die sehr schnelle von **I** mit dem Oxalato-Ion, $(COO)_2^-$ (**III**), beeinflußt. Da die zwischen Mn^{7+} u. Mn^{2+} gelegenen Oxydationsstufen zum Unterschied von Mn^{7+} leicht mit **II** reagieren u. dabei **III** gebildet wird, so genügt eine Spur **III**, um die Rk. zwischen **I** u. **II** spontan in Gang zu setzen u. mit dauernd wachsender Geschwindigkeit ablaufen zu lassen. Der Einfl. des Hg^{2+} auf die genannte Rk. besteht darin, daß es zwar selbst langsam, aber im Vgl. zu **I** weniger träge durch Umsetzung mit **II** das **III** bildet u. so zum Promotor der Rk. zwischen **I** u. **II** wird. Als Katalysator im eigentlichen Sinne kann Hg^{2+} nicht angesprochen werden, da mit fortschreitender **I**-Red. auch Hg^{2+} der Red. in steigendem Maße anheimfällt u. daher an Wirksamkeit einbüßt. (Z. physik. Chem. **202.** 93–94. Juli 1953.) PLUST. 227

B. Anorganische Chemie.

Mireille Christophe-Michel-Lévy, *Künstliche Darstellung von Mineralien, die bei der Kontaktmetamorphose des Granits auftreten.* Vf. bespricht zunächst die hauptsächlichsten Arbeiten über die Synth. von solchen Mineralien, die sich bei der Kontaktmetamorphose des Granits bilden. Hierauf werden eigene Verss. zur Synth. dieser Mineralien beschrieben, die im Autoklaven in Ggw. von Wasserdampf oder bei noch höheren Drucken durch Entzündung von Trinitrotoluol in der Bombe durchgeführt wurden. Die entstandenen Prodd. wurden teils mkr., teils durch ihre Pulverdiagramme identifiziert. Auf diese Weise wurden die folgenden Mineralien erhalten: *Biotit, Muskovit, Sericit, Paragonit, Manganophyllit,* verschieden gefärbte *Turmaline, Spessartin, Orthoklas, Albit* u. *Anorthit.* Verss. zur Darst. von Cordierit, Disthen, Sillimanit u. Andalusit verliefen wenig erfolgreich. Krit. besprochen werden der Einfl. der Temp., des Dampfdrucks u. der Ggw. von Mineralisatoren. (Bull. Soc. franç. Minéralog. Cristallogr. **76.** 237–93. Juli/Sept. 1953.) GOTTFRIED. 228

R. M. Barrer und **N. McCallum,** *Die hydrothermale Chemie der Silicate.* 4. Mitt. *Rubidium- und Cäsiumalumosilicat.* (3. vgl. C. **1954.** 4567.) Hydrothermalsynthesen, ausgehend von eingetrockneten Mischungen aus Al-Oxydhydrat, Lsgg. von RbOH oder CsOH, gegebenenfalls auch KOH u. TlOH (1 Mol Me_2O insgesamt pro Mol Al_2O_3) u. SiO_2-Gel (n = 1, 2, 3 ... 10 Mol SiO_2 pro Mol Al_2O_3, vollständige Reihen für Rb u. Cs). Rkk. im Autoklaven bei konstanter Temp., nach der Versuchsdauer (bei Feldspatsynthesen bis zu 12 Tage) Abschreckung. Netzebenenabstände u. Brechungsindices vgl. Original. — Darst. reiner Rb- bzw. Cs-Alumosilicate bei den Tempp. 450° u. je 50° weniger bis 200°, ferner 180 u. 165° (Rb) bzw. 160° (Cs). Ausbleiben der Kristallisation im Falle des Rb bei 165° (außer n = 2 u. 6) u. (nur für n = 10) bei 180°, im Falle des Cs lediglich bei 160° für n = 3 u. 9. Bei den übrigen 139 Verss. wurden folgende Kristallarten (rein oder nebeneinander) synthetisiert: *Rb-Analcim*, $Rb_2O \cdot Al_2O_3 \cdot 4\,SiO_2$ (vgl. nachst. Ref.), Modifikation **B** rein u. a. für n = 4 u. 5, 200—450°, F. (trocken) 1675 ± 15°, Modifikation **H** rein u. a. für n = 6—10, 200°, oberhalb 1070° (trocken) Umwandlung in **B**. *Rb-Feldspat*, $Rb_2O \cdot Al_2O_3 \cdot 6\,SiO_2$, rein für n = 6 (für höheres n neben Quarz), 300—450°, Umwandlung (trocken) zwischen 910 u. 1070° in **H** + Glas, oberhalb von 1070° in **B** + Glas. Kristallart A, $Rb_2O \cdot Al_2O_3 \cdot 2\,SiO_2$, rein für n = 1 u. 2, 200—450°, F. (trocken) >1750°, kein Ionenaustausch mit wss. KCl- oder Cs_2SO_4-Lsg. (110°, 4 Tage). Kristallart D, $Rb_2O \cdot Al_2O_3 \cdot 2\,SiO_2 \cdot H_2O$, rein für n = 2—4, 180°, mit gesätt. Tl_2SO_4-Lsg. (85°, 10 Tage) beträchtlicher Ionenaustausch, desgleichen mit gesätt. Cs_2SO_4-Lsg. (110°, 7 Tage). Nach der Analogie mit einer wasserreicheren K-Verb. wahrscheinlich zur Zeolith-Gruppe gehörig. Kristallart E, $Rb_2O \cdot Al_2O_3 \cdot 6\,SiO_2 \cdot H_2O$, rein für n = 6—9, 180°, Ausbeute gering, Höhe des Wassergeh. unsicher. *Pollucit* (reine Cs-Form ohne das Na u. W. des natürlich vorkommenden Minerals), $Cs_2O \cdot Al_2O_3 \cdot 4\,SiO_2$, für n = 2—10 rein bei 200°, für n = 4 u. 5 rein bei 160—450° (für n ≧ 6 u. 250—400° neben Quarz), F. (trocken) >1700°. Kristallart F, $Cs_2O \cdot Al_2O_3 \cdot 2\,SiO_2$, rein u. a. für n = 1 u. 2, 300—450°, F. (trocken) >1750°, gleiches Alumosilicatgerüst wie in Kristallart A, verwandt der Verb. $Tl_2O \cdot Al_2O_3 \cdot 2\,SiO_2$. — Bldg. von Mischkristallen: Zwischen den Kristallarten A u. F besteht nach Verss. an Ausgangsgemischen mit Rb + Cs (350°) eine lückenlose Reihe; desgleichen wahrscheinlich zwischen Rb- u. K-Feldspat (15 Verss., wie im folgenden, zum Teil unter Zugabe von Hydroxydlsgg.); Linien der K-reichen u. der Rb-reichen Feldspäte traten nicht nebeneinander auf. Die Kristalle sind stets ärmer an Rb als die Ausgangsgemische. Im Rb-Feldspat können 47 At.-% des Rb durch Tl ersetzt werden (berechnet aus opt. Daten), dagegen geht kein Rb in das Tl-Endglied (=feldspatähnliche Verb. E von Taylor, J. chem. Soc. [London] **1949**. 1253). — Ein Cs-Feldspat ist anscheinend wegen des großen Kationenradius nicht existenzfähig. Verbb. mit Schichtgitterstruktur wurden nicht beobachtet. (J. chem. Soc. [London] **1953**. 4029—35. 3 Tafeln. Dez. Aberdeen, Univ.) G. Lochmann. 261

R. M. Barrer, J. W. Baynham und **N. McCallum,** *Die hydrothermale Chemie der Silicate.* 5. Mitt. *Mit Analcim strukturverwandte Verbindungen.* (4. vgl. vorst. Ref.) Synthesen, opt. u. röntgenograph. Messungen in folgender Gruppe von Alumosilicaten: *Analcim* (**I**); *Pollucit*, $(Na_xCs_{1-x})_2O \cdot Al_2O_3 \cdot 4\,SiO_2 \cdot 2x\,H_2O$, mit gleich großer Elementarzelle wie **I**, als Endglied mit x = 0 der reine *Cs-Pollucit* (**II**); *Leucit* (**III**) mit ähnlichem Alumosilicatgerüst wie **I**; ferner die synthet. (direkt hydrothermal oder durch Ionenaustausch) zugänglichen Kristallarten vom Typ des **I** mit Ag, NH_4, Li, Tl u. Rb, bes. *Rb-Analcim* (**IV**) in den Modifikationen **B** (dem **III** ähnlich) u. **H** (vgl. l. c.) u. die Verb. $Tl_2O \cdot Al_2O_3 \cdot 4\,SiO_2$ (**V**). — Unters. der Mischkristallbldg. durch Hydrothermalsynthesen aus gemischten Gelen mit 1 Mol Me_2O (aufgeteilt auf 2 Kationen) u. 4 Mol SiO_2 pro Mol Al_2O_3, meist mit Zugabe von MeOH-Lsg. zur Bldg. von Mutterlaugen mit $p_H > 10$ (nachträglich bei 20° gemessen). Im Syst. **I–II** (Kristalle Cs-reicher als das Gel) ist die Mischkristallbldg. lückenlos; dagegen ist sie beschränkt, aber beiderseits vorhanden, in den Systemen **I–IV, I–V** u. auch im Syst. **IV–V** (trotz gleicher Ionenradien von Rb^+ u. Tl^+). Hydrothermalsynthesen zum Syst. **IV–III** ergeben nur geringe Unterschiede des Verhältnisses Rb : K im Gel u. in den Kristallen (Gegensatz zur Rb-Verarmung der entsprechenden Feldspäte); die Befunde deuten auf lückenlose Mischkristallreihen **IVB–III** u. **IVH–III**. — Nach Ionenaustauschverss. (<110°) bestehen Mischungslücken in den Systemen **I–III, I–V, III–V**. — Zur Polymorphie **IVB/IVH**: Mkr. gut ausgebildete Kristalle von **IV**, erzeugt durch Hydrothermalsynthese oder durch Ionenaustausch aus **I**, bestehen anscheinend aus submkr. Bereichen der beiden Modifikationen u. ergeben scharfe Röntgendiagramme erst nach Erhitzung auf >1200° (Modifikation **B**) oder nach langdauernder Erhitzung auf <1050° (Modifikation **H**; deren Gitter ist lockerer). Der träg verlaufende Umbau des Gitters ist möglicherweise ein Übergang Unordnung–Ordnung der Si- u. Al-Ionen im Alumosilicatgerüst. Beide Modifikationen sind auch durch Tempern von Rb-Feldspat erhältlich. — Auf Polymorphie von **II** u. **V** u. Aufbau aus Bereichen deutet der variable Brechungsindex (je nach Darst. u. Wärmebehandlung). — Existenz von wasserhaltigem *K-Analcim*, $K_2O \cdot Al_2O_3 \cdot 4\,SiO_2 \cdot 2\,H_2O$ (**VI**): Außer wasserfreiem **III** ist auch kub. **VI** synthet. erhältlich (200—450°, keine näheren Angaben), durch trockenes Erhitzen nicht in **III**, sondern in K-Feldspat umwandelbar (analog **I** in Albit). — Vgl. der mit verschied. Kationen (auch Me^{2+}) gebauten **I**- bzw. **III**-Strukturen

hinsichtlich der Wassergehh. u. Ionenaustauscheigg., ferner mit entsprechenden Feldspäten hinsichtlich der therm. Stabilität. — Das anion. Alumosilicatgerüst von I bzw. **III**, jedoch mit isomorphen Vertretungen, besteht anscheinend auch im Viseit u. im synthet. Ga-Leucit. (J. chem. Soc. [London] **1953**. 4035—41. Dez.)
G. LOCHMANN. 261

R. K. Iler, *Kettenförmige Polymetaphosphate — Quaternäre Ammoniumsalze.* Vf. untersucht die Darst. u. die Eigg. von quaternären Ammoniumsalzen der Polymetaphosphate, die von einem Polymerisationsgrad 130 ab dichte, zusammenhängende Filme mit gummiähnlicherem Charakter als die vom KPO_3 abgeleiteten Verbb. geben. Die wasserlösl. Tetramethylammoniumpolymetaphosphate können durch Ionenaustausch, die unlösl., z. B. Cethyltrimethylammoniumpolymetaphosphat, durch Fällung hergestellt werden. Die Auswertung der Röntgenstrukturanalysen von Präpp. mit langen Ketten des quaternären Ammoniumsalzes zeigt, daß diese Seitenketten im rechten Winkel zur Polymetaphosphatkette liegen. (J. physic. Chem. **56.** 1086—89. Dez. 1952. Wilmington, Del., E. I. du Pont de Nemours & Co., Inc., Grasselli Chem. Dep., Exp. Station.)
SIEWERT. 264

Therald Moeller und **Glendall L. King,** *Einige Beobachtungen über Gallat(III)-Bildung bei hoher Temperatur.* Vff. berichten kurz über die Herst. u. die Best. der Gitterkonstanten der Gallate von Mg, Cu, Zn, Cd, La, Sr, Ba. Es ergibt sich, daß bis zu einem Radius des Kations von ca. 1,0 Å Gitter des Spinelltyps gebildet werden. Bei Überschreitung dieser Grenze bildet sich zuerst das (ebenfalls kub.) Perowskitgitter u. schließlich eine nicht mehr kub. Anordnung aus. Die gefundenen Werte der Gitterkonstanten sind: Spinelltyp: $MgGa_2O_4$ 8,29 $\pm$ 0,05, $CuGa_2O_4$ 8,31 $\pm$ 0,05, $ZnGa_2O_4$ 8,37 $\pm$ 0,05, $CdGa_2O_4$ 8,59 $\pm$ 0,05 Å; Perowskittyp: $LaGaO_3$ 3,86 $\pm$ 0,05, $SrGa_2O_4$ (wahrscheinlich Perowskitstruktur) ca. 4,04 Å. $BaGa_2O_4$ besitzt wahrscheinlich ein hexagonales Gitter. Die d-Werte aller genannten Verbb. sind angegeben. (J. Amer. chem. Soc. **75.** 6060—61. 5/12. 1953. Urbana, Ill., Univ. of Illinois, Noyes Chem. Labor.)
R. STEIN. 295

D. C. Bradley, F. M. Abd-el Halim, R. C. Mehrotra und **W. Wardlaw,** *Die Einwirkung von Alkoholen auf Zirkoniumtetrachlorid und Zirkoniumalkoxychloride.* Es wurde die Einw. von verschied. Alkoholen auf $ZrCl_4$ (**I**) u. Zr-Alkoxychloride untersucht. Aus I u. Methanol wurde eine äquimol. Mischung von $ZrCl_3)OCH_3) \cdot CH_3OH$ u. $ZrCl_2(OCH_3)_2$ erhalten. Genauer wurde der in früheren Arbeiten der gleichen Vff. beschriebene Alkoholaustausch untersucht. Dieser stellt eine bequeme Meth. dar, um aus Dialkoxyzirkoniumdichlorid oder Trialkoxyzirkoniumchlorid Zr-Alkoxychloride von prim. oder sek. Alkoholen herzustellen. So wurden die neuen Verbb. $ZrCl(OCH_3)_3$ u. $ZrCl_2(OCH_3)_2$ durch Einw. von Methanol auf die leicht zugänglichen Isopropylalkoholate dargestellt. Bei der Einw. von tert. Alkoholen auf $ZrCl(O\ iso\text{-}C_3H_7)_3 \cdot iso\text{-}C_3H_7OH$ wurde der erwartete Alkoholaustausch von einer Seiten-Rk. begleitet, die zur Bldg. von Alkylhalogenid, Olefin u. W. führte. Durch eine Modifizierung der üblichen Reaktionsbedingungen gelang es aber, durch Alkoholaustausch zwischen $ZrCl(O\ iso\text{-}C_3H_7)_3$ u. tert. Amylalkohol das $ZrCl(O\text{-}tert.\ C_5H_{11})_3$ zu gewinnen. Es werden die wahrscheinlichsten Mechanismen, die zur Bldg. von Olefin, W. u. Alkylhalogenid führen, diskutiert.

V e r s u c h e: Eine äquimol. Mischung $ZrCl_3 \cdot OCH_3 \cdot CH_3OH$ u. $ZrCl_2(OCH_3)_2$ entsteht bei der Rk. zwischen $ZrCl_4$ (**I**) u. Methanol als bisher untrennbares Gemisch; unlösl. in Ae., Bzl. u. PAe., lösl. in Methanol. Analoge Rk. zwischen **I** u. Isopropylalkohol bzw. n-Amylalkohol führten zu keinen definierten Prodd., da es nicht gelang, den überschüssigen Alkohol abzudestillieren. — $ZrCl_3(OC_2H_5) \cdot C_2H_5OH$ (**II**), 71,5 g **I** suspendiert in Bzl. wurden mit einer Mischung von A. u. Bzl. am Rückfluß gekocht; nach dem Filtrieren wurde eingeengt u. **II** nach 4 maligem Umkristallisieren rein erhalten; 35,8 g (Ausbeute). — Die Rk. zwischen **II** u. Isopropylalkohol führte zu keinem definierten Endprodukt. — $ZrCl_2(O\text{-}iso\text{-}C_3H_7)_2 \cdot iso\text{-}C_3H_7OH$ (**III**), wurde durch Einw. von Isopropylalkohol auf $ZrCl_2(OC_2H_5)_2 \cdot C_2H_5OH$ erhalten. — $ZrCl(O\text{-}iso\text{-}C_3H_7)_3 \cdot iso\text{-}C_3H_7OH$ (**IV**) wurde dargestellt durch Rk. zwischen 5, 6 g $ZrCl(OC_2H_5)_3$ u. Isopropylalkohol; 5,08 g. — $ZrCl_2(OCH_3)_2$ entstand aus **III** u. Methanol nach 10 std. Sieden in Bzl. u. Abdampfen des Lösungsm.; 1,3 g. — $ZrCl(OCH_3)_3$ analog aus **IV** u. Methanol. — Rkk. zwischen tert.-Butylalkohol bzw. tert.-Amylalkohol u. $ZrCl(O\text{-}iso\text{-}C_3H_7)_3$ nach vorst. Meth. führten stets zu Zersetzungs-Rkk. unter Bldg. von Olefin, W. u. Alkylhalogenid. — $ZrCl(O\text{-}tert.\text{-}C_5H_{11})_3$ wurde erhalten, wenn man 1 Mol $ZrCl(O\text{-}iso\text{-}C_3H_7)_3$ u. 3 Mol tert.-Amylalkohol in Bzl. zur Rk. brachte. Ebenfalls kein definiertes Endprod. wurde erhalten, wenn man **III** u. tert.-Amylalkohol aufeinander einwirken ließ. (J. chem. Soc. [London] **1952.** 4960—63. Dez. London, Birkbeck Coll.)
ZIMMER. 322

Karl Friedrich Jahr und **Margot Blanke,** *Kryoskopische Ionengewichtsbestimmungen in Lösungen des farblosen Natrium-Peroxowolframats,* $Na_2O \cdot 2\ WO_3 \cdot 4\ O_{akt.} \cdot aq.$ (Vgl. C. **1953.** 4818.) Kryoskop. Messungen an Lösungsgemischen von Na_2WO_4, HNO_3 u. H_2O_2 im Molverhältnis 1 : 1 : 3 bei verschied. Absolutkonzz. zeigen, daß das in Lsg. vorliegende Anion ein Tetraperoxodiwolframat-Ion ist. Daraus folgt, daß auch in H_2O_2-freien, schwach angesäuerten Wolframatlsgg. Diwolframationen in geringer Konz. existieren, die durch Zugabe von H_2O_2 abgefangen u. als Tetraperoxodiwolframat-Ionen stabilisiert werden, so daß weder Parawolframat- noch peroxyd. Parawolframationen entstehen können. Diese Ergebnisse widersprechen den früheren Messungen des Diffusionskoeff. (vgl. JAHR, Angew. Chem. **54.** [1941.] 94), der sich bei der Umwandlung des Monowolframations in das Tetraperoxodiwolframation nicht ändert; die EULER-WALDENsche Regel $D^2.M$ = const. ist hier nicht anwendbar. (Z. anorg. allg. Chem. **272.** 45—52. Febr. 1953. Berlin-Charlottenburg, Techn. Univ., Anorg.-chem. Inst.) M. SCHENK. 337

C. Mineralogische und geologische Chemie.

E. K. Gerling und **T. B. Pekarskaja,** *Bedingungen für die Zuverlässigkeit der Heliummethode zur geologischen Altersbestimmung.* An Hand des Literaturmaterials werden nachst. Bedingungen für die zuverlässige Best. des geolog. Alters nach der He-Meth. angeführt: Die Proben müssen eine dichte Kristallpackung aufweisen; die Proben müssen eine stabile Kristallstruktur besitzen, da jede Störung der Struktur einen He-Verlust verursacht; die Mineralien dürfen keine Fremdbeimengungen enthalten, da ihre Ggw. zu He-Verlusten führt; die Proben müssen gut erhalten sein, da sonst ein zu geringes Alter vorgetäuscht wird; die einzelnen Kristalle müssen ca. 10 mal größer sein als die Reichweite der α-Teilchen im Mineral (10—30 μ); die Proben müssen innerhalb $\pm 10\%$ ein konstantes Verhältnis He/(U + 0,25 Th) aufweisen. (Известия Академии Наук СССР, Серия Геологическая [Nachr. Akad. Wiss. UdSSR, geol. Ser.] **1954.** Nr. 1. 96—106. Jan./Febr.) LEBTAG. 378

Richard I. Weller, *Die Intensität der β-Strahlionisation von Kalium, Uran und Thorium.* Vf. bestimmt die physikal. Konstanten, die zur Ermittlung des Anteils der von der Erdoberfläche emittierten β-Strahlen an der Ionisierung der Atmosphäre erforderlich sind. Dazu wird die absol. β-Strahlen-Ionisierungsintensität über Kaliumsalzen, Uran- u. Thoriumerzen gemessen u. das Verhältnis von β- zu γ-Strahlung oberhalb dieser Substanzen ermittelt. EVEs Konstante für gewöhnliches K ist 340 ± 20 Ionenpaare/cm/g/sec, EVEs Konstante dividiert durch den Massenabsorptionskoeff. für K = 33 ± 2, für Uranerz im Gleichgewicht mit seinen Zerfallsprodd. 53200 ± 3200 u. für Thoriumerz im Gleichgewicht mit seinen Zerfallsprodd. 13200 ± 800 Ionenpaare/cm^3/sec. Das Verhältnis der durch β-Strahlung verursachten Ionisierung zu der durch γ-Strahlung bewirkten über einem unendlichen Körper gleichmäßig verteilter radioakt. Substanz für Uranerz ist 1,45, für Thoriumerz 0,746 u. für K 6,50. Bis zu 40 cm oberhalb der Erdoberfläche tragen die β-Strahlen mehr zur Ionisierung der Atmosphäre bei als die γ-Strahlen, oberhalb 40 cm gilt das Umgekehrte. Oberhalb 100 cm kann der Anteil der β-Strahlen an der Gesamtionisierung vernachlässigt werden. (J. atmospheric. terrestr. Physics **5.** 1—10. März 1954. New York, N. Y., Fordham Univ.) MAX SCHMIDT. 378

Pavle Savitch und **Stoyan Pavlovitch,** *Beitrag zur Kenntnis des mineralogischen Cyclus des Urans.* Die Ausscheidung größerer Mengen von Pechblende aus Uranhalogeniden wird in der pneumatolyt. Phase der Erstarrungsfolge granit. Magmen angenommen. Die Umwandlung in Phosphate, Sulfate, Carbonate u. Arsenate erfolgt über die Oxydation der Pechblende in das Uranylion in der hydrothermalen Phase. Diese mehr oder weniger lösl. U-Verbb. können transportiert werden u. gelangen somit in andere Gesteine, z. B. sedimentären Ursprungs, wie Petroleum, Asphalt, Kohle, bituminöse Schiefer, Sandstein, Bauxite u. Tone. (C. R. hebd. Séances Acad. Sci. **238.** 912—14. 22/2. 1954.) LÖFFLER. 378

Ja. G. Bernard und **Ja. Kutina,** *Kombinierung der Mineragraphie mit der Spektrographie bei der Untersuchung der geochemischen Entwicklung von Erzadern im Erzgebiet Kutna Hora in der Tschechoslowakei.* Aus der kombinierten mineragraph. u. spektrograph. Unters. der Erzadern im Gebiet von Kutna Hora ergibt sich, daß bei der Kristallisation der Mineralien während der Bldg. der Rataje-Zone *Fe* von ausschlaggebender Bedeutung zu Beginn der Mineralkristallisation der hydrothermalen Phase ist, während an der Bldg. jüngerer Mineralien Fe nur wenig beteiligt ist. In der 2. Kristallisationsperiode sind *Zn, Cd, Cu, In, Ga* u. *Sn* von besonderer Bedeutung.

Später sind *Pb*, *Sb* u. *Ag* dominierend. Sn kommt ständig vor, obwohl seine Mengen nur gering sind. Die Kristallisationsintervalle von *Sphalerit* u. *Stannin* liegen zeitlich nahe beieinander u. überdecken sich in der Regel. Da kein zwingender Beweis für die Bldg. von Stannin beim Zerfall der festen Lsg. mit ZnS vorliegt, ist anzunehmen, daß Stannin u. Sphalerit aus der gleichen erzführenden Lsg. entstanden sind. (Известия Академии Наук СССР, Серия Геологическая [Nachr. Akad. Wiss. UdSSR, geol. Ser.] **1954**. Nr. 1. 55–68. Jan./Febr.) LEBTAG. 378

L. N. Belkowa, W. N. Ognew und **A. I. Ssemenow,** *Zwei Hypothesen über die Genesis polymetallischer Vererzungen im Altai.* Vff. lehnen die Intrusiv-Tiefen-Hypothese ab, wonach die polymetall. Erzbldg. im Altaigebiet mit der Intrusivtätigkeit in der herzyn. Epoche zusammenhängt. Die wichtigsten flözartigen Erzbildungen erklären sich aus der Effusivtätigkeit im Devon, teilweise im unteren Carbon. (Известия Академии Наук СССР, Серия Геологическая [Nachr. Akad. Wiss. UdSSR, geol. Ser.] **1954**. Nr. 1. 30–39. Jan./Febr.) LEBTAG. 378

M. J. Goñi, *Über eine abweichende Art des Diaspors von Uruguay (Kayserit).* Vf. untersucht ein Mineral aus den Cerro Redondo Minas in Uruguay, welches WALTHER (Z. dtsch. geol. Ges. [A] **73**. [4] [1921.] 292) als neues Mineral angesprochen u. dem er den Namen Kayserit gegeben hatte. Das Mineral tritt in dem obigen Vork. in Form großer weißer oder rötlichweißer Lamellen in den Spalten des Korundonits auf. Die Brechungsindices sind $n_\alpha = 1{,}708$; $n_\beta = 1{,}718$; $n_\gamma = 1{,}75$. Das Mineral ist opt. negativ mit $2\,V = 60^0$ u. rhomb., während WALTHER monokline Symmetrie u. positiven Charakter gefunden hatte. Die Elementarzelle hat die Dimensionen a = 4,36 Å, b = 9,38 Å u. c = 2,81 Å, ähnlich denen des Diaspors. Einige bei dem Diaspor nicht beobachtete Interferenzen deuten darauf hin, daß die Struktur gegenüber der des Diaspors leicht gestört ist. Die chem. Zus. ist Al_2O_3 82 (%); H_2O 14,8; SiO_2 1,6; Fe_2O_3 1,4; D. 3,39 ± 0,01; Härte 5,5–6,5. Therm. Analyse ergab, wie bei Diaspor, einen endothermen Effekt bei 490°; die Umwandlungswärme beträgt 151 cal/g gegenüber 166 cal/g für Diaspor. Aus den Unterss. kann geschlossen werden, daß es sich bei dem „Kayserit" um einen Diaspor handelt, dessen opt. Eigg. durch dynam. Einwirkungen während seiner Bldg. gegenüber dem Diaspor beeinflußt worden sind. (Bull. Soc. franç. Minéralog. Cristallogr. **76**. 315–24. Juli/Sept. 1953. Paris, Sorbonne, Labor. de Minéral. du Muséum.) GOTTFRIED. 380

B. M. Shaub, *Mondstein von Olmstedville, New York.* Beschreibung des in der obigen Gegend vorkommenden Mondsteins. (Rocks and Minerals **28**. 451–55. Sept./Okt. 1953.) GOTTFRIED. 380

P. Bourguignon, *Der Tungstit von Nzombe (Belgisch-Kongo).* Vf. untersuchte Tungstit aus den Minerallagerstätten von Nzombe. Er tritt dort innig verwachsen mit *Scheelit* auf, hat einige mm Durchmesser u. zeigt keine kristallograph. Begrenzungen. Im Röhrchen wird beim Erhitzen W. abgegeben; er ist unlösl. in Säuren u. lösl. in warmem NH_4OH. Unter dem Mikroskop erscheint der Tungstit in gelben bis gelblichgrünen quadrat. Täfelchen, die wenig dichroit. sind. Plättchenebene ist die Spaltebene (0 0 1). Auslöschung auf (0 0 1) ist 41°, die Ebene der opt. Achsen ist die Halbierungsebene des spitzen Winkels. Der opt. Achsenwinkel beträgt $\sim 27^0$. Dispersion sehr stark $v > r$. Es wurde eine Pulveraufnahme angefertigt. (Ann. Soc. géol. Belgique, Bull. **76**. 189–91. Jan./April 1953. Liège, Univ., Labor. de Minéral.) GOTTFRIED. 380

J. Michot, *Beitrag zur Untersuchung der Morphologie des Wavellits von Salm-Château.* Vf. untersucht Wavellit aus Quarzgängen in der Nähe von Salm-Château. Das Mineral tritt dort in bis zu 3–4 mm langen prismat. Nadeln auf, die parallel (1 1 0) gestreift sind u. rhomb. Querschnitt besitzen. Die mkr. farblosen Nadeln haben gerade Auslöschung; die Doppelbrechung senkrecht zur stumpfen Bisektrix ist ca. 16. Die Brechungsindices sind $\varepsilon \sim 1{,}520$ u. $\omega = 1{,}553$. Chem. konnte *Phosphor* in beträchtlicher Menge nachgewiesen werden. Röntgenograph. ergab sich für die Länge der c-Achse 7,01 Å. Die Ergebnisse der goniometr. Vermessung sind tabellar. zusammengestellt. (Ann. Soc. géol. Belgique, Bull. **76**. 97–99. Jan./April 1953.) GOTTFRIED. 380

Georg M. Paraskevopoulos, *Beitrag zur Kenntnis der Feldspäte der Tessiner Pegmatite.* Vf. gibt eine ausführliche Unters. der verschied. Feldspäte in den Tessiner Pegmatiten. Es ergeben sich 3 Gruppen: 1. Pegmatite mit Kaliumfeldspat u. Albit bis Oligoklas; 2. Pegmatite mit Kaliumfeldspat u. Oligoklas bis Andesin; 3. Plagioklaspegmatite mit spärlichem oder fehlendem Kaliumfeldspat. Letztere sind selten, erstere am häufigsten. (Tschermaks mineralog. petrogr. Mitt. [3] **3**. 191–271. 1953. Athen.) HILLER. 385

Georges Waegemans, *Pisolithische und schlackenartige Laterite.* An Bodenprofilen wurde festgestellt, daß in der Nähe des Grundwasserspiegels sich gefleckter Ton bildet. Die fingerartigen Gebilde, die diesen durchsetzen, isolieren bei Wasserabgabe pisolith. Laterite. Die in diesen anfangs enthaltenen lösl. Oxyde werden schließlich durch Fe_2O_3 ersetzt. Die schlackenartigen Laterite entstehen durch Auswaschung der im prim. Muttergestein anwesenden lösl. Bestandteile, wobei nur das hauptsächlich aus Eisenoxyd bestehende Skelett zurückbleibt. Die laterit. Pisolithe können unter dem Einfl. von oben kommender Sickerwässer eine Regradierung erleiden, sie stellen also keine stabilen Endpunkte der Entw. der Böden dar. Die laterit. Blöcke, die in colluvialen u. alluvialen Formationen auftreten, sind wahrscheinlich sek. Ursprungs u. durch Zementierung von laterit. Grus u. Kies durch Fe_2O_3 entstanden, das in dem durchlaufenden W. enthalten war. (Bull. agric. Congo belge **43.** 735—50. Sept. 1952.) A. JACOB. 385

D. Organische Chemie.

D_1. Allgemeine und theoretische organische Chemie.

E. Heilbronner, *Ein graphisches Verfahren zur Faktorisierung der Säkulardeterminante aromatischer Ringsysteme im Rahmen der LCAO–MO-Theorie.* Vf. gibt ein anschauliches, graph. Verf. an zur Faktorisierung der Säkulardeterminante S. von ebenen, symm. π-Elektronensystemen, wie sie sich in der LCAO–MO-Näherung ergibt. Dabei werden an dem Modell des Syst. Faltungen um Symmetrieachsen durchgeführt; aus dem Aufbau der so gewonnenen, gefalteten Modelle kann mit Hilfe von — tabellar. angegebenen — „Übersetzungen" für Strukturmerkmale die Form der zu den irreduziblen Bestandteilen der S. gehörigen Determinanten dargestellt werden. Auf den Zusammenhang des Faltungsverf. mit der Gruppentheorie wird hingewiesen, die durch schrittweise Faltung gewonnenen Teilstücke können den verschied. Symmetriespecies zugeordnet werden. Die Meth. versagt bei Moll. mit 3-, 5-, 6- u. 7-zähligen Achsen. — Die Faktorisierung wird beschrieben am Beispiel des *Butadiens, Fulvens* u. *Naphthalins,* bei Metallkomplexen des *Porphyrins* wird die Anwendung zur Lösung der Frage nach dem Einfl. des Metallatoms behandelt. (Helv. chim. Acta **37.** 913—21. 30/4. 1954. Zürich, ETH, Organ.-chem. Labor.) KRESZE. D 10

E. Heilbronner, *Molecular Orbitals in homologen Reihen mehrkerniger aromatischer Kohlenwasserstoffe.* 1. Mitt. *Die Eigenwerte von LCAO–MO's in homologen Reihen.* Bei homologen Reihen aromat. KW-stoffe, z. B. der Acenreihe, können die Eigg. vielfach als Funktion der Gliederzahl N dargestellt werden. Vf. bestimmt daher auch die Elektronenverteilung (Eigenwerte der LCAO–MO's nullter Näherung) solcher Verbindungsklassen allg. in Abhängigkeit von N. Die Berechnung wird unter Verwendung gruppentheoret. Methoden durchgeführt, bei der Ableitung benutzt wird das „Faltungs"-Verf. des Vf. (vgl. vorst. Ref.). Es ergibt sich für ein- oder mehrdimensionale homologe Reihen (zweidimensional z. B. die Gesamtheit der von Bzl., Diphenyl, 1.4-Triphenyl abgeleiteten Acene, Polyxylene bzw. Polyanthene) eine einfache u. anschauliche Rechenregel, die es in vielen Fällen erlaubt, die Eigenwerte in geschlossener Form darzustellen. (Helv. chim. Acta **37.** 921—35. 30/4. 1954.) KRESZE. D 10

B. Pullman, G. Berthier und **J. Baudet,** *Natürliche hypsochrome Verschiebungen durch Phenylsubstitution.* (Vgl. PULLMAN u. PULLMAN, Discuss. Faraday Soc. **9.** [1950.] 46.) Eine MO-Unters. der hypsochromen Verschiebung des Absorptionsmaximums infolge Einführung einer Phenylgruppe in einen konjugierten KW-stoff ergab, daß diese nur in „nichtalternierenden" KW-stoffen (solchen, die eine ungerade Zahl von Ringgliedern besitzen) auftreten kann u. mit der Konjugation der Phenyle in diesen Moll. zusammenhängt. Während in alternierenden KW-stoffen durch Phenylsubstituenten die Ladungsverteilung im KW-stoff nicht verändert wird, erfolgt in nichtalternierenden eine Ladungsverschiebung, die von der Verb. selbst bzw. von dem C-Atom abhängt, an dem C_6H_5 substituiert worden ist: C_6H_5 nimmt entweder Ladungen auf, oder es werden solche aus ihm abgezogen. Die hypsochrome Verschiebung ist von dem Auftreten solcher Ladungsverschiebungen abhängig, nicht aber von deren Richtung. Vff. berechnen unter Berücksichtigung der Änderungen der COULOMB-Integrale die Ladungsverschiebung folgender konjugierter Verbb.: *Azulen, 1-, 2-* u. *6-Phenylazulen* (**I**), *Dibenzoheptafulven, Phenyldibenzoheptafulven, Dibenzofulven* u. *Phenyldibenzofulven.* Soweit die Verbb. bekannt sind, stimmen die Berechnungen mit den experimentellen Daten überein, für **I** wird eine hypsochrome Verschiebung vorausgesagt. (J. chem. Physics **21.** 188—89. Jan. 1953. Paris, Inst. du Radium.)

GNAUCK. D 114

D. P. Craig, *Die Rolle der $E_g{}^+$-Schwingungen im 2600 Å-Benzolbandensystem.* Im 2600 Å-Benzolbandensyst. wirken zwei $E_g{}^+$-Atomschwingungen sehr verschieden stark auf den verbotenen $A_{1g}-B_{2u}$-Übergang ein. Vf. entwickelt eine Modellvorstellung für die Störung der Elektronenübergänge durch die Atomschwingungen u. führt die Störungsrechnung durch. Die Rechnung ergibt für die 606 cm^{-1}-Schwingung eine 230 mal stärkere Wrkg. als für die 1596 cm^{-1}-Schwingung. Die Übereinstimmung mit dem Experiment ist sehr gut. (J. chem. Soc. [London] **1950.** 59—62. Jan., London, Univ. Coll., Sir William Ramsay u. Ralph Forster Labor.) A. REUTER. D 118

R. F. Hunter, R. A. Morton und **T. Carpenter,** *Die Ultraviolettabsorptionsspektren von 2.2'-, 2.4'-, 4.4'-Dioxydiphenylmethan, 2.2'-Dioxy-5.5'-dimethyldiphenylmethan und dessen Polymeren mit 3, 4 und 5 Ringen, ferner von 4.4'-Dioxydiphenyläthan.* Die UV-Spektren der genannten Verbb. (FF. in obiger Reihenfolge 118—119,5°; 118—119°; 162—163°; —; 212—214° (I); 185—188 (II), 112° (III), 198—199°), von *o-* u. *p-Kresol, m-2-Xylenol* u. *m-4-Xylenol* von 200—300 mμ werden in A.-Lsg. aufgenommen, zum Teil abgebildet u. Frequenz u. Intensität von Maximum u. Minimum in einer Tabelle angegeben. Aus den Daten läßt sich ablesen, daß die Isolierung der Ringe durch die CH_2-Gruppe in der 4.4'-Verb. besser als in der 2.2'-Verb. ist. Geht man von 2.2'-Dioxy-5.5'-dimethyldiphenylmethan zur Verb. mit 3, 4 u. 5 Ringen über, so steigt der Extinktionskoeff. um je 3000 mit jedem zusätzlichen Ring. Die Verb. mit 4 Ringen bildet einen stabilen Komplex mit Dichloräthylen (F. 177—179°), der aber am Spektr. nichts ändert. — „*Tetrameres 2.2'-Dioxy-5.5'-dimethyldiphenylmethan*" (II), $C_{31}H_{32}O_4$, aus 2.2'-Dioxy-5.5'-dimethyl-3.3'-bis-[oxymethyl]-diphenylmethan (F. 146—147,5°) mit überschüssigem p-Kresol (IV) u. konz. HCl, 2 Std. auf dem Wasserbad. 65% Ausbeute. — „*Pentameres 2.2'-Dioxy-5.5'-dimethyldiphenylmethan*" (III), $C_{39}H_{40}O_5$, aus dem „Trimeren" I mit IV u. konz. HCl, analog II. — II u. III konnten nicht nach der Meth. von KOEBNER [1933] erhalten werden. (J. chem. Soc. [London] **1950.** 441—44. Febr. Liverpool, Univ., u. Birmingham, Tyseley, Bakelite Ltd.) A. REUTER. D 118

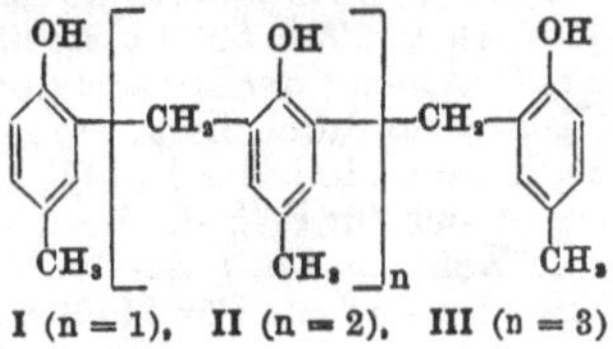

I (n = 1), II (n = 2), III (n = 3)

Siegfried Hünig, Hans Schweeberg und **Hans Schwarz,** *Farbe und Konstitution.* 1. Mitt. *Über Farbstoffe mit gekreuzten Absorptionssystemen.* Vff. untersuchen die Solvatochromie von *Bis-dimethylaminofuchson* (I), *Bis-dimethylaminoanthrafuchson* (II), *Dimethylaminofuchson* (III) u. *Dimethylaminoanthrafuchson* (IV). Mit steigender Polarität des Lösungsm. verschieben sich die Absorptionsmaxima nach längeren Wellen. Das Auftreten von Solvatochromie spricht dafür, daß die Elektronenzustände obiger Farbstoffe zwischen der unpolaren Grenzform u. dem Elektronengaszustand liegen (gleichmäßige Verteilung der Elektronen zwischen Auxochrom u. Antiauxochrom). Bei I u. II liegen zwei gekreuzte farbgebende Systeme vor (Aminofuchson- u. Malachitgrünsyst.), während bei III u. IV nur ein farbgebendes Syst. vorhanden ist. Bei III verschiebt sich das Absorptionsmaximum von 445—552 mμ, dabei verbreitert sich das die Absorption bewirkende Band u. die Extinktion erhöht sich wenig. Die Absorption in 30%ig. Methanol liegt genau beim arithmet. Mittel zwischen den Absorptionen von Malachitgrün u. Benzaurin. Hier liegt der ungestörte Elektronengaszustand vor. Der unsubstituierte Benzolkern spielt für die Lage der langwelligen Absorptionsmaxima keine Rolle, was sich durch Vgl. mit *4'-Dimethylaminobenzochinomethin-(1.4)* (VI) ergibt. — Durch Ankondensieren der zwei Benzolkerne in IV tritt ein hypsochromer Effekt auf, der durch den nichtebenen Bau von IV u. die stärkere Tendenz zur Chinonform verursacht wird. Der unsubstituierte Phenylrest ist von größerer Bedeutung. Gegenüber *4'-Dimethylaminophenyl-9.10-anthrachinomethin* ist die Extinktion nahezu verdoppelt, IV ist stärker der Solvatochromie unterworfen. — I zeigt gleiche Absorption wie III, besitzt jedoch zwei Maxima, die in Bzl. 55 mμ auseinanderliegen, was bisher noch nicht beobachtet wurde. Das zweite Maximum wird durch die zweite Dimethylaminogruppe verursacht, es erklärt sich aus der Verzweigung des Elektronengases u. dem ster. Bau von I. Die genannten Maxima sind dem Aminofuchsonsyst. zuzuordnen, während Absorption durch das Malachitgrünsyst. erst bei Zusatz von $HClO_4$ zu beobachten ist. Bei II, das weniger eben als I ist u. das stärkere Solvatochromie wie IV zeigt, wird mit steigender Polarität des Lösungsm. die Malachitgrünbande aufgebaut (625 mμ). — Auf Grund dieser Beobachtung muß man annehmen, daß für das beobachtete Auftreten zweier gekreuzter farbgebender Systeme die ster. Verhältnisse verantwortlich sind, ferner spielen die auftretenden Ladungen eine Rolle: Im Aminofuchsonsyst. treten formal halbe Ladungen an den Enden auf, beim Malachitgrünsyst. dagegen ganze, diese Trennung erfolgt nur in polaren Lösungsmitteln unter günstigen Bedingungen.

Versuche: *Bis-dimethylaminofuchson* (**I**), sintert von 206—220°. — *Bis-dimethylaminoanthrafuchson* (**II**), F. 263—264° (Cyclohexan). — *4-Dimethylaminofuchson* (**III**), $C_{21}H_{19}ON$, F. 165° (Ae.), aus p-Dimethylaminophenyl-Li (**V**) u. p-Oxybenzophenon in absol. Ae.; 62% (Ausbeute). — *4-Dimethylaminoanthrafuchson* (**IV**), $C_{29}H_{23}ON$, F. 197,5—198° (Acetonitril) unter Braunfärbung, aus 7,5 g 4-Dimethylaminobenzophenon u. 4,6 g Oxalylchlorid in Bzl., nach Rk. Zugabe von 6,8 g Anthron u. 2½ Std. Erhitzen; 9 g. — *4-Formylphenyläthylacetaldehydacetal*, $Kp._1$ 126—128°, aus p-Oxybenzaldehyd u. Vinyläthyläther in Ae. nach D. R. P. 566 033 [1934]; 82%. — *4-Dimethylamino-4'-oxybenzhydrol*, $C_{15}H_{17}O_2N$, F. 162°, aus vorst. Verb. in Ae. mit **V** bei —70°, Reinigung durch Lösen in NaOH u. Chloroformextraktion; 62,5%. — **VI** konnte aus vorst. Verb. nicht rein gewonnen werden. — *4'-Dimethylaminophenyl-9.10-anthrachinomethin*, $C_{23}H_{19}ON$, F. ~60°, aus p-Dimethylaminobenzaldehyd u. Anthron in Acetanhydrid, erst 10 Std. allein erhitzen, dann 1 Std. mit konz. HCl; 86%. (Liebigs Ann. Chem. **587.** 132—40. 1954. Marburg/Lahn, Univ., Chem. Inst.) KLEINWÄCHTER. D 118

E. Heintz, *Polystyrole und Polyisobutylene als Fluorescenzinhibitoren.* Das sichtbare Absorptionsspektr. von *Rhodamin B* (**I**) in Chlf. wird durch Polystyrol (**II**) u. Polyisobutylen (**III**) verändert, indem die Bande 5540 Å verringert wird u. 5 neue Banden bei 4350, 4680, 5000, 5800 u. 6600 Å erscheinen. Temperaturerhöhung steigert den Effekt. Entsprechend der Absorptionsänderung wird die Fluorescenzhelligkeit F_0 des **I** (Konzz. c_F) durch Lsgg. des **II** vom Mol.-Gew. M auf den Wert F (als Folge einer Assoziation der Moll. des **I** u. **II**) gemindert. Für verschied. Konzz. c der Löschsubstanz **II** ergibt sich für F_0/F die Beziehung $(F_0/F) - 1 = (1 - p)Kc/[c_F + (p - 1)Kc]$, wobei K eine Konstante u. p das Verhältnis der Luminescenzausbeute eines Mol. **I** vor u. nach Zusatz des **II** ist. Für **II** oder **III** mit verschied. M ändert sich (1 — p)K linear mit M. (J. Physique Radium **14.** 64 S—65 S. Dez. 1953. Strasbourg, Inst. de Phys., Centre d'Études de Phys. Macromol.) RUDOLPH. D 118

Yehuda Hirshberg und **Ernst Fischer,** *Temperaturabhängige Farbwechsel in einigen Merocyaninen.* Die Farbänderungen von **I** mit der Temp. sind, wie spektrophotometr. Messungen zeigen, darauf zurückzuführen, daß eine längerwellige Bande mit abnehmender Temp. an Intensität verliert, während eine kürzerwellige an Intensität zunimmt (Bereich: +20 bis —150°, in A.). Ähnlich liegen die Verhältnisse in **II**, **III**, **IV** u. verwandten Verbb.; die Energiedifferenz zwischen den zwei durch die beiden Banden charakterisierten Modifikationen von **I** wird auf 2—3 kcal Mol^{-1} geschätzt. (J. chem. Physics **22.** 572—73. März 1954. Rehovoth, Israel, Weizmann Inst. of Sci., Daniel Sieff Res. Inst.) J. ROTHE. D 119

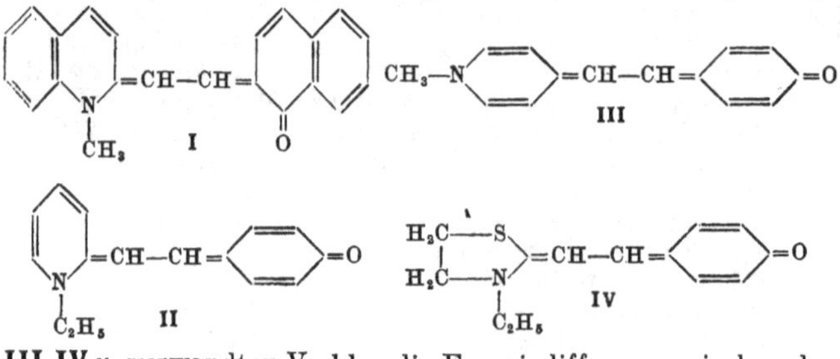

H. D. Rix, *Das Infrarot- und Ramanspektrum von Kohlensuboxyd.* Das Infrarotspektr. von dampfförmigem *Kohlensuboxyd* (**I**) wurde mit einem PERKIN-ELMER-Doppelstrahlgerät zwischen 2,2 u. 20 μ, das RAMAN-Spektr. photograph. von fl. **I** bei —80 u. —70° aufgenommen. Folgende RAMAN-Linien u. Zuordnungen wurden ermittelt: 577 cm^{-1} (mittel, depolarisiert) ν_3; 828 (sehr stark u. breit, polarisiert) ν_2; 1154 (schwach, polarisiert) 2 ν_3; 2190 (stark, polarisiert) ν_1. Das Infrarotspektr. (angegeben von 550—4600 cm^{-1}) ist im allg. in Übereinstimmung mit dem von LORD u. WRIGHT (J. chem. Physics **5.** [1937.] 642) gefundenen, lediglich bei 1122,5 cm^{-1} wurde eine mittlere Bande mit P—Q—R-Struktur u. bei etwas niedrigerer Frequenz eine Reihe von Spitzen verschied. Intensität u. Auflösung sowie im LiF-Gebiet Banden mit Minima bei 2154,5 u. 2386 (vermutlich P—R-Struktur), ferner bei 3335 cm^{-1} gefunden. Nach dem RAMAN-Spektr. sollte **I** lineare Struktur zukommen, doch kann diese Annahme nicht mit den Infrarotdaten in Übereinstimmung gebracht werden, vielmehr ist die von KING u. INGOLD (C. **1953.** 4997) vorgeschlagene Struktur (O-Atome bilden mit der linearen C—C-Kette einen Winkel, liegen aber in der gleichen Ebene — „Zickzack"-Struktur, Raumgruppe C_{2h}) zutreffend; aus der Rotationsstruktur einer der Kombinationsbanden wird der ∢ O=C=C zu 158° abgeschätzt. — I wurde durch Pyrolyse von Diacetylweinsäureanhydrid im Quarzrohr bei niedrigem Druck u. 700° erhalten. (J. chem. Physics **22.** 429—33. März 1954. State College, Pa., Univ.) GNAUCK. D 120

M. Margoshes, F. Fillwalk, V. A. Fassel und **R. E. Rundle,** *Beziehung zwischen Bindungslänge und Valenzfrequenz für die Carbonylgruppe.* Vff. geben eine graph. Darst. der Bindungslängen als Funktion der CO-Valenzfrequenzen für folgende Carbonylverbb. unter der Voraussetzung, daß im Mol. nur Schwingungen des C- u. des O-Atoms relativ zueinander erfolgen: *$CaCO_3$, Glycylglycin* (**I**), *DL-Alanin* (**II**), *L-Oxyprolin, HCOONa, Glycin, L-Threonin, Salicylsäure, Harnstoff, CH_3CHO, Glyoxal, HCHO, $COCl_2$, Keten, $Ni(CO)_4$, COS, CO, Borcarbonyl.* Die Bindungslängen liegen zwischen 1,13 u. 1,31 Å, die Frequenzen zwischen 1430 u. 2164 cm^{-1}; die mittlere Abweichung von der Kurve beträgt 0,013 Å. Die größte Abweichung zeigen **I** u. **II** (0,0525 Å). (J. chem. Physics **22.** 381—82. März 1954. Ames, Io., Iowa State Coll., Dep. of Chem. and Inst. for Atomic Res.) J. ROTHE. D 120

C. I. Meyrick und **H. W. Thompson,** *Schwingungsspektren von Alkylestern der Phosphor(III)-Sauerstoffsäuren.* Die Ultrarotspektren von 2—25 μ u. die RAMAN-Spektren von *Dimethylhydrogen-* ($Kp._{2,5}$ 38°; [n_D^{25}] 1,4030), *Diäthylhydrogen-* ($Kp._{14}$ 77°; 1,4080), *Diisopropylhydrogen-* ($Kp._{0,5}$ 41,5°; 1,4080), *Trimethyl-* ($Kp._{351}$ 86—86,5°; 1,4088) u. *Triäthylphosphit* ($Kp._{21}$ 74°; 1,4130), ferner von *Dimethylmethyl-* ($Kp._{20}$ 79,7°; 1,4148), *Diäthylmethyl-* ($Kp._{3,5}$ 56,5°; 1,4140), *Diisopropylmethyl-* ($Kp._1$ 50,5—51,5°; 1,4109), *Diäthyläthyl-* ($Kp._3$ 66—66,5°; 1,4161) u. *Diisopropyläthylphosphonat* ($Kp._{0,09}$ 38°; 1,4151) werden aufgenommen u. in Abbildungen u. Tabellen gebracht. Eine Bande der Dialkylhydrogenphosphite bei 2435 cm^{-1} wird der P—H-Gruppe zugeordnet, diese Verbb. besitzen also die Struktur **A**. Die Breite dieser Bande deutet auf Wasserstoffbrückenbindungen. Eine Bande bei 1250 cm^{-1}, die auch bei den Phosphonaten erscheint, gehört der P=O-Bindung an, eine Bande bei 795 cm^{-1} der P—O—C-Gruppierung. Einige weitere Banden, deren Zuordnung weniger sicher ist, werden kurz diskutiert. (J. chem. Soc. [London] **1950.** 225—29. Jan. Oxford, Phys. Chem. Labor.) A. REUTER. D 120

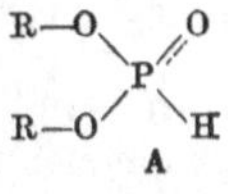

A

W. R. Burton und **R. E. Richards,** *Infrarotspektroskopische Untersuchungen zur Struktur von Molekülkomplexen.* Die Ultrarotspektren von 2—15 μ des 3:1-Komplexes von *p.p'-Dinitrodiphenyl* (**I**) mit *Diphenyl,* des 3:1-Komplexes von **I** mit *p-Oxydiphenyl* u. des 1:1-Komplexes von *symm.-Trinitrobenzol* mit *Dimethylanilin* werden zusammen mit den Spektren der Komponenten in Abbildungen gebracht. Da die Spektren der beiden ersten Komplexe in Lsg. eine reine Addition der Spektren der Komponenten darstellen, wird als Grund zur Komplexbldg. lediglich ein günstiger Packungseffekt bei der Kristallisation angenommen. Das Spektr. des dritten Komplexes zeigt dagegen neue Banden u. damit stärkere zwischenmol. Wechselwrkg. an. (J. chem. Soc. [London] **1950.** 1316—19. Mai. Oxford, Phys. Chem. Labor.) A. REUTER. D 120

H. W. Thompson, Eva E. Vago, M. C. Corfield und **S. F. D. Orr,** *Die Ultrarotspektren von Carcinogenen.* 1. Mitt. *Derivate des Stilbens.* Vff. messen mit Prismenspektrographen die Ultrarotspektren von 5—15 μ von 29 Stilbenderivv. (Kristallpulver in Paraffinöl). Die Spektren werden abgebildet u. in einer Tabelle eine Zusammenstellung einer Reihe von charakterist. Gruppenfrequenzen dieser Verbb. gebracht. Im einzelnen wurden untersucht: *2.4.6-Trimethyl-, 2.4.6.2'.4'.6'-Hexamethyl-, 2-, 4-Amino-, 2-, 3-, 4-Dimethylamino-, 4-Dimethylamino-2'-methyl-, 4-Dimethylamino-2'-äthyl-, 4-Dimethylamino-2'-isopropyl-, 4-Dimethylamino-3'-methyl-, 4-Dimethylamino-4'-methyl-, 4-Dimethylamino-2'.6'-dimethyl-, 4-Dimethylamino-2'.4'.6'-trimethyl-, 2-, 2'-, 4'-Chlor-4-dimethylamino-, 3'-Brom-4-dimethylamino-, 2.2'-, 2'.4'-Dimethyl-4-dimethylamino-, 4.4'-Bis-dimethylamino-, 2-Methoxy-, 4-Brom-, 4'-Brom-4-amino-, 4-Nitro-, 4-Acetyl-, 4-Äthylamino-, 4-Diäthylaminostilben.* (J. chem. Soc. [London] **1950.** 214—18. Jan. Oxford, Phys. Chem. Labor.) A. REUTER. D 120

S. F. D. Orr und **H. W. Thompson,** *Die Ultrarotspektren von Carcinogenen.* 2. Mitt. *Mehrkernige Kohlenwasserstoffe.* (1. vgl. vorst. Ref.) Vff. messen die Ultrarotspektren von 2—15 μ von 11 Benzanthracenderivv., 5 Dibenzanthracenen u. 11 Phenanthrenen u. anderen mehrkernigen aromat. Verbb. u. bringen Abb. der Spektren. Einige Banden von C—H-Deformationsschwingungen substituierter aromat. Ringe, die in den meisten dieser Spektren auftreten, werden kurz diskutiert. Im einzelnen werden untersucht: *1.2-Benzanthracen, 5-Methyl-, 5-Äthyl-, 5-n-Propyl-, 7-, 9-, 1'-Methyl-, 2'.6-, 9.10-Dimethyl-, 6.9.10-Trimethyl-, 5.6-Cyclopenteno-1.2-benzanthracen, 1.2;3.4-, 1.2;5.6-, 1.2;6.7-Dibenzanthracen, 9.10-Dihydro-, 3'-Methyl-1.2;5.6-dibenzanthracen, Anthracen, 9.10-Dihydro-, 2.3-Dimethylanthracen, 1.2-Cyclopentenophenanthren, Chrysen, 2-Me-*

thyl-, 2-Isopropyl-3.4-benzphenanthren, 1.2;5.6-Dibenzphenanthren, 1.2-, 3.4-Benzfluoren, 1.2; 5.6-, 1.2;7.8-Dibenzfluoren, 3.4;6.7- u. *1.2;8.9-Dibenzacridin.* (J. chem. Soc. [London] **1950.** 218–21. Jan.) A. REUTER. D 120

P. V. Laakso, S. F. D. Orr und **H. W. Thompson,** *Ultrarotuntersuchungen an Reten und seinen Hydrierungsprodukten.* Die Ultrarotspektren von *Reten* (**I**, F. 98 bis 98,5°), *9.10-Dihydroreten* (**II**, F. 56–58°), *Oktahydroreten* ($Kp._{1,0}$ 191–192°, durch katalyt. Hydrierung von I an Cu-Chromit) u. *Perhydroreten* ($Kp._{760}$ 332–335°, durch Hydrierung von I in Ggw. von Ni-Kieselgur) von 2–15 μ werden aufgenommen u. abgebildet. Verss., die verschiedentlich in der Literatur angegebenen übrigen Hydrierungsprodd. von I oder Dehydrierungsprodd. der 3 genannten Hydroretene herzustellen, mißlangen (vgl. die Tetra- u. Hexahydroverb. von VIRTANEN [1920]). Vff. erhielten immer nur Mischungen der 4 Retenderivv. mit ganz gesätt. bzw. ganz aromat. Ringen. **I** u. **II** bilden eine kontinuierliche Reihe von Mischkristallen, das Schmelzpunktdiagramm wird abgebildet. (J. chem. Soc. [London] **1950.** 221–25. Jan. Oxford, Phys. Chem. Labor. u. Dyson Perrins Labor.) A. REUTER. D 120

W. A. Patterson, *Charakteristische Infrarotabsorptionsbanden des Oxiranringes.* Zur analyt. Best. von Alkylenoxyden wurde von 26 Epoxyverbb. das Infrarotspektr. zwischen 2 u. 15 μ im fl. Zustand bzw. in Lsg. (CS_2) mit dem PERKIN-ELMER-12 C-Gerät aufgenommen. Charakterist. für diese Verbindungsklasse sind Banden bei 8, 11 u. 12 μ [in ( ) Lage der Banden in cm^{-1} bei 11 u. 12 μ]: *Styroloxyd* (877; 812), *α-Methylstyroloxyd* (**I**, 863; 786), *Butadien-(1.3)-monoxyd* (919; 817), *Butadien-(1.3)-dioxyd* (**II**, 916; 871, 810 u. schwache Bande bei 792), *Pentadien-(1.4)-dioxyd* (**III**, 915; 847 u. 829), *cis-2-Butylenoxyd* (**IV**, 886; 777), *trans-2-Butylenoxyd* (**V**, 887; 812), *Isobutylenoxyd* (900; 796), *Octen-(1)-oxyd* (918; 835), *Epichlorhydrin* (926; 847 in CS_2), *Glycidylsorbat* (908; 864), *Glycidylcrotonat* (907; 856), *Glycidylbutyrat* (911; 854), *Glycidylmethacrylat* (910; 843), *Glycidyllinoleat* (909; 857 in CS_2, Spektr. nur zwischen 10 u. 15 μ aufgenommen), *Phenylglycidyläther* (917; 837), *Diallyläthermonoxyd* (921; 846), *Butylglycidyläther* (914; 844), *[Methoxymethoxyäthyl]-glycidyläther* (920; 847), *o-Allylphenylglycidyläther* (909; 847), *Diallylätherdioxyd* (912; 847), *Butandiol-(1.4)-diallylätherdioxyd* (912; 846), *Cyclohexenoxyd* (891; 812), *4-Vinylcyclohexenoxyd* (*4-Vinyl-1.2-epoxycyclohexan*) (915; 812), *4-Vinylcyclohexendioxyd* (925; 818), *Cyclohexadiendioxyd* (F. 106,5–107,5°; in CS_2 u. CCl_4: 935; 810), *Vinylcyclohexanoxyd* (943; 838) u. *Propylenoxyd* (CS_2, nur zwischen 10 u. 15 μ: 950; 827). Ferner werden zum Vgl. die Spektren folgender Verbb. zwischen 10 u. 15 μ angegeben: *α-Methylstyrol, Styrol, Isopropylbenzol* (*Cumol*), *Äthylbenzol, Propan* (Gas), *Isobutan* (Gas), *Propylen* (Gas), *Isobutylen* (Gas), *n-Butan* (Gas), *cis-2-Butylen, trans-2-Butylen, n-Octan, Octen-(1), Propylchlorid, Allylchlorid, 1-Butylen, 1.3-Butadien, Methacrylsäuremethylester* u. *-äthylester, Methacrylsäurebutylester, Crotonsäureäthylester, -butylester* u. *-vinylester, n-Propylphenyläther, n-Butylphenyläther, Allylphenyläther, Di-n-butyläther, Butyläthyläther* u. *Allyläthyläther.* Die kleinsten Bandenverschiebungen bei den Epoxyverbb. zeigen erwartungsgemäß Verbb. mit längeren Ketten, die Einführung von C_6H_5 an einem C-Atom des Oxiranringes verschiebt ebenso wie die Substitution durch CH_3 die Banden nach größeren Wellenlängen. Unterschiede zwischen cis- u. trans-Konfiguration sind kaum bei der 11 μ-Bande, sondern nur bei 12 μ vorhanden. Die Spektren von **II** u. **III** u. die Unterschiede der Banden untereinander werden einer Wechselwrkg. der benachbarten Oxiranringe in **II** zugeschrieben, die in **III** nur abgeschwächt auftreten kann. Vf. vergleicht die Reaktivität von 20 der untersuchten Verbb. gegenüber Essigsäure bei 25° u. trägt diese Literaturdaten gegen die Wellenlänge der Oxiranbanden bei 11 u. 12 μ auf. Es zeigt sich hierbei ein linearer Zusammenhang zwischen der Verschiebung der Banden nach längeren Wellen u. der Zunahme der Reaktionsfähigkeit. Für die untersuchten Epoxyester sowie **IV** u. **V**, für die analoge Daten bei 40° vorliegen, trifft dieses Verh. nur für die 11 μ-Bande zu, die 12 μ-Bande zeigt hier dagegen eine entgegengesetzte Verschiebung. Diese Abweichungen zeigen, daß noch andere Faktoren (vielleicht die Bandenintensität) eine Rolle spielen müssen. — Die Epoxyde wurden meist aus den entsprechenden ungesätt. Verbb. dargestellt u. enthielten vermutlich diese zum Teil als Verunreinigungen. Die Esterepoxyde wurden durch Rk. von Epichlorhydrin u. den K-Salzen der Carbonsäuren erhalten. Durch Zers. der Epoxyde traten zum Teil OH-Banden in den Spektren auf. Die quantitative Best. des Geh. an Oxydsauerstoff ergab Gehh. zwischen ca. 80–100%, mit Ausnahme von **I** (43%), dessen Reinheit jedoch wegen der starken Bande bei 864 cm^{-1} weit höher eingeschätzt wird. Möglicherweise ist die Bestimmungsmeth. (mittels Dioxan–HCl bzw. Pyridin–HCl) in diesem Fall ungenau durch das Auftreten von Umlagerungen des **I** bei Zugabe von Säure. (Analytic. Chem. **26.** 823–35. 19/5. 1954. McMasterville, Quebec, Can., Canad. Ind., Ltd., Centr. Res. Labor.) GNAUCK. D 120

Gunnar Erlandsson, *Vorläufige Analyse des Mikrowellenspektrums der Ameisensäure.* Es wurde das Mikrowellenspektr. der monomeren *Ameisensäure* zwischen 16,5 u. 26,5 kMHz untersucht. Von den beobachteten Linien konnten drei mit Hilfe ihrer STARK-Effektkomponenten identifiziert werden; sie entsprechen den Übergängen $8_{2\cdot7}-8_{2\cdot6}$; $0_{0\cdot0}-1_{0\cdot1}$ u. $4_{1\cdot4}-4_{1\cdot3}$. Das Spektr. konnte unter der Annahme einer nicht starren, ebenen Molekülstruktur, wie sie die nebenst. Figur zeigt, gedeutet werden. Aus den niedrigen J-Übergängen wurden die Rotationskonstanten B u. C berechnet: ein angenäherter Wert von A wurde aus der Beziehung $J_A + J_B = J_C$ erhalten. Die Werte für A, B u. C sind 1,6919 cm^{-1}; 0,41581 cm^{-1} u. 0,33378 cm^{-1}. Aus den Werten ergibt sich, daß der Winkel O=C—O kleiner als 120° sein sollte, wahrscheinlich nahe 115°. Die Werte der erhaltenen Rotationskonstanten stimmen mit denen anderer Autoren (ROGERS u. WILLIAMS, C. **1952.** 2977) nicht gut überein. (Ark. Fysik **6.** Nr. 47. 491—95. 1953. Stockholm, Univ., Phys. Dep.)

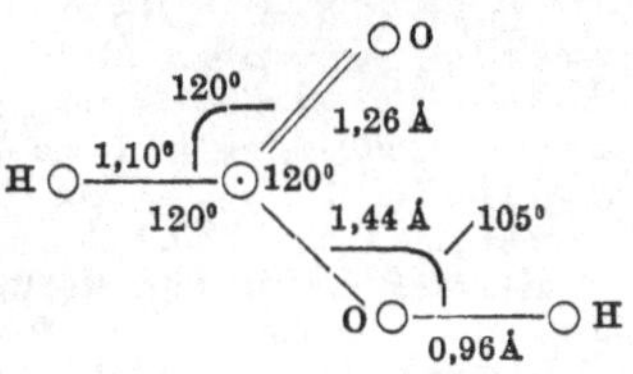

GOTTFRIED. D 121

S. J. Angyal und **J. A. Mills,** *Form und Reaktivität des Cyclohexanrings.* Vff. geben eine zusammenfassende Literaturübersicht über die Konsequenzen, die aus der besonderen Konstellation der Boot- u. Sesselform des Cyclohexanrings entspringen. Neben der Überschußenergie auf Grund der BAYERschen Spannungsenergie tritt die sogenannte „PITZERsche" Spannungsenergie auf, als der Teil der Überschußenergie auf Grund einer energet. ungünstigeren Konstellation; die Bootform ist allg. energet. ungünstiger. Der ster. Bau u. die relative Stabilität von mehrfachsubstituierten Derivv. in Abhängigkeit von der Lage (e bzw. p) der Substituenten, das Vork. der Epimeren in der Natur, die Konstellation kondensierter Systeme u. vor allem die stereochem. Spezifität bei Substitutions- u. Eliminierungs-Rkk. werden eingehend besprochen. — 74 Literaturzitate. (Rev. pure appl. Chem. **2.** 185—202. Dez. 1952. Cambridge, Univ., Chem. Labors.) DU MONT. D 123

C. I. Beard und **B. P. Dailey,** *Struktur und Dipolmoment der Isothiocyansäure. Berichtigung.* In der C. **1951.** II. 1107 referierten Arbeit ist außer einigen Druckfehlern ein Rechenfehler unterlaufen; die Rotationskonstanten sind B = 5884,3 MHz u. C = 5846,8 MHz. (J. chem. Physics **19.** 975. Juli 1951.) KIRSCHSTEIN. D 132

Henri Lumbroso und **Paul Rumpf,** *Elektrische Momente und Struktur: Untersuchung des Momentes der Halogenderivate von 1.1-Diphenyläthan, von 1.1-Diphenyläthylen und von Triphenyläthylen.* 1. Mitt. Es werden nach der Meth. der verd. Lsgg. in Bzl. die Momente folgender Verbb. bestimmt: *α-Chlorstyrol* ($Kp._{25}$ 84°, aus Acetophenon u. PCl_5) 1,93 D, *Triphenyläthylen* (**II**) 0 D, *1.1-Diphenyl-2-chloräthylen* ($Kp._{13}$ 163—164°, aus Dichloracetaldehydhydrat) 1,49 D, *1.1-Diphenyl-2-bromäthylen* (**IV**, $Kp._{17}$ 184°, F. 41—42°, aus Dibromacetaldehyd u. Bzl.) 1,44 D, *Triphenylchloräthylen* (F. 117,5° [Hexan], aus Phenyldiphenylmethylketon [**I**] mit PCl_5–PCl_3 bei 150°, 2 Std.; 75% Ausbeute) 1,68 D, *Triphenylbromäthylen* (F. 115° [Essigsäure], durch Bromierung von **II**) 1,66 D, *1.1-Diphenyl-2.2-dichloräthylen* (F. 80°, aus 1.1-Diphenyl-2.2.2-trichloräthan [**III**] in sd. A. mit NaOH) 1,77 D, *1.1-Diphenyl-2.2-dibromäthylen* (F. 83°, aus **IV** mit Br_2 in CS_2 u. Behandlung des Prod. mit alkoh. NaOH) 1,67 D, *1.1-Bis-[p-chlorphenyl]-2.2-dichloräthylen* (F. 89°, aus DDT [aus A., dann aus Dioxan, F. 110°]) $<$ 0,3 D, **III** (F. 64° [A.], aus Chloralhydrat u. Bzl. in Ggw. von konz. H_2SO_4) 1,95 D u. *1.1.2-Triphenyläthanon* (**V**, aus Desylchlorid [**VI**] u. Bzl. bzw. α-Bromphenacetylbromid [**VII**] u. Bzl. mit $AlCl_3$) 2,91 D. Auf Grund dieser Momentmessungen werden die Strukturen der Moll. diskutiert, bes. wird das Problem der Lagen von Benzolring- u. Äthylendoppelbindungsebenen zueinander behandelt. — **VI**, F. 67°, aus Benzoin mit $SOCl_2$ in Pyridin; 86% (Ausbeute). — **VII**, $Kp._{17}$ ~138°, durch Einw. von $SOCl_2$, dann Br_2 auf Phenylessigsäure; 65—80%. Verss., **V** nach FRIEDEL-CRAFTS unter Verwendung von Dibromacetophenon darzustellen, schlugen ebenso fehl wie ein Vers. zur Kondensation von Bzl. mit Monochloracetophenon. (Bull. Soc. chim. France, Mém. [5] **20.** 827—36. Sept. 1953. Sorbonne, Labor. de Chim. Gén.) K. L. WOLF. D 132

Henri Lumbroso, *Elektrische Momente und Struktur: Diskussion über die Elektronenstruktur der Halogenderivate von Äthylen, Styrol und 1.1-Diphenyläthylen.* 2. Mitt. (1. vgl. vorst. Ref.) Es werden im Anschluß an die vorst. referierte Unters. die Elektronenstrukturen der obengenannten Verbb. genauer diskutiert, vor allem der Induktions- u. Mesomerieeffekt des Halogens in Vinyl- u. Styrolverbindungen. (Bull. Soc. chim. France, Mém. [5] **20.** 836—38. Sept. 1953. Sorbonne, Labor. de Chim. Gén.)
K. L. WOLF. D 132

Irène Kadomtzeff, *Untersuchung der Struktur einiger Thiophenderivate des Quecksilbers.* Es werden die dielektr. (Mol.-Refr. R, Molpolarisation P, Dipolmoment μ) u. bes. die magnet. (mol. Susceptibilität χ_M u. nach der Addititivitätsregel χ_{H_6}) Eigg. einiger Thiophenderivv. des Hg angegeben: *Dithienyl-(2)-quecksilber*, $\chi_M = 128,4 \cdot 10^{-6}$; $\chi_{Hg} = 25,8 \cdot 10^{-6}$; $R_D = 91$; $P = 108$; $\mu = 1,15 \pm 0,05$ D. — *Bis-[5-jodthienyl-(2)]-quecksilber*, $\chi_M = 208,5 \cdot 10^{-6}$; $\chi_{Hg} = 15,6 \cdot 10^{-6}$; R_D 137; P 351; $\mu = 3,21 \pm 0,1$ D. — *Thienyl-(2)-quecksilberchlorid* $\chi_M = 110,3 \cdot 10^{-6}$; $\chi_{Hg} = 38,9 \cdot 10^{-6}$; *5-Jodthienyl-(2)-quecksilberchlorid*, $\chi_M = 151,4 \cdot 10^{-6}$; $\chi_{Hg} = 35,8 \cdot 10^{-6}$ u. *Thienyl-(2)-quecksilberjodid*, $\chi_M = 114,7 \cdot 10^{-6}$; $\chi_{Hg} = 28,8 \cdot 10^{-6}$. — Kurze Diskussion der Ergebnisse. (C. R. hebd. Séances Acad. Sci. **230**. 443—45. 30/1. 1950.) SACKMANN. D 137

Harry P. Leftin und **Norman N. Lichtin**, *Die scheinbare Leitfähigkeit von Hexaphenyläthan, gelöst in Schwefeldioxyd.* Vff. zeigen, daß das scheinbare Leitvermögen der Lsg. von Hexaphenyläthan (**I**) in fl. SO_2 a) auf Bldg. eines Elektrolyten aus **I** (?) u. gelöstem O_2 u. b) auf einer photochem. Rk. beruht. Lsgg. von **I** in fl. SO_2 zeigen bei vorheriger Entgasung des Lösungsm. eine laufende Abnahme der Leitfähigkeit in dem Maße, wie die Wirksamkeit der Entgasung zunimmt. Einw. von O_2 im Dunkeln auf die Lsg. von **I** in entgastem SO_2 bedingt eine Erhöhung der Leitfähigkeit auf das 100fache des ursprünglichen Wertes; die Leitfähigkeit der entstandenen Lsg. ändert sich nicht bei Belichtung, während die Leitfähigkeit der Ausgangslsg. dadurch erhöht wird. (J. Amer. chem. Soc. **76**. 2593—94. 5/5. 1954. Boston, Mass. Univ., Dep. of Chem.) G. WINKLER. D 138

R. Rometsch, A. Marxer und **K. Miescher**, *Dissoziationsregeln bei Polyaminen. Dissoziation und Quaternisierbarkeit.* Die Differenzen zwischen den Dissoziationszahlen einfacher Polyamine (Dissoziationsintervalle) als Folge der gegenseitigen Beeinflussung der bas. Gruppen wurden bestimmt. Da innerhalb gewisser Verbindungsklassen die Protonenbindungs- u. Solvatationsenergien annähernd konstant sind, werden die Dissoziationsintervalle im wesentlichen nur durch die elektrostat. Beeinflussung bestimmt. Mit Hilfe der pK-Werte konnte gezeigt werden, daß für die Dissoziationsintervalle Additivitätsregeln bestehen. Die erste Dissoziationszahl liegt für Aminogruppen zwischen 9,8 u. 11,0, für Dimethylaminogruppen zwischen 9,1 u. 10,1. Das Dissoziationsintervall $\Delta\, pK_{1,2}$ hängt von der Länge der Kette zwischen den dissoziierenden Gruppen ab. Bei mehreren dissoziierenden Gruppen kann das Dissoziationsintervall zwischen der ersten u. einer anderen Stufe durch Addition der den einzelnen möglichen Beeinflussungen entsprechenden Dissoziationsintervalle erhalten werden. Als treibende Kraft für die Quaternisierung kann die nucleophile Tendenz des freien Elektronenpaares des Amino-N angesehen werden. Da das gleiche freie Elektronenpaar auch für die Größe der Dissoziationszahl verantwortlich ist, ist es klar, daß die Dissoziation u. die Quaternisierbarkeit parallel verlaufen. — Neu angegeben sind die pK-Werte für: *Diäthylentriamin, Tetramethyläthylendiamin, Pentamethyldiäthylentriamin, Hexamethyltriäthylentetramin* (**I**), *symm. N-Methyldipropylentriamin, Tetramethylpropylendiamin, Pentamethyldipropylentriamin, Bis-dimethylaminoäthylsulfid.* (Helv. chim. Acta **34**. 1611—18. 1/8. 1951. Basel, Ciba AG., Forschungslabor., Pharmazeut. Abt.) HILDEGARD BAGANZ. D 139

Ludwig Holleck und **Herbert J. Exner**, *Die Reduktion aromatischer Nitroverbindungen an der Quecksilbertropfkathode.* 1. Mitt. *Die Wirkung oberflächenaktiver Stoffe und die Primärreaktion der Nitrogruppenreduktion.* (Vgl. C. **1953**. 3375.) An dem Beispiel des *p-Nitranilins* wird die Beeinflussung der polarograph. Reduktionsstufen durch oberflächenakt. Stoffe, wie *Tylose, Campher, Gelatine, Agar*, bei den p_H-Werten 2,8, 7 u. 11 untersucht. Im sauren Bereich ergibt sich eine Verschiebung des Halbstufenpotentials im Mittel zu 0,064 V/p_H-Einheit. Im alkal. Bereich wird das Halbstufenpotential vom p_H unabhängig. Demnach müssen zwei Primär-Rkk. angenommen werden. Im sauren Bereich wirkt sich prakt. ausschließlich eine Elektroden-Rk. aus nach $R-NO_2 + \Theta + H^+ \rightarrow R-NO_2H$. Im alkal. Bereich ist die von den H-Ionen unabhängige Rk.: $R-NO_2 + \Theta = R-NO_2^-$ potentialbestimmend. Danach werden die Folge-Rkk. bis zur Erreichung des Desorptionspotentiales inhibiert, das heißt die H_2-Anlagerungs-Rk. erfährt eine Hemmung. Im sauren Bereich wird mehr oder weniger die gesamte Stufe beeinflußt. Dies äußert sich in der Verflachung u. Verschiebung der Kurve nach negativeren Potentialen. (Z. Elektrochem., Ber. Bunsenges. physik. Chem. **56**. 46—51. Jan. 1952. Freiburg/Br., Univ., Inst. für physikal. Chem.) J. FISCHER. D 142

J. W. Smith und **J. G. Waller**, *Polarographisches Verhalten von aromatischen Nitroverbindungen.* 2. Mitt. *Nitrosobenzol und N-Phenylhydroxylamin.* (1. vgl. PAGE u. Mitarbeiter, C. **1950**. II. 397.) Die polarograph. Unters. von *Nitrosobenzol* (**I**) u. *N-Phenylhydroxylamin* (**II**) bei 25 $\pm 0,1^0$ bestätigt die Ansicht, daß diesen beiden Verbb. ein reversibles Oxydation–Red.-Syst. bilden. Im p_H-Bereich zwischen 4 u. 10 gibt **I** eine

Reduktionsstufe bei nahezu gleichem Potential u. von gleicher Höhe wie die Oxydationsstufe von **II**. Die Halbstufenpotentiale ändern sich linear mit dem p_H-Wert u. stimmen gut mit den durch potentiometr. Titration ermittelten Redoxpotentialen überein. Näherungsweise läßt sich das Halbstufenpotential durch die Beziehung $E = +0,33 - 0,061 \cdot p_H$ wiedergeben. Bei Konzz. unter $2,5 \cdot 10^{-3}$ mol. ist der Diffusionsstrom der Konz. proportional. Die **I**-Stufe ist halb so hoch wie die Stufe von *Nitrobenzol* (**III**) in derselben mol. Konz. u. liegt bei einem um ca. 0,45 V positiverem Potential. Diese Beobachtung steht in Übereinstimmung mit dem Befund, daß die Red. von **III** (vgl. 1. Mitt.) bei $p_H > 3$ vier Elektronen erfordert. (Trans. Faraday Soc. **46**. 290—95. April 1950. Greenford, Middlesex, Glaxo Labors. Ltd., u. London, Battersea Polytechn., Chem. Dep.) FORCHE. D 142

D. P. Biddiscombe, E. A. Coulson, R. Handley und **E. F. G. Herington,** *Darstellung und physikalische Eigenschaften von reinem Pyridin und einigen Methylhomologen.* Vff. untersuchen Methoden, um die Reinheit von techn. *Pyridin* (**I**), α-, β- u. γ-*Picolin* (**II, III** u. **IV**) u. *Lutidin-(2.6)* (**V**), auf über 99,7 Mol-% zu erhöhen, der Reinheitsgrad wird dabei durch Gefrierpunktsmessungen festgestellt. Gefrierpunkte t_f, kryoskop. Konstanten K, latente Schmelzwärmen W, Kpp., latente Verdampfungswärmen L, D., Ausdehnungskoeffizienten α, Brechungsindices n, Mol.-Refr. R u. die Infrarotspektren der reinen Verbb. wurden ermittelt. **I** u. **II** wurden durch Dest., Wasserdampfdest. (mit H_2SO_4-Zusatz) u. fraktioniertes Ausfrieren gereinigt. Aus **III** u. **IV** wurden Beimengungen von **V** als Harnstoffeinschlußverb. entfernt, **III** u. **IV** mit Eisessig dest., u. fraktioniert dest.; **V** wurde mit Eisessig dest., die Harnstoffeinschlußverb. fraktioniert krist., **V** fraktioniert ausgefroren u. destilliert. Ermittelt wurden: **I**: F. $-41,55 \pm 0,05^0$, K 4,75 $\pm$ 0,13, W 22,4 $\pm$ 0,6 cal/g, $Kp._{768}$ 115,256 $\pm$ 0,002°, L 109,95 $\pm$ 0,04 cal/g $D._{20}$ 0,98310, $D._{30}$ 0,97301, $D._{25}$ 0,97806, α_{25} 0,001032, n_D^{20} 1,51020. **II**: F. $-66,74 \pm 0,04$ K, 3,36 $\pm$ 0,55, W 25,2 $\pm$ 4,1, $Kp._{760}$ 129,408 $\pm$ 0,004°, L 96,92 $\pm$ 0,04, $D._{20}$ 0,94432, $D._{30}$ 0,93503 + 0,00002, $D._{25}$ 0,93968, α_{25} 0,000989 $\pm$ 0,000002, n_D^{20} 1,50101 **III**: F. $-18,20 \pm 0,04^0$, K 4,88 $\pm$ 0,14, W 26,5 $\pm$ 0,8, $Kp._{760}$ 144,143 $\pm$ 0,003°, L 100,34 $\pm$ 0,04, $D._{20}$ 0,95658, $D._{30}$ 0,94736 $\pm$ 0,00002, $D._{25}$ 0,95197, α_{25} 0,000969 $\pm$ 0,000002, n_{D1}^{20} 1,50682. **IV**: F. $+3,65 \pm 0,04^0$, K 5,13 $\pm$ 0,27, W 29,7 $\pm$ 1,7, $Kp._{760}$ 145,356 $\pm$ 0,003°, L 100,61 $\pm$ 0,03, $D._{20}$ 0,95478, $D._{30}$ 0,94561, $D._{25}$ 0,95020, α_{25} 0,000965, n_D^{20} 1,50584. **V**: F. $-6,10 \pm 0,04^0$, K 6,32 $\pm$ 0,28, W 22,4 $\pm$ 1,0, $Kp._{760}$ 144,045 $\pm$ 0,003°, L 88,16 $\pm$ 0,03, $D._{20}$ 0,92257 $\pm$ 0,00002, $D._{30}$ 0,91355 $\pm$ 0,00002, $D._{25}$ 0,91806, α_{25} 0,000983 $\pm$ 0,000003, n_D^{20} 1,49767. Für die modifizierte HARTMANNsche Gleichung $n_\lambda = n_\infty + C/(\lambda - \lambda^*)$ geben Vff. folgende Konstanten an: Für **I** n_∞ 1,48675, C 0,006567, λ^* 0,13824; für **II** 1,47854, 0,006309, 0,13750; für **III** 1,48367, 0,006704, 0,12864; für **IV** 1,48350, 0,006309, 0,13582; für **V** 1,47588, 0,006054 u. 0,14050. Vff. geben n_c, n_e, n_F an u. beschreiben eine neue App. zur Messung von n. (J. chem. Soc. [London] **1954**. 1957—67. Juni. Teddington, Middlesex, Chem. Res. Labor.)
G. PAULIG. D 146

W. Mund, A. Gerbaux und **J. Momigny,** *Über die Dampfdichten von Benzol und Methanol in der Nähe des Verflüssigungspunktes.* Vff. bestimmten nach einer früher angegebenen Meth. (MUND u. COEKELBERGS, C. **1952**. 4030) die scheinbaren Molmassen von C_6H_6 bei 65,1° im Druckgebiet zwischen 19,18 u. 23,86 cm Hg, bei 100° zwischen 21,38 u. 27,98 cm Hg u. von CH_3OH bei 56° zwischen 42,50 u. 15,40 cm Hg, bei 65,1° zwischen 43,96 u. 15,84 cm Hg u. bei 78,5° zwischen 45,96 u. 16,49 cm Hg. Die richtige Extrapolation der Kurven auf den Druck 0 unter Berücksichtigung der bei kleinen Drucken gemessenen Werte ergab für beide Verbindungen wahre Molmassen, die mit den theoret. berechneten Werten gut übereinstimmen. (Bull. Cl. Sci., Acad. roy. Belgique [5] **37**. 706—12. 1951. Louvain, Labor. de Chim. Phys.)
WASSERROTH. D 148

J. B. Matthews, J. F. Sumner und **E. A. Moelwyn-Hughes,** *Die Dampfdrucke einiger Flüssigkeiten.* Die Dampfdrucke von *Furfurol* (**I**; [Kp.] 433,8° K); *symm.-Tetrachloräthan* (**II**, 420,4° K); *Methylsalicylat* (**III**, 493,9° K); *Monoäthanolamin* (**IV**, 444,1° K); *Arsen(III)-chlorid* (**V**, 404,54° K) u. *Lewisit* (*trans-2-Chlorvinyldichlorarsin*, **VI**, 469,7° K) werden über einen Bereich von 100° C gemessen. Die Ergebnisse werden nach der KIRCHHOFF-RANKIN-DUPRÉ-Gleichung angegeben: $\log p = a - b \log T - c/T$. Es werden die folgenden Konstanten in der Reihenfolge a, b, c angeführt: **I**: 29,3265; 6,9418; 3530,52. **II**: 35,117; 8,981; 3646. **III**: 36,5929; 9,1999; 4410,9. **IV**: 44,008; 11,446; 4809. **V**: 46,714; 12,926; 4100,0. **VI**: 48,660; 13,297; 4815. Die latenten Verdampfungswärmen werden ebenfalls angegeben. (Trans. Faraday Soc. **46**. 797—803. Okt. 1950. Cambridge, Dep. of Phys. Chem.) W. KAUFMANN. D 150

F. W. Kirkbride und **F. G. Davidson,** *Bildungswärmen von gasförmigen Fluor- und Fluorchlorkohlenstoffverbindungen.* Die Bildungswärme ΔH_f von gasförmigen F- u.

Fluorchlorkohlenstoffverbb. wurde nach VON WARTENBERG (C. **1950.** I. 675) durch Messung der Verbrennungswärme von K in dem Gas bestimmt. Zur Ableitung von ΔH_f aus den Reaktionswärmen wurde die Bildungswärme von KF mit −134,5 u. die von KCl mit −104,4 kcal/Mol angenommen. Eine Enthalpieabnahme von 2,5 kcal/g-Atom für den Übergang Kohlenstoff → Graphit wurde einberechnet. Für folgende Verbb. wurde ΔH_f bei 25° bestimmt: CF_4 −218 ± 2 [kcal/Mol], CF_3Cl −171 ± 1, CF_2Cl_2 −112 ± 2, $CFCl_3$ −70 ± 4, C_2F_6 −303 ± 2, $(CF_2Cl)_2$ −213 ± 3, C_2F_4 −162 ± 1, $CF_2{=}CFCl$ −126 ± 2. Vff. schließen auf eine geringere C—C- u. C=C-Bindungsenergie in den Fluoräthanen u. -äthylenen als in Äthan u. Äthylen, falls die C—F-Bindung denselben Energiewert wie in CF_4 aufweist. (Nature [London] **174.** 79—80. 10/7. 1954. Widnes, Imp. Chem. Ind. Ltd., Gen. Chem. Div., Res. Dep., Widnes Labor.) G. PAULIG. D 156

C. S. Nevin, P. M. Althouse und **H. O. Triebold,** *Bestimmung der Oberflächenspannung einiger Methylester gesättigter Fettsäuren.* Es werden die Methylester von Capron- ([$Kp._{10}$] 42,5°; [$Kp._2$] 15,3°; [n_D^{40}] 1,3961), Capryl- (77,3°; 48,2°; 1,4084), Caprin- (108,4°; 77,5°; 1,4173), Laurin- (136,7°; 104,9°; 1,4236), Myristin- (162,1°; 128,6°; 1,4288), Palmitin- (184,8°; 147,9°; 1,4330) u. Stearinsäure (207,5°; 168,4°; 1,4362) hergestellt u. durch fraktionierte Dest. gereinigt. Als Schnellmeth. zur Best. der Oberflächenspannung wird die etwas abgewandelte Arbeitsweise nach FERGUSON herangezogen; Mikroapp. vgl. Original. Messungen der Methylester bei 40, 60 u. 80° ±0,5°; graph. Darst. der Ergebnisse. Ähnlich wie bei anderen homologen Reihen nimmt die Oberflächenspannung der Methylester mit steigender Temp. ab (in linearer Weise); die Spannung steigt mit dem Mol.-Gew. an. Es wird für die Methylester auf die Korrelation zwischen dem berechneten Parachor u. demjenigen aus den Verss. hingewiesen. (J. Amer. Oil Chemists' Soc. **28.** 325—27. Aug. 1951. State College, Pa., Dep. of Agric. and Biol. Chem.) TÄUFEL. D 166

H. Neal Dunning und **E. Roger Washburn,** *Diffussionskoeffizienten und einige verwandte Eigenschaften der Butylalkohole in wässerigen Lösungen.* Im Anschluß an frühere Arbeiten über wss. Lsgg. von *n-Butylalkohol* (C. **1951.** II. 2702) wurden die Unterss. einiger physikal. Eigg. auf die andern Butylalkohole ausgedehnt. Die Dichten u. Gleichgewichtsoberflächenspannungen verd. wss. Lsgg. wurden in dem Konzentrationsbereich, in dem die Alkohole gelöst sind, bestimmt, ferner werden die Viscositäten dieser Lsgg. gemessen. Vff. berechnen dann die Diffusionskoeffizienten D nach ihren Verss. u. den klass. Gleichungen von STOKES-EINSTEIN u. vergleichen sie mit den Werten anderer Autoren. Die gute Übereinstimmung bestätigt die Gültigkeit der neuen experimentellen Meth. der Vff. zur Best. der Diffusionskoeffizienten. Einzelwerte: *Isobutyl-*: [$D._4^{25}$] 0,7982, [n_D^{25}] 1,3939, [D, cm^2/sec] 0,80; *sek.-Butyl-*: 0,8024, 1,3950, 0,76 u. *tert.-Butylalkohol*: 0,7806, 1,3851, 0,73. (J. physic. Chem. **56.** 235—37. Febr. 1952. Lincoln, Neb., Univ., Avery Labor.) E. JÄGER. D 171

N. A. Ismailow und **Ju. W. Schosstenko,** *Einige Besonderheiten der molekularen Adsorption aus fließender Lösung.* 2. Mitt. *über die Adsorptionsmethode zur Isolierung von Stoffen aus verdünnten Lösungen.* (1. vgl. C. **1953.** 1461.) Die Unters. des kontinuierlichen Extraktionsvorganges mit wss. Lsg. von *Coffein* (**I**) (0,065 g/100 ml Lsg.), wobei die letzte mit einer Strömungsgeschwindigkeit von 6,6—60 Litern/Min./m^2 bei 18—20° über feingranulierte Anthrazitkohle geleitet wurde, zeigte eine starke Abhängigkeit der Adsorption von der Korngröße der Kohle u. der Strömungsgeschwindigkeit der Flüssigkeit. Diese Abhängigkeit ist vor allem durch die „innere" (in das Poreninnere) Diffusion bedingt, welche eine viel größere Rolle spielt als bei der Adsorption von Gasen. Der Nachw. von nichtadsorbiertem **I** in den durch die Kolonne geflossenen Lsgg. wurde mit n J_2-Lsg. in verd. H_2SO_4 geführt (Empfindlichkeit ca. 0,00005 g/ml Lsg.). (Журнал Прикладной Химии [J. angew. Chem.] **25.** 602—09. Juni 1952. Charkow, Wiss. Chem.-Pharmaz. Forschungsinst.) DAWYDOFF. D 176

Eugen Müller und **Karl August Bruhn,** *Über das merichinoide „N.N'-Dibenzyl-γ.γ'-dipyridiniumsubchlorid".* Das aus N.N'-Dibenzyl-*γ.γ'*-dihydrodipyridylen (**I**, vgl. WEITZ u. Mitarbeiter [1924]) durch Zusatz des N.N'-Dibenzyl-*γ.γ'*-dipyridiniumdichlorids (**III**) entstehende merichinoide Subchlorid (**II**) besitzt Paramagnetismus u. ist daher als echtes Radikal anzusprechen: 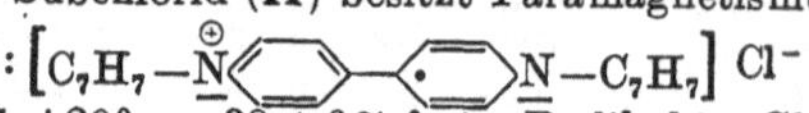 (**II**).
Eine 2%ig. methanol. Lsg. von **II** enthält bei 20° nur 38 ± 6% freies Radikal im Gleichgewicht, als mögliche Gleichgewichts-Rk. diskutieren Vff. Dimerisierung bzw. Disproportionierung. Eine quantitative Auswertung der Ergebnisse ist noch nicht möglich, mit steigender Temp. wächst der paramagnet. Anteil. — **III**, *Dihydrat*, $C_{24}H_{22}$·N_2Cl_2 + 2 H_2O, F. 260° (Zers.); *N.N'-Dibenzyl-γ.γ'-dipyridiniumdijodid* (**IV**), $C_{24}H_{22}$·N_2J_2, F. 231°. — **I**, $C_{24}H_{22}N_2$, durch Red. von **IV** nach WEITZ. — **II**, aus äquivalenten

Mengen I u. III in Methanol unter N_2. Die App. ist genau beschrieben. (Chem. Ber. **86.** 1122–32. 9/10. 1953. Jena, Chem. Inst.) BERG. D 182

G. W. Gray und **Brynmor Jones,** *Die mesomorphen Umwandlungspunkte der p-n-Alkoxybenzoesäuren. Eine Berichtigung.* Da in der Literatur zum Teil beträchtliche Differenzen zwischen Werten für die Schmelz- u. Umwandlungspunkte der p-n-Alkoxybenzoesäuren bestehen (vgl. BENNETT u. BRYNMOR JONES [1939] sowie WEYGAND u. GABLER [1940]), untersuchten die Vff. erneut 13 Säuren. Untersucht wurden *p-Methoxy-, p-Äthoxy-, p-n-Propyloxy-, p-n-Butyloxy-, p-n-Pentyloxy-, p-n-Hexyloxy-, p-n-Heptyloxy-, p-n-Octyloxy-, p-n-Nonyloxy-, p-n-Decyloxy-, p-n-Dodecyloxy-, p-n-Hexadecyloxy-* u. *p-n-Octadecyloxybenzoesäure.* Die Übergangstempp. zur smekt., nemat. u. isotropen Phase sowie die Phasenlängen der smekt. u. nemat. Phase sind in einer Tabelle zusammengestellt. Trägt man die Übergangstempp. nemat. → isotrop gegen die Anzahl der C-Atome in der Alkylkette graph. auf, so erhält man 2 Kurven, u. zwar eine für die Verbb. mit einer ungeraden u. die andere mit einer geraden Anzahl von C-Atomen in der Alkylkette. Die Umwandlungspunkte smekt. → nemat. liegen alle auf einer Kurve. (J. chem. Soc. [London] **1953.** 4179–80. Dez. Hull, Univ. College.) GOTTFRIED. D 186

Francis T. Jones und **Frank E. Young,** *Optische und kristallographische Eigenschaften von Saccharosedreieinhalbhydrat.* Zur Messung der opt. u. kristallograph. Eigg. von *Saccharosedreieinhalbhydrat* ($C_{12}H_{22}O_{11} \cdot 3^1/_2 H_2O$) geeignete Kristalle wurden durch langsames Wachstum aus leicht übersätt. wss. Lsg. bei $-7{,}5^0$ erhalten. Man erhält so tafelförmige Balken oder prismat. Stäbchen, bei schnellem Wachstum ein Aggregat von Nädelchen. Die Verb. krist. rhombisch. Die Brechungsindices bei 11^0 u. für λ 5893 Å sind: $\alpha = 1{,}5135 \pm 0{,}0005$; $\beta = 1{,}5190 \pm 0{,}0005$ u. $\gamma = 1{,}5205 \pm 0{,}0005$; $2\,E = 84^0$; $2\,V = 52{,}5$ bzw. 55^0. Dispersion schwach $v > r$, opt. Charakter negativ; spitze Bisektrix $= \alpha$. (Analytic. Chem. **26.** 421. Febr. 1954. Albany, Calif., Western Reg. Res. Labor.) GOTTFRIED. D 190

W. C. McCrone und **Ralph Hites jr.,** *Bernsteinsäure I (Butandisäure).* Bernsteinsäure (**I**; F. 189^0) krist. leicht auf dem Deckgläschen aus W. oder Benzylalkohol in Form von Täfelchen u. Plättchen. Eine zweite Modifikation ist oberhalb 137^0 stabil. Die **I**, F. 189^0, ist monoklin u. hat das Achsenverhältnis $a:b:c = 0{,}620:1:0{,}576$; $\beta = 91{,}3^0$. Bei den verzwillingten Kristallen sind Zwillingsebenen (1 0 0) u. (0 0 1). Die Elementarkörperdimensionen sind $a = 5{,}11$ Å; $b = 8{,}87$ Å; $c = 5{,}50$ Å; $Z = 2$. Tabellar. sind die α-Werte u. die Intensitäten der Hauptlinien eines Pulverdiagrammes angegeben. Die Brechungsindices wurden bei 25^0 u. λ 5893 Å bestimmt zu: $\alpha = 1{,}450 \pm 0{,}002$; $\beta = 1{,}534 \pm 0{,}002$; $\gamma = 1{,}610 \pm 0{,}002$; $2\,V = (-)82^0$. Opt. Achsenebene ist (0 1 0); spitze Bisektrix $= \alpha$ u. Auslöschung γ: $c = 45^0$ im stumpfen Winkel β. (Analytic. Chem. **26.** 422. Febr. 1954. Chicago, Ill., Inst. of Technol., Armour Res. Found.) GOTTFRIED. D 195

T. C. Downie und **J. C. Speakman,** *Die Kristallstruktur der sauren Salze einiger einbasischer Säuren. 4. Mitt. Saures Ammoniumdisalicylathydrat.* (3. vgl. SKINNER, C. **1954.** 8076.) Es wurden röntgenograph. *NH_4* (**I**)-, *K* (**II**)- u. *Rb-Disalicylathydrat* (**III**), $(NH_4, K, Rb)C_7H_5O_3 \cdot C_7H_6O_3 \cdot H_2O$, untersucht u. die genaue Struktur von **I** unter Zuhilfenahme der bei den beiden anderen Salzen gemessenen Intensitäten bestimmt. Die 3 Salze sind isomorph u. kristallisieren monoklin holoedr.; die Elementarkörperdimensionen sind: **I**: $a = 17{,}28 \pm 0{,}05$ Å; $b = 3{,}89 \pm 0{,}02$ Å; $c = 22{,}33 \pm 0{,}05$ Å; $\beta = 98{,}8 \pm 0{,}5^0$; **II**: $a = 16{,}90 \pm 0{,}15$ Å; $b = 3{,}88 \pm 0{,}05$ Å; $c = 22{,}40 \pm 0{,}15$ Å; $\beta = 96{,}0 \pm 1{,}0^0$; **III**: $a = 17{,}13 \pm 0{,}10$ Å; $b = 3{,}99 \pm 0{,}02$ Å; $c = 22{,}74 \pm 0{,}10$ Å, $\beta = 98{,}5 \pm 0{,}5^0$. Raumgruppe ist $C_{2h}^5 - P2_1/c$; $Z = 4$. Auf Grund der durchgeführten Analyse wurden für **I** die folgenden Parameter bestimmt: NH_4^+: (x =) 0,0992; (y =) 0,000; (z =) −0,0863; H_2O: 0,0906; −0,380; −0,1994; $O_{(1)}$: 0,2237; 0,243; −0,1949; $O_{(2)}$: 0,2491; 0,2925; −0,0951; $O_{(3)}$: 0,3834; 0,069; −0,0366; $O_{(4)}$: 0,0587; 0,650; 0,1878; $O_{(5)}$: 0,0208; 0,500; 0,892; $O_{(6)}$: 0,1163; 0,530; 0,0187; $C_{(1)}$: 0,2740; 0,189; −0,1439; $C_{(2)}$: 0,3475; 0,033; −0,1445; $C_{(3)}$: 0,3678; −0,067; −0,2007; $C_{(4)}$: 0,4398; −0,222; −0,2023; $C_{(5)}$: 0,4893; −0,272; −0,1490; $C_{(6)}$: 0,4702; −0,174; −0,0937; $C_{(7)}$: 0,3976; −0,018; −0,0915; $C_{(8)}$: 0,0718; 0,604; 0,1327; $C_{(9)}$: 0,1505; 0,676; 0,1177; $C_{(10)}$: 0,1753; 0,643; 0,0621; $C_{(11)}$: 0,2497; 0,716; 0,0505; $C_{(12)}$: 0,3073; 0,825; 0,0939; $C_{(13)}$: 0,2862; 0,865; 0,1513; $C_{(14)}$: 0,2115; 0,794; 0,1624. In diesem Gitter sind die beiden Salicylatreste gegen die (0 1 0)-Ebene ca. 25^0 bzw. 11^0 geneigt. Während bei den früher untersuchten sauren Salzen (vgl. l. c.) röntgenograph. zwischen der freien Säure HA u. dem Anion A^- nicht unterschieden werden konnte, sind in den Disalicylaten die beiden Säurereste kristallograph. verschieden. In dem Gitter ist jedes Kation von 6 nahezu gleichweit entfernten O-Atomen umgeben, welche die Ecken eines unregelmäßigen trigonalen Prismas besetzen. Die 4 nächsten

Nachbarn jedes H_2O-Mol. sind tetraedr. Anordnung. Die Struktur besitzt 5 H-Bindungen pro stöchiometr. Mol., diese Zahl ist gleich der Anzahl verfügbarer Protonen, u. zwar 1 von dem sauren H-Atom, 2 von den phenol. Gruppen u. 2 von dem H_2O-Molekül. (J. chem. Soc. [London] **1954.** 787—93. März. Glasgow, Univ.)
GOTTFRIED. D 195

R. K. Sen, *Streubereiche um die reziproken Gitterpunkte des Benzilkristalls durch photographische Photometrie.* Ident. mit der C. **1954.** 506 referierten Arbeit. (Indian J. Physics Proc. Indian Assoc. Cultivat. Sci. **27.** 1—10. Jan. 1953. Calcutta, Indian Ass. for the Cultivat. of Science, Dep. of X-Rays and Magnetism.) GOTTFRIED. D 195

Jean Lichtenberger, Luc Baumann und **Jean Breiss,** *Laboratoriumsnotiz über die Molekülverbindungen der Trifluoressigsäure. Trifluoressigsäure* (**I**) bildet, wie Vff. durch Dest. nachweisen, folgende Molekülverbindungen: 3 $CF_3COOH \cdot 2\ CH_3COCH_3$, Kp.$_{754}$ 110°, Kp.$_{90}$ 68—72°; D.$^{19}_4$ 1,237; n_D^{18} 1,3200. — 3 $CF_3COOH \cdot 2\ CH_3COC_2H_5$, Kp.$_{747}$ 115,5°; D.$^{17}_4$ 1,183; n_D^{17} 1,3318. — 2 $CF_3COOH \cdot CH_3CHO$, Kp.$_{743}$ 89,5°; aus Paraldehyd bzw. Acetaldehyd u. **I**; D.$^{20}_4$ 1,3324; n_D^{20} 1,3221. — 4 $CF_3COOH \cdot 3\ C_4H_8O_2$ (Dioxan), Kp.$_{745}$ 133°; D.$^{20}_4$ 1,294; n_D^{25} 1,3488. — 3 $CF_3COOH \cdot 2\ CH_3COOC_2H_5$, Kp.$_{746}$ 110,5°; D.$^{20}_4$ 1,182; n_D^{19} 1,3315. — Dibenzalaceton gibt mit **I** eine orangerote Färbung, eine Mol.-Verb. konnte jedoch nicht isoliert werden. (Bull. Soc. chim. France, Mém. [5] **21.** 687—88. Mai 1954. Mulhouse, École Sup. de Chim., Labor. de Chim. Organ. Gén.) J. ROTHE. D 223

G. I. Kudrjawzewa und **A. D. Krutikowa,** *Löslichkeitsdiagramm für das System ε-Caprolactam–Dichloräthan–Wasser, ε-Caprolactam–Chloroform–Wasser und ε-Caprolactam–Methylenchlorid–Wasser.* Die in Dreieckdiagrammen dargestellten Löslichkeitskurven zeigen alle beschränkte Löslichkeit des *ε-Caprolactams* (**I**). Die Maxima liegen im Syst. **I**–Dichloräthan (**II**)–W. bei 43,36 (%) **I** neben 27,73 **II** u. 28,91 W., im Syst. **I**–Chlf. (**III**)–W. bei 47,06 **I** neben 21,57 **III** u. 31,37 W., im Syst. **I**–Methylenchlorid (**IV**) –W. bei 43,13 **I** neben 28,13 **IV** u. 28,74 Wasser. In den Tabellen u. Diagrammen sind auch die Konoden mitgeteilt, die die im Gleichgewicht befindlichen Phasen verbinden. Im Syst. **I**—**II**–W. ist die **I**-Konz. in der wss. Schicht größer, jedoch verschiebt sich die Verteilung zugunsten der **II**-Schicht, wenn die **I**-Konz. im Gemisch über 10% liegt. Im Syst. **I**–**III**–W. u. **I**–**IV**–W. enthält die **III**- bzw. **IV**-Schicht 2—2,4 mal mehr **I** als die wss. Schicht. (Журнал Прикладной Химии [J. angew. Chem.] **26.** 1190—94. Nov. 1953. Allunions wiss. Forsch.-Inst. für Kunstfasern.) R. K. MÜLLER. D 224

Donald J. Cram, Fathy Ahmed Abd Elhafez und **H. LeRoy Nyquist,** *Untersuchungen über Stereochemie.* 21. Mitt. *Sterische Kontrolle der asymmetrischen Einführung bei der Darstellung des 2.5-Dimethyl-4-phenylhexanol-(3)-Systems.* (20. vgl. C. **1954. 9491.**) 2-Phenyl-3-methylbutanal (**I**) wurde mit Isopropyl–MgBr (**IV**) bei Ggw. von 0 u. 6 Mol $MgBr_2$ sowie mit Isopropyl–Li (**V**), 2.5-Dimethyl-4-phenylhexanon-(3) (**II**) mit $LiAlH_4$ zu *rac.-erythro-* (**IIIa**) u. *rac.-threo-2.5-Dimethyl-4-phenylhexanol-(3)* (**IIIb**) umgesetzt. Die infrarotspektrograph. Unters. der Reaktionsmischungen ergab folgende **IIIa**:**IIIb**-Bildungsverhältnisse: aus **I** + **IV** 1,9, **I** + **IV** mit $MgBr_2$ 1,3, **I** + **V** 1,0 u. **II** + $LiAlH_4$ (bei n. u. umgekehrter Zugabe von $LiAlH_4$) 0,1. Außer bei Rk. von **I** mit **V** ist die Regel für die ster. Kontrolle der asymm. Einführung erfüllt, wenn man annimmt, daß die C_6H_5-Gruppe größer als die Isopropylgruppe ist. GRIGNARD-Reagens wirkt stereospezifischer als Li-Alkyl, bei Ggw. von $MgBr_2$ wird diese Eig. abgeschwächt. Vff. erklären dies durch das von SCHLENK (Ber. dtsch. chem. Ges. **64.** [1931.] 736) zuerst angenommene Gleichgewicht 2 RMgBr $\rightleftharpoons R_2Mg + MgBr_2$. Bei Ggw. von $MgBr_2$ wird die Konz. an R_2Mg erniedrigt, das wegen seiner Größe die höchste stereochem. Selektivität besitzt u. wegen der geringeren (+)-Ladung am Mg, verglichen mit der im RMgBr, schneller reduzierend wirkt. — Aus der Rk. von **I** mit **IV** konnten 47% **IIIb** durch Kristallisation aus Pentan bei —20° u. 43% **IIIa** aus den Filtraten durch Kristallisieren aus Methanol–W. bei —20° erhalten werden. Die Racemate wurden in die Hydrogenphthalate übergeführt u. **IIIa** über das Brucin-, **IIIb** über das Strychninsalz gespalten. Die Spaltung des threo-Hydrogenphthalat-Strychninsalzes gelang nicht völlig, die Fraktionen wurden zur weiteren Reinigung in die **III**-p-Nitrobenzoate umgewandelt. Zur Zuordnung der relativen opt. Konfiguration wurden die p-Brombenzolsulfonate von **IIIa** u. **b** mit $NaOC_2H_5$ in A. unter Bldg. von Olefin (ca. 60%) u. ca. 40% Äther behandelt. Die UV-Spektren dieser Mischungen in Toluol unterschieden sich nur wenig u. zeigen an, daß sich hauptsächlich unkonjugierte oder konjugierte Olefine, deren styrolähnliche Resonanz durch ster. Einfll. stark gedämpft ist, gebildet hatten.

Versuche: *2-Phenyl-3-methylbutanal* (**I**), Kp.$_1$ 72—73°, durch Zugabe von 425 g Isobutyrophenon u. 354 g Chloressigsäureäthylester zu $NaOC_2H_5$ in A.-Pentan bei —10 bis —5°, 72 Std. bei 0°, 8 Std. am Rückfluß, Pentan abdest., Zugabe von Eis,

Reinigung durch Wasserdampfdest.; n_D^{25} 1,5051; 126 g (Ausbeute); *Semicarbazon*, F. 144,4—145,2°. — *2-Phenyl-3-methylbutyronitril* (**VI**), $C_{11}H_{13}N$, Kp.$_{49}$ 157—158°, Zugabe von 0,5 g zum Oxyd zers. $FeCl_3$ zu 600 ml fl. NH_3 bei —78°, dann während 4 Std. 26 g Na zugeben, $^2/_3$ des NH_3 abdampfen, 1 Liter absol. Ae. zugeben, auf 25° erwärmen, 117 g Phenylacetonitril in Ae. unter Rühren zugeben, 8 Std. am Rückfluß rühren, bei 0° 205 g Isopropyljodid in Ae. unter Rühren zufügen (kräftiges Sieden), 10 Std. am Rückfluß, bei 0° 25 ml A., dann 200 ml W. zugeben; n_D^{25} 1,5032; daneben 111 g *2-Isopropyl-2-phenyl-3-methylbutyronitril*, $C_{14}H_{19}N$, Kp.$_{49}$ 174,4—174,5°; n_D^{25} 1,5081. — *2-Phenyl-3-methylbuttersäure*, F. 63,3—63,5°. — *2.5-Dimethyl-4-phenylhexanon-(3)* (**II**), $C_{14}H_{20}O$, F. 48—49° (95%ig. A.), durch Zugabe von 250 g **VI** zu 3,95 Mol **IV** in Ae., 7 Tage unter Rühren am Rückfluß, Zugabe von 500 ml kalter konz. HCl, 2 Std. am Rückfluß, Ätherlsg. abgießen (→ 7 g *Isobutylbenzol*, Kp.$_{14}$ 59—60° u. 35 g **VI**), weitere 250 ml konz. HCl + 950 ml W. zugeben, 40 Std. am Rückfluß, in Chlf. aufnehmen, Rückstand der Chloroformlsg. mit Ae. ausziehen; **II** gibt keine Rk. mit Carbonylreagentien. — (Opt. Drehungen folgender Verbb. bei 24—27°, c. 5—7, Chlf.) *rac. erythro-2.5-Dimethyl-4-phenylhexanol-(3)* (**IIIa**), $C_{14}H_{22}O$, F. 65,5—66°; (+)-**IIIa**, F. 69,5 bis 70,2°, $[\alpha]_D$ +19,08°; (—)-**IIIa**, F. 69,5—70,2°, $[\alpha]_D$ —19,11°; (+)-*threo-Verb.*, α_D^{25} +14,56° (l = 1; homogen), (—)-*threo-Verb.*, α_D^{25} —14,50° (l = 1; homogen). — *rac.-threo-2.5-Dimethyl-4-phenylhexyl-(3)-p-nitrobenzoat*, $C_{21}H_{25}O_4N$, F. 118,5—119,5°; *rac.-erythro-Verb.*, F. 147—148°; (+)-*threo-Verb.*, F. 144,6—145,6°, $[\alpha]_D$ +106,1°; (—)-*threo-Verb.*, F. 144,6—145,6°, $[\alpha]_D$ —105,5°; (+)-*erythro-Verb.*, F. 169—170°, $[\alpha]_D$ +46,76°; (—)-*erythro-Verb.*, F. 169—170°, $[\alpha]_D$ —47,27°. — *rac.-2.5-Dimethyl-4-phenylhexyl-(3)-hydrogenphthalat*, $C_{22}H_{26}O_4$, F. 147,5—148,5°; *rac.-erythro-Verb.*, F. 166 bis 167°; (+)-*erythro-Verb.*, F. 158—158,5°, $[\alpha]_D$ +67,13°; (—)-*erythro-Verb.*, F. 158 bis 158,5°, $[\alpha]_D$ —66,96°. — *2.5-Dimethyl-4-phenylhexyl-(3)-3.5-dinitrobenzoat*, $C_{21}H_{24} \cdot O_6N_2$, F. 167,5—168,5°; *rac.-erythro-Verb.*, F. 167,5—168,5°; (—)-*erythro-Verb.*, F. 167,5 bis 168,5°. — *2.5-Dimethyl-4-phenylhexyl-(3)-p-brombenzolsulfonat*, $C_{20}H_{25}O_3BrS$, F. 63 bis 78° (unreproduzierbar; Zers.); *rac.-erythro-Verb.*, F. 65—73° (unreproduzierbar; Zers.). — *2-Phenyl-3-methylbutanol-(1)*, $C_{11}H_{16}O$, durch Zugabe von **I** in Ae. zu $LiAlH_4$, n_D^{25} 1,5142; 90% (Ausbeute); *Hydrogenphthalat*, $C_{19}H_{20}O_4$, F. 98—100°; *p-Nitrobenzoat*, $C_{18}H_{19}O_4N$, F. 46—47°; *3-Nitrohydrogenphthalat*, $C_{19}H_{19}O_6N$, F. 159—160°. (J. Amer. chem. Soc. **76**. 22—28. 5/1. 1954. Los Angeles, Calif., Univ., Dep. of Chem.)

GNAUCK. D 225

Donald J. Cram und **Fathy Ahmed Abd Elhafez**, *Untersuchungen über Stereochemie.* 22. Mitt. *Umlagerung des 1.1-Diphenylpropyl-(2)- in das 1.2-Diphenylpropyl-(1)-System.* (21. vgl. vorst. Ref.) Opt. reine *p-Brombenzolsulfonate* (**B**) von *L*-(—)-(**Ia**) u. *D*-(+)-*1.1-Diphenylpropanol-(2)* (**Ib**) wurden bei 25 u. 75° in Eisessig bei Ggw. von Na-Acetat solvolysiert, die Acetat–Olefin-Gemische mit $LiAlH_4$ red., die A.–Olefin-Mischungen chromatograph. getrennt u. die Alkohole infrarotspektrograph. analysiert (opt. Dichten von **I** sowie threo- [**IIa**] u. erythro-1.2.Diphenylpropanol-(1) [**IIb**] bei 10,22; 10,49; 11,39 u. 12,73 μ sind angegeben). Die Ergebnisse werden mit früheren (C.**1954**.6696) am 1.2-Diphenylpropyl-(1)-Syst. erhaltenen verglichen. Es entstanden aus **Ia—B** 3—4% partiell rac. **I** sowie 96% opt. reines **II** (**IIa**:**IIb** = 2,47), aus **Ib—B** 40% partiell rac. **I** sowie 60% opt. reines **II** (**IIa**:**IIb** = 2,33). Es wurde nachgewiesen, daß die durch Solvolyse entstandenen Acetate unter ihren Bildungsbedingungen stabil sind; die relativen Konfigurationen der alkoh. Prodd. wurde nach Überführung in die Chloride (mit $SOCl_2$ bei 0°) u. Formolyse durch Vgl. der opt. Drehungen mit bekannten Mischungen ermittelt. Die Beziehung der Chloride zu D-Glycerinaldehyd wurde mittels früherer Ergebnisse hergeleitet. Aus den Befunden schließen Vff., daß den Solvolyse-Rkk. der Systeme 1.1-Diphenylpropyl-(2) u. threo-1.2-Diphenylpropyl-(1) gemeinsame Zwischenstufen zukommen: entweder das trans-Phenoniumionenpaar **A** oder die D-threo-Verb. **C** bzw. beide. Die opt. Reinheit der Umlagerungsprodd. (**II**) ist ein Beweis dafür, daß ein symm. Brückenion nicht als Zwischenstufe in Frage kommt. — **I** wurde über das Brucinsalz seines Hydrogenphthalats gespalten. **IB** ergab mit LiCl in Aceton bei Ggw. von Li_2CO_3 nicht das erwartete Halogenid, sondern *1.1-Diphenylpropen-(1)*. **I** bildet mit $SOCl_2$ bei 0° *threo-* u. *erythro-1.2-Diphenylpropyl-(1)-chlorid* (1,5:1), mit **Ia** konnte *opt. reines D-(—)-erythro-1.2-Diphenylpropyl-(1)-chlorid* dargestellt werden.

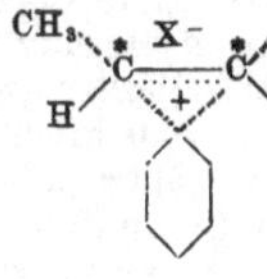

A

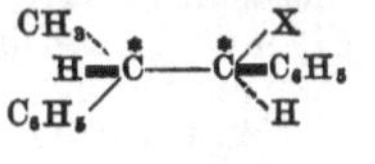

C

Versuche: *1.1-Diphenylpropen*, $C_{15}H_{14}$, F. 48—48,6° (Pentan), a) aus 19 g 1.1-Diphenylpropanol-(1) [F. 90—91°], 42 g Acetanhydrid u. 20 g Acetylchlorid, 22 Std. am Rückfluß, auf Eis gießen; 8,1 g; b) aus 6,5 g rac.-**IB**, 7 g wasserfreiem $Li_2 \cdot$

CO_3, 10 g LiCl in 300 ml Aceton, 20 Std. am Rückfluß. — ($[\alpha]_D$-Werte nachst. Verbb. bei 22—24° in Chlf.) *D-1.1-Diphenylpropanol-(2)* (**Ib**), $C_{15}H_{16}O$, dimorph: F. 48—49° u. F. 58—59°; $[\alpha]_D$ + 8,02° (c = 9); *L-1.1-Diphenylpropanol-(2)* (**Ia**), $C_{15}H_{16}O$, F. 48—49 bzw. F. 58—59°, $[\alpha]_D$ —8,11° (c = 9). — *rac.*-**I**-*Hydrogenphthalat*, $C_{23}H_{20}O_4$, F. 185,5 bis 186,5°; *D-Verb.*, F. 143—144°, $[\alpha]_D$ + 7,04° (c = 3); *L-Verb.*, F. 143—144°, $[\alpha]_D$ —7,11° (c = 3). — *rac.*-**I**-*p-Nitrobenzoat*, $C_{22}H_{19}O_4N$, F. 119—120°; *D-Verb.*, F. 117,5—118°, $[\alpha]_D$ —13,78°; *L-Verb.*, F. 117,5—118°; $[\alpha]_D$ + 13,58° (c = 3). — *rac.*-**I**-*p-Brombenzolsulfonat*, $C_{21}H_{19}O_3BrS$, F. 99—100° (hängt ab von der Erhitzungsgeschwindigkeit); *D-Verb.*, F. 82—83°; *L-Verb.*, F. 82—83°. — *rac.*-**I**-*Acetat*, $C_{17}H_{18}O_2$, F. 78—79°; *D-Verb.*, $[\alpha]_D$ + 45,7° (c = 5); *L-Verb.*, $[\alpha]_D$ —45,4° (c = 5.). (J. Amer. chem. Soc. **76**. 28 bis 33. 5/1. 1954.) GNAUCK. D 225

•**Charles R. Hauser** und **Simon W. Kantor**, *Einige Beobachtungen über die Hofmann-, Lossen- und Curtius-Umlagerungen.* Als Intermediärprodd. beim HOFMANNschen Abbau, der LOSSEN- oder der CURTIUS-Umlagerung werden Radikale mit einwertigem N, Typ $O = \overset{\overset{\displaystyle R}{|}}{C} - \ddot{N}$, angenommen; ein ähnliches Radikal wird bei der Zers. von Aziden formuliert. Vff. stellen fest, daß diese Radikale zu kurzlebig sind, um mit W. Hydroxamsäuren zu bilden. — So konnte bei der Umlagerung von *N-Brombenzamid* (F. 128—129°) mittels 1 n wss. NaOH nur Anilin, jedoch keine Benzhydroxamsäure (**I**) nachgewiesen werden. Ebenso wurde bei der Zers. von Benzazid (F. 29—30°) als einziges Reaktionsprod. Diphenylharnstoff (F. 237—239° [A.]) isoliert. Die Eliminierungsgeschwindigkeit des Anions X^- bei der LOSSEN-Umlagerung von $[RCONX]^-$ sinkt mit steigender Basizität von X^-, so wird **I**-Äthylester (F. 62—63°; $X = OC_2H_5^-$) durch 1 n NaOH nicht verändert. (J. Amer. chem. Soc. **72**. 4284—85. Sept. 1950. Durham, N. C., Duke Univ., Dep. of Chem.) ZIMMER. D 225

Milton J. Allen, *Die Pinakolinumlagerung des 4.4'-Bis-dimethylaminohydrobenzoins.* Bei 2std. Kochen mit 50%ig. HCl erleidet das 4.4'-Bis-dimethylaminohydrobenzoin (**I**) eine Pinakolinumlagerung u. ergibt *4.4'-Bis-dimethylaminodesoxybenzoin* (**II**), F. 196—197° [Glykoläthyläther], was bewiesen wird durch negativen SCHIFF-Test an **II**, Rk. mit Phenylhydrazin u. durch das Infrarotspektrum. — **I** wurde dargestellt durch elektrolyt. Red. von p-Dimethylaminobenzaldehyd, hochschm. Form (**Ia**), F. 178—179°, niedrigschm. Form (**Ib**), F. 112—113°. Ausbeuten an **II** für **Ia** 96%, für **Ib** 92%. (J. Amer. chem. Soc. **73**. 1841. April 1951. Bethesda, Md., Nat. Inst. of Health, Nat. Cancer Inst., Endocrinology Sect.) KAYSER. D 225

P. Thüring und **A. Perret,** *Oxydation durch molekularen Sauerstoff und Decarbonylierung von Aldehyden.* Die Einw. von O_2 auf 0,78 Mol 2-Äthylhexanal (**I**) bei ca. 80° u. Ggw. von Ni(II)-, Co(II)- oder Mn(II)-Acetat führt zur Bldg. von 0,3—0,4 Mol *α-Äthylcapronsäure,* der Rest wird decarbonyliert zu *n-Heptan,* wobei daneben 0,03—0,06 Mol *CO_2*, *Butyläthylketon* (**II**) sowie *W.* u. *HCOOH* entstehen. Ni-Phthalocyanin hatte als Katalysator sicher wegen dessen mangelhafter Verteilung schlechtere Wirkung. Die Rk., die durch Messung der O_2-Aufnahme verfolgt wurde, ist 2. Ordnung, die durch Bldg. von CO_2 u. HCOOH gestört wird. Die Bldg. von W. hängt mit der Decarbonylierung u. der Bldg. von **II** zusammen. 5.6-Diäthyldecan wurde nicht gefunden. Analoge Rkk. mit 1 Mol 2-Methylpentanal führten neben *2-Methylpentansäure* zu 0,2 Mol *Pentan*, 0,32 Mol *CO*, 0,1 Mol „*Methylpropanon*" sowie, analog **I**, zu *CO_2*. Die Metallsalzkatalysatoren steigern die Bldg. an Carbonsäuren (0,7—0,75 Mol pro Mol α-verzweigter Aldehyd) sowie die Decarbonylierung. Zur Ermittlung der Wrkg. einer α-ständigen Doppelbindung wurde 2-Äthylhexen-(2)-al untersucht, bei dem die Decarbonylierung an Umfang etwas abnimmt, aber auch **II** gefunden wird. Gesätt., unverzweigte Aldehyde, wie Heptanal (**III**) u. Butyraldehyd (**IV**), werden zu 90 bzw. 95% in die entsprechenden Carbonsäuren übergeführt, die Decarbonylierung ist also gering, bei **III** bildete sich noch etwas *Hexan*, bei **IV** vermutlich *Propan*; Ggw. obengenannter Katalysatoren bewirken auch hier eine gewisse, aber relativ schwächere Vergrößerung der CO- u. CO_2-Bildung. Als Reaktionsmechanismen nehmen Vff. an: a) Bei gesätt., α-verzweigten Aldehyden: Bldg. eines Acylperoxyds RR'CHCO-O-O-COCHRR', das unter Energieabgabe in 2 Mol RR'CHCOO zerfällt; die frei werdende Energie dient zur Decarbonylierung unter Bldg. α) eines n-Paraffins, β) (unter O_2-Aufnahme) eines Hydroperoxyds, das schließlich unter Abgabe von W. das Keton ergibt. b) Bei α-ungesätt., verzweigten Aldehyden: Decarbonylierung unter Energiezufuhr u. Bldg. α) eines Olefins, β) eines α-ungesätt. Hydroperoxyds, das nach Addition mit 1 Mol Aldehyd zu RCH = C(R')-O-O-CHOHC(R') = CHR in je 1 Mol α.β-ungesätt. Carbonsäure u. Enol RCH = C(R')OH, das ein gesätt. Keton ergibt. (Helv. chim. Acta **36**. 13—23. 1953. Neuchâtel, Univ., Inst. de Chim.) GNAUCK. D 225

E. Briner, Ph. de Chastonay und **H. Paillard,** *Untersuchungen über die Autoxydation von Aldehyden.* 1. Mitt. *Anwendung der Infrarotspektrographie. Nachweis eines Zwischenprodukts (Moloxyds).* Wie Vff. durch Aufnahme der Infrarotspektren nachwiesen, entsteht bei der Luftoxydation von *Benzaldehyd* (I) als Fl. bzw. in CCl_4 bei 0° mit 1%-ozonhaltigem O_2 ein Zwischenprod. (II), dem eine Bande bei 1270 cm^{-1} zukommt. Die Intensität dieser Bande nimmt bei weiterer Rk. im Laufe von 1 Std. schnell ab, statt dessen tritt die 1110 cm^{-1}-Bande der Perbenzoesäure (III) auf. Die Umsetzung II → III ist nach Vff. eine Isomerisation u. Rk. 1. Ordnung, für die Halbwertszeit wurde bei I (unter CO_2 2mal dest.) T = 28 Min. gefunden; T hängt stark von der Vorbehandlung des I ab. In Abwesenheit von O_3 treten die gleichen Phänome, nur langsamer, auf. — Vff. halten II für das Moloxyd des I, analoge Zwischenprodd. konnten sie nachweisen bei *Anisaldehyd* (1081 cm^{-1}) u. *Propionaldehyd* (1110 cm^{-1}). Bei *Isobutyraldehyd* scheint das Moloxyd sehr instabil zu sein, bei *Phenylacet-, Phenylpropion-, Acetaldehyd* u. *Chloral* verlief die Rk. komplex. (Helv. chim. Acta **37.** 345—59. 1/2. 1954. Genf, Univ., Labors. de Chim. techn., théor. et d'Électrochim.)
KRESZE. D 225

J. R. Dunn, William A. Waters und (zum Teil) **Ivan M. Roitt,** *Die Verzögerung der Benzaldehydautoxydation.* 6. Mitt. *Die Wirkungen einer Anzahl polycyclischer aromatischer Kohlenwasserstoffe von carcinogenem Interesse.* (5. vgl. C. **1954.** 9007.) Vff. untersuchten die Verzögerung der durch Benzoylperoxyd (I) initiierten Autoxydation von *Benzaldehyd* (II) durch aromat. KW-stoffe [H] bei 60°, wobei die Anfangsgeschwindigkeit der Oxydation bei Drucken von 20—760 mm Hg unabhängig vom O_2-Druck ist. *Anthracen* erfüllt die kinet. Gleichung (vgl. 3. Mitt., C. **1953.** 5003) $-d[O_2]/dt = 2\,k_1[I](1 + k_4[II]/k_5[H])$ nur bei niedrigen [I] u. hohen [H], bei entgegengesetzten Bedingungen werden höhere Oxydationsgeschwindigkeiten gefunden. Vff. nehmen an, daß der Kettenabbruch durch Kombination von Benzoylperoxyradikalen mit den H erfolgt, worauf Chinone u. Benzoesäure gebildet werden. Zum Nachw. möglicher Neben-Rkk. wurde die Autoxydation über längere Zeit (36 Std.) bei höheren [I] verfolgt. Offenbar treten solche Rkk. zwischen den gebildeten Chinonen u. freien Radikalen auf, da einerseits im Falle des 1.2; 5.6-Dibenzanthracens als H nur wenig *1.2; 5.6-Dibenzanthrachinon-(9.10)* (F. 248—249°) durch Chromatographie erhalten wurde, andererseits die entstehenden Chinone zum Teil selbst Verzögerungswrkg. haben. Die untersuchten H können entsprechend eingeteilt werden in solche, die a) stark inhibieren, deren Oxydationsprodd. aber ohne Wrkg. sind (*Anthracen, 9-Methylanthracen, Naphthacen*), b) wie a), aber mit inhibierenden Oxydationsprodd. (*5.6-Cyclopenteno-1.2-benzanthracen, 1.2-Benzanthracen, 10-Methyl-1.2-benzanthracen* [III], *5-Methyl-1.2-benzanthracen, 10-Isopropyl-1.2-benzanthracen, 1.2; 7.8-Dibenzanthracen, 3'-Methyl-1.2; 5.6-dibenzanthracen, 1.2; 5.6-Dibenzanthracen, 3.4-Benzopyren* u. *10-Methylcholanthren*), c) schwache Inhibitoren, deren Reaktionsprodd. jedoch stärkere Hemmwirkg. haben (*2-Methyl-3.4-benzophenanthren, Chrysen, Phenanthren*). Carcinogene H finden sich fast ausnahmslos in Gruppe b. Vff. bringen die relative Wirksamkeit R der Inhibitoren gegenüber Radikalen in Zusammenhang mit der maximalen freien Valenzzahl F_{max} (vgl. BURKITT u. Mitarbeiter, Trans. Faraday Soc. **47.** [1951.] 553), u. setzen $R = \{n(-d[O_2]/dt - 0{,}002)\}^{-1}$, wobei n die Zahl der Stellen maximaler freier Valenz ist. R-Werte für die genannten H sind angegeben. Die Ergebnisse stützen die Annahmen von KOOYMAN u. FARENHORST (C. **1954.** 8316); F_{max} von III wird zu 0,21 abgeschätzt. Nur *Pyren* hat eine größere Reaktivität als vorauszusehen u. verliert seine Wirksamkeit auch über lange Reaktionszeiten nicht. Vff. nehmen daher an, daß es nicht durch Radikalkombinationsprozesse wirkt. Die Wirksamkeit einiger H geht parallel den Redoxpotentialen der entsprechenden Chinone. (J. chem. Soc. [London] **1954.** 580—86. Febr. Oxford, Dyson Perrins Labor.) GNAUCK. D 225

Jon Munch-Petersen, *Darzens' Glycidesterkondensation. Die Isolierung eines Aldolzwischenproduktes.* Die bei der DARZENSschen Glycidestersynth. mit Na-Äthylat intermediär als stark ionogenes Na-Deriv. auftretende Aldolchlorhydrinverb. konnte bisher nicht isoliert werden, da sie im alkal. Medium sogleich in den Glycidester überging. Bei Anwendung von Diisopropylamino-MgBr (I) wurde dagegen die stabilere Magnesiumverb. des Chlorhydrins erhalten, die mit Essigsäure in bas. Magnesiumbromid u. das Chlorhydrin zerlegt werden konnte. Bei der Durchführung der DARZENSschen Glycidestersynth. mit Benzaldehyd (III) u. Chloressigsäureäthylester in Ggw. von I wurde so in 40% Ausbeute *α-Chlor-β-oxy-β-phenylpropionsäureäthylester* (II, $C_{11}H_{13}O_3Cl$, aus Ligroin, F. 72°, $Kp._3$ 148—150°) erhalten. II wurde auch unabhängig hiervon aus III u. Dichloressigsäureäthylester (vgl. DARZENS u. LEVY, C. R. hebd. Séances Acad. Sci. **204.** [1937.] 272) u. durch Veresterung der α-Chlor-β-oxy-β-phenylpropionsäure (durch Anlagerung von HOCl an Zimtsäure erhalten) synthetisiert. Alle 3 Prodd.

erwiesen sich als identisch. Auch aus α-Chlorpropionsäureäthylester, III u. I entstand das „Aldol" *α-Chlor-α-methyl-β-oxy-β-phenylpropionsäureäthylester* ($C_{12}H_{15}O_3Cl$, Kp.$_5$ 158 bis 160°, n_D^{25} 1,5256). — Verss., ein Aldolzwischenprod. bei der Glycidestersynth. zwischen III oder 2.4-Dichlorbenzaldehyd u. Phenacylchlorid zu isolieren, scheiterten. (Acta chem. scand. **7.** 1041—44. 1953. Kopenhagen, Techn. Univ., Dep. of Organ. Chem.) RACHEL. D 225

Georges Darzens und **Maxence Meyer,** *Deutung der Mechanismen der Reaktionen von Cannizzaro und Claisen-Tischtschenko.* Die Rkk. von CANNIZZARO u. CLAISEN-TISCHTSCHENKO verlaufen über ein instabiles Oxoniumderiv., das durch Anlagerung von NaOH bzw. $Al(OC_2H_5)_3$ an ein Aldehydmol. u. Addition eines zweiten Aldehydmol. an das Addukt entsteht. Die Wrkg. von Katalysatoren wie RANEY-Ni u. Peroxyden bzw. $ZnCl_2$ wird besprochen.

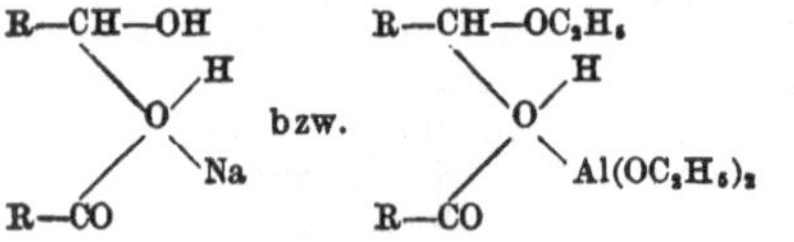

(C. R. hebd. Séances Acad. Sci. **236.** 1496—98. 13/4. 1953.) J. ROTHE. D 225

K. D. Reeve und **G. C. Israel,** *Die Kinetik der Chlorhydrinbildung* 4. Mitt. *Die Reaktion zwischen unterchloriger Säure und Äthylcrotonat in Gegenwart von Natriumacetat–Essigsäurepuffern von konstantem* p_H. (3. vgl. C. **1953.** 3220.) Die Anlagerung von HOCl an *Äthylcrotonat* (I; Kp. 137—139°; n_D^{20} 1,4238, durch Veresterung von Crotonsäure) wurde bei 25° in wss. Lsg. in Ggw. von Na-Acetat–Essigsäurepuffer (p_H 4,74) kinet. verfolgt (I-Konz. = $1\cdot10^{-2}$ mol.). Die Messungen, die durch Eingießen der Reaktionslsg. in essigsaure KJ-Lsg. u. Titration des freien J_2 erfolgten, führten zur Geschwindigkeitsgleichung $v = k_2^I\,[HOCl]\,[RCO_2R'] + k_3^{II}\,[HOCl]^2\,[RCO_2\cdot R'] + k_3^{III}\,[HOCl]\,[RCO_2R']\,[HOAc]$ mit den Werten k_2^I $1{,}70\cdot10^{-2}$, k_3^{II} 16,4 u. k_3^{III} 6,83 [Liter·Mol^{-1}·min^{-1} bzw. Liter^2·Mol^{-2}·min^{-1}], die in Analogie zu den Gleichungen gedeutet wird, wie sie für die Rk. von HOCl mit Allylalkohol (II) bzw. Crotonsäure (III) aufgestellt wurden (vgl. l. c.). Die nach dieser Gleichung berechneten v-Werte stimmen mit den experimentell gefundenen ausreichend überein. Die spezif. Geschwindigkeit der 1. Teil-Rk., direkte Addition der HOCl an die Äthylenverb., ist im Fall von I bedeutend kleiner als bei der Rk. mit II oder III. Die Abhängigkeit der 2. Teil-Rk. (Addition des Cl_2O) von der I-Konz. zeigt ebenfalls die geringere Reaktionsfähigkeit von I, da nicht mehr die Cl_2O-Bldg., sondern die Addition selbst geschwindigkeitsbestimmend ist. Aus dem k_3^{II}-Wert u. der bekannten Gleichgewichtskonstanten der Rk. 2 HOCl $\rightleftharpoons$ Cl_2O + H_2O ergab sich die relative Reaktionsfähigkeit Cl_2O/HOCl mit I zu $\approx 10^6$. In der angeführten Geschwindigkeitsgleichung fehlt der Ausdruck für die säurekatalysierte Cl_2O-Bldg., da jetzt Cl_2O mit HOCl im Gleichgewicht ist. (J. chem. Soc. [London] **1952.** 2327—31. Juni. Hobart, Univ. of Tasmania.) MANTHEY. D 225

Harlan L. Goering, Paul I. Abell und **B. F. Aycock,** *Die Stereochemie der freien Radikaladdition von Bromwasserstoff an 1-Bromcyclohexen und 1-Methylcyclohexen.* Vff. untersuchen den ster. Verlauf der Addition von HBr an *1-Bromcyclohexen* (**I**) u. *1-Methylcyclohexen* (**II**) bei Anwesenheit von Peroxyden oder im UV-Licht. Sie wählen diese Verbb., da hier cis- oder trans-Addition verschied. Prodd. liefern u. Komplikationen durch cis–trans-Isomerisation der Doppelbindung vermieden werden können. Die Addition folgt einem Radikalmechanismus, da sie bei **I** durch Zusatz von Inhibitoren der „anomalen" Addition fast vollständig ausbleibt. Als einziges Reaktionsprod. isolieren Vff. *cis-1.2-Dibromcyclohexan* (cis-**III**). Die Konfiguration dieser Verb. ergibt sich aus Analysendaten, dem F. im Vgl. mit trans-**III** u. Nachw. der Abwesenheit von 1.1-Dibromcyclohexan. Die fast ausschließliche Bldg. von cis-**III** u. die 68%ig. Rückgewinnung von **I** aus cis-**III** bei Alkalieinw. läßt auf bevorzugte trans-Addition schließen. Die Rk. von **II** mit HBr verläuft bereits rasch ohne Katalysatoren (n. Addition) unter Bldg. von *1-Brom-1-methylcyclohexan* (**IV**). In Pentan bei Anwesenheit von Benzoylperoxyd oder im UV-Licht laufen n. u. anomale Addition — Bldg. von *cis-1-Brom-2-methylcyclohexan* (cis-**V**) — gleichzeitig ab. Das Bildungsverhältnis beider ist abhängig von der Temp., bei —80° erfolgt ausschließliche Bldg. von **IV**. Mit steigender Temp. nimmt die Geschwindigkeit der Bldg. von cis-**V** zu u. von +35° ab ist cis-**V** Hauptprodukt. Die Möglichkeit der Umlagerung von cis-**V** in **IV** unter den Reaktionsbedingungen wird ausgeschlossen. Abspaltung von HBr aus cis-**V** liefert **II** (trans-**V** müßte 3-Methylcyclohexen liefern) womit auch für **II** die trans-Addition sichergestellt sein dürfte.

Versuche: *1-Bromcyclohexen* (**I**), Kp.$_{24}$ 63,1—63,4°, aus trans-1.2-Dibromcyclohexan, liefert bei Oxydation mit neutraler $KMnO_4$-Lsg. Adipinsäure u. reagiert nicht mit heißer alkoh. $AgNO_3$-Lsg.; 10% (Ausbeute); $D._4^{25}$ 1,386; n_D^{25} 1,5117. —

1-Methylcyclohexen (II), Kp. 108,4—108,7°; n_D^{25} 1,4478; 60—77%. — *3-Methylcyclohexen*, Kp. 100,3—100,7°; n_D^{25} 1,4408. — *Methylencyclohexan*, Kp. 101,9°; $D._4^{25}$ 0,7958, n_D^{25} 1,4471. — *1-Brom-1-methylcyclohexan* (IV). $C_7H_{13}Br$, Kp.$_{22}$ 66—66,5°, a) durch Einleiten von HBr in die Lsg. von II in Eisessig bei Ggw. von Diphenylamin; 84%. b) Aus 2-Methylcyclohexanol durch Sättigung mit HBr in der Kälte; n_D^{25} 1,4868; 67,2—79,5%. — *cis-1.2-Dibromcyclohexan* (III), $C_6H_{10}Br_2$, Kp.$_{0,13}$ 50,5—51,5°, F. 9,7 bis 10,5°, aus I nach a) u. b); 86,5%; n_D^{25} 1,5509. Erhitzen von III mit 30%ig. alkoh. KOH liefert I; 68%. Beim Vers., die ion. Addition von HBr an I durch Zusatz von Diphenylamin oder $FeCl_3$ zu beschleunigen, wurde I zu 90% unverändert wiedergewonnen. — *1-Brom-2-methylcyclohexan* (V), daneben IV, $C_7H_{13}Br$, aus II nach Meth. b) u. c). — Die Best. von IV in den erhaltenen Gemischen erfolgte durch selektive Hydrolyse von IV mit 80%ig. wss. Aceton bei 100° (vgl. WALLING, KHARASCH u. MAYO, J. Amer. chem. Soc. **61**. [1939.] 2693). Cyclohexylbromid ergab unter diesen Bedingungen <1% tert. Bromid. (J. Amer. chem. Soc. **74**. 3588—92. 20/7. 1952. Madison, Wis., Univ. Labor. of Org. Chem.) GRALHEER. D 225

R. Wizinger, *Über den Mechanismus der Additions- und Substitutionsreaktionen.* Vortrag. — Bei asymm. Diphenyläthylenen vom Typ $(RC_6H_4)_2C{=}CH_2$ (I) erfolgt leicht Substitution am äußeren C-Atom der Äthylengruppierung. Durch Einführung stark basizitätsverstärkender Gruppen (z. B. $R{=}OCH_3$, $N(CH_3)_2$) in I in p-Stellung können Zwischenprodd. der Substitution, tiefgefärbte Carbeniumionen der allg. Konst. $[(RC_6H_4)_2C^+{-}CH_2A]X^-$ (II), als Salze stabilisiert, isoliert werden. Einige dieser Verbb. sind sogar unzers. in W. lösl., nur durch Alkali wird ein Proton abgespalten unter Bldg. des Substitutionsproduktes. Mit ClO_4^--Ionen erfolgt doppelte Umsetzung zu schwer lösl. Perchloraten. Der Substitutionsvorgang bei aromat. Verbb. kann danach ganz allg. erklärt werden durch Annahme der Gleichgewichte $Ar_2C{=}CH_2 + AX \rightleftharpoons Ar_2C^+{-}CH_2A]X \rightleftharpoons Ar_2C{=}CHA + HX$, worin A irgendeinen elektropositiven, X einen elektronegativen Rest darstellt. Die Diaryläthylene kuppeln zum Teil außerordentlich leicht mit Diazoniumsalzen entsprechend diesem Mechanismus. Die Methylengruppe in I kann als Protonenacceptor mit der prim. Aminogruppe, das Carbeniumion II (A=H) als Protonendonator mit anderen Verbb. mit aktivierten Methylgruppen, wie Nitromethan u. Aceton, verglichen werden. Dementsprechend geben Carbeniumionen vom Typ II Isonitrosoverbb., Kondensationen mit Carbonylverbb. u. Trimethinsynth. mit Orthoameisensäureester. Durch Kondensation mit Zimtaldehyden lassen sich vinyloge Triphenylmethanfarbstoffe gewinnen. Dagegen lassen sich die freien Diaryläthylene I mit Pyridin u. SO_3 glatt sulfurieren, das stark bas. *1.3.3-Trimethyl-2-methylenindolin* gibt mit SO_2 eine C-Sulfinsäure, völlig vergleichbar mit der Bldg. der N-Sulfinsäure aus Anilin u. SO_2. Mit Hg(II)-Acetat erfolgt Mercurierung, mit Polynitrochlorbenzolen, Chlorchinonen, Isatinchlorid u. β-Naphthochinonsulfonsäure Kondensation. Daß auch bei der Substitution am aromat. Kern entsprechende Carbeniumionen als allerdings meist äußerst kurzlebige Zwischenprodd. auftreten, konnte durch die Bromierung von *2.7-Dimethoxyanthracen*, *2.7-Dimethoxynaphthalin* u. *1.3.5-Tris-[dimethylaminophenyl]-benzol* nachgewiesen werden, wobei ebenfalls vorübergehend eine intensive Farbe beobachtet wurde. (Chimia [Zürich] **7**. 273—84. 15/12. 1953. Basel, Univ., Inst. für Farbenchemie.) LOHAUS. D 225

Robert E. Lutz und **Carl R. Bauer**, *Die Wirkung der Konfiguration gewisser ungesättigter 1.4-Diketone auf die Additions-Cyclisierungs-Reaktionsfähigkeit.* (Vgl. KUHN, LUTZ u. BAUER, C. **1951**. II. 202 u. früher.) Das stabile cis-α.β-Dibenzoylstyrol (I) gibt mit kaltem Acetanhydrid–H_2SO_4 *2.4.5-Triphenyl-3-acetoxyfuran* im Gegensatz zur labilen trans-Verb., die nicht reagiert. Mit HBr in Essigsäure oder Acetanhydrid reagieren jedoch cis- u. trans-I, vermutlich infolge vorausgehender trans → cis-Umlagerung. Von β-Bromdibenzoylstyrol, dessen stabile trans-Form durch Sonnenlicht aus der labilen cis-Verb. erhalten wird, reagiert wiederum nur die cis-Verb. mit Acetanhydrid–H_2SO_4 leicht unter Bldg. von *2.4.5-Triphenyl-2-acetoxy-2.3-dihydrofuranon-(3)* in 59%ig. Ausbeute. Entsprechende Verhältnisse scheinen auch bei cis- u. trans-Dibenzoyldibromäthylen zu herrschen, Reaktionsprodd. wurden jedoch nicht identifiziert. Vff. erklären dieses Verh. damit, daß die Rkk. über reversible Anlagerung von H^+ an die O-Atome der α.β-ungesätt. Ketone verlaufen, wobei Folgen von ion. Übergangszuständen durchlaufen werden, u. durch Resonanzstabilisierung die Konfiguration an den Äthylen-C-Atomen festgelegt bleibt; daher kann auch nur die begünstigte cis-Konfiguration die Cyclisierungs-Rkk. leicht eingehen. — *2.4.5-Triphenyl-3-acetoxyfuran*, aus cis-I in Acetanhydrid–H_2SO_4 15 Min. bei 0° u. Hydrolyse; 90% (Ausbeute). — *Bromtriphenylfuran*, F. 123—127°, aus cis-I in Essigsäure bei 8° u. Zugabe von 10%ig. HBr in Essigsäure, Zugabe von W.; 87%. — *trans-β-Bromdibenzoylstyrol*, $C_{22}H_{15}O_2Br$, F. 151 bis 152° (A.), aus der cis-Verb. in Aceton mit oder ohne J_2 1,5—2 Std. im Sonnen-

licht; 65 %; längere Belichtung ergab viel nichtkristalline Produkte. (J. org. Chemistry **19.** 324–27. März 1954. Charlottesville, Va., Univ., Cobb Chem. Labor.)
GNAUCK. D 225

W. H. Urry und **J. W. Wilt,** *Photochemische Reaktionen von Methyldiazoacetat mit Polyhalogenmethanen.* (Vgl. URRY u. EISZNER, J. Amer. chem. Soc. **74.** [1952.] 5822.) Vff. untersuchen die für freie Radikalketten typ. Rk. von Diazoessigsäuremethylester (I) mit Polyhalogenmethanen. Es entstehen Polyhalogenpropionsäuremethylester, die unter Halogenwasserstoffabspaltung während der Rk. u. während der Isolierung der Reaktionsprodd. in Polyhalogenacrylsäuremethylester übergehen. Die Identität der erhaltenen Prodd. läßt auf die 1.2-Verschiebung eines Halogenatoms in einem intermediären freien Radikal schließen (vgl. l. c.). Der Reaktionsmechanismus wird diskutiert.

V e r s u c h e: 12 g I in $CHCl_3$ liefern bei Belichtung unter N_2-Entw. (8 Std.): *Methylchloracetat,* $Kp._{18}$ 47–52°, n_D^{20} 1,4660; 5,55 g (Ausbeute); [gibt beim Vers. der Darst. des Anilids *N-Phenylglycin,* F. 127°], daneben vermutlich *α.β.β-Trichlorpropionsäuremethylester,* $Kp._{18}$ 85–90°, n_D^{20} 1,4626; 2,35 g; [gibt mit wss. NH_4OH *α.β-Dichloracrylamid,* $C_3H_3ONCl_2$, F. 134,5–136°, daraus *α.β-Dichloracrylsäure,* F. 84 bis 85°]. — 15 g I in CCl_3Br geben (16 Std.): Gemisch von *β-Brom-α.β.β-trichlorpropionsäuremethylester* u. *α.β.β-Trichloracrylsäuremethylester,* $Kp._5$ 90–115°; 9,1 g; [Verseifung liefert *α.β.β-Trichloracrylsäure,* F. 71–73°; *Amid,* $C_3H_2ONCl_3$, F. 97–98°, beide Verbb. werden auch als Derivv. bei der Rk. zwischen I u. CCl_4 erhalten]; daneben *Hexachloräthan,* F. 183–184°; 0,7 g. (J. Amer. chem. Soc. **76.** 2594–95. 5/5. 1954. Chicago, Ill., Univ., G. H. Jones Labor.) G. WINKLER. D 226

F. Helfferich, *Zum Aufsatz „Katalyse durch Ionenaustauscher".* (Vgl. C. **1954.** 7385.) Vf. teilt in Ergänzung seiner früheren Veröffentlichung (l. c.) noch 3 techn. Anwendungen der Katalyse durch Ionenaustauscher mit (Patente der IG-Farben über Veresterung von Adipinsäure mit Dodecylalkohol u. von Stearinsäure mit A., Hydrolyse verschied. Ester u. Herst. grobstückiger Austauscher zur Verwendung in techn. Anlagen). (Angew. Chem. **66.** 327–28. 21/6. 1954. Göttingen.)
G. WINKLER. D 227

D. W. Ssokolski und **O. Ss. Popow,** *Katalytische Hydrierung unter konstantem Druck.* (Vgl. C. **1951.** II. 356; **1952.** 2982.) Hydriert wurde *Methyläthylacetylenylcarbinol* (I) an Skelett-Ni in 0,1 n NaOH bei 0, 20, 40 u. 50° u. 2, 2,5 u. 3 at. Als Hydriergefäß wurde die Schüttelente (500 Schüttelbewegungen/Min.) benutzt. Der Reaktionsverlauf wurde potentiometr. verfolgt. Bis zur Absorption von $^3/_4$ der theoret. Menge H_2 ist die Rk. nullter Ordnung. Bei 0 u. 20° steigt die Reaktionsgeschwindigkeit dem Druck proportional an; bei 40 u. 50° ruft Druckerhöhung auf das 1½fache Geschwindigkeitserhöhung auf das 2- bzw. 1,8fache hervor. Die hieraus zu folgernde Erhöhung der Anzahl der an der Rk. teilnehmenden akt. Zentren ist entweder auf stärkere Aktivierung des Kontakts oder Erhöhung der Wasserstoffkonz. in der festen Phase zurückzuführen. Die Geschwindigkeit steigt mit Erhöhung der Temp. bis auf 40° an; oberhalb 40° fällt sie, da sich zwischen 40 u. 50° die therm. Desorption von Wasserstoff geltend macht. Die EMK (in bezug auf die Kalomelelektrode) ist bei gegebener Hydrierungstemp. nur um 10–20 mV kleiner als diejenige des reversiblen Wasserstoffpotentials; sie bleibt lange Zeit trotz der bei höherem Druck höheren Hydrierungsgeschwindigkeit konstant (unverändert hohe Wasserstoffkonz. am Kontakt). Die scheinbare Aktivierungsenergie der Hydrierung hängt vom Wasserstoffdruck in der Gasphase ab; bei 0–20° u. 40–50° fällt sie von 3900 (cal/Mol) auf 2500 bzw. 4000 auf 3700, wenn der Druck von 2 auf 3 at steigt, während sie bei 20–40° von 2700 auf 6000 steigt. Offenbar erfolgt bei 20–40° die aktivierte Wasserstoffadsorption. (Доклады Академии Наук СССР [Ber. Akad. Wiss. UdSSR] [N. S.] **83.** 873–75. 21/4. 1952.) R. KNOBLOCH. D 227

D₂. Präparative organische Chemie. Naturstoffe.

Godfrey Claxton und **Peter Kerr,** *Lineare Strukturformeln.* Vff. schlagen für die Strukturformeln der offenkettigen, monocycl. u. polycycl. KW-stoffe eine lineare an Stelle der planaren Form vor, die beim Satz von Vorteil ist, z. B. Cyclohexan: $\overline{CH_2 \cdot CH_2 \cdot CH_2 \cdot CH_2 \cdot CH_2 \cdot CH_2}$. (J. Inst. Petroleum **40.** 133–37. Mai 1954.)
SCHICKE. 450

F. Kipnis, *Zu einer Revision der Nomenklatur für „triterpenoide" Steroide.* Unter Bezugnahme auf die unterschiedliche Bezifferung des Lanostans u. seiner Derivv. in der Literatur hält Vf. eine einheitliche Nomenklatur, entsprechend dem steroiden Charakter dieser Verbb., unter Vermeidung unnötiger Trivialnamen für geboten. (Science [Washington] **118.** 754. 18/12. 1953. Illinois.) SCHICKE. 450

H. G. Bryce, *Fluorkohlenstoffchemie.* Übersicht über die wichtigsten Fluorierungsverff. u. Vgl. der physikal. u. chem. Eigg. der Fluorkohlenstoffe, Perfluoramine, -äther u. -carbonsäuren mit den entsprechenden Wasserstoffverbindungen. (Chem. in Canada **5.** Nr. 10. 29–32. Okt. 1953. St. Paul, Minn., Minnesota Mining and Manufacturing Comp.) FORCHE. 460

Georges Dupont, Raymond Dulou, Geneviève Clément und **Noémi Garcia Martinez,** *Beitrag zur Untersuchung der Willgerodt-Reaktion (Methode von Kindler).* Durch Einw. von S u. Morpholin auf Methylnonylketon (10 Std. Kochen) entstand das *Thioundecansäuremorpholid* [$C_{15}H_{29}ONS$, F. 50°, rosa Nadeln (wss. A.); 61% (Ausbeute)], dessen Hydrolyse mit 65%ig. H_2SO_4 zu *Undecansäure* [$C_{11}H_{22}O_2$, F. 29° (Aceton, bei –10°); 78%] führte. Bei der KINDLER-Rk. von Terpen-KW-stoffen wie Nopinen, Pinen u. Camphen entstand ein voluminöser Nd., aus dem Vff. ein schwer zu reinigendes Prod. vom F. 260–261° isolierten, wahrscheinlich ein Gemisch des Monosulfids mit Polysulfiden des Morpholins, dessen Desulfurierung mit RANEY-Ni zu Morpholin führte. (C. R. hebd. Séances Acad. Sci. **239.** 178–79. 12/7. 1954.) J. ROTHE. 470

Robert Jacquier und **Henry Christol,** *Einige neue Typen von Retropinakolinumlagerungen in der alicyclischen Reihe. Synthetische Anwendungen (Amine, bicyclische Spiroverbindungen, Azulene).* (Vorl. Mitt.) Übersicht über eigene u. fremde Arbeiten über die RITTER-Rk., Anwendung derselben in der alicycl. Reihe (Diskussion des Reaktionsmechanismus), eine neue Meth. zur Darst. von alicycl. Spiroketonen u. eine neue Azulensynthese. — 90 Literaturangaben. (Bull. Soc. chim. France, Mém. [5] **21.** 556–63. Mai 1954. Montpellier, Univ., Inst. de Chim.) J. ROTHE. 470

P. B. D. de la Mare und **J. G. Pritchard,** *Einige Versuche zur Chemie der Dichlorhydrine.* *$^{36}Cl_{(3)}$-2.3-Dichlorpropanol-(1)* wurde aus α-Chloracrylsäure durch Anlagerung von $H^{36}Cl$ u. Red. mit $LiAlH_4$ erhalten. Dehydrochlorierung mit NaOH lieferte *^{36}Cl-Epichlorhydrin,* ein Beweis, daß bei der Rk. keine Umlagerung stattgefunden hat; jedoch war das gebildete NaCl teilweise akt., da auch noch andere Prodd. gebildet wurden. Nach der Rk. von *2.3-Dichlorpropanol-(1)* (I) mit $Li^{36}Cl$ in Aceton wurde gefunden, daß sich 76% des eingeführten ^{36}Cl in 3-Stellung, der Rest in 2-Stellung, befand; der auf ster. Hinderung zurückzuführende Unterschied der Reaktionsgeschwindigkeiten ist jedoch nicht groß genug, um in brauchbarer Weise die 3-Stellung markieren zu können.

V e r s u c h e: *2.3-Dichlorpropanol-(1)* (I), Kp. 182°, $Kp._{10}$ 71,7–72,2°, n_D^{25} 1,4822; Konstanten der Rk. mit 0,05nNaOH: $k_2 = 0{,}0100$ [$Liter \cdot Mol^{-1} \cdot min^{-1}$] bei 0°, 0,32 bei 25°. — *1.3-Dichlorpropanol-(2),* Kp. 172°, aus Epichlorhydrin (II) u. HCl; n_D^{25} 1,4810; $k_2 = 2{,}12$ bei 0°. — *α-Chloracrylsäure,* F. 63–65°, aus Trichloräthylen u. Paraformaldehyd in Ggw. von H_2SO_4 u. Cu-Bronze. — *$^{36}Cl_{(\beta)}$-α.β-Dichlorpropionsäure* (**III**), $C_3H_4O_2Cl_2$, F. 51,5–53° (PAe.), $Kp._{14,5}$ 114–118°, aus 22,4 g vorst. Verb. u. $H^{36}Cl$-haltiger HCl in CH_3COOH (64 Std. bei 45°); 15 g (Ausbeute). — *$^{36}Cl_{(3)}$-2.3-Dichlorpropanol-(1),* $C_3H_6OCl_2$, $Kp._{13}$ 78–79°; aus 17,5 g vorst. Verb. u. $LiAlH_4$ in Ae. (15 Min. Kochen); n_D^{25} 1,4822; $k_2 = 0{,}32$ bei 25°; 7 g. — *^{36}Cl-Epichlorhydrin,* verd. mit II, C_3H_5OCl, Kp. 117–118°, aus 4,57 g vorst. Verb., 8,08 g I u. n-NaOH (18 Std. bei 0°); n_D^{25} 1,4358; 2 cm³. — 23std. Rk. von 50 g I mit n-NaOH bei 0° → 17 g **II**; 0,2 g vom Kp. 122–170°; n_D^{25} 1,4498; 7 g vom $Kp._{18}$ 90–100°; n_D^{25} 1,4778. — Dehydrochlorierung von **III** mit n-Alkali (44 Std. bei 18°, dann 15 Min. bei 50°) lieferte akt. NaCl; es wurde also fast ausschließlich *α-Chloracrylsäure* gebildet, daneben höchstens 5% *β-Chloracrylsäure.* (J. chem. Soc. [London] **1954.** 1644–46. Mai. London, Univ. Coll., William Ramsay and Ralph Forster Labors.) J. ROTHE. 480

P. Fritzson und **L. Eldjarn,** *Die Synthese von in 1-, 2- oder 3-Stellung mit radioaktivem Kohlenstoff markiertem β-Alanin.* Zur Unters. des *β-Alanin* (**I**)-Soffwechsels bei Tieren wurde aus *$K^{14}CN$* (1 mC/22 mg) durch Umsetzung mit Chloressigsäure (**II**) u. Hydrierung der gebildeten Cyanessigsäure markiertes **I** synthetisiert. Von markierter **II** ausgehend kann auf gleiche Weise in den anderen Stellungen markiertes **I** erhalten werden.

V e r s u c h e: 22 mg $K^{14}CN$, stabilisiert mit 25 mg KOH, 82,6 mg Träger-KCN u. 5 Tropfen W. werden mit 1 cm³ teilweise neutralisierter **II** (3,75 g **II** in 10 cm³ W. lösen, 1,56 g Na_2CO_3 zugeben, ad 25 cm³) tropfenweise unter Schütteln versetzt; 40 Min. auf dem Wasserbad erhitzen, kalt 1,90 cm³ HCl (1,124 n) zugeben, im Vakuum eindampfen, mit etwas Ae. abdampfen, mehrmals mit trockenem Ae. extrahieren, den Ae. in einer Mikrohydrierapp. mit Luft verjagen, den öligen Rückstand mit 1 Tropfen W. u. 2nKOH auf p_H 10–11 stellen, 4 cm³ 35%ig. wss. NH_3 u. ca. 100 mg RANEY-Ni zugeben, 17 Std. bei 20° u. 2 at hydrieren, zentrifugieren, Fl. eindampfen (Vakuum), 0,145 cm³ Essigsäure zugeben, kurz auf 50° erwärmen, öligen Rückstand in 5 Tropfen W. lösen, 5 cm^3 absol. A. zusetzen, kühlen, Nd. mehrmals umkristallisieren u. vom öligen Rückstand dekantieren; F. 196°; 63 mg (44,8%), spezif. Aktivität 7 μC/mg **I**. (Scand. J. clin. lab. Invest. **4**. 375–76. 1952. Oslo, Norsk Hydro's Cancer Inst., Dep. of Biochem.; Norwegian Radium Hospital.) K. MAIER. 480

Alex P. Mathers und **Maynard J. Pro**, *Reduktion einiger Grignardreagens–Kohlendioxyd-Addukte zu primären Alkoholen durch Lithiumaluminiumhydrid.* Aus Alkylmagnesiumhalogenid u. CO_2 dargestellte Halogenmagnesiumalkanoate lassen sich mit $LiAlH_4$ direkt zu *prim. Alkoholen* reduzieren. Als Nebenprodd. können Ketone, sek. u. tert. Alkohole auftreten.

V e r s u c h e: In eine ca. 1n GRIGNARD-Lsg. aus Alkylhalogenid, Mg u. Ae. wird anfänglich bei –20 bis –30°, später bei Zimmertemp. CO_2 eingeleitet. Nach Zugabe von $LiAlH_4$ in absol. Ae. wird 3 Std. erhitzt, bei 0° mit W. überschüssiges Hydrid zers. u. 15–20%ig. H_2SO_4 zugegeben. Nach Extrahieren u. Dest. wurden so erhalten: *A.*, $Kp._{760}$ 78,0°, n_D^{25} 1,36181; 74% (Ausbeute). *3.5-Dinitrobenzoat* (*3.5-D.*), F. 91,5–93°. – *n-Propylalkohol*, $Kp._{760}$ 97°, n_D^{25} 1,38375; 78%. *3.5-D.*, F. 74°. – *3-Methylbutanol-(1)*, $Kp._{760}$ 130–132°, n_D^{25} 1,40460; 75%. *3.5-D.*, F. 60–61°. – *7-Methyloctanol-(1)*, $Kp._{760}$ 209–210°, n_D^{25} 1,43160; 73%. *3.5-D.*, F. 47–48°. (J. Amer. chem. Soc. **76**. 1182. 20/2. 1954. Washington, D. C., U. S. Treasury Dep., Intern. Rev. Serv.) ROCH. 560

M. R. Kulibekow, *Untersuchung auf dem Gebiete der Polyglykoläther.* Vf. stellte durch Umsatz von α.α'-Dibrommethyläther (I) mit den Reaktionsprodd. aus Magnesiumalkylhalogeniden u. aliphat. Aldehyden eine Reihe von *Dimethylenglykoläthern*, $[R\cdot OCH_2]_2O$, dar. Durch Hydrolyse, Alkoholyse u. Einw. von HCl wurden aus diesen weitere Verbb. erhalten.

V e r s u c h e: *Dimethylenglykol-bis-[methyl-n-butylcarbinoläther]*, $C_{14}H_{30}O_3$, $Kp._5$ 111–114°, zu 5 g Mg, 18,5 g n-Butylchlorid u. 8,8 g Acetaldehyd werden unter Durchmischung tropfenweise 18 g **I** hinzugefügt; man läßt 24 Std. einwirken u. zers. mit W.; $D.^{20}_4$ 0,8666; n_D^{20} 1,4240; 7,5 g (Ausbeute). – Analog wurden folgende C a r b i n o l - ä t h e r dargestellt: *Dimethylenglykol-bis-[methylisoamyl-]*, $Kp._3$ 101–103°; $D.^{20}_4$ 0,8466; n_D^{20} 1,4140. – *Dimethylenglykol-bis-[äthylpropyl-]* (**II**), $Kp._4$ 110–112°; $D.^{20}_4$ 0,8765; n_D^{20} 1,4262. – *Dimethylenglykol-bis-[propyl-n-butyl-]* (**III**), $Kp._4$ 117–120°; $D.^{20}_4$ 0,8670; n_D^{20} 1,4327. – *Dimethylenglykol-bis-[propylisoamyl-]* (**IV**), $Kp._3$ 119 bis 122°; $D.^{20}_4$ 0,8568; n_D^{20} 1,4335. – *Dimethylenglykol-bis-[isobutyl-n-butyl-]* (**V**), $Kp._5$ 121–124°; $D.^{20}_4$ 0,8540; n_D^{20} 1,4322. – *Dimethylenglykol-bis-[isobutylisoamyl-]*, $Kp._3$ 126–129°; $D.^{20}_4$ 0,8490; n_D^{20} 1,4320. – *Butylisobutylcarbinol*, $C_9H_{20}O$, Kp. 180–183°; durch Hydrolyse von 10 g **V** mit 2 ml konz. H_2SO_4 + 40 ml W.; $D.^{20}_4$ 0,8159; n_D^{20} 1,4320; 6 g neben CH_2O. – *Octanol-(4)*, $C_8H_{18}O$, $Kp._{22}$ 89–92°; durch Hydrolyse von **III**; $D.^{20}_4$ 0,8173; n_D^{20} 1,4185; 6 g aus 11,5 g. – *Hexanol-(3)*, $C_6H_{14}O$, $Kp._{15}$ 56–60°; durch Hydrolyse von **II**; $D.^{20}_4$ 0,8192; n_D^{20} 1,4094. – *Methylenglykolbutyläther-sek.-isononyläther* (*Methylenglykolbutyläther-2-methyloctyl-(5)-äther*), $C_{14}H_{30}O_2$, $Kp._{10}$ 119 bis 124°; durch Alkoholyse von 10,5 g **IV** mit 2 ml konz. H_2SO_4 + 40 g Butylalkohol; angenehm riechende Fl.; $D.^{20}_4$ 0,8420; n_D^{20} 1,4250; 8,5 g. – *4-Chloroctan*, $C_8H_{17}Cl$, $Kp._{14}$ 85–90°; durch Einw. von HCl auf **III** in organ. Lösungsmitteln unter Kühlung; ölige Fl. von charakterist. Geruch; $D.^{20}_4$ 0,8756; n_D^{20} 1,4290. (Журнал Прикладной Химии [J. angew. Chem.] **27**. 84–91. Jan. 1954.) KLIEGER. 570

N. S. Marans, D. E. Elrick und **R. F. Preckel**, *Organische Säureester von Pentaerythrittrinitrat. Pentaerythrittrinitrat* (**II**) wird aus Pentaerythrit (**I**) u. dessen Tetraacetat über das *Monoacetat* u. das *Acetattrinitrat* gewonnen, diese Zwischenprodd. brauchen nicht isoliert zu werden. Die Acylierung von **II** erfolgt unter Verwendung der organ. Säuren oder der Säurechloride oder der Säureanhydride nach verschied. Methoden, bei denen Lösungsm., Zeitdauer u. Katalysator variiert werden. In den Fällen, in denen eine Acylierung in Ggw. von Säurekatalysatoren nur schwierig erfolgt (z. B. $CCl_3\cdot COCl$), wird als Nebenprod. *Pentaerythrittetranitrat*, F. 135–138°, in Ausbeuten von 4–20% nachgewiesen. – Die Hydrolyse der Acylverbb. mit 0,1 nNaOH in Aceton u. die Messung des Säureäquivalents zeigt im allg. die bevorzugte Abspaltung der organ. Säure, Ausnahmen bilden das Phthalat, das Benzolsulfonat u. das p-Toluolsulfonat.

V e r s u c h e: *Pentaerythritmonoacetat*, $C_7H_{14}O_5$, F. 69,5–70° (Äthylenchlorid), aus **I** u. dem Tetraacetat durch 16std. Erhitzen auf 180–185° in Ggw. von K_2CO_3, Dest. bei 160–205°/2–4 mm, das Destillat mit heißem Aceton behandeln, filtrieren, das Filtrat einengen u. mit Ae. versetzen; nach 20 Std. filtrieren, eindampfen u. den Rückstand mit Ae. behandeln; 71,7% (Ausbeute, bezogen auf **I**). – *Pentaerythritacetattrinitrat*, $C_7H_{11}O_{11}N_3$, F. 87–88° (A.), durch Eintragen vorst. Verb. in 100%ig. HNO_3 bei 0°; nach 2std. Rühren in Eiswasser gießen u. filtrieren; 99%. – *Pentaerythrittrinitrat* (**II**), $C_5H_9O_{10}N_3$, F. 26–28° (W.), aus vorst. Verb. in Aceton durch Eingießen in 10%ig. NaOH u. Zugabe von A.; nach 30 Min. mit n-HCl neutralisieren u. dest. u. die organ. Phase bei 10 mm während 6 Std. verdampfen; viscoses Öl, das bei 0° krist.; 93,6%. — *Acylderivv.* von **II**: *Formiat*, F. 60—61° (A.), aus **II**, 90%ig HCOOH, Bzl. u. konz. H_2SO_4 durch 3std. Stehen bei 25°; 84%. — *Propionat*, F. 39 bis 40° (A.), durch langsame Zugabe von CH_3CH_2COCl zu **II** in Ae. u. 20std. Rühren bei 25°; 83%. — Analog *Capronat*, fl.; 50%. *Chloracetat*, F. 52—53°; 10%. *Succinat*, F. 88—90°; 41%. — *Phthalat*, fl., aus **II**, Phthalylchlorid u. Pyridin u. 1std. Erhitzen auf 50—70°; 68%. Analog *Valerat*, fl.; 65%. *Capronat*, 65%. *Chloracetat*, 15%. Oxalat, F. 97—100°; 22%. *Succinat*, 52%. *Adipat*, F. 82—83°; 45%. *o-Nitrobenzoat*, F. 94—95°; 64%. *m-Nitrobenzoat*, F. 102—103°; 71%. p-Nitrobenzoat, F. 106—108°; 60%. *3.5-Dinitrobenzoat*, F. 109—110°; 70%. *4-Chlor-3-nitrobenzoat*, F. 112—113°; 22%. *Benzolsulfonat*, F. 116—117°; 56%. *p-Toluolsulfonat*, F. 97—100°; 66%. — *Benzoat*, F. 89—90° (A.), durch Zugabe von wss. NaOH zu einer Lsg. von **II** in Ae. u. C_6H_5COCl u. 2std. Rühren bei 25°; 61%. (J. Amer. chem. Soc. **76**. 1304—06. 5/3. 1954. Cumberland, Md., Hercules Powder Co., Allegany Ballistics Labor.) Rossow. 580

Horst Böhme und **Gerwalt Zinner**, *Über Darstellung und Eigenschaften von Alkylhydropolysulfiden.* Vff. erhalten durch Umsetzung von Acylschwefelchloriden mit Mercaptanen *Alkyl-* bzw. *Arylacyldisulfide*, deren Solvolyse *Alkyl-* bzw. *Arylhydrosulfide* ergibt. Mit J_2 werden die Alkylhydrodisulfide zu den *Dialkyltetrasulfiden* oxydiert, die bei der Hochvakuumdest. in *Dialkyltrisulfide* u. S zerfallen. Acyldischwefelchloride geben bei der Rk. mit Mercaptanen *Alkylacyltrisulfide*, deren Solvolyse *Alkylhydrotrisulfide* ergibt. Oxydation dieser Verbb. mit J_2 führt zu den *Dialkylhexasulfiden*, als Destillationsrückstand hinterbleiben *Dialkylpentasulfide*, entstanden aus den Alkylhydrotrisulfiden durch H_2S-Abspaltung. Aus Phenylacetyldisulfid wurde bei der Solvolyse nur *Thiophenol* erhalten.

Versuche: *Benzylacetyldisulfid*, $C_9H_{10}OS_2$, F. 58—59° (PAe.), aus Benzylmercaptan u. Acetylschwefelchlorid (**I**) bei 0—5°; 87% (Ausbeute). — *Benzylhydrodisulfid* (**II**), $C_7H_8S_2$, Kp.$_{0,01}$ 67—70° (Luftbad). Durch die Lsg. vorst. Verb. in absol. A. wird bei 30° N_2 geleitet, 5 n absol. äthanol. HCl hinzugefügt u. nach 2 Std. dest.; $D.^{20}_4$ 1,1736; n_D^{20} 1,625; 88%. — *Dibenzyltetrasulfid*, $C_{14}H_{14}S_4$, F. 54° (A.), **II** in Methanol wird mit einer methanol. J_2-Lsg. tropfenweise versetzt; hellgelbes Öl, das bald erstarrt; 84%; Dest. im Hochvakuum ergab *Dibenzyltrisulfid*, $C_{14}H_{14}S_3$, F. 49° (A.); n_D^{50} 1,6450; 38%. — *Äthylhydrodisulfid*, $C_2H_6S_2$, Kp. 110—112°, aus Äthylacetyldisulfid in Methanol analog **II**; n_D^{20} 1,530; 65%. — *Diäthyltetrasulfid*, $C_4H_{10}S_4$, Kp.$_{0,01}$ 63—66° (Luftbad), aus vorst. Verb. u. J_2 in Methanol; hellgelbes Öl; n_D^{20} 1,6246; 86%. — *Methylacetyldisulfid*, $C_3H_6OS_2$, Kp.$_{12}$ 55—56°. Die äther. Lsgg. von CH_3SH u. **I** werden bei —15 bis —10° umgesetzt; widerwärtig riechendes, stark augenreizendes Öl; $D.^{20}_4$ 1,1831; n_D^{20} 1,5353; 72%. — *Methylhydrodisulfid*, CH_4S_2, Kp. 78—82°. Vorst. Verb. in Methanol wird unter N_2 bei 25° mit 6 n HCl behandelt, nach 2 Std. mit W. versetzt, das Öl abgetrennt u. in einer Quarzapp. unter N_2 dest.; Öl von kaum erträglichem Geruch u. stark augenreizenden Eigg.; n_D^{20} 1,5555; 33%; daneben *Dimethyltrisulfid*, $C_2H_6S_3$, Kp.$_{20}$ 62—63°; übelriechendes Öl. — *Dimethyltetrasulfid*, $C_2H_6S_4$, Kp.$_{20}$ 83—84°, übelriechendes gelbes Öl; n_D^{20} 1,6640; 80%. — *Benzylacetyltrisulfid*, $C_9H_{10}OS_3$, Kp.$_{0,01}$ 120—130° (Luftbad), aus Benzylmercaptan u. Acetyldischwefelchlorid (**III**); n_D^{20} 1,6366; 97%. — *Benzylhydrotrisulfid* (**IV**), $C_7H_8S_3$, Kp.$_{0,01}$ 70—80° (Luftbad), aus vorst. Verb. analog **II**; widerlich riechendes Öl; 40%; als Destillationsrückstand *Dibenzylpentasulfid*, $C_{14}H_{14}S_5$, gelbes, schwach riechendes Öl, das sich bei der Dest. (0,01 Torr/200—210°) zu *Dibenzyltrisulfid*, F. 49°, zersetzt. — *Dibenzylhexasulfid*, $C_{14}H_{14}S_6$, aus **IV** u. J_2 unter Zugabe von konz. HCl; 75%; ist im Hochvakuum nicht unzers. destillierbar. — *Methylacetyltrisulfid*, $C_3H_6OS_3$, Kp.$_{11}$ 90—91°, aus CH_3SH u. **III** bei —15 bis —10°; $D.^{20}_4$ 1,2868; n_D^{20} 1,5973; 69%. — *Methylhydrotrisulfid* (**V**), CH_4S_3, Kp.$_{20}$ 36°. aus vorst. Verb. analog **II**. Dest. in der Quarzapp.; 28%; durch Hochvakuumdest. des Destillationsrückstandes erhält man *Dimethylpentasulfid*, $C_2H_6S_5$, Kp.$_{0,01}$ 70° (Bad). — *Dimethylhexasulfid*, $C_2H_6S_6$, Kp.$_{0,01}$ 80—85° (Bad), aus **V** u. I_2; 75%. — *Äthylhydrotrisulfid*, $C_2H_6S_3$, Kp.$_{20}$ 54°, aus Äthylacetyltrisulfid; 57%; aus dem Destillationsrückstand *Diäthylpentasulfid*, $C_4H_{10}S_5$, Kp.$_{0,01}$ 80—85° (Bad); n_D^{20} 1,6606. — *Diäthylhexasulfid*, $C_4H_{10}S_6$, Kp.$_{0,01}$ 110—115°; 58%. (Liebigs Ann. Chem. **585**. 142—49. 1954. Marburg/Lahn, Univ., Pharmazeut.-chem. Inst.) H. Ulrich. 600

Horst Böhme und **Gerwalt Zinner**, *Zur Kenntnis der Diacylpolysulfide.* Vff. erhalten aus Thiobenzoesäure u. Acetylschwefelchlorid *Acetylbenzoyldisulfid* (**I**). In Ggw. von A. tritt eine Umesterung unter Bldg. von *Dibenzoyldisulfid* (**II**) ein. Aus Thioessigsäure u. Acetyldischwefelchlorid (**IV**) wurde das *Diacetyltrisulfid* dargestellt, das bei der Spaltung mit Cl_2 *Acetyltrischwefelchlorid* (**III**) ergibt. Umsetzung von **III** mit

Methyl- bzw. Äthylmercaptan führt zu *Methyl-* bzw. *Äthylacetyltetrasulfid.* Die hieraus bei der Solvolyse zu erwartenden Alkylhydrotetrasulfide (vgl. vorst. Ref.) waren nicht isolierbar, da Abspaltung von 2 S-Atomen eintrat. Aus **III** u. Thioessigsäure wurde das *Diacetyltetrasulfid* dargestellt, das auch durch Umsetzung von **IV** mit wss. KJ-Lsg. erhalten wurde.

Versuche: *Acetylbenzoyldisulfid* (**I**), $C_9H_8O_2S_2$, F. 50° (Chlf./PAe.). Zur Lsg. von Thiobenzoesäure in absol. Ae. wird Acetylschwefelchlorid in absol. Ae. getropft (Temp. nicht über 5°), nach 2 Std. wird die HCl durch Schütteln mit $NaHCO_3$-Lsg. entfernt u. der Ae. abgesaugt; 91% (Ausbeute); Alkoholyse mit 1 n absol. äthanol. HCl ergibt nach Oxydation mit J_2 *Dibenzoyldisulfid* (**II**), $C_{14}H_{10}O_2S_2$, F. 134—136° (Chlf./PAe.); Spaltung von **I** in Methanol durch 10tägiges Stehen bei Zimmertemp. gibt in 90%ig. Ausbeute **II**. — *Diacetyltrisulfid*, $C_4H_6O_2S_3$, F. —5 bis —3°, Kp.$_{0,01}$ 86—90° (Bad), aus Thioessigsäure u. **IV**; schwach stechend riechendes Öl; D.$^{20}_4$ 1,0504; n_D^{20} 1,600; 84%. — *Acetyltrischwefelchlorid* (**III**), $C_2H_3OClS_3$, Kp.$_{0,01}$ 65—75°. Zur Lsg. vorst. Verb. in CCl_4 wird unter Rühren bei —15 bis —5° Cl_2 in CCl_4 langsam zugetropft; Dest. aus einer Quarzapp.; 66%. — *Methylacetyltetrasulfid*, $C_3H_6OS_4$, Kp.$_{0,01}$ 80—90°, aus CH_3SH u. **III** bei —15 bis —10°; 81%. — *Äthylacetyltetrasulfid*, $C_4H_8OS_4$, Kp.$_{0,01}$ 110—115°, aus C_2H_5SH u. **III** bei —10 bis —5°; D.$^{20}_4$ 1,3105; n_D^{20} 1,6229; 61%. — *Diacetyltetrasulfid*, $C_4H_6C_2S_4$, Kp.$_{0,01}$ 110—115°, a) aus Thioessigsäure u. **III**; n_D^{20} 1,6420; 63%; b) aus **IV** in CCl_4 u. KJ in W.; n_D^{20} 1,6428; 60%. (Liebigs Ann. Chem. **585**. 150—53. 1954.) H. Ulrich. 600

André Cannepin und **André Parisot,** *Über die Darstellung von Methylen-bis-amiden.* Methylen-bis-amide, z. B. *Methylen-bis-lauramid* (F. 156—157°, aus A., Bzl. oder Dioxan; 20% Ausbeute; Infrarotspektr.), werden erhalten durch Einw. des entsprechenden Säurechlorids auf Hexamethylentetramin in Chlf.; die Ausbeuten liegen im allg. niedriger als bei dem üblichen Verf. (CH_2O u. Säureamide). Der Reaktionsmechanismus entspricht wahrscheinlich dem der Sommelet-Reaktion. (C. R. hebd. Séances Acad. Sci. **239**. 180—81. 12/7. 1954.) J. Rothe. 810

Robert Rothstein, Pierre Gley, Pierre de Boislambert, Kurt Binovic, Odile Stoven und **Jacqueline Delor,** *Über einige Phenylurethane von Diaminoalkoholen.* Die Phenylurethane von N-substituierten 1.3-Diaminopropanolen-(2) haben starke lokalanästhet. Wrkg., ihre Toxizität nimmt zu in Abhängigkeit von den Substituenten: Morpholino $<$ $(CH_3)_2N$ $<$ $(C_4H_9)_2N$ $<$ $(C_2H_5)_2N$ $<$ $(C_3H_3)_2N$ $<$ (iso-$C_3H_7)_2N$. Die Piperidinogruppe steigert die anästhet. u. tox. Wirkung. *1.3-Dipiperidinopropanol-(2)-phenylurethan* (**I**) besitzt im Vgl. zum Cocain doppelte, *3-Dimethylamino-1-piperidinopropanol-(2)-phenylurethan* (**II**) halbe Aktivität. **II** hat einen 10fach größeren therapeut. Index als **I**. — Die therapeut. Indices der *Phenylurethandihydrochloride* werden angegeben.

Versuche: Es wurden aus den sek. Aminen u. 3-Dialkylamino-1.2-epoxypropanen durch 3—4std. Erhitzen in 88—95%ig. Ausbeute folgende *1.3-Diaminopropanole-(2)* $R-CH_2-CH(OH)-CH_2-R'$ dargestellt u. über die *Phenylurethandihydrochloride* gereinigt: $R = R' = (CH_3)_2N$, Kp.$_{15}$ 80°, D.$^{18}_4$ 0,8846, n_D^{18} 1,4439. *Pikrat*, F. 186°. *Phenylurethan·2HCl*, F. 208°. — $R = (CH_3)_2N$, $R' = (C_2H_5)_2N$, Kp.$_{19}$ 90°, D.$^{18}_4$ 0,8748, n_D^{18} 1,4461. *Pikrat*, F. 175°. *Phenylurethan·2HCl*, F. 185°. — $R = (CH_3)_2N$, $R' = (n\text{-}C_3H_7)_2N$, Kp.$_6$ 102°, D.$^{18}_4$ 0,8667, n_D^{18} 1,4470. *Pikrat*, F. 143°. *Phenylurethan·2HCl*, F. 162°. — $R = (CH_3)_2N$, $R' = (n\text{-}C_4H_9)_2N$, Kp.$_{15}$ 138°, D.$^{18}_4$ 0,8651, n_D^{18} 1,4500. *Pikrat*, F. 137°. *Phenylurethan·2HCl*, F. 113°. — $R = (CH_3)_2N$, $R' = C_5H_{10}N$, Kp.$_{25}$ 130°, D.$^{18}_4$ 0,9384, n_D^{18} 1,4727. *Pikrat*, F. 141°. *Phenylurethan*(**II**)·*2HCl*, F. 207°. — $R = (CH_3)_2N$, R' = *Morpholino*, Kp.$_{22}$ 139°, D.$^{18}_4$ 1,0070, n_D^{18} 1,4745. *Pikrat*, F. 182°. *Phenylurethan·2HCl*, F. 200°. — $R = R' = (C_2H_5)_2N$, Kp.$_{24}$ 123°, D.$^{18}_4$ 0,8660, n_D^{18} 1,4464. *Pikrat*, F. 163°. *Phenylurethan·2HCl*, F. 210°. — $R = (C_2H_5)_2N$, $R' = (n\text{-}C_3H_7)_2N$, Kp.$_{20}$ 145°, D.$^{18}_4$ 0,8641, n_D^{18} 1,4455. *Pikrat*, F. 141°. *Phenylurethan·2HCl*, F. 163°. — $R = (C_2H_5)_2N$, $R' = (n\text{-}C_4H_9)_2N$, Kp.$_{14}$ 151°, D.$^{18}_4$ 0,8615, n_D^{18} 1,4514. *Pikrat*, F. 143°. *Phenylurethan·2HCl*, F. 120°. — $R = (C_2H_5)_2N$, $R' = C_5H_{10}N$, Kp.$_{25}$ 140°, D.$^{18}_4$ 0,9262, n_D^{18} 1,4714. *Pikrat*, F. 119°. *Phenylurethan·2HCl*, F. 205°. — $R = (C_2H_5)_2N$, R' = *Morpholino*, Kp.$_{18}$ 145°, D.$^{18}_4$ 0,9804, n_D^{18} 1,4719. *Pikrat*, F. 168°. *Phenylurethan·2HCl*, F. 209°. — $R = R' = (n\text{-}C_3H_7)_2N$, Kp.$_{24}$ 155°, D.$^{18}_4$ 0,8640, n_D^{18} 1,4512. *Pikrat*, F. 163°. *Phenylurethan·2HCl*, F. 117°. — $R = (n\text{-}C_3H_7)_2N$, $R' = (n\text{-}C_4H_9)_2N$, Kp.$_6$ 140°, D.$^{18}_4$ 0,8584, n_D^{18} 1,4519. *Pikrat*, F. 146°. *Phenylurethan·2HCl*, F. 113°. — $R = (n\text{-}C_3H_7)_2N$, $R' = C_5H_{10}N$, Kp.$_4$ 122°, D.$^{18}_4$ 0,9092, n_D^{18} 1,4689. *Pikrat*, F. 136°. *Phenylurethan·2HCl*, F. 183°. — $R = (n\text{-}C_3H_7)_2N$, R' = *Morpholino*, Kp.$_{15}$ 166°, D.$^{18}_4$ 0,9566, n_D^{18} 1,4699. *Pikrat*, F. 165°. *Phenylurethan·2HCl*, F. 215°. — $R = R' = (iso\text{-}C_3H_7)_2N$, Kp.$_4$ 118°, D.$^{18}_4$ 0,9175, n_D^{18} 1,4710. *Pikrat*, F. 172°. *Phenylurethan·2HCl*, F. 208°. — $R = R' =$

$(n\text{-}C_4H_9)_2N$, Kp.$_4$ 140°, D.$^{18}{}_4$ 0,8562, n_D^{18} 1,4540. *Pikrat*, F. 142°. *Phenylurethan·2HCl*, F. 107°. — $R = (n\text{-}C_4H_9)_2N$, $R' = C_5H_{10}N$, Kp.$_4$ 139°, D.$^{18}{}_4$ 0,9031, n_D^{18} 1,4689. *Pikrat*, F. 138°. *Phenylurethan·2HCl*, F. 175°. — $R = (n\text{-}C_4H_9)_2N$, R' = *Morpholino*, Kp.$_{24}$ 198°, D.$^{18}{}_4$ 0,9610, n_D^{19} 1,4698. *Pikrat*, F. 182°. *Phenylurethan·2HCl*, F. 176°. — $R = R' = C_5H_{10}N$, Kp.$_{20}$ 166°, D.$^{18}{}_4$ 0,9720, n_D^{18} 1,4900. *Pikrat*, F. 189°. *Phenylurethan* (I)·*2HCl*, F. 242°. — $R = C_5H_{10}N$, R' = *Morpholino*, Kp.$_{18}$ 177°, D.$^{18}{}_4$ 1,0324, n_D^{18} 1,4941. *Pikrat*, F. 181°. *Phenylurethan·2HCl*, F. 240°. — $R = R'$ = *Morpholino*, Kp.$_3$ 145°, D.$^{18}{}_4$ 1,0983, n_D^{18} 1,4965. *Pikrat*, F. 172°. *Phenylurethan·2HCl*, F. 225°. (C. R. hebd. Séances Acad. Sci. **239.** 284—86. 19/7. 1954.) PASEDAG. 920

Theodor Wieland und **Dorothee Sieber,** *Thioalanin* (*α-Aminothiopropionsäure*) *als Vertreter der Klasse der Thioaminosäuren.* Vff. erhalten *Thioalanin* (**I**; *α-Aminothiopropionsäure*), C_3H_7ONS, sintert ab 210°, F. 250—255° unter H_2S-Entw. (W.), durch Thiohydrolyse aus S-Alanylthiophenol·HCl, indem sie in die schwach alkal. wss. Lsg. H_2S einleiteten. **I** kann von Alanin papierchromatograph. in Methanol/Ameisensäure/W. (80:10:10) gut getrennt werden (R_F **I**: 0,61; Alanin: 0,75). In Essigester/sek.-Butanol/W. (15:12:4) wandert **I** 4—5 mal schneller als Alanin. Das UV-Spektr. von **I** ist graph. angegeben. **I** gibt eine *Carbobenzoxyverbindung.* Das Wachstum von *Staph. aureus* in Bouillon wird durch **I** erst bei der Konz. 1 mg/cm³ gehemmt. (Naturwissenschaften **40.** 242—43. April 1953. Mainz, Univ., Organ.-Chem. Inst., u. Frankfurt/M., Univ., Inst. für Organ. Chem.) H. ULRICH. 950

A. W. Toptschijew, N. Ss. Nametkin und **W. I. Setkin,** *Hexaalkoxyderivate des Äthylendisilans.* In Fortführung früherer Arbeiten werden weitere *Hexaalkoxyderivv.* des *Äthylendisilans* durch Umsetzung von Hexachloräthylendisilan (**I**) mit dem entsprechenden Alkohol (60—70°; 8—10 Std.; N_2-Einleiten) hergestellt. — *Hexaalkoxyäthylendisilane*, $(RO)_3SiCH_2CH_2Si(OR)_3$. $R = n\text{-}C_3H_7$, Kp.$_{2,3}$ 163—164°; aus **I** u. Propylalkohol; D.$^{20}{}_4$ 0,9398; n_D^{20} 1,4228. — $R = iso\text{-}C_3H_7$, Kp.$_{0,9}$ 122—123°; aus **I** u. Isopropylalkohol; D.$^{20}{}_4$ 0,9112; n_D^{20} 1,4105. — $R = n\text{-}C_4H_9$, Kp.$_{0,6}$ 201—202°; aus **I** u. Butylalkohol; D.$^{20}{}_4$ 0,9228; n_D^{20} 1,4300. — $R = iso\text{-}C_4H_9$, Kp.$_3$ 193—194°; aus **I** u. Isobutylalkohol; D.$^{20}{}_4$ 0,9068; n_D^{20} 1,4242. — $R = iso\text{-}C_5H_{11}$, Kp.$_{2,5}$ 224—225°; aus **I** u. 2-Methylbutanol-(4); D.$^{20}{}_4$ 0,9039; n_D^{20} 1,4331. (Доклады Академии Наук СССР [Ber. Akad. Wiss. UdSSR] [N. S.] **87.** 431—32. 21/11. 1952.) H. v. PEZOLD. 980

K. Raman, M. Raghavan und **P. C. Guha,** *Synthese von 4,4'-Diaminodiphenylsulfon.* Vff. erhalten *4.4'-Diaminodiphenylsulfon* (**I**) nach folgender Vorschrift. 3,4 g Acetanilid werden allmählich zu einer auf 140—145° erhitzten Lsg. von 5,8 g p-Acetamidobenzolsulfonylchlorid u. 12 g wasserfreies $AlCl_3$ in 20 cm³ trockenem Nitrobenzol unter Rühren gegeben. Die Lsg. wird dann 2 Std. weiter erhitzt, abgekühlt, in W. gegossen u. mit HCl angesäuert. 5,3 g *Bis-[4-acetamidophenyl]-sulfon*, F. 283—285° (verd. Essigsäure), werden mit verd. HCl hydrolysiert unter Bldg. von 3,7 g **I**, F. 172—174° (verd. A.). Diese Meth. ist den bisher beschriebenen in der Ausbeute überlegen. (J. Indian chem. Soc. **30.** 723—24. Okt. 1953. Bangalore, Indian Inst. of Sci., Dep. of organ. Chem.) H. ULRICH. 1090

Maurice Métayer und **Ng. Dat-Xuong,** *Untersuchung über die Aminolyse einiger aromatischer Aldehyde.* Bei der Einw. von H_2 u. NH_3 unter Druck auf aromat. u. mehrkernige Aldehyde in Ggw. von RANEY-Ni in methanol. Lsg. erhielten Vff. im allg. Gemische aus Alkoholen u. Aminen. Im Falle der einkernigen Aldehyde überwogen die Amine, im Falle der unsubstituierten mehrkernigen wurden ausschließlich die entsprechenden Alkohole isoliert.

Versuche (FF. im MAQUENNE-Block): *o-Methoxybenzaldehyd* [aus Salicylaldehyd u. $(CH_3)_2SO_4$; Aminolyse: 1½ Std. bei 35°, 80 at] → 64% (Ausbeute) an *o-Methoxybenzylamin*, Kp.$_{21}$ 116—117°; *Acetylderiv.*, F. 96°. — o-Chlorbenzaldehyd (**I**; 2 Std. bei 60°, 30 at) → 9% *o-Chlorbenzylalkohol* (**II**), F. 72°, Kp.$_{28}$ 100—105°, u. 36% *o-Chlorbenzylamin* (**III**), Kp.$_{18}$ 108—110°; *Acetylderiv.*, F. 79°. — **I** (1 Std. bei 80°, 140 at) → 28% **II** u. 12% **III**. — Anisaldehyd (**V**; 1 Std. bei 60°, 100 at) → 12% *p-Methoxybenzylalkohol*, F. 26°, Kp.$_{13}$ 150°; 25% *Bis-[p-methoxybenzyl]-äther*, F. 39°, Kp.$_{13}$ 215°; 16% *p-Methoxybenzylamin*, Kp.$_{13}$ 135—136°; *Acetylderiv.*, F. 97—98°. — *p-Isopropylbenzaldehyd* (nach SOMMELET; 1 Std. bei 60°, 90 at) → 35% *p-Isopropylbenzylalkohol*, F. 28°, Kp.$_{15}$ 130°; 40% *p-Isopropylbenzylamin*, Kp.$_{15}$ 120°; *Acetylderiv.*, F. 65°. — p-Dimethylaminobenzaldehyd (2 Std. bei 60°, 50 at) → 87% *p-Dimethylaminobenzylamin*, Kp.$_{21}$ 158—159°. *Hydrochlorid*, F. 222°. *Pikrat*, $C_{15}H_{17}O_7N_5$, F. 206° (A.). — 2.4-Dichlorbenzaldehyd (**IV**; 2 Std. bei 60°, 30 at) → 37% *Bis-[2.4-dichlorbenzyl]-amin*, $C_{14}H_{11}NCl_4$, F. 80° (A.). — **IV** (1 Std. bei 80°, 140 at) → 30% *2.4-Di-*

chlorbenzylalkohol, F. 56—57°, Kp.$_{25}$ 150°; 8% *2.4-Dichlorbenzylamin*, Kp.$_{15}$ 135° (*Hydrochlorid*, F. 275°). — *p-Butoxybenzaldehyd* (durch Desmethylierung von V mit Pyridin·HCl u. Rk. mit C_4H_9Br; 1½ Std. bei 60°, 130 at) → 70% *p-Butoxybenzylamin* [*Hydrochlorid*, $C_{11}H_{18}ONCl$, F. 285° (A.–Ae.); *Acetylderiv.*, $C_{13}H_{19}O_2N$, F. 94,5° (A.)]; 3,5% *Bis-[p-butoxybenzyl]-amin* [*Hydrochlorid*, $C_{22}H_{32}O_2NCl$, F. 262° (A.)]; 2% *p-Butoxybenzylalkohol* (*Phenylurethan*, F. 64°). — 3.4-Dichlorbenzaldehyd (1½ Std. bei 60°, 30 at) → 64% *3.4-Dichlorbenzylamin*, Kp.$_{17}$ 139—140°; *Hydrochlorid*, F. 244°; *Acetylderiv.*, $C_9H_9ONCl_2$, F. 97° (A.). — Piperonal (1 Std. bei 60°, 100 at) → 66% *3.4-Methylendioxybenzylamin*, Kp.$_{15}$ 135—140°; *Hydrochlorid*, F. 265°; *Acetylderiv.*, F. 105°. — p-Chlorbenzaldehyd (1½ Std. bei 60°, 80 at) → 24% *p-Chlorbenzylalkohol*, F. 71°, Kp.$_{22}$ 135—137°; 20% *p-Chlorbenzylamin*, Kp.$_{15}$ 115—117°; *Acetylderiv.*, F. 106°. — m-Methoxybenzaldehyd (wie vorst.) → 45% *m-Methoxybenzylamin*, Kp.$_{15}$ 128° [*Pikrat*, $C_{14}H_{14}O_8N_4$, F. 185° (A.)]; 5% *m-Methoxybenzylalkohol*, Kp.$_{25}$ 148°; *Phenylurethan*, F. 105°. — *α-Naphthaldehyd* (nach SOMMELET; 3 Std. bei 60—70°, 80 at) → 67% *α-Oxymethylnaphthalin*, Kp.$_{12}$ 160—163°. — β-Methoxy-α-naphthaldehyd (2 Std. bei 60°, 130 at) → 61% *β-Methoxy-α-aminomethylnaphthalin*, F. 69°, Kp.$_{11}$ 186—187° [*Pikrat*, $C_{18}H_{16}O_8N_4$, F. 245° (A.)]; 8% *β-Methoxy-α-oxymethylnaphthalin*, F. 100°. — *9-Anthraldehyd* (nach der N-Methylformanilidmeth. in o-Dichlorbenzol in Ggw. von $POCl_3$; 2 Std. bei 70—80°, 120 at) → 28% *9-Oxymethylanthracen*, $C_{15}H_{12}O$, F. 163° (A.) [*Acetat*, $C_{17}H_{14}O_2$, F. 110,5° (A.–W.)]; 40% *9-Oxymethyl-9.10-dihydroanthracen*, F. 131,5°. — Pyrenaldehyd-(3) (1½ Std. bei 60°, 80 at) → 70% *3-Oxymethylpyren*, F. 124°. (Bull. Soc. chim. France, Mém. [5] **21**. 615—21. Mai 1954. Champigny, Labors. Métayer, Inst. du Radium et Labor. de rech.) J. ROTHE. 1110

G. D. Buckley, *Reaktion von Diazomethan mit Arylidenanilinen.* Diazomethan (I) bildet mit Arylidenanilinen heterocycl. Verbb. mit Triazolinstruktur, die, wie Infrarotspektren u. Misch-FF. beweisen, mit den aus den entsprechend substituierten Phenylaziden u. Styrolen gebildeten Triazolinen ident. sind. Dabei entsteht aus den Nitroderivv. von Benzylidenanilin u. I nicht, wie MUSTAFA, C. **1950**. I. 2351 angibt, 4.5-Diaryl-1.2.4-triazolin, sondern 1.5-Diaryl-1.2.3-triazolin.

V e r s u c h e: *1.5-Di-[p-nitrophenyl]-1.2.3-triazolin*, $C_{14}H_{11}O_4N_5$, F. 178° (unter Zers.; Äthylacetat), aus 2 g n-Nitro-p'-nitrobenzylidenanilin u. 4 g I in Ae., 10 Tage bei 0° (Ausbeute 10—15%), oder aus 3 g p-Nitrophenylazid u. 3 g p-Nitrostyrol in Äthylacetat, 4 Std. auf Wasserbad. *1.5-Diphenyl-1.2.3-triazolin* (II), $C_{14}H_{13}N_3$, F. 128° (Zers.; Methanol), aus Benzylidenanilin in Methanol u. I in Ae., 10 Tage bei 0°, oder aus Phenylazid u. Styrol u. Äthylacetat. *5-p-Chlorphenyl-1-phenyl-1.2.3-triazolin* (III), $C_{14}H_{12}N_3Cl$, F. 128° (Zers. bei ca. 145°; Methanol), analog aus p-Chlorbenzylidenanilin u. I. Die Darst. von II u. III gelingt nur in Ggw. von Methanol. (J. chem. Soc. [London] **1954**. 1850—51. Juni. Winnington, Cheshire, Imp. Chem. Ind., Res. Dep.) G. PAULIG. 1120

Henry Gault und **Marguerite Dorgans**, *Über die Darstellung des o-Carboxyphenylacetonitrils. o-Carboxyphenylacetonitril*, F. 120—121°, wird am besten nach folgender Vorschrift erhalten: Man mischt reines Phthalid (F. 73°) u. reines trockenes KCN in Portionen von nicht mehr als 15—20 g, erhitzt innerhalb ca. 1½ Std. auf 180—185°, nach Beginn des Schmelzens unter langsamem Rühren, hält weitere 4—5 Std. auf dieser Temp., löst in W. u. säuert mit HCl an, nachdem man Verunreinigungen abfiltriert hat. Hellgelber Nd., Ausbeute 85%. (Bull. Soc. chim. France, Mém. [5] **21**. 827. Juni 1954. Bellevue, C. N. R. S., Centre d'Études et de Rech. de Chim. Organ. Appl.) J. ROTHE. 1220

Walter Theilacker und **Hans-Georg Winkler**, *Eine einfache Methode zur Darstellung von optisch-aktivem α-Phenyläthylamin.* Durch einmalige Kristallisation des *α-Phenyläthylamin-(+)-hydrogentartrates* [aus 50 g α-Phenyläthylamin (I) u. 62,5 g d-(+)-Weinsäure] in 900 cm³ Methanol läßt sich durch Einengen auf 300 cm³ zu 84% der Theorie vollakt. (—)-I (Kp.$_{112}$ 73°, $[\alpha]_D^{22}$ —40,3°, D.$^{22}_4$ 0,950) u. aus dem aus den Tartratmutterlaugen gewonnenen Amin über das neutrale Sulfat vollakt. (+)-I ($[\alpha]_D^{22}$ +39,1°, D.$^{20}_4$ 0,950) gewinnen. (Chem. Ber. **87**. 690—91. 1954. Hannover, TH, Organ.-chem. Inst.) LIEBIG. 1310

L. G. Krolik und **W. O. Lukaschewitsch**, *Über das Hydrochlorid des Hydrazobenzols und einige seiner Umwandlungen. Hydrazobenzolhydrochlorid* (I) wird durch Umsetzung der äther. Lsg. von Hydrazobenzol (II) bei 0° mit der genau äquivalenten Menge HCl (äther. Lsg. tropfenweise) dargestellt. Das unter Ausschluß der Luftfeuchtigkeit filtrierte, mit Ae. gewaschene Prod. zers. sich an der Luft rasch, manchmal unter Verpuffung, die auch beim Erhitzen u. beim Anfeuchten mit W. auftritt. Bei rascher Zugabe einer größeren Menge W. zu frisch bereitetem I in Ae. werden durch Hydrolyse 85% II regeneriert, auch Basen wie Anilin (III) setzen II frei; mit o-Hydrazoanisol tritt teilweise Oxydation zu *Azobenzol* (**IV**) ein (während ersteres in Anisidin übergeht), mit Säuren Umlagerung. Bei o- u. p-Hydrazotoluol u. o-Hydrazoanisol gelingt die Darst. des Hydrochlorids nicht, das von m-Hydrazotoluol ist noch unbeständiger als **I**. Bei der Umlagerung von **I** in absol. Ae. werden neben *Benzidin* (**V**), *Diphenylin, o.o'-Diaminodiphenyl* u. *o-Aminodiphenylamin* nur Spuren **III** u. **IV** erhalten, erst nach mehrtägigem Stehen in größerer Menge, anscheinend durch Disproportionierung von **I**, daneben wird Rückbldg. von **II** festgestellt. Zers. im N_2- oder CO_2-Strom bei 75–80° führt zur Bldg. größerer Mengen von **III**, **IV** u. Umlagerungsprodd. neben wenig **II**. **V** tritt hier u. bei Zers. in A. hauptsächlich als Monohydrochlorid auf. Beim Einleiten von trocknem HCl in **II** bei –20° wird etwa entstehendes **I** sofort zersetzt. **I** ist das Monochlorid $[RHHNH_2R]^+Cl^-$; die Existenzfähigkeit eines Dihydrochlorids wird bezweifelt, höchstens eine lockere Verb. mit HCl erscheint möglich. (Доклады Академии Наук СССР [Ber. Akad. Wiss. UdSSR] [N. S.] **93**. 663–66. 1/12. 1953. Wiss. Woroschilow-Forschungsinst. für organ. Zwischenprodd. u. Farbstoffe.) R. K. Müller. 1310

K. D. Petrow und **G. B. Talkowski**, *Über die Reaktion von Anilin mit Äthylenoxyd. β-Oxyäthylanilin* wurde neben wenig *Bis-[β-oxyäthyl]-anilin* (**I**) aus Anilin (**II**) u. Äthylenoxyd (**III**) bei 70–100° ohne Anwendung von Druckgefäßen erhalten.

Versuche: *β-Oxyäthylanilin*, $C_8H_{11}ON$, $Kp._{766}$ 275–277°; $Kp._3$ 134–135°; in 465 g auf 80–90° erhitztes **II** werden in 6 Std. 44 g **III** eingeleitet; gelbliches Öl; $D.^{20}_{20}$ 1,0971; n_D^{20} 1,5790; 127 g (Ausbeute) neben 3 g **I**. — *Diacetat* von **I**, $C_{14}H_{19}O_4N$, $Kp._4$ 177–180°; 2172 g **I** werden mit 1820 g Eisessig u. 350 ml Bzl. unter Rühren zum Sieden erhitzt, bis nach 16 Std. die theoret. Menge W. zusammen mit Bzl. u. CH_3CO_2H abdest. ist; gelbliche, bewegliche Fl.; $D.^{20}_{20}$ 1,1264; n_D^{20} 1,5223; Mol.-Refr. 70,50; 85%. — *Dibutyrat* von **I**, $C_{18}H_{27}O_4N$, $Kp._5$ 195–200°; analog Vorst. mit Buttersäure u. Toluol statt Bzl.; $D.^{20}_{20}$ 1,0592; n_D^{20} 1,5080; 92%. (Журнал Прикладной Химии [J. angew. Chem.] **25**. 1225–27. Nov. 1952.) Wörffel. 1320

K. D. Petrow, *Über die Anlagerungsweise von Anilin an Propylenoxyd.* Aus Propylenoxyd (**I**) u. Anilin (**II**) entsteht *β-Oxypropylanilin* (**III**), entsprechend der Krassuskischen Regel (Химический Журнал. Серия А. Журнал Общей Химии [Chim. J. Ser. A, J. allg. Chem.] **6** (**68**). [1936.] 460), nach der bei der Anlagerung von Aminen an asymm. α-Oxidoverbb. derjenige Aminoalkohol entsteht, dessen OH-Gruppe an das wasserstoffärmere C gebunden ist; die Angabe des A. P. 2432586 (C. **1951**. II. 1070), daß *β*-Oxyisopropylanilin entsteht, ist demnach zu berichtigen. Zur Bestätigung der Konst. wurde **III** aus Brombenzol (**IV**) u. 1-Amino-2-oxypropan (**V**) synthetisiert. Die Identität beider **III**-Präpp. wurde noch durch Kondensation mit Benzaldehyd (**VI**), wobei *5-Methyl-2.3-diphenyloxazolidin* gebildet wurde, gesichert.

Versuche: *β-Oxypropylanilin* (**III**), $C_9H_{13}ON$, $Kp._{762}$ 269,5–270,5°; $Kp._3$ 122 bis 123°; a) aus 157,96 g **IV** u. 172,5 g **V** in Ggw. von 15,96 g Kupfersulfat u. 10 ml W., 24 Std. unter Rühren bei 125–130°; 18 g (Ausbeute); b) aus 465 g **II** u. 58 g **I**, 8 Std. unter Rühren bei 125–130°; 105,7 g. Gelbliches Öl; $D.^{20}_{20}$ 1,0593; n_D^{20} 1,5620; Mol.-Refr. 45,9. — *5-Methyl-2.3-diphenyloxazolidin*, $C_{16}H_{17}ON$, F. 88,5–89,5; $Kp._8$ 183 bis 186°; aus 15,1 g **III** u. 15,9 g **VI** in 100 ml A. + 2 Tropfen HCl (D. 1,18), 3 Std. bei Zimmertemp.; aus A. Kristalle; 14 g. (Сборник Статей по Общей Химии [Samml. Aufsätze allg. Chem.] **1**. 374–77. 1953. Wiss. Frunse-Forschungsinst. für plast. Massen.) R. Knobloch. 1320

A. N. Nessmejanow und **L. G. Makarowa**, *Synthese aromatischer Thalliumverbindungen mittels Diazoniumverbindungen.* Bei der Spaltung von Aryldiazoniumborfluoriden in Aceton mit einer Tl/Na-Legierung oder Tl-Pulver entstehen thalliumorgan. Verbb.: $2\,ArN_2BF_4 + NaTl$ (oder 2 Tl) $\rightarrow Ar_2TlBF_4 + 2\,N_2 + NaBF_4$ (bzw. $TlBF_4$). Die gebildeten Doppelsalze sind durch Erwärmen mit HCl spaltbar, wobei man die entsprechenden *Diarylthalliumchloride* erhält. Ausbeute ca. 10%, bei Diphenylthalliumchlorid (**I**) ca. 20%. Die Doppelsalze von Benzol- u. p-Toluoldiazoniumchlorid mit $TlCl_3$ ließen sich mit Fe oder Tl in Aceton ebenfalls (mit erheblich schlechterer Ausbeute) spalten: $2\,C_6H_5N_2ClTlCl_3 + 2\,Fe \rightarrow (C_6H_5)_2TlCl + 2\,FeCl_2 + 2\,N_2 + TlCl_3$.

Versuche: *Diphenylthalliumchlorid* (**I**), $C_{12}H_{10}ClTl$; a) man trägt eine durch Zerreiben unter Heptan feinzerteilte Legierung aus 5,6 g Tl u. 0,6 g Na in eine Suspension von 6 g $C_6H_5N_2BF_4$ in 50 ml Aceton bei –15 bis 2° unter intensivem Rühren ein u. rührt noch 2 Std.; am nächsten Tag wird das Lösungsm. im Vakuum entfernt, der Rückstand mit 40 ml HCl (1:1) erwärmt, der Nd. abgesaugt, mit W. u. Aceton gewaschen, mit Pyridin ausgekocht u. die Lsg. zur Kristallisation eingedampft; 18% (Ausbeute); b) aus 5 g $C_6H_5N_2BF_4$ u. 8 g Tl in Aceton analog Vorst.; 20%. **I** ist ein bis 320° nichtschm. Pulver. — *Di-p-tolylthalliumchlorid*, $C_{14}H_{14}ClTl$. — *Di-p-chlor-*

phenylthalliumchlorid, $C_{12}H_8Cl_3Tl$. — *Di-p-methoxyphenylthalliumchlorid*, $C_{14}H_{14}O_2ClTl$. — *Di-o-methoxyphenylthalliumchlorid*, $C_{14}H_{14}O_2ClTl$. — *Di-p-äthoxyphenylthalliumchlorid*, $C_{16}H_{18}O_2ClTl$; Ausbeute, wie auch bei nachst. Verb., sehr gering. — *Di-p-carbäthoxyphenylthalliumchlorid*, $C_{18}H_{18}O_4ClTl$. (Доклады Академии Наук СССР [Ber. Akad. Wiss. UdSSR] [N. S.] **87.** 417—20. 21/11. 1952. Inst. für organ. Chem. der Akad. der Wiss. der UdSSR.) H. v. PEZOLD. 1380

Joseph M. Lamberti und **Paul H. Wise,** *Synthese und physikalische Eigenschaften einiger C_{12}- und C_{13}-Phenylalkan- und -Cyclohexylalkankohlenwasserstoffe.* Vff. berichten über Darst. u. Eigg. von 4 *Phenylalkanen* u. 3 *Cyclohexylalkanen*, die aus den Phenylalkanen oder aus den entsprechenden Phenylalkenen durch Hydrierung gewonnen wurden. Die Phenylalkane wurden durch GRIGNARD-Synth. des entsprechenden Carbinols, Dehydratisierung über Al_2O_3 u. partielle katalyt. Hydrierung des dabei erhaltenen Olefingemisches dargestellt. Die Olefine wurden durch Ozonisierung identifiziert.

Versuche: *3-Phenylhexanol-(3)*, aus n-Propylbromid (Kp. 70—71°), Mg u. Propiophenon (F. 16—18°) in absol. Ae.; Zers. mit gesätt. NH_4Cl-Lsg., Abdampfen bei n. Druck u. rasche Dest. des bernsteinfarbigen Öles unter vermindertem Druck; 84% (Ausbeute). — *3-Phenylhexen-(2)*, Kp. 218,0°, im Gemisch mit *3-Phenylhexen-(3)*, Kp. 200,0°, durch Dehydratisierung vorst. Carbinols über Al_2O_3 bei 220—250° u. Fraktionierung bei 100 mm; n_D^{20} 1,5225 bzw. 1,5118; zusammen 85%. Ozonisierung in A. führt zu *Acetaldehyd* (*2.4-Dinitrophenylhydrazon* [DNP], F. 146,0—147,5°) u. *Butyrophenon* bzw. zu *Propionaldehyd* (*DNP*, F. 150,0—151,0°) u. *Propiophenon* (*Semicarbazon*, F. 172,5—173,0°.) — *3-Phenylhexan* (I), F. —55,37°, $Kp._{760}$ 208,25°, durch Hydrierung vorst. Olefingemisches im Schüttelautoklaven bei 150—180° u. 2500—2800 lbs./sq.in. in Ggw. von 10 Gew.-% Cu-Chromitkontakt, Fraktionierung unter vermindertem Druck u. Chromatographie an Silicagel; n_D^{20} 1,4867; $D.^{20}_4$ 0,85955; fast 100%. — *3-Cyclohexylhexan*, $Kp._{760}$ 216,62°, durch Hydrierung von I bei 170—180° u. 2500 lbs./sq.in. in Ggw. von 10 Gew.-% Ni-Kontakt, Fraktionierung unter vermindertem Druck u. Chromatographie an Silicagel; n_D^{20} 1,4525; $D.^{20}_4$ 0,82334; fast 100%. — *1-Phenyl-2-äthylbutanol-(1)*, aus Brombenzol (Kp. 156,9°) u. 2-Äthylbutyraldehyd; 72%. — *1-Phenyl-2-äthylbuten-(1)*, Kp. 220,0°; n_D^{20} 1,5223; 71%. Ozonisierung gibt *Benzaldehyd* (*DNP*, F. 239,5—240,5°) u. *Diäthylketon* (*DNP*, F. 156,5°). — *1-Phenyl-2-äthylbutan*, $Kp._{760}$ 216,66°; n_D^{20} 1,4916; $D.^{20}_4$ 0,86816. — *1-Cyclohexyl-2-äthylbutan*, $Kp._{760}$ 214,52°; n_D^{20} 1,4498; $D.^{20}_4$ 0,81736. — *3-Phenyl-2.4-dimethylpentanol-(3)*, aus C_6H_5Br u. Diisopropylketon; 73%. — *3-Phenyl-2.4-dimethylpenten-(3)*, Kp. 211,0°; n_D^{20} 1,5073; 62%. Ozonisierung gibt *Phenylisopropylketon* (*DNP*, F. 163,0—163,5°) u. *Aceton* (*DNP*, F. 129,0—129,5°). — *3-Phenyl-2.4-dimethylpentan*, F. —24,45°; $Kp._{760}$ 219,01°; n_D^{20} 1,4922; $D.^{20}_4$ 0,87077. — *3-Cyclohexyl-2.4-dimethylpentan*, $Kp._{760}$ 214,84°; n_D^{20} 1,4550; $D.^{20}_4$ 0,82836. — *1-Phenyl-2.4-dimethylpentanol-(2)*, aus Benzylchlorid u. Methylisobutylketon (Kp. 115—116°); 62%. — *1-Phenyl-2.4-dimethylpenten-(2)*, Kp. 222,0°, im Gemisch mit *1-Phenyl-2.4-dimethylpenten-(1)*, Kp. 235,8°, durch Dehydratisierung vorst. Carbinols; n_D^{20} 1,4997 bzw. 1,5201. Ozonisierung führt zu *Isobutyraldehyd* (*DNP*, F. 183,7—184,7°) u. *Benzylmethylketon* (*Semicarbazon*, F. 186,0—187,0°) bzw. zu *Isobutylmethylketon* (*DNP*, F. 91,5—92,0°) u. *Benzaldehyd*. — *1-Phenyl-2.4-dimethylpentan*, $Kp._{760}$ 225,02°; n_D^{20} 1,4872; $D.^{20}_4$ 0,85659. — Die Schmelzwärmen, Verbrennungswärmen u. Viscositäten (bei verschied. Tempp.) der KW-stoffe werden tabellar. angegeben. (J. Amer. chem. Soc. **75.** 4787—89. 5/10. 1953. Cleveland, O., Nat. Advisory Committee for Aeronautics, Lewis Flight Propulsion Labor.) KLASSKE. 1810

Algird Kreuchunas, *Synthese und Oxydation von Polymethylen-bis-cycloalkenen.* Vf. synthetisiert *α.ω-Bis-cycloalkenylpolymethylene* durch Dehydratisierung der entsprechenden, aus den Di-GRIGNARD-Verbb. der α.ω-Dibromalkane u. Cyclanonen dargestellten, jedoch nicht isolierten *Diole* über $Al_2(SO_4)_3$. $KMnO_4$-Oxydation der Verbb. führt zu *Diketodicarbonsäuren* $HOOC(CH_2)_mCH_2CO(CH_2)_nCOCH_2(CH_2)_m \cdot COOH$. Die Di-Mg-Verb. des 1.6-Dibromhexans gab mit Cyclohexanon (I) nur 23,4% *Dien* (III), 10,5% *Cyclohexanol* (Red. von I durch das Monoaddukt der Di-GRIGNARD-Verb. oder diese selbst) u. 29,7% *6-[Cyclohexen-(1)-yl-*(1)*]-hexen-(1)* (II).

Versuche (FF. korr.): *1.6-Bis-[cyclohexen-(1)-yl-(1)]-hexan* (III), $C_{18}H_{30}$, $Kp._4$ 166—168°, durch Rk. der aus 61 g 1.6-Dibromhexan dargestellten Di-GRIGNARD-Verb. mit 49 g I (Zugabe bei 5—10°, 1 Std. Kochen), Zers. mit 20%ig. wss. NH_4Cl, Waschen mit 40%ig. wss. $NaHSO_3$ u. Dest. des 55—59 g rohen tert.-Carbinolgemisches bei 300—320° über wasserfreiem $Al_2(SO_4)_3$; Kolonnendest. liefert *6-[Cyclohexen-(1)-yl-(1)]-hexen-(1)* (II), $C_{12}H_{20}$, $Kp._4$ 78—80°, n_D^{25} 1,4700; 12,2 g (Ausbeute), u. III; n_D^{25} 1,4951; 14,4 g. Bei der direkten Dest. des rohen Carbinolgemisches können noch 5,23 g *Cyclohexanol*, Kp. 159—160°, n_D^{25} 1,4581 erhalten werden; identifiziert als

Cyclohexyl-N-phenylcarbamat, F. 85—86° (PAe.). — *6-[1-Oxycyclohexyl]-hexen-(1)*, $C_{12}H_{22}O$, Kp.$_{0,125}$ 86°, läßt sich aus dem rohen Carbinolgemisch isolieren, wenn letzteres nicht mit wss. $NaHSO_3$ gewaschen wird, wodurch die spontane Dehydratisierung herabgemindert wird; n_D^{25} 1,4774; 15 g. Daneben wird eine nicht näher identifizierte *Verb.* $C_7H_{14}O$, F. 97,5—99° (Äthylacetat, danach Ae.), Kp.$_{0,1}$ 125°, als zunächst dickes Öl erhalten; 8 g. — *6-Ketoundecandisäure-(1.11)*, $C_{11}H_{18}O_5$, F. 113,2—113,8° (Chlf.-PAe., danach Bzl.), durch Oxydation von **II** in Aceton + W. mit $KMnO_4$ im Eisbad u. Ausäthern des Filtrats; 11% roh. — *6.13-Diketooctadecandisäure-(1.18)*, F. 135—136° (W.), durch Oxydation von **III** wie vorst.; 25,8%. — *1.6-Bis-[cyclopenten-(1)-yl-(1)]-hexan*, $C_{16}H_{26}$, Kp.$_4$ 143—146°, wie **III** aus Cyclopentanon; n_D^{25} 1,4980; 12,1%. — *5.12-Diketohexadecandisäure-(1.16)*, F. 142,2—143,4° (W., CH_3OH, Ligroin, schließlich CH_3COOH), durch Oxydation vorst. Verb.; 47,7%. — *1.10-Bis-[cyclohexen-(1)-yl-(1)]-decan*, $C_{22}H_{38}$, Kp.$_2$ 187—198°, aus 1.10-Dibromdecan, Mg u. **I**; 11,8%. (J. Amer. chem. Soc. **75**. 4278—79. 5/9. 1953. Cambridge, Mass., Massachusetts Inst. of Technol., Dep. of Chem.) KLASSKE. 1810

Robert Berner Loftfield und **Lawrence Schaad**, *Die alkalische Umlagerung von α-Halogenketonen*. 3. Mitt. *Einfluß des Halogenaustausches*. (2. vgl. C. **1953**. 6009.) Bei der Rk. von α-Halogenketonen mit Na-Alkoholaten entsteht ein Gemisch von Umlagerungs- (Estern) u. Substitutionsprodd. (α-Oxyketalen). Die Ester entstehen über ein Cyclopropanonderiv. (vgl. l. c.), die Ketale über ein Alkoxyepoxyd. Vff. fanden, daß der Übergang vom Chlor- (**I**) zum Brommethylcyclohexylketon (**II**) einen Einfl. auf das Verhältnis des Umlagerungsprod. zum Substitutionsprod. hat, wie die aufgestellten Mechanismen es erfordern. Aus **II** u. $NaOC_2H_5$ wurden Prodd. erhalten, die wahrscheinlich *Oxymethylcyclohexylketondiäthylketal* (**III**) u. *2.5-Dicyclohexyl-2.5-diäthoxy-1.4-dioxan* (**IV**) sind. **I** gab mit $NaOC_2H_5$ *1-Methylcyclohexancarbonsäureäthylester* (20%), **III** (12%) u. **IV** (13%). Die von MOUSSERON u. Mitarbeitern (C. **1952**. 6050) durchgeführte Rk. von **I** mit $NaOCH_3$ wurde wiederholt, wobei *1-Methylcyclohexancarbonsäuremethylester* (Kp.$_{20}$ 60—62°; 15%), *Oxymethylcyclohexylketondimethylketal* (Kp.$_{20}$ 120°; 23%), *2.5-Dicyclohexyl-2.5-dimethoxy-1.4-dioxan* (Kp.$_{3,5}$ 180°; 16%) u. *Cyclohexancarbonsäure* (**V**; 21%) erhalten wurden. Die Prodd. wurden durch ihre Infrarotspektren bzw. Verseifungsgeschwindigkeit identifiziert u. die Abwesenheit des von MOUSSERON u. Mitarbeitern gefundenen Cyclohexylessigsäuremethylesters festgestellt. Bei Feuchtigkeitsausschluß wurde aus **I** u. $NaOCH_3$ keine **V** gebildet. Vermutlich entsteht **V** durch Hydrolyse des Zwischenprod. 2-Cyclohexyl-2-methoxyäthylenoxyd zu *Oxymethylcyclohexylketon* (**VI**) u. nachfolgende hydrolyt. Spaltung zu **V** u. CH_2O. Verss. mit **VI** u. $NaOC_2H_5$ in A. ergaben, daß um so weniger **V** entsteht, je besser die Feuchtigkeit ausgeschlossen wird. — Verss. zur Darst. von Fluormethylcyclohexylketon mißlangen; das entsprechende Diazoketon gab mit HF nur **VI**; **II** reagierte nicht mit TlF.

Versuche: *Chlormethylcyclohexylketon* (**I**), F. 1,0—2,5°, aus einer Lsg. des Diazoketons in PAe. $C_{14}H_{17}O_4N_4Cl$, durch 2std. Schütteln mit 37%ig. HCl; 74% (Ausbeute). *2.4-Dinitrophenylhydrazon*, F. 132—133,5°. — *Brommethylcyclohexylketon* (**II**), F. —1,5 bis +0,5°, analog **I**; 64%. *2.4-Dinitrophenylhydrazon*, F. 122,5—123°. — Eine kalte Lsg. von **I** in A. wurde tropfenweise unter Rühren zu einer Lsg. von Na in A. gegeben, nach 40 Min. wurde der A. abdest., der Rückstand mit PAe. extrahiert u. dest.: *1-Methylcyclohexancarbonsäureäthylester*, Kp.$_{20}$ 80—85°; 20%, *Oxymethylcyclohexylketondiäthylketal* (**III**), Kp.$_{20}$ 100—120°; 12% u. *2.5-Dicyclohexyl-2.5-diäthoxy-1.4-dioxan* (**IV**), $C_{20}H_{36}O_4$, Kp.$_{20}$ ca. 200°; 13%. — Analoge Rk. von **II** gab **III** (25%) u. **IV** (17%), aber keinen Ester. — Die Infrarotabsorptionsmaxima von **V**, Cyclohexylessigsäure, 1-Methylcyclohexancarbonsäuremethylester u. Cyclohexylessigsäuremethylester werden angegeben. (J. Amer. chem. Soc. **76**. 35—37. 5/1. 1954. Boston, Mass., Harvard Coll., Converse Labors, u. Massachusetts General Hosp., Huntington Labors.) CLEVE. 1960

Jeannine Doucet und **Paul Rumpf**, *Einfluß der Verzweigung des Philodiens auf die Diels-Alder-Reaktion mit Butadien und seinen Derivaten*. 1. Mitt. *Nitrile und Methylester der Acryl- und Methacrylsäure*. Vff. untersuchten die Rkk. von Butadien (**I**), Äthoxypren (**II**; 2-Äthoxybutadien) bzw. Chloropren (**III**) einerseits mit Acrylsäuremethylester (**IV**), Methacrylsäuremethylester (**V**), Acrylnitril (**VI**) bzw. Methacrylnitril (**VII**) andererseits. Die CH_3-Gruppe im Philodien verhindert die Rk. nicht, vermindert aber die Ausbeuten u. erhöht die entsprechenden Reaktionstemperaturen. Die erhaltenen Prodd. wurden durch verschied. weitere Rkk. charakterisiert.

Versuche: *Cyclohexen-(3)-carbonsäure* (*1.2.5.6-Tetrahydrobenzoesäure*), *Methylester*, Kp.$_{15}$ 72°, aus **I** u. **IV** im Autoklaven bei 160° [4½ Std., 20 at (Anfangsdruck)] in Ggw. von Hydrochinon (**VIII**); n_D^{16} 1,4635; 95% (Ausbeute). *Freie Säure*,

$Kp._{18}$ 129°, F. 13—15°. *Chlorid*, $Kp._{14}$ 88°. *Anhydrid*, $Kp._{14}$ 188—189°. — *1-Methylcyclohexen-(3)-carbonsäure* (*1-Methyl-1.2.5.6-tetrahydrobenzoesäure*), *Methylester*, $Kp._{16}$ 73—75°, aus **I** u. **V** wie vorst. (210—220°, 8½ Std., 25 at); Pfefferminzgeruch; n_D^{16} 1,462; 68%. *Freie Säure*, F. 77°. *Chlorid*, $Kp._{15}$ 74—76°; 60—80%. *Amid*, F. 87°. *Anhydrid*, $Kp._{18}$ 182°, aus der Säure u. $SOCl_2$ (kein Überschuß). — *1-Propionyl-1-methylcyclohexen-(3)*, $Kp._{20}$ 96—97°, aus vorst. Chlorid u. C_2H_5MgBr (äquimol. Mengen) in Ae. in Ggw. von CuCl (4 Std.); n 1,478; 60%. *2.4-Dinitrophenylhydrazon*, F. 74,5°. *Hydrazon*, $Kp._{20}$ 165°. Daneben ein *Prod. vom F. 80°* [$Kp._{20}$ 150°] nach seinem Mol.-Gew. entstanden durch Kondensation von 2 Mol vorst. Ketons. Ohne Zusatz von CuCl: *1-[α-Oxy-n-propyl]-1-methylcyclohexen-(3)*, $Kp._{19}$ 103—105°. *p-Nitrobenzoat*, F. 194°. — *1-Cyancyclohexen-(3)* (*1.2.5.6-Tetrahydrobenzonitril*), $Kp._{20}$ 83°, aus **I** u. **VI** in Toluol (12 Std. bei 135°, 20 at, Ggw. von **VIII**); n_D^{16} 1,477; 83%. — Hieraus: Mit Na u. A. *Tetrahydrobenzylamin* (Kp. 170°); mit CH_3MgJ bzw. C_2H_5MgBr die entsprechenden *Ketone* ($Kp._{18}$ 76° bzw. $Kp._{16}$ 84,5°; 80%), charakterisiert durch ihre *Semicarbazone* (F. 173,5 bzw. 147°) u. *2.4-Dinitrophenylhydrazone* (F. 144 bzw. 141°). — *1-Methyl-1-cyancyclohexen-(3)* (*1-Methyl-1.2.5.6-tetrahydrobenzonitril*), $Kp._{20}$ 83°, aus **I** u. **VII** in Toluol (13 Std. bei 180°, 25 at, Ggw. von **VIII**); Bittermandelgeruch; n_D^{16} 1,472; 53%; reagierte nur unvollständig mit C_2H_5MgBr zum entsprechenden Keton. — *4-Äthoxycyclohexen-(3)-carbonsäuremethylester*, $Kp._{15}$ 125—126°, aus **II** u. **IV** (5 Std. bei 160°, 2,5 at, Ggw. von **VIII**); n_D^{16} 1,464; 50%. — Hieraus *Cyclohexanon-(4)-carbonsäure*, F. 67—68°. *4-Äthoxy-1-cyancyclohexen-(3)*, $Kp._{15}$ 125—126°, aus **II** u. **VI** in Toluol (12 Std. bei 135—140°, 4 at, Ggw. von **VIII**); n_D^{20} 1,4775; 90%. — Hydrolyse mit 2%ig. H_2SO_4 in der Kälte → *4-Cyancyclohexanon*, $Kp._{12}$ 139—141°; 85%. — Red. mit Al-Isopropylat in Isopropanol (8 Std. Kochen) → *4-Cyancyclohexanol*, $Kp._{12}$ 153—154°; 80%. — Daraus mit C_2H_5MgBr in Ae. → *4-Propionylcyclohexanol*, $Kp._{13}$ 143—144°; 50%; *Semicarbazon*, Öl; *2.4-Dinitrophenylhydrazon*, F. 75°. — *1-Methyl-1-cyan-4-äthoxycyclohexen-(3)*, $Kp._{15}$ 125—126°, aus **II** u. **VII** in Toluol (12 Std. bei 180°, 4 at, Ggw. von **VIII**); n_D^{16} 1,478; 50%. — *4-Chlorcyclohexen-(3)-carbonsäuremethylester*, $Kp._{15}$ 109—111°, aus **III** u. **IV** [5 Std. bei 160°, 5 at, Ggw. von Pyrogallol (**IX**)]; Anisgeruch; n_D^{16} 1,485; 60%; ließ sich mittels Chloranils nicht dehydrieren. — Mit alkoh. Na_2CO_3 (Kochen) oder mit CH_3COOH—CH_3COONa entstand *4-Chlorcyclohexen-(3)-carbonsäure*, F. ca. 113°. — Bromierung von deren *Chlorid* u. HBr-Abspaltung mit NaOH führte zu *p-Chlorbenzoesäure*, F. 240—241°. — *1-Methyl-4-chlorcyclohexen-(3)-carbonsäuremethylester*, $Kp._{23}$ 119—121°; aus **III** u. **V** in Toluol (9 Std. bei 185—190°, 6 at, Ggw. von **IX**); n_D^{16} 1,491; 38%. — *4-Chlor-1-cyancyclohexen-(3)*, F. 54°, $Kp._{20}$ 127—130°, aus **III** u. **VI** in Toluol (12 Std. bei 145°, 5 at, Ggw. von **IX**); 34%. — *1-Methyl-1-cyan-4-chlorcyclohexen-(3)*, $Kp._{15}$ 114—116°; aus **III** u. **VII** in Toluol (12 Std. bei 180°, 6 at, Ggw. von **IX**); n_D^{16} 1,511; 11%. (Bull. Soc. chim. France, Mém. [5] **21**. 610—13. Mai 1954. Bellevue, C. N. R. S., Centre d'Études et de Rech. de Chim. Organ. Appl.) J. ROTHE. 2010

Kurt Alder, Joseph Haydn und **Bruno Krüger**, *Über die Addition von Itacon-, Citracon- und Mesaconsäure an trans-α-Phenylbutadien.* (*Zur Kenntnis der Diensynthese mit unsymmetrischen Addenden.*) 39 Mitt. *zur Kenntnis der Diensynthese.* (38. vgl. C. **1954**. 8563.) Bei der Addition von *Itaconsäureanhydrid* (**V**) an *trans-α-Phenylbutadien* (**I**) entstehen nach anschließender Verseifung zur Hauptsache in etwa gleicher Menge die beiden möglichen o-Additionsprodd., die diastereomeren *2-Phenylcyclohexen-(3)-carbonsäure-(1)-essigsäuren-(1)* (**IIa** bzw. **b**), ohne daß die entsprechenden m-Verbb. nachgewiesen werden konnten. **IIa**- u. **b**-Methylester lassen sich zur *o-Phenylbenzoesäure* dehydrieren. Die höherschm. Säure **IIa** kann im Gegensatz zur niedrigerschm. **IIb** zu *9-Oxo-1.2.9.10.11.12-hexahydrophenanthrencarbonsäure-(11)* bzw. dem *Lacton* **III** cyclisiert werden, deren Konst. als Phenanthronderiv. durch S-Dehydrierung zu *Phenanthron-(9)* u. SeO_2-Oxydation zu *9.10-Dioxo-1.2.9.10.11.12-hexahydrophenanthrencarbonsäure-(11)* bewiesen; letztere läßt sich mit S in *Phenanthrenchinon* überführen. Mit der möglichen Cyclisierung von **IIa** ist gezeigt, daß dieses höchstwahrscheinlich die C_6H_5- u. $HOOCCH_2$-Gruppe in cis-Stellung zueinander enthält, **IIb** demnach in trans-Stellung. — *Citraconsäureanhydrid* (**VI**) liefert mit **I** in Bzl. ein einheitliches Addukt (**IV**), das bei der Dehydrierung unter CH_3-Eliminierung *3-Phenylphthalsäureanhydrid* bildet. Daß auch **IV** die o-Struktur zukommt, geht aus der Dehydrierung der Säure (**VIIa**) zu *2-Methyl-3-phenylbenzoesäure* (**VIII**) hervor. **IV** ist ident. mit dem bei Rk von **V** mit **I** entstehenden Nebenprod., welches durch Isomerisierung von **V** in **VI** vor der Addition entsteht. Nach dem „cis-Prinzip" u. dem „allg. Orientierungsschema" (vgl. 30. Mitt., C. **1954**. 523) müssen in **VIIa** beide COOH-Gruppen mit der C_6H_5-Gruppe in einer

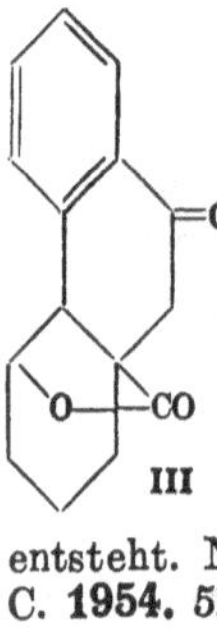

III

Ebene liegen, was bewiesen wird durch Ringschluß mit konz. H_2SO_4 zu *10-Methyl-1.2.10.11-tetrahydrofluorenoncarbonsäure-(1)*. — 2 zu **VII** stereoisomere Säuren (sie lassen sich auch zu **VIII** dehydrieren) entstehen als Ester bei der Addition von *Mesaconsäuredimethylester* (**IX**) an **I** im Verhältnis 3 : 1; die in größerer Menge anfallende (**VIIb**) enthält C_6H_5- u. die o-ständige COOH-Gruppe in einer u. CH_3- u. dazu nachbarständige COOH-Gruppe in der anderen Ebene, die in geringerer Menge entstehende (**VIIc**) beide COOH-Gruppen in einer u. C_6H_5- u. CH_3-Gruppe in der anderen Ebene: **VIIb** kann auch aus **VIIa** durch Umlagerung des Dimethylesters mit CH_3ONa erhalten werden u. liefert in der Schmelze **VIIa** als Anhydrid **IV** zurück. — Den Additionen von **V**, **VI** u. **IX** an **I** ist die größtmögliche Anhäufung der Substituenten gemeinsam.

Versuche: Nach 40std. Erhitzen von **I** u. **V** mit etwas Hydrochinon in Toluol dest. bei 235—245°/13 mm das Adduktgemisch als zähes gelbes Öl über; 75% (Ausbeute); bei Anreiben mit Essigester, mehrwöchigem Stehen u. fraktionierter Kristallisation aus Essigester–Ligroin werden annähernd gleiche Mengen *2-Phenylcyclohexen-(3)-carbonsäure-(1)-essigsäure-(1)*(**IIa**)*-anhydrid*, $C_{15}H_{14}O_3$, F. 85°, Blöcke aus Essigester–Ligroin, u. das diastereomere **IIb**-*Anhydrid*, $C_{15}H_{14}O_3$, F. 92°, Blättchen aus Essigester–Ligroin, gewonnen. — Das dest. Adduktgemisch liefert nach 1std. Kochen mit Sodalsg., Ausäthern u. Ansäuern im schwach alkal. Gebiet **VIIa**; **IIa** u. **b** werden aus dem ursprünglichen Öl erst im schwach sauren Gebiet gefällt, getrennt werden sie durch Lösen in heißem Eisessig, beim Erkalten fällt zuerst **IIa**, $C_{15}H_{16}O_4$, F. 208°, dann **IIb**, $C_{15}H_{16}O_4$, F. 157° (Essigester). Alle 3 Säuren werden durch Erwärmen mit CH_3COCl in die Anhydride übergeführt. — **IIa**-*Dimethylester*, $C_{17}H_{20}O_4$, mit CH_2N_2, F. 68° (CH_3OH). — **IIb**-*Dimethylester*, $C_{17}H_{20}O_4$, F. 84° (CH_3OH). — Nach Erhitzen von **IIa** oder **b** mit Pd-Kohle unter N_2 auf 250° sehr langsames Steigern der Temp. auf 320° (3—4 Std.), Aufkochen mit Essigester, Abdest., 4std. Erhitzen mit 2nNaOH, Ausäthern, Ansäuern (rohe *o-Phenylbenzoesäure*, identifiziert als *Anilid*, $C_{19}H_{15}ON$, F. 111° [CH_3OH]), Aufnehmen in Ae., Abdest., Lösen in kalter konz. H_2SO_4 u. Zugabe von W. wird *Fluorenon*, $C_{13}H_8O$, F. 83° (CH_3OH), erhalten; das bei der Dehydrierung aufgefangene fl. Abspaltungsprod. wurde in *Acetanilid* übergeführt; F. 113° (W.). — Versetzen von **IIa** mit konz. H_2SO_4 u. Gießen auf Eis liefert *9-Oxo-1.2.9.10.11.12-hexahydrophenanthrencarbonsäure-(11)* oder das *Lacton* **III**, $C_{15}H_{14}O_3$, F. 213° (CH_3OH); fast 100%; Veresterung mit CH_2N_2 ist nicht möglich. — Vorst. Verb. führt nach Erhitzen mit **S** auf 220°, dann langsam weiter auf 250°, Behandeln mit heißer 2nNaOH u. Ansäuern zu *Phenanthron-(9)*, F. 149° (Ligroin). Wird das vorst. Kondensationsprod. 5 Std. mit SeO_2 in Eisessig erhitzt, entsteht *Δ^3-Tetrahydrophenanthrenchinoncarbonsäure-(11)*, $C_{15}H_{12}O_4$, Nadeln aus Eisessig, F. 229°; 100%; gibt nach 1std. S-Dehydrierung bei 240—250° u. Vakuumsublimation *Phenanthrenchinon*, F. 202° (CH_3OH). — *2-Methyl-3-phenyl-Δ^4-tetrahydrophthalsäure* (**VIIa**)*-anhydrid* (**IV**), $C_{15}H_{14}O_3$, F. 112° (Essigester), durch 18std. Kochen von **I** mit **VI** in Bzl.; 80—85%. — **VIIa**, $C_{15}H_{16}O_4$, F. 211° unter Zers. (Essigsäure), durch Erhitzen von **IV** mit 10%ig. Sodalsg. bis zur Lsg. u. Ansäuern. **VIIa**-*Dimethylester*, $C_{17}H_{20}O_4$, durch CH_2N_2-Veresterung; zeigt nach Kristallisation aus Essigester den F. 128°, läßt man ihn durch Anreiben feinkrist. ausfallen, jedoch den F. 109°; beide Formen sind beliebig ineinander überführbar. **VIIa**-*Monomethylester*, F. 156° (verd. CH_3OH), durch 10std. Kochen von **VIIa** mit Dimethylsulfat in CH_3OH, Eintragen in Sodalsg. (p_H 9), Ausäthern u. Ansäuern der alkal. Lösung. — Nach 7std. Kochen von **VIIa**-Dimethylester mit 10%ig. CH_3ONa-Lsg., Zugabe von W., Abdest. von CH_3OH u. 4std. Kochen entsteht die zu **VIIa** isomere Säure **VIIb**, F. unscharf bei 226° unter Zers. (Essigsäure). **VIIb**-*Dimethylester*, $C_{17}H_{20}O_4$, F. 100° (CH_3OH–W.). — Wird **VIIb** vorsichtig auf 260° erhitzt, entsteht **VIIa**. — 4std. Kochen von **VIIa** mit SeO_2 in Acetanhydrid, Eindampfen des Filtrats, Aufnehmen in Essigester u. Fällen mit Ligroin bildet *3-Phenylphthalsäureanhydrid*, $C_{14}H_8O_3$, F. 142° (Ligroin). — PtO_2-Hydrierung von **VIIa** in Essigester, Einengen u. Fällen mit Ligroin führt zu *2-Methyl-3-phenylhexahydrophthalsäureanhydrid*, F. 95°. — *10-Methyl-1.2.10.11-tetrahydrofluorenoncarbonsäure-(1)*, $C_{15}H_{14}O_3$, F. 178°, entsteht aus **VIIa** durch Erwärmen mit konz. H_2SO_4 u. Versetzen mit Eiswasser nach mehreren Std.; aus CH_3OH Nadeln. — *3-Phenyl-2-methylbenzoesäure*(**VIII**), $C_{14}H_{12}O_2$, F. 156° (CH_3OH), wird erhalten, wenn **VIIa**- oder der daraus durch Umlagerung erhaltene **VIIb**-Dimethylester mit Pd-Kohle dehydriert wird. — Nach 60std. Kochen von 7,8 g **I** mit 6,5 g **IX** in Toluol u. Dest. gehen bei 210° bis 225°/11 mm 6 g Destillat über, aus dem beim Versetzen mit CH_3OH zunächst **VIIb**-*Dimethylester* in Prismen krist.; aus der Mutterlauge wird der isomere **VIIc**-*Dimethylester*, $C_{17}H_{20}O_4$, F. 62°, erhalten; aus PAe. würfelförmige Kristalle; beide lassen sich zu **VIII** dehydrieren. (Chem. Ber. **86**. 1372—80. 1953. Köln, Univ., Chem. Inst.)

NITZSCHKE. 2020

Kurt Alder und **Günter Jacobs**, *Über Dien-Synthesen mit Cycloheptatrien-(1.3.5).* 40. Mitt. *zur Kenntnis der Dien-Synthese.* (39. vgl. vorst. Ref.) Das bereits von Kohler u. Mitarbeitern (C. **1939.** II. 838) beschriebene Addukt aus *Cycloheptatrien-(1.3.5)* (**I**) u. *Maleinsäureanhydrid* (**II**), dessen Tetrahydrosäure verschieden ist von der Dihydrosäure des aus Cycloheptadien-(1.3) u. **II** erhältlichen Addukts, läßt sich, wie schon Kohler u. Mitarbeiter (l. c.) angeben, in eine Di- u. Tetrahydroverb. überführen, von denen erstere gegenüber Br_2 u. $KMnO_4$ recht beständig ist; gleiches gilt für das aus **I** u. *Fumarsäuredichlorid* (**V**) bei nachheriger Verseifung u. Hydrierung erhaltene trans-Addukt (**XV**). Vff. beweisen, daß **I** dabei als *Norcaradien* (**Ia**) reagiert, welches man ebenso durch „intracycl. Diensynth." aus **I** sich entstanden denken kann wie Bicyclo-[0.2.4]-octatrien aus Cyclooctatetraen. Der umgekehrte Prozeß, z. B. der Übergang von Pseudophenylessigester in Cycloheptatriencarbonsäureester, entspricht formal einem „intracycl. Retrodienzerfall". — Vff. beweisen für das *Addukt* aus **I** u. **II** die Konst. **III**; die nur mit einem sehr akt. Katalysator erhältliche *Tetrahydroverb.* wird die Konst. **IV** haben. $KMnO_4$-Oxydation von **III** liefert *4.5-Dioxo-3.6-endocyclopropylenhexahydrophthalsäure*, deren Diketogruppierung mit alkal. H_2O_2 zu *Norcarantetracarbonsäure-(1.2.3.4)* (**XIV**) aufgespalten wurde, die auch aus **III** durch direkte $NaMnO_4$-Oxydation erhältlich ist. Das aus **I** u. **V** bei nachheriger Hydrolyse erhaltene *Addukt* (**VI**) ist ident. mit dem aus der **III** entsprechenden Säure (**IX**) nach Umlagerung erhaltenen Produkt. Auch die Dien-Synth. von **I** mit *Acetylendicarbonsäuredimethylester* (**VII**) ergibt das gleiche Ringsyst.; die aus dem Addukt erhaltene *Tetrahydrosäure* ist ident. mit der aus der **III**-Dihydrosäure nach Umlagerung u. auch mit der aus **VI** durch Hydrierung erhaltenen Verbindung. Die in allen Addukten vorliegende Ringanordnung ist bewiesen durch die therm. Spaltung des Adduktes (**VIII**) aus **I** u. **VII** zu *Phthalsäuredimethylester*; Cyclopropen konnte nicht nachgewiesen werden, doch gab die **VIII** entsprechende Säure mit $NaMnO_4$ *Cyclopropandicarbonsäure-(1.2)*. — Mit Hilfe früher entwickelter Methoden wird gezeigt, daß **III** die Konfiguration **IIIa** hat: **IX** läßt sich in Ggw. von W. zur *Bromlactoncarbonsäure* **X** bromieren, die über die entsprechende *Oxylactoncarbonsäure* **XI** in das *Dilacton* **XII** übergeführt werden kann. Da bei dieser Reaktionsfolge Ringisomerisationen möglich sind, ist erst die zusätzliche Bldg. der Verb. **XIII** bei saurer $KMnO_4$-Oxydation von **XII** für die endo-Konfiguration der COOH Gruppen in **IX** beweisend. Da die Weiteroxydation von **XIII** zu **XIV** führt, ist für diese die cis.cis.cis.cis-Konfiguration festgelegt. Voraussetzung für diese Konfigurationsbetrachtungen ist, daß der Angriff des Philodiens an **Ia** nicht von der Seite aus erfolgt, auf der sich die CH_2-Gruppe des 3gliedrigen Ringes relativ zum Sechsring befindet; die Annahme, daß der Angriff von der entgegengesetzten Seite her erfolgt, ist berechtigt, weil die Addition hier weniger durch die CH_2-Gruppe behindert ist.

III 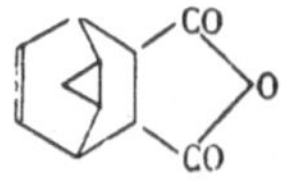

IV 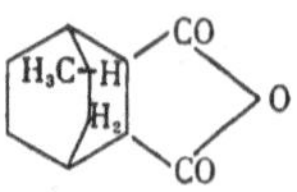

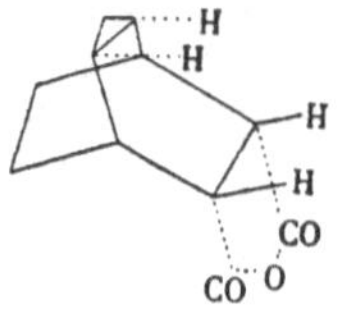

IIIa

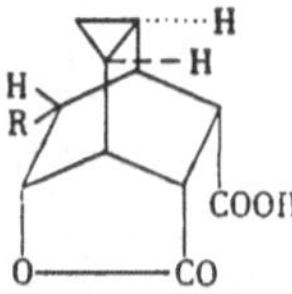

X R = Br; XI R = OH

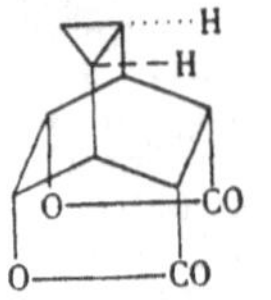

XII

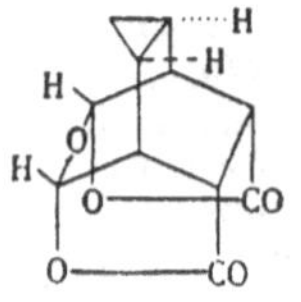

XIII

Versuche: *endo-cis-3.6-Endocyclopropylen-Δ^4-tetrahydrophthalsäure* (**IX**)-*anhydrid* (**III**), $C_{11}H_{10}O_3$, F. 101°, durch 5std. Erhitzen von **I** mit überschüssigem **II** in Xylol oder durch 12std. Erhitzen eines **I**–**Ia**-Gemisches in Bzl. auf 140—150° im Autoklaven; aus Ligroin Nadeln. — **IX**, F. 173° (W.). *Dimethylester*, $C_{13}H_{16}O_4$, F. 70°, mit CH_3OH, Bzl. u. wenig H_2SO_4; aus W. Nadeln. — *cis-3.6-Endocyclopropylenhexahydrophthalsäureanhydrid*, $C_{11}H_{12}O_3$, F. 140°, durch PtO_2-Hydrierung von **III** in Eisessig-Acetanhydrid (4 : 1); aus Ligroin Schuppen. — *Bromlactonsäure* **X**, $C_{11}H_{11}O_4Br$, F. 185°, durch Zutropfen von Br_2 zu **IX** in W.; aus W. Nadeln. — *Oxylactonsäure* **XI**, $C_{11}H_{12}O_5$, F. 279—282°, durch Rk. von **X** mit 20%ig. alkoh. KOH, Ansäuern, Eindampfen u. Ausziehen mit Essigester. — *Dilacton* **XII**, $C_{11}H_{10}O_4$, F. 291—293° (Zers.), durch 1std. Kochen von **XI** mit Essigsäureanhydrid; aus Acetanhydrid dicke Säulen. — *4.5-Dioxo-3.6-endocyclopropylenhexahydrophthalsäure*, $C_{11}H_{10}O_6$, F. 168—169°, durch tropfenweisen Zusatz von 5%ig. $KMnO_4$-Lsg. zu **III** in Sodalsg. unter Einleiten von CO_2, Aufkochen, Ansäuern, Eindampfen, Ausziehen mit Essigester, Einengen u. Versetzen mit Ligroin; Nadeln; die Verb. anhydratisiert sich oberhalb 60°. *Anhydrid*, $C_{11}H_8O_5$, F. 236—240°, durch 12std. Kochen der Säure mit Acetanhydrid; aus Acetanhydrid gelbe Nadeln. *Dimethylester*, $C_{13}H_{14}O_6$, F. 150°, aus CH_3OH gelbe dünne Plättchen.

Dimethylester-Chinoxalin-Deriv., $C_{19}H_{18}O_4N_2$, F. 216—218°, Stäbchen aus CH_3OH. — *Norcarantetracarbonsäure* (**XIV**)-*dianhydrid*, $C_{11}H_8O_6$, F. 206—207°, a) aus 2 g vorst. Diketodicarbonsäure in 5%ig. NaOH durch schnelle Zugabe von 30%ig. H_2O_2, ½std. Kochen, Ansäuern, Eindampfen, Ausziehen mit Acetanhydrid u. 2std. Kochen; 1,2 g (Ausbeute); b) aus 15 g **III** in Sodalsg. durch langsame Zugabe von 15%ig. $NaMnO_4$-Lsg. unterhalb 50° unter Durchleiten von CO_2, Aufkochen, Ansäuern des Filtrats, Eindampfen u. Ausziehen mit Acetanhydrid; 8 g. **XIV**-*Tetramethylester*, $C_{15}H_{20}O_8$, F. 107 bis 108°. — Verb. **XIII**, $C_{11}H_{10}O_5$, F. 243—246° (Essigester), durch Zutropfen von 5%ig. $KMnO_4$-Lsg. zu **IX** in verd. H_2SO_4 bei 0°, Einengen des Filtrats u. Ausziehen mit Essigester. Erhitzen von **XIII** mit Sodalsg. u. Oxydation mit 15%ig. $NaMnO_4$-Lsg. unter Einleiten von CO_2, Ansäuern des Filtrats, Eindampfen, Ausziehen mit CH_3OH u. Rk. mit CH_2N_2 führt zum **XIV**-*Tetramethylester*. — *trans-3.6-Endocyclopropylen-Δ^4-tetrahydrophthalsäure* (**VI**)-*dimethylester*, $C_{13}H_{16}O_4$, F. 49—50°, a) durch 3std. Kochen von **I** oder **I–Ia**-Gemisch mit **V** in Bzl., Abdest., Gießen in CH_3OH u. Dest.; aus W. u. CH_3OH (2 : 3) feine Nadeln; b) durch 5std. Erhitzen von 1 g **IX** mit konz. HCl auf 180—200° im Rohr, Abdest., Aufnehmen in CH_3OH u. Rk. mit CH_2N_2; 0,1 g; c) durch 5std. Kochen von **IX** mit methanol. CH_3ONa, Kochen mit W., Eindampfen, Ausäthern, Ansäuern, Eindampfen, Ausziehen mit CH_3OH u. Rk. mit CH_2N_2. — *trans-3.6-Endocyclopropylenhexahydrophthalsäure* (**XV**), $C_{11}H_{14}O_4$, F. 220°, durch Hydrierung vorst. Esters in Essigester mit RANEY-Ni, Verseifung des Prod. mit 20%ig. methanol. KOH, Ansäuern u. Ausziehen mit Essigester; aus Essigester Plättchen. — *3.6-Endocyclopropylen-$\Delta^{1.4}$-dihydrophthalsäuredimethylester* (**VIII**), $Kp._{0,02}$ 95 bis 100°, durch 36std. Erhitzen von **VII** mit dem **I–Ia**-Gemisch in Bzl. auf 160° im Autoklaven; zähfl. Öl. *Säure*, $C_{11}H_{10}O_4$, F. 143—144° (W.), Nadeln. — *3.6-Endocyclopropylen-Δ^1-tetrahydrophthalsäure*, $C_{11}H_{12}O_4$, F. 173—174°, durch Hydrierung von **VIII** in Essigester in Ggw. von RANEY-Ni u. Verseifung; aus W. Nadeln. — **XV** entsteht durch Hydrierung von **VIII** in CH_3OH bei 100° u. 150 at u. Verseifung. — Beim Erhitzen von **VIII** auf 240° dest. bei 153—156°/12 mm *Phthalsäuredimethylester* ab, identifiziert als *Phthalsäureanhydrid*, F. 128°. — *Cyclopropandicarbonsäure-(1.2)-anhydrid*, $C_5H_4O_3$, F. 60°, entsteht nach Zutropfen von 15%ig. $NaMnO_4$-Lsg. zu 3,5 g der **VIII** entsprechenden Säure in Sodalsg. unter Einleiten von CO_2 bei 80°, Ansäuern des Filtrats, Eindampfen, Ausziehen mit absol. Aceton, Abdampfen, 10std. Kochen mit CH_3COCl, Eindampfen u. Dest.; $Kp._{12}$ 120—130°; aus Ae.–PAe. Nadeln; 0,8 g. (Chem. Ber. **86**. 1528—39. 1953.) NITZSCHKE. 2020

Donald D. Coffman und **Edward L. Jenner**, *Ionische Telomerisation von Styrol.* Vff. untersuchten die ion. Telomerisation von *Styrol* (**I**) mit *CH_3COOH* (**II**), von **I** mit *Acetonitril* (**III**) in **II** bzw. Nitrobenzol u. von **I** mit *CH_2O* in **II**. Bei **I** u. **II** war von den untersuchten Katalysatoren Perchlorsäure am aktivsten, während H_2SO_4 sich etwa als genau so akt. erwies wie der BF_3·**II**-Komplex. Bei **I** u. **II** bilden sich die Acetate von Alkoholen, die ein oder mehrere **I**-Einheiten enthalten. Die Ester mit 1, 2 u. 3 **I**-Einheiten wurden isoliert. Aus **I** u. **III** wurden Acylderivv. prim. Amine mit mehreren **I**-Einheiten erhalten; die Amine der beiden ersten Glieder wurden identifiziert. Analog ergaben **I** u. CH_2O in **II** die Acetate von Glykolen mit einer CH_2-Gruppe u. einer variablen Zahl von **I**-Einheiten.

Versuche: 720 g **I** werden zu 4000 cm³ einer 0,5 mol. Lsg. des BF_3·**II**-Komplexes (dargestellt durch Absorption von 500 g BF_3 in 1000 cm³ **II**) in **II** hinzugefügt. Diese Mischung wird nach 20 Std. bei 25° in 25 Liter eisgekühlte NaOH gegossen u. anschließend mit Toluol extrahiert, mit W. gewaschen u. über $CaCl_2$ getrocknet. Durch fraktionierte Dest.: *α-Phenyläthylacetat*, $C_{10}H_{12}O_2$, $Kp._3$ 73°, n_D^{25} 1,4930. *1.3-Diphenylbutylacetat*, $C_{18}H_{20}O_2$, $Kp._1$ 145°, n_D^{25} 1,5378; 25% [daraus *1.3-Diphenylbutanol*, $Kp._{0,8}$ 136°, n_D^{25} 1,5631. *β-Phenylbutyrophenon* (**IV**), $Kp._3$ 158°, F. 72—73°; *Oxim*, F. 92—93°; *Phenylhydrazon*, F. 79—80°]. *1.3.5-Triphenylhexylacetat*, $C_{26}H_{28}O_2$, $Kp._{0,3}$ 200—210° (85—90% rein); 10—15%. — Analog aus **I** u. **III**: *α-Phenyläthylamin*, $C_8H_{11}N$, $Kp._{13}$ 76°, n_D^{25} 1,5228; 27%. *1.3-Diphenylbutylamin*, $C_{16}H_{19}N$, $Kp._{1,2}$ 133—135°, n_D^{25} 1,5566; 21% (*Pikrat*, F. 187—188°). — Die aus **I** u. CH_2O erhaltenen Glykoldiacetate mit 1 u. 2 **I**-Einheiten lagen im Siedebereich von $Kp._{2,8}$ 117 bis $Kp._{0,8}$ 196° (daraus *Diphenylpentandiol*, $C_{17}H_{20}O_2$, $Kp._{0,5}$ 200°). (J. Amer. chem. Soc. **76**. 2685—88. 20/5. 1954. Wilmington, Del., E. I. du Pont de Nemours & Co., Chem. Dep., Exp. Stat.)

SCHÄFF. 2270

Werner Stühmer und **Hans-Helmut Frey**, *Über das 1.3-Diphenylpropandiol-(1.3).* (Vgl. STÜHMER u. FREY, C. **1954**. 6482.) Vff. beschreiben die Darst. von *rac. 1.3-Diphenylpropandiol-(1.3)* (**I**) aus *rac. β-Acetoxy-β-phenylpropionsäure* über das Säurechlorid, Umsetzung mit Diphenyl-Cd zu *rac. β-Acetoxy-β-phenylpropiophenon* (**II**) u.

Red. mit $LiAlH_4$. II läßt sich mit Hydroxylamin zu *3.5-Diphenyl-Δ²-isoxazolin* umsetzen. Beim Vers. der Darst. von I durch Red. von Dibenzoylmethan (III) mit $LiAlH_4$ wird ein Prod. erhalten, dem die Konst. eines *1.4-Diketo-2.3.5.6-tetraphenylcyclohexans* zugeschrieben wird.

Versuche: *rac. β-Oxy-β-phenylpropionsäure*, F. 96° (Bzl.), aus Zimtsäure u. 66%ig. HBr u. Hydrolyse der erhaltenen *β-Brom-β-phenylpropionsäure*; 60% (Ausbeute). — *rac. β-Acetoxy-β-phenylpropionsäure*, F. 102° (Xylol); 80%. — *rac. β-Acetoxy-β-phenylpropionsäurechlorid*, hellgelbes Öl, aus 20 g vorst. Verb. u. Thionylchlorid, 3–4 Std. bei 20°; 21,7 g. — *rac. β-Acetoxy-β-phenylpropiophenon* (II), dickfl. gelbes Öl, durch langsame Zugabe von Diphenyl-Cd zu 21,8 g vorst. Verb. in Bzl. u. 1std. Rühren (alles unter N_2); $D.^{20}_4$ 1,1303, n_D^{20} 1,5468; 19,7 g; leicht zersetzlich. — *rac. 1.3-Diphenylpropandiol-(1.3)* (I), $C_{15}H_{16}O_2$, F. 131° (Bzl.), durch Red. von 1 g vorst. Verb. mit $LiAlH_4$ in Äther. *Dibenzoat*, $C_{29}H_{24}O_4$, F. 124° (Methanol). — *3.5-Diphenyl-Δ²-isoxazolin*, F. 74–75° (Methanol), aus 2,1 g II u. Hydroxylaminhydrochlorid in methanol. KOH, ½ Std. bei Zimmertemp., 1std. Kochen, Zugabe von KOH u. nochmals 1std. Kochen; 1,1 g. — *1.4-Diketo-2.3.5.6-tetraphenylcyclohexan*, $C_{30}H_{24}O_2$, F. 139° (Methanol), durch Zugabe von 5 g III in Ae. zu $LiAlH_4$ bei Zimmertemp. u. 2std. Stehenlassen; 1,1 g. (Arch. Pharmaz. Ber. dtsch. pharmaz. Ges. **287/59.** 65–69. 1954. Hannover, TH, Inst. für organ. Chem.) G. WINKLER. 2270

Wadie Tadros und **Ezzat Saad**, *Darstellung von Pentachlorthiophenol und anderen Schwefelverbindungen.* Vff. beschreiben die Darst. von *Pentachlorthiophenol* (I) u. 11 anderen Schwefelverbindungen. — *Asymm.-Bis-[p-äthylmercaptophenyl]-*, *asymm.-Bis-[p-äthylsulfonylphenyl]-äthylen* u. *1.1-Bis-[p-äthylsulfonylphenyl]-2-phenyläthylen* zeigen bei subcutaner Injektion (in Sesamöl) keine östrogene Aktivität.

Versuche: *Pentachlorthiophenol* (I), C_6HCl_5S, F. 240° (Eisessig), durch Zugabe einer Lsg. von Pentachlorbenzoldiazoniumchlorid zu einer sodaalkal. Lsg. von K-Äthylxanthogenat bei 70°, 15 Min. Schütteln, Stehenlassen über Nacht u. Hydrolyse durch 1std. Kochen mit alkoh. NaOH; 20–25% (Ausbeute). — *Pentachlorthioanisol*, $C_7H_3Cl_5S$, F. 95–96° (A.), durch 1std. Erwärmen von I mit alkoh. $NaOC_2H_5$ u. CH_3J auf dem Wasserbad; 100%. — *Pentachlorthiophenetol*, $C_8H_5Cl_5S$, F. 42–44° (A.), wie vorst.; 100%. — *Bis-[pentachlorphenyl]-disulfid*, $C_{12}Cl_{10}S_2$, F. 229° (Essigsäure), durch 10 Min. Erwärmen von 0,5 g I in CCl_4 mit PCl_5 auf dem Wasserbad u. Stehenlassen über Nacht; 0,45 g. — *4.4'-Dimercaptobenzophenon*, $C_{13}H_{10}OS_2$, F. 165° (A.), aus 25 g 4.4'-Diaminobenzophenon wie I; 15 g. — *4.4'-Bis-[äthylmercapto]-benzophenon* (II), $C_{17}H_{18}OS_2$, F. 116–118° (A.), aus vorst. Verb. u. $NaOC_2H_5$ u. C_2H_5J in A.; 30 g. — *4.4'-Bis-[methylmercapto]-benzophenon*, F. 125°. — *4.4'-Bis-[äthylsulfonyl]-benzophenon* (III), $C_{17}H_{18}O_5S_2$, F. 142–143° (A.), aus 7,55 g II in Eisessig durch Oxydation mit 30%ig. H_2O_2 (1 std. Erwärmen auf dem Wasserbad nach beendeter Zugabe); 8,33 g. — *1.1-Bis-[p-äthylsulfonylphenyl]-äthanol* (IV), $C_{18}H_{22}O_5S_2$, F. 192° (A.), durch Umsetzung von 12,2 g III, suspendiert in Bzl., mit CH_3MgJ in Ae., 5 Std. unter Rühren u. Stehenlassen über Nacht; 10 g. — *1.1-Bis-[p-äthylsulfonylphenyl]-2-phenyläthanol* (V), $C_{24}H_{26}O_5S_2$, F. 200° (A.), aus 5,5 g III mit Benzyl-MgCl wie vorst.; 4,5 g. — *asymm.-Bis-[p-äthylmercaptophenyl]-äthylen*, $C_{18}H_{20}S_2$, F. 118° (A.), aus 1 g II u. CH_3MgJ; 1 g. — *asymm.-Bis-[p-äthylsulfonylphenyl]-äthylen*, $C_{18}H_{20}O_4S_2$, F. 117–118° (A.), durch 2std. Kochen von 3 g IV in Essigsäure in Ggw. von konz. H_2SO_4; 2 g. — *1.1-Bis-[p-äthylsulfonylphenyl]-2-phenyläthylen*, $C_{24}H_{24}O_4S_2$, F. 156° (A.), aus V wie vorstehend. (J. chem. Soc. [London] **1954.** 1155–56. März. Kairo, Ägypten, Univ., Fac. of Sci., Chem. Dep.) G. WINKLER. 2290

F. C. Copp, *Zweisäurige Basen.* 1. Mitt. *Mit 1.5-Diphenylpentan-p.p'-bis-[trialkylammonium]-salzen verwandte Verbindungen als Anticholinesterasen.* Vf. synthetisiert nach bekannten Methoden eine Anzahl mono- u. bis-quaternärer Ammoniumsalze, die sich von *1.5-Bis-[p-dimethylaminophenyl]-pentanon-(3)* (III), *-pentanol-(3)* (IV) u. *-pentan* (V) u. von den III u. IV entsprechenden Diäthylaminoverbb. (X u. VIII) ableiten. Die beste Anticholinesterasewrkg. zeigte das *Bis-jodpropylat* von III.

Versuche: *1.5-Bis-[p-diäthylaminophenyl]-pentadienon-(3)* (I), $C_{25}H_{32}ON_2$, F. 168–169° (A.), aus p-Diäthylaminobenzaldehyd u. Aceton nach SACHS u. LEWIS [1912], orangefarbene Platten; 12% (Ausbeute). — *1.5-Bis-[p-dimethylaminophenyl]-pentanon-(3)* (III), F. 82–83° (Methanol), durch Hydrierung von 1.5-Bis-[p-dimethylaminophenyl]-pentadienon-(3) (II) in A. oder Äthylacetat in Ggw. von 3–5 Monate altem RANEY-Ni unter 10 at; Reinigung über das *Semicarbazon*, F. 151–152° (A.). *Dihydrobromid*, $C_{21}H_{30}ON_2Br_2$, F. 186–187° (A.). — *1.5-Bis-[p-dimethylaminophenyl]-pentanol-(3)* (IV), $C_{21}H_{30}ON_2$, F. 75–76° (PAe.), aus II durch Hydrierung mit frischem RANEY-Ni. *Dihydrobromid*, $C_{21}H_{32}ON_2Br_2$, F. 205–206° (A.). *O-Acetat*, $C_{23}H_{32}O_2N_2$, $Kp._{1,5 \cdot 10^{-4}}$ 206–210°. — Hydrierung von II mit Pd-Kohle lieferte annähernd gleiche

Mengen **III** u. **IV**; Gesamtausbeute jeweils ~75%. — Analog: *1.5-Bis-[p-diäthylaminophenyl]-pentanon-(3)* (**X**), $C_{25}H_{36}ON_2$, Kp.$_{0,05}$ 210°, aus **I**. *Semicarbazon*, $C_{26}H_{39}ON_5$, F. 129° (Methanol). *Dihydrobromid*, $C_{25}H_{38}ON_2Br_2$, F. 160—161° (A./Äthylacetat). — *1-[p-Dimethylaminophenyl]-5-phenylpentanon-(3)* (**VI**), $C_{19}H_{23}ON$, F. 75° (Methanol). *Semicarbazon*, $C_{20}H_{26}ON_4$, F. 140° (A.). — *1-[p-Dimethylaminophenyl]-5-[p-methoxyphenyl]-pentanon-(3)* (**VII**), $C_{20}H_{25}O_2N$, F. 39—41°, Kp.$_{0,03}$ 180—185°. *Semicarbazon*, $C_{21}H_{28}O_2N_4$, F. 156° (A.). — *1.5-Bis-[p-diäthylaminophenyl]-pentanol-(3)* (**VIII**), $C_{25}H_{38}ON_2$, F. 50—51°, Kp.$_{0,1}$ 224—228°. *Dihydrobromid*, $C_{25}H_{40}ON_2Br_2$, F. 174,5 bis 175,5° (A./Äthylacetat). — *1-[p-Dimethylaminophenyl]-5-[p-methoxyphenyl]-pentanol-(3)* (**IX**), $C_{20}H_{27}O_2N$, F. 60°, Kp.$_{0,03}$ 220°. — *1.5-Bis-[p-dimethylaminophenyl]-pentan* (**V**), $C_{21}H_{30}N_2$, Kp.$_{0,2}$ 208—210°. 5 g **III** wurden mit amalgamiertem Zn, W., HCl u. $CH_3 \cdot COOH$ 60 Std. red., unverändertes **III** wurde als Semicarbazon gefällt, die Lsg. filtriert u. ausgeäthert; 2 g. *Dihydrobromid*, $C_{21}H_{32}N_2Br_2$, F. 186—187° (Isopropanol/Äthylacetat). — *1.5-Bis-[p-dimethylaminophenyl]-3-äthylpentanol-(3)* (**XI**), $C_{23}H_{34}ON_2$, F. 40° (Sublimation bei 155°/ 0,001 mm), aus **III** u. C_2H_5MgBr. — Mit den entsprechenden Alkylhalogeniden in Aceton oder A. wurden nachst. quaternäre Salze dargestellt: **V**-*Bis-jodmethylat*, $C_{23}H_{36}N_2J_2$, F. 126—127° (A.). — **III**-*Bis-jodmethylat*, $C_{23}H_{34}ON_2J_2$, F. 224° (CH_3OH). — **III**-*Bis-jodäthylat*, $C_{25}H_{38}ON_2J_2$, F. 198° (wss. Isopropanol). — **III**-*Bis-jodpropylat*, $C_{27}H_{42}ON_2J_2$, F. 178—179° (A.). — **III**-*Bis-brompropylat*, $C_{27}H_{42} \cdot ON_2Br_2$, F. 191—192° (A.). — **III**-*Bis-jodallylat*, $C_{27}H_{38}ON_2J_2$, F. 179—180° (CH_3OH–Äthylacetat). — **III**-*Bis-jodpropargylat*, $C_{27}H_{34}ON_2J_2$, F. 102—103° (A.). — **III**-*Bis-brompropargylat*, $C_{27}H_{34}ON_2Br_2$, *α-Form*, F. 161° (A.–Äthylacetat); *β-Form*, F. 89—90° (A.). — **X**-*Bis-jodmethylat*, $C_{27}H_{42}ON_2J_2$, F. 88—90° (A.). — **III**-*Bis-jodbutylat*, $C_{29}H_{46} \cdot ON_2J_2$, F. 206—207° ($CH_3OH$). — **III**-*Bis-brombutylat*, $C_{29}H_{46}ON_2Br_2$, F. 194—196° (A.–Äthylacetat). — **III**-*Bis-chlorbenzylat*, $C_{35}H_{42}ON_2Cl_2$, F. 127—128° (Butanol). — **IV**-*Bis-jodmethylat*, $C_{23}H_{36}ON_2J_2$, F. 205—206° (A.); *O-Acetat*, $C_{25}H_{38}O_2N_2J_2$, F. 127 bis 129° (CH_3OH); *O-Benzoat*, $C_{30}H_{40}O_2N_2J_2$, F. 137° (CH_3OH–A.). — **IV**-*Bis-jodäthylat*, $C_{25}H_{40}ON_2J_2$, F. 178—180° (A.). — **VIII**-*Bis-jodmethylat*, $C_{27}H_{44}ON_2J_2$, F. 112—113° (A.–Isopropanol). — **XI**-*Bis-jodmethylat*, $C_{25}H_{40}ON_2J_2$, F. 81—82° (A.). — *1.5-Bis-[p-dimethylaminophenyl]-3-phenylpropanol-(3)-bis-jodmethylat*, $C_{29}H_{40}ON_2J_2$, F. 151 bis 153° (CH_3OH–Ae.). — *1-[p-Dimethylaminophenyl]-5-phenylpentadienon-(3)*, *Jodmethylat*, $C_{20}H_{22}ONJ$, F. 174° (wss. CH_3OH); *Chlormethylat*, $C_{20}H_{22}ONCl$, F. 169—170° (A.–Ae.). — **II**-*Bis-jodmethylat*, $C_{23}H_{30}ON_2J_2$, F. 195° (W.). — **VI**-*Jodmethylat*, $C_{20}H_{26} \cdot ONJ$, F. 183° (A.). — **III**-*Jodmethylathydrojodid*, $C_{22}H_{32}ON_2J_2$, F. 203° (A.–CH_3OH). — **VII**-*Jodmethylat*, $C_{21}H_{28}O_2NJ$, F. 173—175° (A.). — **IX**-*Jodmethylat*, $C_{21}H_{30}O_2NJ$, F. 131° (CH_3OH–Ae.). (J. chem. Soc. [London] **1953**. 3116—18. Okt. Beckenham, Kent, Wellcome Res. Labors., Chem. Div.) H. ULRICH. 2540

Sylvestre Julia, *Verwendung des 1.3-Dichlorbutens-(2) zur Synthese einiger vom Bicyclo-[1.3.3]-nonen und vom Hexahydronaphthalin abgeleiteter Ketone.* 1.3-Dichlorbuten-(2) (**II**) läßt sich leicht mit Cyclohexanon (**VIII**) bzw. 2-Methylcyclohexanon (**I**) kondensieren. Die so erhaltenen Chlorbutencycloalkanone werden mittels H_2SO_4 zu Derivv. des Bicyclo-[1.3.3]-nonen-(3)-ons-(9) bzw. des $\Delta^{1,9}$-Oktalons-(2) (**III**) cyclisiert, deren jeweilige Anteile von der Natur des angulären Substituenten abhängen. Die Chlorbutenylierung u. Cyanäthylierung des Isophorons (**V**) findet in α-Stellung der zur CO-Gruppe konjugierten Doppelbindung statt. Behandlung des *Chlorbutenylisophorons* (**VI**) mit H_2SO_4 führt zu *3.5.5-Trimethyl-2-[3'-oxobutyl]-cyclohexen-(2)-on* (**VII**), dessen Struktur durch Ozonabbau zu *3.3-Dimethyl-5-oxohexansäure* bewiesen wurde. Mit Na · OBr entsteht aus **VII** *3.5.5-Trimethyl-2-[β-carboxyäthyl]-cyclohexen-(2)-on* (**XIV**), auch erhältlich aus dem Cyanäthylierungsprod. (**IX**) von **V**. Der *Methylester* von **XIV** entsteht aus **V** u. Methylacrylat; seine alkal. Verseifung liefert eine geringe Menge einer mit **XIV** isomeren Substanz, wahrscheinlich das Lacton **XIII**. Cyclisierung von **VII** mittels CH_3ONa in CH_3OH führt zu *5.7.7-Trimethyl-2-keto-2.3.4.6.7.8-hexahydronaphthalin* (**XI**). **XI** gibt kein Additionsprod. mit Maleinsäureanhydrid; seine partielle Hydrierung führt u. a. zu *$\Delta^{1,9}$-5.7.7-Trimethyloktalon-(2)*, das auch aus Dihydroisophoron (**XII**) u. **II** mit anschließender Cyclisierung in eindeutiger Weise zugänglich ist. Damit ist die Struktur von **XI** bewiesen, obwohl sein UV-Maximum niedriger liegt als nach der Theorie zu erwarten war. — Einw. von **II** auf den HAGEMANN-Ester (3-Methyl-4-carbäthoxycyclohexen-(2)-on; **XVI**), Rk. mit H_2SO_4 u. Cyclisierung mit C_2H_5ONa führt zu *5-Methyl-2-keto-6-carboxy-2.3.4.6.7.8-hexahydronaphthalin*; ganz analog erhält man *5-Methyl-2-keto-2.3.4.6.7.8-hexahydronaphthalin* aus 3-Methylcyclohexen-(2)-on (**XV**).

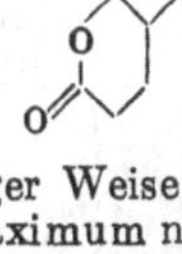

XIII

Versuche: *2-Methyl-2-[γ-chlorcrotyl]-cyclohexanon* (**IV**), $C_{11}H_{17}OCl$, Kp.$_{14}$ 130°, aus 12 g **I** u. 12,5 g **II** in Bzl. in Ggw. von Na-tert.-Amylat (**X**; zunächst Eiskühlung;

nach der Zugabe 1½ Std. bei n. Temp., dann 3 Std. kochen); n_D^{17} 1,4941; 11 g (Ausbeute). *Semicarbazon*, $C_{12}H_{20}ON_3Cl$, F. 153—155°, Flitter (wss. CH_3OH). *2.4-Dinitrophenylhydrazon* (= *DNP*), $C_{17}H_{21}O_4N_4Cl$, F. 133—135°, gelbe Nadeln (Chlf.–CH_3OH). — *1.4-Dimethylbicyclo-[1.3.3]-nonen-(3)-on-(9)*, Kp.$_{19}$ 106—135°, aus **IV** u. H_2SO_4 (Eiskühlung, dann n. Temp.); schwärzt sich schnell an der Luft. *Semicarbazon*, $C_{12}H_{19}ON_3$, F. 204—206°, Nadeln (wss. CH_3OH); UV-Spektrum. *DNP*, $C_{17}H_{20}O_4N_4$, F. 151—153°, gelbe Nadeln (Chlf.–CH_3OH); UV-Spektrum. — *$\Delta^{1,9}$-10-Methyloktalon-(2)*, *DNP*, F. 165—167°, rote Blättchen (Chlf.–CH_3OH), aus 820 mg der rohen, durch Cyclisierung von **IV** mit H_2SO_4 erhaltenen Ketonmischung neben vorst. DNP, Trennung durch Chromatographie an Al_2O_3 (PAe.–Chlf.); 9 mg. — *2-[γ-Chlorcrotyl]-cyclohexanon*, C_{10}·$H_{15}OCl$, Kp.$_{13}$ 130°; aus 32 g **II** u. **VIII** wie **IV**; n_D^{18} 1,4951; 31 g. *Phenylsemicarbazon*, F. 151—152°, Nadeln (Chlf. –CH_3OH). *Semicarbazon*, $C_{11}H_{18}ON_3Cl$, F. 175—177°, Prismen (Chlf.–CH_3OH). *DNP*, $C_{16}H_{19}O_4N_4Cl$, F. 127—130°, gelbe Nadeln (Chlf.–CH_3OH). — *4-Methylbicyclo-[1.3.3]-nonen-(3)-on-(9)*, Kp.$_{15}$ 110—115°, aus 4,5 g vorst. Verb. u. H_2SO_4 wie oben; daneben **III**, Trennung durch Dest. oder durch Behandeln des Gemischs mit CH_3ONa u. Isoamylformiat in Bzl.; 2,6 g Gemisch, davon 45% **III**. *Semicarbazon*, $C_{11}H_{17}ON_3$, F. 215—217°, prismat. Nadeln (Chlf.–CH_3OH); UV-Spektrum. *DNP*, $C_{16}H_{18}O_4N_4$, F. 199—201°, gelbe Nadeln (Chlf.–CH_3OH); UV-Spektrum. — *$\Delta^{1,9}$-Oktalon-(2)* (**III**), Kp.$_{15}$ 130—136°. *Semicarbazon*, F. 204—207°, Nadeln (Chlf.–CH_3OH); UV-Spektrum. *DNP*, F. 175—177°, rote prismat. Nadeln; UV-Spektrum. — *3.5.5-Trimethyl-2-[γ-chlorcrotyl]-cyclohexen-(2)-on* (*Chlorbutenylisophoron*; **VI**), $C_{13}H_{19}$·OCl, Kp.$_{18}$ 159°, Kp.$_{0,7}$ 110°, aus 28 g **V** u. **II** in Toluol (Ggw. von **X**, wie oben); n_D^{15} 1,5095; UV-Spektr.; 25 g. *Semicarbazon*, $C_{14}H_{22}ON_3Cl$, F. 134—136°, prismat. Nadeln (verd. CH_3OH); UV-Spektrum. *DNP*, $C_{19}H_{23}O_4N_4Cl$, F. 133—135°, orangerote seidige Nadeln (Chlf.–CH_3OH); UV-Spektrum. — *3.5.5-Trimethyl-2-[3'-oxobutyl]-cyclohexen-(2)-on* (**VII**), $C_{13}H_{20}O_2$, Kp.$_{0,5}$ 115—116°, Kp.$_{0,1}$ 102°; aus 6 g **VI** u. H_2SO_4 (2 Std. Rühren unter Eiskühlung, dann über Nacht bei n. Temp.); n_D^{15} 1,4924; UV-Spektr.; 5 g. *Bis-semicarbazon*, $C_{15}H_{26}O_2N_6$, F. 199—201° (Zers.), Nadeln (CH_3OH); UV-Spektrum. *Mono-DNP*, $C_{19}H_{24}O_5N_4$, F. 170—172°, orangefarbene Prismen (Chlf.–CH_3OH). — *3.3-Dimethyl-5-oxohexansäure*, a) aus 2,2 g **VII** u. O_3 in Chlf. bei —15° (1 Std.) u. Zers. des Ozonids (90 Min.; 400 mg); b) durch Abbau von **V** mit $KMnO_4$; c) durch Ozonisierung von 800 mg **IX** [45 Min., sonst wie a); 300 mg]. *Semicarbazon*, F. 166—168° (verd. CH_3OH). — *3.5.5-Trimethyl-2-[β-cyanäthyl]-cyclohexen-(2)-on* (**IX**), $C_{12}H_{17}ON$, Kp.$_{18}$ 170—175°, Kp.$_{0,5}$ 124—125°, aus 28 g **V** u. Acrylnitril in Bzl. (Ggw. von **X**; 3 Std. bei 0°, dann 3 Std. bei n. Temp.); n_D^{21} 1,4930; UV-Spektr.; 7 g, daneben 11 g **V** zurück. *Semicarbazon*, $C_{13}H_{20}ON_4$, F. 189—192°, Nadeln (verd. CH_3OH); UV-Spektrum. *DNP*, $C_{18}H_{21}O_4N_5$, F. 162—164°, hellrote Prismen (Chlf.–CH_3OH); UV-Spektrum. — *3.5.5-Trimethyl-2-[β-carboxyäthyl]-cyclohexen-(2)-on* (**XIV**), $C_{12}H_{18}O_3$, F. 74—76°, Prismen (Ae.–PAe.), a) aus 3 g **IX** u. wss. KOH (7 Std. kochen; 1,2 g), b) aus 4,2 g **VII** u. NaOBr in wss. Dioxan bei 0°, anschließend 90 Min. Kochen (2,910 g saure Prodd.); UV-Spektrum. *Semicarbazon*, $C_{13}H_{21}O_3N_3$, F. 211—213° (Zers.; Chlf.–CH_3OH; UV-Spektr.). *Methylester*, $C_{13}H_{20}O_3$, Kp.$_{15}$ 166—167°, aus 28 g **V** u. Methylacrylat in Bzl. (Ggw. von **X**, Eiskühlung, dann 4 Tage bei n. Temp.); n_D^{18} 1,4832; UV-Spektr.; 4 g (roh); *DNP*, $C_{19}H_{24}O_6N_4$, F. 125—126°, zinnoberrote Nadeln (CH_3OH), besser aus **XIV** direkt; UV-Spektrum. — *Lacton* **XIII**, $C_{12}H_{18}O_3$, F. 144—147°, Prismen (Ae.–PAe.), aus 2 g vorst. Methylesters u. wss.-methanol. KOH (1 Std. kochen); UV-Spektr.; 125 mg. — *5.7.7-Trimethyl-2-keto-2.3.4.6.7.8-hexahydronaphthalin* (**XI**), $C_{13}H_{18}O$, Kp.$_{15}$ 161°, Kp.$_{0,1}$ 105°, aus 5 g **VII** u. CH_3ONa in CH_3OH (2 Std. kochen, dann über Nacht bei n. Temp.); n_D^{19} 1,5542; UV-Spektr.; 3,95 g. *Semicarbazon*, $C_{14}H_{21}ON_3$, F. 206—210°, Prismen (Chlf.–CH_3OH); UV-Spektr.; färbt sich gelb bei Luftzutritt. *DNP*, $C_{19}H_{22}O_4N_4$, F. 170 bis 172°, rotviolette Prismen (Chlf.–CH_3OH); UV-Spektrum. — *3.5.5-Trimethyl-2-[γ-chlorcrotyl]-cyclohexanon*, $C_{13}H_{21}OCl$, Kp.$_{15}$ 149°, aus 14 g **XII** u. **II** in Toluol (Ggw. von **X**); n_D^{20} 1,4851; 10 g. *Semicarbazon*, $C_{14}H_{24}ON_3Cl$, F. 136—138°, Prismen (verd. CH_3OH). *DNP*, $C_{19}H_{25}O_4N_4Cl$, F. 110—112°, gelbe Nadeln. — *$\Delta^{1,9}$-5.7.7-Trimethyloktalon-(2)*, $C_{13}H_{20}O$, Kp.$_{18}$ 154°, a) aus vorst. Keton u. H_2SO_4; b) durch Hydrierung von **XI** in CH_3OH (Pd auf $CaCO_3$, 35 Min.); n_D^{22} 1,5088; UV-Spektrum. *Semicarbazon*, $C_{14}H_{23}ON_3$, F. 205—208°, prismat. Nadeln (Chlf.–CH_3OH); UV-Spektrum. *DNP*, $C_{19}H_{24}O_4N_4$, F. 184—185°, seidige zinnoberfarbene Nadeln (Chlf.–CH_3OH); UV-Spektrum. — *5.7.7-Trimethyldekalol-(2)*, $C_{13}H_{24}O$, F. 133—135°, Nadeln (Ae.–PAe.), durch Hydrierung von 1,9 g **XI** in Eisessig (PtO_2, 4 Std.); zeigt kein UV-Maximum; 410 mg. — *5.7.7-Trimethyldekalon-(2)*, durch Oxydation vorst. Verb. mit Chromsäurelsg. in Aceton (5 Std.). *DNP*, $C_{19}H_{26}O_4N_4$, F. 156—159°, gelbe Nadeln (Chlf.–CH_3OH). — *3-Methyl-2-[γ-chlorcrotyl]-cyclohexen-(2)-on*, $C_{11}H_{15}OCl$, Kp.$_{13}$ 146°, aus 45 g **XV** u. **II** in Bzl. (Ggw. von **X**); n_D^{21} 1,5242; UV-Spektr.; 12 g. *Semicarbazon*, $C_{12}H_{18}ON_3Cl$, F. 194—197°,

Prismen (Chlf.-CH_3OH); UV-Spektrum. *DNP*, $C_{17}H_{19}O_4N_4Cl$, F. 123—124°, rote Nadeln (Chlf.-CH_3OH); UV-Spektrum. — *3-Methyl-2-[3'-oxobutyl]-cyclohexen-(2)-on*, Kp.$_{14}$ 153—157°, aus 5,3 g vorst. Ketons u. H_2SO_4; UV-Spektr.; 2,8 g. *Semicarbazon* u. *DNP*, wahrscheinlich Bis-derivv., unlösl. in den meisten Lösungsmitteln. — *5-Methyl-2-keto-2.3.4.6.7.8-hexahydronaphthalin*, Kp.$_{14}$ 156—158°, aus vorst. Diketon u. CH_3ONa in CH_3OH (2 Std. kochen); n_D^{19} 1,5738; UV-Spektrum. *Semicarbazon*, $C_{12}H_{17}ON_3$, F. 195 bis 197°, cremefarbene Flitter (Chlf.-CH_3OH); UV-Spektrum. *DNP*, $C_{17}H_{18}O_4N_4$, F. 191—194°, dunkelrote Prismen (Chlf.-CH_3OH); UV-Spektrum. — *4-Carbäthoxy-3-methyl-2-[γ-chlorcrotyl]-cyclohexen-(2)-on*, Kp.$_{0,8}$ 151—153°, aus 18 g **XVI** u. **II** in Bzl. (Ggw. von **X**); 17 g. *Semicarbazon*, $C_{15}H_{22}O_3N_3Cl$, F. 142—144°, Prismen (A.); UV-Spektrum. *DNP*, $C_{20}H_{23}O_6N_4Cl$, F. 122—123°, zinnoberrote Nadeln (Chlf.-A.); UV-Spektrum. — *5-Methyl-2-keto-6-carboxy-2.3.4.6.7.8-hexahydronaphthalin*, $C_{12}H_{14}O_3$, F. 124—126° (Zers.), Prismen (Ae.-PAe.), aus 6 g vorst. Ketons u. H_2SO_4 (0°, dann über Nacht bei Raumtemp.; 4,8 g neutrale Prodd.), dann 2std. Kochen mit C_2H_5ONa (in A.). *DNP des Methylesters*, $C_{19}H_{20}O_6N_4$, F. 142—145°, dunkelrote Prismen (Chlf.-CH_3OH); UV-Spektrum. (Bull. Soc. chim. France, Mém. [5] **21.** 780—89. Juni 1954. Paris, École Polytechn., Labor. de Chim.)
J. ROTHE. 2700

C. W. Bennett und **W. W. Muelder**, *Derivate zur Identifizierung von 2-Aminofluoren und 2-Aminofluorenon.* Es werden *Derivv.* von *2-Aminofluoren* (**I**) u. *2-Aminofluorenon-(9)* (**II**) dargestellt.

V e r s u c h e: *Fluorenyl-(2)-phenylthioharnstoff*, $C_{20}H_{16}N_2S$, F. 179—180° (A.), aus **I** in A. u. Phenylisothiocyanat. — *N-[Fluorenyl-(2)]-3-nitrophthalimid*, $C_{21}H_{12}O_4N_2$, F. 255,6° (Bzl.), durch 2std. Kochen von 1 g **I**, 1,5 g 3-Nitrophthalsäureanhydrid u. 15 ml Dimethylanilin u. Zugabe von A.; goldene Flocken; Ausbeute 0,4 g. — *N-[9-Oxofluorenyl-(2)]-4-nitrobenzamid*, $C_{20}H_{12}O_4N_2$, F. > 340°, durch Aufkochen von **II**, p-Nitrobenzoylchlorid u. Pyridin u. Verdünnen des Filtrats mit A.; orangegelbe Kristalle. — *N-[9-Oxofluorenyl-(2)]-benzamid*, $C_{20}H_{13}O_2N$, F. 242°, ebenso aus Benzoylchlorid; aus A. scharlachfarbene Kristalle. — *[9-Oxofluorenyl-(2)]-phenylharnstoff*, $C_{20}H_{14}O_2N_2$, F. 268°, dann Erstarren u. F. 323—324°, aus **II** u. Phenylisocyanat in A. durch kurzes Kochen; aus A. orangefarbene Nadeln. — *[9-Oxofluorenyl-(2)]-phenylthioharnstoff*, $C_{20}H_{14}ON_2S$, aus verd. A. gelborangefarbene Kristalle. — **II**-*Oxim*, F. 216—217°, aus verd. A. orangegelbe Nadeln. — **II**-*Semicarbazon*, F. > 325° (A.). (J. Amer. chem. Soc. **75.** 6039—40. 5/12. 1953. Macomb, Ill., Western Illinois State Coll., Dep. of Chem.)
NITZSCHKE. 2750

Jean Rigaudy und **Jean-Marie Farthouat**, *Transannulare Lactone und Mesoäthylendihydroanthracencarbonsäuren.* Durch Dehydratation von cis-9-[α-Oxyalkyl]-dihydroanthracencarbonsäuren-(10) entstehen je nach den Bedingungen Lactone **I** (Erhitzen im Vakuum) oder 9-Alkylendihydroanthracencarbonsäuren-(10) [einige Tage bei n. Temp. mit 5%ig. H_2SO_4 stehenlassen; ca. 90% (Ausbeute)]; die Methylester der letztgenannten Verbb. können durch Veresterung oder durch Dehydratation der 9-[α-Oxyalkyl]-ester erhalten werden. Die alkal. Hydrolyse der **I** wird von einer Spaltung in *9.10-Dihydroanthracencarbonsäure-(9)* u. ein Keton R–CO–R begleitet. — L a c t o n e **I**: *R* = CH_3, $C_{18}H_{16}O_2$, F. 163°; 100%. — *R* = C_6H_5, $C_{28}H_{20}O_2$, F. 305°; 70%. — *9-Isopropyliden-9.10-dihydroanthracencarbonsäure-(10)*, $C_{18}H_{16}O_2$, F. 209°. *Methylester*, $C_{19}H_{18}O_2$, F. 92°. — *9-Benzhydryliden-9.10-dihydroanthracencarbonsäure-(10)*, $C_{28}H_{20}O_2$, F. 323—324°. *Methylester*, $C_{29}H_{22}O_2$, F. 212—213°, dann 218—219°. (C. R. hebd. Séances Acad. Sci. **238.** 2431—33. 21/6. 1954.)
J. ROTHE. 2800

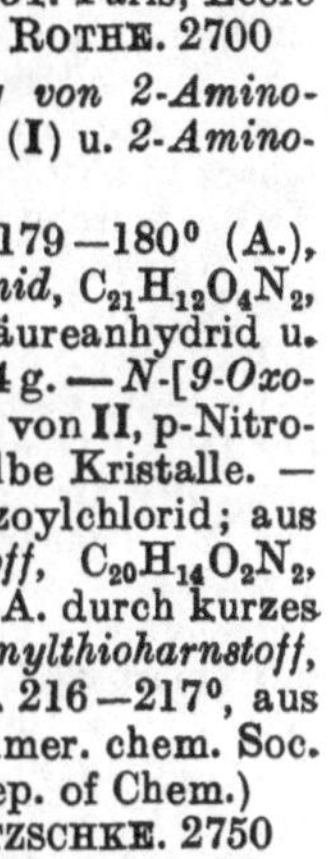

I

Anthony Winston und **Pelham Wilder jr.**, *Ein neues Nortricyclenderivat.* exo-cis-4.5-Dibrom-endo-3.6-endomethylenhexahydrophthalsäureanhydrid (**I**; F. 211—212°) liefert beim Kochen mit wss. Na_2CO_3 das *Dilacton* **II**, beim Behandeln mit alkoh. KOH dagegen eine *Monocarbonsäure* mit γ-Lactonverbindung (Infrarotabsorption bei 5,58 μ) ohne Doppelbindung, für die auf Grund des Infrarotspektr. eine Nortricyclenstruktur **III** angenommen wird,

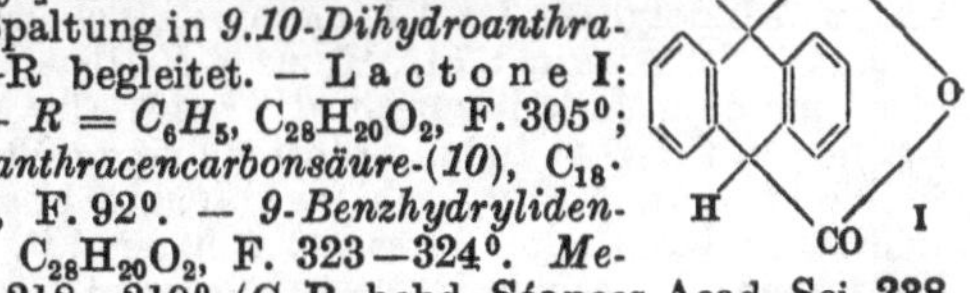

I II III

V e r s u c h e: *Dilacton* **II**, $C_9H_8O_4$, F. 274—275° (W.), durch 3std. Kochen von 10 g **I** mit 5%ig. wss. Na_2CO_3; 3,5 g; Infrarotspektr. (vgl. Orig.). — *Nortricyclensäurelacton* **III**, $C_9H_8O_4$, F. 209—210° (W.), aus 3 g **I** u. KOH in 90%ig. A. (3 Std. Kochen); 0,5 g. — **I** lieferte mit methanol. CH_3ONa nach 3std. Kochen nur ein viscoses Öl; nach

15std. Stehenlassen von 12 g **I** mit methanol. CH_3ONa bei n. Temp. konnten neben festen Bromiden 200 mg **III** isoliert werden. — Bei Hydrierungsverss. (ADAMS-Katalysator, in Essigester oder absol. A.) blieb **III** unverändert. (J. Amer. chem. Soc. **76.** 3045—46. 5/6. 1954. Durham, N. C., Duke Univ., Dep. of Chem.) J. ROTHE. 2950

A. A. Ponomarew und **W. W. Selenkowa,** *Zur asymmetrischen Synthese von Spiranen und Tetrahydrofurylalkoholen.* Durch Hochdruckhydrierung von Furylalkoholen unter Verwendung von auf opt.-akt. Quarz aufgetragenem Ni wurden *opt-akt. Spirane* u. *Tetrahydrofurylalkohole* erhalten. Die Spirane besitzen insofern theoret. Interesse, als sie trotz Fehlens eines asymm. C-Atoms opt.-akt. sind.

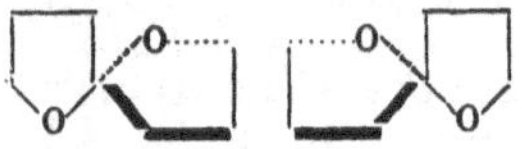

Diese opt. Aktivität kommt dadurch zustande, daß die beiden O-Atome des bicycl. Syst. in 2 verschied., zueinander senkrechten Ebenen liegen, so daß Spiegelbildisomerie realisiert ist (s. vorst. Schema).

V e r s u c h e: Bas. $NiCO_3$ wurde auf opt.-akt. Quarz niedergeschlagen u. mit H_2 bei 300—320° reduziert. Die als Ausgangsprodd. verwendeten Furylalkohole wurden durch Hydrierung der entsprechenden Carbonylverb. mit Cu-Chromitkatalysator bei 120°/90—120 at H_2-Druck gewonnen. *1-[α-Furyl]-propanol-(3)* (**I**), $Kp._{13}$ 98—100°; n_D^{20} 1,4752; aus Furylacrolein. — *1-[α-Furyl]-butanol-(3)* (**II**), $Kp._{52}$ 126—129°, n_D^{21} 1,4748; aus Furalaceton. — Hydrierung bei 120°/135—150 at H_2-Anfangsdruck in Ggw. von Ni/Quarz in absol. A. bis zur Aufnahme von 1,2—1,4 Mol H_2 pro Mol Alkohol. Folgende Verbb. wurden erhalten: *1.6-Dioxaspiro-[4.4]-nonan*; aus **I** u. *l*-Quarz; $Kp._{62}$ 83—84°; n_D^{25} 1,4464; α_D (1,9 dm-Rohr) —0,066°; α_D (1 dm) —0,03°; aus **I** u. d-Quarz: $Kp._{60}$ 81—82°; n_D^{25} 1,4465; α_D (2 dm) +0,06°. — *1-[α-Tetrahydrofuryl]-propanol-(3)*; aus **I** u. *l*-Quarz; $Kp._{58}$ 139—144°; n_D^{25} 1,4595; α_D (2 dm) —0,04°; aus **I** u. d-Quarz: $Kp._{60}$ 141—144°; n_D^{25} 1,4580; α_D (1,9 dm) +0,04°. — *2-Methyl-1.6-dioxaspiro-[4.4]-nonan*; aus **II** u. *l*-Quarz: $Kp._{43}$ 77—78°, n_D^{25} 1,4410; α_D (2 dm) —0,02°; aus **II** u. d-Quarz: $Kp._{46}$ 79—81°; n_D^{25} 1,4415; α_D (1,9 dm) +0,02°. — *1-[α-Tetrahydrofuryl]-butanol-(3)*; aus **II** u. *l*-Quarz: $Kp._{44}$ 128—130°; n_D^{25} 1,4570, α_D (1 dm) +0,03°; aus **II** u. d-Quarz: $Kp._{48}$ 131—133°; n_D^{25} 1,4542; α_D (1,9 dm) —0,04°. — Die Gesamtausbeute (Spiran + Tetrahydrofurylalkohol) beträgt bei **I** u. *l*-Quarz 71,5, bei **I** u. d-Quarz 48,2, bei **II** u. *l*-Quarz 87,4, bei **II** u. d-Quarz 85,2%. (Доклады Академии Наук СССР [Ber. Akad. Wiss. UdSSR] [N. S.] **87.** 423—26. 21/11. 1952.) H. v. PEZOLD. 3061

Jan Thesing, Hans Mayer und **Siegfried Klüssendorf,** *Über anomal verlaufende Mannich-Reaktionen bei der Umsetzung von Indol mit Formaldehyd und sekundären aromatischen Aminen.* 4. Mitt. zu *Beiträge zur Chemie des Indols.* (3. vgl. Chem. Ber. **87.** [1954.] 692.) Vff. zeigen, daß es sich bei der von BREHM u. LINDWALL (Ber. dtsch. chem. Ges. **70.** [1937.] 567) durch MANNICH-Rk. von Indol (**V**), Formaldehyd u. Methylanilin dargestellten u. als *Methylphenylskatylamin* bezeichneten Verb. um *N-Methyl-p-skatylanilin* (**I**) handelt. **I** besitzt 2 akt. H-Atome, die Acetylierung bei Zimmertemp. in Pyridin führt zu einem Monoacetylderiv. mit 1 akt. H-Atom. Bei der Rk. von **I** mit CH_3J entstand eine homologe Base u. deren Jodmethylat. Zum Konstitutionsbeweis stellten Vff. aus β-Indolyl–MgJ u. 4-Dimethylaminobenzoylchlorid *3-[4-Dimethylaminobenzoyl]-indol* (**IV**) dar, das mit $LiAlH_4$ zu *N.N-Dimethyl-p-skatylanilin* (**II**) red. wurde. **II** ist ident. mit dem Methylierungsprod. von **I**. Eine ebenfalls anomal verlaufende MANNICH-Rk. von **V**, CH_2O u. Indolin führt zu einem Prod. mit ähnlichen Eigg. wie **I**, dem Vff. die Konst. eines *5-Skatylindolins* (**III**) zuschreiben. Da aus **V** mit CH_2O u. Dimethylanilin kein **I**-Analogon entsteht, nehmen Vff. an, daß **I** durch HOFMANN-MARTIUS-Umlagerung der echten MANNICH-Base entsteht.

V e r s u c h e: *N-Methyl-p-skatylanilin* (**I**), $C_{16}H_{16}N_2$, F. 127—128° (Methanol), aus 0,2 Mol **V**, 0,22 Mol Methylanilin in Eisessig bei 5° u. tropfenweiser Zugabe von 0,2 Mol Formalinlsg. (40%). Rohausbeute 40%. *Acetylderiv.*, $C_{18}H_{18}ON_2$, F. 155—157° (A.). — *5-Skatylindolin* (**III**), $C_{17}H_{16}N_2$, F. 147—148° (Bzl.), durch Zutropfen von 0,2 Mol Formalinlsg. zu je 0,2 Mol **V** u. Indolin in Eisessig, 49,7%. *Acetylderiv.* von **III**, $C_{19}H_{18}ON_2$, F. 187—188° (Methanol), 96%. — *3-[p-Dimethylaminobenzoyl]-indol* (**IV**), $C_{17}H_{16}ON_2$, F. 212—213° (A.), aus β-Indolyl–MgJ u. 4-Dimethylaminobenzoylchlorid in Ae., 50%. — *N.N-Dimethyl-p-skatylanilin* (**II**), $C_{17}H_{18}N_2$, F. 143,5—144,5° (Cyclohexan), aus **IV** u. $LiAlH_4$ in Ae., 4std. Kochen, 83,4%. *Hydrojodid*, $C_{17}H_{19}N_2J$, F. 189—190° (W.), aus essigsaurer wss. Lsg. von **II** bei Zugabe von KJ. *Jodmethylat* von **II** (**VI**), $C_{18}H_{21}N_2J$, F. 206—207° (W.), aus **II** u. Methyljodid in Aceton, 93,5%. **II** u. **VI** entstanden auch bei der Rk. von **I** mit CH_3J (10 Mol) bei 15°. (Chem. Ber. **87.** 901—05. 30/6. 1954. Darmstadt, TH, Inst. f. org. Chem.) G. PAULIG. 3081

C. Mentzer und **Y. Berguer,** *Untersuchungen über Indole.* 6. Mitt. *Über eine neue Art des Abbaus des stickstoffhaltigen Ringes.* (Vgl. C. **1953.** 1642; 4. vgl. C. **1952.** 46.)

Besser noch als durch Ozonisierung läßt sich die Doppelbindung zwischen $C_{(2)}$ u. $C_{(3)}$ in Indolen nach dem zuerst von RAACKE-FELS u. Mitarbeitern (C. **1951.** I. 1292) angegebenen Verf. mit H_2O_2 in Ggw. von NH_4-Molybdat aufspalten; die Ausbeuten sind besser als bei der Ozonisierung, u. die Meth. ist schonender. Bei in 3-Stellung substituierten Indolen werden 2 Äquivalente H_2O_2 verbraucht unter Bldg. der entsprechenden *acylierten o-Aminophenylketone*, bei nicht in 3-Stellung substituierten 3 Äquivalente, wobei die entsprechenden *acylierten Anthranilsäuren* entstehen. Bes. geeignet ist das Verf. zur Darst. von *3-Methoxyanthranilsäure* u. seinen Derivv., z. B. *Damascenin* (*3-Methoxy-N-methylanthranilsäuremethylester*).

V e r s u c h e : Die Indole wurden in Essigsäure + wenig 1%ig. NH_4-Molybdatlsg. durch portionsweise Zugabe von H_2O_2 u. 15—18std. Stehen oxydiert; anschließend wurde in W. gegossen u. aus A. krist. bzw. bei Carbonsäuren aus Bicarbonatlsg. umgefällt. — *2-Benzoylamino-4'-methoxybenzophenon*, $C_{21}H_{17}O_3N$, F. 118°, aus 2-Phenyl-3-[p-methoxyphenyl]-indol; 82% (Ausbeute); bildet bei 6std. Kochen mit gleichen Teilen CH_3COOH, H_2SO_4 u. W. *Benzoesäure* u. *2-Amino-4'-methoxybenzophenon*. — *N-Benzoylanthranilsäure*, $C_{14}H_{11}O_3N$, F. 178°, aus 2-Phenylindol; 94%. — *2-[p-Methoxybenzoylamino]-5-methylacetophenon*, $C_{17}H_{17}O_3N$, F. 128°, aus 2-[p-Methoxyphenyl]-3.5-dimethylindol; 62%; Hydrolyse führt zu *Anissäure* u. *2-Amino-5-methylacetophenon*. — *2-[3'.4'-Dimethoxyphenyl]-3-phenylindol*, $C_{22}H_{19}O_2N$, F. 198°, durch Rk. von 3.4-Dimethoxyphenyl-α-brombenzylketon mit Anilin bei 180° (vgl. 4. Mitt., C. **1952.** 46); daneben entsteht eine isomere *Verb.* $C_{22}H_{19}O_2N$, F. 173°, deren Konst. noch nicht aufgeklärt werden konnte. — *2-[3'.4'-Dimethoxybenzoylamino]-benzophenon*, $C_{22}H_{19}O_4N$, F. 137°, aus vorst. Verb., gibt bei Hydrolyse *Veratrumsäure*, F. 180°, u. *o-Aminobenzophenon*, F. 102°. — *3-Methoxy-N-benzoylanthranilsäure*, $C_{15}H_{13}O_4N$, F. 205° (A.), aus 2-Phenyl-7-methoxyindol; läßt sich zu *3-Oxyanthranilsäure* debenzoylieren u. entmethylieren (vgl. 5. Mitt., l. c.). — Die von Vff. früher (C. R. hebd. Séances Acad. Sci. **222.** [1946.] 1178) als *Indol-*, *5-Methylindol-* u. *5-Methoxyindol-3-carbonsäureäthylester*, $C_{11}H_{11}O_2N$ bzw. $C_{12}H_{13}O_2N$ bzw. $C_{12}H_{13}O_3N$, bezeichneten Verbb. müssen gestrichen werden, da ihnen eine andere Konst. zukommt (vgl. SMITH, C. **1952.** 4449). (Bull. Soc. chim. France, Mém. [5] **19.** 218—19. Jan./Febr. 1952. Lyon, Fac. des Sci., Labor. de Chim. Biol.) NITZSCHKE. 3081

W. J. Barry und **I. L. Finar**, *Derivate des 5-[o-Mercaptophenyl]-3-methyl-1-phenylpyrazols.* Vff. beschreiben die Synth. einiger *5-[o-Mercaptophenyl]-3-methyl-1-phenylpyrazole.* Aus *5-[o-Sulfinophenyl]-3-methyl-1-phenylpyrazol-4-carbonsäureäthylester* (**VII**) wurde durch Red. *5-[o-Mercaptophenyl]-3-methyl-1-phenylpyrazol-4-carbonsäurelacton* (**VIII**) als Vertreter eines neuen polycycl. Syst. dargestellt.

V e r s u c h e : *o-Benzylmercaptobenzoylchlorid*, $C_{14}H_{11}OClS$, F. 121—122° (Bzl.), aus o-Benzylmercaptobenzoesäure u. $SOCl_2$; 60% (Ausbeute). Kondensation mit Acetessigester in Ggw. von $NaOC_2H_5$ → neben *o-Benzylmercaptobenzoesäureäthylester* ($C_{16}H_{16}$·O_2S, F. 68° [A.]; 27%) nach Ansäuern *α-[o-Benzylmercaptobenzoyl]-acetessigsäureäthylester* (**I**), F. 65° (A.); 73%; gibt Rotfärbung mit $FeCl_3$; *Cu-Salz* $(C_{20}H_{19}O_4S)_2Cu$, aus Chlf./Bzn. blaugrüne Kristalle. — *5-[o-Benzylmercaptophenyl]-3-methyl-1-phenylpyrazol-4-carbonsäureäthylester* (**II**), $C_{26}H_{24}O_2N_2S$, F. 121—122° (A.), aus **I** u. Phenylhydrazin in Essigsäure bei 100° (2 Std.); 83%. — *5-[o-Benzylsulfonylphenyl]-3-methyl-1-phenylpyrazol-4-carbonsäureäthylester* (**III**), $C_{26}H_{24}O_4N_2S$, F. 162° (Essigsäure), durch Oxydation von **II** mit H_2O_2 in Essigsäure; Hydrogenolyse durch 9std. Kochen mit RANEY-Ni in A. → *3-Methyl-1.5-diphenylpyrazol-4-carbonsäureäthylester*, F. 119—121° (*freie Säure*, F. 205°). — *5-[o-Benzylmercaptophenyl]-3-methyl-1-phenylpyrazol-4-carbonsäure* (**IV**), $C_{24}H_{20}O_2N_2S$, F. 236° (Zers.; Essigsäure). 1 g **II** wird mit alkoh. KOH 2 Std. auf dem Wasserbad erhitzt u. angesäuert; 0,8 g. — *5-[o-Benzylmercaptophenyl]-3-methyl-1-phenylpyrazol* (**V**), $C_{23}H_{20}N_2S$, F. 110° (A.). **IV** wird 1—1½ Std. auf 250—255° erhitzt; 60%. — *5-[o-Chlorsulfonylphenyl]-3-methyl-1-phenylpyrazol-4-carbonsäureäthylester* (**VI**), $C_{19}H_{17}O_4N_2ClS$, F. 155—156° (Essigsäure). In die Lsg. von 40 g **II** in Essigsäure wird 30 Min. bei 0° Cl_2 eingeleitet u. Eiswasser hinzugefügt; 36 g; *Anilid*, $C_{25}H_{22}O_4N_3S$, F. 157,5° (Bzl.). — *4-Chlor-5-[o-chlorsulfonylphenyl]-3-methyl-1-phenylpyrazol*, $C_{16}H_{12}O_2N_2Cl_2S$, F. 145° (Eisessig), durch Chlorierung von **IV** oder **V**; 80%. — *3-Methyl-1-phenyl-5-[o-sulfinophenyl]-pyrazol-4-carbonsäureäthylester* (**VII**), $C_{19}H_{18}O_4$·N_2S, F. 186° (A.), durch Red. von 12 g **VI** mit Zn-Staub u. HCl in Eisessig; 9,5 g; Hydrolyse mit 10%ig. alkoh. KOH → *5-[o-Sulfinophenyl]-3-methyl-1-phenylpyrazol-4-carbonsäure*, $C_{17}H_{14}O_4N_2S$, F. 244° (A.); 82%. — *5-[o-Mercaptophenyl]-3-methyl-1-phenylpyrazol-4-carbonsäurelacton* (**VIII**), $C_{17}H_{12}ON_2S$, F. 208—210° (Butanol). a) 10 g **VII** werden mit Zn-Staub in Eisessig/H_2SO_4 1½ Std. erhitzt u. mit W. verd.; 2—3 g; b) aus **VII** durch Zugabe von konz. HCl u. granuliertem Zn zur sd. Lsg. in

Eisessig. Hydrolyse von **VIII** mit 20% ig. alkoh. KOH → *5-[o-Mercaptophenyl]-3-methyl-1-phenylpyrazol-4-carbonsäure* (**IX**), F. 158—160° (A.). Zugabe einiger Tropfen konz. HCl zur sd. Lsg. von **IX** gibt **VIII**; Erwärmen von **IX** mit 10% ig. Na_2CO_3-Lsg. u. Benzylchlorid → **IV**. — *5-[o-Benzylsulfonylphenyl]-3-methyl-1-phenylpyrazol*, $C_{23}H_{20}\cdot O_2N_2S$, F. 182—183° (A.). a) **III** wird 15 Min. mit 10% ig. alkoh. KOH erhitzt, angesäuert u. die *Säure* (F. 238—240°, aus A.) $1^1/_2$ Std. auf 250—270° erhitzt; b) **V** in Eisessig wird mit 30% ig. H_2O_2 1 Std. erhitzt. Red. mit Na-Amalgam in A. → *[3-Methyl-1-phenylpyrazolyl-(5)]-benzol-o-sulfinsäure*. (J. chem. Soc. [London] **1954**. 138—40. Jan. London, North. Polytechnic.) H. Ulrich. 3122

Paul A. Boivin, Paul E. Gagnon, Ernest Renaud und **William A. Bridgeo,** *Cyanessigester, Aminosäuren und Pyrazolone.* Vff. synthetisieren aus Mono- u. disubstituierten Cyanessigsäureäthylestern u. Hydrazinhydrat die entsprechenden *Hydrazide*, die durch Behandlung mit NaOH in *4-substituierte 3-Aminopyrazolone-(5)* übergeführt werden. Über die *Azide* u. *Urethane* werden aus den Hydraziden *dl-α-Amino-β-phenylbuttersäure, dl-α-Amino-δ-[o-bromphenoxy]-valeriansäure* u. *dl-α-Amino-δ-[o.p-dichlorphenoxy]-valeriansäure* dargestellt. Die UV-Spektren der Pyrazolone werden diskutiert.

Versuche: *γ-[m-Methylphenoxy]-propylbromid*, $C_{10}H_{13}OBr$, Kp.$_6$ 125—126°. Zu Trimethylenbromid u. m-Kresol in W. wird wss. NaOH in innerhalb 1 Std. zugetropft, die Mischung 10—15 Std. am Rückfluß erhitzt u. im Vakuum dest.; n_D^{23} 1,5389; 54% (Ausbeute). — Analog: *β-[m-Äthylphenoxy]-äthylbromid*, $C_{10}H_{13}OBr$, Kp.$_{17}$ 143—144°, n_D^{22} 1,5406; 50%. — *γ-[o-Bromphenoxy]-propylbromid* (**I**), $C_9H_{10}OBr_2$, Kp.$_{15}$ 166—172°, n_D^{22} 1,5762; 70%. — *γ-[o.p-Dichlorphenoxy]-propylbromid*, $C_9H_9OCl_2Br$, Kp.$_6$ 158 bis 159°, n_D^{22} 1,5676; 79%. — *α-[γ-(o-Bromphenoxy)-propyl]-cyanessigsäureäthylester*, $C_{14}\cdot H_{16}O_3NBr$, F. 58—59°, Kp.$_{12}$ 224—232°. Cyanessigester wird mit einer Lsg. von $NaO\cdot C_2H_5$ in absol. A. zum Sieden erhitzt; nach dem Abkühlen wird **I** langsam hinzugefügt, die Lsg. bis zur neutralen Rk. erhitzt, A. im Vakuum verdampft, in W. gegossen, angesäuert, ausgeäthert u. im Vakuum dest.; 45%. — Analog: *α-[γ-(o.p-Dichlorphenoxy)-propyl]-cyanessigsäureäthylester*, $C_{14}H_{15}O_3NCl_2$, Kp.$_6$ 197—198°, n_D^{22} 1,5208; 38%. — *α.α-Bis-[γ-(m-methylphenoxy)-propyl]-cyanessigsäureäthylester*, $C_{25}H_{31}O_4N$, Kp.$_5$ 184 bis 185°, n_D^{22} 1,4960; 57%. — *α.α-Bis-[β-(m-äthylphenoxy)-äthyl]-cyanessigsäureäthylester*, $C_{25}H_{31}O_4N$, Kp.$_6$ 178—180°, n_D^{22} 1,4978; 40%. — Durch Erhitzen der vorst. Ester mit Hydrazinhydrat werden folgende Cyanacethydrazide dargestellt: *α-[α-Phenyläthyl]-* (**II**), $C_{11}H_{13}ON_3$; *Acetonderiv.*, $C_{14}H_{17}ON_3$, F. 171—172° (A.). — *α-[γ-(o-Bromphenoxy)-propyl]-*, $C_{12}H_{14}O_2N_3Br$, F. 99—100° (A.); *Anisaldehydderiv.*, $C_{20}H_{20}O_3N_3Br$, F. 153—154° (A.). — *α-[γ-(o.p-Dichlorphenoxy)-propyl]-*, $C_{12}H_{13}O_2N_3Cl_2$, F. 110—111° (A.); *Anisaldehydderiv.*, $C_{20}H_{19}O_3N_3Cl_2$, F. 183—184° (A.). — *α.α-Bis-[γ-(m-methylphenoxy)-propyl]-*, $C_{23}H_{29}O_3N_3$, F. 95—96° (A.); *Anisaldehydderiv.*, $C_{31}H_{35}O_4N_3$, F. 149—150° (A.). — *α.α-Bis-[β-(m-äthylphenoxy)-äthyl]-*, $C_{23}H_{29}O_3N_3$, F. 140—141° (A.); *Anisaldehydderiv.*, $C_{31}H_{35}O_4N_3$, F. 183—184° (A.). — *dl-α-Amino-β-phenylbuttersäure*, **II** in 15% ig. HCl, mit Ae. überschichtet, wurde bei 0° mit $NaNO_2$ in das *Azid* verwandelt, dessen äther. Lsg. in absol. A. gegeben, der Ae. verdampft, 1 Std. erhitzt u. das *Urethan* mit 20% ig. HCl 48 Std. bei 140° hydrolysiert. *Hydantoinderiv.*, $C_{11}H_{12}O_2O_2N_2$, F. 125—126°. — Analog: *dl-α-Amino-δ-[o-bromphenoxy]-valeriansäure*; *Hydantoinderiv.*, $C_{12}H_{13}O_3N_2Br$, F. 160—161°. — *dl-α-Amino-δ-[o.p-dichlorphenoxy]-valeriansäure*, $C_{11}H_{13}O_3\cdot NCl_2$. — *4-[α-Phenyläthyl]-3-aminopyrazolon-(5)*, $C_{11}H_{13}ON_3$, F. 80—81° (A.), **II** wurde mit 40% ig. NaOH einige Min. gerührt, nach 3 Std. mit W. verd. u. mit 50% ig. CH_3COOH angesäuert. Die Verb. ist lösl. in W., Säuren u. Alkalien, unlösl. in Ae. u. $NaHCO_3$-Lösung. — Analog: *4-[β-(m-Äthylphenoxy)-äthyl]-3-aminopyrazolon-(5)*, $C_{13}H_{17}O_2N_3$, F. 135—136° (A.). — *4-[γ-(o-Bromphenoxy)-propyl]-3-aminopyrazolon-(5)*, $C_{12}H_{14}O_2N_3Br$, F. 152—153° (A.). — *4-[γ-(o.p-Dichlorphenoxy)-propyl]-3-aminopyrazolon-(5)*, $C_{12}H_{13}O_2N_3Cl_2$, F. 183—184° (A.). — *4.4-Bis-[β-(m-äthylphenoxy)-äthyl]-3-aminopyrazolon-(5)*, $C_{23}H_{29}O_3N_3$, F. 215—217° (A.). — *4.4-Bis-[γ-(m-methylphenoxy)-propyl]-3-aminopyrazolon-(5)*, $C_{23}H_{29}O_3N_3$, F. 215—216° (A.). (Canad. J. Chem. **30**. 994—1002. Dez. 1952. Ottawa, Univ., Dep. of Chem.) H. Ulrich. 3122

Jacques Parrod und **Lam Van Huyen,** *Produkte der Einwirkung von Kohlenstoffoxysulfid auf einige Aminonitrile.* Vff. untersuchen die Rk. von aliphat. α-Aminonitrilen mit COS. Die Synth. der *Aminonitrile* erfolgte durch Umsatz des entsprechenden Aldehyds mit NaCN u. NH_4Cl, die Reinigung durch Kristallisation der Hydrochloride aus CH_3NO_2. Außer *α-Aminopropionitril* sind die Basen bei 1—2 mm unzers. destillierbar. *α-Aminobutyronitrilhydrochlorid*, $C_4H_9N_2Cl$, F. 127°. — *α-Amino-n-valeronitrilhydrochlorid*, $C_5H_{11}N_2Cl$, F. 130°. — *α-Amino-n-caprylonitrilhydrochlorid*, $C_8H_{17}\cdot$

N_2Cl, F. 192°. — Durch Einleiten von COS in die mit der berechneten Menge $NaOCH_3$ versetzte sd. methylalkoh. Lsg. der Hydrochloride entstehen *2-Oxy-4-alkyl-5-iminothiazoline* (gelbe Nadeln, unlösl. in W. u. in den meisten organ. Lösungsmitteln, lösl. in Alkalien), die aus Pyridin mit W. umgefällt werden können. Sie addieren in A. kein HCl, geben in A. mit Glyoxal keine Färbung u. reagieren nicht mit Benzaldehyd. — *2-Oxy-4-methyl-5-iminothiazolin*, $C_4H_6ON_2S$, F. >420°. — *2-Oxy-4-äthyl-5-iminothiazolin*, $C_5H_8ON_2S$, F. 270°. *Na-Salz*, $C_5H_7ON_2SNa + 4 H_2O$, F. 305°, in W. mit gelber Farbe (p_H 9) lösl., durch CO_2 zersetzbar. — *2-Oxy-4-propyl-5-iminothiazolin*, $C_6H_{10}ON_2S$, F. 226°. — *2-Oxy-4-hexyl-5-iminothiazolin*, $C_9H_{16}ON_2S$, F. 204°. (C. R. hebd. Séances Acad. Sci. **236**. 933—35. 2/3. 1953.) LIEBIG. 3142

D. A. A. Kidd, P. A. Robins und **James Walker,** *Isomerisation von α-[2.3.4.5-Tetrahydrobenzoyl]-acetessigsäureäthylester.* Bei der Kondensation von *2.3.4.5*-Tetrahydrobenzoylchlorid (**V**) mit Acetessigester (**IV**) entsteht außer *α-[2.3.4.5-Tetrahydrobenzoyl]-acetessigsäureäthylester* (**I**) dessen Cyclisierungsprod. *trans-5.6.7.8.9.10-Hexahydro-2-methylchromoncarbonsäure-(3)-äthylester* (**II**). Die trans-Konfiguration von **II** ergibt sich aus der Ozonspaltung zu *trans-2-Acetoxycyclohexancarbonsäure-(1)* u. *Oxalsäure.* **I** wird durch 0,01 n alkoh. HCl in **II** umgewandelt. Die saure oder bas. Hydrolyse von **II** liefert *Acetylcyclohexen.* Durch Hydrierung von **II** entsteht *trans-5.6.7.8.9.10-Hexahydro-2-methylchromanon-(4)-carbonsäure-(3)-äthylester* (**III**), der mit konz. Alkali *trans-β-[2-Carboxycyclohexyloxy]-buttersäure* liefert; mit verd. Alkali entsteht daneben die *freie Säure* von **III**, die oberhalb des F. CO_2 zu *trans-5.6.7.8.9.10-Hexahydro-2-methylchromanon-(4)* abspaltet.

Versuche: *2.3.4.5-Tetrahydrobenzonitril* (**VI**), Kp.$_{17}$ 85—90°, aus Cyclohexanoncyanhydrin mit $POCl_3$ in Pyridin; n_D^{19} 1,4864; 94% (Ausbeute). — *2.3.4.5-Tetrahydrobenzoesäure* (**VII**), Kp.$_{18}$ 138—141°, durch alkal. Verseifung von **VI**. — *2.3.4.5-Tetrahydrobenzoylchlorid* (**V**), Kp.$_{18}$ 92—100°, aus **VII** mit $SOCl_2$; n_D^{24} 1,5100; 98%. — *α-[2.3.4.5-Tetrahydrobenzoyl]-acetessigsäureäthylester* (**I**), $C_{13}H_{18}O_4$, u. *trans-5.6.7.8.9.10-Hexahydro-2-methylchromoncarbonsäure-(3)-äthylester* (**II**), $C_{13}H_{18}O_4$, a) durch 1½std. Kochen von 11 g **V** mit dem Na-Deriv. von 19,5 g **IV** in trockenem Bzl.; 5,8 g **II** (Prismen aus PAe., F. 66—67°. *2.4-Dinitrophenylhydrazon*, $C_{19}H_{22}O_7N_4$, F. 163°, orangefarbene Nadeln aus A.–Essigester) u. 8,5 g **I** (Kp.$_{0,3}$ 120—125° [Bad], n_D^{18} 1,5132; mit $FeCl_3$ kirschrote Färbung); b) durch Rk. von 14,4 g **V** mit dem Äthoxy-Mg-Deriv. von 19,5 g **IV** in Bzl.; 7,4 g **II** u. 13 g **I**. — *2.3.4.5-Tetrahydrobenzoylessigsäuremethylester*, $C_{10}H_{14}O_3$, Kp.$_{0,4}$ 95°, aus **I** mit Na-Methylat in Methanol in 16 Std. bei Zimmertemp.; n_D^{22} 1,5009; 55%. *2.4-Dinitrophenylhydrazon*, $C_{16}H_{18}O_6N_4$, F. 125 bis 126°, gelbe Blättchen. *Phenylpyrazolonderiv.*, $C_{15}H_{16}ON_2$, F. 120—122°, gelbe Nadeln. — *trans-5.6.7.8.9.10-Hexahydro-2-methylchromanon-(4)-carbonsäure-(3)-äthylester* (**III**), $C_{13}H_{20}O_4$, F. 67—68,5°, Kp.$_{0,005}$ 85—90° (Bad), aus 3 g **II** durch katalyt. Hydrierung mit $Pd/SrCO_3$ in Methanol bei Raumtemp. u. n. Druck in 18 Std.; 2,05 g Nadeln. *2.4-Dinitrophenylhydrazon*, $C_{19}H_{24}O_7N_4$, F. 213—215°, orangefarbene Prismen. *Freie Säure*, $C_{11}H_{16}O_4$, F. 140—141°, aus **III** mit 0,5 n NaOH bei Raumtemp.; gibt beim Erhitzen über den F. *trans-5.6.7.8.9.10-Hexahydro-2-methylchromanon-(4)*, $C_{10}H_{16}O_2$, Kp.$_{18}$ 115° (Bad), n_D^{20} 1,4862. *2.4-Dinitrophenylhydrazon*, $C_{16}H_{20}O_5N_4$, F. 218°, gelbe Nadeln. — *trans-β-[2-Carboxycyclohexyloxy]-buttersäure*, $C_{11}H_{18}O_5$, F. 129—130°, bei der milden Hydrolyse von **III** neben der freien Säure aus den wss. Mutterlaugen oder durch 45 Min. Kochen von **III** mit 20%ig. methanol. KOH; 74%. — *Acetylcyclohexen*, n_D^{16} 1,4961, durch Hydrolyse von **II** mit 5%ig. methanol. KOH oder mit konz. HCl. *2.4-Dinitrophenylhydrazon*, F. 194—196°. — *trans-2-Acetoxycyclohexancarbonsäure-(1)*, F. 101—102°, durch Ozonisierung von **II** in CCl_4 u. Spaltung mit H_2O_2; daneben *Oxalsäure.* — Die Absorptionsmaxima von **I**. **II** u. **III** sind angegeben. (J. chem. Soc. [London] **1953**. 3244—47. Okt. London, Nat. Inst. for Med. Res.) WINTER. 3211

D. N. Shah und **N. M. Shah,** *Eine Synthese von Flavon-6-carbonsäure.* Vff. erhalten durch Kondensation von 3-Acetyl-4-oxybenzoesäure (**I**) mit Benzaldehyd *2-Oxy-5-carboxyphenylstyrylketon* (gelbe Nadeln vom F. 222°), welches mittels verd. alkoh. HCl zu *Flavanon-6-carbonsäure* (F. 235°) isomerisiert wird. Durch Behandlung mit SeO_2 in Amylalkohol entsteht hieraus *Flavon-6-carbonsäure* (F. 302°), welche auch direkt aus dem Chalkon mittels SeO_2 erhalten wurde. — Die Acetylierung von **I** oder seines Methylesters nach KOSTANECKI-ROBINSON gelang nicht. (Current Sci. **22**. 306—07. Okt. 1953. Ahmedabad, Gujarat Coll., Sci. Inst.) HANSCHKE. 3211

Ferdinand Bohlmann und **Magdalene Bohlmann,** *Zur Reduktion von Pyridinderivaten mit Lithiumaluminiumhydrid.* Bei der Red. des Dinicotinsäuredimethylesters (**I**) mit $LiAlH_4$ findet keine Red. der funktionellen Gruppen statt, sondern die Bldg. von *1.4-Dihydrodinicotinsäuredimethylester.* Analog verhält sich der 2-Methyldinicotinsäuredimethylester (**III**), dagegen ergibt 2.6-Lutidindicarbonsäure-(3.5)-diäthylester (**IV**) in der Kälte das Monocarbinol u. beim Kochen das Diol, ohne daß der Kern hydriert wird. Dinicotinsäuredinitril (**V**) verhält sich bei der Red. wie **I**. Nicotinsäuremethylester zeigt leichte Hydrierbarkeit des Ringes, kann aber unter vorsichtigen Bedingungen mit $LiAlH_4$ in *β-Pyridylcarbinol* übergeführt werden. Picolinsäure- u. Pyridyl-(2)-essigsäureäthylester werden glatt zu den entsprechenden Carbinolen reduziert. Pyridincarbonsäureamide konnten mit $LiAlH_4$ nicht zu den Aminen red. werden; 2-Chlorpyridin reagiert in der Kälte nicht mit $LiAlH_4$, in der Hitze zu Harzen, desgleichen 3.5-Dibrompyridin u. N-Methylpyridon-(2). Vff. führen das verschied. Verh. der Pyridincarbonsäuren gegenüber $LiAlH_4$ darauf zurück, daß elektronenaffine Gruppen in 3- u. 5-Stellung den Ring für eine Addition von $LiAlH_4$ im günstigen Sinne polarisieren, während 2-, 4- u. 6-Substitution das Gegenteil bewirkt. Die katalyt. Hydrierung der CN-Gruppen von **V** gelang ebenfalls nicht.

Versuche: *3-Oxymethyl-2.6-lutidincarbonsäure-(5)-äthylester,* $C_{11}H_{15}O_3N$, F. 100 bis 101° (Bzl.), aus **IV** in Ae. mit $LiAlH_4$ in Ae. bei 0°; 40 % (Ausbeute). — *3.5-Bis-[oxymethyl]-2.6-lutidin,* $C_9H_{13}O_2N$, F. 141—142° (Bzl.–Aceton), aus **IV** wie vorst. bei 2std. Kochen; 65%. — *1.4-Dihydrodinicotinsäuredimethylester,* $C_9H_{11}O_4N$, F. (unscharf) 150—160°, aus **I**; aus Bzl. gelbe Kristalle; 50%. — *2-Methyl-1.4-dihydrodinicotinsäuredimethylester,* $C_{10}H_{13}O_4N$, F. 126°, aus **III** (Kp.$_{0,02}$ 115—120°); gelbe Nadeln aus Bzl.; 35%. — *α-Pyridylcarbinol,* aus α-Picolinsäureäthylester; *Pikrat,* F. 159°. — *β-Pyridyl-(2)-äthylalkohol,* Kp.$_{15}$ 120°, aus 5 g Pyridyl-(2)-essigsäureäthylester; 2,5 g; *Pikrat,* F. 120°. — *Dinicotinsäurediamid* (**II**), F. 302° (W.), 50 g Dinicotinsäure mit $SOCl_2$ 15 Std. kochen, überschüssiges $SOCl_2$ abdampfen u. Rückstand in konz. NH_4OH eintragen; 26 g. — *Dinicotinsäuredinitril* (**V**), F. 113° (CH_3OH), aus 26 g **II** mit $POCl_3$ in Pyridin, 3 Std. auf 60° erwärmen, auf Eis gießen u. mit Methylchlorid extrahieren; 15 g. — *1.4-Dihydrodinicotinsäuredinitril,* $C_7H_5N_3$, F. 197°, aus **V**; gelbe Kristalle aus Bzl./Methanol. — *1.4-Dihydro-2.6-lutidindicarbonsäure-(3.5)-dinitril,* F. 225°, aus 2.6-Lutidindicarbonsäure-(3.5)-dinitril; gelbe Kristalle aus Methanol. — *β-Pyridylcarbinol,* Kp.$_{0,1}$ 110°, aus 46 g Nicotinsäuremethylester bei 0°; 31,3 g; *Pikrat,* F. 158—160°. — Die UV-Maxima der 1.4-Dihydropyridinverbb. sind angegeben. (Chem. Ber. **86**. 1419—23. 1953. Braunschweig, TH, Organ.-Chem. Inst.)
M. THIEL. 3231

Arthur P. Phillips, *Synthetische blutdrucksenkende Agentien.* 1. Mitt. *Einige von Nicotin abgeleitete, neue wirksame, das autonome Nervensystem blockierende Agentien.* Durch katalyt. Hydrierung von Nicotin (**I**)-Dihydrochlorid bzw. von bis-quaternären Salzen von **I** werden *3-[4-Methylaminobutyl]-piperidin* bzw. *1-Alkyl-3-[4-dialkylaminobutyl]-piperidine* dargestellt, welche sämtlich starke, das autonome Nervensyst. blockierende u. blutdrucksenkende Wrkg. besitzen. Am wirksamsten ist *1-Methyl-3-[4-dimethylaminobutyl]-piperidin* (**II**), welches bei intravenöser Anwendung *Hexamethoniumchlorid* gleichkommt u. — oral verabreicht — übertrifft. Die Struktur eines quaternären Salzes ist also nicht, wie bisher angenommen, Voraussetzung für die pharmakol. Wirksamkeit dieser Verbindungsklasse. Bei den höheren Homologen von **II** wird das Verhältnis zwischen Aktivität u. Toxizität mit zunehmender Molekülgröße ungünstiger; das gleiche gilt für die aus **II** mit Methyl-, Äthyl-, n-Propyl-, n-Butyljodid bzw. Benzylchlorid gewonnenen *bis-quaternären Salze.* Es gelang nicht, die quaternären **I**-Salze ohne Sprengung des Pyrrolidinringes zu hydrieren u. so 1-Alkyl-1-methyl-2-[1-alkylpiperidyl-(3)]-pyrrolidiniumsalze zu gewinnen.

Versuche: *Nicotin* (**I**)-*bis-jodmethylat* (**III**), $C_{12}H_{20}N_2J_2$, F. 232—233°, durch 20std. Kochen von **I** mit CH_3J in Methanol; hellgelb; 100% (Ausbeute). — Analog **I**-*Bis-jodäthylat,* $C_{14}H_{24}N_2J_2$, F. 220—221° (A.); roh 100, krist. 60%. — **I**-*Bis-jod-n-propylat,* $C_{16}H_{28}N_2J_2$, F. 218—219° (A.); roh 100, krist. 20%. — **I**-*Bis-jod-n-butylat,* $C_{18}H_{32}N_2J_2$, Öl, das nicht krist.; 100%. — *1-Methyl-3-[4-dimethylaminobutyl]-piperidin* (**II**)-*Dihydrojodid,* $C_{12}H_{28}N_2J_2$, F. 189—190° (CH_3OH–Essigester), durch 6std. Hydrieren von **III** über ADAMS-Katalysator bei 4 at in Methanol, Einengen u. Fällen mit Essigester; 90—95%. *Dihydrochlorid,* $C_{12}H_{28}N_2Cl_2$, F. 239—240° (CH_3OH–Essigester). — Analog fast quantitativ: *1-Äthyl-3-[4-äthyl-4-methylaminobutyl]-piperidindihydrojodid,* $C_{14}H_{32}N_2J_2$, F. 160—161° (CH_3OH–Essigester). — *1-n-Propyl-3-[4-methyl-4-n-propylaminobutyl]-piperidindihydrojodid,* $C_{16}H_{36}N_2J_2$, F. 179—180° (CH_3OH–Essigester). — *3-[4-Methylaminobutyl]-piperidindihydrochlorid,* $C_{10}H_{24}N_2Cl_2$, F. 201—202° (A.). — **II**-*Bis-jodmethylat,* $C_{14}H_{32}N_2J_2$, 271—272° (CH_3OH–Ae.), durch 20std. Kochen von **II** mit CH_3J in Methanol u. Fällen mit Essigester; 100%. — Analog aus **II** u. den entsprechenden Alkylhalogeniden fast quantitativ (krist. aus CH_3OH–Ae.): **II**-*Bis-*

jodäthylat, $C_{16}H_{36}N_2J_2$, F. 236—237°. — II-*Bis-jod-n-propylat*, $C_{18}H_{40}N_2J_2$, F. 194 bis 195°. — II-*Bis-jod-n-butylat*, $C_{20}H_{44}N_2J_2$, F. 179—180°. — II-*Bis-chlorbenzylat*, C_{26}·$H_{40}N_2Cl_2$, F. 222—223°. (J. Amer. chem. Soc. **76**. 2211—13. 20/4. 1954. Tuckahoe, N. Y., Wellcome Res. Labors.) W. HOFFMANN. 3231

Jean-Albert Gautier, Roland Epsztein und **Martin Olomucki,** *Katalytische Hydrierung einiger quaternärer Bis-pyridiniumsalze; analytische Verfolgung des Reaktionsverlaufes. 1.3-Dipiperidinopropandihydrobromid*, F. 277—282° (A.), wird durch katalyt. Hydrierung einer äthanol. Lsg. von Propan-1.3-bis-pyridiniumbromid in Ggw. von ADAMS-Katalysator dargestellt. Analog werden synthetisiert: *1.4-Dipiperidinobutandihydrobromid*, F. 300—305°; *1.5-Dipiperidinopentandihydrobromid*, F. 235—240°; *1.6-Dipiperidinohexandihydrobromid*, F. 260—265°. Der Verlauf der Hydrierung läßt sich durch Acidimetrie in organ. Lösungsmitteln nach der bereits beschriebenen Meth. (vgl. C. **1953**. 7615 u. früher) verfolgen. Die H_2-Aufnahme ist kontinuierlich. (C. R. hebd. Séances Acad. Sci. **237**. 1533—35. 9/12. 1953.) BUCHTA. 3231

Richard H. Wiley und **Albert J. Hart,** *Reaktion von Diformylhydrazin mit Aminoheterocyclen.* Durch Rk. von verschied. Aminoheterocyclen mit entweder nach KAUFMANN (C. **1935**. II. 225) aus Ameisensäureäthylester u. Hydrazinhydrat in 36%ig. oder aus Formylhydrazin u. Formamid in 31,5%ig. Ausbeute erhaltenem *Diformylhydrazin* (**I**) wird eine Anzahl in 4-Stellung substituierter *1.2.4.4H-Triazole* dargestellt. Bei der Umsetzung von **I** mit Guanazol (3.5-Diamino-1.2.4-triazol) entsteht in der Annahme, daß letzteres in der Iminoform reagiert, *3.5-Bis-[N-(2-formylhydrazono)-methylidinimino]-1.2.4-triazolidin* (**II**). 2-Aminopyrimidin (**III**) u. 2-Aminobenzothiazol (**IV**) reagieren mit **I** unter Bldg. von Verbb., denen vielleicht die Struktur eines disubstituierten Harnstoffs zugeordnet werden kann, während bei der Rk. mit Harnstoff nach SONN [1914] die monosubstituierten Harnstoffe erhalten werden. Aus **I** u. 2-Aminobenzimidazol entsteht eine nicht identifizierte Verb.; 4-Aminopyridin, Guanazin u. 2-Aminothiazol gaben keine charakterisierbaren Produkte.

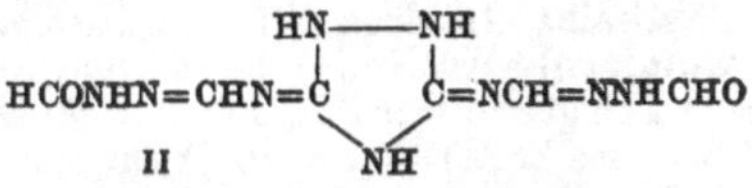

II

Versuche: *4-[Pyridyl-(2)]-1.2.4.4H-triazol*, $C_7H_6N_4$, F. 169°, durch langsames Erhitzen von 2-Aminopyridin mit **I** auf 165°, ½ Std. auf 165—170°, Lösen in A., Filtrieren, Zugabe von Ae. u. mehrstd. Stehen; aus A.–Ae., aus Toluol Nadeln; 40% (Ausbeute). — *4-[Pyridyl-(3)]-1.2.4.4H-triazol*, $C_7H_6N_4$, F. 162°, analog aus 3-Aminopyridin; aus Toluol Nadeln; roh 42%. — Ebenso aus 3-Aminochinolin *4-[Chinolyl-(3)]-1.2.4.4H-triazol*, $C_{11}H_8N_4$, F. 202—203°; aus A.–Ae. Nadeln; 80% (roh). — *4-[1.2.4.1H-Triazolyl-(3)]-1.2.4.4H-triazol*, $C_4H_4N_6$, F. 300—302° (Zers.; W.), durch langsames Erhitzen von 3-Amino-1.2.4.1H-triazol u. **I** auf 155—165° u. Auflösen der M. in sd. W.; roh 44%. — *2.6-Bis-[triazolyl-(4)]-pyridin*, $C_9H_7N_7 \cdot H_2O$, F. 325 bis 327°, durch langsames Erhitzen von 2.6-Diaminopyridin mit der doppelmol. Menge **I** auf 170°; aus W., dann A. Nadeln; roh 13%; im Vakuum getrocknete Probe ist hygroskopisch. — *2-Amino-6-[triazolyl-(4)]-pyridin*, $C_7H_7N_5$, F. 193—196° (A.), analog vorst. Verb. mit gleichmol. Mengen, Auflösen des Rohprod. in wenig A., Abtrennen vorst. Verb. u. Eindampfen; roh 10%. — *3.5-Bis-[N-(2-formylhydrazono)-methylidinimino]-1.2.4-triazolidin* (**II**), $C_6H_9O_2N_9$, F. über 350°, durch langsames Erhitzen von Guanazol u. **I** auf 180° u. mehrfaches Extrahieren mit sd. W.; 49%. — Durch 1std. Erhitzen von 1,2 g 2-Aminopyrimidin (**III**) mit 1 g **I** auf 180—190° u. Umkristallisieren aus Toluol entstehen 0,6 g einer *Verb. vom* F. 240—248°; nach mehrmaligem Umkristallisieren wird eine *Verb.* $C_9H_8ON_6$, F. 231—233°, erhalten, vielleicht *N.N'-Bis-[pyrimidyl-(2)]-harnstoff.* — Ebenso werden durch 1std. Erhitzen von 2 g 2-Aminobenzthiazol (**IV**) mit 1,2 g **I** auf 165—170° u. Kristallisation aus A. 0,5 g einer *Verb.* $C_{15}H_{10}ON_4S_2$, F. 204—205°, erhalten, vielleicht *N.N'-Bis-[benzthiazolyl-(2)]-harnstoff*, u. eine *Verb.* mit F. 240—260°. — Die Rk. von 6,2 g 2-Aminobenzimidazol mit 4 g **I** gab 4 g einer *Verb.* vom F. 200—202° (A.). — *Benzthiazolyl-(2)-harnstoff*, $C_8H_7ON_3S$, F. über 350°, durch ca. 1 Min. Erhitzen von **IV** mit Harnstoff in Eisessig; aus A. Nadeln. — *Pyrimidyl-(2)-harnstoff*, $C_5H_6ON_4$, F. 241—243° (Toluol, W. oder A.), durch ½std. Erhitzen von **III**, Harnstoff u. Eisessig auf 180°; 30%. (J. org. Chemistry **18**. 1368—71. Okt. 1953. Louisville, Ky., Univ., Coll. of Arts and Sci., Dep. of Chem.) BUCHTA. 3231

K. Arh-Lipovac und **R. Seiwerth,** *Über δ-Conicein. 1-Aza-bicyclo-[0.3.4]-nonan.* Es werden zwei neue Synthesen des *δ-Coniceins* beschrieben, die vom 4-[Tetrahydrofuryl-(2)]-butyronitril (**II**) bzw. vom 4-[Tetrahydrofuryl-(2)]-buttersäureäthylester (**V**) ausgehen.

Versuche (FF. korr.): *4-[Tetrahydrofuryl-(2)]-butyronitril* (II), $Kp._{10}$ 115—116°, aus 3-[Tetrahydrofuryl-(2)]-propylchlorid mit KCN; 87% (Ausbeute). — *1-Amino-4-[tetrahydrofuryl-(2)]-butan* (III), $C_8H_{17}ON$, $Kp._{12}$ 98°, aus II in mit NH_3 gesätt. A. durch Hydrierung in Ggw. von RANEY-Ni bei 100 at/130°; 76,5%. *Hydrochlorid*, $C_8H_{17}ON \cdot HCl$, aus Essigester, F. 135°. — *4-[Tetrahydrofuryl-(2)]-buttersäureäthylester* (V), $Kp._{10}$ 118—120°, aus der Säure u. A. mit konz. H_2SO_4 durch azeotrope Dest. mit Toluol; 85%. — *4-[Tetrahydrofuryl-(2)]-butanol* (VI), $Kp._{10}$ 124°, aus V durch Red. mit A. u. Na; 55%; nicht analysenrein. — *1.4.8-Tribromoctan* (I), $C_8H_{15}Br_3$, $Kp._{0,4}$ 138—140°, aus VI mit 70%ig. HBr bei 110°; 90,5%. — *1.4-Dibrom-8-aminooctanhydrobromid* (IV), durch 3std. Durchleiten von HBr durch die Lsg. von III in Eisessig; wurde gleich weiterverarbeitet. — *δ-Conicein* (*Oktahydropyrrocolin, Indolizidin, 1-Aza-bicyclo-[0.3.4]-nonan*), $Kp._{12}$ 53°, a) durch Zutropfen von IV in W. zu 0,1 nNaOH bei 50°, Zugabe von Benzolsulfochlorid zum Binden nichttert. Basen u. Wasserdampfdest.; 57,5%; b) durch 4std. Erhitzen von I in CH_3OH mit NH_3 im Autoklaven auf 130°; 40%. *Pikrat*, $C_8H_{15}N \cdot C_6H_3O_7N_3$, F. 230°. *Pikrolonat*, $C_8H_{15}N \cdot C_{10}H_8O_5N_4$, F. 207—208°. (Mh. Chem. **84**. 992—95. S.-B. österr. Akad. Wiss., math.-naturwiss. Kl., Abt. IIb. **162**. 992—95. 1953. Zagreb, Jugoslawien, Inst. für industr. Forsch., u. chem. pharmazeut. Fabrik „Pliva", Forschungsinst.) M. THIEL. 3231

K. J. M. Andrews, F. R. Atherton, F. Bergel und **A. L. Morrison,** *Oxypyridin- und Oxychinolinphosphate als Anticholinesterasen.* Durch Kondensation von Monochlorphosphorsäurediäthyl- (III) bzw. -diisopropylester (Diäthyl- bzw. Diisopropylphosphorchloridat) mit 3-Oxypyridin (II) bzw. 3-, 4- oder 8-Oxychinolin in Form ihrer Alkalisalze erhielten Vff. destillierbare Öle, die mit Ausnahme von *3-[Diäthoxyphosphinyloxy]-chinolin* (I) keine krist. quaternären Salze lieferten. Das *Methomethylsulfat* von I zeigte in vitro die höchste für eine P-Verb. bekannte Anticholinesteraseaktivität [J_{50} (rote Zelle) $= 1{,}5 \cdot 10^{-10}$] u. eine entsprechend hohe Toxizität ($DL_{50} = 0{,}023$ mg·kg^{-1}, intravenös an Mäusen); seine Hydrolyse (7 Wochen bei 25° in einer Atmosphäre mit 70% Feuchtigkeit) führt zu *Diäthylhydrogenphosphat* u. *3-Oxy-N-methylchinoliniummethylsulfat*; der Hydrolysegrad läßt sich aus dem Verlust der Aktivität bestimmen, er beträgt nach je 3 Wochen bei 4° 33%, bei 20° 55%, bei 45° 99,4%.

Versuche: *3-[Diäthoxyphosphinyloxy]-pyridin* (*Ro 3-0346*), $C_9H_{14}O_4NP$, $Kp._{5,8 \cdot 10^{-4}}$ 82°; aus II u. III in A. unter Zusatz von $NaOC_2H_5$ (30 Min. Kochen, dann über Nacht Stehenlassen); n_D^{22} 1,4752; 73% (Ausbeute). *Methobromid*. — Ähnlich folgende Pyridine: *3-[Diisopropoxyphosphinyloxy]-* (*Ro 3-0351*), $C_{11}H_{18}O_4NP$, $Kp._{1,5 \cdot 10^{-4}}$ 84°; n_D^{22} 1,4687; 69%. *Methobromid*. — *3-[Diäthylamino-(äthoxy)-phosphinyloxy]-* (*Ro 3-0347*), $C_{11}H_{19}O_3N_2P$, $Kp._{4 \cdot 10^{-4}}$ 87°; n_D^{22} 1,4852; 84%. *Methobromid*. — *3-[Diäthylamino-(äthyl)-phosphinyloxy]-* (*Ro 3-0352*), $C_{11}H_{19}O_2N_2P$, $Kp._{2,8 \cdot 10^{-4}}$ 98°; n_D^{22} 1,5030; 35%. *Methobromid*. — Chinoline: *3-[Diäthoxyphosphinyloxy]-* (*Ro 3-0149*; I), $C_{13}H_{16}O_4NP$, $Kp._{1,1 \cdot 10^{-4}}$ 120—124°; n_D^{21} 1,5360; 52%. *Methomethylsulfat* (*Ro 3-0422*), $C_{15}H_{22}O_8NPS$, F. 111—112°, Nadeln (A.-Ae.). *Methopikrat*, $C_{20}H_{21} \cdot O_{11}N_4P$, F. 135—137°. — *3-[Diisopropoxyphosphinyloxy]-* (*Ro 3-0433*), $C_{15}H_{20}O_4NP$, $Kp._{2,3 \cdot 10^{-4}}$ 120—124°; 69%. — *4-[Diisopropoxyphosphinyloxy]-* (*Ro 3-0617*), $Kp._{9,2 \cdot 10^{-5}}$ 112°; n_D^{23} 1,5212; 37%. — *8-[Diäthoxyphosphinyloxy]-* (*Ro 3-0417*), $Kp._{5,8 \cdot 10^{-5}}$ 133 bis 137°; n_D^{21} 1,5447; 57%. — *3-Oxychinolin, Methomethylsulfat*, $C_{11}H_{13}O_5NS$, F. 176 bis 178° (A.). *Methopikrat*, $C_{16}H_{12}O_8N_4$, F. 239—241°. — Die Anticholinesteraseaktivitäten u. die Toxizitäten sind für fast alle genannten Verbb. angegeben. (J. chem. Soc. [London] **1954**. 1638—40. Mai. Welwyn Garden City, Herts., Roche Products Ltd., Res. Dep.) J. ROTHE. 3231

J. P. Phillips, R. W. Keown und **Quintus Fernando,** *Die Reaktion von Anilen mit 8-Oxychinolin.* Die Bldg. von *7-Aminobenzyl-8-oxychinolinen* (**A**) aus Benzaldehyd, 8-Oxychinolin (I) u. heterocycl. prim. Aminen bzw. Anthranilsäure (II) wird beschrieben. Als Amine werden verwendet: *2-Amino-3-* (III), *-4-* (IV), *-5-* (V) u. *-6-methylpyridin* (VI), *2.6-Diaminopyridin* (VII), *2-Aminobenzthiazol* (VIII), *-thiazol* (IX), *-benzimidazol* (X), *3-Aminochinolin* (XI) u. II. — Eigg. der **A**-Verbb. bei Rk. von I mit III $C_{22}H_{19}ON_3$, F. 159°; 36% (Ausbeute), mit IV $C_{22}H_{19}ON_3$, F. 158°; 87%, mit V $C_{22}H_{19} \cdot ON_3$, F. 200°; 85%, mit VI $C_{22}H_{19}ON_3$, F. 201°; 80%, mit VII $C_{21}H_{18}ON_4$, F. 270°; 55%, mit VIII $C_{23}H_{17}ON_3S$, F. 219°; 30%, mit IX $C_{19}H_{15}ON_3S$, F. 212°; 43%, mit X $C_{23}H_{18}ON_4$, F. 202°; 28%, mit XI $C_{25}H_{19}ON_3$, F. 200°; 36%, u. mit II $C_{23}H_{18}O_3N_2$, F. 206°; 45%. — Absorptionsmaxima der Verbb. werden angegeben. Mit konz. H_2SO_4, konz. HNO_3 bzw. $FeCl_3$-Lsg. treten charakterist. Rot-, Gelb- bzw. Grünfärbungen auf. Vff. nehmen an, daß bei der Rk. I in Ketoform unter Bldg. einer reaktionsfähigen Methylengruppe in 7-Stellung reagiert.

Versuche: 0,02 Mol Benzaldehyd u. 0,02 Mol des Amins werden in 50 cm^3 A. (95%) gelöst, 0,02 Mol I zugegeben u. bei Zimmertemp. stehengelassen. Der Nd. wird aus A.-Aceton (1 : 1) umkristallisiert. (J. org. Chemistry **19.** 907—09. Juni 1954. Louisville, Ky., Univ., Chem. Dep.) G. Paulig. 3231

T. D. Perrine, *Versuche zur Auffindung neuer Antimalariamittel. Phenanthryl- und Chinolylalkamine des Typs* $RCHOH(CH_2)_{3-11}N(C_4H_9)_2$. Eine Anzahl *ω-Dibutylamino-1-[phenanthryl-(9)]-* u. *ω-Dibutylamino-1-[6-methoxychinolyl-(4)]-alkohole* bzw. deren Hydrochloride wird durch Umsetzung der entsprechenden, durch die Reaktionsfolge α.ω-Glykol → *Chlor-* oder *Bromhydrin* → *ω-Dibutylaminoalkohol* u. deren *Halogenverbb.* erhaltenen aliphat. *Amino-*Grignard-*Reagentien* mit Phenanthren-9-(**X**) bzw. 6-Methoxychinolin-4-aldehyd (**XII**) dargestellt u. auf ihre Wirksamkeit als Antimalariamittel untersucht. Durch Neben-Rk. werden *Phenanthryl-(9)-* bzw. *6-Methoxychinolyl-(4)-carbinol* (**XIII**) gebildet, was auch durch Verwendung Li-organ. an Stelle der Grignard-Verbb. nicht zu verhindern ist. Da weder 4-Dibutylaminobutylchlorid noch 5-Dibutylaminopentylchlorid in ihre Grignard-Verbb. übergeführt werden konnten, während es Marxer (C. **1942.** II. 519) gelungen ist, 5-Diäthylaminopentyl-MgCl in geringen Ausbeuten darzustellen, werden die entsprechenden *ω-Dibutylamino-1-[phenanthryl-(9)]-alkohole* durch Rk. von Phenanthryl-(9)-MgBr (**XI**) mit den entsprechenden Aminoaldehyden (bzw. -nitrilen u. anschließende Red. der entstandenen *Aminoketone*) erhalten. — Verss., analoge Verbb. der Fluoren- bzw. Indolreihe durch Rk. von 3-Dibutylaminopropylmagnesiumchlorid (**I**) mit Fluoren-9- bzw. 1-Methylindol-3-aldehyd herzustellen, verliefen unbefriedigend, aus Xanthon u. **I** entsteht statt des erwarteten tert. Alkohols das ungesätt. *9-[3-Dibutylaminopropyliden]-xanthenhydrochlorid*, während 1.2.3.4-Tetrahydrophenanthren-9-aldehyd u. 9-Acetyl-1.2.3.4-tetrahydrophenanthren mit **I** n. unter Bldg. von *4-Dibutylamino-1-[1.2.3.4-tetrahydrophenanthryl-(9)]-butanol-(1)* (**II**) bzw. *5-Dibutylamino-2-[1.2.3.4-tetrahydrophenanthryl-(9)]-pentanol-(2)* reagieren. — Die beste Meth. zur Darst. von *5-Dibutylaminopentanol-(1)* (**XVII**) ist die katalyt. Debenzylierung von 1-Benzyloxy-5-dibutylaminopentanhydrochlorid, während bei Rk. von **I** mit Äthylenoxyd (**XVI**) 2-Dibutylaminoäthanol erhalten wird. *γ-Dibutylaminobutyraldehyd* entsteht aus **I** u. Orthoameisensäuretriäthylester u. saure Hydrolyse des dabei erhaltenen *Diäthylacetals.* — Alle synthetisierten Aminoalkohole mit Ausnahme jeweils des 1. Gliedes der beiden Reihen u. **II**, die bei Anwendung der maximal möglichen Dosis eine annehmbare Wrkg. zeigen, sind als Antimalariamittel unwirksam.

Versuche: Folgende Chlorhydrine werden hergestellt: *Heptamethylen-*, F. 5°, Kp.$_{12}$ 122—124°, nach Bennett u. Moses (C. **1931.** II. 2139); n_D^{25} 1,4559; 71% (Ausbeute). — Ebenso *Oktamethylen-*, Kp.$_{10}$ 130—140°; n_D^{25} 1,4572; 85%. — *Nonamethylen-*, F. 24°, Kp.$_{0,25}$ 100°, durch 24std. Extrahieren einer Mischung aus Nonamethylenglykol u. HCl mit Bzn.; 96%. — Ebenso *Dekamethylen-*, Kp.$_{0,5}$ 110°, unter Verwendung von 9nHCl; 80%. — *Essigsäureundecylen-(10)-ylester*, Kp.$_{14,5}$ 145 bis 147°, durch 5std. Kochen von Undecylenylalkohol (Kp.$_{11}$ 132—134°; *Phenylurethan,* F. 52—52,8°) mit überschüssigem Essigsäureanhydrid. — Daraus durch Behandeln mit HBr in Benzoylperoxyd enthaltendem Bzl. bei Tempp. unter 15° *Essigsäure-11-bromundecylester,* F. 13—14,5°, Kp.$_1$ 140—143°; n_D^{25} 1,4620; 74%. — Daraus durch Hydrolyse mit A. u. p-Toluolsulfonsäure *Undekamethylenbromhydrin,* $C_{11}H_{23}OBr$, F. 44—46°. *Phenylurethan,* $C_{18}H_{28}O_2NBr$, F. 69—72°. Durch Oxydation des Bromhydrins mit CrO_3 u. Eisessig entsteht *11-Bromundecylsäure,* F. 46—47,5°. — *5-Dibutylaminopentanol-(1)* (**XVII**), $C_{13}H_{29}ON$, Kp.$_{0,15}$ 95°, durch Einleiten von wasserfreiem HCl in die Lsg. von 5-Dibutylaminopentylbenzyläther in absol. A., Zugabe von 5%ig. Pd-Kohle u. Hydrierung; n_D^{25} 1,4523. — Folgende ω-Dibutylaminoalkohole wurden aus den entsprechenden Chlor- bzw. Bromhydrinen u. Dibutylamin (**III**) erhalten: *-hexanol-(1)* (**IV**), $C_{14}H_{31}ON$, Kp.$_1$ 121°, aus Hexamethylenchlorhydrin, 16 Std. (Kochen); n_D^{24} 1,4534. — *-heptanol-(1),* $C_{15}H_{33}ON$, Kp.$_{0,1}$ 110°; 30 Std.; n_D^{25} 1,4450; 95%. — *-octanol-(1),* $C_{16}H_{35}ON$, Kp.$_1$ 138—145°; 30 Std.; n_D^{24} 1,4560; 91%. — *-nonanol-(1),* $C_{17}H_{37}ON$, Kp.$_{0,2}$ 132°; 16 Std.; n_D^{24} 1,4569; 80%. — *-decanol-(1),* $C_{18}H_{39}ON$, Kp.$_{0,25}$ 135°; 24 Std.; n_D^{25} 1,4580; 89%. — *-undecanol-(1),* C_{19}·$H_{41}ON$, Kp.$_{0,1}$ 142—152°; 5½ Std.; n_D^{27} 1,4573; 81%. — Durch Einw. von a) **III** auf Pentamethylenchlorbromid oder b) $SOCl_2$ auf **XVII** entsteht eine ätherlösl. Substanz, wahrscheinlich *5-Dibutylamino-1-chlorpentan,* nur haltbar in der Kälte; daraus durch Dest. *1-Butylpiperidinhydrochlorid,* $C_9H_{20}NCl$, F. 236—238°. — *6-Dibutylamino-1-chlorhexan* (**XIX**), $C_{14}H_{30}NCl$, Kp.$_{0,1}$ 95°, durch Zugabe von $SOCl_2$ zu **IV** in alkoholfreiem Chlf. bei ca. 5°, 1std. Kochen, Auflösen in Ae., Extraktion mit HCl u. Alkalisieren; n_D^{25}1,4511. — Analog folgende ω-Dibutylamino-1-chloralkane: *-heptan,* $C_{15}H_{32}NCl$, Kp.$_1$ 115°; n_D^{28} 1,4510; 78%. — *-octan,* $C_{16}H_{34}NCl$, Kp.$_{0,3}$ 116°; n_D^{23} 1,4340; 87%. — *-nonan,* $C_{17}H_{36}NCl$, Kp.$_{0,5}$ 128°; $n_D^{26,5}$ 1,4537; 72%. — *-decan,* $C_{18}H_{38}NCl$, Kp.$_{0,5}$ 133°; D.$^{25}_4$ 0,85; n_D^{25} 1,4553; 92%. — *-undecan,* $C_{19}H_{40}NCl$, Kp.$_{0,5}$

145°; n_D^{26} 1,4557; 90%. Zwischen dem Brechungsindex u. der Länge der Alkylketten besteht sowohl bei den ω-Dibutylaminoalkoholen als auch bei den ω-Dibutylaminochloriden eine lineare Abhängigkeit (graph. Darst.). — Die Grignard-Reagentien werden durch Zugabe der ω-Dibutylamino-1-chloralkane zu mit CH_3J oder C_2H_5Br aktivierten Mg in Ae., Verdünnen mit Ae., Rühren u. ½std. Kochen in 80—85%ig. Ausbeute dargestellt. — *γ-Dibutylaminobutyraldehyddiäthylacetal*, $C_{16}H_{35}O_2N$, Kp.$_9$ 149,5°, Kp.$_2$ 90—110°, durch 15std. Stehen von Orthoameisensäuretriäthylester mit I in Bzl. bei 65°; n_D^{29} 1,4330; 60%. — Durch saure Hydrolyse entsteht daraus *γ-Dibutylaminobutyraldehyd*, $C_{12}H_{25}ON$, Kp. 235°, Kp.$_{0,08}$ 71°; n_D^{30} 1,4398 (nach 16 Std. 1,4460); 86%. *2.4-Dinitrophenylhydrazon*, $C_{18}H_{29}O_4N_5$, F. 65—67°. Die Stephen-Rk. (vgl. C. **1926**. I. 651) mit **VIII** gab den Aldehyd nicht. — *γ-Chlorbutyraldehyd*, durch 18std. Stehen von γ-Chlorbutyronitril, wasserfreiem $SnCl_2$ u. Ae. bei 0°, als *2.4-Dinitrophenylhydrazon*, $C_{10}H_{11}O_4N_4Cl$, F. 132° (A.); 10%. — *6-Dibutylaminohexen-(1)*, $C_{14}H_{29}N$, Kp.$_{0,5}$ 63—64°, durch mehrstd. Stehen von Allylbromid mit I in Bzl. bei 35°; n_D^{26} 1,4410. — *δ-Dibutylaminovaleraldehyd* (**V**), Kp.$_{0,5}$ 89°, durch Ozonisierung vorst. Verb. in HCl, Gießen in überschüssige K_2CO_3-Lsg. bei ca. 0° u. Extraktion mit Benzin. *2.4-Dinitrophenylhydrazon*, $C_{19}H_{31}O_4N_5$, F. 58,5—62°. *Diäthylacetal*, $C_{17}H_{37}O_2N$, Kp.$_{8,5}$ 154—155°, durch 48std. Einw. von alkoh. HCl auf **V** bei 5°; $n_D^{25,5}$ 1,4371; n_D^{30} 1,4355. — *5-Chlorpenten-(1)* (**VI**), Kp. 102—104°, aus Penten-(4)-ol-(1), $SOCl_2$ u. Pyridin in C_6H_5Br; n_D^{20} 1,4303; 65%. — Aus der Grignard-Verb. entsteht mit **XVI** *Hepten-(6)-ol-(1)*, Kp.$_{20}$ 88° (vgl. dagegen Robinson u. Smith, C. **1936**. II. 80); n_D^{20} 1,4440. — Durch Behandeln vorst. Verb. mit $SOCl_2$ in Pyridin u. trockenem Chlf. wird *7-Chlorhepten-(1)* (**VII**), $C_7H_{13}Cl$, erhalten; Kp.$_{41}$ 79—80°; n_D^{25} 1,4396; 65%. — *5-Jodpenten-(1)*, C_5H_9J, Kp. 150°, durch Rk. von **VI** mit NaJ in Aceton; n_D^{25} 1,5162. — *7-Dibutylaminohepten-(1)*, $C_{15}H_{31}N$, Kp.$_{0,4}$ 92—94°, Kp.$_{0,2}$ 78°, durch 6std. Erhitzen von **VII** mit **III** auf 180°; n_D^{25} 1,4427. *Chloroplatinat*, $C_{30}H_{64}N_2Cl_6Pt$, F. 169—171° — *ε-Dibutylaminocapronaldehyd* (*2.4-Dinitrophenylhydrazon*, $C_{20}H_{33}O_4N_5$, F. 63—64° [A.]), durch Ozonisation vorst. Verb. analog **V**. — *γ-Dibutylaminobutyronitril* (**VIII**), Kp.$_{10}$ 142°, durch 5std. Kochen von 3-Dibutylaminopropylchlorid mit KCN, $CuSO_4$ u. NaJ in 90%ig. A.; n_D^{25} 1,4411; 79,5%; oder aus **III** u. γ-Chlorbutyronitril; 85%. *Pikrat*, $C_{18}H_{27}O_7N_5$, F. 95—97° (Essigester–Ae.). — *ε-Dibutylaminocapronitril* (**IX**), Kp.$_1$ 109—111°, durch Erhitzen von ε-Chlorcapronitril mit einem Überschuß **III** auf 130°. *Aurichlorid*, $C_{14}H_{29}N_2Cl_4Au$ F. 95—97° (wss. A.). — Folgende ω-Dibutylamino-1-[phenanthryl-(9)]-alkanole werden hergestellt: *-butanol-(1)-hydrochlorid*, $C_{26}H_{36}$·ONCl, F. 145—147° (A.), durch 5std. Erwärmen von **I** mit **X** in Bzl. auf 45—50°. — *4-Dibutylamino-1-[phenanthryl-(9)]-butanon-(1)-hydrochlorid*, $C_{26}H_{34}ONCl \cdot H_2O$, F. 121 bis 122° (A.), durch 15std. Kochen von **VIII** mit **XI** in Ae. u. Überführen in das Sulfat. Daraus vorst. Alkohol durch Hydrierung in Methanol in Ggw. von PtO_2, der auch aus **XI** u. γ-Dibutylaminobutyraldehyd gewonnen wird. — *-pentanol-(1)*, $C_{27}H_{37}ON$, aus **XI** u. **V**; die Aminoalkohole werden am besten durch Molekulardest. bei 10^{-5} bis 10^{-6} mm gereinigt, da die Hydrochloride im allg. nicht krist. erhalten werden können. — *6-Dibutylamino-1-[phenanthryl-(9)]-hexanon-(1)-hydrochlorid*, $C_{28}H_{38}ONCl$, F. 120—121° (Aceton), aus **IX** u. **XI**. — Daraus durch Hydrierung in A. in Ggw. von PtO_2 das *-hexanol-(1)-hydrochlorid*, $C_{28}H_{40}ONCl$, F. 132—135° (Sintern ab 105°), das erst nach 8 Monaten krist. u. auch aus **XI** u. ε-Dibutylaminocapronaldehyd entsteht. Durch Oxydation mit CrO_3 in CH_3COOH u. Bzl. wird wieder das Keton erhalten. — *-heptanol-(1)*, $C_{29}H_{41}ON$, aus **X** u. der Grignard-Verb. aus **XIX**. — *-octanol-(1)*, $C_{30}H_{43}ON$, aus 7-Dibutylaminoheptyl-(1)-MgCl u. 0,1 Mol **X** nach Dest. bei 180° u. 10^{-6} mm; 7,8 g; daneben *Phenanthryl-(9)-carbinol*, F. 149—151,5°; 5 g; letzteres entsteht auch bei Verwendung von 7-Dibutylaminoheptyl-(1)-Li. — *-nonanol-(1)*, $C_{31}H_{45}ON$, durch Zugaben von 0,1 Mol **X** in Ae. zu einer auf —70° abgekühlten Lsg. von 0,1 Mol 8-Dibutylaminooctyl-MgCl in Bzl.–PAe. u. Dest. bei 200° u. 10^{-5} mm; 10,2 g. — Ebenso *-decanol-(1)*, $C_{32}H_{47}ON$, unter Verwendung von Toluol als Lösungsm. für **X**. — *-undecanol-(1)*, $C_{33}H_{49}ON$, durch Zugabe von 10-Dibutylaminodecyl-MgCl zu 30,5 g **X** bei —70° u. Dest. bei 200° u. 10^{-6} mm; 22,6 g. — Ebenso *-dodecanol-(1)*, $C_{34}H_{51}ON$; Dest. bei 210° u. 10^{-5} mm; 16,7 g. — *4-Dibutylamino-1-[6-methoxychinolyl-(4)]-butanol-(1)-dihydrochlorid*, $C_{22}H_{36}O_2N_2Cl_2 \cdot {}^1/_4\, H_2O$, F. 191—192° (A.–Ae.), durch mehrstd. Rühren von **XII** u. **I** in Ae., Zugabe von HCl, Isolieren der Base (26,1 g), Dest. bei 150—170° u. 10^{-5} mm u. Behandeln mit HCl. — *7-Dibutylamino-1-[6-methoxychinolyl-(4)]-heptanol-(1)*, $C_{25}H_{40}O_2N_2$, aus 6-Dibutylaminohexyl-MgCl u. 22,4 g **XII** in Bzl., Dest. bei 175° u. 10^{-6} mm; 6,3 g. — Analog folgende ω-Dibutylamino-1-[6-methoxychinolyl-(4)]-alkanole: *-octanol-(1)*, $C_{26}H_{42}O_2N_2$, aus 13 g **XII** in sd. Toluol; Dest. bei 175° u. 10^{-5} mm; 18 g; daneben *6-Methoxychinolyl-(4)-carbinol* (**XIII**), 5 g, u. eine niedrigsd. bas. Verb., wahrscheinlich *Dibutylhexen-(5)-ylamin* enthaltend; 18 g. —

-nonanol-(1), $C_{27}H_{44}O_2N_2$, aus 29 g **XII** in Toluol bei −70°; Dest. bei 190° u. 10^{-5} mm; 7 g. — *-decanol-(1)*, $C_{28}H_{46}O_2N_2$, aus 9-Dibutylaminononyl-MgCl u. 25,8 g **XII** bei −70°; Dest. bei 10^{-5} mm; 14,5 g; außerdem 16,5 g **XIII**. — *-undecanol-(1)*, $C_{29}H_{48}O_2N_2$. — *-dodecanol-(1)*, $C_{30}H_{50}O_2N_2$. — Das nach MARXER (l. c.) dargestellte *4-Dibutylamino-1-phenylbutanol-(1)-hydrochlorid* ist im Gegensatz zu den Angaben von MARXER leicht lösl. u. nur durch Eindampfen der wss. Lsg. zu erhalten. Durch Oxydation des Carbinols mit CrO_3 in Eisessig entsteht *γ-Dibutylaminobutyrophenon*. Das *Semicarbazonhydrochlorid* krist. aus A.–Ae. u. bildet an der Luft ein *Hydrat*, F. 177—178°; nicht wasserfrei nach Trocknen über $Mg(ClO_4)_2$. *Semicarbazonpikrat*, $C_{25}H_{35}O_8N_7$, F. 175 bis 177° (A.). — Aus **I** u. Benzophenon entsteht das erwartete tert. Carbinol; dessen *Hydrochlorid* bei 161—163° schmilzt. — *9-[3-Dibutylaminopropyliden-(1)]-xanthenhydrochlorid*, $C_{24}H_{32}ONCl$, F. 204—205° (verd. A.), aus 28 g Xanthon u. **I** in Ae. u. Behandeln mit HCl; 35 g. — *4-Dibutylamino-1-[1.2.3.4-tetrahydrophenanthryl-(9)]-butanol-(1)* (**II**), $C_{26}H_{39}ON$, aus 22 g 1.2.3.4-Tetrahydrophenanthren-9-aldehyd u. **I**; Dest. bei 150° u. 10^{-5} mm; 19 g. — *5-Dibutylamino-2-[1.2.3.4-tetrahydrophenanthryl-(9)]-pentanol-(2)*, $C_{27}H_{41}ON$, aus 9-Acetyl-1.2.3.4-tetrahydrophenanthren u. **I**; Dest. bei 150° u. 10^{-5} mm. — Durch Zugabe von **XVI** zu **I** in Ae.–Bzl. bei −5°, mehrstd. Stehen bei Raumtemp., Einengen, Zers. mit wss. NH_4Cl u. Aufnehmen in Ae. entsteht *2-Dibutylaminoäthanol*, $Kp._{0,8}$ 100°; n_D^{24} 1,4429; 43%. *p-Nitrobenzoat*, F. 95—98°. — *4-Benzyloxybutanol-(1)*, $Kp._{12}$ 155—167°, aus 3-Benzyloxypropyl-MgCl (**XIV**) u. gasförmigem HCHO; n_D^{28} 1,5130. *3.5-Dinitrobenzoat*, $C_{18}H_{18}O_7N_2$, F. 62—64° (A.). — *Chlorid* vorst. Verb., $Kp._{0,5}$ 85°, durch Umsetzen mit $SOCl_2$ u. Dimethylanilin <60°; $n_D^{23,4}$ 1,5100; 64%. Durch 15 std. Rk. der daraus gewonnenen GRIGNARD-Verb. mit Orthoameisensäuretriäthylester bei 60° entsteht *δ-Benzyloxyvaleraldehyddiäthylacetal*, $Kp._2$ 133—134°; n_D^{24} 1,4757; mit n HCl Hydrolyse zum Aldehyd. *2.4-Dinitrophenylhydrazon*, $C_{18}H_{20}O_5N_4$, F. 86—87°. Das Acetal konnte nicht debenzyliert werden. — *5-Benzyloxypentanol*, $Kp._{0,2}$ 115°, durch Rk. von **XIV** mit **XVI** < 10° u. 1 std. Erhitzen auf 65°; n_D^{23} 1,5090; 56%. — Durch Behandeln von 200 g vorst. Verb. mit $SOCl_2$, Dimethylanilin u. Chlf. bei 55—60° werden 178 g *5-Chlorpentylbenzyläther* (**XV**), $C_{12}H_{17}OCl$, erhalten; $Kp._{0,15}$ 85—87°; n_D^{25} 1,5067. — 28 std. Kochen von 170 g **XV** mit **III** liefert 218 g *5-Dibutylaminopentylbenzyläther*, $C_{20}H_{35}ON$, $Kp._{0,2}$ 136°; n_D^{24} 1,4823. — *ε-Benzyloxycapronaldehyddiäthylacetal*, $C_{17}H_{28}O_3$, $Kp._{0,2}$ 117°, durch 2 std. Rk. der GRIGNARD-Verb. aus 47,6 g **XV** mit Orthoameisensäureester bei 50°; n_D^{25} 1,4758; 40 g. Durch Hydrolyse mit n HCl wird der *Aldehyd* erhalten. *2.4-Dinitrophenylhydrazon*, $C_{19}H_{22}O_5N_4$, F. 65—67°. — Hydrierung vorst. Acetals in Ggw. von 5%ig. Pd-Kohle in A. ergibt eine *Verb.*, wahrscheinlich *2-Äthoxyoxacycloheptan*; Hydrolyse führt zu *ε-Oxycapronaldehyd*; *2.4-Dinitrophenylhydrazon*, $C_{12}H_{16}O_5N_4$, F. 105—106°. — *2-Dibutylaminomethyltetrahydrofuran*, $Kp._{18}$ 135—138°, durch mehrtägiges Kochen von Tetrahydrofurfurylchlorid, **III** u. Cyclohexanol; n_D^{25} 1,4481. *Aurichlorid*, $C_{13}H_{28}ONCl_4Au$, F. 90,5—91°. Es ist nicht gelungen, durch Hydrierung vorst. Verb. **XVII** in annehmbarer Ausbeute zu erhalten. — *γ-Dibutylaminopropylmalonsäurediäthylester*, $Kp._{0,2}$ 130°, durch Erhitzen von Na-Malonsäurediäthylester u. 3-Dibutylaminopropylchlorid (**XVIII**) auf dem Dampfbad; n_D^{23} 1,4434; 56%. — Daraus durch 18 std. Kochen mit 5 n HCl u. Verestern mit alkoh. HCl *δ-Dibutylaminovaleriansäureäthylester*, $C_{15}H_{31}O_2N$, $Kp._{15}$ 152—153°; n_D^{24} 1,4388. *Chloroplatinat*, $C_{30}H_{64}O_4N_2Cl_6Pt$, F. 117° (wss. A.). — Red. vorst. Verb. gibt **XVII** in guter Ausbeute. — *α-[3-Dibutylaminopropyl]-acetessigsäureäthylester*, $C_{17}H_{33}O_3N$, $Kp._{0,2}$ 120° (teilweise Zers.), durch mehrstd. Kochen von aus Acetessigester u. Na in absol. A. dargestelltem Na-Acetessigester mit **XVIII** unter Rühren u. Dest. in hohem Vakuum bei ca. 50°; n_D^{23} 1,4480; 29%. Durch katalyt. Hochdruckhydrierung dieser Verb. konnte kein **XVII** gewonnen werden. (J. org. Chemistry **18**. 1356—67. Okt. 1953. Bethesda, Md., Federal Security Agency, Public Health Serv., Nat. Insts. of Health, Nat. Inst. of Arthritis and Metabol. Diseases.) BUCHTA. 3231

A. Courts und **V. Petrow**, *Neue Synthesen von heterocyclischen Verbindungen.* 13. Mitt. *Einige 10-Amino-1.3-dimethyl-2.9-diazaphenanthrene.* (12. vgl. C. **1953**. 2444.) Da einige der früher (vgl. 5. u. 7. Mitt., J. chem. Soc. [London] **1946**. 200. 884) dargestellten Diazaphenanthrene merkliche analept. Eigg. haben, haben Vff. die in der 7. Mitt. (in der die Verbb. als 7.10-Diazaphenanthrene bezeichnet wurden) beschriebene Meth. auf die Synth. einiger *10-Amino-4-cyan-2.9-diazaphenanthrene* ausgedehnt u. ein Verf. entwickelt zur Gewinnung von Derivv. des *10-Methyl-2.9-diazaphenanthrens*. — *β*-Aminocrotononitril (**VI**) kondensiert sich mit o-Nitrobenzaldehyd (**I**) dann in guter Ausbeute, wenn nicht nach dem Verf. von MEYER [1908 u. früher] u. MOHR [1897] in saurer alkoh. Lsg., sondern in Eisessig gearbeitet wird. Mit dieser Meth. wurden verschied. *3.5-Dicyan-1.4-dihydro-4-aryl-2.6-dimethyl-* oder *-diphenylpyridine* gewonnen, die mit verd. HNO_3 oder besser CrO_3 in Eisessig dehydriert wurden. Die reduktive Cyclisierung der so erhaltenen *3.5-Dicyan-4-aryl-2.6-dimethyl-* bzw. *-diphenylpyridine* zu den entsprechenden *Diazaphenanthrenen* wurde je nach der Verb. mit verschied. Mitteln erreicht, da z. B. im Gegensatz zu den Beobachtungen der 7. Mitt. (l. c.) die 4-[o-Nitrophenyl]-2.6-dimethylverb. sich nicht mit red. Fe in saurem wss. A. reduktiv cyclisieren läßt; *3.5-Dicyan-4-[2.4-dinitrophenyl]-2.6-diphenylpyridin* konnte gar nicht in die entsprechende Diazaphenanthrenverb. übergeführt werden. — *10-Methyl-2.9-diazaphenanthrene* wurden durch reduktive Cyclisierung entsprechender 3.5-Diacetyl-4-[o-nitrophenyl]-pyridine gewonnen. **I** gibt mit Acetylaceton (**II**) *o-Nitrobenzylidenacetylaceton* (**V**), welches mit der „NH_3-Verb." von **II**, 4-Aminopenten-(3)-on-(2) (**III**) *3.5-Diacetyl-1.4-dihydro-2.6-dimethyl-4-[o-nitrophenyl]-pyridin* (**IV**) liefert, das nicht direkt aus **I**, **II** u. **III** erhältlich ist u. mit CrO_3 dehydriert wurde. Mit 2-Nitrovanillin als Carbonylkomponente wird die **IV** entsprechende Verb. sofort erhalten; die Darst. eines Kondensationsprod. mit **II** allein gelang nicht. — Da das aus **V** u. β-Aminocrotonsäureäthylester gewinnbare *5-Acetyl-3-carbäthoxy-1.4-dihydro-2.6-dimethyl-4-[o-nitrophenyl]-pyridin* bei der Oxydation kein krist. Prod. lieferte, wurde letzteres als Rohprod. zur *Aminoverb.* red.; mit Acetanhydrid erfolgte dann Lactamringschluß u. Acetylierung zu *10-Acetoxy-4-acetyl-1.3-dimethyl-2.9-diazaphenanthren.* — Das aus **V** u. **VI** entstehende Dihydropyridinderiv. konnte nicht rein erhalten werden; es wurde zum Pyridinderiv. oxydiert, welches bei der Red. ein untrennbares Gemisch lieferte, in dem das entsprechende Diazaphenanthrenderiv. jedoch vorzuliegen scheint.

Versuche: *3.5-Dicyan-1.4-dihydro-2.6-dimethyl-4-[o-nitrophenyl]-pyridin,* $C_{15}H_{12}O_2N_4$, F. 216—217°, aus **I** u. **VI** durch $^1/_4$std. Erhitzen in Eisessig; aus absol. A. gelbe Nadeln; 88% (Ausbeute). — *3.5-Dicyan-2.6-dimethyl-4-[o-nitrophenyl]-pyridin,* $C_{15}H_{10}O_2N_4$, F. 146,5—147,5°, durch tropfenweise Zugabe von CrO_3 in W. zu vorst. Verb. in heißer Essigsäure; aus wss. A. gelbliche Nadeln. — *10-Amino-4-cyan-1.3-dimethyl-2.9-diazaphenanthren,* $C_{15}H_{12}N_4$, F. 273°, durch 2std. Erhitzen vorst. Verb. mit konz. $Na_2S_2O_4$-Lsg. u. Ausziehen mit Chlf.; aus absol. A. hellgelbe Nadeln; 47%. — *3.5-Dicyan-1.4-dihydro-4-[o-nitrophenyl]-2.6-diphenylpyridin,* F. 258°, aus **I** u. β-Aminozimtsäurenitril in sd. Eisessig; fast 100%. — *3.5-Dicyan-4-[o-nitrophenyl]-2.6-diphenylpyridin,* $C_{25}H_{14}O_2N_4$, F. 232—233°, Nadeln aus Eisessig; fast 100%. — *10-Amino-4-cyan-1.3-diphenyl-2.9-diazaphenanthren,* $C_{25}H_{16}N_4$, F. 276—277°, durch Erhitzen vorst. Verb. in konz. HCl + Eisessig mit $SnCl_2 \cdot 2\,H_2O$ auf dem Wasserbad; aus Pyridin goldgelbe Nadeln. — *3.5-Dicyan-1.4-dihydro-4-[2.4-dinitrophenyl]-2.6-dimethylpyridin,* $C_{15}H_{11}O_4N_5$, F. 268—270° (Zers.), citronengelbe Nadeln aus viel Eisessig; ca. 100%. — *3.5-Dicyan-4-[2.4-dinitrophenyl]-2.6-dimethylpyridin,* $C_{15}H_9O_4N_5$, F. 159,5°, aus absol. A. blaßgelbe Pyramiden. — *7.10-Diamino-4-cyan-1.3-dimethyl-2.9-diazaphenanthren,* $C_{15}H_{13}N_5 \cdot {}^1/_2\,H_2O$, F. 288—289° (Zers.), durch 1std. Erhitzen vorst. Verb. in A. + einigen Tropfen HCl u. red. Fe, Aufkochen des Filtrats mit etwas NH_4OH u. Einengen; tiefgelbe Kristalle. — *3.5-Dicyan-4-[2.4-dinitrophenyl]-1.4-dihydro-2.6-diphenylpyridin,* $C_{25}H_{15}O_4N_5$, F. 218°, durch 1std. Kochen von 2.4-Dinitrobenzaldehyd mit β-Aminozimtsäurenitril u. Eisessig, Zugabe von W. u. Digerieren mit A.; aus absol. A. oder Eisessig kleine gelbe Platten; 45%. — *3.5-Dicyan-4-[2.4-dinitrophenyl]-2.6-diphenylpyridin,* $C_{25}H_{13}O_4N_5$, F. 211°, aus absol. A. Nadeln; fast 100%; gibt bei der katalyt. Hydrierung in absol. A. mit Pd-Kohle kleine orangefarbene Nadeln, die über 300° schmelzen. — *3.5-Dicyan-1.4-dihydro-4-[4-oxy-3-methoxy-2-nitrophenyl]-2.6-dimethylpyridin,* $C_{16}H_{14}O_4N_4$, F. 266° (Zers.), aus 2-Nitrovanillin; aus Eisessig gelbliche Nadeln; 70%. *Acetylderiv.*, $C_{18}H_{16}O_5N_4$, F. 214°, durch $^1/_2$std. Kochen vorst. Verb. mit Acetanhydrid; blaßgelbe Nadeln aus Eisessig; 80%. — *4-[4-Acetoxy-3-methoxy-2-nitrophenyl]-3.5-dicyan-2.6-dimethylpyridin,* $C_{18}H_{14}O_5N_4$, F. 190,5°, aus absol. A. große glitzernde Platten; 80%. — *7-Acetoxy-10-amino-4-cyan-8-methoxy-1.3-dimethyl-2.9-diazaphenanthren,* $C_{18}H_{16}O_3N_4$, F. 239°, aus vorst. Verb. mit red. Fe; citronengelbe Nadeln aus A.; 80%. — *3.5-Dicyan-1.4-dihydro-4-[4-oxy-3-methoxy-2-nitrophenyl]-2.6-diphenylpyridin,* $C_{26}H_{18}O_4N_4 \cdot {}^1/_2\,H_2O$, F. 279°, aus Eisessig phototrop. kleine Kristalle; 70%. *Acetylderiv.*, $C_{28}H_{20}O_5N_4$, F. 242°, blaßgelbe Nadeln aus absol. A.; 82%. — *4-[4-Acetoxy-3-methoxy-2-nitrophenyl]-3.5-dicyan-2.6-diphenylpyridin,* $C_{28}H_{18}O_5N_4$, aus A. kleine Nadeln, F. 184—185°; 70%. — *7-Acetoxy-10-amino-4-cyan-8-methoxy-1.3-diphenyl-2.9-diazaphenanthren,* $C_{28}H_{20}O_3N_4$, F. 253°, aus A. blaßgelbe Nadeln; >90%. — *o-Nitrobenzylidenacetylaceton* (**V**), $C_{12}H_{11}O_4N$, F. 75,5 bis 76,5°, durch 2tägiges Stehen von **I** u. **II** mit wenig Piperidin im Exsiccator; aus A. blaßgelbe Platten. — *3.5-Diacetyl-1.4-dihydro-2.6-dimethyl-4-[o-nitrophenyl]-pyridin* (**IV**), $C_{17}H_{18}O_4N_2$, F. 226,5—227,5°, durch 12std. Erhitzen vorst. Verb. mit **III** auf dem Wasserbad u. Zugabe von CH_3OH; aus A. phototrop. gelbe Nadeln; 32%. — *3.5-Diacetyl-2.6-dimethyl-4-[o-nitrophenyl]-pyridin,* $C_{17}H_{16}O_4N_2$, F. 142,5—143,5°, Nadeln aus wss. A.; >95%. — *4-Acetyl-1.3.10-trimethyl-2.9-diazaphenanthren*, $C_{17}H_{16}ON_2$, F. 166 bis 167° (Ligroin); 45—50%. — *3.5-Diacetyl-1.4-dihydro-4-[4-oxy-3-methoxy-2-nitrophenyl]-2.6-dimethylpyridin*, $C_{19}H_{20}O_6N_2$, F. 246—247° (Zers.), durch 2tägiges Erhitzen von 2-Nitrovanillin, II u. III in A. auf dem Wasserbad u. Digerieren mit CH_3OH; elfenbeinfarbene Nadeln aus A.; 21%. *Acetylderiv.*, $C_{20}H_{22}O_7N_2$, aus Essigsäure sehr kleine Nadeln, F. 254,5—255,5° (Zers.). — *4-[4-Acetoxy-3-methoxy-2-nitrophenyl]-3.5-diacetyl-2.6-dimethylpyridin*, $C_{20}H_{20}O_7N_2$, F. 152,5—153,5°, Platten aus wss. Aceton; 69%. — *7-Acetoxy-4-acetyl-8-methoxy-1.3.10-trimethyl-2.9-diazaphenanthren*, $C_{20}H_{20}O_4N_2$, F. 153,5—154,5°, blaßgelbe Platten. — *4-Acetyl-7-oxy-8-methoxy-1.3.10-trimethyl-2.9-diazaphenanthren*, $C_{18}H_{18}O_3N_2$, F. 202—203°, aus vorst. Verb. mit 10%ig. KOH, dann Fällen mit CO_2; Oktaeder aus A.-Ligroin. — *4-Acetyl-7.8-dimethoxy-1.3.10-trimethyl-2.9-diazaphenanthren*, $C_{19}H_{20}O_3N_2$, F. 136—137°, aus vorst. Verb. mit Dimethylsulfat in wss. KOH; Oktaeder aus wss. CH_3OH. — *5-Acetyl-3-carbäthoxy-1.4-dihydro-2.6-dimethyl-4-[o-nitrophenyl]-pyridin*, $C_{18}H_{20}O_5N_2$, F. 175,5—176,5°, gelbe phototrop. Prismen aus wss. A., durch 2tägiges Erhitzen von β-Aminocrotonsäureäthylester mit V auf dem Wasserbad; 42%. — *5-Acetyl-3-carbäthoxy-2.6-dimethyl-4-[o-aminophenyl]-pyridin*, $C_{18}H_{20}O_3N_2$, F. 152—153°, aus vorst. Verb. durch CrO_3-Oxydation u. anschließende Red. mit red. Fe; aus Chlf.-Leichtbenzin blaßgrüne kleine Kristalle. — *10-Acetoxy-4-acetyl-1.3-dimethyl-2.9-diazaphenanthren*, $C_{18}H_{16}O_3N_2 \cdot {}^1\!/_2 H_2O$, F. 134°, durch kurzes Kochen vorst. Verb. mit Acetanhydrid u. Gießen auf Eis; Platten aus A. oder Bzl.; 31%. — *5-Acetyl-3-cyan-1.4-dihydro-2.6-dimethyl-4-[o-nitrophenyl]-pyridin*, $C_{16}H_{15}O_3N_3$, F. 213—214°, aus VI u. V; aus wss. Essigsäure phototrop. goldene Nadeln. — *5-Acetyl-3-cyan-2.6-dimethyl-4-[o-nitrophenyl]-pyridin*, $C_{16}H_{13}O_3N_3$, F. 117,5—118,5°, aus CH_3OH rhomb. Kristalle. (J. chem. Soc. [London] **1952**. 1—5. Jan. London, Univ., Queen Mary Coll., u. British Drug Houses, Res. Labors.) NITZSCHKE. 3231

B. N. Feitelson und **V. Petrow**, *Neue Synthesen von heterocyclischen Verbindungen.* 14. Mitt. *Einige neue Derivate von 1.3-Dimethyl-2-azafluoren.* (13. vgl. vorst. Ref.) Zur Unters. auf ihre pharmakol. Wrkg. werden einige *Derivv. des 1.3-Dimethyl-2-azafluorens* (**I**) dargestellt, die ähnlich gebaut sind wie bekannte, pharmakol. wirksame Verbindungen. — Das dem spasmolyt. u. antihistamin. wirksamen Benadryl (2-Dimethylaminoäthyldiphenylmethyläther) verwandte *1.3-Dimethyl-9-[2'-dimethylaminoäthoxy]-2-azafluoren* wurde aus dem Fluorenol (**IV**) u. 2-Dimethylaminoäthylchlorid in Ggw. von $NaNH_2$ in geringer Ausbeute als Öl gewonnen, das *1.3-Dimethyl-2-azafluorenon* (**II**) enthielt; ebenso wurde die *Diäthylaminoverb.*, ferner deren *7-Methoxyderiv.* hergestellt. — Als dem Antihistaminmittel Antergan (N-Phenyl-N-benzyl-N'.N'-dimethyläthylendiamin) ähnliche Verb. wurde *9-[2'-Diäthylaminoäthylamino]-1.3-dimethyl-2-azafluoren* ebenso in geringer Ausbeute aus der 9-Aminoverb. (**III**) von **I** dargestellt. Die LEUCKART-Rk. konnte auf **II** nicht angewendet werden; es gab mit Formamid zwar die *9-Formamidoverb.* von **I**, die jedoch nicht hydrolysiert werden konnte. Das durch reduktive Acetylierung von 7-Methoxy-1.3-dimethyl-3-azafluorenonoxim erhältliche *9-Acetamido-7-methoxy-1.3-dimethyl-2-azafluoren* gab bei energ. Hydrolyse nur ein Gemisch von **II** u. Ammoniumsalzen. Die Instabilität der 9ständigen Aminogruppe in dieser Verbindungsreihe geht ferner aus der Rk. von **III** mit 1.5-Dibrompentan hervor, wobei nur **II** isoliert werden konnte. — 1.3-Dimethyl-2-azafluoren-9-carbonsäure, die in ein Analoges des Trasentins (2-Diäthylaminoäthyldiphenylacetat) übergeführt werden sollte, konnte nicht gewonnen werden: *9-Chlor-1.3-dimethyl-2-azafluoren* (**V**) konnte zwar nicht mit den in der Fluorenreihe üblichen Methoden dargestellt werden, wohl aber aus **IV** u. $SOCl_2$; die Base, die gegenüber sd. A. beständig ist, gab ebenso wie die *9-Bromverb.* (**VI**), die aus **IV** u. HBr erhältlich ist, mit KCN nur eine nicht identifizierte Verb., die nicht zur Carbonsäure verseift werden konnte. Das Nitril konnte auch nicht aus dem entsprechenden Formyloxim erhalten werden, da **I** mit Ameisensäureester in Ggw. von CH_3OK kein Oxim gab. Während **V** nicht mit Mg reagiert, setzt sich **VI** leicht zur GRIGNARD-Verb. um, doch konnte diese nicht in die Säure übergeführt werden. Die aus **VI** u. Butyl-Li gewonnene Li-Verb. scheint zwar mit CO_2 in n. Weise zu reagieren, doch konnte die Carbonsäure nicht isoliert werden. Bei der Übertragung der Meth. von CAMPBELL u. TUCKER (C. **1950**. II. 884) zur Darst. von Fluoren-9-carbonsäure auf **I** wurde nur eine Verb. unbekannter Konst. erhalten. — Das aus **III** u. Nicotinoylchloridhydrochlorid erhältliche *1.3-Dimethyl-9-nicotinamido-2-azafluoren* kann als Deriv. des blutdrucksenkend wirkenden 3-Nicotinamidomethylpyridins aufgefaßt werden.

V e r s u c h e: *1.3-Dimethyl-9-[2'-dimethylaminoäthoxy]-2-azafluorendihydrochloriddihydrat*, $C_{18}H_{22}ON_2 \cdot 2\,HCl \cdot 2\,H_2O$, F. 266—267° (A.), durch 4—4½ std. Rühren von 2-Dimethylaminoäthylchlorid (aus 7 g Hydrochlorid), 1,5 g $NaNH_2$, 7,03 g **IV** u. Bzl.,

Zugabe von Leichtbenzin, Abtrennen von *1.3-Dimethyl-2-azafluorenon* (II) 2,7 g [Ausbeute]), Eindampfen, Lösen in absol. A. u. Einleiten von HCl; 3,6 g. *Dipikrat*, $C_{18}H_{22}$·ON_2·2 $C_6H_3O_7N_3$, gelbe Kristalle aus A.–Aceton, F. 204°. — *9-[2'-Diäthylaminoäthoxy]-1.3-dimethyl-2-azafluorendihydrochloriddihydrat*, $C_{20}H_{26}ON_2$·2 HCl·2 H_2O, F. 226 bis 228° (A.), aus 5,7 g 2-Diäthylaminoäthylchlorid (VII), 1,9 g $NaNH_2$ u. 8,9 g IV in Bzl. durch 4std. Kochen, Zugabe von W., Ausziehen mit 20%ig. HCl, Alkalisieren, Ausziehen mit Leichtbenzin (Entfernung von 500 mg II), Eindampfen, Lösen in A. u. Einleiten von HCl; 22%. *Dipikrat*, $C_{20}H_{26}ON_2$·2 $C_6H_3O_7N_3$, aus A.–Aceton Nadeln, F. 169°. — *7-Methoxy-1.3-dimethyl-2-azafluorenol*, $C_{15}H_{15}O_2N$, F. 205°, durch 3std. Kochen von 11,5 g 7-Methoxy-1.3-dimethyl-2-azafluorenon, NH_4OH u. Zn-Staub in A.; aus Bzl. Nadeln; 10 g. *Pikrat*, $C_{15}H_{15}O_2N$·$C_6H_3O_7N_3$, Nadeln aus A.–Aceton. F. 187°. — *7-Methoxy-1.3-dimethyl-9-[2'-dimethylaminoäthoxy]-2-azafluorendihydrochloriddihydrat*, $C_{19}H_{24}O_2N_2$·2 HCl·2 H_2O, F. 250—251°, gelbe Kristalle aus A.–Ae.; 15%. — *9-[2'-Diäthylaminoäthylamino]-1.3-dimethyl-2-azafluorentrihydrochlorid*, C_{20}·$H_{27}N_3$·3 HCl, F. 280—281° (absol. A.), durch 1½std. Kochen von III, $NaNH_2$ u. Bzl., dann 6 Std. mit VII, Eindampfen, Aufnehmen in A. u. Einleiten von HCl; 24%. *Tripikrat*, $C_{20}H_{27}N_3$·3 $C_6H_3O_7N_3$, F. 152° (2-Äthoxyäthanol). — *9-Formamido-1.3-dimethyl-2-azafluoren*, $C_{15}H_{14}ON_2$, F. 236—237°, aus II durch 1½std. Kochen mit Formamid u. Fällen mit Alkali; aus Bzl.–Leichtbenzin, dann Essigester Nadeln. — *7-Methoxy-1.3-dimethyl-2-azafluorenoxim*, $C_{15}H_{14}O_2N_2$, F. 284° (wss. Pyridin); 83%. — *9-Acetamido-7-methoxy-1.3-dimethyl-2-azafluoren*, $C_{17}H_{18}O_2N_2$, F. 278° (A.), durch Kochen vorst. Verb. mit Acetanhydrid + CH_3COONa, portionsweises Zugeben von Zn-Staub, 1std. Kochen, Gießen des Filtrats in W. u. Fällen mit NH_4OH; 54%; aus der Mutterlauge *7-Methoxy-1.3-dimethyl-2-azafluorenon*, nachgewiesen als *Pikrat*, $C_{17}H_{18}O_2N_2$·$C_6H_3O_7N_3$, F. 224—225°, aus A.–Aceton Nadeln. — *9-Chlor-1.3-dimethyl-2-azafluoren* (V), $C_{14}H_{12}NCl$, F. 117°, durch 2std. Kochen von IV mit $SOCl_2$ u. Einstellen der wss. Lsg. des *Hydrochlorids* ($C_{14}H_{12}NCl$·HCl, F. $>$300° [Chlf.]; 80%) mit NH_4OH auf p_H 7; Nadeln aus Leichtbenzin; gibt mit wss. NH_4OH nach mehreren Std. II. — *9-Brom-1.3-dimethyl-2-azafluoren* (VI), $C_{14}H_{12}NBr$, F. 140—141°, aus IV u. HBr in Essigsäure durch 2½std. Kochen über das *Hydrobromid* ($C_{14}H_{12}NBr$·HBr, F. $>$300°; 94%); Nadeln aus Bzl.–Leichtbenzin. — *1.3-Dimethyl-9-piperidino-2-azafluoren*, $C_{19}H_{22}N_2$, F. 120°, durch 2std. Kochen von V·HCl, Piperidin u. A. u. Dampfdest.; aus Leichtbenzin oktagonale Prismen; 50%. *Dipikrat*, $C_{19}H_{22}N_2$·2 C_6H_3·O_7N_3, Nadeln aus 2-Äthoxyäthanol, F. 214°. Die Verb. ist auch aus VI, nicht jedoch aus III u. 1.5-Dibrompentan erhältlich; nach 2std. Erhitzen entstand bei letzterer Rk. ein gelbes krist. Prod., das beim Alkalisieren II lieferte, F. 158—160°. — Nach 1½std. Kochen von 7,35 g VI mit KCN in wss. A., Abdest. des A. u. Ausziehen mit Chlf. wurde eine *Verb.* $C_{28}H_{23}N_3$ gebildet, F. 202° (Leichtbenzin), 3,6 g, die ebenso auch aus V entstand. — *1.3-Dimethyl-2-azafluoren* (I), F. 93—94°, durch 1½std. Erhitzen von II mit KOH, Diäthylenglykol u. 100%ig. N_2H_4·H_2O auf 150°, 4 Std. auf 180—190° u. Gießen in W.; aus Leichtbenzin blaßgelbe Nadeln; 75%. — Umsetzung von 7,25 g I mit Ameisensäureäthylester in Ae. in Ggw. von CH_3OK nach Von u. Wagner (C. **1946.** II. 208), Eingießen in W., Ausäthern, Einstellen der wss. Schicht auf p_H 7 mit verd. HCl u. Rk. der festen M. (4,2 g) mit NH_2OH·HCl u. CH_3COONa in A. gab blaßgelbe Prismen, F. $>$300°, 2,8 g, die jedoch kein 9-Formyl-1.3-dimethyl-2-azafluoren waren u. die bei Rk. mit Alkali etwas II bildeten. 5,1 g des zunächst entstehenden Prod. gaben beim Erhitzen mit CH_3OH gelbe Nadeln, F. ca. 320°; 1,3 g. — Nach Kondensation von 4,88 g I mit Oxalsäuredimethylester in Ggw. von CH_3OK nach Campbell u. Tucker (l. c.) wurde eine *Verb.* $C_{16}H_{15}O_5N$ erhalten; F. 215° (Zers.), prismat. Nadeln; 4,1 g. Sie liefert beim Erwärmen mit verd. Alkali ein Öl, ebenfalls beim Lösen in verd. HCl u. anschließenden Alkalisieren. Mit Pikrinsäure entstehen gelbe Nadeln, F. 248—249° (A.). Pyrolyse der Verb. bei 200° liefert I. — *1.3-Distyryl-2-azafluorenon*, $C_{28}H_{19}ON$, F. 202°, durch 7½std. Kochen von 20,9 g II, 63,6 g C_6H_5CHO u. Acetanhydrid; aus Chlf.–Leichtbenzin gelbe Nadeln; 29,5 g. — *2-Azafluorenon-1.3-dicarbonsäure*, $C_{14}H_7O_5N$, F. 217° (Zers.), durch langsames Eintragen von $KMnO_4$ in W. in die Lsg. vorst. Verb. in Pyridin bei 55°, Einengen des Filtrats, Einstellen auf p_H 1—2 u. Entfernen der Benzoesäure mit W. u. Ae.; aus CH_3OH gelbe Nadeln; 84%. *Di-Ag-Salz*, $C_{14}H_5O_5NAg_2$, gelbes Pulver. — *2-Azafluorenon*, $C_{12}H_7ON$, F. 156—158°, durch Pyrolyse vorst. Verb. bei 20 mm; gelbe Platten aus wss. A.; 30%. — *1.3-Dimethyl-9-nicotinamido-2-azafluoren*, $C_{20}H_{17}ON_3$·H_2O, F. 271°, aus III u. Nicotinoylchloridhydrochlorid in Pyridin; aus wss. A. Nadeln. *Dihydrochlorid*, $C_{20}H_{17}ON_3$·2 HCl, F. 325° (A.–Ae.). — *1.3-Dimethyl-2-azafluorenon-4-carbonsäure-2'-diäthylaminoäthylester*, $C_{21}H_{24}O_3N_2$, F. 58—60° (W.), durch 2std. Kochen von 1.3-Dimethyl-2-azafluorenon-4-carbonsäure, Propanol-(2) u. VII. *Hydro-*

chlorid, $C_{21}H_{24}O_3N_2 \cdot HCl$, F. 190°, blaßgelbe Kristalle. (J. chem. Soc. [London] **1952.** 228–32. Jan.) NITZSCHKE. 3231

H. Vanderhaeghe, *Darstellung der Orotsäure und einiger Derivate.* Kondensation von Oxalessigester (I) mit Harnstoff in CH_3COOH/HCl führt zu *5-Carbäthoxymethylenhydantoin*, das durch alkal. Hydrolyse in schlechter Ausbeute in *Orotsäure* (II) übergeführt werden kann. Besser wird II erhalten durch alkal. Kondensation von I mit Thioharnstoff bzw. Methylpseudothioharnstoff (V) u. nachfolgende saure oder alkal. Entschwefelung der gebildeten *Thioorotsäure* (IV) bzw. *2-Methylmercapto-6-oxypyrimidincarbonsäure-(4)* (III). Die UV-Spektren von II, III, IV sowie von den Äthylestern von II u. IV sind angegeben; aus ihnen ergibt sich für II u. IV eine Diketon-, für III eine Dienolstruktur.

Versuche: *Oxalessigsäureäthylester* (I), Kp.$_{25}$ 130°, nach WISLICENUS [1888]. — *2-Methylmercapto-4-carboxy-6-oxypyrimidin* (III), F. 250–252° (Zers.), aus der Na-Verb. von I u. V-Sulfat in 4%ig. NaOH (40 Std. bei n. Temp.); 48% (Ausbeute, roh). — *Thioorotsäure* (IV), F. 319–321° (Zers.), gelbe Kristalle, aus der Na-Verb. von I u. Thioharnstoff in ca. 2%ig. NaOH (1 Tag bei n. Temp.; 32%) oder in A. (3 Std. Kochen, dann Verseifen des erhaltenen Esters mit NaOH; 23%; daneben ein braunes Prod. vom F. >400°). *Methylester*, F. 260–261°. *Äthylester*, F. 196–198°. — *Orotsäure* (II), F. 335–338° (Zers.), a) aus I u. Harnstoff in CH_3COOH/HCl u. alkal. Hydrolyse (2 Std. bei 60–65°) des entstandenen *5-Carbäthoxymethylenhydantoins* (F. 181–185°; vgl. MITCHELL u. NYC, J. Amer. chem. Soc. **69.** [1947.] 674; 18%), b) aus III u. konz. HCl (1½ Std. Kochen; 80%), c) aus 1 g IV-Äthylester u. wss. Chloressigsäure (3 Std. Erhitzen; 0,55 g, roh), d) aus IV wie vorst. (85%). *Methylester*, F. 240–242°. *Äthylester*, F. 207–208°. — *Orotsäureamid*, Zers. von 255–290°. — pK_a-Werte, durch elektrometr. Titration: II $4 \cdot 10^{-3}$; III $4 \cdot 10^{-3}$ u. $1{,}6 \cdot 10^{-8}$; IV $1{,}8 \cdot 10^{-2}$ u. $1{,}6 \cdot 10^{-8}$. (Bull. Soc. chim. belges **62.** 611–18. Okt./Dez. 1953. Louvain, S. A. R. I. T. [Genval].) J. ROTHE. 3272

Harry B. Wood jr. und **E. C. Horning,** *5-Äthyl-5-[1-methyl-3-carboxypropyl]-barbitursäure und ihr 2-Thioanalogon. Stoffwechselprodukte von Pentobarbital und Thiopental.* Vff. zeigen durch Synth., daß das von BRODIE u. Mitarbeitern (C. **1951.** I. 2328) nach Injektion von Thiopental (I; Pentothal, 5-Äthyl-5-[1-methylbutyl]-2-thiobarbitursäure) aus menschlichem Urin isolierte Stoffwechselprod. *5-Äthyl-5-[1-methyl-3-carboxypropyl]-2-thiobarbitursäure* (II) ist. Durch Ozonisieren von Äthyl-[1-methylpenten-(4)-yl]-malonsäurediäthylester (III) entstand über den entsprechenden Aldehyd durch $KMnO_4$-Oxydation *Äthyl-[1-methyl-3-carboxypropyl]-malonsäurediäthylester*; dessen Kondensation mit Thioharnstoff ergab II, nach UV- u. Infrarotspektren, Misch-F. u. Papierchromatographie ident. mit dem aus Harn isolierten II. Die erste Stufe der Oxydation von I zu II besteht möglicherweise in einer Dehydrierung; zur Unters. auf ihr Verh. wurden daher 2 Verbb. mit endständiger Methylengruppe synthetisiert. Ferner wurde *5-Äthyl-5-[1-methyl-3-carboxypropyl]-barbitursäure* dargestellt, die sich als ident. mit dem von TITUS u. WEISS (Privatmitt.) aus dem Harn von Hunden nach Verabreichung von Pentobarbital (5-Äthyl-5-[1-methylbutyl]-barbitursäure) isolierten Stoffwechselprod. erwies.

Versuche: *Allylaceton*, Kp. 128–129°, aus Allylacetessigester mit $Ba(OH)_2$ in W.; 69% (Ausbeute). *2.4-Dinitrophenylhydrazon*, $C_{12}H_{14}O_4N_4$, F. 108–109° (verd. A.). — *Hexen-(1)-ol-(5)*, $C_6H_{12}O$, Kp. 138–139°, aus vorst. Verb. u. $LiAlH_4$ in Ae.; 89%. — *5-Bromhexen-(1)*, $C_6H_{11}Br$, Kp. 141–143°, aus vorst. Verb. mit PBr_3 in Ae.–Pyridin; 58%. — *Äthyl-[1-methylpenten-(4)-yl]-malonsäurediäthylester* (III), $C_{15}H_{26}O_4$, Kp.$_5$ 130–133°, aus vorst. Verb. u. Äthylmalonsäurediäthylester mit Na-Äthylat; 52%. — *Äthyl-[1-methyl-3-carboxypropyl]-malonsäurediäthylester*, aus III durch Ozonisieren in CH_2Cl_2 zum Aldehyd u. Oxydation mit $KMnO_4$ in Aceton; krist. nicht. — *5-Äthyl-5-[1-methyl-3-carboxypropyl]-2-thiobarbitursäure* (II), $C_{11}H_{16}O_4N_2S$, F. 184 bis 188°, aus vorst. Verb. u. Thioharnstoff mit Na-Äthylat in Ae., Isolierung aus dem Rohprod. durch Gegenstromverteilung. — *5-Äthyl-5-[1-methylpenten-(4)-yl]-2-thiobarbitursäure*, $C_{12}H_{18}O_2N_2S$, F. 138–140° (verd. A.), analog. — *4-Brompenten-(1)*, Kp. 114–116°, aus Penten-(4)-ol-(2) (Kp. 115–116°) mit PBr_3 in Ae.–Pyridin; 43%. — *Äthyl-[1-methylbuten-(3)-yl]-malonsäurediäthylester*, $C_{14}H_{24}O_4$, Kp.$_6$ 116–117°, aus vorst. Verb. wie oben; 58%. — *5-Äthyl-5-[1-methylbuten-(3)-yl]-2-thiobarbitursäure*, $C_{11}H_{16}O_2N_2S$, F. 155–156°, Nadeln aus verd. A.; 25%. — *5-Äthyl-5-[1-methylpenten-(4)-yl]-barbitursäure*, $C_{12}H_{18}O_3N_2$, F. 102–104° (verd. A.), aus III u. Harnstoff mit Na-Äthylat. — *5-Äthyl-5-[1-methyl-3-carboxypropyl]-barbitursäure*, $C_{11}H_{16}O_5N_2$, F. 192 bis 194° (65%ig. A.), aus vorst. Verb. durch Ozonisieren in CH_2Cl_2 u. Reinigung durch Gegenstromverteilung. (J. Amer. chem. Soc. **75.** 5511–13. 20/11. 1953. Bethesda, Md., Nat. Inst. of Health, Labor. of Chem. of Natur. Prodd.) H. SCHUBERT. 3272

Donald L. Vivian und **Jonathan L. Hartwell,** *Phenazin-Synthesen.* 1. Mitt. *Halogensubstituierte Phenazine.* Bei der Anwendung der Synth. von Phenazinen durch Erhitzen von 2-Nitrodiphenylaminen mit Fe oder FeO (vgl. C. **1952.** 2511) auf die Darst. von halogenierten Phenazinen wurde gefunden, daß Gemische des erwarteten *Halogenphenazins* mit unsubstituiertem *Phenazin* (**I**) entstehen, wenn das Halogen (außer Fluor) in o'- oder p'-Stellung steht. Halogen in m'-Stellung wird nicht abgespalten, es entstehen *1-* u. *2-Halogenphenazin* nebeneinander. Halogenatome am selben Ring wie die Nitrogruppe werden nicht abgespalten.

V e r s u c h e (FF. korr.): *1-Chlorphenazin* (**III**), $C_{12}H_7N_2Cl$, F. 121—122°, aus 2'-Chlor-2-nitrodiphenylamin durch Erhitzen mit Fe(II)-Oxalat u. granuliertem Pb, aus dem erhaltenen Gemisch durch fraktioniertes Fällen aus 50%ig. Essigsäure; aus Methanol gelbe Nadeln. Aus der Mutterlauge *Phenazin* (**I**), $C_{12}H_8N_2$, F. 172,4—174,8°. Anwendung von Fe-Feilspänen führt zu mehr **I.** — *2'-Brom-2-nitrodiphenylamin,* $C_{12}H_9O_2N_2Br$, F. 105—106,5° (A.), aus o-Chlornitrobenzol (**II**) u. o-Bromanilin mit Cu-Bronze u. K_2CO_3 bei 220°. — Die Gemische, die bei der Cyclisierung des 2'-Brom- u. 4'-Brom-2-nitrodiphenylamins entstanden, konnten nicht getrennt werden. — *3'-Chlor-2-nitrodiphenylamin,* $C_{12}H_9O_2N_2Cl$, F. 90—91° (A.), aus **II** u. m-Chloranilin in Ggw. von K_2CO_3 durch Erhitzen auf 235°. — Durch Erhitzen vorst. Verb. mit Fe(II)-Oxalat entstehen **III** u. *2-Chlorphenazin.* — *4'-Fluor-2-nitrodiphenylamin,* $C_{12}H_9O_2N_2F$, F. 84—85° (A.), aus p-Fluoranilin u. **II** durch Erhitzen auf 219°. — *2-Fluorphenazin,* $C_{12}H_7N_2F$, F. 180,8—181,2°, aus vorst. Verb. durch Erhitzen mit Fe(II)-Oxalat; aus Methanol gelbe Nadeln. — *4-Brom-2-nitrodiphenylamin,* $C_{12}H_9O_2N_2Br$, F. 65—66°, aus 2.5-Dibromnitrobenzol u. Anilin durch Erhitzen auf 210°; aus A. rotorangefarbene Prismen. — *2-Bromphenazin,* $C_{12}H_7N_2Br$, F. 149—150° (Methanol), aus vorst. Verb. durch Ringschluß wie oben. — *2-Jodphenazin,* $C_{12}H_7N_2J$, F. 169,5—170°, aus 5-Jod-2-nitrodiphenylamin; aus Methanol gelbe Nadeln. (J. org. Chemistry **18.** 1065—69. Aug. 1953. Bethesda, Md., Nat. Cancer Inst., Labor. of Chem. Pharmacol.) WALTHER. 3272

Glenn S. Skinner und **John B. Bicking,** *2.2-Dialkylthiamorpholindione-(3.5).* Durch Erhitzen der NH_4-Salze oder Amide von α.α-Dialkylthiodiessigsäuren [dargestellt aus Mercaptoessigsäureäthylester (**I**) u. Bromdialkylessigestern oder aus Bromessigsäure (**VIII**) bzw. Chloracetamid (**IX**) u. Dialkylmercaptoessigsäuren bzw. deren Amiden] erhielten Vff. eine Reihe von *2.2-Dialkylthiamorpholindionen-(3.5)*, die mit Ausnahme der *2.2-Diphenylverb.* alle eine bedeutende hypnot. Wrkg. auf Mäuse zeigten. Die Dialkylmercaptoessigsäuren wurden im allg. durch Hydrolyse der entsprechenden 5.5-Dialkyl-2-iminothiazolidone-(4) dargestellt; als Nebenprodd. wurden dabei immer die Halbamide erhalten.

V e r s u c h e: *α-Bromisobuttersäureäthylester* (**III**), Kp.$_{27}$ 71—72°, aus α-Bromisobutyrylbromid u. A.; n_D^{25} 1,4410; 74% (Ausbeute). — *α-Brom-α-äthylbuttersäureäthylester* (**II**), Kp.$_{10}$ 80—82°, n_D^{25} 1,4546; 86%. — *α-Brom-α-n-propylvaleriansäureäthylester* (**IV**), Kp.$_{20}$ 120—122°, n_D^{25} 1,4538; 84%. — 2 - I m i n o t h i a z o l i d o n e - (4): *5.5-Di-n-butyl-*, F. 223° (W.–A.), aus α-Brom-α-butylcaproylbromid u. Thioharnstoff in Eisessig (40 Min Kochen); 45%. — Ebenso: *5.5-Diäthyl-* (**XIII**), F. 225°; 65%. — *5.5-Di-n-propyl-*, F. 235°; 45%. — *5-Äthyl-5-n-butyl-* (**XII**), F. 203°; 45%. — *5-Äthyl-5-phenyl-*, F. 213°; 51%. — *α.α-Diäthylthiodiessigsäurediäthylester,* $C_{12}H_{22}O_4S$, Kp.$_{16}$ 160—164°, aus **I** u. 223 g **II** in Ggw. von C_2H_5ONa in A. (4 Tage Stehen unter N_2); 160 g, noch unrein (höherer S-Geh.). *Freie Säure* (**VI**), F. 92—93,5° (Cyclohexan), durch 2½std. Kochen des Esters (63 g) mit wss.-methanol. NaOH, Reinigung über das *Benzylammoniumsalz* [F. 170—172° (Isopropanol); 19,5 g]; 11%. — *α.α-Dimethylthiodiessigsäurediäthylester,* $C_{10}H_{18}O_4S$, Kp.$_{12}$ 139°, ebenso aus 94,5 g **III**; 101 g. *Freie Säure,* F. 106—107° (Cyclohexan–Essigester); 50%. *Diamid,* F. 139—140° (A.–Bzl.), aus dem Ester; 79%. — *α.α-Di-n-propylthiodiessigsäurediäthylester,* Kp.$_{11}$ 165 bis 167°, aus 25,1 g **IV**; 13,5 g. *Freie Säure* (**VII**), F. 96—97° (W.); 16%. — *α.α-Diäthyl-α-carboxymethylmercaptoacetamid,* F. 121—122° (Cyclohexan–Isopropanol), durch 76std. Kochen von **XIII** mit 15%ig. NaOH u. anschließende Rk. mit **VIII** in 10%ig. NaOH (30 Min. in der Kälte); 14%; daneben (aus dem Filtrat) 41% **VI.** — *α.α-Di-n-propyl-α-carboxymethylmercaptoacetamid,* F. 125—126° (PAe. oder Cyclohexan–Isopropanol); 20,3%; daneben 21,2% **VII**, Reinigung durch 36std. Kochen mit HCl–Eisessig. — *α.α-Di-n-butyl-α-carboxymethylmercaptoacetamid,* F. 138—139° (Cyclohexan); 24,1%; daneben 30,5% *α.α-Di-n-butylthiodiessigsäure,* $C_{12}H_{22}O_4S$, F. 76—77° (Cyclohexan–PAe.). — *α-Äthyl-α-n-butylthiodiacetamid,* F. 147—149°, durch Rk. des Prod. der alkal. Hydrolyse von **XII** mit **IX** in 10%ig. NaOH (30 Min.); 36,7%; daneben (Trennung mit $NaHCO_3$) *α-Äthyl-α-n-butyl-α-carbamylmethylmercaptoessigsäure,* F. 157—158° (Isopropanol); 26,7%. — *α-Äthyl-α-phenyl-α-carbamylmethylmer-*

captoessigsäure (**XIV**), F. 133—134° (CH_3COOH-W.); 32%; daneben 14% *α-Äthyl-α-phenylthiodiacetamid*, F. 180—181°. — *α-Äthyl-α-phenyl-α-carboxymethylmercapto-acetamid* (**XV**), F. 143—144° (Isopropanol), durch 5 Min. Kochen vorst. Diamids mit 10%ig. NaOH; 83%. — *Diphenylmercaptoessigsäure* (**V**; vgl. BECKER u. BISTRZYCKI [1914]); 66%. — *α.α-Diphenylthiodiessigsäureanhydrid*, $C_{16}H_{12}O_3S$, F. 108—109° (Bzl.-Cyclohexan), aus **V** u. **VIII** in 5%ig. NaOH (15 Min.) u. 1½std. Kochen der erhaltenen *α.α-Diphenylthiodiessigsäure* (F. 188—190°; 98%) mit Acetylchlorid; 54%. — *α-Carbamylmethylmercapto-α.α-diphenylessigsäure* (**XI**), F. 166—168° (Isopropanol-W.), a) aus vorst. Anhydrid u. fl. NH_3 in Ae. (80%); b) aus **V** u. **IX** in 5%ig. NaOH (15 Min.; 65%). — *α-Carbäthoxymethylmercapto-α.α-diphenylessigsäure*, $C_{18}H_{18}O_4S$, F. 142 bis 143° (Bzl.-Cyclohexan), aus **V** u. Bromessigester in 5%ig. $NaHCO_3$ (20 Min.); 51%. — *α-Carbäthoxymethylmercapto-α.α-diphenylacetamid*, F. 131,5—133° (A.), aus vorst. Verb. u. $SOCl_2$ (30 Min. Kochen) u. Rk. des Rückstandes mit NH_4OH (Eiskühlung); 68%. — *α-Carboxymethylmercapto-α.α-diphenylacetamid* (**X**), F. 142—143° (Isopropanol-W.), aus vorst. Verb. u. 5%ig. NaOH (5 Std. Stehen); 69%. — Folgende Thiamorpholindione-(3.5) wurden erhalten durch Erhitzen (a) der NH_4-Salze der entsprechenden Thiodiessigsäuren, (b) der entsprechenden Monoamide, ohne oder in Ggw. eines Lösungsm. (z. B. o-Chlortoluol), (c) der entsprechenden Diamide, (d) eines entsprechenden Amidesters (pharmakol. Daten vgl. Original): *2.2-Dimethyl-*, F. 108—109° (A.-W.), nach (a), 60 Min. bei 190° (40%); nach (c), 30 Min. bei 190° (67%). — *2.2-Diäthyl-*, F. 85—86° (Isopropanol-W.), nach (a), 75 Min. bei 190° (37%), nach (b), 45 Min. bei 160—170° (82%). — *2.2-Di-n-propyl-*, F. 63—64° (Hexan), $Kp._{20}$ 230° (Badtemp.) nach (a), 40 Min. bei 190—200° unter 80 mm (37%); nach (b), 35 Min. bei 170° (53%). — *2.2-Di-n-butyl-*, $Kp._1$ 159—161°, nach (a), 45 Min. bei 180 bis 190° (32%); nach (b), 40 Min. bei 140—160° (68%). — *2-Äthyl-2-n-butyl-*, $C_{10}H_{17}$·O_2NS, F. 37—39° (PAe.), $Kp._4$ 156—160°; nach (b), 40 Min. bei 200°, 40 mm (61%) oder (c), 45 Min. bei 160—165°, 40 mm (80,5%). — *2-Äthyl-2-phenyl-*, F. 111—113° (Isopropanol), nach (b) aus **XIV**, 45 Min. bei 180° (44%), oder **XV**, 30 Min. bei 160° (65%), nach (c), 90 Min. bei 210° (8%). — *2.2-Diphenyl-*, F. 196—197° (Bzl.-Aceton), nach (b) [aus **X**, 20 Min. bei 160° u. 60 mm (53%) oder aus **XI**, 75 Min. Kochen in o-Chlortoluol (27%)] oder (d) [10 Min. bei 100° in HCl-Eisessig; 56%]. (J. Amer. chem. Soc. **76.** 2776—80. 20/5. 1954. Newark, Del., Univ., Chem. Dep.) J. ROTHE. 3292

Alfred Burger und **Edwin D. Hornbaker**, *Einige Reaktionen in der 1.3.5-Triazinreihe.* Vff. erhalten bei der Red. von Cyanurchlorid (**I**) mit $LiAlH_4$ in Ae. *2-Dimethylamino-4.6-dichlor-1.3.5-triazin.* Der Triazinring wird wahrscheinlich hydrogenolyt. unter Bldg. von Dimethylamin aufgespalten, das mit unverändertem **I** reagiert. — Das UV-Spektr. des dargestellten Triazins wurde untersucht.

Versuche: *2-Dimethylamino-4.6-dichlor-1.3.5-triazin*, $C_5H_6N_4Cl_2$, F. 124—124,5 (korr.; PAe.). Zur Lsg. von 8 g $LiAlH_4$ in Ae. wurden 20 g **I** gegeben u. nach 15 Min. Rühren W. u. 10%ig. H_2SO_4 hinzugefügt; 1,5 g (Ausbeute). (J. Amer. chem. Soc. **75.** 4579—80. 20/9. 1953. Charlottesville, Va., Univ., Cobb Chem. Labor.) H. ULRICH. 3313

Kurt Rehnelt, *Über kernsubstituierte 2.4-Diaminotriazine-(1.3.5).* Es wurden einige 6-substituierte 2.4-Diamino-1.3.5-triazine nach NENCKI [1876] dargestellt. Die Substanzen geben mit Thymolsulfonsäuren u. Oxalsäure charakterist. krist. Salze. Die Unterschiede in den Titrationskurven einiger Triazine werden durch die Annahme spezif. mesomerer Formen erklärt.

Versuche: *Bariumthymol-p-sulfonat* (**I**), $C_{20}H_{26}O_8S_2Ba \cdot 4H_2O$, Prismen u. Platten. — *Kalium-o-bromthymol-p-sulfonat*, $C_{10}H_{12}O_4BrSK \cdot 1\frac{1}{2}H_2O$, aus Kaliumacetatlsg. Nadeln. — *Barium-o-bromthymol-p-sulfonat*, $C_{20}H_{24}O_8Br_2S_2Ba$, aus vorst. Salz; 74% (Ausbeute, bezogen auf **I**). — *2.4-Diamino-1.3.5-triazin*, $C_3H_5N_5$; 50% (Ausbeute); *o-Bromthymol-p-sulfonat*, $C_{13}H_{18}O_4N_5BrS \cdot H_2O$, F. 247°; *Oxalat*, $3C_3H_5N_5 \cdot 2C_2H_2O_4$. — *2.4-Diamino-6-n-propyl-1.3.5-triazin*, $C_6H_{11}N_5$; 13,2%; *o-Bromthymol-p-sulfonat*, $C_{16}H_{24}O_4N_5BrS \cdot \frac{1}{2}H_2O$, F. 206—207°; *Sesquioxalat*, $2C_6H_{11}N_5 \cdot 3C_2H_2O_4 \cdot 4H_2O$. — *2.4-Diamino-6-n-pentyl-1.3.5-triazin*, $C_8H_{15}N_5$, F. 174°; 11%; *o-Bromthymol-p-sulfonat*, $C_{18}H_{28}O_4N_5BrS$, F. 214,5—215°; *Sesquioxalat*, $2C_8H_{15}N_5 \cdot 3C_2H_2O_4 \cdot 4H_2O$, F. 136—153°. — *2.4-Diamino-6-phenyl-1.3.5-triazin*, $C_9H_9N_5$, F. 225°; 11,5%; *Sulfat*, $2C_9H_9N_5 \cdot H_2SO_4 \cdot 3H_2O$; *Thymol-p-sulfonat*, $C_{19}H_{23}O_4N_5S$, F. 226—230°. — *Melamin-o-bromthymol-p-sulfonat*, $C_{13}H_{19}O_4N_6BrS \cdot 2H_2O$. — Oxydation der o-Bromthymol-p-sulfonate mit CrO_3 → *3-Brom-2-methyl-5-isopropylbenzochinon-(1.4)*, $C_{10}H_{11}O_2Br$, F. 46° (Ligroin). (Mh. Chem. **84.** 809—13. 15/8. S.-B. österr. Akad. Wiss., math.-naturwiss. Kl., Abt. IIb **162.** 809—13. 1953. Düsseldorf, Henkel & Cie. G. m. b. H., Klebstoffwerk, Labor.) H. ULRICH. 3313

F. F. Blicke und **Eu-Phang Tsao**, *Darstellung einiger Analogen von Amidon und Isoamidon.* Durch Rk. von Diphenylacetonitril (**I**) mit β-Hexa- (**II**) bzw. β-Heptamethyleniminopropylchlorid (**III**) werden *2.2-Diphenyl-3-methyl-4-hexamethyleniminobutyronitril* (**IV**) u. *2.2-Diphenyl-4-hexamethyleniminovaleronitril* (**V**) bzw. *2.2-Diphenyl-3-methyl-4-heptamethyleniminobutyronitril* (**VI**) u. *2.2-Diphenyl-4-heptamethyleniminovaleronitril* (**VII**) erhalten. **IV**—**VI** werden mit C_2H_5MgBr in *4.4-Diphenyl-5-methyl-6-hexamethyleniminohexanon-(3)* (**VIII**), *4.4-Diphenyl-6-hexamethyleniminoheptanon-(3)* (**IX**) bzw. *4.4-Diphenyl-5-methyl-6-heptamethyleniminohexanon-(3)* (**X**) übergeführt; durch Bromierung von **VIII** u. anschließende Rk. mit wss. NH_4OH entsteht ein quartäres Salz, wahrscheinlich *1.1-Hexamethylen-2.5-dimethyl-4.4-diphenyl-3-ketopiperidiniumbromid* (**XI**). **VIII**, **X**, **XI** bzw. **IX** sind Analoga von Isoamidon bzw. Amidon u. besitzen geringe analget. Wirksamkeit, die jedoch bei **IX** u. **XI** durch schädliche Nebenwirkungen beeinträchtigt wird. Die Strukturen der intermediären Nitrile **IV**—**VII** werden durch erschöpfende Methylierung u. weitere Rkk. bewiesen.

Versuche: *2.2-Diphenyl-3-methyl-4-hexamethyleniminobutyronitril* (**IV**), F. 77 bis 78° (PAe.), durch Zugabe von **II** zu **I** u. $NaNH_2$ in Bzl., 10 std. Rk. bei 50°, Versetzen mit W., Dest. der benzol. Lsg., wobei ein Gemisch ($Kp._{0,01}$ 168—170°; 93% [Ausbeute]) von **IV** u. nachst. **V** erhalten wird, Aufnehmen in Ae., Fällen der Hydrochloride mit HCl-Gas u. Lösen in sehr wenig heißem Isopropanol; beim Erkalten krist. **IV**-*Hydrochlorid*, $C_{23}H_{29}N_2Cl$, F. 234—235° (Isopropanol oder Aceton); daraus mit wss.-methanol. NaOH reines **IV**. Durch Einengen der isopropanol. Mutterlauge u. Zugabe von Ae. *2.2-Diphenyl-4-hexamethyleniminovaleronitril* (**V**)-*Hydrochlorid*, $C_{23}H_{29}N_2Cl$, F. 194 bis 194,5° (Isopropanol–Ae.); daraus **V**, $Kp._{0,05}$ 169—172°; aus 141,5 g **IV**-**V**-Gemisch 67 g **IV** u. 62 g **V**. — **IV**-*Methojodid*, $C_{24}H_{31}N_2J$, F. 217—218,5° (wss. Methanol), aus 15 g **IV** durch 16 std. Kochen mit CH_3J in Isopropanol; 20,5 g. Daraus (20 g) durch Zugabe von Ag_2O in wss. Methanol, ½ std. Erhitzen, Filtrieren, Eindampfen, Dest. mit festem KOH (145° Bad), Aufnehmen des Destillats in Ae. u. Fällen mit HCl *1-Methylhexamethyleniminhydrochlorid* (**XII**), $C_7H_{16}NCl$, F. 180,5—182,5° (Aceton); durch Versetzen des Rückstands mit W. u. Ausäthern *1.1-Diphenyl-1-cyan-2-methylpropen-(2)* (**XIII**), F. 65—66°; 9,4 g; gibt mit $LiAlH_4$ (5 Std. in sd. Ae.) *1-Amino-2.2-diphenyl-3-methylbuten-(3)*, $Kp._{1,5}$ 140—145°; 8 g. Daraus durch 9 std. Hydrierung mit PtO_2 in Methanol bei anfangs 45 lbs. *1-Amino-2.2-diphenyl-3-methylbutan*, $Kp._2$ 143 bis 146°; 6,2 g; gibt mit Phenylisothiocyanat *1-[2.2-Diphenyl-3-methylbutyl]-3-phenylthioharnstoff*, F. 157—158° (PAe.). — Analoger Abbau von 16 g **V**-*Methojodid* ($C_{24}H_{31}N_2J$, F. 181—182,5° [Methanol]; 17 g aus 15 g **V**) gibt **XII** u. 5,5 g *1.1-Diphenyl-1-cyanbuten-(2)* (**XIV**), $Kp._{1,5}$ 146—150°; $Kp._1$ 137—139°; dann *1-Amino-2.2-diphenylpenten-(3)*, $Kp._1$ 137—141°; 5,2 g. *1-Amino-2.2-diphenylpentan*, $Kp._1$ 138—139°; $Kp._{0,2}$ 108—109,5°; 4,7 g; *Benzoylderiv.*, F. 146—147°; *Phenylthioharnstoffderiv.*, F. 182—183°. — *4.4-Diphenyl-5-methyl-6-hexamethyleniminohexanon-(3)* (**VIII**), $Kp._{0,05}$ 169—174°, durch Zugabe von **IV** (in Toluol) zu C_2H_5MgBr in Ae., Einengen, 20 std. Kochen, Zers. mit wss. NH_4Cl, Einengen der organ. Lsg., 46 std. Kochen mit 48%ig. HBr–Methanol, Neutralisieren mit NaOH u. Aufnehmen in Bzl.; 88,3%. *Hydrochlorid*, $C_{25}H_{34}ONCl$, F. 203—204° (Isopropanol). *Hydrobromid*, $C_{25}H_{34}ONBr$, F. 219—220,5°; daraus mit Br_2 in Essigsäure (½ std. Kochen u. Einengen) *2-Brom-4.4-diphenyl-5-methyl-6-hexamethyleniminohexanon-(3)-hydrobromid*, $C_{25}H_{33}ONBr_2$, F. 180—181° (Zers.; A.); 84%. Daraus durch 20 std. Rk. mit stark verd. wss. NH_4OH *1.1-Hexamethylen-2.5-dimethyl-4.4-diphenyl-3-ketopiperidiniumbromid* (**XI**), $C_{25}H_{32}ONBr$, F. 229—230° (Zers.; A.); 80%. — *4.4-Diphenyl-6-hexamethyleniminoheptanon-(3)* (**IX**), $Kp._{0,05}$ 166—170°, analog **VIII** aus **V**; 85,4%. *Hydrochlorid*, $C_{25}H_{34}ONCl$, F. 157 bis 158,5° (Essigester). *Hydrobromid*, $C_{25}H_{34}ONBr$, F. 144—144,5° (Essigester); daraus *2-Brom-4.4-diphenyl-6-hexamethyleniminoheptanon-(3)-hydrobromid*, $C_{25}H_{33}ONBr_2$, F. 169—171° (Zers.; Essigester); 80%. — *2.2-Diphenyl-3-methyl-4-heptamethyleniminobutyronitril* (**VI**), F. 101,5—102,5° (Methanol), analog **IV** (6 std. Rk. bei 50°) aus 78 g **I** u. 76 g **III**; aus heißem Isopropanol krist. beim Erkalten **VI**-*Hydrochlorid*, $C_{24}H_{31}N_2Cl$, F. 218,5—220°; 84,3 g (enthält <110° noch Lösungsm.); daraus reines **VI**. *Hydrobromid*, $C_{24}H_{31}N_2Br$, F. 230—231,5° (Methanol–Essigester). *Hydrojodid*, $C_{24}H_{31}N_2J$, F. 228—229° (Methanol). Aus der isopropanol. Mutterlauge *2.2-Diphenyl-4-heptamethyleniminovaleronitril* (**VII**)-*Hydrochlorid*, $C_{24}H_{31}N_2Cl$, F. 188—189,5° (Isopropanol–Ae.); 41 g; daraus reines **VII**, $Kp._{0,04}$ 168—172°; zusätzlich 14 g aus der restlichen Mutterlauge. — Abbau von **VI**-*Methojodid* ($C_{25}H_{33}N_2J$, F. 221—222° [Zers.; Methanol], aus 15 g **VI** mit CH_3J durch 12 std. Kochen in Methanol; 21 g) analog **IV** liefert *1-Methylheptamethyleniminhydrochlorid* (**XV**), $C_8H_{18}NCl$, F. 162—164° (Methanol–Essigester) u. **XIII**. Ebenso ergeben 13 g **VII**-*Methojodid* ($C_{25}H_{33}N_2J$, F. 183—184° [Methanol–Essigester]) **XV** u. 4,5 g **XIV**. — *1.1-Diphenyl-2-methyl-3-heptamethyleniminopropan*, $Kp._1$ 158—161°, a) durch 12 std. Kochen von **VI** mit $NaNH_2$ in Xylol; 98%; *Hydrochlorid*, $C_{23}H_{32}NCl$, F. 195—196,5° (Methanol–Essigester); b) durch Zugabe von 17,3 g

VI (in Toluol) zu C_2H_5MgBr in Ae., 6std. Kochen, Behandeln mit NH_4Cl-Lsg., dann Bzl., Dest. ($Kp._{0,05}$ 158—163°), Aufnehmen in Ae., Einleiten von HCl u. Aufnehmen des Nd. in heißem Isopropanol; beim Kühlen 3 g als Hydrochlorid. Aus der Mutterlauge mit Ae. unreines *3-Imino-4.4-diphenyl-5-methyl-6-heptamethyleniminohexandihydrochlorid*, $C_{26}H_{38}N_2Cl_2$, F. 146—148° (Zers.); gibt bei 40std. Kochen in konstant sd. HCl *4.4-Diphenyl-5-methyl-6-heptamethyleniminohexanon-(3)* (**X**)-*Hydrochlorid*, $C_{26}H_{36}ONCl$, F. 199—200° (Methanol–Essigester); 9,5 g. (J. Amer. chem. Soc. **76**. 2203—06. 20/4. 1954. Ann Arbor, Mich., Univ., Coll. of Pharm.) W. HOFFMANN. 3370

Ch. U. Ussmanow und **W. A. Kargin,** *Sorption von Wasser durch geschmolzene Glucose und Caramelmasse.* Die Sorption von W. durch glasartig erstarrte *Glucose* (**I**) u. *Caramelmasse* (**II**) ist im Gegensatz zu der Sorption durch *Cellulose* (**III**) bis 60% Luftfeuchtigkeit bei 25 u. 50° gering. Bei größerer Luftfeuchtigkeit steigt sie rasch an, wobei Schmelzen der M. erfolgt. Die Undurchlässigkeit der äußeren Schicht für W. ist bei **I** u. **II** durch die dichte Packung der Moll. bedingt. Bei **III** ist die Packung infolge der „rauhen" Struktur der Ketten undichter. (Журнал Физической Химии [J. physik. Chem.] **28**. 224—28. Febr. 1954. Taschkent, Chem. Inst. der Akad. der Wiss. der UsbekSSR.) v. SCHROEDER. 3400

H. El Khadem, *Der Umfang und Mechanismus der Bildung von Osotriazolen von Kohlenhydraten.* 1. Mitt. *Die Einwirkung von Kupfersulfat auf Glucosemethylphenylosazon und Glucose-2-N'-methyl-1-N'.2-N'-diphenylosazon.* Glucosemethylphenylosazon (**I**) gab mit $CuSO_4$ kein Osotriazol, sondern *Glucoson-2-methylphenylhydrazon* (**II**) u. bei längerer Einw. *Glucoson* (**III**). Nach FISCHER [1889] hergestelltes **II** war mit dem aus **I** erhaltenen Präp. identisch. Durch Rk. mit Phenylhydrazin wurde aus **II** eine Verb. erhalten, die mit dem von PERCIVAL u. Mitarbeiter (C. **1942**. II. 405) aus Fructosemethylphenylhydrazon hergestellten *Glucose-2-N'-methyl-1-N'.2-N'-diphenylosazon* (**IV**) ident. ist. Dies beweist die Lage der Hydrazonbindung am $C_{(2)}$ von **II. IV** gab mit $CuSO_4$ *Glucosephenylosotriazol* u. *Methylanilin.* Zur Bldg. von einem Osotriazol aus einem Osazon muß also letzteres mindestens ein H-Atom an einem N besitzen. Die schließlich zu Osonen führende Rk. von an den N-Atomen substituierten Osazonen kann für Synthesen von Analogen der Ascorbinsäure dienen.

Versuche: *Glucoson-2-methylphenylhydrazon* (**II**), $C_{13}H_{18}O_5N_2$, F. u. Misch-F. 168° (W.), durch Zugabe von **I** in Dioxan zu sd. wss. $CuSO_4$-Lsg. u. 10 minütiges Kochen; schwach gelb; $[\alpha]_D$ —266° (c = 1,15; Pyridin). *Tetraacetat*, $C_{21}H_{26}O_9N_2$, F. u. Misch-F. 118° (Methanol), aus **II** mit Acetanhydrid in Pyridin in 24 Std. bei Zimmertemp.; $[\alpha]_D$ + 83° (c = 1; Methanol). *Tetrabenzoat*, $C_{41}H_{34}O_9N_2$, F. u. Misch-F. 187° (Methanol), aus **II** mit Benzoylchlorid in Pyridin in 24 Std. bei Zimmertemp.; $[\alpha]_D$ + 38° (c = 1,09; Chlf.). — *Glucoson* (**III**), aus **II** u. $CuSO_4$ in W. durch 1std. Kochen u. Reinigung durch Entsalzung oder analog aus **I**; $[\alpha]_D$ —3° (c = 1; W.); 79 bzw. 75% (Ausbeute). **III** in wss. Lsg. gab mit Phenylhydrazinacetat in der Kälte *Glucosephenylosazon*; 97%. — *Glucose-2-N'-methyl-1-N'.2-N'-diphenylosazon* (**IV**), $C_{19}H_{24}O_4N_4$, F. u. Misch-F. 193° (A./W.), aus **II** in W. u. Phenylhydrazin in 10%ig. Essigsäure bei 30° in 2 Std.; $[\alpha]_D$ —59,7° → + 5° (c = 1,09; Pyridin). — *Glucosephenylosotriazol*, F. u. Misch-F. 196° (A.), aus 0,5 g **IV** u. $CuSO_4$ in W. durch 1std. Kochen; $[\alpha]_D$ —81,7° (c = 1, Pyridin); 0,25 g (roh). (J. chem. Soc. [London] **1953**. 3452—53. Nov. Alexandria, Univ., Chem. Dep.) WILLENBERG. 3400

A. B. Foster, W. G. Overend, M. Stacey und **G. Vaughan,** *Struktur und Reaktionsfähigkeit von Anhydrozuckern.* 1. Mitt. *Zucker mit verzweigter Kette.* 1. Teil. *Einwirkung von Diäthylmagnesium auf Methyl-2.3-anhydro-4.6-O-benzyliden-α-D-mannosid.* Von dem durch Behandlung von Äthylmagnesiumjodid (**I**) in Ae. mit Dioxan erhaltenen Gemisch von MgJ_2 u. *Diäthyl-Mg* (**II**) reagiert **II** mit Methyl-2.3-anhydro-4.6-O-benzyliden-α-D-mannosid (**III**) zu *Methyl-4.6-O-benzyliden-3-desoxy-3-C-äthyl-α-D-altrosid* (**IV**). Bei Ersatz des Ae. durch Tetrahydropyran entstand durch Umsetzung von **III** mit MgJ_2 an Stelle von **IV** *Methyl-4.6-O-benzyliden-3-desoxy-3-jod-α-D-altrosid* (**V**), das mitunter auch in Ae. gebildet wurde. Verwendung von Toluol führte zu einem Gemisch mit 11,8% **IV. IV** gab bei milder Hydrolyse mit Oxalsäure *Methyl-3-desoxy-3-C-äthyl-α-D-altrosid* (**VI**). Die Substitution durch C_2H_5 am $C_{(3)}$ wurde durch die Widerstandsfähigkeit von **VI** gegenüber Pb-Tetraacetat (**VII**) bewiesen. Durch energ. Hydrolyse von **IV** mit Oxalsäure entstanden offenbar *3-Desoxy-3-C-äthyl-αβ-D-altrose* (**VIII**) u. *1.6-Anhydro-3-desoxy-3-C-äthyl-αβ-D-altrose* (**IX**). **VIII** lag in geringeren Mengen als **IX** vor u. wurde durch ihr Osazon charakterisiert. Es ist anzunehmen, daß **IX** kein Osazon bildet. Bei der Papierelektrophorese verhielt sich das Gemisch von **VIII** u. **IX** analog einem Gemisch von 3-Desoxy-3-jod-D-altrose u. -altrosan bekannter Struktur.

— Die Spaltung des Äthylenoxydrings in Anhydrozuckern sowie die Gründe für die Zuteilung der D-Altrosekonfiguration an **IV** werden diskutiert.

Versuche: *Methyl-4.6-O-benzyliden-3-desoxy-3-C-äthyl-α-D-altrosid* (**IV**), $C_{16}H_{22}O_5$, F. 97—98°, durch Zugabe von Dioxan zu aus Äthyljodid in Ae. gebildetem **I**, Umsetzung der **II**-haltigen Paste mit **III** in Ae./Dioxan (1 Std. Kochen, 8 Std. bei 70°), Zers. mit W. u. Abtrennung von **III** aus der Lsg. des Nd. in Ae./PAe./Chlf. durch Chromatographie an Al_2O_3 (Elution von **III** mit Ae./PAe., dann von **IV** mit Chlf.); Nadeln aus PAe., $[\alpha]_D^{16}$ +113° (c = 0,91; Chlf.); 67,3% (Ausbeute). — Bei 12std. Erhitzen von **II** mit **III** wurden 90,6%, bei 24std. 83,5% **IV** erhalten. Nach 24std. Stehen u. 48std. Erhitzen entstanden aus **II** u. 1,32 g **III** 0,560 g **V** u. eine Spur **IV**. — *Methyl-4.6-O-benzyliden-3-desoxy-3-C-jod-α-D-altrosid* (**V**), $C_{14}H_{17}O_5J$, F. u. Misch-F. 162,5—163° (Methanol), durch Herst. eines **II**/MgJ_2-Gemisches wie vorst., Abdest. des Ae. unter Ersatz durch Tetrahydropyran, 9std. Kochen mit 1,32 g **III** u. Aufarbeitung analog **IV**; $[\alpha]_D^{20}$ + 114° (c = 1,01; Chlf.); 0,4 g; aus den Mutterlaugen war keine andere Verb. isolierbar. — Analoge Umsetzung von 1,32 g **III** mit **II**/MgJ_2 nach Ersatz des Ae. durch Toluol (8std. Kochen) gab bei Chromatographie des entstandenen Gemisches an Al_2O_3 aus dem Eluat mit Ae./PAe./Chlf. 0,174 g **IV**, ferner bei Elution mit Ae. bzw. Chlf. 0,102 bzw. 0,192 g nicht identifizierten Sirup u. bei Elution mit Methanol 1,154 g Sirup mit 67,2% C u. 9,0% H. — *Methyl-2-O-tosyl-4.6-O-benzyliden-3-desoxy-3-C-äthyl-α-D-altrosid*, $C_{23}H_{28}O_7S$, aus **IV** mit Tosylchlorid in Pyridin; n_D^{19} 1,5000, $[\alpha]_D^{19}$ + 75° (c = 0,8; Chlf.); 67%. — *Methyl-2-O-methansulfonyl-4.6-O-benzyliden-3-desoxy-3-C-äthyl-α-D-altrosid*, $C_{17}H_{24}O_7S$, F. 136—137° (A.), $[\alpha]_D^{19}$ + 61,5° (c = 3,26; Chlf.). — 0,4 g **IV** wurden 400 Min. in 50 ml Aceton unter Zusatz von 0,7 g Oxalsäuredihydrat in 2,5 ml W. gekocht, nach Verdünnen mit W. wurde mit $Ba(OH)_2$-Lsg. schwach alkal. gemacht u. mit CO_2 neutralisiert; das Filtrat gab nach Eindampfen 0,24 g **VI** enthaltenden blaßgelben, nicht reduzierenden Sirup, der in Bzl. bei 25° in 1 Tag 0,013, in 10 Tagen 0,060 Mol **VII**/Mol verbrauchte. — *Methyl-2.4.6-tri-O-acetyl-3-desoxy-3-C-äthyl-α-D-altrosid*, $C_{15}H_{24}O_8$, aus vorst. Sirup mit Acetanhydrid in Pyridin; Sirup; $[\alpha]_D^{20}$ —15,0° (c = 1,2; Chlf.). — 0,81 g **IV** wurden 8,6 Std. in einem Gemisch von 9,0 g Oxalsäuredihydrat, 30 ml W. u. 270 ml Aceton gekocht, es wurde wie bei **VI** neutralisiert u. mit Wasserdampf behandelt; der Extrakt mit Essigester gab 0,45 g wahrscheinlich *3-Desoxy-3-C-äthyl-αβ-D-altrose* (**VIII**), $C_8H_{16}O_5$, u. *1.6-Anhydro-3-desoxy-3-C-äthyl-αβ-D-altrose* (**IX**), $C_8H_{14}O_4$, enthaltenden Sirup; schwach reduzierend in alkoh. Lsg., KELLER-KILIANI-Rk. negativ; $[\alpha]_D^{20}$ + 65° (c = 1,0; Methanol). — *3-Desoxy-3-C-äthyl-D-altrose-2.4-dinitrophenylhydrazon*, $C_{14}H_{20}O_8N_4$, F. 218°, durch 1std. Umsetzung vorst. Gemisches mit 2.4-Dinitrophenylhydrazin (**X**) in Essigsäure/W./Methanol bei 100°; orangerote Mikrokristalle aus Methanol. — *3-Desoxy-D-mannose-2.4-dinitrophenylosazon*, $C_{18}H_{18}O_{11}N_8$, F. 205° (Zers.; Essigester u. A.), durch 6std. Erhitzen von 1 Mol 3-Desoxy-D-mannose mit 3 Mol **X** in 1% Methanol enthaltender 2nHCl auf 100°; Mikrokristalle. — 2-Desoxy-D-glucose zers. sich bei dieser Rk. zu teerigen Produkten. — *3-Desoxy-3-C-äthyl-D-altrose-2.4-dinitrophenylosazon*, $C_{20}H_{22}O_{11}N_8$, F. 196° (A.), aus dem Hydrolysat von **IV**; orangefarbene feste Substanz. (J. chem. Soc. [London] **1953**. 3308—13. Okt. Edgbaston, Birmingham, Univ., Chem. Dep.) WILLENBERG. 3400

Basil Skinner, *Die Isomerisation von Berberin- und Kotarnin-Basen in Gegenwart von Alkali.* Neue Messungen der UV-Absorptionsspektren von *Kotarnin-* u. *Berberinhydrochlorid* in A.- u. wss. Lsg. zeigten, daß durch Zugabe eines Überschusses von Alkali eine Isomerisation eintritt, die durch neue Säurezugabe reversibel rückgängig gemacht werden kann. Aus den Spektren kann direkt das Gleichgewicht der isomeren Formen $R-CH=N^+=R' + OH^- \rightleftarrows R-CHOH-N=R'$ abgelesen werden. Bei elektrometr. Titration zeigen die Alkaloide das typ. Verh. starker Basen. Leitfähigkeitsmessungen zeigen die Stabilität der Basen in wss. Lsg. über mehrere Tage an. (J. chem. Soc. [London] **1950**. 823—27. März. Sheffield, England, Univ.) A. REUTER. 3500

Léon Velluz und **Georges Muller**, *Das Thiocolchicin.* Einw. eines Überschusses von CH_3SH auf Colchicin (**I**) in Ggw. von p-Toluolsulfonsäure (**IV**) führt zu „*Thiocolchicin*" (**II**), in dem die CH_3O-Gruppe des Tropolonringes durch CH_3S- ersetzt ist. **II** zeigt ähnliche antimitot. Wirkungen wie **I**, ist aber im Gegensatz zu **I** gegen verd. HCl bei 100° beständig. Mit CH_3ONa geht **II** wie **I** in *Colchicinsäure* über. Entsprechend zu **II** entsteht aus Desmethylcolchicin (**V**) mit CH_3SH das *Desmethylthiocolchicin* (**III**), das mit CH_2N_2 in **II** übergeführt werden kann. **III** ist auch aus Colchicosid durch Acetylierung, Rk. mit CH_3SH u. saure Hydrolyse erhältlich. Rk. von CH_3SH mit Isocolchicin bzw. Acetylcolchicein liefert als einziges Prod. **II** in geringer Ausbeute.

Versuche (mit **A. Poittevin**): *Thiocolchicin* (**II**), $C_{22}H_{25}O_5NS$, F. 192° (Essigester bzw. Essigester–Ae.); a) aus **I** {F. 152°; $[\alpha]_D$ —121° (c = 1%, Chlf.)} u. CH_3SH

in Ggw. von **IV**-Monohydrat im Rohr [gefüllt bei −80°, dann einige Tage bei 20°; 80% (Ausbeute)], b) ebenso aus Acetylcolchicein {F. 138—140°; $[\alpha]_D$ −253° (c = 0,6%, Chlf.); 8%}, c) ebenso aus Isocolchicin {F. 225°; $[\alpha]_D$ −330° (c = 0,5%, Chlf.); 10%}; $[\alpha]_D$ −221° (c = 0,5%, Chlf.); Infrarot- u. UV-Spektren. — *Desmethylthiocolchicin* (**III**), $C_{21}H_{23}O_5NS$, F. 318° (Dimethylformamid–Essigester); a) aus **V** {F. 180—190° u. 275 bis 280°; $[\alpha]_D$ −128° (c = 1%, Chlf.)} durch Acetylierung {→ *Acetyldesmethylcolchicin*, F. 228—230° (Essigester); $[\alpha]_D$ −83° (c = 1%, Chlf.); 75%} u. Rk. mit CH_3SH wie oben (79%), b) aus Colchicosid {F. 216—218°; $[\alpha]_D$ −360° (c = 1%, W.)} über das *Tetraacetylderiv.* {F. 175—177°; $[\alpha]_D$ −57° (c = 1%, Chlf.)} wie oben (70%, bezogen auf das Tetraacetylderiv.); $[\alpha]_D$ −249° (c = 0,5%, Chlf.). — Methylierung von **III** in CH_3OH mit CH_2N_2 in Toluol → 100% **II**. — *Colchicinsäure*, $C_{21}H_{23}O_6N$, F. 252—255° (W.); aus **II** u. Na in CH_3OH (45 Min. Kochen); 45%. (Bull. Soc. chim. France, Mém. [5] **21**. 755—58. Juni 1954. Serv. scient. Roussel-Uclaf.) J. ROTHE. 3500

Bernhard Witkop, *Umlagerungen von Ketonen, Alkaminen, Peroxyden, Ozoniden und Alkaloiden in der Indolreihe.* Übersicht, zum Teil über eigene unveröffentlichte Arbeiten, über Rkk. des *Chinamins* (Umlagerung zu *Isochinamin* mit starken Basen, dessen Red. mit $LiAlH_4$ zu *Allodihydroisochinamin* u. dessen saure Dehydratisierung zu *Anhydroallodihydroisochinamin*), *Quebrachamins* (Oxydation zu *β-Oxyquebramidin* u. weitere Rkk.), *Yohimbins* (katalyt. Oxydation) u. *6-Methoxyindols* (Ozonisierung). — 29 Literaturangaben. (Bull. Soc. chim. France, Mém. [5] **21**. 423—33. April 1954. Bethesda, Md., Nat. Inst. of Arthritis and Metabolic diseases, Labor. of Chem.) J. ROTHE. 3500

Robert Goutarel, Maurice-Marie Janot und **Maria-Cristina Perezamador y Barron**, *Palladium-Dehydrierung des Dihydrocorynantheans und des Corynantheidans.* Dehydrierung der Hydrochloride des Corynantheans (**II**), des Dihydrocorynantheans (**III**) u. des Corynantheidans (**IV**) mit Pd-Kohle führt zum *Flavocorylin* (**I**), einer Anhydroniumbase vom Typ des Sempervirins, die nur in Form ihres K-Deriv., ihres Hydrats, ihres Hydrochlorids oder ihres nicht hydratisierten Pikrats isoliert werden konnte.

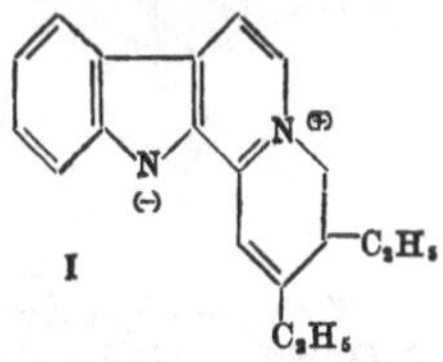

I

V e r s u c h e (FF. korr.): *Flavocorylin* (**I**), *Hydrochlorid*, $C_{19}H_{18}N_2 \cdot H_2O \cdot HCl$, F. >350°, blaßgelbe Nadeln (CH_3OH), durch 6 Min. Erhitzen (280°) der Hydrochloride von **II** (F. 281 bis 282°, Nadeln; 650 mg → 120 mg **I**·HCl) bzw. **III** [$C_{19}H_{26} \cdot N_2 \cdot HCl$, F. 293—294° ($CH_3OH$); 700 mg → 150 mg **I**·HCl] bzw. **IV** [$C_{19}H_{26}N_2 \cdot HCl$, F. 275—276° ($CH_3OH$); 2,3 g → 600 mg **I**·HCl] mit saurer Pd-Kohle (vgl. SCHWYZER, C. **1952**. 6061); Reinigung über das *K-Deriv. von* **I** [F. 153—154°, gelbe Nadeln (CH_3OH)]; $[\alpha]_D$ 0° (CH_3OH; c = 0,2); UV- u. Infrarotspektren. *Pikrat*, $C_{19}H_{18}N_2 \cdot C_6H_3O_7N_3$, F. >350°, gelbe Nadeln (Aceton). *Hydrat*, $C_{19}H_{18}N_2 \cdot H_2O$, F. 161—162°, orangegelbe Nadeln (CH_3OH); a) aus dem Hydrochlorid u. wss. NH_3; b) durch 6 Min. Erhitzen (280°) von **III**-Hydrochlorid mit neutraler Pd-Kohle. (Bull. Soc. chim. France, Mém. [5] **21**. 863—65. Juni 1954. Paris, Fac. de Pharm., Labor de Pharm. Galénique.) J. ROTHE. 3500

Alain Le Hir, Robert Goutarel und **Maurice-Marie Janot**, *Dehydrierung von Yohimban und Alloyohimban. Gewinnung von Sempervirin.* (Vgl. vorst. Ref.) Dehydrierung von Yohimban (**I**)-Hydrochlorid mit Pd-Kohle führt zu *Tetradehydroyohimban*, von Alloyohimban (**II**)-Hydrochlorid zu *Sempervirin*. Diese Rkk. bestätigen erneut die trans-Struktur von **I** u. die cis-Struktur von **II**.

V e r s u c h e (FF. korr.): *Tetradehydroyohimban*, *Hydrochlorid*, hellgelb (CH_3OH–Aceton); aus 335 mg Yohimban (**I**)–Hydrochlorid [F. 295°; $[\alpha]_D^{20}$ −51° (CH_3OH; c = 0,42)] u. saurer Pd-Kohle (6 Min. bei 280°); 100 mg (Ausbeute). *Perchlorat*, $C_{19}H_{20} \cdot N_2 \cdot HClO_4$, F. 252° (Zers.), hellgelbe Nadeln (Aceton–W.); $[\alpha]_D^{17}$ +71° (c = 0,26; Aceton); UV-Spektrum. — *Sempervirin, Perchlorat*, $C_{19}H_{16}N_2 \cdot HClO_4$, F. 296—300°, gelbe Kristalle (Aceton); aus 500 mg Alloyohimban (**II**)-Hydrochlorid [F. 292°; $[\alpha]_D^{20}$ −96° (c = 0,45; CH_3OH)] u. saurer Pd-Kohle wie vorst., dann nach Aufarbeiten Zugabe von $NaClO_4$; 200 mg, daneben 53 mg *Yobyrin* (F. 217°); UV- u. Infrarotspektren. (Bull. Soc. chim. France, Mém. [5] **21**. 866—68. Juni 1954.) J. ROTHE. 3500

R. A. Labriola, V. Deulofeu und **B. Berinzaghi**, *Untersuchungen über argentinische Pflanzen.* 11. Mitt. *Die Teilstruktur der Alkaloide Erysovin, Erysodin und Erysopin.* Ident. mit der C. **1952**. 222 referierten Arbeit. (An. Asoc. quím. argent. **39**. 137—44. Sept. 1951. Buenos Aires, Labor. de Quím. organ., Fac. de Cien. Exact., Fisicas y Naturales.) V. DECHEND. 3500

A. Caliezi und **H. Schinz**, *Zur Kenntnis der Diterpene.* 63. Mitt. *Über zwei Cyclisationen in der Diterpenreihe.* (62. vgl. C. **1954**. 9049.) Vff. gelangen 2 Cyclisierungen von Diterpenen zu tricycl. Verbindungen. — REFORMATSKI-Kondensation von Farnesylaceton (I) mit Bromessigester, Acetylierung des erhaltenen β-Oxyesters u. Pyrolyse ergab in einem Arbeitsgang in fast quantitativer Ausbeute *ω-Geranylgeraniumsäureester*. Die entsprechende *Säure* (II) wurde mit HCOOH + H_2SO_4 cyclisiert, wobei 2 tricycl. Säuren entstanden, die beide eine Doppelbindung enthalten u. von denen die schwer veresterbare *Tricyclo-ω-geranylgeraniumsäure* (III) (etwas β-Form enthaltend) u. die leicht veresterbare *Allotricyclo-ω-geranylgeraniumsäure* (IV) sein wird; krist. Substanzen konnten nicht erhalten werden, auch die mit $LiAlH_4$ erhaltenen entsprechenden *Alkohole* gaben nur amorphe Allophanate. II-Ester wurde auch aus I u. Äthoxyacetylen u. nachheriger Umlagerung des Kondensationsprod erhalten. — Das aus Farnesal u. Methylisopropylketon darstellbare *Farnesylidenmethylisopropylketon* (V) wurde zu dem bicycl. *Isomeren* VI cyclisiert, aus dem mit J_2 intramol. W. abgespalten wurde zu dem *KW-stoff* VII. Eine entsprechende Dehydratisierung führt vom Bicyclofarnesylidenaceton (VIII) zu IX, dessen Infrarotspektr. abgebildet ist u. diskutiert wird. Bei beiden Ketonen verläuft der Ringschluß mit nur geringer Ausbeute.

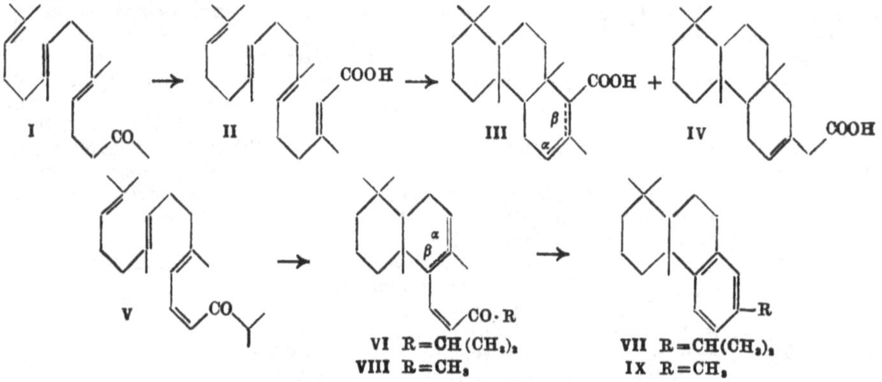

Versuche (mitbearbeitet von **M. Dünnenberger**): *Farnesylaceton* (I), $C_{18}H_{30}O$, Kp.$_{0,05}$ 109—112°, nach RUZICKA u. FIRMENICH (C. **1939**. I. 4331), doch wurde Farnesylbromid aus Nerolidol u. PBr_3 in Ae. bei —18° gewonnen u. wurde die Kondensation mit Na-Acetessigester in Diäthylcarbonat durchgeführt; Ketonspaltung des Farnesylacetessigesters durch wss.-alkoh. $Ba(OH)_2$; $D.^{20}{}_4$ 0,8897; n_D^{20} 1,4803; als Nebenprod. infolge Säurespaltung *Farnesylessigsäure*, $C_{17}H_{28}O_2$, Kp.$_{0,01}$ 120°; 10% (Ausbeute). Sie konnte zu einem *bicycl. Isomeren*, $C_{17}H_{28}O_2$, Kp.$_{0,01}$ 120°, dickfl., cyclisiert werden. — *ω-Geranylgeraniumsäure* (II)-*Methylester*, $C_{21}H_{34}O_2$, Kp.$_{0,1}$ 135°, durch Rk. von 10 g I mit 7 g Bromessigsäureäthylester u. akt. Zn in Ae., Acetylierung der 13,1 g Oxyester, Pyrolyse, Verseifung u. CH_2N_2-Veresterung; $D.^{20}{}_4$ 0,9253; n_D^{20} 1,4907. — Nach Zutropfen von 6 g II zu 100%ig. HCOOH u. wenig konz. H_2SO_4 bei höchstens 38°, 2std. Erwärmen auf 60° u. 2std. Kochen des Rohprod. mit CH_3OH/H_2SO_4 wurden 2,51 g dickfl. Säure u. 3,25 g Ester erhalten. Aus dem sauren Anteil wurde mit CH_2N_2 der *Tricyclo-ω-geranylgeraniumsäure* (III)-*Methylester*, $C_{21}H_{34}O_2$, gewonnen, der bei 170—190° Badtemp./0,03 mm sd.; $D.^{23}{}_4$ 0,9915; n_D^{23} 1,5005. Der Neutralteil bestand aus *Allotricyclo-ω-geranylgeraniumsäure* (IV)-*Methylester*, $C_{21}H_{34}O_2$, der bei 170—190° Badtemp./0,01 mm dest.; n_D^{18} 1,4976. — II-*Äthylester*, $C_{22}H_{36}O_2$, Kp.$_{0,07}$ 130—132°, entsteht auch aus der aus 7,35 g C_2H_5Br erhaltenen GRIGNARD-Verb. durch tropfenweise Zugabe von 5,55 g Äthoxyacetylen in Ae., 1std. Kochen, Zutropfen von 10,4 g I, Aufarbeitung mit gesätt. kalter NH_4Cl-Lsg., Lösen des Rohprod. in CH_3OH, Versetzen mit wenig 10%ig. H_2SO_4 u. Ausziehen mit PAe.; $D.^{20}{}_4$ 0,9166; n_D^{20} 1,4882; 13,05 g. II, $C_{20}H_{32}O_2$, Kp.$_{0,05}$ 160—164°, aus 11,1 g vorst. Ester mit 15%ig. KOH/CH_3OH bei n. Temp.; $D.^{20}{}_4$ 0,9331; n_D^{20} 1,4955; 8,9 g. — Aus 3,22 g II wurden wie oben 1,21 g III, $C_{20}H_{32}O_2$, u. 2,02 g IV-*Methylester*, Kp.$_{0,05}$ 121—125°, gewonnen. — Bei der Cyclisation von Farnesylidenaceton mit H_3PO_4 (vgl. C. **1950**. II. 1693) wurde ein Gemisch aus 60% α- u. 40% β-Form von *Bicyclofarnesylidenaceton* (VIII) gewonnen. Nach Cyclisation von 14 g Farnesylidenaceton durch Zutropfen von konz. H_2SO_4 < 5° entstanden 8,1 g Rohprod., daraus 3,9 g β-VIII, $C_{18}H_{28}O$, Kp.$_{0,05}$ 122—124°; $D.^{20}{}_4$ 0,9727; n_D^{20} 1,5248. — IX, $C_{18}H_{26}$, Kp.$_{0,05}$ 95—97°, aus 3,62 g nach dem ersteren der vorst. Verff. dargestellten VIII-Gemisch durch langsames Erhitzen mit 20 mg J_2 auf 170°; n_D^{20} 1,5365; 1 g. — *Farnesylidenmethyliso-*

propylketon (V), $C_{20}H_{32}O$, Kp.$_{0,1}$ 126—130°, durch Zutropfen von C_2H_5ONa-Lsg. zu 4 g Farnesal u. 10 g Methylisopropylketon <—10°, $^1/_2$std. Erhitzen, Neutralisation mit Weinsäure u. Ausäthern; D.$^{20}_4$ 0,8976; n_D^{20} 1,5211; 3,18 g. — **VI**, $C_{20}H_{32}O$, Kp.$_{0,15}$ 113—118°, durch Cyclisierung von 4,45 g **V** mit H_3PO_4 (vgl. l. c.); n_D^{20} 1,5142; D.$^{20}_4$ 0,9534; 3,25 g. — **VII**, $C_{20}H_{30}$, Kp.$_{0,01}$ 107—114°, aus 2,53 g **VI** wie bei **IX**; n_D^{20} 1,5270; 1,9 g roh. (Helv. chim. Acta **35**. 1649—55. 1/8. 1952. Zürich, ETH, Organ.-chem. Labor.) NITZSCHKE. 3600

E. James Tarlton, Mary Fieser und **Louis F. Fieser**, *Chromsäureoxydation von Epicholesterylacetat.* Der von WINDAUS u. NAGGATZ (Liebigs Ann. Chem. **542**. [1939.] 204) bei der CrO_3-Oxydation von Epicholesterylacetat (I) als Nebenprod. gewonnene *Stoff A* wurde von Vff. als *Cholestan-3.6-dion-5α-ol-5-acetat* (II) identifiziert. Da **II** sowohl in Essigsäure als auch in Propionsäure gebildet wird, kann die Acetoxygruppe nicht durch Solvolyse entstanden sein, sondern es muß eine intramol. $C_{(3)} \rightarrow C_{(5)}$ Acylwanderung — wahrscheinlich über ein cycl. Acetal — während des Oxydationprozesses stattgefunden haben.

Versuche (FF. korr.): *Epicholesterylacetat* (I), F. 85,6°, durch Acetylierung von Epicholesterin; $[\alpha]_D$ —11° (c = 1,54; Chlf.). — *Cholestan-3.6-dion-5α-ol-5-acetat* (II), $C_{29}H_{46}O_4$, F. 165—166°, 5 g **I** in Essigsäure wurden bei 50° innerhalb einer Std. mit einer Lsg. von 3,5 g CrO_3 in 50%ig. Essigsäure versetzt, das Gemisch wurde 3 Std. bei 25° stehengelassen, mit W. verd. u. mit Ae. extrahiert; aus Methanol Nadeln; $[\alpha]_D$ +3,7° (c = 1,46; Chlf.); 1,57 g (Ausbeute). Die analog durchgeführte Oxydation von **I** in Propionsäure lieferte ebenfalls **II**. Die Überführung von **II** in *Δ^4-Cholesten-3.6-dion* erfolgte durch kurze Behandlung mit CLAISEN's Alkali u. anschließende Chromatographie; 76%. Zur Darst. einer Vergleichsprobe wurde Cholestan-3β.5α.6β-triol zum *Triacetat* [F. 149—150°, $[\alpha]_D$ —34,6° (Chlf.)] acetyliert, partiell zum *5-Monoacetat* [F. 168—169°, $[\alpha]_D$ +2,5° (c = 1,51; Chlf.)] verseift, das in Essigsäure mit CrO_3 durch 2std. Stehen bei 25° zu **II** oxydiert wurde; 55%. (J. Amer. chem. Soc. **75**. 4423—24. 20/9. 1953. Cambridge, Mass., Harvard Univ., Chem. Labor.) SCHORRE. 3700

O. Isler und **K. Doebel**, *Synthesen in der Vitamin-K-Reihe.* 1. Mitt. *Über totalsynthetisches Vitamin K_1.* Vff. synthetisierten aus rac. Isophytol [rac. **I**; 3.7.11.15-Tetramethylhexadecen-(1)-ol-(3)] u. 2-Methyl-1.4-naphthohydrochinon (II) mit Bortrifluoridätherat *Dihydro-Vitamin K_1* (III) mit rac. Seitenkette. Das aus rac. **III** durch Oxydation erhaltene totalsynthet. *Vitamin K_1* (IV) unterscheidet sich von natürlichem **IV** nur durch das Fehlen der geringen Linksdrehung u. durch das schlechte Kristallisationsvermögen des rac. **III**-Diacetats. Durch vergleichenden Abbau von rac. **III**-Diacetat u. akt. **III**-Diacetat wird gezeigt, daß die Kondensation von **I** mit **II** einheitlich unter Allylumlagerung verläuft. Die Kondensation von akt. **I** mit **II** liefert akt. **III**, dessen Diacetat sofort krist.; das schlechte Kristallisationsvermögen von rac. **III**-Diacetat ist also durch die rac. Seitenkette bedingt. Die UV- u. Infrarotspektren von rac. **IV** u. rac. **III**-Diacetat sind ident. mit denjenigen der Naturprodd.; die biol. Wrkg. von rac. **IV** gleicht der von akt. **IV**.

Versuche (FF. korr.): *Rac. 2-Methyl-3-phytyl-1.4-naphthochinon* (*rac.* **IV**) $C_{31}H_{46}O_2$, goldgelbes Öl, n_D^{20} 1,527, aus 10 g rac. **I** u. 11 g **II** mit Bortrifluoridätherat in Dioxan, das erhaltene **III** wird in Ae. mit Ag_2O oxydiert; 5,7—6,2 g (Ausbeute). — *Rac. 2-Methyl-3-phytyl-1.4-naphthohydrochinondiacetat* (*rac.* **III**-Diacetat), $C_{35}H_{52}O_4$, nicht kristallisierendes helles Öl, n_D^{20} 1,5226, aus rac. **IV** durch Red. mit Zn-Staub in Acetanhydrid-Eisessig. — *Akt.* **III**-*Diacetat*, F. 61—62°, aus akt. **IV**. — *Rac.* **III**-*Dibenzoat*, $C_{45}H_{56}O_4$, F. 86° (A.), aus rac. **III** mit Benzoylchlorid in Pyridin. — *Akt.* **III**-*Dibenzoat*, F. 86°, aus akt. **III**; Misch-F. ohne Depression. — *Rac.* **III**-*Disuccinat*, $C_{39}H_{56}O_8$, F. 182—184° (A.), aus rac. **III** mit Bernsteinsäureanhydrid in Pyridin. *Akt.* **III**-*Disuccinat*, F. 182—184°, aus akt. **III**; Misch-F. ohne Depression. — *Rac. 2-Methyl-3-phytyl-1.4-naphthochinonoxyd*, $C_{31}H_{46}O_3$, goldgelbes Öl, n_D^{20} 1,5132, aus rac. **IV** u. H_2O_2 in Methanol unter N_2. —*[1.4-Diacetoxy-3-methylnaphthyl-(2)]-essigsäure*, $C_{17}H_{16}O_6$, F. 209—210°, aus rac. oder akt. **III**-Diacetat mit CrO_3 in Eisessig; 55—60%. *Methylester*, F. 126—127°. — *6.10.14-Trimethylpentadecanon-(2)* (**V**), Semicarbazon, F. 60—67°, aus rac. **III**-Diacetat in Eisessig mit O_3, dann Umsetzung mit Semicarbazid; 56%. — *Akt.* **III**-*Diacetat*, aus natürlichem Phytol durch Ozonolyse (→ akt. **V**, Kp.$_3$ 150—151°), Umsetzung mit C_2H_2 in fl. NH_3 (→ akt. *3.7.11.15-Tetramethylhexadecin-(1)-ol-(3)*, Kp. 180—186°), partielle Red. zu akt. **I**, Rk. mit **II** in Dioxan mit Borfluoridätherat u. anschließende reduzierende Acetylierung. (Helv. chim. Acta **37**. 225—33. 1/2. 1954. Basel, F. Hoffmann-La Roche & Co. Akt.-Ges., Wiss. Laborr.) H. SCHUBERT. 3800

P. G. Ioanissiani, N. I. Gawrilow und **M. I. Plechan**, *Über die Struktur des Gramicidins C.* 1. Mitt. *Reduktion von Gramicidin C.* Die Konst. von *Gramicidin C* (I) ist nicht als gesichert anzusehen. Ein lineares Polypeptid kann nicht vorliegen, da I in A., Aceton u. Chlf. lösl. ist. Ein cycl. Penta- oder Dekapeptid ist unwahrscheinlich, da solche Cyclen offenbar in der Natur nicht vorkommen. In I sind freie Aminogruppen, außer der δ-Aminogruppe des Ornithins (II), nicht vorhanden. Die Strukturformel von I muß berücksichtigen, daß I im Verhältnis eines Dimeren zu einem zugrunde liegenden Monomeren steht, was von SSILAJEW, TREFILOWA u. IOANISSIANI (Ученые Записки Московского Государственного Университета [Wiss. Ber. Moskauer staatl. Univ.] **1951.** 151) gezeigt wurde. Die Eigg. von I lassen eine Strukturanalogie mit Eiweißbruchstücken vermuten. Es wird deshalb für I die Konst. eines dimerisierten „Monoamidins" vorgeschlagen. I bildet mit $CuCl_2$ + Alkalilauge eines violetten Biuretkomplex mit dem Absorptionsmaximum (Max.) bei 570 mμ, nach langer Zeit geht die Farbe in himbeerrot über mit dem Max. bei 540 mμ. Nach dem früher bei Biuretkomplexen Festgestellten enthält der violette Komplex eine kurze, aus 3 Aminosäureresten bestehende Kette, der himbeerrote eine längere. I gibt mit Pikrinsäure die Anhydrid-Rk., was auf den Piperazinring zurückzuführen ist. Von anderer Seite ist festgestellt worden, daß in I die Aminosäurereste Phenylalanyl, Prolyl, Valyl, Ornithyl, Leucyl aufeinanderfolgen. Offenbar bilden Phenylalanin (III) u. Prolin (IV) den Ring vom Diketopiperazintypus. Das Dimere des „Monoamidins" kann entweder nach SIDGWICK-SSYRKIN-SCHIGORIN oder wahrscheinlicher durch „Autoacylierung" aus 2 Moll. des Monomeren entstehen; vgl. die Arbeiten von AKIMOWA u. GAWRILOW (z. B. C. **1951.** II. 679, 1430; **1952.** 6068). Ein erster Schritt zur experimentellen Begründung der Konst. wurde durch die Elektro-Red. von I getan. Hierbei wird die CO-Gruppe des Piperazinringes zur CH_2-Gruppe red. u. das Mol. an der Stelle der C=N-Bindung reduktiv aufgespalten, so daß als Reaktionsprodd.

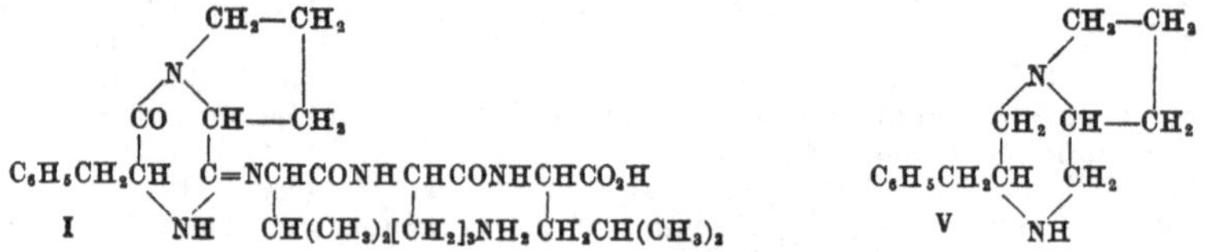

I V

eine *Verb.* (**V**) mit benzylsubstituiertem Piperazinring u. anelliertem Pyrrolidinring u. das *Tripeptid Valylornithylleucin* (**VI**) entstehen. Isoliert wurden diese Prodd. nicht, wohl aber wurde der vermutete Verlauf der Red. durch die analyt. Unters. des nicht getrennten Gesamtreaktionsprod. wahrscheinlich gemacht.

Versuche: *Gramicidin C* (**I**), *Hydrochlorid*, $C_{30}H_{46}O_5N_6 \cdot HCl \cdot 2\,H_2O$, wasserfrei F. 281°; aus A. Kristalle. Die Elektro-Red. wurde mittels der rotierenden Hg-Kathode durchgeführt; Stromdichte 56 mA/cm²; Kathoden-Fl. (200—210 ml) eine Lsg. von I-Hydrochlorid (ca. 100 mg) in wss. CH_3CO_2H + HCl; Anoden-Fl. 10%ig. HCl; Temp. 15—25°; Dauer 7 Std.; nach erfolgter Red. wurde die Lsg. im Vakuum bei 30—35° zur Trockne gebracht, zu dem Rückstand etwas W. hinzugefügt, wieder dest. u. dies einige Male wiederholt, bis HCl möglichst vollständig entfernt war; dann wurde in W. gelöst u. im Meßkolben auf 25 ml aufgefüllt. Die Lsg. gab die Biuret-Rk.; die Rk. mit Pikrinsäure war negativ. Festgestellt wurde der Amino-N gasometr. nach VAN SLYKE u. durch Titration nach der Mikrometh. von SÖRENSEN unter Anwendung der potentiometr. Titration mit Glaselektrode. Diese Bestimmungen wurden zum Vgl. auch bei I durchgeführt, ferner bei dem Prod. der vollständigen Hydrolyse (39std. Erhitzen mit konz. HCl im Bad auf 115—125°) von I u. des Reduktionsprod. von I. Hierbei ergab sich, daß bei I nur die freie NH_2-Gruppe von II vorhanden ist. Im I-Hydrolysat (II, III, IV, Valin u. Leucin enthaltend) wurden 5 freie NH_2-Gruppen gefunden; das 6. N-Atom ist im IV-Mol. enthalten u. nicht bestimmbar. Im Reduktionsprod. von I wurden 2 freie NH_2-Gruppen, dem Tripeptid VI entsprechend, festgestellt. Das Hydrolysat des Reduktionsprod. enthielt 4 freie NH_2-Gruppen, dem vollständig hydrolysierten VI entsprechend, während V beim Kochen mit HCl nicht hydrolysiert wird. (Журнал Общей Химии [J. allg. Chem.] **24** (**86**). 364—69. Febr. 1954. Moskau, Lomonossow-Univ.) R. KNOBLOCH. 3900

P. J. Curtis und **L. A. Duncanson**, *Eine strukturelle Beziehung zwischen Frequentin und Palitantin.* Die aus *Penicillium palitans* u. einigen atyp. Stämmen von *P. frequentans* erhältlichen Stoffwechselprodd. *Frequentin* (**I**), $C_{14}H_{20}O_4$, u. *Palitantin* (**II**), $C_{14}H_{22}O_4$, geben bei der Red. mit 2,5%ig. Na-Amalgam *Tetrahydrofrequentin* (**III**), $C_{14}H_{24}O_4$, u. *Dihydropalitantin* (**IV**), $C_{14}H_{24}O_4$, die keine Depression miteinander zeigten. F. 170 bis 171° bzw. 169°, farblose Kristalle; ident. Infrarotspektr. von **III** u. **IV**. Da **III** u. **IV** ident. sind, besitzen **I** u. **II** das gleiche *C*-Skelett u. ihre *O*-Atome befinden sich in entsprechender Stellung. Das Reduktionsprod. oxydiert sich langsam an der Luft bei Raumtemp., u. nach mehreren Wochen ist ein buttersäureähnlicher Geruch bemerkbar. (Biochem. J. **51.** 276—78. Mai 1952. Welwyn, Herts., Imp. Chem. Ind. Ltd., Butterwick Res. Labors.) K. MAIER. 3950

Hermann Richtzenhain, *Die phenolischen Gruppen des Fichtenholzes.* Beim Permanganatabbau von mit Diazomethan methyliertem Fichtenholz konnte neben *Veratrumsäure* (I) eine geringe Menge *Isohemipinsäure* (II) isoliert werden, woraus hervorgeht, daß die in II vorliegende Gruppierung schon im nativen Lignin vorhanden sein muß. Bei der Oxydation des methylierten Salzsäurelignins erhält man neben II u. emer kleineren Menge I *Metahemipinsäure.* Daraus läßt sich schließen, daß zwischen nativem u. isoliertem Lignin ein struktureller Unterschied besteht, der in einer unter der Wrkg. der Säure erfolgten Kondensation zwischen C-Kette u. Benzolkern bestehen könnte.

Versuche: *Veratrumsäure* (I), F. 181°, durch Zugeben von $KMnO_4$ bei p_H 7 zu einer auf 90—95° erwärmten wss. Suspension von 55 g mit Diazomethan methyliertem Fichtenholzmehl (12,7% OCH_3, 95,5% Trockensubstanz), Vereinigung zweier Ansätze, MnO_2 abtrennen, mit H_2SO_4 ansäuern u. mit Ae. extrahieren; 6,45 g extrahierte Säuren mit CH_2N_2 verestern u. dest.; bis 125°/13 Torr. 0,4 g Vorlauf von *Bernsteinsäureester*, bis 194°/0,01 Torr. 3,65 g Estergemisch, das mit methanol. KOH verseift wird; Methanolrückstand in W. lösen, mit H_2SO_4 ansäuern u. in Bzl. lösl. Substanz abtrennen; 1,45 g (Ausbeute). —*Isohemipinsäure* (II), F. 251°, neben I als benzolunlösl. Rückstand; 0,26 g. *Dimethylester*, F. 58°. (Chem. Ber. **83.** 488—91. Aug. 1950. Stockholm, Schwed. Holzforschungsinst., Zentrallabor. der Celluloseind.) E. FRANCK. 3950

D₃. Makromolekulare Chemie.

T. M. Shaw und **J. J. Windle,** *Dielektrische Dispersion von polaren Polymeren bei Mikrowellenfrequenzen.* Nach der C. **1950.** II. 539 beschriebenen Meth. wurde die DK. ε von trockener *Wolle* (I) u. von trockenem *Angorahaar* (II) bei 25° im Frequenzbereich f = 3000—10000 MHz gemessen. Für I u. II wurde übereinstimmend gefunden: $\varepsilon = 3{,}70 \pm 0{,}04$ für f = 3000 u. $3{,}54 \pm 0{,}04$ für f = 10000. Der Unterschied zwischen ε u. n^2 (2,4) wird auf die Anwesenheit von Wasserstoffbrücken in I bzw. II zurückgeführt. (Physic. Rev. [2] **91.** 218. 1/7. 1953. Western Regional Res. Labor.) FUCHS. 4000

Thor L. Smith, *Berechnung des Spritzverhaltens von viscoelastischem Material auf Grund der Relaxationsverteilungsfunktion.* Die effektive Viscosität η' von viscoelast. Material ist beim Spritzen durch eine enge Öffnung mehrere 100 mal kleiner als die bei kleinen Schergeschwindigkeiten gemessene Viscosität. Vf. leitet eine Gleichung ab, die η' in Abhängigkeit von der Fließgeschwindigkeit u. von der Verteilung der MAXWELLschen Relaxationszeiten angibt. Die so für eine 25%ig. Lsg. von *Celluloseacetat* berechneten η'-Werte stimmen innerhalb 100—300% mit den experimentellen überein (ohne Einzeldaten). (Physic. Rev. [2] **91.** 218. 1/7. 1953. Hercules Powder Comp.) FUCHS. 4000

Edwin R. Fitzgerald, Lester D. Grandine jr. und **John D. Ferry,** *Dynamisch-mechanische Eigenschaften von Polyisobutylen.* Ident. mit der C. **1954.** 2838 ref. Arbeit. Zu ergänzen ist: Der Realteil J' der komplexen Nachgiebigkeit J („compliance", vgl. l. c.) des *Polyisobutylens* beträgt $3{,}1 \cdot 10^{-7}$ cm²/Dyn bei 99,9° u. $1{,}0 \cdot 10^{-10}$ bei —44,6°. (Physic. Rev. [2] **91.** 217. 1/7. 1953. Wisconsin, Univ.) FUCHS. 4010

John D. Ferry, Lester D. Grandine jr. und **Edwin R. Fitzgerald,** *Die Relaxationsverteilungsfunktion von Polyisobutylen beim Übergang vom gummiähnlichen zum glasartigen Verhalten und dessen Temperaturabhängigkeit.* Von *Polyisobutylen* (I) des viscosimetr. Mol.-Gew. $1{,}35 \cdot 10^6$ wurde zwischen 15 u. 97° die Strömungsviscosität η gemessen; log η ändert sich linear mit $1/T^2$. Aus der komplexen Nachgiebigkeit J wurde auf Grund der im vorst. Ref. genannten Messungen der Anteil der glasähnlichen Nachgiebigkeit bestimmt. Der aus J erhaltene Red.-Temp.-Faktor ist etwas größer als der aus η bestimmte. Über weitere Ergebnisse vgl. C. **1954.** 2838. (Physic. Rev. [2] **91.** 217. 1/7. 1953. Wisconsin, Univ.) FUCHS. 4010

F. J. Padden, H. Markovitz und **T. W. DeWitt,** *Dynamische Eigenschaften von konzentrierten Polymerlösungen.* Von den Lsgg. von *Polyisobutylen* (I) in Dekalin wurden bei 20° für die Frequenzen f = 10—100 Hz die dynam. Festigkeit u. die Viscosität gemessen. Die Konz. c von I betrug 5—40%, das Mol.-Gew. 150000 bis 2500000. Die mit verschied. M. erhaltenen Werte lassen sich miteinander vergleichen, wenn sie in Abhängigkeit von 1/c dargestellt werden (Hinweis, daß die Zahl der

I-Ketten pro cm^3 maßgebend ist). (Physic. Rev. [2] **91.** 217–18. 1/7. 1953. Mellon Inst.) Fuchs. 4010

P. Ehrlich und **N. J. DeLollis,** *Die elektrische Relaxation in einem Styrol–Acrylonitril-Copolymeren während und nach dessen Polymerisation.* Von einem *Styrol–Acrylonitril*-Copolymeren wurde während der Polymerisation u. nach deren Beendigung die DK. ε u. der Verlustwinkel (tg δ) für die Frequenzen 100–100000 Hz gemessen. ε u. tg δ ändern sich stark während der Polymerisation (verursacht durch die Relaxation der Nitrilgruppen). Das fertigpolymerisierte Prod. verhält sich dielektr. bei höherer Temp. ähnlich wie ein nur zum Teil polymerisiertes bei niederer Temperatur. Die für die Aktivierungswärme u. -entropie erhaltenen (nicht genannten) Werte stimmen mit der Vorstellung der Dipolrelaxation überein. (Physic. Rev. [2] **91.** 218. 1/7. 1953. Nat. Bur. Stand.) Fuchs. 4010

A. R. Shultz und **P. J. Flory,** *Phasengleichgewichte in Polymer–Lösungsmittel-Systemen.* 2. Mitt. *Thermodynamische Wechselwirkungsparameter auf Grund von Daten der kritischen Mischbarkeit.* (1. vgl. C. **1953.** 6501.) Von den Systemen *Polystyrol* (I)–*Octadecanol*-(1), I–*Nitrobenzol,* I–*Cyclohexanol,* I–*Cyclohexan* **(V),** I–*Äthylcyclohexan, Polydimethylsiloxan* (II)–*Phenetol, Naturgummi–Pentanon-(2), Polyisobutylen–Diisobutylketon, Guttapercha–n-Propylacetat, Polymethylmethacrylat–Heptanon-(4), Cellulosetricaprylat* (III)–*Dimethylformamid,* II–*Butanon* (IV), III–*3-Phenylpropanol-(1), Polyacrylsäure–1.4-Dioxan* u. *Polymethacrylonitril*–**IV** wurden auf Grund von Literaturdaten die krit. Mischungstemp. Θ für unendlich hohe Mol.-Geww. u. der Entropieparameter Ψ berechnet. Die Werte für das Prod. R$\Theta\Psi$ fallen in der angegebenen Reihe obiger Systeme ab u. liegen zwischen 1200 u. 1000 cal für die 3 erstgenannten Systeme, zwischen 650 u. 370 für die folgenden 7, zwischen 320 u. 130 für die folgenden 3 u. zwischen –187 u. –350 für die beiden letzten Systeme. Die Zugehörigkeit zu diesen 4 Gruppen wird mit der spezif. Wechselwrkg. zwischen Polymeren u. Lösungsmitteln in Verbindung gebracht. Weiter werden Θ u. Ψ auch für die niedermol. Systeme *Cyclohexan* (V)–*Bzl.* (VI), V–*Toluol* **(VII), VI–VII,** *CCl_4* **(VIII)–V, VIII–VI** u. **VIII–VII** aus Dampfdruck- u. calorimetr. Daten berechnet. Aus dem Vgl. mit den Hochpolymersystemen folgt, daß die für die Mischungsentropien gefundenen Abweichungen vom Normalwert für die hoch- u. niedermol. Systeme von gleicher Größenordnung sind u. somit nicht für die Kettenstruktur der Hochpolymeren spezif. sind. (J. Amer. chem. Soc. **75.** 3888–92. 20/8. 1953. Ithaca, N. Y., Cornell Univ., Dep. of Chem.) Fuchs. 4010

A. R. Shultz und **P. J. Flory,** *Phasengleichgewichte in Polymer–Lösungsmittel-Systemen.* 3. Mitt. *Dreikomponentensysteme.* (2. vgl. vorst. Ref.) Von den Systemen *Methyläthylketon–Methanol–Polystyrol* (I), *CCl_4–Cyclohexan*–I u. *Äthylcyclohexan–Cyclohexan*–I wurden nach der Titrationsmeth. die Phasengleichgewichte aufgenommen. Das Mol.-Gew. von I wurde hierbei von 84000–5500000 variiert. Die Ergebnisse werden auf Grund der statist.-thermodynam. Theorie der Polymerlsgg. diskutiert. Die daraus berechneten thermodynam. Wechselwirkungsparameter stimmen mit denen für die entsprechenden binären Systeme aus 2 niedermol. bzw. aus einer niedermol. u. einer makromol. Komponente überein. (J. Amer. chem. Soc. **75.** 5681–85. 20/11. 1953.) Fuchs. 4010

A. Charlesby, *Vernetzung und Abbau von Paraffinketten durch hochintensive Strahlung.* Vf. bestrahlt n-Paraffine (C_7H_{16} bis $C_{36}H_{74}$) und Polyäthylene [*Polythene, Grade 7* (I) u. *Winnothene* (II)] im Atommeiler. Der F. der n-Paraffine sinkt zunächst mit der Bestrahlungsdosis R (Einheitsdosis 10^{17} langsame Neutronen/cm^2) ab, dann werden die Paraffine plötzlich nicht mehr schmelzbar. Bei **I** u. **II** wird keine Erniedrigung von F. beobachtet, nach kurzer Bestrahlungsdauer sind sie nicht mehr schmelzbar. Vf. erklärt die Effekte durch 2 konkurrierende Rkk.: 1. die Spaltung von C–H-Bindungen mit nachfolgender Brückenbldg. zwischen 2 Radikalen, 2. die Spaltung von C–C-Bindungen bei nachfolgender Absättigung der Radikale. Die Abnahme von F. zu Anfang der Bestrahlung wird durch das Cracken der C–C-Bindungen bewirkt, die Unschmelzbarkeit durch Vernetzung. Vf. zeigt, daß das Prod. Rn ϱ (n = Zahl der C-Atome pro Mol., ϱ = Dichte) für die n-Paraffine prakt. konstant ist u. sich auch bei **I** u. **II** nicht stark ändert. Die zur Bldg. eines Vernetzungspunktes aufzuwendende Energie ist also von der Kettenlänge unabhängig. Aus der Löslichkeit der Präpp. als Funktion der Bestrahlungsdosis bestimmt Vf. das Verhältnis der gespaltenen C–C-Bindungen zur Zahl der Vernetzungspunkte zu ca. 0,35. Die pro Vernetzung absorbierte Energie beträgt 24 eV, unabhängig vom Aggregatzustand des KW-stoffes. (Proc. Roy. Soc. [London], Ser. A **222.** 60–74. 23/2. 1954. Harwell, Berks., Atomic Energy Research Establ.) Cantow. 4010

C. L. Arcus und **J. Hamstead,** *Natrium-1-tert.-Butyl-1-monoperphthalat als Katalysator für Emulsionspolymerisation.* Das von DAVIES, FOSTER u. WHITE (J. chem. Soc. [London] **1953.** 1541) dargestellte *1-tert.-Butyl-1-monoperphthalat* (I) ist in verd. Alkali leicht lösl. u. katalysiert die Emulsionspolymerisation des Styrols. Bei 90° wurde so eine 72%ig. Ausbeute an Polystyrol der Grenzviscosität $[\eta]_0$ 1,31 (Toluol, 25°), bei 82° eine 72%ig. mit der Grenzviscosität $[\eta]_0$ 1,42 erhalten. Liegt I als freie Säure vor, findet keine weitgehende Polymerisation statt. (Chem. and Ind. **1953.** 518. 23/5. London, Battersea Polytechn.) RUSKE. 4010

L. J. Zapas, S. L. Shufler und **T. W. DeWitt,** *Dynamische Eigenschaften von unvulkanisiertem GR-S.* Von unvulkanisiertem *GR-S* wurde zwischen —60 u. 63° u. im Frequenzbereich $f = 10^{-4}$ —3 Hz der Schermodul gemessen. Im glasigen Übergangsbereich fällt der Modul plötzlich von 10^{10} auf 10^7 ab; bei höherer Temp. verläuft der Abfall gleichmäßig bis zum Wert $3 \cdot 10^5$. Außerdem wurden unter den gleichen Bedingungen die mechan. Verluste gemessen (ohne nähere Angaben). (Physic. Rev. [2] **91.** 217. 1/7. 1953. Mellon Inst.) FUCHS. 4030

G. Brady, L. Mandelcorn und **C. A. Winkler,** *Kinetik der Koagulation einer Emulsion.* Unter geeigneten Bedingungen verläuft die Koagulation von *GR-S*-Latex durch H_2SO_4 als Rk. 2. Ordnung, wobei die Konz. des Polymeren zur Zeit t von seiner Anfangskonz. u. der über die krit. H^+-Ionenkonz. (die zur Einleitung der Koagulation erforderlich ist) hinausgehenden H^+-Ionenkonz. abhängig ist. Während der Koagulation wird Seife von der Oberfläche der Latexpartikel desorbiert, wobei sich die Oberflächenspannung mathemat. definierbar ändert. Entsprechende Einstellung der Temp. stabilisiert die Emulsion in Ggw. von Säure beträchtlich. Abschließend entwickeln Vff. eine mathemat. Behandlung des Koagulationsprozesses. (Canad. J. Chem. **31.** 55—64. Jan. 1953. Montreal, Quebec, Mc Zill Univ., Phys. Chem. Labor.) RUSKE. 4030

R. M. Brown und **C. A. Winkler,** *Kinetische Untersuchungen einer Redoxpolymerisation.* Vff. f nden bei der mit dem Redoxsyst. Na_3PO_4, $FeSO_4$, Dextrose, Kalex-Na u. Cumolhydrogenperoxyd initiierten Emulsionspolymerisation von *Styrol-Butadien-MTM-4* bei verschied. Tempp. eine Aktivierungsenergie von 9,7 kcal/Mol für die Zers. des Initiatorsyst., ~ 6 kcal/Mol für die Kettenwachstums-Rk. u. 9,0 kcal/Mol für den Verbrauch von MTM-4 im Emulsionssystem. Die letzte Zahl stellt ein Maß für die Temperaturabhängigkeit des Gesamtprozesses (Transport des Mercaptanmol. vom Öltröpfchen der Emulsion zum Monomeren-Polymerenpartikel u. seine weitere Rk. mit dem wachsenden freien Radikal) dar. Geringere Polymerisationstemp. erhöhen den Gelpunkt ohne Verkürzung der Polymerenkette, was durch Abnahme des Verhältnisses der Vernetzung zum Kettenwachstum bedingt sein dürfte. Zwei Typen eines nicht durch das Mercaptanmol. bedingten Kettenabbruchs wurden gefunden, einmal die gegenseitige Absättigung freier Radikale u. zum anderen ein durch Emulgatormoll. bewirkter Kettenabbruch. (Canad. J. Chem. **31.** 13—22. Jan. 1953. Montreal, Quebec, McGill Univ., Phys. Chem. Labor.) RUSKE. 4030

Albert W. Bauer und **Eugene Pacsu,** *Stärkeuntersuchungen.* 4. Mitt. *Strukturfragen.* (3. vgl. Ind. Engng. Chem. [1943] März.) Nach einer zusammenfassenden Übersicht über die verschied. Theorien des Stärkeaufbaues wird auf die 2 sich entgegenstehenden Ansichten betreffs der Frage, ob die native Stärke als eine einheitliche Substanz zu betrachten ist oder ob in ihr nebeneinander Amylose u. Amylopektin vorliegen, hingewiesen, wobei Vff. sich für den ersteren Standpunkt entscheiden. (Textile Res. J. **23.** 853—59. Dez. 1953. Princeton, N. J., Univ., Textil Res. Inst., u. Frick Chem. Labor.) ULMANN. 4050

Albert W. Bauer und **Eugene Pacsu,** *Stärkeuntersuchungen.* 5. Mitt. *Alkali- und Säureverfahren der Stärkefraktionierung.* (4. vgl. vorst. Ref.) Nach Verss. der Vff. läßt sich eine ~5%ig. Dispersion von Maisstärke in 0,5—1,0 n wss. Alkalilsg. (das p_H der Lsg. kann zwischen 10 u. 4 liegen) u. nach Erhitzen mit einer mit Amylose einen Komplex gebenden Verb. auf 92° erfolgreich in 2 Fraktionen unterteilen. Die A-Fraktion von ca. 24% wird durch Zentrifugieren abgetrennt, sie zeigt eine Jodabsorption von ca. 16%. Die B-Fraktion besteht aus ca. 76% der Ausgangsstärke, Jodabsorption 1—2%. Es kann aber auch in 0,07 n HCl gearbeitet werden, wobei die Konz. der Stärkedispersion bis 11% gehen kann. Es wird 35 Min. mit einem Amylosekomplexbildner erhitzt. Man erhält leicht B-Fraktionen mit einer Jodabsorption = 0. (Textile Res. J. **23.** 860—64. Dez. 1953.) ULMANN. 4050

Albert W. Bauer und **Eugene Pacsu,** *Stärkeuntersuchungen.* 6. Mitt. *Charakterisierung der Fraktionierungsprodukte.* (5. vgl. vorst. Ref.) Mol.-Gew.-Bestimmungen auf Grund der Viscosität, Endgruppenbest. u. Lichtstreuung der beiden sowohl nach dem Alkali- als auch dem Säureverf. gewonnenen Fraktionen A u. B von Maisstärke ergaben keine übereinstimmenden u. befriedigenden Ergebnisse. Bes. auffallend ist der hohe Wert des Mol.-Gew. der nach dem Alkaliverf. erhaltenen B-Fraktion auf Grund der Best. der Lichtstreuung: 67 ($\pm$20)·10^6; das Säureverf. ergab ein Prod. mit einem Mol.-Gew. von 43·10^3. Auch die anderen Bestimmungsmethoden für das Mol.-Gew. wiesen auf höhere Mol.-Geww. der nach dem Alkaliverf. erhaltenen Prodd. hin. Die nach beiden Fraktionierungsmethoden gewonnenen Prodd. zeigen Eigg., die recht verschieden von denen der sogenannten „Dextrine" sind, sie ähneln viel mehr den herkömmlichen A- u. B-Fraktionen. (Textile Res. J. **23.** 864– Dez. 1953.) ULMANN. 4050

Albert W. Bauer und **Eugene Pacsu**, *Stärkeuntersuchungen.* 7. Mitt. *Eigenschaften von Stärkelösungen und die Kinetik der Stärkedesaggregation.* (6. vgl. vorst. Ref.) Wird native Stärke (I) aus Mais in 1 n Alkali zu einer 2–3%ig. klaren Lsg. dispergiert u. mit HCl neutralisiert, so läßt sich durch Butanol oder Pentasol aus der Lsg. keine *Amylose* (II) ausfällen. Erst nach Erhitzen der Lsg. auf 90° u. folgendem Abkühlen fällt II aus, u. in der Lsg. hinterbleibt mit etwas II verunreinigtes *Amylopektin* (III). Erhitzen der alkal. I-Lsg. mit Pentasol vor der Neutralisation ergab gleichfalls keine Ausfällung von II. Künstliche Mischungen von II u. III ergaben bei Ggw. von Pentasol stets ein Ausfallen von II, auch wenn die Lsgg. nicht erhitzt wurden. Vff. folgern aus ihren Verss., daß II u. III in der nativen I aneinander gebunden vorliegen u. in dieser Form die native I bilden. Erst wenn neutrale I-Lsgg. über 60° erhitzt werden, wird die I–II-Bindung hydrolyt. gespalten. Da das Erhitzen einer alkal. I-Lsg. nicht eine Fraktionierbarkeit der I bewirkt, ist anzunehmen, daß die Hydrolysierbarkeit der II–III-Bindung durch Hydroxoniumionen katalysiert wird. Viscosimetr. Unterss. der Desaggregation der I in Lsg. bei höheren Tempp. ergaben eine ungewöhnlich große Aktivierungswärme, woraus zu schließen ist, daß es sich beim Desaggregationsprozeß der I um die gleichzeitige Spaltung einer Gruppe von schwachen Bindungen handelt, was den Verlust der nativen Struktur der I zur Folge hat. Es kann sich um Phosphatbindungen oder um Halbacetal- oder Acetalbindungen handeln, keinesfalls ist die Spaltung von glucosid. Bindungen anzunehmen. (Textile Res. J. **23.** 870–77. Dez. 1953.) ULMANN. 4050

J. Kovács und **V. Bruckner**, *Die Struktur von nativer Poly-D-glutaminsäure.* 1. Mitt. Die nach IVÁNOVICS u. BRUCKNER (Z. Immunforsch. **90.** [1937] 304; **91.** [1937] 175) aus *Bacillus subtilis* dargestellte *Poly-D-glutaminsäure* (I), deren Mol.-Gew. aus dem Amino-N zu 6400 berechnet wurde, wurde über ihren *Polymethylester* in das *Polyhydrazid* übergeführt. Nach CURTIUS-Abbau des Hydrazids u. darauffolgender Hydrolyse des Abbauprod. wurde im Hydrolysat in 14,5%ig. Ausbeute lediglich *β-Formylpropionsäure* (*Succinsemialdehyd*, isoliert als *p-Nitrophenylhydrazon*, F. u. Misch-F. 178°) gefunden; *α.γ-Diaminobuttersäure* war im Hydrolysat nicht auffindbar. Dies beweist, daß in nativer I γ-Glutamylbindungen (u. nicht α-Glutamylbindungen) überwiegen. (J. chem. Soc. [London] **1952.** 4255–59. Nov. Budapest, Univ., Inst. of organ. Chem.) K. F. MÜLLER. 4070

J. Kovács, V. Bruckner und **K. Kovács**, *Die Struktur von nativer Poly-D-glutaminsäure.* 2. Mitt. *Synthese von α-Poly-L-glutaminsäurehydrazid und dessen Curtius-Abbau.* (1. vgl. vorst. Ref.) Synthet. *Methyl-α-poly-L-glutamat* (I) wurde in sein Polyhydrazid übergeführt u. dieses dem CURTIUS-Abbau unterworfen. Im Hydrolysat des Abbauprod. wurde *α.γ-Diaminobuttersäure* (II) gefunden. Dies bestätigt die Auffassung der Vff. (l. c.), daß in nativer Poly-D-glutaminsäure die Glutamylreste, zumindest hauptsächlich, nicht durch α-Bindungen miteinander verknüpft sind, da deren analoge Behandlung keine nachweisbaren II-Mengen ergab.

V e r s u c h e: *Methyl-α-poly-D-glutamat* (I), $(C_6H_9O_3N)_n$, durch Polymerisation von *4-[2'-Carbomethoxyäthyl]-oxazolidindion-(2.5)* (F. 99° [Chlf.], aus γ-Methyl-L-glutamathydrochlorid [F. 154°] u. $COCl_2$ in Dioxan) in feuchtem Dioxan oder Essigester. — *α-Poly-L-glutaminsäurehydrazid,* $(C_5H_9O_2N_3)_n$, in quantitativer Ausbeute aus I u. der 10fachen Gewichtsmenge N_2H_4; $[\alpha]_D$—1,20° (in n NaOH), → —0,20° (nach 10 Tagen infolge Racemisierung, nicht infolge hydrolyt. Zers.). CURTIUS-Abbau des Hydrazids u. 15- bzw. 4std. Erhitzen des gummiartigen Reaktionsprod. mit konz. HCl gibt *L-α.γ-Diaminobuttersäure,* isoliert als *Dipikrat,* $C_{16}H_{16}O_{16}N_8$, F. u. Misch-F. 188–189° (W.), oder als *Diflavianat,* $C_{24}H_{22}O_{18}N_6S_2$, F. 239° (W.); Ausbeute 38,4%. (J. chem. Soc. [London] **1953.** 145–47. Jan.) K. F. MÜLLER. 4070

V. Bruckner, J. Kovács und **H. Nagy**, *Die Struktur von nativer Poly-D-glutaminsäure.* 3. Mitt. (2. vgl. vorst. Ref.) *Poly-D-glutaminsäure* (I), die aus dem Kulturmedium von *Bacillus subtilis* über das Cu-Salz als saures Na-Salz gewonnen wurde,

wurde direkt in den *Polymethylester* übergeführt, dessen Mol.-Gew. zu ca. 10000 (aus dem N-Geh = 0,14%) bestimmt wurde. Der Polymethylester wurde durch fl. NH_3 in das *Polyamid* umgewandelt u. dieses dem Hofmannschen Abbau unterworfen. Hierbei wurde nach saurer Hydrolyse mit 10%ig. HCl lediglich *β-Formylpropionsäure* (**II**, isoliert als *p-Nitrophenylhydrazon* (**III**), F. u. Misch-F. 178° [W.]), u. keine α.γ-Diaminobuttersäure, erhalten. Die **III**-Ausbeute betrug ca. 41%; Kontrollverss. mi **II** ergaben beim Hofmannschen Abbau auch nur 47—54% **III**. Die erss. beweisen, daß in **I** wahrscheinlich nur γ-Glutamylbindungen vorhanden sind. (J. chem. Soc. [London] **1953**. 148—50. Jan.) K. F. Müller. 4070

Alexander R. Surrey, Name reactions in organic chemistry. New York: Academic Press. 1954. (200 S. m. Abb.) $ 4,00.

—, Structure chimique des protéines. Paris: Ed. du Centre national de la recherche scientifique. 1954. (184 S. m. Abb.)

E. Biologische Chemie. Physiologie. Medizin.

E_1. Allgemeine Biologie und Biochemie.

Ines Mandl, Amelie Grauer und **Carl Neuberg**, *Die Löslichmachung unlöslichen Materials in der Natur.* 1. Mitt. *Die Rolle von Salzen des Adenosintriphosphats.* Lösliche Salze von *Adenosintriphosphat* (**I**) bringen oder halten bei neutraler bis schwach alkal. Rk. zahlreiche anorgan. u. organ. Verbb. in Lsg., wobei letztere natürliche oder künstlich hergestellte Substanzen sein können. Schwer lösl. **I**-Salze werden unter physiol. p_H u. Temp.-Bedingungen durch zahlreiche Agentien, zu denen auch n. Zellinhaltsstoffe u. Verbb. des Intermediärstoffwechsels gehören, in Lsg. gebracht. Da **I** in allen Zellen vorkommt u. bei richtigen biol. Vorgängen beteiligt ist, kommt möglicherweise den mit **I**-Salzen verknüpften Lösungserscheinungen besondere Bedeutung zu. (Biochim. biophysica Acta [Amsterdam] **8**. 654—63. Juni 1952. Brooklyn, N. Y., Polytechn. Inst., Dep. of Chem.) K. Maier. 4100

B. E. Conway, *Der „Nacheffekt" der Bestrahlung von Desoxyribonucleinsäure in sauerstoffhaltigen Lösungen.* Bei Bestrahlung von *Desoxyribonucleinsäure*-Lsg. (DNS) mit Röntgenstrahlen oder 1 MeV β-Teilchen wird noch mehrere Tage nachher ein Absinken der Viscosität beobachtet. In Abwesenheit von O_2 ist dieser Nacheffekt verschwindend gering. Der Nacheffekt ist ebenfalls vorhanden, jedoch geringer, wenn bestrahltes u. damit H_2O_2-haltiges W. nicht bestrahlter oder durch Strahlung geschädigter DNS zugesetzt wird. Vf. führt den Nacheffekt einmal auf die Bldg. instabiler Peroxydzwischenverbindungen u. zum anderen auf die Rk. von H_2O_2 u. des Radikals HO_2 mit DNS, die durch andere Radikale bei der Bestrahlung bereits geschädigt wurde, zurück. *Cysteinamin, Cystinamin* u. *NaCN* wirken in dieser Reihenfolge als Schutzstoffe. Sie erniedrigen den Nacheffekt beträchtlich, wenn sie vor der Bestrahlung zugesetzt werden. Wahrscheinlich reagieren sie ihrerseits mit den gebildeten Radikalen. (Brit. J. Radiol. **27**. 42—47. Jan. 1954. London, Royal Cancer Hospital, Chester Beatty Res. Inst.) M. Wiedemann. 4102

G. Scholes und **J. Weiss**, *Diskussion über den Mechanismus des Nacheffekts bei der Bestrahlung wässeriger Lösungen von Desoxyribonucleinsäure mit Röntgenstrahlen.* Die Vff. deuten den Nacheffekt durch die langsame Hydrolyse labiler Substanzen, insbesondere labiler Phosphatester, die aus der DNS durch die Wrkg. der oxydierenden Radikale entstehen. Sie weisen auf die Bldg. von anorgan. Phosphat u. auf Modellversuche an α- u. β-Glycerophosphat u. 3-Phosphoglycerinsäure hin. Die Erwiderungen von Butler u. Conway gehen vor allem auf die Größe des Nacheffekts im Vakuum ein. Nach Ansicht des letzten wirken beim Nacheffekt die Bldg. labiler Phosphatester, die langsame Zers. von Peroxyd-Zwischenverbindungen u. die Rk. von H_2O_2 mit der durch die Strahlung bereits beschädigten DNS zusammen. (Brit. J. Radiol. **27**. 47—50. Jan. 1954.) M. Wiedemann. 4102

John Wilkinson, *Virusinduzierte Kernanomalien bei der Tomate.* (Nature [London] **171**. 658—59. 11/4. 1953. Exeter, Univ., Coll. of the South West, Dep. of Bot.) Schlottmann. 4130

D. C. Stewart und **Paul L. Kirk**, *Das flüssige Medium in der Gewebekultur.* In dem ausführlichen Übersichtsreferat wird die Zusammensetzung des fl. Mediums der Gewebekultur u. die Bedeutung der verschied. Bestandteile dargestellt. Nach Beschreibung der Salzgemische wird die Rolle des Embryonalextrakts sowie seiner einzelnen Fraktionen (kleinmolekulare Fraktion u. Dialysate, großmolekulare Fraktionen) behandelt. Extrakte aus Erwachsenengewebe ist für best. Zwecke ebenfalls günstig. Die in ihrem Mechanismus unbekannte Wrkg. von Serum wird beschrieben u. die Bedeutung von Abbauprodukten von Eiweiß u. Nucleinsäuren betont. Fast 200 Literaturangaben. (Biol. Rev. Cambridge philos. Soc. **29.** 119—53. Mai 1954. Lemont, Ill., Argonne Nat. Labor., u. Berkeley, Cal., Univ. of California, Dep. of Biochemistry.) Wolfgang Albrecht. 4150

N. M. Ssissakjan, *Über die Natur des Proteidkomplexes der Plastiden.* In den Proteinen der Plastiden wurden folgende Aminosäuren nachgewiesen: *Glykokoll Alanin* (**I**), *Valin, Leucin, Isoleucin, Serin* (**II**), *Threonin* (**III**), *Lysin* (**IV**), *Arginin* (**V**), *Histidin, Asparaginsäure, Glutaminsäure, Phenylalanin, Tyrosin* (**VI**), *Tryptophan, Cystin, Cystein, Methionin, Prolin* u. *Oxyprolin,* außerdem eine nicht näher definierbare Verbindung. Ob die Plastidenproteine γ-Aminobuttersäure u. Methioninsulfoxyd enthalten, ist noch unsicher. Die Leukoplastenproteine der Zuckerrübe werden nach Behandlung der Plastiden mit HCl von 70—80%ig. A. gelöst. Die elektrophoret. Unters. dieser Lsgg. in A.-Glykokollpuffer zeigt, daß das Eiweiß-Syst. aus mindestens 3 Komponenten besteht, von denen Eiweiß 1 u. Eiweiß 2 isoliert wurden. Eiweiß 1 enthält 18 Aminosäuren, unterscheidet sich nach dem Aminosäuregeh. von Eiweiß 2 u. ist durch hohen Geh. an **II, III, IV, V** u. **VI** ausgezeichnet. Der Geh. an Aminodicarbonsäuren, **I** u. **V** bleibt während der Vegetation unverändert. Eiweiß 1 ist sowohl aus den Leukoplasten als auch aus den Plastiden der Zuckerrübe erhältlich. Der Geh. an Eiweiß 1 verändert sich während der Vegetation u. Lagerung. Die Plastidenproteine der Zuckerrübe sind elektrophoret. inhomogen. Bei p_H 9,6 bestehen die Proteine der Leuko- u. Chloroplasten aus 4 Komponenten, die negativ geladen sind u. zur Anode wandern. Die Plasmaproteine bestehen aus 2 Komponenten. Während der Vegetation verändern sich die elektrophoret. Eigg. der Eiweißkomponenten der Leuko- u. Chloroplasten sowie die der Plasmaproteine von Wurzel u. Blatt. (Vgl. auch C. **1953.** 7110.) (Успехи Современной Биологии [Fortschr. gegenwärt. Biol.] **36.** 332—45.Nov./Dez. 1953.) Lebtag. 4150

G. I. Rosskin und **W. Ja. Brodski,** *Nucleotide und Nucleinsäuren der Protozoenzelle.* Nucleinsäuren des Kerns sowie Nucleotide, Nucleoside u. Nucleinsäuren des Cytoplasmas u. der Mitochondrien von *Paramaecium caudatum* (P. c.) werden im lebenden, absterbenden u. fixierten Zustand des Infusoriums im UV mkr. untersucht. Behandeln der lebenden Zelle mit 5%ig. Trichloressigsäure bei 2 u. 4° während 15—20 Min. entfernt Nucleoside u. Nucleotide. Die dadurch verminderte UV-Absorption des Cytoplasmas bei 250—280 mμ beweist das Vorhandensein von Nucleotiden neben der bereits nachgewiesenen Ribonucleinsäure. Granula u. Ribonucleinsäure absorbieren beide bei 250—280 mμ. Durch Schnelltrocknung fixierte Zellen wurden durch Lösen in 5%ig. heißer Trichloressigsäure (90°) in 15—20 Min. restlos von Ribonucleinsäure u. Desoxyribonucleinsäure befreit. Dabei fällt die Absorption des formbeständigen Kerns scharf ab, dessen verbleibender, mkr. homogener Proteinkomplex nur noch schwach bei 250—280 mμ absorbiert; die Mitochondrien sind jetzt unsichtbar. Die 3 Hauptbestandteile des Makronucleins sind darnach: Ribonucleinsäure, Desoxyribonucleinsäure u. ein Eiweißkomplex, der Histamin- u. Nichthistaminproteine enthält. Die krist. Einschlüsse von P. c. absorbieren im UV bei 250—280 mμ, enthalten also Purin- u. Pyrimidinverbindungen. (Доклады Академии Наук СССР [Ber. Akad. Wiss. UdSSR] [N. S.] **89.** 1099—1102. 21/4. 1953. Moskau, Lomonossow-Univ.) Müller-Mulot. 4150

F. C. Koch and **M. E. Hanke,** Practical methods in biochemistry. 6th ed. London: Bailliere Tindall & Co. 1954. (IX + 537 S., Diagr.) 38 s 6 d.

E$_2$. Enzymologie. Gärung.

G. A. J. Pitt, *Die Konstitution des Coenzyms A. Neue Methoden der Vitaminforschung.* Übersicht der Unterss., die zur Aufklärung der Konst. des *Coenzyms A,* des bei biol. Acetylierungsprozessen beteiligten Cofaktors, führten. — 7 Literaturangaben. (Manufact. Chemist **24.** 468—71. Nov. 1953. Liverpool, Univ., Biochem. Dep.) K. Maier. 4210

J. E. Kench, *Gallenfarbstoffbildung aus Katalase und Peroxydase in vitro. Pferdeleberkatalase* (**I**) u. *Meerrettichperoxydase* (**II**) wurden aerob bei 37° 2 Std. mit *Ascorbinsäure* (**III**) incubiert u. die gebildeten Zellenfarbstoffe extrahiert. **I** (300 mg **III**/7 mg **I**-Hämin) gab nur *Biliverdin* (**IV**) in 39% Ausbeute des ursprünglichen **I**-Hämins (Kontrolle 22—28%), **II** 2,9% **IV** (Kontrolle 0%). Spektroskop. wurde verstärkte Absorption im Bereich von 650—700 mμ, die nicht genau der **IV**-Ausbeute proportional ging, festgestellt. Zusatz von 1 g **III** zu 14 mg nichtgepuffertem Ferrihäm (frei oder als Methämalbumin) bewirkte End-p_H 4,54, wenn 16 bzw. 45% der

IV-Ausbeute aus Gallenfarbstoffhäm freigesetzt worden waren. (Biochem. J. **52.** XXVII—XXVIII. Dez. 1952. Manchester, Univ., Nuffield Dep. of Occupational Health.) K. MAIER. 4210

Y. Avi-Dor und **K. G. Paul,** *Die Bestimmung der Meerrettich-Peroxydase (HRP) mit Mesidin.* Die Best. der *Meerrettich-Peroxydase* (I) ist mit großer Fehlermöglichkeit behaftet. Vff. untersuchen die von I katalysierte Oxydation von *Mesidin* (II) (2.4.6-Trimethylanilin) durch H_2O_2. Hierbei entsteht nur ein Oxyd, die sog. „*purple compound*" (III) (.6-*Dimethylbenzochinon-4-*[2'.4'.6'-*trimethyl*]*-anil*) mit 95% Ausbeute. Vff. bestätigten experimentell die Ansicht von CHAPMAN u. Mitarbeiter (J. Chem. Soc. [1941], 496): $2\ II + 3\ H_2O_2 \rightarrow 1\ III + 1\ HCHO + 4\ H_2O$. I-Best. bei 490 m$\mu$ entsprechend der Gleichung: $[I] = k \log (Jo/J)_2 - \log (Jo/J)_1/t_2 - t_1$ $\log (Jo/J)_1 > 0{,}175$; $t_1 < 1{,}2$ Minuten. Wenn $k_1 = 89{,}3$, wird I erhalten in mμ molar. Versuchsbedingung: 0°, p_H 4,7—4,8, 5 m mol. H_2O_2, 15 m mol. **II**, Gesamt-Vol. 2 cm. Rk. wird gestoppt durch Zugabe von 1 Vol. saurem A. (Acta chem. scand. **7.** 444. 1953. Stockholm, Sweden, Med. Nobelinst., Biokem. avdelning and Wallenberg-stiftelsens labor. för fysiol. kemi.) BRATFISCH. 4210

H. A. Krebs und **Olga Holzach,** *Die Umwandlung von Citrat in cis-Aconitat und Isocitrat in Gegenwart von Aconitase.* Es wurde die Bldg.-Geschwindigkeit von *Isocitrat* (I) u. *cis-Aconitat* (II) aus *Citrat* (III) in Ggw. von Herzmuskel-*Aconitase* bestimmt. Entgegen den Befunden von FRIEDRICH-FREKSA u. MARTIUS (C. **1952.** 3658) war die Geschwindigkeit der I-Bldg. am Anfang nicht maximal, sondern zeigte deutlich eine Latenzphase. Die Beobachtungen stimmen mit der früheren Annahme von MARTIUS überein, wonach II ein Zwischenglied der Umwandlung von III in I darstellt. (Biochem. J. **52.** 527—28. Nov. 1952. Sheffield, Univ., Dep. of Biochem., Med. Res. Council, Unit for Res. in Cell Metabolism.) K. MAIER. 4210

W. F. Neuman, V. DiStefano und **B. J. Mulryan,** *Die Oberflächenchemie des Knochens.* 3. Mitt. *Beobachtungen über die Rolle der Phosphatase.* (2. vgl. C. **1951.** II. 79.) Phosphorsäureester (I) hemmen die Kalkeinlagerung in den Knochen bei Abwesenheit aktiver *Phosphatase.* Dies beruht nicht auf einer komplexen Bindung des Ca durch I. Vielmehr werden I durch die Knochensubstanzen stark adsorbiert. Dadurch kann weder in isolierten anorgan. Systemen noch bei rachit. Knorpelstücken der Rattentibia zugefügtes Ca-Salz abgelagert u. eingebaut werden. Man kann sich die Wrkg. der Phosphatasen so vorstellen, daß durch die fermentative Aufspaltung der adsorbierten I die Einlagerung von Ca-Salzen ermöglicht wird. Es muß geprüft werden, ob die für Glycerophosphat erhobenen Befunde auch für andere physiolog. I gelten. (J. biol. Chemistry **193.** 227—35. Nov. 1951. Rochester, N. Y., Univ. of Roch., School of Med. and Dent.) RUPPERT. 4210

W. F. Neuman und **B. J. Mulryan,** *Die Oberflächenchemie des Knochens.* 4. Mitt. *Weitere Befunde über die Rekristallisation.* (3. vgl. vorst. Ref.) Frische, entfettete u. gepulverte Knochen wurden bei p_H 7,3 mit einem ^{32}P enthaltenden Phosphatpuffer incubiert. Nach zunächst rascher Ansammlung des radioaktiven P an der Knochenoberfläche drang dieser dann langsam in das Kristallinnere ein. Dazu ist wss. Phase notwendig. Es wird geschlossen, daß dieser langsame Durchwanderungsprozeß mehr das Ergebnis einer Rekristallisation als einer einfachen Diffusion des Phosphations durch das Kristallgitter ist. (J. biol. Chemistry **193.** 237—41. Nov. 1951. Rochester, N. Y., Univ. of Roch., School of Med. and Dent.) RUPPERT. 4210

E. S. Boyd und **W. F. Neuman,** *Die Oberflächenchemie des Knochens.* 5. Mitt. *Ionenbindende Eigenschaften des Knorpels.* (4. vgl. vorst. Ref.) Rippenknorpel vom Kalb zeigte gleiche Bindungskapazität für Na, Ca u. Ba. Dieses Bindungsvermögen stand in enger Korrelation zum Geh. an Chondroitinschwefelsäure, woraus geschlossen wird, daß die Chondroitinschwefelsäure für den Hauptanteil der Salzbindung verantwortlich ist. Phosphat wird aus der Lsg. nur von solchem Knorpel aufgenommen, der nennenswerte Mengen von Ca enthält. Die Ca-Bindung durch den Knorpel ist eine Ionenaustauschreaktion. (J. biol. Chemistry **193.** 243—50. Nov. 1951. Rochester, N. Y., Univ. of Roch., School of Med. and Dent.) RUPPERT. 4210

W. F. Neuman und **B. J. Mulryan,** *Die Oberflächenchemie des Knochens.* 6. Mitt. *Rekristallisation in vivo.* (5. vgl. vorst. Ref.) Knochen (Femur) von jungen Ratten, denen ^{32}P injiziert war, wurden entfettet u. mit Phosphatpuffer (0,0025 mol. p_H 7,4) 4 Tage lang bei 37° geschüttelt. Der P-Geh. von Schaft u. Epiphyse änderte sich zwischen 2 Std. u. 18 Tagen nach der ^{32}P-Gabe nicht. Dagegen nahm der in Phos-

phatpuffer austauschbare radioaktive Phosphor ab. Das wird als Beweis für die Hypothese angesehen, daß die Rekristallisation (vgl. 4. Mitt., vorvorst. Ref.) von Knochenmineralien auch in vivo vorkommt. (J. biol. Chemistry **195.** 843—48. Apr. 1952. Rochester, N. Y., Univ. School of Medicine, Div. of Pharmacol.)
SCHWEIGER. 4210

W. F. Neuman, T. Y. Toribara und **B. J. Mulryan,** *Die Oberflächenchemie des Knochens.* 7. Mitt. *Die Hydrationshülle.* (6. vgl. vorst. Ref.) Verss. mit synthet. Hydroxylapatit u. Knochen. Durch hochtouriges Zentrifugieren läßt sich das daran festhaftende W. nur teilweise entfernen, wobei Elektrolyte zurückgehalten werden. Es ist möglich, daß das W. durch elektrostat. Kräfte (positiv geladene Kristallschicht) festgehalten wird. Die Ergebnisse werden im Hinblick auf die Stoffwechselvorgänge, die im Knochen stattfinden, diskutiert. (J. Amer. chem. Soc. **75.** 4239—42. 5/9. 1953. Rochester, Univ., School of Med. and Dent., Div. of Pharmacol. and Toxicol., Dep. of Radiation Biol.) P. LOCH. 4210

E. Freerksen, F. Lauersen, R. Bönicke, M. Rosenfeld und **H. Duckwitz,** *Phlorrhizin, Phosphatase und Tuberkulose.* (*Eine kritische Stellungnahme.*) Besprechung von Unterss. zur Nachprüfung der Angaben von MAUER u. Mitarbeitern (vgl. Beitr. Klin. Tuberkul. **106.** [1952.] 421; C. **1953.** 6274; Naturwissenschaften **39.** [1952.] 502; Z. Tuberkulose **101.** [1952.] 51) über die Bedeutung der *Phosphatase* (**I**) für den Lokalstoffwechsel am tuberkulösen Herd u. die Beeinflußbarkeit durch *Phlorrhizin* (**II**). Bestimmt wurden u. a. das Verhältnis der Aktivitäten von saurer u. alkal. **I** in Lungen, Einfl. von Dauer u. Temp. der Autolyse auf die **I**-Aktivitäten einer gesunden Meerschweinchenlunge, ferner Angabe von Therapieverss. an Tieren, die 1 u. 2 mg **II** allein oder in Kombination mit *INH* 7,5 mg/Tag erhielten. Es wurde nur ein *INH*-Effekt konstatiert; die mit **II** behandelten Tiere verhielten sich wie unbehandelte Kontrollen. Die Angaben von MAUER über den Einfl. von **II** auf den **I**-Stoffwechsel sind nach Meinung der Vff. nicht reproduzierbar, es besteht keine Beziehung zwischen der Wirkstoffresistenz von Mikroorganismen u. **II**; auf den Ablauf der experimentellen Tuberkulose hat **II** keinen Einfluß. (Beitr. Klin. Tuberkul. **110.** 547—54. 17/2. 1954. Borstel, Tuberkuloseforschungsinst., Inst. für experimentelle Biologie u. Med.)
DOSSMANN. 4210

D. Je. Rywkina, *Die Wirkung einiger mit dem Chemismus der Nerventätigkeit zusammenhängender Stoffe und der Thiolgifte auf die Aktivität der Hyaluronidase.* (Vgl. C. **1952.** 6384.) Während die Aktivität der *Hyaluronidase* (**I**) durch die Nervenfunktion anregende Mittel (Acetylcholin, Histamin, Adrenalin) in vitro erhöht wird, wird sie durch Atropin u. Antihistaminica (z. B. Dimedrol) nicht gehemmt; deren physiol. Antagonismus macht sich also hier nicht geltend. Durch $HgCl_2$ wird die Aktivität von **I** gehemmt, durch Cystein gesteigert, ebenso durch Glutaminsäure. Ein Zusammenhang mit dem Vorhandensein einer SH-Gruppe liegt aber nicht vor, da $CdCl_2$ (**II**) u. p-Chlormercuribenzoesäure keine Hemmwrkg. zeigen, Harnstoff (**III**) nicht aktivierend wirkt; in höherer Konz. aktiviert **II** den Abbau, **III** hemmt ihn. Die **I**-Aktivität der Gewebe im Ruhezustand u. bei Reizung der Nerven ist wenig ausgeprägt. (Биохимия [Biochemie] **17.** 563—69. Sept./Okt. 1952. Moskau, Ssewertzow-Inst. für Tiermorphol. der Akad. der Wiss. der UdSSR.) R. K. MÜLLER. 4210

Harry Boström und **Bengt Månsson,** *Der Austausch der Acetylgruppe der Chondroitinschwefelsäure in Knorpelschnitten.* (Vgl. J. biol. Chemistry **196.** [1952]. 483.) Knorpelschnitte wurden in KREBS-Lsg. bei 37° in O_2—CO_2-Atmosphäre in Ggw. von $^{14}CH_3 \cdot COONa$ (**I**) bis zu 30 Std. incubiert, zu verschied. Zeiten Proben entnommen, die Na-Salze der *Chondroitinschwefelsäure* (**II**) hergestellt u. nach deren Hydrolyse mit 10 Vol.-%ig. H_2SO_4 die Aktivität der abgespaltenen Essigsäure bestimmt. Der **II**-Acetylrest enthält hiernach in der CH_3- u. in geringerem Maße in der *COOH*-Gruppe aus **I** stammendem ^{14}C, wobei erstere eine ca. 10fach größere Aufnahmegeschwindigkeit zeigte. Gegen Versuchsende verlief der ^{14}C-Austausch wesentlich schneller als am Anfang (bakterieller Einfl.?). Der Austausch von markierten *Sulfat*-Gruppen erfolgte schneller als der von Acetylgruppen. Wurden die Schnitte vor dem Isotopenzusatz gekocht, so fand kein Austausch statt. (Acta chem. scand. **6.** 1559—61. 1952. Stockholm, Karolinska Inst., Chem. Dep. II.)
K. MAIER. 4210

J. E. Courtois, C. Anagnostopoulos und **F. Petek,** *Untersuchungen über die enzymatische Hydrolyse der Stachyose.* Unter Verwendung von Saccharose, Raffinose u. Stachyose als Substrate wurde die hydrolyt. Wirksamkeit einiger Extrakte aus Frischgewebe oder entfetteten Trockenpulvern von Leber, Niere, Pankreas u. Darm (Rind, Hund, Schwein) sowie von Suspension, Filtrat u. Acetonpräcipitat menschlicher Faeces untersucht. Diese waren mit Ausnahme der Präpp. aus Hundedarm u. -niere unwirksam. Pflanzenextrakte (Senf-, Bohnen-, Luzerne- u. Kaffeesamen; Rüben-, Brennessel- u. Crosneswurzeln; Belladonnablätter) waren wirksamer, wenn auch nicht immer gegen alle drei Substrate. Kaffee scheint eine sehr aktive *α-Galaktaeidase* zu enthalten, die Stachyose zu Raffinose u. Galaktose sowie Raffinose zu Sgecharose u. Galaktose hydrolysiert. Am wirksamsten waren *Invertin* aus Hefe, *Askenzym, Rapidase C* u. Aspergillus oryzae-Mycel. Nach Einw. von Rapidase C auf Stachyose wurden Fructose u. Galaktose als Hydrolyseprodd. nachgewiesen. Faeces-Präpp. verhalten sich wie Hefeinvertin. Sie dürften ihre Aktivität der Darmflora verdanken. (Bull. Soc. Chim. biol. **35.** 731–41. 1953. Paris, Labor. de Chimie Biolog. Fac. de Pharm.) KATHEN. 4210

Richard W. Schayer, Rosa L. Smiley und **Jean Kennedy,** *Diaminoxydase und Cadaverinabbau.* Lebenden Mäusen wird *$^{14}C_{(1,5)}$-Cadaverin* (*1.5-Diamino-n-pentan*; I) injiziert (1 γ/g). Nach darauffolgender Injektion von *Aminoguanidin* (II; 0,5 γ/g bis 5 γ/g) oder *Isonicotinoylhydrazin* (III; 3 γ/g–25 γ/g) oder *Agmatin* (*4-Guanidino-n-butylamin*; IV; 100 γ/g–400 γ/g) wurde die Bldg. von $^{14}CO_2$ gemessen. II u. III blockieren infolge der Hemmung der *Diaminoxydase* (V) den Abbau von I gut. IV wirkt nur in sehr hoher Konzentration. Da II u. III eines der Enzymsysteme des *Histamin*-Abbaues ebenfalls blockieren, wird angenommen, daß V eines dieser Systeme ist. Mit Hilfe der Isotopenverdünnungsmeth. u. anschließender Papierchromatographie wird nachgewiesen, daß kein Enzym außer V eine wesentliche Rolle beim Abbau von I spielt. Markiertes I wird durch bakterielle Decarboxylierung des *dl-$^{14}C_{(2)}$-Lysins* hergestellt. Eine einfache Meth., um gleichzeitig die Bldg. von $^{14}CO_2$ durch verschied. Versuchstiere zu verfolgen, wird angegeben. (J. biol. Chemistry **206.** 461–64. Jan. 1954. Chicago, Ill., Northwestern Univ., Med. School, Rheumatic Fever Res.) GEHM. 4210

Jacques Monod und **Germaine Cohen-Bazire,** *Der spezifische Hemmeffekt bei der Biosynthese der Tryptophandesmase durch Aerobacter aerogenes.* Die Biosynth. der *Tryptophan* (I)-*Desmase* (II) durch *A. aerogenes* wird durch I, *Indol* (III), *5-Methyltriptophan, 4-Methylindol* u. *7-Methylindol* stark gehemmt. Die Inhibitorwrkg. wird durch *Methionin* verstärkt. II katalysiert in Ggw. von Pyridoxalphosphat die Kondensation von III u. *Serin* zu I. Da es sich um Bldg. einer *C–C*-Bindung handelt, wird an Stelle der ursprünglichen Bezeichnung I-*Desmolase* der Name „*Desmase*" vorgeschlagen. (C. R. hebd. Séances Acad. Sci. **236.** 530–32. 2/2. 1953.) K. MAIER. 4210

R. P. Geyer, Mary F. Meadows, Linda D. Marshall und **Mary S. Gongaware,** *Der Einfluß von Natrium, Kalium und Lithium auf den Fettsäurestoffwechsel.* Literaturüberblick über die den stoffwechselchem. Umsatz von kurz- u. langkettigen Fettsäuren durch Leber- bzw. Nierenschnitte beeinflussenden Faktoren; Verss. über den Effekt von Na, K u. Li auf kurzkettige Fettsäuren (C_8- bzw. C_5-Säure) beim Incubations-Vers. (38°; isoton. Pufferlsg.) mit Leber- bzw. Nierenschnitten der Ratte; (Technik vgl. C. **1951. I. 2040; 1954. 3491**); Einsatz einer Pentan- bzw. Octansäure mit $^{14}C_{(COOH)}$; Ermittlung des Verhältnisses $^{14}CO_2/CH_3 \cdot COCH_2{}^{14}COOH$; rechner. Auswertung. Bei der Variierung der Konz. der Incubationslsg. an K bzw. Li auf Kosten des Na wird der C_8-Umsatz durch Leberschnitte durch K u. Li gesteigert (vermehrte Bldg. von isotopem Acetoacetat). Das Verhältnis $CH_3COCH_2{}^{14}COOH/{}^{14}CO_2$ liegt unter 1, wenn nur Na zugegen ist, über 3 in Ggw. von K bzw. Li. In Ggw. von Leberschnitten setzt Li die Bldg. von $^{14}CO_2$ herab. In Ggw. von Na in der Incubationslsg. ist das vorgenannte Verhältnis für die C_5- u. C_8-Säure etwa gleich; K ruft demgegenüber bei der C_5-Säure vermehrte Bldg. von $^{14}CO_2$ u. isotopem Acetat hervor. K nicht, aber Li verursacht in Ggw. von Nierenschnitten erhöhten Umsatz bei C_8-Säure. (J. biol. Chemistry **205.** 81–85. Nov. 1953. Boston, Mass., Harvard School of Public Health, Dep. of Nutrition.) TÄUFEL. 4210

A. L. Tappel, *Der Mechanismus der durch Hämatinverbindungen katalysierten Oxydation ungesättigter Fettsäuren.* Es werden Verss. zum vertieften Studium der Oxydation von *Linolsäure* in Ggw. von *Hämin, Cytochrom c* u. *Hämoglobin* durchgeführt; herangezogen werden krist. Hämin, Rinderleberkatalase, gereinigtes Pferdeherz-Cytochrom c u. Hämoglobin; alle Hämatinverbb. werden durch ihren Geh. an Ferroporphyrin charakterisiert; ferner werden verwendet: hochgereinigte Linolsäure + deren NH_4-Salz, sowie Linolsäureperoxyd, hergestellt durch Oxydation der Säure bei p_H 7 u. 0° mittels Sojabohnenlipoxydase; die Verss. werden in üblicher Weise in der WARBURG-App. ausgeführt. Die in Tabellen u. graph. Darst. zusammengefaßten Ergebnisse der Verss. über die Kinetik der Oxydation, über den Mechanismus der einleitenden Rk., über die Folge- u. die End-Rkk. sowie über den Mechanismus der Hämatinkatalyse werden krit. ausgewertet. Die katalyt. Aktivität wird, in abnehmender Rangfolge geordnet, gefunden zu: Cytochrom c > Hämin > Hämoglobin > Katalase. Kinet. wird die Oxydation der im koll. Zustand angewandten Linolsäure durch die Beziehung ausgedrückt: $d[O_2]/dt = K\,[\text{Hämatinkatalysator}]^{1/2}$; das Linolsäureperoxyd, das bei de durch Hämin katalysierten Oxydation entsteht, wird durch seinen Geh. an Carbonylgruppen spektromet. charakterisiert. Die durch Hämin katalysierte Oxydation von Methyloleat, Linolat u. Linolenat ist nullter Ordnung; die Induktionsperiode nimmt ab, der Reaktionsumsatz steigt parallel zur Steigerung der Reaktivität der jeweiligen olefin. Fettsäure an. Es wird die Hypothese aufgestellt, daß die Hämatinverbb. eine Ketten-Rk. auslösen, indem eine Zerlegung der prim. gebildeten Linolsäureoxyde in 2 freie Radikale erfolgt; dies schließt eine direkte Rk. des Peroxydes mit den Hämatinkatalysatoren in sich; die Folge-Rk. soll sich in ähnlicher Weise wie die autokatalyt. Linolsäureoxydation abspielen; die End-Rk. dürfte eine Mitwrkg. von Linolsäureperoxydradikalen u. Hämatinverbb. in sich schließen. (Arch. Biochem. Biophysics **44.** 378—95. Juni 1953. Davis, Cal., Univ., Dep. of Food Technology.) TÄUFEL. 4210

Victor DiStefano und **Leon Hurwitz,** *Die Bildung einer Anticholinesterasesubstanz in hochgereinigtem EPN.* (Vgl. C. **1954.** 9806.) *Äthyl-p-nitrophenylthionobenzolphosphonat (EPN)* ist in vivo ein sehr wirksamer Cholinesterasehemmstoff. Die in vitro beobachtete Hemmung der Erythrocytencholinesterase (I) durch wss. Extrakte von kristallinem EPN (HURWITZ u. DISTEFANO, Federation Proc. **11.** 359. [1952.]) wird jedoch von Spuren eines Hemmstoffes hervorgerufen, die sich in kristallinem EPN befinden. Hochgereinigtes, frisch krist. EPN zeigt *in vitro* keine Hemmwrkg., während es in vivo seine Toxizität beibehält. Die Unwirksamkeit *in vitro* von hochgereinigtem EPN hält nicht unbeschränkt an. Nach mehreren Monaten hemmt es I *in vitro.* Die Zus. des Hemmstoffes konnte noch nicht ermittelt werden. (Arch. Biochem. Biophysics **47.** 228. Nov. 1953. Rochester, N. Y., Univ. of Roch., School of Med. and Dent., Div. of Pharmacol. and Toxicol.) KIRSTEN. 4210

E₃. Mikrobiologie. Bakteriologie. Immunologie.

Kenneth Bullock und **Winifred G. Keepe,** *Überleben von Bakterien in Systemen mit geringem Feuchtigkeitsgehalt.* 3. Mitt. *Bakterien in festen Ölen und Fetten.* 1. Abschnitt. *Lebensfähige Mikroorganismen in festen Ölen und Fetten.* (2. vgl. J. Pharmacy Pharmacol. **3** [1951] 660.) Es wurde gefunden, daß Streptococcus faecalis Sprühtrocknung ohne weiteres erträgt, u. zwar bedeutend besser als Bacterium lactis aerogenes. S. faecalis-Zellen u. Sporen von Bacillus subtilis in Peptonpulver lassen sich gleichmäßig in Ölen u. Fetten verteilen. Sporen von B. subtilis, die mit Aceton entwässert u. mit einer Lsg. von Stearin in Aceton gemischt waren, lieferten bei Sprühtrocknung ein Stearinpulver, in dem die lebensfähigen Sporen gleichmäßig verteilt waren; Lsg. dieses Stearinpulvers in Ölen u. Fetten ergab Suspensionen mit lebensfähigen Sporen. Es wird eine Meth. beschrieben zur Best. der überlebenden Sporen in Ölen u. Fetten, die eine Fehlergrenze von ±10% besitzt. (J. Pharmacy Pharmacol. **3.** 700—16. Nov.; Pharmac. J. **167** ([4] **113**). 188. 15/9. 1951. Manchester, Univ., Dep. of Pharm.) GOEBEL. 4310

Kenneth Bullock und **Winifred G. Keepe,** *Überleben von Bakterien in Systemen mit geringem Feuchtigkeitsgehalt.* 3. Mitt. *Bakterien in festen Ölen und Fetten.* 2. Abschnitt. *Wirkung von Lagerung und Baktericiden auf die Lebensfähigkeit.* (1. Abschnitt vgl. vorst. Ref.) Sporen von Bacterium subtilis blieben in Öl, Fetten u. fl. Paraffin über 2 Jahre, Streptococcus faecalis-Zellen über 6 Monate lebensfähig, Öl u. Fett üben keinen Einfl. auf die Sporen bzw. Organismen aus; die Lebensfähigkeit nimmt in diesen Stoffen im selben Maße ab wie in den Kontrolltrockenpulvern. Die einzelnen Öle unterscheiden sich untereinander wenig, jedoch beschleunigt Oleinsäureäthylester das Absterben von S. faecalis. Sporen von S. subtilis keimten in Ölmedien nicht aus, ebenso vermehrte sich S. faecalis nicht. Baktericide (Chlorkresol) hatten keine merkbare Wrkg. auf die suspendierten Organismen. Es ist anzunehmen, daß auch pathogene Keime in Öl lebensfähig bleiben (Vorsicht bei der Injektion öliger Lösungen. Diskussion, Kurven). (J. Pharmacy Pharmacol. **3.** 717—33. Nov. 1951.) GOEBEL. 4310

Kenneth Bullock und **Alan Tallentire,** *Überleben von Bakterien in Systemen mit geringem Feuchtigkeitsgehalt.* 4. Mitt. *Die Wirkung steigenden Feuchtigkeitsgehalts auf Hitzeresistenz, Lebensfähigkeit und Wachstum von B. subtilis-Sporen.* (3. vgl. vorst. Ref.) Werden Sporen von *B. subtilis* in Kaolin einer Atmosphäre mit erhöhtem Feuchtigkeitsgehalt ausgesetzt, so bleiben sie bis zu einem gewissen Feuchtigkeitsgrad lebensfähig u. hitzeresistent, bei höherer Feuchtigkeit verlieren sie ihre Hitzeresistenz, bleiben aber lebensfähig; bei sehr hoher Feuchtigkeit gehen Hitzeresistenz u. Lebensfähigkeit verloren. Die Sporen können in feuchter Umgebung in Ggw. von Nährstoffen keimen, u. die Bakterien vermehren sich. Sporen erleiden in trocknem Pulver über lange Zeiträume keine Veränderung u. keimen nicht; zur Keimung u. Vermehrung der Bakterien ist ein Mindestfeuchtigkeitsgeh. des umgebenden Mediums notwendig. (J. Pharmacy Pharmacol. **4.** 917—31. Nov. 1952. Manchester, Univ. of Manchester, Dep. of Pharm.) GOEBEL. 4310

Giancarlo Treggi, *Die Wirkung einiger Aminosäuren auf Agrobacterium tumefaciens (Smith u. Town) Conn.* Als N-Quelle für Agrobacterium tumefaciens können nur *dl-Asparaginsäure, l-Glutaminsäure, Lysin u. l-Prolin* dienen, wobei die letzte Aminosäure auch als C-Quelle fungieren kann. *p-Aminobenzoesäure, Aminovaleriansäure, dl-Valin u. dl-Tryptophan* besitzen gegen diesen Mikroorganismus antibakterielle Wirkung. (Ann. Sperimentaz. agrar. [N. S.] **6.** 1411—19. 1952. Pisa, Univ., Ist. di Patol. Veget. e Microbiol. Agr. e Tecnica.) H. SCHEURLEN. 4310

Maurice Errera, *Auftreten von Fadenformen in ultraviolett-bestrahlten E. coli B.* Escherichia coli wurde auf synthet. Nährboden gezüchtet u. in der logarithm. Phase mit einer Hg-Niederdrucklampe mit Dosen bis zu 6,2·10 erg/mm² bestrahlt. Durch die Bestrahlung wird das Wachstum, wie durch Turbiditätsmessungen bei 700 mμ u. durch Wägung festgestellt, verlangsamt, aber nicht unterdrückt. Die Kernteilung u. die Synth. von Cytoplasma bleibt n., aber die Cytoplasmateilung wird gehemmt, so daß lange Fäden bis zu 100 μ mit bis zu 64 Kernen auftreten. Durch sichtbares Licht kann das n. Wachstum wiederhergestellt werden, in geringerem Maße auch durch $Na_2S_2O_4$ u. Adenosintriphosphat; Katalase beschleunigt das Wachstum sowohl in den bestrahlten Kulturen als auch in den Kontrollen. (Brit. J. Radiol. **27.** 76—80. Jan. 1954. Brüssel, Univ., Labor. de Morph. Animale.) M. WIEDEMANN. 4310

Jekisiel Szulmajster, Marianne Grunberg-Manago und **Annie Prouvost,** *Über den aeroben und anaeroben Stoffwechsel von E. coli.* Suspensionen gewaschener E. coli-Bakterien aus einer erzwungen aerob gezüchteten Kultur vergären *Glucose* (**I**) ohne Abscheidung von CO_2 u. H_2, sowie unter *Ameisensäure* (**II**)-Bldg., solche aus anaeroben Kulturen unter CO_2- u. H_2-Abgabe. Dieses unterschiedliche Verh. wird auf das Fehlen eines Enzyms, *Hydrogenlyase* (**I**) bei den unter künstlicher Belüftung gezüchteten Bakterien zurückgeführt. **I** ist für den **II**-Abbau in Anaerobiose verantwortlich. Aerob baut *Formicodehydrase* mit Luft-O_2 als *H*-Acceptor **II** ab. In Ggw. eines *H*-Acceptors, wie Fumarat, Nitrat oder Hefeextrakt, vergären gewaschene Suspensionen aus aerober Kultur **I** unter CO_2- u. H_2-Abgabe. Der durch den Übergang von Aerobiose zu Anaerobiose hervorgerufene Wachstumsstillstand einer *E. coli*-Kultur wird durch Zugabe der gleichen *H*-Acceptoren aufgehoben. Der Wachstumsstillstand ist auch durch Ersatz von N_2 durch ein H_2–CO_2-Gemisch aufhebbar. (Biochim. biophysica Acta [Amsterdam] **9.** 636—44. Dez. 1952. Paris, Inst. de Biol. Physico-Chim.) K. MAIER. 4320

G. Ehrensvärd und **L. Reio,** *Die Bildung von Tyrosin in auf isotopenmarkiertem Acetat als alleiniger Kohlenstoffquelle gezüchteten Escherichia coli und Neurospora crassa. E. coli* u. *N. crassa* wurden in Ggw. von $^{13}CH_3{}^{14}COONa$ (**I**) als einziger *C*-Quelle gezüchtet, *Tyrosin* (**II**) isoliert u. nach einer Meth. (Ark. Kemi **5.** Nr. 28. [1953.] 301) abgebaut, die eine getrennte Erfassung u. Best. des Isotopengeh. der *COOH—C*- u. *C*-Atome *α, β, 1, 2.6, 3.5* u. *4* ermöglicht. Nach den Ergebnissen kann *Glucose* (**III**) als Ausgangsmaterial für die Bldg. der aromat. Ringstruktur von **II** in Betracht kommen. In diesem Falle müßte der Mechanismus der Ringbldg. 2 **III**-Mol umfassen, die die Bruchstücke $C_3 + C_4$ oder $C_5 + C_2$ für den Aufbau einer C_7-Struktur, die später den Ring- + *β-C*-Atomen von **II** entsprechen würde. Ein auf den erhaltenen Werten basierendes Reaktionsschema wird diskutiert. $C_{(\alpha)}$ stammt naheliegenderweise aus der **I**-Methylgruppe. (Ark. Kemi **5.** Nr. 20. 229—34. 1953. Stockholm, Univ., Wenner-Gren. Inst., Dep. of Physiol. Chem.) K. MAIER. 4320

Johan Gootjes und **Wybe Thomas Nauta,** *Die vermutliche tuberkulostatische Wirkung der β-Aminopimelinsäure. β-Aminopimelinsäure* (**I**; $C_7H_{13}O_4N$, F. 176—78°, Zers.) wird durch Red. mit aktiviertem Al u. Hydrolyse des aus *β*-Ketopimelinsäureester erhaltenen Acetylhydrazons dargestellt. **I** hat in Konzz. bis 25 γ/ml keine Hemmwrkg. auf das Wachstum von Mycobacterium tuberculosis H 37 Rv. Diese Befunde stimmen nicht mit den Angaben von ROMEO (Ricerca sci. **20.** [1950]. 1306) überein, der vermutlich das Hydrochlorid der p-Aminosalicylsäure in Händen hatte. (Ricerca sci. **23.** 624—25. April 1953. Amsterdam, Vrije Univ., Chem. Labor. u. Koninkl. Pharmaceut. Fabr., Forschungsabtlg.) K. FABER. 4330

K. Bartmann, *Die wachstumshemmende Wirkung verschiedener Tuberkulostatica und ihrer Kombinationen in vitro.* Verss. mit *Conteben, Streptomycin, PAS, Neoteben* u. ihren Kombinationen an 3 Tuberkelbacillenstämmen. (Tuberkulosearzt **8.** 276—82. Mai 1954. Berlin-Wannsee, Landes-Tbc.-Krankenhaus Heckeshorn.)
DOSSMANN. 4330

Schliesser, *Zur Frage der keimtötenden Wirkung von Coniferenölen.* Übersicht über die keimtötende Wrkg. von verschied. *Coniferenölen* (I) nach Angaben aus der Literatur u. eigenen Verss.; untersucht wurde der Einfl. von I bzw. *Coniferol* u. ihrer flüchtigen Bestandteile, wie Phenole, Terpene, Aldehyde u. Ketone auf Tuberkelbacillen. Die Ergebnisse der Laborverss. lassen keinen sicheren Schluß auf die Eignung der I zur Stalldesinfektion zu. (Mh. Tierheilkunde **6.** Rindertuberkulose **3.** 102—03. 1954. Warthausen.)
DOSSMANN. 4330

R. Latarjet, L. R. Caldas, B. Miletic und **P. Morenne,** *Chemische Wiederherstellung in bestrahlten Mikroorganismen.* Durch Katalase kann bei durch UV-Bestrahlung geschädigten Bakterien eine Wiederherstellung erreicht werden, die sich in einer Erhöhung der Zahl der Kolonien auf den Agarplatten bis auf das 10C0fache bemerkbar macht. Die Wiederherstellung erfolgt höchstens bei 10% der geschädigten Bakterien, sie gelingt bei den lysogenen Stämmen: B. megatherium 899, E. coli K 12 u. P. pyocyanea, nicht dagegen bei den nichtlysogenen Stämmen: E. coli B u. B/r, B. dysenteriae Flexner Y6R. Es genügt ein Kontakt von wenigen Minuten zwischen Bakterium u. Medium; die Wiederherstellungsfähigkeit bleibt den Bakterien bei 37° ca. 2 Std. erhalten. Die Wiederherstellung wird nicht durch Hämoglobin oder Chlorophyll u. nicht durch Salze der Brenztraubensäure, wohl aber außer durch Katalase durch Peroxydase erzielt; es dürfte sich daher um die Auslösung gekoppelter Oxydationen u. nicht um die Zerstörung von H_2O_2 handeln. (Brit. J. Radiol. **27.** 54—56. Jan. 1954. Paris, Inst. du Radium, Pasteur Labor.)
M. WIEDEMANN. 4330

Tikvah Alper, *Inaktivierung von Bakteriophagen nach der Bestrahlung.* Viele Phagenteilchen, die die unmittelbare Bestrahlung überleben, werden gegenüber H_2O_2 empfindlicher, sie sind „teilaktiviert". Vf. schildert Verss. an solchen teilaktivierten Phagen der Stämme S 13 u. T 3. Er zeigte, daß unmittelbare Aktivierung oder Teilaktivierung nicht durch OH- oder durch andere HO_2-Radikale, die zu ihrer Bldg. die Ggw. von O_2 brauchen, verursacht sein kann. Teilaktivierung wird nicht durch UV-Strahlung u., bei genügendem Schutz gegen indirekte Wirkung, nicht durch Röntgenstrahlung hervorgerufen. Die teilaktivierten Phagen sind außer gegen H_2O_2 auch gegen Ascorbinsäure hyperempfindlich, nicht dagegen gegen Wärme oder gegen KNO_3. Die Teilaktivierung ist eine Oberflächenerscheinung. (Brit. J. Radiol. **27.** 50—54. Jan. 1954. London, Hammersmith Hospital, M. R. C. Radiotherapheutic Res. Unit.)
M. WIEDEMANN. 4331

Jerker Porath, *Die Reinigung von Bacitracin und einige Eigenschaften des gereinigten Bacitracins.* Wegen seiner chem. u. physikal. Eigenschaften ist das *Bacitracin* bes. zum Studium von Reinigungsverfahren für Peptide geeignet. Eine durch Gegenstromverteilung teilweise gereinigte Probe des Antibioticums diente als Ausgangssubstanz. Durch Träger-Verdrängungsanalyse konnte aus 17 Fraktionen eine isoliert werden, die 40,8% des Gesamt-N enthielt u. starke bakteriostatische Aktivität zeigte. Papierchromatograph. konnten noch 3 Komponenten unterschieden werden. Zwei davon färbten sich mit Ninhydrin rosa (I) bzw. grünlichviolett (II), während eine weitere nur im UV-Licht grünlich (III) erschien. III dürfte kein Peptid sein u. war völlig intakt., I war nur in Spuren vorhanden, während II die stärkste Färbung u. Aktivität zeigte. Elektrophoret. Unterss. ergaben weitgehende Homogenität des durch Träger-Verdrängungsanalyse gereinigten Präparates. Das Mol-Gew. wurde mit Hilfe der Ultrazentrifuge zu ca. 1460 bestimmt. Nach papierchromatograph. Unterss. läßt sich etwa folgende Zus. des Peptids vermuten: 2 *Asparaginsäure,* 1 *Glutaminsäure,* 1 *Leucin,* 2—3 *Isoleucin,* 1 *Phenylalanin,* 1 *Cystein,* 1 *Histidin,* 1 *Lysin* u. 1 *Ornithin.* Das Mol.-Gew. einer solchen Verb. würde sehr gut mit dem gefundenen Wert (Ultrazentrifuge) übereinstimmen. Der S-Geh. von 1,95% entspricht ebenfalls dem bei dieser Aminosäurensequenz zu erwartenden Wert. (Acta chem. scand. **6.** 1237—48. 1952. Uppsala, Univ., Inst. of Bioch. and Physic. Chem.)
HANS THIELE. 4340

Z. S. Roginskaja, *Testmikroben für die Bestimmung der Aktivität von Streptomycin nach der Diffusionsmethode.* Vf. prüfte nach der Diffusionsmeth. die Wrkg. von *Streptomycin* (I) auf das sporenbildende Stäbchen P-20, das ca. 10mal empfindlicher gegenüber I war als der gebräuchliche Teststamm von B. mycoides. Das Lösungsm. war von großer Bedeutung. I, gelöst in W. oder 1/15 mol. Phosphatpufferlsg. vom p_H 6, diffundiert schwach; die gleiche Pufferlsg. mit p_H 8 u. NaCl (II)-Lsg. fördern die Diffusion von I u. erlauben daher den Nachw. von sehr kleinen I-Konzentrationen. Ggw. von II in der Nährfl. setzt die Aktivität von I herab, in die I-Lsg. dagegen fördert II dessen Diffusion. Bei Verwendung der genannten Teststämme gelingt es, I noch in Konz. von 0,1—0,2 γ/cm³ zu ermitteln. Beim Nachw. von I in bakterienreichen Ausscheidungen kann nur die Diffusionsmeth. verwendet werden, da sie keine sterilen Bedingungen erfordert. (Журнал Микробиологии, Эпидемиологии и Иммунобиологии [J. Mikrobiol., Epidemiol., Immunobiol.] **1953.** Nr. 8. 12—16. Aug. Inst. für Epidemiol. u. Mikrobiol. der Akad. der Med. Wiss. der UdSSR, Abt. für experim. Chemotherapie.) DU MANS. 4340

N. D. Harris und **S. E. Jacobs,** *Die Herkunft von Reizzonen auf Penicillinprüfplatten.* Es wurde versucht, das Entstehen ringförmiger Zonen gesteigerten Wachstums um die Penicillinhemmhöfe zu klären. Zu diesem Zweck wurden auf beimpften Agarplatten Löcher ausgestochen, diese mit sterilem, unbesätem Nähragar mit u. ohne *Penicillin* (I) gefüllt, die Platten dann bebrütet. Die Ergebnisse zeigten, daß sich sowohl um die sterilen Ausschnitte ohne I wie auch mit I gesteigertes Wachstum einstellte, im Fall mit I jedoch stärker. Deutlich waren die Wachstumsunterschiede mit *Bact. coli,* wenig überzeugend mit dem anspruchsvollen *Staph. aureus.* Es wird gefolgert, daß diese Wachstumsreizzonen teils auf zusätzliche Nährstoffe, die aus den Hemmhöfen nach außen diffundieren, teils auf eine Wrkg. von I selbst zurückzuführen sind. Diese Annahme, daß lyt. Prodd. aus toten Bakterien diese Zonen hervorrufen, konnte nicht bewiesen werden u. erscheint unwahrscheinlich. (J. Pharmacy Pharmacol. **5.** 927—32. Nov. 1953. London, Imper. College of Sci. and Technol., Bacteriol. Labor's.) ENDRASS. 4340

K. K. Woinowskaja und **A. A. Krassnowski,** *Abtrennungsmethode und spektrale Eigenschaften des Bakteriochlorophylls und Bakteriophäophytins.* Bei der chromatograph. Trennung der Pigmente von *Rhodopseudomonas* wurde feinzerkleinerte Saccharose verwendet. Hierbei wurde die Pigmentlsg. in PAe. durch die beschickte Säule geleitet. Die obere graue Zone entsprach dem *Bakteriochlorophyll* (I), das teilweise in *Bakteriophäophytin* (II) umgewandelt war. Die mittlere intensiv blaue Zone entsprach reinem I, die nächste Zone (manchmal 2) den Carotinoiden. Das Chromatogramm wurde mit einem Gemisch von PAe. u. Ae. (4:1) entwickelt. Das reine I war nur nach Adsorption an Saccharose bei Aufbewahrung des Chromatogramms bei 0—5° haltbar. Zur Gewinnung von II wurde I von der Saccharose mit Ae. eluiert, 30 Min. mit dem gleichen Vol. 10%ig. HCl geschüttelt. Die Lage des Absorptionsmaximums von I zeigte in verschied. Lösungsmitteln Schwankungen von 5—10 mμ, die von II Schwankungen von 5 mμ. (Биохимия [Biochemie] **18.** 626—31. Sept./Okt. 1953. Moskau, Bach-Inst. für Biochem. der Akad. der Wiss. der UdSSR.) LEBTAG. 4350

Je. A. Stern, *Serologische Charakterisierung der Knöllchenbakterien.* 2. Mitt. (1. vgl. C. **1954.** 2853.) Aus der Unters. von 92 Knöllchenbakterienstämmen von Luzerne, Erbse, Klee, Honigklee u. Wicke folgt, daß die Stämme der gleichen Pflanze serolog. 2—3 Untergruppen bilden, die jedoch auch gemeinsame Antigene aufweisen. Auch die Bakterien der verschied. Leguminosenarten besitzen gemeinsame Antigene. (Микробиология [Mikrobiologie] **22.** 656—62. Nov./Dez. 1953. Leningrad, Inst. für exp. Medizin der Akad. der med. Wiss. der UdSSR.) LEBTAG. 4370

Je. D. Wyschepan, T. W. Krassnowa und **L. F. Scharlikowa,** *Zur Frage der Bildung des α-Toxins (Lecithinase C) des Bac. perfringens (Typ A).* Die Bldg. von *α-Toxin* (I) durch Bac. perfringens verläuft in Ggw. von *Glucose* (II) rascher u. ist auch früher beendet als auf Nährböden mit *Dextrin,* (III) oder *Glycerin* (IV). Durch Erhöhung des II-Geh. auf 2% wird die gleiche I-Ausbeute wie in Ggw. von III oder IV erzielt. Durch Zusatz von 0,25% *Sulfit* u. 0,05% *Cystein* wird die I-Bldg. stark intensiviert. Diese Reduktionsmittel beschleunigen auch die Inaktivierung von I. Dieser Einfl. ist unabhängig von der Intensität der Gärung. (Биоимия [Biochemie] **18.** 576 bis 581. Sept./Okt. 1953. Moskau, Inst. für biol. u. med. Chem. der Akad. der med. Wiss. der UdSSR, Labor. für Gewebschemie.) LEBTAG. 4370

B. I. Kadykow, *Zur Frage der gegenseitigen Wirkungen von Fermenten, Toxinen und Vitaminen.* Bei Verabreichung von *Ascorbinsäure* per os (250—350 mg/24 Std.) an Dysenteriekranke beobachtet man parallel mit einem Anstieg des Geh. an Vitamin C im Blut eine Erhöhung der *Cholesterinase* (I)-Aktivität im Blutserum. Prüfung des Einfl. von verschied. Dysenterietoxinen auf die Aktivität von I im Modellvers. im WARBURG-App. ergab bei einigen eine Vernichtung der Aktivität; die Endotoxine der Gruppe FLEXNER besaßen dagegen keinen Einfluß. (Вопросы Питания

[Fragen d. Ernähr.] 12. Nr. 5. 49—53. Sept./Okt. 1953. Leningrad, 1. Medizin. Pawlow-Inst. u. Sanitäts-Hygien. Inst.) ULMANN. 4370

A. Je. Protzenko, *Elektronenoptische Untersuchung von phytopathogenen Viren.* Die Unterss. an 13 von Mosaikkrankheit befallenen Pflanzenarten ergaben die prinzipielle Möglichkeit des elektronenmkr. Nachw. der Viruserkrankung. Nicht alle Viren konnten jedoch so festgestellt werden. (Микробиология [Mikrobiologie] **22.** 709—13. Nov./Dez. 1953. Moskau, Inst. für Mikrobiol. der Akad. der Wiss. der UdSSR.) LEBTAG. 4374

W. A. Smirnowa, *Über die Verwendbarkeit von Datura stramonium für die Bestimmung des Titers des Tabakmosaikvirus.* Statt der bisher angewandten Nicotiana glutinosa wird als Indicator für das Tabakmosaikvirus *Datura stramonium* vorgeschlagen. (Микробиология [Mikrobiologie] **22.** 714—18. Nov./Dez. 1953. Inst. für Mikrobiol. der Akad. der Wiss. der UdSSR.) LEBTAG. 4374

Bianco Mariani, Biochimica dell'organismo affetto da tubercolosi. Fisiopatologia del tubercolosa. 2a ed. 1953. Roma: Ed. Universo. 1953. (276 S.)

E_4. Pflanzenchemie, Pflanzenphysiologie. Pflanzenpathologie.

Julienne Payen, *Die Saccharide von Phormidium tenue Meneg. Gom.* Es wurden im alkoh. Extrakt identifiziert: *Trehalose*; aus dem wss. Pflanzenschleimextrakt: *Rhamnose* u. *Glucose*, die wahrscheinlich an ein Mannuronsäure-Grundskelett gebunden sind. Ggw. von Mannose u. Galaktose ist unsicher. (C. R. hebd. Séances Acad. Sci. **236.** 1811—13. 4/5. 1953.) SCHLOTTMANN. 4420

Friedrich Weygand und **Hildgund Hofmann,** *Polleninhaltsstoffe,* 1. Mitt. *Zucker, Fol(in)säure und Ascorbinsäure.* In 8 von Bienen eingesammelten Pollenarten wurde der Geh. an red. Zuckern u. an Folsäure bestimmt. Zur Unters. kamen: a) Frühjahrslöwenzahn; b) Roßkastanie; c) Winterraps; d) Rotklee; e) Graspollen (mit Spuren Bergahorn); f) Hahnenfußart; g) Crataegus-Art (Weißdorn); h) Obst (wahrscheinlich Äpfel). Der von Bienen zugetragene Pollen (Ausbeute im Mittel 20—40, höchstens 80 g/Tag/Volk) wurde über Silicagel getrocknet, der H_2O-Verlust betrug ca. 15—20%. Da die Biene blütenbeständig ist, zeigte sich der Pollen recht einheitlich. Durch Behandlung mit PAe. (Gewichtsverlust 3—6%) wurden die Carotinoide u. Lipoide entfernt. Zur Zuckerbestimmung wurden je 1 g der so vorbehandelten Pollen mit kaltem oder sd. W. extrahiert. Die Trennung der Zucker geschah mittels der Papierchromatographie (vgl. CRAMER, C. **1951.** I. 1356); zur qualitativen Best. wurde entweder ein dimensional mit Butanol + Essigsäure + W. bzw. Phenol + W. oder auch zweidimensional mit den gleichen Lösungsmitteln gearbeitet. Zur Sichtbarmachung der einzelnen Zucker im entwickelten Papierchromatogramm benutzten Vff. *3.4-Dinitrobenzoesäure* (I) (o-Dinitrobenzol befriedigte nicht), die in 1%ig. Lsg. in 2n Na_2CO_3-Lsg. aufgesprüht wurde. Beim Erhitzen im Trockenschrank wird I durch die reduzierenden Zucker zu *2-Nitro-4-carboxyphenylhydroxylamin* (II) red., dessen aci-Nitro-natriumsalz blau ist. (Phenol stört nicht.) Ketosen reagieren schneller (ca. 1—2 Min.) als Aldosen (ca. 2,5—4 Min.), Disaccharide wie Lactose u. Maltose können erst nach 3,5—5 Min. erkannt werden. Die Empfindlichkeitsgrenze liegt beim Aufbringen von 0,005 cm^3 Zuckerlsg. auf das Papier bei den Monosacchariden bei 0,0075%ig. Zuckerlsgg. (rund 0,37 γ), bei Disacchariden bei 0,03%ig. Lsgg. (1,5 γ). Ascorbinsäure reagiert schon in der Kälte, Rohrzucker reagiert erst nach Besprühen mit verd. HCl u. Erhitzen im Trockenschrank. Auch *6-Oxy-2.4.5-triaminopyrimidinsulfat,* in heißer wss. Lsg. aufgesprüht, ist brauchbar. Aldomonosaccharide geben braunrote, Disaccharide hellrote, Ascorbinsäure braune Flecke. Die Empfindlichkeit ist geringer als bei Verwendung von I. Vor der Papierchromatographie wurde qualitativ mit *Diazouracil* auf Rohrzucker geprüft, der nicht nachweisbar war. — Zu a) konnten keine reduzierenden Zucker gefunden werden. Zu b—h) nur Glucose u. Fructose. Zur quantitativen Best. der Zucker wurde einmal die Meth. der Fleckengröße u. zum anderen die Perjodatoxydations-Meth. von HIRST u. JONES (J. chem. Soc. [London], **1949,** 1659) benutzt. — Für die Perjodatoxydations-Meth. wurden 0,1 cm^3 Pollenextrakt benutzt u. in einem Band auf der Startlinie aufgebracht. Als Solvens diente Butanol + Eisessig + W., dem so viel einer titrierten Fe(III)-Acetatlsg. zugesetzt wurde, daß in 100 cm^3 0, 035 mg Fe^{3+} enthalten waren. Fructose u. Glucose waren nach Trocknen bei 100° als dünne getrennte braune Bänder sichtbar, die auseinandergeschnitten u. mit 5 cm^3 W. extrahiert wurden (Soxleth). Zu allen Lsgg. wurden 2 cm^3 einer 0,198 mol. Natriummetaperjodat-Lsg. (neutral gegen Methylrot) gegeben. Nach 24 Std. bei 20° wurden 0,2 cm^3 Glykol zugesetzt u. mit 0,01 n NaOH die gebildete Ameisensäure titriert (Methylrot). Nach Abzug des Papierblindwertes wurde der Zuckergehalt berechnet, da 1 Mol Glucose 4,6 Mol u. 1 Mol Fructose 2,6 Mol Ameisensäure ergeben. Die gefundenen Werte beider Methoden decken sich praktisch. So enthielt Pollen a) keine Fructose u. keine Glucose, Pollen b) 4%, c) 4,55%, d) 5%, e) 4,5%, f) 6,8%, g) 8,85%, h) 5,05% *Glucose* u. b) 14,1%, c) 10,4%, d) 23,2%, e) 10,3%, f) 9,75%, g) 12,7%, h) 14,1% *Fructose*. — Der *Folsäure*-Geh. der Pollen wurde mittels des mikrobiol. Testes mit *Streptococcus faecalis R* bestimmt. (Vgl. MÖLLER, WEYGAND u. WAIKER, C. **1950**. I. 428.) Der Geh. an *Folsäure* betrug bei a) 6,8, b) 5,7, c) 5, d) 6,4, e) 6,3, f) 3,7, g) 3,4 u. h) 3,9%. Der *Ascorbinsäure-Geh.* wurde nach SEYBOLD u. MEHNER (C. **1948**. E. 330) durch Titration mit Jod bestimmt. Es enthielten a) 7 mg% Ascorbinsäure u. 36 mg% [Gesamt-Vitamin C.], b) 12 mg% [54 mg%] u. c) 15 mg% [59 mg%]. In einem 2 Jahre alten Pollengemischpräparat wurden noch 18 mg% Ascorbinsäure [61 mg%] gefunden. In Roßkastanienpollen (Ernte 1950) wurde der Zuckergehalt nach der Meth. der Fleckengröße bestimmt. In der weißblütigen Roßkastanie (Aesculus hippocastarum) 7,4% Glucose, 14,6% Fructose u. sehr viel kleinere Mengen Lactose u. Maltose. Die Pollen der rotblühenden Verwandten, Aesculus pavia, enthielten 1,7% Glucose u. 2,5% Fructose.

Versuche: *3.4-Dinitrobenzoesäure* (**I**), aus *3.4*-Dinitrotoluol u. rauchender HNO_3, F. 160°. — *3-Nitro-4-acetylaminobenzoesäure* zur Klärung, welche NO_2-Gruppe in alkal. Lsg. durch Zucker red. wird, wurde I mit Ascorbinsäure in NH_3-Lsg. versetzt. In die tiefblaue Lsg. wurde H_2S eingeleitet u. angesäuert. Die ausgeschiedene *Nitroaminobenzoesäure* wurde mit Essigester extrahiert, Lösungsm. verdampft, umgefällt, krist., zur Charakterisierung wurde mit Essigsäureanhydrid in der Hitze acetyliert, Kristalle aus a), F. 219°. (Chem. Ber. **83**. 405—13. Juli 1950. Chem. Inst., Heidelberg, Univ.) POMMER. 4420.

Émile André, Marie Carbouères und **Monique Maille,** *Vorkommen organischer schwefelhaltiger Verbindungen im Unverseifbaren der Cruciferensamenöle.* Vff. fanden im Unverseifbaren von ausgepreßtem *Cruciferen*-Samenöl (z. B. aus Raps, Rübsen, Acker- u. Weißem Senf) stets S in organ. Bindung. Genauer untersucht wurde diese Fraktion von Raps (LEMBKE). Der ermittelte Wert von 0,20% S wurde entgegen der Erwartung in den (krist. u. öligen) Substanzen des P. Ae.-Extraktes nicht erhöht gefunden. (C. R. hebd. Séances Acad. Sci. **236**. 1819—21. 4/5. 1953.)
SCHLOTTMANN. 4420

Marguerite Faure und **Marie-Josèphe Morelec-Coulon,** *Isolierung einer im Getreidekeim enthaltenen Glycerininositphosphatidsäure.* Aus dem mit Methanol extrahierten u. über die *Ba*-Salze gereinigten Gemisch der *Phosphatidsäuren* von Getreidekeimen wurde eine *Glycerininositphosphatidsäure* in mikrokrist. Form isoliert, der auf Grund der Hydrolyseergebnisse die Konst. I zukommt, wobei *R'Palmitinsäure* u. *R* eine ungesätt. C_{18}-*Säure* darstellt u. die Stellung des H_3PO_4-Restes vorläufig willkürlich angenommen wurde u. möglicherweise auch die Inositalkoholgruppen durch die Fettsäuren verestert sein können. (C. R. hebd. Séances Acad. Sci. **236**. 1104—06. 9/3. 1953.)

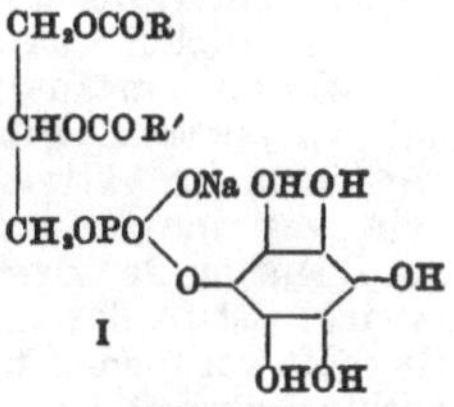

I

K. MAIER. 4420

E. F. L. J. Anet und **T. M. Reynolds,** *Die Isolierung der l-Chinasäure aus der Pfirsichfrucht.* Neben Malein- u. Citronensäure enthalten reife Pfirsiche noch 20—60% *l*-Chinasäure. Die alkohol. u. wss. Fruchtextrakte werden im Austauscher von Basen u. Aminosäuren befreit u. über 2 Amberlite-Kolonnen in die einzelnen Säuren aufgeteilt. Die Adsorptionsreihenfolge ist: *l*-China-, Galakturon-, Bernstein-, *l*-Äpfel-, Citronen- u. Phosphorsäure. *l*-China-, Citronen- u. *l*-Äpfelsäure kristallisieren beim Einengen der Lsg. aus. Umkristallisieren aus W. gibt reine Kristalle *l*-Chinasäure, F. 168°. Sie ist in allen Sorten enthalten, manchmal sogar als Hauptbestandteil des Säuregehalts. (Nature [London] **172**. 1188—89. 26/12. 1953. Homebush, N. S. W. Commonwealth Scientific.) W. LAMPRECHT. 4420

E₅. Tierchemie. Tierphysiologie. Tierpathologie.

P. Robert, H. Zürcher und **B. Schmidli,** *Pigmentstudien.* 4. Mitt. *Eisen- und Kupfergehalt der Haut im Normalzustand und bei verschiedenen Affektionen, besonders bei der Vitiligo, und seine Beziehungen zur Pigmentation.* (3. vgl. Dermatologica [Basel] **104**. [1952.] 276.) Vff. bestimmten den Fe- (nach SCHAEFER, modifiziert nach LINTZEL, mit Phenanthrolin als Indicator) u. Cu-Geh. (nach BRAUN u. SCHEFFER mit Diäthyldithiocarbamat) der Haut von Gesunden u. Kranken mit verschied. Hautaffektionen. Bei Frauen lagen die Werte mit durchschnittlich 1,86 mg% Fe bzw. 0,06 mg% Cu tiefer als bei Männern mit Durchschnittswerten von 2,14 mg% Fe u. 0,095 mg% Cu. Während der Fe-Geh. vitiliginöser Haut deutlich erniedrigt war, konnte bei der Dermite ocre et purpurique des jambes eine starke Vermehrung von Fe u. Cu nachgewiesen werden. Bei chron. entzündlichen Dermatosen fand sich eine parallele Fe-Verminderung in Haut u. Blutserum. Vff. schließen daraus auf eine wichtige Katalysatorrolle der Schwermetalle, bes. des Fe, in der Pigmentgenese. (Dermatologica [Basel] **106.** 201—18. 1953. Bern, Univ., Dermat. Klinik. HELGE. 4510

B. Schmidli und **P. Robert,** *Pigmentstudien.* 5. Mitt. *Chromatographische Untersuchungen verschiedener Melanine.* (4. vgl. vorst. Ref.) Bei der Unters. natürlicher u. künstlich hergestellter Melanine mit Hilfe der chromatograph. Adsorptionsanalyse benutzten Vff. Floridin XXF, ein feinpulvriges Mg–Al-Silicat, als Adsorptionsmittel. Dabei waren Art des Lösungsm. und p_H der Lsg. von großem Einfluß. Während die künstlichen Melanine sich als chromatograph. einheitlich erwiesen, konnten bei den natürlichen zwei Komponenten voneinander getrennt werden. Alle geprüften Melanine verhielten sich weitgehend ähnlich, eine Trennung von Gemischen gelang daher nur bei *Dopa-* u. *Histaminmelanin,* die sich bzgl. ihrer Carboxyl- u. Hydroxylgruppen beträchtlich unterscheiden. Elektronenmkr. Unters. bestätigte die Uneinheitlichkeit des natürlichen Melanins. Ob es sich dabei um die Trennung in Farbstoffkern u. Proteinanteil oder nur um Verunreinigung durch Keratinabbauprodd. handelt, wird nicht entschieden. (Dermatologica [Basel] **106.** 219—29. 1953.) HELGE. 4520

Ranwel Caputto und **Raúl E. Trucco,** *Eine neue galaktosehaltige Komponente aus Brustdrüsen.* Brustdrüsen von Ratten wurden während der Stillzeit mit 10 Voll. 5%ig. Trichloressigsäure extrahiert u. der Extrakt nach Entfernung der Säure mit Ae., Neutralisieren u. Konzentrieren papierchromatograph. (Essigester/Pyridin/W.) untersucht. Neben *Glucose* (**I**) u. *Lactose* (**II**) treten 3 weitere Flecken auf, von denen der eine entweder ein chromatograph. Kunstprod. oder ein lockerer **II**-Komplex mit einer anderen Extraktkomponente darstellt. Die beiden anderen *Substanzen* *D* (R_{Xylose} 0,17—0,21) u. *E* (0,10—0,15) werden durch S. fragilis (**III**) nicht abgebaut, lassen sich auf diesem Weg von andern Zuckern reinigen u. geben bei Hydrolyse mit nH_2SO_4 (100°, 2 Std.) unter starker Dunkelfärbung **I** u. *Galaktose* (**IV**) (papierchromatograph.) in ca. gleicher Menge, unter milderen Bedingungen (10 Min.) ist auch **II** nachzuweisen. *D* scheint ein Tetra- oder Hexasaccharid zu sein. Die papierchromatograph. Auswertung einer Spurenanalyse zur Unters. des Einbaus von ^{14}C–**I** in **II** sowie *D* u. *E* an Milchdrüsenschnitten zeigt Radioaktivität in **II**, *D* u. *E*. Danach scheinen *D* u. *E* in einem Zusammenhang mit der **II**-Bldg. zu stehen. Ein Abbau von *D* u. *E* mit dialysiertem Milchdrüsenhomogenat zu kleineren Moll. gelang nicht. — Die Verteilung der Aktivität in der radioakt. **II** ist etwa gleichmäßig zwischen **I** u. **IV** verteilt, was eine Umwandlung **I** → **IV** in der Milchdrüse zeigt. Uridindiphosphat-**I** (**V**) das Coenzym des Syst., das in **III** die Umwandlung **IV**-1-Phosphat → **I**-1-Phosphat bewirkt, ist in der Milchdrüse von Ratten in gleicher Größenordnung (ca. 0,3 μMol/g Gewebe) vorhanden wie in Leber, Niere u. andern Organen, in denen die **V**-Funktion noch unbekannt ist. Gegebenenfalls ist auch der Enzymkomplex (Galaktowaldenase) für die Rk. verantwortlich. (Nature [London] **169.** 1061—62. 21/6. 1952. Buenos Aires, I. Alvarez 1719, Fundación, Inst. de Investig. Bioquím.) KÖNIGSDORF. 4520

Raúl E. Trucco und **Ranwel Caputto,** *Neuramin–Lactose, eine neue, aus der Brustdrüse von Ratten isolierte Verbindung.* (Vgl. vorst. Ref.) Aus der Brustdrüse lactierender Ratten wurde durch Homogenisieren in 5%ig. Trichloressigsäure (**I**), Zentrifugieren, Passage des wss. Extraktes nach Entfernen von **I** mittels Ae. durch *Dowex 50* (Säureform) u. *Amberlite IR–4 B* (freie Base), Vergärung der deionisierten Lsg. mit *Saccharomyces fragilis* (zwecks Beseitigung von Glucose u. Lactose), Chromatographieren der zentrifugierten, konz. Lsg. an Papier mit Äthylacetat–Pyridin-W. als Lösungsm., Lösen des Eluatrückstandes in CH_3OH u. Fällen der Lsg. mit Ae. ein *Lactose*-Deriv. (**II**), *Neuramin–Lactose,* isoliert (ca. 1 γ/Ratte), in dem nach saurer Hydrolyse bislang nur *Neuraminsäure* (**IV**) (oder *Sialsäure*) u. *Lactose* (**III**) nachweisbar waren. **II** bildet in saurer Lsg. sehr leicht Huminverbb.; die red. Gruppe von **III** ist frei oder liegt in einer alkalilabilen Bindung vor. Die Titrationskurve von **II** zeigt eine saure u. eine bas. Gruppe an. **III** u. **IV** machten in den besten **II**-Präpp. 88% des Trockengewichts aus. Phosphatgruppen sind in **II** nicht enthalten. (J. biol. Chemistry **206.** 901—09. Febr. 1954. Buenos Aires, Fundación Campomar, Inst. de Investigaciones Bioquím.; Columbus, Ohio State Univ., Dep. of Chem.)

K. MAIER. 4520

M. W. Bosch, *Elektrophorese von Muskeleiweiß.* Es zeigt sich, daß höchstens geringe Unterschiede zwischen den weißen u. roten Skelettmuskeln, jedoch deutliche Unterschiede zwischen den Skelettmuskeln u. den glatten Magenwandmuskeln bestehen. (Chem. Weekbl. **46.** 365—66. 27. 5. 1950.) Wesly. 4520

C. Long und **M. F. Maguire,** *Ein aus der Untersuchung der Lecithinase C-Wirkung abgeleiteter Nachweis der Struktur des Eilecithins.* 36 std. Incubation von gereinigtem *Eilecithin* in 0,15 mol. Tris-[oxymethyl]-aminomethanpuffer, p_H 7,8, bei 37° mit *Lecithinase C* (I) (Quelle: *Clostridium welchii Typ A-α-Toxin*), katalyt. Hydrierung des gebildeten *Diglycerids* mit Adams-Kontakt, Behandlung mit Diphenylphosphorylchlorid u. anschließende hydrierende Spaltung führten zur entsprechenden *Phosphatidsäure.* Diese wurde alkal. hydrolysiert u. das gebildete *Glycerophosphat* (II) als *Ba*-Salz isoliert u. als reines L-α-II identifiziert. Das Ausgangs-Lecithin besaß demnach L-α-Konfiguration. Nur Lecithine mit ungesätt. Fettsäuren sind Substrate für I. (Biochem. J. **55.** XV. Sept. 1953. Aberdeen, Univ., Dep. of Biol. Chem.) K. Maier. 4520

Moira A. Aitken, G. H. Spray und **G. Walters,** *Pepsin und die Ausscheidung von Uropepsinogen bei Anämie.* Es besteht ein linearer Zusammenhang zwischen den Konzz. des *Pepsins* u. dem im Urin ausgeschiedenen *Uropepsinogen* einerseits u. zwischen der HCl-Konz. u. der Pepsin-Konz. im Magensaft andererseits. Aus der ausgeschiedenen Uropepsinogenmenge kann auf die Magensekretion geschlossen werden. Diese Tatsache kann die Diagnose von perniciöser Anämie u. achlorhydr. hypochromer Anämie (verminderte Uropepsinogenausscheidung) sichern. (Clin. Sci. **13.** 119—26. Febr. 1954. Oxford, Radcliff Infirmery, Nuffield Dep. of Clin. Med.) U. Baumann. 4555

Werner Kunz und **Hans Burger,** *Über die Beeinflussung des Gewebestoffwechsels durch Progesteron.* Die durch *Progesteron* verursachte Hemmung der Gewebsatmung beruht nicht auf einer Beeinträchtigung des Oxydationsstoffwechsels, sondern auf einer Hemmung der anaeroben Glykolyse. Der Weiterabbau der *Brenztraubensäure* wird nicht beeinflußt. Da nur Dosen von 1—2 γ/cm³ u. mehr wirksam sind, kann die Frage, ob es sich hier um eine spezif. Hormonwrkg. handelt oder nur um einen Effekt der hohen Konz. (die in vivo nie erreicht wird), nicht geklärt werden. (Z. ges. exp. Med. **123.** 225—31. 1954. Tübingen, Univ., Med. Klinik u. Frauenklinik.) U. Baumann. 4559

Irmhild Klein und **K. G. Ober,** *Progesteronbestimmungen im Blut mit dem Hooker-Forbes-Test in der Schwangerschaft.* Die Hooker-Forbes-Aktivitäten (HFA) im Armvenenblut schwangerer Frauen lagen erheblich unter denen n. Frauen. Durch Injektionen großer Mengen *Progesteron* (I) ließ sich die HFA bei Schwangeren nicht sicher erhöhen. Im venösen vom Uterus kommenden Blut war die HFA deutlich höher als im Armvenenblut u. im arteriellen Uterusblut. Diese Ergebnisse werden mit einer erhöhten Bldg. von I in der Placenta während der Schwangerschaft erklärt. Vff. diskutieren, daß I in der Schwangerschaft außerhalb des Uterus schneller inaktiviert wird als bei nichtbestehender Schwangerschaft. (Klin. Wschr. **32.** 464—68. 15/5. 1954. Marburg/Lahn, Univ., Frauenklinik.) Niemann. 4559

R. D. H. Heard und **V. J. O'Donnell,** *Biogenese von Östrogenen: Versagen von* $^{14}C_{(4)}$*-Cholesterin zur Erhöhung des Östron-Gehaltes schwangerer Stuten.* Schwangeren Stuten wurde $^{14}C_{(4)}$*-Cholesterin* injiziert u. in Harn, Faeces u. Speichel die Radioaktivität geprüft. Nach Aufarbeitung der Exkremente war die das *Östron* enthaltende Fraktion nicht radioaktiv. Dagegen zeigten die neutralen, keton. u. nichtketon. Fraktionen eine Aktivität. Das *Cholesterin* wird also nicht zum Aufbau von *Östron* verwandt, sondern wird wahrscheinlich zu Pregnan- u. Allopregnan-Derivv. abgebaut. Da innerhalb von 5 Tagen in Faeces nur 3% u. im Harn nur 0,6% der radioaktiven Substanz ausgeschieden wurden, nehmen Vff. an, daß viel *Cholesterin* gespeichert bzw. zu Gallensäuren abgebaut wird. (Endocrinology **54.** 209—15. Febr. 1954. Montreal, Canada, Univ., Dep. of Biochem.) Niemann. 4559

G. Comberg, *Neuere Erkenntnisse über Milchbildung und Milchgewinnung.* Der Aufbau des Euters, die Erlangung der Funktionstüchtigkeit u. die Bldg., sowie Abgabe der Milch werden hormonal gesteuert. Während der Trächtigkeit sind es *Follikelhormon, Progesteron,* ferner die Lactationshormone *Prolactin* u. *Thyroxin,* die Euteraufbau u. Milchbildung regulieren. Zorn u. Richter führten Verss. durch, um die Milchsekretion durch Verabreichung von synthet. Thyroxin (*Jodkasein* Hoechst") zu steigern. Fragen der Dosierung u. physiolog. Einww. auf das Tier sowie Beeinflussungen der Milch müssen vor Anwendung in der Praxis erst geprüft werden. Die Milchentleerung wird durch das aus dem Hinterlappen der Hypophyse ausgeschiedene Hormon *Oxytocin* (*Pitocin*) gesteuert. Es bewirkt Kontraktion der glatten Muskeln um die Milchalveolen. Der Antagonist des Oxytocins ist das *Adrenalin*, das den Milchfluß unter Umständen unterbrechen kann. DODD u. FOOT stellten eine Abgabe der Residualmilch durch Oxytocineinwirkung fest. Das „Schnellmelken mit der Maschine" soll in starkem Maße die Oxytocinwrkg. ausnutzen. (Tierzucht **8**. 6—9. Jan. 1954.) LIPS. 4559

D. G. Sprain, Vearl R. Smith, W. J. Tyler und **O. T. Fosgate,** *Der Einfluß von Oxytocininjektionen auf die Milch- und Fetterzeugung bei alternierenden 14-Tageperioden während der Lactation.* Der Einfl. von intravenösen Injektionen von *Oxytocin* (I) auf die Milch- u. Fetterzeugung lactierender Kühe wurde untersucht. I verursachte eine Erhöhung der täglichen Milchproduktion um ca. 3,6 lb., der Fettgeh. der Milch blieb unverändert. Der Wirkungsmechanismus von I ist unbekannt. (J. Dairy Sci. **37**. 195—201. Febr. 1954. Madison, Univ. of Wisconsin, Dep. of Dairy Husbandry, u. Washington, U. S. Dep. of Agric., Bureau of Dairy Industry.) WOLFGANG ALBRECHT. 4560

S. Gitelson, *Die Wirkung von ACTH und Cortison auf den Brenztraubensäurespiegel des Blutes.* Der Brenztraubensäuregehalt des Blutes wird bei einer Behandlung mit *ACTH* oder *Cortison* erhöht. Auch im Harn wird eine höhere Konz. festgestellt. Das Ansteigen ist meistens mit einer Verminderung der Zahl der eosinophilen Leukocyten verbunden. Durch diese Befunde wird ein Zusammenhang zwischen der Brenztraubensäure-Umwandlung, u. damit des gesamten organ. Stoffwechsels, u. der adrenocorticotropen Aktivität hergestellt. Vf. glaubt, daß durch Brenztraubensäurebest. im Blut die Aktivität der Nebennierenhormone getestet werden kann. (Acta endocrinol. [Copenhagen] **15**. 225—35. März 1954. Jerusalem, Rothschild Hadassah Univ. Hosp.) NIEMANN. 4560

Souchon, *Klinisch-experimentelle Untersuchungen der Wirkung von Hypophysenhormonen beim Kind. Stoffwechsel und Corticoidausscheidung.* (Mschr. Kinderheilkunde **102**. 83—85. Febr. 1954. Kiel.) LIPS. 4560

Hans-Georg Hansen, *Klinisch-experimentelle Untersuchungen über die Wirkung verschiedener Hypophysenhormone beim Kind. Blutbild und Hämatopoese.* Es wurden Unterss. mit *ACTH*, *somatotropem Hormon* u. Hypophysenimplantationen durchgeführt. An Hand der Eosinophilenreaktion läßt sich zeigen, daß die Verwendung der neueren Depotpräpp. einen länger anhaltenden u. stärkeren Effekt bei zum Teil wesentlicher Einsparung von Hormonsubstanz ermöglicht. Knochenmark ist für eine Wirkungskontrolle nur in beschränktem Maße geeignet. Die Veränderungen des peripheren Blutbildes dagegen vermögen im Vgl. zu komplizierteren Methoden das Maximum u. die Dauer, in gewissem Grade auch die Stärke einer gesteigerten Rindenaktivität weit empfindlicher anzuzeigen. (Mschr. Kinderheilkunde **102**. 82—83. Febr. 1954. Kiel.) LIPS. 4560

V. W. Westermeyer und **M. S. Raben,** *Absinken des Blutzuckers durch Hypophysenextrakt.* Ein gereinigter Hypophysenextrakt von Schweinen erniedrigt die Blutzuckerkonz. von n. u. nebennierenlosen weiblichen Mäusen. Der Blutzuckergehalt sinkt sofort nach intraperitonealer Injektion schnell ab u. bleibt dann auch bei weiterer Injektion konstant. Der hypoglykäm. Effekt des Insulins wird verhindert. Ein Zusammenhang zwischen Wachstumshormon u. Blutzuckersenkung konnte nicht festgestellt werden. Das verwendete Hypophysenpräp. war reich an *Corticotropin* u. *Intermedin*, enthielt jedoch nur Spuren anderer Hypophysenhormone. (Endocrinology **54**. 173—80. Febr. 1954. Boston, Mass., Dep. of Med.) NIEMANN. 4560

Francesco Ronchese und **Arthur B. Kern,** *ACTH und Cortison in der Behandlung von Keloiden.* Mit *ACTH* (I) u. *Cortison* (II) in Form einer Salbe wurden 5 Patienten nach der Operation behandelt. An Hand eigener Unterss. u. denen der Literatur wird festgestellt, daß die Behandlung mit I u. II ohne Operation ohne Wert ist. Nur in vereinzelten Fällen erwies sich die zielbewußte Behandlung mit I u. II in Verbindung mit einer Operation unterstützend. (New England J. Med. **250**. 238—40. 11/2. 1954. Providence, R. I.) W. LORENZ. 4560

Ben B. Johnson, *Biountersuchung von adrenocorticotropen Steroiden auf der Basis von Elektrolytausscheidung bei Ratten: Effekte von 11-Desoxy- und 11-Oxysteroiden.* Nebennierenlose Ratten wurden mit bestimmten *NaCl*-Mengen gefüttert. Nach intraperitonealer Injektion verschied. Steroide wurde die *Na*- u. *K*-Ausscheidune durch den Harn flammenphotometr. bestimmt. Der *Na*-Wert u. das Verhäl *Na*:*K* wurde mit Hilfe der statist. Analyse ausgewertet. Die 11-Desoxysterolle bewirkten eine erniedrigte *Na*-Ausscheidung, ein geringeres Harnvolumen u. etwas erhöhte *K*-Ausscheidung. *Desoxycorticosteron* war 20 mal wirksamer als REICHSTEINs Verb. *S*. Die 11-Oxo- u. 11-Oxysteroide bewirkten eine Erhöhung der *Na*- u. *K*-Ausscheidung u. der Harnmenge. *17-Oxycorticosteron* wirkte am stärksten, *11-Dehydrocorticosteron* am schwächsten. (Endocrinology **54**. 196—208. Febr. 1954. San Francisco, Calif., Dep. of Med.) NIEMANN. 4561

George A. Santisteban und **Thomas F. Dougherty,** *Vergleich des Einflusses von Nebennierenhormonen auf das Wachstum und die Bedeutung von lymphatischen Organen.* Die Einw. verschied. Nebennierenhormone auf das lymphat. Syst. wurde an nebennierenlosen Mäusen geprüft. Die Hormone *17-Oxycorticosteronacetat* (*Verb. F*), *17-Oxy-11-dehydrocorticosteronacetat* (*Verb. E*), *11-Dehydrocorticosteronacetat* (*Verb. A*), *Corticosteronacetat* (*Verb. B*), *Allopregnan-3β·17β-diol-20-onacetat* (*L*), *11-Desoxy-17-oxycorticosteron* (*S*) *u. Desoxycorticosteronglucosid* (I) wurden intraperitoneal injiziert, u. nach bestimmten Zeiten wurde das Gewicht verschied. lymphat. Organe in Abhängigkeit zur Hormongabe festgestellt. Die Verbb. *F*, *E*, *B u. A* zeigten auf die Thymusdrüse die größte Einw., wobei *F* am wirksamsten war. Auf die peripheren Lymphknoten war die Wrkg. qualitativ gleich, aber quantitativ geringer. Vff. vermuten, daß der Unterschied mit der Fähigkeit dieser Hormone, den Verlauf homoplast. u. heteroplast. Lymphocytopoesis zu beeinflussen, zusammenhängt. Substanz *S* hatte keine u. *L* nur geringe Wrkg. auf das Wachstum der lymphat. Organe. Bei I wurde dagegen eine starke Einw. festgestellt. (Endocrinology **54**. 130—46. Febr. 1954. Salt Lake City, Ut., Univ., Coll. of Med.) NIEMANN. 4561

G. A. H. Buttle, P. F. D'Arcy und **E. M. Howard,** *Die Wirkung von Cortisonacetat als Schutz nebennierenektomierter und normaler Mäuse gegen Kälte-Stress.* Nebennierenlose Tiere sind bes. empfindlich gegen Stress. Bei *Cortisonacetat* (I)-Anwendung ergibt die mittlere Überlebenszeit gegen log. I-Dosis aufgetragen, eine lineare Abhängigkeit, nicht dagegen bei n. Tieren. (J. Physiology **123**. 5P—6P. 28/1. 1954. London, Univ., School of Pharmacy, Pharmacol. Dep.) HANS THIELE. 4561

N. S. Halmi, *Regulierung durch die Rattenschilddrüse bei kurzzeitigem Jodmangel.* Normale, hypophysenlose, unbehandelte u. hypophysenlose, mit *Thyreotropin* behandelte Ratten wurden 19—20 Tage auf hoher oder niedriger Joddiät gehalten. Bei n. Ratten bewirkte J-Mangel keine morpholog. Veränderungen der Schilddrüse u. der Hypophyse, das Verhältnis Schilddrüsengewicht/Serumjodid wurde jedoch vergrößert. Die morpholog. Rückbildung der Schilddrüse von hypophysenlosen Ratten wurde durch J-Mangel nicht beeinflußt, u. das Verhältnis des J-Geh. der Schilddrüse zu dem des Serums war geringer als bei n., aber erheblich höher als bei jodreichen Tieren. Der Einfl. von *Thyreotropin* bei hypophysenlosen Ratten auf dieses Verhältnis wird durch Jodmangel verstärkt. Eine Einw. auf die Morphologie der Schilddrüse findet nicht statt. (Endocrinology **54**. 216—24. Febr. 1954. Iowa City, Io., Univ., Dep. of Anatomy.) NIEMANN. 4562

R. C. Goldberg und **J. Wolff,** *Abschätzung der antithyreoiden Aktivität von 5-Jod-2-thiouracil.* Im Rattenversuch wurde die antithyreoide Wrkg. von *5-Jod-2-thiouracil* (I) untersucht. Es wirkt schwächer als *Propylthiouracil* (II) oder *Thiouracil* (III). In geringer Konz. hat es keine kropferzeugende Wrkg., u. der Einfl. auf die Jodumwandlung u. Wachstumshemmung ist nur minimal. In höheren Konzz. zeigt es neben einer Verhinderung der Thyreoidhormonsynth. eine bemerkenswerte kropferzeugende Wirkung. Der absolute J-Geh. der Schilddrüse wird durch I erhöht. Durch kropferzeugende Mengen von I sinkt das organ. gebundene Jod auf Werte ab, die denen nach Behandlung mit II oder III entsprechen. Entsprechend geringere Dosen an III bewirken gleiche Effekte wie I. Zur Abschätzung der stimulierenden Wrkg. auf die Schilddrüse der Ratten erwies sich die Aufnahme von ^{32}P als gutes Kriterium. (Endocrinology **54**. 181—95. Febr. 1954. Boston, Mass., Biol. Labor., Harvard School.) NIEMANN. 4562

C. J. Shellabarger und **J. T. Godwin,** *Einwirkung von Trijodthyronin auf Kaulquappen.* DL-*Trijodthyronin* u. DL-*Thyroxin* besitzen thyreoidhormonähnliche Aktivität u. haben eine verkürzende Wrkg. auf die Körperlänge von Kaulquappen. Die erstgenannte Substanz ist 3,8 mal wirksamer als die zweite. (Endocrinology **54**. 230—32. Febr. 1954. Upton, N. Y., Brookhaven Nat. Lab.) NIEMANN. 4562

J. Isbister und **F. F. Rundle,** *Antithyreoidale Therapie: klinische Versuche mit „Mercazole".* Vff. beschreiben die klin. Verwendung von *Methimazol = 1-Methyl-2-mercaptoimidazol, „Mercazole", „Tapazole"* (I) bei 36 Patienten mit Thyreotoxikosen u. BASEDOW'scher Krankheit. Dosierung: schwankt zwischen 4—36 mg I täglich bei 4—11 Wochen Dauer. Bei 6 Patienten traten Hypothyreosen auf. Nebenwirkungen: Speichelfluß, Nausea, Urticaria, in einem Falle neurot. Symptome. Die gleichzeitige Verabreichung von kleinen Dosen I zusammen mit Jod vermindert das Auftreten tox. Erscheinungen u. therapeut. Hypothyreosen. *Carbimazol* = *2-Carbäthoxythio-1-methylglyoxalin*, „*Neomercazole*" wurde bei 11 Fällen von Thyreotoxikosen angewandt. Es wirkt antithyreoidal wie I, tox. oder Nebenwirkungen wurden nicht beobachtet. (Med. J. Australia **41.** I. 78—81. 16/1. 1954. Sydney, Royal North Shore Hospital.) K. BÖHM. 4562

E. L. Noach, *Nebenschilddrüsenhormon.* Übersicht über Ca- u. Phosphatstoffwechsel des menschlichen Körpers, Wrkg., Pathologie, chem. Eigg., Eichung u. Anwendung des *Nebenschilddrüsenhormons* u. anderer Präpp. mit antitetan. Wrkg. (*Vitamin D* u. *Dihydrotachysterin*). (Pharmac. Weekbl. **89.** 277—87. 24/4. 1954. Leiden, Rijksuniv., Pharmacol. Labor.) WESLY. 4563

J. Lens und **A. Evertzen**, *Der Unterschied zwischen Rinder- und Schweineinsulin.* Aus der Bauchspeicheldrüse von Schweinen wurde reines, krist. *Insulin* (I) isoliert u. mit Rinder-I verglichen. Als Reinheitskriterium diente die Löslichkeit. Die *Aminosäuren*-Analyse unterschied sich nur geringfügig von der von Rinder-I, so daß hieraus auf keine Verschiedenheit geschlossen werden kann. Die biol. Aktivität beider Präpp. war gleich, ihre Löslichkeit bei p_H 6,4 nur geringfügig verschieden. Die Löslichkeitskurve eines Gemisches beider I-Präpp. wies auf Bldg. einer festen Lsg. hin. Ein einziger Unterschied beider Präpp. ergab sich in der Zus. der Fraktion „*A*" nach SANGER (Nature **164.** [1949.] 529). Das nach Oxydation erhaltene Papierchromatogramm zeigte, daß in der Rinder-I-Fraktion *Threonin* (II) fehlt, während *Alanin* in wesentlicher höherer Konz. als in der Schweine-I-Fraktion, die auch etwas II enthält, zugegen ist. (Biochim. biophysica Acta [Amsterdam] **8.** 332—38. März 1952. Oss, Netherlands, N. V. Organon, Res. Labors.) K. MAIER. 4564

F. Gerritzen, *Über die Wirkungsdauer eines Zink–Insulin-Protaminats.* Die Wirkungsdauer verschied. Insulinpräpp. (HORMON-CHEMIE) wurde an gesunden Studenten bei konstanter Kohlenhydratzufuhr vergleichend untersucht. *Altinsulin* „*Horm*" entspricht der Wrkg. von krist. *Insulin*, während *Depot-Insulin* „*Horm*", eine isoton. Lsg. von Zink-Insulin-Protaminat, wirkungsmäßig mit dem N. P. H.-Insulin übereinstimmt. (Münchener med. Wschr. **96.** 493—94. 23/4. 1954. Den Haag.) WOLFGANG ALBRECHT. 4564

I. M. Rossinskaja, *Der Einfluß des Diätwechsels mit verschiedenem Gehalt an Eiweißstoffen, Fett und Kohlenhydraten auf die Hyperglykämie und Glykosurie beim Alloxandiabetes.* Experimentell diabet. gemachten weißen Ratten (15 mg/100 g Alloxan subcutan) wurde alle 10 Tage eine andere Diät mit variierendem Geh. an Casein, Stärke u. Fett verabreicht u. der Zucker im Harn u. im Blut bestimmt. Bei reichlichem Geh. der Diät an Kohlenhydraten u. Fett wird die Toleranz gegenüber Kohlenhydraten nicht nur nicht herabgesetzt, sondern sogar gesteigert. Ersetzt man die Kohlenhydrate durch Protein, so wird dadurch die Assimilation der Kohlenhydrate gebessert, was nicht auf die Verminderung der Kohlenhydratmenge, sondern auf die gesteigerte Proteinzufuhr zurückzuführen ist. (Вопросы Питания [Fragen d. Ernähr.] **12.** Nr. 2. 50—54. März/April 1953. Ernährungsinst. der Akad. der Med. Wiss. der UdSSR, Klinik für Heilernährung, klin.-exp. Labor.) RENTZ. 4564

K. E. Rothschuh, *Das herzmuskeleigene Acetylcholin. 1. Freisetzung und Bestimmungsmethodik.* Vf. beschreibt eine Meth. zur Best. von *Pro-Acetylcholin* (unwirksame Form des Acetylcholins wahrscheinlich in Bindung mit Protein oder Lipoprotein) in kleinen Gewebsmengen (bis 50 mg ausreichend). Extraktion von blutfreiem Herzgewebe mit Eserin-RINGER-Lsg. (Eserinkonz.: 10^{-5}) bei p_H 4 unter Erhitzen im Wasserbad. Prüfung des neutralisierten (NaOH; p_H 7,2—7,4) Überstands am Musculus rectus von Fröschen, die zuvor zur Inaktivierung der Esterasen eine Injektion von 20 mg *Mintacol*/kg in den Rückenlymphsack erhielten. (Pflügers Arch. ges. Physiol. Menschen Tiere **258.** 406—14. 1954. Bonn, Univ., Physiol. Inst.) REPPEL. 4569

Peter Marquardt, Ernst Aring und **Georg Vogg**, *Zur Fehlerbreite der Acetylcholinbestimmung in Naturstoffen.* Bei Ermittlung des Geh. von Honig an Acetylcholin mittels des an der Katze festgelegten Bezugswertes der Blutdrucksenkung wird eine Fehlerbreite des Verf. von 4% ermittelt. (Arzneimittel-Forsch. **3.** 212. April 1953. Freiburg i. Br., Univ., Med. Fakultät, Abt. für exp. Therapie.) FRESENIUS. 4569

R. J. Ladd, *Die Verwendung von am Untersuchungsort vorkommenden Weichtieren (Mollusken) zum Nachweis kleinster Mengen Acetylcholin.* Von den geprüften Mollusken-Ventrikeln eignet sich zum Nachw. des *Acetylcholins* (I) lediglich der Ventrikel von *Tapes turgida* (Tapetenmuschel), wobei das von LADD-PROSSER vorgeschlagene Verf. zum I-Nachw. zur Anwendung gebracht wird. Die registrierten Ausschläge

werden bes. deutlich, wenn der Ventrikel über Nacht in Seewasser + Glucose bei Tempp. um ca. 0° aufbewahrt wird. Nachweisgrenze 1 g in 10^{17} ml. (Australas. J. Pharmacy [N. S.] **35.** 122—23. 27/2. 1954. Sydney, Univ., Dep. of Pharmacol.)
H. P. FIEDLER. 4569

Henry T. Howat und **B. Schofield,** *Die Wirkung von Urogastron, Enterogastron und Mepyraminmaleat auf Magen- und Pankreassekretion. Enterogastron* (**I**) aus der Schleimhaut des oberen Dünndarms, *Urogastron* (**II**) aus Urin extrahiert u. *Mepyraminmaleat* (**III**), ein Antihistaminicum, wurden nach einer Zwei-Dosen-Histaminmeth. auf ihre Wrkg. auf die Magen- u. Pankreassekretion bei der Katze untersucht. **I** u. **II** hemmten die Säureprod., **III** dagegen hemmte in kleinen Dosen nicht; die Säurebldg. in der zweiten Rk. wurde durch große Dosen stimuliert. Die Pankreassekretion (Stimulans: Sekretin) wurde durch **I** u. **II** teilweise gehemmt. (J. Physiology **123.** 1—15. 28/1. 1954. Manchester, Univ., Dep. of Physiol. Newcastle upon Tyne, Med. School King's Coll., Dep. of Physiol.)
HANS THIELE. 4569

D. B. Carlisle, *Über die hormonelle Verhinderung der Häutung von zehnfüßigen Crustaceen.* Während der Häutungszeit von Krabben (*Carcinides maenas*) bewirkt die Entfernung der Stielaugen weder eine Proecdysis noch eine Hemmung der Häutung. Der Calciumspiegel des Blutes steigt jedoch um ca. 33% an u. andere Organe können eine teilweise Verhinderung der Häutung ausüben. Die Theorie von CARLISLE (J. Marine biol. Assoc. United Kingdom **32.** [1953.] 289) über die Bldg. eines häutungshemmenden Hormons in den Augen konnte nicht bestätigt werden. (J. Marine biol. Assoc. United Kingdom **33.** 61—63. 1954. Plymouth Labor.)
NIEMANN. 4569

Allen F. Reid und **Ben Wilson,** *Gleichzeitige in vivo-Messung der örtlichen Erythrocyten- und Plasmakonzentration mittels ^{131}J und ^{32}P.* Bei einem Hund wurden die Erythrocyten mit ^{32}P (harte β-Strahlung), das Plasma mit ^{131}J (γ- u. weiche β-Strahlung) markiert. Durch geeignete Zähler in Verbindung mit Absorberschichten wird die Aktivität des Blutes untersucht, u. zwar so, daß der Zähler im Inneren eines Messingrohres durch den Thorax in die Lunge eingeführt wird. Das Messingrohr ist mit einer der zu messenden Strahlung angepaßten Absorberschicht abgeschlossen. Kontrollmessungen werden in vitro an entnommenen Blutproben durchgeführt. Die unterschiedliche Strahlenqualität erlaubt gleichzeitige Beobachtungen an Plasma u. Erythrocyten. Meßergebnisse an einem Tier werden tabellar. mitgeteilt. (Nucleonics **11.** 64—67. Mai 1953. Dallas, Tex., Univ. of Texas, Southwestern Med. School, Dep. of Biophys. and Surg.)
REUSSE. 4572

David Shemin und **Charlotte S. Russell,** *δ-Aminolävulinsäure: Ihre Rolle in der Biosynthese der Porphyrine und Purine.* (Vgl. nachstehendes Ref.) *δ-Aminolävulinsäure* (**I**) kann die „aktive" *Bernsteinsäure* (**II**) u. *Glycin* (**III**) bei der *Porphyrin*-Synth. ersetzen. Der biol. Einbau von radioakt. **II** oder **III** in *Hämin* (**IV**) wird in **I**-Ggw. vermindert, radioakt. **I** selbst wird dagegen für die **IV**-Synth. intensiv herangezogen. Die *α-Amino-β-ketoadipinsäure* (**V**), das Decarboxylierungsprod. der **I**, ist ein Intermediäres bei der **IV**-Synthese. **II** kann außerdem über **V** → **I** u. *Ketoglutaraldehyd* in *α-Ketoglutarsäure* umgewandelt werden. **I** wurde durch 3 verschied. Verff. synthetisiert: 1. durch Benzylierung der Imidazolpropionsäure mit nachfolgender Hydrolyse, 2. durch Nitrierung der β-Ketoadipinsäure u. Red. sowie 3. durch eine Phthalimid-Synth. aus der δ-Chlorlävulinsäure. (J. Amer. chem. Soc. **75.** 4873—74. 5/10. 1953. New York, N. Y., Columbia Univ., Coll. Phys. and Surg., Dep. Biochem.) SCHELER. 4572

David Shemin, Tessa Abramsky und **Charlotte S. Russell,** *Die Synthese von Protoporphyrin aus δ-Aminolävulinsäure in einem zellfreien Extrakt.* (Vgl. vorst. Ref.) *δ-Aminolävulinsäure* (**I**) kann die zwei Substrate — akt. *Bernsteinsäure* (**II**) u. *Glykokoll* (**III**) — zur *Porphyrin* (**IV**)-Synth. ersetzen. Vff. fanden, daß nicht nur homogenisierte Enten-Erythrocyten (Er) **IV** aus **I** synthetisieren können, sondern daß auch lösl. zellfreie Extrakte (auch gefriergetrocknet) von Enten-Er. die **IV**-Synth. bewirken können. Die zellfreien Extrakte haben aber gegenüber **II** u. **III** die Fähigkeit, die **IV**-Synth. zu katalysieren, verloren. (J. Amer. chem. Soc. **76.** 1204—05. 20/2. 1954. New York, N. Y., Columbia Univ., Coll. of Physicians and Surg., Dep. of Biochem.)
BRATFISCH. 4572

Julius Wolf und **Ira Jay Levy,** *Behandlung von Sichelzellenanämie mit Kobaltchlorid.* Besprechung von 4 Fällen mit Sichelzellenanämie, die über mehrere Jahre beobachtet wurden; sie erhielten täglich 12 cm³ einer 2,5%ig. wss. $CoCl_2$-Lsg. in 3 Gaben, nach 4 Wochen zusätzlich täglich 1, 8 g $FeSO_4$ über 2 Wochen. Laufende Kontrolle des Blutbildes. Die chron. Anämie wurde in allen Fällen günstig beeinflußt. Die Dosis von 300 mg Co ist relativ hoch u. bedingt vorübergehende Toxizitätserscheinungen, wie Übelkeit, Erbrechen u. Diarrhoe. (A. M. A. Arch. intern. Med. **93.** 387—96. März 1954. Bronx, N. Y., Veterans Administration Hosp.)
DOSSMANN. 4573

Ulrich Westphal, John F. Stets und **Stanley G. Priest,** *Einfluß von Fettsäuren- und verwandten Anionen auf die Azorubin-Bindefähigkeit von Serumalbumin.* Es werden Verss. mit Lsgg. von menschlichem Serumalbumin sowie mit n. Rattenblutserum durchgeführt. Messung der Bindefähigkeit (vgl. Army Med. Res. Labor. Rep. Nr. 63, Sept. 1951) mit den gesätt. Fettsäuren C_2—C_{18} sowie mit *Milch-*, *Bernstein-*, *Citronen-*, *Öl-*, *Linol-*, *Erucasäure*, mit *Laurylsulfat*, *2.4-Dioxybenzoe-*, *Chol-* u. *Desoxycholsäure.* Gesätt. Fettsäuren setzen die Bindefähigkeit herab, wobei die Wrkg. mit steigender Kettenlänge zunimmt; sehr stark herabsetzende Wrkg. entfalten die ungesätt. C_{18}-Säuren; Laurinsäure erniedrigt stärker als Laurylsulfat. Es wird gefolgert, daß die Unterschiede in der Bindefähigkeit für Azorubin durch menschliches Serumalbumin bzw. durch n. Rattenserum auf der verschied. starken prim. Bindung von Fettsäuren beruht. (Arch. Biochem. Biophysics **43.** 463—73. April 1953. Fort Knox, Kent., Army Med. Res. Labor., Biochemistry Dep., Protein Section.) TÄUFEL. 4574

Ingeborg Hoffmann, *Elektrophorese und Eiweißlabilitätsproben.* Vf. vergleicht die Ergebnisse der Eiweißlabilitätsproben: WELTMANNsches Koagulationsband, Cadmiumsulfat-Rk. u. Thymoltrübungstest mit denen der freien Elektrophorese. Es ergibt sich hieraus, daß erst die Gesamtheit der Labilitätsproben einen Einblick in die Verhältnisse der *Serumproteine* gibt, wie sie die Elektrophorese darstellt. (Röntgen- u. Laboratoriumsprax. **7.** 45—52. Febr. 1954. Berlin, Kaiserin-Auguste-Viktoria-Haus, Kinderklinik der Freien Universität.) NEHRING. 4574

P. de Nicola und **P. Rosti,** *Methode zur quantitativen Bestimmung (Messung, Auswertung) der Plättchenfunktion bei der Blutgerinnung.* Zur Best. der funktionellen Plättchenaktivität benutzen Vff. ein Blutgerinnungssyst., in dem die Plättchenzahl u. alle übrigen Gerinnungsfaktoren konstant gehalten werden. Zu 0,1 ml plättchenfreiem Plasma, dem 0,1 ml einer 0,025 mol. $CaCl_2$-Lsg. zugesetzt wird, geben sie 0,1 ml einer Suspension, die 300000 isolierte Plättchen im ml enthält. Die Änderung der Gerinnungszeit gegenüber einer Kontrolle ist dann ein Maß für die Plättchenfunktion. Der entsprechende Wert kann von einer Eichkurve abgelesen werden. Hinweise für die Anwendung des Testes in der medizin. Diagnostik werden gegeben. (Experientia [Basel] **10.** 24—25. 15/1. 1954. Pavia, Univ., Dep. of Internal Med.) HELGE. 4574

R. Palliez, G. Biserte, P. Cotteel und **M. Delecour,** *Biochemie der Amnion-Flüssigkeit: Die Eiweißstoffe.* Die Amnion-Flüssigkeit wurde auf Proteine u. Aminosäuren sowie Peptide untersucht. Elektrophoret. erwies sie sich als bes. reich an Serumalbumin. Ferner enthält die Amnion-Fl. eine bedeutende Menge unentbehrlicher Aminosäuren, Oligopeptide u. Wuchsstoffe, wie Pantothensäure, Folsäure usw., welche nach Reinigung durch Chromatographie über Ionenaustauschharz papierchromatograph. dargestellt wurden. Biochem. unterscheidet sich die Amnion-Fl. vom Serum der Mutter u. vom Harn des Fetus. (Bull. Fédérat. Soc. Gynécol. Obstétr. **6.** 162—63. 1954. Suppl. zu: Gynécol. et Obstétr.) WOLFGANG ALBRECHT. 4578

Lambers, *Über die Permeabilität der Blutliquorschranke bei tuberkulöser Meningitis.* Bei tuberkulöser Meningitis stellt sich infolge der erhöhten Permeabilität der Blutliquorschranke nach intravenöser oder oraler Zuckerbelastung das Gleichgewicht zwischen Blut- u. Liquorzucker relativ schnell wieder ein. (Mschr. Kinderheilkunde **102.** 77—78. Febr. 1954. Marburg.) LIPS. 4578

Cecil Branton und **W. B. Prather,** *Die Reaktion des Stoffwechsels von Bullensperma auf antibakteriell wirksame Stoffe.* An Bullensamen in Eidotter-Citratmedium wurde der Einfl. von *Penicillin* (I), *Streptomycin* (II) u. *Sulfanilamid* (III) bei Lagerung über 4 u. 10 Tage bei einer Temp. von 4,5° untersucht. I u. II hatten, auch in Kombination, einen günstigen Effekt auf die Lebensfähigkeit der Spermien, während III eine schädigende Wrkg. aufwies. I, II u. III setzten den Verbrauch reduzierender Substanzen u. von Fructose herab u. verminderten die Milchsäurebldg., III am stärksten. Die Kombination von I u. II in Eidotter-Citratmedium bewirkte eine Herabsetzung des Stoffwechsels, welche fast der von III entsprach, u. ergab die beste Lebensfähigkeit der Spermien. (J. Dairy Sci. **37.** 228—34. Febr. 1954. Baton Rouge, Louisiana State Univ., Dairy Dep.) WOLFGANG ALBRECHT. 4582

Samuel M. Greenberg, Clarence E. Calbert, Harry J. Deuel jr. und **J. B. Brown,** *Die Wirkung der Fettmenge der Nahrung auf den allgemeinen Ernährungszustand.* 7. Mitt. *Vergleich der Fähigkeit von Arachidon- und Linolsäure, den Bedarf an essentiellen Fettsäuren bei der Ratte zu liefern.* (6. Mitt. vgl. GREENBERG, CALBERT, SAVAGE u. DEUEL JR., gl. J. **41.** [1950.] 473.) Verss. an 100 Ratten, die zu einer fettarmen Diät steigende Mengen an *Linolsäure* (I), *Methylarachidonat* (II) u. Gemischen davon erhielten, zeigten, daß II, bezogen auf die Gewichtszunahme, eine 3,5 mal größere Wrkg. als I hat. Cottonöl hatte eine noch günstigere Wrkg. als I, II u. Gemische davon. Die

Kalorienausnutzung der Nahrung steigt mit dem Geh. an essentiellen Fettsäuren an, was bei männlichen Tieren deutlicher als bei weiblichen zu beobachten war. (J. Nutrit. **45.** 521—33. 10/12. 1951. Los Angeles, Univ., Dep. of Biochem. and Nutrit.; Columbus, Univ., Dep. of Physiol. Chem.) KRUSEN. 4585

Harry J. Deuel jr., Samuel M. Greenberg, Lilla Anisfeld und **Daniel Melnick,** *Die Wirkung der Fettmenge der Nahrung auf den allgemeinen Ernährungszustand.* 8. Mitt. *Der Gehalt von Margarine, Hartfetten, Butter und Cottonöl an essentiellen Fettsäuren, mit einer neuen biologischen Methode bestimmt.* (7. vgl. vorst. Ref.) Bei männlichen Ratten, die 12 Wochen lang eine fettarme Diät erhalten hatten, wurden die durch dann beginnende Zulagen von 5, 10, 20 u. 50 mg *Methyllinoleat* (I) mit u. ohne 250 oder 500 mg hydriertem Cocosnußöl erzielten Gewichtszunahmen beobachtet. Die graph. Darst. des Verhältnisses Gewichtszunahme/10 g tägliche Dosis I in mg wurde zur vergleichenden Best. der ungesätt. Fettsäuren in verschied. Fetten herangezogen. Es zeigte sich außer bei einem durch nichtselektive Hydrierung gewonnenen Hartfett in allen anderen Fällen gute Übereinstimmung mit den durch spektrophotometr. Analyse erhaltenen Werten. Die untersuchten Margarineproben zeigten höhere Werte als Butter. Durch nichtselektive Hydrierung erhaltenes Hartfett enthält 4 mal mehr ungesätt. Fettsäuren als selektiv gehärtetes. Alleinige Zulage von hydriertem Cocosnußöl zu fettarmer Nahrung bewirkt Gewichtsabnahme, die durch I-Gaben verhindert werden kann. (J. Nutrit. **45.** 535—49. 10/12. 1951. Los Angeles, Univ., Dep. of Biochem. and Nutrit.; Bayonne, N. J., The Best Foods Inc., Res. Labor.) KRUSEN. 4585

L. A. Tscherkess, *Der Faktor Z und die proteinogene Toxikose.* Ausschließliche Eiweißdiät (Casein, enthaltend 8% Fett) führt bei weißen Mäusen u. jungen Ratten zu einer proteinogenen Toxikose u. zum Tode der Tiere nach 3—15 Tagen. Charakterist. sind die Veränderungen in der Leber: Erweiterung der feinen Venen des Pfortadersyst. u. gelegentlich Hämorrhagien bzw. nekrot. Herde. Gibt man zum Casein 20% Bäckerhefe oder eine ihrer akt. Fraktionen hinzu, so wird dadurch die Entw. der Toxikose gehemmt. Der aus der Hefe gewonnene präventiv wirksame Faktor Z (lösl. in W. u. verd. A.) ist thermostabil u. bleibt nach Ausfällung des Proteins in der Lösung. Verss. mit Zugabe verschied. Vitamine der Gruppe B zum Casein ergaben, daß der Faktor Z mit keinem bisher bekannten Vitamin dieser Gruppe ident. ist. Es scheint sich um einen dem Vitamin B_2 nahestehenden Stoff zu handeln. (Вопросы Питания [Fragen d. Ernähr.] **12.** Nr. 2. 21—25. März/April 1953. Moskau, Ernährungsinst. der Akad. der Med. Wiss. der UdSSR, Lab. für exp. Pathol.) RENTZ. 4585

M. F. Hansen, Leo H. Petri und **J. E. Ackert,** *Wirkungen von Aureomycin und Vitamin B_{12} bei getrennter Anwendung als Futterzusätze auf die Resistenz von Küken gegenüber Ascaridia galli (Schrank).* (Vgl. auch C. **1954.** 5106.) Fütterungsverss. unter Zusatz von (0,9 g/lb.) *Aureomycin* (I) bzw. *Vitamin B_{12}* (II) bzw. I + II an 512 Küken, von denen ein Teil mit Ascaridia galli infiziert wurde. Obwohl I das Wachstum der Würmer hemmte, II aber stimulierend wirkte, übte die Kombination I + II der Parasitose der Küken entgegen u. steigerte gleichzeitig ihr Wachstum. (Exp. Parasitology **3.** 122—27. März 1954. Manhattan, Kans., Kans. State Coll., Dep. of Zoology.) DOSSMANN. 4585

M. L. Scott, *Untersuchungen über die Beinmißbildung „enlarged hock" bei Puten.* 2. Mitt. *Faktoren, die bei jungen Puten die Ausscheidung und Aufnahme des Keratins beeinflussen.* (1. vgl. SCOTT, J. Nutrition **40.** [1950.] 611.) Bei dieser Beinschwäche handelt es sich um eine Störung im Keratinstoffwechsel (bei „Perosis" dagegen um Cholinmangel); sie tritt in der 2. Woche am heftigsten auf u. klingt bis zur 4. Woche ab. Sie ist begleitet von geringem Aufnahmevermögen für Keratin. Bei dem gewählten Grundfutter (39,5% Maismehl, 10% Haferflocken, 20,7% Sojabohnen, 18,0% Casein) verhütete weder 0,4% noch 0,6% Keratinzusatz die Erkrankung. Auch Fischmehl blieb wirungslos. Vorbeugend wirkte *Inosit* (0,2%) u. (oder) *p-Aminobenzoesäure,* dagegen night *Vitamin E* u. seine Derivate. Der Einfl. dürfte indirekt sein; den wirksamen Stoff bieren Darmmikroorganismen, die von Inosit angeregt werden. Zugabe von Antibioticis (*Auieomycin*) hebt — durch Vernichtung der Mikroorganismen — die vorbeugende Wrkg. auf. *Betain,* als methylisierendes Agens, erhöhte den Keratingeh. der Beinmuskeln, der bei starker Erkrankung bes. gering war. Die Mißbildung scheint eine Form des ernährungsbedingten Muskelschwundes zu sein. (Poultry Sci. **30.** 839—45. Nov. 1951. Ithaca, N. Y., Cornell Univ., Agric. Exp. Stat., u. School of Nutrition.) NEHRING. 4585

M. L. Scott, *Untersuchungen über die Beinmißbildung „enlarged hock" bei Puten.* 3. Mitt. *Nachweis der nachteiligen Wirkung von Fischleberöl und der vorteilhaften Wirkung von getrockneter Brauereihefe und anderen Stoffen.* (2. vgl. vorst. Ref.) Die früheren Arbeiten des Vf. machen wahrscheinlich, daß die Mißbildung eine Form des ernährungsbedingten Muskelschwundes ist, die von schwerem Keratinmangel begleitet wird. — 1, 2 u. 4% Fischleberöl-Zugabe zu einem Grundfutter aus Soja (20,7%), Haferflocken (10%), Weizenschrot (5%) u. Casein (18%) verstärkte das Auftreten der Beinmißbildung. Zusätze oder Injektionen mit *Vitamin E* hatten geringen oder keinen Einfluß. 5 u. 10% Brauereihefe verhütete dagegen die Mißbildung, selbst bei Fütterung mit Fischleberöl. Zusätzliche *Betain*-Gaben steigerten den Geh. an Muskelkeratin, Fischleberöl setzte ihn herab. *Antibiotica*-Zusatz wirkte im allg. günstig. — Die Erkrankung bei Puten ist nach alledem ein Gegenstück der Encephalomalacie u. der exsudativen Diathese (Neigung zu Hautausschlägen) bei Küken u. der muskulären Dystrophie bei Kaninchen u. Meerschweinchen. (Poultry Sci. **30.** 846—55. Nov. 1951. Ithaca, N. Y., Cornell Univ., Agric. Exp. Stat., u. School of Nutrition.) NEHRING. 4585

K. L. Powolotzkaja, *Über eine an Eiweiß gebundene Form des Riboflavins.* Vf. zeigt, daß außer den beiden durch Säurehydrolyse u. durch Phosphatasepräpp. abspaltbaren Formen des an Eiweiß gebundenen *Riboflavins* (I) noch eine dritte Form existiert, die erst durch *proteolyt. Fermente* vom *Trypsin*-Typ abgespalten wird u. daher bei Anwendung der üblichen fluorometr. Bestimmungsmethoden nicht erfaßt wird. Die zusätzliche Menge des bisher der Best. entgangenen I kann, wie durch Unters. von Bohnen, Kohl, Kartoffeln u. Fleisch gezeigt wird, die bisher gefundenen Mengen übertreffen. Während man z. B. bei Bohnen an freiem I + Mononucleotid 0,54 μg/g u. an Dinucleotid 1,24 μg/g findet, steigen diese Werte nach 24 Std. Autolyse auf 0,60 u. 1,50 u. nach 72 St. auf 2,44 u. 2,00 an. (Биохимия [Biochemie] **18.** 638—43. Sept./Okt. 1953. Moskau, Bach-Inst. für Biochem. der Akad. der Wiss. der UdSSR.) ULMANN. 4587

Harold Rauch, *Die Wirkungen von Biotinmangel auf Haarentwicklung und Pigmentierung.* Die Stadien der Haarentw. werden auf Grund einer früheren Arbeit (vgl. CHASE u. Mitarb., Physiologie. Zool. **24.** [1951.] 1) gekennzeichnet. Durch Verfütterung einer *Biotin* (I)-Mangelnahrung mit entsprechendem Geh. an Eiweiß (Eiweißschädigung) u. Sulfaguanidin (zur Verhinderung der Biotinbldg. im Darm) wurde bei Mäusen ein I-Mangelzustand hervorgerufen, bei dem auch Alopecie u. Achromotrichie vorlagen. Dabei blieben die n. Stadien der Haarentw. erhalten, jedoch trat nach Beendigung des Wachstums Ausfall ein als Zeichen unvollständiger Keratinisierung des proximalen Teiles des Haarschaftes. I ist demnach weder für die Haarentw. noch für deren Einleitung notwendig. Nach Ausreißen der Haare war jedoch bei den Mangeltieren dieser Reiz für neues Haarwachstum nicht wirksam. Einzelgaben von 2 μg I bewirkten in gewissen Stadien der Haarentw. Wiederherst. der n. Pigmentierung innerhalb von 24 Stunden. (Physiol. Zoöl. **25.** 145—49. April 1952. Amherst, Univ., Dep. of Zoöl.) SCHWAIBOLD. 4587

B. Noer, *Lokalisierung des Vitamin-B_{12}-Bindevermögens im Schweinemagen.* (Vgl. Dansk Tidsskr. Farmaci **25.** [1951.] 222.) Das als mit dem „*intrinsic factor*" ident. angenommene *Vitamin-B_{12}* (I)-Bindevermögen läßt sich unter der Voraussetzung bestimmen, daß keine Nebenfaktoren mitspielen, wie Bindung von I durch natürliche Fraktionen ohne Abgabe an die Schleimhaut, Ggw. I-bindender Mittel (akt. Kohle, Frankonit usw.), Sättigung mit I usw. Zur Best. wird eine Menge Magenpräp., die ca. 10 γ I bindet, im Mörser mit 100 cm^3 dest. W. verrieben u. nach Zugabe von 20 γ I 3—4 Std. bei gewöhnlicher Temp. stehengelassen. Nach Sterilisieren durch Filtration durch Asbestfilter wird im klaren Filtrat I nach dem früher beschriebenen Verf. bestimmt, wobei vom Ergebnis die zugesetzten 20 γ abgezogen werden. Im Schweinemagen wird die höchste I-Konz. in der Pylorusschleimhaut gefunden. (Dansk Tidsskr. Farmaci **28.** 1—10. Jan. 1954. A/S Ferrosan, Mikrobiol. Labor.) R. K. MÜLLER. 4587

Saburo Fukui, *Bestimmung der einzelnen Vitamine der Vitamin-B_6-Gruppe.* Es wird eine Meth. zur Best. der einzelnen Komponenten der *Vitamin-B_6*-Gruppe, *Pyridoxal* (I), *Pyridoxamin* (II) u. *Pyridoxin* (III) mit *Saccharomyces carlsbergens 4228* als Testorganismus angegeben. Nach Herst. eines wss. Extraktes durch 3std. saure Hydrolyse mit 0,055 n H_2SO_4 unter Druck, wobei prakt. keine gegenseitige Umwandlung der B_6-Individuen stattfindet, wird II aus dem Gemisch mittels eines synthet. Kationenaustauschharzes (z. B. *Duolit C 60* oder Phenoxyessigsäure–Formaldehyd-Harz) abgetrennt, aus diesem mit warmer 0,2 n NaOH–n KCl eluiert u. nach Neutralisation mit n HCl bestimmt. Im I- u. III-haltigen Filtrat der II-Absorption wird I durch mehrstd. Behandlung mit Aceton–5 n NaOH (1:1) bei Raumtemp. selektiv zerstört u. III nach Neutralisation u. Entfernen des Acetons bestimmt. Die Verteilung von I, II u. III in verschied. Naturprodd. (Reiskleie, Spinat, Hefe, Rindsleber u. -herz, Schweineleber, Saké) wurde bestimmt. (Analytic. Chem. **25.** 1884—86. Dez. 1953. Kyoto, Japan, Univ., Fac. of Engin., Dep. of Ind. Chem.) K. MAIER. 4587

Giulio di Bacco, *Über die colorimetrische Bestimmung der Ascorbinsäure.* Die jodometr. Best. der *Ascorbinsäure* (I) ist in Ggw. von *Vitamin* B_1, das mit J_2 auch reagiert, nicht möglich. Vf. schlägt die Best. mit *Pikrinsäure* (II) vor. Von einer Lsg. von ca. 50 mg (gewogen) I in 50 cm^3 dest. W. werden 5 cm^3 mit 3 cm^3 0,1%ig. II-Lsg. u. 2 cm^3 2%ig. NaOH in graduiertem 10 cm^3-Rohr genau 3 Min. im sd. Wasserbad erhitzt, gleichzeitig ebenso 8 cm^3 Pikraminsäure (III)-Lsg. (0,235 g III warm gelöst in 400 cm^3 dest. W., mit 25 cm^3 2%ig. NaOH versetzt u. auf 1000 cm^3 aufgefüllt, Aufbewahrung in dunkler Flasche), mit 1,8 cm^3 2%ig. NaOH u. 0,2 cm^3 dest. W.; die im Wasserstrahl abgekühlten, gegebenenfalls auf 10 cm^3 nachgefüllten Lsgg. werden colorimetr. verglichen. Die angewandte III-Menge entspricht 5 mg I. Bei der Analyse der 50—100 mg I enthaltenden Lsgg. des Handels wird auf 0,1% verd. u. ebenso verfahren. I-Tabletten werden in einer 100 mg I entsprechenden Menge im Mörser gepulvert u. mit 30 cm^3 2%ig. HPO_3-Lsg. versetzt, nach 1 Min. dekantiert, die Behandlung wiederholt, filtriert, mit 25 cm^3 W. auf dem Filter gewaschen, die vereinigten Lsgg. neutralisiert u. auf 100 cm^3 aufgefüllt, 5 cm^3 verwendet. *Lactose* u. *Glucose* stören. (Boll. chim. farmac. **92.** 115—19. April 1953.) R. K. MÜLLER. 4587

Christine E. Rice und **Paul Boulanger,** *Paralleluntersuchungen über Komplement und Koagulation.* 1. Mitt. *Der Einfluß von Vitamin C.* 2 Gruppen von Meerschweinchen, deren aus „Master Rabbit Pellets" der TORONTO ELEVATOR COMP. bestehende Gründiät durch frisches Gras (als *Vitamin-C*-Quelle) bzw. durch eingelagerte Runkelrüben ergänzt war, zeigten im Vitamin-C-Spiegel ihres Plasmas deutliche Unterschiede. Diese Unterschiede waren prakt. nicht mit Veränderungen des Komplementtiters des Serums oder der Prothrombinzeit des Plasmas verbunden. Kleine Unterschiede dieser beiden Wirkungen gingen nicht parallel. (Canad. J. Res., Sect. E. **28.** 262—70. Dez. 1950. Hull, Quebec, Dominion Dep. of Agriculture, Animal Diseases Res. Inst.) K. F. MÜLLER. 4587

Robert A. Peterman und **Robert S. Goodhart,** *Gegenwärtiger Stand der Vitamintherapie bei Nerven- und Geisteskrankheiten.* Vff. geben eine Übersicht über die Aufgaben der Vitamine, die Eigg. von *Thiamin, Riboflavin, Niacin* (*Nicotinsäureamid*), *Pantothensäure, Pyridoxin, Vitamin* B_{12}, *Folacin, Biotin, Ascorbinsäure, Vitamin A* u. *D, Cholin* u. *Inosit,* Symptome u. Syndrome bei Vitaminmangel, Ursachen des Mangels, Indikationen der Anwendung u. die Durchführung spezif. u. unterstützender Therapie u. der Prophylaxe. (J. clin. Nutrit. **2.** 11—21. Jan./Febr. 1954. Washington, Heights Nutrition Clinic, New York, City Dep. of Health u. National Vitamin Foundation.) ZEMKE. 4587

Hans Popper, J. de la Huerga und **Dieter Koch-Weser,** *Schicksal von Cholin in Ratten mit und ohne experimentelle Leberschädigung.* Vff. untersuchten den *Cholin* (I)-Stoffwechsel von n. Ratten u. von Ratten mit verschied. Arten experimenteller Leberschädigung. Die Tätigkeit von Darmbakterien bewirkt bei Ratten wie beim Menschen die Umwandlung eines großen Teiles von oral gegebenem I zu *Trimethylamin* (II), das im Darm resorbiert u. im Urin ausgeschieden wird. Aus diesem wird es als Reineckat abgeschieden u. colorimetr. bestimmt. Im Darm nicht zu II umgebautes I wird vollständig resorbiert u. im Körper nicht weiter zu II umgewandelt. Die II-Ausscheidung im Urin verhält sich also umgekehrt wie die I-Resorption im Darm. In ihren Rattenverss. konnten Vff. an leberkranken Menschen gemachte Beobachtungen bestätigen. Chron. Leberschäden hatten alle eine verminderte II-Ausscheidung zur Folge, während akute Leberschädigungen ohne Einfl. waren. Da weder I-Mangel noch Störungen des Fettstoffwechsels oder der Gallenausscheidung eine vermehrte I-Resorption bewirken, schließen Vff., daß eine chron. Leberschädigung ganz allg. die Darmaktivität beeinflußt, die zu einer Steigerung der I-Aufnahme aus dem Darm führt. (J. Lab. clin. Med. **39.** 725—36. Mai 1952. Chicago, Ill., Cook County Hospital u. Northwestern Univ., Med. School, Dep. of Pothology, u. Hektoen Inst. for Med. Res.) HELGE. 4594

Ss. Je. Ssewerin und **A. A. Dikanowa,** *Kohlenhydrat–Phosphor-Stoffwechsel des glatten Muskels.* Bei aerober Verabreichung von *Glykogen* (I) u. *Glucose* (II) ist die glatte Muskulatur des Magens von Taube u. Huhn für mineral. P_2O_5 (III) wenig resorptionsfähig. Unter anaeroben Bedingungen ist die Phosphorylierung bei I-Zufuhr um ca. 50% geringer, bei II-Zufuhr wird prakt. kein III resorbiert. Bei Incubation mit NaF reichert sich der gesamte P in der Fraktion der *Phosphoglycerinsäure* (IV) an. Wenn durch Incubation in Ggw. von Monobromessigsäure die Oxydoreduktions-Rkk. ausgeschaltet werden, geht die III-Resorption zurück; es wird Anreicherung des resorbierten III in der Fraktion des *Fructosediphosphats* beobachtet. Bei Incubation von Muskelbrei reichert sich die durch Umwandlung der IV entstandene *Milchsäure* auch unter aeroben Bedingungen an. Das Fehlen wesentlicher Unterschiede der Zwischenprodd. bei aeroben u. anaeroben Umwandlungen der Kohlenhydrate spricht dafür, daß in der glatten Muskulatur beide sich wenig u. nur quantitativ unterscheiden. (Биохимия [Biochemie] **17.** 584—92. Sept./Okt. 1952. Moskau, Univ., Bodenbiol. Inst., Labor. für Biochem. der Tiere.) R. K. MÜLLER. 4596

Max Kleiber, Arthur H. Smith, Arthur L. Black, Mary A. Brown und **Bert M. Tolbert,** *Acetat als eine Vorstufe der Milchbestandteile bei der normalen Milchkuh.* Bei 4 Milchkühen wurde $^{14}C_{(COOH)}$- bzw. $^{14}C_{(CH_3)}$-markiertes *Na-Acetat* in Dosen von 6—11 μ pro kg Körper-Gew. injiziert. Die maximalen Aktivitäten in der Respirationsluft wurden bei $C_{(COOH)}$-markiertem 6—12, bei $C_{(CH_3)}$-markiertem Acetat 12—24 Min. nach der Injektion festgestellt, wobei im ersten Fall die Aktivität höher war. Von dem ^{14}C aus $C_{(CH_3)}$-markiertem Acetat wurden je 2% in Casein u. Lactose u. 12% in Milchfett, aus $C_{(COOH)}$-markiertem Acetat je 1% in Casein u. Lactose u. 9% in Milchfett wiedergefunden. Aus den erhaltenen Ergebnissen u. den nach Verabreichung von markiertem Carbonat gewonnenen Werten wurden die prozentualen ^{14}C-Anteile berechnet, die auf dem Wege über Carbonat in die Milchbestandteile gelangen. (J. biol. Chemistry **197.** 371—79. Juli 1952. Davis u. Berkeley, Calif., Univ. of California, Coll. of Agric. and Radiation Labor.) KRUSEN. 4596

Max Kleiber, Arthur L. Black, Mary A. Brown und **Bert M. Tolbert,** *Propionat als eine Vorstufe von Milchbestandteilen bei der normalen Milchkuh.* (Vgl. auch vorst. Ref.) N. Milchkühen wurden 3—5 mMol *Na-Propionat* (I) mit markiertem $^{14}C_{(COOH)}$- oder $^{14}C_{(\alpha)}$-Atom (9—12 γC ^{14}C pro kg Körpergewicht) injiziert. Die spezif. Aktivität in der Exspirationsluft erreichte ihr Maximum bei $^{14}C_{(COOH)}$-markiertem **I** 3—5 Min. u. bei $^{14}C_{(\alpha)}$-markiertem **I** 12—15 Min. nach der Injektion. Vgl. mit früheren Unterss. an Acetat (**II**) zeigt, daß die Decarboxylierung bei **I** schneller als bei **II** erfolgt, während die $^{14}C_{(\alpha)}$-Oxydation annähernd gleich ist. Von $^{14}C_{(COOH)}$-I ($^{14}C_{(\alpha)}$-I) erscheinen innerhalb von 2 Tagen 4% (7%) in der Lactose der Milch, 1% (2%) im Casein u. 2% (1%) im Butterfett. (J. biol. Chemistry **203.** 339—46. Juli 1953. Davis and Berkeley, Univ. of California, Coll. of Agric., and Radiation Labor.) KRUSEN. 4596

G. Högström, *Die Isotopenverteilung in Aminosäuren aus sich regenerierender Rattenleber nach Verabreichung markierten Acetats.* Partiell hepatektomierte Ratten erhielten intraperitoneal $^{13}CH_3{}^{14}COONa$. Aus der sich regenerierenden Leber wurden 14 Aminosäuren (**I**) isoliert. *Glutaminsäure, Asparaginsäure, Alanin, Serin, Glykokoll, Prolin* u. *Arginin* waren markiert, während *Valin, Leucin, Isoleucin, Threonin, Tyrosin, Lysin* u. *Histidin* nur unbedeutende Mengen der Isotopen enthielten. Die Verteilung von ^{13}C u. ^{14}C in den markierten **I** stimmte mit der Annahme eines KREBS-Cyclus in der Rattenleber überein. (Acta chem. scand. **7.** 45—50. 1953. Stockholm, Univ., Wenner-Gren Inst., Dep. of Physiol. Chem.) K. MAIER. 4596

W. G. Spector, *Verabreichung von markiertem Glykokoll bei Nephrosen.* ^{15}N-*Glykokoll* wird Kindern mit Nephrosen verabreicht. Es wird festgestellt, daß N viel schneller in die Albumine u. das Globulin eingebaut wird als bei gesunden Personen. Aus dem ähnlichen Verlauf der Kurven für die Albumine wird geschlossen, daß ein vermehrter Abbau von Serumalbumin zur Albuminurie führt u. daß durch Konstanthalten des Serumalbuminspiegels der starke Eiweißverlust des Körpers kompensiert werden könnte. (Clin. Sci. **13.** 1—10. Febr. 1954. London, Med. School, Univ. Coll., Hosp., Dep. of morbid Anat.) U. BAUMANN. 4596

Ss. Ja. Dawydowa und **I. Ju. Nowakowskaja,** *Die Intensität des Einbaues von radioaktivem Methionin in die Gewebeproteine von Ratten und Hunden bei Eiweißmangel und parenteraler Ernährung.* An Hunden wird der Eiweißstoffwechsel durch Verabreichung von ^{35}S-*Methionin* (**I**) untersucht. Bei eiweißfreier Nahrung wird die stärkste Radioaktivität im Eiweiß von Dünn- u. Dickdarmschleimhaut, Leber, Nieren u. Pankreas gefunden. Parenterale Eiweißzufuhr bewirkt bei eiweißfrei oder -arm ernährten Hunden Annäherung der Radioaktivität an die Norm. Bei Ratten verstärkt Hypproteinose den Einbau des radioakt. **I** (außer bei den Muskelproteinen). Tryptophanfreie Nahrung erhöht die Radioaktivität der Gewebeproteine nicht, setzt sie sogar in einzelnen Organen (Leber) herab. Der erhöhte **I**-Einbau bei Hypoproteinose bleibt lange bestehen, die Abnahme des ^{35}S erfolgt langsamer als bei den Kontrolltieren. Ein merklicher Verdünnungseffekt wird erst bei 40% Eiweiß in der Nahrung beobachtet; dann ist der Geh. an isotopem **I** in Blut, Leber u. Nieren durch das **I** aus der Nahrung herabgesetzt. Verlängerung der eiweißarmen Kost von 1 auf 6½ Tage führt nicht zu stärkerem **I**-Einbau, allerdings ist die relative spezif. Aktivität höher als in der Norm. (Биохимия [Biochemie] **17.** 570—77. Sept./Okt. 1952. Moskau, Inst. für biol. u. med. Chem. der Akad. der Med. Wiss. der UdSSR.) R. K. MÜLLER. 4596

G. E. Burch, C. T. Ray und **S. A. Threefoot,** *Bestimmung der zur Einstellung eines Verteilungsgleichgewichts notwendigen Zeit von langlebigen radioaktivem Chlor und*

Natrium bei Menschen mit und ohne chronische Herzfehler. An Gesunden u. chron. Herzkranken wurde die zur Einstellung eines Verteilungsgleichgewichtes von ^{36}Cl u. ^{22}Na notwendige Zeit nach intravenöser Applikation untersucht. Diese Zeit betrug zwischen 24 u. 48 Std., im Mittel bei 6 Personen 36 Stunden. Bei chron. Herzkranken war die Zeit gering verlängert. Für Verss. am Menschen wird vorgeschlagen, mindestens 3 Tage zur Einstellung des Gleichgewichts zu warten. Die theoret. Grundlagen derartiger Verss. werden diskutiert. (Acta med. scand., Suppl. Nr. **266.** 329—41. 1952. New Orleans, Tulane Univ., School of Med. u. Charity Hosp. of Louisiana.) WOLFGANG ALBRECHT. 4596

K. Voit, *Der Glutathiongehalt des Blutes bei der Leberparenchymschädigung.* Der Einfl. von Schädigungen des Leberparenchyms auf den *Glutathion* (**I**)-Geh. des Blutes wird zusammenfassend dargestellt. Bei Hepatitis epidemica ist zunächst der **I**-Blutspiegel nicht wesentlich verändert, es bestehen keine Parallelen zum Bilirubinspiegel. Im weiteren Verlauf der Krankheit entspricht der **I**-Geh. des Blutes dem Krankheitsbild, der **I**-Spiegel sinkt unter die Norm ab. Therapeut. wurde *Adenosintriphosphorsäure*, welche bei Leberschädigungen ohne Erfolg war, *BAL* (*Dimercaptopropanol*), welches bei frischen Hepatitiden zu einem **I**-Anstieg im Blut führte, u. *Methionin* gegeben, welches bei schweren Leberparenchymschäden einen **I**-Abfall veranlaßte. Die Ergebnisse werden kurz diskutiert u. die Bedeutung des **I**-Spiegels im Blut für die Beurteilung der Leberfunktion hervorgehoben. (Münchener med. Wschr. **96.** 476—77. 23/4. 1954. Mainz, Univ., Med. Klinik.) WOLFGANG ALBRECHT. 4597

Aage Warming-Larsen, *Die Ausscheidung von Ketonkörpern durch die Nieren.* 2. Mitt. (1. vgl. Scand. J. Clin. Lab. Invest. **1.** [1949.] 245.) Bei n. Personen in verschied. Stadien einer Hungerketonämie wurde nachgewiesen, daß in den Nierentubuli eine akt. Reabsorption von *β-Oxybuttersäure* (**I**) stattfindet. Mit zunehmenden Mengen filtrierter **I** nimmt auch der reabsorbierte Anteil bis zu einer gewissen oberen Grenze zu, jenseits derer die Reabsorptionsgeschwindigkeit von **I** annähernd konstant bleibt (20—28 mg/Min.). Die Filtrationsgeschwindigkeit wurde durch Inulinclearancebest. ermittelt. (Acta med. scand. **144.** 197—200. 10/12. 1952. Kopenhagen, Kommune Hospitalet, Med. Dep. III, u. Blegdamshospitalet, Med. Dep.) K. MAIER. 4597

A. Fleckenstein, *Mechanismus von Erregung und Erregungshemmung unter besonderer Berücksichtigung des Novocains.* Überblick über die Elektrophysiologie der Erregung u. den Wirkungsmechanismus der Lokalanästhetica, die der Vf. als membranakt. Substanzen mit spezif. hemmenden Effekten auf die Kationenpermeabilität betrachtet. (Anaesthesist **3.** 15—19. Febr. 1954. Heidelberg, Univ., Pharmakol. Inst.) F. LEUSCHNER. 4598

J. F. Delafresnaye and G. Howard Smith, Eds., Experimental diabetes and its relation to the clinical disease. A symposium. London: Blackwell Scientific Pubns. 1954. (X + 352 S. m. Abb., Diagr.) 35 s.

Pierre Prevot, Croissance, développement et nutrition minérale de l'arachide. Paris: Soc. d'éditions techniques coloniales. 1954. (108 S. m. Abb.) fr. 500,—.

—, Les stéroïdes urinaires, étude biologique et clinique au cours de la gestation normale et pathologique. Paris: Masson. 1954. (132 S. m. Abb.) fr. 650,—.

E₆. Pharmakologie. Therapie. Toxikologie. Hygiene.

W. Dittrich, *Indirekte Strahlenwirkung und zeitliche Dosisverteilung.* Vf. diskutiert Beobachtungen von BRASCH, HUBER u. WALY (C. **1954.** 6919), wonach die Zerstörung des *Tartrazin*-Mol. durch Elektronenblitze hoher Energie mit einer Zunahme der Ionenausbeute reit der Anzahl der Blitze bei gleicher Gesamtdosis verbunden ist. In wss. Phase ist der Hinfl. der zeitlichen Verteilung der Dosis so zu deuten, daß die Wiedervereinigung der H-Atome u. der OH-Radikale zu H_2O mit der spaltenden Primär-Rk. der Bestrahlung in Konkurrenz tritt, wodurch die indirekte Strahlenwrkg. im Sinne einer Erhöhung beeinflußt wird. (Z. Naturforsch. **8b.** 10—13. Jan. 1953. Hamburg-Eppendorf, Univ., Frauenklinik.) REUSSE. 4601

P. Bonet-Maury und **F. Patti,** *Der Schutz von Mäusen nach Röntgenbestrahlung des ganzen Körpers.* Vff. unterscheiden bei der Wrkg. von Röntgenstrahlung auf Mäuse (weiß, heterocygot, 20 g) die Primär-Rk., nämlich Bldg. von H- u. OH-Radikalen u. Prodd. wie H_2O_2, sek. Rkk. mit Enzymen usw. u. biol. Folgen. Sie gaben Dosen von 800 r, die eine 100%ig. Mortalität bei einer Überlebensdauer von 100 Std. bewirkten. *Katalase* erhöht zwar die Überlebensdauer, setzt aber die Mortalität nicht herab. Dies wird durch Behandlung mit Kohlengas (*CO*), *KCN* u. *Malonitril* erreicht. Möglicherweise wird hierdurch der Transport von O_2 zu den Zellen verlangsamt. Die Zelloxydation konnte weder durch Thiouracil, andere Anti-Thyroidica, Narkotica, andere Therapeutica oder Herabsetzung der Temp. beeinflußt werden, die Zahl der überlebenden Mäuse betrug stets Null. Auch die Anwendung geringer Bestrahlungsdosen zur „Radiophylaxie" brachte keinen Erfolg. (Brit. J. Radiol. **27.** 72–76. Jan. 1954. Paris, Inst. du Radium.) M. WIEDEMANN. 4601

V. J. Horgan und **J. St. L. Philpot,** *Versuche zur Abschätzung von organischen Peroxyden in röntgenbestrahlten Mäusen.* Vff. geben einen vorläufigen Bericht über die Verss. zum Nachw. organ. Peroxyde in Mäusen nach Behandlung mit 250 kV Röntgenstrahlung der Dosis 950 r. Sie verwandten die HARTMANN-GLAVIND-Rk. mit Leuko-2.6-Dichlorphenolindophenol (Leukoindophenol) u. benützten als Extraktionsmittel n-Butanol. Auf Fehler infolge Extraktion von Dehydroascorbinsäure usw. wird hingewiesen. Als Katalysator eignen sich Cuprosalze am besten. LiCl unterdrückt die Reaktion. Nach Red. mit Hydrosulfit konnten im Extrakt keine Hämochromogen-Banden festgestellt werden, Pyridinparahämatin kann also nicht die Ursache der Oxydation des Leukoindophenols sein. Bei der Bestrahlung der Mäuse wird ein Stoff gebildet, der sich von Katalysatoren wie Parahämatin durch seine Rk. mit $SnCl_2$ bei Abwesenheit von Luft unterscheidet, von Äthyloleatperoxyd u. Tetralinperoxyd dadurch, daß er mit Leukoindophenol bei Ggw. von Cu^+ u. Luft erst nach dem Erhitzen reagiert u. von Diäthylperoxyd durch seine Rk. mit $SnCl_2$ u. durch das Fehlen einer Rk. mit Ti^{3+}-Acetylaceton. Aldehydnatur ist nicht ausgeschlossen, aber unwahrscheinlich. (Brit. J. Radiol. **27.** 63–72. Jan. 1954. Harwell, Med. Res. Counc., Radiobiol. Res. Unit.) M. WIEDEMANN. 4601

Walter Fleischmann und **John T. Brackin jr.,** *Gewichtsbeeinflussung bestrahlter Nebenkeimdrüsen von kastrierten männlichen Ratten durch Testosteronpropionat.* Röntgenbestrahlung hat keinen oder nur geringen Einfl. auf das Gewicht der accessor. Sexualorgane (Prostata, Koagulationsdrüse u. Samenblase) von kastrierten Ratten. Die Wachstumsanregung durch Injektion von *Testosteronpropionat* wird durch Bestrahlung ebenfalls nicht verhindert, jedoch wird sie etwas geringer. (Endocrinology **54.** 227–228. Febr. 1954. Abington, Pa., Me. Hosp.) NIEMANN. 4601

H. Langhof und **M. Sprössig,** *Zur Pathogenese und Therapie des Lichtekzems.* Als Sensibilisatoren bei 16 Patienten mit Lichtekzem wurden (nicht in allen Fällen) *Porphyrin* (I) oder *Carotin* gefunden. Größte Lichtempfindlichkeit bestand bei Ggw. von I in der Haut. Sie ist ihrem Wesen nach eine Photooxydation, die durch starke Reduktionsmittel oder BAL aufgehoben werden kann. Durch den aktivierten Sauerstoff entsteht in der Haut unter anderem tox. wirkendes Histamin, das zu Organschäden (Leber, Magen, Darm) mit nachfolgender Dysbakterie führt. (Arch. Dermatologie Syphilis **197.** 303–21. 1954. Greifswald, Univ., Hautklinik.) P. LOCH. 4601

W. Feldberg und **S. L. Sherwood,** *Injektion von Pharmacis in den lateralen Ventrikel der Katze.* Implantation einer Kanüle in den Schädel zwecks wiederholter Injektion verschied. Drogen in den lateralen Ventrikel am nicht anästhesierten Tier. Folgende Rkk.: *Acetylcholin*: Stimmerhöhung, allg. Erschlaffung u. Erstarrung. *Adrenalin* u. *Noradrenalin*: leichte Anästhesie, Schlucken, Erbrechen. *5-Oxytryptamin*: Muskelschwäche, Speichelfluß, Atmungsbeschleunigung. *Adenosintriphosphat*: ähnliche Wrkg. wie bei *Adrenalin*, ferner Muskelschwäche, Ataxie, Rötung der Ohren u. Pfoten, Schläfrigkeit (*Adenosin* gleiche, aber schwächere, $Na_4P_2O_7$ keine Wrkg.). *Histamin*: starke Muskelschwäche, Kotentleerung, Schlucken, Speichelfluß, Augentränen, Kurzatmigkeit, Erschlaffung der Nickhaut. *Hexamethonium*: Muskelschwäche, Ataxie, aber keine Krampfzustände, Kotentleerung, Erbrechen, Speichelfluß u. Kurzatmigkeit. *Dekamethonium*: Kranpfzustände, Zittern des ganzen Körpers, ferner Kotentleerung, Erbrechen, Speichelfluß u. Kurzatmigkeit. *Banthin*: motor. Insuffizienz, Kotentleerung, Erbrechen, Speichelfluß, Erschlaffung der Nickhaut, Nystagmus. *Atropin*: Lebhaftigkeit, Ruhelosigkeit, Scheuern an Gegenständen, bei höheren Dosen vorher Kotentleerung, Erbrechen, Speichelfluß u. Kurzatmigkeit. *D-Tubocurarin*: Epilepsieähnliche Anfälle, Reizbarkeit, lautes Schreien, erweiterte Pupillen, Kotentleerung, Erbrechen, Speichelfluß, Kurzatmigkeit. (J. Physiology **123.** 148–67. 28/1. 1954. London, Nat. Inst. for Med. Res.) HANS THIELE. 4607

Harry Weller und **R. R. Ronkin,** *Die Wirkungen von 2.4-Dinitrophenol auf den Sauerstoffverbrauch und Flimmerepithelaktivität in den Kiemen von Mytilus.* Die Unters. der Wrkg. von *2.4-Dinitrophenol* (I) auf den O_2-Verbrauch der isolierten Kiemen von *Mytilus edulis L.* ergab eine maximale Steigerung desselben bei einer I-Konz. von $5 \cdot 10^{-4}$ molar. Die Bewegung der Flimmerhaare wurde mit zunehmender I-Konz. immer stärker gehemmt. 50%ig. Hemmung erfolgte bei $4 \cdot 10^{-4}$ mol. I, vollständige bei $7{,}7 \cdot 10^{-3}$ mol. I. Die eng beieinanderliegenden Werte dieser wirksamen Konzz. deuten auf eine mögliche Rolle von I bei der Abtrennung exergon. Prozesse von endergon. hin. (Proc. Soc. exp. Biol. Med. **81.** 65–66. Okt. 1952. Newark, Del., Univ. of Delaware, Dep. of Biol. Sci., u. Woods Hole, Mass., Marine Biol. Labor.) K. MAIER. 4607

I. P. Gurjewa, *Der Einfluß von Coffein und Chloralhydrat auf die Erhaltung des Antianämiefaktors in der Magenschleimhaut der weißen Ratte bei Eiweißmangel in der Nahrung.* In Verss. an eiweißarm ernährten weißen Ratten wird das hierbei zu erwartende Verschwinden des antianäm. Faktors aus der Magenschleimhaut durch Hemmung der Erregbarkeit des Zentralnervensyst. mittels *Chloralhydrat* (30—40 mg täglich während 3 Wochen subcutan) verhindert, wie aus der reticulocytären Rk. nach subcutaner Injektion eines Ultrafiltrats der Magenschleimhaut dieser Tiere bei gesunden Ratten geschlossen wird. Demgegenüber ist *Coffein* (10 mg per os bzw. subcutan, täglich 3 Wochen lang) ohne Einfl. auf den antianäm. Faktor. (Вопросы Питания [Fragen d. Ernähr.] **12.** Nr. **2.** 26—29. März/April 1953. Moskau, 2. Med. Stalin-Inst., Lehrstuhl für Biochemie.) RENTZ. 4607

R. A. Silken, *Pansenkonzentrate.* Anwendung von konz., gereinigter Pansenflüssigkeit mit den dazugehörigen Mikroorganismen zur Herst. einer n. Pansenflora nach Behandlung von Wiederkäuern mit Antibioticis. (Manufact. Chemist **25.** 194—96. Mai 1954.) ENDRASS. 4609

John L. Gardiner und **Marion M. Farr,** *Nitrofurazon zur Vorbeugung gegen experimentell erzeugte Eimeria tenella-Infektionen bei Hühnchen.* 1 Tag alte Hühnchen wurden mit Eimeria tenella-Sporen infiziert u. der Einfl. verschied. Dosen *Nitrofurazon* (I; *5-Nitro-2-furaldehydsemicarbazon*) zum Mischfutter auf wichtige biol. u. medizin. Faktoren untersucht. Danach bieten Dosen von 0,0108 u. 0,0112% I bei längerer Verabfolgung (28 Tage) einen teilweisen Schutz, bei nur 7tägiger Verabfolgung dagegen ist dieser Schutz nur gering u. unsicher. Eine 7tägige Verabreichung von 0,0216% I erwies sich als sehr wirksam, wenn sie innerhalb 48 Std. nach erfolgter Infektion einsetzte. Ein Behandlungsbeginn bereits 48 Std. vor derselben war ebenso wie der später als 48 Std. danach wenig nützlich u. wurde völlig wertlos, wenn die Verabfolgung erst nach dem Auftreten der 1. Symptome der Coccidiosis einsetzte. (J. Parasitology **40.** 42—49. Febr. 1954. Beltsville, Md., U. S. Bureau of Animal Ind., Zool. Div.) GERDA SCHULZE. 4610

N. A. Mirsojan, *Die Behandlung von Malaria mit den synthetischen Präparaten Nr. 315 und 317. Präp. 315* (I) ist ein krist. gelbes, bitter schmeckendes Pulver, *Präp. 317* (II) ist rotbraun (keine näheren Angaben über I u. II). 50 Kranke wurden mit I (32 davon mit Tertiana, 16 mit Tropica u. 2 mit Quartana), 25 mit II (20 davon mit Tertiana, 4 mit Tropica u. 1 mit Quartana) behandelt. 36 bzw. 9 Kranke waren frisch erkrankt. Nebenerscheinungen wurden bei keinem der Präpp. beobachtet. Nach I traten bei 12,5% der Behandelten Rezidive auf, nach II ca. $^1/_3$ der Fälle (Beobachtungsdauer 1 Jahr). Die Wirksamkeit von I ist damit höher als die des *Acrichins.* (Медицинская Паразитология и Паразитарные Болезни [Med. Parasitol. parasit. Krankh.] **1953.** 427—30. Sept./Okt. Usbek. Inst. für Malaria u. med. Parasitol.) DU MANS. 4610

Frans C. Goble, Charlotte Amalie und **St. Thomas,** *Die Inaktivität gewisser 6-Oxy-8-aminochinoline bei der experimentellen Chagaskrankheit.* Bei einem Vgl. zwischen *6-Oxy-8-aminochinolin* (I) u. *6-Methoxy-8-aminochinolin* (II) als Chemotherapeuticum gegen Trypanosoma cruzi, dem Erreger der CHAGAS-Krankheit, im Mäusevers. mit Dosen von 15 mg/kg/Tag hatte I im Gegensatz zu II keinen Einfl. auf den Krankheitsverlauf. (J. Parasitology **40.** 102. Febr. 1954. U. S. Virgin Islands.) GERDA SCHULZE. 4610

T. A. Schukowa, *Weitere Beobachtungen über die Wirksamkeit der Chemoprophylaxe durch Acrichin, Bigumal und Plasmocid, Bigumal mit Plasmocid und Bigumal allein.* 276 Malariakranke mit vergrößerter Milz wurden zunächst behandelt u. erhielten anschließend eine regelmäßige Chemoprophylaxe. Tertiana wog vor, doch auch Tropica war vertreten. Bei Verwendung einer Kombination von *Acrichin* mit *Bigumal* (I) u. *Plasmocid* (II) bzw. I + II erhielt man bessere therapeut. u. prophylakt. Resultate als nach I allein. Nach Behandlung mit I bzw. I + II wurden bei Malaria tropica keine Rezidive beobachtet. Die Präpp. wurden gut vertragen. (Медицинская Паразитология и Паразитарные Болезни [Med. Parasitol. parasit. Krankh.] **1953.** 418—24. Sept./Okt. Inst. für Malaria, med. Parasitol. u. Helminthol. des Gesundheitsminist. der UdSSR, Epidemiol. Abt.) DU MANS. 4610

Ju. Ss. Gilewitsch, *Die Behandlung des Zeckenrückfallfiebers mit Albomicin.* Mit *Albomicin* (I) wurden 20 Rückfallfieberkranke, die in Pamir durch Ornithodorus papillipes infiziert wurden, behandelt. Im Blute wurde meist Spirochaeta sogdiana gefunden. Die sofortige parenterale Einführung von hohen Dosen I, 6 (Millionen) E. am 1., jeweils 4., 5 am 2. u. 3. u. 1,5 an den nachfolgenden Tagen erwies sich bei einem Gesamtverbrauch von 20—25 Millionen I wirksamer als eine protrahierte Behandlung mit kleineren Dosen. Die Kranken konnten nach 6—8 Tagen als gesund entlassen werden. Spätere Rückfälle u. Neben-Rkk. wurden nicht beobachtet. I war wirksamer als alle bisherigen Behandlungen, einschließlich Penicillin. (Медицинская Паразитология и Паразитарные Волезни [Med. Parasitol. parasit. Krankh.] **1953.** 433—35. Sept./Okt.) DU MANS. 4610

J. Deom, *Erfolglose Nivaquine-Therapie bei Rhodesiafieber von Rindern in Ruanda-Urundi. Nivaquine* (3377 R. P.) = (*4-[4'-Diäthylamino-1'-methylbutylamino]-7-chlorchinolinsulfat* (I) wurde in 10%ig. Lsg. intramuskulär oder in Kompretten zu 300 mg oral an 3 Stiere mit rhodes. Zeckenfieber, Erreger Theileria parva, verabreicht, weil eine günstige I-Wrkg. auf Theileria dispar bekannt geworden war. Alle Tiere starben, daher erscheint I zur Bekämpfung von Th. parva ungeeignet. Besprechung der Fälle. (Bull. agric. Congo belge **45.** 149—55. Febr. 1954. Ruanda-Urundi, Labor. Vétérinaire de Kisenyi.) DOSSMANN. 4610

Hans Georg Honerla, *Bakterienausscheidung während und nach der Behandlung der Ruhr* (*E-Ruhr*) *mit Sulfonamiden und Antibioticis.* Bericht über 16 ruhrkranke Kinder, Behandlung mit *Resulfon* (I) 0,15—0,35 g/kg/Tag über 5—7 Tage. Da in den meisten Fällen die Bakterienausscheidung bestehen blieb, weitere Behandlung mit *Aureomycin* (II) 20—25 mg/kg/Tag über 5 oder *Chloromycetin* (III) 40—70 mg/kg/Tag über 6 Tage. Nach Vf. hängt die Beendigung der Ruhrbakterienausscheidung nicht unmittelbar von der Verabreichung von I, II oder III ab. (Mschr. Kinderheilkunde **102.** 274—76. Mai 1954. Lübeck, Städt. Krankenhaus Süd.) DOSSMANN. 4610

Shigehiro Katsura, *Über therapeutische Anwendungen des Hinokitiols* (*m-Isopropyltropolon*) *bei tuberkulöser Fistel und Lungentuberkulose.* Bericht über Ergebnisse mit der Siebenerringverb. *Hinokitiol* (I) = *4-Isopropylcycloheptatrien-*(*2.4.6*)*-ol-*(*2*)*-on-*(*1*) oder *m-Isopropyltropolon* bei tuberkulösen Fisteln u. Lungentuberkulose. I-Anwendung als Salbe, Lsg. in Öl, Emulsion, Talkumpuder u. Suppositorien. Die Wrkg. ist langsam, Resistenzentw. gegenüber I wurde nicht festgestellt. (Beitr. Klin. Tuberkul. **110.** 522—25. 17/2. 1954. Niigata, Japan, Univ., Med. Klinik.) DOSSMANN. 4610

R. L. Midgley und **B. Moore,** *Einige Beobachtungen über die Ergebnisse hoher Isoniaziddosierung bei Lungentuberkulose.* Bericht über 46 Lungentuberkulosen. Alleinige Behandlung mit *Nydrazid* (SQUIBB & SONS), Dosierung 6—12 mg/kg/Tag über mindestens 6 Monate, Erfolge in 34 Fällen, 12 Versager meist bei Patienten mit fortgeschrittener chron. Tuberkulose, davon 2 Todesfälle. (Tubercle **35.** 108—12. Mai 1954. Bovey Travey, Hawkmoor Chest Hosp., u. Exeter, Public Health Labor.) DOSSMANN. 4610

D. Groeben und **H. J. Neumark,** *Ein Erfahrungsbericht über INH unter Berücksichtigung von Resistenz und Rezidivhäufigkeit.* (Tuberkulosearzt **8.** 282—90. Mai 1954. Heiligenhafen, Holstein, Landeskrankenhaus.) DOSSMANN. 4610

J. S. Oldham, B. D. Bower, I. J. Carré und **O. H. Wolff,** *Streptomycinbehandlung von tuberkulöser Meningitis bei Kindern. Eine Nachuntersuchung über lange Zeit.* Bericht über 122 Kinder mit tuberkulöser Meningitis, 92 wurden mehr als 2 Jahre beobachtet. Behandlung mit *Streptomycin* (I) oder *Dihydro-*I, Überlebensrate 38%, 14 Defektheilungen, 12 Gehörverluste, der Zusammenhang mit *Dihydro-*I u. der Höhe der Dosierung wird diskutiert. (Tubercle **35.** 102—08. Mai 1954. Birmingham, Children's Hosp.) DOSSMANN. 4611

William Mabon Davis, *Erfolgreiche Behandlung von Pneumokokkenpneumonie mit einer Kombination von Chloramphenicol und Penicillin.* (Amer. J. med. Sci. **227.** 391—97. April 1954. New York, N. Y., Univ., Coll. of Med., Dep. of Med.) KRUSEN. 4611

X. Vilanova und **F. de Dulanto,** *Die Kombination Penicillin–Sulfonamide–Kobalt, oral gegeben in der dermatologischen Therapie.* Gute Erfolge mit einem Präp., das *Penicillin* (I), *Sulfamerazin, Sulfamerathin, Sulfadiazin* u. $CoCl_2$ enthielt bei 33 Patienten mit verschied. Dermatosen u. Geschlechtskrankheiten. Vgl. mit der alleinigen Anwendung von I. (Med. clín. [Barcelona] **22** (**12**). 169—78. März 1954. Barcelona, Fac. de Med. Cát. y Esc. Profesional de Dermatol.) HANS THIELE. 4611

Charles R. Rein, *Gegenwärtiger Stand der Penicillinbehandlung der Syphilis.* Vf. bespricht die *Penicillin* (I)-Therapie der Syphilis. Das am meisten bevorzugte Präp. ist zur Zeit *Procain-*I + *2% Al-Monostearat.* Angabe der Dosierungsschemen für die verschied. Syphilisformen. Hinweis auf neue I-Präpp. wie *Flocillin, Panbiotic, Bicillin.* (Antibiotics Annu. **1953/1954.** 223—26. Dez. 1953. New York, N. Y., New York Univ., Post-Graduate Med. School, Dep. of Dermatol. and Syphilol., u. New York Univ. Hosp.) DOSSMANN. 4611

Monroe J. Romansky, *Die Anwendung anderer Antibiotica als Penicillin bei der Syphilisbehandlung.* Vf. bespricht die unterschiedlichen Erfolge bei der Behandlung der Syphilis mit *Aureomycin, Chloramphenicol, Terramycin* u. *Erythromycin* im Vgl. zu *Penicillin.* (Antibiotics Annu. **1953/1954.** 218—22. Dez. 1953. Washington, D. C., George Washington Univ., School of Med., Dep. of Med.) DOSSMANN. 4611

C. H. Mann, P. A. Bunn, C. R. Rein, C. Morseburg und **S. Flax,** *Laboratoriumsversuche und Toleranzuntersuchungen mit einer neuen, oral stabilen Suspension von Kalium-Penicillin.* Bericht über Vergleichsverss. mit je $3 \cdot 10^5$ E. *K-Penicillin* (**I**) = *Cilloral* (BRISTOL LABOR., INC.) in a) Cocosnußöl, b) wss. Lsg. u. c) Lsg. von *Benzethacil* in Wasser. Im Fall a) wurde verzögerte Resorption innerhalb der ersten 3 Std., verglichen mit b) festgestellt; c) ruft keine hohen **I**-Anfangswerte hervor, wie das bei a) u. b) der Fall ist. (Antibiotics Annu. **1953/1954.** 537—41. Dez. 1953. New York, N. Y., Bristol Labor.; Syracuse, N. Y., State Univ. of New York, Dep. of Med., u. New York, N. Y., Univ., Post-Graduate Med. School, Dep. of Dermatol. and Syphilology.) DOSSMANN. 4611

Perrin H. Long, *Tödliche anaphylaktische Reaktionen auf Penicillin.* Besprechung der Ursachen des Auftretens von anaphylakt. Schock bei *Penicillin* (**I**)-Behandlung. Bei Berücksichtigung früherer oder neu auftretender **I**-Überempfindlichkeitserscheinungen lassen sich Todesfälle vermeiden. Bei *Procain* (**II**)–**I**-Präpp. muß auch eine **II**-Rk. in Betracht gezogen werden. (Antibiotics Annu. **1953/1954.** 35—40. Dez. 1953. New York City, N. Y., State Univ. of New York, Dep. of Med., u. Brooklyn, N. Y., Kings County Hosp.) DOSSMANN. 4611

Edwin J. Pulaski, *Antibiotica bei der Behandlung chirurgischer Infektionen.* Am Beispiel der Peritonitis wird der Wert von *Penicillin, Oxytetracyclin, Chlortetracyclin* u. *Chloramphenicol* zur Vermeidung von Komplikationen besprochen. (Antibiotics Annu. **1953/1954.** 227—31. Dez. 1953. Walter Reed Army Hosp.) DOSSMANN. 4611

E. H. Peterson, H. E. Downing, G. E. Hawley und **H. G. Luther,** *Oxytetracyclin bei chronischen Krankheiten der Atmungsorgane und infektiöser Sinusitis.* Küken mit experimentell erzeugten Krankheiten der Luftwege reagierten prophylakt. u. therapeut. günstig auf *Oxytetracyclin.* (Antibiotics Annu. **1953/1954.** 360—65. Dez. 1953. Terre Haute, Ind., Chas. Pfizers and Comp. Inc.) DOSSMANN. 4611

Peter Hay und **Peter McKenzie,** *Nebenwirkungen der Oxytetracyclintherapie.* Bei 603 Fällen traten bei *Oxytetracyclin-* = *Terramycin* (**I**)-Behandlung in 8% der Fälle Nebenwirkungen auf; Erwachsene erhielten nicht mehr als 2 g, Kinder 20 mg/kg/Tag. 2 Gruppen von Nebenwirkungen: Erscheinungen mit koagulasepositiven, **I**-resistenten Staphylokokken wie Gastro-Enterocolitis, Mandelentzündung, Ausschlag u. Fälle, bei denen keine **I**-resistenten Organismen nachzuweisen waren mit Pyrexie, Urticaria, Erythemen. Vor Anwendung der Antibiotica mit breitem Wirkungsspektr. bei geringfügigen Krankheiten wird gewarnt. (Lancet **266.** 945—50. 8/5. 1954. Glasgow, Belvidere Infections Diseases Hosp.) DOSSMANN. 4611

Emitt H. Shoemaker und **Ellard M. Yow,** *Klinische Auswertung von Erythromycin.* Bericht über *Erythromycin* (**I**)-Behandlung von 33 Fällen mit Infektionen durch grampositive u. -negative Kokken. **I**-Dosierung 25 mg/kg/Tag. Bis auf 5 Fälle sprachen alle klin. u. bakteriol. gut auf **I** an. Keine ernsten Nebenwirkungen. (Vgl. auch C. **1954.** 9569.) (A.M.A. Arch. intern. Med. **93.** 397—406. März 1954. Houston, Tex., Baylor Univ., Coll. of Med., Dep. of Internal Med., u. Jefferson Davis Hosp.) DOSSMANN. 4611

Joseph E. Geraci und **William J. Martin,** *Antibiotische Therapie der bakteriellen Endocarditis.* 5. Mitt. *Therapeutische Betrachtungen über Erythromycin.* (4. vgl. Circulation **8.** [1953.] 494.) Besprechung von 7 Fällen bakterieller Endocarditis; Behandlung mit *Erythromycin* (**I**), tägliche Dosis 1—2,4 g, Behandlungszeit 1,5—30 Tage. Nach Vff. ist **I** allein von geringem u. **I** in Kombination mit anderen Antibioticis von begrenztem Wert bei dieser Krankheit. In vitro-Verss. ergaben, daß **I** mit *Streptomycin* (**II**) u. *Bacitracin* (**III**) bei gewissen Mikrobenstämmen synergist. Wrkg. haben kann; da diese Stämme häufig *Penicillin*-resistent sind, ist bei Nachw. solcher Erreger **I** + **II**(**III**)- oder **I** + *Neomycin*-Therapie angezeigt. Wegen der Verwandtschaft mit **I** wird auch *Carbomycin*-Therapie für wenig aussichtsreich gehalten. (Proc. Staff Meetings Mayo Clin. **29.** 109—18. 24/2. 1954.) DOSSMANN. 4611

James C. Whitaker, Aaron Prigot und **E. Gates Morgan,** *Untersuchungen über Resorption, Verteilung und Ausscheidung von Carbomycin B.* Bericht über Unterss. von Körper-Fll. bei *Carbomycin* (**I**)-B-Therapie, das bei oraler Verabreichung höhere **I**-Serumspiegel bedingt als **I**-A. Da hohe **I**-Spiegel im Urin festgestellt wurden, eignet sich **I**-B nach Vff. zur Therapie von Harnwegsinfektionen. (Antibiotics Annu. **1953/1954.** 527—30. Dez. 1953. New York City, N. Y., Harlem Hosp.) DOSSMANN. 4611

J. Park Biehl und **Morton Hamburger,** *Polymyxin-B-Therapie der Meningitis nach Maßnahmen am Zentralnervensystem.* Bericht über 3 Fälle, bei denen durch Eingriff am Zentralnervensyst. Meningitis durch Pseudomonas aeruginosa auftrat. Die Fälle verliefen tödlich trotz Therapie mit *Streptomycin, Penicillin, Terramycin, Aureomycin, Chloramphenicol* (**I**) u. anderen. 2 weiteren Fälle werden beschrieben, bei denen erst intrathecale *Polymyxin* (**II**)-Verabreichung zum Erfolg führte. Ferner Angabe eines weiteren Falles mit einer Proteusinfektion, die auf *Sulfadiazin* u. die genannten Antibiotica nicht ansprach, aber mit kombinierter **II** + **I**-Therapie geheilt werden konnte. (A.M.A. Arch. intern. Med. **93.** 367—78. März 1954. Cincinnati, Univ. of Cincinnati Coll. of Med., Dep. of Med., u. Cincinnati Gen. Hosp.) DOSSMANN. 4611

W. P. Fisher, Jesse Charney, Roy A. Machlowitz, James E. Blair und **Alfred A. Tytell,** *Ruticin, ein neues Antibioticum.* Bericht über Isolierung von *Ruticin* (**I**) aus Kulturfiltraten von Streptomyces rutgersensis. **I** ist instabil u. ähnelt dem *Rhodocidin.* Wegen der leichten Inaktivierung durch den Gewebestoffwechsel ist **I** in der vorliegenden Form therapeut. nicht verwendbar. (Antibiotics Annu. **1953/1954.** 174—76. Dez. 1953. West Point, Pa., Sharp & Dohme Div., Merck & Co., Inc.) DOSSMANN. 4611

Mario Coassolo, *Die Anwendung einer Kombination von Thyrothricin, Bacitracin, Neomycin und Kobalt bei Hals-Nase-Ohren-Erkrankungen.* Bericht über günstige Ergebnisse mit „*Antibiotin*" (Thyrothricin, Bacitracin, Neomycin u. Co) bei entzündlichen Erkrankungen der Otorhinolaryngologie. (Minerva med. [Torino] **45.** I. 587—90. 28/2. 1954. Torino, Univ., Clin. Otorinolaryngologica.) P. G. SCHEURLEN. 4611

Charlotte C. Campbell, Elizabeth P. Hodges und **Grace Binkley Hill,** *Therapeutischer Effekt von Nystatin (Fungicidin) bei experimentell mit Histoplasma capsulatum infizierten Mäusen.* Bericht über die Wrkg. von *Nystatin* (**I**) bei Mäusen nach Infizierung mit dem Erreger der menschlichen Histoplasmose. Bei **I**-Verabreichung 7 Tage nach der Infektion betrug die Überlebensrate noch 36—60%. (Antibiotics Annu. **1953/1954.** 210—14. Dez. 1953. Washington, D. C., Walter Reed Army Med. Center, Army Med. Serv. Graduate School, Dep. of Bacteriol.) DOSSMANN. 4611

Thomas H. Sternberg, J. E. Tarbet, Victor D. Newcomer, Hubert G. Huddleson, Robert H. Weir, Edwin T. Wright und **Roger O. Egerberg,** *Antifungus-Wirkungen von Nystatin auf die fäkale Flora bei Tieren und Menschen.* Bericht über Verss. an Mäusen bzgl. der Wrkg. von *Nystatin* (**I**) auf die tödliche Moniliasis, den Einfl. von **I** auf n. Fungi im Eingeweide u. auf den Ablauf experimenteller Infektionen des gastrointestinalen Traktes mit C. albicans. In allen 3 Fällen wurde ein günstiger **I**-Einfl. u. die teilweise Vernichtung des Erregers festgestellt. Die Wrkg. war unabhängig von zusätzlicher Verabreichung antibakterieller Präparate. Klin. Verss. mit **I** in einer Dosierung von 2 mal 0,5 g/Tag in 25 Fällen ergaben Reduzierung oder völliges Ausschalten hefeähnlicher Fungi aus dem Stuhl. Das Ergebnis wird durch gleichzeitige Verabreichung von *Oxytetracyclin* u. *Chlortetracyclin* nicht geändert. (Antibiotics Annu. **1953/1954.** 199—209. Dez. 1953. Los Angeles, Calif., Univ. of California, Med. Center, Dep. of Med. u. Veterans Administration Hosp.) DOSSMANN. 4611

William Gold, Herbert Stander und **Felix E. Pansy,** *Analysenmethoden für Nystatin. Nystatin* (**I**) wird zusammen mit einer 2. gegen Pilze wirksamen Substanz (**II**) von Streptomyces noursei erzeugt. **I** u. **II** unterscheiden sich dadurch, daß **I** gegenüber Candida albicans wirksam ist, **II** aber nicht. Angabe einer Agar-Diffusionstest-Meth. mit C. albicans als Testorganismus u. eines Röhrchenverdünnungstestes mit Saccharomyces cerevisiae, der von **I** u. **II** gehemmt wird. Beide Methoden werden besprochen u. die Möglichkeiten ihrer Verbesserung diskutiert. (Antibiotics Annu. **1953/1954.** 195—98. Dez. 1953. New Brunswick, N. J., Squibb Inst. for Med. Res.) DOSSMANN. 4611

Benigno R. Garat und **Carlos R. Landa,** *Allergie gegenüber Antibioticis und Sulfonamiden.* An Hand eines umfangreichen Schrifttums (442 Arbeiten) werden alle bisher bekannt gewordenen allerg. Rkk. auf Antibiotica u. Sulfonamide sowie deren Behandlung beschrieben. Auch auf die gegebenenfalls in Frage kommenden Entstehungsursachen der allerg. Rkk. wird eingegangen. (Acta allergol. **7.** 255—93. 1954. Buenos Aires.) H. P. FIEDLER. 4611

G. Martényi, *Die Bedeutung der Hyaluronidase für die intracavitäre Behandlung.* Vorläufiger optimist. Bericht über mit *Neoteben-* u. *PAS*-Schutz durchgeführte Instillationen von *Hyaluronidase* („*Kinetin*"; SCHERING), die zur schnellen Cavernenheilung führten. (Die Medizinische **1954.** 657—59. 1/5. Gauting, Obb., Städt. Tbk-Sanatorium u. Krankenhaus.) GIBIAN. 4614

A. Novo, *Analgesie während der Geburt durch Blockierung der Schamgegend, erleichtert durch Hyaluronidase.* Anwendung von *Novocain,* kombiniert mit *Adrenalin* u. *Hyaluronidase,* ergab gute Erfolge in 100 Fällen. (Med. clín. [Barcelona] **22** (**12**). 178—80. März 1954. Santiago de Compostela, Fac. de Med., Clín. de Obstetricia y Ginecol.) HANS THIELE. 4614

C. Zunin, *Unsere Erfahrungen mit den fibrinolytischen und pyolytischen Enzymen Streptokinase und Streptodornase.* Vf. konnte bei der Anwendung von *Streptokinase* u. *Streptodornase* bei tuberkulöser Meningitis, Pleuraempyem u. Pleuritis keinen Erfolg beobachten. Günstige Resultate wurden bei eitriger Meningitis erzielt. (Minerva med. [Torino] **45.** I. 1317—23. 9/5. 1954. Genova, Univ., Ist. di Clinica Pediatr. „G. Gaslini".) P. G. SCHEURLEN. 4614

Arthur G. Zupko und **Leon D. Prokop,** *Über neuere anticholinergische Wirkstoffe.* 1. Mitt. *Wirksamkeit als Antihyperhidrotica.* Vff. behandelten 116 an Hyperhidrosis leidende u. 21 n. Personen 6 Wochen bis 8 Monate lang mit *Banthine* (**I**; *Xanthen-9-carbonsäure-β-diäthylaminoäthylester-Methobromid*; SEARLE), *Pro-Banthine* (**IV**; *Xanthen-9-carbonsäure-β-diisopropylaminoäthylester-Methobromid*; SEARLE), *Anthrenyl* (**II**; *Phenylcyclohexylglykolsäure-β-diäthylaminoäthylester-Methobromid*; CIBA), *Darstine* (**III**; *1-Piperidino-4-phenyl-5-methylhexanol-(3)-Methobromid*; SHARP u. DOHME), *Prantal* (**V**; *N.N-Dimethylpiperidyliden-(4)-diphenylmethan-Methosulfat*; SCHERING) u. *Pamine* (**VI**; *Tropasäure-6.7-epoxytropinester-Methobromid*; UPJOHN). Es wird festgestellt, daß **VI** (15—30 mg per os) u. **II** (30—60 mg per os) die Schweißbldg. am stärksten unterdrücken. **VI** u. **III** werden innerhalb 30 Min., **IV** u. **II** erst 30 bis 60 Min. nach Applikation wirksam. Die Maximalwrkg. tritt bei **VI** u. **III** nach 30 bis 60 Min., bei **IV** u. **II** nach 60—90 Min. ein. Die Reihenfolge in der Wirksamkeitsstärke gegen Hyperhidrosis ist: **I, VI, II, IV, V** u. **III.** Die stärksten Nebenwirkungen (Kopfschmerzen, Dysurie) treten bei **I** auf; es folgen in abnehmendem Grade **II, IV, VI, III** u. **V.** Mit Ausnahme von **VI** scheint es, daß eine Beziehung zwischen der Stärke der Nebenwirkungen u. der der Maximalwirkungen gegen Hyperhidrosis besteht. (J. Amer. pharmac. Assoc., sci. Edit. **43.** 35—38. Jan. 1954. St. Louis, Mo., St. Louis Coll. of Pharm. and Allied Sci., Dep. of Physiol. and Pharmacol.) FAHRNLAENDER. 4620

R. Klima, J. Beyreder und **E. Herzog,** *Zur Wirkung des Butazolidins bzw. Irgapyrins bei der Lymphogranulomatose und anderen Blutkrankheiten.* Vff. berichten über klin. Erfahrungen mit *Butazolidin* (**I**) u. *Irgapyrin* (**II**) bei Patienten mit Lymphogranulomatose, Leukämie oder neoplast. Prozessen. Dosierung: 3—5 Dragées täglich bei guter Verträglichkeit u. ohne tox. Nebenwirkungen. Fieberattacken u. Schmerzen wurden gut beeinflußt, bei einigen Fällen Rückgang der Organveränderungen, bei der Mehrzahl der Patienten Besserung des Allgemeinzustandes. Auch bei akuten virusbedingten fieberhaften Infekten haben sich **I** u. **II** bewährt. (Wiener med. Wschr. **104.** 16—19. 2/1. 1954. Wien, Kaiserin-Elisabeth-Spital.) K. BÖHM. 4627

O. Rainer, *Irgapyrinschäden.* Vf. verweist auf die Nebenwirkungen des *Irgapyrins* (**I**), wie Exanthem, leichte Magen-Darm-Erscheinungen u. Leukocytenabnahme, u. beschreibt dann einen Fall, bei dem schwerste Ödeme nach **I**-Medikation auftraten. Orale Anwendung von **I** ist sicherlich ungefährlicher, parenterale Verabreichung erfordert aber klin. Überwachung. (Wiener med. Wschr. **104.** 178—79. 27/2. 1954. Klagenfurt, Landeskrankenhaus.) K. BÖHM. 4627

D. Bente, *Zur Wirkung des Phenothiazinkörpers Atosil auf das Schmerzgeschehen.* Klin. Betrachtung zur schmerzstillenden Wrkg. des *2-Dimethylamino-1-methyl-N-äthyldibenzparathiazin* (*Atosil*; FARBENFABRIKEN BAYER, Leverkusen) u. im weiteren Sinne auf die Thalamusfunktionen. (Naunyn-Schmiedebergs Arch. exp. Pathol. Pharmakol. **222.** 71—73. 1954. Erlangen, Univ., Psychiatr. u. Nerven-Klinik.) F. LEUSCHNER. 4627

B. Hughes und **R. J. S. McDowall,** *Die Wirkung von D-Tubocurarinchlorid auf Oesophaguspräparate der Ratte.* Die Rk. isolierter Rattenoesophaguspräpp. auf Stimulantien von kürzerer Wirkungsdauer wird durch *D-Tubocurarinchlorid* völlig aufgehoben, während die Rk. auf längerwirkende Stimulantien nicht beeinträchtigt wird. (J. Physiology **123.** 1 P. 28/1. 1954. London, King's Coll., Dep. of Physiol.) HANS THIELE. 4628

M. D. Maschkowski, *Zur Pharmakologie des Tropacins. Tropacin* (**I**) wirkt akt. auf den peripheren Receptionsapp. des Nervensyst. (M-Receptoren), die vegetativen Ganglien (N-Receptoren) u. das zentrale Nervensystem. Es zeigt cholinolyt., spasmolyt. u. lokalanästhet. Wrkg. u. wirkt der Nicotinhyperkinese entgegen. In der Wirkungsweise ähnelt **I** einerseits Atropin, andererseits Spasmolytin u. Pentaphen, wirkt aber dabei zugleich auf die M- u. N-Cholinoreceptoren. Prakt. Anwendung findet

I als Spasmolyticum, bei PARKINSONscher Krankheit u. anderen Krankheiten mit Hyperkinesen u. erhöhtem Muskeltonus, auch bei spast. Paresen. Die Tagesdosis (oral) beträgt 0,025 g (oder 2 mal 0,0125 g). (Фармакология и Токсикология [Pharmakol. u. Toxikol.] **16.** Nr. 5. 3—10. Sept./Okt. 1953. Allunions Wiss. Chem.-Pharmazeut. Ordshonikidse-Forsch.-Inst.) R. K. MÜLLER. 4628

I. Simon, *Antagonismus zwischen Digitalis und Adrenalin am isolierten Froschherzen. Digitalis* in einer Konz. von 2 g in 10^{11} cm^3 RINGER-Lsg. erhöht die Amplitude u. Frequenz des isolierten Herzens. Gleichzeitige Durchspülung des Herzens mit *Adrenalin* hemmt diesen Effekt. (Athena [Rass. mens. Biol., Clin. Terap.] **20.** 106—08. März 1954. Pisa, Univ., Ist. di Farmacoterapia.) P. G. SCHEURLEN. 4630

Arthur A. Siebens, Brian F. Hoffman, Yale Enson, Joseph E. Farrell und **Chandler McC. Brooks,** *Die Wirkung von l-Epinephrin und l-Norepinephrin auf die Erregbarkeit des Herzens. l-Epinephrin* (I) u. *l-Norepinephrin* (II) setzen die Erregbarkeit des Hundeherzens herauf. Bei vagotomierten Hunden steigt die Frequenz an. Auch eine ventrikuläre Tachycardie kann eintreten. Die Reizleitungsgeschwindigkeit im Vorhof, der Kammer u. des AV-Bündels wird durch I stärker beschleunigt als durch II. Die relative u. absol. Refraktärperiode von Vorhof u. Kammer wird durch I u. II etwa gleichmäßig gering verkürzt. Das Ruhepotential wird deutlich verändert; es folgt eine Erniedrigung mit nachfolgender Erhöhung der diastol. Reizschwelle, die dosisabhängig ist. Die Erregbarkeitszunahme ist zeitlich einem Anstieg des Serumkaliums zugeordnet. Eine Hepatektomie verhinderte diesen Kaliumeffekt u. verminderte die durch I u. II bedingte Reizschwellenänderung. (Amer. J. Physiol. **175.** 1—7. Okt. 1953. New York City, Brooklyn, N. Y., Univ., Coll. of Med., Dep. of Physiol. and Pharmacol.) JORDAN. 4630

E. Beccari, A. Beretta und **J. S. Lawendel,** *Die Spaltung von Isopropylnoradrenalin in die optischen Isomeren und deren pharmakologisches Wirksamkeitsverhältnis.* 22,1 g *Isopropylnoradrenalin* (I) wurden mit 15,5 g *D-Weinsäure* in 50 cm^3 absol. CH_3OH behandelt, nach der Rk. abgekühlt, der Nd. mit CH_3OH gewaschen ($[\alpha]_D^{20}$ 22°) u. 2 mal aus CH_3OH umkrist.; I-*Bitartrat,* F. 110—120° (Zers.), $[\alpha]_D^{20}$ 35,9°. Hieraus *freie Base,* D-I, F. 164—165° (Zers.), $[\alpha]_D^{20}$ 48,8° (Hydrochlorid). Aus den methanol. Mutterlaugen mit *L*-I wurde nach Eindampfen u. Lösen in W. die *freie Base, L*-I, mit NH_4OH freigesetzt u. aus verd. HCl umgefällt; F. 162—164° (Zers.), $[\alpha]_D^{20}$ —50° (Hydrochlorid). Für die pharmakol. Bestimmungen wurden *D*-I-*Bitartrat, L*-I-*Hydrochlorid* u. *DL*-I-*Sulfat* intravenös trachektomierten Hunden unter Chloraloseanästhesie zugegeben, die Vagi durchschnitten u. der arterielle Blutdruck gemessen. Das opt. u. pharmakol. Verh. von I geht hinsichtlich der Unterschiede zwischen *Racemat* u. L-I demjenigen von *Epinephrin* (II) u. *Noradrenalin* (III) ganz parallel, während *D*-I ca. 90fach wirksamer als die L-Form ist. Das *L*/*D*-Verhältnis (Blutdruckwrkg.) war für I, II u. III 12—15, 15—30 u. 25—33—40. Diese Unterschiede beruhen wahrscheinlich auf verschied. Racemisierungsgeschwindigkeiten der Verbb. in den Körperflüssigkeisen. (Science [Washington] **118.** 249—50. 28/8. 1953. Turin, Univ., Dep. of Pharmacol.; Milan, Dr. Recordati Ltd. Res. Labors.) K. MAIER. 4630

S. Rocchietta, *Diagnostisch verwendete Aerosole.* Für die Diagnose von chron. Bronchialleiden eignet sich eine Meth., die auf der Best. des Fassungsvermögens der Lungen, des Atmungsvol. u. (am folgenden Tage) der Apnoedauer vor u. nach Inhalation (genau 2 Min.) einer als Aerosol verwendeten bronchienerweiternden Substanz beruht. Als solche wird bes. zweckmäßig *Aleudrin* (*Isopropylnoradrenalin*) in 1%ig. Lsg. verwendet. Die Meth. kommt auch für die Diagnose von Asthma bronchiale, schwerer chron. Bronchitis oder Silicose in Frage. (Boll. chim. farmac. **92.** 127—28. April 1953.) R. K. MÜLLER. 4630

C. Benelli, A. Geyer und **G. Rougier,** *Versuch der Erklärung der Rolle von chemischen Substanzen auf die vasomotorischen Folgen von vegetativen Schädigungen beim Kaninchen* [*Vergleich der Wirkung von 3554 R. P.* (*Multergan*) *und von 4560 R. P.* (*Largactil*) *auf die Auswirkung von subadventitiellen Schädigungen der Aorta abdominalis*]. An Kaninchen wurde die Wrkg. von *3554 R.P.* (*Multergan;* I) u. von *4560 R. P.* (*Largactil;* II) auf subadventitiell gesetzte Schädigungen der Aorta abdominalis ($^1/_{40}$ ml 1%ig. Crotonöl) untersucht. Vff. fanden, daß I bei den Tieren sek. Schädigungen verhinderte. Trotz genügend langer Behandlung bleibt die Schädigung selbst bestehen, der Heilungseffekt auf die gesetzte Verletzung ist ganz gering. II besitzt eine mäßige Wirksamkeit auf die Verhütung derselben Schädigungen. Die Möglichkeit der Intervention von Histamin oder einer analogen Substanz auf den Verlauf von Schäden beim Entzündungssyndrom wird angedeutet. (J. de Physiol. **45.** 31—33. 1953. Bordeaux, Fac. de Méd., Labor. de Physiol.) WOLFGANG ALBRECHT. 4630

Paul Doering, Hermann Sancken, Wolfgang Schubert und **Max Schwab,** *Der Einfluß von Digitalisglykosiden auf das Glomerulusfiltrat, den renalen Plasmafluß und die intrarenale Hämodynamik beim gesunden Menschen.* Bericht über Verss. an 10 gesunden Personen, denen intravenös 0,35 mg *K-Strophanthin* (*Kombetin* BOEHRINGER; I) gegeben wurde. Die Wrkg. auf das Glomerulusfiltrat (G.f.), den renalen Plasmafluß (r.P.), die Widerstände im Nierenkreislauf u. den Glomerulusdruck (G.d.) wurde im Vgl. mit 10 Personen, die kein I erhalten hatten, untersucht. Bei 10 weiteren Personen wurde der Einfl. von *Digitoxin* (*Digimerk*; II) auf das G.f. geprüft (Dosis: 0,8 mg am 4. u. 5. Tag der 6 Tage dauernden Untersuchungen). Es ergab sich, daß das G.f. nach der Applikation von I von 111,0 ml/Min. auf 104,2 ml/Min. absinkt. Keinen Einfl. auf das G.f. hatte II. Der r.P. wurde bei der einen Hälfte der Personen durch I vermindert, bei der andern erhöht. Der Widerstand des Vas afferens steigt von 3164,4 dyn·sec·cm^{-5} nach Anwendung von I auf 3678,1 dyn·sec·cm^{-5} an. Ohne Beeinflussung blieben die Widerstände im Bereich des Vas afferens u. der Venolen. Der G.d. geht von 65,5 mm Hg nach Anwendung von I auf 63,6 mm Hg zurück. (Dtsch. Arch. klin. Med. **200.** 804—20. 1953. Göttingen, Univ., Med. Klinik.) RODERICH KÖNIG. 4630

F. M. Sturtevant, *Das Verhalten des Metacorticoid-Hochdruckes unter Bistrium, Apresolin, Veriloid und Serpentina.* Bei Ratten mit experimenteller Hypertension durch Desoxycorticosteronacetatimplantate konnte durch Einzelinjektionen von *Bistrium* (*Hexamethoniumjodid; Squibb*), *Apresolin* u. *Veriloid* eine signifikante temporäre Blutdrucksenkung erzielt werden. Die mit *Serpentina* (pulverisierte Wurzel von Rauwolfia serpentina) dauerbehandelten Ratten zeigten eine Dauersenkung ihres arteriellen Druckes. (Proc. Soc. exp. Biol. Med. **84.** 101—02. Okt. 1953. Chicago, G. D. Searle & Co., Div. of Biol. Res.) JORDAN. 4630

M. Z. E. A. Awad und **R. J. S. McDowall,** *Die Wirkung des Mersalyls auf die Natriumausscheidung. Mersalyl* fördert die NaCl- u. Wasserexkretion der Nieren, wahrscheinlich durch Verminderung der tubulären Wiederaufnahme. Geringe Dosen greifen isolierte Rattendiaphragmen (in KREBS-Lsg.) nicht merklich an. Eine vermehrte Empfindlichkeit gegenüber der Anoxie kann durch Verminderung der NaCl-Konz. der KREBS-Lsg. behoben werden. (J. Physiology **123.** 1 P. 28/1. 1954. London, King's Coll., Dep. of Physiol.) HANS THIELE. 4634

Norberto Alfredo Cellerino, *Kombinierte Antibiotica und Chemotherapeutica in der Behandlung der intestinalen Amöbeninfektion.* 33 Kranke, die an Infektion von Endolimax nana litten, wurden 8 Tage mit dreimal (Kinder zweimal) täglich 0,35 g *Wismutglykolarsanilat,* 0,25 g *Phthalsulfathiazol* u. 0,05 g *Dihydrostreptomycin* behandelt. Alle wurden keimfrei. Nur bei einem Fall waren zwei Kuren erforderlich. (Semana méd. **102** (60). 378—79. 19/3. 1953.) GERBER. 4649

W. D. Nossina, *Mittel zur experimentellen Chemotherapie der Amöbiase.* Vf. infizierte junge Ratten durch Laparotomie u. Einführung von Entamoeba histolytica-Kulturen in den Blinddarm. Jüngere Tiere von 28—33 g erwiesen sich als erheblich anfälliger als solche von 50—120 g. Die Höhe der Erkrankung entfiel auf den 5. bis 7. Tag nach der Infektion. Am 18.—20. Tage erlosch sie. Von den verwendeten Präpp. war *Emetin* am wirksamsten, außerdem *Biomycin.* Dies entsprach den klin. Erfahrungen bei Darmamöbiase des Menschen. *Dijodochin, Acrichin* u. *Chlorochin* versagten weitgehendst. Die Auswertungen an Kulturen u. im Tiervers. gehen keineswegs parallel. (Медицинская Паразитология и Паразитарные Болезни [Med. Parasitol. parasit. Krankh.] **1953.** 399—404. Sept./Okt. Inst. für Malaria, med. Parasitol. u. Helminthol. des Gesundheitsminist. der UdSSR, Abt. für exp. Protozoologie u. Malaria.) DU MANS. 4649

W. P. Paribok, *Über die anthelminthische Wirkung von Aldehyden, Ketonen und Alkoholen.* Verss. an infizierten Katzen u. die Best. der minimalen tödlichen Dosis des jeweiligen Mittels an weißen Mäusen ergeben für höhere Aldehyde (bes. *Octanal*) u. eine Reihe von Ketonen eine ausgeprägte anthelminth. Wirkung. *Benzophenon* erwies sich dabei als ein bes. wirksames u. verhältnismäßig wenig tox. Anthelminthicum, bei dem das Verhältnis zwischen Wirksamkeit u. Toxizität günstiger ist als bei *Santonin.* Unter den Alkoholen zeigten nur *Heptyl-* u. *Octylalkohol* eine gewisse anthelminth. Wrkg., aber eine hohe Toxizität. (Медицинская Паразитология и Паразитарные Болезни [Med. Parasitol. parasit. Krankh.] **1953.** 395—98. Sept./Okt. Med. Kriegsmarine-Akad.) DU MANS. 4649

W. A. Gefter und **G. A. Gussejnow,** *Versuch einer Massenwurmkur bei Ascaridose mit Oleum chenopodii in Kombination mit Santonin.* Vff. versuchten die Behandlung mit einer Kombination von *Oleum chenopodii* (I) mit *Santonin* (II) (0,1—0,3 cm^3 I u. 0,005 g II pro Lebensjahr). Von 101 Schülern, die damit behandelt wurden, konnten 93 vollständig geheilt werden. Die Kombination von II mit *Sankaphen* ergab nur 40%

Heilungen. Nebenerscheinungen (Übelkeit, Erbrechen, Bauch- u. Kopfschmerzen) traten zwar häufig auf, waren aber von nur kurzer Dauer. Übelkeit u. Erbrechen traten sofort nach Aufnahme der Präpp. auf u. waren anscheinend eine zentralbedingte Rk. auf den unangenehmen Geschmack der Arznei. Die Kombination wird auch für Massenwurmkuren empfohlen. (Медицинская Паразитология и Паразитарные Болезни [Med. Parasitol. parasit. Krankh.] **1953.** 408—10. Sept./Okt. Inst. für Malaria, med. Parasitol. u. Helminthol. des Gesundheitsminist. der UdSSR, Helminthol. Abt.) DU MANS. 4649

Kimmo K. Mustakallio und **Jouko I. Saikkonen,** *Verteilung von Quinacrine in Taenia saginata.* Bericht über fluorescenzmkr. Best. der Verteilung von *Quinacrine* = *Mepacrinhydrochlorid* (**I**) in von Menschen ausgeschiedenen Bandwürmern. Der höchste **I**-Geh. war in den Haken nachzuweisen, so daß nach Vff. die **I**-Wrkg. auf T. saginata offenbar darauf beruht, daß **I** die Saugfähigkeit der Parasiten an der Darmwand reduziert. Einzelheiten der **I**-Wrkg. werden besprochen. (Exp. Parasitology **3.** 167—72. März 1954. Helsinki, Finland, Univ., Dep. of Anat.) DOSSMANN. 4649

G. S. Christie und **J. D. Judah,** *Wirkungsart von Tetrachlorkohlenstoff auf die Leberzellen.* Vff. stellen an zellfreien Leberpräpp. u. Leberschnitten der Ratte bei in vivo-Verss. (0,25 ml/100 g per os) u. in vitro-Verss. (Einw. von 1,7—27·10^{-3} Mol CCl_4) fest, daß CCl_4 10—15 Std. nach seiner Applikation die Oxydation von (dem phosphatgepufferten bas. Substrat (p_H 7,4) in Mengen von je 5μ mol. zugesetzten) *Citronen-* (**I**), *Malon-* (**II**), *Brenztrauben-* (**III**) u. *Glutaminsäure* (**IV**) hemmt. Nur die Oxydation von *Bernsteinsäure* wird durch CCl_4 nicht beeinflußt. *Pyridinnucleotid* (**V**) hebt die Hemmung der Oxydation von **I, II** u. **IV** wieder auf; die von **III** wird zum Teil durch Zusatz von *Codehydrase*-I oder *Adenosintriphosphorsäure*, nicht aber durch **V**, rückgängig gemacht. Aus der Beobachtung, daß die Mitochondrien unter Einfl. von CCl_4 große Mengen **V** abgeben, wobei ihre Fähigkeit, die in ihnen vorhandenen Enzyme zurückzuhalten, verloren geht, wird geschlossen, daß CCl_4 zuerst direkt die Mitochondrien angreift. Darauf folgt eine Störung des Tricarbonsäurecyclus u. des gesamten Enzymsystems. Auch die Feststellung, daß durch Applikation von *Cholin* (250 mg) bei mit CCl_4 vergifteten Tieren die biochem. u. mkr. erkennbaren Veränderungen der Leberzellen wieder aufgehoben werden, bekräftigt obige Annahme. (Proc. Roy. Soc. [London] **142.** 241—57. 25/3. 1954. London, Univ., Coll. Hosp., Med. School, Dep. of Morbid Anatomy.) FAHRNLAENDER. 4675

John B. Buck, Margaret L. Keister und **Irene Posner,** *Physiologische Wirkungen von DDT auf Phormialarven.* DDT (**I**) ist für Larven von Phormia regina Meigen in Dosierungen der gleichen Größenordnung tox. wie für die Imagines, wenn es als 5%ig. Öllsg. in Blutbahn oder Tracheensyst. appliziert wird. Wird **I** in wss. Suspension zwischen die Tracheen eingeführt, so tritt die tox. Wrkg. mit erheblicher Verzögerung ein. Wird **I** als Kristall oder gelöst in Olivenöl von den Larven verzehrt, so ist die Wrkg. nur schwach, oder sie bleibt ganz aus. — Die Haut der Larven ist für **I** in fester u. gelöster Form undurchlässig. — Bei vergifteten Larven ist durch **I**-Wrkg. die O_2-Aufnahme, Wasserausscheidung unter trockenen u. Wasseraufnahme unter nassen Bedingungen erhöht. — **I** übt keinen erkennbaren Einfl. auf die Wasserdurchlässigkeit der Haut aus. — Der Respirationsquotient steigt bei **I**-Vergiftung von 0,74 auf 0,84 an. — Die O_2-Aufnahme von vergifteten Larven wird durch Abbinden hinter dem Hirn stark herabgesetzt; die für **I**-Vergiftung charakterist. gesteigerte Atmungstätigkeit ist demnach eine Wrkg. neuromuskulärer Aktivität. Direkte Reizung der peripheren Nerven kann bis zu einem gewissen Grade zusätzlich hieran beteiligt sein. (Ann. entomol. Soc. America **45.** 369—84. Sept. 1952. Bethesda, Md., Fed. Secur. Agency, Public Health Serv., Nat. Inst. of Health, Nat. Inst. of Arthritis and Metabol. Diseases, Labor. of Phys. Biol.) RANG. 4675

Victor DiStefano, Leon Hurwitz, W. F. Neuman und **Harold C. Hodge,** *Coramin (Nikethamid) als Atropinadjuvans bei der Behandlung von EPN (Äthyl-p-nitrophenylthiobenzolphosphonat)-Vergiftungen.* (Vgl. C. **1954.** 9780.) Verss. mit simultanen sowie alleinigen Gaben von *Atropin* u. *Coramin* an mit EPN vergifteten Ratten zeigten, daß die simultane Gabe als Antidotum ca. 2—5 mal so wirksam ist wie *Atropin* allein, während *Coramin* allein unwirksam bleibt. Gewarnt wird vor der Anwendung von Analepticis. (Proc. Soc. exp. Biol. Med. **78.** 712—13. Dez. 1951. Rochester, N. Y., Univ., School Med. Dent., Div. Pharmacol., Toxicol.) B. KRAFT. 4675

Hubert Bloch, Otto Gsell u. Erich Langer, Hrsg., Antibiotica et chemotherapia. 1. 1954. Fortschritte. Basel, New York: S. Karger. (X + 378 S. m. Abb.) fr. 50,—.

—, Thérapeutiques récentes, antibiotiques, radio-isotopes, A. C. T. H., cortisone, résines échangeuses de cations, isoniazide, hyperthyroïdies par **R. Turpin, Y. Chabbert, R. Fauvert, G. Brouet, Cl. Laroche, H. Bricaire** etc. Paris: Masson. 1954. (153 S.) fr. 800,—.

F. Pharmazie. Desinfektion.

—, *Britischer Veterinärcodex.* Inhaltlich ident. mit der C. **1954.** **9090** referierten Arbeit. (Chemist and Druggist **161.** 218. 27/2. 276—77. 13/3. 1954.) ULEX. 4750

Lennart Bergefors, *Versuche mit Pillenbestandteilen.* An 4 Mischungen bzw. Pillenbereitungsmitteln werden Verss. über die Konsistenz u. Zerfallszeit der damit hergestellten Pillen vorgenommen. Während bei Radix altheae, Radix glycyrrhizae u. Pulvis carotae ad pilulas bei sonst guter Eignung gelegentlich Allergiefälle vorgekommen sind, erscheint in dieser Hinsicht bei der „Seikomasse" das Risiko minimal, sie hat zwar einen verhältnismäßig engen Anwendungsbereich zwischen zu feuchter u. zu trockner M., zeigt aber gute Zerfallseigenschaften. Vf. verwendet 60 (Teile) Milchzucker, 20 Dextrin u. 20 Weizenmehl. (Svensk farmac. Tidskr. **58.** 184—86. 30/3. 1954.) R. K. MÜLLER. 4766

L. Hörhammer, R. Hänsel und **P. Frank,** *Isolierung von Rutin aus Betula humilis.* Vff. extrahierten Betulablätter 2 Std. mit 90%ig. Methanol u. zogen den im Vakuum eingeengten Extrakt mit heißem W. aus. Hieraus krist. 1,4% *Rutin* (**I**). Es wurde u. a. durch Papierchromatographie des **I** mit Butanol–Eisessig–W. (A) u. Essigester–Ameisensäure–W. (R_F 0,43 bzw. 0,37) u. der durch Hydrolyse mit 1%ig. HCl abgespaltenen Zucker mit Gemisch A u. Picolin–W.–Ammoniak 70 : 28 : 2 [R_F Glucose 0,17 bzw. 0,72; Rhamnose 0,37 bzw. 0,79; Entwickeln mit Anilinphthalat nach PARTRIDGE (C. **1950.** II. 1608)] identifiziert. (Arch. Pharmaz. Ber. dtsch. pharmaz. Ges. **286/58.** 481—82. 1953. München, Univ., Inst. für Pharmazie u. Arzneimittellehre.) K. HERRMANN. 4782

K. Brückner, *Zur Sorten- und Anbaufrage sowie Verwendung des Kultur-Löwenzahns („Taraxacum officinale Web.").* Umfassende Angaben über Verwendung, Nährstoffgeh. u. Ertrag. — Charakteristik der „ssp. vulgare" u. morpholog. Beschreibung neuer Zuchtstämme. — 15 Abbildungen. (Pharmazie **8.** 1043—51. Dez. 1953. Leipzig, Sortenamt, Zweigstelle für Heil- u. Gewürzpflanzen.) K. HERRMANN. 4782

R. Kress, *Chemisches und Medizinisches über „Rauwolfia serpentina Benth".* Allg. Angaben über Chemie u. Verwendung der Droge. — 2 Abbildungen. (Pharmazie **8.** 726—28. Sept. 1953. Gotha.) K. HERRMANN. 4782

Zahn, *Der Anbau von „Artemisia maritima L." („Mibuyomogi"). Phytochemische Untersuchung des Anbaus von Arzneipflanzen. Die jahreszeitlichen Schwankungen des Santoningehalts der „Artemisia maritima L." („Mibuyomogi") und ihre histochemische Untersuchung.* 1. Mitt. Kurzer Überblick über japan. Arbeiten betreffend Anbau, Vermehrung, Ausbeute [0,2% Santonin (**I**) im Kraut], Düngung u. Ernte sowie über die allmähliche Steigerung des **I**-Geh. der Pflanzen bis kurz vor der Blüte (Meth. von KATZ). (Pharmazie **8.** 762—63. Sept. 1953. Artern, VEB Schering.) K. HERRMANN. 4782

Egon Stahl, *Über die Farbe des ätherischen Öles von Artemisia absinthium L. und das Proazulen.* (Vgl. C. **1953.** 1999.) Mitt. über den Einfl. des p_H auf die Farbe der Prodd. der Wasserdampfdestillation. Die Proazulene des Absinths besitzen im alkal. Bereich relativ große Stabilität. (Naturwissenschaften **39.** 571. Dez. 1952. Karlsruhe, TH, Bot. Inst.) BORSUTZKI. 4782

L. Fuchs, *Die Standardisierung von Secale cornutum und Secale-Präparaten.* Auf die Wichtigkeit einer Standardisierung von Secale cornutum u. dessen Präpp. wird hingewiesen. Ausreichende Bestimmungsmethoden müssen in die Arzneibücher aufgenommen werden. (Arch. Pharmaz. Ber. dtsch. pharmaz. Ges. **285/57.** 85—86. Okt. 1952. Wien, Univ.) SCHMERSAHL. 4782

E. Steinegger, *Versuche an amphidiploiden Arzneipflanzen.* Über Zuchtverss. mit tetraploiden DATURA-Species wird berichtet. (Arch. Pharmaz. Ber. dtsch. pharmaz. Ges. **285/57.** 90. Okt. 1952. Bern, Univ.) SCHMERSAHL. 4782

A. J. Monte Bovi, A. Halpern und **P. Mazzola,** *Lösungsvermittler für Elixiere.* Die Zugabe von *Tween 20* (**I**; Polyoxyäthylensorbitanmonolaurat) zu Elixieren (**II**) bringt viele Vorteile mit sich, wie dies an einigen Beispielen (E. Ferri, Quininae et Strychninae, E. Iso-Alcoholicum u. E. Cardamomi compositum) gezeigt werden kann. Der Zusatz an **I** richtet sich nach dem Geh. an äther. Ölen (15 Vol.-% äther. Öle u. 85 Vol.-% **I**). Die unter Zusatz von **I** gefertigten Elixiere können ohne Wolkenbldg. u. ohne Schwierigkeit mit der 10fachen Menge W. verd. werden u. zeigen nach Zusatz von z. B. Na-Salicylat oder NaBr kein Aussalzen, wie sie auch in ihren sonstigen Eigg. (Geruch, Geschmack usw.) einwandfrei sind. (J. Amer. pharmac. Assoc., pract. Pharmacy Edit. **15.** 162—64. März 1954. Brooklyn, N. Y., St. John's Univ., Coll. of Pharm.; New York, N. Y., E. Fougera & Co.) H. P. FIEDLER. 4786

R. J. Donovan, L. M. Ohmart und **M. J. Stoklosa,** *Deltyl-Extra als Lösungsvermittler und Glättungs- bzw. Homogenisierungsmittel. Deltyl-Extra* (I; Isopropylmyristat mit geringen Mengen an Isopropylpalmitat u. -laurat) wird als Lösungsvermittler (LV) empfohlen, um Phenol u. äther. Öle in Paraffinöl zu lösen. I eignet sich ferner als LV für ölige Zubereitungen, die Cocain, Resorcin, Salicylsäure oder Vanillin enthalten, allerdings müssen höhere I-Zusätze verwendet werden. Salben, die Kohlenteer oder Scharlachrot enthalten, werden wesentlich besser, wenn gleichzeitig I als Glättungs- bzw. Homogenisierungsmittel eingesetzt wird. Die Teilchengröße von in Salben eingearbeiteter Salicyl- oder Benzoesäure wird durch I-Zusatz u. durch gleichzeitige Zugabe von *Tween 80* (Polyoxyäthylensorbitanmonooleat) wesentlich verringert. Als Homogenisierungsmittel für Chrysarobin, Benzylbenzoat, Methylrosanilinchlorid oder bas. Fuchsin enthaltende Salben ist I nicht geeignet, auch ist es ungeeignet als LV für ölige Zubereitungen von Ephedrin oder Atropin. (J. Amer. pharmac. Assoc., pract. Pharmacy Edit. **15.** 166—68. 173. März 1954. Boston, Mass., Massachusetts Coll. of Pharm., Dep. of Pharm.) H. P. Fiedler. 4786

Wanda J. Butler und **Gail A. Wiese,** *Die Wirkung gewisser nichtionisierter Benetzungsmittel bei der Extraktion von Alkaloiddrogen.* Bei den Verss. wurden als Netzmittel verwendet: *Monolaurate* von *Sorbitan, Polyäthylenglykol 400* (I), *Propylenglykol, Polyäthylenglykol 600, Polyäthylenglykolsorbit* u. *Glycerinsorbit* sowie I-*Dilaurat.* Die Verss. zeigen, daß die Anwesenheit dieser Substanzen in geringer Konz. erhöhend auf die Entfernung der Alkaloide von Belladonna (Blätter), Hyoscyamus, Ipecacuanha u. Cinchona durch Perkolation wirken. (J. Amer. pharmac. Assoc., sci. Edit. **42.** 382—85. Juni 1953.) Boye. 4786

Clemente Castoldi, *Die medikamentösen Collyrien.* 1. Mitt. *Homogenität und Sterilität.* Die Homogenität von Augenwässern wird am besten durch sorgfältige Filtration erreicht. Bei den zur Erzielung der Sterilität angewandten bactericiden Zusätzen muß darauf geachtet werden, daß sie keine Reizwrkg. ausüben. Für *Merfen, Desogen* u. *Cetavlon* wird in einer Tabelle die Verträglichkeit bzw. Unverträglichkeit mit 27 Medikamenten angegeben. (Boll. chim. farmac. **92.** 129—32. April 1953.) R. K. Müller. 4790

R. A. Anderson und **D. Bardolph,** *Mit Wasser mischbare Emulsionssalbengrundlagen. Eine vergleichende Untersuchung.* 8 verschied. Emulsionssalbengrundlagen (I) werden hergestellt, mit einer größeren Zahl verschied. Medikamente zu Salben verarbeitet u. anschließend verschied. Lagerungsbedingungen unterworfen. Die Ergebnisse werden in Tabellen zusammengestellt. I, die anion. Emulgatoren (II) enthalten, zeigen häufiger Unverträglichkeitserscheinungen als die I mit kation. u. nichtionogenen II. Die I mit einem kation. II war unverträglich mit Phenol (III) u. Ichthammol, die I mit einem nichtionogenen II mit III. (Australas. J. Pharmacy [N. S.] **35.** 129—31. 134. 27/2. 1954.) H. P. Fiedler. 4792

Edgar S. Lower, *Wollwachsalkohole in Pharmazie und Kosmetik.* 2. Mitt. Besprechung der Herst. von Salbengrundlagen unter Verwendung der *Wollwachsalkohole* (I) mit Angabe verschied. Rezepte, von I-Derivv. (Ester, Sulfonierungsprodd.) u. von antirachit. wirksamen Substanzen. Kurzer Hinweis auf den besonderen Wert der I für Pflege u. Wundheilung der Haut. (Australas. J. Pharmacy [N. S.] **35.** 25—28. 30/1. 1954. Croda Ltd., England.) H. P. Fiedler. 4792

—, *Neue, nicht offizinelle Arzneimittel. Naphthazoline hydrochloride:* Ident. mit *Privin* (Ciba Pharmaceutical Products Inc., Summit). — *Para-Pas-Sodium* (Gold Leaf Pharmacal Co. Inc., New Rochelle): Na-p-Aminosalicylat — *Synophylate* (Central Pharmacal Co., Seymour): Theophyllin-Na-Glycinat. (J. Amer. med. Assoc. **151.** 558. 14/2. 1953.) Hotzel. 4800

L. Rosenthaler, *Über die Konstitution des Bismutum subgallicum.* Für das *Bismutum subgallicum* (I) sind im Verlauf der letzten Jahre verschied. Konstitutionsformeln angegeben worden. Die krit. Überprüfung zeigt, daß die meisten Tatsachen für die von Pfeiffer u. Schmitz (C. **1952.** 1872) angegebene Konstitutionsformel (II) sprechen, andererseits reichen sie jedoch nicht aus, um sie einwandfrei zu beweisen. Die Pharmakopoen sollten sich daher bis zur endgültigen Sicherstellung der I-Formel darauf beschränken, für I vorerst nur bestimmte Gehh. an Bi u. Gallussäure zu verlangen. (Pharmaz. Ztg. verein. Apotheker-Ztg. **89.** 753—54. 15/10. 1953. Bern.) H. P. Fiedler. 4806

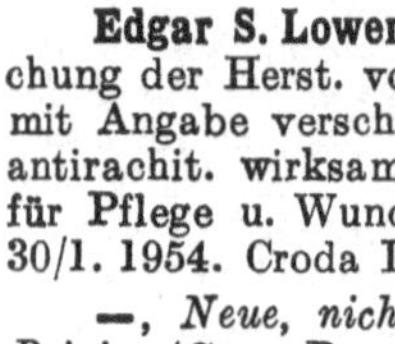

II

R. W. Applewhite, A. P. Buckley und **W. Lewis Nobles,** *Wässrige Lösungen von Phenobarbital. Phenobarbital* (I; Phenyläthylmalonylharnstoff) kann unter Verwendung von *Tween 80* (II; Polyoxyäthylensorbitanmonooleat) in Lsg. gebracht werden. Verschied. Rezepte werden angegeben, u. zwar werden auf 0,2 (g) I 2—5 g II benötigt. Um den öligen Geruch u. Geschmack der Lsg. zu beseitigen bzw. zu überdecken, ist der Zusatz von Glycerin (4—5), Citronensäure (0,2—0,5) u. von verschied. Geschmackstoffen erforderlich. (J. Amer. pharmac. Assoc., pract. Pharmacy Edit. **15.** 164—66. März 1954. Univ. of Mississippi, School of Pharm.) H. P. FIEDLER. 4806

W. J. O'Reilly und **S. E. Wright**, *Verhalten der Natriumphenobarbiton-Lösung während der Lagerung.* Wss. Na-Phenobarbiton (I)-Lsgg. neigen zur Zers. unter Bldg. von Phenyläthylacetylharnstoff. Die Zers. ist in Abhängigkeit von der Zeit (bis 35 Tage) bei höheren %-Sätzen an I (geprüft wurden eine 5-, 10- u. 20%ig. Lsg.) u. bei höheren Tempp. (geprüft wurde bei 5, 15 u. 30°) stärker (bis zu 17% I-Verlust). Wird an Stelle von W. eine 60%ig. wss. Propylenglykollsg. als Lösungsm. verwendet, kann in 35 Tagen nur ein unbedeutender I-Verlust festgestellt werden. Eine 50%ig. wss. A.-Lsg. erweist sich als weniger geeignet, wenngleich auch dieses Lösungsm. die Zers. des I verzögert. (Australas. J. Pharmacy [N. S.] **35.** 135. 27/2. 1954. Sydney, Univ., Dep. of Pharm.) H. P. FIEDLER. 4806

R. Levin, *Untersuchungen über den Wirkungsverlust wässriger Lösungen und Suspensionen von Procain–Benzylpenicillin.* Wss., gesätt. *Procain–Benzylpenicillin* (I)-Lsgg. (Kontrollproben) unterliegen einem langsamen, stetigen Verlust ihrer Wirksamkeit. Nach 10 Wochen Lagerung bei 8° beträgt der Verlust 100%, bei 24° ist dies schon in 2 Wochen der Fall. Zugabe von 1—3% *Procainhydrochlorid* (II) vermindert den Aktivitätsverlust bei 8° auf weniger als 5% der Kontrollen, bei 24° ist der Verlust erst nach 5 Wochen 100%ig. 2,1% *Na-Citrat* (3 bas.) (III) senkt den Verlust noch mehr, bei Lagerung bei 24° zeigten solche Proben noch nach 13 Wochen die halbe Wirksamkeit. Schon Zugaben von 0,02% III wirkten sich stabilisierend aus, die Wirksamkeit dieser Proben war erst nach 5 wöchiger Lagerung bei 24° auf 0 gesunken. Die beste Stabilisierung bot eine Kombination von 1—3% II + 2,1% III (bezogen auf die Lsg.). Die Ggw. von *Na-Äthylendiamintetraacetat* als Reagens zur Beseitigung von Metallspuren (Fe) bringt keine wesentliche Steigerung der Stabilisierungswrkg. durch die Kombination. Bei Zugabe von *Hexamin* wird in den ersten 3 Wochen ein rapides Sinken der Wirksamkeit beobachtet, das dann mehr u. mehr nachläßt. Diese Ergebnisse wurden aus spektrophotometr. Bestimmungen des Gesamt-*Procain*-Geh. u. mikrobiol. Unterss. mit *Staph. aureus* erhalten. (J. Pharmacy Pharmacol. **5.** 917—26. Nov. 1953. Biochemicals Ltd., Labor's of the Distillers Co.) ENDRASS. 4810

—, *Chloramphenicol (Chemie, Synthese und Anwendungen).* Kurzer zusammenfassender Bericht. (Manufact. Chemist **25.** 208. Mai 1954.) ENDRASS. 4810

—, *Dextran und seine Anwendungen.* Bericht über die Polyglucoside mit besonderer Würdigung des Dextrans (I), Technologie der I-Herst., Eigg. des I vom physiol. Standpunkt, klin. Anwendung von I u. sonstige Nutzbarmachung von I u. einiger seiner Derivv. (u. a. polymerisierbares *Allyldextran*). (Nature [London] **173.** 235—37. 6/2. 1954.) WILLENBERG. 4812

Wilhelm Völksen, *Veränderungen von Traubenzuckerlösungen bei der Sterilisation. 1. Mitt. Die Verfärbung der Lösungen.* Die durch Sterilisieren hervorgerufene Verfärbung konz. hyperton. Traubenzuckerlsgg. zur intravenösen Injektion wird außer durch den Reinheitsgrad der Dextrose, die Sterilisationstemp. u. -dauer, das Alkali des Glases u. den Luftsauerstoff vor allem beeinflußt durch die Wasserstoffionenkonzentration. Die Verfärbung der Lsgg. beim Erhitzen auf 120° kann durch Einstellen auf p_H 3,5 mit HCl unterbunden werden. (Arch. Pharmaz. Ber. dtsch. pharmaz. Ges. **285/57.** 392—400. Okt. 1952. Nordstadt, Krankenhaus.) SCHMERSAHL. 4832

Louis Domange und **Suzanne Longuevalle**, *Vergleichende Bestimmungen des Wassergehalts in einigen Präparaten der Französischen Pharmakopöe nach der Methode von K. Fischer, der Wärme- oder Vakuumtrocknung.* Vergleichende Wasserbestimmungen nach der Meth. von FISCHER (MF.), im Trockenschrank oder im Vakuum (über H_2SO_4 u. P_2O_5) zeigen, daß MF. nur mit Berücksichtigung möglicher Neben-Rkk. benutzt werden kann. Abweichungen verschied. Art u. Ursache treten auf bei Ca-Glycerophosphat; Cu-Acetat; $FeSO_4$; Li-Salzen; Arsenikalien; Na-Carbonat, -Borat, -Perborat, -Thiosulfat; K_2CO_3; Bi-Salzen, ZnO, MgO u. $Mg(HCO_3)_2$. (Ann. pharmac. franç. **11.** 530—35. Juli/Aug. 1953. Paris, Labor. Nat. de Contrôle des Méd.) SCHULENBURG. 4880

A. W. Herbert Schindler, *Die Unterscheidung der Früchte von Ammi visnaga (L.) LAM. und Ammi majus L.* Werden die Früchte mit 10%ig. NaOH kurz aufgekocht, so gibt der auf Papier getupfte Extrakt unter der Quarzlampe gelbgrüne Flecke, die durch HCl bei Ammi visnaga schmutzigbraunviolett, bei A. majus intensiv hellviolett werden. Außerdem Unterscheidung durch Papierchromatographie möglich. (Arch. Pharmaz.

Ber. dtsch. pharmaz. Ges. **286/58.** 523–24. 1953. Heidelberg, Rhein-Chemie, Pharmaz. Abt.) K. HERRMANN. 4880

Conrad Stich, *Zum Phosphor, seiner Lösung und Colorimetrie.* Bewährtes P-Öl: P 1 g, absol. A. 5 g, Ol. Citri 2 g, Ol. Olivar. ad 200 g. — Colorimetrie: das Reagens (gesätt. Lsg. von $AgNO_3$ in Aceton u. absol. A. $\overline{aa}$) wird tropfenweise zugesetzt. Als Testlsgg. werden benutzt: eingestelltes P-Öl 0,01 : 100 oder homöopath. Verdünnungen D 5 u. D 4. (Pharmaz. Zentralhalle Deutschland **91.** 419–21. Nov. 1952. Leipzig.) ULEX. 4880

H. Bräuniger und **H.-W. Raudonat,** *Papierelektrophoretische Untersuchungen an Lösungen des β-Piperidinäthyl-p-propoxyphenylketons (Falicain).* (Vgl. C. **1954.** 8853.) *Falicain* (**I**) zers. sich in wss. Lsg. leicht unter Bldg. von *Piperidin* (**II**) u. *p-Propoxyphenylvinylketon* (**III**). Da **I** u. **II** im elektr. Feld mit verschied. Geschwindigkeit, **III** dagegen überhaupt nicht wandert, kann die Zers. von **I** durch Elektrophorese nachgewiesen werden. Das Papier wird mit 0,1 ml einer 1%ig. **I**-Lsg. getränkt, getrocknet u. mit Phosphatpuffer (p_H 6) getränkt. Die Elektrophorese erfolgt bei 400–800 V in 1–1,5 Stunden. Die Streifen werden getrocknet u. mit einer Mischung aus 1 Teil 5nwss. KOH u. 2 Teilen 2%ig. alkoh. m-Dinitrobenzollsg. besprüht. **I** u. **III** erscheinen als violette Banden, die allerdings schnell wieder verschwinden. Werden andererseits getrocknete Streifen mit einer 2%ig. Lsg. von Benzidin in alkoh. Essigsäure (10% Eisessig) besprüht u. 1 Std. bei 95° getrocknet, kann **II** (helles Band auf dunklem Grund) nachgewiesen werden. Auch **I** wird auf diese Weise, wenn auch schwächer u. an anderer Stelle, sichtbar. (Pharmaz. Zentralhalle Deutschland **93.** 136–38. April 1954. Rostock, Univ., Chem. Inst., Pharmaz. Abt.) H. P. FIEDLER. 4880

Harry Brindle und **Gerald Rigby,** *Die biologische und chemische Wertbestimmung von Digitalistinkturen.* Die Resultate der Froschteste u. die einer colorimetr. Meth. (modifizierte BALJET-Rk.) stimmten gut überein. Die Entfernung des Saponins aus saponinhaltigen Digitalistinkturen zeigte weder im biol. noch im chem. Test einen Einfl. auf den Wirkungswert der Droge. Alle untersuchten Tinkturen wurden vom gleichen Muster gepulverter Digitalisdroge hergestellt. (J. Pharmacy Pharmacol. **2.** 880–99. Dez. 1950. Manchester, Univ., Dep. of Pharm.) ULEX. 4880

D. G. Lewis und **G. Sykes,** *Die mikrobiologische Prüfung von Penicillin-Dihydrostreptomycingemischen.* Vff. beschreiben Methoden für die mikrobiol. Prüfung der Wirksamkeit der Komponenten von *Dihydrostreptomycin* (**I**)–*Penicillin* (**II**)-Mischpräpp. bei Ggw. der anderen Komponente. Für **I** wurde *Bacillus subtilis* u. *B. coli,* für **II** *Staph. aureus* benutzt. Die Zuverlässigkeit der Prüfung ist im letzteren Falle von der Beschaffenheit des Nährbodens abhängig, befriedigende Ergebnisse wurden mit einem Pepton–Hefeextrakt-Nährboden erhalten. (J. Pharmacy Pharmacol. **5.** 933–38. Nov. 1953. Nottingham, Boots Pure Drug Co., Ltd.) ENDRASS. 4880

Ciba Akt.-Ges., Basel, Schweiz, *Herstellung neuer Ditartrate* der allg. Formel $R_1R_2R_3\overset{+}{N}\cdot C_2H_4\cdot N(R_4)\cdot C_2H_4\cdot \overset{+}{N}R_5R_6R_7\ [OOC\cdot CHOH\cdot CHOH\cdot COOH]_2$ aus Diammoniumhydroxydverbb. der Formel $R_1R_2R_3N(OH)\cdot C_2H_4\cdot N(R_4)\cdot C_2H_4\cdot N(OH)R_5R_6R_7$ durch Umsetzung mit Weinsäure. R_1–R_7 sind Alkylreste mit 1–3 C-Atomen. Als Ausgangsstoff ist das N.N.N'.N'.3-Pentamethyl-N.N'-diäthyl-3-azapentylen-(1.5)-diammoniumdihydroxyd genannt. — *Pharmakol.* Wrkg., Blockieren der Ganglienfunktion. (**Oe. P. 178 897** vom 21/11. 1952, ausg. 25/6. 1954. Schwz. Prior. 12/12. 1951.) M. F. MÜLLER. 4807

VEB Schering Adlershof, Berlin-Adlershof (Erfinder: **Karl Junkmann,** Berlin, **Hans-H. Inhoffen,** Braunschweig, **Siegfried Grünler,** Berlin, und **Ernst Neuhoff,** Nürnberg), *Herstellung von beständigen Trinitroalkanolaminsalzen,* bes. von Tri-(nitroäthanol)-amin (**I**), welches erhalten wurde durch Einw. eines Gemisches aus 27 (Gewichtsteilen) HNO_3 (D. 1,498) u. 45 H_2SO_4 (D. 1,84) auf Triäthanolamin. Salpetersäureester von niedrigmol. Trialkanolaminen werden in die Phosphate oder Oxalate übergeführt. — Eine äther. Lsg. von **I** wird mit einer getrockneten Lsg. von 17 g H_3PO_4 in 300 cm³ Ae. unter gleichzeitigem Reiben versetzt. Es fällt das Diphosphat von **I** in kristalliner Form aus, F. 108–110°. — Ebenso erhält man die Oxalate, z. B. von Trinitropropanol- u. -butanolamin. — *Therapeut.* Verwendung: Erweiterung der Blutgefäße u. Senkung des Blutdrucks. (**D. P. [DDR] 2823** Kl. 12q vom 14/3. 1941, ausg. 22/3. 1954 [Wirtschaftspatent].) M. F. MÜLLER. 4807

Adolf Ch. J. Opfermann, Bergisch-Gladbach, Deutschland, *Herstellung von Aminocarbonsäuren* durch Umsetzung von Lactonen oder substituierten Lactonen der allg. Formel $\underline{CX_2\cdot R'\cdot CO\cdot O}$ mit Carbonsäureamiden der allg. Formel $R''\cdot CO\cdot NH_2$ unter Erwärmen u. unter Ausschluß von Feuchtigkeit. R' ist eine substituierte oder nichtsubstituierte Kohlenstoffkette. X ist H oder ein substituierter KW-stoffrest. R″ ist H oder ein aliphat., aromat., alicycl. oder heterocycl. Rest. Die erhaltenen N-substituierten Aminocarbonsäuren werden mit Säuren oder Laugen zu Aminocarbonsäuren verseift. — Ausgangsstoffe sind z. B. Propiolacton, Butyrolacton, Valerolacton u. Caprolacton. Von den Säureamiden sind z. B. genannt Formamid, Acetamid, Benz-, Propionsäure-, Palmitinsäure-, Stearinsäure- u. Salicylsäureamid. — Die erhältlichen Aminosäuren sind wertvolle *Arzneimittel.* — 18 (Gewichtsteile) α-Amino-γ-butyrolacton werden in einem Rundkolben mit Kieselgelverschluß mit 8,2 Formamid ½—1 Std. erhitzt. Es entsteht dabei *γ-(N-Formylamino)-α-aminobuttersäure,* F. 125°, welche beim 2std. Erhitzen auf 60—80° mit 5%ig. HCl in das Hydrochlorid der *α.γ-Diaminobuttersäure* übergeht. Vgl. D. B. P. 875 526; C. **1953.** 7925. (**Oe. P. 178 902** vom 22/9. 1951, ausg. 25/6. 1954. D. Prior. 17/9. 1951.)

M. F. MÜLLER. 4807

Farbenfabriken Bayer Akt.-Ges., Leverkusen (Erfinder: **Hans Schmidt, Robert Behnisch** und **Fritz Mietzsch,** Wuppertal), *Thiosemicarbazone.* Man acyliert Aminophenoxybenzalthiosemicarbazone, z. B. mittels Säureanhydriden oder durch Rk. mit Isocyanaten; oder man führt sie mit aromat. Aldehyden in Azomethinverbindungen über. — 4-(4′-Aminophenoxy)-benzalthiosemicarbazon (I) gibt mit Thiodiglykolsäureanhydrid die Verb. $HOOC \cdot CH_2 \cdot S \cdot CH_2CONH \cdot C_6H_4 \cdot O \cdot C_6H_4 \cdot CH{:}N \cdot NH \cdot CS \cdot NH_2$ (Zers. bei ca. 192°). I u. Anisaldehyd liefern die Verb. $CH_3O \cdot C_6H_4 \cdot CH{:}N \cdot C_6H_4 \cdot O \cdot C_6H_4 \cdot CH{:}N \cdot NH \cdot CS \cdot NH_2$, F. ca. 219°. Mit C_2H_5NCO reagiert I unter Bldg. von $C_2H_5NH \cdot CO \cdot NH \cdot C_6H_4 \cdot O \cdot C_6H_4 \cdot CH{:}N \cdot NH \cdot CS \cdot NH_2$, F. ca. 208°. — Die Verbb. sind wirksam *gegen Tuberkulose* u. *Lepra* u. besitzen außerdem starke *entzündungshemmende* Wirkung. (**D. B. P. 914 854** Kl. 12o vom 1/8. 1951, ausg. 12/7. 1954. Anmeldung bekanntgemacht 10/12. 1953.)

BRÖSAMLE. 4807

May & Baker Ltd., Dagenham, und **Alexander Peter Tawse Easson,** Waygill, Ayloffs Walk, Hornchurch, Essex, England, *Amidine* der Formel I, worin x oder y Halogen, das andere Symbol Halogen oder H bedeutet, entstehen aus dem entsprechenden Nitril: 1. durch Behandeln mit einem wasserfreien Alkohol + HCl oder HBr u. Rk. des entstandenen Iminoäthersalzes mit NH_3; 2. durch Rk. mit einem Alkaliamid, bes. $NaNH_2$, u. Verseifen des entstandenen Alkalisalzes; 3. durch Rk. mit einem wasserfreien Mercaptan + HCl oder HBr u. Rk. des entstandenen Thioiminoäthers mit einem Ammoniumsalz; 5. durch Rk. mit $R \cdot SO_3 \cdot NH_4$ (R = Alkyl, Aryl, Aralkyl) u. Neutralisieren des entstandenen Amidinsulfonats. — *2-Nitro-4-cyandiphenyläther* (**II**). Beim Kochen von K-Phenolat mit 3-Nitro-4-brombenzonitril in Alkohol, F. 78—79°. — *2-Amino-4-cyandiphenyläther* (**III**). Aus **II** beim Kochen mit Eisessig–HCl + $SnCl_2$, F. 78—79°. — *2-Chlor-4-cyandiphenyläther* (**IV**). Aus **III** nach SANDMEYER, Kp.$_{30}$ 190°; F. 46—48°. — *2-Chlor-4-amidinodiphenyläther.* Aus **IV** u. alkoh. HCl in Äther. *Hydrochlorid,* F. 227 bis 228°. — *2′-Chlor-4-amidinodiphenylätherhydrochlorid,* F. 236—238°. — *4-Chlor-4′-cyandiphenyläther,* F. 85°. — *4-Chlordiphenyläther-4′-iminoäthylätherhydrochlorid,* F. 121°. — *4-Chlor-4′-amidinodiphenylätherhydrochlorid,* F. 199°. — *2-Nitro-4-cyan-4′-chlordiphenyläther,* F. 148—149°. — *2-Amino-4-cyan-4′-chlordiphenyläther,* F. 122 bis 124°. — *2.4′-Dichlor-4-cyandiphenyläther,* Kp.$_{35}$ 248—250°, F. 78—79°. — *2.4′-Dichlordiphenyläther-4-iminoäthylätherhydrochlorid,* F. 123°. — *2.4′-Dichlor-4-amidinodiphenylätherhydrochlorid,* F. 232—233°. — Verbb. mit *antibaktericiden Eigg., Therapeutica.* (**E. P. 636 777** vom 12/12. 1947, ausg. 3/5. 1950.)

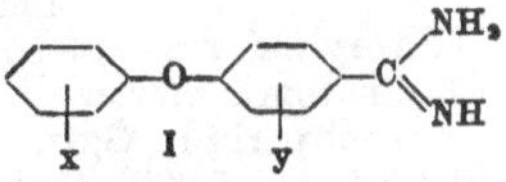

LANGER. 4807

Albert Frederick Crowther, Francis Henry Swinden Curd, Blackley, Manchester, und **Imperial Chemical Industries Ltd.,** London, England, *Biguanidderivate der Formel* I (R u. R_1 = H oder Alkyl mit 1—3 C-Atomen, wobei ein R_1 stets H sein soll, R_2, R_3 = H oder Alkyl, beide zusammen sollen mehr als 1 u. weniger als 8 C-Atome enthalten, X, Y u. Z wenigstens eines davon = Cl, Br oder J u. die andern = H, Cl, Br, J

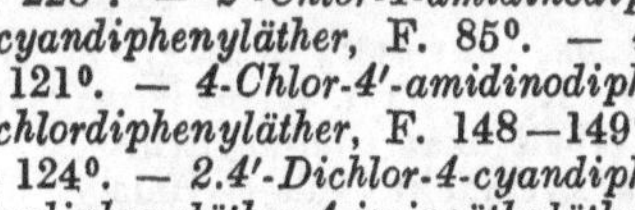

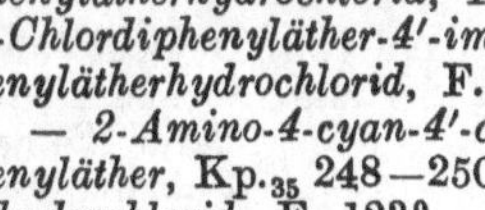

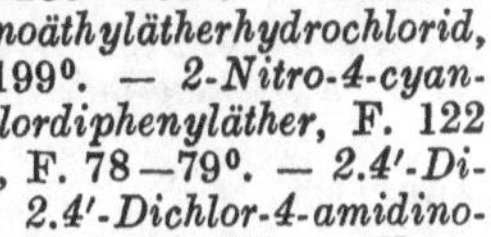

oder Alkyl mit 1—3 C-Atomen) erhält man durch Kondensation eines Guanidinsalzes der Formel NH_2—C(=NR_1)—NR_2R_3 mit O-Alkylisoharnstoff der Formel **II** oder eines Guanidins der Formel **III** mit einem O-Alkylisoharnstoff der Formel Alkyl—O—C·(=NH)—NR_2R_3. — Isopropylguanidinsulfat gibt mit N-p-Chlorphenyl-O-methylisoharnstoff in Toluol in Ggw. von Na-Methylat bei 110° *N_1-p-Chlorphenyl-N_5-isopropyl-*

biguanidhydrochlorid, Platten, F. 244—245°. — *N_1-p-Bromphenyl-N_5-isopropylbiguanidhydrochlorid*, Nadeln, F. 241°. — N-3.4-Dichlorphenyl-O-methylisoharnstoff (F. 120—122°) → *N_1-3.4-Dichlorphenyl-N_5-isopropylbiguanidhydrochlorid*, F. 247 bis 248°. *Chemotherapeutica* gegen *Malaria*. (**E. PP. 649 692** vom 20/10. 1948 u. **649 693** vom 21/10. 1948, beide ausg. 31/1. 1951.) KRAUSS. 4807

Tropon-Werke Dinklage & Co., Köln (Erfinder: **Fritz Külz**, Frankfurt/M.), *Oxyphenylalkylamine* der Formel $(HO)_2C_6H_3 \cdot R_1 \cdot N(R_3) \cdot R_2 \cdot C_6H_5$, worin R_1 u. R_2 Alkyl oder Alkylen, R_3 = H, Alkyl oder Alkylen bedeuten, wirken *analgetisch*. Sie entstehen durch Verseifung der entsprechenden Äther oder durch Einführung eines Phenylalkyl- bzw. Phenylalkylenrestes in ein prim. oder sek. Monophenylalkyl- oder Monophenylalkylenamin. — *α-Methyl-β-3.4-dioxyphenyläthylmethylbenzylaminhydrojodid*. — *α-Methyl-β-3.4-dioxyphenyläthyl-4'-isopropylbenzylaminhydrojodid*. — *3.4-Dioxybenzyläthylphenylpropylaminhydrojodid*, F. 127°. — *3.4-Dioxybenzyl-α-methyl-γ-phenylpropylaminhydrobromid*, F. 155°. — *1.2-Dioxybenzyl-α-methyl-γ-phenylpropylamin*. — *α-Methyl-β-3.4-dioxyphenyläthyl-β-phenyläthylaminhydrojodid*, F. 155°. — *α-Methyl-β-3.4-dioxyphenyläthyläthyl-γ-phenylpropylaminhydrojodid*, F. 158°. — *α-Methyl-β-3.4-dioxyphenyläthyl-α'-methyl-γ'-phenylpropylaminhydrojodid*, F. 163—164°. — *α-Methyl-β-3.4-dioxyphenyläthyl-α'-methyl-γ'-4'-oxyphenylpropylaminhydrobromid*, amorph. (**D. B. P. 870 122** Kl. 12q vom 17/8. 1938, ausg. 9/3. 1953.) LANGER. 4807

Schering Akt.-Ges. (Erfinder: **Martin Schenck, Helmer Richter, Helmut Jansen** und **Christel Blohm**), Berlin, *Herstellung von 3-Oxyindanderivaten*, dad. gek., daß man in 3-Oxoindanen der Formel I (R = beliebiger nichtsubstituierter oder substituierter KW-stoffrest, R' = beliebiger Substituent, n = 0—4) die Ketogruppe in bekannter Weise zur sek. OH-Gruppe red. u. diese, z. B. durch Verätherung oder Veresterung, in eine durch Hydrolyse in OH rückverwandelbare Gruppe überführt u. erforderlichenfalls die gebildeten Isomerengemische trennt. — Aus 1-Phenylindanon-(3) durch Red. mit RANEY-Ni + H_2 bei 40° in Methanol → *1-Phenylindanol-(3)* (Isomerengemisch), F. 64—69°, Erweichen bei 54°; daraus durch Chromatographieren ein Racemat mit F. 80—81,5°. Das Rohgemisch gibt mit Essigsäureanhydrid in Ggw. von Pyridin ein *Acetat*, F. 42—45°, Sintern bei 40°; mit $SOCl_2$ in Chlf. bei 50° *1-Phenyl-3-chlorindan*, F. 59—62°, wirksam gegen *Hautpilze* bis zu Verdünnungen von ca. 1:30000. — 1-Phenyl-5-methylindanon-(3), F. 90—92°, → *1-Phenylindanol-(3)*, aus wss. Methanol F. 100—102°. — 1-Methylindanon-(3) → *1-Methylindanol-(3)*, F. aus Ligroin 74—75°, Sintern bei 72°. — Phenylxylyldihydrozimtsäure, F. 109—112°, → 1-Phenyldimethylindanon, 2.4-Dinitrophenylhydrazon, F. 241—243°, → *1-Phenyldimethylindanol*, aus Ligroin, F. 114—116°, zeigt in Verdünnung 1:20000 noch schwache Hemmwrkg. gegen Hautpilze, wie *Epidermophyton flocosum, Trichophyton tonsurans, Mikrosporon gipseum*. *Therapeutica*. (**D. B. P. 912 093** Kl. 12o vom 22/1. 1952, ausg. 24/5. 1954. Anmeldung bekanntgemacht 8/10. 1953.) KRAUSS. 4807

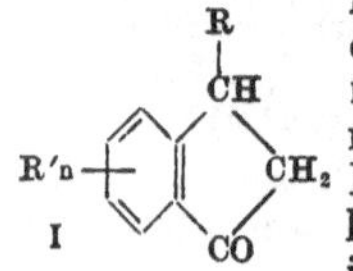

Nathan Lincoln Drake und **John O. Neill Van Hook**, University of Maryland, Md., V. St. A., *Chinolinderivate* der allg. Formel I (R_1 u. R_2 = Alkyl, R_3 = H, Alkyl) u. deren Salze erhält man durch Erhitzen von 8-Amino-6-alkoxychinolin mit 1-Halogen-5-alkylaminopentanhydrohalogeniden der allg. Formel II (Hlg = Halogen). II entsteht z. B. beim Behandeln von Dihydropyran mit einem Alkylamin $H_2NC(R_1, R_2, R_3)$ in Ggw. von HCl. Nach der Hydrierung u. Behandlung mit Halogenwasserstoff gibt das entstandene 5-Alkylamino-1-pentanolhydrohalogenid mit Thionylhalogenid II. — 1.5-Dibrompentan gibt mit Na-Methylat in Methanol beim Erhitzen 1-Brom-5-methoxypentan (III), $Kp._{100}$ 124 bis 126°, das beim Erhitzen mit Phthalimid-K auf 150—170° u. Spalten mit wss. KOH 1-Amino-5-methoxypentan, Kp. 167—170°, liefert. Aus III u. Isopropylamin entsteht 1-Isopropylamino-5-methoxypentan, $Kp._{20}$ 93°, dieses gibt mit HBr beim Erhitzen 1-Brom-5-isopropylaminopentanhydrobromid, das mit 8-Amino-6-methoxychinolin nach 60std. Erhitzen in absol. A. *8-(5'-Isopropylaminopentylamino)-6-methoxychinolin*, $Kp._2$ 150—167°, liefert, aus dem mit 85%ig. H_3PO_4 das *Monophosphat*, F. 189—190°, entsteht. — Dihydropyran + Isopropylamin → 5-Isopropylamino-1-pentanolhydrochlorid, F. 97,7—98,4°, → 5-Chlor-1-isopropylaminopentanhydrochlorid, F. 120 bis 123°. — 1-tert.-Butylamino-5-pentanolhydrochlorid, F. 153—153,5°, → 1-tert.-Butylamino-5-chlorpentanhydrochlorid, F. 125—127°, → *8-(5'-tert.-Butylaminopentyl-*

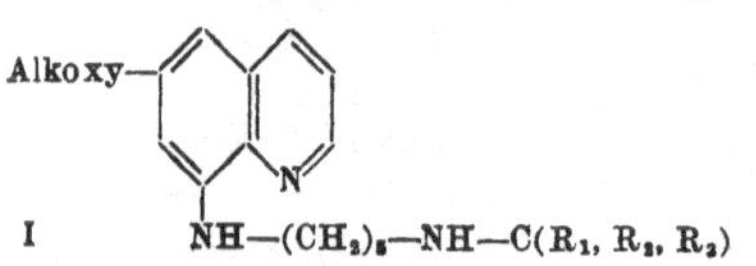

II $Hlg(CH_2)_nNHC(R_1, R_2, R_3)$

amino)-6-methoxychinolinhydrochlorid, F. 169—170°. *Antimalariamittel*. (**E. P. 637 863** vom 18/2. 1947, ausg. 31/5. 1950. A. Prior. 19/2. 1946.) Krauss. 4807

Badische Anilin- & Soda-Fabrik Akt.-Ges., Ludwigshafen/Rh., *o-Oxydihydrochinolincarbonsäuren* erhält man durch Erhitzen von p-(N-Oxoalkylamino)-salicylsäure in Ggw. eines alkal. Mittels u. eines Lösungsm. (Alkohole) auf 40—80°. Die Ausgangssäuren werden durch Kondensation eines α.β-ungesätt. Ketons mit p-Aminosalicylsäure hergestellt. — Aus Na-p-Aminosalicylat in Methanol + Vinylmethylketon bei 55° → *Dihydro-4-methyl-7-oxychinolin-6-carbonsäure*, F. 203—205°. *Bakteriostatica* gegen *Tuberkeln*. (**E. P. 700 729** vom 6/12. 1951, ausg. 9/12. 1953. D. Prior. 7/12. 1950.) Krauss. 4807

Soc. des Usines Chimiques Rhône-Poulenc, Paris (Erfinder: **Robert Michel Jacob**, Ablon, und **Leonide Liakhoff**, Vitry, Seine-et-Oise), Frankreich, *Pyrimidinderivate* der allg. Formel I (A = zweiwertige aliphat. Kette mit 2—6 C-Atomen) erhält man durch Rk. von 2-Amino-4-chlor-5-(4'-chlorphenyl)-6-äthylpyrimidin (**II**), F. 163°, oder dessen am N acyliertem Deriv. mit einem Diamin der allg. Formel $NH_2—A—NH_2$, bes. im Molverhältnis 2:1, u. gegebenenfalls anschließende Abspaltung der Acetylgruppen. — II + 95%ig. Äthylendiamin + Phenol → *N.N'-Di-[2'-amino-5'-p-chlorphenyl-6'-äthylpyrimidyl-(4')]-1.2-diaminoäthan*, F. 352—353°. — *N.N'-Di-[2'-amino-5'-p-chlorphenyl-6'-äthylpyrimidyl-(4')-1.4-diaminobutan*, F. 226°. — *N.N'-Di-[2'-amino-5'-p-chlorphenyl-6'-äthylpyrimidyl-(4')]-1.6-diaminohexan*, F. 185°; nach Umkristallisieren aus A. FF. 195 u. 215—216°. — *Therapeutica*. (**D. B. P. 899 656** Kl. 12p vom 25/10. 1952, ausg. 14/12. 1953. F. Prior. 7/1. 1952.) Sievers. 4807

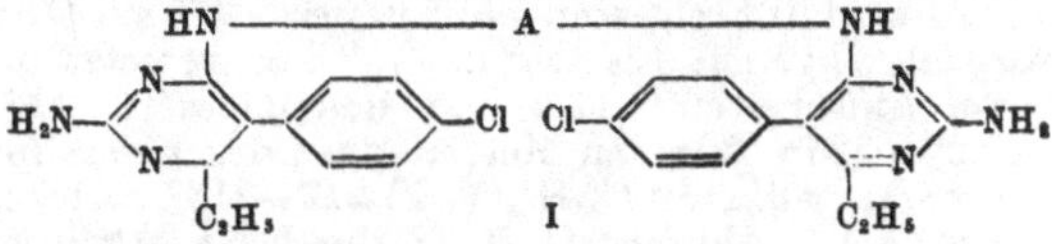

I

Ciba Akt.-Ges., Basel, Schweiz, *Herstellung von neuen Abbauprodukten von tetracyclischen Triterpenen* aus Derivv. der 27 C-Atome enthaltenden Säuren, welche durch oxydativen Abbau von tetracycl. Triterpenen um 3 C-Atome erhalten werden, bes. Ester, Nitrile, Halogenide oder Anhydride. Solche Säuren sind z. B. die den mehrfach ungesätt. tetracycl. Triterpenen, wie Lanostadienol, Agnosterin, Euphol, Tirucallol, Elemadienol- u. Elemadienonsäure, entsprechenden Säuren mit 27 C-Atomen. — Nach dem Verf. werden die Carbonsäurederivv. mit metallorgan. Verbb., wie Mg-Verbb., bes. Aryl-Mg-Halogeniden, z. B. Phenyl-Mg-Halogeniden, umgesetzt. Auf diese Weise erhält man tert. Carbinole oder Ketone, welch letztere sich durch weitere Behandlung mit metallorgan. Verbb. oder mit H_2 in Carbinole überführen lassen. Aus den gebildeten Carbinolen spaltet man direkt W. ab oder ersetzt die OH-Gruppe zunächst durch Halogen oder durch eine substituierte Oxygruppe. Anschließend läßt sich die so umgewandelte OH-Gruppe z. B. durch therm. Zers. oder durch Behandlung mit säure- bzw. alkoholabspaltenden Mitteln entfernen. Die Bldg. der Doppelbindung kann auch durch Einw. der metallorgan. Verb. bei erhöhter Temp. direkt erfolgen. In α-Stellung zur entstandenen Doppelbindung wird ein Halogen eingeführt, u. die gebildeten Halogenide geben durch Halogenwasserstoffabspaltung Diene. Diese Abspaltung wird durch Erhitzen oder bes. mit bas. Mitteln durchgeführt, z. B. mit tert. Aminen, wie Pyridin, Kollidin, Chinolin, Dimethylanilin, Cyclohexylamin. Die erhaltenen Diene werden mit Oxydationsmitteln behandelt, wobei gegebenenfalls vor oder nach der Oxydation ein Halogenatom in α-Stellung zum Diensyst. bzw. zur Ketogruppe eingeführt wird. Die Oxydation geschieht z. B. mit CrO_3, Permanganat, Ozon, Peroxyden, wie Benzopersäure, Phthalmonopersäure oder H_2O_2, vorteilhaft in Ggw. von Osmiumtetroxyd. Gewünschtenfalls wird das Halogenatom durch eine freie oder substituierte OH-Gruppe ersetzt u. der Acylrest der erhaltenen Ketone gegebenenfalls zu einer Carboxy-, Oxy- oder Oxogruppe abgebaut. — Der Acylrest kann auch mit einem Aldehyd zu der entsprechenden Methylenverb. umgesetzt werden, in welcher danach die Ketogruppe red. wird. Durch Wasserabspaltung entsteht daraus eine Dienverb., welche bei der Oxydation Ketone u. α.β-ungesätt. Aldehyde liefert. Als Ausgangsstoffe sind die Derivv. der Trisnorlanostandionsäure, der Trisnoracetoxylanostansäure u. der Trisnorlanostanolonsäure genannt. — Trisnorlanostandionsäuremethylester, $C_{28}H_{44}O_4$, F. 124—126°, wird mit Phenyl-Mg-Bromid in benzol. Lsg. 8½ Std. gekocht. Beim Aufarbeiten erhält man ein Diphenylcarbinol, $C_{39}H_{52}O_3$, F. 232—237°, welches zur Wasserabspaltung in benzol. Lsg. nach Zusatz einer geringen Menge Jod 1 Std. gekocht wird. Die Wasserabspaltung läßt sich auch mit $POCl_3$ u. Pyridin durchführen. Man erhält ein Diphenyläthenderiv., $C_{39}H_{50}O_2$. Dieses wird mit N-Bromsuccinimid unter Belichtung halogeniert, u. durch Erhitzen mit

Pyridin wird HBr abgespalten unter Bldg. des Diphenylbutadienderiv., $C_{39}H_{48}O_2$, F. 207—213°. Zum weiteren Abbau wird das Dien in einem Gemisch von gleichen Volumenteilen Methylenchlorid u. 80%ig. Essigsäure mit CrO_3 oxydiert. Dabei entstehen ein Triketon (I), $C_{24}H_{36}O_3$ (F. 267—270°), u. als Nebenprod. β.β-Diphenylacrolein. — In analoger Weise liefert der Trisnoracetoxylanostandionsäuremethylester, F. 203—205°, ein Acetoxytriketon, $C_{26}H_{38}O_5$, F. 244—247°. — Das Triketon I liefert mit Benzaldehyd ein Benzalderiv., F. 258—260°, welches mit Isopropylalkohol in Ggw. von Al-Isopropylat erhitzt das Oxydiketon $C_{51}H_{42}O_3$, F. 222—224°, liefert. Dieses Oxydiketon wird in Eisessig gelöst u. unter Rückfluß 6 Std. gekocht. Man erhält daraus das Phenylbutadienderiv., $C_{31}H_{40}O_2$, F. 269—270°, welches in einem Gemisch aus gleichen Volumenteilen Ae. u. Bzl. mit Li–Al-Hydrid 14 Std. unter Rückfluß erhitzt wird. Das daraus gewonnene kristalline Prod. wird mit Acetanhydrid–Pyridin 20 Std. acetyliert. Es entsteht das Diolmonoacetat, $C_{33}H_{46}O_3$, F. 199—203°. Dieses wird in Essigester gelöst u. bei —25° mit O_3 ca. 30 Min. lang behandelt. Danach wird die Lsg. mit Eisessig u. Zn-Staub versetzt u. 1 Std. bei Zimmertemp. gerührt. Beim Aufarbeiten erhält man den ungesätt. Aldehyd der Bruttoformel $C_{26}H_{38}O_4$, F. 220—225°. Aus den Mutterlaugen des Kristallprod. erhält man ein Kristallprod., das Acetoxydiketon $C_{24}H_{36}O_4$, F. 212—213°, welches sich auch aus dem vorgenannten α.β-ungesätt. Aldehyd $C_{26}H_{38}O_4$ durch Nachozonisation gewinnen läßt. Das Acetoxydiketon liefert bei der Verseifung mit äthylalkoh. KOH das Oxydiketon $C_{22}H_{34}O_3$, F. 228—230°. — *Zwischenprodd.* zur Herstellung *therapeut.* verwertbarer Verbindungen. (**Oe. P. 177 773** vom 15/4. 1952, ausg. 10/3. 1954. Schwz. Priorr. 11/5., 3/12. 1951 u. 26/2. 1952.) M. F. MÜLLER. 4807

Schering Akt.-Ges., Berlin (Erfinder: **Hans-Herloff Inhoffen**, Braunschweig, und **Hans Eysenbach**, Berlin-Zehlendorf), *Vitamin A und ähnliche Verbindungen* erhält man durch Kondensation von β-Jonylidenacetaldehyd oder ähnlichen, im Benzolkern teilweise hydrierten Aldehyden, die kernmethyliert sein können, mit γ-Halogencrotonsäureestern nach Art einer Metallalkylsynth. (REFORMATSKI); nach der Wasserabspaltung wird das Reaktionsprod. in bekannter Weise ohne Veränderung der Doppelbindungen in den Alkohol übergeführt. — β-Jonylidenacetaldehyd gibt mit γ-Brom-β-methylcrotonsäuremethylester in thiophenfreiem Bzl. in Ggw. von Zn unter N_2 1-[1'.1'.3'-Trimethyl-Δ^2-cyclohexenyl-(2')]-3.7-dimethyl-(1.3.5.7)-oktatetraen-8-carbonsäuremethylester, der bei der Verseifung mit 10%ig. alkoh. KOH die freie Carbonsäure liefert; diese wird mit CH_3J u. Mg in Ae.–o-Toluidin umgesetzt, das Reaktionsprod. mit PCl_5 in Bzl. u. anschließend mit $CrCl_2$ behandelt. Dann dest. man die Benzollsg. nach Zusatz von Isopropanol u. Al-Isopropylat u. erhält nach der Fraktionierung u. chromatograph. Trennung über Fasertonerde reines *Vitamin A.* — α-Jonylidenacetaldehyd → *1-[(1'.1'.3'-Trimethyl-Δ^3-cyclohexenyl-(4')]-3.7-dimethyl-1.3.5.7-oktatetraen-8-carbonsäuremethylester.* (**D.B.P. 873 240** Kl. 12o vom 24/12. 1942, ausg. 13/4. 1953.) KRAUSS. 4809

E. Merck, Darmstadt (Erfinder: **Robert R. Williams**, Roselle, und **Joseph K. Cline**, Woddbridge, N. J., V. St. A.), *Aneurinhydrochlorid*, F. 246—250°, erhält man durch Rk. von Verbb. der Zus. I (X u. X' = einwertiges Anion, jedoch X u. X' nicht beide = Cl) mit 4-Methyl-5β-oxyäthylthiazol (II) u. Austausch der Säurereste gegen Chlor, z. B. mit AgCl. — Man schüttelt z. B. 150 (g) Vitamin-B_1-Hydrobromid (aus 2-Methyl-5-brommethyl-6-aminopyrimidinhydrobromid u. II) in 300 cm³ W oder 50%ig. Methanol 3—4 Std. mit 250 AgCl u. behandelt zur Entfernung von Ag mit Tierkohle. (**D. B. P. 872 047** Kl. 12p vom 30/5. 1937, ausg. 30/3. 1953. Anmeldung bekanntgemacht 31/7. 1952. A. Priorr. 15/6 u. 5/8. 1936 u. 1/4. 1937.) SIEVERS. 4809

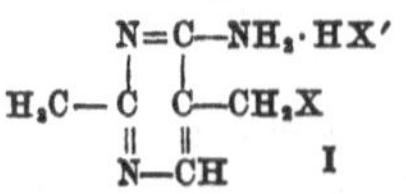

I

Roche Products Ltd., Welwyn Garden City, England (Erfinder: **Alexander Lang Morrison, Frank Ratcliffe Atherton** und **Anthony William d'Aubigny Avison**), *Aneurinphosphate* erhält man durch Erhitzen von Aneurinalkylestern mit H_3PO_4, $H_4P_2O_7$, $H_3P_3O_9$ (Trimetaphosphorsäure), $H_5P_3O_{10}$ (Triphosphorsäure) oder deren Mischungen auf 80—150°. — Acetylneurin {= 3-[4'-Amino-2'-methylpyrimidyl-(5')-methyl]-5-β-acetoxyäthyl-4-methylthiazoliumchloridhydrochlorid} + H_3PO → *Aneurinchloridmonophosphat*, aus wss. A., F. 192° (Zers.). — Formylaneurin + $H_4P_2O_7$ → *Cocarboxylasechlorid*, die auch durch Erhitzen von Aneurinphosphorsäureester mit $H_4P_2O_7$ entsteht. *Cocarboxylasebromid. Chemotherapeutica.* (**E. PP. 687 673** u. **687 674** vom 11/8. 1950, ausg. 18/2. 1953.) KRAUSS. 4809

Vitamins Ltd., London, England (Erfinder: **Kenneth Joseph Verrill** und **Alfred Marcell Schneider**), *Pyridoxin* (I), *Hydrochlorid*, F. 210°, (*Vitamin B_6*) erhält man durch Nitrierung von 2-Methyl-4-carbäthoxy-5-cyan-(1-H)-pyridon-6-, F. 218°, zu *2-Methyl-*

3-nitro-4-carbäthoxy-5-cyan-(1–H)-pyridon-6 (**II**), F. 192°, Umsetzung von II mit PCl_5 zu *2-Methyl-3-nitro-5-cyan-6-chlor-4-carbonsäureäthylester* (**III**), F. 60°, katalyt. Red. von **III** zu *2-Methyl-3-amino-5-aminomethylpyridin-4-carbonsäureäthylester, Hydrochlorid*, F. 133°, u. Red. der ständigen Estergruppe sowie der 3- u. 5-ständigen NH_2-Gruppe mit $LiAlH_4$ in wasserfreiem Äther. — Man kann auch III mit $SnCl_2$ u. HCl zum *2-Methyl-3-amino-5-cyan-6-chlorpyridin-4-carbonsäureäthylester* red. u. diesen mit $LiAlH_4$ in **I**, *Hydrochlorid* F. 206°, überführen. (**E. P. 686 012** vom 13/2. 1950, ausg. 14/3. 1953.) SIEVERS 4809

Schering Akt.-Ges., Berlin, *Ringsubstituierte, gesättigte oder ungesättigte Androstanol-(17)-one-(3) und deren 17-Derivate* erhält man durch Oxydation von gesätt. oder ungesätt. Androstandiolen-(3.17), die am C_{17} neben dem OH, das durch eine in dieses verwandelbare Gruppe substituiert sein kann, einen KW-stoffrest besitzen, mit Oxydationsmitteln, die sek. Alkoholgruppen in CO-Gruppen umwandeln. Die gebildeten Ketole, falls die freien Diole als Ausgangsstoffe verwendet wurden, können verestert oder veräthert werden. C–C-Doppelbindungen werden zweckmäßig intermediär geschützt. — Methyl-17-androstandiol-(3.17) gibt mit CrO_3–Eisessig *Methyl-17-androstanol-(17)-on-(3)*, Prismen, F. ca. 190°. — Methyl-17-androstendiol-(3,17) → *Methyl-17-androstenol-(17)-on-(3)*, F. ca. 162°. — Δ^5-17-Äthylandrostendiol-(3.17) → *Δ^5-17-Äthylandrostenol-(17)-on-(3)*, Nadeln, F. 149°; $[\alpha]_D^{20}$ −35,3°. *Semicarbazon*, F. 210°. — Methyl-17-androstanol-(17)-on-(3)-acetat, F. 162°. (**D. B. P. 879 098** Kl. 12o vom 31/8. 1935, ausg. 11/6. 1953.) KRAUSS. 4809

Schering Akt.-Ges., Berlin (Erfinder: **Hans-Herloff Inhoffen**, Braunschweig), *Hormonal wirksame Östrane.* β(γ)-Oxy-2-methyl-2-carboxy-1.2.3.4-tetrahydrophenanthren-1-propionsäure bzw. deren Derivv. werden kernhydriert, dann eine oder mehrere Doppelbindungen in den Ring A eingeführt. Durch Cyclisierung entsteht der Cyclopentanoring. Die Rkk. können in beliebiger Reihenfolge in bekannter Weise durchgeführt werden, wobei die Kernhydrierung der Einführung von Doppelbindungen in A. vorangehen muß. — β(γ)-Methoxy-2-methyl-2-carbomethoxy-1.2.3.4-tetrahydrophenanthren-1-propionsäuremethylester gibt in Eisessig beim Erhitzen mit konz. HCl

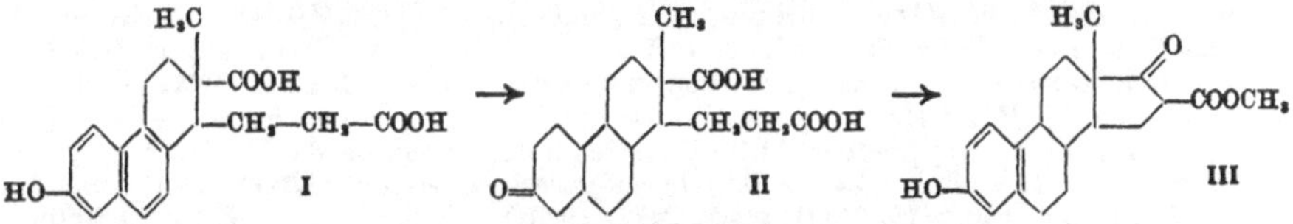

I II III

BACHMANN-Säure (**I**), die beim Hydrieren mit H_2 in Eisessig in Ggw. von PtO u. Oxydation mit CrO_3–Eisessig Dekahydroketo-BACHMANN-Säure (**II**) liefert. Daraus entsteht mit Br_2 in Eisessig Dibrom-**II**, die beim Erhitzen mit trockenem Pyridin u. Verestern mit Diazomethan den Oktahydrophenanthroldicarbonsäuremethylester liefert. Durch Ringschluß mit Na-Methylat erhält man isomere Östron-16-carbonsäuremethylester (**III**), die nach dem Verseifen

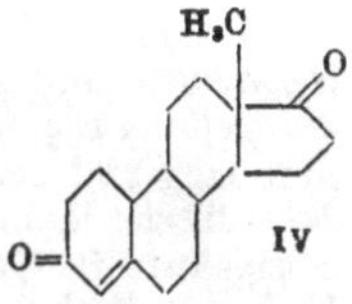

IV

mit konz. HCl, Decarboxylierung, Sublimation im Hochvakuum, fraktionierte Kristallisation u. Spaltung *d-* u. *l-Östron* geben. — **II** gibt nach der Halogenierung mit 1 Mol. Br_2 u. Anwendung der genannten Rkk. *10-Normethylandrosten-(4)-dion-3.17*) (**IV**). (**D. B. P. 864 257** Kl. 12o vom 21/1. 1945, ausg. 22/1. 1953.) KRAUSS. 4809

Wallace & Tiernan Co., Inc., übert. von: **Frank Charles Schmelkes †**, Montclair, N. J., V. St. A., *Diäthylstilböstrolmonobenzyläther* [=3-(p-Benzyloxyphenyl)-4-(p-oxyphenyl)-3-hexen], F. 128—130°, erhält man aus Diäthylstilböstrol mit Benzylchlorid in Ggw. von Na-Äthylat u. als Nebenprod. Dibenzyläther. *Östrogen wirksames Therapeuticum.* (**A. P. 2 658 080** vom 29/5. 1951, ausg. 3/11. 1953.) KRAUSS. 4809

British Drug Houses Ltd., David Ibbott Magrath, Vladimir Petrow und **Richard Penn Royer**, London, England, *Ungesättigte Säuren und deren Ester von Steroiden und Polyhydrophenanthrenen.* Ketone der Formel R{>CO (R = 2wertiger Steroidrest) werden mit einer Äthoxyacetylen-GRIGNARD-Verb. kondensiert. Der gebildete Äthoxyacetylenalkohol wird mit Säuren zum entsprechenden Carbonsäureester umgelagert, der zur freien Säure verseift werden kann. R{>CO → R{>C(OH)—C≡COC_2H_5 → R{>C=CH—$COOC_2H_5$ → R{>C=CH—COOH. — Dehydroandrosteronacetat + Äthoxyäthinyl-MgBr → 17α-Äthoxyacetylenyl-Δ^5-androsten-3β, 17β-diol-3-acetat + 3 n H_2SO_4 → *3β-Acetoxy-$\Delta^{5.17}$-pregnadiencarbonsäureäthylester-(21)*, F. 117°, + 2 n-methanol. NaOH → *3β-Acetoxy-Δ$^{5.17}$-pregnadiencarbonsäure-(21)*, F. 245°. — Epiandrosteronacetat → 3β.17β-Dioxy-17α-äthoxyacetylenylandrostan-3-acetat, F. 132°, → *3β-Oxy-Δ^{17}-allopregnencarbonsäure-(21)*, F. 244—245°. (**E. P. 683 900** vom 14/12. 1949, ausg. 10/10. 1952.) Krauss. 4809

Research Corp., New York, N. Y., übert. von: **Edward C. Kendall**, Rochester, Minn., V. St. A., *3α-Oxy-12-halogen-Δ$^{9.11}$-cholensäuren und deren Alkylester* der Formel I (Hal = Cl oder Br, A = H oder Alkyl). Desoxycholsäuremethylester, F. 82—83°, gibt mit Benzoylchlorid in Pyridin 3-Benzoyldesoxycholsäuremethylester, F. 93—94° (½ Mol. Ae.), der bei der Oxydation mit CrO_3 in Essigsäure 3α-Benzoxy-12-ketocholansäuremethylester, F. 128,5—129°, liefert, aus dem durch Dehydrierung mit SeO_2 u. n HCl in Essigsäure 3α-Oxy-12-keto-Δ$^{9.11}$-cholensäure, F. 180—180,5°, entsteht, $[\alpha]_D$ 107° (Methanol). Der Methylester wird mit H_2 u. Adams-PtO-Katalysator zu 3α.12-Dioxy-Δ$^{9.11}$-cholensäuremethylester red., mit Methanol–HCl zum 3α-Oxy-12-methoxy-Δ$^{9.11}$-cholensäuremethylester, F. 162—163°, veräthert u. durch Behandeln mit HCl in Chlf. in den *3α-Oxy-12-chlor-Δ$^{9.11}$-cholensäuremethylester*, F. 119—124°, $[\alpha]_D$ 149° (Chlf.) übergeführt, aus dem mit HBr in Chlf. *3α-Oxy-12-brom-Δ$^{9.11}$-cholensäuremethylester*, F. 137—138°, $[\alpha]_D$ + 209°, entsteht. *Zwischenprodd.* zur Synth. von *Dehydrocorticosteron*. (**A. P. 2 587 579** vom 12/1. 1951, ausg. 4/3. 1952.) Krauss. 4809

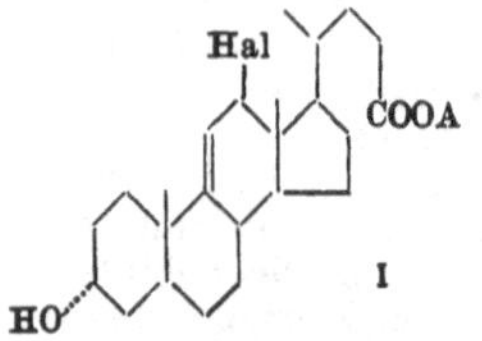

I

Research Corp., New York, N.Y., übert. von: **Thomas F. Gallagher**, Flushing, N. Y., und **Theodore H. Kritchevsky**, Chicago, Ill., V. St. A., *17-Oxy-20-ketosteroide* erhält man durch Behandeln eines 20-Ketosteroidenolesters mit einer organ. Persäure in einem Lösungsm. mit anschließender Verseifung. — 3α.20-Diacetoxy-Δ$^{17.20}$-pregnen gibt in Chlf. mit Perbenzoesäure u. anschließendem Verseifen mit alkoh. NaOH *3α.17α-Dioxypregnan-20-on*, F. 208—209,5°, $[\alpha]_D^{25}$ + 63° (Äthanol). Wird das Formiat bromiert, das entstandene 3α-Formoxy-17α-oxy-21-brompregnan-20-on mit Methanol–HCl behandelt, so bildet sich 3α.17α-Dioxy-21-brompregnan-20-on, F. 202—204°, das mit N-Bromacetamid 17α-Oxy-21-brompregnan-3.20-dion, F. 203—204°. $[\alpha]_D$ + 81° (Äthanol) u. nach Behandeln mit NaOH u. anschließender Acetylierung *17α-Oxy-21-acetoxypregnan-3.20-dion* (*17-Oxydesoxycorticosteron* = Reichsteins-*Verb. S*), F. 199°, $[\alpha]_D$ + 81°, liefert. — *3β.17α-Dioxyallopregnan-20-on*, F. 257—259°, $[\alpha]_D$ + 31,7° (A.). — 3α-Oxypregnan-11.20-diondiendioltriacetat → *3α.17α-Dioxypregnan-11.20-dion*, F. 198—201°, → *17-Oxy-11-dehydrocorticosteron* (Kendalls-*Verb. E*). (**A. P. 2 562 030** vom 27/6. 1950, ausg. 24/7. 1951.) Krauss. 4809

Research Corp., New York, N. Y., übert. von: **Edward C. Kendall, Warren F. McGuckin** und **Vernon R. Mattox**, Rochester, Minn., V. St. A., *Einführung einer Doppelbindung in Ketosteroide* erfolgt durch Behandeln von Bromketosteroiden mit Monoacylhydrazinen oder Semicarbazid unter Abspaltung von HBr. — 4-Brom-3.11-diketo-12-bromcholansäuremethylester gibt mit 2.4-Dinitrophenylhydrazin in Essigsäure in Ggw. von Na-Acetat das 2.4-Dinitrophenylhydrazon von 3.11-Diketo-12-brom-Δ^{4}-cholensäuremethylester, F. 242—243°, das mit Pyruvinsäure u. HBr in Essigsäure–Chlf. zu *3.11-Diketo-12-brom-Δ^{4}-cholensäure*, F. 188—189°, gespalten wird. — 3.11.20-Triketo-4.12-dibrom-21-acetoxypregnan → 3.11.20-Triketo-12-brom-21-acetoxy-Δ^{4}-pregnen-3(2.4-dinitrophenylhydrazon), $C_{29}H_{33}O_8N_4Br$, F. 247—248°, $[\alpha]_D$ + 113°, → *3.11.20-Triketo-12-brom-21-acetoxy-Δ^{4}-pregnen*, $C_{23}H_{29}O_5Br$, F. 215 bis 216°, $[\alpha]_D$ + 84° (Chlf.). — 3.11.20-Triketo-4-brom-17-oxy-21-acetoxypregnan → 3.11.20-Triketo-17-oxy-21-acetoxy-Δ^{4}-pregnen-3-(2.4-dinitrophenylhydrazon), $C_{29}H_{34}O_9N_4$, F. 240—242°. — *3.11-20-Triketo-17-oxy-21-acetoxy-Δ^{4}-pregnen* = *11-Dehydro-17-oxycorticosteronacetat*, F. 244—246°, $[\alpha]_D$ + 184° (Aceton). — 2-Brom-3.11.20-triketo-17-oxy-21-acetoxypregnan → 3.11.20-Triketo-17-oxy-21-acetoxy- Δ^{1}-pregnen-3(2.4-dinitrophenylhydrazon), $C_{29}H_{34}O_9N_4$, F. 265—266°, → *3.11.20-Triketo-17-oxy-21-acetoxy-Δ^{1}-pregnen*, $C_{23}H_{30}O_6$, F. 244—245°. — 3.11.20-Triketo-4-brom-21-acetoxypregnan, F. 188—189°, → 3.11.20-Triketo-21-acetoxy-Δ^{4}-pregnen-3-(2.4-dinitrophenylhydrazon), F. 234—235°, → *11-Dehydrocorticosteronacetat*, F. 180—180,5°. — 4-Brom-4.5-dihydrocortisonacetat + Semicarbazid → Semicarbazon, das bei der Zers. mit p-Oxybenzaldehyd (I) in Essigsäure *Cortisonacetat*, F. 246—247°, $[\alpha]_D$ + 184° (1 % Aceton) liefert. An Stelle von I kann auch Benzaldehyd oder Carboxybenzaldehyd verwendet werden. (**A. PP. 2 590 978** vom 28/4. 1949, ausg. 1/4. 1952. Can. Prior. 9/9. 1948 u. **2 590 993** vom 30/3. 1951, ausg. 1/4. 1952.) Krauss. 4809

Research Corp., New York, N. Y., übert. von: **Edward C. Kendall**, Rochester, Minn., V. St. A., *3α.21-Diacyloxy-11.20-diketo-12α.15.21-tribrom-Δ^{16}-pregnene* der Formel I erhält man durch Behandeln einer Verb. der Formel II ($X = H$, Br, OAc) mit Br_2 u. HBr in einem polaren Lösungsm. (Dioxan) unter Wasserausschluß. — 3α.21-Diacetoxy-11.20-diketo-12α-brompregnan oder 3α.21.21-Triacetoxy-11.20-diketo-12α-brompregnan → *3α.21-Diacetoxy-11.20-diketo-12α.15.21-tribrom-Δ^{16}-pregnen*, F. 231—232°, $[\alpha]_D$ —62° (Chlf.). Dieses kann in 3α.21-Diacetoxy-11.20-diketo-12α-brom-Δ^{16}-pregnen, F. 165—166°, $[\alpha]_D$ +34° (Chlf.) → 3α.21-Dioxy-11.20-diketo-12α-brom-16α.17-epoxypregnan, F. 246—247°, $[\alpha]_D$ +33° (Methanol) → 3α, 21-Dioxy, 11.20-diketo-12α-brom-16α.17α-epoxypregnan, F. 250—255°, $[\alpha]_D$ —1° → 3α.21-Dioxy-11.20-diketo-16α.17α-epoxypregnan, F. 196—197°, $[\alpha]_D$ + 93° → 3α-Oxy-21-acetoxy-11.20-diketo-16α.17α-epoxypregnan, F. 235—237°, $[\alpha]_D$ +99° → 3.11.20-Triketo-21-acetoxy-16α.17α-epoxypregnan, F. 132—133°, $[\alpha]_D$ + 108° (Chlf.) → 3.11.20-Triketo-21-acetoxy-17α-oxy-16β-brompregnan, F. 189—190°, $[\alpha]_D$ + 51° (Chlf.) → 3.11.20-Triketo-21-acetoxy-17α-oxypregnan, F. 234—235°, $[\alpha]_D$ + 84° (Aceton) (4.5-Dihydrocortisonacetat) → *11-Dehydro-17-oxycorticosteron* (*Cortison*) übergeführt werden. (**A. P. 2 602 804** vom 25/1. 1951, ausg. 8/7. 1952.) Krauss. 4809

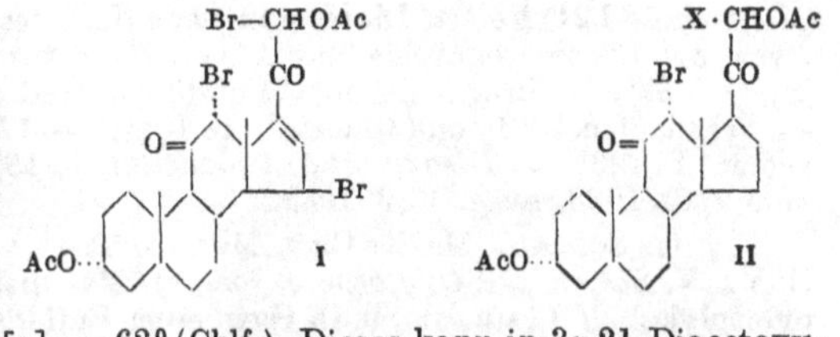

Ciba Akt.-Ges., Basel, Schweiz, *Einführung von Sauerstoff in Steroide.* Man behandelt im Ring C unsubstituierte Steroide mit O_2 oder O_2-abgebenden Mitteln in Ggw. von Enzymen u. ihnen entsprechenden Substraten. Als O_2-abgebende Mittel verwendet man H_2O_2. Die Enzyme werden bes. in Form von Organpräpp., wie zerkleinerten Organen, Organschnitten, Organhomogenisaten von enzymreichen Organen, z. B. von Nebennieren, Nieren oder Lebern oder Mischungen derselben verwendet. Als Substrate kommen bes. diejenigen des Cyclophorasesyst. oder/u. die dem Citronensäurecyclus angehörenden oder diesem nahestehenden Verbb. in Anwendung, z. B. Citronensäure, Aconitsäure, Isocitronensäure, Oxalbernsteinsäure, -Ketoglutarsäure, Äpfelsäure, Glutaminsäure, Asparaginsäure, Asparagin, Alanin, Glykokoll, Serin, Ascorbinsäure, Milchsäure, Prolin, Tyrosin, Tryptophan. — Die Isolierung der 11-Oxysteroide aus dem Oxydationsgemisch erfolgt unter Durchführung von Entmischungsverff., Chromatographie, Umkristallisation. — Eine Lsg. von 1 Gewichtsteil Desoxycorticosteron in 20 Vol.-Teilen Äthylenglykol wird zu 980 Vol.-Teilen einer Mischung aus 900 Vol.-Teilen penicillinhaltigem Citratrinderplasma, 80 Vol.-Teilen Äthylenglykol u. 1 Gewichtsteil Ascorbinsäure gegeben. 900 Vol.-Teile der obigen Mischung werden auf 37° erwärmt. Dazu gibt man 60 Gewichtsteile frisch hergestellte Nebennierenschnitte aus Nebennieren von frisch geschlachteten Rindern. Daneben werden 60 Gewichtsteile Rindernebennieren in kleine Stücke geschnitten u. mit 80 Vol.-Teilen der obigen Desoxycorticosteronplasmalsg. in einem Homogenisator 2 Min. lang homogenisiert. Der entstehende Brei wird zu der bereits mit Schnitten versehenen Lsg. im Thermostaten gegeben u. mit 20 Vol.-Teilen Plasma nachgespült. Man hält die Mischung ½ Std. unter schwacher Bewegung bei 37°. Danach wird mit H_2O_2 in Form einer 1,03%ig. wss. Lsg., welche 10% Äthylenglykol enthält, oxydiert. Man läßt stehen u. filtriert durch ein Tuchfilter. Beim Aufarbeiten erhält man ein Gemisch von Desoxycorticosteron- u. Corticosteronacetat. Zwecks Trennung des Gemisches chromatographiert man dieses an Silicagel u. gelangt nach Verseifung mit $NaHCO_3$ in wss.-alkoh. Lsg. zum *Corticosteron* als Kristallprod., F. 179—181°. — Δ^4-3.20-Diketo-17α.21-dioxypregnen wird durch Oxydation gemäß dem Verf. übergeführt in *Δ^4-3.20-Diketo-11β.17α.21-trioxypregnen.* (**Oe. P. 178 431** vom 23/5. 1951, ausg. 10/5. 1954. Schwz. Priorr. 26/5. 1950 u. 10/5. 1951.) M. F. Müller. 4809

Schering Akt.-Ges., Berlin (Erfinder: **Willy Logemann**, Aussig-Prödlitz), *Cyclopentanopolyhydrophenanthrenketole.* Alkenylcyclopentanopolyhydrophenanthrene mit der ungesätt. Seitenkette $>C{=}CH{-}CH_2X$ (X = OH oder in diese überführbare Gruppe, wie O-Acyl, -Alkyl, -Aryl, Halogen) werden in bekannter Weise in die Oxyde der Formel $>C{-}CH{-}CH_2X$ (mit O-Brücke zwischen C und CH) u. diese durch Erhitzen mit oder ohne Katalysatoren in Verbb. der Formel $>CH{-}CO{-}CH_2X$ übergeführt. — $\Delta^{20.21}$-Allopregnendiol-*3.17* wird zuerst 1 Std. mit Essigsäureanhydrid auf 100° u. nach dem Abkühlen mit Trichloressigsäure in Eisessig 100 Min. auf 40° erhitzt. Der aus dem Ae.-Extrakt gewonnene Rückstand gibt nach 1std. Erhitzen mit methanol. KOH $\Delta^{17.20}$Allopregnendiol-(3.21), F. 205°, das bei der Oxydation mit Phthalmonopersäure in Chlf. 17.20-Oxidoallopregnadiol-(3.21) liefert. Dieses gibt nach der Acetylierung mit Essigsäureanhydrid u. Pyridin u. Chromatographie über Al_2O_3 *Allopregnandiol-(3.21)-on-(20)-diacetat*, F. 150°, $[\alpha]_D^{20}$ + 82°. — Pregnadienol-(17)-on-(3) → 21-Brom-$\Delta^{4.17}$-pregnadienon-(3), F. 124°, → Pregnadienol-(21)-on-(3)-acetat, F. 104°, → 17.20-Oxido-Δ_4-pregnenol-(21)-on-(3)-acetat, F. 123°, → *Desoxycorticosteronacetat*, F. 153—155°. (**D. B. P. 870 404** Kl. 12o vom 7/12. 1938, ausg. 12/3. 1953.) Krauss. 4809

Syntex Soc. An., Mexico City, Mexico, übert. von: **Alejandro Zafferoni,** Rochester, N. Y., V. St. A., *17α-Oxycorticosteron* (**I**). Man bebrütet 17α-Oxyprogesteron in Propylenglykol als Lösungsm. u. in Ggw. einer Pufferlsg. vom p_H 7,4 (aus 4,5%ig. NaCl-, 5,75%ig. KCl, 19,1%ig. $MgSO_4 \cdot 7 H_2O$-, 0,15 mol. Na-Fumarat- u. 0,1 mol. Phosphatpufferlsg.) bei vorzugsweise 37° mit Nebennierenhomogenaten, extrahiert nach 3 Std. mit Chlf. u. trennt **I** chromatograph. ab. Die Ausbeute ist $>$50%. (**A. P. 2 643 970** vom 6/7. 1951, ausg. 30/6. 1953.) Sievers. 4809

VEB Chlorodont Leo (Erfinder: **Georg Mylius**), Dresden, *Herstellung von Mund- und Zahnpflegemitteln.* Es werden ihnen Salze der Paraffinsulfonsäure (Na-, K-, NH_4-Salz, gegebenenfalls auch die Methanolaminsalze) in gereinigter Form zugesetzt. Ein solches Mittel hat z. B. die Zus.: 7 (%) Kaolin, 40 $CaCO_3$, 6 paraffinsulfonsaures Na, 46 W. u. 1 Pfefferminzöl. (**D. P. [DDR] 2 256** Kl. 30h vom 12/11. 1943, ausg. 20/10. 1952 [Wirtschaftspatent].) Oppermann. 4823

Jean Brenot, Frankreich, *Herstellung von Zahnpasten und Mundwasser.* Sie bestehen aus KW-stoffen, die bei der Dest. von Naturpetroleum zwischen 30 u. 300° gewonnen werden, aromat. Ölen u. einem Emulgierungsmittel. Zur Herst. einer Zahnpaste versetzt man z. B. 600 (g) Schwerbenzin mit 16 Minzenöl, 10 krist. Anethol, 2 Nelkenöl, 1 Geraniumöl u. emulgiert das Ganze mit 400 Karraghenschleim. Ein Mundwasser erhält man durch Vermischen von 800 (g) Lackbenzin, 100 K-Oleat, 50 Vanillentinktur, 50 Orangenessenz, 4 Pfefferminzöl u. gegebenenfalls 0,20 Safranin. (**F. P. 1 010 638** vom 23/9. 1948, ausg. 13/6. 1952.) Oppermann. 4823

Sterling Drug, Inc., New York, N. Y., übert. von: **Sydney Archer,** *Jodbenzoesäurealkoxyalkylester* der allg. Formel **I** u. **II** (Y = Alkylen, R u. R_1 = Alkyl, wobei die Gesamtzahl der C-Atome in **I** 10—18 u. in **II** 11—16 betragen soll) erhält man durch Veresterung der entsprechenden J-Benzoesäuren mit den entsprechenden Alkoholen in Ggw. eines sauren Katalysators. Man kann die Rk. auch durchführen mit dem Säureanhydrid oder -halogenid bzw. das Alkoxyalkylhalogenid mit Alkalibenzoat umsetzen. — p-Jodbenzoesäure wird mit $SOCl_2$ in das Säurechlorid übergeführt u. dann mit 2-Methoxyäthanol 1 Std. erhitzt, wodurch man *2-Methoxyäthyl-p-jodbenzoat* $Kp._{0,7}$ 144—146°, erhält. — *2-Methoxyäthyl-m-jodbenzoat*, $Kp._{0,6}$ 142—145°. — *2-Äthoxyäthyl-p-*, *-m-* bzw. *-o-jodbenzoat*, $Kp._{0,04}$ 122—125°; $Kp._{0,8}$ 147—150° bzw. $Kp._{9,5}$ 108—110°. — *3-Methoxypropyl-*; *3-Äthoxypropyl-*; *2n-Butoxyäthyl-*; 2-[2'-äthyl-(n-butoxy)]-äthyl-p-jodbenzoat, $Kp._{0,6}$ 140—142°; $Kp._{0,7}$ 147—150°; $Kp._{0,8}$ 149—150°; $Kp._{1,5}$ 177—180°. — *2-Äthoxyäthyl-3-jod-4-methoxybenzoat*, $Kp._{0,06}$ 163—165°, F. 50,5—52,5°. — *2-Äthoxyäthyl-3-jod-4-äthoxybenzoat*, $Kp._{0,6}$ 170—172°, F. 63—64°. — *2-Methoxyäthyl-*; *3-Äthoxypropyl-3-jod-4-äthoxybenzoat*, $Kp._{1,5}$ 178—180°, F. 53—53,5°; $Kp._{0,8}$ 184—185°. — *2-(n-Butoxy)-äthyl-* bzw. *3-methoxypropyl-3-jod-4-methoxybenzoat*, $Kp._{0,8}$ 192—194° bzw. 171—172°. — *2-Äthoxyäthyl-2-jod-5-methoxybenzoat*, $Kp._{0,6}$ 173—175°. *Röntgenkontrastmittel* für Körperhöhlen. (**E. P. 661 185** vom 22/11. 1948, ausg. 21/11. 1951. 2 A. Priorr. 24/11. 1947.) Krauss. 4825

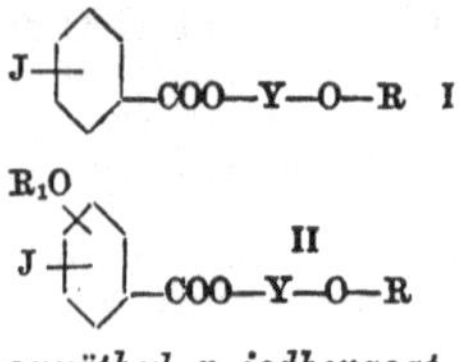

Reheis Co., Inc., übert. von: **Thomas Govett,** Summit, und **Mildred L. Almquist,** Maplewood, N. J., V. St. A., *Baktericide und fungicide Gele* aus bas. Al-Chloriden u. Boraten. Einer erwärmten wss. Lsg. eines bas. Al-Chlorids, das 5—7 Al-Atome auf 3 Cl-Atome enthält, wird Borsäure u. ein Alkalimetallborat (**I**) zur Einstellung des p_H auf 3,3—4,5 zugesetzt u. gelöst, wobei das **I** wenigstens 1 B-Atom auf 1 Alkalimetallatom enthalten soll; Mengenverhältnis der Atome: 5—7 Al, 3 Cl u. 0,65—3,7 B. (**A. P. 2 607 658** vom 27/6. 1950, ausg. 19/8. 1952.) Kettner. 4833

VEB Fahlberg-List (Erfinder: **Georg Hahn** und **Johann Bohunek**), Magdeburg, *Herstellung von Desinfektionsmitteln.* Es werden an sich unbeständige, mit Farbstoff versetzte Lsgg. von aromat. Sulfonhalogenamidsalzen durch Zusatz von Alkoholen oder Alkoholgemischen (z. B. A., Methanol, Propanole, Butanole, Glycerin, Äthylenglykol) stabilisiert. — Z. B. löst man in 100 Gewichtsteilen 70%ig. A. 5 g p-Toluolsulfonchloramidnatrium u. 0,5 g 2.4-Dinitronaphthol-7-sulfonsaures Na. (**D. P. [DDR] 2 255** Kl. 30i vom 22/4. 1943, ausg. 20/10. 1952 [Wirtschaftspatent].) Oppermann. 4833

Max N. Huffman, Dallas, Tex., V. St. A., *Phloroglucin* (**I**)*-Derivate* der nebenst. Formel (R = KW-stoffrest mit 4—16 C-Atomen, der noch durch OH, COOH u. Halogen substituiert sein kann, R' = OH, Alkoxy, Acyloxy, NH_2, —NH-Alkyl, —NH-Acyl) erhält man z. B. durch Kondensation von Phloroglucin mit Alkohol in Dioxan unter Sättigung mit HCl. — *Phloroglucinmono-n-amyläther*, $C_{11}H_{16}O_4$, F. 86—87°, Diacetat, Dibenzoat, F. 74°, → *2.6-Dioxy-4-n-amyloxybenzoesäure*, F. 134—134,5°. — *Phloroglucinmono-δ-chlorbutyläther*, $C_{10}H_{15}O_4Cl$, F. 77—78,5°. — *Phloroglucinmonoacetyläther*, $C_{22}H_{38}O_3$, F. 82—83°. — *Phloroglucinmono-ε-chloramyläther*, $C_{11}H_{17}O_4Cl$, F. 61—61,5°. — *Phloroglucindi-n-amyläther*, $C_{16}H_{26}O_3$, Kp.$_{5-6}$ 100°. — *Phloroglucintributyläther*, $C_{18}H_{30}O_3$. — *3-n-Amyloxy-5-oxyphenoxyessigsäure*, F. 139° (aus I-Amyläther + Chloressigsäure). — *1-n-Amyloxy-3-oxy-5-methoxybenzol*, F. 35°. — *Phloroglucinmono-n-amyläthermononicotinat*. — I-Amyläther + Epichlorhydrin → *1-(3'-Amyloxy-5'-oxyphenoxy)-3-chlorpropanol-(2)*, F. 138—139°. — Phloramin + Nicotinsäureanhydrid → *N-(3.5-Dioxyphenyl)-nicotinamid*, $C_{12}H_{12}O_4N_2$, F. 197—198° (Zers.). — *N-(3.5-Dioxyphenyl)-butyramid*, $C_{10}H_{13}O_3N$, F. 179°. — *Phloraminmonoamyläther*, $C_{11}H_{17}O_2N$, F. 104,5°. — *N-(3-n-Amyloxy-5-oxyphenyl)-nicotinamid*, $C_{17}H_{20}O_3N_2$, F. 189—189,5°; *-succinamidsäure*, $C_{15}H_{11}O_5N$, F. 99—100,5°; *-sulfanilamid*, $C_{17}H_{22}O_4N_2S$, F. 137—138°. — *(3-Amyloxy-5-oxy)-phenylguanidin*, F. 219—221°. — *Germicide*. (**A. P. 2 593 563** vom 2/5. 1949, ausg. 22/4. 1952.) KRAUSS. 4833

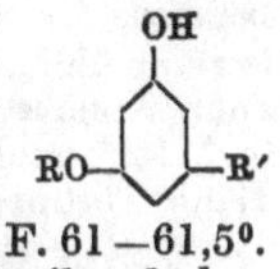

Dow Chemical Co., Midland, Mich., V. St. A., *2,2'-Alkyliden-bis-(6-alkyl-4-chlorphenole)* der nebenst. Formel (X = Isopropyl oder sek.-Butyl, Y = H oder —CH_3) erhält man in bekannter Weise z. B. durch Kondensation von 2 (Mol) 4-Chlor-2-isopropylphenol mit 1 CH_2O oder Acetaldehyd oder diese abgebenden Stoffen in Ggw. eines Kondensationsmittels (H_2SO_4, Eisessig oder deren Mischungen). — Aus 4-Chlor-2-isopropylphenol, E. 46,2°, u. Trioxymethylen entsteht in Ggw. von konz. H_2SO_4–Essigsäure bei 36—44° nach 8 Std. *2.2'-Methylen-bis-(4-chlor-6-isopropylphenol)*, F. 90,5—91°. — *2.2'-Methylen-bis-(6-sek.-butyl-4-chlorphenol)*, D.^{25} 1,14; n_D^{35} 1,5692; Cl-Geh. 18,54%. — *2.2'-Äthyliden-bis-(4-chlor-6-isopropylphenol)*, Kp.$_4$ 229—236°; D.^{30} 1,09. — *2.2'-Äthyliden-bis-(6-sek.-butyl-4-chlorphenol)*, Kp.$_3$ 245—251°; D.^{31} 1,04. — *Germicide*, bes. gegen *Staphylococcus aureus* u. als Zusatz zu *Seifen* u. *Reinigungsmitteln*. (**E. P. 669 797** vom 28/7. 1950, ausg. 9/4. 1952. A. Prior. 27/8. 1949.) KRAUSS. 4833

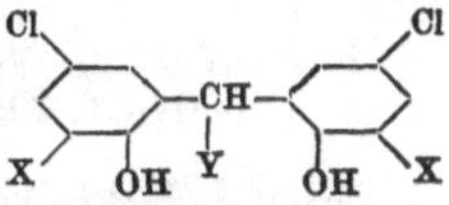

Hans Will, Neues Manual für die praktische Pharmazie. Als 5., verb. Aufl. d. Manuals d. Pharmazeutischen Zeitung neubearb. Berlin, Göttingen, Heidelberg: Springer. 1953. (V + 346 S.) DM 18,—.

G. Analyse. Laboratorium.

P. Woodward, *Die Anwendung von Halbmikromethoden der qualitativen Analyse in den sechsten Klassen.* Vf. beschreibt die bei Verwendung kleiner Substanzmengen notwendigen Handgriffe in der gewöhnlichen qualitativen Analyse. (School Sci. Rev. **34**. 186—89. März 1953. Sheffield, Univ., Dep. of Chem.) GOTTFRIED. 5000

T. Czarnecki, *Modifizierter Kippscher Apparat.* Vf. beschreibt einen KIPPschen App., bei dem das austretende Gas unter einem höheren Druck steht. (School Sci. Rev. **34**. 284. März 1953. Bottisham.) GOTTFRIED. 5006

W. Paul und **R. V. Jones**, *Die Trennung kleiner Kugeln nach ihrer Größe.* Kleine Glaskugeln mit Durchmessern von 1—100 μ, welche durch Schmelzen von Glasstaub in einer Gebläseflamme erhalten wurden, konnten auf einfache Weise nach ihrer Größe getrennt werden. Sie wurden in ein hohes Gefäß mit Fl. geschüttet, in welcher die D. kontinuierlich von der Oberfläche zum Boden hin anstieg. Bei dem Syst. A./W. war die D. oben im Gefäß 0,87 (A.) u. unten am Boden 1,0 (W.). Gefäße mit einer Höhe von 20 cm trennten in 3 Std. Teilchen bis zu einer Größe von 10 μ. Größere Teilchen bedingten höhere Gefäße. Teilchen mit einer Größe von 5—40 μ wurden in einer Operation getrennt. Dabei betrug die Menge zwar nur 0,3 g, aber es konnten mit einer Füllung bis zu 3 Operationen ausgeführt werden. Die Trennungsmeth. kann direkt zur Größenverteilungsanalyse von Pulvern benutzt werden, z. B. durch Feststellung der Lichtabsorption der Teilchen beim Durchgang durch eine bestimmte horizontale Ebene. (Research **3**. 98—99. Febr. 1950. Aberdeen, Univ., Natur. Philos. Dep.) KLEFFNER. 5024

Willi M. Conn, *Neuere Fortschritte bei Solaröfen für Untersuchungs- und Entwicklungsarbeiten bei hohen Temperaturen.* Vor- u. Nachteile gegenüber anderen Öfen, Konstruktionselemente, bes. neu angebrachte Verbesserungen, Anwendungsgebiete,

Standorte der 3 Haupttypen (große, mittlere u. kleine) sind in der Arbeit zusammengestellt. (J. Franklin Inst. **257.** 1—12. Jan. 1954. Kansas City, Mo.) Miething. 5028

D. J. Le Roy, *Ein Apparat für die Tieftemperatur-Fraktionierung kleiner Gasmengen.* Es wird eine einfache App. beschrieben, die im wesentlichen aus einer heizbaren Kühlfalle mit eingebautem Thermoelement besteht. Hiermit konnten Gasgemische nach Kondensation durch fraktionierte Dest. getrennt werden, wobei Fraktionen von 0,06 cm³ noch erfaßt werden konnten. (Canad. J. Res., Sect. B. **28.** 492—99. Aug. 1950. Toronto, Univ., Dep. of Chem.) Klaffke. 5038

Calvin Golumbic, *Analyse durch Flüssig–flüssig-Extraktion.* Vf. behandelt die mathemat. (Grundlagen der Lösungsmittel-Solvent-) Extraktion. Ausgehend vom Nernstschen Verteilungssatz wird die einfache Extraktion u. bes. die Gegenstromverteilung ausführlich besprochen. An Hand eines Beispieles (Verteilung von 3-Methyl-5-äthylphenol zwischen Cyclohexan u. einem Alkaliphosphatpuffer) werden die theoret. Ansätze geprüft. Es werden theoret. Überlegungen über die Wahl des Lösungsm. angestellt. Der Einfl. der H^+-Ionenkonz. auf die Verteilung von schwachen Säuren (Phenole u. Derivv.) wird untersucht. Mit Hilfe der entwickelten Gleichungen u. unter Anwendung absorptionsspektroskop. Unterss. ist es unter idealen Bedingungen möglich: 1. Die Mindestanzahl der Komponenten in einem Syst. zu ermitteln u. zu isolieren. 2. Die Reinheit der isolierten Komponenten zu bestimmen. 3. Die Verteilungskoeffizienten u. angenähert auch die Dissoziationskonstanten der Komponenten zu ermitteln. 4. Die Konz. der Komponenten zu bestimmen. (Analytic. Chem. **23.** 1210 bis 1217. Sept. 1951. Bruceton, Pa., U. S. Bur. of Mines, Off. of Synth. Liquid Fuels.) Hackstein. 5052

Yasuo Torikai, *Über die Bildbildung in der Phasenmikroskopie.* (J. physic. Soc. Japan **7.** 330—31. Mai/Juni 1952. Tokyo, Univ., Inst. of Ind. Sci. [Orig.: engl.]) Gottfried. 5056

Erich J. Zirkl, *Notiz über eine praktische Beschriftungsmethode für Dünnschliffe.* Es wird vorgeschlagen, die Objektträger eines Dünnschliffes durch Anschleifen aufzurauhen, mit Tusche die Beschriftung vorzunehmen u. überzulackieren. Diese Beschriftung bleibt auch beim Einbetten in Glycerin erhalten. (Tschermaks mineralog. petrogr. Mitt. [3] **3.** 282. 1953. Wien, Univ., Mineralog. Petrogr. Inst.) Hiller. 5056

Erich Menzel, *Ausschaltung von Störstrukturen beim mikroskopischen Lichtschnitt durch Vibrieren des Objektes.* Durch Vibration eines mkr. Objektes mit einer Amplitude von einigen μ senkrecht zur Mikroskopachse u. den Lichtschnittlinien, welche mit einem elektromagnet. Schwingtisch erzeugt werden kann, lassen sich Störungen durch Feinstrukturn in der Oberfläche des Objektes beim Lichtschnittverf. nach Schmaltz ausschalten. (Naturwissenschaften **40.** 480—81. Sept. 1953. Tübingen, Univ., Physikal. Inst.) Eichhoff. 5056

Michel Cagnet, *Interferometrische Methoden mit Verwendung von Überlagerungsstreifen.* Behandlung der Theorie der Überlagerungsstreifen u. ihrer Verwendung zur Sichtbarmachung transparenter Objekte. Unters. des Einfl. der Ausmaße u. der Monochromasie der Lichtquelle auf Schärfe u. Kontrast des Streifensystems. Anwendung auf die Betrachtung von Phasenobjekten u. Vgl. mit der Phasenkontrastmeth. von Tolanski. (Rev. Opt. théor. instrument. **33.** 1—25. Jan. 1954. Paris, Inst. d'Opt.) Eichhoff. 5063

—, *Ein neuer, von der Société Générale d'Optique konstruierter Spektrograph mit großer Dispersion für das sichtbare Spektrum.* Beschreibung des Spektrographen Huet D III, welcher bei fester Einstellung mit drei Prismen aus Schwerflint das Spektr. von 3900—7000 Å auf 22 cm Länge wiedergibt. Die Öffnung beträgt f/7,8, die Dispersion bei 4100 Å 5,4 Å/mm, bei 7000 Å 35 Å/mm. (Rev. Opt. théor. instrument. **33.** 26—27. Jan. 1954.) Eichhoff. 5063

Béatrice Righini Crinò, *Bestimmung des Auflösungsvermögens eines Spektrographen mit Absorptions- und Emissionslinien.* Das Auflösungsvermögen des Spektrographen von Arcetri wird durch Messungen des Linienprofils von Absorptionslinien aus dem Gebiet der B-Bande von O_2 bei 6900 Å u. der Cd-Linie 6438 Å bestimmt. Mit Absorptionslinien ergibt sich ein höheres Auflösungsvermögen u. das auf diese Weise erhaltene Linienprofil wird als die bessere Annäherung an das wahre Apparaturprofil des Spektrographen angesehen. (Ann. Astrophysique **16.** 294—306. Sept./Okt. 1953.) Eichhoff. 5063

Vergnoux, *Aktuelle Methoden und Verfahren der Infrarotspektroskopie.* (Sitzungsbericht.) Übersicht über opt. Apparate, Lichtquellen u. Strahlungsempfänger in der Infrarotspektroskopie. (J. Physique Radium **13.** 68 S. Dez. 1952. Montpellier, Fac. des Sci.) Eichhoff. 5063

O. D. Easterday, F. Welden, R. M. Featherstone, J. P. Hummel und **E. Goldberg,** *Meßkölbchen und Mikrozellenfülleinrichtung zur Verwendung mit dem Perkin-Elmer-Infrarotspektralphotometer.* Angabe von Meßkölbchen mit 0,1—0,5 ml Inhalt u. eines Verf. zur Füllung von Mikroküvetten, welches unter Ausnutzung der Capillarwrkg. mit 2 durch einen Teflonschlauch verbundenen Injektionsnadeln arbeitet. (Science [Washington] **118.** 306. 11/9. 1953. Iowa City, Io., State Univ. of Iowa, Coll. of Med., Dep. of Pharmacol., Biochem. and Urology.) Eichhoff. 5063

Alain Berton, *Einfaches Infrarotphotometer zur chemischen Analyse.* Als Strahler für das nicht näher beschriebene Photometer wird die nicht leuchtende Flamme eines einfachen Leuchtgasbrenners benutzt, welche bei 2,7 μ (Wasserdampf- u. CO-Banden) u. 4,4 μ (CO-Banden) selektiv strahlt. Die infrarote Emission ist auf $\pm 1\%$ konstant. Die zu untersuchenden Proben werden in die kondensierte Infrarotstrahlung gebracht u. mit Thermosäule u. Galvanometer gemessen. Das Gerät ist bes. für die Unters. stark absorbierender Gruppen (OH, CO, CN), zur Best. von W. in organ. Substanzen sowie zur Charakterisierung von Substanzen durch ihre spezif. Durchlässigkeit geeignet. *CO* läßt sich mit dem Gerät von den höchsten Konzz. bis zu 0,05% (20 cm Schichtdicke) mit einer Genauigkeit von $\pm 5\%$ zwischen 5 u. 0,2%, *W.* in sehr transparenten Fll. wie CCl_4 bis zu 100 γ in 10 cm^3 (Schichtdicke 50 mm), in Aceton bis zu 0,05% bestimmen. (C. R. hebd. Séances Acad. Sci. **238.** 477—79. 25/1. 1954.) Eichhoff. 5063

Louis Herman und **Renée Herman,** *Lichtquelle mit kontinuierlichem Emissionsspektrum.* Beschreibung eines Entladungsrohres aus Quarz, welches bei einer Füllung mit *Ar* von 10 Torr u. einem Betrieb mit 5000 V u. 0,5—8 mA ein kontinuierliches Spektr. von 3000—5500 Å mit einem flachen Maximum bei 4000 Å liefert. Die wiedergegebene spektrale Intensitätsverteilung ist konstant, die Intensität des Linienspektr. sehr gering. Diskussion der Entstehung des kontinuierlichen Spektr. u. seiner Verschiebung bei anderen Edelgasen. (Cahiers de Physique **1953.** Nr. 42. 75—80. März.) Eichhoff. 5063

Lucien Lison, *Schwarzschild-Villiger-Effekt in der Mikrospektralphotometrie.* Experimentelle Prüfung der durch den Schwarzschild-Villiger-Effekt verursachten Fehler bei der Mikrospektralphotometrie. Wiedergabe einer graph. Darst. der Abhängigkeit der auftretenden Fehler von der Objektdurchlässigkeit für Absolutmessungen bei 2% Streulicht im Instrument. Die Fehler bei Relativmessungen, wenn Objekte von 90% Durchlässigkeit mit Objekten geringerer Durchlässigkeit verglichen werden, belaufen sich bei 2% Streulicht im Instrument bis zu 45% Durchlässigkeit auf $< 1\%$ für 40; 30; 20 u. 10% Durchlässigkeit auf 1,12; 1,82; 2,96 u. 5,15%. Diskussion der Angaben u. experimentellen Meth. von Naora (C. **1953.** 6537). (Science [Washington] **118.** 382—83. 2/10. 1953. Ribeirão Preto, Brasilien, Fac. of Med., Dep. of Histol. and Embryol.) Eichhoff. 5063

W. Dekeyser und **S. Amelinckx,** *Interferometrische Methoden zur Untersuchung ebener Oberflächen.* Es wird ein kurzer Überblick über die Prinzipien der Mehrstrahlinterferenzen u. ihre Anwendung zur Unters. planer Oberflächen nach Tolansky gegeben. (Silicates ind. **17.** 197—201. Juni/Juli 1952.) Lindberg. 5063

D. Malé, *Über die gleichzeitige Bestimmung der optischen Konstanten und der Dicke von dünnen absorbierenden Schichten.* Ausführliche Darst. zu dem C. **1954. 9100.** referierten Sitzungsbericht. (Ann. Physique [12] **9.** 10—51. Jan./Febr. 1954. Marseille, Univ., Labor. de Phys. gén.) Eichhoff. 5063

J. Cabannes, *Photographische Messung der Intensität einer einem kontinuierlichen Spektrum überlagerten Spektrallinie.* Behandlung der photograph. Photometrie mit Untergrundkorrektur, bes. bei der Messung des Polarisationsgrades in Streulichtspektren. (Ann. Physique [12] **9.** 5—9. Jan./Febr. 1954.) Eichhoff. 5063

a) Elemente und anorganische Verbindungen.

S. E. Phillips, *Eine Bemerkung über die Anwendung von Halbmikromethoden zur Gruppentrennung der Metalle für die „A"-Gruppe des G. C. E.* Kurze Beschreibung der benötigten Apparate sowie der Methoden. (School Sci. Rev. **34.** 190—92. März 1953. Coopers Company's School.) Gottfried. 5106

Raymond R. Jay, *Bestimmung von Polythionsäuren.* Um Polythionsäuren einer Wackenroderschen Fl. in Ggw. auch schwacher Säuren bestimmen zu können, entwickelt Vf. ein Verf. auf Grund der Reaktionsgleichung: $2\ S_nO_6^{2-} + 3\ HgCl_2 + 4\ H_2O \rightarrow HgCl_2 \cdot 2\ HgS + 8\ H^+ + 4\ Cl^- + 4\ SO_4^{2-} + (2n-6)\ S$. Die durch $HgCl_2$-Überschuß in der Nähe des Endpunktes auftretende Störung läßt sich durch Zugabe von

KJ vor der Titration vermeiden. Man verd. die Probe auf 30 ml, neutralisiert bis zum Umschlag von *Phenolphthalein* (**I**), gibt 20 ml gesätt. $HgCl_2$-Lsg. zu, verd. nach 5 Min. auf 100 ml u. erhitzt zum Sieden. Zur abgekühlten Lsg. fügt man KJ zu, bis alles HgJ_2 gelöst ist, u. titriert dann mit 0,1 n NaOH bis zum Umschlag von **I**. Die tabellar. mitgeteilten Ergebnisse an essigsauren Lsgg. von koll. *S*, $K_2S_3O_6$, $Na_2S_4O_6 \cdot 2\,H_2O$ u. $K_2S_5O_6 \cdot 2\,H_2O$ zeigen die Brauchbarkeit der Methode. Gehh. von < 25 mVal Essigsäure stören nicht. Die in Ggw. von $S_2O_3^{2-}$, SO_3^{2-} u. S^{2-} auftretenden Störungen werden diskutiert u. Verff. zu ihrer Eliminierung angegeben. *Dithionate* reagieren nicht mit $HgCl_2$ u. stören nicht. (Analytic. Chem. **25.** 288—90. Febr. 1953. Harvey, Ill., Sinclair Res. Labor.) WEITBRECHT. G 253

I. M. Kolthoff und **E. M. Carr**, *Volumetrische Bestimmung von Persulfat in Gegenwart organischer Substanzen.* Vff. überprüfen krit. die jodometr. u. ferrometr. Titration von $S_2O_8^{2-}$ in Ggw. organ. Substanzen, wie *Methanol* (**I**), *A.* (**II**), *Acrylnitril* (**III**), *Allylacetat* (**IV**), *Aceton* (**V**), *Formaldehyd* (**VI**), *Methylisopropenylketon* (**VII**), *Allylalkohol* (**VIII**) u. *Äthylacetat* (**IX**). Die jodometr. Meth., 5—500 mg $K_2S_2O_8$ auf 30 ml verd., mit 4 g KJ zu versetzen u. nach 15 Min. Stehen u. Zugabe von 1—2 ml 6 n Essigsäure mit 0,01 n oder 0,1 n $Na_2S_2O_3$-Lsg. bis zum Umschlag von Stärke zu titrieren, ist auch in Ggw. organ. Substanzen, die nicht mit J_2 reagieren oder J^--oxydieren, wie **I, II** u. **III**, genau. Weniger gute Resultate erhält man in Ggw. von **IV** oder **VI**. In Ggw. von **V** ist eine Zugabe von 2 ml H_2SO_4 (1 : 1) notwendig, um die Bldg. von *Monojodaceton* zu verhindern. Unbrauchbare Ergebnisse erhält man in Ggw. von **VII**. Das Verf. gibt im p_H-Bereich 7—0,2 gute Resultate. Bei $p_H < 0,2$ ist Luft-O_2 auszuschließen. Eine Abkürzung der Standzeit auf 5 Min. kann durch Zugabe von 5 g KCl erreicht werden. Während die Red. von $S_2O_8^{2-}$ durch Fe^{2+} u. Rücktitration mit $Ce(SO_4)_2$ in saurer Lsg. ohne organ. Substanzen glatt verläuft, treten in Ggw. organ. Stoffe erhebliche Störungen durch induzierte Neben-Rkk. ein, die aber durch Arbeiten in 1 n NaBr-Lsg. vermieden werden. Man versetzt 10 ml der $S_2O_8^{2-}$-Lsg. mit 7 ml 5 n NaBr-Lsg., setzt 11 ml W., 2 ml 6 n H_2SO_4 u. 5 ml 0,05 n $FeSO_4$-Lsg., gelöst in 0,5 n H_2SO_4, zu, läßt 20 Min. stehen u. titriert nach Zugabe von 2 ml 0,0005 mol. *Ferrophenanthrolin*-Indicator mit 0,02 n Ce^{4+}-Lsg. zurück bis zum Farbumschlag orange/schwach gelb. Die Ergebnisse in Ggw. von **IV, VIII, III, II, I** oder **VII** sind hinreichend genau. In Ggw. von **IX** erhält man auch ohne NaBr gute Resultate. — Diskussion der Ergebnisse. (Analytic. Chem. **25.** 298—301. Febr. 1953. Minneapolis, Minn., Univ. of Minnesota, School of Chem.) WEITBRECHT. G 253

Marija Mitrović, *Ein Beitrag zur spektrochemischen Analyse von Bor.* Unters. der spektrochem. Nachweisempfindlichkeit für B. Bei Funkenanregung (8000 V; 0,015 mH; 0,05 μF) ließ sich B in wss. Lsg. von B_2O_3 auf Kohleelektroden visuell durch die grüne Farbe des Funkens u. die Linie 3451,41 Å bis zu einer Konz. von $3 \cdot 10^{-5}$ g nachweisen, mit dem Dublett 2496,7/2497,7 Å bis zu einer Konz. von $3 \cdot 10^{-7}$ g. Für feste Substanz (Preßlinge aus Pyrexglas verd. mit SiO_2) betrug die Nachweisgrenze $1 \cdot 10^{-6}$ g B. Bei Anregung im Gleichstrombogen (Kohleelektroden; 2 mm Elektrodenabstand; 8 A) wurde eine Nachweisgrenze von $3 \cdot 10^{-8}$ g für Lsg. u. $1 \cdot 10^{-7}$ g B für feste Substanz erreicht. (Recueil Trav. Inst. Rech. Structure Matière **2.** 23—26. Jan. 1953. Labor. de Chim.-Phys.) EICHHOFF. G 258

S. Z. Haider, *Bestimmung von Borat in Lösungen, die Kobalt oder Chrom enthalten.* Bei der Titration von Borsäure mit NaOH bei Ggw. von Glycerin u. Phenolphthalein als Indicator stören Co u. Cr. Vf. maskierte bis zu 0,06 g Co durch Überführung in $K_3[Co(CN)_6]$ u. behandelte dann mit 14%ig. KCN-Lsg. (Überschuß muß verkocht werden), oxydierte mit Na_2O_2 (kochen) u. kochte mit wenig verd. HNO_3. Nach der vorsichtigen Neutralisation der HNO_3 (Methylrot) konnte Borsäure titriert werden. Bei Ggw. größerer Co-Mengen wurde der größte Teil als $Ag_3[Co(CN)_6]$ mit $AgNO_3$ gefällt u. abfiltriert. Ein Überschuß an $AgNO_3$ muß vermieden werden. Cr oxydierte Vf. am Rückflußkühler mit Na_2O_2, säuerte mit HCl an, fügte 5%ig. $BaCl_2$-Lsg. hinzu u. erhitzte nach dem Verdünnen einige Zeit zum Sieden. $BaCrO_4$ bildet sich dann quantitativ bei der Neutralisation der Säure. Bei Ggw. von Chromsäure u. Borsäure wurde einige Zeit mit $BaCl_2$-Lsg. gekocht. Dann konnte Chromsäure (Methylrot) u. anschließend Borsäure mit NaOH titriert werden. (Analyst **79.** 454—56. Juli 1954. East Pakistan, Univ. of Dacca, Dep. of Chem.) PLUSKAL. G 258

Maurice Codell, Charles Clemency und **George Norwitz**, *Colorimetrische Bestimmung von Silicium in Titanlegierungen.* Das Verf. erlaubt die Best. von 0,005—1,5% Si in Ti-Legierungen. Die Probe wird in HF gelöst, Borsäure zur Bindung des F^- zugegeben, zwecks Oxydation von Ti zu Titanat mit $KMnO_4$ versetzt u. ca. 90 Min. gekocht. Nach Filtration wird NH_4-Molybdat zugegeben, wobei sich der gelbe Si-

Molybdat-Komplex bildet. Zur Stabilisierung des Komplexes u. Verhinderung von Störungen durch Phosphat wird der Lsg. Weinsäure zugesetzt. Nach Zugabe einer Reduktionslsg. von 1-Amino-2-naphthol-4-sulfonsäure, Na_2SO_3 u. $NaHSO_3$ bildet sich die Molybdänblaufarblsg. mit einem Absorptionsmaximum bei 830 mμ. Gemessen wird bei 700 mμ, wo Vff. das BEERsche Gesetz bestätigt finden. Die Absorption soll nach 30—60 Min. bestimmt werden, nach längerem Stehen nimmt die Intensität der Farbe langsam zu. Der störende Einfl. einer Reihe von Begleitelementen (Fe, Cr, Cu usw.) wird untersucht. Im allg. sind Störungen erst bei Konzz. oberhalb 1%, im Falle des Fe u. Cr sogar erst oberhalb 7,5 bzw. 10%, festzustellen. (Analytic. Chem. **25.** 1432—34. Okt. 1953. Philadelphia, Pa., Pitman-Dunn Labor., Frankford Arsenal.) SCHÖTTLER. G 261

Natalija Belegišanin, *Die Verwendung von Natrium-Fluorid als Träger bei der spektrographischen Bestimmung von Cadmium und Bor in Uran.* 100 mg U_3O_8 werden mit $4\cdot10^{-4}$ g Be [als $Be(NO_3)_2$-Lsg.] u. 10—15 mg NaF gemischt u. bei 4 mm Elektrodenabstand u. 6 A für 25 Sek. im Gleichstrombogen angeregt. Unter Benutzung der Linienpaare Be 2348,6/Cd 2288,0; B 2497,7 Å lassen sich bis zu $3\cdot10^{-8}$ mg Cd u. $1\cdot10^{-8}$ mg B in 100 mg U_3O_8 mit $\pm$15—20% Genauigkeit bestimmen. (Recueil Trav. Inst. Rech. Structure Matière **2.** 27—30. Jan. 1953. Labor. de Chim.-Phys.) EICHHOFF. G 289

W. T. L. Neal, *Die Bestimmung von Titan durch hochempfindliche Absorptionsmessung.* Zur Best. des Ti-Geh. in metall. Ti u. hochprozentigen Ti-Legierungen verwendete Vf. Lsgg. von 15—18 mg Ti u. 20 g H_2SO_4 ($\pm$0,25 g) in 100 ml Lsg. u. versetzte diese zur Erzeugung der bekannten Orangefärbung mit 5 ml 20%ig. H_2O_2-Lösung. Die Farbe wurde bei einer opt. D. von 2,5—3 in einem UNICAM SP 500-Spektrophotometer bei 4100 Å in 1 cm-Küvetten durch Vgl. der unbekannten Ti-Lsg. mit einer Lsg. bekannter Konz. ausgewertet. Für Reihenunterss. stellte Vf. eine Eichkurve auf, für die er aus den gemessenen Werten eine Gleichung errechnete ($\log_{10} J = 2-0{,}2014\,n-0{,}0210\,n(n-1)/2$; $n = (C - 15{,}0)/1{,}5$; C = mg Ti/100 ml). Für Einzelbest. empfiehlt er der schnelleren Durchführung wegen den Vgl. der Testlsg. mit einer annähernd gleichen Vergleichslsg. (höchstens $\pm$1% Differenz) u. Berechnung einer Korrektur aus dem Quotient der Lichtintensitäten. Vf. empfiehlt ferner, die benötigten Mengen jeweils gravimetr., nicht volumetr., zu messen. Die dabei erzielte Genauigkeit betrug 0,03%. Geringe Verunreinigungen (unter 0,1%) der untersuchten Legierungen (Si, Mn, V, Al, Mg, Ca) u. bis zu 1% K_2SO_4 u. $(NH_4)_2SO_4$ stören nicht. Die geringe störende Wrkg. von Fe wurde bis 25% Fe untersucht. Sie ist vom Ti-Geh. der Lsg. abhängig. — Tabelle. (Analyst **79.** 403—13. Juli 1954. Teddington, Middlesex, Nat. Phys. Labors.) PLUSKAL. G 321

G. W. C. Milner und **P. J. Phennah,** *Die Bestimmung von Titan in Uran–Titan-Legierungen durch Differentialabsorptiometrie.* Bei der Differentialabsorptiometrie wird die opt. D. einer ziemlich konz. unbekannten Lsg. mit der opt. D. einer etwa gleich konz. bekannten Lsg. verglichen. Während bei der üblichen Absorptionsmessung gegen eine in Hinblick auf den zu analysierenden Stoff opt. leere Lsg. der Fehler, bezogen auf die Konz. c_1, $x\cdot c_1/100$ beträgt, verringert er sich bei der Differentialmeth. auf $(c_1 - c_2)\cdot x/100$ (c_1 sehr ähnlich c_2). Vff. beschreiben die Theorie der Differentialmeth. von HISKEY für das BECKMAN-Gerät. Zur Best. von Ti in U–Ti-Legierungen mit 5—75% Ti lösten Vff. 2 g Legierung in 15 ml HNO_3 (1,42), 7 ml W. u. einigen Tropfen 40%ig. HCl unter Erwärmen. Nach dem Erkalten vertrieben sie die Säuren durch 17,5 ml H_2SO_4 (1,84) u. erhitzten bis 10 Min. nach Auftreten von H_2SO_4-Nebeln. Danach wurde mit W. auf 250 ml verd. (2,5 n an H_2SO_4). Durch Zugabe von 4 ml H_2O_2 für 12—19 mg Ti u. Auffüllen auf 100 ml mit 2,5 n H_2SO_4 wurde die für die Absorptionsmessung benötigte Färbung erzeugt. Die opt. D. wurde nun gegen eine möglichst gleich konz. Lsg. bekannten Ti-Geh. in einem SPEKKER-Absorptionsgerät Modell H 760 mit Hg-Dampflampe, ILFORD Nr 601-Filtern u. 0,5 cm-Küvetten oder in einem BECKMAN-DU-Spektrophotometer bei der Wellenlänge 410 mμ gemessen. Zur Best. der störenden Absorption des U wurde die Lsg. vor Zugabe von H_2O_2 gegen 2,5 n H_2SO_4 gemessen. Die gefundene Differenz der opt. D. wurde nun mit Hilfe einer Eichkurve ausgewertet. Die erzielte Genauigkeit betrug $\pm$0,5%. (Analyst **79.** 414—24. Juli 1954. Harwell, Nr. Didcot, Berks., Atomic Energy Res. Establ., Analyt. Chem. Group.) PLUSKAL. G 321

D. M. Mortimore und **L. A. Noble,** *Bestimmung kleiner Hf-Konzentrationen in Zirkonium. Eine spektrographische Methode.* Zur serienmäßigen Best. von 0,003 bis 0,4% Hf in Zr beschreiben Vff. ein spektralanalyt. Verf. unter Benutzung der 3. Ordnung der Spektrallinien Hf 2820,2, Zr 2820,6 u. Zr 2823,0 im UV. Die Anregung der als Oxyd vorliegenden u. mit einem Puffer von BaF_2 u. Graphit zur Verbesserung der Entladungsbedingungen u. Verstärkung der Hf-Linien gemischten Probe erfolgt durch einen Gleichstromlichtbogen von 30 A u. 230 V. Aus den für die Untergrundschwärzung korrigierten Intensitäten lassen sich die Hf-Gehh. mit einer analog hergestellten Eichkurve bestimmen. Die Belichtungsbedingungen sowie die Korrektur für den Hf-Geh. der Zr-Eichprobe werden eingehend diskutiert. Die Genauigkeit beträgt 13% bei 0,006% Hf u. 4% bei 0,38% Hf. (Analytic. Chem. **25.** 296—98. Febr. 1953. Albany, Ore., US. Bureau of Mines.) WEITBRECHT. G 323

Cawley R. Stine und **Louis Gordon,** *Die Fällung von Jodaten aus homogenen Lösungen. Die Abtrennung von Thoriumjodat.* Vff. beschreiben die verschied. Herstellungsmöglichkeiten von Jodaten aus homogener Lsg., die das Ziel haben, einen dichten unlösl. Jodat-Nd. zu erhalten. Als günstigste Meth. ist die Red. von JO_4^- durch *Äthylenglykol* angezeigt, das durch Hydrolyse von *β-Oxyäthylacetat* (**I**) in 2,5—3,0 n HNO_3-Lsg. entsteht. — Zur Fällung des JO_3^- als *Th*$(JO_3)_4$ wird folgende Vorschrift gegeben: Zu 50 ml einer Lsg. mit 2—150 mg Th (als Perchlorat oder Nitrat) mit einem Geh. von nicht mehr als 6 ml einer 6 n Mineralsäure werden 40 ml konz. HNO_3 u. eine gefilterte Lsg. von 15 g $NaJO_4$ in 100 ml W. zugefügt. Die Lsg. wird auf 230 ml verdünnt, u. 12 ml **I** werden hinzugefügt. Zur Vervollständigung der Fällung kann weiteres **I** zugegeben werden. 1½ Std. nach der 1. **I**-Zugabe wird eine Lsg. von 2 g KJO_3 + 9 ml konz. HNO_3 + 50 ml W. zugegeben. Nach 30 Min. wird dekantiert, der Rückstand 10 mal mit einer Lsg. von 8 g KJO_3 + 100 ml HNO_3 + 900 ml W. gewaschen, der Nd. vom Filter mit SO_2-gesätt. 10%ig. HCl-Lsg. gelöst u. mit dem Rückstand vereinigt, der zur Trockne eingedampft u. dann in 50 ml 10%ig. HCl gelöst wird. Th kann danach gravimetr. oder colorimetr. bestimmt werden. — Die Meth. kann auch in Ggw. von *Ce*(**III**) u. PO_4^{3-} — allerdings mit Umfällung — angewendet werden. Die Best. wird durch *Zr*, *Sn*(**IV**), *Ti* u. *Fe*(**III**), nicht aber durch *U* gestört. Es werden ferner Methoden zur Best. von *Th* in *Monazitsand* beschrieben. (Analytic. Chem. **25.** 1519—22. Okt. 1953. Syracuse, N. Y., Univ., Dep. of Chem.) MOSLÉ. G 324

Horatio H. Krause und **Otto H. Johnson,** *Analytische Methoden für Germanium.* Zusammenfassender Bericht über die qualitativen u. quantitativen Bestimmungsmethoden für Ge. Die Abtrennung erfolgt durch Dest. als Halogenid oder durch Fällung. Die Extraktionsverff. sowie die gravimetr., volumetr., colorimetr., spektrograph. u. polarograph. Methoden sind tabellar. zusammengestellt. — 111 Literaturhinweise. (Analytic. Chem. **25.** 134—38. Jan. 1953. Minneapolis, Minn., Univ. of Minnesota, School of Chem.) WEITBRECHT. G 326

F. J. Langmyhr, *Die spektralphotometrische Bestimmung von Niob in Soevit.* Angabe einer spektralphotometr. Meth. zur Best. von Nb in Soevit u. Soevitkonzentraten. Das nicht zu fein gepulverte Erz wird zur Zerstörung der Carbonate mit HNO_3 behandelt, der Rückstand wird abfiltriert, geglüht, fein gepulvert u. in konz. H_2SO_4 gelöst. Mit H_2O_2 wird die gelbgrüne Farbe der Perniobsäure entwickelt u. die Absorption bei 365 mμ gemessen. In einer verd. Probe wird eine *Ti*-Best. durch Messung der Absorption bei 410 mμ ausgeführt. Da 1 mg Ti in 100 ml konz. H_2SO_4, bei 365 mμ gemessen, 0,116 mg Nb entspricht, kann der Nb-Geh. berechnet werden. Fe, Ta, Mn u. Anionen stören nicht. Im Vgl. zu gravimetr. Bestimmungen werden um 3—7% zu niedrige Werte gefunden, die Reproduzierbarkeit beträgt ±2% für Gehh. von 0,07—0,8% Nb_2O_5 im Erz. (Tidsskr. Kjemi, Bergves. Metallurgi **13.** 161—64. Sept. 1953. Oslo, Central Inst. for Ind. Res.) EICHHOFF. G 331

F. J. Langmyhr, *Ultraviolett-spektralphotometrische Bestimmung von Niob und Tantal.* Wiedergabe der Absorptionskurven von Lsgg., welche je 3,6 u. 9 mg Nb u. Ta in 100 ml konz. H_2SO_4 + 0,2 ml Perhydrol enthalten, im Bereich von 240 bis 400 mμ. Die Ta-Lsgg. zeigen Absorptionsmaxima bei 287 mμ, die Nb-Lsgg. bei 363 mμ. Bei 286 mμ zeigen Nb-Lsgg. ein Minimum, während die Absorption der Ta-Lsgg. bei 363 mμ vernachlässigbar ist. Für Konzz. von 0—15 mg/100 ml ist für Nb u. Ta das BEERsche Gesetz gültig. *Ti* stört die Best., welche durch Messung der Absorption bei 287 u. 363 mμ für beide Komponenten in einer Lsg. ausgeführt wird. (Tidsskr. Kjemi, Bergves. Metallurgi **13.** 164—65. Sept. 1953. Oslo, Central Inst. for Ind. Res.) EICHHOFF. G 332

Peter C. Stevenson und **Harry G. Hicks,** *Trennung von Tantal und Niob durch Lösungsmittelextraktion.* Ta u. Nb können durch Extraktion aus einer wss. HF + mineralsäurehaltigen Lsg. mit *Diisopropylketon* (**I**) quantitativ getrennt werden. Ta geht in die **I**-Schicht. Durch Änderung des p_H-Wertes ist es auch möglich, Ta u. Nb von den übrigen Elementen zu trennen. Die Verss. wurden mit den radioakt. Isotopen ^{182}Ta u. ^{95}Nb durchgeführt. Der Einfl. der Konzz. von *HF* u. *HCl*, H_2SO_4,

HNO_3, $HClO_4$ wurde untersucht u. genaue Arbeitsanweisungen sind mitgeteilt. (Analytic. Chem. **25.** 1517—19. Okt. 1953. Berkeley, Calif., Univ. of Calif., Radiation Labor., u. Livermore, Calif., Calif. Res. and Development Co.) MOSLÉ. G 332

George R. Price, Renato J. Ferretti und Samuel Schwartz, *Fluorophotometrische Bestimmung von Uran.* Vff. beschreiben eingehend die für die Serienbest. von U geeignete, durch Verwendung eines photometr. Fluorometers verfeinerte Meth., die eine Schmelze in NaF benutzt u. 10^{-6} bis 10^{-10} g U in 0,3 g Schmelze mit einem Fehler von $<$ 10% zu bestimmen gestattet. Zur Analyse wird ein aliquoter Teil von 0,005 bis 0,1 ml der U-Lsg. in einem Pt-Schälchen eingetrocknet u. nach Zugabe von 0,3 gNaF bzw. NaF-Na_2CO_3-Mischung geschmolzen. Die von dem abgekühlten Schmelzkuchen bei Bestrahlung mit der Hg-Linie 365 mμ ausgestrahlte grüngelbe Fluorescenz der Banden 5356, 5546, 5771, 6016 u. 6284 Å wird photometr. gemessen u. der U-Geh. aus einer analog hergestellten Eichkurve entnommen. Während die U-Fluorescenz auch in Ggw. von Nd, Ta, Er, Zr, Nb u. Cd spezif. ist, treten Störungen durch Fluorescenzlöschung in Ggw. von Al, Bi, Ca, Cr, Cu, Fe, Pb, Mg u. Mn auf. Doch kann gezeigt werden, daß mit zunehmender Verdünnung die Fluorescenzkurven sich der Eichkurve für reines U asymptot. nähern u. daß die Löschung in einem weiten Konzentrationsbereich von der U-Konz. unabhängig ist. Infolgedessen kann die Fluorescenzlöschung durch Verdünnung verkleinert werden, indem man mit sehr kleinen aliquoten Teilen arbeitet. Bestimmen läßt sich ihre Größe durch Zugabe einer bestimmten Menge U. In weiten Konzentrationsbereichen beträgt der Analysenfehler $<$ 10%. Diskussion der Ergebnisse, Fehlerquellen u. Verbesserungsmöglichkeiten. (Analytic. Chem. **25.** 322—31. Febr. 1953. Lemont, Ill., Argonne Nat. Labor.) WEITBRECHT. G 339

b) Organische Verbindungen.

V. W. Reid und **J. D. Beddard,** *Die Bestimmung von niedrigen Bromabsorptionswerten.* Zur Best. geringer ungesätt. Verunreinigungen in organ. Lösungsm. (Bromzahl $<$ 1) versetzten Vff. eine mit Eis gekühlte Probe mit 10 ml Br-Lsg. (0,75 ml Br in 2,5 Liter Eisessig) aus einer automat. Bürette. Nach Umschütteln u. Kühlen wurden zur Best. des unverbrauchten Br 10 ml 10%ig. frisch bereitete KJ-Lsg. u. 100 ml W. zugesetzt u. das in Freiheit gesetzte J durch 0,1 n$Na_2S_2O_3$-Lsg. u. Stärke titriert. Die Titrationsdifferenz von 0,1 ml entspricht bei 100 g-Proben einer Bromzahl von 0,00008. (Analyst **79.** 456—58. Juli 1954. Urmston, Manchester, Partington Industr. Estate, Analyt. Dev. Lab.) PLUSKAL. 5360

Frank O. Ritter, *Unterscheiden von primären, sekundären und tertiären Alkoholen.* Vorschrift für den Nachw. der Art aliphat. Alkohole (bis einschließlich C_5) in Eisessiglsg.: Zugetropfte gesätt. $KMnO_4$-Lsg. (I) wird nur von prim. u. sek. Alkoholen entfärbt; nach Zusatz von I bis zur Rötung u. von wenig H_2SO_4 verbrauchen nur sek. Alkohole weitere I. (J. chem. Educat. **30.** 395—96. Aug. 1953. New York, N. Y., New York Univ., Washington Square Coll.) BLUMRICH. G 550

C. W. Gould und **S. T. Gross,** *Identifizierung von Aminen durch Pulveraufnahmen ihrer Chloroplatinate.* Vff. geben eine Meth. zur Identifizierung kleinster Mengen ($<$ 1 mg) flüchtiger Amine an. Die zu untersuchende Substanz wird an einen Tropfen 25%ig. H_2PtCl_6-Lsg. destilliert u. der gebildete Nd. auf einen besonderen Präparatträger gebracht. Aus der Vermessung der Pulverdiagramme läßt sich das vorliegende Amin ermitteln. Dazu werden die Netzebenenabstände u. relativen (zur stärksten Linie) Intensitäten der Beugungsringe von 25 Aminen, u. zwar von *Ammoniak, Methylamin, Dimethylamin, Trimethylamin, Äthylamin, Diäthylamin, Triäthylamin, n-Propylamin, Di-n-propylamin, Tri-n-propylamin, n-Butylamin, Di-n-butylamin, n-Amylamin, Di-n-amylamin, N-Methylanilin, N-Äthylanilin, N.N-Dimethylanilin, Cyclohexylamin, Anilin, p-Toluidin, Benzylamin, Äthylendiamin, Piperidin, Pyridin, Morpholin,* angegeben. Die Meth. leistet gute Dienste zur Erkennung geringer Mengen von Aminen beim Abbau komplizierter Substanzen. Sie hat den Vorteil, schnell darzustellende Derivv. zu liefern u. das umständliche Reinigen von Mikroproben zu vermeiden. (Analytic. Chem. **25.** 749—51. Mai 1953. Easton, Pa., General Aniline & Film Corp., Central Res. Labor.) KRÖNERT. G 910

Eunice F. Wellington, *Eine Ultramikromethode für die quantitative Bestimmung von Aminosäuren.* Zur quantitativen Best. der Aminosäurezus. eines Eiweißhydrolysates wurde eine einfache, papierchromatogr. Meth. ausgearbeitet. Das Protein wird mit der 50fachen Menge konstant sd. HCl 16 Std. im Einschlußrohr bei 110—112° hydrolysiert. Zur Oxydation der S-haltigen Aminosäuren, die zum Zwecke der quantitativen Best. von *Cystein, Cystin, Glutaminsäure, Asparaginsäure, Methionin* u. *Valin* (I) notwendig ist, wird das Hydrolysat mit 30%ig. H_2O_2 1—5 Std. stehengelassen. Von dem oxydierten Hydrolysat werden Fraktionen von 6—15 μl (mit 100 bis

250 γ Protein) für N-Bestimmungen u. die Chromatographie entnommen. Die zweidimensionale Chromatographie erfolgt aufsteigend bei 20° in zu einem Zylinder geformten Papierstreifen (30 cm × 28 cm) aus WHATMAN-Papier Nr. 1 oder 4, auf den 6 Flecken von je 2 μl aufgetragen werden; zunächst wird mit einem Gemisch aus A.-tert.-Butanol–NH_4OH(D 0,90)–W. (60:20:5:15), dann mit wassergesätt. Phenol in einer Cyanid–NH_3-Atmosphäre entwickelt. Die Laufstrecken müssen 29 bzw. 25 cm betragen. *Leucin* (**II**), *Isoleucin* (**III**) u. *Phenylalanin* (**IV**) werden nicht getrennt; ihre Trennung ist möglich in dem Lösungsmittelsyst. wassergesätt. Butanol–Benzylalkohol (1:1) in Cyanidatmosphäre. Die bei 20° getrockneten Papiere werden mit einer 2%ig. Lsg. von Ninhydrin in absol. A. (12—14 ml) besprüht, schnell getrocknet u. 30—36 Std. in einem dunklen Raum von 20 ± 1° u. 40 ± 3% relativer Feuchtigkeit aufgehängt. Die gefärbten Flecken werden mit je 5 ml 50%ig. wss. n-Propanol eluiert (10 Min. Schütteln u. 15 Min. Stehenlassen). Die Extinktion der Lsgg. wird bei 570 mμ (mit Ausnahme der Prolinlsg., die bei 350 mμ bestimmt wird) gemessen. Als Blindwerte werden 3 Flächen ausgeschnitten: eine für Prolin, eine für Lysin, Arginin, **I** u. eine für die restlichen Aminosäuren; die Größe dieser Fläche soll der des größten Fleckes jeder Gruppe entsprechen. Die Auswertung der Extinktionsmessungen erfolgt mit Eichkurven, die für jede einzelne Aminosäure, die unter gleichen Bedingungen zweidimensional chromatographiert wurde, aufgestellt wurden. Tyrosin wird am besten für sich in einer nichtoxydierten Hydrolysatprobe bestimmt. — Die Aminosäurezus. von Rinderserumalbumin, die auf diese Weise bestimmt wurde, wurde in Übereinstimmung mit Literaturangaben gefunden. (Canad. J. Chem. **30.** 581—91. Aug. 1952. Ottawa, Science Service, Dep. of Agriculture, Div. of Forest Biol.) K. F. MÜLLER. G 950

Clark H. Ice und **Simon H. Wender,** *Adsorptionschromatographie flavonoider Verbindungen.* Flavonoide Verbb., auch aus gepulvertem Pflanzenmaterial, werden als wasserfreie Acetonlsgg. durch Adsorptionschromatographie auf Magnesol- (Westvaco Chem. Dev.) Säulen getrennt u. mit W. gesätt. Essigester eluiert. Die einzelnen Zonen werden unter dem UV-Licht erkannt. Untersucht wurden: *Quercetin* (3,3'-4'.5.7-Pentaoxyflavon) (**I**); *Morin* (2'.3.4'.5.7-Pentaoxyflavon) (**II**); *Quercitrin* (Quercetin-3-rhamnosid) (**III**); *Rutin* (Quercetin-3-rhamnoglucosid) (**IV**); *Xanthorhamnin* (**V**); *Apigenin* (4'.5.7-Trioxyflavon) (**VI**); *Apigenin-7-rhamnoglucosid* (**VII**); *Naringin* (4'.5.7-Trioxyflavanon-7-rhamnoglucosid) (**VIII**) und *Hesperidin* (4'-Methoxy-3'.5.7-Trioxyflavanon-7-rhamnoglucosid) (**IX**). Trennungen wurden durchgeführt zwischen a: **I** u. **II**; b: **I** u. **III** u. **IV**; c: **I** u. **III** u. **V**; d: **I** u. **IV** u. **V**; e: **I** u. **VI**; f: **VIII** u. **IV**; g: **IX** u. **VIII**. Angegeben werden die eingesetzten Mengen, die Säulengrößen und die Reihenfolge der Eluate, die der Reihenfolge der vorstehenden Ziffern der einzelnen Trennungen entsprechen. *Quercetin* u. *Dihydroquercetin* konnten nicht vollständig getrennt werden. **V** u. **VII** werden von Essigester nicht eluiert; Eluierung gelingt bei **V** mit 30%ig. Isopropylalkohol, bei **VII** mit 95%ig. A. Bei d wurden die Zonen von **VII** u. **V** nach dem Ausstoßen der Säule mit 95%ig. A. eluiert. (Analytic. Chem. **24.** 1616—17. Okt. 1952. Norman, Okla., Univ. of Oklahoma.) E. BRINCKMANN. G 3211

J. K. N. Jones, *Chromatographie der Kohlehydrate und ihrer Derivate.* Kurze Übersicht über die Papier-, Säulen- u. Austauschchromatographie der sauren, neutralen u. bas. Zucker, der dafür geeigneten Entwicklergemische u. Nachweise. (Analytica chim. Acta [Amsterdam] **8.** 193. Febr. 1953.) ENDRASS. G 3400

Henry Tauber, *Eine spezifische Farbreaktion für Zucker. Aminoguanidin* in schwefelsaurer Lsg. reagiert mit *Ketohexose* (**I**) enthaltenden Substanzen zu einer purpurroten Farblösung. Diese Rk. wird von *Aldohexosen* (**II**) ebenfalls gegeben, wenn sie in größeren als zur **I**-Konz. äquivalenten Mengen vorhanden sind. Durch Zugabe einer kleinen Menge K_2CrO_4 zur Reaktionslsg. wird dagegen im Fall von **II** eine Blaufärbung, im Fall von **I** eine weinrote Färbung hervorgerufen. Pentosen rufen eine Gelbfärbung hervor. Die Farbverbb. entstehen in 1 Min. u. sind sehr stabil. (Analytic. Chem. **25.** 826. Mai 1953. Chapel Hill, N. C., Univ. of North Carolina, Vener. Disease Exp. Labor., U. S. Public Health Service, School of Public Health.) SCHÖTTLER. G 3400

c) Bestandteile von Pflanzen und Tieren.

Peter Werckmeister, *Papierchromatographische Studien zur Blütenfarbenzüchtung.* Die in den salzsauren Blütenextrakten enthaltenen *Glucoside* wurden mit konz. HCl hydrolysiert, denn die *Aglukone* ließen sich aufsteigend mit Butanol–2nHCl besser als die Glucoside selbst trennen. Alle *Anthocyanidine* konnten identifiziert werden; *Flavone* wurden durch ihre Fluorescenz im UV-Licht erkannt. In Verbindung mit der Genetik u. Biosynth. der Anthocyane u. Flavone kann die Züchtung erwünschter Farbtönungen mit Hilfe derartiger Unterss. systemat. u. rationeller als bisher betrieben werden. (Naturwissenschaften **39**. 328—29. 1952. Geisenheim, Lehr- u. Forschungsanstalt für Wein-, Obst- u. Gartenbau, Bot. Inst.) DRESSLER. 5666

D. J. D. Nicholas und **D. J. Fisher,** *Über die Anwendung von Tetramethyldiaminodiphenylmethan zur Bestimmung geringer Manganmengen in Pflanzen.* Die Best. mit 4.4'-Tetramethyldiaminodiphenylmethan erfolgt in sauren, mit Na-Acetat gepufferter Lösung. Aufschluß durch Kochen des Pflanzenmaterials mit 15 cm^3 konz. HNO_3 (D. 1,42)/g Trockensubstanz. Nach Abkühlung Zusatz von 2 cm^3 Perchlorsäure u. Kochen, bis alle Substanz zerstört u. gelöst ist, Verdünnung mit W. zwecks Hydrolyse u. Filtration. Die colorimetr. Best. kann bereits 4 Min. nach Zugabe der Testlsg. (1 g/100 cm^3 Aceton) erfolgen. Gute Übereinstimmung mit der Perjodatmeth. u. höhere Empfindlichkeit als bei dieser (0,1—0,4 μg Mn). Die Eichkurve zeigt bei 580 bis 590 mμ maximalen Durchlaß. (Annu. Rep. agric. horticult. Res. Stat., Long Ashton Bristol **1950**. 115—20.) W. SCHULTZE. 5666

Claude Guillemin, Microanalyse qualitative appliquée à la détermination des espèces minérales. Paris: Impr. nationale. 1953. (44 S. m. Abb.)

Maurice Pesez et **Pierre Poirier,** Méthodes et réactions de l'analyse organique, déterminations générales et recherches fonctionelles. Publié sous la direction de Léon Velluz. Vol. III. Paris: Masson. 1954. (299 S.) fr. 2750,—.

S. Siggia, Quantitative organic analysis via functional groups. 2nd edn. London: Chapman & H. 1954. (227 S., Diagr.) 40 s.

Trevor Illtyd Williams, Introducción a la Cromatografía. Barcelona: Ediciones Núcleo. 1953. (112 S. m. Abb.)

G. G. Zurinow, Das Pyrometer von N. Ss. Kurnakow. Moskau: Verlag der Akad. der Wiss. der UdSSR. 1953. 2 Rbl. 40 Kop. [russ.]

—, Analyse der Metalle. Hrsg. v. Chemikerausschuß d. Ges. Dt. Metallhütten- u. Bergleute e. V. Bd. 2. T. 1 u. 2. Berlin, Göttingen, Heidelberg: Springer. 1953. 2. Betriebsanalysen. 1. (XI + 716 S. m. 174 Abb.), 2. (IV + 706 S. m. 174 Abb.) zus. DM 114,—.

H. Angewandte Chemie.

I. Allgemeine chemische Technologie.

L. R. Honnaker, *Beherrschung und Verhütung der Korrosion.* Inhaltlich ident. mit der C. **1954**. **9356** referierten Arbeit. (Textile Bull. **80**. Nr. 2. 85—87. Febr. 1954.) SPINDLER. 5808

H. Glaser, *Der Regenerator als Hochleistungs-Wärmeaustauscher.* In einer Regeneratorversuchsanlage werden die Einflüsse der Speichermassen untersucht. In Abhängigkeit von der Leistungszahl ε wird der Heizflächenbedarf bei verschiedenen Schüttungen ermittelt. ε gibt das Verhältnis der je ^{0}C Temp.-Unterschied übertragenen Wärme zu der Arbeit an, die für die Überwindung des durch die Heizfläche verursachten Druckverlustes nötig ist. Die Regeneratoren enthielten Rohre verschied. Weite u. Schüttungen von Kugeln u. Raschigringen u. Riffeleinsätze. Den kleinsten Heizflächenbedarf bewirkten Riffeleinsätze, dann folgten Raschigringe u. Kugeln kleinsten Durchmessers. Regeneratoren mit Riffeleinsätzen haben sich in Lindes Eismaschinen bei Temp. Differenzen bis 200^0 so gut bewährt, daß ein therm. Wirkungsgrad von 99% erzielt wurde. (Chemie-Ing.-Techn. **26**. 39—41. Jan. 1954. Göttingen, Forschungsgruppe f. Wärme- u. Kältetechn.) MIETHING. 5814

Gösta Brown, *Theorie der Wärmeaustauscher bei feuchter Luft.* Es werden die Theorien besprochen u. Gleichungen aufgestellt zur Berechnung der Temp. u. der Flächengröße bei Wärmeaustauschern in feuchter Luft mit u. ohne durch Rippen vergrößerten Rohren. Zum Schluß wird ein Beispiel durchgerechnet: 4000 kg/h Luft von 19^0 u. 53% relativer Feuchte u. 2,2 m/s Geschwindigkeit werden durch 3^0 warmes W. auf 9^0 abgekühlt. (Kungl. Tekn. Högskolans Handl. **1954**. Nr. 77. 1—33. Stockholm, Roy. Inst. of Techn.) MIETHING. 5814

R. L. Smith, *Die Rolle der Emulgatoren bei Emulsionen.* Allg. Übersicht über die Bildungsweise von Emulsionen nebst einer Klasseneinteilung der Emulgatoren. (Chem. Products chem. New [N. S.] **15**. 355—61. Okt. 1952.) HENTSCHEL. 5824

R. E. Pattle, *Die Beseitigung der Schaumbildung.* 1. Mitt. *Die Art der Einwirkung chemischer Anti-Schaumverbindungen.* In der vorliegenden Abhandlung werden eine große Anzahl von Anti-Schaummitteln u. ähnlich wirkenden Verbb. auf ihre Wrkg. gegenüber 4 verschied. Schaumtypen (1. 1% Na-Oleat in W., 2. 0,1% Saponin in W., 3. 0,05% Eialbumin + 0,02% Isopropylalkohol in W. u. 4. 3% Pepton in W.) geprüft. Hierbei wurde gefunden, daß die Anti-Schaumverbb. es ermöglichen, mittels ihrer Oberflächenaktivität eine nichtschäumende Oberfläche zu bilden. Diese Wrkg.

wird noch durch die Geschwindigkeit, mit der sich diese Verbb. auf der Oberfläche ausbreiten, erhöht. So findet man eine strenge Beziehung zwischen der Wrkg. der Anti-Schaummittel u. der Leichtigkeit, mit der sie sich auf der Oberfläche ausbreiten. Weiter wird darauf hingewiesen, daß eine Fl., die sich völlig mit der Lsg. mischt, ebenfalls eine Anti-Schaumwrkg. aufweisen kann. Die Ergebnisse selbst sind ausführlich bebeschrieben u. zusammengestellt. (J. Soc. chem. Ind. **69.** 363–68. Dez. 1950.) H. G. FRÖHLICH. 5824

Willy Karl Finn, *Zusammenhänge zwischen dem strukturellen Feinbau der Stoffe und ihrem Verhalten im Flotationsprozeß.* (Glückauf **88.** 383–85. 12/4. 1952. Rheinhausen.) HABBEL. 5828

A. Crico, *Die gleichartige Übertragung von Wärme und Masse bei der stark exothermen Absorption reiner Gase.* Es werden mathemat. Beziehungen aufgestellt, um die Massenübertragung zu erklären, bes. wenn ein reines Gas mit großer Wärmeentw. in einer Fl. absorbiert wird. Es wird gezeigt, daß mit anderen Koeffizienten die Gleichungen auch für die Wärmeübertragung gelten. Die Gleichungen werden in einem Beispiel angewandt: Bei der Absorption von NH_3 in einem besonderen Apparat. (Chim. et Ind. **70.** 1086–92. Dez. 1953. Paris, Soc. organ.) MIETHING. 5848

Shell Development Co., San Francisco, übert. von: **Aaron Wachter,** Oakland, und **Nathan Stillman,** Berkeley, Calif., V. St. A., *In Dampfform wirkendes Korrosionsschutzmittel,* das bes. zum Imprägnieren von Verpackungsmaterial verwendet wird, bestehend aus einem Amin- oder Ammoniumsalz (Trimethylcyclohexyl-, Biscyclohexyl- oder Cyclohexylammonium bzw. -amin) einer Carbonsäure mit einer Dissoziationskonstanten zwischen 10^{-3} u. 10^{-8}, wie Öl-, Laurin-, Phthal- oder Benzoesäure. (**A. P. 2 629 649** vom 31/10. 1949, ausg. 24/2. 1953.) GRÄGER. 5809

Universal Oil Products Co., Chicago, übert. von: **Joseph A. Chenicek,** Bensenville, Ill., V. St. A., *Mittel zum Entfernen von Ruß aus Öfen* oder Kesselrohren, die von den Verbrennungsgasen KW-stoff-reicher Brennstoffe getroffen werden, bestehend aus einem Gemisch eines flüchtigen Chlor-KW-stoffes, wie CCl_4, u. eines Cu-Chelats, welches Komplexsalz aus einem Cu-Salz (Cu-Acetat) u. einem β-Diketon (Acetyl- oder Propionylaceton) oder einem Ester einer β-Ketonsäure (Acetoessigsäurealkylester) gewonnen wird. Dieses Gemisch wird dem Brennstoff oder den Feuerungsgasen zugesetzt zur Entw. von $CuCl_2$, das als Oxydationskatalysator auf den Ruß einwirkt. (**A. P. 2 610 112** vom 16/11. 1949, ausg. 9/9. 1952.) GRÄGER. 5813

Nitrolac (Soc. An.), Seine, Frankreich, *Herstellung von Emulsionen aus sauren, bei der Extraktion und Reinigung von Mineralölen anfallenden Rückständen.* Man neutralisiert den sauren Schlamm bis zu einem Säuregeh. von ca. 4% mit einer Base (NH_4OH, KOH, NaOH), fällt die teerigen Bestandteile mit kaltem W. u. entfernt die gebildeten Alkalisalze. Dann führt man durch Vermischen der M. mit Alkalisilicat (z. B. Na-Silicat) die Neutralisation zu Ende, verwandelt durch Zusatz geringer Mengen einer alkal. Base (NaOH) einen Teil des gebildeten SiO_2-Gels wieder in Silicat, dispergiert die teerigen Partikel durch Zugabe mäßiger Mengen eines benzol. Lösungsm. in der M. u. versetzt sie mit W. u. einem Emulgator (z. B. koll. Ton). Die Emulsionen dienen zur Herst. von Farben, Lacken, Überzügen aller Art, Druckfarben, verschied. Kitten usw. (**F. P. 990 172** vom 11/3. 1944, ausg. 18/9. 1951.) OPPERMANN. 5825

VEB Farbenfabrik Wolfen, Wolfen, Krs. Bitterfeld (Erfinder: **Hans Hildebrandt,** Dessau, und **Hellmuth Lauth,** Markkleeberg b. Leipzig), *Erhöhung der Kapazität von Ionenaustauschern.* Man kondensiert ein- oder mehrwertige Phenole, Phenol- u. oder Naphthalinsulfonsäure mit CH_2O u. gegebenenfalls Sulfonsäuregruppen tragenden Aldehyden u. behandelt die bei der Kondensation anfallenden Harzgallerten nach Zerkleinerung mit SO_2. — 29 (Teile) Resorcin in 21 W. werden bei Raumtemp. mit einer Lsg. von 8,3 Na_2SO_3 in 10 W. u. 17 30%ig. Formalin (I) versetzt, bei 30° 25 I eingerührt, worauf bei 85–90° eine feste Gallerte entsteht, die zu 0,5–2,5 mm Körnern zerkleinert u. mit SO_2 bei 80–100° mehrere Std. behandelt wird. Das gewaschene Prod. wird bei 80–100° getrocknet u. als Austauscher verwendet. (**D. P. [DDR] 2 545** Kl 39c vom 1/1. 1941, ausg. 3/1. 1953 [Wirtschaftspatent].) PANKOW. 5827

F. S. Gibbs, Inc., Boston, Mass., V. St. A., *Klären von Flüssigkeiten.* Die suspendierte Stoffe (St.) enthaltende Fl. wird durch ein zentral in einem Klärbehälter (Kl.) angeordnetes Rohr aufwärts geführt u. unterhalb des Flüssigkeitsspiegels dem abwärts gerichteten Flüssigkeitsstrom zugeführt. Am Boden des Kl. werden in den Strom Gasblasen (Gb.) in feiner Verteilung eingeführt. Die durch die Gb. an die Oberfläche flotierten St. werden dort abgetrennt, während die geklärte Fl. am unteren Rand des Kl. entnommen wird. (**E. P. 659 978** vom 17/10. 1949, ausg. 31/10. 1951.) REICHELT. 5829

American Viscose Corp., Wilmington, Del., übert. von: **William P. Crawley**, Media, Pa., V. St. A., *Filtermedium* aus einem Gewebe, das ganz aus *Vinylharz* besteht. Ein Garn des Gewebes besteht aus einem fortlaufenden Vinylharzfaden, das andere Garn ist ein aus kurzen Vinylharzfasern gedrehter Faden. Beim Verweben beider Garne entsteht ein Gewebe, dessen Zwischenräume durch die herausragenden u. miteinander verfilzten Enden des aus kurzen Fasern gedrehten Garnes überdeckt u. teilweise geschlossen werden. Es bilden sich in 2 Ebenen in dem Gewebe liegende u. sich durch das Gewebe von einer Seite zur anderen erstreckende enge Hohlräume. Es werden Mischpolymerisate von Vinylchlorid u. Vinylacetat, oder von Vinylchlorid u. Vinylcyanid verwendet. (**A. P. 2 615 477** vom 18/3. 1948, ausg. 28/10. 1952.)
REICHELT. 5831

Fluor Corp. Ltd., übert. von: **Raymond C. Baird**, Los Angeles, Calif., V. St. A., *Reinigen von Gasen durch Abscheiden von darin enthaltenen Flüssigkeiten*, wobei gleichzeitig Pulsationserscheinungen des Gasstromes behoben werden. Das Gas wird in einem in 2 Kammern unterteilten Gehäuse durch ein diese Kammern miteinander verbindendes, S-förmig gebogenes u. im Inneren mit spiralförmigen Windungen versehenes Rohr geleitet u. die Fl. am Ende dieses Rohres mittels einer Flüssigkeitshalle abgeschieden. — Vorrichtung. (**A. P. 2 659 450** vom 18/8. 1950, ausg. 17/11. 1953.)
DEMMLER. 5851

Farbwerke Hoechst, vormals Meister Lucius & Brüning, Frankfurt/M., *Entschäumungsmittel*, gek. durch einen Geh. an Sulfamidocarbonsäuren, die sich von Paraffin- bzw. Cycloparaffinsulfamiden bzw. -sulfoacylamiden oder -disulfimiden mit mindestens 10 C-Atomen ableiten. (**D. B. P. 871 288** Kl 12a vom 8/10. 1943, ausg. 23/3. 1953.) HEINSEN. 5865

Hans Blücher, Auskunftsbuch für die chemische Industrie. 18. Aufl. neubearb. u. hrsg. v. A. Ernst u. L. Neumann. Berlin: de Gruyter. 1954. (1386 S. m. Abb.) DM 90,—.

III. Elektrotechnik.

Metropolitan-Vickers Electrical Co. Ltd., London, England, *Vergütung von auf elektrischen Leitern aufgebrachten Kunstharzüberzügen*, die durch Wärme härtbar sind, erfolgt in 2 Stufen in Ggw. von Lösungsmitteldämpfen, die das Harz nicht lösen, z. B. in der 1. Stufe in Ggw. von leichtem Mineralöl u. in der 2. Stufe von Mineralöl bei 125 bzw. 130° u. unter Vakuum. Es werden so z. B. mit Kraft-Papier umsponnene Drähte mit einem Phenol–CH_2O-Harz imprägniert. — Abbildung. (**E. P. 687 976** vom 13/10. 1950, ausg. 25/2. 1953. A. Prior. 23/12. 1949.) MÖLLERING. 5957

Hermann Höner, Wanne-Eickel, *Spritzgußmasse*, bestehend aus Hartpechen von verschied. F. u. Füllstoffen, wie Asbest, Kieselgur u. dgl. (1:1). Den verflüssigten Pechen werden zur Erhöhung der DK. Schiefermehl, Ton u. Polystyrol, letzteres in einer Menge von 50% (der Gesamtmenge) zugesetzt. Herst. von elektr. Isoliermaterial. (**D. B. P. 909 992** Kl. 39b vom 4/7. 1950, ausg. 26/4. 1954. Anmeldung bekanntgemacht 10/9. 1953.) SALZMANN. 5957

Brevetti D'Ambros, Borgomanero, Italien, *Leichtakkumulator*. Jede Elektrodenplatte wird aus einer Anzahl voneinander getrennter, länglicher Kästen in Form von Prismen gebildet, deren Basisflächen in einer Ebene angeordnet sind, so daß die Spitzen der Prismen der Nachbarplatte in die Platte hineingeschoben werden können. Die aus porösem Kunststoff bestehenden Kästen werden mit akt. M. gefüllt, in der ein Stromableiter angeordnet ist. (**E. P. 676 662** vom 9/3. 1950, ausg. 30/7. 1952. It. Prior. 13/5. 1949. **Schwz. P. 269 616** vom 19/11. 1948, ausg. 16/10. 1950. It. Prior. 4/5. 1948.)
LAASS. 5971

René Audubert und **Coriolan Calmar**, Paris, *Überziehen einer Elektrode mit einem Depolarisator* (I). Auf die Elektrode, z. B. aus Ag oder Cu, wird eine Verb. des Metalles, aus dem der I gebildet werden soll, aufgebracht oder aufgepreßt, z. B. AgOH oder $Cu(OH)_2$, red. u. auf elektrochem. Wege in I umgewandelt, z. B. in AgCl oder $CuCl_2$. (**Schwz. P. 291 327** vom 28/4. 1950, ausg. 16/9. 1953. F. Priorr. 7/5. 1949 u. 28/3. 1950.)
LAASS. 5971

M-O Valve Co. Ltd., London, England, *Kathode*, bestehend aus einem mit Elektronen aussendendem Material, z. B. Erdalkalioxyden, überzogenen Metallkern aus 99,9—99,1 Gew.-% Ni, 0,1—0,5 Zn, 0—15 Al u. 0—0,25% Ti. (**E. P. 700 606** vom 27/7. 1949, ausg. 9/12. 1953.) DEMMLER. 5975

British Thomson-Houston Co. Ltd., London (Erfinder: **James Thomson-Anderson** und **Harold Francis Ward**, Rugby, Warwick), England, *Aufbringen von pulverförmigen Leuchtmaterialien auf Glas* oder dgl. durch gleichzeitiges Fällen des Pulvers u. eines

Bindemittels aus einer Suspension. — Z. B. wird in eine *Kathodenstrahlröhre* CH_3OH (I) gegeben u. in I eine Mischung aus 10 (cm^3) koll. Kieselsäure (II), 40 I, 0,7 Leuchtstoff u. 5 Borax, suspendiert in I (0,01 g/cm^3), gegossen. Nach 3 std. Absitzzeit wird die Fl. abgegossen, die Schicht getrocknet u. dann eingebrannt. — An Stelle von II kann eine Lsg. eines alkal. Silicats oder Phosphats verwendet werden, wobei Ca-Sulfat oder -Borat zugegeben werden. (**D. B. P. 876 059** Kl. 75c vom 3/10. 1950, ausg. 7/5. 1953. E. Prior. 21/8. 1946.) LAASS. 5975

Robert Bosch G. m. b. H. (Erfinder: **Wilhelm Ilge**), Stuttgart, *Elektrolytkondensator.* Die Formierung der anodischen Al-Folien wird vor dem Erreichen eines prakt. konstanten Reststroms unterbrochen u. erst nach einer Wärmebehandlung (z. B. bei ca. 550°) beendet. (**D. B. P. 879 571** Kl. 21 g vom 7/10. 1943, ausg. 15/6. 1953.) KESSEL. 5983

Robert Bosch G. m. b. H. (Erfinder: **Wilhelm Ilge**), Stuttgart, *Elektrolytkondensatoren* mit geätzten u. aufgerauhten Anodenoberflächen. Der Elektrolyt enthält einen Zusatz von alkylierten Naphthalinsulfosäuren oder deren Salzen. (**D. B. P. 879 572** Kl. 21g vom 16/2. 1943, ausg. 15/6. 1953.) KESSEL. 5983

Demag-Elektrometallurgie G. m. b. H. (Erfinder: **Alarich v. Pichler**), Karlsruhe, *Diaphragma für Elektrolysezellen in Wasserzersetzern.* Der eingespannte u. abdichtende Rand des aus einem Gewebe (bes. Asbestgewebe) hergestellten Diaphragmas besteht ganz oder teilweise aus einem Mischpolymerisat, bes. aus Gemischen von Polyäthylenen u. Polyvinylchlorid. (**D. B. P. 887 804** Kl. 12i vom 18/2. 1951, ausg. 27/8. 1953. Anmeldung bekanntgemacht 20/11. 1952.) SCHREINER. 5993

Badische Anilin- & Soda-Fabrik, Ludwigshafen/Rh., *Elektrolyse mittels flüssiger Metallelektroden,* wobei der den elektr. Strom der fl. Elektrode zuführende pilzförmige Metallteil, z. B. mittels einer Feder, dauernd gegen die Isolierschicht des Zellenbodens gepreßt wird. — Zeichnung. (**E. P. 705 541** vom 2/5. 1952, ausg. 17/3. 1954. D. Prior. 5/5. 1951.) DEMMLER. 5993

IV. Wasser. Abwasser.

W. Victor Weir, *Betrachtungen über die Versorgung der Industrie mit fluoriertem Wasser.* Vf. widerlegt die Bedenken von BRATTON (vgl. C. **1954.** 9598) u. a. mit dem Hinweis, daß ein Geh. von 0,7—1,5 mg F/Liter im Trinkwasser zuträglich ist u. unwesentlich gegenüber dem F-Geh. vieler Nahrungsmittel mit bis zu 25 mg F/kg, u. daß 1—5 mg F/Liter den Hefestoffwechsel anregen u. erst bei 25 mg u. mehr hemmen. (J. Amer. Water Works Assoc. **45.** 369—75. April 1953. St. Louis, Univ. City, Mo., St. Louis County Water Co.) MÜHLMEISTER. 6018

J. M. Dickerman, A. O. Castraberti und **J. E. Fuller,** *Ozonwirkung auf Wasserbakterien.* Die baktericide Wrkg. des O_3 wurde an Reinkulturen von Bakterien u. an natürlichen Wasserbakterien untersucht. Bei Bakteriensuspensionen mit wenig gelöster organ. Substanz war eine auffallend kräftige Wrkg. bei der Abtötung von Bakterien festzustellen. Bei Rohwasser (Flußwasser) mit beträchtlichen Mengen an gelöster organ. Substanz waren höhere O_3-Konzz. u. eine längere Einwirkungsdauer erforderlich, weil die organ. Substanz einen Teil des O_3 inaktiviert. Die Ergebnisse zeigen, daß ein O_3-Rest von 2 p. p. m. nach wenigstens 5 minütiger Einwirkungszeit gefordert werden muß, um ein Rohwasser mit niedrigem Geh. an gelöster organ. Substanz kefriedigend zu behandeln. Durch diese Verss. wäre gleichsam das O_3-Bindungsvermögen (oder die O_3-Zehrung) festgestellt, wie dies auch vom Cl_2 bekannt ist. Vff. weisen auf die zum Teil weit bessere Wrkg. des O_3 im Vgl. mit Cl_2 hin. Ganz bes. günstige Ergebnisse wurden bei der Bekämpfung von Algen u. Protozoen erzielt. In einem Falle waren 15 p. p. m. O_3 während 3 Min. erforderlich, um eine Protozoenart abzutöten, während dagegen 250 p. p. m. Cl_2 in einer viel längeren Reaktionszeit erst das gewünschte Ergebnis brachten. (J. New England Water Works Assoc. **68.** 11—15. März 1954. Massachusetts Agricultural Experiment Station, Amherst, Mass.) KLOTTER. 6026

K. Wickert, *Chemisches und physikalisches Verhalten der Neutralsalze im Heißdampfbetrieb.* Turbinenversalzungen kommen vor, wenn die FF. der im Dampf enthaltenen Stoffe oder Stoffgemische weit oberhalb der Dampftemp. liegen. Die Ursachen der Abscheidung auf den Turbinenschaufeln wird mit dem Vorhandensein von Haftkräften erklärt. Grenzkonzz., kei denen es in der Praxis noch nicht zu solchen Abscheidungen kam, sind: NaCl 300, Na_2SO_4 200, SiO_2 10, Cu 2 μ g/kg Dampf. Für eine Reihe typ. Kesselwassersalze werden die Tempp. des nachweisbaren Reaktionsbeginns mit dem Wasserdampf aufgeführt (Bldg. von Sulfid-S aus Sulfaten, von HCl aus Chloriden, letztere Rk. durch Cu u. Kieselsäure stark beschleunigt). (Mitt. Vereinig. Großkesselbesitzer, Nr. 28. 75—79. April 1954.) A. RICHTER. 6030

A. M. Rawn, *Abwasserbeseitigung im Raume von Los Angeles.* (Ind. Engng. Chem. **45.** 2677—79. Dez. 1953. County Sanitation Districts of Los Angeles County.) Klotter. 6036

—, *Giftigkeit von Mercurichlorid, Chromsulfat und Natriumchromat in der Verdünnungs-BSB-Probe.* Ein Bericht des Subcommittee of Toxicity of industrial wastes stellt Ergebnisse aus 58 Unterss. über die Giftigkeit (I) von $HgCl_2$ u. 15 von Cr^{3+} u. Cr^{6+} zusammen. Bei $HgCl_2$ steigt I langsam von 0,02—0,2 mg/Liter, dann mit einem Knick schnell bis 2 mg, bei dieser Konz. erfolgt völlige Abtötung der Bakterien. Cr^{3+} ist wesentlich weniger giftig, Cr^{6+} noch weniger, bei 10 mg/Liter tritt nur Hemmung auf 35 bzw. 68% ein. I ist jedoch von der Konz. der organ. Substanz abhängig, so daß die nach der Verdünnungsmeth. erhaltenen Werte nur für die Verhältnisse verunreinigter Flüsse, nicht aber für Abwasserreinigungsanlagen kennzeichnend sind. (Sewage ind. Wastes **26.** 536—38. April 1954.) Mühlmeister. 6036

Gerald T. Orlob und **E. F. Eldridge,** *Tiefwasser-Ablaß von Cellulosefabrikabwässern in die Gardner Bay, Everett, Washington.* O_2-Mangel durch Sulfitablauge bildete eine Schranke für die Lachswanderung in den Snohomish-Fluß. Da eine Umstellung der 2 Zellstoffwerke auf NH_4- oder Mg-Lauge nicht möglich war, wurden die Abwässer durch eine Holzrohrleitung mit auf 300 m verteilten Auslässen in 90 m Tiefe in die See abgelassen. Aus der sehr eingehenden Unters. über den Erfolg dieser Maßnahme, die von Konz. der Laugen, Ebbe u. Flut, Flußströmung, Temp. u. Wind beeinflußt wird, ist zu entnehmen, daß die Laugenkonz. 30 m unter der Oberfläche am größten war u. das Oberflächenwasser von 732 auf 21 mg *BSB* u. 2,2 auf 7,7 mg gelösten O_2/Liter verbessert wurde. (Sewage ind. Wastes **26.** 520—30. April 1954. Berkeley, Calif., Univ.; Olympia, Wash. Poll. Contr. Comm.) Mühlmeister. 6038

Austin H. Beebe, *Behandlung ölhaltigen Abwassers durch Druckflotation.* Ölhaltiges Abwasser wird nach Vorklärung u. chem. Flockung in Kolloidseparatoren (I) von Öl u. Flocken befreit, die durch kleine anhängende, durch Belüftung mit Preßluft erzeugte Luftbläschen leichter als W. werden u. sich so mit dem Öl abscheiden. Anschließend geht das Abwasser durch eine Platten-Rahmen-Filterpresse (II) mit Kieselgur u. zur Kanalisation. I allein entfernt 98,2, mit II 99,5% der Schwebestoffe. Anlage u. Wirkungsweise werden ausführlich beschrieben. (Sewage ind. Wastes **25.** 1314—22. Nov. 1953. Detroit, Mich., Chrysler Corp.) Mühlmeister. 6040

Herbert H. Ley, *Geteilte Belebtschlamm-Anlage, von Zwillingsstädten gebaut. Die* Städte Benton Harbor u. St. Joseph, Mich., mit zusammen 60000 Einwohnern u. Konservenfakriken, bauten eine gemeinsame Abwasserreinigung, in der das gesamte Abwasser prim. geklärt, aber nur so viel in einer Belebtschlammanlage behandelt wird, daß in der gemeinsamen Abflut in den St.-Joseph-Fluß 65% des ursprünglichen *BSB* u. 75% der Schwebestoffe beseitigt sind. Beschreibung der Anlage u. 10jähriger Betriebserfahrungen, nach denen die geforderten Leistungen wesentlich übertroffen wurden. (Wastes Engng. **25.** 164—67. 184. April 1954. Chicago, Ill., Consoer, Townsend and Ass.) Mühlmeister. 6048

La Fonte Électrique, Soc. An., Schweiz, *Mittel zum Sterilisieren von Flüssigkeiten, insbesondere von Wasser.* Man schlägt auf einer festen Substanz (z. B. calciniertem Dolomit, Bimsstein, Kieselgur, Terrakotta) Ag_2O feinverteilt nieder u. verwandelt das Ag_2O mittels Na-Silicat in Ag-Silicat, — Z. B. vermengt man 2 kg gebrannten Dolomit mit 400 cm^3 einer 5%ig. $AgNO_3$-Lsg., versetzt die M. mit einer Na-Silicatlsg. (D. 1,230) u. mit 300 cm^3 Wasser. Dann vertreibt man durch gelindes Erwärmen einen Teil des W., trocknet die M. bei 70° u. vermischt sie innig mit 20 kg gebranntem Dolomit. (**F. P. 1 047 600** vom 8/1. 1952, ausg. 15/12. 1953. Schwz. Prior. 10/1. 1951.) Oppermann. 6025

V. Anorganische Industrie.

—, *Industrielle Flüssiggaserzeugung.* Kurze Beschreibung einer techn. Anlage zur Gewinnung von fl. N_2, H_2 u. Parawasserstoff. (Chem. Process Engng. **35.** 48—50. Febr. 1954.) Sydow. H 238

H. B. Irvin, R. W. Olson und **J. M. Smith,** *Konstruktion einer katalytischen Reaktionskammer mit fester Bettung.* 2. Mitt. (1. vgl. Chem. Engng. Progr. **45.** [1949.] 459.) In einem Behälter, in dem sich mit Pt überzogene Al-Kügelchen befanden u. durch den SO_2 u. Luft geblasen wurden, maßen die Vff. die Tempp. an verschied. Stellen. Der Behälter wurde durch einen umgebenden Mantel mit sd. W. gekühlt, um ein großes Radialtemperaturgefälle zu erzeugen. Bei Geschwindigkeiten zwischen 147

u. 512 Einheiten wurde das gebildete SO_3 bestimmt. Um die beobachteten Werte mit den nach dem GROSSMAN-Verf. berechneten in Einklang zu bringen, wird ein verbessertes GROSSMAN-Verf. vorgeschlagen. (Chem. Engng. Progr. **47.** 287—94. Juni 1951. Lafayette, Purdue Univ.) H. PAULI. H 253

J. M. Stinson und **C. E. Mumma,** *Regenerierung von Schwefelsäure aus dem Nebenprodukt Calciumsulfat. Entschwefelungsvorversuche.* Vff. studierten Methoden zur Wiedergewinnung der H_2SO_4 aus dem beim H_2SO_4-Aufschluß von Phosphaten anfallenden $CaSO_4$ durch Calcinieren u. durch Schmelzen. Unterss. über eine Red. mit Gasen bei höherer Temp. sind im Gang. Die Calcinierungs- u. Schmelzverss. (nach der Gleichung: $CaSO_4 + SiO_2 = SO_2 + CaSiO_3 + 0{,}5\ O_2$) wurden mit durch Agglomerieren erzeugten Kügelchen gemacht unter Variieren des SiO_2:S-Verhältnisses, der Temp., der Zeit, der Kügelchengröße, des Fe_2O_3- oder Al_2O_3-Zusatzes u. der Korngröße des zugesetzten SiO_2-Sandes. In Diagrammen u. Tabellen sind die Ergebnisse zusammengefaßt. Eine befriedigende Regeneration wurde nach beiden Verff. erreicht. Die Versuchsanlage gab im Gas einen SO_2-Geh. von $3^1/_2$%; Vff. erwarten in einer techn. Anlage bis über 5%. (Ind. Engng. Chem. **46.** 453—57. März 1954. Wilson Dam, Ala., Tennessee Valley Auth., Kansas City, Mo., Midwest Res. Inst.) H. ECKHARD. H 253

T. D. Tiemann, *Auszug von Tonerde aus Haiti- und Jamaika-Bauxiten.* Die chem. u. mineralog. Zus. der karib. Bauxiterze wird angegeben u. die Al_2O_3-Extraktion durch mehrere Verff. sowohl aus Haiti- als auch aus Jamaika-Bauxiten erörtert. Hierzu eignet sich das BAYER-Verf. am besten, bes. das amerikan. BAYER-Verf. für Jamaika-Erze, während zweckmäßig die Haiti-Bauxite mit dem europäischen BAYER-Verf. unter Anwendung hoher Aufschlußtempp. u. hoher bas. Konzz. behandelt werden. Änderungen in der Extraktionsfähigkeit von Al_2O_3 bei beiden Sorten beruhen auf ihren Gehh. an Böhmit u. Gibbsit. — Schrifttumsangaben. (J. Metals **3.** 389—93. Mai 1951. Sheffield, Ala., Reynolds Metals Co.) HOCHSTEIN. H 294

Elektrochemische Werke Rheinfelden, Rheinfelden, *Absorption von Gasen durch Flüssigkeiten,* bes. zur *Herstellung von Salzsäure,* dad. gek., daß die absorbierende Fl. in dünner Schicht an einer in einem senkrecht stehenden Rohr angeordneten Säule von wechselnder Querschnittsgröße herabfließt, welche eine Anzahl gleichachsig übereinander angeordneter, tellerförmiger Hohlkörper aufweist, deren Innenraum von einem Kühlmittel durchströmt wird. — Einer Absorptionsvorr. werden z. B. von unten 2000 g/Min. HCl-Gasgemisch mit 85% HCl zugeführt; oben werden 3,6 Liter/Min. W. aufgegeben; erhalten werden 4,3 Liter/Min. Salzsäure mit einem HCl-Geh. von 463 g/Liter u. einer Temp. von 38°. — Vorrichtung. (**Schwz. P. 295 386** vom 14/4. 1951, ausg. 1/3. 1954. D. Prior. 23/12. 1948.) DEMMLER. H 247

Soc. d'Électro-Chimie, d'Électro-Métallurgie et des Aciéries Électriques d'Ugine, Paris, Frankreich, *Herstellung von Chlordioxyd,* das weniger als 5% Cl_2 enthält, durch Einw. von NO_2 auf ein Alkalichlorat in Ggw. von HNO_3, deren Konz. 5—10 Mol./Liter beträgt, dad. gek., daß man während der gesamten Reaktionsdauer eine Konz. des Chlorates zwischen 0,1 u. 0,7 Mol./Liter wss. Reaktionslsg. aufrechterhält. — Zeichnung. (**Schwz. P. 295 388** vom 22/11. 1951, ausg. 1/3. 1954. A. Prior. 25/11. 1950.) DEMMLER. H 247

Nils Erik Lenander, Stockholm, Schweden, *Agglomerieren pulverförmiger Sulfiderze* für die Gewinnung von S durch red. Schmelzung. Das Erz wird mit Na_2SO_4, das aus sogenanntem Salzkuchen bestehen kann, u. gegebenenfalls mit einem Füllmittel, bes. Ton, u. W. gemischt. Das Gemisch wird zu Klumpen oder Briketts geformt, u. diese werden bei erhöhter Temp. getrocknet. Anschließend kann zur Verminderung der Aufnahme von W. mit einer S-Schicht überzogen werden. Die Formlinge können in Schachtöfen geschmolzen werden, ohne daß Ofenverstopfungen auftreten. Als Füllmittel kann fetter, geschmeidiger Ton, wie Bentonit oder Fullererde, oder auch blauer Ton oder feiner Sand oder ein anderes SiO_2-haltiges Material verwendet werden. Das Gemisch enthält z. B. 100 (Gewichtsteile) Erz, bis 6, bes. 1—2, Na_2SO_4, bis ca. 10, bes. 1—3, Ton u. soviel W., daß eine plast. M. erhalten wird. Die M. kann auf einer Strangpresse verarbeitet werden. Als Erze sind Gossan (Pyrite) oder Konzentrate, wie Flotationskonzentrate von Eisenpyriten, Chalkopyriten oder Chalkopyrit mit einem Geh. an Eisenpyriten genannt. Der Überzug von S wird durch Hindurchführen durch ein Bad aus geschmolzenem S erzeugt, wobei die Stärke der S-Schicht (0,5—1 mm) durch Änderung der Temp. des S-Bades, der Agglomerierungsprodd. u./oder der Eintauchzeit geregelt wird. Das S-Bad wird auf einer Temp. zwischen 120—155°, bes. 120—125°, gehalten. Die Formlinge gelangen mit einer Temp. von 200—250° bzw. $<$F. von S oder bei 120° in das S-Bad. Der S des Bades wird im Kreislauf zwischen dem Bad u. einem Kühler oder einem Erhitzer geführt, je nachdem, ob die Temp. der Briketts > oder < als die des S-Bades ist. (**D. B. P. 877 895** Kl. 12i vom 8/3. 1951, ausg. 28/5. 1953. Schwed. Priorr. 28/4., 22/5. u. 13/12. 1950.) ZÜRN. H 253

Heinrich Koppers G. m. b. H. (Erfinder: **Willy Linder**), Essen, *Gewinnung von Schwefel aus H_2S enthaltenden Gasen*, bes. solchen mit geringem H_2S-Geh., die störende Begleiter, wie N-Verbb., enthalten, durch Umsetzung der Gase mit einer beschränkten Menge O_2 (Luft) bei 1000—1300°. Die Ausgangsgase u. die Luft werden getrennt voneinander durch Wärmeaustausch mit je einem regelbaren Teilstrom der aus dem Reaktionsraum austretenden Reaktionsgase vorerhitzt, während der von den Wärmeaustauschern nicht aufgenommene Rest der Reaktionsgase in einem Dampfkessel oder Kühler abgekühlt wird. Das Verhältnis wird so gewählt, daß das Gemisch der aus den Wärmeaustauschern u. dem Kühler abziehenden Gase eine Temp. >F. von S aufweist. Anschließend wird das Gas in einem Kondensator bis zur Bldg. von fl. S weiter gekühlt. Die Rk. kann durch Katalysatoren, z. B. einen Cr_2O_3-Katalysator in der Hochtemperaturstufe u. einen Bauxitkatalysator in den Zonen niedriger Gastemp. unterstützt werden. Man kann örtliche Überhitzungen der Wärmeaustauscher verhindern, wenn man dem Strom der Reaktionsgase vor dem Eintritt in die Wärmeaustauscher abgekühlte Reaktionsgase zusetzt. Die Drosselorgane zur Regelung der Teilströme des Reaktionsgases werden im Gasstrom hinter den Wärmeaustauschern u. dem Kühler angeordnet. (**D. B. P. 878 343** Kl. 12i vom 30/7. 1943, ausg. 1/6. 1953.) ZÜRN. H 253

Godfrey L. Cabot, Inc., Boston, Mass. (Erfinder: **William Lambert Loving**, Pampa, Tex.), V. St. A., *Verfahren zur Erzeugung von Gasruß*, bei dem zur Erzielung eines turbulenten Luft–Gas-Gemisches ein relativ starker, in sich geschlossener Luftstrom zuerst in mehrere getrennte Parallelteilströme aufgespalten wird u. bei dem außerdem in den Verbrennungsraum eine Vielzahl kleiner Strahlen eines KW-stoffhaltigen Gases, die reihenweise zwischen jeweils benachbarten Teilluftströmen angeordnet sind, eingespritzt wird. In dieses Luft–Gas-Gemisch wird ein gleichfalls durch Gas zuvor zerstäubtes KW-stoffhaltiges Öl (**I**) an einer gegenüber der Gesamtspritzfläche der Gasstrahlen im wesentlichen zentral liegenden Stelle in Form eines divergierenden Zerstäubungskegels eingespritzt. Dabei wird das Gas mit einer Geschwindigkeit eingespritzt, die mindestens doppelt so groß wie die Luftgeschwindigkeit ist. Die Sprühung des **I** setzt im wesentlichen in der Einspritzebene des Gasstrahls ein. Die parallelen Teilluftströme haben im wesentlichen gleiche Voll. u. streben in horizontaler Richtung ofeneinwärts. Gas, Luft u. Öl werden stark vorerhitzt. — Vorrichtungen. (**D. B. P. 876 128** Kl. 22f vom 28/1. 1951, ausg. 11/5. 1953.) SCHREINER. H 260

E. I. du Pont de Nemours & Co., übert. von: **Ralph K. Iler** und **Frederick I. Wolter**, Wilmington, Del., V. St. A., *Konzentriertes Kieselsäuresol*. Man mischt Na-Silicat mit einem SiO_2-Sol, so daß in der Mischung eine Na-Ionenkonz. von weniger als 0,7 n Na u. ein $p_H > 8$ vorliegen, bringt die Mischung mit einem NH_4-Austauscher in Kontakt, fügt zu dem gewonnenen SiO_2-Sol erneut Na-Silicat zu u. bringt die Mischung wieder mit dem NH_4-Austauscher zusammen, bei ca. 60°. Das erhaltene SiO_2-Sol wird durch Verdampfen bis auf 30% SiO_2 eingeengt. (**A. P. 2 650 200** vom 14/12. 1951, ausg. 25/8. 1953.) REICHELT. H 261

Wintershall Akt.-Ges., Kassel, und **Klöckner-Humboldt-Deutz Akt.-Ges.** (Erfinder: **Herbert Möttig**, Köln), *Schwimmaufbereitung von Rückstandsalzen der Kalisalzaufbereitung*. Der aus Kieserit u. Halit bestehende Rückstand der Kalisalzaufbereitung wird in frischem Zustand verarbeitet. Als einziges oder der Menge nach wesentliches Schwimmittel wird ein Fettalkoholsulfonat oder ein Fettsäuresulfonat benutzt. Vor der Schwimmaufbereitung wird das Rückstandssalz auf ca. 0,1—0,5 mm zerkleinert, vorzugsweise in einer langsam laufenden Hammermühle, die von einem Laugenstrom durchzogen wird. (**D. B. P. 911 841** Kl. 1c vom 15/12. 1940, ausg. 20/5. 1954. Anmeldung bekanntgemacht 13/8. 1953.) W. HAUSWALD. H 275

Titan Co., Inc., New York, N. Y., V. St. A., *Chlorieren von Ti–Fe-haltigem Material*, das noch Verbb. des *Ca* u. *Mg* enthält, durch Mischen mit H_3PO_4 oder H_2SO_4, Erhitzen des Schlammes, anschließendes Trocknen u. Calcinieren bei ca. 700°. Die M. wird dann vermahlen, mit C vermischt u. in einen Ofen eingebracht. Bei ca. 850° leitet man 3 Std. ein Gemisch aus Cl_2 u. CO_2 hindurch. Dabei verflüchtigt sich $TiCl_4$, u. die Salze des Ca u. Mg bleiben im Reaktionsbett zurück. (**E. P. 702 108** vom 4/4. 1952, ausg. 6/1. 1954. A. Prior. 5/4. 1951.) NEBELSIEK. H 321

Ministry of Supply, London, England, *Herstellung von radioaktiven Verbindungen, die Uran X_1 enthalten*. Man behandelt eine wss. Lsg., die U u. radioakt. Zersetzungsprodd. enthält, in der Wärme mit einem Kationenaustauscher aus organ. Material von niederem Aschegehalt. Durch Verbrennen u. Auslaugen mit verd. HCl erhält man eine UX_1-Lsg., aus der man mit $Fe(OH)_3$ UX_1 ausfällt. (**E. P. 704 602** vom 12/5. 1943, ausg. 24/2. 1954.) NEBELSIEK. H 341

United Steel Co. Ltd., Sheffield, England, *Gewinnung von Ferrioxyd* durch Hydrolyse von gasförmigem $FeCl_3$ mit Dampf. Man behandelt zuerst das Fe-haltige Erz mit HCl-Gas, trennt das gebildete $FeCl_3$ durch Verflüchtigung ab u. behandelt $FeCl_3$ mit Dampf, indem man diese Rk. in Ggw. bzw. an der Oberfläche von feuerfestem Material ablaufen läßt. Auf diese Weise erhält man reines Fe_2O_3. (**E. P. 701 797** vom 4/12. 1950, ausg. 6/1. 1954.) NEBELSIEK. H 354

VI. Silicatchemie. Baustoffe.

L. Shartsis und **W. Capps**, *Energieverhältnisse bei binären Alkaliboraten.* Mittels einer einfachen calorimetr. Versuchsanordnung werden die Lösungswärmen der glasigen u. entglasten Alkaliborate (Li, Na, K) in 2 n HNO_3 gemessen. Alle Lösungswärmen zeigen ein deutliches Minimum bei einer Zus. von 20 Mol.-% Alkali. Mittels der Lösungswärmen werden die Entglasungs-(Kristallisations)-Wärmen berechnet. Die Lösungswärmen mit den bekannten Bildungswärmen dienen zur Berechnung der Bildungswärmen von Alkaliboratgläsern u. der entglasten Alkaliborate aus den entsprechenden Oxyden bzw. aus Alkalicarbonaten u. Borsäure. Die Werte der Lösungswärmen für die entglasten Alkaliborate zeigen deutliche Minima bei 20 Mol-% für Li-Borat. Daraus wird gefolgert, daß kein kongruent schm. Li-Borat der Zus. $Li_2O \cdot 4\ B_2O_3$ vorliegt. (J. Amer. ceram. Soc. **37.** 27—32. Jan. 1954. Washington, D. C., Bureau of Standards.) HENTSCHEL. 6168

W. Ward und **F. Hartley**, *Spektrographische Analyse von Glasmachersanden.* Engl. Glassande enthalten bis zu 20% Feldspat; die spektrograph. Analyse ermöglicht eine ständige Kontrolle der Gehh. an Fe_2O_3, Al_2O_3, K_2O u. Na_2O. Für die Verss. wurde ein HILGER-Spektrograph mit der von STROCK u. MITCHELL beschriebenen Adaptierung für Nichtleiter verwendet. Die Ergebnisse wurden mit Normsanden verglichen. Die geeigneten Linien wurden festgestellt, der Arbeitsvorgang beschrieben. (J. Soc. Glass Technol. **37.** Trans. 113—23. April 1953. St. Helens, Pilkington Brothers Ltd., Analyt. Labor.) STEINER. 6170

U. B. Singh und **M. L. Misra**, *Untersuchung der Eignung von Sillimanit aus Rewa und Assam (Indien) für den Glasofenbau.* Vff. geben eine Beschreibung der Örtlichkeiten des Vork. u. des makroskop. u. mkr. Aussehens des Minerals. Die chem. Analyse ergibt bei beiden Fundstellen 92,8 (Rewa) bis 94,85% (Assam) Geh. an Sillimanit. Beide erweisen sich bei den durchgeführten eingehenden Unterss. als ausgezeichnetes schwerschmelzbares Material für den Glasofenbau. (Refractoires J. **29.** 140—47. April 1953.) KÜHNERT. 6172

W. W. Polljak, *Zur Frage der Bildung offener Blasen auf der Oberfläche von Tafelglas.* Für die Bldg. offener Blasen werden oberflächliche Verunreinigung durch Schlakkenstaub u. Brennstoffasche, Ruß, Apparatur-Fe, Zementit (Fe-Carbid), Pyrit, Markasit, SiC, Fe-Oxyde, Red. des Na_2SO_4, aus den Poren beim Guß nachziehende Luft verantwortlich gemacht u. Mittel zur Behebung der Blasenbildung genannt. (Стекло и Керамика [Glas u. Keram.] **10.** Nr. 12. 12—14. Dez. 1953.) v. WILPERT. 6180

G. Monzée, *Das Glas — Werkstoff des Jahrhunderts.* Besprochen werden die physikal. Eigg. des Glases, die Anwendungen desselben, die Glaswolle u. das elektroleitende Glas. (Rev. techn. luxembourg. **45.** 166—70. Juli/Sept. 1953.) PISTOR. 6200

M. A. Zaritzyn, *Die Zusammensetzung von Selenrubin für die Herstellung roter Lichtfilter mit Glasziehmaschinen.* Beschreibung eines Versuchsofens zur Prüfung der Färbung von vertikal gezogenem Glas für rote Lichtfilter. Dabei ist hauptsächlich das Verhältnis von Cd/Se (= 2) maßgebend, ferner der Steilheitsgrad der Kurven für Lichtdurchlässigkeit des Glases als Funktion der Wellenlänge. Als Resultat der Unters. ergaben sich der Zus. nach 7 Typen von Glas, die beim Ausziehen zu einem Band im Laborvers. eine rote Färbung aufwiesen. Nach ihren lichttechn. Eigg. entsprachen diese Gläser den an Signallichtfilter gestellten Forderungen. Eine Betriebsanlage zur Erzeugung von gezogenem Selenrubinglas muß so konstruiert sein, daß bei n. Arbeit die Temp. des Schmelz- u. Verarbeitungsraumes des Ofens nicht weniger als 900° beträgt. (Стекло и Керамика [Glas u. Keram.] **10.** Nr. 10. 6—11. Okt. 1953.) E. v. PEZOLD. 6200

A. Baudran, *Die kontinuierliche Trocknung keramischer Schlammassen durch Pulverisieren.* Es wird ein neuartiger Trockenapp. für keram. Schlammassen beschrieben, der mit Hilfe von heißen Gasen bis auf ca. 8% Wassergeh. trocknet u. gleichzeitig auf eine Korngröße von durchschnittlich 0,2 mm zerkleinert. Durch den Wegfall von Filterpressen, Trocknungs- u. Zerkleinerungsanlagen ist dieses Verf. den anderen wirtschaftlich überlegen. (Bull. Soc. franç. Céram. **1953.** Nr. 21. 29—35. Okt./Dez.) H. FISCHER. 6206

P. I. Balaban, *Flußmittel bei der Herstellung keramischer Kanalisationsröhren.* Zwecks Herst. von Kanalisationsröhren wird empfohlen, zum hochbackenden *Angrensker Ton* (Mittelasien) 20—30% Löß (F. 1160—1180°) zuzusetzen; auch Aktasch- u. Tschimkent-Granit (30—50%), gebrannt bei 800°, werden als Flußmittel empfohlen. (Стекло и Керамика [Glas u. Keram.] **10.** Nr. 7. 23—24. Juli 1953.) v. WILPERT. 6208

C. M. Stürmer, *Eisenglasuren.* Nach neueren Unterss. ergeben Zusätze von FeO blaue, Fe_2O_3 gelbbraune, Fe_3O_4 graue oder farblose Gläser, dabei ist die saure oder bas. Natur des Glases von wesentlichem Einfluß. Hieraus ergibt sich aber auch die Labilität der Glasuren, bei denen die Einw. des Scherbens u. die Führung des Brandes die Färbungen maßgebend beeinflussen. Das macht sich bes. bei Anflugglasuren bemerkbar, die unter Verwendung von NaCl hergestellt werden. Die ältesten derartigen Glasuren tragen chines. TEMOKU-Waren aus der SUNG-Zeit (970—1279 n. Chr.). Vf. verweist dann noch auf die verschied. möglichen Einwirkungen durch Flammen u. Flugaschen sowie auf die Bedeutung des Ti-Gehaltes. Er gibt dann noch eine Übersicht über die möglichen Farbenspiele durch Fe-Geh. u. durch verschied. Behandlung bei gleichem Fe-Gehalt. (Glas-Email-Keramo-Techn. **4.** 327—28. Sept. 1953.) KÜHNERT. 6212

Megumi Tashiro und **Hironori Teranishi,** *Hitzebeständige Emailüberzüge auf nichtrostendem Nickel-Chrom-Stahl.* Es wurden die physikal. Eigg. von Fritten mit 0—60% BaO untersucht, in denen nach u. nach BaO durch SiO_2, Na_2O u. K_2O ersetzt wurde. Aus den Unterss. ergab sich, daß mit Zunahme des BaO-Geh. der lineare Ausdehnungskoeff. größer, die Schmelzbarkeit geringer wird; die stärksten Einfll. werden bei Zugabe von mehr als 40% BaO beobachtet. Die Versuchsergebnisse sind tabellar. zusammengestellt. In weiteren Verss. wurde der Einfl. einer Zugabe von 10 Teilen Feldspat, Al_2O_3, SiO_2, TiO_2, Cr_2O_3, CoO, NiO u. CuO zu 100 Teilen einer handelsüblichen Fritte beim Mahlen untersucht. Aus den tabellar. zusammengestellten physikal. Eigg. ist zu ersehen, daß bes. ein Zusatz von Cr_2O_3 die Feuerungstemp. ohne Herabsetzung des Ausdehnungskoeff. erhöht. (Bull. Inst. chem. Res. Kyoto Univ. [Kagaku Kenkyusho Hokoku] **31.** 137—39. März 1953. Kyoto, Univ., Sawai Labor. [Orig.: engl.]) GOTTFRIED. 6212

George Savage, Ceramics for the collector. Ch. edn. London: Rockliffe. 1954. (224 S. m. Abb.) 12 s. 6 d.

VII. Agrikulturchemie. Schädlingsbekämpfung.

Milivoj Petrik, *Verwertung von Abtrittsdünger, häuslichem Abwasser und Abwasserschlamm in der Landwirtschaft.* Organ. Dünger sind zur Erhaltung der Bodengare unentbehrlich, die Verwendung menschlicher u. tier. Abgänge zur Düngung muß hygien. einwandfrei sein. Die erforderlichen chem., biol. u. bakteriolog. Voraussetzungen (Kompostierung, Vergärung, Faulung, Düngewert, Bewässerung) werden besprochen. (Bull. Organisat. mond. Santé **10.** 207—28. 1954. Zagreb, Yugoslavia, Univ.) MÜHLMEISTER. 6294

Juliana C. H. Broek, *Eisensulfid in Abwasserschlamm.* Feuchter Abwasserschlamm enthält selten freien H_2S; die Menge des gebundenen H_2S in frischem Schlamm beträgt im Mittel 0,3%. Alle aus Abhitzbehältern u. Faulräumen stammenden Proben enthalten 0,008—1,02% gebundenen H_2S. Der Faulschlamm aus Kläranlagen mit Belüftungsfiltern enthält 0,008% H_2S. Aus Trockenbeeten stammender, keinen oder nur Spuren H_2S aufweisender Schlamm kann als Düngemittel empfohlen werden. Gebundenen H_2S enthaltender Schlamm aus Trockenbeeten weist so viele für die Bodenverbesserung wertvolle Stoffe auf, daß er nach Vermischung mit anderen organ. Stoffen (häuslichen oder städt. Abwässern) u. nach Gärung unter Luftzutritt in Ggw. von alkal. Na- u. K-Salzen, die die Bldg. lösl. Sulfate begünstigen, ebenfalls als Düngemittel verwendet werden kann. (Landbouwkund. Tijdschr. **66.** 182—88. März 1954. Rijksinst. voor de zuivering van afvalwater.) WESLY. 6294

Frederick B. Lotspeich und **Henry W. Smith,** *Böden des Palouse-Löß.* 1. Mitt. *Palouse-Catena.* Drei Böden der Palouse-Catena von Palouse, Athena u. Thatuna wurden auf ihre physik., chem. u. mineralog. Eigg. untersucht. 25 Literaturhinweise. (Soil Sci. **76.** 467—80. Dez. 1953. Washington agric. exp. Station.) SCHEIFELE. 6300

A. Huygh, *Über die Bodenbeschaffenheit der Limburger Kempen.* Die Bodenprofiltypen der Limburger Kempen werden nach morpholog. Gesichtspunkten eingeteilt. Als trockene, zonale Böden kommen nur podsolierte u. ausgelaugte Böden in einem Kies- oder Sandsubstrat vor. Als hydromorphe, intrazonale Böden findet man moorige Böden, Grundwasserpodsols u. humusarme Gleyböden. Als azonale Böden trifft man Staubsande an. Die großen Bodengruppen werden weiter in mehrere Untergruppen, Reihen u. Arten eingeteilt, die näher beschrieben werden. Die Ertragsfähigkeit wird erörtert. (Agricultura [Louvain] **1.** 167—200. Dez. 1953. Bokrijk-Genk, Centrum voor Bosbiologie in die Limburgse Kempen.) WESLY. 6300

D. W. Chan, *Zur Frage der Bindung organischer Stoffe an die Bodenmineralien.* Die bei Einw. von *Ammoniumhumat* (**I**) auf Asbanit (**II**), Bentonit (**III**), Gumbrin (**IV**) u. Kaolin (**V**) entstehenden Verbb. wurden mit 0,1 nNaOH behandelt. Die mit Al u. Fe gesätt. Tonmineralien adsorbierten mehr Huminsäure (**VI**) als die mit Ca oder H gesättigten. **II, III** u. **IV** adsorbierten stärker als **V**. 29—76% **I** lassen sich mit NaOH nicht verdrängen. Wenn die Sättigung von **II, III** u. **IV** mit **I** statt bei p_H 6,8 bei p_H 5,2 erfolgte, waren die Verhältnisse die gleichen; mit Ausnahme von **V** erhöhte sich jedoch die Menge der nicht auswaschbaren Fraktion; die Rk. der Umgebung spielt also eine große Rolle hinsichtlich der Festigkeit der Adsorption der **I**. Die Bldg. unbeständiger organ.-mineral. Verbb. erfolgt durch Adsorption der **I** mit Hilfe der austauschbaren Kationen; diese Form ist leicht auswaschbar. Die beständige Form bildet sich dadurch, daß **I** durch Verb. mit Al u. Fe in das Kristallgitter der Mineralien eintritt. (Доклады Академии Наук СССР [Ber. Akad. Wiss. UdSSR] [N. S.] **81.** 461—64. 21. 11. 1951.) A. JACOB. 6300

D. N. Iwanow, *Der Gehalt an seltenen Alkalielementen in den Böden.* Unterss. von verschied. Bodentypen zeigten, daß ihr Geh. an Li im Durchschnitt $2{,}5 \cdot 10^{-3}$% beträgt. Mit Ausnahme von Rasenpodsolböden weisen alle untersuchten Bödentypen den höchsten Li-Geh. in ihren oberen Schichten auf. Pflanzenasche enthält weniger Li als die Böden. Der durchschnittliche Geh. an Rb beträgt $10 \cdot 10^{-3}$%, wobei sich nur Roterden als arm an Rb erwiesen. Der Geh. an Cs ist in manchen Bodenhorizonten sehr gering ($< 5 \cdot 10^{-4}$%, unter der Empfindlichkeit der Bestimmungsmeth.), in den meisten Böden stellte er sich jedoch auf $5 \cdot 10^{-4}$ bis $1 \cdot 10^{-3}$%. Auch Cs sammelt sich meistens in den oberen Bodenhorizonten an. (Почвоведение [Bodenkunde] **1954.** Nr. 2. 32—45. Febr. Moskau. Dokutschajew-Inst. für Bodenkunde der Akad. der Wiss. der UdSSR.) M. GORDIENKO. 6300

M. Simon, *Einfluß des Bodentyps und des Untergrundes einer Colluvialbodens auf das Rübenwachstum im Jahre 1952. Versuchsergebnisse bei einem Lehmboden.* Bei Rübenkulturverss. auf einem schweren Lehmboden, einem Colluvium u. einem Zwischentyp ergab der Colluvialboden infolge seiner hohen wasserhaltenden Kraft die besten Erträge. Die Verss. werden fortgesetzt. (Publ. Inst. belge Amélioration Betterave **21.** 71—85. Juli/Aug./Sept. 1953. Tirlemont, Inst. de la Betterave.) GRIMME 6304

C. L. Dhawan und **M. L. Madan,** *Der Einfluß gewisser Bodenfaktoren auf den Ertrag größerer Nutzpflanzen im Punjab.* 3. Mitt. *Gram.* Bericht über Vers. mit Gram (= Kichererbse). Die Böden wurden analysiert auf ihren Geh. an lösl. Salzen, p_H, $CaCO_3$, austauschfähigem Na + K sowie Ca, Grad der Alkalisation, Mn, Gesamt-N, ausnutzbarem N u. P_2O_5. Hierbei zeigte sich eine ausgesprochene negative Beziehung zwischen dem Geh. an Salzen, austauschfähigem Na + K u. dem Grade der Alkalisation einerseits u. dem Ertrag andererseits. Bei den anderen Bodeneigg. war die Wrkg. auf den Ertrag weniger ausgeprägt. (Indian J. agric. Sci. **21.** 45—62. März 1951. Amritsar, Irrigation Research Inst.) GRIMME. 6304

Vernon C. Jamison, *Veränderungen der Luft-Wasser-Verhältnisse infolge struktureller Verbesserung der Böden.* Nur bei Böden von grober Textur führt eine Vermehrung der organ. Substanz zu einer Erhöhung des Geh. an pflanzenaufnehmbarem Wasser. Luftkapazität, Kapazität für pflanzenaufnehmbares W. u. Welkpunkt wurden für eine Reihe von Böden verschied. Textur durch Messung der Feuchtigkeitstension bestimmt. Eine Verbesserung der Bodenstruktur erhöht im allg. die Luftkapazität, verringert aber die Kapazität für pflanzenaufnehmbares Wasser. Im Freilande verbessert eine Strukturverbesserung die W.-Luft-Verhältnisse des Bodens, weil die Stabilisierung der Krümel den Wassereintritt erhöht. (Soil Sci. **76.** 143—51. Aug. 1953. U. S. Department of Agriculture.) A. JACOB. 6304

Melanie Frank, *Bewertung der Untersuchungsergebnisse von Böden der Berieselungsversuche 1949.* Bei 6 Versuchsparzellen von verschied. Bodentypen an verschied. Stellen Ungarns wurden Wasserkapazität des Bodens sowie der jeweilige Wassermangel bzw. der Wassergeh. der Böden nach der Bewässerung u. der Wasserverbrauch der Pflanzen bestimmt. Die erhaltenen Werte sind tabellar. u. graph. dargestellt u. werden diskutiert. (Agrokémia **2.** 273—280. Juli/Dez. 1950.) PLANK. 6304

Felice Lanza, *Beitrag zur Kenntnis der Jarovisation einiger Weizensorten.* 1. Mitt. *Agrobiologische Untersuchungen.* Krit. Sichtung der Arbeiten über Jarovisation von Weizen. — 25 Literaturangaben. (Ann. Sperimentaz. agrar. [N. S.] **7.** 1887—1906. 1953; Ann. Staz. chim.-agrar. sperim. Roma [3] **1952.** Pubbl. Nr. 85.) GRIMME. 6304

Luciano Tombesi, Felice Lanza, Aldo Baroccio, Tommaso Cervigni und **Silvio Fortini,** *Beitrag zur Kenntnis der Jarovisation einiger Weizensorten.* 2. Mitt. *Agrobiochemische Untersuchungen.* (1. vgl. vorst. Ref.) Bei Terere-Weizen steigt die Katalase u. Peroxydaseaktivität u. der Geh. an reduziertem Glutathion u. Ascorbinsäure merklich bei einer auf 14° eingestellten Keimung. Die Carboanhydraseaktivität ist ein Maß für die Erscheinungen, welche infolge der Jarovisation im Cellularplasma auftreten. (Ann. Sperimentaz. agrar. [N. S.] **7.** 1907—14. 1953; Ann. Staz. chim.-agrar. sperim. Roma [3] **1952.** Pubbl. Nr. 86. Roma, Staz. Chim.-agrar. sperim.) GRIMME. 6304

György Várallyay, *Versuche und Untersuchungen über Kunstdüngerbedarf.* Aus zahlreichen Düngungsverss. geht hervor, daß bei der Auswahl des Düngemittels der Bodentypus, dessen Zus., die Pflanze, die Vorpflanze in Betracht gezogen werden sollen, um einen entsprechenden Mehrertrag zu erreichen. Zur Beurteilung des Düngerbedarfes gibt Vf. neue Grenzwerte für P, N, K an. (Agrokémia **2.** 287—302. Juli/Dez. 1950.) PLANK. 6304

Imre Prettenhoffer, *Ergebnisse der Versuche mit Kunstdüngern in den Jahren 1942—1949.* Auf Grund der Ergebnisse von Dünger-Unterbringungsverss. wurde festgestellt, daß die Superphosphatwrkg. auf Steppenböden stufenweise mit der Unterbringungstiefe zunimmt, u. zwar bei Winterungen von der Kopfdüngung bis zum Unterpflügen, bei Sommerung von der Kopfdüngung bis zum Anwenden der Scheibenegge. Erfolgt also die Düngung auf solchen Böden nicht mit der kombinierten Sämaschine, dann sind phosphorsaure Dünger zur Winterung stets in die Saatfurche zu geben, damit sie in die entsprechende Tiefe gelangen. Zur Sommerung sind sie, falls sie nicht im Herbst gegeben wurden, mit der Scheibenegge im Frühjahr einzubringen. Auf Wiesenton wirkt auch Kalkphosphat nicht besser als Superphosphat. Im Falle solcher Böden sind — solange sie nicht abgekalkt werden — zwecks Vermeidung allzu starker Festlegung von Phosphorsäure gekörnte Düngemittel, nesterweise Düngung, Gemische von Handelsdünger mit organ. Düngemitteln oder mit Phosphorsäure vergorener Stallmist zu verwenden, vorerst nur versuchsweise. Versuchsergebnisse auf verschied. Bodentypen des Gebietes östlich der Theiß, bei verschied. Vorfrucht u. in Verbindung mit Bodenunterss. ausgeführt, zeigten, daß eine der örtlichen Wirksamkeit entsprechende Verteilung der Handelsdünger hier bereits durchführbar ist. Solange Bodenunterss. nicht überall ausgeführt werden, sind bei der Beurteilung der Düngerbedürftigkeit neben den Ansprüchen der anzubauenden Frucht auch der Bodentyp u. die Vorfrucht in Betracht zu ziehen. **(Vgl. auch C. 1953. 6556.)** (Agrokémia **2.** 267—72. Juli/Dez. 1950.) PLANK. 6304

A. P. Schtscherbakow, *Die Wirksamkeit verschiedener Formen von Superphosphat auf die Entwicklung der Sämlinge von Holzarten.* Bei der Düngung der 1- bzw. 2jährigen Eichen-, Esche- u. Akaziensämlinge mit granuliertem Superphosphat (**I**) erzielte man bessere Resultate als bei der mit gewöhnlichem pulverförmigem Superphosphat (**II**). Bei trockenen Verhältnissen muß die Düngung tiefer (bis 20—25 cm) eingepflügt werden als bei feuchten. Vf. berichtet ferner über die Wrkg. von **I** u. **II** bei einfacher oder dreifacher Gabe in Abhängigkeit von der Art der Einbringung (gestreut oder Reiheneinbringung). (Лесное Хозяйство [Forst-Wirtsch.] **6.** Nr. 1. 30—34. Jan. 1953.) M. GORDIENKO. 6304

W. A. Tjulin und **Ss. A. Benewolski,** *Die Anwendung von organomineralischen Düngemitteln auf Rasenpodsolböden.* In der Fruchtfolge Hafer—mehrjährige Gräser erzielte man mit Gaben von 4,5 dz/ha granulierter organisch-mineral. Düngung (1 Teil *Superphosphat* auf 4 Teile Stallmist) höhere Erträge als mit 15 t/ha Stallmist. 14 t/ha kompostierte organ. Düngung ergab die gleichen Erträge an Weizenkorn wie 25 t/ha nichtkompostierter Düngung gleicher Art. Eine weitere Ertragssteigerung erzielte man durch Zugabe von 5 Gew.-% $CaCO_3$ zur kompostierten Düngung. Zu Kartoffeln im Nestpflanzverf. erwiesen sich geringe Zugaben von organ. P- bzw. PN-haltigem Dünger als sehr wirksam. Kalk gelangte zu seiner vollen Wrkg., wenn er auf das Brachfeld vor dem Pflügen verteilt wurde. (Агробиология [Agrobiologie] **1954.** Nr. 1. 98—106. Jan./Febr. Nemtschinowka, Zonales Inst. für Getreidewirtschaft der Nichtschwarzerdezone.) M. GORDIENKO. 6304

G. G. Korotkewitsch, *Die Wirksamkeit von Düngemitteln bei der Teich-Fischwirtschaft.* Als mineral. Düngemittel werden in der Teichwirtschaft hauptsächlich

Superphosphat u. K-Salze benutzt. Bei neueren Verss. ergab sich als Folge der Düngung eine Erhöhung der Fischproduktion der Teiche um 34—56,7%. Von den organ. Düngemitteln finden hauptsächlich Stallmist u. Vogelmist Anwendung; diese bewirkten bei den Verss. eine Steigerung des Ertrags um 24—40%. (Рыбное Хозяйство [Fischerei-Wirtsch.] **29.** Nr. 4. 29—32. April 1953. Hydrobiol. Inst. der Akad. der Wiss. der UkrSSR.) A. JACOB. 6304

S. H. Yuen und **A. G. Pollard,** *Die Ausnutzbarkeit von Bodenphosphat.* 1. Mitt. *Untersuchung der Bodenlösung mit besonderer Berücksichtigung der Phosphatfixierung.* (Vgl. C. **1952.** 1722. 2242.) Bericht über Unterss. der Bodenlsg. aus Dauerdüngungsverss. mit wechselnden Gaben der Grundnährstoffe u. Stalldung. Die Konz. der Lsg. an anorgan. P_2O_5 war im Sommer relativ gering, änderte sich auch kaum durch das Pflanzenwachstum. Durch Düngung mit $(NH_4)_2SO_4$ u. Kalk geht die Konz. an anorgan. P in der Bodenlsg. merklich zurück. Beigabe von Stalldung verringerte diese Wrkg. des CaO. Die Konz. von organ. P stieg während der Wachstumsperiode, sie wird durch $(NH_4)_2SO_4$, Superphosphat u. K_2SO_4 gesteigert, durch Kalk verringert. Stalldung zeigte kaum einen Einfl., vor allem in Ggw. von CaO. Koll. Adsorptionsvorgänge im Boden wirken auf die P_2O_5-Fixierung stärker als die chem. Fällung durch CaO. (J. Sci. Food Agric. **2.** 186—92. April 1951. Agric. Chem. Dep., Imp. College of Science and Technol.) GRIMME. 6304

Je. A. Atabekjan, *Der Einfluß der mineralischen Düngung der Auberginepflanzen auf Wachstum, Entwicklung und Ertrag.* Bei Anzucht von Auberginepflanzen in Torfwürfeln von 7·7·7 cm erwies sich für die Sorte Delikateß die Verabfolgung von 1 g N, 3 g P_2O_5 u. 0,5 g K_2O je Würfel direkt bei der Herrichtung der Torfwürfel als zweckmäßig. P_2O_5 gibt man in Form von neutralisiertem Superphosphat. (Известия Академии Наук Армянской ССР, Биологические и Сельскохозяйственные Науки [Nachr. Akad. Wiss. ArmenSSR, biol. landwirtsch. Wiss.] **7.** Nr. 1. 57—72. Jan. 1954. Moskau. Landw. Timirjasew-Akad.) A. JACOB. 6304

P. N. Koschelkow und **K. Je. Tanin,** *Die Wirkung von stickstoffhaltigen Düngemitteln auf podsoligen Rasenböden.* Während NH_3 (**I**)-Düngemittel auf rasenpodsoligen Böden zunächst dieselbe günstige Wrkg. zeigen wie *Nitrat*-Düngemittel, läßt ihre Wrkg. im Laufe der Jahre nach u. bleibt gänzlich aus; zuweilen tritt sogar eine schädliche Wrkg. ein. Bodenunterss. ergaben, daß dies auf eine Erniedrigung des Geh. an austauschfähigem Ca, auf leichten Böden auch an austauschfähigem Mg sowie auf einer Erhöhung des beweglichen Al u. Mn beruht. Dadurch versauert der Boden u. seine mikrobiol. Tätigkeit verschlechtert sich. Die Versauerung des Untergrundes wird durch Versickern von Säuren u. hydrolyt. gespaltenen Salzen sowie durch biol. Prozesse erklärt, die eintreten, falls **I** in den Untergrund versickern kann. Ein wirksames Mittel dagegen ist die Kalkung, die es bei richtiger Anwendung ermöglicht, auch auf podsoligen Böden **I**-Dünger mit Vorteil zu verwenden. Die Kalkung wirkt bis zu einer Tiefe von 60 cm, verbessert also auch den Untergrund. (Доклады Академии Наук СССР [Ber. Akad. Wiss. UdSSR] [N. S.] **94.** 527—30. 21/1. 1954.) A. JACOB. 6304

H. W. Dougall, *Einfluß von Ammonium- und Nitratstickstoff auf eine Molassengras-Weide.* Durch Düngung mit $NaNO_3$ zu Molassengras wurde im Vgl. zu $(NH_4)_2SO_4$-Düngung eine Erhöhung der Trockensubstanz, nicht aber des P_2O_5-Geh. erzielt. Unterss. des p_H im Boden vor der Düngung u. nach der Ernte ergaben eine Zunahme derselben bei Nitrat- u. eine Abnahme bei Ammoniumdüngung. Vf. diskutiert an Hand der Literatur (8 Hinweise) die Ursachen der p_H-Änderung u. des Unterschieds in der P_2O_5-Aufnahme. (East African Agric. J. Kenya, Tanganyika, Uganda, Zanzibar **19.** 261—62. April 1954. Kenya, Dep. of Agricult.) JANICKE. 6304

T. R. Swanback, *Granitsteinmehl als Kaliumquelle für Tabak.* Als Dünger zu Tababpflanzen bewährten sich 2 tons/acre Granitsteinmehl mit mindestens 8% Geh. an Gesamt-K, geringem Geh. an Ca u. Mg sowie Vork. von Spurenelementen zusammen mit üblichen N- u. P_2O_5-Gaben. (Connecticut agric. Exp. Stat., New Haven, Bull. **1950.** 3—14. April.) RANG. 6304

Imre Prettenhoffer, *Die Melioration der Alkaliböden von kalkarmem und von intermediärem Typus.* Die Verbesserung der Alkaliböden ist in Ungarn wegen ihrer großen Ausbreitung seit Jahrzehnten ein ständiges Problem. Vf. berichtet über die Forschungsergebnisse u. ihre prakt. Verwertung in den letzten Jahren sowie die erzielten Mehrerträge infolge der Melioration. Verss. zur Verbesserung der intermedären Alkalibodentypen wurde in den letzten Jahren durchgeführt. Auftragen von „gelber Erde", bes. aber Unterlagern dieser mit kalkfreier schwarzer Bodenschicht führten zu sehr aussichtsreichen Ergebnissen. Ein 100%ig. Mehrertrag konnte durch Kalkung alkal. Graslandböden erreicht werden. Die Möglichkeiten einer Melioration kalkarmer Alkaliböden wurden untersucht. (Agrokémia **2.** 235—53. Juli/Dez. 1950.) Plank. 6304

Sándor Herke, *Die Melioration von kalkhaltigen Alkaliböden.* Um bei stark sodaalkal. Böden eine Verbesserung zu erreichen, sind nicht nur die ungünstigen physikal. Eigg. zu verändern, es muß auch die Alkalität bis etwa p_H 8 vermindert werden. Da das Na im Boden teils als Soda, teils adsorbiert vorhanden ist, ist das Ziel, die Soda in ein Neutralsalz zu verwandeln u. das adsorbierte Na durch Kationenaustausch unschädlich zu machen. Zu diesem Zweck können $CaSO_4$, Säuren, S usw. verwendet werden, auch Gründüngung ist vorteilhaft infolge der durch Verwesung der Pflanzenteile gebildeten Kohlensäure. Leider genügen kleine Mengen nicht, denn sollte so auch eine gute Besserung erreicht werden, kann nach einiger Zeit leicht eine Verschlechterung eintreten. Es wird daher danach getrachtet, wenigstens in der oberen Schicht krümligen, für den Pflanzenwuchs brauchbaren Boden auszugestalten. Auf solchen Boden, dessen oberste, wenn auch dünne Schicht gebessert wurde, können Mais, Schneckenklee usw. noch nicht gepflanzt werden, wohl aber gegen Soda weniger empfindliche Pflanzen wie Mellilotus alba u. officinalis. Die zur Reispflanzung nötige Bewässerung kann auch zur Besserung beitragen. Verss. zeigten, daß auf Reisfeldern nach zwei Jahren die Alkalität in der oberen Schicht abnahm, sich aber in tiefer liegenden Schichten wenig änderte. Das Ergebnis ist dasselbe wie bei einer Melioration ohne Bewässerung. Auflegen von Sand kann bei gewissen Bodenarten zweckdienlich sein. (Agrokémia **2.** 255—66. Juli/Dez. 1950.) Plank. 6304

Ja. W. Peiwe, *Die Spurenelemente in der Landwirtschaft.* Allg. über die Anwendung u. Wrkg. von B, Cu, Zn, Co, Mn u. Mo. (Природа [Natur] **42.** Nr. 11. 11—22. Nov. 1953.) A. Jacob. 6304

O. O. Kedrow-Sichman, *Der Einfluß von Bordüngemitteln bei Nichtwurzelernährung auf den Samenertrag der Mohrrübe.* Vf. berichtet über erfolgreiche Düngungsverss. mit borsäurehaltigen Abfallprodd. der Mg-Herstellung. (Селекция и Семеноводство [Selekt. u. Samenzucht] **18.** Nr. 10. 75—76. Okt. 1951.) Linter. 6304

A. F. Wilhelm, *Wie sieht Magnesiummangel bei der Rebe aus?* Auf Grund eigener Unterss. hält Vf. die intercostale Aufhellung der Blätter für das eigentliche Krankheitsbild des Mg-Mangels der Rebe, das noch durch ringförmig angeordnete Nekrosen ergänzt werden kann. — Durch mehrjährige Düngung einer Versuchsanlage auf Mg-armem Boden mit $MgSO_4$ (10 kg/100 m^2) wurden die Mangelerscheinungen im wesentlichen behoben. — Auf sauren Böden muß die Rk. durch Düngung mit z. B. Dolomitbranntkalk verbessert u. die Sanierung durch Verabreichung Mg-haltiger Dünger, wie Patentkali, Camaphos bzw. Thomasmehl, unterstützt werden. — Kurze Besprechung des Krankheitsbildes bei Kalimangel u. Kalkchlorose. (Dtsch. Weinbau **9.** 85—87. 20/2. 1954. Freiburg i. Br., Staatl. Weinbauinst.) Rang. 6304

E. B. Davies und **J. L. Grigg,** *Molybdän und seine Anwendung bei Weideland.* Vf. faßt Bedeutung u. Funktionen von Mo in der Pflanze, bes. in Weidegras, Klee, Hafer u. Gemüse, zusammen u. betont die Wrkg. dieses Spurenelements auf die Assimilation des Luftstickstoffs. Die Ergebnisse von Unterss. auf den Mo-Geh. des Bodens von Neuseeland werden dargestellt. Je saurer der Boden, um so größer ist der zum Wachstum notwendige Mo-Geh., so daß durch Kalkgaben ein Mo-Mangel kompensiert werden kann, nicht jedoch kann Kalk allein durch Mo ersetzt werden. Überdosierungen von Mo können, bes. bei Cu-Mangel, Pflanzenschäden bewirken. (New Zealand J. Agric. **87.** 561—67. 15/12. 1953. Rukuhia, Dep. of Agricult. Soil Res. Station.) Janicke. 6304

F. P. Kriwych, *Brachfelderde als bakterieller Dünger.* Die günstige Wrkg. der Brachfelderde veranlaßte die Anlage von Bakterienzuchtparzellen, die starke Stallmistgaben (500—600 t/ha) erhielten u. deren Erde zur Düngung benutzt wurde. 2 t/ha solcher Zuchterde erbrachten 18,19 dz/ha Gerste, die gleiche Menge Brachfelderde 16,22 dz/ha. Von 40 t/ha Stallmist erntete man 28,14 dz/ha Weizen, von 6 dz/ha Zuchterde 30,24 dz/ha, von 6 dz/ha Brachfelderde 30,04 dz/ha. — Mit einer Aufschlämmung von Brachfelderde behandelte Weizensamen (auf 100 kg Samen 1—2 kg Erde u. 30 Liter W.) steigerten den Weizenertrag um 3,16 dz/ha. Die Sommerweizenernte betrug bei 8 dz/ha granulierter Brachfelderde 20 dz/ha, die Kontrolle 16 dz/ha. Die Unterbringung der Brachfeld- u. Zuchterde erfolgte zusammen mit der Saat. (Доклады Всесоюзной ордена Ленина Академии Сельскохозяйственных Наук имени В. И. Ленина [Ber. Allunions landwirtsch. (Lenin-Orden) Lenin Akad.] **19.** Nr. 2. 16—20. 1954. Irkutsk, Landw. Inst.) Linter. 6304

K. Wilson Jones, *Bemerkung über eine Schädigung von Dura (Sorghum vulgare) durch Hormonherbicide.* Die Anwendung des Na-Salzes von 2.4-D gegen den Wurzelparasiten Striga hermonthica Benth. bei Dura-Kulturen zeitigte bei einer Dosierung von $^1/_2$—2 lbs./acre zum Teil schwerste Pflanzenschäden. (East African agric. J. Kenya, Tanganyika, Uganda, Zanzibar **19.** 237—38. April 1954. Sudan Government, Min. of Agricult.) JANICKE. 6312

Robert G. Hill jr., *Chemische Unkrautbekämpfung bei Erdbeeren.* Sobald nach Bldg. der Ausläufer Unkräuter aufkommen, werden die Erdbeerkulturen mit 1 lb. Aminsalz der 2.4-D in 50 gall. W. ein- bis zweimal im Abstand von 30—35 Tagen gespritzt. (Proc. annu. Meeting Ohio State horticult. Soc. **1951.** 206—08.) RANG. 6312

H.-A. Kirchner, *Die Bedeutung der Nachbehandlung gebeizten Getreides für das Auftreten des Steinbrandes.* (Nachrichtenbl. dtsch. Pflanzenschutzdienst Berlin [N. F.] **7** (**33**). 155—56. Aug. 1953. Rostock, Zweigstelle der Biol. Zentralanstalt.) WINIKER. 6312

G. Baumann, *Ein Beitrag zur Epidemiologie und Bekämpfung eines Erregers der Fuß- und Brennfleckenkrankheit der Erbse* (*Mycosphaerella pinodes* [*Berk. et Blox.*] *Stone*). Zur Entseuchung infizierten Saatgutes erwies sich *Ceresan* als ungenügend wirksam, während mit einem „Hormonmittel" des VEB FAHLBERG-LIST, Magdeburg (Zus. nicht angegeben), gute Erfolge erzielt wurden. (Nachrichtenbl. dtsch. Pflanzenschutzdienst [Berlin] [N. F.] **8** (**34**). 69—75. April 1954. Halle-Wittenberg, Martin-Luther-Univ., Phytopathol. Inst.) WINIKER. 6312

H. F. Winter und **H. C. Young,** *Bekämpfung von Obstkrankheiten. Gegenwart und Zukunft. Apfelschorf.* Im Jahre 1950 waren in Ohio Sprays mit *Crag Fruit Fungicide 341* gegen Apfelschorf u. Rote Milben, mit *Bordeauxbrühe* gegen Broobs Spot fungus u. mit einem Gemisch von S u. *Phygon* (1 : 8) gegen Braunfäule am wirksamsten. (Proc. annu. Meeting Ohio State horticult. Soc. **1951.** 67—75.) RANG. 6312

Howard W. Bond und **M. O. Nolan,** *Ergebnisse von Laboratoriumstests von chemischen Verbindungen auf molluscicide Wirkung.* 2. Mitt. *Quecksilberverbindungen.* (1. vgl. C. **1954.** 8426.) 100%ig. Mortalität von Australorbis glabratus bewirkten nachst. Verbb., in den angegebenen Konzz. (in p.p.m.): *Hg-Acetat* 3, $HgBr_2$ 3, $HgCl_2$ 3, $HgCrO_4$ 5, $Hg(NO_3)_2$ 5, *Hg-Oxalat* 10, $HgSO_4$ 10, $Hg(SCN)_2$ 5, $HgCdJ_4$ 3, *n-Propyl-Hg-thiocyanat* 0,5, *Isopropyl-Hg-thiocyanat* 0,5, *2-Oxypropyl-Hg-jodid* 5, *Phenyl-Hg-acetat* u. *-gluconat* 0,5, *Phenyl-Hg-borat, -bromid, -chlorid, -hydroxyd* u. *-nitrat* je 1, *Phenyl-Hg-salicylat* 3, *Na-Äthyl-Hg-thiosalicylat* (*Merthiolat*) 10, *Dibenzyl-Hg* 1, *8-Phenyl-Hg-oxychinolin* 1, *2-Chlormercurifuran* 1, *Diäthylmercuriperthiocyanat* 3, (*2.3-Dimethoxytetramethylen*)*-bis-Hg-acetat* 5, *2-Oxyphenyl-Hg-chlorid* 3, *4-Oxyphenyl-Hg-chlorid, 2.4-Dichlormercuriphenol* 3, *4-Oxyphenyl-Hg-thiocyanat* 3, *4-Nitro-3-oxy-Hg-o-kresolanhydrid* (*Metaphen*) 5 u. *Di-Na-dibromoxy-Hg-fluorescein* (*Mercurochrom*) mehr als 10. (Amer. J. trop. Med. Hyg. **3.** 187—90. Jan. 1954.) KRUSEN. 6312

C. R. Cutright, *Bekämpfung von Insekten mit hochkonzentrierten Sprays.* Die gebräuchlichen chem. Bekämpfungsmittel wurden in mehrjährigen Verss. in konz. Form gegen die wichtigsten Obstschädlinge mit guter Wrkg. angewendet, ohne daß Früchte u. Laub geschädigt wurden. (Proc. annu. Meeting Ohio State horticult. Soc. **1951.** 75—76.) RANG. 6312

P. Satyanarayana, *Die insekticide Wirksamkeit von DDT-Ablagerungen, die aus bei Apfellaub angewandten Lösungen oder Emulsionen stammen.* Der auf den Blättern haftende Anteil an DDT ist je nach Konz. des verwendeten Präp. verschieden. Die aus Lsgg. stammende Menge nimmt mit fallender Konz., bes. bei der unteren Blattfläche, schneller ab als die von Emulsionen herrührende. — Der Grad des Unwirksamwerdens unter natürlichen Witterungseinflüssen ist dem Logarithmus der Expositionsdauer proportional. — 9 Literaturangaben. (J. horticult. Sci. **29.** 112—25. April 1954. Kent, East Malling Res. Stat.) RANG. 6312

Neely Turner, *Bekämpfung des Maiszünslers.* Die Bekämpfung des Schädlings erfolgt mit Vorteil im Larvenstadium. Dabei bewährten sich vor allem Stäubungen mit 5%ig. DDT u. Derrisspritzungen. (Connecticut agric. Exp. Stat., New Haven, Circ. **1950.** Nr. 176. 4 Seiten. März. New Haven, Conn., Agric. Exp. Stat.) GRIMME. 6312

C. R. Cutright, *Apfelschädlinge 1950; Empfehlungen und Zukunftsaussichten.* Besprechung der Apfelschädlinge u. ihrer chem. Bekämpfung in Ohio im Jahre 1950. Die Gefahr des Resistentwerdens von Insekten gegen *DDT* kann durch Zwischenschaltung anderer Insekticide vermieden werden. (Proc. annu. Meeting Ohio State horticult. Soc. **1951.** 47—55.) RANG. 6312

H.-W. Nolte und **R. Fritzsche,** *Untersuchungen zur Bekämpfung der Rapsschädlinge.* 2. Mitt. *Die Bekämpfung des Rapserdflohs* (*Psylliodes chrysocephala L.*) *durch Boden-*

behandlung mit Hexa-Mitteln. (1. vgl. C. **1953.** 7167.) Eineggen von *Hexa*-Mitteln in den Boden mindert den Fraß durch Kohlerdflöhe, Rapserdflöhe u. Kohlgallenrüßler auf ein erträgliches Maß. Der Befall durch Rapserdflohlarven wird so weitgehend gesenkt, daß keine Gefährdung für die Pflanzen mehr besteht. Für Wurzelfrüchte im Nachbau (z. B. Kartoffeln) besteht die Gefahr einer Geschmacksbeeinflussung. (Nachrichtenbl. dtsch. Pflanzenschutzdienst [Berlin] [N. F.] **8** (**34**). 61—69. April 1954. Aschersleben, Inst. für Phytopathologie der Biol. Zentralanst. der Dtsch. Akad. der Landwirtschaftwiss. zu Berlin.) WINIKER. 6312

Roy W. Rings, *Neuere Insekticide zur Bekämpfung von Pfirsich- und Pflaumenschädlingen und wahrscheinliche Zukunftsentwicklung.* Bei Freilandverss. mit chlorierten KW-stoffen u. organ. P-Verbb. war 3maliges Spritzen mit 25%ig. *EPN*-Lsg. gegen Conotrachelus nenuphar (Hbst.) am wirksamsten. Durch die Sprays wurden gleichzeitig auch die Milben vertilgt. (Proc. annu. Meeting Ohio State horticult. Soc. **1951.** 56—67.) RANG. 6312

Gerhard Laue, *Die Anwendung des Phosphorwasserstoffes PH_3 unter besonderer Berücksichtigung der Schädlingsbekämpfung.* Zusammenfassender Überblick. — 118 Literaturhinweise. (Nachrichtenbl. dtsch. Pflanzenschutzdienst [Berlin] [N. F.] **7** (**33**). 148—55. Aug. 1953. Delitzsch, Chem. Fabrik Delitia.) WINIKER. 6312

Donald E. Davis, W. H. MacIntire, C. L. Comar, W. M. Shaw, S. H. Winterberg und **H. C. Harris,** *Anwendung einer mit ^{45}Ca markierten abgelöschten Calciumsilicat-Schlacke zur Bestimmung des Verhältnisses von nativem und zugesetztem Calcium in den Sickerwässern von Lysimetern und bei der Aufnahme durch die Pflanzen.* Aus einem feinsandigen Lehmboden von Hartsells wurden 9—12%, aus einem Schlufflehmboden von Claiborne 5—7% des aus der in 5 Portionen zugesetzten Schlacke stammenden Ca durch 49,21 Zoll Regenfall ausgewaschen. Im Hartsell-Boden erfolgte der Austausch des Schlacken-Ca mit dem Boden-Ca langsamer als im Claiborne-Boden, u. das Isotopengleichgewicht war bei Ende des Vers. selbst nach Fruchtfolge noch nicht erreicht. (Soil Sci. **76.** 153—63. Aug. 1953. Univ. of Tennessee.) A. JACOB. 6324

Albert Tompos, *Die Bedeutung der in n-KCl gemessenen p_H-Zahl bei der praktischen Bodenkalkung.* Vf. empfiehlt zur Best. des p_H-Wertes im Feld statt dest. W. eine n-KCl-Lsg. zu benützen u. Proben für die Unters. im Labor. nur von solchen Stellen zu nehmen, wo der mit n-KCl bestimmte p_H-Wert kleiner als 6,8 ist. (Agrokémia **2.** 303—04. Juli/Dez. 1950.) PLANK. 6324

J. Kulesza, *Vergleichsmethode zur Bestimmung der Haftfestigkeit pulverförmiger Pflanzenschutzmittel.* Zur Best. der Haftfestigkeit staubförmiger Pflanzenschutzmittel wurde folgendes Verf. entwickelt: Man reinigt Sand durch Erhitzen u. konz. HCl, trocknet ihn nach dem Auswaschen u. scheidet durch 2 Siebe (71,4 u. 31 Maschen/cm^2) die groben u. feinen Anteile ab. 100 g dieses Sandes werden zusammen mit 10 g des Prüfpulvers von größerer Mahlfeinheit (71,4/cm^2), das aus einem Gemisch eines Pflanzenschutzmittels mit Talk besteht, 1 Std. sanft (100 Stöße/Min.) geschüttelt. Durch Sieben (71,4/cm^2) werden dann die ursprünglichen Bestandteile getrennt u. durch Wägung wird die Menge des haftengebliebenen Präp. bestimmt. (Przemysł chem. **7** (**30**). 560—65. Sept. 1951.) v. WILPERT. 6328

Bergwerksgesellschaft Hibernia Akt.-Ges., Wanne, *Behandlung von Düngemitteln.* Lagerunbeständige Düngemittel, z. B. NH_4NO_3, Kalkammonsalpeter u. $Ca(NO_3)_2$, werden während oder nach der Granulierung oder im geschmolzenen Zustand mit $<$1% einer 4—12%ig. Alkalisilicatlsg. behandelt. Die Düngemittelkörner werden mit einem filmartigen Überzug von Wasserglas oder dgl. überzogen, der sie gegen die Einw. der Luftfeuchtigkeit schützt u. ihre Abriebfestigkeit u. Lagerbeständigkeit erhöht. (**E. P. 705 270** vom 27/12. 1950, ausg. 10/3. 1954. D. Prior. 27/12. 1949.) KARST. 6285

Gerhard Wansart, München, *Herstellung von Stickstoff enthaltenden Kalkhumat-Düngemitteln* aus organ. Stoffen fossiler u. rezenter Bldg., wie Braunkohle, Hochmoortorf u. dgl., die durch alkal., feste, fl. oder gasförmige Substanzen, wie Laugen, Wasserglas, NH_3 bzw. Mischungen aus diesen, in Ggw. von W. durch Erwärmen u. Luftzufuhr u. unter Druck in offenen oder geschlossenen Behältern mittels eines Rührwerkes oder dgl. zu Huminsäure oxydiert werden, dad. gek., daß die so gewonnenen Huminsäuren bzw. die wasserlösl. Humate kontinuierlich in fl. Zustand mit Kalkstickstoff oder dgl. in einer Mischvorr. zusammengebracht werden, wobei neben den ausgefällten Humuskomplexverbb. ein Überschuß an CaO verbleibt, der durch den Wassergeh. der M. zu $Ca(OH)_2$ umgesetzt wird, u. durch die Reaktionswärme trockene, streufähige, wasserunlösl. Humuskomplexverbb. aufweisende, N enthaltende Kalkhumat-Düngemittel gewonnen werden. Den Huminsäuren bzw. Humaten können weitere Zuschläge, z. B. Ton, Dolomit, Mergel, Silicate, Gips, Kalk- u. Flugasche, Hochofenschlacke, Brikettasche u. Spurenelemente, zugesetzt werden. Die Düngemittel sind bes. für leichtere Böden mit geringem Ton- u. Lehmgeh. geeignet. (**D. B. P. 909 104** Kl. 16 vom 19/10. 1951, ausg. 12/4. 1954. Anmeldung bekanntgemacht 27/8. 1953.) KARST. 6291

Auguste Heise geb. **Krause, Herbert Heise** und **Herta Kloppmann** geb. **Heise** (Erfinder: **Adolf Heise**), Berlin, *Behandlung von landwirtschaftlichen Kulturböden mit Düngemittelgemischen.* Klärschlamm, Stallmist oder dgl., Baukalkschutt, Torfmull u. gegebenenfalls Lehm werden innig vermengt u. das Düngemittelgemisch wird dann mit bis zu 50 cm Tiefe ausgehobenem Geländeboden von Kulturflächen vermischt, worauf die Düngemittel–Boden-Mischung auf den Grund des ausgehobenen Geländes gefüllt wird, der vorher eine Lehmschicht von ca. 5—10 cm Dicke erhalten hat. Die Feuchtigkeit des Bodens bleibt erhalten. (**D. B. P. 910 414** Kl. 16 vom 8/9. 1942, ausg. 3/5. 1954, Anmeldung bekanntgemacht 27/8. 1953.) KARST. 6305

VEB Farbenfabrik Wolfen, Wolfen, Krs. Bitterfeld (Erfinder: **Hans Maier-Bode**), *Förderung des Pflanzenwachstums* durch Verwendung von substituierten Dithiocarbaminsäureestern, wie Dimethyldithiocarbaminsäuremethylester, der entsprechende Äthyl- u. Allylester; Diisopropyldithiocarbaminsäuremethyl-, -äthyl-, allyl- oder -benzylester; Methylphenyldithiocarbaminsäuremethylester, Piperidyl- u. Pyrrolidyldithiokohlensäuremethylester, als Bodenbehandlungsmittel. (**D. P.** [**DDR**] **2 570** Kl. 16 vom 19/5. 1942, ausg. 3/1. 1953 [Wirtschaftspatent].) WITTHOLZ. 6305

B. F. Goodrich Co., New York, N. Y., übert. von: **Lever L. Hopperstead,** Brighton, Mich., V. St. A., *Spritzmittel für den Gartenbau.* Zur Verminderung der Zahl der angesetzten Früchte werden Obstbäume nach dem Fruchtansatz mit wss. Dispersionen bespritzt, die polymere *Alkylen-* u. *Äthylenoxyäthylenpolysulfide* (**I**) sowie das *Reaktionsprod.* aus *Zn-Dimethyldithiocarbamat* u. *Cyclohexylamin* oder *Äthylendiamin*(**II**) enthalten. Herst. von **I** durch Kondensation von Alkylendihaliden, bes. Äthylendichlorid oder Dichlordiäthyläther mit Na-Polysulfid in Ggw. von Casein oder Ligninsulfonaten u. Auswaschen des gebildeten NaCl. **II** wird durch Rk. von prim. oder sek. Aminen mit CS_2 in Ggw. eines wasserlösl. Zn-Salzes u. Rk. des Zn-Dithiocarbamats mit Cyclohexylamin oder dgl. gewonnen. Konz. $^1/_8$—5%. Nicotinsulfat, As-Verbb., Rotenon, Pyrethrine u. andere Insekticide können zugesetzt werden. Das Blattwerk wird nicht geschädigt. (**A. P. 2 600 245** vom 29/11. 1946, ausg. 10/6. 1952.) KARST. 6313

Imperial Chemical Industries Ltd., London, England (Erfinder: **Chao-Seng Tsi, Frederick Lawrence Sharp** und **Frederick John Donnithorne Thomas**), *Behandlung von Saatgut.* Das Saatgut wird 24 Std. in verd. wss., 0,03—1,0%ig. Lsgg. von *Bis-(bis-dimethylaminophosphonium)-anhydrid* eingeweicht oder mit einem gleiche Mengen des Mittels enthaltenden Stäubepulvers aus inerten Absorptionsmaterialien, z. B. Kieselgur, Kohle oder Fullererde, behandelt. Geringe Mengen von Dispergiermitteln, z. B. Na-Dinaphthylmethansulfonat, können zugesetzt werden. Lang andauernder Schutz gegen *Aphiden* u. *Rote Spinne.* (**E. P. 706 180** vom 19/7. 1950, ausg. 24/3. 1954.) KARST. 6313

Dow Chemical Co., Midland, übert. von: **Gerald H. Coleman,** Freeland, Mich., V. St. A., *Aldehydamine* mit *parasiticider* Wrkg. entstehen durch Rk. von prim. Mono- oder Diaminen mit Verbb. der Formel $Cl\cdot[CH_2\cdot CH_2\cdot O]_n\cdot R\cdot CHO$, worin R einen aromat. Rest u. n 1—3 bedeuten. — *N-(p-2-Chloräthoxybenzyliden)-propylamin.* Aus Propylamin u. p-(2-Chloräthoxy)-benzaldehyd in A. bei 60—70°, Kp. 144—146°, F. 3—6°. — *N-(p-2-Chloräthoxybenzyliden)-p-phenylazoanilin,* F. 140,5—141,5°. — *N-(o-[2-(2-Chloräthoxy)-äthoxy]-benzyliden)-anilin,* braunes Öl. — *N-(p-[2-(2-Chloräthoxy)-äthoxy]-benzyliden)-anilin,* braunes Öl; $D.^{25}$ 1,1298; n_D^{25} 1,1298. — *N-(o-[2-(2-Chloräthoxy)-äthoxy]-benzyliden)-p-tert.-amylanilin,* F. 46—48°. — *N-(o-[2-(2-Chloräthoxy)-äthoxy]-benzyliden)-p-nitroanilin,* F. 75—80°. — *N-(o-[2-(2-Chloräthoxy)-äthoxy]-benzyliden)-4-aminoantipyrin,* F. 129,5—131°. — *N-(p-[2-(2-Chloräthoxy)-äthoxy]-benzyliden)-4-aminoantipyrin,* F. 110—111°. — *Bis-[N-(o-[2-(2-Chloräthoxy)-äthoxy]-benzyliden)]-1.3-diamino-2-propanol,* viscoses Öl. — *Bis-[N-(p-[2-(2-Chloräthoxy)-äthoxy]-benzyliden)]-1.3-diamino-2-propanol,* F. 83—84°. — *N-(p-[2-(2-Chloräthoxy)-äthoxy]-benzyliden)-p-anisidin,* F. 178,5—79,5°. — *N-(p-[2-(2-Chloräthoxy)-äthoxy]-benzyliden)-cyclohexylamin,* braunes viscoses Öl. — *N.N'-Bis-[p-(2-[2-(2-Chloräthoxy)-äthoxy]-äthoxy)-benzyliden]-4.4'-diaminodiphenyloxyd,* F. 169—170°. — *N-(4-2-(2-Chloräthoxy)-äthoxy]-3-methoxybenzyliden)-p-chloranilin,* F. 85,5—87°. — *N-(2-*

[*2-(2-Chloräthoxy)-äthoxy]-5-chlorbenzyliden)-benzylamin*, F. 2—4°. — *N-(p-[2-(2-Chloräthoxy)-äthoxy]-benzyliden)-2-naphthylamin*, F. 53,5—55°. (**A. P. 2 568 579** vom 16/2. 1949, ausg. 18/9. 1951.) LANGER. 6313

Olga Zaczkowsky und **Leopold Zaczkowsky**, Romanshorn, Schweiz, *Schädlingsbekämpfungsmittel*, bestehend aus 1 (Teil) Milch oder Milchprodd. u. 2—10 mittelflüchtigen KW-stoffen, bes. Bzl., unter Zusatz von NH_3, Netz- u. Haftmitteln u. einem Parfümierungsmittel, z. B. Amylacetat. Als Milchprodd. verwendet man Magermilch oder Casein, als Haftmittel Leinöl u. als Netzmittel ein Fettalkoholsulfonat. (**Schwz. P. 294 967** vom 22/6. 1951, ausg. 16/2. 1954.) NEBELSIEK. 6313

Pest Control Ltd., Harston, übert. von: **Christopher H. Barker**, Cambridge, Cambridgeshire, England, *Insekticides Mittel*, bestehend aus einer wss. Lsg. des Dicyclohexylaminsalzes vom 2.4-Dinitro-o-cyclohexylphenol. Die beiden Komponenten werden in mol. Mengen mit W. in einer Kugelmühle gemahlen. (**Can. P. 491 004** vom 5/2. 1946, ausg. 3/3. 1953. E. Prior. 20/2. 1945.) M. F. MÜLLER. 6313

Harold Walter Moburg, Toledo, O., übert. von: **Oscar Fred Hedenburg**, Pittsburgh, Pa., V. St. A., *Insekticide* der Formel I (R_2 = Alkyl, R_3 = H, Carbalkoxy, Acyl) erhält man durch Kondensation eines 3.4-Methylendioxystyrylalkylketons der Formel II mit einer Verb. der Formel $H_3CCOCH_2COR_1$ (R_1 = Alkyl, Alkoxy, Acetylaceton) in Ggw. von Alkali. — Piperonalmethylhexylketon

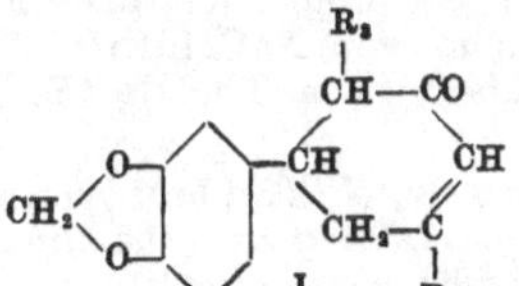

I

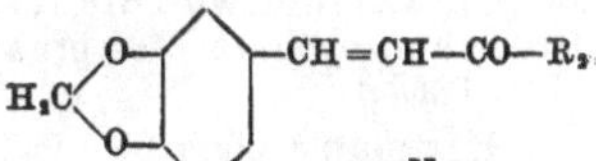

II

(= 3.4-Methylendioxystyryl-n-hexylketon) gibt mit Acetessigsäureäthylester in Ggw. von Na-Äthylat unterhalb 260° I, wobei $R_2 = -C_6H_{13}$, $R_3 = -COOC_2H_5$; durch Abspaltung von A. u. CO_2 wird R_3 = H. — 3.4-Methylendioxystyrylisobutylketon + Acetessigsäureäthylester → I, $R_2 = (CH_3)_2CH-CH_2-$; $R_3 = -COOC_2H_5$. — 3.4-Methylendioxystyryl-n-amylketon → I, $R_2 = C_5H_{11}$; $R_3 = -COOC_2H_5$. PEET-GRADY-Kammertest vgl. Tabelle. (**E. P. 660 985** vom 23/2. 1948, ausg. 14/11. 1951. A. Prior. 28/1. 1944.) KRAUSS. 6313

Milton S. Schechter, Washington, D. C., und **Frederick B. La Forge**, Arlington, Va., V. St. A., *Cyclopropancarbonsäurecyclopentenolonester*. Die aus β-Ketosäuren RCH_2COCH_2COOH u. substituierten Glyoxalen RCOCHO bei p_H 5—9 erhaltenen Oxydiketone $R'COCH(OH)CH_2COCH_2R$ (vgl. A. P. 2 574 500. C. **1952**. 6130) werden zu Cyclopentenolonen der allg. Formel I (R = Alkyl, Alkenyl, Halogenalkenyl, Alkinyl, Alkadienyl, Aryl, Alkylaryl, Aralkyl, Aralkenyl, Furfuryl, Thenyl, R' = Alkyl, Alkenyl, Aryl, Aralkyl, Aralkenyl) in Ggw. von wss. oder wss.-alkoh. Alkalien cyclisiert, die dann mit Cyclopropancarbonsäuren verestert werden. Durch fraktionierte Kristallisation der Ester aus einem Lösungsm. unter Abkühlung können die opt.-akt. Formen abgetrennt werden.

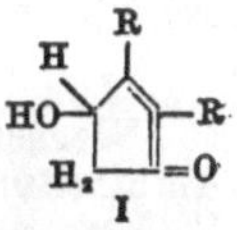

I

— *2-(2-Chlorallyl)-4-oxy-3-methyl-2-cyclopenten-1-on*, $C_9H_{11}O_2Cl$, Kp.$_{0,2}$ 120—125°, n_D^{25} 1,5297; *Semicarbazon*, F. 214—214,5° (Zers.), durch Ringschluß von 8-Chlor-3-oxy-8-nonen-2.5-dion mit 2%ig. NaOH. — *2-(3-Chlorallyl)-4-oxy-3-methyl-2-cyclopenten-1-on*, $C_9H_{11}O_2Cl$, (aus 9-Chlor-3-oxy-8-nonen-2.5-dion), Kp.$_{0,1}$ 136—138°, n_D^{25} 1,5342. *Semicarbazon*, F. 204—205° (Zers.). — *2-(3-Chlor-2-butenyl)-4-oxy-3-methyl-2-cyclopenten-1-on*, $C_{10}H_{13}O_2Cl$ (aus 9-Chlor-3-oxy-8-decen-2.5-dion), Kp.$_{0,2}$ 135—139°, n_D^{25} 1,5267. *Semicarbazon*, F. 220—221° (Zers.). — 4-Allyl-3-oxy-8-nonen-2.5-dion → *2.5-Diallyl-4-oxy-3-methyl-2-cyclopenten-1-on*, $C_{12}H_{16}O_2$, Kp.$_{0,1}$ 112—114°, n_D^{25} 1,5114. *Semicarbazon*, $C_{13}H_{19}O_2N_3$, F. 226—227° (Zers.). — 3-Oxy-8-decin-2.5-dion → *2-(2'-Butinyl)-4-oxy-3-methyl-2-cyclopenten-1-on*, $C_{10}H_{12}O_2$, Kp.$_{0,15}$ 125—127°, n_D^{25} 1,5302. *Semicarbazon*, F. 245—246° (Zers.), → *cis-2-)(2'-Butenyl)-4-oxy-3-methyl-2-cyclopenten-1-on* (= *dl-cis-Cinerolon*), *Semicarbazon*, F. 202—203°. Die genannten Cyclopentenolone wurden mit synthet. Chrysanthemummonocarbonsäure verestert. — *dl-2-Allyl-4-oxy-3-methyl-2-cyclopenten-1-on* wird mit folgenden Säuren verestert: 2-(1-Methylvinyl)-; 2-Methyl-2-vinyl-; 2-Methyl-2-(1-methylvinyl)-; 3-Isobutyl-2.2-dimethyl- (= Dihydrochrysanthemummonocarbonsäure); 2-Methyl-2-(3-methyl-3-butenyl)-; 2.2-Dimethyl-3-(1-methylpropenyl)-; 2.3-Dimethyl-3-(2-methylpropenyl)-; 2-Propenyl-; 2-Methyl-3-vinyl-; 2-Methyl-2-(2.2-dimethylpropyl)-; 2.2-Dimethyl-3-nitrocyclopropancarbonsäure; d-trans-(Kp.$_{0,25}$ 135—138°; n_D^{25} 1,5053); dl-cis-; dl-trans-; *l*-trans-Chrysanthemummonocarbonsäure; Chloressig-; Zimt-; p-Chlorbenzoe-; Sorbin-; 2-Furanacryl-; Furoe-; 3.5-Dinitrobenzoe- (F. des Esters 129—130°), Anisinsäure. — *dl-trans-Chrysanthemummonocarbonsäure-dl-2-allyl-4-oxy-3-methyl-2-cyclopenten-1-on-*

ester, F. 50—51°. *Schädlingsbekämpfungsmittel.* (**A. PP. 2 603 652** vom 11/5. 1950, ausg. 15/7. 1952, u. **2 607 796** vom 3/8. 1951, ausg. 19/8. 1952.) KRAUSS. 6313

Murphy Chemical Co., Max Pianka, Wheathampstead, Hertfordshire, und **Victor Horace Chambers,** Luton, Bedfordshire, England, *Herstellung insekticider organischer Phosphorverbindungen,* die Tetradialkylaminopyrophosphat als Hauptbestandteil enthalten. Es werden 2 Mol Bis-(dialkylamino)-halogenphosphinoxyd in einstufigem Prozeß bei erhöhter Temp. mit 2 Mol eines anorgan., alkal. Kondensationsmittels, wie NaOH, KOH, Na_3PO_4, das in Ggw. von W. viel OH-Ionen liefert, entsprechend der Gleichung

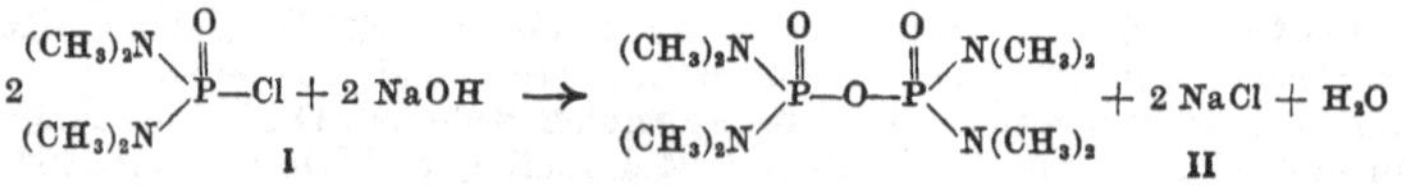

umgesetzt. W. wird zweckmäßig mittels eines Lösungsm., wie Toluol, während der Rk. entfernt. — 84 Teile gemahlenes NaOH werden mit 1260 Toluol unter Rückfluß 4 Std. erhitzt, wobei W. von dem Toluol vor dessen Rückfluß entfernt wird. Dann werden 340 I zugegeben u. $5^3/_4$ Std. am Rückfluß erhitzt. 18 W. werden abgezogen. Nach Abkühlung wird die Toluollsg. vom NaCl filtriert. Toluol wird unter vermindertem Druck abdestilliert. Man erhält 64% II der Theorie. (**E. P. 703 160** vom 26/6. 1950, ausg. 27/1. 1954.) MÜHLEISEN. 6313

Eastman Kodak Co., Rochester, N. Y., übert. von: **Kent C. Brannock,** Kingsport, Tenn., V. St. A., *Neutrale Alkylthiophosphate* erhält man durch Erhitzen von P_2S_5 mit einem Alkylester einer Orthocarbonsäure oder einer Orthothiocarbonsäure auf 50 bis 200° nach den Reaktionsschemen: $P_2S_5 + 3\ R'C(OR)_3 \rightarrow 2\ R'COOR + 2\ (R)_3PO_2S_2 + R'C(=S)OR$ u. $P_2S_5 + 3\ R'C(SR)_3 \rightarrow 3\ R'C(=S)SR + 2\ (R)_3PS_4$, wobei R = Alkyl, R' = H, Alkyl, Aryl bedeuten. — Äthylorthoformiat + P_2S_5 → *Äthyldithiophosphat,* $Kp._{10}$ 115°; n_D^{20} 1,5010. — Äthylorthothioformiat → *Triäthylthiophosphat,* $(C_2H_5)_3PS_4$, $Kp._2$ 118—119°. In W. stabile *Schädlingsbekämpfungsmittel.* (**A. P. 2 622 095** vom 14/12. 1950, ausg. 16/12. 1952.) KRAUSS. 6313

J. R. Geigy Akt.-Ges., Basel, Schweiz, *Herstellung von Räucherspiralen zur Schädlingsbekämpfung.* Man führt Substanzen mit insekticider oder insektenabhaltender Wrkg., z. B. gemahlene Pyrethrumblüten, Stärke, Rohcellulose, Holzmehl, u. ein Alkalinitrat, z. B. KNO_3, durch Mischen mit W. in eine homogene M. über, verformt u. trocknet sie. (**Schwz. P. 295 917** vom 28/6. 1951, ausg. 1/4. 1954.) NEBELSIEK. 6313

VIII. Metallurgie. Metallographie. Metallverarbeitung.

Werner Gründer, *Jugoslawische Erzaufbereitungsprobleme.* Erörtert wird die Aufbereitung (I) der *Mo*-Erze in Mackatica/Belo Polje u. die Selektivflotation der *Cu*-Erze von Bor u. Majdan Pek. Über Unterss. in der I der *Pb–Zn*-Erze in Zwecan der Trepca u. der sulfid. u. oxyd. *Sb*-Erze wird berichtet. Bei der I der *Cr*-Erze — chromithaltige Serpentine — wird bes. die schwierige I des Fein- u. Feinstschlammes behandelt. Verff. zur Best. der Hg-Gehh. u. naßmechan. oder flotativen Trennung des Hg von bituminösem Schiefer werden angegeben. Für die I von Scheelit im Raum Zeleznik/Bosiljkovac wurde ein neues Verf. entwickelt. Wegen des hohen Fe-Geh. steht die Herst. bes. von *Ferrowolfram* im Vordergrund; die Gewinnung von *Wolframsäure* tritt zurück. Zur Gewinnung von *Mn* aus dem großen Vork. im Rhodochrosit u. in den mit Quarz innig verwachsenen Mn-Erzen wurden technolog. Verff. entwickelt. (Z. Erzbergbau Metallhüttenwes. **6.** 388—94. Okt. 429—35. Nov. 477—84. Dez. 1953. Berlin-Charlottenburg, Techn. Univ.) PAHL. 6360

J. I. Sosulja, *Über die Intensivierung des Flotationsprozesses von Sulfidmineralien.* Durch Verss. mit einer geschliffenen *Chalkopyrit*-Oberfläche in Ggw. eines mit O_2 angereicherten W. oder in der Nähe einer Elektrode bei der Elektrolyse von W. wird gezeigt, daß in Ggw. von atomarem O die Benetzbarkeit des Minerals stark verändert wird. Die Flotationsdauer wird dadurch auf weniger als die Hälfte herabgesetzt, wie Flotationsverss. mit Chalkopyrit–*Quarz*-Gemischen u. Cu–*Pyrit*-Erz zeigten. (Известия Академии Наук СССР, Отделение Технических Наук [Nachr. Akad. Wiss. UdSSR, Abt. techn. Wiss.] **1953.** 964—68. Juli.) LEBTAG. 6362

O. Winkler, *Eine Anlage zum Schmelzen und Gießen unter Hochvakuum für Forschungszwecke.* Vgl. auch C. **1954.** 6576. (Giesserei, techn.-wiss. Beih. Nr. **9.** 435—37. Sept. 1952. Balzers, Liechtenstein.) HOCHSTEIN. 6370

J. H. Chesters, G. D. Elliott und **J. Mackenzie,** *Hochöfen ganz aus Kohlenstoffsteinen.* Der C-Stein ist in der Porosität, D., F. u. dem Erweichungspunkt dem Schamottestein überlegen. Gute Erfahrungen im Herd führten zu seiner Verwendung in der Rast u. im Schacht. Bei vorhandenen Öfen liefert die Zustellung mit C-Steinen infolge ihrer geringeren Stärke einen größeren Ofeninhalt. Die Haltbarkeit der Öfen wird erhöht, die Kühlung der Rast kann entfallen. Das Profil ändert sich weder durch Ansätze noch durch Ausfressungen; Durchbrüche im Herd werden fast ganz vermieden. — Diskussion. (Iron and Steel **24.** 266—71. 311—14. 15/6. 1951.) K. STEIN. 6370

Gerhard Leiber, *Das Spritzen von Silicagewölben an Siemens-Martin-Öfen.* Löcher in den Gewölben werden mit einer Zr-Oxyd enthaltenden Spritzmasse geflickt. Auch hat sich ein vorbeugendes Spritzen der höchstbeanspruchten Gewölbestellen als zweckmäßig erwiesen. Mit einer besonderen Spritzeinrichtung wird das Gewölbe sowie auch Vorder- u. Rückwand der Öfen während des Beischmelzens oder nach dem Einsetzen bespritzt. — Diskussion. (Stahl u. Eisen **74.** 328—30. 11/3. 1954. Duisburg-Hamborn.) HOCHSTEIN. 6370

E. Zingg, *Anwendung statistischer Methoden auf metallurgische Probleme in der Gießerei.* (Giesserei, techn.-wiss. Beih. Nr. 9. 409—17. Sept. 1952. Winterthur, Schweiz.) HOCHSTEIN. 6382

Richard Heine und **Tom Barlow,** *Untersuchungen über das Formen unter hohem Druck.* (Foundry **81.** Nr. 8. 146. 148. 229. Aug. 1953.) HOCHSTEIN. 6382

P. I. Schportenko, *Ein Versuch zur Verwendung von Wasserglas bei der Herstellung von Gießformen.* Bei der Herst. von Formen wird als Verputzmaterial ein Gemisch verwendet, das aus 89,5—90,5 (%) *Quarzsand,* 3—4 *Ton* u. 6,5—7,5 *Wasserglas* **(I)** (Modul 2,2—2,5; D. 1,48—1,50 g/cm³) besteht. Das Gemisch hat im trockenen Zustand eine Zugfestigkeit von 10—15 kg/cm², einen Abrieb bis 0,3% u. eine Feuchtigkeit von 4,5—5,0%. Mit einer Erniedrigung des Moduls des **I** steigt die Festigkeit des Gemisches im festen Zustand. Ein Zusatz von *NaOH* zum Gemisch erhöht die koll. Eigg. des vorhandenen Tons, so daß die Feuchtigkeit im Gemisch besser zurückgehalten wird. Weiterhin wird dadurch die Stabilität des **I** erhöht. Es werden Angaben über die Herst. des Gemisches u. über dessen Gas- u. Wasserdampfabgabe bei Tempp. von 700—950° gemacht. Durch Verwendung solcher Gießformen werden Gußstücke von hoher Oberflächensauberkeit erzeugt. (Литейное Производство [Giessereiwesen] **1953.** Nr. 8. 17—18. Aug.) HOCHSTEIN. 6382

T. R. Gamssachurdija und **K. Ss. Kutateladse,** *Der Einfluß von Glimmer und Feldspat auf das Festbrennen des Formsandes.* Unterss. über das Festbrennen des Formsandes am Gußstück wurden oberhalb 1450° ausgeführt. Die maximal zulässigen Zusatzmengen wurden durch äußeren Befund des Gußstückes bestimmt. Als Höchstwerte wurden für Glimmer 3% u. für Feldspat 7% festgestellt. (Литейное Производство [Giessereiwesen] **1952.** Nr. 3. 28. März.) VOLLENBRUCK. 6382

N. T. Issachanjan, Je. I. Kolotilin, I. B. Kumanin, N. F. Olofinski, G. W. Prossjanik und **L. I. Fantalow,** *Über eine mehrfache Verwendung von Mischungen für Gießkerne.* Besprechung der Aufbereitungsanlage. (Литейное Производство [Giessereiwesen] **1952.** Nr. 10. 8—12. Okt.) HOCHSTEIN. 6382

G. N. Jakimowitsch, *Ein graphithaltiges Kernsandgemisch für Stahlguß.* Als geeignetes Kernsandgemisch für die Herst. von *Stahlguß* wird ein solches aus 66 (%) Quarzsand, 15 Marschalit, 15 Silbergraphit u. 4 feuerfesten Ton empfohlen, dem noch auf 100 Teile Gemisch 4 Teile Ölfirnis u. 1 Teil Sulfitlauge-Melasse zugesetzt sind. Der hierbei verwendete Marschalit soll nicht unter 95 (%) SiO_2 besitzen, u. der Silbergraphit muß einen C-Geh. von nicht unter 70 bei nicht mehr als 30 Aschebestandteile, 1,5 flüchtige Bestandteile u. bis 2,5 Feuchtigkeit aufweisen. Es werden Angaben über die erforderlichen Festigkeitseigg. des Kerngemisches gemacht. (Литейное Производство [Giessereiwesen] **1952.** Nr. 9. 25—26. Sept.) HOCHSTEIN. 6382

N. A. Barinow, I. A. Wilenskaja, A. A. Malyschewa, D. I. Marejew, Je. M. Notkin und **W. A. Ssokolowa,** *Ein neues ölfreies Verstärkungsmittel für komplizierte Kerne.* Als Verstärkungsmittel für Kerne wird eine feindisperse wss. Emulsion von *Sulfitmelasse* vorgeschlagen u. Angaben über die Herst. der Emulsion u. über die bei ihrer Verwendung erreichbaren Festigkeitswerte der Kerne gemacht. (Литейное Производство [Giessereiwesen] **1953.** Nr. 4. 2—4. April.) HOCHSTEIN. 6382

I. L. Faitelsson, *Talk als Schutzmittel gegen Ansätze auf der Oberfläche von Gußstücken.* An Stelle des bisher benutzten Graphits wird *Talk* verwendet, weil er nicht hygroskop. ist u. fast keine Feuchtigkeit besitzt. Bei einer Gießtemp. von 1250—1400°

für Gußeisen brennt Talk auf der Oberfläche der Gußstücke nicht ein u. sintert auch nicht, selbst wenn die Schmelztemp. 1530° beträgt. Nach dem Abguß verändert Talk seine Form nicht, bildet mit dem Metall keine gesinterten Massen u. wird leicht aus der Gießform entfernt. (Литейное Производство [Giessereiwesen] **1952.** Nr. 9. 29. Sept.) HOCHSTEIN. 6382

L. Ss. Konstantinow, *Besonderheiten der Kristallisation beim Schleuderguß.* Es werden die verschied. Theorien über die Kristallisation (I) von Schleuderguß besprochen. Nach Ansicht des Vf. ist die Bldg. von Porosität bei einseitiger I des Gußstückes mit einer Entw. der dendrit. I verbunden. Da in diesem Falle die freie Oberfläche vor Wärmeverlusten geschützt ist, so unterscheiden sich die Erstarrungsbedingungen der inneren Schichten des Gusses prakt. durch nichts von der I des mittleren Teils eines dichten massiven Blockes. Die Dendriten wachsen bis zur freien Oberfläche hindurch, aber die zwischen ihnen eingeschlossene Mutterlsg. dient zur Speisung derjenigen Schichten des Gußstückes, die von der freien Oberfläche weiter entfernt sind. (Литейное Производство [Giessereiwesen] **1952.** Nr. 9. 30—32. Sept.) HOCHSTEIN. 6382

W. Heimann, *Präzisionsgießverfahren in der Feinwerktechnik.* Das Wachsausschmelzverf. wird in seiner Arbeitsweise u. mit den Anwendungsgebieten, u. a. für *Stahlguß,* seiner Genauigkeit u. den weiteren Entwicklungsmöglichkeiten erörtert. (Feinwerktechnik **58.** 37—43. Febr. 1954. Kaiserslautern.) PAHL. 6382

G. Gürtler, *Verbundguß zwischen Gußeisen oder Stahl und Aluminium (AL-FIN-Verfahren).* Werkstoffe auf Eisenbasis werden mit Al oder Al-Legierungen mit Hilfe einer Fe_xAl_y-Zwischenschicht durch Angießen des Al-Teils miteinander metall. verbunden. Der Herstellungsvorgang besteht aus einem Tauschprozeß, bei dem die an- oder einzugießenden Gußeisen- oder Stahlteile in ein Schmelzbad aus Al bzw. Al-Legierung getaucht werden, wobei an der Oberfläche des getauchten Körpers eine Verbundschicht entsteht, deren Stärke von Temp., Zeit u. Legierungszus. des Tauchbades abhängt. Das Angießen erfolgt in einem Zeitpunkt, in welchem die dem aus dem Tauchbad entnommenen Körper anhaftende Metallschicht noch nicht erstarrt ist. Es werden Angaben über erreichbare Scherfestigkeit bei n. Temp. u. bei Tempp. um 500°, bes. über Wechselscherfestigkeit, sowie über Verwendungszwecke der Verbundgußteile gemacht. (Giesserei, techn.-wiss. Beih. Nr. 9. 429—**33.** Sept. 1952. Frankfurt/M.) HOCHSTEIN. 6382

—, *Das Gießen von Zink in Werkstätten und kleineren Betrieben.* (Giessereipraxis **70.** 454—58. 25/12. 1952.) PAHL. 6382

F. Richter, *Das Ausgießen von Lagern mit Weißmetallen.* (Industrie-Anz. **76.** 166—67. 12/2. 1954. Frankfurt/M.) APEL. 6382

G. Somigli, *Bericht über Gußfehler.* Das Schema der „*Analysis of Casting Defects*" wird durch die Einfügung verschied. weiterer Gußfehler ergänzt, deren Ursache u. Vermeidung im einzelnen besprochen wird. — Diskussion. (Metallurgia ital. **44.** 17—33. Jan. 1952.) R. K. MÜLLER. 6382

R. Rolla und **A. Colle,** *Ausbesserung von Gußeisenwalzen für Walzwerke mittels Zusatz von geschmolzenem Material.* Schäden an Kupplungszapfen, Laufzapfen oder Ballenende lassen sich beheben, indem man die Schweißfläche bis zum Erweichen mit fl. Gußeisen wäscht, dann Frischmaterial aufgießt u. neu abdreht. Ausbesserungen dieser Art werden beschrieben, wobei die metallograph. Unters. den Erfolg bestätigt. (Metallurgia ital. **44.** 6—8. Jan. 1952. Sesto S. Giovanni, Breda Siderurgica.) R. K. MÜLLER. 6382

Georg Bulle, *Die Verwendung von Sauerstoff in der Eisen- und Stahl-Industrie in Westeuropa.* 1. Mitt. Überblick. (Blast Furnace Steel Plant **42.** 419—23. 427. April 1954.) HOCHSTEIN. 6390

R. Doat und **M. A. de Bock,** *Heißwindkupolofen.* Nach einer histor. Übersicht über Kupolöfen u. einer Wärmebilanz werden die Herst. verschied. Roheisensorten sowie die Vorteile der Erwärmung des Gebläsewindes auf ca. 500° beschrieben, wobei bes. auf die hohe Temp. des erzeugten Gußeisens u. seine geringen S-Gehh. sowie die Gewinnung einer verwertbaren Schlacke als Nebenprod. infolge Fehlens einer Verschlackung von Fe, Si u. Mn hingewiesen wird. — 12 Literaturhinweise. (Fonderie belge **1952.** 125—35. Juli. Lüttich bzw. Brüssel.) HAUG. 6400

K. C. McCutcheon, W. E. Marshall und **H. C. Barnes,** *Niederblasen und Ausnehmen von Hochöfen.* Zum Niederblasen eines Hochofens wird dieser mit 100% Kugelsinter aus Taconiterz betrieben. Es werden Angaben über die Veränderung u. Verteilung des Möllers in den einzelnen Ofenzonen sowie über die Zus. der verschied. Proben gemacht u. Schliffbilder mitgeteilt. (J. Metals 3. 304–10. April 1951. Ashland, Ky., Armco Steel Corp.) HOCHSTEIN. 6400

Charles E. Agnew, *Bedeutung der Windwärme im Hochofenbetrieb.* (Blast Furnace Steel Plant **42.** 90. Jan. 1954.) HOCHSTEIN. 6400

J. Sissener, *Norwegisches Vanadin–Titan-Roheisen.* Als Hauptkennzeichen dieses Roheisens werden angegeben: hoher C- u. niedrige P- u. S-Gehalte. Das Roheisen besitzt gute Legierungseigg. u. ein dichtes Gefüge. Es wird ein Festigkeitsvgl. mit anderen Roheisensorten gezogen u. gezeigt, daß sich das Roheisen wegen seiner Festigkeitseigg. u. guten Gießeigg. als Maschinenguß bewährt. (Foundry Trade J. **95.** 5–6. 2/7. 1953.) HOCHSTEIN. 6400

Heinrich Poetter, *Stahlwerkskokillen — ihre Beanspruchung im Stahlwerk und die Beeinflussung ihrer Haltbarkeit durch die Kokillengießerei.* Als Richtlinie für die Zus. der Kokillen werden empfohlen: 3,5–3,8 (%) Gesamt-C, 0,2–0,5 gebundener C, 0,4–0,6 *Mn*, bis 0,25 *P*, bis 0,1 *S* u. 1,2–2,4 *Si* in Abhängigkeit von der Wanddicke u. dem C-Gehalt. Die Abhängigkeit der Kokillenhaltbarkeit von der Überhitzungs- u. Gießtemp. wird festgestellt. Als Notbehelf wird Glühen bei 800–900° angegeben. Die Härte der Kokillen soll zwischen HB 120 u. HB 310 liegen. (Metallurgie u. Giessereitechn. **3.** 453–58. Nov. 1953. Leipzig.) HOCHSTEIN. 6402

A. L. De Sy, *Untersuchungen über Kugelgraphit enthaltendes Gußeisen. Ergebnisse der bis zum 30/4. 1952 verlängerten Versuchsperiode 1950–1951.* Auf Ausführungen über die Theorie der Kristallbldg. folgen eingehende Erörterungen über prakt. Erfahrungen (mit einer Zusammenstellung der entsprechenden Veröffentlichungen). (Fonderie belge **1952.** 148–71. Aug. Gent, Centre de Rech.) HAUG. 6402

K. P. Bunin und **L. A. Dolinskaja,** *Über die Natur des eutektischen Graphits von grauem Gußeisen.* Mkr. Unterss. von Proben eines eutekt. Gußeisens aus verschied. Stadien seiner Erstarrung zeigen, daß feine Einschlüsse des eutekt. Graphits ein Prod. des unmittelbaren eutekt. Zerfalls der Fl. in Austenit u. Graphit sind, aus dem kugelförmige eutekt. Körner entstehen. (Литейное Производство [Giessereiwesen] **1953.** Nr. 3. 21–23. März.) HOCHSTEIN. 6402

Élisabeth Plénard, *Über den Einfluß des Primärgefüges von grauem Gußeisen auf seinen Elastizitätsmodul* (*Young-Modul*). Graphitfreier Ferrit u. Perlit besitzen denselben Modul. Die Ferritisierung der perlit. Grundmasse wird stets von einer Abnahme der D. begleitet. Hieraus wird geschlossen, daß die elast. Eigg. von lamellarem grauem Gußeisen nur von dem Primärgefüge beeinflußt werden. (Fonderie **1954.** 3838–40. März.) HOCHSTEIN. 6402

Horst Ringpfeil, *Verschleißfester Grauguß, Bedingungen seiner gießtechnischen Beherrschung und gütemäßigen Beurteilung.* (Metallurgie u. Giessereitechn. **4.** 157–63. April 1954. Berggießhübel.) HOCHSTEIN. 6402

Charles O. Burgress, *Verbesserung der Zerspanbarkeit von Grauguß durch Wärmebehandlung.* Die Zerspanbarkeit von Grauguß, gemessen als zerspantes Vol. bei verschied. Schnittgeschwindigkeit, hängt ab vom Gefüge. Bei der Unters. von Gefügen, die aus Perlit von verschied. Ausbildungsform u. Graphit sowie aus Ferrit u. Graphit bestanden, zeigte sich, daß die beste Zerspanbarkeit bei einem Ferrit–Graphit-Gefüge erreicht wurde. Es werden die Möglichkeiten zur Beeinflussung des Gefüges durch verschied. Glühbehandlungen besprochen. — Schrifttumsangaben. (Foundry **81.** Nr. 12. 108–11. 250. Dez. 1953. **82.** Nr. 1. 110–13. Jan. 1954. Cleveland, O., Gray Iron Founders Soc.) HOCHSTEIN. 6402

E. J. Jory, *Kaltrisse in weißem Gußeisen.* Zusammenfassende Erörterung von Ursachen u. Verhütungsmaßnahmen. (Foundry **82.** Nr. 4. 122–23. 266–68. April 1954. Chicago, Ill., Lester B. Knight & Assoc., Inc.) HOCHSTEIN. 6402

D. M. Modelewitsch, *Über die inneren Druckspannungen bei der Graphitisierung von Magnesiumgußeisen.* Verglichen werden die mechan. Eigg. des gewöhnlichen u. des modifizierten Gußeisens, des schmiedbaren Schwarzkerngusses u. des Mg-Gußeisens im Gußzustand sowie im geglühten Zustand. Gußeisen mit kugeligem Graphit weist bei genügend kleinem P-Geh. etwa die gleiche Kerbschlagzähigkeit auf wie der schmiedbare Guß, hat jedoch geringere Bruchdehnung. Die Eigenarten des Gußeisens mit kugeligem Graphit, bes. hinsichtlich der hohen Härte, werden auf bedeutende innere Spannungen infolge der Graphitisierung zurückgeführt. Diese können durch Alterung, Martensitumbildung oder Härtung sogar Bruchschäden verursachen. Die Schwärzung der Bruchfläche ist abhängig vom Bruchverlauf, von der Menge u. D. der Graphitadern, von der Warmschmiedung u. von der Glühbehandlung. Der Spannungsausgleich begünstigt graues Bruchaussehen. (Литейное Производство [Giessereiwesen] **1952.** Nr. 3. 23–27. März.) VOLLENBRUCK. 6402

N. G. Girschowitsch, *Zu Streitfragen der Graphitisierungstheorie.* Krit. Erörterung verschied. Theorien auf Grund von Schrifttumsangaben über *Gußeisen*, wonach die Fragen über die Selbstdiffusion des *Eisens* bei der Graphitisierung nach wie vor zweifelhaft bleibt. (Литейное Производство [Giessereiwesen] **1953.** Nr. 4. 15—20. April.) HOCHSTEIN. 6402

W. K. Titow, *Der Einfluß von freiem Zementit im Gefüge auf die Graphitisierung von gehärtetem Gußeisen.* Überblick unter Auswertung des einschlägigen Schrifttums. (Литейное Производство [Giessereiwesen] **1952.** Nr. 10. 20—21. Okt.) HOCHSTEIN. 6402

M. A. Krischtal, *Zur Theorie der Graphitisierung von weißem Gußeisen und Stahl.* Durch theoret. Berechnungen wird nachgewiesen, daß die Graphitisierung von weißem Gußeisen u. von hochgekohlten Stählen offenbar durch die Ableitung der Eisenatome, aber die Graphitisierung von Stählen mit niedrigen u. mittleren C-Gehh. durch die Diffusion des C begrenzt wird. (Литейное Производство [Giessereiwesen] **1953.** Nr. 6. 22—24. Juni.) HOCHSTEIN. 6406

P. Ja. Grusdow, *Untersuchung des Graphitisierungsvorganges von Stahl durch Carbidanalyse.* Aus Unterss. folgt, daß für die Graphitausscheidung im Stahl durch eine Warmverformung unter Druck eine langsame Erwärmung oder langsame Abkühlung, bes. im Gebiete nahe des krit. A_1-Punktes am gefährlichsten ist. Die Desoxydation des Stahles durch *Al* erhöht die Neigung des Stahles zur Graphitisierung u. kann daher nur bei der Herst. von kleinen u. mittelgroßen Formgußstücken empfohlen werden. Es wird für Stahlteile, die einer Warmverformung unter Druck unterworfen werden müssen, empfohlen, den *Si*- u. *C*-Geh. in ihnen herabzusetzen. Bei Zusatz von 0,03% Al zum Stahl soll die Summe von C u. Si 2,5% nicht überschreiten. (Литейное Производство [Giessereiwesen] **1953.** Nr. 4. 12—15. April.) HOCHSTEIN. 6408

Karl-Friedrich Lüdemann, *Über den gegenwärtigen Stand des Siemens-Martin-Betriebes in der Deutschen Demokratischen Republik.* Überblick u. Diskussion. (Metallurgie u. Giessereitechn. **4.** 85—94. Febr. 1954. Hennigsdorf bei Berlin.) HOCHSTEIN. 6408

Karl-Friedrich Lüdemann, *Über die Eignung von deutschem Bauxit als Flußmittel bei der Entschwefelung im basischen Siemens-Martin-Ofen.* Bei der Herst. von weichen *Stählen* mit mehr als 0,035 (%) S in der Richtanalyse kann für die Entschwefelung der Flußspat ohne Nachteil für die Stahlgüte durch Rohbauxit ersetzt werden, während sonst für weiche Stähle Flußspat verwendet werden muß. Die Entphosphorung des Stahlbades verlief sowohl bei Bauxit- als auch Flußspatschmelzen einwandfrei bis auf 0,011—0,017 in der Fertigprobe. Verss. mit Hartstählen bestätigten im wesentlichen die Ergebnisse der ersten Untersuchung. Bei Qualitätsstahlschmelzen mit höchstens 0,035% S in der Fertigprobe wird jedoch ein Zusatz von Bauxit zusammen mit Flußspat vorgeschlagen. Ein Einfl. von Bauxit auf die Ofenzustellung konnte nicht festgestellt werden. (Metallurgie u. Giessereitechn. **3.** 469—71. Nov. 1953. Hennigsdorf bei Berlin.) HOCHSTEIN. 6408

J. Pearson, *Metall-Schlacken-Reaktionen bei der Stahlerzeugung.* Entwickelt werden die Gleichgewichtsformeln u. Gleichungen zur theoret. Berechnung der Verteilung von *Mn*, *P* u. *FeO* zwischen Schlacke u. Metall bei der Stahlerzeugung. Ferner wird nachgewiesen, wie der O_2-Geh. des Metallbades während der Stahlfeinung durch die Temp. u. die Zus. von Metall u. Schlacke beeinflußt wird. Es wird gezeigt, daß der O_2-Geh. des Stahls, so wie er aus der Schlackenzus. berechnet wird, viel höher ist, als er tatsächlich vorliegt, wenn der C-Geh. größer als 0,05% ist. Dies wird auf die langsame Oxydation von C zurückgeführt. Die Schlacke neigt dazu, den O_2-Geh. des Metalles zu erhöhen, während C ihn zu senken strebt. Als Resultat davon liegt der O_2-Geh. zwischen der oberen u. unteren Grenze. Die Schlacke unterliegt beständig einer Oxydation durch die Ofenatmosphäre u. durch Erzzusätze. Durch Flußspatzusätze wird die Aktivität von vorhandenem FeO erhöht u. die Aktivität von gelöstem P_2O_5 erniedrigt, wodurch die Fähigkeit der Schlacke zum Entphosphoren erhöht wird. — Schrifttumsangaben. (Iron Coal Trades Rev. **168.** 685—95. 19/3. 1954.) HOCHSTEIN. 6408

John Chipman und **Minu N. Dastur,** *Gleichgewicht zwischen Vanadin und Sauerstoff in flüssigem Eisen.* Es wird die Aktivität von O_2 in Eisenschmelzen mit 0,03 bis 1,3 V bei 1600° untersucht u. hieraus werden Folgerungen für die Desoxydationswrkg. von V gezogen. Das Desoxydationsdiagramm wird aufgestellt; es zeigt die Konzz. u. Aktivitäten von V u. O_2 im Gleichgewicht mit V_2O_3 oder FeV_2O_4. — Schrifttumsangaben. (J. Metals **191.** 111—15. Febr. 1951. Cambridge, Mass., Massachusetts Inst. of Technol.) HOCHSTEIN. 6410

Erich Theis, *Bor in Einsatz- und Vergütungsstählen.* (Vgl. C. **1950.** II. 812.) Zusammenfassender Überblick über das neuere ausländ. Schrifttum. (Stahl u. Eisen **74.** 412—18. 25/3. 655—60. 6/5. 1954.) HABBEL. 6410

Norman Zlabin, J. F. Kahles und **W. H. Friedlander,** *Bearbeitbarkeit von borhaltigen Stählen.* Niedriglegierte *Cr–Ni–Mo*-Stähle mit 0,0009—0,0029% *B* besitzen eine bessere Bearbeitbarkeit als äquivalente Normstähle. (Iron Age **172.** Nr. 18. 94—97. 29/10. 1953.) HOCHSTEIN. 6410

H. Kiessler, *Verfahren zur Herstellung von Bleilegierungen.* Beschrieben werden Verff. zur Herst. von Hüttenweichblei, Hartblei u. Schriftmetallen unter besonderer Berücksichtigung der Entfernung von Cu, Sn u. Sb. (Metall **7.** 442—44. Juni 1953. Barcelona.) APEL. 6430

W. P. Maschowetz und **I. I. Daragan-Ssuschtschow,** *Der Einfluß der Temperaturbedingungen auf die Ausfüllung der Form beim Guß von Blei–Antimon-Schmelzen.* Es wird der mit steigendem Sb-Geh., bes. bei Gehh. von 6—9% Sb, abnehmende Füllfaktor der Gußformen erörtert u. vorgeschlagen, die Form durch eine elektr. Vorwärmung auf eine Temp. von ca. 90% der Temp. des Kristallisationsbeginns der zu gießenden Pb–Sb-Legierung anzuwärmen. Die empfohlene hohe Temp. der Form kann zwar zu einer unerwünschten Versprödung des Gefüges führen. Jedoch verläuft eine Alterung der Pb–Sb-Legierungen mit einem Zerfall der festen Lsg. u. einer Verfeinerung des Gefüges schon bei Raumtemp. sehr leicht u. ist prakt. in 10—12 Tagen beendet. (Литейное Производство [Giessereiwesen] **1953.** Nr. 2. 18—21. Febr.) HOCHSTEIN. 6430

S. Baker, *Nichteisenmetalle in der chemischen Industrie. — Kupfer und Kupferlegierungen.* Überblick über die chem., physikal. u. mechan. Eigg. von Cu u. Cu-Legierungen sowie ihre Verwendung in der chem. Industrie. (Metal Ind. [London] **83.** 182—84. 4/9. 1953.) APEL. 6432

Sanai Nakabe, *Metallurgie der Kobalt-Herstellung aus kupferhaltigem Pyrit.* Metall. Co wird als Nebenprod. aus Cu-haltigem Pyrit mit nur 0,1% Co bei der Cu-Herst. gewonnen. Eisen–Pyrit-Konzentrat, das als Schaum bei der Flotation nach der Trennung von Chalcopyrit erhalten wird, wird für die H_2SO_4-Gewinnung geröstet u. dann ausgelaugt. Die $CuSO_4$, $FeSO_4$, $ZnSO_4$ u. $MnSO_4$ enthaltende Lauge wird nach einer groben Entfernung von Cu u. Fe zur Ausscheidung von Rohkobalt behandelt; dieses wird dann unter Entfernung von Zn u. Mn reduzierend geschmolzen. Abschließend wird das metall. Rohkobalt durch Elektrolyse gereinigt. (J. Metals **3.** 445—51. Juni 1951. Tokyo, Japan, Besshi Mining Co., Ltd.) HOCHSTEIN. 6434

H. Hornauer, *Leistungssteigerung durch Formteilkaltpressen von Leichtmetallwerkstoffen.* Nach Erörterung des Verf. werden u. a. geeignete Werkstoffe u. die Wechselbeziehungen zwischen Werkstoff u. Verf. besprochen. (Aluminium **29.** 405—13. Okt. 1953. Obererlenbach, Taunus.) APEL. 6442

W. Hoevels, *Strebausbau in Leichtmetall.* Überblick über die Verwendungsmöglichkeiten vergüteter Leichtmetallegierungen. (Schlägel u. Eisen **1952.** 323—26. Aug. Gelsenkirchen.) HOCHSTEIN. 6442

John T. Richards, *Beryllium und Berylliumlegierungen.* Überblick. Schrifttumsangaben. (J. Metals **3.** 379—86. Mai 1951. Reading, Pa., Beryllium Corp.) HOCHSTEIN. 6442

T. E. Leontis und **C. E. Nelson,** *Die Alterung von in Sand vergossenen Mg–Al–Zn-Legierungen.* Die an zwei handelsüblichen Mg–Al–Zn-Legierungen vorgenommenen Alterungsverss. zeigen eine weite Veränderungsmöglichkeit der Eigg. durch die Wahl der Alterungstemp. u. der Zeit. Obwohl die untersuchten Legierungen meßbar wachsen nach einer der Lösungs-Wärmebehandlung folgenden Aushärtung, machen doch geeignete Alterungsbehandlungen diese Legierungen hinsichtlich der Abmessungen stabil für solche Tempp., wie sie bei Maschinenteilen im Betrieb auftreten. — Schrifttumsangaben. (J. Metals **191.** 120—24. Febr. 1951. Midland, Mich., Dow Chemical Co.) HOCHSTEIN. 6444

W. M. Below, *Die Art der Volumenänderungen bei der Erstarrung von Schmelzen auf der Grundlage von Aluminium und Silicium.* Reine Metalle u. eutekt. Legierungen, die bei konstanter Temp. erstarren, werden durch eine Volumenänderung (I) bei der Erstarrung in Form eines konz. Schrumpfungsrisses gekennzeichnet. Legierungen dagegen, die in einem breiten Temperaturintervall erstarren, werden während des Erstarrens durch eine I mit einer zerstreuten zwischendendrit. Schrumpfungsporosität gekennzeichnet. Es gibt auch Legierungen, zu denen die Al–Si-Legierungen mit 6—13 (%) Si, 0—0,4 Mg, 0—0,5 Mn, 0—14 Zn, Rest Al gehören, deren I teils nach der erstgenannten u. teils nach der anderen Art verläuft. Es wird der Einfl. der Legierungszus. hierauf untersucht u. festgestellt, daß bei richtigem Schmelzen der Al–Si-Legierungen ohne Überhitzung die in der Legierung vorhandenen Gase auf die Art der I keinen Einfl. ausüben. (Литейное Производство [Giessereiwesen] **1953**. Nr. 10. 21—24. Nov./Dez.) HOCHSTEIN. 6446

D. P. Sparham und **E. A. Moult**, *Erfahrungen beim Entgasen von Aluminiumlegierungen.* Beschreibung eines mit Unterdruck arbeitenden Geräts zur Unters. der Gasfreiheit. Es wurde festgestellt, daß die Entgasung durch N_2 am günstigsten ist. (Foundry Trade J. **95**. 777—81. 24/12. 1953. Chatham, H. M. Dockyard u. Royal Naval Sci. Serv.) APEL. 6446

Jean Navarro und **Robert Tertian**, *Untersuchung der mechanischen Eigenschaften von durch Strangpressen hergestellten Halbzeugen aus Aluminiumlegierungen.* Das n. Strangpressen, welches für Halbzeuge mit rundem oder annähernd rundem oder mit sehr symm., z. B. quadrat. Querschnitt angewendet wird, führt zur typ. Preßstruktur, während sich beim gemischten Verf. zur Herst. unsymm., z. B. stark abgeplatteter Profile eine komplexe Textur ergibt, die je nach dem Grad der Symmetrie bzw. Asymmetrie zwischen der Walz- u. der Preßstruktur variiert. Entsprechend ändern sich auch die mechan. Eigenschaften. — Schrifttumsangaben. (Rev. de l'Aluminium **30**. 299—306. Sept. 1953. Le Bourget, Comp. Générale du Duralumin et du Cuivre, u. Pechiney-Le Bourget, Labor. de Rayons X.) APEL. 6446

V. A. Phillips, *Der Einfluß der Zusammenstzung und Wärmebehandlung auf die Fließgrenze von Aluminiumlegierungen.* Bei Handels-Al u. einigen gebräuchlichen Legierungen, die keine großen Mg-Gehh. aufweisen, wurde diskontinuierliches Fließen beobachtet. Der Fließbeginn war in feinkörnigen Al–Mg-Legierungen schwach oder gar nicht zu erkennen, wenn jedoch Kaltverfestigung eintrat, hing deren Höhe von der Zus. u. der Wärmebehandlung ab u. führte zu abgestuften Spannungs/Dehnungs-Kurven bei Raumtemperatur. Die Zunahme der durch Altern nach einer Streckung bei niedriger Temp. hervorgerufenen Dehnung kann in zwei Teile geteilt werden, nämlich eine vorübergehende Zunahme σ_s, die bei weiterer Verformung wieder verschwindet, u. eine bleibende Erhöhung σ_p. σ_s ist auf die Hemmung der Kornverschiebung durch einen COTTRELL-Mechanismus, σ_p auf die n. Alterungshärtung zurückzuführen, die in manchen Fällen durch vorangegangene Reckung beschleunigt werden kann. — 11 Schrifttumsangaben. (J. Inst. Metals **81**. 649—61. Aug. 1953. London, Brit. Non-Ferrous Metals Res. Assoc.) APEL. 6446

—, *Begriffsbestimmungen für Fachausdrücke der Wärmebehandlung.* Vorschläge für deutsche Begriffserläuterungen. (Stahl u. Eisen **73**. 1068. 30/7. 1953.) HABBEL. 6492

—, *Glühen und Vergüten von Stahlguß.* (Giessereipraxis **71**. 43—44. 10/2. 1953.) HOCHSTEIN. 6492

Anton Pomp, Georg Niebsch und **Jacques Gerhard Brockhaus**, *Glühversuche an kaltgewalzten schwachlegierten Bandstählen im Topf-, Muffel- und Durchziehofen.* Bei Glühverss. zwischen 600 u. 900° wurden Bänder aus *StC 45,61, VCMo 125, VCMo 135*, Mn–Cr–V-, Mn–Si- u. Mn-Stahl verwendet, die um 10—40% kalt verformt waren. Die Bänder wurden nach 1std. Glühung im Muffelofen, nach kurzzeitigen Glühungen im Banddurchziehofen bei drei verschied. Durchlaufgeschwindigkeiten u. nach n. Topfglühung untersucht u. die Änderung von Zugfestigkeit, Streckgrenze u. Bruchdehnung ermittelt. Die Tempp. um 700—725° erwiesen sich bei allen Stählen für größte Weichheit am günstigsten. Ein Unterschied war bei den verschied. Durchlaufgeschwindigkeiten im Durchlaufofen nicht vorhanden, ebenso bestand zwischen Muffel- u. Topfofenglühung kein Unterschied. Bei allen kontinuierlich geglühten Stählen erfolgte mit zunehmender Temp. ein beträchtlicher Anstieg der Zugfestigkeit u. Dehnung, die bei den Stählen *VCMo 125* u. *VCMo 135* sowie bei dem Mn–Cr–V- u. Mn-Stahl weit über der Festigkeit der kaltgewalzten Stähle lagen. Es wird angenommen, daß bei den höheren Tempp. infolge der verhältnismäßig schnellen Abkühlung der Bänder bei der Durchlaufglühung bereits eine Vergütung eintritt. (Stahl u. Eisen **73**. 646—53. 7/5. 1953. Aachen, Burg/Wupper u. Plettenberg.) HOCHSTEIN. 6492

Charles O. Burgress, *Oberflächen-Flammenhärtung von Graugußstücken.* Überblick über Verff., ihre Durchführung u. Einrichtungen zum Oberflächenhärten von komplizierten Graugußstücken zwecks Erhöhung ihrer Verschleißfestigkeit u. Festigkeit. — Schrifttumsangaben. (Foundry **82**. Nr. 4. 114—21. 188. 191. 196. 198. April 1954.) HOCHSTEIN. 6492

J. D. Armour, *Wiederaufkohlen von Drähten in Bunden und Stangen im Durchlaufofen.* Beschreibung des Wiederaufkohlungsverf. mit einer Ofengaszus. von ca. 20 (%) CO, 40 H_2 u. 40 N_2 mit geringen Zusätzen an Naturgas. Durchlauföfen werden beschrieben u. Beispiele für Randaufkohlungen von verschied. Stählen erläutert. (Wire and Wire Products **28.** 1305—09. 1359. Dez. 1953. Massillon, O., Republic Steel Corp.) HOCHSTEIN. 6492

L. F. Mondolfo, *Aushärtung.* Die Ausscheidungshärtung einer *Al-Cu*-Legierung mit 4 (%) Cu, einer *Al–Ag*-Legierung mit 25 Ag, einer *Al–Cu–Mg*-Legierung mit 4 Cu u. 1,7 Mg, einer *Al–Zn–Mg*-Legierung mit 6 Zn u. 2 Mg, einer *Mg–Al*-Legierung mit 9 Al u. einer *Cu–Be*-Legierung mit 2 Be wurde durch Messung der Härte u. des elektrolyt. Potentials verfolgt. Hierbei zeigte sich, daß wenigstens zwei Arten von Ausscheidungshärtung bestehen, die von der Kompliziertheit der Umwandlung bei der Bldg. des Gitters des Ausscheidungsprod. aus dem Gitter der festen Lsg. abhängig sind. Die Härtesteigerung rührt nicht von einer aktuellen Ausscheidung, sondern von der Gitterbeanspruchung her, die durch Seigerung u. atomare Bewegung vor der Bldg. der neuen Phase verursacht wird. Die Vollendung der Umwandlung unter Bldg. eines stabileren Zustandes besteht in einer Erweichung der Legierung. (J. Metals **191.** 95. Febr. 1951. Chicago, Ill., Illinois Inst. of Technol.) HOCHSTEIN. 6492

L. G. Miller, *Induktionshärtung von Zahnrädern.* Erörterung einer Oberflächenhärtung von Zahnrädern, z. B. aus *Cr–Mo-Stahl,* mit einer 50 kW-Hochfrequenzinduktionshärteanlage. (Metal Progr. **63.** Nr. 6. 109—10. 179—80. Juni 1953. Rockford, Ill., Greenlee Bros. & Co.) HOCHSTEIN. 6492

Stanley L. Eisler und **Paul G. Chamberlain,** *Radiometrische Untersuchung von Phosphatierungsproblemen.* Aus den Unterss. (Tracer ^{59}Fe) hat sich ergeben, daß Fe aus der Phosphatierlsg. ein integrierender Teil des Überzuges wird. Beim chem. Ablösen der Phosphatschicht wird das Fe ganz entfernt, während beim Sandstrahlen ein beträchtlicher Teil des Phosphates auf der Oberfläche haften bleibt. Eine nach Bestrahlung mit Sand oder Stahlkies erfolgende Phosphatierung ist daher nicht so wirksam, wie die nach chem. Ablösen. (Metal Finishing **50.** Nr. 6. 113—16. Juni 1952. Rock Island, Ill., Rock Island Arsenal.) J. FISCHER. 6532

Stanley L. Eisler und **Jodie Doss,** *Radiometrische Auswertung der Wirkung der Chromsäurenachbehandlung von phosphatierten Teilen.* Die radiometr. (Tracer ^{51}Cr) u. die nachfolgende Prüfung im Salzsprühnebel ergaben, daß ein Zusatz von H_3PO_4 (I) zu der CrO_3(**II**)-Lsg. die Adsorption von **II** fördert. Die optimale Konz. ist: 30 oz **II** oder 16 oz **II** mit 16 oz **I** auf 100 gal. Lösung. Das p_H soll bei 2 liegen. Die Zunahme der Adsorption von **II** erfolgt nicht proportional mit der **II**-Konzentration. (Metal Finishing **50.** Nr. 12. 54—58. 69. Dez. 1952. Rock Island, Ill., Rock Island Arsenal.) J. FISCHER. 6532

H. Ketterl, *Die Phosphatierung von Aluminium.* Überblick unter bes. Berücksichtigung des *Alodine*-Verfahrens. (Aluminium **29.** 509—13. Dez. 1953. Köln/Rh.) MARKHOFF. 6532

K. Germer, *Vermeidung des Fressens von Maschinenteilen mit Hilfe von Phosphatschichten.* Berichtet wird über Anwendungsmöglichkeiten der Phosphatierung, z. B. bei Kurvenscheibenuntersuchungen. Das Festfressen der Kurvenrollenlagerstelle konnte durch Phosphatieren von Rolle u. Bolzen verhindert werden. Die Phosphatschichten nutzten sich zwar sehr bald ab, jedoch trat auch nach vollständigem Blanklaufen kein Festfressen mehr auf im Gegensatz zu nichtphosphatierten Rollen, die nach kurzem Lauf festsaßen. (Fertigungstechnik **3.** 217. Juni 1953. Leipzig.) MARKHOFF. 6532

Hans Berkenhoff, *Das Phosphatieren von Stahldrähten in Drahtziehereien.* Die bei der Übertragung des Bonderverf. vom Rohrzug auf den Drahtzug gemachten Erfahrungen werden besprochen. Bes. günstig hat sich die Einführung des Warmbonderns bei 68° ausgewirkt. Falls die für den Naßzug bestimmten Drähte nicht unmittelbar auf die Ziehmaschine kommen, sollen sie in Seifenlsg. aufbewahrt werden. Hierdurch wird die Rostgefahr vollkommen ausgeschaltet u. die Ziehstandzeit erhöht. (Stahl u. Eisen **73.** 1391—94. 22/10. 1953. Herborn.) VIER. 6532

—, *Der Oberflächenschutz von Stahlguß und Zinkguß durch Phosphatieren.* Metallphosphatschichten haben sich auch für Stahl- u. Zn-Guß bewährt. Von Zn-Guß werden Werkstücke aus Sand-, Kokillen- u. Druckguß phosphatiert. (Giessereipraxis **71.** 111. 10/4. 1953.) MARKHOFF. 6532

Climax Uranium Co., übert. von: **Blair Burwell,** Grand Iunction, Colo., V. St. A., *Aufschluß von Uran und Vanadin enthaltenden Erzen,* bes. solchen, die *Carnotit* (K_2O, $2UO_3$, $V_2O_5 \cdot 3H_2O$) als Bindemittel für Sand oder fossile Kohle enthalten. Das Erz wird in einer heißen Lsg. eines Alkalicarbonats aufgeschlämmt. Zu der Aufschlämmung fügt man ein lösl. Carbonat oder Bicarbonat u. filtriert. Aus dem Rückstand, bes. aus den feinen Anteilen, gewinnt man V-Verbindungen. In das Filtrat leitet man

CO_2 u. trennt den Nd. ab, den man dem aufzuschließenden Erz zusetzen kann. Die Lsg. wird eingedampft, u. der Rückstand wird, bes. zusammen mit C, so hoch erhitzt, daß CO_2 entweicht. Die calcinierte M. wird mit W. ausgelaugt, wodurch Vd in Lsg. geht u. U im Rückstand angereichert ist. — Fließbild. (**A. P. 2 630 369** vom 19/3. 1949, ausg. 3/3. 1953.) ZÜRN. 6361

National Chemical Products Ltd. und **Roger Frederic Powell,** Rhodesia (Erfinder: **Johannes Hermanus Potgieter van Aardt,** Pretoria), *Schaumflotationsverfahren.* Man setzt der zu flotierenden Mineraltrübe ein 1.1-n-Trialkoxyparaffin oder das Reaktionsprod. eines ungesätt. Aldehydes oder eines Gemisches mehrerer ungesätt. Aldehyde, z. B. Acrolein, Zimtaldehyd, mit Alkoholen, wie Methanol, Äthanol, Propanol oder Isopropanol, zu. Das Reaktionsprod. besteht oder enthält 1.1.3-Trialkyloxybutan. Das Reaktionsprod. von Acrolein u. Äthanol hat eine D. von 0,886, einen Brechungsindex (n_{20}) von 1,4 u. ein durchschnittliches Mol.-Gew. von 140. Für Acrolein u. Methanol gelten folgende Daten: n_{18} 1,40, D.(20/20) 0,902; für Acrolein u. Isopropanol n_{18} 1,44 u. D. (20/20) 0,92; für Zimtaldehyd u. Äthanol n_{18} 1,60, D. (20/20) 1,04 bis 1,05; für Zimtaldehyd u. Methanol: n_{18} 1,57, D. 1,03—1,04. (**D. B. P. 909 441** Kl. 1c vom 3/10. 1950, ausg. 22/4. 1954. Anmeldung bekanntgemacht 29/1. 1953.) W. HAUSWALD. 6363

Pickands Mather & Co., Cleveland, Ohio, übert. von: **Percy H. Royster,** Chevy Chase, Md., V. St. A., *Thermische Behandlung fester Körper.* Das Trocknen, Rösten, Calcinieren oder Sintern fester Körper, z. B. *Mineralien,* wird in einem Drehrohrofen vorgenommen. Das hierin erhitzte Gut fällt in eine Kühlkammer, wo es unter Vorratbldg. laufend abgezogen wird. Die dem bevorrateten Gut innewohnende Hitze wird zum Vorwärmen der Verbrennungsluft für den Drehrohrofen unter gleichzeitiger Kühlung des Gutes ausgenutzt. — Abbildung. (**A. P. 2 522 639** vom 1/10. 1946, ausg. 19/9. 1950.) HANS HOFFMANN. 6379

Glacier Metal Co. Ltd., Wembley, Midl., England, *Herstellen von Gleitlagern.* Das Grundmetall aus *Stahl* wird unter Anwendung von Ultraschall schmelzfl. mit einer *Al–Be*-Legierung mit 0,1—1% Be bei 675° überzogen u. während diese Zwischenschicht noch schmelzfl. ist eine *Al*-Lagerlegierung mit bis 50% *Sn* bei 675—700° angegossen. Dann wird nach einer Wärmebehandlung bei 350° um ca. 20% heruntergewalzt u. erneut bei 350° erwärmt, um die Dehnbarkeit der Al–Sn-Legierung zu erhöhen. (**E. P. 708 846** vom 28/9. 1951, ausg. 12/5. 1954.) VIER. 6383

Fürstlich Hohenzollernsche Hüttenverwaltung Laucherthal, Laucherthal, Hohenz., und **Gerhard Bunge,** Sigmaringendorf, Kr. Sigmaringen, *Herstellung hochwertiger Gleitlager aus Stahlringen oder -schalen mit Auskleidung aus Kupferlegierungen oder Bleibronzen.* Ein kalter Stahlkörper wird in einem Metallbad von gleicher oder ähnlicher chem. Zus. wie das Ausgußmetall u. bei einer Temp., die höher liegt als der F. der sich aus der Badzus. bildenden Oxydschlacke, getaucht u. darin belassen, bis er die Temp. des Bades angenommen hat; hierauf wird der Stahlkörper aus dem Bad entfernt, unmittelbar durch die Luft bewegt einem Gießstand zugeführt u. hierin mit dem fl., möglichst mit einem Desoxydationsmittel im Überschuß versetzten Ausgußmetall ausgegossen. (**D. B. P. 908 663** Kl. 31c vom 2/10. 1948, ausg. 8/4. 1954. Anmeldung bekanntgemacht 25/10. 1951.) HANS HOFFMANN. 6383

Hüttenwerk Oberhausen Akt.-Ges., Oberhausen, *Stahlerzeugung.* Bei der Herst. von THOMAS-Stahl mit geringem N_2-Geh. wird während des Blasens ununterbrochen pulverförmiger Kalk mit dem Blaswind in den Konverter in solchen Mengen eingeführt, daß die beim Blasen entstehenden Verbrennungsprodd., welche mit Kalk reagieren, durch den Kalkzusatz gebunden werden. Ein Kalküberschuß muß jedoch während des Blasens jederzeit vermieden werden. Die Badtemp. wird durch Einblasen von Eisenoxyd u. anderen Kühlmitteln in das Bad oder durch Zusatz von Schrott oder anderen Kühlmitteln durch die Konvertermündung geregelt. — Kurvenbild. (**E. P. 700 255** vom 14/6. 1951, ausg. 25/11. 1953. **F. P. 1 038 712** vom 6/6. 1951, ausg. 1/10. 1953. Beide D. Prior. 14/6. 1950.) HOCHSTEIN. 6409

Demag Akt.-Ges., Duisburg, *Aufblasfrischen bei der Stahlherstellung.* Beim unmittelbaren Aufblasen von reinem O_2 auf eine Stahlbadoberfläche innerhalb eines konverterähnlichen Behälters wird O_2 mittels einer Lanze zugeführt, die so bewegt wird, daß der O_2-Wind die größtmögliche Oberfläche des Bades bestreicht u. hierbei so gleichförmig wie möglich über die Badoberfläche verteilt wird. — Abbildung. (**E. P. 700 224** vom 10/10. 1951, ausg. 25/11. 1953. D. Prior. 30/3. 1951.) HOCHSTEIN. 6409

Herbert Jurich, Wiesbaden, *Herstellung von stickstoffarmen Windfrischstahl.* Es wird in Blasdruckbereichen gearbeitet bzw. es werden Windführungen angewandt, die eine weitgehende Erhaltung der Strömungsgeschwindigkeit des Frischgases gestatten u. Orte niedrigeren Druckes erzeugen. Zweckmäßig wird die Schmelze so geführt, daß ein Wärmefluß von der Schlacke zum Bad hintangehalten oder ganz unterbunden wird. Der N_2-Druck des Frischgases wird durch Verdampfen geeigneter Stoffe, wie Chloriden der Alkalien u. Erdalkalien, Borverbb. oder Schwermetallen, wie Pb u. Bi, erniedrigt. (**D. B. P. 905 857** Kl. 18b vom 11/12. 1951, ausg. 8/3. 1954. Anmeldung bekanntgemacht 2/7. 1953.) HOCHSTEIN. 6409

Gußstahlwerk Oberkassel Akt.-Ges. (Erfinder: **Ernst Neuhoff**), Düsseldorf, *Herstellung von Stahl für silicierte Bleche mit verminderten Wattverlusten.* Auf die Schlacke des fertigen Stahlbades wird kurz vor dem Abstich eine kleine Menge SiO_2-haltiger Stoffe, bes. feuerfester Steine (saurer Silicasteine), aufgegeben. (**D. B. P. 905 614** Kl. 18b vom 2/10. 1948, ausg. 4/3. 1954. Anmeldung bekanntgemacht 9/11. 1950.) HOCHSTEIN. 6409

Bohn Aluminum & Brass Corp., Detroit, Mich., V. St. A., *Herstellen von Bimetallbändern aus Stahl und Aluminium.* Das aufgerauhte Stahlband wird mit Ni von einer Dicke von 0,007—0,013 mm plattiert. Das mit Ni plattierte Stahlband u. das von der Oxydschicht befreite Al-Band werden in einer Schutzgasatmosphäre auf ca. 475° C (920° F) erhitzt u. bei dieser Temp. durch Druck miteinander verbunden. Die Ni-Zwischenschicht verhindert dabei die Bldg. einer spröden Fe–Al-Verbindung. Das Al soll 2—6% *Sn* enthalten. (**E. P. 708 107** vom 4/6. 1952, ausg. 28/4. 1954. A. Prior. 7/1. 1953.) VIER. 6479

Fairchild Engine and Airplane Corp., V. St. A., *Herstellung von Gegenständen aus Bimetall.* Bei Gegenständen aus Bimetall, z. B. einer Bremstrommel aus *Stahl*, die einen mit Kühlrippen versehenen *Al*-Überzug trägt, wird bei n. Temp. der innere Teil aus Stahl u. die Fe–Al-Zwischenschicht auf Druck u. der Überzug aus Al auf Spannung während der Arbeit beansprucht. Bei einer bestimmten höheren Temp. tritt eine Umkehrung dieser Beanspruchung ein. Es wurde festgestellt, daß die günstigste Dicke der Überzugsschicht abhängig ist von der Differenz zwischen Arbeitstemp. T u. Umkehrungstemp. T_r nach der Formel $t = (K/\alpha) \cdot \text{cotg}\,(T - T_r)/T$, wobei K gleich $411{,}91 \cdot 10^{-10}$ u. α der therm. Ausdehnungskoeff. des Überzugsmetalles ist. Bei einer Arbeitstemp. von 593° u. einer Umkehrungstemp. von 132° ergibt sich für die Bremstrommel danach ein Al-Überzug von 1,82 mm Dicke. (**F. P. 1 032 624** vom 4/12. 1950, ausg. 3/7. 1953.) VIER. 6479

Mond Nickel Co. Ltd., London, *Herstellung eines Mehrfachmetalls.* Das Mehrfachmetall besteht aus einer Grundplatte, z. B. aus *Stahl*, u. aus einer *Cr*-haltigen Platte. Die Cr-haltige Platte wird vor der Bldg. des Mehrfachmetalls auf der der Grundplatte zuzukehrenden Oberfläche unter Verhinderung u. zur Vermeidung der Bldg. irgendeines Oxydfilms auf elektrolyt. Wege mit einer dichten, ununterbrochenen, festhaftenden Schicht eines schwer oxydierenden Metalls mit hohem F., bes. aus *Ni* oder auch aus *Co* oder *Fe*, überzogen. Die zusammengesetzten Platten werden dann durch Erhitzen unter Druck festhaftend miteinander vereinigt. Als Plattierungslsg. für Ni wird folgende Lsg. angegeben: 1247,4 (g/4,55 Liter) $NiSO_4$, 62,37 $NiCl_2$, 113,4 H_3BO_3 u. 391,2 Na_2SO_4. Temp. 54,4—65,5°, Stromdichte 538 A/m². Derartige Mehrfachmetalle finden Verwendung z. B. bei der Herst. von Autoklaven, Kesseln, Färberfässern, Seifenkochausrüstungen, Milchbehältern, Bierfermentierungs- u. Aufbewahrungsbehältern. (**D. B. P. 912 773** Kl. 48b vom 8/11. 1934, ausg. 3/6. 1954. Anmeldung bekanntgemacht 22/4. 1954. A. Prior. 7/11. 1933.) VIER. 6479

Westdeutsche Mannesmannröhren Akt.-Ges., Düsseldorf (Erfinder: **Richard Pusch**, Duisburg), *Verminderung oder Vermeidung von Rißkorrosion bei Stahlflaschen, insbesondere Leichtstahlflaschen.* Die Flaschen aus niedriglegierten Stählen mit höchstens bis zu 1,5% Legierungsbestandteilen, die zur Aufnahme von CH_4, Leuchtgas oder dgl. dienen, werden, gegebenenfalls nach einer voraufgegangenen Härtung, bei mindestens 650° für die Dauer von mindestens 1 Std. geglüht bzw. angelassen. Zweckmäßig wird nach der Härtung die Anlaßbehandlung bei Tempp. in der Nähe des Ac_1-Punktes bei einer Anlaßdauer von ca. 2 Std. vorgenommen. (**D. B. P. 907 420** Kl. 18c vom 28/11. 1939, ausg. 25/3. 1954. Anmeldung bekanntgemacht 8/1. 1953.) HOCHSTEIN. 6493

Deutsche Edelstahlwerke Akt.-Ges., Krefeld (Erfinder: **Werner Holtmann**, Düsseldorf), *Zwischenstufenvergütung von unlegierten und legierten Stählen.* Das Verf. nach dem Hauptpatent, wonach die Stähle von Härtetemp. zunächst unter Unterdrückung der Umwandlung kurzzeitig in einem Bad mit einer Temp. im Bereich beschleunigter Martensitbldg. bis in das Gebiet erhöhter Austenitbeständigkeit abgekühlt u., bevor ein Temperaturausgleich erfolgt ist, im austenit. Zustand in ein Warmbad,

einen Anlaßofen oder dgl. mit einer Temp. innerhalb des Bereiches der Zwischenstufe übergeführt werden, worin dann die Umwandlung nach möglichst weitgehendem Temperaturausgleich zu Ende läuft, wird auf das Vergüten aus der Warmformgebungswärme angewendet. Zweckmäßig werden die Stähle zunächst auf eine Temp. abgeschreckt, die unterhalb der Temp. liegt, bei der in der zweiten Verfahrenstufe die Umwandlung vor sich gehen soll. (**D. B. P. 907 532** Kl. 18c vom 4/4. 1943, ausg. 25/3. 1954. Anmeldung bekanntgemacht 30/7. 1953. **Zusatz zu D. B. P. 872 956; C. 1954. 1343.**)
HOCHSTEIN. 6493

Mannesmann-Hüttenwerke Akt.-Ges. (Erfinder: **Gerhard Naeser**), Duisburg, *Verbesserung der magnetischen und mechanischen Eigenschaften von Transformatoren- und Dynamoblechen aus Siliciumstahl.* Das Verf. nach dem Hauptpatent wird unter Anwendung einer mindestens dreimaligen Glühung bei ca. 1100° mit jedesmaliger anschließender Warmverformung von mindestens 30% so durchgeführt, daß bereits der Gußblock nach seiner Erwärmung auf 1000° noch einer mindestens dreistd. Glühung bei 1000 bis 1250° unterworfen wird. (**D. B. P. 908 624** Kl. 18c vom 16/1. 1938, ausg. 8/4. 1954. Anmeldung bekanntgemacht 6/8. 1953. **Zusatz zu D. B. P. 900 700; C. 1954. 6584.**)
HOCHSTEIN. 6493

Siemens & Halske Akt.-Ges., Berlin und München (Erfinder: **Paul Schumacher,** Berlin), *Glühen von magnetisierbaren Eisen–Silicium-Legierungen.* Eine Glühung bei Tempp. von 800—900° wird auf magnetisierbare Fe–Si-Legierungen zur Erzielung eines niedrigen Anstiegs der Permeabilität bei vergleichsweisen hohen Absolutwerten der Anfangspermeabilität angewendet. Zweckmäßig wird die Glühatmosphäre in Abhängigkeit von der Vorbehandlung des Werkstoffs nicht oder nur schwach oxydierend gewählt. Die so behandelten Legierungen eignen sich als Werkstoff für Übertrager in der Fernmeldetechnik. (**D. B. P. 907 302** Kl. 18c vom 23/10. 1942, ausg. 22/3. 1954. Anmeldung bekanntgemacht 17/7. 1952.)
HOCHSTEIN. 6493

Allgemeine Elektricitäts-Gesellschaft (Erfinder: **Franz Pawlek**), Berlin, *Verbesserung der Anfangspermeabilität von Eisen–Silicium-Legierungen,* dad. gek., daß die Legierungen in einer reinen H_2-Atmosphäre mit weniger als 0,1% N_2 geglüht werden. Zweckmäßig liegen die Glühtempp. oberhalb 900°; z. B. bei ca. 1300°. Vorzugsweise enthält der verwendete H_2 etwa 0,1 g W./m³ oder darunter. Kurvenschaubild. (**D. B. P. 908 736** Kl. 18c vom 11/6. 1940, ausg. 8/4. 1954. Anmeldung bekanntgemacht 24/12. 1952.)
HOCHSTEIN. 6493

Incandescent Heat Co. Ltd. (Erfinder: **Frank William Johnson** und **John Arthur Swain**), Smethwick, England, *Herstellung einer Metalle schützenden oder aufkohlenden Ofenatmosphäre.* Eine *Li–Naphthenat*-Lsg. wird unter Druck durch Einspritzdüsen fein zerstäubt u. der Ofenkammer an einem Punkt zugeführt, der von dem Ort der Brennstoffeinspritzung getrennt ist. (**D. B. P. 910 656** Kl. 18c vom 8/1. 1952, ausg. 6/5. 1954. Anmeldung bekannntgemacht 17/9. 1953.)
HOCHSTEIN. 6493

Incandescent Heat Co. Ltd. (Erfinder: **Frank William Johnson** und **John Arthur Swain**), Smethwick, England, *Herstellung einer Lithium enthaltenden Lösung zur Erzeugung einer Metalle schützenden oder aufkohlenden Atmosphäre.* Ein Li-Salz wird in heißer Naphthensäure gelöst u. dem so gebildeten Li–Naphthenat eine Fl. aus KW-stoffen zugesetzt. Zweckmäßig wird Li_2CO_3 in auf 100° erhitzte Naphthensäure im Verhältnis von 1 Gewichtsteil Li_2CO_3 auf 8 Gewichtsteile Naphthensäure gelöst, worauf die Temp. auf 150° erhöht u. diese Temp. 45 Min. unter Rühren gehalten wird. Das hierbei gebildete Li–Naphthenat wird 15 Min. auf eine Temp. zwischen 226 u. 230° erhitzt, danach auf 180° abgekühlt u. anschließend eine Fl. aus KW-stoffen, z. B. PAe., zugesetzt. (**D. B. P. 912 224** Kl. 18c vom 8/1. 1952, ausg. 28/5. 1954. Anmeldung bekanntgemacht 15/10. 1953.)
HOCHSTEIN. 6493

Vereinigte Aluminium-Werke Akt.-Ges., Bonn, *Glänzen von Aluminium und seinen Legierungen.* Die Gegenstände werden in einer *H*-, *NH_4*-, *NO_3*- u. *F*-Ionen enthaltenden Lsg. chem. oder anod. behandelt. Das Verhältnis der NH_4- u. F-Ionen ist so zu wählen, daß NH_4HF_2 gebildet wird. Die Gegenstände werden vor der Behandlung auf die Badtemp. von 50—80° erhitzt, wobei auf die verschied. Schichtdicke der Teile geachtet werden muß. Zwischen der Glänzung u. der gegebenenfalls vorzunehmenden Oxydation werden die Gegenstände in eine Passivierungslsg., z. B. in eine Lsg. von *CrO_3*, *Permanganaten, Persulfaten, Perchloraten,* getaucht. — Nach E. P. 693 876 wurden der Glanzlsg. kleine Mengen an Pb-Salzen zugesetzt. (**E. PP. 693 776** vom 28/11. 1950, ausg. 8/7. 1953. D. Priorr. 8/8., 17/8., 19/12. 1949 u. 12/6. 1950 und **693 876** vom 12/9. 1951, ausg. 8/7. 1953. D. Prior. 26/9. 1950.)
MARKHOFF. 6513

General Motors Corp., Detroit, Mich. (Erfinder: **Harold J. Reindl** und **Stanley R. Prance**, Dayton, Ohio), V. St. A., *Lösung für die Oberflächenbehandlung von Aluminium und seinen Legierungen* besteht aus einem lösl. Fluorid oder Hydrogenfluorid, wie NH_4F oder NH_4HF_2, HNO_3, CrO_3, Äthylenglykol oder Zucker u. W. in einer Menge von wenigstens 89 Gew.-% der Lsg., z. B. aus 0,3—0,75 (%) *NH_4HF_2*, 2—7,5 *HNO_3*, 0,3—0,75 *CrO_3*, 0,4—1 *Äthylenglykol*, Rest *Wasser*. Mit der Lsg. werden glänzende Oberflächen erhalten. Spuren *$Cu(NO_3)_2$* verbessern die Wrkg. der Lösung. (**D. B. P. 887 898** Kl. 48d vom 17/10. 1951, ausg. 27/8. 1953. A. Prior. 20/10. 1950.) MARKHOFF. 6513

Enthone, Inc., New Haven, übert. von: **Walter R. Meyer**, Hamden, Conn., V. St. A., *Ätzmittel für Aluminium* besteht aus 75—99(%) einer alkal. Verb., wie *NaOH*, u. 0,05—15 eines lösl. Salzes der *Saccharinsäure*, dem noch ein Netzmittel, wie *Tergitol 08*, zugesetzt sein kann. Mit dem Ätzmittel wird z. B. eine 0,5%ig. Lsg. hergestellt, die bei 190° F (88° C) angewendet wird u. in 20 Sek. gute Ätzwrkg. zeigt. — Nach A. P. 2653861 wird an Stelle des Salzes der Saccharinsäure ein lösl. Salz der *Hexahydroheptansäure* verwendet. Die Wrkg. ist die gleiche. (**A. PP. 2 653 860** u. **2 653 861**, beide vom 9/3. 1953, ausg. 29/9. 1953.) MARKHOFF. 6513

Robert Émile Halut, Frankreich, *Vorbehandlung von Metallen vor der mechanischen Bearbeitung, wie Walzen, Ziehen.* Die Gegenstände werden anod., z. B. in einer *H_3PO_4*-Lsg. (D. 1,4) bei 15 Volt u. Zimmertemp., poliert. Die Verformungsmöglichkeit der Metalle wird verbessert. (**F. P. 1 005 404** vom 12/7. 1947, ausg. 10/4. 1952.) MARKHOFF. 6515

Aluminium Laboratories Ltd., Montreal, Can. (Erfinder: **R. C. Spooner**), *Polieren von Aluminium.* Man verwendet als Bad für anod. Polieren eine konz. *H_3PO_4* oder *HNO_3*, die 1—150 g, bes. 5—50 g, *SiO_2* je Liter enthalten, um die Löslichkeit des Al herabzusetzen. Weiterhin kann das Polierbad noch etwas *Essigsäure* enthalten. (**Schwed. P. 136 786** vom 22/6. 1951, ausg. 29/7. 1952. A. Prior. 29/6. 1950.) JÜRGEN SCHMIDT. 6515

Diffusion Alloys Ltd., London, England (Erfinder: **R. L. Samuel**), *Aufbringen von Metallschichten auf Metallunterlagen.* Man erhitzt das Grundmetall in Ggw. eines *Jodides* des Belagsmetalles u. in Ggw. eines feuerfesten, absorbierenden Materials, das beim Erhitzen das frei werdende Jod aufnimmt. Als feuerfestes Material eignen sich z. B. MgO oder Al_2O_3, z. B. in Form von Ton oder Kaolin. Man kann auch zusätzlich etwas NH_4J, HJ oder freies Jod zusetzen u. daneben das Belagsmetall als solches zur Anwendung bringen. Z. B. belegt man *Fe* oder *Stahl* mit *W*, indem man den Stahl in W u. Kaolin einpackt u. das Ganze in Ggw. von etwas Jod u. H_2 langsam auf 1100° erhitzt. (**Schwed. P. 135 516** vom 23/5. 1950, ausg. 29/4. 1952.) JÜRGEN SCHMIDT. 6517

E. Gebhardt, Ludwigsburg, und **G. Schrag**, Göppingen, Deutschland, *Verbesserung der Eigenschaften von metallischen Gleitlagern durch dünne Schichten von reinen Metallen oder Metallegierungen.* Man taucht die Lagerelemente in eine fl. Salzschmelze, die das abzulagernde Metall, bzw. Komponenten von den abzulagernden Metallen enthält. Z. B. taucht man eine Lagerschale aus Spezialmessing in eine Schmelze, die *$SnCl_2$* enthält. Außerdem kann die gleiche Lagerschale oder eine ähnliche verbleit werden durch Eintauchen in *$PbCl_2$*. (**Schwed. P. 135 101** vom 20/3. 1950, ausg. 1/4. 1952. D. Prior. 9/5. 1949.) JÜRGEN SCHMIDT. 6517

Sylvania Electric Products, Inc., Flushing, N. Y., und **Armco Steel Corp.**, Middletown, O., V. St. A. (Erfinder: **W. E. Kingston, I. N. Zavarine** und **C. E. Bussert**), *Herstellung von Aluminiumüberzügen aus Eisenblechen.* Die Bleche werden, bes. nach Kaltwalzen bis auf 2,5 mm, durch Tauchen mit einer Al-Schicht überzogen von z. B. 0,05—0,0125 mm. Diese Schicht wird z. B. durch Kaltziehen auf 0,0025 bis 0,0075 mm reduziert. Dann wird das Blech zwischen 565 u. 955° in reduzierender Atmosphäre (NH_3) erhitzt, so daß alles Al als Legierung gebunden wird. Es bildet sich eine dünne schwarze Schicht, die weiterem Ausziehen widersteht. Die Temp. u. die Glühzeit (7 Min. bis 17 Sek.) hängen von der Schichtdicke des Überzuges ab. Die schwarze Farbe der Oberfläche beruht auf Fe-Oxyden. Die Bleche mit Al dienen bes. als Elektroden für Elektronenröhren. Schliffbilder. (**Schwed. P. 133 223** vom 23/4. 1949, ausg. 9/10. 1951. A. Prior. 23/4. 1948.) JÜRGEN SCHMIDT. 6517

Métal Déployé (Soc. An.), Frankreich, *Herstellung von Schutzschichten* auf dünnen perforierten Fe-Blechen, dad. gek., daß man das Fe-Blech zuerst auf galvan. Wege mit einer Schicht von *Zn* überzieht u. dann perforiert, wobei die schneidende Kante des Werkzeugs ein dünnes Zn-Häutchen mitnimmt, das die durch den Schnitt frei gelegte Metalloberfläche bedeckt u. fest darauf haftet. Das Blech kann aus einem anderen Metall u. die Schutzschicht aus *Sn, Al, Pb* usw. bestehen. (**F. P. 971 327** vom 7/7. 1939, ausg. 16/1. 1951.) OPPERMANN. 6517

Robert Bosch G. m. b. H. (Erfinder: **Eberhard Traub**), Stuttgart, *Herstellung von bemusterten Metallisierungen durch Bedampfung im Vakuum.* Die Kondensation des Metalldampfes wird durch elektr. Aufladung verschied. Stellen der zu bedampfenden Unterlagenoberfläche verschieden beeinflußt. Die Aufladung kann durch die positiv geladenen Kanalstrahlen vorgenommen werden. Ebenso kann auch der Metalldampf aufgeladen werden, wenn im entgegengesetzten Sinn wie die Unterlage dabei die Kondensation verstärkt wird. (**D. R. P. 752 049** Kl. 48b vom 10/4. 1942, ausg. 8/3. 1954.) VIER. 6517

Robert Bosch G. m. b. H. (Erfinder: **Eberhard Traub**), Stuttgart, *Bemustern dünner Metallüberzüge.* An den Stellen, an denen die dünne Metallschicht über den F. erwärmt wird, reißt der Metallbelag auf u. erkaltet in feinen Tröpfchen, die keinen Zusammenhang haben u. mit dem bloßen Auge nicht mehr erkennbar sind. Die durch das therm. Aufreißen transparent gewordenen Stellen sind scharf begrenzt von dem restlichen Metallbelag, der nicht erwärmt wurde. Die Erhitzung kann durch heiße Walzen oder Stempel vorgenommen werden. (**D. B. P. 881 430** vom 11/3. 1944, ausg. 29/6. 1953.) VIER. 6517

Walter H. Bruckner, Metallurgy of welding. London: Pitman. 1954. (XII + 290 S. m. Abb.) 30 s.

Joe Lawrence Morris, Welding; processes and procedures. New York: Prentice-Hall. 1954. (265 S. m. Abb., Diagr.) $ 5,—.

IX. Organische Industrie.

József Báthory, *Die Herstellung von normalen Kohlenwasserstoffen durch Kristallisation mit Harnstoff.* Das Verf. von BENGEN ermöglicht die Abtrennung von unverzweigten aliphat. Verbb. aus verschied. organ. Verbb. enthaltenden Gemischen, indem diese mit Carbamid kristalline Abdukte bilden. Vf. versuchte, die optimalen Bedingungen für die Carbamidbenetzung, die Verdünnung, das Waschen, den zeitlichen Verlauf der Rk., die günstigste Niederschlagsbldg., leichtes Filtrieren u. Zers. des Adduktes zu ermitteln. Er stellte fest, daß die Rk. schneller verläuft, wenn ein Benetzungsmittel verwendet wird. Das Benetzungsmittel soll die ein Addukt bildende Verb. lösen, in diesem Fall ist die Adduktbldg. in 10 Min. beendet. Wenn während der Rk. stark gerührt wird, bilden sich kleine gut auswaschbare Kristalle. Die Kristalle werden von der Fl. am besten in einer Filterzentrifuge getrennt. Zur Zers. des Adduktes genügt es, die Kristalle in W. zu lösen, noch besser ist nach dem Verf. von BAILEY (C. **1952.** 7253) eine wss. Carbamidlsg. zu verwenden. Vf. schied aus Petroleum die n. KW-stoffe ab, wusch das Addukt mit 52,4%ig. (18° Bé) Carbamidlsg., dabei stieg die Oktanzahl des rückständigen Petroleums von 12 auf 33, bei Verwendung eines Gasöls sank dessen E. von $-4,5^0$ auf -62^0. Mit dem BENGENschen Verf. ist die Möglichkeit zur Entparaffinierung von Schmierölen ohne Kühlung gegeben, als analyt. Meth. ist es verwendbar. (Magyar Kémikusok Lapja [Z. Ver. ung. Chemiker] **7.** 251—56. Aug. 1952.) PLANK. H 500

M. V. Sussmann und **Charles Potter**, *Kinetik der Hydrierung von Propylen und Äthylen.* Die Hydrierung von Propylen über einem Cu–Magnesia-Katalysator (50 bis 50 Mol%) im Temperaturbereich von 46 bis 76° stellt eine Oberflächen-Rk. dar zwischen adsorbierten H-Atomen u. adsorbiertem Propylen. Für diesen Hydrierungsmechanismus stellen Vff. eine Reaktionsgleichung auf u. kontrollieren die Gültigkeit ihrer Annahmen u. der Gleichung an Werten von früher veröffentlichten Arbeiten der Äthylenhydrierung über einem ident. Katalysator. Sie stellen eine vereinfachte graph. Meth. zur Ermittlung des katalyt. Reaktionsmechanismus zur Diskussion. Die Geschwindigkeitsgleichung besagt, daß sich die Reaktionsgeschwindigkeit exponentiell mit der Temp. u. linear mit der H_2-Konz. ändert. Die Propylenkonz. wirkt sich derart aus, daß die Reaktionsgeschwindigkeit bei geringer Propylenkonz. steigt, bei mittlerer oder hoher Propylenkonz. jedoch fällt. Propan verkürzt die Reaktionsgeschwindigkeit. — Literaturhinweise. (Ind. Engng. Chem. **46.** 457—65. März 1954. New York, N. Y., Columbia University.) K. O. MÜLLER. H 520

Pierre Blaizot und **Maurice Servant**, *Verbesserung bei der Darstellung von Fettalkoholen.* (Vgl. C. **1954.** 2046.) Unter Hinweis auf die frühere Veröffentlichung über die Darst. von Fettalkoholen durch Synth. oder durch Red. von Triglyceriden mittels H_2 unter Druck bzw. mittels Na in Ggw. eines Hilfsalkoholes wird eingehend über das patentierte Verf. nach BARRETT, FITZPATRICK u. KADESCH berichtet. Es besteht darin, daß man auf Triglyceride Na in Ggw. von Methylisobutylcarbinol einwirken läßt; man erhält nach Zers. der Zwischenprodd. mit W. 1 Mol Glycerin, 3 Mol

Fettalkohol, 12 Mol NaOH; der Hilfsalkohol Methylisobutylcarbinol ist zurückgewinnbar, während das Gemisch Glycerin/NaOH sehr schwierig zu trennen ist u. bisher unmittelbar in der Seifenindustrie Verwendung findet. Um dafür eines bessere Verwertung zu erschließen, behandelt man das Reaktionsgemisch Natriumglycerat, Fettnatriumalkoholat u. Na-Methylisobutylcarbinol mit Harnstoff (110—140°); es bildet sich NaOCN unter Entbindung von NH_3; Aufarbeitung der Charge vgl. Original; Beispiel für die Durchführung des Verfahrens. Hinweis auf die weitreichende Verwendungsmöglichkeit des NaOCN u. die Überführung NaOCN → NaCN in CO-Atmosphäre. (Oléagineux **8.** 564—66. Aug./Sept. 1953.) Täufel. H 560

J. L. Infiesta und **J. Alemán Vega**, *Polyester zweibasischer aromatischer Säuren. 1. Mitt. Aromatisierende Isomerisierung von Terpentinöl in der Dampfphase.* Vff. versuchten, aus Terpentinölfraktionen Kp. 155—160° von hohem Geh. an *α-Pinen p-Cymol* als Zwischenprod. für *Terephthalsäure* herzustellen; als Katalysator ist Cr-Oxyd auf Tonerde wirksam; Herst. des Kontaktes durch Tränken des Trägers mit $(NH_4)_2Cr_2O_7$ u. Calcinieren bei 250—350°. Die Regenerierung des Kontaktes gelingt mit Luft bei 450—500°. Der Einfl. von Temp. u. Durchsatzgeschwindigkeit wird untersucht. Bei 450° u. 0,058 $cm^3/h/cm^3$ Katalysator wird eine Ausbeute von 92% erzielt. (An. Real Soc. españ. Física Quím., Ser. B **47.** 847—52. Dez. 1951. Patronato „Juan de la Cierva", Madrid.) Altpeter. H 1220

United States Rubber Co., New York, N. Y., V. St. A., *Halogenverbindungen der aliphatischen Reihe* (vgl. Schwz. P. 271369; C. **1952.** 763) erhält man bei der Umsetzung einer olefin. Verb. der allg. Formel $R \cdot R'-C = CH_2$, wobei R u. R' = Alkylgruppen, mit mindestens 3 Mol CCl_4 oder $HCCl_3$, wobei durch Einw. chem. Strahlen oder organ. Peroxyde sich die freie Trihalogenmethylgruppe an das endständige C-Atom der Doppelbindung anlagert. Cl oder H lagert sich in 2-Stellung an. Die Reaktionstemp. liegt zwischen 70 u. 95° oder auch höher, so daß sich die Peroxydverb. zersetzt. — Isobutylen u. CCl_4 ergeben unter Rückfluß in Ggw. von Benzoylperoxyd bei 77° *Tetrachlorpentan* (I), das wahrscheinlich die Formel $CCl_3-CH_2-C(CH_3)_2Cl$ besitzt, $Kp._4$ 52°, n_D^{20} 1,4845, $D.^{20}$ 1,3148, u. geringe Mengen höherer Homologe. Werden 2 Mol Isobutylen mit 1 Mol CCl_4 umgesetzt, erhält man neben I noch *Tetrachlornonan*, $Kp._5$ 74—76°, n_D^{20} 1,4950, $D.^{20}_{20}$ 1,2180, u. als Rückstand *Tetrachlortridecan*. — Dimethallyl u. CCl_4 ergeben $CCl_3-CH_2-CCl(CH_3)-CH_2-CH_2-C(CH_3)=CH_2$ u. geringere Mengen an $CCl_3-CH_2-CCl(CH_3)-CH_2-CH_2-CCl(CH_3)-CH_2-CCl_3$. (**E. P. 638 414** vom 30/10. 1946, ausg. 7/6. 1950. A. Prior. 15/12. 1945.) G. König. H 510

Imperial Chemical Industries Ltd., London, übert. von: **Reginald Thomas Forster**, Lancashire, England, *Äthylchlorid* gewinnt man aus C_2H_4 enthaltenden Mischungen durch Behandeln von 3—5 (Vol.) C_2H_6 mit 1 Cl_2 bei 450—500° u. einer Kontaktzeit von 0,3—1,0 Sek. u. anschließendes Überleiten der Reaktionsmischung nach erfolgter Kühlung unter Zugabe äquimol. Mengen Cl_2, auf C_2H_4 bezogen, bei 15—70° über einen Katalysator aus $CuCl_2$ auf akt. Al_2O_3, wobei sich aus C_2H_4 *Äthylendichlorid* bildet. Bei einem kontinuierlichem Verf. soll der C_2H_5Cl-Geh. auf höchstens 2,5% u. der C_2H_4-Geh. auf 5—10% gehalten werden. Im Ausgangs- wie im Rücklaufgas sollen W. u. O_2 nicht vorhanden sein. Die Ggw. geringer Mengen C_3H_6 stört nicht, es entstehen *Isopropyl-*, *Propyl-* u. *Allylchlorid*. — Zeichnung. (**E. P. 639435** vom 6/2. 1948, ausg. 28/6. 1950.) G. König. H 510

Minnesota Mining & Mfg. Co., St. Paul, übert. von: **Wilbur H. Pearlson**, Bald Eagle, **White Bear Township**, Ramsey County, und **Lyle J. Hals**, St. Paul, Minn., V. St. A., *Perfluorisobuten*, $(CF_3)_2C=CF_2$, $Kp._{740}$ 5—6°, erhält man durch Erhitzen von Octafluorcyclobutan C_4F_8 auf 700°. — Durch Oxydation mit $KMnO_4$ bildet sich Perfluoraceton $(CF_3)_2CO$, $Kp._{747}$ —26°. Als Nebenprod. entsteht C_3F_6. (**A. P. 2 617 836** vom 18/4. 1951, ausg. 11/11. 1952.) Krauss. H 520

Dow Chemical Co., Midland, Mich., übert. von: **Philip H. Dirstine**, Saratoga, und **Eldred L. Dance**, Pittsburg, Calif., V. St. A., *Vinylidenchlorid und Vinylchlorid* erhält man durch Erhitzen einer Mischung Cl_2 in einem inerten Verdünnungsgas u. Äthan oder mindestens 50% diese enthaltenden Gasen im Verhältnis: Mol Cl_2 = x Mol C_2H_6 + (x — 1) Mol C_2H_4 (x = 1,9—3, bes. 2,3—2,7) auf 450—600° mit Verweilzeit von wenigstens 0,5 Sek. in der Reaktionszone. Die Rk. erfolgt über gesätt. Perchloräthane, aus denen HCl abgespalten wird (Tabellen). — Vorr., Zeichnung. (**A. P. 2 628 259** vom 6/11. 1947, ausg. 10/2. 1953.) Krauss. H 520

Badische Anilin- & Soda-Fabrik Akt.-Ges., Ludwigshafen/Rh., *Vinylchlorid* (**I**). Äthylenchlorid wird bei ca. 300—600° in Ggw. von großoberflächigen Füllkörpern, wie Tonscherben, Bimsstein, Aktivkohle, oder in einem schmiedeeisernen Spaltrohr in I

u. HCl gespalten u. das Spaltgas nach Zusatz von Acetylen über Katalysatoren (mit HgCl imprägnierte Aktivkohle) bei 200—220° geleitet; Ausbeute ca. 95%. (**Schwz. P. 295 043** vom 8/6. 1944, ausg. 16/2. 1954. D. Prior. 11/5. 1943.) Krauss. H 520

Velsicol Corp., übert. von: **Morton Kleiman**, Chicago, Ill., V. St. A., *Symmetrische oder unsymmetrische organische Disulfide* erhält man durch Umsetzen von Disulfiden mit anderen Disulfiden oder mit Mercaptanen in fl. Phase bei 50—225° in Ggw. von 0,5—6 Mol-% eines organ. Peroxyds, Phenyldisulfids, Bixanthyls oder andere freie Radikale liefernder Stoffe nach folgenden Reaktionsschemen: RSSR (I) + R'SSR' → 2 RSSR' oder I + R'SH → RSSR' + RSH oder I + 2 R'SH → R'SSR' + 2 RSH. — 0,05 (Mol) Methyldisulfid (II) + 0,2 n-Butylmercaptan in Ggw. von Benzoylperoxyd bei 125° nach 3 std. Erhitzen → *n-Butyldisulfid*, Kp.$_{20}$ 116—118°, + *Methylmercaptan*. — II + n-Butyldisulfid → *Methyl-n-butyldisulfid*, Kp.$_{22}$ 77,5—78,5°. — II + n-Octyldisulfid → *Methyl-n-octyldisulfid*, Kp.$_{0,3}$ 65—68°. — Äthyldisulfid (III) + 2-Benzothiazyldisulfid → *Äthyl-2-benzothiazyldisulfid*, Kp.$_{0,005}$ 115—117°. — II + Diisopropyldixanthogen → *Methylisopropoxythioformyldisulfid*, Kp.$_{0,2}$ 50°. — II + III → *Methyläthyldisulfid*, Kp.$_{105}$ 75,5—76°. — II + Isoamyldisulfid → *Methylisoamyldisulfid*, Kp.$_{22}$ 85—86°. — Äthyl-n-amyldisulfid → III + *n-Amyldisulfid*. — III + n-Butylmercaptan → *Äthyl-n-butyldisulfid*. — III + Bis-(2-chloräthyl)-disulfid → *Äthyl-2-chloräthyldisulfid*. — III + Allylmercaptan → *Äthylallyldisulfid*. — Isopropyldisulfid + Cyclopentyldisulfid → *Isopropylcyclopentyldisulfid*. — III + Cyclohexylmercaptan → *Äthylcyclohexyldisulfid*. — Allyldisulfid + 4-Chlorcyclohexyldisulfid → *Allyl-4-chlorcyclohexyldisulfid*. — Bis-(2-oxyäthyl)-disulfid + Phenyldisulfid → *2-Oxyäthylphenyldisulfid*. — Bis-(2-chlorpropyl)-disulfid + Bis-(α-naphthyl)-disulfid → *2-Chlorpropyl-α-naphthyldisulfid*. — II + 4-Chlorthiophenol → *Methyl-4-chlorphenyldisulfid*. — III + 2-Mercaptothiophen → *Äthyl-2-thienyldisulfid*. — II + 2-Mercaptopyridin → *Methyl-2-pyridyldisulfid*. — *Allyl-4-(2-chlorpyridyl)-disulfid*. — *Cyclopentylcyclohexyldisulfid*. — *3-Chlorcyclohexylcyclohexyldisulfid*. — *Cyclohexylphenyldisulfid*. — *Cyclohexyl-β-naphthyldisulfid*. — *Cyclopentyl-2-chlorphenyldisulfid*. — *Cyclohexyl-4-pyridyldisulfid*. — *Cyclopentyl-2-benzothiazyldisulfid*. — *4-Chlorcyclohexyl-2-thienyldisulfid*. — *Phenyl-2-thienyldisulfid*. — *Phenyl-4-pyridyldisulfid*. — *4-Nitrophenyl-2-thienyldisulfid*. — *2-Thienyl-4-pyridyldisulfid*. — *4-Pyridyl-4-(2-chlorpyridyl)-disulfid*. — *2-Thienyl-2-benzothiazyldisulfid*. — *Phenyldisulfid*. — *β-Naphthyldisulfid*. — *Bis-(4-pyridyl)-disulfid*. — *Bis-(2-oxyäthyl)-disulfid*. — *Cyclopentyldisulfid*. — II + Bis-(β-oxyäthyl)-disulfid → *Methyl-β-oxyäthyldisulfid*, Kp.$_{20}$ 112,5 bis 113,5°. — II + Tetramethylthiuramdisulfid → *Methyl-N.N-dimethylaminothioformyldisulfid*, Kp.$_{0,7}$ 104—108°. — n-Propyl-α-naphthyldisulfid → *Bis-(α-naphthyl)-disulfid* + *n-Propyldisulfid*. — Zwischenprodukte. (**A. PP. 2610967** u. **2610968** vom 20/12. 1946, ausg. 16/9. 1952.) Krauss. H 600

Wacker-Chemie G.m.b.H., München, *Methylketen* (I) erhält man durch Spaltung von Propionsäureanhydrid oberhalb dessen Kp. von 166°, aber nicht > 700°, unter vermindertem Druck, zweckmäßig in Ggw. eines inerten Gases in einem Rohr aus Cu oder einer Cr-Legierung. I wird in einer Kältefalle, bes. in Ggw. eines Lösungsm., kondensiert u. zweckmäßig sofort weiterverarbeitet, z. B. mit Anilin → Anilid, F. 105°. In Aceton bildet sich das *Dimere* u. *Tetramere*, Kp.$_{25}$ ca. 200°. (**Schwz. P. 295 671** vom 3/1. 1944, ausg. 16/3. 1954. D. Prior. 16/1. 1943.) Krauss. H 710

Nopco Chemical Co., Harrison, N. J., V. St. A., *Fettsäurealkylester* erhält man durch Umesterung von 1 (Mol) eines freie Fettsäuren (I) enthaltenden Fettes oder Öls mit mindestens 2 eines prim. oder sek. 1wertigen Alkohols (II) C_1—C_8 in Ggw. eines alkal. Katalysators, z. B. NaOH, der zugleich die I neutralisiert. Nach der Umesterung zerlegt man die gebildeten I-Seifen mit einem sauren Katalysator, z. B. H_2SO_4 oder H_3PO_4, mit dessen Hilfe die frei gemachten I mit dem überschüssigen II verestert werden. (**E. P. 647 174** vom 23/7. 1948, ausg. 6/12. 1950.) Müller-Meiningen. H 810

Minnesota Mining & Mfg. Co., St. Paul, übert. von: **Thomas S. Reid**, New Canada Township, Ramsey County, Minn., V. St. A., *Fluorcarbonsäurevinylester* $R_fCOOCH=CH_2$ (R_f = gesätt., cycl. oder nichtcycl. Polyfluorkohlenstoffrest mit 3—17 C-Atomen) und deren *Polymere* erhält man durch Rk. von Acetylen mit vollständig fluorierten Monocarbonsäuren mit 4—18 C-Atomen u. anschließender Polymerisation in bekannter Weise. Hergestellt werden: *n-Heptafluorbuttersäurevinylester* $CF_3(CF_2)_2COOCH=CH_2$, Kp.$_{748}$ 78—79°; D.^{20} 1,418; n_D^{20} 1,309, Mol.-Refr. 32,3; Oberflächenspannung 17,5 (dyn/cm/20°), F-Geh. 52,3 (%); gibt nach Zusatz von 0,1 Benzoylperoxyd bei 65 bis 67° ein klares, festes Polymeres. — *n-Nonafluorvaleriansäurevinylester*, Kp.$_{732}$ 97—99°; n_D^{20} 1,3116. — *Undecafluorcapronsäurevinylester*, Kp.$_{100}$ 100°; D.^{20} 1,546; n_D^{20} 1,3115. — *n-Nonadecafluorcaprinsäurevinylester*, Kp.$_{0,5}$ 53°; D.^{20} 1,707; n_D^{20} 1,3176. — *Undecafluorcyclohexancarbonsäurevinylester*, Kp.$_{45}$ 59—59,5°; D.^{20} 1,628;

n_D^{20} 1,3362. Ferner können verestert werden: Tricosafluorlaurinsäure, Heptacosafluormyristinsäure, Hentriacontafluorpalmitinsäure, Pentatricontafluorstearinsäure, Tridecafluorcyclohexanessigsäure. (**A. P. 2 592 069** vom 5/3. 1951, ausg. 8/4. 1952.)
KRAUSS. H 810

Union Carbide & Carbon Corp., übert. von: **Lawrence W. Newton**, South Charleston, W. Va., V. St. A., *Fumarsäure* (I) entsteht durch Erhitzen einer 10—70%ig. Lsg. von Maleinsäure in geschmolzenem Maleinsäureanhydrid unter Ausschluß von W. auf 100—250°, wobei die I als unlösl. ausfällt. Ausbeute ca. 80%. (**A. P. 2 500 260** vom 8/5. 1948, ausg. 14/3. 1950.)
KRAUSS. H 820

United States Rubber Co., New York, N. Y., übert. von: **Elbert C. Ladd**, Passaic, N. J., V. St. A., *Olefinmono- oder polycarbonsäuredihalogenalkenolester* erhält man durch Kondensation von 3.3-Dihalogen-2-propenylhalogeniden oder 3.3-Dihalogen-2-propen-1-olen mit einer Olefinmono- oder polycarbonsäure $X_2C{=}CH{-}CHRY$ (X u. Y=F, Cl, Br, Y auch OH, R=H, Alkyl, Cycloalkyl, Alkenylalkyl, Cycloalkenyl, Aryl, Aralkyl) oder deren Alkalisalzen. — Aus 3.3-Dichlor-2-propenylchlorid (aus Tetrahalogenpropan durch Dehydrohalogenierung) + Na-Acrylat in 95%ig. wss. A. nach 12 std. Erhitzen → *3.3-Dichlor-2-propenylacrylat*, $Kp._2$ 37—44°, n_D^{20} 1,4842. — *Bis-(3.3-dichlor-2-propenyl)-maleinat*. — *Bis-(3.3-dichlor-2-propenyl)-fumarat*. — *3.3-Difluor-2-propenylacrylat*. — *3.3-Dichlor-2-propenylmethacrylat*. — *3.3-Difluor-2-propenylchloracrylat*. — *3.3-Dichlor-2-propenylcrotonat*. — Als Säuren sind noch genannt: Trichloracryl-, Zimt-, Tiglin-, Chlormalein-, Itacon-, Mesacon-, Citracon-, Aconit-; 3.4-Dichlordihydromucon-; 3.4.5.6-Tetrachlor-3.6-endo-(dichlormethylen)-tetrahydrophthalsäure. — Zwischenprodd. zur Herst. von Polymeren, Weichmachern, Schmierölzusatzmitteln u. Pharmazeutica. (**A. P. 2 594 184** vom 30/12. 1948, ausg. 22/4. 1952.)
KRAUSS. H 820

British Industrial Solvents Ltd., London, England, *Herstellung von 2.2.4-Trimethyl-3-ol-pentansäure* (I) 293 (Teile) rohes Isobutyraldoxan (= 5.5-Dimethyl-2.4-diisopropyl-6-oxy-1.3-dioxan, erhalten durch alkal. Kondensation von Isobutyraldehyd) 0,42 Co-Acetat, 0,10 Cu-Acetat, 0,02 Mn-Acetat u. 10 CH_3COOH werden unter Rühren bis 43—49° mit O_2-Gas oxydiert, Reaktionsprod. in Ae. gelöst, Katalysator mit W. ausgewaschen, nach Abdest. des Ae. mit Wasserdampf Isobuttersäure u. dgl. entfernt, Rückstand mit Ae. extrahiert, wobei man 144 Roh-I (F. 70—82°) u. durch Umkristallisation aus PAe. Rein-I, F. 93—94,5°, erhält. (**E. P. 681 202** vom 19/1. 1950, ausg. 22/10. 1952.)
MÜLLER-MEININGEN. H 850

Imperial Chemical Industries Ltd., London, England, *Herstellung von Aminoguanidin (I)-carbonat*. Man trägt in eine Suspension von Nitroguanidin in einer wss. $(NH_4)_2SO_4$-Lsg. allmählich Zn-Staub ein, bis die Red. zur I-Stufe beendet ist (Maximaltemp. 30°, p_H ca. 7,5 durch laufende Zufuhr einer Säure, bes. H_2SO_4). Der bei der Rk. gebildet ZnO-Schlamm wird von der erhaltenen I-Sulfatlsg. abgetrennt u. der Lsg. NH_3 u. dann ein lösl. Bicarbonat (II) zugesetzt, wobei man mindestens soviel NH_3 verwendet, daß bei der II-Zugabe Fällung der noch vorhandenen lösl. Zn-Verbb. als bas. Zn-Carbonat verhindert wird. (**Schwz. P. 284 409** vom 21/5. 1948, ausg. 17/11. 1952. E. Prior. 21/5. 1947.)
MÜLLER-MEININGEN. H 880

Bobingen Akt.-Ges. für Textil-Faser (Erfinder: **Paul Schlack**), Bobingen, *Reaktionsfähige, mehrwertige Cyanharnstoffe*. *ω.ω'-Dicyanhexamethylenharnstoff*, $NC{\cdot}NH{\cdot}CO{\cdot}NH{\cdot}(CH_2)_6{\cdot}NH{\cdot}CO{\cdot}NH{\cdot}CN$, erhält man durch Rk. von Mono-, Dinatrium- oder Ca-Cyanamid mit Hexan-1.6-diisocyanat (I) (Molverhältnis 2:1), wobei die Rk. bis zum Ende alkal. bleiben muß u. die Cyanamidsalze zweckmäßig in Überschuß angewandt werden. Statt I kann man auch m-Toluylendiisocyanat oder Hexan-1.6-diisothiocyanat verwenden. (**D. B. P. 912 090** Kl. 12o vom 9/12. 1941, ausg. 24/5. 1954, Anmeldung bekanntgemacht 15/10. 1953.)
BRÖSAMLE. H 890

Adolf Ch. J. Opfermann, Bergisch-Gladbach, *Herstellung von Cystindiamid*. Cystin wird mit Alkoholen in Ggw. von Mineralsäuren unter Erwärmen verestert, u. der Diester des Cystins wird mit NH_3-Lsg. u./oder NH_3-Gas zu dem Cystindiamid umgesetzt. — Die Veresterung wird z. B. mit äthylalkoh. HCl ausgeführt. (**Oe. P. 178 357** vom 20/12. 1951, ausg. 10/5. 1954.)
M. F. MÜLLER. H 950

Deutsches Hydrierwerk Rodleben VEB (Erfinder: **Hanns Höllerer**), Rodleben b. Rosslau, *Umlagerung cyclischer Ketoxime*, bes. von Cyclohexanonoxim, seinen Homologen oder Substitutionsprodd. in Lactame mittels saurer umlagernder Mittel. Die Umlagerung erfolgt mit Oleum in Ggw. von Perchloräthylen als Lösungsmittel. — 40 (Gewichtsteile) techn. Cyclohexanonoxim werden in 120 Perchloräthylen gelöst. Die Oximlsg. wird unter Kühlung in 41 techn. Oleum (20% SO_3) eingetragen. Temp. 45—55°. Nach beendetem Eintragen wird das Lösungsm. abgetrennt u. das Umlagerungsprod. auf 55 Gewichtsteile Eis gegossen, wobei die Temp. 20° nicht überschreiten soll. Danach wird bei 30—40° mit NaOH neutralisiert. Das abgetrennte *Caprolactam* wird im Vakuum destilliert. — Aus 2-Methylcyclohexanonoxim wird das *Lactam der ω-Amino-α-methylcapronsäure* erhalten ($Kp._{15}$ 150—155°), aus Cyclopentanonoxim das *Lactam der ω-Aminovaleriansäure*. (**D. P. [DDR] 2 466** Kl. 12p vom 21/2. 1943, ausg. 3/11. 1952 [Wirtschaftspatent].) M. F. MÜLLER. H 950

Wood River Oil & Refining Co., Inc., übert. von: **Vesta F. Michael,** Wichita, Kans., V. St. A., *Gewinnung von reinen Phenolen oder Kresolen* aus ihren Mischungen mit Thiophenolen, Mercaptanen u. schwefelhaltigen Verbb. erfolgt durch selektive Veresterung des Gemisches mit Borsäure, wobei die nicht veresterten Bestandteile abdest. u. die Phenolborsäureester mit W. hydrolysiert werden. (**A. P. 2 606 936** vom 29/11. 1950, ausg. 12/8. 1952.) KRAUSS. H 1060

Monsanto Chemical Co., St. Louis, Miss., V. St. A., *Salze von mehrbasischen aromatischen Carbonsäuren* erhält man durch Oxydation von Salzen von alkylsubstituierten aromat. Carbonsäuren der allg. Zus. $(R)_nC_6H_4(X)_m$ (R = Alkyl C_1—C_4, n u. m = 1—3, X = COOH, SO_3H oder $CH_2OH\cdot COO$-Gruppe) in wss. Lsg. bei 200—350° in Ggw. von Fe^{III}-Oxyd, Co-Oxyd, -Hydroxyd oder -Salzen, Ag, Pb oder Se-Oxyd oder -Hydroxyd u. 0,05—2 Gew.-% eines bes. aromat. Aldehyds als Beschleuniger mit O_2 oder Luft. Beispiel: 675 (g) W., 110 NaOH u. 150 rohe p-Toluylsäure (erhalten durch katalyt. Teiloxydation von p-Xylol) werden unter Rühren u. 1000 lbs./sq.in. O_2-Druck innerhalb 1 Std. auf 260—275° erhitzt. Es ergibt sich eine Ausbeute von 63,5% Na-*Terephthalat*. — m-Toluylsäure → *Isophthalsäure*. — o-Toluylsäure → *Phthalsäure*. — 3.5-Dimethylbenzoesäure → *5-Methylisophthalsäure* u. *Trimesinsäure*. — m-Methylphenoxyessigsäure → *m-Carboxyphenoxyessigsäure*. — p-Toluolsulfonsäure → *p-Sulfobenzoesäure*. — p-Xylolsulfonsäure → *Methylsulfobenzoesäure*. — p-Toluylaldehyd → *Terephthalsäure*. (**E. P. 679 400** vom 2/5. 1950, ausg. 17/9. 1952. A. Prior. 24/5. 1949.) MÜLLER-MEININGEN. H 1220

Velsicol Corp., Chicago, Ill., V. St. A., *Substituierte Halogencyclopentadiene* der nachst. Formeln (X=Cl oder Br, R=Alkyl, Aryl, Aralkyl, Cycloalkyl) und deren

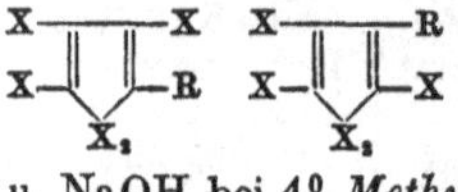

DIELS-ALDER-*Addukte mit Dienophilen*. Ein substituiertes Cyclopentadien wird mit einem Alkalihypohalogenit halogeniert u. anschließend mit Dienophilen bei ca. 0—200° umgesetzt. — Methylcyclopentadien gibt mit wss. Na-Hypochlorit u. NaOH bei 4° *Methylpentachlorcyclopentadien*, $Kp._{0,8}$ 51—59°, das nach 5 Tagen bei Raumtemp. mit Cyclopentadien das *Addukt* $C_{11}H_9Cl_5$, F. 140—153°, mit Inden das *Addukt* $C_{15}H_{11}Cl_5$, F. 143—145°, mit Maleinsäureanhydrid das *Addukt*, F. 227—228°, liefert. Als Dienophile sind noch genannt: Methyl-, Dimethylcyclopentadien, Butadien, Styrol, Dicyclopentadien, Phenylacetylen, Fulvene, Chinone. Ferner können hergestellt werden: *Äthylpentabrom-, Octadecylpentachlor-, 2-(p-Chlorphenyl)-äthylpentachlor-, 2-(p-Methoxyphenyl)-äthylpentabrom-, 1-Naphthyldibromtrichlor-, p-Chlorphenylpentachlor-, Dimethyltetrachlor-, Äthyl-(p-chlorphenyl)-tetrabrom-, Cyclopentylpentabrom-, 4-Methylcyclohexylpentachlor-, Allylchlortetrabrom-, 1-Buten-2-ylpentachlorcyclopentadien.* Verwendung als *Insekticide* (Fliegentest), *Weichmacher* für *Lacke, Firnisse* u. *plast. Massen.* (**E. P. 646 985** vom 17/7. 1947, ausg. 6/12. 1950. A. Prior. 31/5. 1946.) KRAUSS. H 1810

Shell Development Co., San Francisco, übert. von: **Frederick F. Rust, William E. Vaughan,** Berkeley, **Frank H. Seubold,** Los Angeles, Calif., V. St. A., *Glykoldiester aromatischer Carbonsäuren* erhält man durch höchstens 100 std. Erhitzen von aromat. Aldehyden zwischen 20 u. 200° in Ggw. von Dibenzoyl- oder di-tert.-Butylperoxyd (I) oder unter Einw. von akt. Licht $\lambda < 3200$ Å. — 200 (cm^3) C_6H_5CHO u. 50 I werden 63 Std. auf 109° erhitzt, wobei unter Entw. von 336 cm^3 Gas (bes. CH_4) 85% *meso-symm.-Diphenyläthylenglykoldibenzoat* nebenstehender Formel entsteht. $C_{28}H_{22}O_4$, VZ. 212,5 gefunden, 211 berechnet. F. 244°. (**A. P. 2 518 940** vom 19/11. 1946, ausg. 15/8. 1950.)

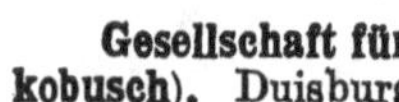

MÜLLER-MEININGEN. H 2270

Gesellschaft für Teerverwertung m.b.H. (Erfinder: **Otto Kruber** und **Rudolf Oberkobusch**), Duisburg, *Gewinnung von Sauerstoff-Heterocyclen aus Steinkohlenteerfraktionen*, die von 380—400° sieden. Die Fraktionen werden zur Umwandlung der O-Heterocyclen (I) in Bisphenole (II) einer Kalischmelze unterworfen, die II als Alkalisalze abgetrennt, aus der Phenolatlauge durch Ansäuern wieder freigesetzt, erneut abgetrennt u. durch Wärmebehandlung, bes. Dest. im Vakuum, wieder in I umgewandelt. Das Prod. der Wärmebehandlung kann auch fraktioniert werden, worauf die dabei anfallende, bei 389° sd. *1.2-Benzodiphenylenoxydfraktion* gereinigt wird, bes. durch Umlösen. Anschließend kann bei ca. 396° eine *Brasanfraktion* u. bei ca. 400° eine *1.9-Benzo-*

xanthenfraktion abgenommen werden. (**D. B. P. 907 895** Kl. 12q vom 4/8. 1951, ausg. 29/3. 1954. Anmeldung bekanntgemacht 6/8. 1953.) Fabel. H 3061

Farbenfabriken Bayer Akt.-Ges. (Erfinder: **Adolf von Friedrich-Liebenberg** und **Theodor König,** Leverkusen), *Herstellung von Cyanurchlorid* durch Polymerisation von ClCN. Diese wird bei erhöhter Temp. (300—700°), erhöhtem Druck (20—100 atü) u. zweckmäßig in Ggw. von HCl-Gas durchgeführt. Man erhält Ausbeuten bis zu 97%. (**D. B. P. 912 220** Kl. 12p vom 11/1. 1952, ausg. 28/5. 1954. Anmeldung bekanntgemacht 22/10. 1953.) Brösamle. H 3313

Celanese Corp. of America, New York, N. Y., übert. von: **Alexander F. Mac Clean,** Robstown, und **Adin Lee Stautzenberger,** Corpus Christi, Tex., V. St. A., *Hexamethylentetramin* (III) erhält man durch kontinuierliche Einführung einer Mischung aus CH_2O (I) u. NH_3 (II) in eine Reaktionszone, wo innerhalb 5—30 Min. bei 20—70° u. einem p_H von 7—8 Rk. stattfindet, worauf man III aus der wss. I-Lsg. durch Vakuumeindampfen gewinnt u. mindestens einen Teil der Mutterlaugen wieder in den Konzentrationsprozeß zurückführt. Man mischt z. B. je Std. 3800 (Gewichtsteile) wss. **I** (39,9%ig.) mit 580 **II** bei p_H 8, läßt das Gemisch 30 Min. bei 50° reagieren, konz. die Lsg. bei 50°/25 in. u. erhält 90—95% **III** von 98%ig. Reinheit. (**A. P. 2 640 826** vom 8/11. 1949, ausg. 2/6. 1953.) Müller-Meiningen. H 3313

X. Färberei. Organische Farbstoffe.

R. van Hasselt, *50 Jahre Farbstoffchemie.* Übersicht über die Entw. der synthet., nach der prakt. Anwendung eingeteilten Farbstoffe. (Chem. Weekbl. **50.** 281—90. 17/4. 1954. Rotterdam, N. V. Fabriek van chemische Producten „Vondelingenplaat", Labor.) Wesly. 7000

Henri Wahl, *Beziehungen zwischen Farbe und Konstitution.* Übersicht über die einerseits auf den Grundbegriffen der Mol.-Struktur, andererseits auf dem Energieaustausch zwischen Licht u. Materie beruhenden, an zahlreichen Beispielen erläuterten Anschauungen der Beziehungen zwischen Farbe u. Konstitution. (Teintex **17.** 207—25. 15/4. 1952. Nancy, Falculté des Sciences.) Wesly. 7002

A. Banderet und **P. Meyer,** *Über den Zustand der Dispersion von Direktfarbstoffen in wässerigen Lösungen. Beiträge zur Untersuchung des Phänomens der Färberei.* Es wird der Schwächungskoeff. (coefficient d'affaiblissement) beim Durchgang von Licht einer Na-Dampflampe durch eine Farbstofflsg. erfolgten Absorption u. Diffusion bei verschied. Tempp. gemessen u daraus auf den Dispersionsgrad von Direktfarbstoffen in wss. Lsgg. geschlossen. (Bull. Soc. chim. France, Mém. [5] **20.** 53—60. 1953. Mulhouse, École Supérieure de Chemie.) Löffler. 7002

—, *Neue Farbstoffe und Hilfsmittel. Produkte der J. R. Geigy AG., Basel.* Prodd. der J. R. Geigy AG., Basel: *Irganolgelb 5GLS* färbt Wolle, Naturseide u. Polyamidfasern. Die Lichtechtheit der Färbungen ist ausgezeichnet, die Wasch-, W.-, Meerwasser-, Schweiß-, Walk- u. Dekanturechtheiten sind sehr gut. Der Farbstoff ist auch zum Druck geeignet (Zirkular Nr. 1226). — *Modenuancen auf Wollflanell mit Irgalan u. Irganol-S-Farbstoffen.* Musterkarte Nr. 0983. — *Irgalandunkelbraun 5R* dient zum Färben von Wolle, Naturseide u. Polyamidfasern. Die Lichtechtheit des Farbstoffs auf Wolle ist nicht so gut wie die der L-Marken (Zirkular Nr. 1228). (Textil-Rdsch. [St. Gallen] **9.** 255. Mai 1954.) P. Eckert. 7018

H. R. Hirsbrunner, *Irgalan-Heiß-Färbeverfahren Geigy.* Das Verf. ermöglicht, Färbungen mit Irgalanen direkt in einem heißen Färbebad von 85—90° zu beginnen. Die Anwendungsweise u. die Durchführung des Verf. werden eingehend beschrieben u. prakt. Hinweise gegeben. (Textil-Rdsch. [St. Gallen] **9.** 240—44. Mai 1954. Basel, J. R. Geigy AG., Colorist. Abtlg.) P. Eckert. 7020

Ernst Fritsche, *Die Entwicklung der Kontinuefärberei mit Küpenfarbstoffen.* Die Arbeitsweise der einzelnen Kontinuefärbeverff. wird beschrieben. Das Färben auf dem Jigger, das Pigment-, Küpen-, Küpensäure-Klotzverf., das du Pont-Padsteamverf., das Standard Williams Unitverf., das Standfastverf. (Fixierung des Farbstoffes durch Metallbad), das Hot Oilverf. (Fixieren durch heißes Mineralöl), das Indanthren-Naß/Dampf-Entwicklungsverfahren. Es werden Vor- u. Nachteile bzw. spezielle Einsatzmöglichkeiten erörtert. (Z. ges. Textilind. **55.** 221—26. 5/3. 1953.) Schoenmann. 7020

A. G. H. Michie, *Untersuchungen über das Drucken der Terylene-Polyesterfaser.* Dispersol- u. Duranolfarbstoffe, Alcian Blue 8 G, Pigmente u. Küpenfarbstoffe eignen sich zum Textildruck von Terylene (I). Die Anwendungstechnik wird beschrieben, wobei es bei den Dispersionsfarbstoffen vor allem auf Druckdämpfen u. Quellungsmittel, wie p-Oxydiphenyl, ankommt. Küpenfarbstoffe druckt man nach dem Küpensäureverf. u. dämpft zur Fixierung bei hohen Drucken. Die Lichtechtheiten der Küpenfarbstoffdrucke auf I sind in prakt. allen Fällen geringer als bei Baumwolldrucken. (J. Soc. Dyers Colourists **70.** 13—15. Jan. 1954. Manchester, I. C. I., Dyestuffs Div.) Zahn. 7022

Robert E. Brouillard, *Die Technologie der Phthalocyanine.* 1. Mitt. *Ihre Chemie.* Entdeckungsgeschichte, Strukturaufklärung u. Synth. der *Phthalocyanine,* die in Aufbau u. Eigg. den natürlich vorkommenden Porphyrinen ähneln, werden eingehend beschrieben, bes. die Methoden zur Darst. der verschied. Metallderivv., metallfreier u. kernsubstituierter Verbb. sowie ihrer Ausgangs- u. Zwischenprodukte. (Amer. Ink Maker **32.** Nr. 1. 32—35. 65. Jan. 1954.) Bach. 7022

Robert E. Brouillard, *Die Technologie der Phthalocyanine.* 2. Mitt. *Ihre Anwendung.* (1. vgl. vorst. Ref.) Die Phthalocyanine haben dank ihrer hervorragenden Eigg. (ideale Lichtabsorption, Lichtechtheit, Beständigkeit gegenüber Hitze, Säuren, Alkalien u. Lösungsmittel) als Pigmentfarbstoffe breiteste Anwendung gefunden. Cu-Phthalocyanin, Cu-Hexadekachlorphthalocyanin u. metallfreie Phthalocyanine sind die wichtigsten Produkte. In der Textilfärberei spielen mit funktionellen Gruppen (SO_3H, SO_2NH_2, NH_2 u. dgl.) substituierte Phthalocyanine eine große Rolle. — 78 Literaturangaben. (Amer. Ink Maker **32.** Nr. 2. 30—33. 65—67. Febr. 1954.) Bach. 7022

Farbwerke Hoechst Akt.-Ges., vormals Meister Lucius & Brüning, Frankfurt/M. (Erfinder: **Martin Corell,** Frankfurt/M., und **Alfred Link,** Bad Soden/Taunus), *Herstellung von wasserunlöslichen Farbstoffen auf der Faser.* Man bringt wasserlösl. Verbb. der Formel F—N(X)—OC—CH_2—C(R)H—N(tert.)-Halogen, worin F den Rest eines Farbstoffes oder einer Kupplungskomponente bedeutet, die keine wasserlöslichmachenden Gruppen enthalten, X für H oder einen KW-stoffrest steht u. R = H, Alkyl, Aryl oder Aralkyl darstellt, auf die Faser, behandelt mit alkal. wirkenden Mitteln u. entwickelt die Kupplungskomponenten wie üblich durch Einw. von Diazoverbb. zu wasserunlösl. Azofarbstoffen. — Man rührt z. B. 5 (Gewichtsteile) der Pyridiniumchloridverb., die durch Einw. von Pyridin auf 1.4-Di-(β-chlorpropionylamino)-anthrachinon erhältlich ist, in eine Verdickung der Zus.: 15 Äthylenthiodiglykol, 10 Harnstoff, 7 heißes W., 60 Stärke-Tragant-Verdickung, 3 Wasser. Ein Gewebe wird mit dieser Paste bedruckt. Darauf wird gedämpft u. danach mit einer Lsg. geflockt, die im Liter W. enthält: 50 NaOH (38° Bé), 20 $BaCl_2$ u. 200 NaCl. Es tritt Spaltung des quartären Salzes auf der Faser ein. Man spült u. trocknet u. erhält echte Drucke von rotem Farbton. (**D. B. P. 896 336** Kl. 8m vom 17/11. 1939, ausg. 12/11. 1953.) v. Schiller. 7021

General Aniline & Film Corp., New York, N. Y., übert. von: **Ann Pfahler Comer,** Easton, Pa., und **Ralph G. D. Moore,** Phillipsburg, N. J., V. St. A., *Herstellung von 2.2'.4.4'-Tetraoxydiphenylsulfoxyd* durch Erhitzen von Diresorcylsulfid mit überschüssigem 30%ig. H_2O_2 in Ggw. von W. bei 65—75°. — Verwendung im *Textildruck.* (**A. P. 2 661 376** vom 4/8. 1951, ausg. 1/12. 1953.) Fabel. 7023

J. R. Geigy Akt.-Ges. (Erfinder: **Adolf Krebser,** Riehen b. Basel, **Werner Bossard** und **Werner Kuster**), Basel Schweiz, *Monoazofarbstoffe.* 2-Amino-8-oxynaphthalin-6-sulfonsäure (I) wird mit NO_2-freien Aminen der allg. Formel II gekuppelt, in der X eine Sulfon- oder Sulfonsäureamidgruppe bedeutet u. die beiden Benzolkerne noch weiter substituiert sein können. — Beispiele: Eine saure Suspension von I wird mit 2-Amino-4-acetylamino-4'-methyldiphenylsulfon-3'-sulfonsäure oder mit 1-Amino-4-acetylaminobenzol-2-sulfonsäure-N-äthyl-N-phenylamid-3'-sulfonsäure gekuppelt. Violette Pulver, die Wolle aus saurem Bade rot bis blaustichigrot färben. (**D. R. P. 762 085** Kl. 22a vom 11/6. 1940, ausg. 4/5. 1953. Schwz. Prior. 26/4. 1940.) Kalix. 7053

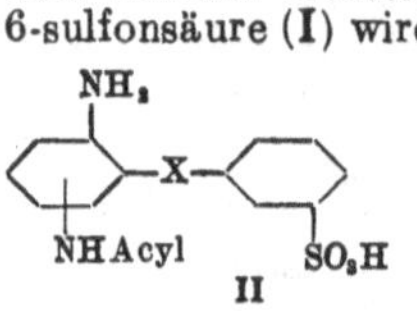

II

Cassella Farbwerke Mainkur (Erfinder: **Richard Fleischhauer**), Frankfurt/M., *Kupferhaltige Disazofarbstoffe* erhält man durch Kuppeln äquimol. Mengen der Tetrazoverb. eines 4.4'-Diamino-3.3'-dialkoxydiphenyls (I), einer 1.8-Dioxynaphthalin-3.6-disulfonsäure (II) in neutralem bis schwach saurem Medium u. einer Monooxy- oder Dioxynaphthalinmonosulfonsäure in stärker alkal. Medium u. anschließende Behandlung mit kupferabgebenden Mitteln, z. B. Cupri- oder Cuprosalzen, in Ggw. von z. B. NH_3, aliphat. oder cycloaliphat. Aminen oder Pyridinen. Sie färben Baumwolle (**A**) lichtecht blau u. besitzen gutes Ziehvermögen. — Cu-Komplexverb. von (**I** → **II**-Na-Salz → 1-Oxynaphthalin-5-sulfonsäure); **A**, Kunstseide aus regenerierter Cellulose (**G**) lichtecht blau. — Cu-Komplexverb. von (**I** → **II**-Na-Salz → 1-Oxynaphthalin-4-sulfonsäure); **A** rotstichiger blau. — Cu-Komplexverb. von (**I** → **II**-Na-Salz →

1-Oxynaphthalin-3-sulfonsäure); färbt grünstichiger blau. — Cu-Komplexverb. von (I → II → 2-Oxynaphthalin-4-sulfonsäure [IV]); pflanzliche Fasern (**P**) rein blau. — Durch Ersatz von **IV** durch 2-Oxynaphthalin-6- oder -7-sulfonsäure erhält man blauviolette bzw. rotstichigere Töne; Halogen- oder Alkoxynaphtholsulfonsäuren an Stelle von **IV** liefern Blau- sowie Grautöne. — **I → II →** 2.8-Dioxynaphthalin-6-sulfonsäure (**V**) → **VI**; **A** grünstichig blau; Cu-Komplexverb. von **VI**; **A** u. **G** grünstichig blau. — Durch Ersatz von **V** in **VI** durch 1.8-Dioxynaphthalin-4-sulfonsäure erhält man grünstichig blaue Töne auf **P**. (**D. B. P. 880 376** Kl. 22a vom 28/7. 1951, ausg. 22/6. 1953. Anmeldung bekanntgemacht 9/10. 1952.) SIEVERS. 7055

Farbenfabriken Bayer (Erfinder: **Karl Schmidt** und **Ottmar Wahl**), Leverkusen, *Farbstoffe*, geeignet zum Färben von festen u. fl. KW-stoffen, Ölen u. Wachsen (**W**) mit der besonderen Eig., fl. KW-stoffen, wie Bzn. u. Bzl., in geringen Mengen zugesetzt, intensive Fluorescenz (**Fl**) zu verleihen, erhält man durch Kondensation von 1 Mol Cyanurchlorid (**I**) mit 1—3 Mol mehrkerniger angularer aromat. Verbb. in Ggw. von $AlCl_3$ (**II**), gegebenenfalls in geeigneten Lösungsmitteln. — In eine Lsg. von 18,2 (g) **I** u. 20,2 Pyren (**Ia**) in 200 cm³ Bzl. trägt man innerhalb einer Std. bei 25° 15 **II** ein. Nach 12std. Kondensation erhält man den gelben Farbstoff der Zus. **III**. Er färbt Paraffin (**P**) grünstichig gelb, **Fl** in Bzl. blaugrün, in Bzn. rein blau. — In ähnlicher Weise erhält man Farbstoffe aus: **I** u. Chrysen, färbt **P** u. **W** gelb, **Fl** in Bzl. braungelb, in Bzn. blauviolett; **I** u. Perylen, färbt **P** braun u. Bzl. orange mit gelbgrüner **Fl** in großer Verdünnung; **I** u. Perylon, färbt Bzl. rotbraun mit gelbgrüner **Fl** in großer Verdünnung; **I** u. Phenanthren (**IV**), **Fl** in Bzl. blau, in Bzn. violett; **III** u. **IV**, graubraunes Pulver, **Fl** in Bzl. weißlichblau, in Bzn. blauviolett. — Wird 9,2 **I** mit 30,3 **Ia** in Nitrobenzol in Ggw. von **II** bei 200° kondensiert, so erhält man ein schwarzes amorphes Prod., **Fl** in Bzn.gelbgrün. (**D.B.P.877938** Kl. 22e vom 7/8. 1936, ausg. 28/5. 1953.) ROICK. 7059

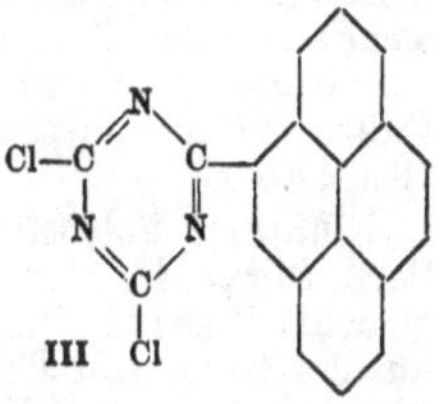

III

American Cyanamid Co., New York, N. Y., übert. von: **Mario Scalera**, Somerville, und **Elizabeth M. Hardy**, Bound Brook, N. J., V. St. A., *Triazinküpenfarbstoffe* der allg. Zus. **I** (R = H oder niedriger Alkylrest), die die pflanzliche Faser aus grauer bis violettschwarzer Küpe in sehr farbstarken u. lichtechten roten bis orangeroten Tönen färben, erhält man in an sich üblicher Weise durch Umsetzen von o-Alkoxydichlorphenyltriazinen mit den methylsulfonylsubstituierten 1-Amino-4-benzoylaminoanthrachinonen u. gegebenenfalls Verseifung der o-Alkoxygruppe zur OH-Gruppe. — Beschrieben ist die Herst. von **I** mit der CH_3SO_2-Gruppe in o-, p- u. m-Stellung, worin R = CH_3 bedeutet, u. mit der CH_3SO_2-Gruppe in m-Stellung, worin R = H darstellt, durch Verseifen der Methoxyverb. mit trocknem HBr in Nitrobenzol. (**A. P. 2 650 920** vom 27/9. 1951, ausg. 1/9. 1953.) ROICK. 7063

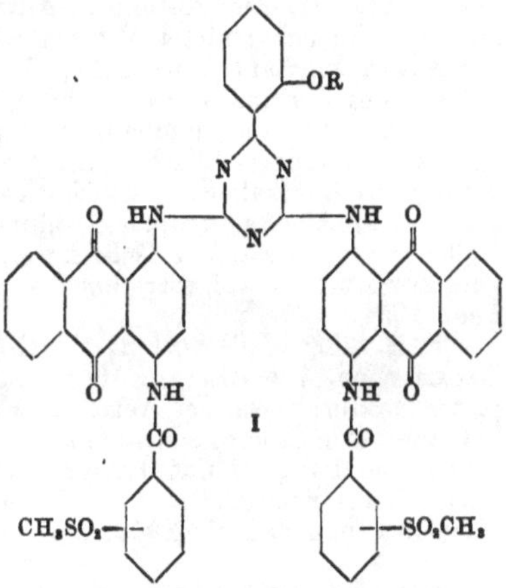

I

XIa. Farben. Anstriche. Lacke. Naturharze.

W. Holtorp, *Verfahren zur Herstellung gelber und roter Eisenoxyde durch Oxydation von Eisen in einem $FeSO_4$ enthaltenden Medium.* Es wurde ein Verf. ausgearbeitet, bei welchem unter Laborbedingungen sowie im halbtechn. Maßstab aus Fe-Abfällen Fe-Hydroxyd mit über 85% Fe_2O_3-Geh. sowie Fe-Oxyd mit >95% Geh. dargestellt wurde. Der Prozeß wurde in einem Reaktionsgefäß unter Erhitzen (50—75°), Zusatz von 60 Liter W. u. Durchleiten von Luft (während maximal 150 Std.) durchgeführt. Begünstigt wird die Oxydation durch Zugabe einer sauren $FeSO_4$-haltigen „Ätzlauge" (100—450 g $FeSO_4 \cdot 7H_2O$; 50—150 g konz. H_2SO_4; wenig Mn-Salz u. organ. Verunreinigung), diese muß jedoch mit Kalkmilch bis auf wenigstens p_H 2 abgestumpft werden. Das so gewonnene Eisengelb wird gewaschen u. bei 105° getrocknet; das Eisenrot wird daraus durch Erhitzen im elektr. Ofen auf 300—400° erhalten. (Przemysł chem. **7** (**30**). 565—71. Sept. 1951. Warschau, Chem. Inst., Labor. für Pigmente.) v. WILPERT. 7092

W. H. Coates, *Chemisch-technische Gesichtspunkte bei der Titanpigmentfabrikation.* Überblick über die apparative Gestaltung u. Ausführung der einzelnen Operationen von der Trocknung u. Mahlung des Ilmenits (I) an über den meist in Chargen, seltener kontinuierlich ausgeführten I-Aufschluß mit konz. H_2SO_4, Auslaugung des Prod., Hydrolyse der $TiOSO_4$-Lsg. unter der Bedingung, daß das TiO_2 durch Ausscheidung an Keimen in möglichst gleichmäßiger Größe ausfällt; Abtrennung u. Waschung des hauptsächlich aus 0,02 μ großen Anataskriställchen bestehenden Rückstandes unter Zugabe von feinverteilten Rutilkeimen, damit die Umwandlung in diese Kristallform schon bei 700° beginnt u. bei 900° vollständig ist, unter Kontrolle durch Röntgenstrahlanalyse, bis zur trocknen oder nassen Mahlung. (Int. chem. Engng. Process Ind. **31.** 229—32. Mai 1950.) METZENER. 7092

A. J. Eickhoff, W. Barnack jr. und **M. M. Dexter,** *Organophile Bentonite und ihre Funktion in Überzugsmaterialien.* Durch Umsetzung von *Bentonit* mit aliphat. Ammoniumsalzen entstehen organ. *Oniumbentonite,* die als Gelierungsmittel u. Stabilisatoren bei der Herst. von Ölfarben, Füllmitteln, Kitten u. Dichtungsmitteln, Lacken u. Anstrichfarben, Bitumenüberzügen, Druckfarben, Plastisolen u. Organosolen verwendet werden. Die mit diesen sogenannten *Bentonen* erzielten Verbesserungen werden auf Grund von Versuchsergebnissen graph. u. tabellar. dargestellt. (Off. Digest Federat. Paint Varnish Product. Clubs **1953.** 190—204. April. Brooklyn, National Lead Co., Res. Labor.) STEINER. 7096

Maurice Voituriez, *Bleiweiß als Rostschutzmittel seit einem Jahrhundert.* Bleiweiß belg. Herkunft, hergestellt nach dem „holländ. Verf.", hat seit über 100 Jahren (Literatur) Weltruf. Die D. u. Elastizität der mit Leinöl hergestellten Filme beruht u. a. auf der Bldg. von Pb-Seifen in Form von strahligen bewegbaren Fäden. Die Bewitterungsergebnisse auf Holz u. Eisen (3 Jahre in Berg- bzw. Talklima) wurden mit anderen Weißpigmenten nicht erreicht. (Ing. Chimiste [Bruxelles] **34.** 81—84. Juni 1952. Courtrai.) LOCHMANN. 7106

Benno Elfisch, *Reaktionsprimer in der Metall-Lackierung.* Fortschrittsbericht über Wirkungsweise, Aufbau u. Anwendung der als Wash Primer bezeichneten reakt. Metallgrundierungsmittel, die im wesentlichen aus filmbildenden Substanzen, antikorrosiven Pigmenten u. H_3PO_4 bestehen. Beim Auftragen auf Metall bilden sich unlösl. metallorgan. Deckschichten, die mit der metall. Grundlage fest verwachsen sind u. einen ausgezeichneten Haftgrund für die nachfolgende Lackierung abgeben. Ein typ. amerikan. Wash Primer weist folgende Zus. auf: Grundkomponente A = 9 Polyvinylbutyral, 8,6 bas. Zn-Chromat, 1,3 Mg-Silicat, 0,1 Lampenruß, 20 n-Butanol u. 61 A. oder Propanol, Säurekomponente B = 18 85%ig. H_3PO_4, 16,1 W. u. 65,9 A. oder Propanol. 4 Teile A werden mit 1 Teil B gemischt u. auf das Grundmetall aufgespritzt oder aufgestrichen. — Schrifttum. (Werkstoffe u. Korrosion **5.** 54—56. Febr. 1954.) VIER. 7106

F. B. Stieg, *Latexfarben.* Geschichtlicher Rückblick. Vorzüge u. Nachteile der Latexfarben. Verbesserung ihrer Eigg. durch Modifizieren mit Emulsionen fl. Polymerer, wodurch bes. der Anteil an Pigment erhöht werden kann. Zugabe von Schutzkolloiden, wie Casein, das auch als Bindemittel fungiert, verhindert vorzeitiges Koagulieren. Werden aber $CaCO_3$ oder $CaSO_4$ als Füllmittel zugemischt, so muß ein nicht ionisierbares Schutzkoll., z. B. Stärke, verwendet werden. (Off. Digest Federat. Paint Varnish Product. Clubs **1953.** 226—31. April.) STEINER. 7106

Soc. Solumeta, Paris, Frankreich, *Herstellung von Mennige* durch Oxydation von Pb-Dampf mittels eines N_2 u. O_2 enthaltenden Gases, indem man das Gemisch der Reaktionskomponenten auf einem nichtvertikalen Strömungsweg aufeinander einwirken läßt bei Tempp. zwischen 480 u. 510°. — Vorrichtung. (**Schwz. P. 296 002** vom 5/1. 1952, ausg. 1/4. 1954. F. Prior. 8/1. 1951.) DEMMLER. 7093

British Aluminium Co. Ltd., London, England, *Herstellung eines nicht aufschwimmenden Aluminiumpigments* in Pastenform durch Zusatz einer z. B. in Lackbenzin gelösten Li-, Mg- oder Ni-Seife, z. B. eines entsprechenden Naphthenats. (**E. P. 703 095** vom 6/6. 1951, ausg. 27/1. 1954.) DEMMLER. 7093

National Titanium Pigments Ltd. (Erfinder: **James Thomson Richmond** und **Raymond James Wigginton**), Luton, Bedfordshire, England, *Herstellung rutilartiger Titandioxydpigmente* durch Hydrolyse einer Ti-Sulfatlsg. in Ggw. einer keimhaltigen Flüssigkeit. Zunächst wird die keimhaltige Fl. dadurch hergestellt, daß ein Na-, K-, Zn- oder Mg-Titanat mit einer Halogenwasserstoffsäure oder, im Falle von Na- oder K-Titanat, mit HNO_3 behandelt wird, um eine Lsg. mit einem p_H-Wert unter 1,5 zu erhalten, die anschließend verd. wird, bis sie einen Ti-Geh. (als TiO_2 berechnet) von

5—80 g/Liter hat (wenn ihr Ti-Geh. nicht schon innerhalb dieses Bereichs liegt), u. die verd. Lsg. auf 50—100° während 10 Min. bis 2 Std. [unter Vermeiden des Ausfällens von $Ti(OH)_2$] erhitzt, um die Keime zu entwickeln. Danach wird die Ti-Sulfatlsg. in Ggw. der so hergestellten keimhaltigen Fl. hydrolysiert u. der erhaltene Nd. während ca. 1,5 Std. bei 750—950° calciniert. Vorzugsweise wird ein Titanat verwendet, das durch Erhitzen von 1 Mol TiO_2 mit 2—4 Äquivalenten einer Na-, K-, Zn- oder Mg-Verb. während 1—6 Std. bei 200—800° erhalten wurde. Vorzugsweise wird dann 1 Mol eines so erhaltenen Metalltitanats mit einer Menge einer Lsg. von HNO_3 oder einer Halogenwasserstoffsäure von 10—35% Stärke, die 3—9 Mol Säure entspricht, bei einer solchen Temp. zwischen 20 u. 60° u. während einer solchen Zeitdauer zwischen 1 u. 10 Std. erhitzt, daß das Metalltitanat prakt. vollständig in Lsg. geht. Die Menge der keimhaltigen Fl. (als TiO_2 berechnet) soll 1—15% des Ti-Geh. (als TiO_2 berechnet) der zu hydrolysierenden Ti-Sulfatlsg. betragen. (**D. B. P. 873 116** Kl. 22f vom 1/1. 1949, ausg. 9/4. 1953. E. Priorr. 16/8. 1946 u. 13/8. 1947.) SCHREINER. 7093

Wheatland Tube Co., Wheatland, übert. von: **Charles Curtis Clarke,** Grove Citz, Pa., V. St. A., *Eisenoxydgewinnung* aus Beizablaugen. Man stellt die Lauge auf ein p_H von 2—6 ein, trennt die entstandene Schlacke ab u. stellt unter Erhöhung der Temp. auf 180° F auf einen p_H-Wert von 9,6 ein. Dann leitet man unter Druck u. weiterer Temperaturerhöhung auf ca. 200° F Luft ein, wäscht anschließend die entstandenen Eisenoxyde (Gemisch aus Fe_2O_3 u. Fe_3O_4) aus u. trocknet. Verwendung u. a. als *Pigmente.* (**A. P. 2 656 282** vom 26/1. 1951, ausg. 20/10. 1953.) NEBELSIEK. 7093

General Electric Co., New York, N. Y. (Erfinder: **Joshua Robert Callaway Brown jr.,** Chicago, Ill.), V. St. A., *Herstellung luminescierender Stoffe.* Ein als Matrix für einen Luminophor grundsätzlich geeigneter Stoff (bes. ZnS, CdS oder [ZnCd]S) in feinkrist. Form wird in einer (vorzugsweise gesätt.) wss. Lsg. dieses Stoffes zusammen mit einem oder mehreren geeigneten Aktivatoren (z. B. Cu oder/u. Ag) im Autoklaven auf 250—374° erhitzt, bis sich Kristalle größerer Abmessungen gebildet haben. (**D. B. P. 887 094** Kl. 22f vom 4/11. 1951, ausg. 20/8. 1953. Anmeldung bekanntgemacht 16/10. 1952. A. Prior. 4/11. 1950.) SCHREINER. 7093

British Thomson-Houston Co. Ltd., Aldwych, London (Erfinder: **Robert Stirling Wells,** Rugby), England, *Herstellung eines Leuchtstoffs.* Ein inniges Gemisch von Sr-Phosphat (I) u. Sr-Fluorid (II) mit (bis 4 Gew.-% des Gesamtgewichtes von I u. II) Sr-Oxyd (III) als Aktivator wird bei ca. 1000—1250° geglüht u. das Glühprod. gemahlen. Vorzugsweise werden 3 Mol I auf 1 Mol II verwendet, so daß $SrF_2 \cdot 3\,Sr(PO_4)_2$ entsteht. Dem zu glühenden Gemisch kann eine Mn-Verb. (z. B. Mn-Phosphat, -Carbonat oder -Oxyd) in Mengen von 1—8 Gew.-% zugemischt werden. Das II kann bis zu 75% durch eine äquimol. Menge Sr-Chlorid, das III durch eine dem Sr-Geh. entsprechende andere Sr-Verb. ersetzt sein. Mehrere Kurven zeigen die Wirkungen des Modifizierens. Diese Leuchtstoffe können als Verkleidungsmaterial für Niederdruckquecksilberdampflampen, als Schirmmaterial für Kathodenstrahlröhren oder in Druck- u. Malfarben verwendet werden. (**D. B. P. 870 731** Kl. 22f vom 1/10. 1950, ausg. 16/3. 1953. E. Priorr. 21/12. 1945 u. 2/7. 1947.) SCHREINER. 7093

Badische Anilin- & Soda-Fabrik Akt.-Ges. (Erfinder: **Paul Krebs),** Ludwigshafen/Rh., *Phosphorescierende anorganische Pigmente,* z. B. Sulfate, Fluoride, Silicate der Erdalkalimetalle oder anderer mehrwertiger Metalle, werden hergestellt in Ggw. wasserlösl. Salze von Sulfon- oder Carbonsäuren cycl. Verbb. mit mindestens 3 kondensierten Ringen (z. B. coronensulfonsaures oder carbazolsulfonsaures Na oder Na-Salz der Carbazolmonosulfonsäure). Diese Erregerverbb. werden bei der Bldg. dieser (auch im UV fluorescierenden) Pigmente in diese so fest eingeschlossen, daß sie auch durch W. nicht ausgewaschen werden können. Diese Pigmente eignen sich zur Herst. von Leuchtschirmen, auch können sie in feiner Verteilung Spinnlsgg. zugesetzt werden, wodurch phosphorescierende künstliche Fäden erhalten werden. (**D. B. P. 912 133** Kl. 22f vom 15/2. 1944, ausg. 24/5. 1954. Anmeldung bekanntgemacht 8/10. 1953.) SCHREINER. 7093

Sherwin-Williams Co., Cleveland, O., übert. von: **William T. Walton,** Chicago, Ill., und **Arthur B. Holton,** Bay Village, O., V. St. A., *Farbpigmentpulver.* Pigmente mit einem durchschnittlichen Teilchendurchmesser von 0,08—0,2 (Mikron), wie Phthalocyaninblau oder Lampenruß, bzw. von 0,2—0,3, wie Toluidinrot, Preußisch Blau, Ferritgelb oder TiO_2, bzw. von 0,3—0,5, wie rote Fe-Oxyde, Cr-Grün oder Cr-Gelb, werden mit geringen Mengen eines thermoplast., bei 20° aber pulverisierbaren Harzes bei Schmelztemp. des Harzes gemischt. Das Gemisch enthält zweckmäßig

10—35 bzw. 25—50 bzw. 55—65% Pigment u. wird nach dem Erkalten pulverisiert u. sortiert nach Teilchengröße zwischen 40- u. 200-Maschensieb. Der erhaltene Harz-Pigment-Farbstoff dient zum Färben beliebiger Lacke. (**A. PP. 2 613 158, 2 613 159** u. **2 613 160** vom 29/3. 1950, ausg. 7/10. 1952.) GRÄGER. 7093

E. I. du Pont de Nemours & Co. (Erfinder: **Elmer K. Bolton**), Wilmington, Del., V. St. A., *Herstellung farbloser oder farbiger Pigmente* aus polymerem organ. Material. Synthet. lineare Polyamide werden mit organ. Farbstoffen gefärbt u. zur gewünschten Teilchengröße vermahlen. (**D. B. P. 903 733** Kl. 22f vom 10/3. 1940, ausg. 8/2. 1954. Anmeldung bekanntgemacht 28/5. 1953.) SCHREINER. 7093

Universal Oil Products Co., Chicago, Ill., V. St. A., *Herstellung eines trocknenden Kohlenwasserstofföls*, bestehend aus einem Mischpolymer mit einem Mol.-Gew. von 500—5000 u. 10—100 Doppelbindungen im Molekül. Ein Monoisoolefin mit nicht >8 C, wie Isobutylen (25—10 Teile), u. ein konjugiertes Diolefin mit nicht >8 C, wie Butadien-(1.3) (75—90 Teile), werden in fl. Propan bei —80 bis —40° der Einw. von möglichst wasserfreiem HF ausgesetzt. Nach der Rk. wird ein Alkohol (A.) u. ein aromat. KW-stoff (Bzl.) zugesetzt, die sich bildenden Schichten getrennt. Aus der Benzollsg. wird das polymere Prod. durch Dest. des Lösungsm. gewonnen. (**E. P. 675 804** vom 22/3. 1950, ausg. 16/7. 1952. A. Prior. 31/3. 1949.) GRÄGER. 7097

Universal Oil Products Co., übert. von: **Herman S. Bloch**, Chicago, Ill., V. St. A., *Modifizieren trocknender Öle.* Ein Mischpolymer, wie die Octenfraktion aus dem Polymerisationsprod. von Propylen u. Butylen (mittels HF-Katalysator), wird mit einem aliphat. Monoolefin mit 2—7 C (Äthylen) bei 50—300° in Ggw. eines Katalysators (Chinon oder organ. Peroxyd, wie Di-tert.-butylperoxyd), behandelt. (**A. P. 2 611 788** vom 18/2. 1948, ausg. 23/9. 1952.) GRÄGER. 7097

Universal Oil Products Co., Chicago, übert. von: **Louis Schmerling**, Riverside, Ill., V. St. A., *Herstellung modifizierter trocknender Öle.* Die aus einem Polymerisationsgemisch (erhalten bei 100—300°, bes. 220°, durch Mischpolymerisation von Monoolefinen mittels Halogenolefin, wie Dichloräthylen) gewonnenen cycl. Polyolefine werden bei 50—250°, bes. 200—220°, mit W., Alkohol, Aminen (nicht tert.), Carbonsäuren oder einem Phenol, bes. mit einer wss. Lsg. von NaOH oder mit Methanol, behandelt, um das in den Kondensationsprodd. befindliche Halogen auszutauschen. (**A. P. 2 602 820** vom 30/12. 1948, ausg. 8/7. 1952.) GRÄGER. 7097

Böhme Fettchemie G.m.b.H., Düsseldorf (Erfinder: **Friedrich Schmitt**, Düsseldorf, und **Georg Hill**, Hamburg), *Lösungs- und Weichmachungsmittel* für Cellulosederivv., natürliche u. künstliche Harze, Kunststoffe u. Polymerisationsprodd., bestehend aus dem durch Veresterung der verseifbaren mit den unverseifbaren Anteilen des aus der Abluft der Oxydationsöfen gewonnenen Kühleröls der Paraffinoxydation. Herst. von Grundier-, Spritz-, Metall- oder Kunstlederlack. (**D. B. P. 910 122** Kl. 39b vom 28/7. 1942, ausg. 29/4. 1954. Anmeldung bekanntgemacht 10/9. 1953.) SALZMANN. 7097

Wacker-Chemie G.m.b.H., München (Erfinder: **Hans Deutsch**, Hamburg), *Binde- und Emulgiermittel von Farben für die Maltechnik sowie Grundiermittel hierfür.* Als solche werden wasserlösl. Polyvinylverbb., wie Polyvinylchlorid, -acetat oder -alkohol, verwendet. (**D. B. P. 908 395** Kl. 22g vom 11/3. 1944, ausg. 5/4. 1954. Anmeldung bekanntgemacht 13/8. 1953.) GRÄGER. 7097

E. I. du Pont de Nemours & Co., übert. von: **Robert W. Upson**, Wilmington, Del., V. St. A., *Emulsionspolymerisation von Äthylenverbindungen* (**I**). Monomere **I** werden in wss. Dispersion in Ggw. eines anorgan. Salzes einer organ. Azoverb. **II**, in welcher

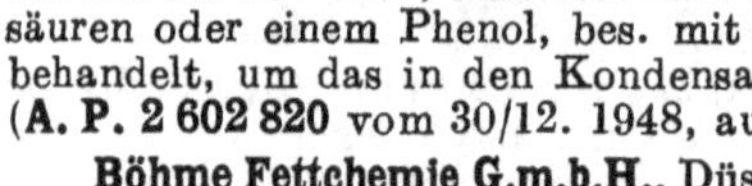

II

R u. R′ = Alkylreste mit 1—4 C-Atomen, R″ = H u./oder einen organ. Rest mit 1—6 C-Atomen, HX = anorgan. Säure bedeuten, in Mengen von 0,05—5% bei 50—80° unter Zusatz von 1—10% Dispergiermitteln polymerisiert. Als **II** verwendet man die Hydrochloride u. -bromide von: 2.2′-Bis-(N-phenylguanyl)-2.2′-azopropan, 2.2′-Bis-(N.N-dimethylguanyl)-2.2′-azobutan, 3.3′-Bis-(N.N-di-n-butylguanyl)-3.3′-azopentan, 5.5′-Diguanyl-5.5′-azononan. Zu einer mit Eis gekühlten Lsg. von 10 (Teilen) Na-Dodecylsulfat u. 4 Dinatriumphosphat in 200 W. wird 1 Hydrochlorid von 2.2′-Diguanyl-2.2′-azopropan zugesetzt. Diese Lsg. wird zu 1000 W. in einen Autoklaven gegeben u. nach dem Evakuieren Äthylen eingeleitet u. 2 Std. bei 70° belassen. Durch Ansäuern mit HNO_3 wird das Polymerisat ausgefällt, mit W. gewaschen u. getrocknet. Die Verbb. dienen zur Herst. von *Anstrichen für Gewebe* u. *Papier.* (**A. P. 2 599 300** vom 23/6. 1950, ausg. 3/6. 1952.) SEIZ. 7097

Röhm & Haas G.m.b.H. Chemische Fabrik (Erfinder: **Ernst Seifert** und **Dietrich Seip**), Darmstadt, *Herstellung von modifizierten Alkydharzen*, dad. gek., daß niedrigmol. Polymerisate oder Mischpolymerisate von Estern aus gegebenenfalls α-substituierten Äthylencarbonsäuren u. einwertigen Alkoholen u. Mono- oder Diester aus Ölfettsäuren u. mehrwertigen Alkoholen mit einer oder mehreren mehrbas. organ. Säuren bzw. deren Anhydriden erhitzt werden, wobei die Zugabe der mehrbas. Säure bzw. Säuren u./oder deren Anhydride zu einem Zeitpunkt erfolgt, bei dem das Gemisch aus Polymerisat u. Fettsäureester noch inhomogen ist. — Z. B. werden 300 (Teile) Monoglycerid von Leinölfettsäuren u. 130 niedrigpolymerer Acrylsäureäthylester in Ggw. von 1 PbO 2 Std. verkocht, worauf 50 Phthalsäureanhydrid hinzugefügt werden u. weitere 10 Std. erhitzt wird, davon 8 Std. auf 270°; Weichharz, zu 50% lösl. in Essigester. Die verfahrensgemäßen Harze trocknen sowohl physikal. als auch chem., sind lösl. in den gebräuchlichen Lösungsmitteln, haften gut auf Untergründen, wie Metallen, Holz, Stein, Glas u. Leder, sind leicht emulgierbar u. gut verträglich mit anderen Filmbildnern, bes. mit Nitrocellulose. (**D. B. P. 912 752** Kl. 39c vom 29/8. 1951, ausg. 3/6. 1954. Anmeldung bekanntgemacht 22/10. 1953.) HERBST. 7097

Monsanto Chemical Co., St. Louis, Mo., übert. von: **Theodore P. Malinowski**, Springfield, Mass., V. St. A., *Lackharze aus Methylolmelaminen* (I) erhält man durch Rk. von I-Äthern mit dem *Dihydrocyclopentadienylalkohol* (II). Das Prod. ist in trocknenden Ölen lösl. u. zum Verschnitt geeignet. — 300 (Teile) Pentamethyläther von I werden mit 450 II gelöst u. mit 6 Methylphosphorsäure 2 Std. auf 100° bei 1—12 mm Hg erwärmt. Man erhält ein bei 80—100° schm. klares Harz. Erhitzt man das Prod. weitere 1,5 Std. auf 100°, so entsteht ein springhartes Harz. Beide sind in Lösungsmitteln löslich. (**A. P. 2 619 476** vom 25/3. 1950, ausg. 25/11. 1952.) MÖLLERING. 7097

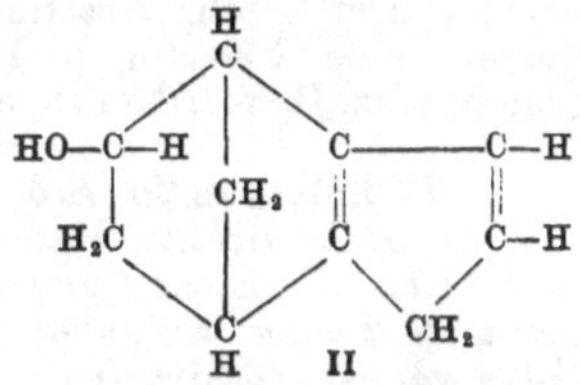

Farbwerke Hoechst Akt.-Ges., vormals Meister Lucius & Brüning, Frankfurt/M. (Erfinder: **Arthur Voss**, Gräfelfing), *Plastische Massen oder Lacke*, die in W. nicht mehr, in organ. Lösungsmitteln noch nicht lösl. sind, gek. durch die Verwendung solcher Polymerisate, die erhalten werden, wenn man in einer polymeren Vinylverb., die nur oder fast nur hydrophile Gruppen enthält, einen geringen Anteil dieser Gruppen in hydrophobe Gruppen verwandelt, so daß auf eine hydrophobe Gruppe mindestens 10 hydrophile Gruppen kommen, u. von Mischlösungsmitteln, die aus W. u. mindestens einem hydrophilen, weitgehend wassermischbaren Lösungsm. bestehen. — 120 (Teile) Polyvinylalkohol werden mit 30 $CH_2ClCOOH$ verschmolzen, bis eine Probe leicht in einem Gemisch von W. u. Methanol (1:1) lösl. ist. (**D. B. P. 909 860** Kl. 39b vom 27/9. 1938, ausg. 26/4. 1954. Anmeldung bekanntgemacht 10/9. 1953.) SALZMANN. 7107

British Resin Products Ltd., London, übert. von: **Edward Michael Evans**, Tonbridge, **Stanley Erwin Bradshaw**, Tunbridge Wells, und **John Edward Seager Whitney**, Penarth, Wales, England, *Mischpolymere aus Oxystyrolen und trocknenden Ölen.* o-, m- oder p-Oxystyrol oder die Methyl-, Äthyl- oder Propylhomologen oder Mischungen dieser Oxystyrole mit Styrol oder einer anderen polymerisierbaren Vinylverb. werden mit einem trocknenden Öl, wie Holzöl, dehydratisiertes Ricinusöl, Oiticicaöl oder Leinöl in Abwesenheit von O_2 mischpolymerisiert, wobei die Polymerisation vor der Gelatinierung abgebrochen wird. Dann wird mit einem flüchtigen aromat. KW-stoff verdünnt. — Z. B. wird eine Mischung aus 90 (Teilen) Holzöl u. 10 m-Oxystyrol in Ggw. von 1 Benzoylperoxyd 5 Std. auf 140° erhitzt. Nach dem Abkühlen wird mit 40 einer Mischung aus gleichen Teilen Butanol u. Xylol verdünnt. Nach Zufügung von 0,1% Co- u. 0,5% Pb-Naphthenat erhält man einen lufttrocknenden Lack. (**A. P. 2 647 876** vom 10/1. 1950, ausg. 4/8. 1953. E. Prior. 15/1. 1949.) HERBST. 7107

Union Carbide & Carbon Corp., New York, übert. von: **John Wynstra**, Bloomfield, N. J., V. St. A., *Mischpolymerisate aus ölmodifizierten Polyestern und Vinylmonomeren.* Die Lsg. einer Mischung aus monomeren Vinylverbb., wie Styrol (**I**), ölmodifizierten Polyesterharzen aus mehrwertigen Alkoholen u. Fettsäureglyceriden (**II**) sowie zweibas. Addukten aus Reaktionsprodd. von Cyclopentadien oder Dicyclopentadien mit einer α.β-ungesätt. Dicarbonsäure oder deren Anhydriden, bes. Malein-, Fumar- u. Acetylendicarbonsäure, in organ. Lösungsmitteln, wie Äthern, Estern, Ketonen, aromat. KW-stoffen u. Terpenen wird bei 125—150° in Ggw. von 0,25% organ. Peroxyden, bes. Cumolhydroperoxyd, 6—7 Std. lang polymerisiert. Die so hergestellten Polymerisate werden als *Anstrich-*, *Binde-* u. *Klebemittel* verwendet. An Stelle von **I**

können halogensubstituierte I, Äthylvinylketone, Alkyl- u. Arylacrylate, Vinylacetate u. -chloride verwendet werden. — Z. B. werden 2640 (Teile) Sojaöl, 310 Glycerin u. 0,95 PbO zunächst auf 215—220° erhitzt, nach dem Abkühlen auf 150° mit 290 Xylol, 297 Dicyclopentadien u. 442 Maleinsäureanhydrid versetzt. Dabei wird cis-3.6-Endomethylen-Δ^4-tetrahydrophthalsäureanhydrid in situ gebildet, wobei die Temp. 1 Std. auf 200° erhöht wird. Zur vollständigen Veresterung wird unter Rückfluß auf 200—207° erhitzt, das gebildete W. einer azeotropen Dest. unterworfen u. in 5 Fraktionen getrennt. Dann werden 216 Fraktion 2 (mit 200 Harzgeh.), 200 I, 117 Xylol u. 1,6 Di-tert.-butylperoxyd, letzteres innerhalb von 2 Std. ratenweise zugesetzt u. auf 135° 10 Std. lang erhitzt. Zur Herst. weißer *Emaille* werden 134 des so erhaltenen Polymerisates, 100 Titandioxyd unter Zusatz von 0,01—0,02% Kobaltsikkativ auf einer Farbmühle feinstens verrieben u. mit Xylol verdünnt. (**A. P. 2600457** vom 28/2. 1950, ausg. 17/6. 1952.) SEIZ. 7107

Imperial Chemical Industries Ltd. (Erfinder: **Albert Julius Elleman**), London, England, *Elektrisch leitfähiger Überzug*, der in einem Bindemittel (ölmodifiziertem Alkydharz) 5—25 Vol.-% (vom Festkörpergeh.) eines nichtoxydierten Metallpulvers bes. mit magnet. Remanenz (Zn, Messing, rostfreier Stahl, Weicheisen u. bes. Ni) enthält. Der frische Anstrich wird einem magnet. Feld ausgesetzt, um den Metallteilchen eine Richtung zu geben. Das Verhältnis der wirklichen D. des Pulvers zur scheinbaren D. soll $>4:1$ sein. (**E. P. 705166** vom 22/8. 1950, ausg. 10/3. 1954.) GRÄGER. 7107

F. L. Smidth & Co. A/S, Kopenhagen, Dänemark, *Mittel zum Auftragen von Deck- und Anstrichschichten.* Man verrührt W. mit hydraul. Bindemitteln, Fettsäuresalzen u. Stoffen zur Einstellung der D., des Deckvermögens u. der Gleitfestigkeit sowie geringen Mengen Kohlenhydraten (Zucker). Als fettsaure Salze werden Ca- oder Al-Salze verwendet, die aus trockenem Metalloxydpulver u. wss. Seifenlsg. hergestellt wurden. Die fertige M. enthält ca. 75—100 (Teile) W. auf 100 Trockenstoff u. kann sowohl zum Anstreichen als auch zum Anspritzen verwendet werden. (**Dän. P. 74259** vom 14/5. 1949, ausg. 3/6. 1952.) JÜRGEN SCHMIDT. 7107

Farbwerke Hoechst Akt.-Ges., vormals Meister Lucius & Brüning, Frankfurt/M. (Erfinder: **Georg Keicher** und **Guido von Rosenberg**, Gersthofen), *Anstrichmittel oder Kunststoffe*, gek. durch den Geh. an Perhydroterpenphenylestern, bes. an Acetaten oder Halogenacetaten des Bornylmethylcyclohexanols als Weichmacher. Sie sind mit anderen Weichmachern, wie Chlordiphenyl, Dibutylphthalat, Trikresylphosphat, verträglich. (**D. B. P. 908397** Kl. 22g vom 13/10. 1951, ausg. 5/4. 1954. Anmeldung bekanntgemacht 13/8. 1953.) GRÄGER. 7107

XIb. Plaste (Kunstharze. Plastische Massen).

R. Nitsche, *Einteilung, Aufbau und Eigenart der Kunststoffe.* Zusammenfassender Überblick über den Begriff Kunststoffe, ihre Einteilung u. die Zusammenhänge zwischen Struktur u. Eigg. derselben. (Konstruktion **4.** 293—98. 1952. Berlin-Dahlem, Materialprüfungsamt.) WINIKER. 7170

W. B. Reynolds und **W. W. Crouch**, *Elastische und plastische Massen.* Erörterung der Bedeutung der Erdölchemie als Rohstoffquelle für die verschiedenartigen elast. u. plast. Massen. (Advances in Chem. Ser. **1951.** Nr. 5. 310—23. 7/8. Bartlesville, Okla. Phillips Petroleum Co.) SCHÄFF. 7170

H. Zickel, *Konstruieren mit Kunststoffen.* Überblick über die Verarbeitung der Kunststoffe sowie das Verbinden derselben durch Nieten, Schrauben, Kleben u. Schweißen. Einige Beispiele zur Erläuterung der betreffenden Verfahren. (Konstruktion **4.** 299—305. 1952. Troisdorf.) WINIKER. 7170

Karl Mienes, *Kunststoffverarbeitung und Oberflächengestaltung.* Vortrag. — 11 Literaturhinweise. (Plastverarbeiter **5.** 195—205. Juli 1954. Bad Godesberg/Rh.) WINIKER. 7170

K. Stoeckhert, *Kontinuierliches Speisen von Folienkalandern.* Zusammenfassender Überblick über die verschied. Typen der dem Kalander (Herst. von PVC-Folien) vorgeschalteten Vorbereitungsmaschinen. (Kunststoffe **44.** 231—36. Juni 1954. Stockholm.) WINIKER. 7172

Håkan Lühr, *Die Stabilität von Polyvinylchlorid.* Bei 260 std. Erhitzen auf 170° erleidet Polyvinylchlorid (I) einen Gewichtsverlust, der einer fast vollständigen Abspaltung von HCl entspricht. Eine autokatalyt. Wrkg. von HCl beim therm. Zerfall von I erscheint unwahrscheinlich. — Mischungen von I u. Di-2-äthylhexylphthalat wurden mit 1—10% eines Stabilisators, wie Ca- u. Pb-Stearat, Pb-Phosphit u. Pb-

Carbonat auf 170° erhitzt u. die Zeit bis zum Beginn der Dunkelfärbung sowie die HCl-Abspaltung bestimmt. Bei Zusatz von 2% der Pb-Verbb. tritt erst nach 31 bis 33 Min. Verfärbung ein, mit 3% Pb-Carbonat bleibt die M. farblos. (Tekn. Fören. Finland Förh. **74.** 53—57. März 1954. Tammerfors.) BECKMANN. 7172

J. A. Sauer und **C. C. Hsiao,** *Spannungsrißbildung von Kunststoffen.* Nach einer allg. Übersicht über den Einfl. verschied. Faktoren auf den Beginn u. das Wachsen der Risse bei Kunststoffen (ähnlich der Rißbldg. bei Alterung von Kautschuk u. der Spannungsrißkorrosion von Metallen) wird über Unterss. an transparenten Kunststoffen, wie *Polymethacrylsäuremethylester* u. *Polystyrol* (**I**; Zugspannungs-Dehnungs-Verh. von rissigen, unbeschädigten u. orientierten Proben) berichtet. Die Eindringgeschwindigkeit der Risse bei **I** kann im Bereich begrenzter Spannung durch eine lineare Funktion der Zeit bzw. der Spannung dargestellt werden. (India Rubber Wld. **128.** 355—60. Juni 1953. Pennsylvania State Coll.) SCHÄFF. 7172

Lisa Rössig, *Zur Weichmacherwanderung in Polyvinylchlorid.* (Vortrag.) Bericht über Verss. zur Best. der Weichmacherwanderung in PVC. (Kunststoffe **44.** 250—53. Juni 1954. Uerdingen, Farbenfabrik Bayer AG., Anwendungstechn. Abt.) WINIKER. 7210

E. Wandeberg, *Kriechstromfestigkeit und Lichtbogenfestigkeit. Vergleichende Erfahrungen der Praxis.* Bei einem Vgl. der zur Prüfung von Isolierstoffen (Polystyrol, Plexiglas, Polyester- u. Alkydharz, gefüllte Harnstoffharze, Preßmassen, Hartpapier) auf Kriechstrom- u. Lichtbogenfestigkeit üblichen Verff. (Tropfverf., Tauchverf., Dampfverf., Initialfunkenverf., Kohlenlichtbogenverf., Abschmelzverf., ASTM-Verf.) kommt Vf. zu dem Schluß, daß man bei der Bewertung von Isolierstoffen auf Kriechstrom- u. Lichtbogenfestigkeit mit nur wenigen gemeinschaftlichen genormten Prüfverff. auskommen kann. So eignet sich z. B. für orientierende Prüfungen das Nekal- oder das Abschmelzverf. (Feinheiten in der Oberflächenbeschaffenheit werden hierbei nicht erfaßt). Für eingehende u. genaue Messungen kommt das Dampfverf. oder das schneller arbeitende ASTM-Verf. in Betracht. (Kunststoffe **43.** 254—60. Juli 1953. Berlin.) WINIKER. 7210

— (Erfinder: **Herbert Rein,** Wolfen), *Herstellung von Lösungen von hochmolekularen carboxylgruppenhaltigen Polymerisations- und Kondensationsprodukten,* welche aus Dicarbonsäuren oder ungesätt. Säuren erhalten werden können, z. B. Mischpolymerisate aus Vinylestern u. Acrylsäure, aus Vinyläthern u. Maleinsäureanhydrid, oder Kondensationsprodd. aus Glycerin u. Phthalsäure. Die genannten Prodd. werden durch Behandlung mit wss. Lsgg. von Harnstoff, Thioharnstoff oder Derivv. davon, z. B. Dimethylharnstoff, in Lsg. gebracht. — Auf diesem Wege erhält man hochprozentige, meist völlig klare oder nur schwach getrübte Lsgg., welche für sich allein oder in Mischung mit anderen Körpern zum Schlichten, Kleben, Verdicken, Anteigen oder Emulgieren verwendet werden. — 100 (g) eines Mischpolymerisates von Vinylbutyläther u. Maleinsäureanhydrid werden mit 200 Harnstoff in 1200 cm³ W. auf dem Wasserbade erwärmt, wobei allmählich Lsg. eintritt. (**D. P. [DDR] 1969** Kl. 12o vom 18/1. 1936, ausg. 1/10. 1953 [Ausschließungspatent].) M. F. MÜLLER. 7171

Union Carbide & Carbon Corp., New York, übert. von: **John B. Powers,** Newark, und **Robert E. Bludeau,** Denville, N. J., V. St. A., *Flammspritzen von Polyäthylen, Polymethylmethacrylat, Polyvinylbutyral, Polystyrol, Polysulfidkautschuk* oder *Äthylcellulose* u. dgl., dad. gek., daß aus einer Pistole ein Gemisch von pulverförmigem Polymerisat, Oxyacetylen (**I**) u. Luft aus einer Ringdüse auf eine 218° heiße Metallfläche geblasen wird. Die Luft bewirkt gleichmäßige Temperaturregelung des verflüssigten, unter seiner Zersetzungstemp. zu haltenden Polymerisats. Die Verbrennung des **I** soll kurz vor der Pistolenmündung beendet sein. — Zeichnung. (**A. P. 2 643 955** vom 26/8. 1950, ausg. 30/6. 1953.) SALZMANN. 7171

E. I. du Pont de Nemours & Co., Wilmington, Del., übert. von: **John Frank Lontz,** Nutley, N. J., V. St. A., *Polytetrafluoräthylen* (**I**)-*Massen* für Spritzguß u. Überzüge werden aus einer Mischung von gegebenenfalls in W. emulgiertem **I** u. 5—50% Polyorganosiloxan (**II**), vorzugsweise einem Methyl- oder Methylphenylsiloxan als Gleitmittel, gelöst in Aceton, hergestellt. Das **II** kann wieder herausgelöst werden. Die M. wird zu Fäden, Filmen, Röhren oder Platten verarbeitet u. zum Überziehen von Gewebe (aus Glas- oder Asbestfasern), Papier, elektr. Leitern, Metall (Magneteisen) u. Keramik benutzt. (**A. P. 2 644 802** vom 30/6. 1950, ausg. 7/7. 1953.) SALZMANN. 7173

Imperial Chemical Industries Ltd., London (Erfinder: **James Robertson Myles** und **Leslie Longmore Bache,** Northwich), England, *Fäden, Bänder, Filme und Röhren aus Polyäthylen,* dad. gek., daß eine mindestens 20%ig. heiße konz. Lsg. des Polymerisats in einem organ. Lösungsm. (Bzl. u. seine Homologe, Tetra- bzw. Dekahydronaphthalin, C_2HCl_3, hochsd. PAe. u. dgl.) oder eine Mischung solcher Lösungsmittel hergestellt u. in gewünschter Form in ein 70—180° warmes Fällmittel (Ae., Alkohole, Ketone u. Ester, wie z. B. n-Butyläther, Anisol, Äthylisoamyläther, n-Butyl-, n-Propyl- oder sek.-Octylalkohol, Cyclohexanol, Äthylenglykol, Methylamylketon, Acetophenon, Amylacetat, Methyloleat, Butylphthalat oder Methylsuccinat) gebracht wird, das mit dem Lösungsm. mischbar ist, jedoch nur wenig oder gar keine Lösungskraft für das Äthylenpolymerisat besitzt. Anschließend wird das gefällte Gebilde durch ein niedrigsd. Lösungsm. (Ae. bzw. PAe.) geleitet u. Warmluft oder einem Vakuum ausgesetzt. (**D. B. P. 908 407** Kl. 29b vom 9/2. 1939, ausg. 5/4. 1954. Anmeldung bekanntgemacht 13/8. 1953. E. Prior. 11/2. 1938.) SALZMANN. 7173

Monsanto Chemical Co., St. Louis, übert. von: **Joachim Dazzi**, Dayton, Ohio, V. St. A., *Weichmachungsmittel für Polyvinylchlorid*, bestehend aus den Estern von Benzothiazylmercaptoessigsäure mit einwertigen aliphat. Alkoholen (mit 4—12 C-Atomen), z. B. n-Butanol, 2-Äthylhexanol, Tetrahydrofurfuryl-, Dodecyl- oder 2-Thia-n-amylalkohol. (**A. P. 2 647 877** vom 14/1. 1952, ausg. 4/8. 1953.) SALZMANN. 7173

Anglo-Iranian Oil Co. Ltd., London (Erfinder: **Eric Sylvester**, Narracott, **Albert Millien** und **John Norman Haresnape**, Sunbury-on-Thames), England, *Plastische Massen* aus *Polyvinylchlorid* oder seinen Mischpolymerisaten. Als Plastifizierungsmittel werden außer einem der bekannten Weichmacher KW-stoffextrakte verwendet, die durch Extrahieren von Mineralölfraktionen oder -rückständen mit einem selektiven polaren Lösungsm. oder einem Gemisch dieser, wovon wenigstens eins polaren Charakter hat (Bzl. + SO_2), gewonnen werden. Die KW-stoffe besitzen einen hohen C-Geh. u. ein C:H-Verhältnis von wenigstens 0,6, ein Mol.-Gew. von 200—800 u. Anfangs- u. End-Kpp. zwischen 250 u. 800°. Als Füllmittel wird Silicagel, als Stabilisierungsmittel Bleisilicat empfohlen. Die M. besitzt gute dielektr. u. mechan. Eigenschaften. (**D. B. P. 879 764** Kl. 39b vom 31/12. 1948, ausg. 15/6. 1953. E. Priorr. 19/12. 1944 u. 19/12. 1945.) SALZMANN. 7173

Semtex Ltd., London (Erfinder: **L. H. Griffiths**, London, und **W. Saul**, Wylde Green), England, *Thermoplastische Mischungen* für die Herst. von Platten, Bahnen, Preßlingen u. dgl. aus pulvrigen Polyvinylverbb. (**I**), Weichmachern u. Asbest, dad. gek., daß das Gemisch so weit erhitzt wird, daß der fl. Weichmacher von dem Kunstharzpulver absorbiert u. ohne Zusammenfließen beider Stoffe zu einer homogenen M. mit den Fasern verhaftet wird. Die Verarbeitung unter Umwälzen erfolgt bei 105 bis 110°, im Falle von **I** mit niedrigem Mol.-Gew. (Mischpolymerisate aus Vinylchlorid u. Vinylacetat bzw. Vinylidenchlorid) bei 55—60°. Herst. von Bodenbelag. (**D. B. P. 910 338** Kl. 39b vom 30/8. 1951, ausg. 29/4. 1954. Anmeldung bekanntgemacht 17/9. 1953. E. Prior. 30/8. 1950.) SALZMANN. 7173

B. F. Goodrich Co., New York, übert. von: **Garland B. Jennings**, Cleveland, Ohio, V. St. A., *Zähe thermoplastische Masse* für elektr. Isolierungen, Platten, Trinkbecher, Schallplatten u. dergleichen. Polyvinylchlorid (**I**) mit bis zu 50% Di-2-äthylhexylphthalat oder ein Mischpolymerisat aus 70—90 (%) **I**, 2—20 Vinylidenchlorid (bzw. Vinylacetat oder -benzoat) u. 5—20 Alkylacrylat wird mit 1—40 eines Mischpolymerisats aus Styrol (**II**) u. Acrylnitril (**III**) in Emulsionsform verarbeitet. Statt dessen können auch die Monomeren von **II** u. **III** mit **I** verarbeitet werden. (**A. P. 2 646 417** vom 20/2. 1951, ausg. 21/7. 1953.) SALZMANN. 7173

Soc. Novacel, übert. von: **Nicolas Drisch** und **René Fays**, Paris, Frankreich, *Elastische Schrumpfkapseln, Bänder und dergleichen*, erhält man aus einer Lsg. von Polyvinylacetal, -acetat oder dessen Mischpolymerisaten in einem wasserlösl. organ. Lösungsmittel. Die mittels Glasformen durch Tauchen u. Ausfällen in W. hergestellten Gebilde werden mit Glykolmonoformat, -acetat bzw. -diacetat oder -triacetat, -chlorhydrin oder Glycerin imprägniert. (**A. P. 2 645 818** vom 31/7. 1947, ausg. 21/7. 1953. F. Prior. 3/5. 1945.) SALZMANN. 7173

Koppers Co., Inc., Del., übert. von: **Gaetano F. D'Alelio**, Pittsburgh, Pa., V. St. A., *Lösungen von Polyacrylnitril* u. seinen Mischpolymerisaten. Als Lösungsm. werden N.N-Dimethylcarbamate der Formel $(CH_3)_2NCOOCH_2R$ verwendet, worin R H, CH_3, C_2H_5, NO_2, CN, CNS, Nitro-, Cyan- oder Thiocyanmethyl bedeutet. Infolge ihres Vermögens, gasförmiges SO_2 oder CO_2 zu absorbieren, wird ihre Quellwrkg. in bezug auf Polyacrylnitril vermindert u. dieses gleichmäßiger gelöst. Herst. von Fäden u. Filmen. (**A. P. 2 648 653** vom 29/9. 1950, ausg. 11/8. 1953.) SALZMANN. 7173

Farbwerke Hoechst Akt.-Ges., vormals Meister Lucius & Brüning (Erfinder: **Otto Fuchs**), Frankfurt/M., *Verformen von Polyacrylnitril* oder seinen Mischpolymerisaten, dad. gek., daß unter Mitverwendung von anorgan. u./oder organ. Verdünnungsmitteln (SO_2, KW-stoffen, Metallfluoriden u. dgl.), Farbstoffen u. Weichmachungsmittel wasserfreie HF als Quellungsmittel verwendet wird. Fäden, Borsten, Folien. (**D. B. P. 910 224** Kl. 39b vom 16/12. 1951, ausg. 29/4. 1954. Anmeldung bekanntgemacht 17/9. 1953.) SALZMANN. 7173

Röhm & Haas G. m. b. H. (Erfinder: **Ernst Trommsdorff** und **Gerhard Abel**), Darmstadt, *Herstellung von wasserunlöslichen Mischpolymerisaten* mit bis zu 50 Gew.-% Acrylsäure (I)-Geh. in Perlform, die leicht in Lsgg. oder Quellungen ihrer Salze übergeführt werden können, mit Hilfe von Polymerisationskatalysatoren, dad. gek., daß man Mischungen von I mit anderen, polymerisierbaren wasserunlösl. Verbb., wie z. B. I-Estern, in einer wss. Elektrolytlsg. von solcher Konz., daß die monomere I im wesentlichen ungelöst bleibt, durch mechan. Bewegung nach Zusatz eines Verteilungsmittels verteilt u. in diesem Zustand polymerisiert. Als Elektrolytlsg. dienen mindestens 10%ig. Alkali- oder NH_4-Salzlsgg., z. B. 20—25%ig. NaOH. (**D. B. P. 907 827** Kl. 39c vom 21/6. 1941, ausg. 29/3. 1954. Anmeldung bekanntgemacht 27/3. 1952.) SCHINDLER. 7173

C. D. Patents Ltd., übert. von: **Raymond John Stuart Jennings** und **Alan Fowler Williams**, London, England, *Polymerisation von Dibiphenylenäthylen.* Dieses, erhältlich durch Erhitzen von Fluoren mit Pb-Oxyd, wird unter Zugabe von ca. 0,1—1% Benzoylperoxyd als Polymerisationsaktivator durch Erhitzen auf ca. 360° während mehrerer, z. B. 18 Std., polymerisiert. Thermoplast. Harz von hohem Erweichungspunkt, elektr. isolierend, geeignet für die Herst. von Formkörpern, gegebenenfalls unter Zusatz von Füllstoffen u. Weichmachungsmitteln. (**A. P. 2 578 479** vom 1/8. 1949, ausg. 11/12. 1951. E. Prior. 4/8. 1948.) HERBST. 7173

C. D. Patents Ltd. (Erfinder: **Raymond John Stuart Jennings** und **Alan Fowler Williams**), London, England, *Hochschmelzende thermoplastische Harze.* CH_2O u. KW-stoffe, die eine äthylen. Doppelbindung u. 1 Naphthalin- oder 2 Benzolkerne enthalten, werden bei 70—100° in Ggw. saurer Katalysatoren kondensiert. Bes. geeignet sind: Acenaphthen, Diphenyl- oder Tetraphenyläthylen, Diphenylendiphenyläthylen u. Bis-diphenyläthylen (I). — 5,2 (g) krist. I (F. 186°) werden in 300 Eisessig bei 70° gelöst u. mit 2 Paraformaldehyd unter Zusatz von 10 konz. H_2SO_4 5 Std. auf dem Wasserbad kondensiert. Mit 60% Ausbeute erhält man einen gelben Nd. vom F. 215—235°. (**E. P. 680 343** vom 25/7. 1949, ausg. 1/10. 1952.) MÖLLERING. 7173

Union Carbide & Carbon Corp., New York, N. Y. (Erfinder: **Howard Leonard Bender**, Bloomfield, **Alford Gailey Farnham** und **John Walter Guyer**, Verona, N. J.), V. St. A., *Herstellung von unsymmetrischen Diphenylolmethanen.* Saligenin (I) wird mit einem Phenol (II) umgesetzt, das außer der OH-Gruppe 1—4 Alkyl-, Cycloalkyl-, Aryl-, Alkenyl-, Alkoxy- oder weitere OH-Gruppen am Phenolring aufweist. Man verwendet bes. 3—10 (Mol) II auf 1 I u. arbeitet bei 100—200° u. p_H 4—7 in Ggw. eines Katalysators (Oxyd, Hydroxyd, organ. Salz eines Alkali- oder Erdalkalimetalls oder von Zn oder Al). Aus I u. o-Kresol erhält man *2.2'-Dioxy-3-methyldiphenylmethan*, F. 123—124°. — Analog (*-diphenylmethan* = III): *2.2'-Dioxy-5-methyl*-III, F. 96—97°; *2.2'-Dioxy-6-methyl*-III, F. 114—115°; *2.4'-Dioxy-2'-methyl*-III; *2.2'-Dioxy-4-methyl*-III; F. 136—137°; *2.2'-Dioxy-5-tert.-butyl*-III, F. 91—92°; *2.2'.6-Trioxy*-III, F. 203 bis 204°; *2.2'.6-Trioxy-4-methyl*-III, F. 224—225°; *2.2'-Dioxy-3-crotyl*-III, $Kp._{0,1-0,12}$ 165—175°; Reaktionsprod. aus I u. Cardanol; *2.2'-Dioxy-5-cyclohexyl*-III, F. 143 bis 145°; *2.2'-Dioxy-5-phenyl*-III, F. 143—146°. — *Ausgangsstoffe* für die Herst. von *Kunstharzen.* (**D. B. P. 908 373** Kl. 12q vom 31/3. 1951, ausg. 5/4. 1954. Anmeldung bekanntgemacht 13/8. 1953. **E. P. 672 820** vom 26/1. 1950, ausg. 28/5. 1952. Beide A. Prior. 26/1. 1949.) FABEL. 7177

Hermann Basler, Deutschland, *Herstellung von Faserplatten.* Man stellt eine untere Schicht durch Entwässern u. Formen eines verd. Breies vegetabil. Fasern her u. vereinigt sie durch Heißpressung mit einer oder mehreren Schichten aus mit einem Bindemittel (trocknende Öle, härtbare Kunstharze, Casein, Kautschuk, K-Silicat) imprägnierten Faserstoffen, wie Hobelspänen. (**F. P. 1 017 811** vom 21/3. 1950, ausg. 19/12. 1952. D. Prior. 23/3. 1949.) PANKOW. 7205

XII. Kautschuk. Guttapercha. Balata.

C. F. Brown, *Untersuchungen mit thermisch härtbaren Polyvinylalkoholsystemen.* Unterss. mit vulkanisierbaren Mischungen aus 100 (Teilen) *Polyvinylacetat* (I), je 33,3 Glycerin u. Triäthylenglykol, 25 Ruß, 16 $PbCrO_4$, 5 Phenyl-β-naphthylamin u. 8 Chloranil werden beschrieben (I ist teilweise hydrolysiert u. enthält 50% OH).

Mischungen nach dieser optimalen Rezeptur werden bei 142° vulkanisiert, wobei prakt. nach 30 Min. eine maximale Zugfestigkeit von 88 kg/cm² erhalten wird. Die Eigg. sind denen von vulkanisiertem Kautschuk ziemlich ähnlich. Andere I-Typen mit höherem OH-Gruppengeh. ergaben ungünstigere Werte. (Rubber Age [New York] **72.** 211—14. Nov. 1952. Bethany, W. V., Coll., Dep. of Chem.) SCHÄFF. 7224

S. L. Madorsky, V. E. Hart und **S. Straus,** *Flüchtige Produkte aus auf 1000° erhitztem Ofen- und Flammruß.* Proben von Furnaceruß (I) u. Channelruß (II) wurden 22 Std. bei 20° evakuiert u. anschließend im Vakuum bis auf 1000° erhitzt. Die massenspektrometr. Analyse ergab, daß unterhalb 500° hauptsächlich W., CO_2 u. CO entstehen, während bei 500—1000° hauptsächlich H_2, CO_2 u. CO entweichen. H_2 entsteht wahrscheinlich durch Rk. von W. mit C. **II** liefert doppelt so viel flüchtige Prodd. wie **I** Vermutlich verhindert die größere Menge flüchtiger Verbb., bes. von W., die an der II-Oberfläche adsorbiert sind, eine gute Adhäsion zwischen Kautschuk u. Ruß. So erklärt sich auch die um 10—20% bessere Abriebfestigkeit von Reifenlaufflächen mit **I** gegenüber solchen mit **II.** (Rubber Age [New York] **74.** 238—42. Nov. 1953. Washington, D. C., U. S. Dep. of Commerce, Nat. Bur. of Stand.) SCHÄFF. 7226

Isaac Drogin, Hester R. Bishop und **Paul Wiseman,** *Faktoren beim Strangpressen von Kautschuk–Ruß-Mischungen.* Eingehende Unters. u. Diskussion der Faktoren, welche die Verarbeitung von Mischungen aus synthet. u. natürlichem Kautschuk u. Ruß auf Strangpressen beeinflussen. Welche Rolle dabei die verschied. Rußtypen spielen, wurde bes. beachtet. Reproduzierbare Ergebnisse in der Praxis kann man nur bei Verwendung gleicher Rußtypen u. möglichst gleicher Ausgangsmaterialien bei konstanten Verarbeitungsbedingungen erreichen. (Rubber Age [New York] **74.** 707—60. Febr. 1954. Charleston, W. Va., Unites Carbon Co., Res. Dep.) SCHÄFF. 7230

Merton L. Studebaker, *Der elektrische spezifische Widerstand von rußgefüllten Kautschukmischungen.* Für die Beziehung zwischen dem spezif. Widerstand R einer Reihe von Naturkautschukmischungen mit verschied. Rußtypen u. dem Rußanteil C (Gew.-%), dem H_2-Geh. H (%) u. der Oberfläche Ob (m²/g) des Rußes wurde die empir. Gleichung $\log R = -a \log Ob + 10 H + c$ aufgestellt ($\log a = -2{,}78 \log C + 4{,}89$; $\log c = -2{,}95 \log C + 5{,}47$) die keinen „Struktur-“ oder „Agglomerationsfaktor“ enthält. Sie gilt ebenfalls für Neopren oder GR-S. (India Rubber Wld. **129.** 485—88. Jan. 1954. Akron, O., Phillips Chem. Co.) SCHÄFF. 7230

Rolla H. Taylor und **William P. Ball,** *Temperaturmessungen am Mooney-Viscosimeter.* Meßwerte über die Verarbeitbarkeit von Kautschuk, die an verschied. MOONEY-Viscosimetern erhalten werden, stimmen nicht mit der wünschenswerten Schärfe überein. Die bisherige Bauart ergibt asymm. Temperaturfelder in den Metallteilen; deshalb erscheint eine Messung der eigentlichen Probentemp. wesentlich. (ASTM Bull. **1951.** 60—66. Sept. Salinas, Calif., U. S. Natural Rubber Res. Stat.) LOCHMANN. 7248

B. F. Goodrich Co., New York, N. Y., übert. von: **William D. Stewart,** Brecksville, O., V. St. A., *Emulsionspolymerisation von Butadien-(1.3)* erfolgt bei —30 bis +30° bei p_H 9,5—11 u. in Ggw. eines Katalysatorgemisches, bestehend aus 0,01—2 (%) Ferrogluconat (I) als Reduktionsmittel u. 0,1—2 organ. Peroxyd (II) als Oxydationsmittel, wobei das Verhältnis **I**:**II** zwischen 1:2 u. 6:1 liegen soll. Als bes. geeignetes **II** ist Chlorbenzoyldiperoxyd angeführt. (**A. P. 2 634 258** vom 14/7. 1950, ausg. 7/4. 1953.) MÖLLERING. 7225

Badische Anilin- & Soda-Fabrik, Ludwigshafen/Rh. (Erfinder: **Mathias Pier,** Heidelberg, und **Fritz Christmann,** Ludwigshafen/Rh.), *Herstellen von Polymerisaten.* Gemische aus Butylenen, bes. Isobutylenen, u. konjugiert ungesätt. Verbb., z. B. Butadien, Isopren, Dimethylbutadien, Cyclopentadien, Dihydrobenzol u. deren Halogeniden, werden mittels anorgan. sauer reagierender Halogenide, z. B. $AlCl_3$, $FeCl_3$, $ZnCl_2$, Ti-Chlorid u. BF_3, oder bes. saurer großoberflächiger Stoffe, z. B. Kieselgel oder Bleicherde, in Ggw. von Lösungsmitteln, z. B. Benzol-KW-stoffen, gesätt. aliphat. KW-stoffen oder halogenierten KW-stoffen, gegebenenfalls auch zusammen mit anderen polymerisierbaren Stoffen, polymerisiert. — Isoliermassen u. dergleichen. (**D. B. P. 883 354** Kl. 39c vom 6/7. 1937, ausg. 16/7. 1953.) OVERBECK. 7225

Regie Nationale des Usines Renault, Billancourt, Frankreich, *Thioplaste* (**I**). Dichloräthylacetal wird in Ggw. eines Antioxydationsmittels, z. B. Hydrochinon, Phenol, Anilin oder p-Aminophenol, mit einem Alkalipolysulfid (NaS_4) kondensiert. Aus dem **I** wird unter Zufügen von PbO oder Pb-Dithiocarbamat u. Kneten eine der üblichen Gummimischungen hergestellt u. diese in der Wärme vulkanisiert. (**E. P. 661 362** vom 10/9. 1946, ausg. 21/11. 1951. F. Prior. 9/12. 1943.) SALZMANN. 7225

Libbey-Owens-Ford Glass Co., übert. von: **David B. Hatcher** und **Raymond H. Bunnell,** Toledo, Ohio, V. St. A., *Härtbare Silicone.* Man kondensiert das Hydrolyseprod. von Diäthyldichlorsilan (I) mit Trichlorsilyläthylcyclohexyltrichlorsilan, hergestellt aus Silicochloroform u. Vinylcyclohexen-3, im Verhältnis 99 : 1 bis 55 : 45. Statt dessen kann auch ein Gemisch beider von I mit 3-Trichlorsilyl-2-methylpropyltriäthoxysilan, Bis-(trichlorsilyl)-cyclopentan oder 1.6-Bis-(trichlorsilyl)-2.5-dimethylhexan mit 50%ig. A. hydrolysiert werden. Filme daraus werden bis zu 16 Std. bei 175° gehärtet; kurze Erhitzung gibt noch lösl., *kautschukartige* Produkte. (**A. P. 2 624 721** vom 22/9. 1948, ausg. 6/1. 1953.) SALZMANN. 7225

Sharples Chemicals Inc., Philadelphia, Pa., übert. von: **Edmond Jean Ritter** und **Correl Nelson Robinson,** V. St. A., *Thiazolyl- und Thiazolinyl-N.N-disubstituierte Dithiocarbamate* der allg. Formel **I** (R = unsubstituierter oder alkylsubstituierter Vinyl-, Arylen- oder Äthylenrest; R′ u. R″ = Alkyl-, Aryl-, Aralkyl- oder Polymethylenrest) erhält man durch Kondensation äquimol. Mengen von Thiocarbaminylchloriden der allg. Formel R′R″N—CS—Cl (R′ u. R″ = wie vorst.) mit Mercaptothiazolen oder -thiazolinen der allg. Formel **II** (R = wie vorst., M = H, NH_4 oder Alkalimetall), bes. bei 40—80° in Ggw. von Wasser. — Mercaptobenzothiazol in 20%ig. NaOH + Diäthylthiocarbamylchlorid → *2-Benzothiazolyl-N.N-diäthyldithiocarbamat,* F. 78—79°. — *2-Thiazolinyl-N.N-diäthyldithiocarbamat,* F. 71 bis 73°. — *2-Benzothiazolyl-N.N-dibutyldithiocarbamat,* viscose Flüssigkeit. — *2-Benzothiazolyl-N.N-dimethyldithiocarbamat,* F. 120,4—123°. — *2-Benzothiazolyl-N-äthyl-N-phenyldithiocarbamat,* F. 105—108°. — *2-Benzothiazolyl-N.N-pentamethylendithiocarbamat.* — *2-Naphthothiazolyl-N.N-diäthyldithiocarbamat.* — *2-Benzothiazolyl-N.N-dibenzyldithiocarbamat.* — *Vulkanisationsbeschleuniger.* (**E. P. 650 776** vom 9/6. 1947, ausg. 7/3. 1951. A. Prior. 12/6. 1946.) SIEVERS. 7229

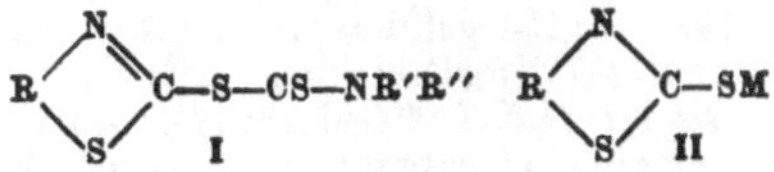

Firestone Tire & Rubber Co., übert. von: **Edward L. Carr, George E. P. Smith jr., Glen Alliger,** Akron, Ohio, und **John Richard Rafter,** Bristol Ferry, R. I., V. St. A., *Thiazol-* (**I**), *Thiazolin-* (**II**), *Thiocarbamyl-* (**III**) u. *Tetrahydrobenzothiazolsulfenamide* (**IV**), deren *Salze* u. *Kondensationsprodukte mit Ketonen.* **IV** (R = H, Alkyl, Alkoxy,

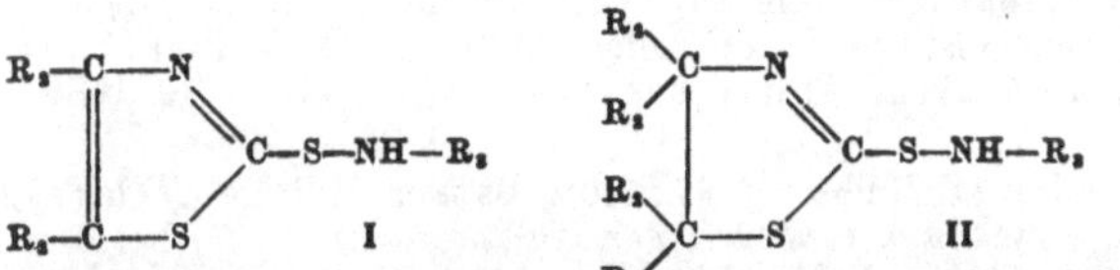

$(R_2, R_4)N-C(=S)-S-NH-R_1$

III

R_1 = H, Alkyl, Benzyl, Cycloalkyl) erhält man z. B. durch Kondensation von 2-Chlorcyclohexanon mit Ammoniumdithiocarbamat zu 2-Mercaptotetrahydrobenzothiazol, F. 174—176°, das mit J in wss. KJ in Ggw. von Cyclohexylamin u. NaOH zu *N-Cyclohexyltetrahydrobenzothiazolsulfenamid* oxydiert wird, aus Ae.–PAe., F. 100—103°. — *N-Isopropyltetrahydrobenzothiazolsulfenamid.* — *N-sek.-Amyltetrahydrobenzothiazolsulfenamid,* $C_{12}H_{20}N_2S_2$. — *N-Benzyltetrahydrobenzothiazolsulfenamid,* $C_{14}H_{16}N_2S_2$. Man kann auch ein Mercaptid u. ein nichtaromat. Amin in wss. Lsg. mit einem Oxydationsmittel (Cl_2, Br_2, J_2, HOCl, HOBr, HOJ, H_2O_2, Na-Persulfat, K-Dichromat, K-Ferricyanid) zu einem Sulfenamid in Ggw. einer solchen Menge eines nur teilweise mit W. mischbaren inerten Lösungsm., daß nur geringe Mengen des Sulfenamids gelöst werden, oxydieren. Das Lösungsm. (Ae., Methyläthylketon, Butanole, Benzylalkohol, Äthylacetat) kann vor dem Abfiltrieren des Reaktionsprod. oder vor der Rk. zugesetzt werden. Die Verbb. der Formeln **I, II** u. **III** (R_2, R_3 u. R_4 = H, Alkyl, Cycloalkyl, Aryl, Aralkyl, Furfuryl, Tetrahydrofurfuryl, 2 R_2 können einen Benzo-, Naphthotetrahydrobenzorest, R_2 u. R_4 mit dem benachbarten N einen Piperidyl-, Morpholinyl- oder ähnlichen heterocycl. Ring bilden) werden entweder mit Ketonen (Methylpropyl-, Methylisopropyl-, Diisopropyl-, Methylvinylketon, Acetonylaceton, Mesityloxyd, Phoron, Isophoron, Benzalaceton, Benzophenon, Acetonaphthon, Cyclopentanon) oder mit einem 2wertigen Metallhalogenid (Chloride, Bromide, Jodide von Zn, Cu, Cd), zweckmäßig in Ggw. eines Lösungsm., umgesetzt. — N-Cyclohexylbenzothiazolsulfenamid (**VI**) + Aceton, F. 185°. — N-Isopropylbenzothiazolsulfenamid (**V**), F. 97—99°, + Aceton, F. 139°. —

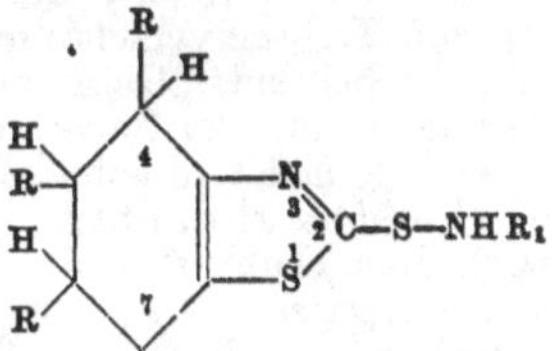

IV

N-Cyclohexyldiäthylthiocarbamylsulfenamid, F. 67—68°, + Aceton, F. 119—120°. — **V** + Methyläthylketon, F. 108—110°. — **V** + Pentanon-(2), F. 125—128°. — **V** + Methylhexylketon, F. 117—119°. — **V** + Acetophenon, F. 177—179°. — **V** + Cyclohexanon → Öl. — **V** + $ZnCl_2$, F. 183°, Zn-Geh. 11,5 (%). — **V** + $CuCl_2$, Erweichungspunkt ca. 220°, F. 360°, Cu-Geh. 16,7. — **VI** + $ZnCl_2$, F. 174—176°, Zn-Geh. 15,7. — N-Cyclopentamethylencyclopentamethylenthiocarbamylsulfenamid + Zn Cl_2, F. 110°. $CuCl_2$-Salz. — **VI** + $CuCl_2$, F. 160°. — N-Cyclohexyl-N'.N'-diäthylthiocarbamylsulfenamid, F. 67—68°, + $ZnCl_2$, aus Chlf. + PAe., F. 116—118°, Zn-Geh. 10. $CuCl_2$-Salz, aus Methanol–PAe., F. 95—96°, Cu-Geh. 16,4. — N.N-Dimethylbenzothiazolsulfenamid, F. 40—41°, + $ZnCl_2$, F. 189—192°. — N.N-Diäthylbenzothiazolsulfenamid + $ZnCl_2$ in Ae., F. 131—134°, in Methylal, F. 214—216°. — N-Cyclotetramethylen-2-tetrahydrobenzothiazolsulfenamid + $ZnCl_2$ in Ae.–Tetrahydrofuran, F. 170°. — N-Cyclohexyl-2-thiazolinsulfenamid, F. 68—70°, + $ZnCl_2$, F. 88—90°, Zn-Geh. 9,5. Zur Rk. sind noch folgende Sulfenamide geeignet: N-Furfurylthiazolin-; N-Methylthiazolin-; N.N-Diäthylthiazolin-; N-Cyclohexyl-4-methylthiazolin-; N-Cyclohexyl-4.5-dimethylthiazol-; N-Isopropyl-4.5-dimethylthiazol-; N-Cyclohexyl-4-äthylthiazol-; N.N-Ditetrahydrofurfurylthiazol-; N.N-Diäthyldiäthylthiocarbamyl-; N.N-Dicyclohexylnaphthothiazol-; N.N-Ditetrahydrofurfurylditetrahydrofurfurylthiocarbamyl-; Thiazol-; Benzothiazol-; Thiazolinsulfenamid. *Vulkanisationsbeschleuniger* für *Kautschuk.* (**A. PP. 2 581 905** vom 9/7. 1949, **2 581 921** vom 14/12. 1949, **2 581 932** vom 12/1. 1950 u. **2 581 936** vom 2/7. 1949, alle ausg. 8/1. 1952.) KRAUSS. 7229

Farbenfabriken Bayer Akt.-Ges. (Erfinder: **Wilhelm Graulich, Wilhelm Becker,** Leverkusen, und **Ruprecht Ecker,** Köln), *Vulkanisationsverzögerer,* bestehend aus chlorierten Chinonen. (**D. B. P. 899 257** Kl. 39b vom 29/3. 1942, ausg. 10/12. 1953.) OVERBECK. 7229

Chemische Werke Hüls G.m.b.H. (Erfinder: **Alfred Schmidt),** Marl (Kr. Recklinghausen), *Schutzüberzüge auf Kautschukvulkanisaten,* bestehend aus gehärteten Furanharzen, die gleichzeitig mit dem Vulkanisationsvorgang aufgebracht werden können. (**D. B. P. 883 495** Kl. 39b vom 22/7. 1951, ausg. 16/7. 1953.) OVERBECK. 7229

Badische Anilin- & Soda-Fabrik Akt.-Ges., Ludwigshafen/Rh. (Erfinder: **Bernhard Schmitt,** Heidelberg), *Wärmesensibilisierte Naturkautschukmilchmischungen,* gek. durch einen Geh. an elektrolythaltigen Lsgg. von Polyvinylmethyläther. Gegebenenfalls können wasserlösl. polyacrylsaure Salze zugesetzt sein. (**D. B. P. 911 072** Kl. 39b vom 5/4. 1952, ausg. 10/5. 1954. Anmeldung bekanntgemacht 17/9. 1953.) OVERBECK. 7231

Dunlop Rubber Co. Ltd., London (Erfinder: **F. J. Paton,** Batang Malaka, Malaya), *Herstellen von Erzeugnissen aus verschäumter natürlicher Kautschukmilch* (**I**), bei dem präservierte Kautschukmilch mit einem Vulkanisierungsmittel u. einem Verschäumungsmittel versetzt, die mit den Zusatzstoffen versehene Kautschukmilch durch mechan. Rühren verschäumt, der Schaum mit einem säurebildenden, mit verzögernder Wrkg. arbeitenden Geliermittel geliert u. das gebildete Gel vulkanisiert wird, dad. gek., daß der **I** vor dem Gelieren ein proteolyt. Enzym (z. B. Trypsin) zugesetzt u. die Behandlung damit in solchem Ausmaß fortgesetzt wird, daß die Gelierempfindlichkeit der **I** erhöht wird, ohne daß die **I** für das Verschäumen durch mechan. Bearbeitung nach dem Einbringen der Zusatzstoffe unstabil gemacht wird. Die **I** kann mit NH_3 konserviert sein. Die Behandlung mit dem Enzym wird zweckmäßig bei p_H 8,1—8,3 unterbrochen. (**D. B. P. 910 121** Kl. 39b vom 8/2. 1952, ausg. 29/4. 1954. Anmeldung bekanntgemacht 3/9. 1953. E. Prior. 21/2. 1951.) OVERBECK. 7231

Deutsche Gold- und Silberscheideanstalt vormals Roessler (Erfinder: **Harry Kloeffer),** Frankfurt/M., *Herstellen von Formkörpern aus natürlichem oder künstlichem Kautschuk* oder deren Mischungen durch Mischen mit Oxyden von Metallen oder Metalloiden, dad. gek., daß man, gegebenenfalls zusammen mit anderen Füllstoffen, solche Oxyde verwendet, die bei der Zers. von flüchtigen im Dampfzustand befindlichen Verbb. dieser Stoffe vermittels oxydierender u. hydrolysierender Mittel, gegebenenfalls in Ggw. eines gas- oder dampfförmigen Verdünnungsmittels oder von brennbaren Gasen, entstanden sind. Bes. wird als Oxyd SiO_2 verwendet. (**D. B. P. 910 120** Kl. 39b vom 15/3. 1939, ausg. 29/4. 1954. Anmeldung bekanntgemacht 3/9. 1953.) OVERBECK. 7231

Dow Corning Corp. (Erfinder: **John Thomas Goodwin jr.),** Midland, Mich., V. St. A., *Plastische Masse* für die Herst. elastomerer Körper, gek. durch einen Geh. an 1. einem Siloxan- u. Silmethylenstruktureinheiten u. durchschnittlich 1,98—2 organ. Rest auf ein S-Atom mit Siloxanbindung enthaltenden Mischpolymerisat, bei dem über 50% der organ. Reste CH_3-Gruppen u. die restlichen Struktureinheiten der Formeln $(CH_3)SiCH_2$– u. $C_6H_5Si(CH_3)_2CH_2$– einen Mindestgeh. von 0,25% ausmachen, wobei die noch freien Si-Valenzen durch Siloxanbindungen abgesätt. sind, 2. Füllstoff u. 3. Benzoylperoxyd- oder tert.-Butylperbenzoatkatalysator, wobei auf 100 Teile des Mischpolymerisats 2–8 (Teile) Katalysator u. bis zu 300 Füllstoff kommen. Die M. wird bei 100–300° vulkanisiert u. bei 250° nachgehärtet. Herst. von Schwammkautschuk. (**D. B. P. 908 796** Kl. 39b vom 26/9. 1950, ausg. 8/4. 1954. Anmeldung bekanntgemacht 20/8. 1953. A. Prior. 19/3. 1949.) SALZMANN. 7231

XIV. Zucker. Kohlenhydrate. Stärke.

Karel Löbl, *Automatischer Sättiger für die I. Saturation (Autosat I).* Die Leitfähigkeit des aus der kontinuierlichen Saturation austretenden Saftes wird durch einen konduktometr., automat. arbeitenden App. (Abb.) überwacht, der Impulse auf das Regulierventil der eintretenden CO_2 aussendet. (Listy Cukrovarnické **66.** 107–09. 17/2. 1950.) STEINER. 7412

Alois Dolinek, *Über den Einfluß der Klärung auf die Struktur des Schlamms und seine Aussüßbarkeit.* Aus Betriebserfahrungen geht hervor, daß CaO-Zugaben, Temp., Filtrationsdauer u. Menge des Aussüßwassers wesentlichen Einfl. auf die Struktur u. auf die Aussüßbarkeit des Schlamms haben. (Listy Cukrovarnické **66.** 213–15. 18/8. 1950.) STEINER. 7412

K. C. Holgate, *Veränderungen in der Zusammensetzung von Ahornsaft während der Zapfperiode.* Mittels einer beschriebenen sterilen Technik wurde prakt. bakterienfreier Saft von Acer saccharum gesammelt u. steril u. wie üblich gewonnener Saft vergleichsweise analysiert. — Ergebnisse : p_H-Wert durchschnittlich 6,8. Mit steigender Bakterienzahl nimmt der Geh. an Saccharose ab u. der Geh. an reduzierenden Zcukern durch Inversion zu. Asept. Saft gibt negative Tanninprobe. Der Geh. an organ. N steigt gegen Ende der Zapfperiode plötzlich erheblich an. — Durch Behandlung des unsteril gewonnenen Saftes mit H_2O_2 (Verdünnung 1 : 7500 genau) konnte das Bakterienwachstum gehemmt werden. Jedoch ist das Verf. wegen der schwierigen Handhabung für die Praxis ungeeignet. (New York State agric. Exp. Stat., Bull. **1950.** Nr. 742. 3–14. Juni.) RANG. 7440

T. A. White, *Stärkearten.* Besprechung der Stärkearten u. ihrer Spezialsorten für die Verwendung in Haushalt u. Lebensmittelindustrie. (Food Engng. **25.** Nr. 6. 95. 97. 114. Juni 1953. New York City, Nat. Starch Prod. Inc.) FRESENIUS. 7448

K. S. G. Doss, K. K. Gupta und **D. L. N. Rao,** *Die elektrische Doppelschichtkapazität bei der Beurteilung der Zuckerqualität und bei der Fabrikationskontrolle.* Mit einer leicht konstruierbaren App. kann nach der Technik von BREYER-GUTMAN (Faraday Soc. Discussion **1.** [1947.] 19) die Oberflächenaktivität von Zuckerprodd. bequem gemessen werden. Zugabe von nur 0,2% Melasse vermindert die Doppelschichtkapazität um 50%, während reine Saccharose die Kapazität nur um 8% herabsetzt. Bzgl. Schaltschema u. Einzelheiten der Messungen vgl. Original. (Int. Sugar J. **55.** 307–08. Nov. 1953.) ROSSOW. 7488

Olga Melounová-Häuslerová, *Der Rohzuckerquotient als Kriterium der Qualität.* Bei einer Reihe von Rohzuckerproben wurde nach Durchführung der üblichen Best. die Reinheit festgestellt. Gleichzeitig wurde der Reinheitsquotient bei einer 1 : 1 verd. Lsg. (nach den Abmachungen einer Kommission für einheitliche Zuckerbestimmungsmethoden 1948) bestimmt u. gute Übereinstimmung der beiden Werte festgestellt. Wegen der geringen Differenz des Reinheitsquotienten zwischen dem 1. u. 2. Prod. ist die Bewertung nicht sehr beweiskräftig. Diese Differenz kann höchstens 2,0 betragen u. ist sehr empfindlich gegen analyt. Fehler. (Listy Cukrovarnické **66.** 111–13. 3/3. 1950. Výzk. ústav čs. prům. cukrovarn.) STEINER. 7488

J. Terrier, *Die technische Glucose und die Bestimmung ihrer Bestandteile.* Techn. Glucose (I) wird durch Hydrolyse von Stärke mittels stark verd. Säuren erhalten u. besteht im wesentlichen aus **I**, Maltose u. Dextrin. Zur Trennung u. Best. dieser Substanzen wurde vom Vf. eine Meth. entwickelt, die auf der unterschiedlichen Löslichkeit derselben in Methanol beruht. Die Best. von **I** erfolgte jodometr. nach der Meth. von STEINHOFF. (Mitt. Gebiete Lebensmittelunters. Hyg. [Bern] **43.** 315–22. 1952. Genève, Labor. cantonal.) WINIKER. 7488

F. Groeneveld und **J. B. Knaup,** *Die Untersuchung von Stoffen auf ihre Neigung zur Selbsterhitzung („Brüten").* Ein Gerät zur Unters. der Neigung gewisser Stoffe, bes. Kartoffelstärke u. Dextrin (I), zur Selbsterhitzung u. -entzündung nach einer gewissen Lagerzeit bei mäßig hohen Tempp. weit unter den im Schrifttum angegebenen Entzündungstempp. wird in Aufbau u. Anwendung beschrieben (Abb.). Die Ergebnisse zeigen, daß die Selbsterhitzung von I in einer Atmosphäre geringer O_2-Konz. u. selbst in Abwesenheit von O_2 ausgelöst werden kann. Im letzteren Fall tritt anfänglich keine Temperatursteigerung auf; sobald aber Luft zutritt, steigt die Temp. schnell, u. die Probe entzündet sich. (Chem. Weekbl. **50.** 177—84. 6/3. 1954.) WESLY. 7490

N. V. Octrooien Mij. „Activit", Amsterdam, Holland, *Entfärben von Flüssigkeiten*, die organ. Verunreinigungen enthalten, erfolgt durch Behandlung mit einem granulierten, wasserhaltigen Gel eines synthet. Aldehydharzes, dessen Gewichts-Vol.-Verhältnis nicht > 400 g/Liter beträgt. Die Harze erhält man z. B. durch Kondensation von Anilin mit 40%ig. CH_2O in W. in Ggw. von konz. HCl. Die feste M. wird in Teilchen von 0,2—0,5 mm zerkleinert u. mit einer 20%ig. NaOH gehärtet, wobei die Farbe des Harzes von Rot nach Weiß umschlägt. Ein ähnliches Harz erhält man aus m-Phenylendiaminhydrochlorid. — Verwendung z. B. zur *Reinigung* von wss. *Rohzuckerlösungen*. (**E. P. 650 706** vom 31/12. 1947, ausg. 28/2. 1951. Holl. Prior. 25/1. 1940.) KRAUSS. 7413

International Minerals & Chemical Corp., übert. von: **Ralph W. Shafor**, Chicago, Ill., V. St. A., *Zuckergewinnung*. Aus zuckerhaltigen Lsgg., z. B. *Rübenzuckermelasse*, wird durch CaO das Ca-Saccharat (I) gefällt u. nach Abtrennen der Lsg. der wss. Schaum von I mit CO_2, SO_2 oder P_2O_5 behandelt. Nach Abtrennung der unlösl. anorgan. Ca-Verbb. wird die zuckerhaltige Lsg. bei einer Temp. < 30° mit einem Kationenaustauscher behandelt, der so weit mit H^+ beladen ist, daß die abfließende Lsg. einen p_H-Wert von 3,5 besitzt; anschließend erfolgt Neutralisierung durch Behandlung mit einem die Säure adsorbierenden Anionenaustauscher. (**E. P. 661 190** vom 10/1. 1949, ausg. 21/11. 1951. A. Prior. 7/7. 1948.) REICHELT. 7419

Hoffmann's Stärkefabriken (Erfinder: **Josef Busch, Robert Krecke** und **Hans Ritter**), Bad Salzuflen, *Glanzstärke*. In den nach dem Hauptpatent hergestellten Glanzstärkemischungen wird die Rohstärke (Reisstärke) durch Roggenstärke ersetzt. — Z. B. werden, um ca. 100 Kragen zu stärken, 675 g Roggenstärke mit 75 g $MgSO_4$ (Bittersalz) gemischt, das Gemisch wird in 3 Litern W. aufgerührt u. einige Std. stehengelassen. Dann werden 75 g Roggenstärke mit 4½ Litern W. verkocht u. nach dem Abkühlen dem im W. aufgerührten Gemisch zugesetzt u. die Kragen darin wie üblich eingestärkt. Man kann das $MgSO_4$ auch dem Kochwasser für die Stärke zusetzen. Will man von einem trockenen Handelspräp. ausgehen, so kann man Roggenstärke, $MgSO_4$ u. schonend getrocknete gekochte Stärke in Pulverform vermischen oder das Gemisch von Roggenstärke u. $MgSO_4$ mit dem gekochten dünnfl. Stärkekleister mischen u. die Mischung nach gegebenenfalls vorheriger Verformung trocknen. (**D. P. [DDR] 1948** Kl. 8k vom 26/2. 1943, ausg. 15/1. 1953 [Ausschließungspatent]. **Zusatz zu D. P. [DDR] 1079; C. 1954. 6135.**) OPPERMANN. 7449

XV. Gärungsindustrie.

A. G. Sabrodski und **A. F. Poloshischnik**, *Melanoidinbildung während der Wärmebehandlung des Getreidekorns*. Verss. mit n. Mais (a) u. durch Selbsterhitzung u. Schimmelbldg. geschädigtem Mais (b), die mit der 4fachen Menge W. unter Zusatz von Toluol auf 30—90° erhitzt, sodann bei 60° mit Maische angesetzt u. 3 Tage bei 28—30° vergärt wurden, ergaben, daß die verringerte Spritausbeute bei (b) in der Hauptsache durch die Melanoidin (I)-Bldg. bedingt ist, die zu einem Verlust an vergärbaren Kohlenhydraten bei der Wärmebehandlung führt. Die Anreicherung der nichtvergärbaren Stoffe ist bei 45° bes. stark, während die Bldg. dunkelgefärbter Stoffe am stärksten bei 60° erfolgt. Auch bei (a) führt eine lange Erwärmung auf 30—60° zu einer starken Dunkelfärbung u. zu verminderter Vergärbarkeit. Bei 80—90° werden die Fermente inaktiviert, die autolyt. Prozesse u. die Bldg. jener Prodd. unterdrückt, aus denen die nichtvergärbaren I entstehen. Aus den Ergebnissen wird geschlossen, daß das Erhitzen der Maische, bes. der von (b), rasch u. bis 80—90° zu erfolgen hat, um die Spritausbeute zu verbessern. Die aus (b) isolierte Stärke zeigt die gleiche Gärfähigkeit wie die aus (a). (Биохимия [Biochemie] **17.** 691—700. Nov./Dez. 1952. Kiew, Zweigstelle des Allunions Inst. für Spiritusind.) LEBTAG. 7536

R. Hiebsch, *Herstellung von gereinigtem Branntwein im Direktverfahren aus vergorener Würze*. In einer Gegenüberstellung wird die getrennte Arbeitsweise der Dest. u. Rektifikation von Branntwein mit dem Direktverf. verglichen. Im Direktverf. werden die kontinuierlich arbeitenden Destillationsgeräte mit den stetig arbeitenden Rektifiziergeräten zusammengelegt, wobei die Verstärkungssäule der Destillationsgeräte zum Wegfall kommt. (Chem. Techn. **5.** 66—68. Febr. 1953. Dessau, VEB Gärungschemie.) HAEVECKER. 7536

A. G. Martirossjanz und **R. I. Altman,** *Ein Kolonnen-Aufsatz zur Gewinnung von Alkoholrektifikat auf den Weinsammelstellen.* Der Kolonnenaufsatz ist mit Metallspänen bis zu 20% seines Rauminhalts angefüllt. Er arbeitet wie eine übliche Rektifikationskolonne mit 46 Tellern u. ermöglicht die Gewinnung von A. zu 95,8—96,4 Vol.-%. Leistung je 1 m^2 Querschnitt: 400—426 Liter/Stunde. (Виноделие и Виноградарство СССР [Weinbereit. Weinbau UdSSR] **11.** Nr. 9. 49—50. Sept. 1951. Zentralasiat. Polytechn. Inst.) v. WILPERT. 7536

W. H. Day, W. C. Serjak, J. R. Stratton und **Leonhard Stone,** *Unterbindung von Schädigungen. Antibiotica als Mittel gegen Schädigungen bei der Alkoholgärung von Kornmaischen.* Laborverss. ergaben, daß das Wachstum der auf Kornmaischen vorhandenen unerwünschten Bakterien durch 0,75—2 Einheiten Penicillin verhindert werden kann. Aureomycin, Bacitracin, Chloromycetin u. Terramycin waren etwas weniger wirksam. Tyrothricin u. Streptomycin waren unwirksam, desgleichen Polymixin B in Konzz. bis zu 10 γ/cm^3. (J. agric. Food Chem. **2.** 252—58. 3/3. 1954. Peoria, Ill., Hiram Walker & Sons, Inc., Res. Dep.) HAEVECKER. 7540

F. E. Gaeng, *Flockung und Steigen der Hefe zur Oberfläche bei der Obergärung.* Beschreibung der Obergärung u. der Anforderungen an die Hefe. (Petit J. Brasseur **62.** 269—75. 23/4. 1954.) HAEVECKER. 7544

Magnus Pyke, *Hefe: Widerspruchsvolle Gärungen in Zucker, Würze und Teig.* (Vortrag.) Besprechung des gesamten Gärungskomplexes einschließlich der Bedeutung der nichtvergärbaren Substanzen für die Ernährung der Hefe. — Diskussion. (Brewers' Guild J. **40.** 128—44. März 1954. Clackmannanshire, Menstrie, Glenochil, Distillery Co., Ltd.) HAEVECKER. 7544

A. Beling, *Anwendung der Methode der Membranfiltration zur Kontrolle in der Brauerei.* Beschreibung der Membranfiltermeth. zur biol. Kontrolle in der Brauerei u. ihrer Einsatzmöglichkeit an 12 verschied. Stellen. (Petit J. Brasseur **62.** 182—84. 19/3. 1954. Göttingen, Membranfiltergesellschaft,) HAEVECKER. 7544

C. R. Marshall, *Beobachtungen über die Apfelsäure–Milchsäure-Gärung von Cider.* Cider neigen zu einer Apfelsäure–Milchsäure-Gärung, welche bei „scharfen" Säften günstig durch Herabsetzen der Acidität, in subaciden Säften jedoch verderblich wirken kann. Es wird eine Best. der Apfelsäure (I) (frei + gebunden) beschrieben. Aus I u. der gemessenen freien Säure berechnet man den Äpfelsäure–Milchsäure-Index, das heißt das Verhältnis von berechneter zu beobachteter Acidität. Dieser soll bei n. gesundem Cider bei der Gärung u. Reifung annähernd konstant bleiben. Aus seiner Abnahme läßt sich die Entw. unerwünschter Gärungsorganismen erkennen, bevor die Acidität merklich zunimmt. Durch Sulfitieren läßt sich die Apfelsäure–Milchsäure-Gärung verzögern. (J. Sci. Food Agric. **3.** 91—96. Febr. 1952. London.) GRIMME. 7556

H. Ballschmieter, *Über Fruchtsäfte zur Bereitung von Fruchtsaftlikören und ihre analytische Beurteilung.* Vf. gibt eine Übersicht über Gewinnung der Säfte, Einlagerung, Selbstklärung, Haltbarmachung, Beurteilung nach spezif. Gewicht, Extraktgeh., Gesamtsäure, zuckerfreiem Extrakt u. Geh. an Mineralstoffen. (Branntweinwirtschaft **75.** 197—99. 10/6. 1953. Berlin-Dahlem, Techn. Univ. Inst. für Obst- u. Gemüseverwertung.) HAEVECKER. 7596

A. Schmal, *Änderung der Analysen auf Grund der neuen E. B. C.-Vorschriften, vor allem unter Berücksichtigung der Farbbestimmung.* Besprochen werden die neuen E. B. C. (EUROPEAN BREWERY CONVENTION)-Vorschriften zur Best. der Keimfähigkeit der Gerste, zur Berechnung des zu erwartenden Extraktgeh. u. zur Best. der Farbtiefe. (Schweiz. Brauerei-Rdsch. **64.** 241—44. Dez. 1953. Zürich, Versuchsstat. schweiz. Brauereien.) HAEVECKER. 7598

—, *Standardanalysenmethoden für Handelszwecke. Revision der Farbbestimmungsmethode.* Zur Farbbest. von Bier wird die Standardmeth. der EUROPEAN BREWERY CONVENTION bzw. der COMMISSION INTERNATIONALE DE L'ÉCLAIRAGE mit künstlichem Licht bei einer Intensität von 12—15 ft. Lamberts u. mit einer > 95% weißes Licht reflektierenden Oberfläche empfohlen. (J. Inst. Brewing **58** ([N. S.] **49**). 247—48. Juli/Aug. 1952.) HAEVECKER. 7600

B. D. Hartong, W. Goedkoop und **W. F. F. Oppenoorth,** *Tristimuluscolorimetrie von Bier. Eine Prüfung der neuen European Brewery Convention-Skala.* Die Farbintensität von Bier, ausgedrückt als S-Wert der Tristimulusmeth., ist linear proportional den im LOVIBOND-Colorimetr nach der BISHOP-Skala durch visuelle Messung ermittelten Werten u. den Werten nach der neuen E. B. C.-Skala. Demnach ist auch die subjektive visuelle Meth. der objektiven photoelektr. Messung gleichwertig. (J. Inst. Brewing **58** ([N. S.] **49**). 344—46. Sept./Okt. 1952. Amersfoort, Phoenix Brouwerij.) HAEVECKER. 7600

G. L. Chabot, *Reduktone, Redukton-Reduktionsmittel und Reduktionsmittel in der Brauerei.* Die jodometr. Meth. des Vf. zur Best. der Reduktone in Malz, Würze u. Bier ergibt mit wechselndem p_H des Milieus unterschiedliche Werte, die entsprechend der Oxydation der Ascorbinsäure als Substanztyp gedeutet werden. Danach werden in saurem Milieu ausschließlich die Reduktone bestimmt, im schwach alkal. Milieu Zwischenprodd., die Vf. als „Redukton-Reduktionsmittel" (réducto-réducteurs) bezeichnet, in stark alkal. Milieu Reduktone u. die genannten Zwischenprodd.; Analysentabellen verschied. Malze u. Biere. (Fermentatio [Gand] **1953.** 35—48.) HAEVECKER. 7600

G. Kauert, *Die Chromatographie und der Brauer.* Kurzer Bericht über die chromatograph. Best. der färbenden Substanzen u. des Albumingeh. in Brauereiprodukten. (Fermentatio [Gand] **1953.** 1—8. Inst. Supérieur des Fermentat. de Gand.) HAEVECKER. 7600

M. Ja. Schapiro und **W. G. Lapina,** *Eine neue colorimetrische Methode zur Bestimmung von Eisen im Wein.* Man gibt zu 10 cm^3 Wein 1 cm^3 HCl (1 : 10) u. 1 cm^3 H_2O_2, kocht unter Ersatz des verdampfenden W. 30 Min., verd. mit der Hälfte W. u. filtriert in einen 50 cm^3 Meßkolben. Man titriert 10 cm^3 gegen Methylorange, neutralisiert eine 2. Probe ohne Indicatorzusatz mit der gefundenen Säuremenge, setzt 1 cm^3 0,1%ig. wss. Protocatechualdehydlsg. u. 3—4 Tropfen 1%ig. NH_4OH zu u. vergleicht mit einer Standardlsg. von 2—4 γ/cm^3. — Unter einer großen Anzahl untersuchter Ionen stören nur MnO_4^-, VO_3^- u. Ce^{3+}. Die Fe-Gehh. von 13 Weinen werden angegeben. (Виноделие и Виноградарство СССР [Weinbereit. Weinbau UdSSR] **13.** Nr. 3. 22—25. März 1953. Odessa, Med. Inst., Lehrstuhl für anorg. u. analyt. Chem.) SCHMEISS. 7606

O. Reichard, *Die Sinnenprüfung (Organoleptik) von Wein und ihr diagnostischer Wert. (Eine Erwiderung.)* Erwiderung auf die Publikation von SEITH (Weinblatt **47.** [1953.] 41 u. 67). Für die Qualitätsbeurteilung des Weines u. die Feststellung von Geschmacksfehlern steht die Sinnenprüfung an erster Stelle. Sie hat jedoch keine entscheidende Beweiskraft bei der Beurteilung der Verkehrs- u. Einfuhrfähigkeit von Wein. (Dtsch. Wein-Ztg. **89.** 520. 21/10. 542—44. 1/11. 580—82. 11/11. 597—600. 21/11. 1953.) KIELHÖFER. 7606

I. G. Gritzjuk und **I. M. Roiter,** Technologie der Likör- und Wodkaherstellung. Moskau: Gislegpischtscheprom. 1953. (310 S.) 8 Rbl. 90 Kop. [russ.]

J. White, Yeast technology. London: Chapman & H. 1954. (432 S. m. Abb.) 55 s.

XVI. Nahrungs-, Genuß- und Futtermittel.

W. Diemair, *Die lebensmittelchemische Wissenschaft, ihre Aufgabe und Erfolge.* Der Stand der stoffwechselphysiol. Erkenntnisse wird dargelegt. Die sich für die wissenschaftliche u. prakt. Lebensmittelanalyse, für Aufbereitung u. Bevorratung von Lebensmitteln ergebenden Probleme u. Ziele sowie neuere Forschungsergebnisse auf diesen Gebieten werden erörtert. (Naturwissenschaften **40.** 213—18. Erstes Aprilheft 1953. Frankfurt/M., Univ., Inst. für Lebensmittelchem.) FRESENIUS. 7630

W. Summer, *Hochfrequenz und Infrarot.* Zusammenfassende Darst. der Anwendungsmöglichkeiten von Hochfrequenz u. Infrarot in der Lebensmittelindustrie. (Vgl. auch C. **1954.** 9644.) (Food **22.** 4—7. Jan. 1953.) M. W. ROTHE. 7630

Frederick T. Day, *Hygienisches Verpackungsmaterial.* Zweck u. Bedeutung einer hygien. Verpackung für Lebensmittel u. Genußmittel, Möglichkeiten zur Sterilisation in der Verpackung, Spezialverpackungen. (Food **21.** 416—20. Nov. 1952.) THOMAS. 7630

A. G. Thomson, *Kunstharze und Latices in der Lebensmittelindustrie.* Techn. Verwendungsmöglichkeiten von Kunststoffen für Lebensmittelverpackungen u. während der Lebensmittelverarbeitung. (Food **21.** 474—75. Dez. 1952.) M. W. ROTHE. 7630

E. S. Sellers, *Trennungsverfahren in der Lebensmittelindustrie.* Die Trennungsprozesse in der Lebensmittelindustrie werden tabellar. zusammengestellt u. die techn. Verff. der Trennung der Phasen Gas/Gas, Fl./Gas, feste Stoffe/Gas, Fl./Fl. (nicht mischbare Fll., Emulsionen u. mischbare Fll., Fl./feste Stoffe u. fester Stoffe voneinander besprochen. Prakt. Beispiele für die einzelnen Vorgänge werden erörtert. (Food **23.** 52—56. Febr. 84—88. März 1954. Cambridge, Univ., Dep. of Chem. Engng.) FRESENIUS. 7632

E. Guigo, *Untersuchung und Berechnung des Prozesses der Sublimationstrocknung.* Vf. untersuchte die Trocknung durch Sublimation an verschied. Materialien, z. B. Lebensmitteln, zur Feststellung von Gesetzmäßigkeiten, die es gestatten, die Dauer des Prozesses bei gegebenen Betriebsbedingungen zu errechnen. Hierzu werden Formeln aufgestellt. (Молочная Промышленность [Milch-Ind.] **13.** Nr. 4. 32—36. April 1952. Leningrad, Inst. für Kälte- u. Milchind.) B. KRAFT. 7636

Ss. I. Korolkow, *Über die Vitaminisierung von Nahrungsmitteln.* Zusammenfassende Behandlung des gesamten Fragenkomplexes. (Вопросы Питания [Fragen d. Ernähr.] **12.** Nr. 5. 75—80. Sept./Okt. 1953. Moskau, Allunions Wiss. Vitamin-Forschungsinst.) ULMANN. 7642

Je. M. Masslenikowa, *Über die Vitaminisierung von Nahrungsmitteln mit Vitamin D.* Hinweise, daß mit der Anwendung von *Vitamin D* für Vitaminisierungsvorhaben gewartet werden muß, bis die physiol. Grundlagen voll geklärt sind, da man sonst Schädigungen befürchten muß. (Вопросы Питания [Fragen d. Ernähr.] **12.** Nr. 5. 80—81. Sept./Okt. 1953. Moskau, Ernährungsinst. der Akad. der Med. Wiss. der UdSSR.) ULMANN. 7642

E. C. Bate-Smith und **T. Swain,** *Identifizierung der Leukoanthocyanine als „Tannine" in Nahrungsmitteln.* Vff. schreiben die adstringierende Wrkg. der in Lebensmitteln u. Getränken gefundenen u. wegen ihrer Phlobaphen-Rk. meist als Catechine (**II**) aufgefaßten Stoffe den Leukoanthocyaninen (**I**) zu. Beim Kochen mit verd. HCl liefern **I** aber neben einem rotbraunen Nd. auch eine rote Lsg. analog den kondensierten Tanninen (**III**). **II** geben jedoch, im Gegensatz zu den Angaben der Literatur, hierbei keine Rotfärbung u. nur gelbliche oder graubraune Niederschläge. Aus Pinus maritimus u. Kakaobohnen erhaltene **I** ergaben fast den dreifachen Hautpulverwert des (+)-**II** u. zeigten die üblichen Gerbstoffreaktionen. Ihre Spektren in A. u. verd. alkoh. Na-Äthylat sind denen des (+)-**II** sehr ähnlich, unterscheiden sich aber deutlich in den Extinktionskoeffizienten (E) u. der Lage der Maxima von **II** u. andern Flavonderivaten. **I** stehen nach Vff. chem. den **II** nahe u. bilden mit diesen die Vorstufen der **III**.

Versuche: *Spektren in A.* (Minima, Maxima mμ, $E^{1\,cm}_{1\%}\cdot 10^2$): Kakao-**I**: 258; 280; 1,79. — Pinus-**I**: 260; 280; 1,73. — (+)-**II**: 253; 280; 1,35. — Entsprechend in alkoh. NaOH: 273; 288; 2,74. — 275; 291; 2,34. — 273; 298; 2,36. (Chem. and Ind. **1953.** 377—78. 18/4. Cambridge, Univ., Low Temper. Stat. for Res. in Biochem. and Biophys., u. Dep. of Scient. and Ind. Res.) SANDER. 7660

M. Rothe, *Über das Bitterwerden von Cerealien.* 1. Mitt. *Lipoide als Reaktionspartner.* Nachdem nachgewiesen wurde, daß entfetteter Hafer bei 38° von 95—100° relativer Luftfeuchtigkeit keine Neigung zum Bitterwerden zeigt, nach Zusatz des Ae.-Extraktes oder anderer Fette zum entfetteten Hafer jedoch in kurzer Zeit unter Einfl. von O_2 u. Licht wieder bitterer Geschmack auftaucht, untersuchte Vf. die Kennzahlen von Mohnöl, das mit entfettetem Haferschrot bzw. Stärke 4 Std. in Berührung u. im Falle des Hafers stark bitter war. Das Öl zeigte eine deutliche Erhöhung der SZ. u. Herabsetzung des Mol.-Gew., woraus auf hydrolyt. Vorgänge zu schließen ist. Andererseits wurde an Mohnölfettsäuren, die mit entfettetem Hafer in Kontakt waren, eine Zunahme des Mol.-Gew. festgestellt, was wiederum auf Polymerisationsvorgänge hindeutet. Weitere Unterss. mit reinen Fettsäuren bzw. deren Verbb. zeigten, daß auch bei diesen, aber nur bei ungesätt. Fettsäuren, Bitterwerden auftritt. Es ist anzunehmen, daß das Bitterwerden des Haferfettes durch ein Ferment katalysiert wird, da der Vorgang durch Bedingungen, die zur Inaktivierung von Fermenten führen, verhindert wird. (Fette u. Seifen, Anstrichmittel **55.** 877—80. Dez. 1953. Potsdam-Rehbrücke, Inst. für Ernährungsforsch.) KRUSEN. 7664

J. B. Hutchinson, *Die Qualität von Getreide und seine industrielle Verwertung. Faktoren, die die Eignung von Hafer zur Verarbeitung beeinflussen.* Die Eignung von Hafer zur Vermahlung je nach Korngröße, Varietät, 1000 Korn-Gewicht u. anderen äußeren Merkmalen sowie die Bedeutung der chem. Eigg. der Inhaltsstoffe für die Qualität werden besprochen. (Chem. and Ind. **1953.** 578—81. 13/6. St. Albans, Herts., Res. Assoc. of Brit. Flour-Millers, Cereals Res. Stat.) FRESENIUS 7664

Karl Schmorl, *Fett im Getreidekorn.* Zus. u. Bedeutung des Getreidefettes für die Haltbarkeit. (Müllerei **7.** Nr. 12; wiss. Müllerei **1954.** 17—19. 20/3. Coburg.) M. W. ROTHE. 7664

W. Schäfer, *Besatz und Getreidequalität.* Lagerfähigkeit, Qualität u. Mehlausbeute bei Besatzgetreide. (Mühle **91.** 162—63. 1/4. 1954. Detmold, Bundesforschungsanst. für Getreideverarbeitung.) M. W. ROTHE. 7664

V. H. Baker, O. Taboada und **D. E. Wiant,** *Elektronenbehandlung von Weizen und Mehl zuz Hemmung der Insektenvermehrung.* Durch Beschuß von Getreide oder Mehl mit beschleunigten Elektronen werden die Eier von Korn- u. Mehlkäfern sterilisiert, die Käfer abgetötet oder vermehrungsunfähig. Die Eindringtiefe beträgt, abhängig von der Geschwindigkeit der Elektronen, 1,5—2,5 cm. Durch die Behandlung werden die Backeigg. kaum verändert, während die Keimfähigkeit vermindert u. das Wachstum der neuen Pflanze verzögert wird. (Northwestern Miller **251**. Nr. 19. Milling Product. Sect. 1a. 20a—21a. 11/5. 1954. Blacksburg, Va., Polytechn. Inst.) M. W. ROTHE. 7670

James Sword, *Die Qualität der Getreidearten und ihre industrielle Verwendung. Biscuitmehl.* Vf. vergleicht die engl. u. ausländ. Weizensorten bzgl. ihrer Eignung als Biscuitmehl. Die Zucht hochwertiger Sorten ist unter den in England vorherrschenden klimat. Bedingungen nicht möglich. (Chem. and Ind. **1953**. 389—97. 25/4.) HAEVECKER. 7670

E. J. O'Brien und **G. J. Duncan,** *Qualitätscharakteristica der Weizenernte von Victoria.* Angabe von analyt. Daten, bes. des Proteingeh., u. von Backproben der Ernte 1951/52. (J. Dep. Agric., Victoria **50**. 405—10. Sept. 1952.) HAEVECKER. 7670

James W. Pence und **Harold S. Olcott,** *Der Einfluß von Reduktionsmitteln auf die Kleberproteine.* Die Viscosität von Kleber- oder Gliadinsuspensionen in A. oder verd. Essigsäure fällt bei Zusatz kleiner Mengen Monothioglykol ab u. bleibt niedrig. Höhere Konzz. führen nach prim. gleichem Abfall zu ständigem Anstieg der Viscosität bis zur Gelbildung. Bestimmungen des Mol.-Gew. u. des Cystins lassen eine anfängliche Aufspaltung der Proteinmoleküle an den Disulfidbrücken u. spätere erneute Assoziation vermuten. (Cereal Chem. **29**. 292—98. Juli 1952. U. S. Dep. of Agric., Western Reg. Res. Labor.) M. W. ROTHE. 7670

R. H. Harris, L. D. Sibbitt und **R. W. Mundinger,** *Extensographische Eigenschaften und Qualität von Nord-Dakota-Hard Red Spring-Weizenmehlen.* Extensograph. Unters. von Hard Red Spring-Weizen. Sortenunterschiede, bromathaltige u. bromatfreie Teige, Beziehungen zum Proteingehalt. (Bakers Digest **27**. Nr. 6. 23—27. Dez. 1953. Fargo, N. D., North Dakota Agric. Coll.) M. W. ROTHE. 7670

J. Holme und **E. Y. Spencer,** *Untersuchungen über einige Punkte der Mehlverbesserung.* Zur Charakterisierung der Wrkg. von Kaliumbromat (**I**) u. Ammoniumpersulfat (**II**) auf die Sulfhydrylgruppen verschied. Mehlfraktionen wurde eine titrimetr. Meth. mit o-Jodosobenzoat (**III**) angewandt. Eine Verminderung der SH-Gruppen war nicht festzustellen, obwohl zugesetztes Glutathion teilweise oxydiert wird. **III** wirkt gleichfalls backfähigkeitsverbessernd, jedoch schwächer als **I** u. **II**. (Cereal Chem. **29**. 251—61. Juli 1952. St. Paul, Minn., Univ.) M. W. ROTHE. 7670

Don F. Meisner, *Bedeutung von Temperatur und Feuchtigkeit bei Transport und Lagerung von Brot.* Einfl. von Temp. u. Luftfeuchtigkeit auf Altbackenwerden u. Austrocknung von Brot. (Bakers Digest. **27**. Nr. 6. 17—22. 34. Dez. 1953. Chicago, Ill., American Inst. of Baking.) M. W. ROTHE. 7674

P. F. Pelshenke, A. Rotsch und **A. Schulz,** *Ergebnisse der Magermilchpulveruntersuchungen im Rahmen der Milcheiweißbrotaktion 1953—1954.* Der Zusatz von 3% Magermilchpulver bei der Weizenbrot- u. Weizenmischbrotherst. wirkt sich günstig auf Teig- u. Brotausbeute, Krumenfarbe u. Bräunung der Gebäckoberfläche aus. Nachteile sind feuchtere Teigbeschaffenheit u. verschlechterte Elastizität der Krume. (Brot u. Gebäck **8**. 37—38. März 1954. Detmold, Bundesforschungsanst. für Getreideverarbeitung.) M. W. ROTHE. 7674

A. Rotsch und **H. Stephan,** *Über die Verwendung von Emulgatoren bei der Herstellung von Milcheiweißbrot.* Backtechn. Vorteile der Verwendung teilhydrolysierter Fette bei der Milcheiweißbrotherstellung. (Brot u. Gebäck **8**. 41—42. März 1954. Detmold, Bundesforschungsanst. für Getreideverarbeitung.) M. W. ROTHE. 7674

Hester J. Nielsen, Jean D. Hewitt und **Natalie K. Fitch,** *Faktoren, welche die Konsistenz einer Citronencremefüllung beeinflussen.* Zur Erzielung einer guten Konsistenz von Citronencreme ist längere Kochzeit der Stärkekleister–Eigelb-Mischung erforderlich, welche Koagulation der Eigelbproteine u. Gelbldg. begünstigt. Der p_H-Wert des Citronensaftes besitzt keinen Einfl. auf die Konsistenz. (J. Home Econ. **44**. 782—85. Dez. 1952. Columbia Univ., Teacher's Coll.) M. W. ROHTE. 7674

I. A. Schakin, N. P. Dshura und **M. M. Goldberg,** *Erfahrungen bei der Verwendung von Hagebutten zur Vitaminisierung einiger Nahrungsmittelkonzentrate.* Der Geh. an *Vitamin C* in Erbsenpüreekonzentraten, denen Hagebuttenpulver hinzugefügt war, nahm von ursprünglich 50 mg% nach 6 Monaten Lagerung bei 19,2° auf durchschnittlich 24 mg% ab. (Вопросы Питания [Fragen d. Ernähr.] **12**. Nr. 5. 73. Sept./Okt. 1953. Kiew, Zentrallabor. des Ukrain. Trustes für Vitaminind.) ULMANN. 7684

C. Antoniani, L. Fenaroli, L. Federico, P. Feresini und **A. Monzini,** *Untersuchungen über die chemische Zusammensetzung und den Nährwert verschiedener in Italien an-*

gebauter Maissorten. (Vorl. Mitt.) Die chem. Zus. u. der Nährwert für ca. 100 verschied. gelbe u. weiße Maissorten sind in einer Tabelle wiedergegeben. — 122 Literaturzitate. (Ann. Sperimentaz. agrar. [N. S.] **7.** 1807—22. 1953. Bergamo, Staz. sperim. di Maiscoltura, u. Mailand, Staz. sperim. del Freddo.) GRIMME. 7686

B. Sanjiva Rao, A. R. Vasudeva Murthy und **R. S. Subrahmanya,** *Amylose- und Amylopektingehalt in Reis und ihr Einfluß auf sein Verhalten beim Kochen.* Amylose (I) u. Amylopektin (II) werden aus Reis nach der gering abgeänderten Meth. von SCHOCH (J. Amer. chem. Soc. **64.** [1942.] 2957) isoliert. **I** u. **II** werden in verschied. Reisvarietäten potentiometr. mit Jod bestimmt. Die Quellzahl der Reissorten wird nach RAO (X Congresso Internazionele Di Chimica, Rome, **4.** [1938.] 550) gemessen. Mit Zunahme des **I**-Geh. steigt sie an. Obgleich sie beim Ankochen von Reis auffallend zurückgeht, tritt keine Änderung im **I**-Geh. ein. (Proc. Indian Acad. Sci., Sect. B **36.** 70—80. Aug. 1952. Bangalore, Indian Inst. of Sci.) FRESENIUS. 7686

H. E. Hill, *Anbau und analytische Werte von schwarzen Johannisbeeren und Himbeeren in Tasmanien.* Vf. gibt eine Übersicht über den Anbau u. die analyt. Daten einiger im südlichen Tasmanien angebauter Beerensorten. Der Ascorbinsäuregeh. von schwarzen Johannisbeeren ist hoch, betrug im Mittel 253 mg/100 g, schwankte jedoch in weiten Grenzen. (J. Sci. Food Agric. **2.** 347—350. Aug. 1951. Tasmania, Dep. of Public Health, Government Analyst's Branch.) REPPEL. 7688

Archie van Doren, *Die Lagerung von Golden Delicious- und Red Delicious-Äpfeln in veränderter Atmosphäre.* Die genannten Apfelsorten halten sich am längsten bei 31° F in einer Atmosphäre, die (außer N_2) 2% O_2 u. <0,05% CO_2 enthält. Unter diesen Bedingungen war die Qualität nach 1 Jahr noch sehr gut. Das die Fruchtfleischzellen verkittende Protopektin bleibt fest u. wird auch längere Zeit nach dieser Lagerung nicht hydrolysiert, infolge teilweiser Inaktivierung der entsprechenden Enzyme. (Proc. annu. Meeting Washington State horticult. Assoc. **48.** 91—95. Dez. 1952. Wenatchee, Wash., Tree Fruit Exp. Stat.) FRESENIUS. 7688

Kutscher, *Biologische Betrachtung zur Obstsaftkonservierung.* Besprochen werden: Haltbarmachung durch Hitze, Kaltverff., Tiefkühlverf., Einfrierverf., Einlagerung unter CO_2-Druck, Konservierung mittels Chemikalien, Anwendung von UV-Licht, Ozonisierung, Katadynverf., Anwendung von Ultraschall. (Branntweinwirtschaft **75.** 205—8. 10/6. 1953.) HAEVECKER. 7706

F. A. Lee, W. B. Robinson, J. C. Hening und **C. S. Pederson,** *Tieftemperaturkonservierung von Fruchtsäften und Fruchtsaftkonzentraten.* Der Einfl. der Aufbewahrungstempp. (0, 18, 34 u. 72° F.) u. die Wrkg. zugesetzter Ascorbinsäure (**I**; 40 mg/100 ml) auf Geschmack, Farbe u. **I**-Geh. roher u. pasteurisierter Obst- u. Beerensäfte u. -konzentrate wurde untersucht. — Der Geschmack aller pasteurisierten Säfte verändert sich progressiv während der Aufbewahrung bei 70° F, bei Erdbeersaft schon bei 34° F. — Durch **I**-Zusatz zur Haltbarmachung wurde die Verschlechterung des Geschmacks nur unerheblich verzögert bzw. ganz verhindert. Die Geschmackswertungen pasteurisierter Säfte ohne **I**-Zugabe ergaben höhere Punktzahlen als die entsprechenden rohen Säfte. Roher Apfelsaft behält nach **I**-Zusatz den charakterist. frischen Fruchtgeschmack. — Vollständiger Aromaverlust anthocyan (**II**)-haltiger Säfte wird von **II**-Zers. begleitet. Farbveränderung erfolgt infolge **II**-Zers. oder durch Gelb–Braun-Färbung. **I**-Zusatz zu Apfelsaft hemmt die Braunfärbung bei Apfel- u. Erdbeersaft, beschleunigt jedoch bei letzterem die Zers. der roten Farbe. — **I** ist noch in 11 Monate lang bei 70° F gelagerten Säften gut erhalten, so daß **I**-Analysen die erheblichen Farb- u. Geschmacksverschlechterungen nicht anzeigen. (New York State agric. Exp. Stat., Bull. **1950.** Nr. 743. 3—18. Juli. Geneva, N. Y., New York State Agric. Exp. Stat.) RANG. 7706

Vernon L. S. Charley, *Alkoholfreie Getränke und Fruchtsäfte mit Angaben über ihren Nährwert.* Überblick über die Verwendung reiner Fruchtsäfte u. daraus hergestellter Limonaden mit Angaben über Nährwert, Salz- u. Vitamingehalt. — 46 Literaturzitate. (Chem. and Ind. **1952.** 1090—97. 8/11. Coleford, Glos., Royal Forest Factory.) GRIMME. 7706

N. N. Beresowskaja, Ss. M. Bessonow, S. W. Kotschetkowa und **Ss. N. Matzko,** *Die Verwendung von mit Ascorbinsäure angereichertem Kochsalz zur Vitaminisierung von Speisen bei Gemeinschaftsverpflegung.* Mit 1% *Ascorbinsäure* (**I**) versetztes Speisesalz läßt sich ohne Verluste lagern, falls der Feuchtigkeitsgeh. des Salzes (ca. 0,3%) nicht ansteigt. Mit solchem vitaminisierten Salz zubereitete Suppen beinhalten 30—37 mg **I**, andere Gerichte 15—17 mg pro Portion. Beim Stehen der Gerichte in heißem Zustande nimmt der **I**-Geh. bei Suppen um 10—28% ab, in anderen Fällen um 58—68%. Trotz dieser Verluste empfehlen Vff. doch die Anwendung von vitaminisiertem Speisesalz, da bei der üblichen Verwendung von 7—8 g Salz pro Essensportion in dieser immer noch mindestens 35—40 mg I enthalten sind. (Вопросы Питсния [Fragen d. Ernähr.] **12.** Nr. 5. 53—57. Sept./Okt. 1953. Moskau, Ernährungsinst. der Akad. der Mediz. Wiss. der UdSSR.) ULMANN. 7714

W. R. Popow, *Die chemische Natur des Aromas des schwarzen Tees.* Daß die jungen u. zarten Blätter des Teestrauches einen bes. aromat. Tee liefern, hängt damit zusammen, daß sie bes. reich an Aminosäuren sind, deren Oxydation zu Aldehyden durch o-Chinone zum spezif. Teearoma führt. Die o-Chinone entstehen durch Oxydation der Gerbstoffe des Teeblattes. Durch Zusatz von Aminosäuren, bes. von Phenylalanin, während der Fermentation kann das Teearoma verbessert werden. Auch die Synth. der äther. Öle im Teeblatt ist für die Aromabldg. verantwortlich. (Природа [Natur] **43.** Nr. 3. 87—89. März 1954. Bach-Inst. für Biochem. der Akad. der Wiss. der UdSSR.) LEBTAG. 7724

P. V. Danckwerts und **E. S. Sellers,** *Lebensmittel aus Algen und Hefe.* Möglichkeiten der techn. Gewinnung von Fetten u. Proteinen aus Grünalgen u. Hefen. Bei letzteren wird durch hohen N-Geh. der Melassenährlsg. zunächst das Wachstum gefördert. Mit absinkendem N-Geh. erfolgt dann verstärkte Fettbldg., die bei Rhodotorula gracilis 60% des Trockengew. bei nur 15% Protein erreicht. (Food **21.** 459—61. Dez. 1952. **22.** 23—25. Jan. 1953.) M. W. ROTHE. 7742

Je. Schkolnikowa, *Eine Näherungsmethode zur Berechnung der Gefrierdauer von Nahrungsmitteln.* Vf. beschreibt eine Rechenmeth., nach welcher der Temperaturverlauf in den verschied. Zonen des Gefriergutes unter Berücksichtigung der Form des letzteren in Abhängigkeit von der Zeit theoret. bestimmt werden kann u. demonstriert ihre Brauchbarkeit durch Vgl. der gemessenen u. der berechneten Werte beim Gefrierenlassen einer Scheibe Fleisch. (Холодильная Техника [Kälte-Techn.] **29.** Nr. 3. 48—54. Juli/Sept. 1952. Leningrad, Inst. für Kälte- u. Molkereiwesen.) SCHMEISS. 7750

E. Benk, *Natriumcitrat als Brätzusatz.* Brätzusatzmittel mit Na-Citrat können als Bindemittel im Sinne der Verordnung über Wurstwaren wirken. Sie stellen einen der Wurst wesensfremden Bestandteil dar. Die Rechtslage ist unklar. Nachw. des Na-Citrats als Pentabromaceton. (Dtsch. Lebensmittel-Rdsch. **48.** 232—34. Nov. 1952. Reutlingen, Chem. Landesuntersuchungsamt.) FRESENIUS. 7750

A. Banks, *Die Entwicklung der Ranzigkeit in kalt gelagerten Heringen: Der Einfluß einiger Antioxydantien.* Als Antioxydatien wurden Ascorbinsäure, Gallussäure (I), I-Äthylester u. Brenzcatechin verwendet. Die Wrkg. wurde an Hand der Peroxydbldg. geprüft u. zeigte sich sehr unterschiedlich. In einigen Fällen war überhaupt kein Einfl. feststellbar. Höchstens konnte von einer Verzögerung gesprochen werden. Prakt. haben also diese Antioxydantien keinen Einfl. auf die Ranziditätsentw. in kalt gelagerten Heringen. Überdies wurde der Geschmack bei der verwendeten Konz. nachteilig beeinflußt. Unzerteilte Heringe konnten etwas länger als Filets gelagert werden. (J. Sci. Food Agric. **3.** 250—56. Juni 1952. Aberdeen, Torry Res. Stat.) FRESENIUS. 7752

J. G. Davis, *Kühlhaltung in der Molkerei-Industrie.* Die Vermehrung der Mikroorganismen in Milch ist bei Tempp. unter 10° gering. Im Bereich von 0—10° entwickeln sich eiweißspaltende Bakterien nur langsam, während kohlehydratspaltende Arten weitgehend gehemmt sind. Techn. Möglichkeiten der Kühlhaltung mit kaltem W. u. Salzsolen. (Food **21.** 467—73. Dez. 1952. London, Express Dairy Co.) M. W. ROTHE. 7756

E. Klessmet, *Pasteurisieren der Milch bei erhöhter Temperatur.* Physikal. chem. u. mikrobiol. Unterschiede der von verschied. Orten gelieferten Milch können bei Verarbeitung zu Käse durch Pasteurisieren bei 90—95, 80—85 oder 70—75° (15 bis 20 Min.) mit nachfolgender Zugabe von $CaCl_2$ (35—60 g) u. Regulierung des Säuregrades (19—21° für Hartkäse, 22—25° für Weichkäse) der Milch ausgeglichen werden. Die optimale Temp. zur Gerinnung der zu verarbeitenden Milch muß jedesmal festgestellt werden. Die Gerinnungstemp. ist um so niedriger, je höher der Säuregrad der Milch ist. (Молочная Промышленность [Milch-Ind.] **13.** Nr. 10. 42—43. Okt. 1952. Riga, Molkereitrust.) M. GORDIENKO. 7756

F. V. Kosikowsky, R. W. Henningson und **G. J. Silverman,** *Das Vorkommen von Antibioticis, Sulfonamiden und quartären Ammoniumverbindungen in Milch im Staat New York.* 7% von 1794 Proben pasteurisierter Mischmilch wirkten mehr oder weniger hemmend auf handelsüblichen Säurewecker, 1% der Proben wirkte stark. Die Menge der Antibiotica lag bei 0,05—0,1 Einheiten/ml. Schwierigkeiten für die Milchindustrie entstanden daraus nicht, anders bei höherem Gehalt. In 922 Proben wurden keine Sulfonamide gefunden. Quartäre Ammoniumverbb. waren in 4% der Proben anwesend. Auch hier traten keine wewentlichen Störungen auf. (J. Dairy Sci. **35.** 533—39. Juni 1952. Ithaca, N. Y., Cornell Univ., Dep. of Dairy Ind.) FRESENIUS. 7756

I. Bolgar, *Plastischer acidophiler Sauerrahm.* Durch Säuerung von hochwertiger Sahne mit Kulturen von Bacterium acidophilum u. nachträgliche Zugabe von 5% Zucker erhielt Vf. ein hochwertiges Nahrungsmittel (45% Fett), das als „Plast. acidophiler Sauerrahm" bezeichnet wird u. bes. für Kinder, Greise u. Rekonvalescenten geeignet ist. (Молочная Промышленность [Milch-Ind.] **13.** Nr. 9. 40. Sept. 1952. Dnjepropetrowsk, Landwirtschaftl. Inst.) H. V. PEZOLD. 7756

A. Makarjin, *Die Anwendung von puffernden Salzen zur Erhöhung der Lagerfähigkeit von Rahmbutter.* Aus Sauerrahm (Säuregrad 68—80°) geschlagene Butter konnte durch Zusatz von 0,1% $NaHCO_3$ + 0,2—0,3% Na_2HPO_4 für über 2 Jahre lagerfähig (—7 bis —10°) gemacht werden. Unbehandelte Kontrollproben begannen bereits nach 3—5 Monaten geschmacklich abzufallen, waren nach 12 Monaten „ölig" u. nach 24 Monaten „fischig". (Молочная Промыщленность [Milch-Ind.] **13.** Nr. 9. 24—27. Sept. 1952. Allunions Wiss. Forschungsinst. der Käsereiind.) H. V. PEZOLD. 7758

A. Moen, *Ammoniak-N und Trimethylamin-N in Herings- und Fischmehl.* Die Best. des $N(CH_3)_3$-N (I) im wss. Auszug oder nach der Mikrometh. von CONWAY u. BYRNE gibt einen sicheren Maßstab für die Beurteilung des Frischheitsgrades von Herings- oder Fischmehl. Die bei Dest. mit MgO erhaltenen Werte sind etwas höher, da hier auch andere N-Basen erfaßt werden. Bei ungünstiger Lagerung von guter Ware nehmen Gesamt-N u. I stetig zu, während NH_3-N zuerst etwas abnimmt u. erst nach 5 Tagen ansteigt. In 10 g Mehl (gelöst in 150 cm³ W.) wird durch Zusatz von n/40 HCl, dann gesätt. K_2CO_3-Lsg. (II) u. Rücktitration mit n/40 NaOH gegen Methylrot oder Tashiros (Methylrot + Methylenblau) Gesamt-N, in einer anderen Probe mit Zugabe von 40%ig. Formalinlsg. vor II-Zusatz bestimmt. (Tidsskr. Kjemi, Bergves. Metallurgi **10.** 237—39. Juni 1950.) R. K. MÜLLER. 7852

Ara O. Call, *Bericht über Milchnebenprodukte in Mischfutter. Bestimmung der Trockensubstanz.* Fortsetzung einer Gemeinschaftsarbeit. Richtlinien für die Verwendung von ZrO zur Neutralisation stark saurer Prodd. wie kondensierter Buttermilch vor dem Eindampfen zur Trockensubstanzbest. u. für die Titration der Milchsäure. (J. Assoc. off. agric. Chemists **37.** 253—56. 15/5. 1954. Appleton, Wis., Western Condensing Comp.) EBERHARD MÜLLER. 7864

XVII. Fette. Seifen. Wasch- u. Reinigungsmittel. Wachse. Bohnermassen usw.

Eteuo Miyamichi und **Shintaro Nomura,** *Chemische Untersuchungen über das Samenöl von Lauraceen.* 1. Mitt. *Fettsäuren aus dem Samenöl von Litsea japonica Mirb.* Das mit Ae. ausgezogene fette Öl der Samen hatte eine $D.^{15}_{4}$ 0,9562, SZ. 5,8; VZ. 238, 55; JZ. 18,56; n_D^{20} 1,4450 u. 3,9% Unverseifbares. Durch Hydrolyse u. Fraktionierung der Methylester ergaben sich 91,5% feste u. 8,5% fl. Fettsäuren. Erstere bestanden aus Laurin-, Caprin- u. wenig Myristinsäure, letztere aus Lindell-, Tsuzu- u. Ölsäure. Das Öl kann Kakaofett ersetzen. (J. pharmac. Soc. Japan [Yakugakuzasshi] **73.** 169—70. Febr. 1953. Gifu Coll. Pharm. [Orig. japan.]) SCHULER. 7894

P. N. Williams, *Nahrung und Zukunft. Synthetische Entwicklungsmöglichkeiten: Synthetische Fette.* Bericht über die vollsynthet. Fettherst. durch Veresterung synthet. Fettsäuren aus der KW-stoffoxydation mit Glycerin, die analyt. Eigg. der Erzeugnisse u. ihre Bewertung für Ernährungszwecke. Entsprechende Ausführungen über die biol. Fettsynth. mit *Endomyces vernalis, Oidium lactis, Penicillium, Aspergillus, Mucor, Saccharomyces, Torula utilis, Rhodotorula glutinis* u. *gracilis* sowie *Fusarium.* — 44 Literaturausgaben. (Chem. and Ind. **1953.** 582—85. 13/6. Port Sunlight, Cheshire, Unilever, Ltd.) FRESENIUS. 7902

M. W. Irodow, P. W. Naumenko und **P. N. Tschukow,** *Über die Arbeit der Betriebe zur Fettspaltung ohne Reagentien.* Es werden Erfahrungen besprochen, die in mehreren Betrieben bei der Fettspaltung ohne Reagentien gesammelt wurden. Bei der Fettspaltung im Autoklaven in 2 Phasen ist in eerster Linie darauf zu achten, daß die Spaltung der 1. Phase bis zu 87—89 u. in der 2. Phase bis 96—97% durchgeführt wird. Für die Glycerinausbeute ist es wesentlich, daß das Glycerinwasser völlig neutral ist, so daß bei der Vakuumdest. nur geringe Verluste auftreten. Die erhaltenen Fettsäuren haben die gleiche Farbe wie die Ausgangsstoffe; sie eignen sich gut zur Herst. von Toilettenseifen. Der Spaltautoklav ist aus Cr–Ni-Stahl u. ist entweder mit einem mechan. Rührwerk oder mir einer Dampfzuleitung zum Umrühren versehen. (Маслобойно-Жировая Промышленность [Öl- u. Fett-Ind.] **19.** Nr. 1. 21—25. 1954. Allunions Wiss. Fettforschungsinst.) R. RICHTER. 7906

Herbert J. Wollner, Victor M. Kumin und **Peter A. Kahn,** *Klärung eines Wäschereiabwassers durch Flotation und Wiederverwendung.* Nach unbefriedigenden Verss. mit CaO, $FeSO_4$, kationoberflächenakt. Mitteln, Alaun + Silicagel gelang es, gebrauchte Seifewaschlaugen einer unter Wassermangel leidenden Marinewäscherei in Labor. u. Versuchsanlage so aufzubereiten, daß nur für die letzte Spülung frisches W. verwendet, im übrigen der ganze Waschprozeß mit dem heißen geklärten wiedergewonnenen W. durchgeführt wurde u. nach ca. 8 Waschungen der Salzgeh. konstant u. ohne Einfl. auf die Wäsche blieb. Dem aus einem Ausgleichsbecken zufließenden W. wird zunächst Alaunlsg. (15 mg/Liter) zugesezt, dann NaOH (2,3 mg/Liter) beides automat. gesteuert durch selbsttätige p_H-Messer. Nach Durchlaufen eines Vormischbottiches tritt die Mischung mit eingesaugter Luft am Boden der Ausflockungskammer ein u. oben in die Klärkammer aus, dabei steigen die Flocken, unterstützt durch Luftbläschen, hoch u. werden als Schlamm fortlaufend abgestrichen, das W. fließt aus der Klärkammer klar ab, Frischwasserverbrauch sank von 146,5 auf 19,3 m^3/Woche, auch ist die Wärmeersparnis bedeutend. (Sewage ind. Wastes **26.** 509—19. April 1954. Boston, Mass., Amer. Conditioning House.) MÜHLMEISTER. 7912

Bamag-Meguin Akt.-Ges., Berlin, *Dämpfen fetter Öle.* Man leitet das kalte oder nur schwach erwärmte Öl unter einen Verteiler in eine Vakuumzone, in der es von Luft u. Feuchtigkeit befreit wird, u. dann erst in die eigentliche Dampfzone. — Zeichnung. (**E. P. 701 181** vom 18/10. 1951, ausg. 16/12. 1953. **Belg. P. 506 871** vom 3/11. 1951, ausg. 27/3. 1953. Beide D. Prior. 21/7. 1951.) LÜTTGEN. 7875

Lever Brothers & Unilever Ltd. bzw. **Unilever Ltd.,** Port Sunlight, England, *Raffinieren von fetten Ölen.* Man führt die alkal. Raffination in Ggw. einer kleinen Menge (0,01—0,04%) einer aliphat. Di- oder Polycarbonsäure bzw. eines Salzes oder eines Anhydrids einer solchen, z. B. Wein- oder Citronensäure, durch u. trennt die wss. Phase durch Zentrifugieren ab. (**E. P. 701 167** vom 25/5. 1951, ausg. 16/12. 1953. **Schwz. P. 295 681** vom 26/6. 1951, ausg. 16/3. 1954. Beide A. Prior. 29/6. 1950.) LÜTTGEN. 7875

Sun Oil Co., Philadelphia, übert. von: **Samuel Edward Jolly,** Prospect Park, Pa., V. St. A., *Reinigung von Roh-Naphthensäuren* erfolgt durch Gegenstromextraktion mit einem Gemisch aus 75—100 (Gew.-%) CH_3OH u. 0,25 Wasser. — Vorr., Zeichnungen. (**A. P. 2 637 744** vom 24/2. 1950, ausg. 5/5. 1953.) MÜLLER-MEININGEN. 7909

Compania Industrial, Valparaiso, Chile, und **Arthur Abbey,** London, England, *Herstellung geruchloser Seifen aus minderwertigen Rohstoffen.* Trane, Abfallfette u. dgl. werden gespalten u. in Abwesenheit von W. mit Alkali auf $>300^0$ bei n. Druck erhitzt. (**E. P. 696 050** vom 18/4. 1950, ausg. 19/8. 1953.) LÜTTGEN. 7911

Henkel & Cie. G. m. b. H., Düsseldorf, *Substituierte Sulfonamide* erhält man durch Kondensation von Alkylbenzolsulfochloriden (I), z. B. hergestellt nach E. P. 679 185 (C. **1953. 9669**) mit 10—18 C-Atomen im Alkyl, mit aromat. Aminosulfonsäuren oder deren Salzen in An- u. Abwesenheit von W. u. zweckmäßig eines säurebindenden Mittels. — Aus mit 5%ig. wss. NaOH neutralisierter Sulfanilsäure u. Dodecylbenzolsulfochlorid bei anfangs 35—40°, dann bei 70° → *Dodecylbenzolsulfonsulfanilamid,* Ausbeute ca. 90%. Mit 2 Mol **I** entstehen Bis-(alkylbenzolsulfon)-amide. *Netz-, Wasch-, Reinigungs-, Weichmachungs-, Textilhilfsmittel, Korrosionsschutzmittel.* (**E. P. 690 423** vom 14/4. 1949, ausg. 22/4. 1953. D. Prior. 11/3. 1949.) KRAUSS. 7913

Ciba Akt.-Ges., Basel, Schweiz, *Reinigungsmittel,* gek. durch Ggw. eines Deriv. der 4.4'-Diaminostilben-disulfonsäure-(2.2'), z. B. *4.4'-bis-[2-(o-chlorphenoxy)-4-methylamino-1.3.5-triazyl-(6)-amino]-stilbendisulfonsaures Na, Di-Na-Salz* der *4-[2-Phenoxy-4-(β-oxyäthylamino)-1.3.5-triazyl-(6)-amino]-4'-[2-äthylamino-4-(o-anisidino)-1.3.5-triazyl-(6)-amino]-stilbendisulfonsäure-(2.2').* (**Schwz. P. 295 022** vom 14/10. 1949, ausg. 16/2. 1954.) LÜTTGEN. 7917

XVIIIa. Holz. Cellulose. Zellstoff. Papier. Papierdruck. Celluloid. Linoleum.

Juraj Krpan, *Untersuchungen über den Fasersättigungspunkt des Buchen-, Eichen-, Tannen- und Fischtenholzes.* Die Verff. zur Best. des Fasersättigungspunktes (I) werden krit. besprochen. Vf. wendet die Meth. der räumlichen Schwindung u. der Druckfestigkeit bei Buchen-, Eichen-, Tannen- u. Fichtenholz an u. vergleicht sie miteinander.

I ist der Zustand, bei dem die Zellwände mit W. gesätt. u. die Poren mit einem Gemisch von Luft- u. Wasserdampf gefüllt sind. Das ist der Übergang vom feuchten zum hygroskop. Zustand. Innerhalb des hygroskop. Bereichs ist die Abhängigkeit der Druckfestigkeit vom Feuchtigkeitsgeh. für alle untersuchten Holzarten durch eine logarithm. Beziehung u. oberhalb dieses Bereiches durch eine lineare Beziehung ausdrückbar. Die Abszisse des Schnittpunktes der logarithm. Parabel u. der Geraden gibt den I an. Ermittelt wurden folgende Werte: Buche 29,3% u. 31,6%, Eichenkern 25,4%, Tanne 35,1%, Fichte 36,7%. Mit der Meth. der räumlichen Schwindung wurden fast die gleichen Werte gefunden. Untersucht wurden ferner: Einfl. der Porengröße auf Best. des I u. Einfl. von Lage der Probe im Stamm (Schaft, Ast, Wurzel). Bei Eiche liegt I am höchsten im Stammholz u. zwar im Kernholz. (Holz Roh- u. Werkstoff **12.** 84—91. März 1954. Zagreb.) WERGIN. 7952

Karl Seifert, *Die Entharzung von Wald- und Industrieabfällen der Kiefer.* Vf. gibt eine Übersicht über die Harzgehh. der Koniferen u. ihre Unterschiede in den einzelnen Baumteilen sowie nach Alter. Er bespricht übliche u. verbesserte Methoden zur Best. von Rohstoffen u. Extrakten. Weiterhin wird an Hand von Tabellen der Einfl. besprochen, den Extraktionsdauer, Temp., Natur des Lösungsm., Werkstoff der Extraktionsapp., Lösungsmittelzirkulation u. Druck auf Ausbeute, Zus. u. Güte des Extraktes ausüben. Für großtechn. Anlagen wird empfohlen, die erste Lsg. in einem KW-stoff bzw. Cl-KW-stoff (z. B. CCl_4) vorzunehmen. Man erhält dabei den Hauptteil des Harzes (gesamtalkohollösl.), ca. 50%, in heller, oxysäurearmer (1,5%) Qualität. Für die zweite Lsg. wird Methanol oder Äthanol vorgeschlagen, wobei nochmals 40% als dunkles hartes Harz mit ca. 25% Oxysäuren erhalten wird. (Faserforsch. u. Textiltechn. **5.** 27—31. Jan. 1954. Berlin, Humboldt-Univ., Chem. Labor. der Technol. Abt. des Inst. für Industrieökonomik.) ZEHMISCH. 7952

H. L. Field, *Halbchemische Zellstoffherstellung aus Hartholz.* Übersicht über die Herst. u. das Bleichen von halbchem. Na_2SO_3-Zellstoff aus Hartholz. (Paper Mill News **77.** Nr. 12. 53—58. 20/3. 1954. Mechanicville, N. Y., West Virginia Pulp & Paper Corp.) H. BECKER. 7962

L. A. LaFond, *Ammoniak ersetzt Calcium bei der Säureherstellung, beim Kochen und Sieben.* Die Vorteile der Verwendung von NH_3 statt Kalk oder Dolomit sind: Leichtere Handhabung der Rohstoffe, bessere Absorption des SO_2, geringerer S-Verbrauch, keine Bldg. unlösl. Stoffe, bessere Durchdringung der Schnitzel, kürzere Kochdauer u. eine um 60% höhere Ausbeute eines gleichmäßigeren Zellstoffes mit geringerem Aschegehalt. Der Zellstoff läßt sich leichter waschen, die Siebkapazität steigt um 20% u. die Menge an Knoten u. Abfall fällt um 60%. Nachteilig sind die höheren Kosten des NH_3 u. die vermehrte Schleimbldg., die eine chem. Bekämpfung nötig macht. (Paper Mill News **77.** Nr. 12. 90—100. 20/3. 1954. Lebanon, Oreg., Crown Zellerbach Corp.) H. BECKER. 7962

A. A. Obreen, *Verfahren zur Gewinnung von Ketonen und synthetischem Benzin durch Hydrolyse von Cellulose enthaltenden Rohstoffen und Abfallstoffen.* Nach einer Übersicht über die Geschichte u. die heutigen Verff. der Holzverzuckerung wird ein neues Verf. beschrieben. Torf oder Cellulose enthaltende Abfallprodd., die bis 50% W. enthalten können, werden bei ca. 120° mit 1—2% HCl unter mehrmaligem Umpumpen u. stetiger Zugabe von 0,5% HCl hydrolysiert (Verbrauch an HCl 3% des Ausgangsstoffes) u. erhält eine unmittelbar vergärbare, 10—12% Zucker enthaltende Lösung. (Chem. pharmac. Techniek **9.** 245—48. 15/4. 1954.) WESLY. 7968

Ingvar Jullander, *Der Einfluß von Salzen auf Lösungen von Äthyloxyäthyloxyäthylcellulose. Äthyloxyäthylcellulose* (I) kann aus ihren wss. Lsgg. ausgesalzen werden. Das Aussalzvermögen verschied. Salze wird als Flockungspunkt bezeichnet. Die angewandte Meth. ist der in der Viscoseindustrie üblichen Salzpunktbest. ähnlich. Es wurden Flockungspunkte von ca. 70 Salzen an 3 Arten von I bestimmt. Ein Vgl. mit im Handel befindlichen Methylcellulosen wurde angestellt. Es wurde auch der Aussalzungseffekt einerMischung zweier Salze Na_2SO_4–$NaNO_3$ ermittelt. Die Möglichkeit eines Zusammenhanges zwischen Flockungspunkt u. Hydratationszahl oder Hydratationsenergie der Salze sowie der Beziehung zwischen Flockungspunkt u. Aktivität des W. werden diskutiert. Bei einigen Salzen wurden Viscosität u. Trübungen der Lsgg. bei Zusätzen, die unter dem Flockungspunkt liegen, untersucht. Mit erhöhter Salzkonz. steigt im allg. die Viscosität bis zu einem ausgeprägten Maximum, die Trübungen der Lsgg. werden dagegen wenig beeinflußt. — 21 Literaturnachweise. (Svensk Papperstidn **56.** 443—50. 30/6. 1953. Örnsköldsvik, Schweden, Res. Labor., mo och Domsjo AB.) P. ECKERT. 7970

XVIIIb. Textilfasern.

F. Jordinson, *Peroxydbleiche von Proteinfasern.* Allg. kann aus den Erfahrungen beim Bleichen mit Peroxyd, sowohl bei sauerer als auch bei alkal. Bleiche, gesagt werden, daß dieses Verf. ohne Nachteile für jede Art Proteinfaser angewendet werden kann. Die Bedingungen betreffend Konz., Temp., Bleichdauer bzw. -grad, p_H-Wert, Katalysator sind sehr unterschiedlich. Diesbezügliche Hinweise für die einzelnen Fasern (Wolle, Seide, Casein, Ardil) aus der Praxis werden aufgeführt. Um Sauerstoffverluste zu vermeiden, muß das zu bleichende Material sorgfältig von gegebenenfalls anhaftenden Verunreinigungen befreit werden; auch Metallspuren, wie Fe u. bes. Cu, wirken zersetzend u: können Fleckenbldg. u. Faserschädigungen verursachen. (Textile Manufacturer **80.** 205—09. April 1954.) SCHOENMANN. 8026

—, *Neuere Entwicklungen auf dem Gebiet der Textilausrüstung.* Bericht über das Bleichen, Reinigen, Färben u. Ausrüsten von Textilien. (Textile Recorder **71.** Nr. 852. 89—92. März 1954.) P. ECKERT. 8032

A. Schürch und **A. Berger,** *Über die Flammfestausrüstung von Textilien.* Nach einigen Ausführungen über die Theorie des Flammfestmachens werden die Methoden des Flammfestmachens besprochen. In diesem Zusammenhang wird das Flammfestmachen mit Metalloxyden u. chlorierten Verbb. nach der Harnstoff–Phosphat-Meth. sowie die Flammfestausrüstung nach dem *Pyrovatex*-Verf. beschrieben. Bei dem letzteren handelt es sich um eine Modifikation der Harnstoff–Phosphat-Methode. Zur Ausrüstung wird das Gewebe mit einer Mischung aus Pyrovatexgrund u. Pyrovatexbase behandelt, abgequetscht, getrocknet u. dann 5 Min. bei 150—160° gehärtet. Die genaue Arbeitsweise wird angegeben. Besprochen wird ferner eine Meth. zur Best. der Entflammbarkeit mit dem Flammability Tester der AATCC. (Textil-Rdsch. [St. Gallen] **9.** 251—54. Mai 1954. Basel, Ciba Akt.-Ges.) P. ECKERT. 8036

A. J. Hall, *Eigenschaften von Textilfasern.* 14. Mitt. *Technische Bedeutung ihres kristallinen Zustandes und dessen Nachweis in Baumwollfasern.* (Vgl. C. **1954.** 4978.) Die Eigg. der Baumwollfaser ist weitgehend beeinflußt von dem Geh. u. dem Verhältnis an kristallinen u. amorphen Celluloseanteilen. Da sich der kristalline Anteil völlig indifferent gegen Lsgg. oder darin gelöste Substanzen verhält, ist das Reaktionsvermögen der Baumwolle (Färben, Ausrüsten, chem. Angriff, z. B. Methylierung, Acetylierung) eine Funktion des Geh. an amorpher Cellulose. Darauf ist auch das Nachweisverf. aufgebaut (Säurehydrolyse: HCl u. $FeCl_3$ als Katalysator entwickelt CO_2; amorpher Celluloseanteil der Baumwolle ca. 30%, Kunstseide ca. 60%). Es wird vermutet, daß man den Angriff von Mikroorganismen verringern kann, wenn es gelingen würde, den kristallinen Anteil der Baumwolle zu erhöhen. (Textile Mercury Argus **130.** 776—81. 30/4. 1954.) SCHOENMANN. 8044

A. J. Hall, *Die Formaldehydbehandlungen.* 2. Mitt. *Wichtige neue Tatsachen über die Reaktionsfähigkeit der Baumwolle.* (1. vgl. C. **1952.** 5508.) Feuchte Baumwolle (I) nimmt mehr CH_2O (II) auf als trockene. Mercerisierte I mit 5—6% Wasseraufnahme zeigte größere Farbstoffaufnahme als solche mit 7,5—8,5%. Der Grund liegt wahrscheinlich in dem größeren Quellvermögen der I mit 7,5—8,5%. Trockene, nasse u. mit Aceton entwässerte I war gegenüber Farbstoffen gleich beständig, doch war die Festigkeit bei der trockenen I am höchsten, bei der nassen am geringsten. Die Tatsache, daß schon 0,5% II die Anfärbbarkeit stark herabsetzen, erklärt sich nach GOLDTHWAIT aus der Tatsache, daß sich II an benachbarte Cellulosemoll. anlagert, wobei er mit einem OH-Mol. des einen u. mit einem des nächsten Mol. reagiert. Bei Acetatreyon liegt der Fall anders, hier tritt keine Bindung ein. (Text. Mercury Argus **124.** 765—67. 4/5. 1951.) FRIEDEMANN. 8044

Germano Centola, *Der Einfluß des Röstens auf die physikalisch-chemischen Eigenschaften der Hanffasern.* Ausführlichere Wiedergabe der C. **1954.** 1152 referierten Arbeit. (Textil-Rdsch. [St. Gallen] **8.** 649—56. Dez. 1953. Mailand.) R. K. MÜLLER. 8050

G. V. Lund, *Spinngefärbte Viscosezellwolle.* 1. Mitt. *Das Spinnen.* Vf. gibt einleitend einen Überblick über die Verwendung von Farbstoffen allein u. im Gemisch mit anderen als Zusatz zur Viscose zur Herst. spinngefärbter Viscosezellwolle. In diesem Zusammenhang wird auch die Theorie u. die Praxis der Auswahl u. der Verwendung geeigneter Farbstoffe für Farbstoffmischungen behandelt. Ein für diese Zwecke geeigneter Farbkreis wird gebracht. Abschließend werden grundlegende Betrachtungen über die Verarbeitung der gefärbten Zellwolle angestellt. (Brit. Rayon Silk J. **30.** 49—52. Jan. 1954. Courtaulds Ltd.) P. ECKERT. 8074

N. F. H. Bright, T. Carson und **G. M. Duff,** *Die Benetzungswärme von Fasern.* Die gesamte Befeuchtungswärme W_0 (1 g Faser in Überschuß W.) von Wolle ist 26,9,

Ardil 26,4, Seide 18,6, ungerecktes u. gerecktes Terylene 0,57 u. 7,3, ungerecktes u. gerecktes Terylene 0,57 u. 1,18, Orlon endlos 1,74 cal/g. Die partielle Befeuchtungswärme (bei Sorption von 1 g W. an Überschuß Faser) von Wolle u. Ardil wurden ebenfalls gemessen. Ein Präzisionscalorimeter mit einer Genauigkeit von 0,05 cal/g Faser messend wurde entwickelt. Die Zunahme der Werte beim Recken von Nylon u. Terylene wird auf die vergrößerte Oberfläche zurückgeführt. (J. Textile Inst., Trans. **44.** T 587—95. Dez. 1953. Stevenston, Ayrshire, I. C. I.) ZAHN. 8108

George M. Bryant, *Thermoelastisches Verhalten von Nylonfäden bei konstanten Dehnungen.* Ungereckte u. gereckte Nylon (**I**)- u. Perlonfäden wurden bei konstanten Dehnungen (0—39,5 bzw. 0—15%) in W. auf Beziehungen zwischen Temp. (7—80°) u. Kraft geprüft. Zuvor wurde zwecks Relaxation 2—3 Std. bei den höchsten Tempp. gehalten. Aus den thermodynam. Gleichungen wurde ein negativer Energieeffekt bei bestimmten Dehnungen unter 1% bei gereckten, unter 30% bei ungereckten Fäden festgestellt. Ungerecktes, um 5% gedehntes **I** zeigt einen Umwandlungspunkt bei 47° (Maximum in der Kraft–Temp.-Kurve). (Textile Res. J. **23.** 788—92. Nov. 1953. Princeton, Textile Res. Inst., u. Univ., Frich Chem. Labor.) ZAHN. 8116

Aldo Martina und **Gustav Pfeifer,** Wien, Österreich, *Bleichen mit sauren Chloritlösungen.* Man bleicht *Fasern* aus nativer oder regenerierter Cellulose, wie Baumwolle, Kunstseide oder Zellwolle, mit sauren Chloritlsgg. in Apparaten aus säurefestem Stahl unter Verwendung von Bleichbädern mit einem Zusatz von NaN_3, gegebenenfalls im Gemisch mit Nitraten, Sulfaten, Phosphaten oder anhydr. Phosphaten u. bzw. oder capillarakt. Verbb., wie Anion- oder Kationseifen. Man verwendet z. B. ein saures Chloritbleichbad, das im Liter 2 g $NaClO_2$ (80%ig), 1 cm^3 HCOOH (85%ig) u. 0,1—1,0 g NaN_3 enthält; man geht mit der Ware bei 50—60° ein, hält $^1/_2$ Std. lang bei dieser Temp. u. treibt sie innerhalb einer weitere Std. bis auf 85°. Man arbeitet zweckmäßig in säurefesten Stahlgefäßen mit einem Geh. von 0,1% C, 18% Cr, 8 bis 10% Ni u. 2,5% Mo. Korrosionserscheinungen werden auf diese Weise vermieden. — Weitere Beispiele. (**Oe. P. 178 343** vom 8/4. 1952, ausg. 26/4. 1954.) RAETZ. 8027

Farbwerke Hoechst Akt.-Ges., vormals Meister Lucius & Brüning, Frankfurt/M. (Erfinder: **Ludwig Orthner** und **Hermann Wagner†,** Frankfurt/M., **Joachim Amende,** Marl, und **Oscar Leupin†,** Mannheim), *Betainartige Kondensationsprodukte,* die als *Textilhilfsmittel* dienen, entstehen aus Verbb., die mindestens 2 an je 1 O- u./oder S-Atom gebundene Halogenmethylgruppen enthalten, durch Rk. mit am N-Atom disubstituierten α- oder γ-Aminocarbonsäuren oder deren Estern. — *Inneres Betainsalz* der *1.4-Butylen-bis-(oxymethyldimethylammoniumessigsäure),* $^-O_2C\cdot CH_2\cdot N^+(CH_3)\cdot CH_2\cdot O\cdot(CH_2)_4\cdot O\cdot CH_2\cdot N^+(NH_3)_2\cdot CH_2\cdot CO_2^-$. Aus Butan-1.4-diol-bis-chlormethyläther u. dimethylaminoessigsaurem K. — Analoge Verbb. aus: Hexan-1.6-diol-bischlormethyläther u. Diäthylaminoessigsäuremethylester (**I**) bei nachfolgender Verseifung der Estergruppe. — Methylhexandiol-1.6-bis-chlormethyläther u. **I.** — **p-Xylylenmercaptan-bis-**(chlormethyläther) u. **I.** (**D. B. P. 902 258** Kl. 12q vom 27/9. 1942, ausg. 21/4. 1954.) LANGER. 8029

Soc. Rhodiaceta, Seine, Frankreich (Erfinder: **Jean Fraizy**), *Schlichtemittel* für Fäden, Fasern, Textilien aus Natur- oder Kunstfaser, wie Cellulosederivv., Polyamiden, Polyvinylverbb., aus wss. Gelatinelsgg., die ca. 0,5—30% eines Additionssalzes der HNO_3 u. einer organ. Base, wie Äthyl-, Trimethyl-, Vinylamin, Anilin, Toluidin, Pyridin, Mono-, Di- oder Triäthanolamin, enthalten. (**F. P. 1 035 233** vom 9/4. 1951, ausg. 19/8. 1953.) PANKOW. 8031

Vereinigte Jute-Spinnereien und Webereien Akt.-Ges., Hamburg (Erfinder: **Werner Körtje,** Bad Hersfeld), *Fischgeruchsbeseitigung bei kunstharzausgerüsteten, riechende Amine entwickelnden Geweben,* dad. gek., daß das ausgerüstete Gewebe unter Einfl. von Feuchtigkeit u. Wärme mit Äthylenoxyd, gegebenenfalls in Ggw. eines Schutzgases, z. B. CO_2, behandelt wird. (**D. B. P. 907 044** Kl. 8k vom 10/10. 1951, ausg. 22/3. 1954.) MÖLLERING. 8033

Canadian Industries Ltd., Montreal, übert. von: **Owen Clement Wentworth Allenby,** McMasterville, Queb., Canada, und **James Carroll MacKenzie,** Winchester, Mass., V. St. A., *Versteifungsmittel für Wäsche,* bestehend aus einem in W. verteilbaren Gemisch aus 12,7 (Teilen) Stärke, 0,25—1 Dimethylolharnstoff u. 2 in W. lösl. Salz eines thermoplast. Mischpolymerisates mit einem Geh. von 8 (%) Crotonsäure, 6 Crotonamid u. 86 Vinylacetat. (**A. P. 2 653 140** vom 19/11. 1952, ausg. 22/9. 1953. Can. Prior. 9/10. 1951.) MÖLLERING. 8033

Joseph Bancroft & Sons Co., V. St. A. (Erfinder: **Robert Comet Squier**), *Wasserbeständige Appreturen.* Um Gewebe aus Cellulose (z. B. aus Baumwolle, Leinen, regenerierter Cellulose) mit einer wasserbeständigen Appretur zu versehen, behandelt man sie mit einer wss. Lsg. eines harzartigen Prod. (z. B. Dimethylolmelamin, Dimethylolharnstoff, Dimethyltrimethylolmelamin), welche außerdem noch CH_2O oder Paraformaldehyd u. H_2O_2 oder H_2O_2 allein enthält. Dann trocknet u. erhitzt man das Gewebe. — Z. B. imprägniert man ein einfarbiges Baumwollgewebe mit einer Fl. aus 36,2 (kg) Dimethylolmelamin, 36,2 37%ig. CH_2O, 18,2 25 Vol.-%ig. H_2O_2 u. so viel W., daß man insgesamt 378 Liter erhält. Dann trocknet amn das Gewebe, erhitzt es 5 Min. auf 149°, wäscht es u. trocknet es abermals. Das Gewebe zeigt eine verbesserte Knitterfestigkeit, welche waschbeständig ist. (**F. P. 1 048 347** vom 17/7. 1951, ausg. 21/12. 1953. A. Prior. 28/2. 1951.) OPPERMANN. 8033

VEB Farbenfabrik Wolfen, Wolfen, Kr. Bitterfeld (Erfinder: **Alfred Rieche, Karl Brodersen,** Wolfen, Kr. Bitterfeld, und **Matthias Quaedvlieg,** Dessau/Anh.), *Haltbarmachen von Textilfaserstoffen.* Das Fasergut wird im Anschluß an die Imprägnierung mit Komplexverbb. aus Schwermetallsalzen u. höhermol. Biguaniden noch mit filmbildenden Verbb. (z. B. mit einer Lsg. von nachchloriertem Polyvinylchlorid) imprägniert. Ein z. B. gemäß Beispiel 3 des D. R. P. 722 458 mit 30 (Teilen) des Cu-Komplexsalzes von Stearylbiguanid auf 1000 Ware imprägniertes Fischernetz wird nach dem Trocknen mit der Lsg. von nachchloriertem Polyvinylchlorid in einem geeigneten leichtflüchtigen Lösungsm. imprägniert u. durch Verhängen an der Luft getrocknet. Das so behandelte Netz hält selbst eine mehrmonatige Lagerung in fließendem Flußwasser aus. (**D. P. [DDR] 1 982** Kl. 8k vom 19/9. 1941, ausg. 17/12. 1952 [Wirtschaftspatent]. **Zusatz zu D. R. P. 722 458; C. 1942. II. 2970.**) OPPERMANN. 8037

Bozel-Maletra (Soc. Industrielle de Produits Chimiques), Soc. An., Frankreich, *Wasserfestmachen von Geweben.* Man verwendet hierzu ein Kondensationsprod. aus einem einwertigen, vorzugsweise 15—20 C-Atome im Mol. enthaltenden aliphat. Alkohol u. einem Prod., das durch Kondensation eines Di- oder Polycarbonsäureamides mit Glyoxal u. CH_2O erhalten ist. Die Kondensation kann in wss. Medium, zweckmäßig in Ggw. eines Fettalkoholsulfonates als Emulgator erfolgen. An Stelle des Emulgators kann auch ein Lösungsm. verwendet werden, das gute Lösungstendenz gegenüber dem Fettalkohol besitzt, aber mit den Methylolgruppen des anderen Reaktionsteilnehmers nicht reagieren darf. Zum Imprägnieren u. Wasserabstoßendmachen kann dem Prod. als Emulgator ein Stoff auf Basis des Äthylenoxyds zugesetzt werden, sowie Paraffin, Naturwachse, wodurch die abstoßende Wrkg. noch erhöht wird. Das Gewebe wird mit einer Lsg. des Prod. in Ggw. eines Katalysators, z. B. NH_4NO_3, imprägniert, getrocknet u. 15 Min. bei 110—120° erhitzt. (**F. P. 1 010 100** vom 26/4. 1948, ausg. 6/6. 1952.) WITTHOLZ. 8037

Cluett, Peabody & Co., Inc., V. St. A., *Behandlung von regenenierte Cellulose enthaltenden Geweben und Folien.* Um solchen Geweben bzw. Folien erhöhte Wirksamkeit zu verleihen (z. B. schrumpf- u. knitterfest zu machen), imprägniert man sie mit einer wss. Lsg. eines Reaktionsprod. eines Dialdehyds (Glyoxal, Methylglyoxal, 2-Oxyadipaldehyd) u. eines Aminoaldehydvorkondensats (z. B. Dimethylolharnstoff [I], Melaminformaldehyd). Nach Entfernung der überschüssigen Lsg. trocknet man das Textilgut u. unterzieht es in Ggw. eines sauren Katalysators (Oxalsäure [II]) einer therm. Behandlung, bis sich das Reaktionprod. polymerisiert hat u. unlösl. geworden ist. Zur Herst. eines solchen Imprägnierungsmittels läßt man z. B. eines wss. Lsg. von I bei 71° 1 Std. mit Glyoxal reagieren, erniedrigt die Temp. auf n. Temp. u. setzt II zu. (**F. P. 1 023 927** vom 5/8. 1950, ausg. 25/3. 1953.) OPPERMANN. 8037

Badische Anilin- & Soda-Fabrik, Deutschland, *Imprägnieren von Textilien aus Cellulose.* Um Textilien aus natürlicher oder regenerierter Cellulose (z. B. Baumwollgewebe, Gewebe aus Viscose) mit einer wasserbeständigen, knitterfestmachenden Imprägnierung zu versehen, behandelt sie man mit Lsgg., welche Methylolderivv. von N-Verbb. [z. B. N.N'-Dimethyl-N.N'-dimethylolharnstoff, Tetramethylolacetylendiharnstoff (I), Triphenyltrimethylolmelamin], Substanzen mit reaktionsfähigen H-Atomen (z. B. Äthylenglykol, Thiodiglykol, Hexamethylentetramin, Äthanolamin) u. Säuren oder eine in der Wärme sauer reagierende Substanz enthalten. Das Imprägnierungsmittel kann mit einem wasserfestmachenden Mittel (z. B. einer Paraffin- oder Wachsemulsion) kombiniert werden. — Z. B. imprägniert man ein Gewebe aus Viscose mit einer Lsg. von 100 (Teilen) I, 47 Äthylenglykol u. 20 $ZnCl_2$ in 1000 W., trocknet es bei 70° u. erhitzt es 5 Min. auf 140°. (**F. P. 1 046 511** vom 18/12. 1951, ausg. 7/12. 1953. D. Prior. 8/1. 1951.) OPPERMANN. 8037

Ciba Akt.-Ges., Basel, Schweiz (Erfinder: **H. Grünberg** und **A. Juchli**), *Herstellung von mehrschichtigen Gauffrierplatten mit druckfester Außenprägung.* Man verklebt durch Warmpressen eine steife Grundplatte, bes. aus Leichtmetall, mit einer dünnen, höchstens 0,1 mm dicken, geprägten Folie aus duktilem Metall, bes. *Al.* Als verbindendes Mittel dient eine Faserstoffschicht mit einem vorzugsweise schmelzbaren u. ohne verflüchtigende Anteile erhärtenden Kunstharzklebstoff. Der Klebstoff besteht z. B. aus einem mehrwertigen Phenol mit mindestens 2 Äthylenoxydgruppen. Bes. geeignet sind Klebstoffe aus *4.4'-Dioxydiphenyldimethylmethan* u. *Äthylenoxyd* u. einem Härtemittel. (**Schwed. P. 131 422** vom 17/12. 1948, ausg. 24/4. 1951. Schwz. Priorr. 17/12. 1947 u. 1/12. 1948.) JÜRGEN SCHMIDT. 8039

Pierre Gabriel Bourcier, Seine, Frankreich, *Behandeln von Leinenbast* mit alkal. Bädern, worauf er angesäuert u. mit W. gewaschen wird, in das Luft, zweckmäßig zusammen mit Cl_2, eingepreßt wird. Das Waschwasser wird dann zum größten Teil abgepreßt, der Rest, zweckmäßig zur Entfernung von noch vorhandenen Verunreinigungen unter Einsprühen von W., im wesentlichen abzentrifugiert u. schließlich die Faser getrocknet. (**F. P. 1 027 620** vom 13/11. 1950, ausg. 13/5. 1953.) PANKOW. 8051

Tootal Broadhurst Lee Co. Ltd., Manchester, England, *Behandeln von ganz oder teilweise aus Wolle bestehenden Textilstoffen mit Halogen.* Zu N. P. 77 344, C. **1951.** II. 1684; A. P. 2 535 846, C. **1951.** II. 2824; Finn. P. 25 629, C. **1952.** 6789 u. D. B. P. 849 090, C. **1953.** 2698 ist nachzutragen: Das neue Verf. hat den bekannten, mit gasförmigem oder fl. Halogen arbeitenden Verff. gegenüber den Vorteil, nebst leichterer Durchführbarkeit auch hinsichtlich der Behandlungszeit weitaus weniger krit. u. für Konfektionsware anwendbar zu sein, die bei Naßbehandlung leicht Verziehungen unterliegt. (**Oe. P. 177 401** vom 28/9. 1949, ausg. 25/1. 1954. E. Priorr. 29/9. 1948 u. 14/9. 1949.) RAETZ. 8061

Farbenfabriken Bayer Akt.-Ges., Leverkusen (Erfinder: **Max-Otto Schürmann** und **Franz Gerstner,** Dormagen), *Rückgewinnung von Cu aus Kupferammoniaklösungen* oder Komplexsalzlsgg., bes. auch aus den Abwässern der *Cu-Kunstseidenindustrie* mittels Harzaustauschern. Das Blauwasser wird während der gesamten oder nur eines Teils der Beladung in solcher Form über den Austauscher geführt, daß das Cu im aufgegebenen Blauwasser ganz oder teilweise in einwertiger Stufe vorliegt. (**D. B. P. 902 773** Kl. 29b vom 1/5. 1943, ausg. 28/1. 1954.) SALZMANN. 8075

Vereinigte Glanzstoff-Fabriken Akt.-Ges., Wuppertal-Elberfeld, und **Bergedorfer Eisenwerk Akt.-Ges.,** Hamburg-Bergedorf (Erfinder: **Erwin Bauer** und **Joseph Wollseiffen,** Wuppertal, **Richard Eissner,** Randerath), *Vollständiges Entlüften und Nachreifen von hochviscoser Viscose,* die in fortschreitendem Arbeitsgang in dünner Schicht rasch erhitzt u. bei schneller Fließgeschwindigkeit u. konstanter Durchflußmenge einem Vakuumraum zugeführt wird, in welchem sie zum kurzen Aufsieden gebracht u. dann sogleich schnell wieder abgekühlt wird; hierzu bedient man sich einer Art Milcherhitzer. (**D. B. P. 901 697** Kl. 29b vom 24/11. 1944, ausg. 14/1. 1954.) SALZMANN. 8075

Zschimmer & Schwarz vormals Chemnitz, Brilon (Erfinder: **Richard Huttenlocher,** Braubach, und **Walter Brennecke,** Wuppertal), *Fäden und Filme aus Viscose,* der man Salze synthet. Sulfinsäuren, z. B. Mineralöl- bzw. Weichparaffinsulfinsäure im Gemisch mit wasserunlösl. OH-gruppenhaltigen Verbb. (Amyl-, Isohexyl-, Benzylalkohol, Octanol-2, Monophenylglykoläther, Terpenalkohole, Pineöl u. dgl.) zusetzt. Kein Schäumen der Viscose, kein Verstopfen der Düsen. (**D. B. P. 902 426** Kl. 29b vom 15/5. 1943, ausg. 21/1. 1954. **Zusatz zu D. B. P. 898 656; C. 1954. 5662.**) SALZMANN. 8075

N. V. Onderzoekingsinstituut Research, Arnheim, Holland, *Fäden und Filme aus Viscose.* Die ausgefällten Fäden werden zu einer Schar zusammengefaßt, die ein 80° warmes, 4% H_2SO_4 (auf 1 Mol H_2SO_4 mehr als 1 Mol Na_2SO_4) enthaltendes Bad durchläuft, um 50% gestreckt wird (Xanthogenatverhältnis 0,09) u. mit 80 m/Min. durch ein 20° warmes Wasserbad u. dann durch 1%ig. H_2SO_4 (25°) läuft. Nach Passieren einer 5 m langen, mit gesätt. Dampf gespeisten Kammer beträgt das Xanthogenatverhältnis 0,0025. Nach erneutem Waschen wird die Fadenschar gebleicht u. aviviert. (**Schwz. P. 292 357** vom 8/11. 1950, ausg. 2/11. 1953. Holl. Prior. 11/1. 1950.) SALZMANN. 8075

Schachenmayr, Mann & Cie. (Erfinder: **Albert von Ostermann),** Salach/Wttbg., *Kräuseln von Cellulosehydratzellwolle und -kunstseide.* Garne werden bei ca. 20° 40 bis 120 Sek. mit NaOH-L g. von 5° Bé oder KOH-Lsg. von 7° Bé (oder Gemischen beider) behandelt, gespült, gesäuert, wieder gespült u. längere Zeit bei 50—80° getrocknet. (**D. B. P. 903 208** Kl. 8k vom 23/1. 1943, ausg. 4/2. 1953.) MÖLLERING. 8075

Bozel-Maletra (Soc. Industrielle de Produits Chimiques), Soc. An., Frankreich, *Verminderung der Quellfähigkeit und Alkalilöslichkeit von Cellulosefasern und -geweben,* dad. gek., daß man sie 15 Min. bei 110—120° mit einem Kondensationsprod., hergestellt aus einem Säureamid einer zwei- oder mehrbas. organ. Säure, Glyoxal (**I**) u. CH_2O (**II**), behandelt. — Man versetzt z. B. 5,8 kg einer wss. Lsg. von **I** mit 5,25 kg Melamin, säuert das Gemisch mit konz. HCl an u. erhitzt zum Kochen. Nachdem **I** gebunden ist, kühlt man das Reaktionsprod. ab, vermischt es mit einer wss. alkal. Lsg. von 30% ig. **I**, kocht, bis **II** gebunden ist, u. neutralisiert mit HCl oder HNO_3. (**F. P. 1 010 099** vom 26/4. 1948, ausg. 6/6. 1952.) OPPERMANN. 8075

Hugh vom Hove, Manchester, England, *Kunstseiden-Fäden und -Garne mit erhöhter Beständigkeit gegen Wasser und Alkalilösungen* erhält man durch Wärmebehandlung mit der wss. Lsg. einer organ. Base, einer organ. Säure u. schließende Behandlung mit CH_2O-Lösung. — Viscoseseide wird 30 Min. gekocht mit einer Lsg., die in 1 Liter 5 (g) Melamin, 1 ZnO oder 1,5 $Zn(SCN)_2$ u. 15 Eisessig enthält; nach dem Abquetschen geht man in eine Lsg. mit 50 CH_2O in 1 Liter, trocknet u. fixiert 6—8 Min. bei 150°. (**E. P. 651 305** vom 13/5. 1948, ausg. 14/3. 1951.) MÖLLERING. 8075

— (Erfinder: **Emil Hubert** und **Erwin Heisenberg,** Wolfen, Kr. Bitterfeld), *Wasserabstoßendmachen von Fäden oder Fasern bzw. Garnen* durch Behandeln mit Lsgg. von Verbb. der Formel $HO\cdot CH_2\cdot NH\cdot CO\cdot R$ oder $X\cdot CH_2\cdot NH\cdot CO\cdot R$ oder $X\cdot CH_2OR$ zusammen mit Verbb. der Formel $(X\cdot CH_2O)_2R_1$ oder $(X\cdot CH_2\cdot NH\cdot CO)_2R_1$ oder unsymm. Verbb., die auf der einen Seite von R_1 die OCH_2X, auf der anderen die $CO\cdot NH\cdot CH_2X$-Gruppe enthalten, u. Nacherhitzen der trocknen Fasern bei 80—150°, bes. 100—130. X = tert. Amin oder Pyridin nebst einwertigem Säureanion, R u. R_1 KW-stoffrest. — Man taucht Viscosezellwolle 10 Min. in eine Lsg., die ($N\cdot CH_2O)_2(CH_2)_4$ u. Stearoxy-
Cl
methylpyridiniumchlorid enthält, trocknet u. heizt 1 Std. bei 110°. — Man löst 20 g $[(C_2H_5)_3N(Cl)\cdot CH_2\cdot NH\cdot CO]_2(CH_2)_4$ u. 10 g Milchsäure in $^1/_2$ Liter W., mischt mit einer Emulsion von 20 g Laurinsäuremethylolamid u. 2 g Emulphor O in $^1/_2$ Liter W., taucht 5 Min. 30 g Viscosezellwolle in das Bad, trocknet die Zellwolle u. heizt 1 Std. bei 130° (**D. P. [DDR] 2 672** Kl. 29b vom 19/9. 1942, ausg. 29/6. 1953 [Ausschließungspatent].) PANKOW. 8075

Thomas C. Whitner, Elizabeth, N. J., V. St. A., *Imprägnieren von Cellulosefasern.* In einer wss. Lsg., die ein Cu-Komplexsalz eines Tetraalkanolammoniumhydroxyds (**I**) u. freies **I** enthält, werden Seidenfasern gelöst, mit der Lsg. Cellulosefasern imprägniert u. durch Behandlung mit verd. HCl ein Seidennd. auf den Fasern erzeugt. Die Fasern erhalten einen weicheren Griff u. nehmen aus Farbflotten mehr Farbstoff auf. Geeignet sind wss. Lsgg. von $CuCl_2$ u. Tetraäthanolammoniumhydroxyd. Die verwendete Seide soll entbastet sein. (**A. P. 2 646 372** vom 16/5. 1947, ausg. 21/7. 1953.) MÖLLERING. 8075

Böhme Fettchemie G. m. b. H. (Erfinder: **Hans Markert**), Düsseldorf, *Knirschenden Seidengriff auf Kunstseiden* erhält man durch Behandlung mit einer wss. Emulsion von Wachsen oder hochmol. aliphat. KW-stoffen u. Leim, Gelatine oder ähnlichen Eiweißstoffen. — *Zellwolle* wird bei 35° mit einer 0,5—1% ig. wss. Emulsion aus einem Gemisch von 25 (Teilen) Paraffingatsch, 7 teilweise abgebautem Leim u. 68 W. behandelt. Man schleudert u. trocknet bei 90°. (**D. B. P. 891 248** Kl. 8k vom 26/5. 1944, ausg. 28/9. 1953.) MÖLLERING. 8075

Courtaulds Ltd., England, *Herstellung von Folien und Fäden aus Proteinen.* Man oxydiert Keratin mit H_2O_2 in Ggw. von (2—20 Gew.-% des Keratins) $FeSO_4$ u. (2 bis 20 Gew.-%) Säure, bes. H_2SO_4, löst es in wss. Alkali u. verspinnt aus der Lsg. in ein Koagulationsbad, etwa aus Na_2-, $MgSO_4$ oder $Al_2(SO_4)_3$, reckt den Faden, behandelt zum Härten mit CH_2O u. danach mit CH_2O + Na-Bisulfit. Die Fäden besitzen wollähnliche Elastizität. Die Keratinlsgg. können auch als Appretierungs- u. Dispersionsmittel dienen. (**F. P. 1 043 794** vom 12/10. 1951, ausg. 12/11. 1953. E. Prior. 12/10. 1950.) PANKOW. 8079

E. I. du Pont de Nemours & Co. (Erfinder: **Edgar William Spanagel**), Wilmington, Del., V. St. A., *Fäden aus linearen Polymerisaten,* bes. aus *Polyhexamethylenadipinsäureamid.* Die Spinnmasse wird vor oder nach der Polymerisation mit indifferenten Stoffen geringer Teilchengröße, wie TiO_2, Glas, SiO_2, $CaSO_4$, Kaolin, Al_2O_3, ZnO oder Lithophone, in Mengen von ca. 0,005—0,05% versetzt u. zu feinsten Titern u. nichtmatten Fäden verarbeitet. (**D. B. P. 901 332** Kl. 29b vom 24/9. 1950, ausg. 11/1. 1954. A. Prior. 31/3. 1943.) SALZMANN. 8081

— (Erfinder: **Hermann Ludewig,** Rudolstadt, und **Fritz Wenger,** Berlin-Hermsdorf), *Herstellung von gekräuselten wollähnlichen Fasern aus Polyamiden oder Polyurethanen.* Die Fäden werden mit wss. oder alkoh. Lsgg. solcher anorgan. Salze behandelt, die in methanol. Lsg. in der Wärme eine Löse- oder zumindest eine starke Quellwrkg. auf die Polymeren ausüben. Wss. Salzlsgg. geben erst bei höheren Tempp., alkoh. schon bei Raumtemp. Kräuselungseffekte. — Verstreckte Fäden aus Caprolactam-Polyamid werden in sd. wss. $CaCl_2$-Lsg. bei 115° 10—15 Min. gehalten. Sie sind merinoartig gekräuselt. Statt $CaCl_2$ kann man $MgCl_2$, $ZnCl_2$, KCNS, LiBr anwenden. (**D. P. [DDR] 1 776** Kl. 29b vom 16/11. 1941, ausg. 29/1. 1954 [Ausschließungspatent].) PANKOW. 8081

— (Erfinder: **Edgar Krumbein** und **Kurt Spencker,** Premnitz, Westhavelland), *Veredeln von geformten Gebilden aus synthetischen linearen fadenbildenden Polyamiden.* Die Gebilde werden mit Lsgg., z. B. verd. wss. Lsgg. aromat. Dioxyverbb., auch in der Wärme, u. danach mit aliphat. Aldehyden behandelt. Als Dioxyverbb. sind Hydrochinon, Brenzcatechin, Resorcin u. α- u. β-Naphthohydrochinon genannt. Bes. vorteilhaft ist das Verf., wenn die Polyamide noch wasserlösl. Weichmacher, wie einige % monomeres Lactam, dessen Anwesenheit das Aufziehen der Phenole u. die Kondensations-Rk. erleichtert, enthalten. — Man schwemmt gestreckte Faser aus polymerem ε-Caprolactam mit einem Wasser- u. Lactamgeh. von 8% 15 Min. bei 60° in einem Bad, das im Liter W. 20 (g) Hydrochinon, 4 Na_2SO_3 u. 1 Na_2SO_4 enthält, wäscht die gekräuselte Faser kurz in kaltem W., schleudert, taucht in ein Bad aus 0,2n HCl mit 4% CH_2O-Geh. 5 Min. bei 80°. Das Prodd. hat einen federnden Griff. (**D. P. [DDR] 2 671** Kl. 29b vom 19/7. 1942, ausg. 11/2. 1953 [Ausschließungspatent].) PANKOW. 8081

Wacker-Chemie G. m. b. H., München (Erfinder: **Ludwig Egger** und **Wolfgang Gruber,** Burghausen), *Hochreißfeste feinfädige Fäden aus Polyvinylverbindungen,* bes. Polyvinylchlorid, erhält man durch Pressen einer Polyvinyllsg. durch eine Düse in ein gegebenenfalls angewärmtes Bad, das aus Nichtlösern u. Lösern (z. B. 10% Cyclohexanon u. 90% 2-Äthylhexanon) besteht, Aufwickeln des Fadens, Trocknen unter Spannung u. Strecken in einer Wasserdampfatmosphäre auf das 3—10fache. Das Verhältnis der Fällbadkomponenten wird durch Zusatz von Nischtlösern während des Spinnens annähernd konstant gehalten. (**D. B. P. 907 688** Kl. 29b vom 16/7. 1942, ausg. 29/3. 1954. Anmeldung bekanntgemacht 6/8. 1953.) SALZMANN. 8081

Farbenfabriken Bayer, Leverkusen (Erfinder: **Ingofroh Dennstedt,** Köln, und **Wolfgang Wiesemann,** Bergisch Neukirchen), *Polymerisieren bzw. Mischpolymerisieren von Acrylnitril* in W. bzw. in wss. Lsgg. in Ggw. eines wasserlösl. Peroxydkatalysators, dad. gek., daß man die Polymerisation unterhalb 50° in Ggw. von wasserlösl. Aminen ausführt, das Polymerisationsmedium auf p_H ca. 7,5—8,5 einstellt u. konstant hält. Statt der Amine sind auch Aminoalkohole anwendbar. Genannt sind z. B. Mono-, Di-, Trimethyl-, -äthyl- u. -propylamin, quartäre Ammoniumbasen, Mono-, Di-, Triäthanol-, -propanol- oder -butanolamin. Geeignet zur *Herst. von Garnen* im Naß- oder Trockenspinnverfahren. (**D. B. P. 901 112** Kl. 39c vom 31/3. 1951, ausg. 7/1. 1954.) SCHINDLER. 8081

— (Erfinder: **Herbert Rein** und **Max Duch,** Wolfen, Kr. Bitterfeld), *Herstellung von Fäden hoher Festigkeit aus Polyäthylenhalogeniden.* Die aus Lsgg. der Polyäthylenhalogenide unter Streckung versponnenen Fäden werden in heißen, indifferenten Bad-Fll. bei 100—140° einer Nachverstreckung unterworfen, die mehr als 500% der ursprünglichen Länge betragen kann. Man erhält sehr feine, geschmeidige u. knotenfeste Fäden. — Eine 28%ig. Lsg. von nachchloriertem Polyvinylchlorid in Aceton wird mit 13,3 cm^3/Min. aus einer 40 Loch-Düse mit 0,08 mm Bohrungen in W. von 20° gesponnen (Fällstrecke in W. 160 cm), der Faden durch eine Galette mit 25 m/Min. abgezogen u. durch eine zweite Galette mit 60 cm Umfanggeschwindigkeit verstreckt. Der getrocknete Faden wird im 130—135° heißen Glycerinbad von einer Badstrecke von 80 cm mit Walzen um das 12fache verstreckt. (**D. P. [DDR] 2 704** Kl. 29b vom 8/8. 1942, ausg. 3/1. 1953 [Ausschließungspatent].) PANKOW. 8081

American Viscose Corp., V. St. A., *Stabilisieren von Polyäthylen-Geweben gegen Schrumpfen.* Das auf ein endloses Rollband aufgespannte Gewebe wird durch ein Wasser- oder Dampfbad geführt. Während der Hitzebehandlung kann das Gewebe noch zusätzlich gepreßt werden. (**F. P. 1 003 986** vom 20/12. 1949, ausg. 24/3. 1952. A. Priorr. 21/12. 1948 u. 27/5. 1949.) WITTHOLZ. 8081

N. V. Mij. tot Beheer en Exploitatie van Octrooien, Haag (Erfinder: **Robert Arnold Schoenlaub,** Granville, O., V. St. A.), *Glasfasern.* Die Fasern bestehen aus einem alkalifreien oder -armen Glas, welches 50—55 (%) SiO_2, 10—15 Al_2O_3, 15 bis 25 CaO, ca. 5 MgO u. 5—10 B_2O_3 enthält, wobei zum besseren Schmelzen ein Teil des CaO bis zu 3% als CaF_2 dem Gemenge zugesetzt werden kann. Die Fasern können zur Herst. von textilen Isoliererzeugnissen verwendet werden. (**D. R. P. 765 037** Kl. 32b vom 16/10. 1938, ausg. 8/6. 1953. A. Prior. 30/12. 1937.) HANS HOFFMANN. 8083

Franz Fourné, Synthetische Fasern. Ihre Herstellung, Verarbeitung und Verwendung. Stuttgart: Konradin-Verl. 1953. (185 S. m. 102 Abb.) DM 16,—.

XIX. Brennstoffe. Erdöl. Mineralöle.

A. McMullen, *Reinigung von Feinkohle in Brazeau mit einer Feldspatausschlämmung.* Die weichen Kohlen ließen sich mit Feldspataufschlämmung gut aufbereiten u. lieferten an Stelle der Aschegehh. in der Rohkohle zwischen 16,8 u. 20,3% eine gewaschene Kohle, von der ca. $^1/_3$ 8,4% Asche u. ein weiteres $^1/_3$ 10,3% Asche enthielt. (Canad. Mining metallurg. Bull. **47.** 86—89. Febr. 1954.) F. Schuster. 8134

Wataru Funasaka, Chikao Yokokawa, Sohei Suga und **Shigeru Fz. Kajiyama,** *Untersuchungen über das Erweichen und Blähen der Kohlen beim Verkoken.* Das K. B. S.-Verf. wurde so abgeändert, daß es gleichzeitig eine Erweichungs–Bläh-Kurve u. eine Gasentwicklungskurve ergibt. Nach dem Verlauf dieser Kurven werden die Kohlen in drei Typen (nicht erweichend, erweichend, erweichend unter Blähen) eingeteilt. Als krit. Punkte dieser Kurven werden angeführt: Erweichungstemp., Blähtemp. u. maximale Gasentwicklungstemperatur. Künstlich erzeugte Kohlen lassen sich mit natürlichen Kohlen wegen der Verschiedenheit der physikal. Eigg. nicht vergleichen. (Bull. Inst. chem. Res., Kyoto Univ. [Kagaku Kenkiusho Hokoku] **27.** Nr. 12. 16—21. Dez. 1951. Kodama Labor. [Orig.: engl.]) Steiner. 8142

I. G. C. Dryden und **M. Griffith,** *Physikalische und chemische Faktoren im Frühstadium der Koksbildung.* Vff. behandeln zuerst den Stand der Technik an Hand der Literatur über die Definition der Erweichungs- u. Zersetzungstemp. u. die Faktoren, die die Plastizität u. den Erweichungspunkt beeinflussen, wie z. B. Teilchengröße der Kohle, mineralog. Zus. der Kohle, Vorwärmung, Oxydation u. chem. Red. der Kohle, Behandlung der Kohle mit S oder anderen Reagentien, Geh. an Mineral- u. inerten Bestandteilen, Geh. der Kohle an organ. gebundenem S. Anschließend werden die Faktoren besprochen, die den Zersetzungspunkt beeinflussen. Der Mechanismus der Erweichung u. der Quellung sind nach Ansicht der Vff. noch nicht geklärt. Das Quellen ist ein komplexes Phänomen, das von der Erweichung, der Zers. u. den experimentellen Bedingungen abhängt. Vff. glauben, daß einer Plastizität durch metastabile Anfangsprodd. der Pyrolyse ein Schmelzen von Bestandteilen geringeren Mol.-Gew. folgt, wobei das ungeschmolzene Material durch Oberflächenfilme von fl. Bestandteilen oder Zersetzungsprodd. geschmiert wird. Für das Erhärten von plast. Kohle unter Bldg. von Halbkoks gehen nach Ansicht der Vff. die Meinungen, die zitiert werden, auseinander. — 180 Literaturhinweise. (Brit. Coal Utilisat. Res. Assoc. monthly Bull. **18.** 62—86. Febr./März 1954.) K. O. Müller. 8144

—, *Über die unterirdische Vergasung der Kohle.* Es wird eine zusammenfassende Übersicht von den in Rußland, Italien, U. S. A., England u. Belgien durchgeführten unterird. Vergasungsverss. von Kohle gegeben. (Combustibles [Zaragoza] **13.** 176—88. Mai/Juni 1953.) Pistor. 8148

M. Ss. Lewit, *Über die Reinigung von Gasen von organischen Schwefelverbindungen.* Man setzt die als Kontaktgifte wirkenden organ. *S*-Verbb. in H_2, Wasser- oder Naturgas nach Entfernung des H_2S bei 300—500° mit Wasserdampf u. H_2 an Fe_2O_3-Katalysatoren zu H_2S um, der wie üblich entfernt wird. Sehr geringe Mengen organ. S-Verbb. werden bei 150—250° mit akt. $Fe(OH)_3$ u. NaOH oder Na_2CO_3 enthaltenden Absorptionsmitteln entfernt. Eine 3. Meth. ist die Umsetzung mit O_2 u. NH_3 an Aktivkohle bei n. Temp.; die Kohle wird mit überhitztem Dampf oder durch Erhitzen in inertem Gas regeneriert. (Маслобойно-Жировая Промышленность [Öl- u. Fett-Ind.] **18.** Nr. 7. 14—16. Juli 1953. Allunions Wiss. Forschungsinst. für Fette.) Schmeiss. 8164

Georg Geißelbrecht, *Beitrag zur Kenntnis der Teer–Wasser-Scheidung.* Eine der Ursachen der unerwünschten Haltbarkeit der Teer–W.-Emulsionen sind die Schwankungen der Temp. u. des spezif. Gewichts der einzelnen Kondensate, die in einer gemeinsamen Kondensatleitung zusammengeführt werden. Vf. empfiehlt, den gesamten anfallenden Teer unmittelbar nach der Vorlage zu entnehmen, wohin alle später anfallenden Kondensate mittels einer Pumpe geführt werden. Durch die hohe Temp. u. die Geschwindigkeit an dieser Stelle wird rasche u. vollständige Trennung von Teer u. W. bewirkt, wodurch in einem verhältnismäßig kleinen Scheidebehälter ein Teer mit Wassergeh. unter 5% erzielt werden kann. (Gas- u. Wasserfach, Ausg. Gas **91.** 272. 15/11. 1950. Frankfurt/M., Main-Gaswerke AG.) R. K. Müller. 8176

M. Karšulin und **T. Marković,** *Über die Korrosion des Bleis in der Erdölindustrie.* 1. Mitt. Die zeitlichen Potentialänderungen von Pb in 0,0001—0,1 n Lsgg. von NaOH, HCl, NaCl u. H_2SO_4 wurden gemessen. In 0,001 n HCl u. 0,01 n NaOH nimmt das Pb nach ca. 10 Tagen Potentiale von ca. —320 mV an, bei denen Pb schon in dest. W. stark korrodiert wird. Bei anderen Konzz. erreichen die Potentiale des Pb nie das krit. Gebiet. Wenn man das Pb in H_2SO_4-Lsgg. nach der Meth. von Tödt gegen eine Pt-Hilfselektrode polarisiert, ergibt sich zunächst mit wachsender H_2SO_4-Konz. bis 10n H_2SO_4 eine zunehmende Korrosion des Pb, dann bis zu 20n H_2SO_4 eine Abnahme der Korrosion u. schließlich eine starke Korrosionszunahme bis zur konz. H_2SO_4. (Nafta [Zagreb] **3.** 311—15. Okt. 1952. Zagreb, Techn. Fak., Inst. za fizik. kemiju.) Beckmann. 8186

M. Karšulin und **T. Marković,** *Über die Korrosion des Bleis in der Erdölindustrie.* 2. Mitt. (1. vgl. vorst. Ref.) Zwischen Pb-Platten verschied. Oberflächenbeschaffenheit (glatt u. rauh), die über ein Milliamperemeter kurzgeschlossen sind, entstehen sowohl in ruhender, als auch in bewegter konz. H_2SO_4 als Elektrolyten Potentialdifferenzen. Auch bei Beginn u. beim Aufhören des Rührens treten Polaritätsänderungen ein, die teils auf durch das Rühren bedingte Konzentrationsänderungen an den Elektroden, teils auf die durch die Belüftung verursachte O_2-Einw. auf das Pb zurückzuführen sind. An Systemen, deren Elektrolyt aus 70 Vol.-% Erdöl u. 30 Vol.-% konz. H_2SO_4 bestand, treten zeitliche Oscillationen des Potentials u. der gegenseitigen Polarität der Pb-Elektroden auf, die für die Art der verwendeten Öle charakterist. sind. (3. Mitt. vgl. C. **1953.** 9359.) (Nafta [Zagreb] **3.** 353—59. Nov. 1952. Zagreb, Techn. Fak., Inst. za fizik. kemiju.) Beckmann. 8186

E. G. Ellerbrake und **F. Veatch,** *Verringerung von Verdampfungsverlusten durch neuen Schaum.* Inhaltlich identisch mit der C. **1954.** 5210 referierten Arbeit. (Oil Gas J. **52.** Nr. 28. 223—24. 322. 16/11. 1953.) Rosendahl. 8188

Josip Širola, *Technische katalytische Crackverfahren.* Übersichtliche Beschreibung techn. katalyt. Crackverff. (McAfee-, Houdry-, Thermophor Catalytic Cracking-, Fluid- u. Suspensoidverfahren). (Nafta [Zagreb] **4.** 44—48. Febr. 1953. Zagreb, Inst. za naftu.) Beckmann. 8196

—, *Öle und Chemikalien aus der Kohle.* Bericht über Verss. der Fuel Res. Station in Greenwich, in der Verbesserung des Fischer-Tropsch-Verfahren. Kurze Angaben über Verss. anderer Stellen. (Chem. Products chem. News **17.** 8. Jan. 1954.) Rosendahl. 8200

F. H. Garner, S. J. Green, F. D. Harper und **R. E. Pegg,** *Die metallischen Elemente in Rückstandsölen.* Die in Rückstandsölen enthaltenen Metalle führen in Motoren zur Korrosion. Fe u. Na sind durch Filtrieren u. Waschen mit W. entfernbar, V u. Ni bleiben als organ. gebundene Verbb. zurück. Vff. zeigen an je einem Irak- u. Venezuela-Öl, daß die Metalle fast vollständig im Asphalt enthalten sind u. erhalten durch fraktionierte Fällung des Asphalts aus Bzl. mit n-Hexan eine an V u. Ni angereicherte Asphaltfraktion. Eine Anreicherung gelang ebenfalls durch CCl_4-Extraktion eines Asphalt-Al_2O_3 (1:4)-Gemischs nach vorangehender Extraktion mit aromatenfreiem Petroläther. Der Extrakt mit 40—45% des Gesamtasphalts enthielt 80—90% des Vanadiums. Durch Kombinieren von Fällungs- u. Adsorptionsverff. gelingt es, das gesamte V u. Ni in einer ca. 5% des Rohöls betragenden Fraktion zu konzentrieren. Weitere Anreicherung ist nur durch Dest. oder Cracken möglich. (J. Inst. Petroleum **39.** 278—93. Mai 1953.) Sydow. 8204

W. A. Zisman, *Entwicklungsrichtung der Schmierung.* 2. Mitt. Es wird eine Übersicht gegeben über die neuartige Entw. der Schmiermittel. Die Reibungszahl reiner, oxydfreier Metalle beträgt um hundert, durch adsorbierte Filme von Sauerstoff oder W. wird sie auf ca. 1 vermindert; bei Pb oder In-haltigen Legierungen kann sie bis zu 0,1 vermindert werden. Die gute Wrkg. polarer Zusätze zu unpolaren Schmiermitteln wird bei höheren Tempp. durch Desorption vermindert (Stick-slip-Übergänge). Diese polaren Zusätze werden in monomol. Schicht durch Spiegeldipolkräfte gebunden. Das Adsorptionsvermögen langkettiger Verbb. steigt in der Folge Ester, Alkohole, Fettsäuren, prim. Amine. Für die Wirksamkeit kommt es neben dem Dipolmoment vor allem auf dessen geringe räumliche Ausdehnung an. Dispersionskräfte der KW-stoffketten verstärken die Wrkg. der Dipolkräfte. Die maximale Temp. oberhalb deren Desorption einsetzt, liegt für Alkohole zwischen 40 u. 100°, für Fettsäuren zwischen 70 u. 130° u. für die Amine zwischen 100 u. 150°. Die Wrkg. von Seifen „in situ" besteht dem gegenüber in der geringeren Möglichkeit der Desorption. Ähnlich ist die Wrkg. von S u. Cl. Reine KW-stoffe niederer Viscosität stehen hinter Polyalkyloxyden, Estern u. Siliconen zurück. Reine Ester haben den Vorteil der Selbstreinigung. Ihnen wird eine gute Zukunft vorausgesagt. Das gilt verstärkt für die Polyalkyloxyde. Die Silicone haben den Nachteil, daß sie gelieren. (Canad. chem. Processing **37.** Nr. 12. 68—72. Nov. 1953. Washington, Naval Research Laboratory.) K. L. Wolf. 8220

Adrien Pinel, Seine-et-Marne, Frankreich, *Brikettierter Brennstoff.* Holz oder Stroh, Torf usw. wird bis zur Dest. der flüchtigen Bestandteile geröstet. Die entstandene Kohle wird gepulvert, mit einem wss. Binder brikettiert u. getrocknet. Das Prod. hat hohen Heizwert u. spaltet sich nicht beim Brennen. (**F. P. 58 350** vom 5/7. 1948, ausg. 18/11. 1953. **Zusatz zu F. P. 953 004; C. 1950. II. 124.**)
B. SCHMIDT. 8137

Eric Willoughby Rollinson, London, und **Pittsburgh Consolidation Coal Co.,** Pittsburgh, Pa., V. St. A., *Gaserzeugung.* Man leitet Dampf in eine Mischung von festen Brennstoff u. Kalk, maximal 300 (Gewichtsteile) Kalk je 100 Kohle, ein, wobei der in die Reaktionszone eingeführte Dampf eine Temp. zwischen 1430 u. 1800° F u. einen Mindestdruck von $3{,}40—1{,}89 \cdot 10^{-2}$ (t — 1430) + $4{,}48 \cdot 10^{-4}$ $(t — 1430)^2$ besitzen soll. Am Austrittsende der Reaktionszone soll die Temp. mindestens 100° F höher als am Eintritt liegen. Zur Beschleunigung der Rk. kann das CaO mit geringen Mengen Fe, Ni, Co oder Mn-Oxyden imprägniert werden. Man erhält so ein H_2-reicheres, bzw. bei höheren Drücken (z. B. 37 atm. absol.) u. höheren Tempp. ein CH_4-reicheres Gas u. entsprechend höherem Heizwert. (**E. P. 673 170** vom 5/1. 1950, ausg. 4/6. 1952.)
W. HAUSWALD. 8149

Hydrocarbon Research, Inc., New Jersey, übert. von: **John C. Kalbach,** New York, N. Y., V. St. A., *Verkokung und Vergasung von festem C-haltigem Material,* indem dieses, fein dispergiert, in einem Strom nichtoxydierenden Gases, mit solcher Geschwindigkeit durch eine Destillationszone geführt wird, daß sich kein C-haltiges Material absetzt; die Destillationszone steht mit einer Vergasungszone in indirektem Wärmeaustausch, in der das verkokte Material mit einem O_2-haltigen Gas, zu Wassergas verbrannt wird. — Zeichnung. (**A. P. 2 634 198** vom 11/6. 1947, ausg. 7/4. 1953.)
DEMMLER. 8149

Heinrich Koppers G.m.b.H. (Erfinder: **Friedrich Totzek**), Essen, *Erzeugung von Brenngas aus staubförmigen Brennstoffen,* wie Koks- oder Kohlenstaub, durch Vergasen in der Schwebe mit Luft u. überhitztem Wasserdampf, wobei der Brennstaub mittels eines Teilstromes der Vergasungsmittel in die Reaktionskammer eingeblasen u. das eingeblasene Gemisch innerhalb der Kammer mit der vorgewärmten Restmenge der Vergasungsmittel umgesetzt wird, dad. gek., daß der zum Einblasen des Brennstaubes dienende Teilstrom im wesentlichen nur aus Luft besteht u. die restliche Luft sowie die übrigen Vergasungsmittel (Wasserdampf, CO_2) vor Einführung in den Reaktionsraum regenerativ auf mindestens 1000° vorerhitzt werden. — Vorrichtung. (**D. B. P. 879 448** Kl. 24e vom 2/9. 1941, ausg. 11/6. 1953.) DEMMLER. 8153

Heinrich Koppers G.m.b.H. (Erfinder: **Friedrich Totzek**), Essen, *Vergasung staubförmiger oder feinkörniger Brennstoffe* in der Schwebe durch Umsetzen mit O_2 (Luft) u. endotherm reagierenden Vergasungsmitteln, wie Wasserdampf, wobei der Wärmebedarf der *Wassergasbldg.* im Reaktionsraum aus der fühlbaren Wärme eines hocherhitzten Gemisches aus Wasserdampf u. Wassergas gedeckt wird, dad. gek., daß der Brennstaub, ehe er mit dem heißen Gas–Dampf-Gemisch in Berührung kommt, mit einer beschränkten Menge O_2 derart umgesetzt wird, daß der dabei nicht vergaste Brennstaubanteil durch die bei der Umsetzung mit O_2 entstehende Wärme auf eine für die Wassergasbldg. ausreichend hohe Temp. erhitzt wird. (**D. B. P. 880 380** Kl. 24e vom 31/3. 1942, ausg. 22/6. 1953.) DEMMLER. 8153

— (Erfinder: **Wenzel**), Berlin, *Herstellung von Wassergas aus bituminösem Brennstoff.* Reaktionsfähigen Brennstoffen, wie Braunkohle, werden als Wärmespeicher feste, geformte Körper, bes. keram. Körper mit hochfeuerfestem Skelett, zugesetzt. In Anlehnung an den Kohlengasprozeß wird in der ersten Verfahrensstufe, der Heißblaseperiode, Luft scharf in die Reaktionszone eingeblasen. Die hier frei werdende Wärme wird von den Wärmespeichersteinen aufgenommen, während in der zweiten Stufe, der Gasungsperiode, in die hocherhitzte M. Wasserdampf eingeblasen wird. Die benötigte Wärme wird von den Wärmespeichern geliefert. (**D. P. [DDR] 1 604** Kl. 12g vom 22/3. 1935, ausg. 20/2. 1954 [Ausschließungspatent].) WITTHOLZ. 8153

Fa. Carl Still (Erfinder: **Fritz Breitbach, Josef Schmidt** und **Theodor Schneider**), Recklinghausen, *Abscheidung und Gewinnung von Teer und Ammoniak aus Destillationsgasen,* wobei die Gase unter Anwendung einer ständig im Betrieb kreisenden Wassermenge erst durch unmittelbare Einw. derselben in der Ofenvorlage u. in einer Gegenstromberieselungsvorr. gekühlt u. danach in einer 2. Gegenstrombesieselungsvorr. wieder erwärmt werden, worauf sie durch einen NH_3-Sättiger geführt werden, dad. gek., daß die Teilmenge des ständig kreisenden W., welche zur Vermeidung des Anreicherns mit fixen NH_3-Salzen regelmäßig aus dem Betrieb entfernt wird, durch Eindampfen bis zum Erhalt einer stark konz. Salzlsg. oder eines festen Salzgemenges aufgearbeitet wird. (**D. B. P. 888 296** Kl. 26d vom 14/6. 1951, ausg. 31/8. 1953.) DEMMLER. 8165

Metallgesellschaft Akt.-Ges., Frankfurt/M., *Wiedergewinnung von Lösungsmitteln aus Abfallgasen.* Das im Abwasser (I) von z. B. *Kokereien* enthaltene *Phenol* (II) wird mit in W. unlösl. Lösungsm., z. B. Butylacetat (III) extrahiert u. das II enthaltende III abgetrennt. Das in I enthaltene restliche III wird durch Dest. gewonnen, wobei die bei der Kondensation des III entweichenden Gase, z. B. CO_2, H_2S einen Teil des III mitreißen. Zur Wiedergewinnung dieses III werden diese Gase mit II behandelt, welches das III aufnimmt u. mit dem Hauptanteil des II enthaltenden III aufgearbeitet wird. — Zeichnung. (**E. P. 688 228** vom 9/10. 1950, ausg. 4/3. 1953. D. Prior. 31/10. 1949.) REICHELT. 8165

Soc. à Responsabilité Limitée Heurtey & Cie., Frankreich, *Brenngasreinigung.* Das Gas wird zwischen der mechan. u. der chem. Reinigung von mit Teer umhüllten Staubteilchen bis auf 1 mg/cm^3 befreit, indem es zunächst mit zerstäubtem W. u. darauf mit zerstäubtem warmem, aus Anthracen gewonnenem Öl gewaschen u. schließlich durch Glas- oder Mineralwolle filtriert wird. Das der Teerart entsprechend gewählte Öl soll die Umhüllung weich u. klebrig machen. — Zeichnung einer Wascheinrichtung. (**F. P. 1 043 725** vom 10/10. 1951, ausg. 10/11. 1953.) B. SCHMIDT. 8165

Gottfried Bischoff G. m. b. H., Essen, *Entfernen von Schwefelwasserstoff aus technischen Gasen*, z. B. *Koksofen- oder Synthesegas*, in zu einer Gruppe zusammengefaßten Reinigungsbehältern, indem nach genügender S-Anreicherung in der M. eines Behälters die gesamte Anlage aus dem Gasstrom ausgeschaltet u. ein getrennt angeordneter, mit frischer M. gefüllter Behälter vom Gas so lange durchströmt wird, bis die Massen von einem zum anderen Behälter so umgelagert sind, wie es einem möglichst günstigen Anreicherungsgefälle in der Hintereinanderschaltung der Behälter entspricht, u. bis der letzte Behälter mit frischer M. beschickt ist. (**E. P. 700 249** vom 16/2. 1951, ausg. 25/11. 1953. D. Prior. 16/2. 1950.) DEMMLER. 8173

Ruhrchemie Akt.-Ges., Oberhausen, Rhld. (Erfinder: **Walter Rottig**, Oberhausen, und **Franz Hanisch**, Duisburg), *Entfernung des in Gasen vorhandenen Schwefels*, bes. der hier vorliegenden organ. S-Verbb., zweckmäßig nach in bekannter Weise durchgeführter Entfernung der Hauptmenge des in diesen Gasen vorliegenden H_2S, dad. gek., daß diese Gase bei ca. 450° zwecks Hydrierung der organ. S-Verbb. u. Harzbildner über oxydierte u. zweckmäßig geschwefelte Ni-Katalysatoren geleitet werden unter Red. der organ. S-Verbb. zu H_2S, u. daß die Gase dann bei 100—500°, bes. 300—450°, u. Ggw. geringer Mengen von O_2 in eine katalyt. wirkende, aus Oxyden u./oder Hydroxyden u./oder Carbonaten der Erdalkalien bestehende M. geleitet werden. (**D. B. P. 906 606** Kl. 26d vom 21/10. 1951, ausg. 15/3. 1954. Anmeldung bekanntgemacht 9/7. 1953.) DEMMLER. 8173

Fa. Carl Still (Erfinder: **Josef Schmidt**), Recklinghausen, *Getrennte Entfernung der Cyanverbindungen*, bes. des HCN, u. der sonstigen flüchtigen Säuren, bes. des CO_2, *aus Gasen u. Gasgemischen* durch 2 aufeinanderfolgende Waschungen, deren 1. mit reinem W. u. deren 2. mit einem im Kreislauf verwendeten Absorptionsmittel, das durch Erhitzen wieder belebt wird, durchgeführt wird, dad. gek., daß diese Erhitzung mittels Heizdampfes vorgenommen wird u. der Überschuß an W., der dem Betrieb aus dem Kondensat des Heizdampfes zugeht, als Waschmittel zur Entfernung der CN-Verbb. dient. (**D. B. P. 906 741** Kl. 26d vom 22/1. 1943, ausg. 18/3. 1954. Anmeldung bekanntgemacht 28/5. 1953.) DEMMLER. 8173

Standard Oil Development Co., New York, N. Y., V. St. A. (Erfinder: **L. A. Nicolai** und **E. W. S. Nicholson**), *Thermische Spaltung von ölhaltigen Mineralien im Fluidzustand und Verbrennung der Spaltrückstände im Fluidzustand unter Rückleitung der Verbrennungsrückstände zur Spaltzone.* Die Verbrennung der Spaltrückstände von Ölschiefer wird so geleitet, daß prakt. kein C in der Asche zurückbleibt (höchstens 0,7%) u. das Verhältnis von im Kreislauf geführter Aschenanteile u. frischem Ölschiefer in der Spaltzone so hoch gehalten wird, daß der C-Geh. in den festen Stoffen wesentlich $<$0,7% bleibt. (**Schwed. P. 137 955** vom 8/6. 1950, ausg. 11/11. 1952. A. Prior. 16/6. 1949.) JÜRGEN SCHMIDT. 8181

California Research Corp., San Francisco, übert. von: **Gilson H. Rohrback**, Whittier, und **Dwite M. McCloud**, Buena Park, Calif., V. St. A., *Verhindern der Korrosion von eisernen Rohrleitungen von Ölsonden.* In die Sonde wird eine alkal. Lsg. von As_2O_3 eingeführt. Der Korrosionsangriff des Rohöl- u. Salzwassergemisches geht auf ein geringes Maß zurück. — Diagramme. (**A. P. 2 635 698** vom 16/3. 1951, ausg. 21/4. 1953.) MARKHOFF. 8191

Cities Service Oil Co., übert. von: **William B. Hughes**, Bartlesville, Okla., V. St. A., *Emulsionszerstörer* für Erdöl–Wasser-in-Öl-Emulsionen erhält man aus einer Mischung von 90—99% eines Emulsionszerstörers (Aldehydamin + propylierte Naphthalinsulfonsäuren) mit 1—10% eines Reaktionsprod., das durch Umsetzung eines Mols eines Carbonsäureglycerids mit mehr als 11 C-Atomen mit 2—3 Mol Triäthanolamin bei 180° u. Neutralisieren des Reaktionsprod. mit einer Paraffincarbonsäure mit mehr als 11 C-Atomen bis zum Methylorangeendpunkt erhalten wurde. (**A. P. 2 646 405** vom 31/1. 1950, ausg. 21/7. 1953.) UNGER. 8191

Cities Service Oil Co., übert. von: **William B. Hughes**, Bartlesville, Okla., V. St. A., *Emulsionszerstörer*. Man behandelt die Erdöl–Wasser-in-Öl-Emulsion mit einer geringen, aber genügenden Menge eines heiß polymerisierten Alkanolamins, das mit einer Paraffincarbonsäure bis zum Methylorangeendpunkt neutralisiert wurde. Die Polymerisation des Alkanolamins (Triäthanolamin) bis zur Sirupkonsistenz erfolgt durch Erhitzen auf 225—275° in Ggw. iner katalyt. Menge von NaOH während 8—10 Stunden. (**A. P. 2 646 406** vom 16/2. 1950, ausg. 21/7. 1953.) UNGER. 8191

Standard Oil Development Co., übert. von: **Simpson D. Sumerford**, Baton Rouge, La., V. St. A., *Emulsionszerstörung und Entsalzung*. Man mischt das Öl mit einer ersten wss. Lsg., deren p_H-Wert sich von 7 unterscheidet, dann gibt man die Mischung in eine zweite wss. Lsg., deren p_H-Wert geeignet ist, die 1. wss. Lsg. zu neutralisieren. Dann entfernt man die wss. Phase vom Öl. (**A. P. 2 662 062** vom 26/8. 1950, ausg. 8/12. 1953.) UNGER. 8191

Irving I. Rifkin und **Alfred Turman**, übert. von: **Melvin Weissberg**, Brooklyn, N. Y., V. St. A., *Trennen von Erdölschlamm*. Der Schlamm wird mit neutralen Steinkohlenteerölen (D. ~1) u. einem neutralen aromat. KW-stoff (D. ~1) mit einem Siedebereich von 258—353° behandelt, wobei den Ölen oberflächenakt. Stoffe, wie Erdölsulfonate, Kondensationsprodd. aus Triäthylenglykol u. Ölsäure oder Triäthanolaminoleat, in geringer Menge zugesetzt sind. (**Can. P. 487 862** vom 14/9. 1948, ausg. 4/11. 1952.) WITTHOLZ. 8191

Fluor Corp. Ltd., Calif., übert. von: **Lyle Kermit Herndon**, Columbus, O., V. St. A., *Wiedergewinnung von Schwefel* aus saurem Schlamm, wie er z. B. bei der Behandlung von Erdölfraktionen mit H_2SO_4 anfällt. Der Schlamm wird bei ca. 500° F mit glühendem Koks gemischt u. in Koks u. SO_2-haltiges Gas zerlegt, das nach Beimischung eines einen KW-stoff enthaltenden Gasgemisches, z. B. Naturgas, mit glühendem Koks bei 1200—1600° F in Berührung gebracht wird, der durch Red. aus dem SO_2 entstandene S wird aus dem Gasgemisch durch Auswaschen u. Kühlen abgeschieden. — Zeichnungen. (**A. P. 2 631 087** vom 2/8. 1950, ausg. 10/3. 1953.) DEMMLER. 8193

Standard Oil Development Co., übert. von: **Harold A. Ricards**, Cranford, und **James W. Ryder**, Watchung, N. J., V. St. A., *Entfernung von Mercaptanen aus Kohlenwasserstoffgemischen*. Durch Behandlung in einer 1. Stufe mit einer schwachen Alkalilsg. (Konz. 0,7—7%), wobei Stoffe herausgelöst werden, die die Löslichkeit der Mercaptane in Alkalilsg. fördern. Man entfernt die Alkalilsg. u. behandelt das Öl in einer 2. Stufe mit einer starken Alkalilsg. (Konz. 12—15%), entfernt diese u. behandelt das Öl in einer 3. Stufe mit einer Alkalilsg. mittlerer Stärke (Konz. 1—3% niedriger als in der 2. Stufe), welche einen Teil der Alkalilsg. aus Stufe 1, welche mit Stoffen angereichert ist, die die Löslichkeit der Mercaptane in der Alkalilsg. fördern, enthält. Man kann die Alkalilsg. der 1. Stufe vor ihrer Einführung in die 3. Stufe konzentrieren. — Zeichnung. (**A. P. 2 572 519** vom 16/2. 1949, ausg. 23/10. 1951.) UNGER. 8195

Anglo Iranian Oil Co. Ltd., London, und **Frederick William Bertram Porter** und **Roy Purdy Northcott**, Sunbury-on-Thames, England, *Katalytische Entschwefelung von Erdölkohlenwasserstoffen*. Man leitet die KW-stoffe in der Dampfphase gemischt mit H_2 über einen Autofiningkatalysator (Co-Molybdat auf Al_2O_3) bei Tempp. u. unter Drucken, daß durch die Dehydrierung der Naphthene im Behandlungsgut nur so viel H_2 erzeugt wird, als zur Umwandlung der organ. S-Verbb. in H_2S u. zur Ergänzung des H_2 in der Reaktionszone erforderlich ist. Man trennt H_2 u. H_2S von dem Prod. ab u. leitet den H_2 als einzige H_2-Quelle in die Autofiningzone zurück, um darin den erforderlichen H_2-Partialdruck aufrechtzuerhalten. Tempp. 650—800° F, Druck 25—500 lb./sq.in, Strömungsgeschwindigkeit 0,5—1,0 V/V/h, Gasrücklauf 1000 bis 4000 CF/B (cubic foot/barrel). (**E. P. 697 724** vom 14/11. 1950, ausg. 30/9. 1953.) UNGER. 8195

Phillips Petroleum Co., übert. von: **Clarence R. Ringham** und **Russell K. Simms**, Bartlesville, Okla., V. St. A., *Überwachung von Trennungssystemen für selektive Adsorption*. Man leitet ein Gasgemisch C_1—C_5 u. mehr in eine Ölabsorptionszone (I).

Den angereicherten Ölstrom mit C_5 u. höheren KW-stoffen leitet man von der I in eine Abstreifzone (**II**). Man leitet Abstreifgas in den unteren Teil der **II** u. gewinnt abgestreifte C_5- u. höhersd. KW-stoffe aus der **II**. Abgestreiftes Absorptionsöl gelangt vom unteren Teil der **II** in die **I**. Man leitet den Gasabfluß aus der **I** in eine erste Überwachungszone (**III**) mit einem festen Adsorptionsmittelbett, worin alle nichtabsorbierten C_5- u. höheren KW-stoffe adsorbiert werden. Man leitet nichtadsorbierte C_4- u. niedrigersd. KW-stoffe aus **III** in eine selektive Adsorptionszone (**IV**), worin die höhersd. KW-stoffe von den niedrigersd. getrennt werden. Man leitet einen Teil der heißen, höhersd. KW-stoffe aus Zone **IV** in eine zweite Zone **III** mit einem festen Adsorptionsmittelbett u. verdrängt die darin adsorbierten C_5- u. höhersd. KW-stoffe. Den Gasabfluß aus der zweiten **III** leitet man in die **II**. Ferner leitet man den Gasabfluß aus der **IV** in die zweite **III** u. den heißen Teil der höhersd. KW-stoffe, der aus **IV** gewonnen wurde, in die erste **III**, wenn sie mit C_5- u. höhersd. KW-stoffen gesätt. ist. — Zeichnung. (**A. P. 2 632 726** vom 22/7. 1949, ausg. 24/3. 1953.) UNGER. 8195

Sinclair Refining Co., New York, N. Y., übert. von: **Leroy K. Cheney,** Lansing, Ill., V. St. A., *Cracken schwerer Kohlenwasserstoffe.* Aus einem durch Dest. gewonnenen Schweröl treibt man in einem Verdampfer das Gasöl ab u. führt den schweren Bodenrückstand durch einen Erhitzer, in dem er auf 850—950° F gebracht wird, wobei weniger als 10 Gew.-% (berechnet auf einen 400° F Endpunkt u. leichtere KW-stoffe gecrackt werden. Das so erhaltene teerige Prod. wird in einem Pitching-Turm mit einer Temp. von ca. 790—880° F eingeführt, in dem man von unten 10—25 Gew.-% Dampf mit annähernd atmosphär. Druck einleitet u. in ihm die Temp. unter 650° F hält. Man zieht oben W. u. Leichtprodd. ab, u. unten das schwere Pech. Das als Destillat gewonnene Gasöl kehrt zum Cracksyst. zurück. — Schema. (**A. P. 2 633 449** vom 28/12. 1949, ausg. 31/3. 1953.) W. HAUSWALD. 8197

Sinclair Refining Co., New York, N. Y., übert. von: **Harry Louis Pelzer,** Ogden Dunes, Ind., V. St. A., *Umwandlung schwerer Kohlenwasserstofföle.* Man heizt das Behandlungsgut auf eine Anfangsspalttemp. von ca. 850—950° F 2—15 Min. vor u. begrenzt den gespaltenen Anteil auf unter 10% eines Bzn. mit einem End-Kp. von 400° F u. leichterer Bestandteile. Man verdampft die vorgeheizte Charge plötzlich in einen Turm, in dem bis zu 10 lbs./sq.in./g Druck herrschen kann, vermindert die Temp. in der Verdampfungszone auf ca. 790—850° F u. führt in den Turm 10 bis 25 Gew.-% Dampf von 212—300° F. Aus dem Verdampfungsturm entfernt man Dämpfe u. Bodenprodukte. — Zeichnung. (**A. P. 2 662 051** vom 28/12. 1949, ausg. 8/12. 1953.) UNGER. 8197

Socony-Vacuum Oil Co., Inc., New York, übert. von: **John A. Crowley jr.,** Scarsdale, N. Y., V. St. A., *Reaktionsführung in Gegenwart von festem Material,* z. B. *katalytische Umwandlung gasförmiger KW-stoffe* oder *Katalysatorregenerierung.* Die festen Teilchen fließen in dem Reaktionsgefäß als kompakte M. von oben nach unten. Das Reaktionsgefäß ist durch horizontale Rohrlagen, welche von dem Kühl- bzw. Heizmittel durchströmt werden, in mehrere Abteilungen unterteilt, wobei die Rohre benachbarter Schichten gegeneinander versetzt sind. Die Rohre tragen Wärmeleitflächen in Form eines umgekehrten V, an deren Außenseite der Wärmeaustausch mit den festen Teilchen stattfindet. Der Innenraum der V-förmigen Leitbleche dient zum Zu- u. Abführen der Reaktionsgase derart, daß die Gas-Zu- u. -Ableitung von Rohrlage zu Rohrlage abwechselt. Aus den Leitblechen einer Schicht treten also die Gase über den unteren Rand der Leitflächen, durchströmen die abwärts fließende Katalysatormasse u. sammeln sich unter den Leitflächen der nächsten Schicht, aus denen sie abgezogen werden. Man erreicht somit bei guter Raumausnutzung eine gleichmäßige Temperierung des Katalysatorstromes. — Zeichnungen. (**A. P. 2 574 247** vom 8/7. 1948, ausg. 6/11. 1951.) W. HEROLD. 8197

Standard Oil Development Co., Elizabeth, N. J., V. St. A., *In-Berührung-Bringen von Gasen bzw. Dämpfen und pulverförmigen Feststoffen.* Durch Einblasen eines Gasstrahles in die dichte Suspension des zwischen Regenerier- u. Spaltgefäß umlaufenden Katalysators bzw. Feststoffes wird das gröbere Korn zerkleinert, wobei durch Einstellung der Düsengeschwindigkeit des Gases der Zerkleinerungsgrad geregelt wird. Die Düsengeschwindigkeit des Gasstrahles soll ca. 152—610 m/Sek. betragen u. die Hauptmenge des Feststoffkorns $<100\,\mu$ gehalten werden. Das Verf. dient z. B. für die *katalyt. Spaltung* von *KW-stofföl.* — 1 Blatt Zeichnung. (**D. B. P. 886 444** Kl. 12g vom 26/8. 1951, ausg. 13/8. 1953. A. Prior. 1/9. 1950.) MATTHAES. 8197

Ruhrchemie Akt.-Ges., Oberhausen-Holten (Erfinder: **Helmut Kolling,** Duisburg-Hamborn), *Verfahren zur Herstellung von olefinischen niedrigsiedenden Kohlenwasser-*

stoffen, die bes. zu *hochklopffesten Benzinen* polymerisierbar sind, durch katalyt. Spaltung von KW-stoffen der Kohlenoxydhydrierung, dad. gek., daß die Spaltung bei über 480°, zweckmäßig 500—520°, bei Katalysatorbelastungen bis zu 20 cm^3 Einsatzprod./100 cm^3 Katalysator/Std., in Ggw. von Wasserdampf, wobei der Partialdruck der eingesetzten KW-stoffe nur ca. 10—20(%) beträgt u. Katalysatoren, die aus einer Mischung von saurem Kieselsäuresol u. Al-Salzlsg. mit NH_3 ausgefällt, unter alkal. Rk. bis zur Befreiung von Alkalisalzen ausgewaschen, getrocknet u. auf ca. 500° erhitzt wurden u. deren SiO_2-Geh. zwischen 30 u. 50, bes. 33 u. 40 liegt. — Aus einer Dieselölfraktion der FISCHER-TROPSCH-Synth., Kp. 200—350°, → 11 Benzin-KW-stoffe, Kp. 50—200° u. 31 *C_3—C_5-Olefine* → 27,9 *Polymerbenzin.* — 2 Diagramme. (**D. B. P. 895 593** Kl. 12o vom 25/7. 1944, ausg. 5/11. 1953. Anmeldung bekanntgemacht 19/2. 1953.) KRAUSS. 8197

Phillips Petroleum Co., übert. von: **Richard W. Blue** und **Charles J. Engle,** Bartlesville, Okla., V. St. A., *Umwandlung von Rückständen in leichtere Kohlenwasserstoffe.* Man leitet ein Gemisch aus Rückstand (API = 0—25°, Kp. > 700° F) u. einem Naphthen-KW-stoff als H_2-Spender im Verhältnis 1:1—10:1 bei 700—950° F in eine Reaktionszone, die ein 1. Bett eines körnigen Al_2O_3-Metalloxydkatalysators enthält (Zus.: Al_2O_3 + 1—10 Gew.-% mindestens eines Metalloxyds des Th, Ti u. Zr u. $Al_2O_3 + SiO_2$ mit nicht mehr als 25 Gew.-% SiO_2, bestehend aus einem synthet. SiO_2–Al_2O_3-Katalysator u. einer natürlichen Erde). Dahintergeschaltet liegt ein 2. Bett eines körnigen Metalloxydkatalysators, bestehend aus Zirkonoxyd mit 10 bis 40 Gew.-% eines Oxydes von Al, Mg u. Th u. einem SiO_2–Al_2O_3-Katalysator, der mehr als 25 Gew.-% SiO_2 enthält u. von synthet. Herkunft ist, sowie aus einer natürlichen Erde. Das Volumenverhältnis des 1. Bettes zum 2. ist 2,5:1—1:1. Man leitet das Behandlungsgemisch durch die Reaktionszone (1. u. 2. Bett) mit einer Raumgeschwindigkeit von 0,5—5 Vol./Vol. des Gesamtkatalysators/Std. u. trennt die aus der Reaktionszone kommenden fl. Prodd. ab; zur Spaltung geeignet. — Zeichnung. (**A. P. 2 620 293** vom 19/12. 1949, ausg. 2/12. 1952.) UNGER. 8197

Anglo-Iranian Oil Co. Ltd., London, übert. von: **John Norman Haresnape** und **Stephen Hesling,** Sunbury-on-Thames, England, *Wasserstoffreiche gasförmige Erdölfraktion* durch Spaltung einer Erdölfraktion (ohne Bestandteile unter dem Gasölsiedebereich) in Ggw. eines Katalysators (Montmorilloniterde), der auf 500—700° erhitzt ist, um die chem. gebundenen OH-Gruppen ohne Beeinträchtigung des Katalysators ($Al_2O_3 \cdot H_2O \cdot 4\,SiO_2 \cdot xH_2O$) vollständig daraus zu entfernen. Diese Temp. steht in umgekehrter Beziehung zum Fe-Geh. des Montmorillonits (Fe_3O_4 < 1,5% t = 700°; Fe_3O_4 > 7% t = 500°). Man trennt die H_2-reiche Erdölfraktion von den Prodd. der Spaltoperation ab. (**A. P. 2 645 562** vom 21/1. 1948, ausg. 14/7. 1953. E. Prior. 10/1. 1947.) UNGER. 8197

Anglo-Iranian Oil Co. Ltd., London, übert. von: **John Norman Haresnape** und **Frederick William Bertram Porter,** Sunburg-on-Thames, England, *Katalytische Spaltung von Erdölkohlenwasserstoffen mit behandelten Erden.* Man leitet das Ausgangsmaterial (**I**) (Gasölsiedebereich), gemischt mit H_2 in eine Entschwefelungszone bei höherer Temp. unter Druck in Ggw. eines S-festen Hydrierungskatalysators, wobei die S-Verbb. in H_2S übergehen, den man abtrennt. Das entschwefelte **I** gelangt in eine Spaltzone, in der sich Montmorillonit befindet, den man auf 500—750° erhitzte, um die gebundenen OH-Gruppen aus der Erde zu entfernen, ohne eine physikal. Schädigung zu bewirken. Die Erhitzungstemp. steht in umgekehrter Beziehung zum Eisenoxydgeh. (< 1,5% Fe_2O_3: τ = 700°, > 7% Fe_2O_3 τ = 500°). Man trennt aus der Spaltzone eine H_2-reiche Gasmischung ab, die man in die Entschwefelungszone zurückleitet, deren Gesamtbedarf an H_2 sie deckt. (**A. P. 2 647 075** vom 8/1. 1948, ausg. 28/7. 1953. E. Prior. 10/1. 1947.) UNGER. 8197

Lummus Co., New York, übert. von: **August H. Schutte,** Hastings on Hudson, N. Y., V. St. A., *Rauchgas und Dampf als Fördermittel für verbrauchte Kontakte aus der Kohlenwasserstoffumwandlung.* Man gibt das KW-stoffbehandlungsgut (**I**) über eine horizontale Schicht des durch Schwerkraft bewegten Kontaktbettes, wobei **I** teilweise umgewandelt wird, trennt die Spaltprodd. ab u. leitet das Bett durch eine durch Dampf verschlossene Zone in die Regenerierzone, durch die man in verschied. Höhen Abbrenngas (O_2-haltig) u. W. leitet, wobei der Kontakt reaktiviert wird. Durch die seitlich entweichenden Verbrennungsgase u. Wasserdampf wird das Kontaktmaterial aus der Regenerationszone mitgenommen, in eine höhergelegene Verteilungszone gefördert u. gelangt von hier neuerdings in die Reaktionszone. — Zeichnung. (**A. P. 2 661 321** vom 10/11. 1952, ausg. 1/12. 1953.) UNGER. 8197

Filtrol Corp., übert. von: **W. W. Gary,** Los Angeles, Calif., V. St. A., *Katalytische Spaltung von Kohlenwasserstoffölen* in Form einer Suspension eines feinkörnigen Crackkatalysators, welcher eine Teilchengröße von mehr als 20 μ besitzt, in dem Öl. Das Gemisch wird unter Durchleiten durch eine Heizschlange auf die Cracktemp. erhitzt. Dabei erhält man eine dampfförmige Fraktion u. ein Gemisch eines fl. Anteils mit dem Katalysator. Der von der Fl. getrennte Katalysator wird in einen HERRESHOFF-Regenerierofen eingebracht u. ein O_2-haltiges Gas hindurchgeleitet, um den Katalysator zu regenerieren. Die Gasgeschwindigkeit wird dabei so weit gesteigert, daß die feineren Katalysatorteilchen von weniger als 20 μ von dem Gasstrom weggeführt werden. Der verbleibende regenerierte Katalysator wird danach in die Crack-Rk. zurückgenommen. — Zeichnung. (**Can. P. 478 518** vom 20/3. 1944, ausg. 13/11. 1951. A. Prior. 23/1. 1943.) M. F. MÜLLER. 8197

American Cyanamid Co., New York, N. Y. (Erfinder: **Kenneth Davis Ashley,** Stamford, Conn.), V. St. A., *Herstellung von Kieselsäure–Aluminiumoxyd-Katalysatoren.* Eine durch Ansäuern einer wss. Na-Silicatlsg. erhaltene, ca. ½—5 Std. gealterte Suspension gelatinöser hydratisierter Kieselsäure wird mit einer wss. Lsg. von Al-Sulfat versetzt u. das nach Zugabe von NH_4OH entstehende Gel durch Abfiltrieren entwässert u. zur Entfernung von wasserlösl. Salzen u. des Sulfats wiederholt gewaschen. Nach Entwässern u. nochmaligem Waschen wird das Gel dann mit einem Strom heißer Gase, z. B. in einem Drehofen, getrocknet. Um eine gute Auswaschung zu erzielen, darf der p_H-Wert beim Ausfällen des Al-Oxyds nicht $>$5,5 liegen. Während der Auslaugung wird er durch Zugabe von NH_4OH zwischen 6—7 gehalten. Die Katalysatoren enthalten 10—30% Al_2O_3, sind arm an gebundenem Sulfat, hochporös u. dienen zum katalyt. *Cracken* von *Erdöl-KW-stoffen.* — Schemat. Zeichnung des Ausfäll- u. Waschprozesses. (**D. B. P. 884 189** Kl. 12g vom 22/7. 1951, ausg. 23/7. 1953.) MATTHAES. 8197

American Cyanamid Co., V. St. A., *Herstellung von SiO_2-Katalysatoren.* Man zerkleinert ein wasserhaltiges Gel, welches aus wasserhaltiger Tonerde oder Magnesia oder beiden besteht, derart, daß mindestens 95 (Gew.-%) des Gels durch ein Sieb von 30 Maschen, mindestens 50 durch ein Sieb von 80 Maschen gehen u. mindestens 50 von einem Sieb mit 300 Maschen zurückgehalten werden. Eine wss. 4—10%ig. Suspension dieses Gels trocknet man nach Art der Fließkatalyse in einem ca. 316—538° warmen Gasstrom, bis die Gelteilchen nur noch 20% W. enthalten. Vor dem Zerkleinern wäscht man das wasserhaltige Gel mit W., bis der Alkalisalzgeh. weniger als 0,1% Na_2O (bezogen auf Trockensubstanz) beträgt. — Z. B. versetzt man in 20 Min. eine Lsg. von 82 (kg) konz. H_2SO_4 in 1580 W. mit einer Lsg. von 525 techn. Na-Wasserglas (mit 29% SiO_2 u. 9% Na_2O) in 385 W., bis das p_H 5,2 beträgt. Das gebildete SiO_2-Gel versetzt man mit 13% W., dann in 10 Min. mit einer Lsg. von 132 Al-Sulfat in 300 W. u. in 30 Min. mit genügend NH_4OH (73 kg 29%ig. NH_4OH-Lsg. in 320 W.), um das p_H auf 5,7 einzustellen. Die Gelsuspension wäscht man mit W. u. trocknet sie bei 316°. Der Katalysator dient zum *Spalten* von Erdölfraktionen. (**F. P. 1 043 578** vom 4/5. 1951, ausg. 10/11. 1953.) OPPERMANN. 8197

Socony-Vacuum Oil Co., Inc., New York, N. Y., übert. von: **Robert L. Smith,** Pitman, N. J., V. St. A., *Cr-Al_2O_3-Katalysator.* Wss. Cr-Acetatlsg. wird mit wss. Na-Aluminatlsg., der zur Stabilisierung Glycerin, Stärke oder Zucker zugefügt sein kann, unter Bedingungen vermischt, die eine rasche Gelierung des entstandenen Hydrosols bewirken, das Gel wird bei p_H 8,0—9,5 gealtert, worauf aus den kugelförmigen oder sonstwie geformten Gelteilchen bei p_H 11—15 in 2—96 Std. durch eine Alkali- oder Erdalkalicarbonatlsg. ein Teil des Al aus der Geloberfläche herausgelöst u. die M. calciniert wird. Der Katalysator soll 10—40 (Mol.%) CrO_3 u. 60—90 Al_2O_3 enthalten u. dient für Dehydrierung, Aromatisierung von Erdöl-KW-stoffen, z. B. Aromatisierung von n-Heptan, Dehydrierung von Methylcyclohexanen u. zum Reformieren von Erdöl. (**A. P. 2 635 082** vom 28/1. 1952, ausg. 14/4. 1953.) MATTHAES. 8197

Universal Oil Products Co., Chicago, übert. von: **James P. West,** Westmont, Ill., V. St. A., *Al_2O_3- und/oder MgO-haltige SiO_2-Katalysatoren,* bes. zum *Cracken von hochsiedenden Erdölfraktionen.* Man erhitzt ein Alkylorthosilicat mit einem bas. Al-Salz einer Carbonsäure u./oder mit Mg-Acylat auf 150—300° unter Druck in fl. Phase. Der gebildete Katalysator wird dann bei 500—800° calciniert. — Aus wasserfreiem Al_2O_3 u. Eisessig bei 180° unter 50 at N_2 gewonnenes u. bei 100° getrocknetes bas. Al-Acetat $HOAl(OOCCH_3)_2$ wird mit Äthylorthosilicat 6 Std. im Druckgefäß auf 200° u. nach dem Abdestillieren des Ae. u. Äthylacetats der weiße Rückstand im Luftstrom 2 Std. auf 550° erhitzt u. anschließend verformt. Er dient z. B. zum Cracken einer Gasölfraktion mit Kp. 465° F bei 932° F im Fließbettverf. zu *Gasolin* mit Kp. unter 400° F. (**A. P. 2 592 775** vom 29/9. 1948, ausg. 15/4. 1952.) KRAUSS. 8197

Universal Oil Products Co., Chicago, Ill., übert. von: **James Hockstra,** Evergreen Park, Ill., V. St. A., *Herstellung von Silicagel.* Alkalisilicat, z. B. Wasserglas, wird mit

Hexamethylentetramin (I) u. W. vermischt, wobei 0,02—0,25 (Teile) I u. 5—20 W. auf 1 SiO_2 kommen. Das p_H soll dabei zwischen 4—5 liegen. Beim Eintropfen der Mischung in heißes Öl (150—220° F) erstarrt das Sol zu Kügelchen, die in W. von 100—220°, verd. H_2SO_4 oder CH_3COOH gealtert werden. Hiernach wird nach Tränkung mit der Katalysatorlsg. calciniert. Statt in Öl kann die Gelbldg. auch in anderen organ. Fll., z. B. Kerosin, aber auch in Luft oder einem anderen indifferenten Gas erfolgen. Durch langes Altern bei hoher Temp. werden Kugeln von geringerer D. erhalten als bei tiefer Temp. u. kurzer Alterungszeit. Die Katalysatorlsg. kann auch bereits dem Silicasol zugesetzt werden. Die Mg, Zr, Ti, Th, V als Oxyde enthaltenden Katalysatoren eignen sich bes. für den *Crackprozeß*, während Co, Mo, W, Pt, Pd, Ni, Fe enthaltende für *Hydrier-* u. *Dehydrierprozesse* dienen. (**A. P. 2 645 619** vom 14/12. 1951, ausg. 14/7. 1953.) MATTHAES. 8197

Universal Oil Products Co., Chicago, übert. von: **Louis Schmerling**, Riverside, Ill., V. St. A., *Behandeln von Aluminiumoxyd enthaltenden Katalysatoren*, bes. um die Bldg. unerwünschter Nebenprodd. bei der KW-stoffumwandlung herabzusetzen, die Aktivität von wenig akt. Material zu erhöhen oder um verbrauchte Katalysatoren zu regenerieren. Erfindungsgemäß wird das Al_2O_3-haltige Gemisch bei 150—300°, bes. 180 bis 250°, mit einem hauptsächlich aus einer organ. Säure mit einer Dissoziationskonstanten unter $1 \cdot 10^{-3}$ bestehenden Reagens bei solchen Drucken behandelt, daß das Reagens fl. bleibt, wobei Al_2O_3 in ein bas. Salz der Säure übergeführt wird; anschließend wird dieses bas. Al-Salz mit fl. W. bei Tempp. über 100° (bes. 150—250°) u. entsprechend hohem Druck wieder hydrolysiert. Als organ. Säure kommt bes. CH_3COOH, entweder als Eisessig mit bis zu 10% $CHCl_2 \cdot COOH$ oder als mindestens 60%ig. Lsg. mit bis 10% HCl, oder einer anderen Mineralsäure in Betracht. Auch frisch bereitete SiO_2–Al_2O_3 können in dieser Weise nachbehandelt werden, wodurch das $H_2:CH_4$-Verh. beim *Cracken* eines Gasöls von 2,0 (bei unbehandeltem Katalysator) auf 1,4 herabgesetzt wird. (**A. P. 2 651 617** vom 16/4. 1949, ausg. 6/9. 1953.) W. HEROLD. 8197

Standard Oil Development Co., Del., übert. von: **Edward A. Hunter** und **Charles N. Kimberlin jr.**, Baton Rouge, La., V. St. A., *Metalloxydgel-Katalysatoren.* SiO_2-freie Metalloxydgelkatalysatoren zum Cracken von Erdöl, Reformieren u. Dehydrieren von KW-stoffen werden hergestellt durch Zusatz von MgO im Überschuß zur Lsg. der Salze eines mehrwertigen Metalls Be, Al, Ti, Zr, Sn, Th, Cr, Fe, worauf das ausgefällte Gel granuliert u. mit der Lsg. eines Salzes, das weniger bas. als Mg ist, z. B. einem Fe-, Ti-, Co-, Th-, Ni-, Cu-, Cr-, Be-, Zr-, Al- oder Mn-Salz, behandelt wird, wobei Mg aus dem Granulat in Lsg. geht. Katalysatorgranalien werden nach Auswaschen des Mg-Salzes getrocknet u. calciniert. (**A. P. 2 627 506** vom 7/5. 1949, ausg. 3/2. 1953.) MATTHAES. 8197

Phillips Petroleum Co., Del., übert. von: **Emory W. Pitzer**, Bartlesville, Okla., V. St. A., *Al_2O_3–Metalloxyd-Dehydrierungskatalysatoren.* Eine Mischung von Oxyden des Cr, Mo, W, U, V u. Al_2O_3 u. BeO wird mit der 0,5—5fachen Menge HNO_3, gegebenenfalls unter Zusatz von NH_4NO_3, 1—10 Std. erhitzt u. die Säure abgedampft, granuliert u. calciniert. — Z. B. enthält der Katalysator 1—15 (%) BeO neben Al_2O_3 u. CrO_3 oder 10—70 Cr_2O_3, 1—15 BeO, Rest Al_2O_3. (**A. P. 2 638 455** vom 14/6. 1948, ausg. 12/5. 1953.) MATTHAES. 8197

Houdry Process Corp., Wilmington, Del., übert. von: **Albert Wesley Hoge**, Ridley Park, Pa., V. St. A., *Behandeln poröser Kontaktmasse, z. B. von Crackkatalysatoren.* Die Aktivität von Katalysatoren aus gleichem Material ist von der relativen Oberfläche, d. h. von der Porosität abhängig. Diese differiert bei den einzelnen Teilchen, bes. wenn bei der Herst., Verwendung oder Regenerierung hohe Tempp. angewandt wurden. Man kann daher eine Katalysatormasse in einen aktiveren u. einen weniger akt. Anteil zerlegen, indem man sie in einem Flotationsmittel von geeigneter D. aufschwemmt u. den schwimmenden Anteil von dem Bodensatz trennt. Da hierbei die Poren von der Fl. gefüllt werden, kann hierbei der Bodensatz den aktiveren Teil bilden. Schützt man dagegen die Teilchen durch Vorbehandeln mit einem geeigneten Mittel gegen das Eindringen der Flotations-Fl., so ist im allg. der Bodensatz weniger aktiv. Man kann die Anteile getrennt verwenden, den weniger akt. durch neuen Katalysator auffrischen oder den aktiveren Anteil zum Einstellen der gewünschten Aktivität verwenden. — Z. B. gibt ein aus Pillen von 3—4 mm Durchmesser u. 3—6 mm Höhe bestehender gebrauchter Montmorillonit–Ton-Katalysator beim Aufschwemmen in einer Mischung aus $CH_2Br \cdot CHBr_2$ u. CCl_4 von D = 2,22 eine schwimmende Schicht, welche beim Cracken 11,2% Bzn., u. einen Bodensatz, der unter gleichen Bedingungen 43% Bzn. liefert. Behandelt man die Teilchen vorher mit W. als Schutz-Fl., so ist der in einem $C_2H_5 \cdot J + CCl_4$-Gemisch mit D. 1,79 schwimmende Anteil aktiver als der Bodensatz. (**A. P. 2 643 215** vom 1/3. 1947, ausg. 23/6. 1953.) W. HEROLD. 8197

Sinclair Refining Co., New York, N. Y., übert. von: **Henry Erickson**, Calumet City, Ill., V. St. A., *Vorbereiten von Hydrogelperlen für das Trocknen.* Als *Crackkatalysatoren* für das Fließbettverf. werden perlförmige Gele aus SiO_2, SiO_2–Al_2O_3 oder Al_2O_3–MgO, gegebenenfalls mit Zuschlägen von TiO_2 oder ZrO benutzt, welche durch Eintropfen des Sols in Öl, Trocknen u. Calcinieren der erhaltenen Gelperlen hergestellt werden. Um das bisher bei dem Trocknen auftretende Splittern oder Zerbrechen weitgehend zu vermeiden, werden die Perlen vorher mit einer 0,1—0,5%ig. wss. Lsg. eines Netzmittels behandelt, das sowohl einen hydrophilen als auch einen hydrophoben Teil besitzt. Bes. kommen sulfonierte Alkylsuccinate u. Alkylarylsulfonate in Betracht, z. B. das Na-Salz der Isopropylnaphthalinsulfosäure. (**A. P. 2 643 231** vom 28/1. 1950, ausg. 23/6. 1953.) W. HEROLD. 8197

Badische Anilin- & Soda-Fabrik Akt.-Ges. (Erfinder: **Gerhard Free, Wilhelm von Füner**, Ludwigshafen/Rh., und **Otto Göhre**, Heidelberg), *Wirksame Siliciumhaltige Katalysatoren oder Katalysatorträger.* Aus Na_2SiO_3-Lsgg. wird bei p_H 2—6 in Ggw. von HF mit ein oder mehreren Metallsalzen, wie den in W. lösl. Salzen des Al, Mg, sowie Fe, Zn, Be, Ti, B, Ce u. Th, das Silicagel ausgefällt, abgetrennt, getrocknet u. z. B. bei 550—650° erhitzt. Spaltung, Reformierung, Isomerisierung, Cyclisierung von KW-stoffölen, Druckhydrierung von Kohlen, Teeren u. Mineralölen. (**D. B. P. 905 848** Kl. 12g vom 20/10. 1944, ausg. 8/3. 1954.) MATTHAES. 8197

Comp. Française des Procédés Houdry, Seine, Frankreich, *Herstellung von Kieselsäure–Magnesium–Kaolin-Katalysatoren.* Man suspendiert in einem Kieselsäure–Magnesium Hydratsol 20—80 Gew.-% feinverteiltes Kaolin u. leitet das Sol in eine mit W. nicht mischbare Fl. (z. B. ein Gemisch von Schmieröl u. Perchloräthylen von der D. 1,065 bei 27°) ein. Die gebildeten Sphäroide unterwirft man einem Alterungsprozeß mit $MgSO_4$-Lsg. oder einem anderen Mg-Salz (z. B. Mg-Acetat oder -Nitrat), trocknet sie, behandelt sie mit 5—10%ig. kalter oder kochender H_2SO_4-Lsg. u. trocknet sie abermals. Der so hergestellte Katalysator ist äußerst dicht u. hart, hat eine den natürlichen Si–Mg–Al-Mineralien ähnliche kristalline Struktur, zeigt eine verbesserte Selektivität u. ergibt beim *Cracken* höhere Ausbeuten, bes. an Benzinen. (**F. P. 1 041 042** vom 2/8. 1951, ausg. 20/10. 1953.) OPPERMANN. 8197

Karnik Alexanian, Frankreich, *Herstellung eines als Katalysator geeigneten synthetischen Aluminiumsilicatgels* aus den säure- u. salzhaltigen wss. Lsgg. von der Aktivierung von Tonen, z. B. von der Behandlung von Montmorillonitton mit H_2SO_4 durch Kochen. Die Lsg. wird mit einer Alkalisilicatlsg. gemischt, z. B. durch Zerstäuben oder Zusammenrühren. Das abgeschiedene Al-Silicatgel wird abfiltriert u. bei 80° getrocknet. Das granulierte Prod. wird z. B. als *Crackkatalysator* oder als Katalysatorträger verwendet. Es ist auch als Entfärbungs- oder selektives Adsorptionsmittel geeignet. (**F. P. 1 005 104** vom 4/6. 1947, ausg. 7/4. 1952.) M. F. MÜLLER. 8197

Standard Oil Development Co., Elizabeth, N. J., V. St. A., *Katalytische Umwandlung von Kohlenwasserstoffen und Regenerierung der Katalysatoren.* Die bei der *Spaltung* von KW-stoffölen (Naphtha, Gasölen) verwendeten u. erschöpften Katalysatoren (**I**; säurebehandelte Tone, synthet. Gele) werden nach Dest. der niedrigsd. Fraktionen von den höhersd. durch Filtration getrennt. Die ölüberzogenen **I** werden durch eine Trocknungszone mit wirbelnd wirkendem Strom heißer Gase u. dann durch eine Regenerationszone mit O_2 enthaltenden Gasen zur Verbrennung der auf den einzelnen Teilchen befindlichen Ablagerungen geführt. Hierbei kann zur Aufrechterhaltung der Beweglichkeit der **I** heiße regenerierte oder nur getrocknete **I** dem zu trocknenden Gut zugesetzt werden. Vorr. beschrieben. (**E. P. 669 711** vom 10/2. 1950, ausg. 9/4. 1952. A. Prior. 12/3. 1949.) GRÄGER. 8197

Houdry Process Corp., Wilmington, Del., übert. von: **Reyner Kollgaard**, Media, Pa., V. St. A., *Bewegen eines Umwandlungskatalysatorsystems.* Der Regenerierofen, welchem die (bes. bei KW-stoffumwandlungen) mit brennbaren Ablagerungen verunreinigten Katalysatorteilchen oben zugeführt werden u. den sie infolge der Schwerkraft als kompakte M. durchfallen, ist in mehrere Zonen unterteilt, denen die Verbrennungsluft jeweils unten zu- u. oben abgeführt wird. Die unterste Zone hat erheblich größeren Querschnitt u. dementsprechend geringere Schichthöhe als die vorhergehenden Zonen. Dadurch wird erreicht, daß der Gasdruckabfall in den oberen Zonen erheblich größer ist als in der untersten Zone, so daß, da der Zuführungsdruck der Verbrennungsluft jeweils etwa dem Druck der Abgase aus der nächsttieferen Zone entsprechen muß, um einen Gasübertritt in die nächste Zone zu vermeiden, einerseits der Gasdruck am Kopf des Ofens niedrig genug ist, um den Eintritt des Katalysators nicht zu behindern, u. andererseits der Druck des Abgases in der untersten Zone groß genug ist, um zu gestatten, daß dieses Abgas auch ohne Komprimierung als Trägergas in dem Elevator verwandt werden kann, welcher den regenerierten Katalysator wieder der Umwandlungszone zuführt. Zweckmäßig wird die Höhe des Zuführungsrohres für den verbrauchten Katalysator groß genug gehalten, um eine einwandfreie Katalysatorführung auch dann zu ermöglichen, wenn unter unnormalen Verhältnissen der Gasdruck am Boden der Umwandlungszone, aus der der Katalysator abgezogen wird, größer ist als der Gasdruck am Kopf des Regenerierofens. Um einen Übertritt von Verbrennungsgas in die Umwandlungszone zu verhindern, kann in dem Zuführungsrohr zwischen Umwandler u. Kopf des Regenerierofens ein Absperrgas im gleichen Sinn mit dem Katalysatorstrom geführt werden. — Zeichnungen. (**A. P. 2 579 834** vom 21/5. 1949, ausg. 25/12. 1951.) W. HEROLD. 8197

Houdry Process Corp., Wilmington, Del., übert. von: **George Alexander Mills**, Ridley Park, Pa., V. St. A., *Herstellung von wasserstoffreichem Gas.* Auf einem anorgan. widerstandsfähigen Kontaktmaterial, z. B. aus SiO_2 u. Al_2O_3, wird z. B. durch Cracken von KW-stoffen ein nichtflüchtiger, KW-stoffhaltiger Nd. erzeugt, der durch therm. Behandlung bei 1200—1800° F in Ggw. eines inerten Gases, z. B. He, in ein H_2-reiches u. CH_4 enthaltendes Gas zerlegt wird. (**A. P. 2 647 042** vom 23/7. 1946, ausg. 28/7. 1953.) DEMMLER. 8197

Standard Oil Co., Chicago, übert. von: **Glenn M. Webb**, Western Springs, Ill., V. St. A., *Reinigung von Kieselsäurealuminiumgelen* (*Spaltkatalysatoren*) *von metallischen Verunreinigungen, wie Mn,* durch Behandlung des SiO_2–Al_2O_3-Gels mit einer wss. Lsg. eines Al-Salzes so lange Zeit, daß ein Basenaustausch zwischen Mn u. dem Al-Salz möglich ist, wobei Al das Mn verdrängt u. Mn sich in der Lsg. auflöst. Nach dem Abziehen der Lsg. ist das Gel frei von Mn. (**A. P. 2 634 241** vom 29/12. 1950, ausg. 7/4. 1953.) UNGER. 8197

Badische Anilin- & Soda-Fabrik Akt.-Ges. (Erfinder: **Helmut Nonnenmacher, Willi Oettinger** und **Wilhelm von Füner**, Ludwigshafen/Rh.), *Reaktionen, die zu kohligen Abscheidungen führen, in Gegenwart von Aktivkohle als Katalysator* (**I**), die mit einem oder mehreren katalyt. wirkenden Metallen oder Metallverbb. versehen sein kann, wobei der durch kohlige Abscheidungen beeinträchtigte **I** bei 350—600° mit O_2-haltigen Gasen regeneriert wird, u. zwar nur so lange, als zum Abbrennen erforderlich ist. Die Kohle wird mit Wasserdampf u. O_2 oberhalb 700° aktiviert. Zusätze: Kieselgel oder -sol, Al-, Zr-, Ce-, Th-, Cr- oder Fe-Oxydhydrat. Wiederbelebung in Wirbelschicht. (**D. B. P. 906 600** Kl. 23b vom 29/12. 1951, ausg. 15/3. 1954.) UNGER. 8197

Aristid V. Grosse, Haverford, Pa., V. St. A., *Regenerieren von Crackkatalysatoren.* Bei der Entfernung des abgeschiedenen C, z. B. von Al_2O_3–SiO_2-Katalysatoren, werden dem oxydierenden Gas Cl_2 oder Br_2 u. ein Bromid oder Chlorid des Si, Zr, Ti, Al, z. B. $SiCl_4$, zugesetzt, wodurch die Bldg. von CO_2 aus dem abgeschiedenen C unterdrückt u. hauptsächlich CO gebildet wird. Die Wärmeentw. wird hierdurch verringert. (**A. P. 2 626 245** vom 1/5. 1952, ausg. 20/1. 1953.) MATTHAES. 8197

Standard Oil Development Co., übert. von: **Charles E. Starr jr., Don R. McAdams** und **Julius P. Bilisoly**, Baton Rouge, La., V. St. A., *Behandlung gebrauchter Spaltkatalysatoren mit Erdalkalifluorid.* Teilweise entaktivierte, wiederholt gebrauchte u. regenerierte SiO_2–Al_2O_3-Katalysatoren werden zur Wiederbelebung mit geringen Mengen Erdalkalifluorid (CaF_2, BaF_2) behandelt. Sie nehmen davon 1—5 Gew.-% auf u. gewinnen ihre Aktivität u. Selektivität zurück. (**A. P. 2 638 453** vom 23/9. 1949, ausg. 12/5. 1953.) UNGER. 8197

Union Oil Co. of California, Los Angeles, übert. von: **Roland F. Deering**, Long Beach, Calif., V. St. A., *Phosphorsäure- oder Metallphosphatkatalysator auf vorcalcinierten Trägern* zur Hydratation u. Polymerisation ungesätt. KW-stoffe. Der SiO_2 enthaltende Träger wird bei 800—1400° 1—20 Std. calciniert, hierauf, gegebenenfalls nach Imprägnierung mit H_3PO_4 u. Trocknung, mit einer phosphorsauren Lsg. eines Metalles, wie Zn, Cd, Ag, Hg, Ni, imprägniert u. bei 105—300° getrocknet. (**A. P. 2 569 092** vom 1/7. 1949, ausg. 25/9. 1951.) STEIL. 8201

Ruhrchemie Akt.-Ges., Oberhausen/Rhld. (Erfinder: **Heinrich Heckel**, Dinslaken, und **Friedrich Martin**, Mülheim/Ruhr), *Herstellung alkalisch getränkter Eisenkatalysatoren aus eisenhaltigen Abfallmassen des alkalischen Tonerdeaufschlusses* (Lux- oder Lautamasse), bes. für die Bldg. *mehrgliedriger KW-stoffe* bei niedriger Temperatur. Die M. wird längere Zeit mit kalter Alkalilauge vorbehandelt, bes. gemahlen, u. dann mit heißer, bes. sd., Lauge vermischt, wobei zugleich Trägerstoffe, wie Kieselgur, zugegeben werden können. Vor, während oder nach dieser Heißbehandlung kann man Cu-, Fe- oder Ca-Salzlsg. zusetzen. Zur Kaltbehandlung können 200 kg Luxmasse mit 500 Liter 5%ig. NaOH 2 Std. in einer Kugelmühle intensiv gemahlen werden; zur Heißbehandlung werden 1—10%ig. Lsgg. von NaOH, KOH, Na_2CO_3 oder K_2CO_3 benutzt. (**D.B.P. 897 096** Kl. 12o vom 17/1. 1941, ausg. 19/11. 1953.) W. HEROLD. 8201

Ruhrchemie Akt.-Ges., Oberhausen-Holten, übert. von: **Walter Rottig,** Oberhausen-Sterkrade-Nord, *Eisenkatalysator für die Kohlenoxydhydrierung* bei 3—20 at u. ca. 200° bes. für CO-reiche Synthesegase. Zur Erzielung von wenigstens 30% O-haltigen Verbb. in den Syntheseprodd. werden Fe-Fällungskatalysatoren benutzt, die 3—20% (bes. 5—10%) Alkali, berechnet als K_2O u., bezogen auf Fe, enthalten. — Z. B. wird durch Eingießen einer sd. Lsg. der Nitrate von Fe u. Cu, die noch CaO u. Kieselgur enthält, in sd. Sodalsg., Waschen u. Trocknen des Nd. u. Red. bei 300° ein Katalysator hergestellt, welcher aus 100 (Gewichtsteilen) Fe, 5 Cu, 10 CaO, 10 Kieselgur u. 8 Alkali besteht. Bei einem stündlichen Durchsatz von 100 Vol. Wassergas/Vol. Katalysator unter 10 at u. 220° erhält man im Reaktionsprod. 30—40% O-haltige Verbb., vorwiegend Alkohole. (**A. P. 2 628 969** vom 30/9. 1949, ausg. 17/2. 1953. D. Prior. 1/10. 1948.) W. HEROLD. 8201

Ruhrchemie Akt.-Ges., Deutschland, *Vorbehandlung von Eisenkatalysatoren für die katalytische Hydrierung von CO* durch Einw. von H_2-haltigen Gasen, welche gegebenenfalls auch CO enthalten, bei hoher Gasgeschwindigkeit von 50—500 cm pro Sek., bes. 100—200 cm pro Sekunde. Der Eisenkatalysator enthält 1—10%, bes. 4—8%, Alkali, berechnet als K_2O. (**F. P. 1 015 879** vom 3/4. 1950, ausg. 27/10. 1952. D. Prior. 7/5. 1949.) M. F. MÜLLER. 8201

Ruhrchemie Akt.-Ges., Oberhausen-Holten, und **Lurgi Ges. für Wärmetechnik m. b. H.**, Frankfurt/M.-Heddernheim, *Eisenkatalysator für die katalytische Kohlenoxydhydrierung.* Er enthält Kupfer oder andere aktivierende Metalle u. solche Bleicherden, die einen möglichst geringen Al_2O_3-Geh. von weniger als 10 Gew.-% u. einen CaO-Geh. von über 5 Gew.-% besitzen. Bei der Herst. des Katalysators wird eine $Fe(OH)_3$-Suspension mit solchen Mengen einer K_2SiO_3-Lsg. versetzt, daß auf je 100 (Teile) Eisen 20—25 SiO_2 entfallen. Durch Behandlung mit HNO_3 erhält man durch Filtrieren eine Katalysatormasse mit einem $K_2O:SiO_2$-Verhältnis von ca. 1:4 bis 1:5. (**Oe. P. 177 763** vom 2/4. 1952, ausg. 10/3. 1954. D. Priorr. 3/4. u. 13/7. 1951.) M. F. MÜLLER. 8201

Hydrocarbon Research, Inc., New York, N. Y., übert. von: **John H. Arnold,** Summit, N. J., und **Frederick B. Grosselfinger,** New York, N. Y., V. St. A., *Synthese flüssiger Kohlenwasserstoffe* bei 500—700°, bes. 600—650° F. u. 150—500, bes. 250 bis 450 lbs./sq.in., an Fe-Kontakten unter Verwendung eines mindestens zu 95% aus H_2 u. CO im Mol.-Verhältnis 1,8 : 1 bis 2,1 : 1 bestehenden Synthesegases, das durch unvollständige Verbrennung von KW-stoffen, z. B. natürlichen Erdgasen, hergestellt wird. Längere Lebensdauer der Kontakte u. höhere Ausbeute bes. an fl. Prodd., die als *Treibstoff* geeignet sind, erzielt man, wenn das der Synthesezone zugeführte Gas 35—55, bes. 40—50, Vol.-% H_2 enthält u. die Kontaktzeit so bemessen wird, daß in den Reaktionsgasen noch 1,5—4, bes. 2—3% CO u. über 20, bes. 25—30% H_2 vorhanden sind. Das von C_3- u. höheren KW-stoffen befreite Restgas wird derart im Kreislauf geführt, daß 0,7—1,6 (Vol.) Restgas auf 1 Frischgas (bzw. 2—4,5 Restgas auf 1 Naturgas) entfallen, wobei 1—15, bes. 2—10% des Rücklaufgases dem Synthesegasgenerator u. der Rest der Synthesezone zugeführt werden. — Zeichnung. (**A. P. 2 628 970** vom 7/7. 1950, ausg. 17/2. 1953.) W. HEROLD. 8201

Hydrocarbon Research, Inc., übert. von: **Edwin T. Layng,** New York, N. Y., V. St. A., *Kohlenwasserstoffsynthese* aus CO + H_2 bei 550—700° F u. ca. 200 bis 300 lbs./sq.in. an Fe-Katalysatoren, die Alkali-, Erdalkali-, Ti-, Al- u. Zr-Oxyde als Aktivatoren enthalten können u. die durch die Synthesegase im dichten Wirbelbett von über 40 lbs./Kubikfuß gehalten werden. Die Bldg. voluminöser C-Ablagerungen auf den Katalysatorteilchen, welche zu starkem Aufwirbeln u. Mitreißen durch die Reaktionsgase führen würden, wird vermieden, wenn ein Synthesegas mit CO : H_2-Verhältnis größer als 2,5 (z. B. 4—5) u. wenigstens 15 Mol-% CO_2-Geh. nur so weit umgesetzt wird, daß die Reaktionsprodd. noch 2—3 Vol.-% CO enthalten. (**A. P. 2 629 729** vom 19/11. 1946, ausg. 24/2. 1953.) W. HEROLD. 8201

Metallgesellschaft Akt.-Ges., Frankfurt/M. (Erfinder: **Oskar Dorschner,** Homburg v. d. H.), *Katalytische Gewinnung höherer Kohlenwasserstoffverbindungen* durch CO-Hydrierung an im Synthesegas suspendierten FISCHER-TROPSCH-Katalysatoren. Der Katalysator wird an mehreren in der Strömungsrichtung der Gase hintereinanderliegenden Stellen als Gemisch mit einer unter Reaktionsbedingungen verdampfenden Fl., z. B. gesätt. KW-stofffraktionen steigender Siedelage, mittels Zerstäuberscheiben oder Düsen in den Reaktionsraum (bevorzugt in tangentialer Richtung) zerstäubt, wobei die Menge der Fl. kleiner gehalten wird, als für die völlige Aufnahme der Reaktionswärme durch Verdampfung notwendig ist. Auch die Synthesegase können an mehreren hintereinander liegenden Stellen (bes. tangential) in den Reaktionsraum eingeblasen werden. Bevorzugt wird in den Anfang der Reaktionszone ein CO-reiches Gas eingeleitet u. an mehreren Stellen längs des Reaktionsweges ein H_2-reiches Gas zugesetzt, das z. B. durch Konvertieren von Synthesegas gewonnen werden kann, wobei das gebildete CO_2 wenigstens teilweise dem Anfangssynthesegas zugesetzt werden kann. Arbeitet man im letzten Teil der Reaktionszone bei um 50—100° höher liegenden Tempp. (z. B. durch Verminderung der Katalysatorverdünnungs-Fl.), so wird eine höhere Ausbeute u. bessere CO_2-Verwertung unter Bldg. eines CH_4-reichen Abgases erzielt. Es können mehrere Reaktionsräume hintereinander geschaltet werden, die mit in der Siedelage ansteigenden Katalysatorverdünnungs-Fl. oder mit verschied. Katalysatoren betrieben werden können. Die den Reaktionsraum verlassenden Gase werden bes. mit derselben Fl., die zum Verteilen des Katalysators dient, gewaschen, der Katalysator hieraus abgetrennt, u. mit Fl. gemischt, in die Rk. zurückgeleitet. Das Endgas kann im Kreislauf geführt werden. (**D. B. P. 897 699** Kl. 12o vom 2/10. 1948, ausg. 23/11. 1953.) W. Herold. 8201

Metallgesellschaft Akt.-Ges. (Erfinder: **Paul Royen** und **Wilhelm Herbert**), Frankfurt/M., *Hydrierung von Kohlenstoffverbindungen*, bes. CO, zu *KW-stoffen* u. O-haltigen Verbindungen. Die Fe-Katalysatoren werden mit CO oder CO-haltigen Gasen bei Tempp. red., die unterhalb der optimalen Synthesetemp. von 225° liegen, bes. bei 140—215°; das CO-haltige Gas wird im Kreislauf über die zu red. Katalysatoren geleitet, die in Kühlelemente eingebettet sein können; das gebildete CO_2 kann ganz oder teilweise in dem Reduktionsgas belassen werden. Bei der Verwendung dieser Katalysatoren zur KW-stoffsynth. ist die CH_4-Bldg. bes. gering. — Ein durch Fällen der Nitratlsg. hergestellter Katalysator, welcher 100 (Gewichtsteile) Fe, 5 Cu, 9 Al (alles in Form der Oxyde), 120 Kieselgur u. 30 K_2SiO_3 enthält, wurde bei 205° u. Normaldruck pro Std. mit 750 Liter/Liter Kontaktmasse eines Gemisches aus 15% CO u. 85% Inertgas behandelt, bis es 10% freies Fe enthielt. Bei der Verwendung in 2 m langer Schicht von 12 mm Durchmesser mit einem stündlichen Gasdurchsatz von 0,04 Nm^3 bei 17 at u. 247° werden auf 76,7 g Gesamt-KW-stoffe nur 6 g CH_4 pro Nm^3 Restgas gebildet, während mit dem gleichen, aber mit H_2 red. Katalysator 15,0 g CH_4 auf 75,8 g Gesamt-KW-stoffe erhalten werden. (**D. B. P. 897 999** Kl. 12o vom 10/10. 1943, ausg. 26/11. 1953.) W. Herold. 8201

Studien- und Verwertungs-G. m. b. H., Mülheim/Ruhr (Erfinder: **Franz Fischer**, Mülheim/Ruhr, **Helmut Pichler**, Trenton, N. J., V. St. A., und **Ferdinand Weinrotter**, Linz/Donau, Österreich), *Katalytische Herstellung von vorzugsweise verzweigten Kohlenwasserstoffen.* Es ist vorteilhafter, bei der Isosynth. nicht von CO + H_2, sondern von *Dimethyläther* (I) auszugehen, der (gegebenenfalls über CH_3OH) aus CO + H_2 an billigen Katalysatoren erhalten werden kann. Zur Synth. der KW-stoffe wird I bei Tempp. oberhalb 300, bes. 400—500°, u. erhöhtem Druck, bes. 200—500 at, an oxyd. Katalysatoren der 3. u. 4. Gruppe des Period. Syst., bes. ThO_2, umgesetzt. Um ein Abklingen der Aktivität des Katalysators zu vermeiden, wird in Ggw. von H_2 gearbeitet oder der Katalysator durch abwechselndes Überleiten von I u. Luft ständig regeneriert. — Durch Überleiten von I u. H_2 im Verhältnis 1 : 5 bei 450° über gekörntes ThO_2, das durch Fällen der Nitratlsg. mit Na_2CO_3, Waschen u. Trocknen hergestellt wurde, werden bei 30 at 12% des I in Iso-C_4-KW-stoffe (II) u. 15% in fl. KW-stoffe (III), bei 150 at 25% in II u. 20% in III u. bei 300 at 35% in II u. 25% in III umgewandelt. (**D. B. P. 896 791** Kl. 12o vom 6/11. 1942, ausg. 16/11. 1953.) W. Herold. 8201

Studien- und Verwertungsgesellschaft m. b. H. (Erfinder: **Franz Fischer** und **Helmut Pichler**), Mülheim/Ruhr, *Herstellung gefällter Eisenkatalysatoren* höchster Aktivität u. Lebensdauer für die CO-Hydrierung in Mitteldrucksynthese. Die zur Fällung benutzte Fe-Salzlsg. wird zunächst unterhalb 50° so weit mit Alkalien, z. B. $Na_2 \cdot CO_3$, versetzt, daß kein bleibender Nd. entsteht, u. während der nachfolgenden Fällung, spätestens nach deren Beendigung, zum Sieden erhitzt. Der durch Waschen weitgehend von Alkali befreite Katalysator kann in W. aufgeschlämmt u. mit Alkaliaktivator, z. B. $^1/_8$—1% K_2CO_3 (bezogen auf Fe), versetzt u. langsam zur Trockne eingedampft werden. Vor der Inbetriebnahme wird der Katalysator zweckmäßig mit CO-haltigen Gasen bei 230—300° u. weniger als Synthesedruck formiert. — Eine Lsg. von 900 g Fe-Spänen in 10 Liter HNO_3 von D. 1,162 wird bei Raumtemp. mit einer Lsg. von 1 kg Soda in 4 Liter W. versetzt, von Rückständen des techn. Fe abfiltriert u. mit dem

2,4fachen Vol. W. verdünnt. Zu der sd. Lsg. wird bis zur schwachalkal. Rk. eine sd. Sodalsg. gegeben, der Nd. abfiltriert, bis zum Verschwinden der alkal. Rk. gewaschen, in W. aufgeschlämmt u. mit K_2CO_3 ($^1/_4$% bezogen auf Fe) alkalisiert. Dann wird auf dem Wasserbad unter Rühren u. im Trockenschrank bei 110° getrocknet. Der Katalysator wird 3 Tage bei 250° u. 1 at mit $CO + H_2$ im Verhältnis 1 : 2 vorbehandelt u. dann zur KW-stoffsynth. bei 15 at u. 250° mit $CO : H_2 = 3 : 2$ benutzt. Je m^3 Synthesegas entstehen 150 g feste, fl. u. gasförmige KW-stoffe. Die Lebensdauer des Katalysators beträgt mehrere Jahre. (**D. B. P. 897 097** Kl. 12o vom 25/5. 1941, ausg. 19/11. 1953.) W. Herold. 8201

Texas Co., New York, übert. von: **Du Bois Eastman**, Scarsdale, und **Leon P. Gaucher**, Mount Vernon, N. Y., V. St. A., *Katalytische Synthese von Kohlenwasserstoffen* aus H_2 u. CO im Mol.-Verhältnis 1 : 1 bis 4 : 1 (bes. 1,5 : 1 u. 2,5 : 1) mit weniger als 5% (bes. weniger als 3%) W. + CO_2 nach dem Wirbelbettverf. an Fe-Katalysatoren bei 500—700° F. unter Rückführung der nach Abscheiden der fl. Reaktionsprodd. verbleibenden Restgase, welche u. a. niedere KW-stoffe u. CO_2 enthalten. Eine bes. hohe Ausbeute an fl. KW-stoffen unter Unterdrückung der CO_2- u. CH_4-Bldg. wird erzielt, wenn dem frischen Synthesegas gasförmige gesätt. KW-stoffe, bes. CH_4, im Betrag von 25—200 (bes. 40—200) Vol.-%, bezogen auf das im Synthesegas enthaltene CO u. Restgas gemäß der Beziehung $Y = 4{,}46/x - 0{,}64 \pm 0{,}3$, zugeführt wird, worin X das Mol.-Verhältnis $H_2 : CO$ im Frischgas u. Y das Volumenverhältnis von Kreislaufgas zu Frischgas bezeichnen. — 64% H_2 u. 32% CO enthaltendes Synthesegas wird mit der halben Menge eines im wesentlichen aus CH_4 bestehenden Naturgases u. dem 1,3fachen Vol. Kreislaufgas bei 600° F. u. 200 lbs./sq.in. durch ein Bett aus Fe-Katalysator mit 1% Na_2O- u. 1% Al_2O_3-Geh. von einer Teilchengröße unter 200 mesh geleitet u. aus dem Reaktionsprod. bei 80° F. der fl. Anteil abgeschieden, während die verbleibenden Restgase in der oben angegebenen Menge im Kreislauf zurückgeführt werden. Die KW-stoffbldg. beträgt 96—97% u. die CO_2-Bldg. weniger als 4% der Frischgaszufuhr. — Zeichnung. (**A. P. 2 632 017** vom 17/6. 1947, ausg. 17/3. 1953.) W. Herold. 8201

Steinkohlenbergwerk Rheinpreußen, Homberg/Ndrh. (Erfinder: **Herbert Kölbel** und **Paul Ackermann**, Moers), *Verwendung von in der Gasphase formierten Eisenkatalysatoren für die Kohlenoxydierung im flüssigen Medium*, das aus syntheseeigenen Ölen besteht. Es werden oxyd. Fe-Katalysaotren verwandt, die bei Abwesenheit eines fl. Mediums mit $CO + H_2$ im Volumenverhältnis 1 : 3 bis 3 : 2 formiert werden. Bei Inbetriebnahme dieser Katalysatoren im fl. Medium tritt eine Nachformierung, das heißt Steigerung der Aktivität, ein. Die KW-stoffsynth. mit solchen Katalysatoren erfordert nur niedere Tempp. u. Drucke. — Ein oxyd. Fällungskatalysator, der auf 12 kg Fe 20 g Cu u. 40 g K_2CO_3 enthält, wird 10—20 Std. bei 1 at u. 240 bis 250° mit einem 53% CO u. 36% H_2 enthaltenden Synthesegas formiert, nach dem Abkühlen mit 20 Liter Syntheseprod. vom Siedebereich 250—300° fein vermahlen u. im Syntheseofen zu 100 Liter desselben Öles gegeben. Die Synth. wird bei 220° u. 10—15 at mit einem Gasdurchsatz von 1,0 Nm^3/kg Fe durchgeführt u. ergibt bei einmaligem Durchgang eine Aufarbeitung von 91—94%. Je m^3 Gas werden 10—13 g CH_4 u. C_2H_6 sowie 165 g höhere KW-stoffe erhalten, von denen 90 g im Siedebereich 20—170° liegen, die Oktanzahl 73 u. 60% Olefingeh. haben. (**D. R. P. 749 972** Kl. 12o vom 17/5. 1941, ausg. 26/10. 1953.) W. Herold. 8201

Universal Oil Products Co., Des Plaines, Ill., V. St. A., *Alkylieren von aromatischen Kohlenwasserstoffen, Phenolen oder aromatischen Aminen* mit Olefinen, wie sie z. B. beim Spalten von Erdölen gewonnen werden, bei erhöhter Temp. in fl. oder Dampfphase bei n. oder erhöhtem Druck. Als Katalysatoren werden erfindungsgemäß körnige Kontakte benutzt, die durch Calcinieren eines innigen Gemisches aus SiO_2 (z. B. Kieselgur) mit einer Phosphorsäure bei 180—500° hergestellt wurden. Bes. wirksame Kontakte werden erhalten, wenn nach dem Calcinieren bei ca. 400° so lange mit Wasserdampf von 200—260° rehydratisiert wird, bis eine Phosphorsäure mit höherem Wassergeh. als HPO_3 resultiert. (**D. B. P. 896 043** Kl. 12o vom 23/10. 1935, ausg. 9/11. 1953.) W. Herold. 8201

Standard Oil Development Co., Elizabeth, N. J., V. St. A., *Dampfphasenisomerisation von n-Paraffinen* mit wenigstens 4 C-Atomen im Mol. in Ggw. von Halogen, Halogenwasserstoff oder Halogenalkyl, bes. HCl, als Erreger über Friedel-Crafts-Katalysatoren, bes. Al_2O_3, die auf festem Trägermaterial niedergeschlagen sind. Die Lebensdauer der Katalysatoren wird dadurch erhöht, daß absatzweise oder fortlaufend während der Isomerisation ein mit dem Katalysator, bes. $AlCl_3$, beladener Dampf in den Isomerisationsraum in solcher Menge eingeführt wird, daß der Sättigungsdruck der Trägermasse unter Reaktionsbedingungen nicht überschritten wird. Als Trägergas für das zugeführte $AlCl_3$ können erregerfreie Paraffindämpfe, z. B. das Beschickungsgut (C_4H_{10}, C_5H_{12} oder dgl.), inerte, z. B. permanente Gase oder HCl verwandt werden. Als Trägermaterial für den FRIEDEL-CRAFTS-Katalysator wird zweckmäßig ein auf weniger als 2% entwässerter (also bei der Isomerisation keine wesentlichen H_2O-Mengen abgebender) Bauxit verwandt, aus welchem nach dem Aufliegen des wirksamen Stoffes, z. B. durch Behandeln mit einem Gemisch aus $AlCl_3$ u. Inertgas bei Tempp. oberhalb 85°, aber unterhalb der Isomerisationstemp., der Überschuß an Katalysator durch Behandeln mit dem Trägergas entfernt wurde. — Zeichnung. (**D. B. P. 895 589** Kl. 12o vom 28/9. 1950, ausg. 5/11. 1953. A. Prior. 21/3. 1942.) W. HEROLD. 8201

Standard Oil Development Co., Del., übert. von: **Summer B. Sweetser**, Cranford, N. J., V. St. A., *Polymerisation mit festen Phosphorsäure-Katalysatoren in Breiform.* Bei der Polymerisation von Olefinen in Ggw. von suspendierten Katalysatorteilchen, welche aus H_3PO_4 auf SiO_2 bestehen u. mit SiO_2-Teilchen verd. sind (vgl. A. P. 2 626 291; C. **1954.** 8718), wird die Aktivitätsverminderung des Katalysators weitgehend verhindert, wenn die üblicherweise ca. 450 m^2/g betragende Oberfläche der SiO_2-Teilchen auf 50—300 m^2/g, bes. 100—250 m^2/g, herabgesetzt wird, was durch $^3/_4$—2std. Erhitzen des frischen Gels auf ca. 1800° F. erfolgen kann. — Zeichnung. (**A. P. 2 626 293** vom 29/3. 1951, ausg. 20/1. 1953.) W. HEROLD. 8201

Gunnar Fagerholt, Göteborg, Schweden, und **Haldor Frederik Axel Topsøe**, Hellerup, Dänemark, *Verhinderung oder Verminderung der Korrosion in Verbrennungsmotoren.* Vor der Verbrennung von S-haltigen Mineralölen, bes. Destillationsprodd. aus Erdölen, u. Schieferölen, deren Aschen V oder Cr enthalten, suspendiert man in den Ölen Metalle oder Metallverbb. der Elemente der 2., 3. u. 4. Gruppe des Period. Syst. (Ca, Al u. Pb), die die katalyt. Wrkg. von V u. Cr herabsetzen, so daß deren Korrosionswrkg. gering bleibt. (**Dän. P. 74 320** vom 28/11. 1949, ausg. 16/6. 1952.) • JÜRGEN SCHMIDT. 8205

Émile Koechlin, Paul Doittau und **Élie Valentin**, Seine-et-Oise, Frankreich, *Herabsetzung der Brennbarkeit von Benzin.* Bei drohender Gefahr der Entflammung werden dem Bzn. (essence de pétrole) unter Durchspülung mit Luft, N_2 oder CO_2 eine Lsg. eines in dem Bzn. unlösl. mineral. Körpers u. ein diese Lsg. emulgierendes Mittel zugesetzt. Dieses besteht aus Cetyl-, Butyl- oder bes. Laurylalkohol oder aus einem sulfonierten A. dieser Art. (**F. P. 58 183** vom 31/12. 1947, ausg. 29/9. 1953. **Zusatz zu F. P. 958 447; C. 1951. I. 549.**) B. SCHMIDT. 8205

N. V. de Bataafsche Petroleum Mij., Holland (Erfinder: **Venard E. Yust** und **John L. Bame**), *Mittel zur Verhinderung der Bildung von Bleiniederschlägen in Verbrennungsmotoren.* Um eine Verschmutzung der Zylinder sowie der Zündkerzen durch Pb-Ndd. zu verhindern, setzt man den gebleiten Benzinen Gemische zu, welche mindestens einen halogenierten KW-stoff (z. B. Äthylendibromid, -dichlorid, Acetylentetrabromid) u. mindestens eine organ. P-, As-, Sb-, Bi-Verb. (z. B. Trikresylphosphat, Triphenylarsin, Triphenylwismut, Cymylstibin, Dixylylphosphit, 2.4-Dimethylnaphthalinphosphonsäure, Diphenylphosphinsäure) enthalten. Ein solches Gemisch hat z. B. die Zus.: 50—60 Gew.-% Pb $(C_2H_5)_4$, 25—30 Äthylendibromid, 12—15 Trikresylphosphat, 3—6 Kerosin, Inhibitor, Stabilisator der Färbung usw. (für ungebleite Benzine). (**F. P. 1 043 087** vom 9/6. 1951, ausg. 5/11. 1953. A. Prior. 10/6. 1950.) OPPERMANN. 8209

Phillips Petroleum Co., übert. von: **Luke B. Goodron**, Okmulgee, Okla., V. St. A., *Extraktion von durch katalytische Crackung gewonnenem Gasöl.* Extraktionsmittel ist eine aromat. Substanz, bes. Phenol. Das hauptsächlich aus Olefinen u. einem geringen Anteil Paraffinen bestehende Raffinat wird mit einer aromat. Substanz unter Zusatz eines Katalysators alkyliert. Das Alkylat dient als Zwischenprod. für synthet. Waschmittel. Der Extrakt wird nach Abtrennung des Extraktionsmittels auf hochwertigen Ruß verarbeitet. (**A. P. 2 558 838** vom 20/12. 1948, ausg. 3/7. 1951.) v. HUHN. 8213

A. P. V. Co. Ltd., England, *Trennung von leichtflüchtigen und nichtflüchtigen Substanzen.* Man läßt ein Gemisch derartiger Substanzen (z. B. *Teerphenole*, rohes Tallöl) bei 10—100 mm Hg an einer durch Dampf, „Dowtherm" oder eine andere Fl. von außen beheizte Rohrwandung hinabrinnen u. leitet in die Rohre beständig Dampf ein. Z. B. läßt man ein Gemisch aus Teerphenolen ($Kp._{760}$ 225°) von der Zus. 10 (%) W., 25 Phenol, 10 o-Kresol, 40 m- u. p-Kresol, 10 Xylenole u. 5 Pech bei 16—50 mm Hg an auf 115° beheizten Rohrwandungen hinabrinnen u. leitet in die Rohre Dampf von 3 bis 5 at ein. Man erhält eine größere Ausbeute an flüchtigen Bestandteilen u. ein Pech vom Erweichungspunkt 110°. (**F. P. 1 043 070** vom 6/6. 1951, ausg. 5/11. 1953. E. Prior. 6/6. 1950.) OPPERMANN. 8215

Byk-Gulden, Lomberg, Chemische Fabrik G. m. b. H., Konstanz (Erfinder: **Christian Hansen**, Bochum, und **Hermann Hempel**, Finkenkrug), *Herstellung von*

Heizöl aus dem durch Behandlung von Steinkohlenschwelteeren u. Teeren ähnlicher Art mit Natronlauge unter Zusatz eines Lösungsm. zwecks Abtrennung der phenol. Bestandteile resultierenden Restteer-Lösungsmittel-Gemisch, dad. gek., daß dieses Gemisch vor dem Abtreiben des Lösungsm. bis auf 0,1% u. weniger von verbliebenen Alkaliresten befreit wird. Das Gemisch wird zweckmäßig einer intensiven, gegebenenfalls mehrmaligen Waschung mit W. unterworfen, bis die in ihm enthaltenen Alkalisalzreste bis mindestens auf 0,1% herabgesetzt sind. Gegebenenfalls wird das zu verwendende Waschwasser mit Mineralsäure, wie H_2SO_4, kongosauer gemacht. Es kann so ein niedrigerviscoses u. aschearmes Öl gewonnen werden. (**D. B. P. 892 755** Kl. 12r vom 17/3. 1942, ausg. 8/10. 1953. **Zusatz zu D. B. P. 882 995; C. 1954. 692.**) HERBST. 8217

N. V. de Bataafsche Petroleum Mij., Den Haag, Holland (Erfinder: **Loren Charles Bollinger**, San Francisco, V. St. A.), *Schaumverhindernde Mittel, besonders für Schmieröle*, enthaltend einen kleinen Anteil von Verbb. der allg. Formeln **I** u. **II**. Hierin bedeutet: R gesätt. oder ungesätt., an X oder Si gebundene gleiche oder verschied. organ. Reste, z. B. Alkylreste, X steht für O, S, Se, Te, n ist mindestens 2. Die Mittel können zusätzlich Detergents, z. B. Metallphenolate, enthalten. (**D. B. P. 907 207** Kl. 23c vom 26/8. 1950, ausg. 22/3. 1954. Anmeldung bekanntgemacht 2/7. 1953. A. Prior. 22/1. 1945.) DREWS. 8221

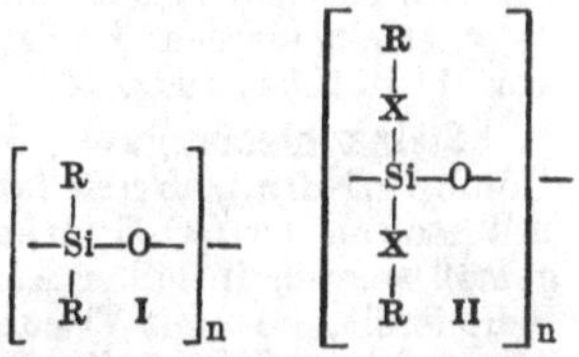

N. V. de Bataafsche Petroleum Mij., Den Haag, Holland (Erfinder: **Walter Krönig** und **Walter Hinsch**, Hamburg), *Herstellung emulgierbarer Seifen und anorganische, wasserlösliche Chromate enthaltender Mineralöle, besonders Bohröle.* Man setzt Mineralölen, die Tallöl-, Fettsäure-, Naphthensäure- u. Harzseifen enthalten können, 1—10 (Gew.-%) des Gesamtgemisches an aliphat. C_{4-10}-, bes. C_{6-8}-Verbb. (I), die 2 alkoh. OH- oder 1 alkoh. OH- u. 1 Carbonylgruppe enthalten, u. 0,1—10, bes. 0,5—2, an Chromaten, z. B. als konz. wss. Lsg., zu, wobei die Gewichtsmenge Chromat:I = 1:1 bis 1:10 ist. Beispiele für I: 2-Methylpentandiol-(2.4) oder Äthylhexandiol-(1.3). Die Ölmischung kann wasserlösl. Nitrite oder deren konz. wss. Lsgg. enthalten. Verwendung auch als Korrosionschutzöl in Wassersystemen. (**D. B. P. 909 022** Kl. 23c vom 29/12. 1951, ausg. 12/4. 1954. Anmeldung bekanntgemacht 11/6. 1953.) DREWS. 8221

N. V. de Bataafsche Petroleum Mij., Den Haag, Holland, *Herstellung von Schmierfetten.* Man dispergiert in Mineral-, bes. Schmierölen, wasserabstoßende, natürliche oder synthet. Tone. Die Dispergierung erfolgt in Ggw. polarer, mit Öl mischbarer organ. Verbb. (**I**) in Mengen von 10—200 Gew.-% des Öls u. 1—10 Gewichtsteilen von Ton. Die Tone werden erhalten durch Kationenaustausch zwischen Ton u. 1.) kation. oberflächenakt. Mitteln, z. B. einem quaternären NH_4-Salz, oder 2.) Pb-, Ba- oder Sr-Salz einer C_{1-6}-Säure. Der Ton enthält 30—75 Gew.-% hydrophober oberflächen akt. Mittel. **I** ist eine Fl. einer DE. $>10/20^0$ mit Kp. 150^0, z. B. Isopropanol, Nitrobenzol, oder eine Mischung von I mit 10—100 Gew.-% einer polaren Fl. einer DE. $<10/20^0$. Bei der Schmierfettherst., die durch Mahlen erfolgen kann, wird I entfernt, bei Verwendung von nassem Ton zugleich mit dem Wasser. In diesem Fall ist W.:**I** = 4:1 bis 5:1. Beispiele in Tabellenform. (**E. P. 694 412** vom 18/12. 1951, ausg. 22/7. 1953. A. Prior. 18/12. 1950.) DREWS. 8221

Standard Oil Development Co., Elizabeth, N. J., übert. von: **Albert T. Watson** und **Sam H. Hastings**, Baytown, Tex., V. St. A., *Schmieröle mit hohem Viscositätsindex.* Man trennt durch Adsorption an Kieselgel eine Schmierölfraktion, welche paraffin., einfache u. kondensierte naphthen. u. aromat. Komponenten enthält, in eine 1. Fraktion, die vorwiegend gesätt. Schmierölkomponenten enthält, u. in eine 2. Fraktion, die vorwiegend aus Aromaten besteht. Durch Adsorption an Aktivkohle trennt man die 1. Fraktion in eine 3. Fraktion, die kondensierte Ringnaphthene enthält, u. eine 4. Fraktion aus Paraffinen u. einfachen Ringnaphthenen. Durch Adsorption an akt. Al_2O_3 trennt man die 2. Fraktion in eine 5. Fraktion mit einfachen u. eine 6. Fraktion mit kondensierten Ringaromaten. Man mischt die 4. u. 5. Fraktion u. erhält ein Schmieröl mit hohem Viscositätsindex. — Zeichnung. (**A. P. 2 643 217** vom 26/3. 1952, ausg. 23/6. 1953.) UNGER. 8221

Standard Oil Development Co., V. St. A. (Erfinder: **Allen R. Kittleson**), *Schaumverhütungsmittel für Schmieröle.* Sie bestehen aus Reaktionsprodd. von Polyalkoholen (Glycerin, Glykol, Pentaerythrit, Sorbit) mit Diaminodialkoxysilanen. Z. B. versetzt man 115 (g) Di-(tert.-butoxy-)-diaminosilan mit 31 wasserfreiem Äthylenglykol. Nachdem die sehr heftig verlaufende Rk. abgeklungen ist, filtriert man das gebildete Öl ab. Man kann es als solches oder nach 6std. Erhitzen auf 80—90° als Schaumverhütungsmittel verwenden. (**F. P. 1 042 447** vom 27/9. 1951, ausg. 2/11. 1953. A. Prior. 1/12. 1950.) OPPERMANN. 8221

Standard Oil Development Co., V. St. A. (Erfinder: **Jeffrey H. Bartlett** und **George E. Serniuk**), *Herstellung von Schmierölzusätzen.* Zusätze, welche den Stockpunkt paraffin. Schmieröle erniedrigen, erhält man durch Umsetzen einer aromat. Verb. (Naphthalin) mit einem Gemisch, bestehend aus einem Halogenalkan (chloriertes Paraffin mit 8—30 Gew.-% Chlor) u. einem geradkettigen Olefin mit 6—25 C-Atomen in Ggw. eines FRIEDEL-CRAFTS-Katalysators u. gegebenenfalls eines Verdünnungsmittels (z. B. Dichloräthylen, o-Dichlorbenzol) bei 20—100°, vorzugsweise 30—80°. Der Stockpunktserniedriger wird dem Schmieröl in Mengen von 0,01—10 Gew.-% zugesetzt. Z. B. versetzt man ein Gemisch von 28 (g) Naphthalin, 50 o-Dichlorbenzol u. 6 $AlCl_3$-Pulver bei 25° in 70 Min. mit einem Gemisch von Octadecen-(1) u. 200 g Chlorparaffin (ClGeh. 17,5%) u. erhitzt das Ganze 5 Std. auf 50°. Der Stockpunktserniedriger ist ein viscoses Prod. von grünlicher Färbung, Ausbeute 176 g. (**F. P. 1 044 776** vom 14/6. 1951, ausg. 20/11. 1953. A. Prior. 31/10. 1950.) OPPERMANN. 8221

Steinkohlenbergwerk Rheinpreußen (Erfinder: **Herbert Kölbel** und **Albert Meusel,** Homberg/Ndrh.), *Herstellung von Schmieröl* durch Kondensation von halogenierten KW-stoffen der CO-Hydrierung mit mehrkernigen aromat. KW-stoffen. Erfindungsgemäß werden in hoher Ausbeute Schmieröle mit den Kenndaten bester pennsylvan. Schmieröle, bes. mit Viscositätspolhöhen unter 1,82, erhalten, wenn für die Herst. der halogenierten KW-stoffe O-freie Fraktionen vom Kp. 320—380°, gegebenenfalls in Ggw. von Schwerbenzin, benutzt werden u. der Anteil an mehrkernigen Aromaten mindestens 100%, bezogen auf Ausgangs-KW.-stoffe, beträgt. (**D. R. P. 767 795** Kl. 12o vom 7/2. 1939, ausg. 27/7. 1953.) W. HEROLD. 8221

Rheinpreußen Akt.-Ges. für Bergbau und Chemie (Erfinder: **Herbert Kölbel** und **Albert Meusel**), Homberg/Ndrh., *Herstellung von Schmierölen* durch Kondensation von chlorierten gesätt. u. ungesätt. KW.-stoffen unter sich oder mit aromat. KW-stoffen in Ggw. von Al-haltigen Katalysatoren bei 50—90°, bes. bei 85°. Als Katalysator dienen ca. 1,25% (bezogen auf chlorierten KW.-stoff) techn. Al, das durch 5—15% $AlCl_3$ akt. ist. Die Bldg. des $AlCl_3$ kann innerhalb oder außerhalb des Reaktionsgemisches durch Einw. der entsprechenden Menge HCl erfolgen. An Stelle von $AlCl_3$ kann auch eine entsprechende Menge einer Al-organ. Verb. als Aktivator benutzt werden, die durch Rk. von chlorierten Paraffinen der Siedelage 150—350° mit Al bei 60—100° hergestellt wurden. — In 120 kg einer von 280—320° sd. synthet. KW.-stoff-Fraktion sind Cl_2 bis zu 20% Gewichtszunahme eingeleitet. 144 kg des Prod. werden mit 125 kg Naphthalin u. 203 kg synthet. Schwerbenzin vom Siedebereich 150—220° gemischt u. unter Rühren mit 1,8 kg Al-Spänen versetzt, welche mit 0,86 (%) Fe, 0,52 Si, 4,25 Cu, 0,11 Zn, 0,63 Mn, 0,02 Mg, 0,01 Pb u. Spuren Sn, Ti, Ni u. Cl verunreinigt sind. Als Aktivator werden 5—15% $AlCl_3$ (bezogen auf die 1,8 kg Al) oder die entsprechende Menge HCl bzw. Al-organ. Verb. zugefügt. Nach 15 Min. ist alles Al gelöst u. die HCl-Abspaltung beendet. Nach weiteren 30 Min. läßt man absetzen u. trennt die KW.-stoffschicht von dem Katalysator ab, neutralisiert unter Rückfluß bei 160—180° mit 1% $Ca(OH)_2$, bleicht mit 2—4% Bleicherde, filtriert u. dest. bei 15 mm bis 200°. Als Rückstand bleiben 145 kg Schmieröl mit folgenden Eigg.: Viscosität bei 50°/°E = 9,30, Viscositätspolhöhe = 2,23, CONRADSON-Test = 0,45. (**D. B. P. 895 588** Kl. 12o vom 8/5. 1941, ausg. 5/11. 1953.) W. HEROLD. 8221

Ruhrchemie Akt.-Ges., Oberhausen-Holten (Erfinder: **Carl Clar** und **Nikolaus Geiser,** Duisburg-Hamborn), *Herstellung hochmolekularer Kohlenwasserstofföle durch Kondensation und Polymerisation von ungesättigten Kohlenwasserstoffen,* die bei der Kohlenoxydhydrierung anfallen, mit Kondensationsmitteln, wie $AlCl_3$. Vor der Kondensation wird das KW.-stoff-Gemisch zur Umwandlung der OH-haltigen Bestandteile in Olefine bei ca. 350° über Al_2O_3-Kontakte geleitet u. dann in der Hitze drucklos mit alkal. Mitteln behandelt, z. B. bei ca. 200° über Natronkalk geleitet. Die Al_2O_3-Kontakte wurden dargestellt durch Fällen von 5%ig. Aluminatlauge bei 31° mit CO_2, Auswaschen u. Verformen des Nd. u. Calcinieren bei ca. 700°. (**D. B. P. 902 370** Kl. 12o vom 12/8. 1944, ausg. 21/1. 1954.) W. HEROLD. 8221

Daimler-Benz Akt.-Ges., Stuttgart-Untertürkheim (Erfinder: **Heinrich Kern,** Gernsbach, und **Franz Pohl,** Gaggenau/Murgtal), *Schmieren von metallischen Oberflächen.* Verwendung von Fll., die keine Schmiermittel sind, wie Bzn., Bzl., Dieselkraftstoff (I) oder W., zum Schmieren von metall. Oberflächen, die nach an sich bekannten Verff. zur Erhöhung der Haftfähigkeit von Schmierölen vorbehandelt sind. I eignet sich bes. zum Schmieren von Pumpen u. Zylinderkolben von Dieselkraftmaschinen, deren Oberfläche z. B. mit „Atrament", einem Korrosionschutzmittel auf Phosphatbasis, oder mit einer konz. Lsg. von $CuCl_2 \cdot 2NH_4Cl$ oder $FeCl_3$ behandelt wurde. (**D. R. P. 764 067** Kl. 23c vom 4/8. 1938, ausg. 27/4. 1953.) Dersin. 8221

Stanolind Oil & Gas Co., übert. von: **James Lawson Lummus**, Tulsa, Okla., V. St. A., *Bohrflüssigkeit*, bestehend aus einer Wasser-in-Öl-Emulsion, die 40—75 (Volumenteile) einer wenigstens 5%ig. Alkali- oder Erdalkalisalzlsg., z. B. NaCl, u. 25—60 eines Mineralöls enthält, wobei als Emulgatoren 2,5 (pounds/barrel) eines Phosphatids, z. B. Lecithin, oder 2,5 eines öllösl. nichtionisierten, oberflächenakt. Esters eines mehrwertigen Alkohols mit einer Säure mit wenigstens 12 C-Atomen im Mol., z. B. Äthylenglykol- oder Glycerinester der Laurin-, Öl-, Stearin- oder Palmitinsäure, u. ferner als wasserlösl. Emulgator ein nichtionisierter, oberflächenakt. Stoff, z. B. 0,1 Polyoxyäthylenanhydrosorbitmonooleat mit 20 Oxyäthylengruppen im Mol. u. ferner 20 feingemahlenes $CaCO_3$ zugesetzt werden. (**A. P. 2 661 334** vom 11/2. 1952, ausg. 1/12. 1953.) Dersin. 8221

N. V. de Bataafsche Petroleum Mij., Den Haag, Holland (Erfinder: **Robert Caldwell Jones** und **Robert John Wall**, Emeryville, Calif.), V. St. A., *Herstellung von Schmierfetten* durch Erhitzen einer Schmierölbasis, z. B. Mineralöl, mit einem Geliermittel, z. B. Seife (**I**), auf Lösungstemp., rasches Abkühlen auf eine Temp., z. B. 13,8 oder 25° unterhalb der Lösungstemp. u. darauffolgende scherende Behandlung (z. B. 622,15 mkg/453,6 g des fertigen Fettes). Ein Teil dieser M. wird mit einem weiteren Teil erhitzter u. rasch abgekühlter M. zurückgeführt u. erneut der scherenden Behandlung unterworfen. Der restliche Teil wird abgezogen, gekühlt u. gewünschtenfalls weiter scherend behandelt. Die rasche Abkühlung erfolgt: 1. durch Zugabe zurückgeführter M. einer tieferen Temp., 2. durch Zugabe eines Gemischs von zurückgeführter M. u. Schmieröl einer tieferen Temp., wobei die zurückgeführte M. den größeren Teil des abzukühlenden Materials ausmacht. Beispiele für Seifen, Alkali-, bes. Li-Seifen von Oxyfett-, bes. 12-Oxystearinsäuren. Das Verf. kann kontinuierlich durchgeführt werden. — Zeichnungen. (**D. B. P. 906 842** Kl. 23c vom 17/8. 1951, ausg. 18/3. 1954. Anmeldung bekanntgemacht 23/7. 1953. A. Prior. 15/8. 1950.) Drews. 8223

Texas Co., New York, übert. von: **George W. Eckert**, Glenham, N. Y., V. St. A., *Lithiumseifenschmierfett mit basischem Erdalkalisulfonat* enthält als Hauptbestandteile eine größere Menge einer öligen Schmier-Fl., 10—30 Gew.-% einer Li-Seife eines gesätt. seifebildenden Materials u. 0,25—3 Gew.-% eines öllösl. bas. Erdalkalisalzes eines sulfonierten KW.-stoffes. Das Gewichtsverhältnis von Erdalkalimetall zum S-Geh. soll 1,1—2 mal so groß sein, als der Formel $M(SO_3R)_2$ entspricht, in der M das Metall u. R den KW-stoff bedeuten. Beispiel: in Gew.-% der Bestandteile: 40—80 Di-2-äthylhexylsebacat, 8—35 Mineralschmieröl, 8—22 Li-Seife von hydriertem Castoröl, 3—10 Li-Stearat, 0,7—2,5 Glycerin, 0,05—1,0 freies Alkali als LiOH, 0,5—3,0 bas. Ba-Sulfonat, 0,2—2,0 Oxydationsverzögerer. (**A. P. 2 610 946** vom 8/2. 1951, ausg. 16/9. 1952.) Unger. 8223

Shell Development Co., Emeryville, übert. von: **Walter H. Peterson**, Point Richmond, und **Thurston Skei**, Lafayette, Calif., V. St. A., *Schmierfett*, bestehend aus 88 (%) Mineralöl, 8 koll. SiO_2, 0,5 koll. Mg-Silicat, 0,25 $NaNO_2$ u. 3,2 eines kationakt. hydrophoben Mittels, z. B. einem quaternären NH_4-Salz, wie Trimethyldodecylammoniumchlorid, einem Aminsalz einer anorgan. oder organ. Säure, wie Tetradecylammoniumchlorid oder Octadecylammoniumacetat, oder einem Kondensationsprod., z. B. von Acrolein mit NH_3, oder einem partiellen Fettsäureamid eines Epichlorhydrin–NH_3-Kondensationsproduktes. (**A. P. 2 648 633** vom 19/12. 1950, ausg. 11/8. 1953.) Dersin. 8223

Standard Oil Development Co. (Erfinder: **Rosemary O'Halloran**), V. St. A., *Schmierfett*, bestehend aus Mineralöl usw. mit einem Zusatz von Li- u. Ca-Seifen, bes. von hydrierten Tranfettsäuren (**I**) in Mengen von 10—20%. — Das Schmierfett enthält z. B. 85,41% Mineralöl (Coastal-Destillat, Viscosität bei 37,7° 500 S.S.U.), 12,50 (%) **I**, 0,67 $Ca(OH_2)$, 1,42 LiOH. — An Stelle von Schmieröl kann der Sebacinsäure-di-2-äthylhexylester (**II**) als Grundlage verwendet werden. Das Prod. enthält z. B. 84,5 (%) **II**, 5,0 Ca-Stearat, 10,0 Li-Stearat u. 0,5 Phenyl-α-naphthylamin. Vgl. A. P. 2 588 280; C. **1953**. 7990. (**F. P. 1 021 954** vom 12/7. 1950, ausg. 26/2. 1953. A. Prior. 21/9. 1949.) M. F. Müller. 8223

N. V. de Bataafsche Petroleum Mij., Holland (Erfinder: **Joshua D. Smith** und **Gerard P. Caruso**), *Schmierfette*. Sie bestehen aus einem durch eine Al-Seife verdickten Mineralöl, welche zu 87—93 Gew.-% aus Fettsäuren mit 10—24 C-Atomen u. zu 7 bis 13% aus monocycl., nicht aromat. Dicarbonsäuren, z. B. 1.2-Di-(7-carboxylheptyl)-4.5-dihexylcyclohexan, 1.2-Di-(4-carboxybutyl)-5.6-diheptylcyclohexen-(3), 1-(10-Carboxydecenyl)-2-(8-carboxyoctyl)-5.6-diheptylcyclohexen-(3), besteht. Z. B. polymerisiert man Linolensäure durch Erhitzen auf 320° in Ggw. von 2% W. 6 Std. bei 10,5 at. Das gebildete Prod. hat die Zus.: 85 (%) dimere Säure, 12 trimere u. höhere polymere Säuren u. 3 monomere Säure, wovon man 100 (Teile) mit 900 Fettsäuren von hydriertem Fischöl u. 5000 W. vermischt. Dieses Gemisch erhitzt man auf 79° u. versetzt es mit 200 NaOH, gelöst in Wasser. Nach 15 Min. fügt man 590 in W. gelöstes Al-Sulfat hinzu (Temp. 79°). Zur Herst. des Schmierfettes erhitzt man einen Teil der berechneten Mineralölmenge (Viscosität 2000 S. S. U. bei 37,7°) auf 163° in Ggw. der Al-Seife, fügt den andere Teil Mineralöl hinzu u. erhitzt auf 182°. Das entstandene Schmierfett kühlt man 16 Std. in 76 mm dünnen Schichten ab u. zerkleinert es. Der Geh. an Seife beträgt 3,5%. (**F. P. 1 044 161** vom 25/10. 1951, ausg. 16/11. 1953. A. Prior. 27/10. 1950.) OPPERMANN. 8223

Badische Anilin- & Soda-Fabrik Akt.-Ges., Ludwigshafen/Rh. (Erfinder: **Otto Roser**, Heidelberg, und **Lothar Jacob**, Viernheim), *Schmiermittel* für hohe Temp. u. hohe Belastungen, bestehend aus Ätheralkoholen von höherwertigen Alkoholen (> C_3-Atome) u. Alkylenglykolen oder den entsprechenden Halogenhydrinen. — Beispiel: 380 (Teile) Propylenglykol werden mit 1 CH_3ONa im Autoklaven auf 120° erhitzt u. hierauf langsam 2125 Propylenoxyd zugegeben. Nach Abfallen des Druckes erhält man ein braunes, wasserlösl. Öl vom Stockpunkt > —30°. (**D. B. P. 903 496** Kl. 23c vom 20/9. 1941, ausg. 8/2. 1954. Anmeldung bekanntgemacht 13/5. 1953.) DREWS. 8223

Deutsche Gold- & Silberscheideanstalt vormals Roessler (Erfinder: **Otto Schweitzer**), Frankfurt/M., *Schmiermittelpaste*. Temperaturbeständige pastenartige Schmiermittel, enthaltend im wesentlichen fl. oder schmelzbare organ. Schmierstoffe mit Zusätzen von Kieselsäureaerosol, das durch therm. Zers. von Si-Halogeniden in gasförmigem Zustand u. Abscheidung der gebildeten Kieselsäure bei Tempp. oberhalb des Taupunktes des W. oder der Halogenwasserstoffsäure gewonnen ist, u. anderen feinverteilten anorgan. Feststoffen, wie Graphit oder Talkum. (**D. B. P. 912 846** Kl. 23c vom 7/6. 1942, ausg. 3/6. 1954. Anmeldung bekanntgemacht 22/10. 1953.) DREWS. 8223

International General Electric Co., Inc., New York, N. Y., V. St. A. (Erfinder: **Winton Irving Patnode**), *Herstellung von als Schmiermittel geeigneten flüssigen, ölartigen organischen Polysiloxanen*. Man behandelt Organodisiloxane der allg. Formel $R_3Si–O–SiR_3$ u. ein Silicon oder Polysiloxan der allg. Formel $R_xSiO_{4-x/2}$, in denen x nicht >2 u. in denen R ein einwertiger KW-stoffrest ist, mit einer kleinen Menge einer starken Säure, bes. konz. H_2SO_4, bes. bei Raumtemp., worauf die Polysiloxanschicht nach Abtrennung von der Säure mit W. gewaschen u. fraktioniert dest. wird. Z. B. behandelt man ein äquimol. Gemisch von Hexamethyldisiloxan u. Oktamethylcyclotetrasiloxan mit 10% konz. H_2SO_4. Aus dem Prod. wurden isoliert *Oktamethyltrisiloxan*, Kp. 150°, F. —82°; *Dekamethyltetrasiloxan*, Kp. 194°, F. —68°; *Dodekamethylpentasiloxan*, Kp. 229°, F. —81°, u. *Tetradekamethylhexasiloxan*, $Kp._{20}$ 143°, F. —100°. Weiter wird die Herst. von *Methyl-tri-[trimethylsiloxy]-silan*, Kp. 190° u. *1.3-Hexamethyl-2-diphenyltrisiloxan*, $Kp._{18}$ 172—173°, beschrieben. (**N. P. 78 017** vom 7/8. 1947, ausg. 5/2. 1951. A. Prior. 29/10. 1942.) JÜRGEN SCHMIDT. 8223

Douglas Aircraft Co., Inc., Santa Monica, Calif., übert. von: **Douglas H. Moreton**, Pacific Palisades, Calif., V. St. A., *Siliconöl-Schmiermittel*. Zur Verbesserung der Schmiereigg. von Siliconölen bei hohen Drucken, z. B. von Dimethylsilicon (I), setzt man diesen Mono-, Di- oder Trialkylaryl- oder Trialkylphosphate zu, z. B. 2-Äthylhexyl-, Butyl-, Nonyl- oder Isononyldiphenylphosphat (II), 2-Äthylhexyl-, 6-Methylheptyldikresylphosphat oder Trioctyl- oder Tri-(2-äthylhexyl)-phosphat (III). Geeignete Mischung z. B.: 60 (%) **I**, 10 **II** u. 30 **III** oder 70 Mineralschmieröl, 15 **I** u. 15 **III**. (**A. PP. 2 618 600** vom 15/7. 1948 u. **2 618 601** vom 12/11. 1948, beide ausg. 18/11. 1952.) DERSIN. 8223

Comp. Française de Raffinage, Frankreich, *Gewinnung von Ölen aus festen Harzen*, bes. aus Kolophonium, durch Abspaltung von Carboxylgruppen aus den Harzsäuren unter Entw. von CO_2 u. CO. — Das Harz wird geschmolzen u. bei ca. 150° werden 1 bis 2% H_3PO_4 zugesetzt, worauf die Temp. auf 200—250° gesteigert wird. Wenn die lebhafte Rk. beendet ist, wird die Temp. noch kurze Zeit auf 300—310° gesteigert. — An Stelle von Kolophonium können auch andere Harze verwendet werden. — Zur Verbesserung der Eigg. werden die gewonnenen Öle durch Erhitzen mit Aktiverden entweder bei 80—100° polymerisiert oder bei 250—310° isomerisiert, wodurch bes. die Jodzahl herabgesetzt wird. — Die erhaltenen Öle dienen als *Schmiermittel* u. als *Isolieröle*. (**F. P. 973 677** vom 8/11. 1941, ausg. 13/2. 1951.) M. F. MÜLLER. 8223

British Thomson-Houston Co. Ltd., London, England, *Chlorhaltige Organopolysiloxane*. Man hydrolysiert Methyl-(p-chlorphenyl)-, Methyl-(m-chlorphenyl)- oder

Methyl-(3.4-dichlorphenyl)-dichlorsilan mittels eines Gemisches aus Ae. u. W. u. läßt dann das Hydrolyseprod. in Ggw. von H_2SO_4 mit Hexamethyldisiloxan reagieren. Man erhält so fl. bzw. ölige (nicht harzartige) Prodd., die sich bes. als *Schmiermittel* eignen. (**E. P. 709 920** vom 12/2. 1951, ausg. 2/6. 1954. A. Prior. 24/2. 1950.) BRÖSAMLE. 8223

Glacier Metal Co. Ltd., und **William Henry Tait,** Alperton, Middlesex, England, *Gleitlager aus Kunststoffen.* Bei der Herst. von Gleitlagern, z. B. aus Polytetrafluoräthylen, Phenolformaldehyd- oder Polyamidharz, setzt man dem Preßpulver vor dem Verpressen solche Stoffe zu, die geeignet sind, mit dem Schmiermittel (I) lösl. Verbb. zu bilden, z. B. Li-Metall oder CaO-Pulver für Ölsäure oder Stearinsäure enthaltende I oder Na_2CO_3 oder Na-Benzoat für W. als I, um eine narbige Oberfläche zu erhalten, die den Schmierfilm bindet. (**E. P. 677 130** vom 9/5. 1950, ausg. 13/8. 1952.) DERSIN. 8223

Anneliese Hasenberg, Essen, *Herstellung eines losen Staubgemisches aus klebefähigen bituminösen Stoffen.* Teerige u. asphaltartige Klebestoffe werden zerstäubt u. mit einem Staub-Luftgemisch von nichtklebefähigem Staub miteinander oberflächenmäßig so verblasen, daß ein loses verpackbares Staubgemisch entsteht. Als nichtklebende Stoffe können solche quellfähiger Art, wie Ton oder Torf, verwendet werden, die sich auf in der Schwebe befindliche klebende Stäube niederschlagen. In gleicher Weise sind auch Kondensationsharze verwendbar. (**Oe. P. 175 001** vom 8/2. 1951, ausg. 26/5. 1953. D. Prior. 9/2. 1950.) WITTHOLZ. 8225

Texas Co., New York, übert. von: **Walter V. Overbaugh,** Fishkill, N. Y., V. St. A., *Entparaffinieren von Mineralöl.* Öle mit verhältnismäßig niederer Viscosität (I), die beim Entparaffinieren durch Kristallisation u. Filtration in Ggw. von Lösungsmitteln voluminöse Wachskuchen (II) bilden, erhalten einen Zusatz von ca. 10 Vol.-% paraffinfreiem Schmieröl höherer I, wodurch sich II in kleinkrist. Form u. mit geringem Ölgeh. abscheidet. (**A. P. 2 571 752** vom 28/5. 1948, ausg. 16/10. 1951.) LÜTTGEN. 8227

Texas Co., New York, N. Y., übert. von: **William E. Skelton,** Beacon, **Irvine F. German jr.,** New York, **Howard A. Kirsch,** Beacon, und **Walter V. Overbaugh,** Fishkill, N. Y., V. St. A., *Fortlaufende Abscheidung von Paraffinen aus Öl* mit Harnstoff (Thioharnstoff) oder Derivv. in Ggw. eines niedrigmol. Alkohols. Es bildet sich ein Gemisch von Lösungsm., Öl u. kristallinen Paraffin-Harnstoffaddukten, die man schichtweise absitzen läßt. Man trennt die beiden ersten Schichten voneinander u. vermischt die ölreiche Schicht mit einem Teil eines azeotropen A.-W.-Gemisches zu einer ersten Mischung, läßt diese bei ca. 100° F absitzen, wobei sich eine zweite alkoholreiche Schicht u. eine zweite ölreiche Schicht bilden, die man ebenfalls voneinander trennt. Von der ersten lösungsmittelreichen Schicht filtriert man die kristallinen Komplexe ab u. mischt den Filterkuchen mit einem anderen Teil des azeotropen Gemisches aus A. u. W. u. erhitzt die Mischung auf höhere Temp., wobei der Komplex zerfällt u. Paraffin frei wird. — Zeichnung. (**A. P. 2 604 430** vom 24/2. 1949, ausg. 22/7. 1952.) UNGER. 8227

Texas Co., New York, N. Y., übert. von: **George B. Arnold,** Glenham, **Howard V. Hess** und **William E. Skelton,** Beacon, N. Y., V. St. A., *Abscheidung von Paraffinen aus Ölen.* Gewisse Bestandteile von Ölen bilden mit Harnstoff u. seinen Derivv. organ. Komplexe, die aus den Ölen in Ggw. eines Lösungsm. durch fortlaufendes Filtrieren bei n. Temp. u. höher abgeschieden werden. Man verwendet ein Drehtrommeltauchfilter, das sich in einer Wanne bewegt, in der sich ein Kristallbrei von Harnstoff (I) in A., der mit I gesätt. ist, bei ca. 100° F befindet. Man stellt den Druck auf die Filteroberfläche so ein, daß Lösungsm. durch das Filter geht u. ein Filterkuchen aus I u. anhängendem Lösungsm. auf der Filteroberfläche gebildet wird. Man gibt Ausgangsöl, welches ebenfalls I enthält, fortlaufend auf den Filterkuchen, der sich auf dem aufgetauchten Teil der Trommel befindet. Den Druck stellt man so ein, daß Öl durch das Filter geht, welches als Filtrat entfernt wird. Dadurch bilden sich auf der Filteroberfläche des aufgetauchten Teiles I-Komplexe im Filterkuchen. Durch einen Schaber wird der Kuchen von der Filteroberfläche entfernt. — Zeichnung. (**A. P. 2 606 140** vom 30/12. 1948, ausg. 5/8. 1952.) UNGER. 8227

Sun Oil Co., Philadelphia, übert. von: **Norman Thompson,** Springfield, Pa., V. St. A., *Herstellung nichtklebender Paraffinkuchen.* Man versieht die Kuchen mit einem Oberflächenfilm, bestehend aus einem KW-stoffdestillat der Viscosität 40 bis 7000 S. U. Sek. bei 100° F. Man verwendet 0,2—2,0 cm^3 pro Quadratfuß der Oberfläche. (**A. P. 2 643 973** vom 13/10. 1950, ausg. 30/6. 1953.) UNGER. 8227

Standard Oil Development Co., übert. von: **John L. Tiedje** und **John Basil McGrath,** Sarnia, Ontario, Can., *Niedrigschmelzende, plastische Paraffine* aus leichten, paraffinhaltigen Schmieröldestillaten (foots oil) (I). Man preßt I bei ca. 80° F, verschneidet es mit einem schweren, paraffinhaltigen Schmieröldestillat mit höherem Kp. als das I, entparaffiniert das Gemisch, entölt den abgeschiedenen Paraffinkuchen II u. fraktioniert den entölten II, um das niedrigschmelzende, plast. Paraffin zu gewinnen. Kp. des leichten paraffinhaltigen Schmieröldestillats 650—830° F u. des schweren Schmieröldestillats 800—980° F. — Zeichnung. (**A. P. 2 658 852** vom 20/7. 1950, ausg. 10/11. 1953.) UNGER. 8227

Standard Oil Development Co., übert. von: **Stephen F. Perry**, Westfield, und **Randolph M. Bailly**, Little Silver, N. J., V. St. A., *Reinigung und Stabilisieren von Paraffinen* (II), die weniger als 3% Öl enthalten, durch Hydrieren in Ggw. von Katalysatoren (I), die 13 Gew.-% MoO auf Al_2O_3 enthalten bei 400—700° F unter einem Druck von 0—400 lbs./sq.in. mit 100—500 cu.ft. H_2 pro Barrel II. Der I enthält weniger als ca. 0,5% flüchtige Substanzen u. hat einen Porendurchmesser, größer als 100 Å. Er wird durch Calcinieren eines I aus MoO auf Al_2O_3 bei ca. 1200° F bereitet. Das hydrierte II wird durch Bauxit percoliert. — Zeichnung. (**A. P. 2 658 856** vom 27/7. 1951, ausg. 10/11. 1953.) UNGER. 8227

Standard Oil Development Co., übert. von: **St. H. Dole**, Elizabeth, N. J., V. St. A., *Gewinnung von wärme- und lichtbeständigem Paraffinwachs* aus wachshaltigem Roherdöl, welches zunächst fraktioniert dest. wird, wobei eine paraffinwachshaltige Fraktion abgetrennt wird. Diese wird nach dem Abscheiden des Wachses abgepreßt, wobei ein Paraffinwachs mit weniger als 10% öligen bzw. fl. Anteile erhalten wird. Das Paraffinwachs wird danach bei 600—700° F durch ein festes Absorptionsmittel, bestehend aus Bauxit, geleitet u. die wachsartigen Anteile entfernt. Durch Lösungsmittelextraktion werden daraus die öligen Anteile bis auf 0,5% entfernt. Zum Schluß wird das Paraffinwachs nochmals über Bauxit bei 140—200° F geleitet. Man erhält ein wärme- u. lichtbeständiges Produkt. (**A. P. 2 554 244** vom 11/9. 1948, ausg. 22/5. 1951. **Can. P. 487 109** vom 25/4. 1949, ausg. 7/10. 1952. A. Prior. 11/9. 1948.) M. F. MÜLLER. 8227

Aktiebolaget Separator-Nobel, Schweden, *Entparaffinieren von Mineralölen, Schieferölen oder Goudrons* durch Zentrifugieren in Ggw. eines Lösungsm., welches das Öl löst u. die Paraffine abscheidet, u. einer Hilfs-Fl., welche in dem Öl unlösl. ist oder die Öllsg. von den Paraffinen befreit. Als Hilfs-Fl. sind geeignet wss. Ketone, z. B. Aceton, Methyläthylketon, sowie Ester von aliphat. oder aromat. Substanzen, welche mit NO_2-, NH_2- oder Halogengruppen substituiert sind. (**F. P. 975 351** vom 22/11. 1948, ausg. 5/3. 1951. Schwed. Prior. 22/11. 1947.) M. F. MÜLLER. 8227

Maximilian Itz Edler von Mildenstein, Braunschweig, *Herstellung einer vergießbaren, später schwer zu schmelzenden Masse.* Es werden zwei an sich leicht zu schmelzende Massen im heißen u. fl. Zustande miteinander vermischt. Die eine besteht aus einem verseifbaren Pech von hoher Säure- u. Verseifungszahl, wie Stearinpech, u. einem Füllstoff, während die andere ein neutrales Pech mit einem Zusatz bas. Oxyde mehrwertiger Metalle, z. B. geblasenes Bitumen u. Bleiglätte, u. Füllstoffe enthält. (**D. B. P. 900 914** Kl. 80b vom 9/12. 1951, ausg. 4/1. 1954.) HANS HOFFMANN. 8229

N. V. de Bataafsche Petroleum Mij., Holland, *Abscheidung des Asphalts aus Mineralölen*, bes. bei Mineralölen, die harte Asphaltmassen ergeben. Man setzt den Mineralölen weichmachende Substanzen zu (bes. aromat. Verbb. von hohem u. niederem Mol.-Gew. u./oder paraffin. oder naphthen. Verbb. von hohem Mol.-Gew.) u. scheidet den Asphalt z. B. mit Propan in üblicher Weise zusammen mit den weichmachenden Substanzen ab. Der Asphalt verläßt die App. in fl. Form. (**F. P. 1 022 180** vom 19/7. 1950, ausg. 2/3. 1953. Holl. Prior. 20/7. 1949.) OPPERMANN. 8229

N. V. Philips' Gloeilampenfabrieken, Eindhoven, Holland (Erfinder: **J. C. Derksen** und **F. M. Jacobs**), *Vermischen von Polyäthylen mit Asphaltbitumina.* Man vermischt Polyäthylen zunächst mit Bitumen von einem Erweichungspunkt $<60°$, u. setzt diesem Gemisch noch im Schmelzzustand ein Bitumen von einem Erweichungspunkt $>75°$, bes. 135° oder 85°, zu. Homogene Gemische. (**Schwed. P. 134 471** vom 7/1. 1949, ausg. 5/2. 1952. Holl. Prior. 9/1. 1948.) JÜRGEN SCHMIDT. 8229

N. V. de Bataafsche Petroleum Mij., Holland, *Verbesserung der Haftfestigkeit von Bitumen an Gestein oder an anderen Flächen.* Asphalte, geschwefelte Asphalte, Asphalte u. Verschnittbitumen können durch Einmischung von Polyaminen, wie Triäthylentetramin, oder auch von Aldehyd–Amin-Kondensationsprodd. u. 0,2—2% oleophiler organ. Säuren mit wenigstens 12 C-Atomen, z. B. Stearinsäure, verbessert werden. — Z. B. vermischt man 22 (Teile) Acrolein mit 90 fl. Ammoniak bei ca. —70°. Man erhält eine klare Fl., den ammoniakal. Überschuß entfernt man durch Erwärmen. Man dispergiert 28 der M. in 105 absol. A. u. setzt als Katalysator 5 Ni (RANEY-Ni) zu. Es folgt H_2-Behandlung bei 100° unter einem Druck von 70,3 kg/cm². Durch Dest. im

Vakuum wird überschüssiger A. entfernt, u. man erhält ein viscoses Öl, das in W. lösl. ist. Fügt man den Asphalten 1% dieses Öles u. 1% Stearinsäure zu, erreicht man auch an feuchtem Gestein, auf Holz, Beton, Glas u. Metall eine äußerst gute Haftfestigkeit. (**F. P. 983 616** vom 23/3. 1949, ausg. 26/6. 1951. A. Prior. 23/3. 1948.) BEWERSDORF. 8231

N. V. de Bataafsche Petroleum Mij., Holland, *Verbesserung der Haftfestigkeit von Bitumen oder Verschnittbitumen am Gestein oder anderen Flächen* unter Zumischung von Stoffen, die die Naphthensäuren zu binden vermögen. Man kann den Bitumina alkoh. Lauge zumischen u. bildet durch Erwärmen der Mischung aus den Säuren Salze. Man kann aber auch aliphat. Mono- oder Polyamine von geringerer Mol.-Größe einmischen, dann bei genügend hoher Temp. erwärmen, so daß sich Säureamide bilden. Die letztgenannte Erwärmung wird im geschlossenen Gefäß vorgenommen. Ein bes. günstiges Amin ist das Äthanolamin. Die Zusatzmenge der Amine beträgt ca. 0,5%. Im Falle der Behandlung mit alkoh. Lauge wird das Bitumen am Rückflußkühler 1½ Std. bei 95° mit 3% einer Lsg. aus 10% NaOH in A. behandelt. Die Mischung wird dann an der Luft 2 Std. bei 105—110° erwärmt, um den A. zu entfernen. (**F. P. 985 387** vom 2/5. 1949, ausg. 18/7. 1951. Holl. Prior. 14/5. 1948.) BEWERSDORF. 8231

N. V. de Bataafsche Petroleum Mij., Holland, *Herstellung von Bitumen und Verschnittbitumen mit verbesserter Haftfestigkeit an trockenem und feuchtem Gestein* unter Vermischen in der Wärme mit Aminen (aliphat. Polyamine, Aminoalkohole). — Z. B. bringt man in einem Autoklaven mit Rührwerk 0,4% Äthylendiamin mit einem Bitumen (Southern) mit einer Penetration von 350 bei 25° u. einer SZ. von 2,4 bei 90° zusammen u. erwärmt die Mischung 1 Std. bei 180—200° unter Rühren. Zur Herst. des Verschnittbitumens mischt man 80 (Gewichtsteile), davon mit 20 Petroleum. Sowohl an trockenem wie feuchtem Gestein war die Haftfestigkeit besser als mit einem Verschnittbitumen aus nicht mit Aminen vorbehandeltem Bitumen. (**F. P. 985 745** vom 6/5. 1949, ausg. 23/7. 1951. Schwz. Prior. 29/5. 1948.) BEWERSDORF. 8231

Standard Française des Pétroles, Soc. An., Frankreich (Erfinder: **Robert Leygonie**), *Emulgieren von bituminösen Substanzen.* Man versetzt schwer emulgierbare, prakt. neutral reagierende Bitumina (z. B. Destillationsrückstände von Rohölen) mit akt. natürlichen oder synthet. Substanzen (z. B. Naphthensäuren, Kondensationsprodd. von ungesätt. oder chlorierten Fettsäuren mit an Aromaten reichen Mineralölfraktionen oder -extrakten). — 5 Beispiele. (**F. P. 1 000 896** vom 29/11. 1949, ausg. 18/2. 1952.) OPPERMANN. 8231

Kenneth E. McConnaughay, West Lafayette, Ind., V. St. A., *Herstellung einer bituminösen Straßenbaumischung.* Steinklein wird mit einer Emulsion eines bituminösen Bindemittels vermischt, so daß sich ein dünner Überzug auf der körnigen M. bildet. Diese wird dann kurze Zeit der Einw. von heißen Verbrennungsgasen ausgesetzt, um das W. zu verdampfen. (**A. P. 2 626 875** vom 24/5. 1944, ausg. 27/1. 1953.) HANS HOFFMANN. 8237

Schalk Johannes Burger Liebenberg, Südafrikanische Union, *Herstellung eines bituminösen Straßenbaubindemittels.* Z. B. vermischt man 66—75 (%) eines erhitzten Kreosotöles, aus dem vorher möglichst Spuren von Carbolsäure u. Naphthalin entfernt sind, mit 25—34 geschmolzenem Harz (I). Dann vermischt man innig 66 Teer mit 34 I. Die bituminöse M. umhüllt bei Verwendung für den Straßenbau die Mineralkörner äußerst gut. (**F. P. 1 037 884** vom 30/5. 1951, ausg. 23/9. 1953.) BEWERSDORF. 8237

Nostrip, Inc., New York, N. Y., V. St. A., *Bitumenmischung für Straßendecken.* Die Mischung besteht aus Asphalt, einer Seife, bes. von zwei- oder mehrwertigen Metallen, wie Zn-Oleat oder Zn-Tallöl-Seife, u. einem Amid einer höheren Fettsäure als Emulgator zur Bldg. von Wasser-in-Öl-Emulsionen. Bes. geeignet sind Ölsäureamid u. Amide aus höheren Fettsäuren u. Alkylenpolyaminen, wie z. B. „*Nopco 2179*" oder „*Nopco C. V. T.*" (**N. P. 77 915** vom 7/5. 1946, ausg. 8/1. 1951. A. Prior. 1/3. 1941.) JÜRGEN SCHMIDT. 8237

Jerome J. Morgan, Gasification of hydrocarbons. New York.: Moore Pub. Co. $ 4,75.

XXI. Leder. Gerbstoffe.

W. G. Babakina, *Technisches Pankreatin, ein hochaktives Standardpräparat zum Beizen der Blößen.* An Stelle der seit 1941 angewandten gesalzenen Bauchspeicheldrüse (statt der früheren *Oropon*-Präpp.) empfiehlt Vf. techn. *Pankreatin*, dessen Aktivität zwischen 1—2 cm³ 0,1nNaOH schwankt. Zur Berechnung der nötigen Menge wird eine Tabelle angeführt. So sind für 1000 kg Ziegenfell 400 g Pankreatin erforderlich.

Oberflächenakt. Substanzen verbessern die Beizwirkung. (Легкая Промышленность [Leicht-Ind.] **14.** Nr. 2. 20—22. Febr. 1954.) v. SCHROEDER. 8334

N. I. Jegorkin und **M. A. Mamedow,** *Die Herstellung von weißem Schuhleder mittels Formaldehydgerbung.* Vff. haben eine genaue Meth. der *Formaldehyd* (**I**)-Gerbung ausgearbeitet, Eine Hitzebeständigkeit des Leders von 85—90° wird nur beim p_H 6,0 erreicht. Die Dauer der Gerbung ist unabhängig von der angewandten **I**-Menge u. beträgt 5—6 Stunden. Die Reißfestigkeit des **I**-Leders ist am größten, wenn die Gerbung beim p_H 6 ausgeführt wird. Bei höherem p_H nimmt sie stark ab. Erhöhung der **I**-Konz. auf über 4% erniedrigt die Reißfestigkeit. Auch die Zügigkeit u. Knickfestigkeit des Leders ist bei dieser Konz. am höchsten. Optimale Gerbbedingungen sind: 4% **I**, p_H 6, 35° u. Zusatz von 3% NaCl. Eine negative Seite der **I**-Gerbung ist die 15—20%ig. Verminderung der Dicke des Leders im Vgl. zum Chromleder, die nur durch Gerbung bei höherem p_H (Abnahme der Reißfestigkeit), Zusatz von weißen Füllstoffen oder Behandeln mit kochendem W. erhöht werden kann. (Легкая Промышленность [Leicht-Ind.] **14.** Nr. 1. 33—36. Jan. 1954.) v. SCHROEDER. 8336

P. J. van Vlimmeren, *Gerbstoffverluste bei der Herstellung von Sohlenleder.* Übersicht über die Verlustquellen, ihre analyt. Erfassung, die Einflüsse der Mischung von Extrakten, des p_H-Wertes, der Temp., der Art u. Weise des Mischens u. Verdünnens in Zusammenhang mit der Temp. u. der Härte des W. auf die Niederschlagsmenge in Gerbflüssigkeiten. (Nederl. Leder-Ind. **64.** 475—77. 16/7. 492—95. 23/7. 508—10. 30/7. 584—85. 27/8. 620—22. 10/9. 1953.) WESLY. 8336

W. M. Fridman, A. L. Saidess, N. N. Dolgopolow und **A. N. Michailow,** *Die Anwendung von Ultraschall für die Beschleunigung der Herstellungsprozesse von Leder.* Ultraschall beschleunigt die Äscherung u. den Gerbprozeß. Unter der Einw. von Ultraschall konnte die Äscherung schon nach 6 Std. beendigt werden. Gerbverss. mit Eichenrindenextrakt gaben unter der Einw. von Ultraschall nach 18 Std. vollständige Durchgerbung. Im Parallelvers. ohne Ultraschall wurde nach **44** Std. noch ein breiter ungarer Streifen festgestellt; die Gerbung war erst nach ca. 114 Std. beendet. (Легкая Промышленность [Leicht-Ind.] **14.** Nr. 2. 43—44. Febr. 1954.) v. SCHROEDER. 8336

VEB Fettchemie und Fewa-Werk (Erfinder: **Friedrich Schmitt** und **Rudolf Mauderer**), Chemnitz, *Gerben von Pelzfellen.* In üblicher Weise gewaschene bzw. geweichte Pelzfelle werden mit Fe-III-Salzen u. Fettalkoholsulfonat [z. B. Oleylalkoholsulfonat (**I**), Laurylalkoholsulfonat] gleichzeitig oder in beliebiger Reihenfolge behandelt, wobei auch andere bekannte Gerbmittel (z. B. Alaun) mitverwendet werden können. Z. B. gerbt man Lammfelle bei 18—25° 24 Std. mit 700% Flotte, welche je Liter 10 g Fe-Sulfat, 50 cm³ abgestumpftes Kühlerwasser der Paraffinoxydation u. 15 cm³ techn. NH_4OH-Lsg. enthält. Dann werden die Felle 1 Tag aufgestapelt liegengelassen, gespült, abgeschleudert u. auf sie von Hand 8—10% **I**, gelöst in 15% heißem W., aufgetragen. Das Neutralisieren erfolgt mit 700% W., in welchem 2% $NaHCO_3$ oder 3—4% abgestumpftes Kühlerwasser konz. aufgelöst sind, 1 Std. bei ca. 20°. Das Nachfetten der Felle wird mit 700% W. von 40°, enthaltend 2% **I** u. 2% Spermölsulfonat (**II**) durchgeführt (Fettungsdauer 1—1½ Std.). Anstatt **II** kann man z. B. auch ein Gemisch von 60 (Teilen) **II**, 30 Tran oder Ester aus Kühleröl gemäß D. R. P. 748 312 u. 10 Mineralöl verwenden. Zur besseren Fixierung des Fettalkoholsulfonats kann nach 10—15 Min. Fettungsdauer 0,5% Ameisensäure (85%ig) nachgesetzt werden. Die Felle werden danach getrocknet u. wie üblich weiterbehandelt. Alle %-Angaben beziehen sich auf Weichgewicht der Felle. (**D. P. [DDR] 1841** Kl. 28a vom 19/3. 1943, ausg. 20/8. 1952 [Wirtschaftspatent].) OPPERMANN. 8337

Farbwerke Hoechst Akt.-Ges., vormals Meister Lucius & Brüning (Erfinder: **Karl Reichner**), Frankfurt/M., *Herstellung gerbend wirkender Kondensationsprodukte.* Sulfonsäuren von Alkylbenzolen (Xylol, Isopropylbenzol) mit wenigstens 2 freien H-Atomen im Kern werden im Gemisch mit Diphenylsulfonsäure u. zusammen mit 4.4'-Dioxydiphenylsulfon oder dessen alkal. CH_2O-Kondensaten mit CH_2O umgesetzt. (**D. B. P. 907 894** Kl. 12q vom 20/12. 1951, ausg. 29/3. 1954. Anmeldung bekanntgemacht 6/8. 1953.) FABEL. 8337

Pierre Saint-Priest, Frankreich, *Synthetische Gerbstoffe.* Man kondensiert im alkal. Medium Glucose u. Harnstoff in äquimol. Mengen u. läßt hierauf 1 Mol CH_2O einwirken. Nach einigen Std. ist die Rk. beendet. Hieran anschließend kann man auch das Reaktionsprod. (**I**) in bas. oder saurem Medium in der Hitze in Ggw. von Diphenylolpropan, Dioxydiphenylsulfon oder Na-Phenolsulfonat polymerisieren. Man läßt dann 25% des Prod. in die zu gerbende Haut eindringen u. säuert das Bad bis zu einem p_H-Wert von 4 an, z. B. mit Ameisensäure. Auch kann man 15% I u. 5% Glykolsäure zum Behandeln der Haut verwenden u. anschließend ansäuern. Nach 3 std. Walken wird das Bad auf 30° erwärmt u. 3—5 Std. auf dieser Temp. gehalten; dann spannt man die Haut u. trocknet. (**F. P. 1 014 446** vom 14/3. 1950, ausg. 14/8. 1952.) Wittholz. 8337

VEB Fettchemie und Fewa-Werk, Chemnitz (Erfinder: **August Sippel,** Greiz), *Schmieren von Leder,* vorzugsweise zur Fleischseitenappretur. Die in den Fleischseitenschmieren enthaltenen Seifen werden teilweise durch Sulfinsäuren u. ihre Salze ersetzt. Z. B. rührt man in 100 (kg) handelsüblicher Seife (Marseiller Seife, Kernseife) 20 des NH_4-Salzes einer Sulfinsäure ein, welche durch Red. von Alkylsulfochloriden (I) gewonnen wurde. Die I werden durch Sulfochlorierung eines Gemisches von aliphat. gesätt. KW-stoffen mit 8—20 C-Atomen hergestellt. Von dieser Gerberseife löst man 500 g in 10 Litern W. u. rührt in diese Lsg. ein geschmolzenes Gemisch von 1 (kg) Rindertalg, 2 Tran u. 1 Degras ein. Man erhält eine Fleischseitenschmiere für Fahlleder von der üblichen Konsistenz, welche neutral reagiert u. auf der Narbenseite keine Flecken bildet. (**D. P. [DDR] 1956** Kl. 28a vom 13/11. 1942, ausg. 8/10. 1952 [Wirtschaftspatent].) Oppermann. 8341

I. G. Farbenindustrie Akt.-Ges., Frankfurt/M., *Lederpflegemittel.* Als solches wird ein Gemisch verwendet, das durch teilweise Oxydation von gesätt. höhermol. aliphat. KW-stoffen erhalten ist, wobei der Säureindex wesentlich unterhalb desjenigen liegt, der rechnungsmäßig je Mol Ausgangsmaterial eine COOH-Gruppe ergibt. Das mit diesem Prod. behandelte Leder ist ebenso wasserabstoßend wie nach der Behandlung mit Rindertalg, Fischöl u. Degras. (**F. P. 1 013 935** vom 28/9. 1942, ausg. 6/8. 1952.) Wittholz. 8341

XXII. Leim. Klebstoffe usw.

L. Ja. Ginsburg, *Verbesserung des Rezeptes für Klebstoff auf Basis nachchloriertes Polyvinylchlorid.* Unterss. über den Einfl. von Benzin- u. Butylacetatzusatz auf die Viscosität von 25%ig. Lsgg. von nachchloriertem PVC in Aceton oder Äthylacetat. Unter Berücksichtigung des Weißwerdens des Films u. der Trocknungsdauer erscheint ein Gemisch von 70% Äthylacetat, 20% Bzn. u. 10% Butylacetat als am geeignetsten. (Легкая Промышленность [Leicht-Ind.] **14.** Nr. 1. 36—38. Jan. 1954.) v. Schroeder. 8388

Frank Moser, *Glasverklebung.* Nach einer allg. Übersicht über die Probleme beim Verkleben von Glas mit Glas oder anderen Materialien werden die handelsüblichen synthet. Klebstoffe, neue Entwicklungen u. die Technik u. Beispiele der Anwendung besprochen. (Mod. Plastics **31.** Nr. 6. 107—09. 199. Febr. 1954. Creighton, Pa., Pittsburgh Plate Glass Co., Res. Labor.) Schäff. 8388

Loránt Borsodi, *Das Kleben von Metallen mit Kunstharzen.* Festes Haften von geklebten Metallen kann nur an polierten Flächen erreicht werden. Es sind Klebstoffe erforderlich, welche ohne Lösungsm. aufgetragen werden, beim Erhärten keine flüchtigen Nebenprodd. bilden, große mechan. Festigkeit erreichen, das Metall nicht korrodieren u. auch genügend elast. sind, um Ausdehnung u. Biegen des Metalles zu vertragen. Die Metallflächen müssen fett- u. oxydfrei sein. Früher wurden Kautschukabkömmlinge verwendet. Die Reduxleime sind Mischungen von Phenolformaldehydharz u. Polyvinylformal, diese werden als Pulver aufgetragen u. auf 145—190° erwärmt unter Druck verwendet. Man kann so auch Metalle u. Holz bei Raumtemp. verkleben. Das Reduxverf. ist auch zum Kleben von Metall an vulkanisierten Kautschuk oder Kunstkautschuk geeignet. Die Desmocoleime sind Isocyanatderivv., diese binden auch bei Raumtemp. ohne Katalysatoren. Araldit ist ein Äthoxylinharz, womit Metall, Quarz, Glimmer, Porzellan verklebt werden kann. Das Pulver wird auf die Metallfläche gestreut, der andere Stoff daraufgelegt u. in einem Ofen auf 180° erhitzt. Dabei ist nur solcher Druck nötig, daß die Flächen aneinander gepreßt werden. Araldit ist bes. zum Verkleben von vielen kleinen Bestandteilen gut verwendbar. Werden entsprechende Katalysatoren dazugemischt, erfolgt das Binden bei Raumtemp. binnen 24 Stunden. (Magyar Kémikusok Lapja [Z. Ver. ung. Chemiker] **7.** 154—57. Mai 1952.) Plank. 8388

Johnson & Johnson (Gt. Britain) Ltd., Slough, England, *Heißsiegelbarer Klebstoff,* bestehend aus hochmol. Polymeren (Mol.-Gew. 30000—70000), z. B. Mischpolymeren von Vinylchlorid mit kleineren Mengen Vinylacetat, -alkohol, Vinylidenchlorid (I), Maleinsäureanhydrid u./oder Acrylnitril (II) oder von I u. II, mit Zusatz von Plastifizierungsmitteln, bes. polymerisierten Estern 2wertiger Alkohole u. 2wertiger Säuren, z. B. Polyäthylenglykolsebacat, Di-2-äthylhexylphthalat. (**E. P. 690 867** vom 19/12. 1949, ausg. 29/4. 1953. A. Prior. 17/12. 1948.) LÜTTGEN. 8389

Dow Chemical Co., Midland, Mich., übert. von: **Paul G. Schrader** und **Alexander M. Partansky**, Antioch, Calif., V. St. A., *Klebstoff*. Man stellt 2 verschied. Phenol-CH_2O-Harze her, die als katalyt. Harz (I) u. bas. Harz (II) bezeichnet u. kurz vor Gebrauch im mol. Verhältnis 75 **I**:25 **II** mit Zusatz von 15% Walnußschalenmehl gemischt werden. Man erhält **I** durch 2stufige Kondensation von 2,25—3,5 (Mol) nicht in o- oder p-Stellung substituiertem Phenol (**III**) mit 0,5—1 CH_2O in zunächst saurem, dann alkal. Medium. **II** wird durch Rk. von 1 **III** mit 1,4—3 CH_2O u. 0,5—1 NaOH erhalten. Das Prod. dient bes. zum Verleimen von Furnieren mit 10—70% Feuchtigkeit. (**A. P. 2 620 288** vom 15/8. 1949, ausg. 2/12. 1952.) LÜTTGEN. 8389

Henkel & Cie. G. m. b. H. (Erfinder: **Rudolf Köhler, Walter Lanzendorf** und **Hans Harder**), Düsseldorf, *Klebstoff*. Man erhält pulverförmige, kaltwasserlösl. Klebstoffe zum *Verleimen* von *Holz*, indem man härtbare Phenol-CH_2O-Kondensationsprodd. (**I**) durch Sulfonieren wasserlösl. macht, neutralisiert, trocknet u. gegebenenfalls mit wasserunlösl. I mischt. (**D. B. P. 825 113** Kl. 22i vom 2/10. 1948, ausg. 25/1. 1954.) LÜTTGEN. 8389

Ohio State University Research Foundation, übert. von: **Kenneth M. Gaver. Esther P. Lasure** und **Levi M. Thomas**, Columbus, Ohio, V. St. A., *2-Monometall, saccharide und deren Äther* erhält man durch Erhitzen von Heteropolysacchariden (Gummi- u. Schleimarten) mit Alkalihydroxyden oder Alkalialkoholaten in einem wasserfreien Lösungsm. auf 80—115° u. anschließender Rk. der Metallsalze mit Alkylhalogeniden. — Quittensamenschleim, KOH u. Amylalkohol werden 2 Std. auf 94—99° u. anschließend mit Äthyllactat noch 2 Std. erhitzt, wobei der *Äthyläther* entsteht. — Gummi arabicum + NaOH in Butanol + $CuCl_2$ → *CuCl*-Salz. — Karaya Gummi → *Ag-Salz*. — Guar Gummi + NaOH + Äthylenchlorhydrin → *β-Oxyäthyläther*. — α-Benzylglucosid + Äthylenchlorhydrin → *β-Oxyäthyl-α-benzylglucosid*. — *Klebstoffe* u. Zwischenprodukte. (**A. P. 2 609 367** vom 30/8. 1948, ausg. 2/9. 1952.) KRAUSS. 8389

Wasag Chemie Akt.-Ges., Essen (Erfinder: **Fritz Hartmann**, Karlsruhe, und **G. M. Lange**, Lützelsachsen), *Dispersionen von Cellulosederivaten* (I), dad. gek., daß I mit plast. Stoffen mit klebenden Eigg., z. B. Pheno- oder Aminoplasten, Alkyd- oder Polymerisationsharzen, oder erst nach Zusatz von Lösungsmitteln klebende Methyl- oder Äthylcellulose, ferner gleichzeitig oder nachträglich mit Weichmachungs- oder Lösungsmitteln verknetet werden. Herst. von Klebstoffen, Imprägniermitteln, Kaltleim u. Anstrichen. (**D. B. P. 908 792** Kl. 39b vom 10/3. 1943, ausg. 8/4. 1954. Anmeldung bekanntgemacht 20/8. 1953.) SALZMANN. 8389

Cellophane Soc. An., Seine, Frankreich, *Klebband* aus einer Folie von regenerierter Cellulose und einer Klebschicht aus z. B. 250 (Teilen) Latexcrepe, 300 Estergummi oder Kolophonium, 50 modifiziertem Harnstofformolharz mit innerer Weichmachung, 30 Lanolin u. 10 Diphenylchlorid. Das Klebband kann zur Verbesserung der Haftung dieser Klebschicht innen mit einem Firnis u. zur Verhinderung des Zusammenklebens außen mit einer Schicht aus NH_4-Stearat, Na-Ricinoleat u. Cr-Stearochlorid („Quilon"; DU PONT NEMOURS & Co.) überzogen sein. Statt Kautschuk kann man Polyisobutylen nehmen. (**F. P. 1 043 828** vom 13/10. 1951, ausg. 12/11. 1953.) PANKOW. 8389

XXIV. Photographie.

J. Castle und **J. H. Webb**, *Ergebnisse über Kurzzeitbelichtungen bei einigen hochempfindlichen photographischen Emulsionen*. Vff. untersuchen 10 verschied. Kodak-Filmemulsionen auf den Kurzzeiteffekt. Als Lichtquellen werden verwendet: Für die Belichtungszeit von $^1/_{500}$ Sek. eine Hg-Bogenlampe, für $^1/_{50}$ Sek. eine mit Xenon gefüllte Lampe u. für $^1/_{64}$ Sek. eine Wolframlampe mit der Farbtemp. 3200° K. Schema für die Versuchsapp., Schwärzungs- u. Reziprozitätsfehlerkurven vgl. Original. Im allg. haben die Gradationskurven bei der kürzesten Belichtungszeit eine geringere Neigung u. einen ausgedehnteren Durchhang. (Brit. J. Photogr. **101**. 306—10. 18/6. 1954. Rochester, N. Y., Eastman Kodak Co., Res. Labor., Mitt. 1581.) W. GÜNTHER. 8598

H. Frieser, *Die Unterschiede der nach verschiedenen Methoden bestimmten Empfindlichkeiten photographischer Materialien*. Die verschied. Verff. zur Empfindlichkeitsbest. von photograph. Materialien unterscheiden sich außer den Belichtungs- u. Entwicklungsbedingungen in erster Linie durch das Kriterium, mit dem die Empfindlichkeit definiert wird. Das HURTER- u. DRIFFIELD-Verf. verwendet die Inertia als Kriterium, das DIN-Verf., die Schwärzung 0,1 über dem Schleier u. das ASA-Verf. den Punkt der Schwärzungskurve, bei dem der Gradient $g^* = 0{,}3\ \beta$ ist, wobei β den mittleren Gradienten über einen Bereich des Belichtungslogarithmus von 1,5 bedeutet. Vf. stellt sich die Aufgabe, die mit den verschied. Kriterien bestimmte Empfindlichkeit u. den Unterschied in Abhängigkeit von der Form der Schwärzungskurve zu ermitteln. Mittels der von LUTHER (Trans. Faraday Soc. **19.** [1923.] 340) angegebenen Näherungsgleichung für den Durchhang u. den geradlinigen Teil der Schwärzungskurve werden die Unterschiede berechnet, die für die nach den einzelnen Kriterien bestimmten Empfindlichkeitswerte zu erwarten sind, u. in Abhängigkeit vom γ u. der „Weichheit" der Schwärzungskurve angegeben. — Es wird gezeigt, daß eine Umrechnung ASA in NeoDIN mit recht guter Genauigkeit möglich ist, wenn γ u. Weichheit bekannt sind (Formeln vgl. Original). Eine Umrechnung ASA in DIN bzw. NeoDIN in DIN ist wegen der unterschiedlichen Entw. mit größerer Unsicherheit behaftet. (Photogr. Korresp. **90.** 95—98. 1954. Leverkusen, Agfa AG. für Photofabrikation, Wiss. Photograph. Labor.) W. GÜNTHER. 8604

G. C. Farnell, *Eine Verbesserung in der Wässerungstechnik von photographischen Platten.* Muß man beim Wässern photograph. Platten hartes W. verwenden, dann empfiehlt es sich, diese zum Schluß 2 Min. in 2%ig. Eisessiglsg. zu baden u. kurze Zeit mit dest. W. nachzuwaschen. Eine beträchtliche Verbesserung wird auch dadurch erzielt, wenn man die schräg gestellten Platten mit der Schichtseite nach unten wässert. (Brit. J. Photogr. **101.** 295. 11/6. 1954. Wealdstone, Harrow, Middlesex, Kodak Ltd., Res. Labor.) W. GÜNTHER. 8618

J. Eggert und **W. Grossmann,** *Das Auflösungsvermögen von Dreischichten-Farbfilmen.* Das Auflösungsvermögen (ALV) von photograph. Materialien ist um so höher, je feiner ihr Korn, je geringer der Diffusionslichthof, je steiler die Gradation u. je kleiner die Schichttiefe ist, in die das Bild eindringt. Vff. untersuchen des ALV von 14 verschied. photograph. Schichten des Handels unter Verwendung der vorgeschriebenen Farbentwicklungsverfahren. Das ALV der Einzelschichten wird in einem Diagramm als Funktion der Schichttiefe, dem Abstand von der Oberfläche der ersten Silberhalogenidschicht bis zu $^1/_3$ Tiefe der untersuchten Schicht, dargestellt. Es zeigt sich, daß die Art der Farbentw. keinen wesentlichen Einfl. auf das ALV hat, sondern daß die Streuung in der Schicht während der Belichtung allein entscheidend ist. Die oberste Schicht unterliegt dem Diffusionslichthof am wenigsten, in ihr wird das Licht am geringsten gestreut, so daß sich hier das höchste ALV findet. Das ALV wird geringer mit zunehmender Schichttiefe, weil mit dieser die Lichtstreuung wächst. In grober Annäherung kann das ALV der Purpurschicht als Maß für die Gesamtauflösung eines Dreischichtfilmes angesehen werden. (Naturwissenschaften **39.** 132—33. März 1952. Zürich, ETH, Photograph. Inst.) W. GÜNTHER. 8630

W. T. Hanson jr. und **W. Lyle Brewer,** *Subtraktive Farbenphotographie: Die Rolle der Masken.* Zur Korrektur von Farbfehlern werden bei subtraktiven Farbverff. photograph. Farbmasken verwendet. Ausgehend von hypothet. „Blockfarbstoffen" werden Maskengleichungen abgeleitet, mit deren Hilfe die Farbabweichungen korr. werden können. (J. opt. Soc. America **44.** 129—34. Febr. 1954. Rochester, N. Y., Eastman Kodak Co., Color Techn. Div., Res. Labor.) W. GÜNTHER. 8630

F. Dana Miller, *Schnelltrocknung von normalem Schwarz-Weiß-Kinofilm.* Nach einer kurzen Einführung in die theoret. Grundlagen der Trocknungsvorgänge beschreibt Vf. eine Versuchsapp., in der Kinofilm einer Schnelltrocknung unterworfen werden kann. Der Film läuft hierbei durch zwei parallel angeordnete Luftkammern. Aus diesen wird durch kleine Löcher auf beide Filmseiten heiße Luft aufgeblasen. Die Lufttemp. beträgt 125—200° F, die Luftgeschwindigkeit 2000—6000 fpm. Eastman Fine Grain Release Positive Safety Film kann auf diese Weise in 10 Sek. u. Eastman Plus X Panchromatic Negative Safety Film in 16 Sek. getrocknet werden. Der Kraftbedarf für den Schnelltrockner ist nicht größer als der für bisher verwendete Konstruktionen. — 8 Literaturangaben. (J. Soc. Motion Picture Television Engr. **60.** 85—104. Febr. 1953. Rochester, N. Y., Eastman Kodak Co., Mfg. Exp. Div.) W. GÜNTHER. 8640

—, *Die Grundlagen der Farbensensitometrie.* Bericht der Unterkommission „Farbsensitometrie" der S.M.P.T.E. Der Bericht behandelt folgende Themen: Belichtung der Sensitogramme, Behandlung der Sensitogramme, quantitative Bildauswertung, Konstruktionsunterlagen für Farbfilmdensitometer, Umformung der Integraldichten in analyt. Dichten, Deutung der sensitometr. Ergebnisse, statist. Auswertung der Farbensensitometrie. — 34 Literaturangaben. (Techn. cinématogr. [N. S.] **24**. 227—29. Sept. 261—64. Okt. 307—08. Dez. 1953. **25**. 35—36. Jan. 55—56. Febr. 71—72. März. 99—100. 108. April 1954.) W. GÜNTHER. 8660

Agfa, Akt.-Ges. für Photofabrikation (Erfinder: **Edith Weyde,** Leverkusen), *Silbersalzdiffusionsverfahren.* Für die Aufnahme wird eine lichtempfindliche Schicht verwendet, die aus einem Gemisch einer hochempfindlichen AgBr-Emulsion (**I**) mit einer wenig empfindlichen AgCl-Emulsion hergestellt ist. Sie wird so belichtet, daß nur **I** entwickelbar wird u. die dabei frei werdenden Br-Ionen an den betreffenden Stellen die Auflösung von AgCl in $Na_2S_2O_3$ enthaltenden Entwickler verhindern, so daß AgCl nur an den gar nicht oder wenig belichteten Stellen in die Bildempfangsschicht diffundieren kann. (**D. B. P. 900 298** Kl. 57b vom 7/2. 1941, ausg. 21/12. 1953. **Zusatz zu D. B. P. 887 733; C. 1954. 5909.**) KALIX. 8601

Kalle & Co. Akt.-Ges., Deutschland, *Photographisches Material für Photokopie.* Man bedeckt den Träger (Papier, Pappe), ehe man mit einer photosensiblen Diazolsg. beschichtet, mit einer Dispersion von feinverteilten Kunstharzteilchen (z. B. aus Polystyrol-, Polyvinyl-, Polyacrylharz) in Wasser. — Z. B. stellt man aus 10 Teilen 30% ig. Polystyrollsg. (Styrofan 1 D) u. dest. W. 200 Teile Polystyroldispersion her u. bedeckt damit ein Papier. Das auf übliche Weise getrocknete Papier beschichtet man mit einer lichtempfindlichen, schwarze Kopien erzeugenden Diazolösung. Man erhält tiefschwarze kontrastreiche Reproduktionen. (**F. P. 1 049 725** vom 22/1. 1952, ausg. 31/12. 1953.) OPPERMANN. 8601

Ciba Akt.-Ges., Basel, Schweiz, *Herstellung von lichtempfindlichen photographischen Schichten.* Man behandelt prakt. kornfreie, wasseraufnahmefähige, gegebenenfalls beiderseitig eine Linsenrasterung aufweisende Schichten (z. B. aus Hydratcellulose, völlig regenerierter Cellulose, Celluloseestern, bes. aus Gelatine) mit klaren, sauer reagierenden Lsgg., welche neben Ferrikomplexsalzen (z. B. Ferriammoniumsulfat, -oxalat, -citrat, Na-Dilactatoferriat, K-Disalicylatoferriat) Ag-Salze ($AgNO_3$) u. gegebenenfalls einen sensibilisierenden oder einen die Linsendeformation verringernden Farbstoff (z. B. Tartrazin oder einen Pyrazolonfarbstoff) enthalten. — Z. B. tränkt man eine aus lichtgegerbter Gelatine bestehende Schicht, z. B. einen nach dem Verf. der DR. GRETENER AKT.-GES., Zürich, hergestellten Doppellinsenrasterfilm, mit einer nach ca. 4 Std. klar filtrierten Sensibilisationslsg. von der Zus. 100 (Teile) dest. W., 10 Hexaacetatohydroxotriferriacetatnitrat, 5 $AgNO_3$ u. 0,2 ionenakt. Netzmittel, bestehend aus dem Kondensationsprod. von höheren Fettalkoholen mit ca. 20 Mol Äthylenoxyd. Der nasse Film wird in einem 33—35° warmen, staubfreien Luftstrom getrocknet u. anschließend zu Kopierzwecken verwendet. (**Oe. P. 176 749** vom 28/3. 1951, ausg. 25/11. 1953. Schwz. Prior. 6/4. 1950.) OPPERMANN. 8605

Gevaert Photoproducten N. V., Mortsel, Belgien, und **Chrom art Film Industries Inc.,** New York, N. Y., V. St. A. (Erfinder: **Hans von Fraunhofer,** London, **Honoré Verkinderen** und **Louis Meeussen,** Mortsel), *Farbenphotographisches Verfahren.* Von einem Zweifarbennegativ wird ein Dreifarbenpositiv gewonnen, indem mindestens ein Teilfarbenbild des Negativs auf ein Zweischichtenpositivmaterial kopiert, in dem die beiden Schichten verschied. Farbbildner enthalten u. entweder 1. für Licht von verschied. λλ empfindlich sind, wobei jede λ durch den Farbstoff des in diese Schicht zu kopierenden Teilnegativs absorbiert wird, oder 2. jede Schicht eine andre Gradation besitzt, oder 3. der Härtungsgrad der beiden Schichten unterschiedlich ist, oder 4. die Schichten durch eine Filterschicht getrennt sind. Wenigstens ein anderes Teilnegativ wird dann auf die 2. Positivschicht kopiert. Die so entstandenen latenten Bilder werden in üblicher Weise in positive Farbbilder umgesetzt. (**D. B. P. 879 361** Kl. 57b vom 5/5. 1951, ausg. 11/6. 1953. E. Prior. 5/5. 1950. **Zusatz zu D. B. P. 851 722; C. 1954. 6649.**) KALIX. 8631

Herausgeber u. verantwortlich für den Inhalt: Prof. Dr. Maximilian Pflücke, Berlin NW 7, Schiffbauerdamm 19, Fernsprecher: 42 55 71. Redaktion: Chefredakteure Dr. Eugen Klever und Prof. Dr. Maximilian Pflücke. Verlag: Akademie-Verlag GmbH, Berlin W 8, Mohrenstraße 39 (Fernsprecher 20 03 86, Postscheckkonto Berlin 350 21), u. Verlag Chemie GmbH, Weinheim/Bergstraße (Postscheckkonto Frankfurt/M. 145314 u. Berlin [West] 7430, Fernsprecher: Weinheim 2017). Bestell- u. Verlags-Nr. dieses Heftes: 1007/125/43. Das Chemische Zentralblatt erscheint wöchentlich.
Satz u. Druck: VEB Leipziger Druckhaus, Leipzig, III/18/203. X. 54.
Veröffentlicht unter der Lizenznummer 1212 des Amtes für Literatur und Verlagswesen der Deutschen Demokratischen Republik.
Printed in Germany .DDR.

FSC
www.fsc.org
MIX
Papier | Fördert gute Waldnutzung
FSC® C083411

Kolibri 360 GmbH
Ferdinand-Jühlke-Straße 7
99095 Erfurt, Deutschland
produktsicherheit@kolibri360.de